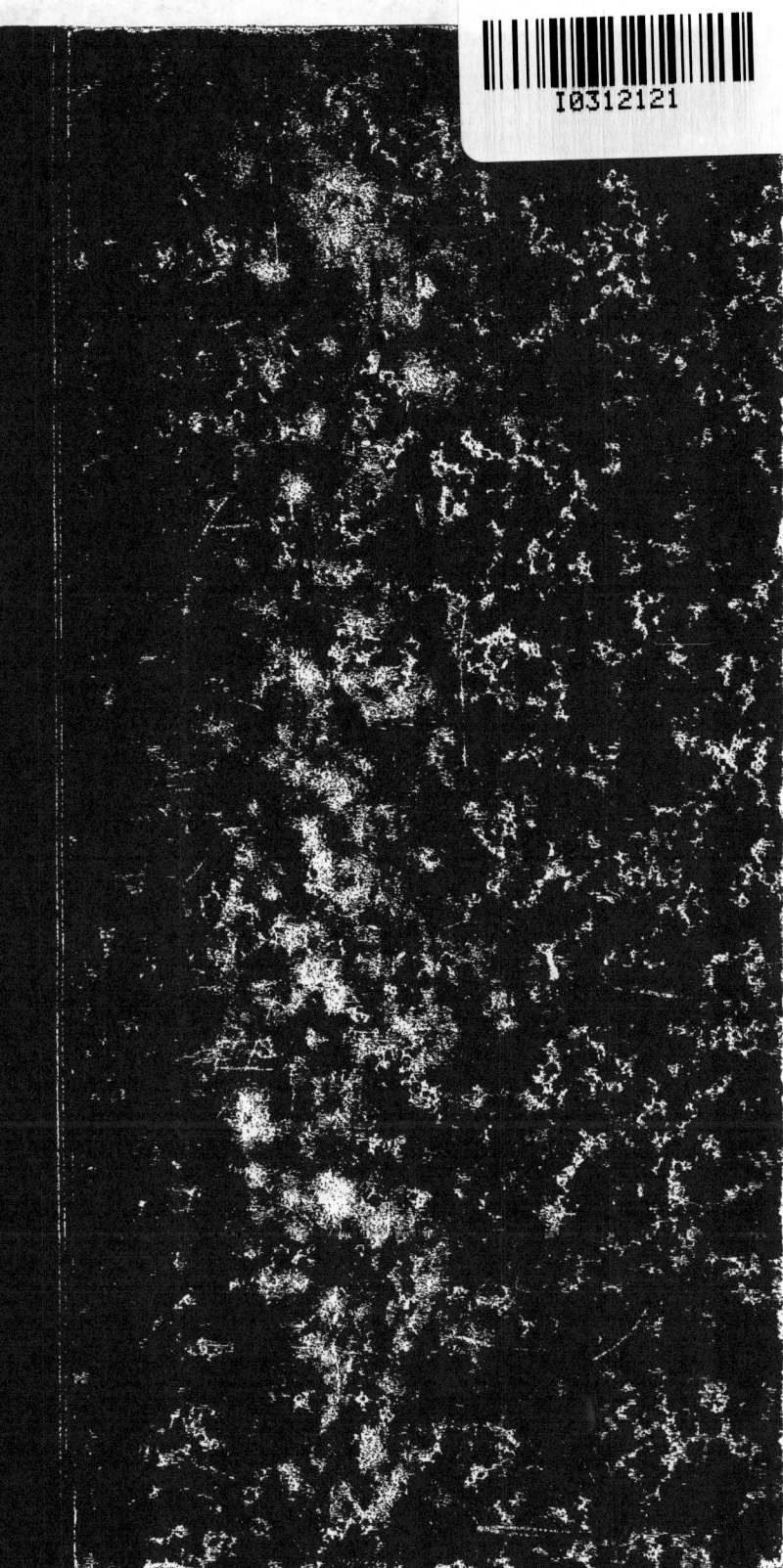

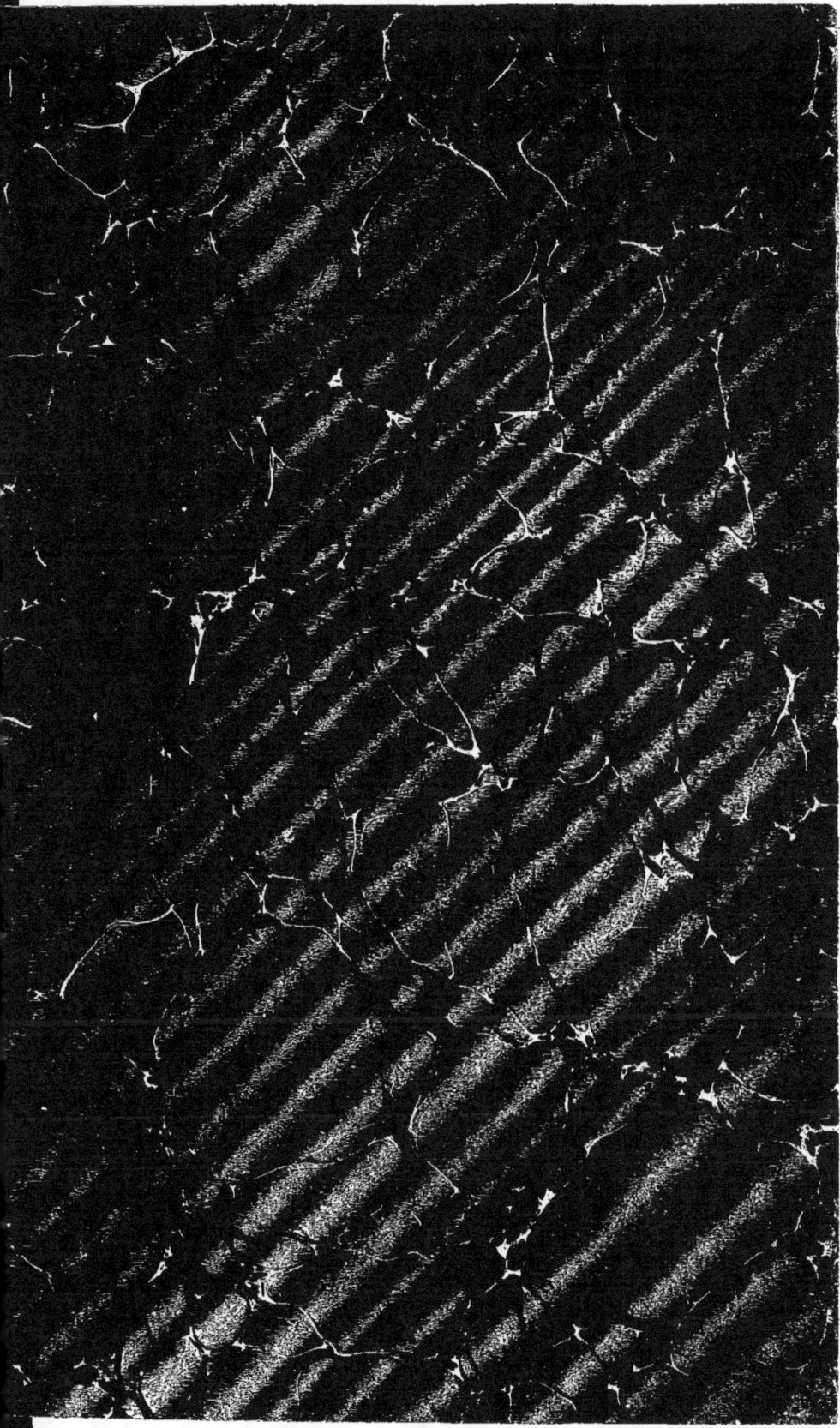

EN VENTE CHEZ Vᵛᴱ Cʜ. DUNOD, ÉDITEUR

LIBRAIRE DES CORPS DES PONTS ET CHAUSSÉES, DES MINES
DES TÉLÉGRAPHES ET DES CHEMINS DE FER

49, quai des Augustins, à Paris

LES

CHEMINS DE FER

EN AMÉRIQUE

PAR

E. LAVOINNE	Et **E. PONTZEN**
INGÉNIEUR EN CHEF DES PONTS ET CHAUSSÉES	INGÉNIEUR, ANCIEN ÉLÈVE DE L'ÉCOLE DES PONTS ET CHAUSSÉES

Tome 1ᵉʳ. — Construction. — 1 beau volume grand in-8° et atlas de 39 planches. — Prix : **50 fr.**

PRÉFACE

Au premier rang des sujets qui appellent l'attention des ingénieurs européens en Amérique figure le vaste réseau de chemins de fer qui s'étend aujourd'hui entre les deux Océans. L'importance du rôle que les chemins de fer remplissent dans l'œuvre de la colonisation, les conditions dans lesquelles ils sont établis et exploités, les divers systèmes d'organisation technique et financière qui leur sont appliqués, le régime de liberté à la faveur duquel ils se sont développés concourent à en rendre l'étude particulièrement intéressante.

C'est cette étude qu'ont entreprise MM. Lavoinne et Pontzen, à l'aide de documents qu'ils ont recueillis à l'occasion de l'Exposition de Philadelphie en 1876, où ils étaient tous deux membres du jury international, et de nombreux renseignements réunis depuis sur les diverses branches du service des chemins de fer; elle embrasse à la fois la construction et l'exploitation des lignes ainsi que l'organisation des Compagnies.

TABLE DES MATIÈRES DU TOME Iᵉʳ

Iɴᴛʀᴏᴅᴜᴄᴛɪᴏɴ. — Caractère particulier des chemins de fer en Amérique, leur importance sociale et politique. — Conditions spéciales dans lesquelles ils ont été établis. — Procédés de construction. — Organisation de l'exploitation, ses résultats généraux.

Chapitre Ier. — Aperçu géographique. — Divisions naturelles; région centrale; versants des deux Océans. — Chaînes de montagnes. — Obstacles rencontrés par le tracé des chemins de fer.
Chapitre II. Historique. — 1° États-Unis. — (1825-1845). Première période d'essai. — (1845-1865). Deuxième période : Construction des grandes lignes de trafic. — (1865-1878). Troisième période : Multiplication des lignes et crise finale.
2° Canada. — (1836-1867). Lignes construites avant la réunion des possessions britanniques en confédération. — (1867-1878). Lignes établies sous le régime parlementaire.

PREMIÈRE PARTIE — INFRASTRUCTURE

Chapitre III. Tracés. — Caractère des premières lignes entreprises par l'industrie privée. — Lignes industrielles. — Grandes lignes subventionnées par les États. — Conditions techniques des tracés : Études préparatoires. — Reduction des terrassements. — Traversée des vallées et des villes.
Rampes : Lignes à faibles pentes. — Lignes de grand trafic traversant des chaînes de montagnes. — Lignes secondaires. — Lignes provisoires.
Courbes : Lignes à grand trafic. — Chemins de fer provisoires.
Influence des déclivités et des courbes. — Adoucissement des rampes dans les courbes. — Comparaison des tracés. — Balancement des pentes.
Exemples de tracés : Chemins de fer du Baltimore et Ohio. — Chemin de fer du Central Pennsylvania. — Chemin de fer de l'Érié. — Chemins de fer du New-York Central et Hudson river, et de Boston et Albany. — Chemin du Chesapeake et Ohio. — Chemins de Louisville-Nashville. — Chemin du Cincinnati-Southern.
Chemins de fer du Pacifique : Union et Central pacific. — Ligne du Northern pacific. — Ligne Canadienne du 40e parallèle. — Ligne du 55e parallèle. — Ligne du 32e parallèle. — Ligne du Southern pacific. — Intercolonial railway du Canada.
Chapitre IV. Profils en travers des lignes et terrassements. — Généralités sur les profils en travers. — Consolidation des talus. — Exécution des terrassements. — Scrapers. — Dragues à sec. — Procédés d'extraction à la mine : emploi des perforatrices : 1° à percussion; 2° à diamant. — Matières explosibles employées.
Chapitre V. Ouvrages d'art. — Ponts. — *Aqueducs et ponts en bois*. — Ponts en bois de petite portée ou de moyenne portée. — Système Burr. — Système Howe. — Système Pratt. — Efforts de rupture. — Essences employées. — Exécution. — Prix de revient.
Ponts métalliques : Conditions générales de débouché et de hauteur libre. — Ponts fixes, ponts tournants.
Types généraux de construction. — Conditions de charges. — Calcul des efforts maxima. — Action du vent. — Constructions des différentes pièces entrant dans la composition des fermes. — Pièces travaillant : à la tension, à la compression. — Suspension du tablier. — Contreventement. — Dispositions pour combattre l'effet des variations de température.
Limites des efforts admis pour les diverses pièces : efforts de tension, efforts de compression, efforts de flexion, efforts de cisaillement. — Epreuves. — Montage préparatoire à l'usine. — Exécution.
Ponts métalliques de petite portée. — Ponts métalliques de grande portée. — Système Fink. — Système Bollman. — Système Howe. — Système Pratt. — Système Petit. — Système Whipple-Linville : Grand pont sur l'Ohio à Cincinnati. — Système Post : ponts sur le Missouri. — Système triangulaire à croisements : Ponts de Kansas city; Pont de Saint-Charles sur le Missouri. — Système triangulaire avec points de division intermédiaires. — Treillis. — Système triangulaire sans croisements : Grand pont de Louisville sur l'Ohio.
Ponts en arcs : Pont de Saint-Louis sur le Mississipi. — Ponts suspendus : Pont de Pointbridge. — Ponts sur rails : Ponts du Philadelphia-Reading. — Pont du système Ordish à Philadelphie. — Pont du Cincinnati-Southern.

Viaducs. — Viaducs en bois de divers types : grand viaduc de Portage. — Viaduc du Cincinnati-Southern.

Viaducs métalliques : 1° Viaducs à faibles portées. — Viaducs aux abords du pont de Saint-Charles. — Viaduc du Lyon brook. — Viaducs construits par l'usine Phénixville. — Viaducs du Cincinnati-Southern. — Viaduc de Dale Creek. — Viaduc d'Oak Orchard.

2° Viaducs à grandes portées : Viaduc de Portage. — Viaduc de Varrugas. — Viaduc du Kentucky river.

Résumé : Comparaison entre les grands ponts américains et européens.

Ponts tournants. — Ponts à soulèvement vertical. — Ponts tournants à poutres continues. — Mode de construction des poutres. — Modes de calage : des Compagnies de Keystone; de Phénixville; de l'American bridge Company. — Autres systèmes de calage. — Grand pont de Raritan bay. — Rotation des ponts. — Transmission des charges à l'appareil de rotation. — Appareils de rotation : appareils à antifriction de Sellers. — Répartition des charges entre le pivot et les galets extérieurs. — Expériences de M. Shaler Smith. — Emploi de l'eau comprimée. — Conclusions.

Montage, réglage et épreuves des ponts : Montage ordinaire ; rapidité du montage. — Réglage des pièces. — Difficultés éprouvées au montage de certains ponts — Montage du pont Saint-Louis. — Montage du viaduc du Kentucky river. — Montage du pont de Pointbridge. — Epreuves.

Résumé. — Comparaison des divers systèmes de fermes américaines pour les moyennes et les grandes portées. — Très grandes portées.

Comparaison avec les procédés de construction européens. — Extension prise par la construction des ponts du système américain.

CHAPITRE VI. FONDATIONS. — Fondations par cribs. — Fondations sur plateforme. — Fondations par épuisements. — Fondations par immersion de béton sous l'eau. — Ponts de Ristigouche et de Miramichi (Canada). — Pont intercolonial sur le Niagara. — Pont de Quincy. — Pont de Kansas city. — Pont de Saint-Charles. — Pont de Poughkeepsie. — Pieux à vis. — Fondations à l'air comprimé. — Ponts sur le Missouri et le Mississipi. — Pont de Saint-Louis. — Pont d'Atchison. — Pont de Saint-Joseph. — Pont sur l'East river à New-York. — Conclusion.

CHAPITRE VII. SOUTERRAINS. — Percements des galeries. — Puits d'extraction. — Revêtement en bois. — Essence des bois employés. — Revêtement en maçonnerie. — Largeur et hauteur libre des souterrains. — Rampes dans les souterrains.

Premiers souterrains construits. — Souterrains du Baltimore et Ohio. — Souterrains de Bergen. — Souterrains du Chesapeake et Ohio, — du Pacifique, — du Cincinnati-Southern. — Souterrains du Nesquehoning, — du Hoosac, — de Sutro (Nevada). — Tunnels dans les villes. — Tunnels sous l'eau.

Résumé.

CHAPITRE VIII. — ABRIS CONTRE LA NEIGE. — Écrans. — Galeries. — Abris contre les avalanches. — Précautions contre les incendies.

CHAPITRE IX. CLÔTURES ET PASSAGES A NIVEAU. — Clôtures. — Cattleguards. — Passages à niveau. — Conclusion.

DEUXIÈME PARTIE. — SUPERSTRUCTURE

CHAPITRE X. — VOIE. — GÉNÉRALITÉS. — Largeurs de voie. — Transformations de la voie. — Surécartement et surhaussement des rails dans les courbes. — Ecartement des voies. — Systèmes des voies. — Ballast. — Traverses : Ecartement; dimensions; essences des bois; conservation des traverses; prix des traverses.

Rails : Forme et sections des rails; choix de la matière. — Usure des rails en acier; prix des rails. — Longueur des rails. — Épreuves subies par les rails.

Crampons et chevilles d'attache. — Plaques d'appui. — Eclisses. — Position des joints. — Boulons d'éclisses et moyens employés pour prévenir le desserrage.

Pose de la voie. — Changements de voie. — Croisements de voie. — Traversées des voies. — Dispositions particulières de la voie sur certains points.

Plaques tournantes. — Chariots roulants.

Transbordement entre voies de différentes largeurs. — Grues. — Transbordement des charbons, — du blé, — du pétrole. — Prix des transbordement.

TROISIÈME PARTIE. — GARES, STATIONS ET SIGNAUX

Chapitre XI. Gares et stations. — Généralités. — Espacement des stations. — Haltes intermédiaires. — Petites stations. — Stations moyennes. — Grandes stations.

Exemples de stations : Rowletts, Harward, Cheyenne, Harrisburg, Pittsburg, Louisville, New-York, West-Philadelphia, Jersey City, Kansas City.

Gares de charbon du chemin de fer Philadelphia-Reading :
Gare maritime de Boston.
Bâtiments des gares et stations.
Service des voyageurs. — Exemples de Bâtiments : Rowletts, Columbia, petite station du Philadelphia-Reading, Newark, Kansas City, West-Philadelphia, New-York. — Hôtels dans les stations de Pittsburg, Altoona, Summit. — Service des marchandises. — Quais de chargement. — Magasins. — Grues. — Ponts à bascule.

Service de l'entretien et de la traction. — Logement d'équipes. — Dépôts de locomotives. — Ateliers. — Alimentation : de charbon, d'eau. — Réservoirs. — Moulins à vent.

Chapitre XII. Signaux. — Signaux fixes. — Signaux sémaphoriques. — Signal Nunn. — Signal Rousseau. — Bloch système. — Signaux Saxby et Farmer.

TABLE DES PLANCHES

	Numéros.
Carte des chemins de fer de l'Amérique du Nord.	I
Tracés. — Plans et profils en long. — Chemins de fer du Pacific.	II et III
Profils en travers. — Passage à niveau. — Excavateurs.	IV
Ponts : Diagrammes. — Ponts en bois : Sections et assemblages.	V
Ponts : Systèmes Howe et Pratt ; — de petites et de moyennes portées	VI et VII
Ponts : Système Petitt. — Projets sur l'East-River. — Système Linville, à grande portée.	VIII et IX
Ponts : Syst. isométrique ; — triangululaire en bois et en fer. — Semelles en fonte.	X, XI et XII
Ponts : En arc sur le Mississipi ; — suspendu rigide ; par-dessus la voie.	XIII à XV
Viaducs : en bois ; — à petites et grandes portées.	XVI à XVIII
Grand viaduc sur le Kentucky-River.	XIX à XXI
Ponts tournants.	XXII et XXIII
Fondations.	XXIV et XXV
Abris contre la neige. — Brise-glace.	XXVI
Souterrains.	XXVII et XXVIII
Voie : Rails — joints — croisements — plaques tournantes.	XXIX à XXXII
Appareils d'alimentation et de transbordement.	XXXIII
Stations et bâtiments.	XXXIV à XXXVIII
Stations — signaux-bascules.	XXXIIX

PROCÉDÉS

ET

MATÉRIAUX DE CONSTRUCTION

PARIS. — IMP. G. MARPON ET E. FLAMMARION, RUE RACINE, 26.

A. DEBAUVE

Ingénieur en chef des Ponts et Chaussées.

PROCÉDÉS

ET

MATÉRIAUX DE CONSTRUCTION

TOME TROISIÈME

QUATRIÈME PARTIE

MATÉRIAUX DE CONSTRUCTION

Pierres, Chaux et Mortiers, Maçonneries, Bois, Métaux.

PARIS

Vve Ch. DUNOD, ÉDITEUR

LIBRAIRE DES CORPS NATIONAUX DES PONTS ET CHAUSSÉES, DES MINES
ET DES TÉLÉGRAPHES

49, Quai des Augustins 49

1886

QUATRIÈME PARTIE

MATÉRIAUX DE CONSTRUCTION

OBJET ET DIVISION DE LA QUATRIÈME PARTIE

Le règne minéral et le règne végétal nous donnent nos matériaux de construction dont les principaux sont : les pierres et le bois.

Avec les pierres seules on peut obtenir des édifices considérables ; de même on a construit, avec le bois comme élément unique, des monuments de grande importance. Mais c'est par la combinaison de la pierre et du bois que l'architecte opère d'ordinaire, qu'il arrive aux meilleurs résultats.

L'épuisement des forêts et le progrès de la métallurgie ont amoindri le rôle du bois ; le fer et la fonte lui ont ravi beaucoup de ses anciennes fonctions, et cependant la consommation des bois augmente sans cesse parce que de nouvelles applications viennent au jour.

Nous aurons donc à étudier successivement les pierres, les bois et les métaux, ainsi que les machines qui servent à les préparer et à les mettre en œuvre. A ce point de vue, si les machines à travailler le bois et le métal sont aujourd'hui parvenues à une grande perfection, il n'en est point de même des machines à travailler les pierres. Elles sont encore inconnues dans l'immense majorité des carrières et des chantiers, et c'est chose regrettable, car le travail de la pierre par la main de l'homme est long, pénible, coûteux et parfois dangereux. Aussi jugeons-nous utile de contribuer à la propagation des machines destinées à l'extraction et à la préparation des pierres de tout genre ; c'est pourquoi nous nous sommes attaché à les faire connaître dans cet ouvrage.

Si les bois et les métaux se suffisent pour ainsi dire à eux-mêmes et si leurs éléments s'assemblent sans le secours de matières étrangères, il en est rarement de même pour les pierres ; les constructions à pierres sèches sont imparfaites et peu compatibles avec les petites dimensions des matériaux généralement en usage ; il faut donc relier les pierres entre elles par des gangues qui les rendent solidaires; c'est le rôle des chaux, des ciments et des mortiers qui, combinés avec les pierres, donnent les diverses natures de maçonnerie. Ces gangues exigent une étude spéciale.

De cet exposé ressort la division naturelle de notre livre en cinq chapitres :

1° *Les Pierres;*
2° *Les Chaux, Ciments et Mortiers;*
3° *Les Maçonneries;*
4° *Les Bois;*
5° *Les Métaux.*

PROCÉDÉS

ET

MATÉRIAUX DE CONSTRUCTION

QUATRIÈME PARTIE

CHAPITRE PREMIER

LES PIERRES

On distingue les pierres *naturelles* et les pierres *artificielles*.

Les premières sont fournies par les roches des divers âges géologiques; les secondes sont dues à l'agglomération de matières terreuses, agglutinées par pression et dessiccation, ce sont les briques et les terres cuites.

Nous ne comptons pas parmi les pierres artificielles les composés qui durcissent par réaction chimique; ces simili-pierres sont des mortiers, des bétons ou de la maçonnerie, et leur étude trouvera sa place à la fin du chapitre III.

Le présent chapitre se divise en cinq sections :

A. — *Classement, description et qualités des principales pierres;*
B. — *Résistance des pierres, appareils servant à la mesurer;*
C. — *Exploitation des carrières;*
D. — *Machines à travailler les pierres;*
E. — *Briques et terres cuites.*

A. — CLASSEMENT, DESCRIPTION ET QUALITÉS DES PRINCIPALES PIERRES

En traitant, dans la première partie de cet ouvrage, de la *Reconnaissance du sol et des roches*, nous avons classé les roches en roches simples et roches composées, nous avons donné les gisements et la constitution chimique de chacune d'elles ; nous n'avons donc pas à revenir sur ce sujet et il nous suffira de considérer ici les roches en tant qu'elles peuvent servir de pierres de construction.

On répartit les pierres naturelles en trois classes :

Pierres silicatées ;
Pierres quartzeuses ;
Pierres calcaires.

Les pierres silicatées comprennent les roches primitives ou volcaniques, telles que le granite, le porphyre, le trachyte, le basalte, les laves, la serpentine ; elles comprennent, en outre, les ardoises, les gneiss et les schistes.

Dans les pierres quartzeuses on range les meulières, les silex et les grès ; les pierres calcaires comprennent les sulfates et les carbonates de chaux et de magnésie, tels que les marbres, les calcaires communs, la dolomie, la pierre à plâtre.

Nous n'adopterons point cette classification basée sur la composition chimique, et, nous en tenant à la classification usuelle adoptée par les constructeurs, nous étudierons successivement :

1° La famille des granites et des porphyres ;
2° Les roches volcaniques, trachyte, basalte et lave ;
3° Les ardoises ;
4° Les grès ;
5° Les silex et les meulières ;
6° Les marbres, ou calcaires compactes susceptibles de poli ;
7° Les pierres calcaires.

1° FAMILLE DES GRANITES ET DES PORPHYRES

Granites. — Le granite est, comme nous le savons, formé de l'agrégation de cristaux de feldspath, de quartz et de mica, mélangés dans des proportions très variables ; à chaque combinaison correspond une variété de granite.

Les couleurs du granit sont variables, suivant qu'il renferme une plus ou moins grande proportion de tel ou tel oxyde métallique en dissolution dans la pâte.

Le granite est une pierre très dure et presque inaltérable : elle est précieuse pour les travaux à la mer (jetées, phares, etc.), pour l'exécution du soubassement des grands édifices ; mais elle est lourde, et surtout elle est, vu sa dureté, très difficile à tailler, et par suite très coûteuse.

C'est un inconvénient sérieux ; mais, nous le répétons, il se trouve compensé, et au delà, par la durée et l'inaltérabilité des monuments de granit, qui résistent à tous les chocs et à toutes les intempéries.

La nature arrive cependant à décomposer certains granites et à les transformer en kaolins ; mais il faut pour cela une suite d'années que nous ne pouvons calculer.

A part quelques pays où l'on ne trouve que du granite, et où l'on est bien forcé de l'employer pour les constructions ordinaires, on le réserve pour les monuments qui ne doivent point périr; les phares de nos côtes, particulièrement en Bretagne, sont remarquables sous ce rapport.

Le granite est susceptible de recevoir un beau poli; c'est donc une pierre décorative. L'antiquité l'a prodigué dans ses monuments : l'Egypte était couverte d'obélisques, de sphinx et de temples en granite, que nous admirons encore.

A l'invasion des barbares, on oublia le granite, qui ne reparut plus qu'au moyen âge : en Toscane, au seizième siècle, et en Suède, au dix-huitième, on créa des manufactures nationales qui avaient le monopole de tailler et de polir le granite.

La manufacture royale de Toscane est encore aujourd'hui le premier établissement du monde pour la fabrication des pierres dures polies, dont elle compose d'admirables mosaïques. Malheureusement, tout cela est très coûteux, et dans le siècle actuel on n'emploie guère ces belles mosaïques.

Dans la collection de matériaux de construction réunis par les soins du Ministère des Travaux publics à l'Exposition de 1878, collection dont le catalogue a été dressé par les soins de M. l'ingénieur en chef Léon Durand-Claye, se trouvaient les granites énumérés au tableau ci-après :

DÉSIGNATION DES CARRIÈRES DE GRANITE	POIDS du mètre cube.	CHARGE d'écrasement par centimètre carré.
	kilog.	kilog.
1. — Mont-Crépin, arrondissement de Domfront, Orne. Granite très dur, gris bleuâtre, à grains fins	2,750	1,020
2. — Carrières de Beauséjour, près Alençon ; exploitation importante. Granite dur, gris bleu ou jaunâtre, à grains moyens.	2,585	820
3. — Bécon, près Angers. Granite commun, très dur, gris blanchâtre, à éléments moyens.	»	»
4. — Saint-Baudelle, près Mayenne. Granite commun, très dur, bleu grisâtre, blocs de toutes dimensions.	2,725	1,145
5. — Sacé, près Martigné, arrondissement de Mayenne. Granite feldspathique, très dur, gris verdâtre, tacheté de blanc, à grains moyens, prenant le poli, blocs de toutes dimensions	2,680	1,000
6. — Fermanville, près Cherbourg. Syénite, porphyroïde rose, dur, à gros éléments, susceptible de poli.	2,660	700
7. — Diélette, arrondissement de Cherbourg. Granite porphyroïde et syénitique, très dur, gris bleuâtre et rosé, éléments moyens.	2,730	945
8. — Iles Chausey, près Granville. Granite commun, dur, bleuâtre, à grains fins	2,745	875

DÉSIGNATION DES CARRIÈRES DE GRANITE	POIDS du mètre cube.	CHARGE d'écrasement par centimètre carré
	kilog.	kilog.
9. — Combourg, arrondissement de Saint-Malo. — Louvigné-le-Désert, arrondissement de Fougères. Granite commun, très dur, bleuâtre, éléments de grosseur moyenne, masse indéfinie.	»	»
10. — Ile Grande, Saint-Brieuc, Binglé, Kérinan (Cotes-du-Nord). Granite dur, commun, blanc ou gris plus ou moins bleuâtre.	»	»
11. — Laber, arrondissement de Brest, exploitation importante. Masses isolées de granite porphyroïde, dur, gris bleuâtre et rose, à gros éléments, prenant le poli ; piédestal de l'obélisque à Paris.	2,690	920
12. — Kersanton, arrondissement de Brest, exploitation importante. Granite verdâtre, noircissant avec le temps ; se taille et se sculpte au sortir de carrière et durcit à l'air ; masses éruptives.	2,810	1,100
13 — Lacrenan, arrondissement de Châteaulin. Granite demi-dur, gris blanchâtre, à grain fin.	2,600	650
14. — Pontivy, Coëlo, Hennebont, Locquéltas, près Vannes (Morbihan).	»	»
15. — Lavau, sur la Loire, arrondissement de Saint-Nazaire. Granite dur, gris clair bleuâtre, à grains fins.	2,680	970
16. — La Boissière, arrondissement de la Roche-sur-Yon. Granite porphyroïde dur, gris rosâtre.	2,660	960
17. — Mortagne, Les Lucs, arrondissement de la Roche-sur-Yon. Granite demi-dur, gris ou jaunâtre, grains moyens.	2,600	800
18. — Avrillé, arrondissement des Sables-d'Olonne. Granite commun, très dur, gris bleuâtre, éléments moyens.	2,660	1,050
19. — Bressuire (Deux-Sèvres). Granite commun dur, blanc grisâtre, grains moyens.	2,645	1,025
20. — Moncoutant, arrondissement de Parthenay. Granite très dur, gris bleuâtre foncé, blocs de toutes dimensions.	»	»
21 — Crevant, arrondissement de la Châtre (Indre). Granite assez dur, grisâtre, éléments moyens, hauteur d'assise 0m,30 à 0m,40.	»	»
22. — Gérardmer (Vosges). Granite porphyroïde, susceptible de poli, hauteur de masse indéfinie.	2,740	725
Remiremont (Vosges). 1° Granite très dur, gris clair bleuâtre	2,675	750
2° Granite brun, syénite porphyroïde micacée, très dur, beau poli	2,700	710
3° Granite corail, porphyroïde rouge, très dur.	2,730	800
4° Granite feuille morte, syénite porphyroïde, très dur, beau poli	2,700	775
23. — Servance (Haute-Saône). 1° Granite feuille morte, syénite feldspathique porphyroïde, très dure.	2,685	980
2° Granite corail.	2,650	900
3° Granite gris du Mont-Cornu, feldspathique, porphyroïde, dur	2,640	715
24. — Bonjeau, arrondissement de Semur. Granite à grains moyens, très dur, à feldspath rosé, susceptible de poli.	2,555	785

LES PIERRES

DÉSIGNATION DES CARRIÈRES DE GRANITE	POIDS du mètre cube.	CHARGE d'écrasement par centimètre carré.
	kilog.	kilog.
25. — Lormes, arrondissement de Clamecy.		
Granite très dur, blanc grisâtre, à gros éléments	2.630	670
26. — La Roussille, près Boussac, et Maupuy, près Guéret (Creuse).		
Le premier, demi-dur, gris rosâtre à gros grains; le deuxième, dur et bleuâtre	»	»
27. — Compeix, près Bourganeuf, et Monsérat, près Aubusson.		
Le premier, demi-dur, gris jaunâtre à grains fins; le deuxième, dur, gris bleuâtre	»	»
28. — Granites de la Haute-Vienne.		
1° Granite du Repère, près Rochechouart, demi-dur, gris, grains moyens	2.580	600
2° Granite de Silor, près Bellac, demi-dur, gris, grains grossiers	2.640	650
3° Granite du Dorat, arrondissement de Bellac, dur, grisâtre, grains fins	2.730	920
4° Granite d'Isles, près Limoges, commun, bleuâtre, très dur, grains fins	2.615	1.400
29. — Ussel (Corrèze).		
Granite dur, gris bleuâtre, à grains fins	2.700	900
30. — Rebeyrotte, arrondissement de Tulle.		
Granite demi-dur, grisâtre	2.560	615
31. — Saint-Rémy, près Thiers.		
Granite à gros éléments, dur, blanchâtre	2.750	800
32. — Monistrol, arrondissement d'Yssingeaux (Haute-Loire).		
Granite dur, blanchâtre, à grains fin, s'employant surtout en pavés	2.620	1.020
33. — Oullins, près Lyon.		
Granite à éléments moyens, dur, grisâtre, exploité pour bordures et pavés	»	»
34. — Chamonix, arrondissement de Bonneville.		
Protogine ou granite talqueux, très dur, blanchâtre, nuancé de vert	»	»
35. — Épierre, arrondissement de Saint-Jean-de-Maurienne.		
Protogine, blanchâtre, tacheté de vert, donne des bordures et des pavés	2,670	1,170
36. — Peaugres, arrondissement de Tournon (Ardèche).		
Granite leptinite, très dur, blanc grisâtre truité, à grains fins.	»	»
37. — Les Balmes, près La Grave, arrondissement de Briançon.		
Granite un peu talqueux, dur, gris foncé ou bleuâtre, grains moyens	»	»
38. — Les Martyrs, arrondissement de Carcassonne		
Granite dur, blanc grisâtre, à gros grains	»	»
39. — Llagone, arrondissement de Prades (Pyrénées-Orientales).		
Granite altéré, dur, blanc jaunâtre, à éléments assez gros.	2,500	420
40. — Auguignac, arrondissement de Nontron (Dordogne).		
Granite commun, très dur, blanc grisâtre, à grains moyens	2,600	940
41. — Le Sidobre, arrondissement de Castres.		
Granite très dur, blanc grisâtre, éléments assez gros; bordures de trottoirs	2,650	980

Le prix du mètre cube de granite sur carrière est très variable; il est d'environ 50 francs dans l'Orne et le Calvados, 30 francs dans la Manche, les Côtes-du-Nord, le Finistère, il varie de 50 à 80 francs dans la Loire-Inférieure et les Vosges, et tombe à 25 francs dans le centre de la France. Il est généralement employé pour les ouvrages d'art et les monuments publics, notamment pour les soubassements, et fournit presque partout des bordures de trottoirs, parfois même des pavés. Quelquefois, on dispose dans le même pays de granites diversement colorés, et c'est le cas alors de s'en servir pour faire de l'architecture polychrome; nous avons vu tirer très bon parti d'un mélange de granite gris bleuâtre et de granite rouge.

Le granite brut n'a par lui-même aucune valeur: c'est l'extraction, la taille et le transport qui en font le prix.

La taille du granite est une industrie simple, tandis que le polissage exige des usines perfectionnées. L'extraction se fait avec des coins et la taille avec des pics, des pointerolles et des marteaux.

Les granites de Normandie et de Bretagne sont homogènes et compacts. Lorsque leur grain est fin, ils se taillent avec plus de facilité que les autres. Ils se laissent débiter en larges dalles, qui, vu leur résistance à l'usure, conviennent beaucoup mieux que les calcaires pour la confection des escaliers et des trottoirs. Ils peuvent être obtenus en blocs de toutes dimensions.

Ils sont utilisés aussi pour la confection des meules.

On trouve rarement des édifices entièrement en granite, si ce n'est dans les pays où il n'y a pas d'autre pierre à bâtir; tel est le cas pour l'abbaye du Mont-Saint-Michel dont l'architecture est cependant hardie et délicate.

La planche 1 donne en couleur la représentation de plusieurs échantillons de granite.

Porphyres. — Le porphyre, roche feldspathique, se compose de cristaux irréguliers, parfois assez gros, noyés dans une pâte amorphe plus ou moins vitreuse. L'aspect de cette pierre est caractéristique.

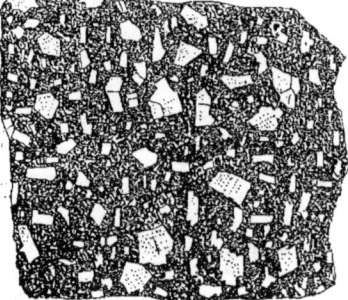

Fig. 1.

Le mot de porphyre indique une couleur rouge de feu; l'antiquité ne connaissait, en effet, que le *porphyre rouge antique*, que l'on trouve à chaque pas dans les monuments de la vieille Égypte. « Aujourd'hui, dit M. Jeannetaz, le nom de porphyre est appliqué à des roches qui peuvent bien, en général, servir de marbres durs, mais qui sont d'une couleur quelconque et qui ont pour caractère d'offrir, sur un fond ou pâte à éléments indiscernables, des cristaux à formes plus ou moins régulières, séparés du chaos général où restent confondus les autres éléments de la roche. » Cette pâte forme quelquefois la roche à elle seule. Lorsqu'elle est de nature feldspathique, on l'appelle *pétrosilex*, parce qu'elle ressemble au silex dont elle se distingue par sa fusibilité au chalumeau. Le pétrosilex porte parfois le nom d'eurite.

Le porphyre est encore plus dur que le granite ; lorsqu'il est poli, c'est une pierre précieuse qui, par sa constitution physique, est d'un excellent effet décoratif, lorsque les cristaux disséminés sont d'une certaine grosseur.

Sur la planche 1 on voit représentés en couleur quatre échantillons de porphyre, parmi lesquels le rouge antique.

Le porphyre est, avant tout, une pierre d'ornement et de luxe ; elle trouve son application dans les mosaïques, les sculptures et les colonnades.

On travaille dans l'usine de *Servance (Haute-Saône)* plusieurs porphyres précieux pour l'ornementation des édifices :

1° Le porphyre vert de Belonchamp, qui a fourni les bases des colonnes du vestibule de l'Opéra, à Paris ; c'est une mélaphyre, essentiellement formée de feldspath labrador d'un vert bleuâtre et de pyroxène augite, vert clair, susceptible d'un beau poli. Poids du mètre cube : 2,845 kilogrammes ; charge d'écrasement par centimètre carré : 1,360 kilogrammes ;

2° Le porphyre vert de Brelhafy, analogue au précédent, de nuance un peu plus foncée. Poids : 2,820 kilogrammes ; charge d'écrasement : 1,120 kilogrammes ;

3° Le porphyre vert de Saint-Barthélemy, analogue au précédent. Poids : 2,780 kilogrammes ; charge d'écrasement : 900 kilogrammes.

Dans le Nivernais, on exploite le porphyre de Montreuillon, arrondissement de Château-Chinon. C'est un massif considérable, de 20 mètres de hauteur, d'un porphyre quartzifère, très dur, blanc verdâtre ou rouge, susceptible de poli. Poids du mètre cube : 2,460 kilogrammes ; charge d'écrasement par centimètre carré : 880 kilogrammes. Prix du mètre cube : 40 à 45 francs sur carrière.

Le porphyre commun sert depuis quelques années au pavage des rues, notamment à Paris ; il est très dur et ne s'use guère, mais il se polit à la longue, et la chaussée devient glissante et dangereuse ; on remédie en partie à cet inconvénient en n'employant que des pavés de petites dimensions ; les joints se trouvent très rapprochés et retiennent les pieds des chevaux lorsqu'ils glissent.

Le porphyre commun de Lessines et de Quenast (Belgique), brisé en fragments, donne un excellent caillou pour les chaussées d'empierrement.

Kersanton. — Le kersanton est une pierre très rare que l'on rencontre en Bretagne, où elle a servi à construire plusieurs églises gothiques.

C'est une roche feldspathique, très riche en mica ; elle joint à une durée séculaire une assez grande facilité de taille ; mais la présence des nombreuses paillettes de mica ne permet guère de polir les surfaces du kersanton. Le kersanton est peut-être la meilleure pierre de construction ; il est malheureux qu'elle ne soit pas plus répandue.

Le mètre cube de kersanton coûte, à Brest, environ 25 francs. On le rencontre à chaque pas en Bretagne, sous forme de croix et de calvaires.

Variolite. — La figure 9, planche 1, donne un échantillon de variolite de la Durance, c'est une roche diallagique, composée de plusieurs feldspaths. Elle a une densité considérable.

Euphotide. — La figure 11, même planche, représente un échantillon d'*euphotide* ou vert de Corse ; c'est encore une roche ayant pour éléments plusieurs feldspaths de forme différente avec une pâte serpentineuse.

Diorite. — La figure 10, même planche, représente la *diorite orbiculaire de Corse*, assemblage grenu de feldspaths anorthite et hornblende avec une petite quantité de quartz. « Les éléments affectent dans cette roche une disposition caractéristique ; ils s'y disposent fréquemment en espèces de membranes à peu près sphériques, où dominent alternativement l'anorthite et la hornblende ; dans une section quelconque on aperçoit nettement les zones, successivement blanches et noires ou d'un noir brunâtre, qui en résultent. Le centre des globules est grenu » (*Jeannetaz*). La densité de cette roche est 2,768.

Brèche universelle. — La brèche universelle, ou brèche verte d'Égypte, représentée par la figure 12, planche 1, tire son nom d'une quantité de fragments roulés appartenant à des roches très diverses : granites, porphyres, pétrosilex et autres. Les fragments arrondis, d'une couleur rose, grise, verdâtre, noire, etc., ont une grande dureté ; ils sont enveloppés dans une pâte de pétrosilex verdâtre qui n'est pas moins dure.

Cette pierre était exploitée en Égypte, dans la chaîne arabique, sur le chemin du Nil à la mer Rouge. Les Égyptiens en ont extrait des blocs de grandes dimensions, tels que le sarcophage, dit d'Alexandre, qui a 15 mètres de tour.

Les Romains eux-mêmes ont travaillé cette brèche, qu'on peut regarder comme une des matières les plus dures, les plus riches en couleur et les plus belles.

La variété de la brèche universelle, qui paraît surtout avoir été recherchée par les anciens, dit Delesse, est celle dont la couleur est verte ; elle est essentiellement formée de fragments de pétrosilex et de schiste argileux ; elle ne contient que rarement des cailloux de granite qui sont d'une dureté plus grande que celle de la roche et en rendent le travail difficile.

On rencontre, en Europe, des brèches analogues, quoique moins belles, formées de fragments légèrement arrondis et feldspathiques, réunis par un ciment qui est lui-même feldspathique. Nous citerons des brèches pétrosiliceuses qu'on trouve dans le Hainaut et dans les terrains dévoniens, au sud des Vosges, près de Thann et de Guebwiller.

Serpentine. — C'est un hydrosilicate de magnésie, qui était réputé jadis propre à guérir la morsure des serpents; roche compacte et grenue, ou lamellaire à feuillets inséparables; elle n'est pas fort répandue et cependant peut rendre quelques services en architecture.

La serpentine *des Querrades*, arrondissement de Draguignan, est compacte, dure, susceptible de poli et propre à l'ornementation ; elle a été employée à l'intérieur de divers monuments à Marseille.

En Corse, on exploite à *Bevinco*, près Bastia, une serpentine ou vert de mer, dure et tenace, de couleur verte, veinée de blanc, susceptible de poli, qui coûte 26 fr., à Bastia et s'expédie à Marseille et à Paris pour la marbrerie.

2° ROCHES VOLCANIQUES

Trachytes. — Les trachytes sont composés de grains fins et cristallins, laissant entre eux des vides dus probablement au dégagement des gaz contenus à l'origine dans la masse fluide ; ces vides donnent à la roche une texture poreuse, un aspect raboteux et la rend âpre au toucher, d'où son nom.

Les trachytes sont généralement de couleur claire, gris ou rougeâtres, ou tirant sur le vert, parfois ils prennent l'aspect du porphyre ; ce sont deux roches analogues comme composition et différant surtout par l'époque de leur formation ; les trachytes sont des roches récentes, dont les éléments essentiels sont des feldspaths.

On donne le nom de *Domite* au trachyte du Puy-de-Dôme, qui est gris mat et présente parfois des cristaux de feldspath avec des grains de quartz. Quand les cristaux deviennent nombreux, le trachyte devient une sorte de porphyre quartzifère. L'origine volcanique du trachyte est parfois bien nette, lorsqu'on le rencontre en coulées analogues à celles des laves ; il se présente aussi en filons et en dykes.

On appelle *andésite*, ou trachyte des Andes, des trachytes plus ou moins poreux, souvent granitoïdes ; la pâte est un feldspath vitreux, fusible au chalumeau.

A la famille des trachytes appartient encore la *phonolite*, qu'on trouve en masses compactes, gris verdâtre ou jaunâtre, qui se séparent en plaques dures et sonores, utilisées en quelques pays pour la couverture des bâtiments.

Quand la pâte des trachytes devient tout à fait vitreuse, on a l'*obsidienne*, qui a la cassure conchoïdale, l'aspect et la fragilité du verre, et qui devient la *ponce* lorsqu'elle est perforée de cavités entre-croisées.

A Philippeville, en Algérie, on trouve un trachyte porphyroïde qui se travaille facilement et qu'on emploie pour les constructions.

Au Mexique et dans plusieurs parties de l'Amérique, on se sert aussi des trachytes porphyroïdes comme pierres d'appareil.

En France, l'emploi du trachyte comme pierre de construction n'est à signaler qu'en Auvergne :

Le trachyte *du Mont-Dore*, Puy-de-Dôme, est commun, assez dur, gris de fer, à fines cellules ; la hauteur d'assise atteint 1 mètre. Le poids du mètre cube est de 2,300 kilog. et la résistance à l'écrasement par centimètre carré 590 kilog. ; il a servi à construire les édifices du Mont-Dore et de la Bourboule.

Le trachyte *de la Pradette*, arrondissement du Puy, sert aux constructions de luxe de la ville du Puy ; il pèse 2,600 kilog. et la charge d'écrasement est de 880 kilog.

Dans *le Cantal* on exploite les trachytes d'Angoules, de Molèdes près Murat, et de Faillitou près Thiézac ; le premier est porphyroïde, demi-dur et blanchâtre, pèse 2,400 kilog. et s'écrase sous une charge de 400 kilog. ; le second est celluleux, assez dur, gris de fer clair, pèse 2,150 kilog. et s'écrase sous une charge de 300 kilog. ; le troisième est porphyroïde, assez dur, gris blanc ; il a servi, comme le second, à la construction des ouvrages d'art du chemin de fer d'Arvant au Lot et des édifices publics d'Aurillac.

En Toscane, on s'est servi du trachyte comme pierre réfractaire.

Basaltes. — Les basaltes sont des masses éruptives ayant formé des coulées comme des laves ; d'un noir bleu ou gris, homogènes et tenaces, plus durs que l'acier, ils sont parfois poreux et magnétiques. Ils se présentent sous forme de terrasses ou de murailles ayant recouvert comme un chapeau les terrains plus anciens.

C'est en Auvergne et dans l'Ardèche que l'on rencontre, en France, le basalte.

C'est, en somme, une pierre de construction peu importante ; elle n'est guère employée que comme moellons.

Nous avons vu que les masses basaltiques se présentaient parfois comme un assemblage de prismes hexagonaux juxtaposés comme de longues colonnes. On les utilise pour en faire des bornes ou des piliers, et elles se prêtent parfaitement à l'exécution de murs à pierres sèches d'une grande solidité.

Le basalte donne encore des pavés et surtout d'excellents cailloux pour l'empierrement.

Laves. — La lave est une pierre volcanique qui provient de la solidification des coulées minérales sorties du cratère à l'état liquide. Elle est poreuse, très résistante, relativement facile à tailler et à refouiller ; par sa nature, elle se rapproche beaucoup de la pouzzolane, et contracte pour le mortier une grande adhérence, due en partie à la combinaison chimique.

Par sa couleur gris sale, la lave donne malheureusement un aspect sombre et triste aux monuments.

Les laves les plus connues sont celles d'Agde, de Volvic et d'Andernach.

A côté des laves, il faut placer les tufs volcaniques, pierres légères et résistantes, dont on fait un grand usage à Rome et à Naples ; ce sont des fragments de lave agglutinés par un ciment.

La *lave de Volvic* s'exploite dans la commune de ce nom, à 10 kilomètres de Riom (Puy-de-Dôme); c'est une lave dure, d'un gris noir, celluleuse, facile à travailler. La hauteur d'assise va jusqu'à $0^m.80$. Le poids du mètre cube varie de 2,000 à 2,300 kilog. et la charge d'écrasement par centimètre carré de 300 à 400 kilog. Le prix est de 35 à 40 fr. en gare de Riom. Les monuments publics de Clermont-Ferrand et les ouvrages d'art du Puy-de-Dôme sont construits en lave de Volvic.

Plusieurs monuments du Puy sont construits avec la *brèche volcanique de Polignac*, extraite dans le voisinage ; c'est un tuf volcanique, bréchoïde, gris foncé, assez dur, pesant 2,150 kilog. et s'écrasant sous une charge de 380 kilog.

On exploite à *Bouzentès* (Cantal) une lave basaltique ou dolérite, dure, noire d'ardoise, celluleuse, pesant 2,680 kilog. et s'écrasant sous une charge de 550 kilog.; elle a servi à construire les édifices de Saint-Flour.

La lave de *Vines*, arrondissement d'Espalion (Aveyron), est basaltique, assez dure, gris d'ardoise, celluleuse, propre à la sculpture et à l'ornementation.

La pierre volcanique d'*Agde*, lave balsatique, noire d'ardoise, dure, bulleuse, est employée pour les ouvrages d'art des ports d'Agde, de Cette et autres ports du littoral ; hauteur d'assise habituelle : $0^m.50$, poids du mètre cube 2,360 kilog. Charge d'écrasement : 400 à 560 kilog. par centimètre carré. Prix du mètre cube : 38 fr. sur carrière.

Une variété de la brèche volcanique des environs du Puy, la *brèche de Denise*, est réfractaire et très légère, puisque son poids est seulement de 1,600 kilog. le mètre cube. Elle s'emploie spécialement pour construire les fours de boulanger.

Une grande partie de Mexico est construite avec une lave bulleuse appelée *tezontle*. Noire, brune foncée, rouge ou violacée, elle est très légère, se taille facilement et naturellement, à cause de ses nombreuses cavités, elle a pour le mortier une grande adhérence. Broyée, elle joue le rôle d'une pouzzolane énergique et donne avec la chaux ordinaire de bon mortier hydraulique. Il en est de même, du reste, du sable que l'on fabrique en broyant une roche volcanique quelconque.

3° ARDOISES

Le géologue range parmi les roches silicatées, famille des micaschistes, les *phyllades*, schistes argileux micacés, qui fournissent les ardoises et les pierres tégulaires. Le mot phyllade (de *phullon*, feuille) indique la propriété qu'ont ces roches de se diviser en feuillets minces. On les trouve au-dessus des terrains primitifs, dans les terrains de transition; elles viennent comme âge après la série des gneiss, des micaschistes et des schistes.

La division en feuillets s'opère, non pas suivant des plans parallèles aux plans de stratification, mais dans une direction généralement oblique ;

chaque feuillet présente individuellement une grande cohérence et une solidité que l'on ne soupçonnerait pas.

Les surfaces de séparation sont plates, parfois un peu esquilleuses ; elles sont luisantes et dans certains cas satinées. Leur poussière est douce au toucher et fusible au chalumeau. Le microscope montre que ces roches renferment une multitude d'éléments cristallins enfermés dans une pâte de couleur variable.

La couleur noire est due à des particules charbonneuses ; les teintes rouge, jaune, violet ou verdâtre sont dues à des oxydes de fer ; le vert est produit par la chlorite ou par des substances organiques.

En même temps que le plan principal de division, certains phyllades présentent un autre plan secondaire perpendiculaire ou oblique au premier ; quelquefois même la roche se débite en baguettes, crayons d'ardoise.

Il y a des phyllades imprégnés de silice qui en augmente la dureté, et qui servent de pierres à aiguiser.

Les principales ardoises employées en France sont les suivantes :

Ardoises d'Angers. — L'ardoise de l'Anjou, dit M. l'ingénieur Delesse, s'exploite depuis un temps immémorial. Elle a une couleur noire ou noire bleuâtre. Elle est très schisteuse et peu compacte ; cependant elle résiste assez bien à l'action mécanique ou chimique des agents atmosphériques. Elle renferme seulement quelques millièmes de pyrite de fer qui n'est pas intimement disséminé dans sa pâte, mais qui y forme de petits nodules isolés, ce qui permet de rejeter les échantillons qui en renferment trop. Lorsqu'elle est immergée, elle s'imbibe d'une quantité d'eau qui va en croissant avec son épaisseur. Cette quantité d'eau est plus grande que celle qui est prise dans les mêmes circonstances par l'ardoise anglaise ; car, tandis que cette dernière n'absorbe que 0,0002 de son poids pour une épaisseur de 3 millimètres, l'Ardoise de l'Anjou en absorbe 0,0005, c'est-à-dire plus du double, pour une épaisseur qui est seulement de 2 millimètres. M. Blavier a cherché la résistance à la rupture d'ardoises ayant différentes épaisseurs. Il a opéré sur des ardoises carrées de $0^m,25$, reposant par leurs quatre côtés sur un cadre bien dressé et chargées directement sur une surface de 1 décimètre carré. Les charges nécessaires pour la rupture sont données par le tableau ci-dessous :

ÉPAISSEUR DE L'ARDOISE	CHARGE
MILLIMÈTRES	KILOGRAMMES
1	8
2	35
3	50
4	90
5	120
6	150
7	170

On voit que la résistance de l'ardoise à la rupture augmente rapidement avec son épaisseur. Il y a donc avantage à employer des ardoises épaisses, et l'expérience a montré, en effet, que l'ardoise d'Angers ne peut durer que vingt-cinq ans lorsqu'elle est très fine, tandis qu'elle dure plus d'un siècle lorsque son épaisseur est convenable.

Le tableau suivant donne les dimensions, ainsi que les poids et les prix, des ardoises d'Angers, tant pour les modèles français que pour les modèles anglais. Ces données sont rapportées à 1040 ardoises.

DÉSIGNATION DES ARDOISES	DIMENSIONS EN MILLIMÈTRES			POIDS DE 1040 ARDOISES	PRIX DE 1040 ARDOISES		NOMBRE D'ARDOISES par MÈTRE CARRÉ
	Hauteur	Largeur	Épaiss.				
1° Ardoises ordinaires				kilgr.	Fr.		
1re carrée, grand modèle	324	222	2.7 à 3.5	520	41	»	42
1re carrée, demi-forte	297	216	»	410	37	»	47
1re carrée, forte	»	»	2.8 à 4	540	40	»	47
2e carrée, forte	»	195	2.7 à 3.5	410	29	»	52
Grande moyenne, forte	»	180	»	380	24	»	55
Petite moyenne, forte	»	162	»	330	18	»	62
Moyenne	270	180	»	355	18	»	61
Flamande n° 1	»	162	»	320	14	50	69
Flamande n° 2	»	150	»	300	14	»	74
3e carrée, n° 1	243	180	»	310	14	»	72
3e carrée, n° 2	»	150	»	265	11	50	82
4e carrée ou cartelette n° 1	216	162	»	260	11	50	88
Id. ou cartelette n° 2	»	122	2.7 à 4	200	8	50	114
Id. ou cartelette n° 3	»	95	2.7 à 4	150	5	»	146
2° Ardoises non échantillonnées							
Poil taché	297	168	2.7 à 4	400	17	»	70
Poil roux	270	141	»	300	11	»	80
Héridelle	380	108	»	480	12	»	»
3° Ardoises taillées à la mécanique							
Grande écaille	296	198	2.8 à 4	500	50	»	50
Petite écaille	230	132	2.7 à 3.5	240	24	»	94
Ardoise découpée	300	170	»	300	53	»	60
4° Modèles anglais							
Numéros 1	640	360	4.5 à 6	3,100	245	»	10
— 2	608	»	»	2,900	220	»	10,5
— 3	»	304	»	2,450	175	»	12,4
— 4	558	279	»	2,090	160	»	15
— 5	508	254	3,8 à 5	1,460	125	»	18,3
— 6	458	»	»	1,330	100	»	20,7
— 7	406	203	»	860	70	»	29,9
— 8	355	»	»	710	55	»	35,2
— 9	»	177	»	630	50	»	40,3
— 10	305	165	»	470	37	»	52,6
— 11	360	254	»	960	75	»	28,1
— 12	304	203	»	620	49	»	42,8

Le *pureau*, ou partie visible de chaque ardoise sur le toit, est calculé en comptant sur un recouvrement du tiers de la hauteur pour les modèles ordinaires et sur un recouvrement uniforme de 0^m08 pour les modèles anglais.

L'adoption des modèles anglais, qui sont plus grands que ceux qu'on avait l'habitude d'employer en France, a été un grand progrès réalisé par les ardoisières de l'Anjou ; ces modèles présentent plus de résistance aux chocs, aux vents et à l'humidité ; aussi les constructeurs sérieux les préfèrent-ils, malgré leur prix plus élevé.

Résistance des dalles en schiste ardoisier. — MM. Blavier et Brossard de Corbigny ont procédé à des expériences comparatives sur la résistance à la rupture du schiste ardoisier et de quelques autres pierres telles que les marbres communs.

« Le schiste ardoisier d'Angers, disent-ils, est éminemment propre par sa structure à la confection de plaques ou dalles de dimensions souvent très considérables. La facilité avec laquelle le schiste se divise dans le sens de la stratification, le rend plus propre à cet usage que les autres pierres employées dans le même but, notamment les marbres communs et la pierre dite *de Tonnerre*, ces dernières roches exigeant l'emploi de la scie pour être divisées en dalles, tandis que le schiste tégulaire se laisse fendre avec une grande facilité suivant des plans parallèles. »

Sous le rapport de la résistance, le schiste l'emporte encore, comme le montrent les expériences ci-après qui ont porté sur des plaques de 1 mètre de longueur, 0^m16 à 0^m30 de largeur, et 8 à 50 millimètres d'épaisseur, soutenues par deux règles en bois, dont on pouvait mesurer l'écartement, et chargées en leur milieu par un tasseau en bois, sur lequel on empilait des ardoises une à une jusqu'à ce que la rupture s'en suivît. On pesait alors la charge de rupture et l'on calculait la résistance R par la formule connue :

$$\frac{Pl}{4} = \frac{R.bc^2}{6}$$

dans laquelle P est la charge de rupture,

l la portée de la dalle,

b sa largeur et c son épaisseur,

R la résistance à la rupture par mètre carré de matière.

Les expériences ont porté sur :

1° Du schiste taillé dans le sens du long de la pierre ;

2° Du schiste taillé dans le sens perpendiculaire au précédent, c'est-à-dire en travers ;

3° De la pierre de Tonnerre ;

4° Du marbre gris de la Mayenne.

La résistance moyenne, valeur moyenne de R, a été :

Pour l'ardoise en long................	5,621.000
Pour l'ardoise en travers.............	2,733,000
Pour le marbre......................	1,140,000
Pour la pierre de Tonnerre...........	630,400

Ces chiffres mettent en évidence la grande supériorité de l'ardoise. — A égalité de résistance, l'épaisseur de la même plaque étant 1 pour l'ardoise en long, devra être 1.40 pour l'ardoise en travers, 2,41 pour le marbre et 2,98 pour la pierre de Tonnerre.

Dans les calculs de résistance pratique, il faudrait, cela va sans dire, adopter le cofficient de sécurité 1/10.

On remarquera que la résistance de l'ardoise en long s'écarte peu de celle du bois de chêne, que l'on considère souvent comme égale à 6,000,000.

Densité de l'ardoise. — Les densités comparatives sont les suivantes :

Ardoise d'Angers, veine du Sud.	2,886
— veine du Nord	2,856
Ardoise de Rimogne (Ardennes)	2,813
Ardoise de Fumay (Ardennes)	2,819
Marbre gris de la Mayenne.	2,709
Pierre de Tonnerre	2,525

Comme cela arrive d'ordinaire, la résistance à la rupture décroît en même temps que la densité.

Production des ardoisières d'Angers. — Le syndicat des anciennes sociétés réunies s'étend sur trois communes : Angers, Saint-Barthélemy, Trelazé. L'exploitation remonte au XIIe siècle.

Elle emploie 18 machines à vapeur de près de 300 chevaux de force, 190 chevaux, 2,700 ouvriers. Elle produit 157 millions d'ardoises; cinq millions environ sont du modèle dit anglais; le tout pèse 64,000 tonnes et peut couvrir une toiture de 278 hectares de superficie.

La valeur annuelle des ventes est supérieure à 4 millions de francs. Les ardoises se répandent en France et à l'étranger par les chemins de fer, par la Loire et ses affluents, et par le port de Nantes qui, en 1875, a donné un fret de 6,400 tonnes d'ardoises à 33 navires en destination du nord de l'Europe.

Le schiste ardoisier ne s'emploie pas seulement comme ardoises, mais, débité en plaques de grandes dimensions, il est converti en tables de billard, urinoirs, lavabos, revêtements, dallages, etc.; la préparation de ces plaques occupe 40 ouvriers avec un moteur de 15 chevaux actionnant 10 bancs de scie circulaire, 5 rabotteuses et 1 polissoir.

Depuis 1871, l'épaisseur minima des ardoises ordinaires a été portée de 22 à 25 dixièmes de millimètre, et celle des modèles anglais de 35 à 38 dixièmes de millimètre.

Ardoises de Renazé (Mayenne). — Les anciennes ardoisières de Renazé (Mayenne), réunies comme celles d'Angers en un syndicat, ont pris, dans ces dernières années, une grande importance.

« Le schiste ardoisier de Renazé, dit M. l'ingénieur en chef Lodin, est d'une belle couleur bleu foncé, très résistant et très dense ; il est d'une assez grande pureté et ne renferme que très peu de pyrites, ainsi qu'il est facile de s'en assurer par l'absence presque complète d'efflorescences sur les ardoises exposées à l'air depuis longtemps.

« Sa grande fissilité et son peu de perméabilité permettent de fabriquer des ardoises très régulières d'épaisseur, à surfaces lisses, sans nœuds et sans fissures; presque inaltérables sous l'influence de l'air et de l'humidité, elles forment des toitures d'une grande solidité et d'une longue durée. »

La résistance de ces ardoises est analogue à celle des ardoises d'Angers. L'ardoise de Renazé est toujours bien plane et exige pour la pose un voligeage parfait et un ouvrier soigneux ; mais on ne saurait considérer cela comme un inconvénient dans une bonne construction.

Le groupe de Renazé comprend actuellement six ardoisières en activité, occupant 1,150 ouvriers; la production du groupe a été, en 1884, de 84 millions d'ardoises, bien que les gares les plus proches soient encore éloignées de 10 kilomètres. Les prix et les modèles sont les mêmes qu'à Angers.

On ne fabrique pas, à Renazé, les objets en schistes sciés et polis, mais seulement les ardoises pour toitures.

Ardoisières des Ardennes. — *Fumay et Rimogne.* — L'ardoise de Sainte-Anne, à Fumay, passe généralement pour la meilleure des Ardennes. « C'est une ardoise très fissile, susceptible de se diviser en un grand nombre de feuillets larges et minces d'une épaisseur bien égale. Elle a une couleur bleue, rouge, verte ou violette. Elle est dure, sonore et peu fragile. Elle se laisse tailler et percer facilement. D'après Gilet de Laumont, elle est supérieure à l'ardoise d'Angers; car elle est plus dense, elle absorbe moins d'eau, la force nécessaire pour la briser est plus grande, et enfin elle a plus de durée. »

L'ardoise de Rimogne est très flexible, ce qui est précieux pour la pose; par suite, elle résiste mieux aux chocs. Elle est, du reste, de très bonne qualité, et quelques architectes la mettent au-dessus de la précédente. Les échantillons sont souvent de qualité variable, et l'ardoise est d'autant meilleure qu'elle provient d'une couche plus profonde. L'ardoise de Rimogne fournit de bons tableaux pour écrire.

L'ardoise grande, carrée, de 0^m30 sur 0^m22, coûte, à Sainte-Anne, 23 francs le mille, et 20 francs à Rimogne.

L'ardoise commune de 0^m26 sur 0^m14 coûte, à Sainte-Anne, 14 francs, et 6 fr. 50 à Rimogne.

Les crayons et les ardoises noires polies, sur lesquelles on écrit, sont fabriqués particulièrement à Monthermé, dans les Ardennes.

L'ardoise de Rimogne est souvent vert grisâtre, surtout quand elle est grenue et qu'elle contient des cristaux de fer oxydulé disséminés.

Les ardoises sont taillées soit à la main, soit à l'aide d'un petit métier peu coûteux, auquel on donne le mouvement par le pied qui appuie sur une pédale. L'ouvrier place d'une main l'ardoise sur le métier et la retire taillée de l'autre main.

Rimogne donne de très belles ardoises pour la gravure et des tableaux à écrire.

Près de Fumay, la Société de Sainte-Barbe exploite un schiste ardoisier de 9 mètres d'épaisseur, qui se débite aisément en dalles, et donne, d'ailleurs, une ardoise mince, brillante, bien exempte de pyrites. Ce schiste se laisse scier avec la même facilité que le bois ; des scies circulaires et un polissoir servent à fabriquer des carreaux pour dallages.

Ardoisières diverses. — Dans les Côtes-du-Nord, les carrières de *Mur-de-Bretagne* et de *Caurel* fournissent à la région environnante environ 3 millions d'ardoises par an. Les carrières de *Saint-Gelven*, même département, en fournissent 5 millions.

Dans le Finistère, des ardoisières sont exploitées à *Carhaix* et à *Châteaulin*. L'ardoise de *Port-Launay* est très belle, elle a une couleur noire et prend très bien le poli.

Près de Caen on exploite, sur une petite échelle, l'ardoisière de *Caumont*.

Quelques millions d'ardoises sont fournies à la région des Pyrénées par les ardoisières de *Saint-Créac* et de *Lugagnan* (Hautes-Pyrénées), et par celles de la vallée de *Batsurguère*.

Depuis 1836, on exploite à *Brive* (Corrèze) des ardoisières dont les produits se répandent dans le voisinage.

Le *pays de Galles*, en Angleterre, donne des ardoises de couleur bleue et de belle qualité, qui sont justement renommées. L'exploitation de *Port-Maduc* est très importante.

Le Luxembourg belge renferme aussi des ardoisières qui fournissent à peu près la moitié de la consommation de la Belgique.

L'ardoise s'exploite soit à ciel ouvert, soit par mines. L'exploitation à ciel ouvert a lieu dans une immense excavation appelée perrière, que l'on descend par gradins droits. Dans l'Anjou, les couches schisteuses sont verticales, ou font avec l'horizon un angle d'au moins 75°. On attaque les gradins successifs, de manière à détacher avec des coins en fer des blocs empruntés aux parois verticales. Les blocs sont amenés dans des bennes à la surface du sol, et là on les débite, sur les tas de déblais ; on en détache d'abord les répartons qui ont 0^m02 à 0^m03 d'épaisseur, et que l'on divise ensuite en ardoises brutes en se servant d'un ciseau plat et d'un maillet ; enfin, on donne à l'ardoise la forme voulue en la taillant sur un billot de bois.

On a inventé, il y a quelques années, un petit métier simple et peu coûteux pour la taille des ardoises.

L'exploitation par mines se fait au moyen de puits inclinés, aboutissant à des galeries que l'on exploite à peu près comme on fait à ciel ouvert, si ce n'est qu'on laisse des piliers de place en place.

Ardoise émaillée. — L'ardoise émaillée, inventée par un Anglais, M. Magnus, est employée en Angleterre, sur une très vaste échelle, pour la décoration intérieure des édifices publics et privés.

L'ardoise, soumise à une chaleur graduée, dans un four, ne s'altère pas, mais devient dure et résistante. L'ardoise émaillée se fabrique par la cuisson de l'ardoise ordinaire qu'on a préalablement recouverte d'un vernis coloré. Le vernis tenant les couleurs en suspension est versé sur un bain d'eau et il surnage ; on applique la surface de l'ardoise sur le bain et elle prend la couleur ; on la porte ensuite dans des fours chauffés vers 200°, où elle reste pendant douze heures ; l'opération est répétée trois fois. En en sortant, elle possède une grande résistance, bien supérieure à celle du marbre ; le vernis s'est vitrifié, et pour le rendre brillant on le polit avec de la potée d'étain ou du tripoli.

En variant les couleurs, on imite de la sorte toutes les espèces de marbres, des mosaïques, des dessins de toutes espèces, et cela à un prix bien inférieur à celui du marbre.

On fabrique avec l'ardoise émaillée de très belles baignoires, des poêles, des cheminées.

A vrai dire, ce sont des ardoises *vernissées* et non émaillées ; la couleur appliquée sur l'ardoise est protégée par un flux vitreux, bien transparent et fusible, formé en partie de borax.

Il importe que les variations de température pendant la fabrication soient lentes, sans quoi l'ardoise se fendillerait et le vernis n'aurait pas d'adhérence.

Les couleurs employées sont exclusivement minérales.

La peinture conserve tout son éclat et les imitations de marbres, de porphyres et de serpentines, sont parfaites.

Si l'ardoise émaillée ne résiste pas à l'air extérieur, elle peut très bien être employée à l'intérieur des appartements.

L'Angleterre est très pauvre en marbres ; comme l'ardoise émaillée imite très bien le marbre et coûte moins cher, il est facile de comprendre pourquoi l'usage s'en est répandu.

Lave émaillée. — Du produit précédent il convient de rapprocher la lave émaillée qui a été fabriquée en France avec la lave de Volvic, dont nous avons parlé plus haut.

Cette lave est sciée en grandes tranches de un ou deux centimètres d'épaisseur. Sur la face qui doit rester apparente on applique un contre-émail pour boucher les cellules de la pierre, puis on applique au pinceau l'émail blanc plombeux et stannifère destiné à remplacer la face brune de la pierre. La plaque est alors portée au rouge naissant dans un four où l'émail fond sans arriver à l'état de fluidité.

Les peintures sont ensuite exécutées sur l'émail à fond blanc ainsi préparé et l'expérience montre qu'elles résistent bien aux intempéries. L'émail est bien adhérent, mais toujours un peu craquelé, à cause de la différence du retrait qu'il présente par rapport à la pierre.

L'usage de la lave émaillée ne s'est pas développé, bien qu'elle eût convenu à la décoration extérieure et à la peinture monumentale et qu'elle fût beaucoup plus durable que la tôle émaillée.

La tableau du portail de l'église Saint-Vincent-de-Paul, à Paris, était formé de quatre dalles de lave émaillée d'une superficie de 14 mètres carrés.

4° GRÈS

Les grès appartiennent à la famille des roches quartzeuses. Ils sont composés de grains irréguliers agglutinés après leur dépôt par un ciment de même nature ou de nature différente, et, quand le ciment fait défaut, le grès est resté à l'état de sable.

Généralement les grains sont quartzeux, mêlés quelquefois de feldspath ou de mica, et le ciment peut être siliceux, calcaire ou argileux; quelquefois il est composé.

Les grains de quartz du grès sont généralement limpides ou d'un blanc grisâtre et dominent par rapport au ciment.

Le *grès siliceux*, à ciment de silice, offre une cassure esquilleuse et plus ou moins conchoïdale; il est un peu translucide; il est dur et cohérent. C'est lui qui donne les meilleurs pavés.

Le *grès calcarifère* présente un ciment calcaire parfois mêlé de mica ou de glauconie (la glauconie est un silicate de protoxyde de fer et de potasse hydratée); l'acide chlorhydrique dissout le ciment calcaire et laisse les grains de quartz; il laisse aussi l'argile si le ciment est marneux.

Il y a des *grès argileux* à ciment jaune, verdâtre ou rougeâtre, plus ou moins ferrugineux; on les trouve dans les grès rouges et bigarrés de l'Angleterre et des Vosges.

Les *grès glauconieux* existent dans le nord de la France, et il se rencontre aussi des *grès bitumineux* dont la coloration noire est due au bitume qu'ils renferment.

On appelle *grès arkose* un grès à grains de quartz ou de feldspath dont les couches se rencontrent dans le grès bigarré des Vosges. Le ciment est souvent calcaire et cristallin, parfois argileux. Suivant la grosseur des grains, le grès se présente comme tel ou ressemble à un conglomérat; il prend alors une apparence de porphyre et, quand il renferme en outre des lamelles de mica, on l'appelle *granit recomposé*.

Le *grès psammite* comprend des grains de quartz ou de feldspath avec paillettes de mica, agglutinés par un ciment argileux, coloré de teints rouges ou bleuâtres par des oxydes de fer ou de cuivre. Cette roche est schisteuse et se trouve dans les grès bigarrés.

La *mollasse* est un grès des Alpes, à grains de quartz et de feldspath agglutinés par un ciment calcaire ou marneux peu consistant; il renferme aussi des grains de calcaire et de glauconie et des paillettes de mica. C'est une roche sans résistance, comme son nom l'indique.

Le grès, produit surtout par des causes mécaniques, se trouve dans tous les terrains, et les montagnes qu'il forme sont arrondies en dôme.

Bien que le grès soit une pierre de construction assez vulgaire, souvent dépourvue de résistance malgré sa lourdeur, elle n'en est pas moins employée en bien des pays. On admire, sur les bords du Rhin, beaucoup de monuments en grès rouge qui n'ont pas souffert des injures du temps.

En nous servant du catalogue des échantillons des matériaux de construction réunis par le Ministère des Travaux publics à l'occasion de l'Exposition de 1878, catalogue dressé par M. l'ingénieur Léon Durand-Claye, nous avons établi le tableau suivant des grès employés en France comme matériaux de construction :

Tableau des principaux grès français.

DÉPARTEMENTS	NOM DE LA CARRIÈRE OU DE LA PIERRE	ÉTAGE géologique.	QUALITÉS DU GRÈS	HAUTEUR D'ASSISE	POIDS DU MÈTRE CUBE	CHARGE D'ÉCRASEMENT par centim. carré.	PRIX DU MÈTRE sur carrière.	EMPLOIS REMARQUABLES
				mètres.	kilog.	kilog.	francs	
ORNE	Domfront.	Silurien.	Quartzite très dur, gris bleuâtre.	0,20—0,40	3,630	1,900	40	Pierres de taille, moellons et pavés.
	Pouvrai.	T. miocène.	Grès quartzeux, très dur, jaune roux ou blanc	»	2,540	983	65	Socles, plinthes, bordures et pavés.
MAINE-&-LOIRE	Vieil-Baugé.	Tertiaire miocène.	Grès siliceux, demi-dur, bleu, grain très fin.	0,20—,50	»	»	30	Pont et quai, à la Flèche.
	Gennes.	Tertiaire miocène.	Grès siliceux, assez dur, bleu, grain très fin.	2,00	»	»	60	S'emploie dans la région.
ILLE-&-VILAINE	Vitré.	Silurien.	Siliceux, tendre, blanc grisâtre, grain fin.	0,25—0,35	»	»	28	Édifices de Vitré et viaduc.
EURE-ET-LOIR	Saint-Denis-d'Authon.	Craie chloritée.	Grès siliceux, dur, nuances variables.	6,00	2,400	700	50	Soubassements, bordures et pavés, à Nogent-le-Rotrou.
HAUTE-MARNE	Provenchères.	Trias, grès infraliasique.	Siliceux blanchâtre, grain fin et serré, poreux et homogène.	0,30—1,00	2,060	550	22	Église et pont de Provenchères; meules à aiguiser.
MEURTHE-ET-MOSELLE	Merviller.	Trias, grès bigarré.	Assez dur, blanc et rouge, grain fin.	0,60—1,00	2,120	400	17	Ouvrages d'art du canal de la Marne au Rhin et de la ligne de Paris à Strasbourg.
VOSGES	Châtillon.	Trias, grès bigarré.	Grès micacé, dur, blanc grisâtre.	2,00	2,050	290	20	Ponts et ouvrages d'art, près Jussey.
—	Lerrain.	Trias, grès bigarré.	Grès micacé, demi-dur, veiné de blanc verdâtre et de rose.	1,00	2,010	375	20	Ponts et édifices, près Mirecourt.

	Localité	Étage	Description				Emploi
VOSGES	Saint-Dié.	T. permien.	Grès vosgien, siliceux, dur, rosâtre	4,00	2,110	360	20	Ponts et cathédrale de Saint-Dié.
—	Belval.	id.	Grès siliceux, dur, rouge	0,04—0,30	2,340	380	»	Dalles et pavés.
—	Épinal.	id.	Grès vosgien type, rougeâtre, dur	1,00	2,110	230	»	Constructions locales.
HAUTE-SAONE	Luxeuil.	Trias, grès bigarré.	Micacé, blanc jaunâtre ou rose, grain fin	0,80—1,00	2,010	240	25	Constructions locales.
—	St-Germain.	Trias, grès bigarré.	Siliceux, très fin, demi-dur, blanc et violet	0,35—1,0	2,050	250	22	Église de Luxeuil, ligne d'Aillevillers à Lure.
—	Frédéric-Fontaine.	Trias, grès bigarré.	Siliceux, très fin, demi-dur, variant du rouge au blanc	0,70—1,00	2,115	480	35	Édifices de Lure; ligne de Belfort à Delle.
—	Senargent.	Trias, grès bigarré.	Micacé, assez dur, blanc grisâtre, grain fin	0,50—1,00	2,170	300	25	Édifices de Montbéliard; forts de Belfort.
BELFORT	St-Germain.	Trias, grès bigarré.	Fin demi-dur, rouge, propre à la sculpture	0,30—0,60	2,050	330	30	Édifices et ponts du pays.
—	Offemont.	T. permien, Trias, grès bigarré.	Grès rouge, arkose, très dur, rougeâtre	2,00	2,300	560	32	Fortifications de Belfort.
ALLIER	Coulandon.	Marnes irisées.	Siliceux, micacé, demi-dur, rouge violacé, grain fin	0,30—0,80	2,300	335	30	Édifices de Belfort.
—	Montvicq.	it.	Grès assez dur, blanc roux, grossier	0,33—0,60	1,900	65	32	Pont sur l'Allier; édifices de Moulins.
—			Grès siliceux, demi-dur, blanchâtre	0,30—3,00	2,100	150	30	Églises; ouvrages d'art et gares, près Montluçon.
CORRÈZE	Gramout	Trias, grès bigarré.	Grès demi-dur, gris jaunâtre, grain fin	0,30—1,00	2,080	165	22	Édifices de Brive.
—	Collonges.	Trias, grès bigarré.	Demi-dur, rouge brique, grain fin, se sculpte	0,30	2,140	340	18	Ponts; préfecture de Tulle.
PUY-DE-DOME	Ravel.	T. arcien.	Arkose granitoïde, demi dur, blanchâtre	0,50	2,180	420	35	Édifices de Thiers.
LOIRE	St-Étienne.	T. houiller.	Assez dur, blanc gris, noircit à l'air	2,00	2,100	190	35	Seule pierre employée à Saint-Étienne.
HAUTE-LOIRE	Blavozy.	Éocène.	Arkose granitoïde, dur, blanchâtre, grain moyen	2,00	2,300	600	35	Très employé au Puy.
AVEYRON	Saint-Félix.	T. permien.	Grès siliceux, assez dur, rouge brique, se sculpte	0,40—0,70	»	»	40	Édifices de Rodez.
—	Caissiols.	T. jurassique.	Feldspathique, dur, blanchâtre, grain moyen	2,00	»	»	50	Édifices de Rodez.

Tableau des principaux grès français (*suite*).

DÉPARTEMENT	NOM DE LA CARRIÈRE ou DE LA PIERRE	ÉTAGE géologique.	QUALITÉS DE LA PIERRE	HAUTEUR D'ASSISE	POIDS DU MÈTRE CUBE	CHARGE D'ÉCRASEMENT par centimètre carré.	PRIX DU MÈTRE CUBE sur carrière.	EMPLOIS REMARQUABLES
				mètres.	kilog.	kilog.	francs.	
AVEYRON	Agladièves.	T. jurassique.	Feldspathique, assez dur, blanc rosé, grain irrégulier.	0,80	»	»	20	Ligne de Rodez à Millau.
—	Saint-Affrique.	Trias.	Siliceux, demi-dur, blanchâtre, grain fin.	1,00—6,00	»	»	30	Édifices de Saint-Affrique.
SAONE-␣-LOIRE	Rigny.	T. houiller.	Quartzeux, tendre, grisâtre, durcit à l'air.	0,80—1,00	»	»	30	Édifices d'Autun.
HAUTE-SAVOIE	Aysse.	Miocène.	Calcarifère, argileux, assez dur, gris clair bleuâtre.	2,00	»	»	»	Balcons, marches et dallages dans la Haute-Savoie et à Genève.
SAVOIE	Molasse-de-Cornin.	id.	Grès calcarifère demi-dur, gris verdâtre, grains très fins, durcit à l'air.	indéfinie.	2,250	230	25	Édifices d'Aix-les-Bains.
ARDÈCHE	Praules.	Trias.	Grès quartzeux, assez dur, blanchâtre, grain moyen.	1,00—1,50	»	»	30	Ouvrages d'art des chemins de fer.
DROME	Châteauneuf-d'Isère.	Miocène.	Molasse, grès argilo-calcaire, tendre, blanchâtre.	0,40—0,50	»	»	15	Édifices de Valence; canal de la Bourne.
BASSES-ALPES	Le Rocher-Coupé.	id.	Calcarifère marneux, demi-dur, blanc gris.	0,50	»	»	40	Ouvrages d'art, près Digne.
HÉRAULT	Lodève.	Trias, grès bigarré.	Siliceux, tendre, blanc, poreux, durcit à l'air.	0,40—0,50	2,060	240	22	Édifices et ouvrages d'art, près Lodève.

AUDE	Villepinte.	Miocène.	Calcarifère, tendre, grisâtre, grains assez fins.	5,00	»	24	S'emploie à Castelnaudary.
—	Laure.	id.	Calcarifère, assez dur, gris verdâtre nuancé.	2,00	»	53	Ouvrages d'art, près Carcassonne.
—	Villegly.	Ét. néocomien.	Calcarifère, assez dur, gris verdâtre, se sculpte.	»	»	80	Ponts de Villegly et de Carcassonne; ces deux grès s'exportent à Toulouse.
—	Alet.	Éocène.	Siliceux, tendre, durcit à l'air, gris clair.	1,00—4,00	»	50	Ligne de Carcassonne à Quillan; nombreuses meules à aiguiser.
LOT-ET-GARONNE	Cacare.	Miocène.	Calcarifère et argileux, tendre, gris, durcit à l'air.	5,00	»	9	Halle de Miremont.
TARN	Salles.	Trias.	Grès siliceux dur, rougeâtre, grain fin.	0,30	2,400	770	Soubassements, à Albi.
—	Lombers.	Miocène.	Calcarifère, demi-dur, gris clair rosé, durcit à l'air.	2,00—3,00	2,400	430	Lycée et pont d'Albi.
—	Castres.	id.	Calcarifère, tendre, gris cendré, durcit à l'air.	0,40—0,60	2,180	280	Gare de Castres.
ARIÈGE	Gudas.	Éocène.	Calcarifère dur, gris jaunâtre ou verdâtre.	0,90	2,620	470	Bahuts et couronnements de ponts.
GERS	Aignan.	Pliocène.	Calcarifère assez dur, gris jaune, durcit à l'air.	0,50—1,00	»	35	Pont de Tarsac sur l'Adour.
BASSES-PYRÉNÉES	Arrodoy.	Trias.	Siliceux, demi-dur, rouge brique, grain fin.	»	2,620	880	Ponts; fort de Saint-Jean-Pied-de-Port.

Analyse des grès. — Le laboratoire de l'Ecole des Ponts et-Chaussées a analysé la plupart des grès énumérés au tableau précédent; nous reproduisons ci-après les résultats de quelques-unes de ces analyses. Elles nous montrent que les grès les plus durs sont presque entièrement composés de quartz et de silice. Les grès à ciment argileux sont beaucoup moins résistants.

Enfin il y a des grès, comme celui d'Aignan (Gers), qui sont plutôt des calcaires gréseux, puisque la proportion de silice tombe au tiers du poids total.

Analyse de grès

DÉSIGNATION DES PIERRES	RÉSIDU INSOLUBLE DANS LES ACIDES		PARTIE SOLUBLE DANS LES ACIDES				PERTE AU FEU et PRODUITS NON DOSÉS
	Sable quartzeux et silice	Argile	Alumine et peroxyde de fer	Chaux	Magnésie		
Grès de Broglie (Eure)	98,90	»	0,15	0,10	0,05		0,80
Grès bigarré de Merville (Meurthe-et-M.)	96,75	»	1,35	0,30	0,10		1,50
Grès vosgien de Saint-Dié	97,85	»	0,65	0,50	0,05		0,95
Grès rouge de Belval	95,10	»	2,60	0,15	0,45		1,70
Grès bigarré d'Épinal	96,60	»	1,75	0,05	0,10		1,50
Grès de Collonges (Corrèze)	95,75	»	2,25	0,30	0,25		1,45
Grès houiller de Saint-Étienne	7,80	85,35	2,10	0,50	0,50		3,75
Grès rouge de Saint-Félix (Aveyron)	90,75	»	1,70	2,25	1,35		3,95
Grès de Caissiols (Aveyron)	83,60	14,35	0,30	0,65	»		1,10
Grès d'Ayse (Haute-Savoie)	63,60	12,15	3,55	9,75	0,85		10,10
Grès de Lodève (Hérault)	98,05	0,60	0,15	0,20	0,40		0,60
Grès de Villegly (Aude)	38,15	7,10	2,45	37,35	1,35		23,60
Grès de Salles (Tarn)	79,30	8,25	2,15	3,05	1,60		5,65
Grès calcarifère d'Aignan (Gers)	30,15	5,35	3,25	33,30	0,15		27,80

Grès pour pavés. — A l'Exposition de 1878, on voyait quelques échantillons de grès pour pavés, savoir :

1. Pavés des carrières de *Feuquerolles* et de *May-sur-Orne* (Calvados), provenant de grès quartzeux généralement rouges, parfois blancs ou veinés de brun. Les pavés obtenus sont très beaux, mais il nous a paru qu'ils étaient exposés à se fendre sous l'influence des intempéries; cela tient sans doute à la présence des veines poreuses moins résistantes.

2. Pavés de *Varesnes* et de *Brétigny* (Oise), provenant de carrières voisines de Noyon, grès de teinte blanchâtre.

3. Pavés de *Fontainebleau*, provenant de nombreuses carrières de grès siliceux qui fournissent un million et demi de pavés pour la ville de Paris.

4. Pavés d'*Épernon* (Eure-et-Loir), exploités dans la vallée de la Drouette et sur le plateau qui la sépare de la vallée de l'Eure; le banc exploité a 3 mètres d'épaisseur; c'est un grès calcaire qui, par sa nature même, est parfois un peu tendre.

5. Pavés de *Giromagny*, provenant du grès rouge métamorphique, employés dans le territoire de Belfort.
6. Pavés de *Sainte-Sabine* (Côte-d'Or), provenant d'une masse de 10 mètres de hauteur de grès arkose dur et de bonne qualité.
7. Pavés de *Bourbon-l'Archambault* (Allier), grès à gangue siliceuse.
8. Pavés d'*Autully*, près Autun (Saône-et-Loire), provenant de carrières de grès arkose, dont la production annuelle atteint un million de pavés.
9. Pavés de *Bois-Mahon* (Drôme).

Comme nous l'avons signalé déjà, on emploie beaucoup dans le nord de la France et on a même employé à Paris des pavés en porphyre vert de la Belgique et des Ardennes; ces pavés sont économiques et durs, mais ils ont le grave inconvénient de se polir par l'usage et de donner lieu à de fréquents accidents. Dans le Finistère, on exploite aussi un porphyre quartzifère, notamment à l'Ile-Longue, et on en tire des pavés qui reviennent à un prix relativement modique et qui constituent un excellent lest pour les navires; on les expédie sur Bordeaux. Le porphyre quartzifère se polit moins facilement que le porphyre homogène dépourvu de quartz.

A Nantes, on se sert de pavés en porphyre exploités dans le voisinage et qui s'expédient aussi par mer sur nos côtes de l'Océan et jusqu'au Brésil.

5° SILEX ET MEULIÈRES

Quartz et quartzites. — Le quartz donne quelques pierres précieuses et des pierres d'ornement.

Le quartz hyalin, la calcédoine, l'agate, l'héliotrope et le jaspe sont très recherchés pour les mosaïques, les objets d'art et les bijoux. L'agate, notamment, se transforme en une multitude d'objets d'ornement; sa taille et son poli atteignent dans les Indes le plus haut degré de perfection.

On avait espéré que le diamant noir permettrait de tailler à peu de frais les silex les plus durs et on s'était livré à des expériences intéressantes; ainsi, on avait taillé au diamant noir des meules en grès d'Épernon, meules qui produisaient un bon travail. Malheureusement, le procédé du diamant noir n'a pas donné de résultats commerciaux satisfaisants.

A Saint-Gervais (Haute-Savoie), on exploite un *jaspe* ou *quartz-brèche*, très dur, rouge sanguin veiné de blanc, de gris et de vert, susceptible d'un beau poli; il donne des blocs de toutes dimensions, pèse 2,720 kilogrammes le mètre carré, s'écrase sous une charge de 1,840 kilogrammes par centimètre carré. Cette belle pierre s'emploie dans la marbrerie et a fourni des colonnes aux escaliers de l'Opéra de Paris. Son prix est de 400 francs le mètre cube en gare de Genève.

Les *quartzites* sont des roches de quartz, où les grains cristallisés de quartz sont accolés sans ciment; ces roches ressemblent à des grès, surtout lorsque les grains sont petits. Quelquefois elles prennent un aspect porphyroïde dû à la présence de gros cristaux de quartz ou de feldspath; d'autres fois elles sont rendues schisteuses par des lits de lamelles de talc ou de mica.

Les quartzites se trouvent surtout au milieu des micaschistes; ils sont aussi très abondants dans les terrrains de transition.

Silex. — Tout le monde connaît le silex ou pierre à feu, qui se brise en éclats tranchants et translucides, et qui exhale par le choc une odeur caractéristique, bitumineuse.

Les silex sont souvent entourés d'une croûte friable ou farine siliceuse; ils renferment une faible proportion d'eau avec 1 p. 100 de chaux, alumine et oxyde de fer.

On trouve le silex en rognons et en petits bancs dans les terrains secondaires; les bancs de silex de la craie sont caractéristiques.

Le silex de la craie est généralement gris plus ou moins noir; souvent le silex est jaune rougeâtre.

Il sert surtout comme cailloux pour les chaussées d'empierrement, et il entre dans la confection des bétons.

Cependant, on l'emploie parfois comme petits moellons; on peut voir en Normandie des façades anciennes représentant un damier dont les carreaux sont alternativement en briques et en moellons de silex dont la face taillée est apparente.

On fait avec les silex roulés des pavages et des trottoirs; on en fait même des maçonneries de parement. Ces galets en forme d'ellipsoïde, offrant une saillie sur les joints du mortier, produisent un effet agréable à l'œil, surtout quand on les range méthodiquement de manière à dessiner des feuilles de fougères. En frottant avec une graisse la surface vue de ces galets, on leur donne du poli et du luisant. Le pont de Pau, sur le Gave, présente dans ses tympans une heureuse application de ce système, dont l'effet décoratif est satisfaisant.

Meulières. — « Les meulières sont exploitées ordinairement dans les terrains tertiaires. Le bassin de Paris en offre à deux étages distincts. Le premier, associé au calcaire d'eau douce de la Brie, constitue des couches régulières au-dessus du terrain de pierre à plâtre; cette variété de meulière est la dernière assise de l'étage inférieur du terrain tertiaire. Cette meulière, désignée spécialement par les géologues sous le nom de meulière sans coquilles, fournit les meules si estimées de la Ferté-sous-Jouarre et de Montmirail, qui s'exportent dans presque toute l'Europe et même aux États-Unis.

« Le second étage de meulières constitue des masses irrégulières qui ont généralement peu de suite : celles-ci sont disséminées dans une argile grossière, qui forme l'assise supérieure des terrains de Paris, et correspond à l'étage moyen des terrains tertiaires; cette meulière, distincte de la précédente par son tissu lâche et l'absence du calcaire, l'est encore par la fréquence des fossiles qu'elle renferme; ces différences l'ont fait désigner par M. Brongniart sous le nom de meulière coquillière. Les bois de Meudon, les hauteurs de Montmorency, près Paris, en offrent de nombreuses exploitations; leurs produits sont presque uniquement destinés aux constructions.

« Malgré l'abondance de la meulière dans les terrains tertiaires, elle ne leur est cependant pas exclusivement réservée; on en exploite dans la partie inférieure du calcaire du Jura, à Meillant près Saint-Amand, dans le Cher, ainsi que dans plusieurs autres localités du Berri et du Poitou. » (Dufrénoy.)

La meulière compacte, quand elle ne sert point à faire des meules, doit être rejetée pour la maçonnerie, parce qu'elle ne contracte point d'adhérence avec le mortier. On l'appelle caillasse, et elle sert efficacement à l'entretien des chaussées d'empierrement.

La meulière lâche et poreuse, très résistante, adhère parfaitement au mortier; mais on ne la rencontre généralement qu'en petits morceaux, dont on fait des moellons; vu sa constitution, elle ne peut avoir d'arêtes vives et ne convient pas pour la pierre de taille; mais elle convient admirablement pour la maçonnerie ordinaire des travaux d'art, et on l'a utilisée sur une vaste échelle pour la construction des ponts de Paris, des aqueducs, des égouts, etc.

La meulière résiste bien aux intempéries et supporte de grandes charges sans s'écraser; il faut, lorsqu'on le peut, la prescrire pour les fondations hydrauliques.

La maçonnerie de meulière est presque incompressible, et on peut la substituer partout aux pierres de taille, excepté sur les surfaces vues, comme les têtes de pont, parce que la meulière dure ne peut qu'être smillée, mais ne se taille point.

On rencontre quelques couches de meulière plus tendre, sur laquelle on peut faire apparaître des surfaces planes; on s'en est servi dans plus d'une construction pour les parements des maçonneries de remplissage, par exemple sur les reins des voûtes de ponts; on a même employé cette meulière pour la douelle d'intrados de plusieurs ponts, par exemple les ponts d'Austerlitz et de l'Alma. Par sa couleur rougeâtre qu'elle doit à de l'oxyde de fer, la meulière se marie bien avec une pierre de taille blanche ou grise, et produit un bon effet architectural.

Elle est encore d'un bon effet lorsqu'on l'emploie en *opus incertum* (maçonnerie à joints irréguliers) et aussi en rocaillage.

Les principales carrières de meulière des environs de Paris sont à Corbeil, Ris, Montgeron, Villeneuve-Saint-Georges, Triel, Brunoy, etc.

6° MARBRES

Généralités; historique. — Toute pierre calcaire susceptible de poli est un *marbre*. Certains calcaires, susceptibles d'être transformés en marbres, sont cependant employés comme pierres de taille ordinaires ou comme moellons à l'état brut.

Les marbres sont généralement opaques: cependant l'albâtre est cristallin et translucide.

Les marbres servent à la décoration architecturale ; leur prix est toujours assez élevé et ils ne s'emploient guère que dans les constructions de luxe. Toutefois il faut reconnaître que les facilités de transport et les économies réalisées sur la main-d'œuvre par la propagation des procédés mécaniques permettent d'avoir aujourd'hui partout de beaux marbres à des prix relativement modérés.

En bien des cas on pourrait les substituer, avec grand avantage au point de vue de l'art et du goût, à des boiseries, à des peintures, à des simili-marbres qui déparent les constructions les plus soignées.

C'est un devoir pour les constructeurs d'entrer dans cette voie, d'autant qu'il s'agit pour eux de favoriser une industrie nationale.

En effet, « la France est, dit Delesse, l'un des pays les plus riches en marbres. De nombreuses carrières disséminées sur tous les points de son territoire fournissent des marbres aux couleurs vives et variées ; plusieurs d'entre eux sont même tout à fait spéciaux à notre pays et ne sont connus qu'en France.

« L'Italie seule a été mieux dotée, et elle doit sa supériorité à ce qu'elle possède en grande abondance le marbre dont l'usage est de beaucoup le plus répandu, le marbre blanc.

« L'exploitation des carrières de marbre de l'ancienne Gaule date de l'époque de la domination romaine. Dans les ruines des villes gallo-romaines, on trouve, en effet, les débris de marbres qui ont été exploités à une petite distance. Les Romains se sont même servis de plusieurs marbres de la Gaule pour décorer les monuments de Rome.

« Abandonnée à l'époque de l'invasion des Barbares, l'exploitation des marbres de la France est restée interrompue pendant presque tout le moyen âge. Quelques carrières cependant étaient exploitées, à de rares intervalles, pour orner les églises gothiques qui datent de cette époque.

« A la Renaissance, François Ier donna une première impulsion à l'exploitation des marbres de France, qu'il prescrivit d'employer à la décoration de ses châteaux. Henri IV continua à développer l'industrie des marbres en France, et Louis XIV la porta à son apogée. C'est en effet sous son règne que furent découverts ces beaux marbres des Pyrénées et des Alpes, qui sont si propres à la décoration monumentale ; ils ont servi à orner le palais de Versailles, le Louvre, les Tuileries, les résidences royales, l'église des Invalides et tous les monuments qui datent du règne du grand roi.

« L'exploitation de ces marbres ne fut pas abandonnée à l'industrie privée ; elle eut lieu, au contraire, sous la direction de l'État. Elle atteignit, d'ailleurs, des proportions si colossales, que les immenses dépôts de marbres, accumulés dans le garde-meuble de Louis XIV, ont suffi à la décoration des monuments élevés sous tous les règnes suivants, jusqu'à celui de Napoléon Ier. Ainsi, les colonnes de marbre rouge incarnat de l'arc de triomphe du Carrousel provenaient encore des dépôts de Louis XIV.

« Quoique l'exploitation des plus beaux marbres de France ait été interrompue après le règne de Louis XIV, il ne faut pas croire cependant que cette industrie ait été complétement détruite à partir de cette époque. Le goût des marbres s'était répandu dans toutes les classes de la population, et leur emploi était devenu un luxe nécessaire. Aussi, sous l'Empire, sous la Restauration, l'exploitation des marbres a-t-elle suivi les progrès de toutes les autres industries. De nos jours, la quantité de marbres livrée à la consommation est même beaucoup plus grande qu'elle ne l'était sous Louis XIV.

« Jusque vers le commencement de ce siècle, l'exploitation des marbres de France avait lieu sous la direction de l'État, et les marbriers se contentaient d'acheter au garde-meuble les marbres qui leur étaient nécessaires. C'est seulement de nos jours que leur exploitation a été entreprise par des particuliers.

« Plusieurs causes expliquent d'ailleurs pourquoi l'industrie des marbres est encore si arriérée. Cette industrie supporte, en effet, des charges très lourdes; elle demande des capitaux considérables, et ces capitaux doivent rester longtemps improductifs. Plusieurs années s'écoulent toujours avant que le bloc de marbre, extrait de la carrière, soit scié, taillé, poli et livré au commerce. D'un autre côté, elle peut craindre les caprices de la mode et l'effet des révolutions. En outre, l'exploitation est le plus souvent très irrégulière, et elle donne lieu à beaucoup de déchet. Enfin, quoique le marbre forme souvent des couches entières ou des amas considérables, son transport et son travail présentent de grandes difficultés. Si donc la matière même du marbre a peu de valeur par elle-même, la main-d'œuvre, dépensée avant qu'elle soit livrée au commerce, lui donne un prix très élevé et en fait nécessairement un objet de luxe. Il ne faut pas s'étonner, d'après cela, que l'État ait dû prendre l'initiative et entreprendre lui-même l'exploitation de nos carrières de marbres; car le développement de l'esprit d'association, le perfectionnement des voies de communication, les progrès du luxe et des arts mécaniques, commencent seulement à rendre le commerce des marbres avantageux pour l'industrie privée. Toutefois, cette industrie recherche moins les marbres les plus beaux, que ceux dont l'extraction est la plus lucrative; aussi, plusieurs carrières, exploitées autrefois, donnant des marbres rares et des plus remarquables, sont-elles encore complètement abandonnées. »

Les lignes qui précèdent étaient écrites en 1855; de grands efforts ont été réalisés depuis cette époque et, en partie, couronnés de succès.

On doit beaucoup, pour le progrès de l'industrie marbrière, à MM. Géruzet père et fils, créateurs des usines de Bagnères-de-Bigorre, et à M. Derville, qui exploite et prépare les marbres de diverses provenances.

Les marbres au point de vue géologique. — Les marbres sont du calcaire ou carbonate de chaux, presque pur et sans mélange dans les marbres blancs, mêlé à des matières minérales ou organiques dans les marbres colorés.

Ce sont des roches sédimentaires plus ou moins métamorphiques.

Le spath d'Islande, carbonate de chaux cristallisé en rhomboèdre, a pour densité 2,7 ; il se raye facilement et se transforme au chalumeau en chaux caustique.

A côté de lui se placent les calcaires cristallins lamellaires ou saccharoïdes, composés de grains cristallisés plus ou moins gros, agglomérés entre eux.

Certains marbres des Pyrénées et les marbres de *Paros* appartiennent à la variété *lamellaire*, dont les grains sont assez larges pour apparaître en facettes dans la cassure.

Parmi les calcaires *saccharoïdes*, composés de cristaux fins qui leur donnent l'apparence du sucre, on cite les fameux marbres du *Pentélique* et de *Carrare*, et ceux de *Saint-Béat* dans la Haute-Garonne. Ils renferment parfois des grains de mica qui les colorent et leur donnent un aspect miroitant, comme dans le *cipolin* ; l'effet est le même avec le talc, mais l'éclat est plus gras ; ces mélanges donnent au marbre un aspect rubané. La serpentine y introduit des nuances variées comme dans le vert antique.

D'autres marbres appartiennent au calcaire compact ; leurs grains ne sont plus distincts et ne s'aperçoivent qu'au microscope. Tels sont : le *jaune antique* coloré par l'hydrate d'oxyde de fer ; les marbres noirs ou gris, ou à veines blanches, par exemple le *marbre Sainte-Anne*, coloré par l'anthracite, qui est d'un gris bleu avec veines blanches ; le *grand antique* de l'Ariège à fragments angulaires, noirs, avec veines blanches ; le *petit granite*, noir avec débris plus clairs d'encrine ; le *portor* à fond noir avec veines jaune doré ; le *marbre du Languedoc*, écarlate à grandes flammes blanches ; le *sarrancolin*, isabelle et rouge, de la vallée d'Aure dans les Pyrénées ; le *petit antique*, blanc et noir.

Certains marbres sont des calcaires associés à des argiles ou à des phyllades qui leur donnent une texture schisteuse ; telles sont le *griotte* de Caunes, rouge brun comme les cerises griottes et parsemé de taches blanches ou rouge sang dues à des coquilles fossiles ; les *campans*, dans lesquels des phyllades vert ou brun enveloppent des veines ou des bandes de calcaire blanc ou rose.

Les calcaires saccharoïdes sont parfois associés aux gneiss primitifs, comme dans les Pyrénées ; mais les plus beaux marbres se trouvent dans le terrain dévonien qui nous donne les marbres noir et Sainte-Anne de Givet, les griottes de Caunes, les marbres de Campan et de Cierp.

Dans le terrain houiller nous trouvons les marbres de Belgique et du nord de la France, et ceux de Bretagne.

Le système jurassique nous donne aussi quelques marbres, par exemple : la pierre bleue et blanche de l'Yonne, les marbres jaunes et roses de Saint-Ylie (Jura), et de l'Échaillon, près Grenoble. Le terrain crétacé inférieur donne les marbres des Pyrénées. Il n'existe guère de véritables marbres dans les terrains plus récents, si ce n'est au contact de quelques roches éruptives ayant exercé une puissante action métamorphique.

Classification des marbres. — La planche 2 donne les

échantillons de douze marbres simples, en tête desquels se trouve l'albâtre; ces marbres ne renferment que du calcaire coloré d'une manière variable.

La planche 3 donne les échantillons de douze marbres-brèches ou brocatelles; la *brèche* est, comme nous le savons, formée de fragments plus ou moins anguleux réunis par un ciment calcaire; l'aspect de brèche est parfois donné par des veines qui divisent la masse en fragments anguleux; la *brocatelle* se distingue de la brèche parce que les fragments y sont beaucoup plus petits.

La planche 3 représente douze *marbres composés* et *lumachelles;* dans les marbres composés, les éléments ou amandes calcaires sont noyés dans une substance étrangère, nous avons cité le cipolin, le griotte et le campan; le cipolin tire son nom de l'Italien *cipolino* (petit oignon) parce que les veines de mica et de talc rappellent les enveloppes successives des oignons; le mot *lumachelle* vient aussi de l'italien *lumaca* (limaçon), il s'applique aux marbres dont la pâte enferme une multitude de coquilles ou de madrépores fossiles.

M. Lalanne range les marbres simples au point de vue de la couleur en sept séries différentes savoir :

1° Les marbres blancs; ce sont les marbres statuaires de Paros en Grèce, de Carrare et de Gênes en Italie, de Saint-Béat en France.

2° Les marbres bleus, parmi lesquels il faut citer : le *bleu antique*, qui est très rare, et le *bleu turquin*, qui est le plus célèbre et le plus commun; les matières charbonneuses mêlées au calcaire saccharoïde lui donnent sa couleur bleuâtre passant au gris. Le bleu turquin s'exploite surtout en Italie; mais on le trouve aussi en Corse et en France, à Caunes, dans les Pyrénées, et à Salins dans le Jura.

3° Les marbres gris et cendrés : nous citerons le marbre *napoléon* de Marquises (Pas-de-Calais), le *sarrancolin* des Pyrénées dans lequel le gris est marqué de jaune ou de rouge sang; on exploite dans la Sarthe et la Mayenne un marbre auquel on a donné le nom de *sarrancolin de l'ouest*.

4° Les marbres jaunes: le *jaune antique*, qui s'exploitait en Grèce, a été retrouvé près de Philippeville; nous citerons encore le *jaune de sienne*, couleur jaune d'œuf avec veines rouge vineux, et le marbre *antin* des Pyrénées, jaune et rouge sur fond blanc.

5° Les marbres noirs: on trouve des marbres noirs unis à Saint-Crépin dans les Alpes, à Dinant et à Namur en Belgique, et à Caunes; mais le plus répandu est le *Sainte-Anne* (Belgique), à fond noir ou gris foncé avec taches blanches de coquilles et de madrépores.

6° Les marbres rouges, roses ou violets : le *rouge antique* était exploité en Grèce; notre plus beau marbre rouge est la *griotte d'Italie*, exploitée à Caunes, à fond rouge vif avec taches blanches; Caunes donne encore le *grand incarnat* ou *Languedoc*, à grandes parties rouges et blanches, le *rouge turquin* qui a des parties grises, le *cervelas* qui est panaché de taches rouges et de veines blanches sur fond gris obscur.

7° Les marbres verts: ce sont des marbres composés dont la couleur est due à la serpentine ou au schiste.

Parmi les brèches, nous citerons : la *brèche jaune antique*, qui se trouve dans les ruines de Rome; la *brèche d'Alep*, qui se trouve non en Syrie comme son nom l'indique, mais à Alet, près Aix en Provence; c'est un beau marbre où le jaune domine au milieu du gris et du noir; le marbre *grand-deuil* et le marbre *petit-deuil*, exploités dans l'Ariège et dans l'Aude, et qui sont des variétés du *grand antique* de Saint-Girons.

La plus célèbre des brocatelles est la *brocatelle d'Espagne*, qui se trouve à Tortose en Catalogne et qui, sur un fond lie de vin, présente des grains ronds jaunes, gris ou blancs. En France, on cite la brocatelle de Boulogne et celle de Moulins, exploitée à Molinges (Jura).

Les marbres composés comprennent le *vert antique*, provenant de Larisse en Thessalie; on en trouve quelques colonnes au Louvre; il en est de même du cipolin dont quelques colonnes ont été importées sous Louis XIV. En France les *campans* sont de superbes marbres; on distingue surtout le campan vert, le campan isabelle et le campan rouge; quelquefois il s'altère à l'air par l'effeuillement des parties schisteuses. Le *portor*, à fond noir avec veines jaunes de fer spathique, pierre du plus bel effet, se trouve en Italie et dans plusieurs régions de France; malheureusement, il s'altère avec le temps et le noir tourne au gris.

Parmi les lumachelles il faut citer : le *drap mortuaire* du Hainaut, à fond noir avec coquilles cristallines blanches; la *lumachelle* de Narbonne à fond noir avec belemnites blanches; le *petit granite*, qui est très commun et qui est formé d'encrinites blanches sur fond noir; la *lumachelle d'Astrakan*, qui se trouve en lamelles à fond brun avec nombreuses coquilles jaune orange. Les marbres de l'Argonne et ceux qu'on exploite près de Gourdon (Lot) sont des lumachelles.

Nous devons nous borner à cette classification sommaire, car les variétés de marbres sont presque infinies. Nous terminerons par la description de quelques grandes exploitations françaises, afin de montrer toute l'importance de notre industrie marbrière, dont les exportations devraient prendre un développement énorme.

Marbres des Pyrénées. — *Observations générales*. — M. Frossard, vice-président de la Société minéralogique de France, a publié, en 1884, une étude intéressante sur les marbres des Pyrénées, étude qui met en lumière quelques propriétés physiques, chimiques ou mécaniques des marbres importantes à signaler :

« *Conductibilité*. — On sait que la conductibilité du marbre pour la chaleur, faible par rapport aux métaux, est pourtant sensible à la main, étant le double de la conductibilité de la porcelaine et de la brique.

« *Densité*. — La densité des marbres varie de 2,55 à 2,74, quand ils sont calcaires, elle s'élève à 2,85 quand ils sont magnésiens ou dolomitiques. La *dilatation linéaire* du Saint-Béat est de 4181 et celle du Sost est de 5685, selon Destigny, qui donne 8487 pour la dilatation du blanc de Carrare (pour 1 degré dans l'intervalle de zéro à 100 degrés : les nombres précédents doivent commencer par 0,00000; soit pour le Saint-Béat 0,000004181). Chauffé à une chaleur convenable jusqu'au rouge cerise, le marbre se transforme en chaux vive; plus il est dense, plus il exige une haute température. Il se dissout dans l'eau chargée d'acide carbonique; il se dissout aussi avec effervescence dans les acides chlorhydrique, azotique, etc.; à moins qu'il ne renferme une notable quantité de magnésie, auquel cas la dissolution est plus ou moins difficile et sans dégagement gazeux.

« *Caractères métamorphiques.* — Un caractère commun à tous les marbres pyrénéens, c'est d'avoir subi une action métamorphique, c'est-à-dire d'être des dépôts aqueux fortement modifiés par une suite d'actions lentes ou brusques. La chaleur, la pression, la secousse, l'imbibition d'une eau chaude chargée d'éléments calcaires, ferrugineux, siliceux, alumineux, etc., la pénétration de vapeurs carboniques, sulfureuses ou autres ont agi physiquement ou chimiquement pour produire l'étonnante variété des marbres. Les exceptions, telles que les stalactites, sont négligeables dans cette caractéristique générale.

« Il n'y aura dès lors pas à s'étonner de rencontrer les marbres près des granites, des diorites et des ophites qui trouent, en tant de lieux, les sédiments calcaires, soit dans la haute montagne, soit sur les confins de la plaine, à Gavarnie comme à Lourdes.

« Déterminer l'âge de tous nos marbres, serait faire la géologie de la contrée entière, entreprise au-dessus de nos forces. Contentons-nous ici de constater l'existence des marbres depuis les terrains les plus anciens jusqu'à l'âge du poudingue de Palassou.

« *Phosphorescence et odeur.* — Des propriétés singulières doivent être signalées ici. Elles contribuent à démontrer le caractère métamorphique de nos marbres. Charpentier l'avait déjà constaté, plusieurs de ces calcaires sont phosphorescents quand on les projette réduits en poudre sur des charbons ardents. D'autres sont fétides à un haut degré; à Portet, des rochers marmoréens ont reçu le nom de *Roc que puo;* le marbre de Saint-Béat a une odeur très forte; d'autres, comme le turquin d'Ossen, sont dans le même cas. Cette odeur, tantôt bitumineuse, tantôt sulfureuse ou animale, se manifeste par le frottement ou la raclure; dans certains cas, la chaleur de la main suffit pour dégager quelque odeur.

« Dans le statuaire de Saint-Béat, de Gavarnie, du val d'Aran, dans la griotte de Campan et dans d'autres qualités subcristallines compactes ou amygdalines, des minéraux adventifs rattachent les marbres aux roches éruptives qui les avoisinent. Ce sont : le quartz, la trémolite, le dipyre, l'albite, le talc, la muscovite, la fuchsite, la tourmaline, le graphite, l'apatite, le soufre, la pyrite, la fluorine, l'oligiste, la limonite, etc.

« Charpentier avait observé, dans ce qu'il appelle le *calcaire alpin homogène* de la brèche de Roland et de la vallée de Béousse, une multitude de fissures imperceptibles qui se croisent communément dans un angle presque droit. De l'entrelacement de ces fissures résulte la cassure naturelle de ce calcaire en parallélipipèdes. Ce fait, que nous avons constaté dans les grès crétacés de Bonnemazon, dans les schistes des allées Maintenon et dans maint autre gisement, avec cette différence que les fragments se débitent en rhomboïdes, il l'attribue à un faible retrait éprouvé par la roche en se desséchant, à cause de son mélange intime avec des parcelles d'argile, de silice et de matières charbonneuses. Cette fissilité qui se retrouve plus ou moins dans nombre de marbres est un fait à retenir.

« *Élasticité, flexibilité.* — Il faut le rapprocher d'une autre observation faite par tous les marbriers et qui en est la contre-partie : des planches de marbre appuyées contre un mur dans une position inclinée fléchissent à la longue sans cassure comme sans élasticité.

« Distinguons ici entre l'élasticité et la flexibilité.

« Il y a élasticité notable dans les marbres homogènes ou fortement cimentés ; elle se manifeste alors par la sonorité sous le choc du marteau. On la voit avec évidence en faisant vibrer une baguette de marbre, ce qui donne à penser qu'on pourrait construire un harmonica de cette matière. Nous avons pu constater l'élasticité même au moyen d'une baguette en griotte dont le ciment était bien serré et adhérent. La baguette en forme de règle avait 1^m10 de long sur 5 centimètres de large et 2 centimètres d'épaisseur ; elle vibrait facilement d'un centimètre en son milieu. Les marbres élastiques sont susceptibles de porter une lourde charge sans se rompre.

« La flexion sans élasticité est en quelque sorte un pli durable que la pesanteur imprime à une plaque de marbre placée sur sa tranche dans une situation oblique.

« Le marbre homogène débité en planches et posé dans ces conditions se comporte comme une feuille de carton, lentement il fléchit, se courbe, se voile et gauchit. Nous avons mesuré une plaque de turquin d'Ossen, elle avait 1 mètre 15 de long et 18 millimètres d'épaisseur ; sa flexion acquise était de 22 millimètres en flèche comptée à l'intérieur.

« Le fait de la cassure naturelle, d'une part, et celui de la flexion, de l'autre, nous conduisent à l'étude de la *passe* du marbre.

« Si nous considérons une masse de marbre à sa première consolidation, son dépôt en lit, puis la pression à laquelle elle sera soumise produiront une fissilité naturelle, parallèle au plan horizontal. Cette fissilité sera d'autant plus manifeste que le dépôt aura été plus fortement ou plus longtemps pressé dans cette position primitive. Si, par la suite, le plan de stratification est déplacé, et il l'est parfois jusqu'à occuper une position presque verticale, les parties dont se compose la masse que nous examinons seront dérangées de leur équilibre, et, à la longue, un nouveau plan de fissilité se produira et il sera encore parallèle au plan horizontal. Ces deux plans se coupent dans un certain angle et la masse se débite alors en rhomboïdes.

« Certains amas de marbres ont subi, postérieurement à leur dépôt, une sorte de torsion qui a produit une disposition fibreuse, noueuse, ronceuse, très nuisible au travail. D'autres, par suite de leur composition fragmentaire ou des circonstances de leur consolidation, n'ont pas de plan de fissilité défini.

« En vue de la facilité du travail, de la solidité de la pose et de la bonne conservation des pièces travaillées, il importe de connaître les plans de fissilité quand ils existent ; en effet, une plaque de marbre sciée et polie dans le sens de la fissilité, appuyée à ses bords seulement, fléchira à la longue en forme d'arc sans perdre de sa solidité quoique sans élasticité; par contre, le même marbre scié et poli en plaque perpendiculaire au plan de fissilité, puis posé dans les mêmes conditions d'équilibre, se disloquera et se rompra certainement.

« Dès lors, nous devons définir ce que les marbriers entendent par passe et contre-passe.

« *Passe et contre-passe.* — La *passe* est le plan de plus facile fente, ce que nous venons de nommer le plan de fissilité.

« Un marbre peut avoir deux passes : l'une parallèle au joint de stratification, joint marqué par un lit de fossiles ou d'une matière différente de la couche (schiste, argile), ou par un défaut de continuité dans la substance; l'autre, parallèle au lit de carrière : le savoir-faire des marbriers le leur fait aisément reconnaître. Le bloc de marbre est le plus souvent extrait en tenant compte de la passe qui en forme le plus grand côté. Les marbres amygdalins, si répandus dans les Pyrénées, ont d'habitude les deux passes, et les ovoïdes ou amandes dont ils se composent ont presque toujours leur grand axe dans le sens de l'inclinaison des strates. La *contre-passe* est le plan de plus difficile cassure, c'est la tranche de bout, perpendiculaire à la passe dans tous les marbres. On aura dans certaines qualités une seconde contre-passe : contre-passe longitudinale confondue avec la passe dans les marbres statuaires et homogènes, mais différenciée et constatée lorsque le grain se trouve plus serré dans le sens longitudinal et que les figures ou coquilles, par leur aspect différent, présentent un intérêt pour l'industrie. On peut, de la sorte, tirer d'un même bloc des tranches qui semblent appartenir à trois marbres différents.

« Les brèches ont rarement une passe.

« *Résistance aux intempéries.* — Un marbre vaut selon son homogénéité et la propriété qu'il a de résister aux intempéries des saisons quand il est à l'air libre, selon le poli qu'il est susceptible de recevoir et la vivacité de ses couleurs, leur harmonie ou le fondu des nuances. Il en est qui, malgré leur belle apparence, se délitent vite et profondément, ou qui perdent en peu de temps leur poli. Leur peu de solidité peut s'unir, du reste, à l'aspect le plus charmant; on les réserve alors pour l'intérieur des habitations. »

Exploitation de la Société de Bagnères-de-Bigorre. — C'est à M. Aimé Géruzet que revient l'honneur d'avoir, en 1827, ressuscité l'exploitation des marbres des Pyrénées et de l'avoir entreprise avec des machines et outils perfectionnés. Son fils, Léon Géruzet, continua son œuvre, que poursuit aujourd'hui la Société de la grande marbrerie de Bagnères-de-Bigorre.

Les usines de Bagnères renferment :

28 châssis et débiteuses portant une moyenne de 400 lames marchant nuit et jour;

6 machines à forer et à percer ;
2 machines à creuser mécaniquement les vasques et les bénitiers ;
1 grand tour pouvant tourner des colonnes de 6^{m}00 de long sur 0^{m}80 de diamètre ;
30 tours à tailler et à polir ;
1 machine pour raboter le marbre et pour tourner les colonnes torses ;
2 machines à faire la mosaïque ;
1 lapidaire ;
6 moulinoirs mécaniques ;
3 polissoirs mécaniques, etc.

La Société a construit une nouvelle usine avec 8 châssis et 4 grandes débiteuses portant une moyenne de 360 lames ; elle a acquis les usines Cantet, dans lesquelles une puissance de 141 chevaux-vapeur met en mouvement :

6 grands châssis et 8 grandes débiteuses, portant ensemble 300 lames marchant jour et nuit ;
2 machines à forer ;
3 machines à raboter ;
5 tours perfectionnés ;
1 lapidaire ;
4 polissoirs mécaniques.

La Société occupe une moyenne de 525 ouvriers ; elle a des maisons de vente en France, à Hambourg et à Barcelone.

Les principaux marbres qu'elle exploite sont les suivants :

Sainte-Anne, Sainte-Anne granité, Sainte-Anne rubané et le gris tendre à Arudy ; izeste, griotte de Gabas, blanc de Louire, dans les carrières du même nom ; vielle brun, vielle vert, vert grézian, de la vallée d'Aure ; brèche d'Asté, brèche de Baudéan ; brèche Grammont et brèche Médoux, à Médoux ; amaranthe de Lesponne ; campan vert, campan mélangé et campan rouge, à Campan ; lumachelle de Lourdes ; noir coquillé ; turquin d'Ossen ; aspin ; sarrancolin d'Ilhet, de Beyrède et de Camous, dans la vallée d'Aure ; noir Saint-Martin, brèche universelle, griotte Sost, rouge Moulin, vert Moulin, rosé de Sost, héréchède, brèche jaune d'Anla, brèche noire d'Anla, bize rosé, bize africain, brèche de Bize, dans le canton de Mauléon-Barousse.

Tous ces marbres se trouvent dans les Hautes-Pyrénées ; la Société exploite en outre le blanc de Saint-Béat (Haute-Garonne), et le jaune Castéra, à Castéra (Gers).

Le plus répandu de tous ces marbres est le Sainte-Anne d'Arudy.

« Le marbre d'*Arudy*, dit M. Michelot, est rapporté au terrain crétacé inférieur comme la plupart des marbres des Pyrénées. Cette roche métamorphique se compose de carbonate de chaux presque pur, dont la coloration est due à des traces de matières étrangères, oxydes métalliques et probablement carbone, répandues irrégulièrement dans la masse, et produisant les dessins variés qui motivent les désignations de marbre *Sainte-Anne*, marbre *rubané*, marbre *granité*, appliquées aux diverses espèces. Ces marbrures proviennent encore de différences existant dans l'état cristallin des diverses parties ainsi qu'on le reconnaît surtout dans le marbre *rubané*, qui présente des veines hyalines. La densité de toutes ces variétés ne diffère pas de celle des marbres saccharoïdes, mais leur résistance est de beaucoup supérieure. Le tableau relatif aux charges d'écrasement montre en effet que cette charge est de 1,155 kilogrammes en moyenne par centimètre carré et s'est élevée sur certains échantillons à 1,549 kilogrammes.

Voici les prix de ces marbres en gares de Pau ou de Bagnères :

	MÈTRE CUBE (blocs)	MÈTRE CARRÉ (tranches)
Sainte-Anne, granité.	130 francs.	7 fr. 50
— grand dessin.	140 —	8 »
— rubané.	160 —	9 »

L'épaisseur ordinaire des tranches est de 0^{m}02.

La lumachelle de Lourdes coûte 140 francs le mètre cube en gare de Lourdes et 8 francs le mètre carré de tranches en gare de Bagnères.

L'aspin, coloré en bleu par le bitume, coûte 180 francs le mètre cube et 9 francs le mètre carré ; les prix du turquin sont les mêmes.

Les belles brèches de Vielle, vielle brun et vielle vert, coûtent 370 francs le mètre cube en gare de Lannemezan, et le mètre carré de tranches coûte 18 francs en gare de Bagnères.

Les prix des sarrancolin sont de 500 à 800 francs le mètre cube et 30 francs le mètre carré. Les griottes, le vert et le rouge moulin de Sost valent 250 ou 12 francs en gare, et la brèche portor 200 et 11 francs.

« L'exploitation de nos carrières, dit M. Boulet d'Hauteserre, directeur de la Compagnie, a lieu généralement à la trace. On fait une formelle de 0^{m}15 à 0^{m}20 de large et tous les 0^{m}15 un trou de fleuret, puis avec des coins en fer on fait éclater la masse. Nos marbres riches ne sont pas toujours très solides, c'est ce qui nous oblige à employer ces procédés d'extraction assez coûteux. Les marbres gris s'exploitent à la mine pour les grosses masses qui sont ensuite divisées par des formelles et des coins. Certains marbres enfin s'exploitent à la scie : quand la masse est bien découverte et débarrassée des terres et des roches, on établit deux cheminées à droite et à gauche de la masse à débiter, ce qui permet le mouvement du châssis de sciage. Ce moyen très coûteux ne s'emploie que pour les marbres d'un prix très élevé, comme le campan. »

Les marbreries des Pyrénées utilisent les cours d'eau comme force motrice.

« Le *sciage* s'y fait à la machine avec des lames de fer qui pressent sur le marbre du sable siliceux des Landes, mêlé d'eau, sans cesse renouvelée.

Le *moulinage*, qui écrase les aspérités laissées par le sciage s'il n'a pas été assez soigné, se fait à la main avec le sable mouillé et frotté avec des morceaux de marbre ou de grès.

Le *polissage*, qui donne toute la valeur au marbre, s'obtient en adoucissant le marbre par le frottement de grès de plus en plus fins et en le lustrant au moyen du plomb avec l'émeri, la potée d'étain, le rouge d'Angleterre, la potée d'os, l'encaustique, etc., selon la nature et la couleur de la pierre. »

Nous reviendrons ultérieurement sur ces opérations mécaniques. La planche 10 représente deux ateliers de la marbrerie de Bagnères.

Exploitations de la Compagnie Dervillé. — MM. Dervillé et C⁰ ont également soutenu dans toutes les expositions l'honneur de la marbrerie française.

Ils exploitent régulièrement en France, tant pour les usages domestiques que pour la décoration intérieure et monumentale, 23 espèces de marbres, savoir :

Le Bize, Hautes-Pyrénées.
Blanc de Saint-Béat, Haute-Garonne.
Brèche dorée, Ariège.
Brèche du Roussillon.
Brèche Saint-Antonin ou d'Alep, Bouches-du-Rhône.
Grand antique, Ariège.
Griotte d'Italie à Caunes, Hérault.
L'Héchettes, Hautes-Pyrénées.
Jaune Sainte-Beaume, Var.
Languedoc, Aude.
Marie-Jane, Haute-Garonne.

Noir français, Nord.
Noir veiné, Nord.
Rose aurore, Hérault.
Rose enjugeraie, Mayenne.
Rosé, Aude.
Rouge acajou, Haute-Garonne.
Rouge antique, Aude.
Sainte-Anne français, Nord.
Sarrancolin, Hautes-Pyrénées.
Vert Guchen, Hautes-Pyrénées.
Vert des Alpes, Basses-Alpes.
Vert Moulins, Aude.

Ils sont associés dans les carrières belges, exploitent en Italie celles de Carrare et de Massa, et travaillent une grande partie de leurs produits dans cinq usines où marchent jour et nuit 60 châssis de sciage portant une moyenne de 2,000 lames et où le taillage et le polissage s'opèrent mécaniquement.

M. Dervillé a repris depuis 1851 l'exploitation du marbre blanc statuaire de Saint-Béat.

« Le filon n'offre point la richesse des carrières italiennes de blanc ordinaire ; il est d'une extraction plus difficile et par conséquent plus coûteuse, beaucoup moins cependant que celle des blancs statuaires de la péninsule. Sa pâte laiteuse, parfois légèrement bleutée, sa structure cristalline et scintillante le rendent peut-être moins propre que ces derniers aux ouvrages de ciseau fins et délicats, mais cette structure même le rapproche des marbres blancs autrefois exploités en Grèce et dans l'archipel ; David et Pradier l'affectionnaient pour les sculptures de moyennes et de grandes dimensions. »

Ce marbre blanc, homogène, de qualité égale, donne par le frottement une odeur désagréable ; il renferme parfois des mouches de soufre cristallisé ou amorphe, d'apatite verte, de tourmaline d'un beau vert, de mica, de fluorine et de pyrite.

L'*acajou* de Cierp, à nuance rouge, régulière et chaude, rappelant les rouges antiques, se débite et se travaille facilement; il a donné les plaques commémoratives de l'Hôtel de ville de Paris.

Le *sarrancolin* a fourni les trente colonnes monolithes du grand escalier de l'Opéra (chacune a coûté 5,000 francs), ainsi que la porte monumentale des magasins du Louvre, à Paris.

Les marbres dits *Languedoc*, ancien marbre du roi, écarlate à grandes flammes blanches, se rencontre à profusion dans les palais de Versailles et de Trianon, à Saint-Sulpice, aux Invalides; il convient à l'architecture polychrôme pour l'ornementation extérieure des édifices et remplit dans ce rôle les conditions posées par M. Charles Garnier :

« Quand on veut mettre les marbres à l'extérieur, il faut se rendre compte de l'effet qu'ils produisent lorsqu'ils ont subi l'influence de l'air... Si le marbre laisse un peu son éclat se voiler au grand air, il garde toujours un aspect particulier, les nuances se devinent, la contexture s'accuse, la fermeté de la matière se conserve; il n'est plus le marbre resplendissant et coloré, mais il est toujours le marbre, c'est-à-dire la finesse, l'élégance et l'harmonie; il montre encore son origine et se distingue des autres matériaux tout comme un lambeau de soie se distingue toujours d'un lambeau de toile, comme l'homme du monde, couvert même d'un habit râpé, se distingue d'un roturier en costume de gala. »

On trouve des colonnes de *brèche d'Alep* au Louvre et au nouvel Opéra. Ce marbre, qui se tire de Toulonnet, à une lieue d'Aix, est de trois couleurs principales : jaune, rouge et brun. Quoique la première soit dominante, on ne peut cependant dire laquelle forme le fond, parce qu'elles se trouvent distribuées en portions à peu près égales. La disposition de ces couleurs est telle qu'on croirait voir des cailloux à côté les uns des autres, ce qui a fait donner à cette espèce comme à toutes les autres semblables le nom de brèche. Ce marbre est très inégal dans sa contexture; son grain est fin; il reçoit un très beau poli et est fort estimé; son travail est difficile surtout pour la taille, il faut y apporter un soin tout particulier pour en conserver les arêtes bien pures.

Le *vert Maurin*, de la carrière de Maurin (Basses-Alpes), ressemble au *vert de mer* des environs de Gênes; il présente des fragments vert noirâtre enveloppés par des veines vert clair dont la nuance tire tantôt sur l'olive, tantôt sur l'émeraude; sa teinte générale rappelle celle du porphyre antique. C'est l'ophicalce de Brongniart; elle est traversée de toutes parts par des veines de chaux carbonatée spathique colorée en vert clair ou en vert céladon par une espèce d'amiante.

Le *rose enjugeraie* (Mayenne), ou *sarrancolin de l'Ouest*, est un panaché de rose brique et de gris perle avec quelques flammes blanches et rouges; il ne rappelle que de loin les vives nuances de son homonyme des Pyrénées; par son prix, il peut lutter avec les marbres du Nord, e il est souvent préféré pour ses couleurs; il est bien compact, renferme peu de défauts, reçoit un fort beau poli, s'exploite économiquement, et quand il le faut, en grandes mesures; on l'emploie surtout dans la fabrication courante, pour les cheminées et les dessus de meubles.

Les carrières sont situées à Bouëre, dans la Mayenne; elles furent ouvertes par les exploitants de fours à chaux, vers 1820; c'est en 1835 seulement que la marbrerie se mit à tirer parti des bancs découverts.

Le *noir veiné* de Marpent (Nord) est un marbre à fond noir avec veines blanches longitudinales, variant de grosseur suivant les bancs et se fondant parfois en grands ramages.

Les marbres du département du Nord sont généralement ternes et n'ont guère d'autre raison d'être, dans le commerce, que leur homogénéité et leur bon marché : le noir veiné fait exception et se distingue par un beau caractère décoratif; il coûte peu, se polit bien, se trouve facilement en toutes mesures; c'est un des marbres les plus employés pour les cheminées et il tient une place honorable dans la grande marbrerie.

Le *noir français* est un marbre noir commun, comportant selon les bancs des taches blanches en forme de boule de neige, d'amandes, de coquillages ou de pointillé (polypiers, lucines, orthocères, etc.) qui accusent les trois étages du terrain dévonien; le grain est beaucoup moins fin que celui des marbres noirs de Belgique; il reçoit cependant un poli convenable.

Les carrières s'exploitent près de l'ancienne ville de Bavay, les bancs se présentent à fleur de sol dans d'excellentes conditions d'extraction.

Le noir français s'emploie en quantité très importante par suite de son extrême bon marché.

Certains bancs jouent le rôle de pierre de taille dans tous les pays d'alentour; on les retrouve dans les façades de l'église et de la Banque à Maubeuge, de l'hôpital à Valenciennes et dans la plupart des massifs des usines métallurgiques du bassin français de la Sambre; à l'état brut ou ciselé, ces pierres ont de l'analogie avec les calcaires belges d'Ecaussines ou de Soignies et elles leur font en France une concurrence qui se développe tous les jours.

Comme marbre, le noir français s'emploie pour les cheminées de pacotille, capucines et modillons, qui entrent plus ou moins dans toutes les constructions de Paris; aussi pour les devantures de boutiques, de comptoirs et les dessus de poêles.

Dans les environs des carrières de noir français, à Hon-Hergies, la maison Dervillé et Cie exploite depuis 1854 une masse de calcaire gris-bleu à surface mamelonnée, ayant une épaisseur de 15 mètres environ; les bancs renferment quelques polypiers et sont traversés par de nombreuses veines blanches de calcite; l'aspect général de ce marbre, qui rappelle le Sainte-Anne belge, lui a fait donner le nom de *Sainte-Anne français*; c'est un produit terne, bon marché et fort répandu; il reçoit le même emploi que le noir français dans les objets de marbrerie courante : une scierie et des ateliers de fabrication sont installés aux portes de la carrière.

Le *Sainte-Anne belge* a la même composition que le Sainte-Anne français; c'est un calcaire gris-bleu, régulièrement tacheté de blanc, l'aspect est terne et peu décoratif; mais en revanche ce marbre est très sain, coûte peu et prend fort bien le poli : ce sont là ses raisons d'être pour les usages communs.

Défauts des marbres. — Les marbres peuvent présenter tous les défauts de la pierre, et ces défauts sont difficiles à découvrir parce qu'ils sont dissimulés, surtout lorsqu'on demande les marbres à des intermédiaires qui souvent ont acheté dans les carrières des pièces de rebut.

Le marbre *fier* est difficile à travailler et s'éclate; le marbre *pouf* ne peut se tailler à arêtes vives, parce qu'il s'écrase sous le marteau comme du mauvais grès.

Dans beaucoup de marbres on trouve des *terrasses*, ou poches terreuses, que l'on vide et que l'on remplit soit avec du mastic, soit avec un autre éclat de marbre fixé au mastic. Les brèches ont souvent ce défaut.

Le marbre de couleur est souvent filandreux, c'est-à-dire qu'il est traversé par des fils.

Le mastic dont on se sert pour boucher les trous du marbre ou pour en recoller les morceaux est de la gomme laque colorée, à laquelle on a quelquefois le soin de mêler de la poussière du même marbre.

Lorsqu'on veut rapporter un morceau, on le mastique aussi avec de la gomme laque, en ayant soin de chauffer, si c'est possible, la pièce et le morceau afin d'obtenir une adhérence parfaite.

Généralement les défauts ainsi corrigés ne sont pas apparents et le polissage final en fait disparaître les traces. Cependant ils se montrent avec le temps et surtout sous l'influence de la chaleur; la gomme laque se déforme, éprouve un commencement de fusion et s'accuse à la surface. Les marbriers feraient mieux, à notre avis, d'employer un bon ciment très fin, convenablement coloré ou mélangé à de la poussière de marbre.

Lorsqu'on a à souder des plaques ou des morceaux de marbre, on se sert d'un mastic gras, composé de 2 parties de cire, 3 de poix blanche et 8 de résine, que l'on fait fondre sur le feu.

Rappelons que les marbres salis ou ternis se nettoyent en les polissant avec un tampon de linge et de la potée d'émeri pour les marbres de couleur, de la potée d'étain pour les marbres blancs, parce que l'émeri les rougirait. Les taches d'huile pénètrent la pierre et ne peuvent s'enlever complètement.

Albâtre. — L'albâtre est un calcaire cristallin fibreux, dont le type se rencontre dans les stalactites et les stalagmites des grottes. Lorsque cette pierre est translucide et incolore, on l'appelle *albâtre oriental* ou *égyptien*; mais lorsque les fibres diffèrent entre elles par la nuance, la teinte ou le degré de translucidité, on a les albâtres ordinaires. On leur donne le nom de *marbre onyx* lorsque les fibres sont circulaires ou concentriques comme dans les agates onyx; les fibres sont jaunes ou verdâtres avec nuances variées.

L'Algérie, si riche en marbres exploités par les Romains, nous offre un bel albâtre. L'albâtre algérien est un calcaire fibreux et translucide, à structure rubanée; il est plus translucide que l'albâtre ordinaire concrétionné, et renferme un peu de carbonate de fer, d'où lui vient sa couleur verdâtre, qui quelquefois est pâle, quelquefois, au contraire, tourne au vert émeraude et même au vert pomme. Il y en a aussi des échantillons d'un blanc laiteux, d'un jaune d'or, d'un rouge vif. Avec ce marbre remarquable on fabrique des pièces ornementales et artistiques d'une grande beauté ; il se marie fort bien avec le bronze.

7° PIERRES CALCAIRES

En tous pays, la principale pierre à bâtir est le calcaire ordinaire. Certaines pierres calcaires compactes servent à la fois de marbre commun et de pierre à bâtir, suivant qu'on les polit ou qu'on se contente de les tailler ; la distinction entre les deux genres n'est pas absolue.

Nous ne pouvons décrire toutes les pierres calcaires dont on se sert en France : « Presque toutes les grandes villes, dit Reynaud, sont établies à proximité de puissants dépôts calcaires et sont construites avec les pierres qui en proviennent. On conçoit, en effet, que les ressources offertes par une localité à l'établissement des constructions ont dû entrer pour beaucoup dans les motifs qui ont déterminé la formation d'un grand centre de population en cet endroit. Paris est une ville admirablement placée sous ce rapport. Les pierres calcaires présentent des degrés de dureté fort différents. Il en est de trop dures pour être avantageusement employées dans nos constructions ordinaires, et qu'on réserve pour les monuments publics. Il en est de trop tendres pour être utilisées en qualité de pierres ; tels sont plusieurs craies et quelques calcaires terreux. »

Les frais de transport entrent pour une grosse part dans le prix des pierres à bâtir ; aussi le commerce de ces pierres a-t-il subi une transformation profonde par la facilité qu'ont rencontrée de nos jours les transports à longue distance.

Le constructeur n'a plus d'excuses aujourd'hui lorsqu'il emploie de mauvaises pierres dans les parties délicates et dans les soubassements des édifices.

Le bassin de Paris, en particulier, n'a plus guère que des roches tendres ; mais les chemins de fer lui apportent, à des prix raisonnables, les beaux calcaires durs et compacts des terrains jurassiques.

Classification minéralogique des calcaires. — Les pierres calcaires comprennent les carbonates et les sulfates de chaux ; ceux-ci fournissent le plâtre, mais n'ont, comme pierre à bâtir, que des applications sans importance. Aussi réserve-t-on d'ordinaire aux carbonates de chaux le nom de pierres calcaires.

Nous avons étudié plus haut les calcaires cristallins, saccharoïdes ou fibreux ; reste à passer en revue les calcaires communs qui comprennent :

Les calcaires compacts,
Les calcaires argileux,
Les calcaires siliceux,

Les calcaires glauconieux,
Les travertins et les tufs,
Les calcaires globulaires,
Les calcaires coquilliers,
Les calcaires grossiers,
Les calcaires terreux ou craie.

Le calcaire *compact* est à grains ténus, que souvent on distingue seulement à l'aide du microscope. Le type en est le calcaire lithographique, ainsi que la plupart des marbres.

Cette pierre se présente en formations puissantes; mêlée à des couches argileuses, elle constitue le massif du Jura. Sa cassure est esquilleuse ou conchoïde, suivant qu'elle est blanche ou colorée; la variété blanche est pure et sa cassure indique un commencement de cristallisation.

Le calcaire compact est généralement résistant, surtout lorsqu'il est pur; on le trouve coloré en jaune par de l'oxyde de fer, en brun par l'hydrate de cet oxyde, en gris par le bitume ou le charbon; quelquefois il est tout à fait noir, comme dans le terrain houiller: marbres de Belgique ou du Derbyshire.

Le calcaire *argileux* renferme l'argile à l'état de mélange intime et est précieux surtout parce qu'il donne naissance aux chaux hydrauliques. Certains calcaires argileux fournissent de bonnes pierres, telle est la pierre d'Allemagne, près Caen, qui contient 12 p. 100 d'argile; cependant une proportion un peu forte d'argile n'est généralement pas favorable à la résistance.

Le calcaire *siliceux* comprend le grès de Fontainebleau, dans lequel les grains de quartz sont enveloppés d'un ciment calcaire. Aux environs de Paris, les calcaires dits de Saint-Ouen renferment une forte proportion de silice, qui se traduit par la cassure conchoïdale.

Le calcaire *glauconieux* renferme des globules de glauconie, d'un vert noirâtre ou jaunâtre; la glauconie est un silicate de protoxyde de fer et de potasse hydratée. Ce calcaire, ordinairement argileux, se rencontre à divers étages géologiques, notamment à la base du calcaire grossier ou de la craie des environs de Paris.

Quand le calcaire renferme simplement l'hydrate d'oxyde de fer, il est jaune d'ocre ou brun.

Les *travertins* « sont des calcaires compacts, d'un blanc grisâtre, légers, solides, prenant bien le mortier à cause des cavités dont ils sont souvent criblés. L'on peut regarder ces cavités comme produites par le dégagement de l'acide carbonique devenu libre, en même temps que le calcaire se déposait dans les eaux qui l'avaient apporté à l'état de bicarbonate. Le type de cette roche est le travertin célèbre, si répandu en Italie, soit autour de Tivoli, soit dans les Abruzzes et en Toscane où il alterne avec les tufs ».

« Les *tufs calcaires* sont des roches de même nature, mais plus légères, à cavités plus grandes, dont les parois, souvent comme écailleuses ou feuilletées, se sont moulées sur des tiges de plantes disparues. Les sources anciennes amènent encore aux bains de San-Felippo des eaux qui incrustent de calcaire les objets sur lesquels on les dirige. Elles ont produit une couche de travertin dur, de 2 kilomètres de long sur une épaisseur qui atteint quelquefois 75 mètres. En quatre mois de temps, elles déposent une couche de 30 centimètres d'épaisseur. » (Jannettaz.)

Des travertins il faut rapprocher les calcaires lacustres, les calcaires d'eau douce, caractérisés par leurs coquilles fluviales ou lacustres ; ce sont généralement des matériaux médiocres, comme le calcaire lacustre de Beauce ; cependant la pierre de Château-Landon, qui est excellente, est un calcaire lacustre, mais les cavités y sont remplies de calcaire spathique ou cristallin.

Les calcaires *globulaires* comprennent les *pisolithes* et les *oolithes*.

Les pisolithes, dit Jannettaz, « sont des concrétions souvent isolées, quelquefois parfaitement sphériques, et qui se produisent autour d'un point matériel, organique ou minéral, que des eaux agitées ballottent à mesure qu'elles en augmentent la masse par leurs dépôts successifs en forme de membranes minces et concentriques. Souvent les pisolithes sont reliés ensemble par un ciment calcaire plus ou moins argileux. Quelquefois leurs bords vagues se fondent les uns dans les autres ; souvent l'on y distingue les zones d'accroissement ; mais ils sont surtout reconnaissables dans les pâtes colorées autrement qu'eux. Certaines brocatelles appartiennent à cette variété. »

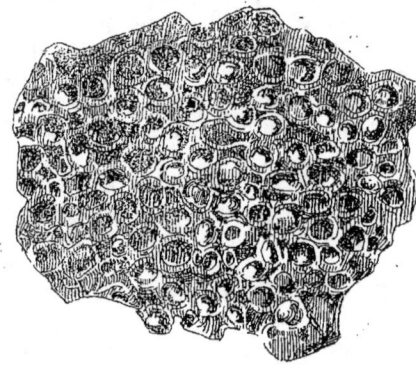
Fig. 2.

Les oolithes sont de structure analogue, si ce n'est que les grains ne sont pas plus gros que des grains de millet et semblent des œufs de poisson. Parfois ils sont simplement accolés ; mais, généralement, ils sont empâtés dans un ciment terreux ou cristallin. On trouve le calcaire oolithique surtout dans le terrain jurassique.

Les calcaires *coquilliers*, dont le nom fait comprendre la composition, sont formés de débris de coquilles fossiles réunis par un ciment. On les trouve à tous les étages. La pierre d'Euville est un calcaire composé de coquilles d'encrines reliées par un ciment dur. On distingue de même le calcaire nummulitique, madréporique, à miliolithes, etc. Le *falun* est un calcaire coquillier, à ciment terreux, très friable, servant à l'amendement des terres.

Dans le calcaire *grossier*, les grains calcaires sont réunis par un ciment calcaire ou sableux ; sa résistance est variable. C'est la principale pierre du bassin de Paris. Nous en étudierons plus loin les variétés.

Le calcaire *terreux* comprend toutes les variétés de *craie ;* le type est la craie blanche, ou blanc de Meudon, matière blanche et friable, à cassure terreuse, composée de calcaire cristallin et de carapaces d'animaux microscopiques, les foraminifères. La craie est une formation géologique puissante, qui ne donne guère de matériaux de construction ; les bancs sont séparés par des assises de silex dus à une précipitation de silice gélatineuse. Mêlée à l'argile, la craie devient la *marne*. On appelle *craie tufau* une craie sableuse ou micacée, jaunâtre ou verdâtre, possédant quelque résistance.

Telles sont les principales variétés de calcaires qui nous donnent nos matériaux ordinaires de construction.

Condition géologique des calcaires. — Les calcaires se rencontrent, pour la première fois, dans les terrains de transition et s'y trouvent presque toujours à l'état métamorphique, notamment dans les terrains silurien et dévonien.

Le dévonien nous offre les marbres des Ardennes, de Caunes et de Campan.

Le terrain houiller contient les diverses variétés de marbres noirs et les calcaires carbonifères.

Les grès des Vosges et les grès bigarrés du trias se terminent en haut par un calcaire coquillier que surmontent les marnes irisées.

Le terrain jurassique renferme les plus puissantes formations calcaires: calcaires marbres de l'Yonne, calcaires à entroques, calcaires oolithiques, calcaires compacts, calcaires lithographiques, calcaires d'Euville et de Commercy, de Saint-Ylie et de l'Échaillon, calcaires de Portland, etc.; c'est dans ce terrain que l'on trouve les meilleures et les plus belles pierres.

Le terrain crétacé nous donne quelques calcaires compacts surmontés de marnes et d'argiles. A la partie supérieure, on trouve la craie proprement dite, sans résistance, sauf le tufau du Maine et de la Touraine.

Dans le terrain tertiaire, à la partie supérieure de l'étage éocène, se montre le calcaire grossier du bassin de Paris, d'origine marine, puis les calcaires d'eau douce de Saint-Ouen et les gypses ; à l'étage miocène appartiennent les calcaires lacustres de Beauce, les faluns de Touraine, la mollasse des Alpes; l'étage pliocène donne aussi quelques calcaires.

Dans les terrains quaternaires et modernes, on peut signaler les travertins et les tufs.

Pierres calcaires sulfatées. — Le sulfate de chaux, avons-nous dit, ne compte guère comme pierre à bâtir; son rôle est de fournir le plâtre.

Cependant quelques gypses cristallins sont employés comme pierres décoratives et on leur donne à tort le nom d'albâtre.

Des carrières, voisines de Saint-Jean-de-Maurienne (Savoie), fournissent un albâtre ou *gypse saccharoïde*, demi-dur, d'un beau blanc, translucide, donnant des blocs de toutes dimensions ; il pèse 2,265 kilog. et s'écrase sous une charge de 260 kilog. par centimètre carré. Cet albâtre, qui coûte 110 francs le mètre cube, s'emploie pour la sculpture intérieure, et le plâtre qui en provient est recherché pour la moulure et la papeterie ; aussi s'exporte-t-il à l'étranger.

Tableau des principales pierres calcaires de France.
— Grâce au catalogue des échantillons de matériaux de construction, réunis par le Ministère des travaux publics à l'Exposition de 1878, catalogue dressé par M. l'ingénieur en chef Léon Durand-Claye, nous avons pu rédiger le tableau suivant, qui comprend les principaux calcaires de France, et qui donne pour chacun d'eux le nom, l'étage géologique, les qualités principales de la pierre, la hauteur d'assise, la densité, la charge d'écrasement, le prix et les principales applications :

DÉPARTEMENT	NOM DE LA CARRIÈRE ou DE LA PIERRE	ÉTAGE géologique.	QUALITÉS DE LA PIERRE	HAUTEUR D'ASSISE. mètres.	POIDS DU MÈTRE CUBE kilog.	CHARGE D'ÉCRASEMENT par centimètre carré. kilog.	PRIX DU MÈTRE CUBE sur carrière. francs.	EMPLOIS REMARQUABLES.
1° Calcaires des terrains de transition.								
NORD (Avesnes)	Recquignies.	Ter. dévonien.	Compacte, noir, dur, veines blanches spathiques.	0,30—1,35	2.680	835	60 à 110	Ouvrages d'art du chemin de fer du Nord, s'emploie comme marbre commun.
—	Le parc.	T. carbonifère.	Compacte, dur, noir, veiné de blanc.	0,10—0,80	2.730	760	100	S'emploie dans le Nord et la marbrerie commune.
—	Marbaix.	id.	Dur, noir intense.	0,20—0,90	2.730	995	80	S'emploie dans le Nord et la marbrerie commune.
PAS-DE-CALAIS	Le Haut-Banc.	id.	Compacte, très dur, susceptible de poli.	0,25—0,60	2.700	1.000	70	Écluses et bassins du littoral ; ouvrages de la ligne de Boulogne à Calais.
ARDENNES.	Rancenne et Tr.-Fontaines.	Dévonien sup^r.	Compacte, dur, noir, grain fin, susceptible de poli.	0,40—1,20	»	»	60	Travaux de l'arrondissement de Rocroi et de l'Est.
AUDE	Villefranche.	id.	Cristallin, dur, veiné de blanc, marbre.	0,30—1,00	2.710	735	100	Ouvrages d'art ; fortifications.
2° Calcaires du terrain jurassique.								
CALVADOS (Caen)	Orival.	Grande oolithe.	Dur, blanc gris, grain fin, lamelles cristallines.	0,40	2.525	125	40	Socles, bordures et dalles, Caen et Bayeux.
—	id.	id.	Tendre, blanc jaunâtre, fines oolithes.	0,15—0,30	1.845	115	12	Ouvrages de la ligne de Paris à Cherbourg.
—	Ranville.	id.	Dur, blanc jaunâtre, grains moyens.	0,40—1,00	2.260	190	30	Ports de mer et lignes de Normandie.

DÉPARTEMENT	NOM DE LA CARRIÈRE ou DE LA PIERRE	ÉTAGE géologique.	QUALITÉS DE LA PIERRE	HAUTEUR D'ASSISE	POIDS DU MÈTRE CUBE	CHARGE D'ÉCRASEMENT par centimètre carré.	PRIX DU MÈTRE CUBE sur carrière.	EMPLOIS REMARQUABLES
				mètres.	kilog.	kilog.	francs.	
CALVADOS (Caen)	Allemagne ou Caen.	Fullers earth.	Tendre, blanc, grain fin, homogène, propre à la sculpture.	0,50—1,55	1,950	160	20	Monuments de Normandie, Angleterre, Belgique.
—	La Maladrerie ou Caen.	id.	Analogue au précédent, jaunâtre.	0,35—0,75	1,880	120	15	Monuments de Normandie, Angleterre, Belgique.
— (Falaise)	Les Aucris. Quilly.	Grande oolithe. id.	Dur, blanc jaunâtre, grain fin, sculpture. Assez dur, blanc jaunâtre, grain fin, lamelles.	0,35—0,70	2,100 2,340	240 450	28	Monuments de Normandie et d'Angleterre.
—	Aubigny.	id.	Liais dur, blanc grisâtre, propre à la sculpture.	0,35—1,00	2,230	290	30	S'expédie en Belgique et nord de la France.
ORNE (Argentan)	Argentan.	id.	Oolithique dur, blanchâtre, nombreux débris de coquilles.	0,45—0,60	2,400	460	35	Dalles, marches, carrelages, phare de Honfleur.
—	Joué.	Fullers earth.	Liais dur, demi-cristallin, blanc, grain fin, propre à la sculpture.	0,40—0,80	2,570	325	16	Monuments et ouvrages d'art du pays.
SARTHE (Le Mans)	Villaines Mamers.	Oolithe infér.	Calcaire tendre, blanchâtre.	0,30—0,60	2,190	285	18	Pierre de choix et d'ornement, emploi local.
—	Bernay.	Grande oolithe.	Oolithique, blanc, grains fins, tendre ou dur.	2—3	1,780	60	15	Tous les édifices de la région.
—	Chandolin.	id.	Liais dur, gris de fer, grains très fins.	»	2,300	240	40	Quelques édifices du Mans.
				0,50	2,600	685	55	Édifices de la Sarthe et de la Mayenne.
MAINE & LOIRE	Les Rairies.	Oolithe infér.	Demi-dur, blanc jaunâtre, grain fin.	0,50	»	»	35	Marches et dalles, Sarthe, Maine-et-Loire.

Département	Localité	Formation	Description	Dimensions	Densité			Emploi
MANCHE	Valognes.	Infra-lias.	Demi-dur, blanc grisâtre, grain fin	0,25—0,60	»	»	34	Edifices de la Manche.
VENDÉE	La Gajonnière.	Lias inférieur.	C. tendre grésoux, jaune roux clair, fin	0,40—0,80	2,060	155	25	Edifices de Fontenay (Vendée).
	La Tête-Noire.	Oolithe infér.	Tendre, blanc, à grains fins et homogènes	0,20—1,20	2,030	180	15	Edifices de Fontenay (Vendée).
DEUX SÈVRES (*Niort*)	Niort.	Grande oolithe.	Demi-dur, blanc ou roux, grain irrégulier fin	0,40—1,50	1,940	95	12	S'emploie à Niort et dans la Saintonge.
—	Bégrolle.	Lias moyen.	Grésoux, assez dur, grès roux, grain très fin	0,20—0,35	2,310	310	»	Ouvrage d'art; soubassements.
VIENNE (*Poitiers*)	Les Lourdines.	id.	Tendre, blanc, très fin, un peu crayeux, homogène; banc royal remarquable pour la sculpture	0,50—1,10	2,070	225	28	Banc royal : édifices de Poitiers, maison de la Belle-Jardinière, à Paris.
—	Lavoux.	id.	Oolithique, demi-dur, blanc, grain fin, un peu crayeux, sculpture et ornement	0,50—1,20	2,050	200	34	Gare d'Orléans, à Paris.
—	Tercé.	Grande oolithe.	Demi-dur, blanchâtre, grain fin, sculpture	0,50—1,30	2,135	290	32	Ouvrage d'art; palais de justice de Bruxelles.
—	La Fontaine-du-Breuil.	d.	Dur, blanc, grain fin et régulier, sculpture, ornementation	0,40—1,00	2,220	230	45	Pont de Châtellerault; soubassements et ornements d'édifices.
(*Montmorillon*)	Brétigny.	id.	Assez dur, blanchâtre, blocs de toutes dimensions	*	2,170	290	33	Ouvrages de la ligne de Paris à Bordeaux.
—	Chauvigny.	id.	Blanc et homogène, assez dur, blocs de toutes dimensions	»	2,315	310	35	Balcons et soubassements à Paris et dans l'Ouest; s'expédie à l'étranger.
—	Lussac.	id.	Oolithe, dur, blanc grisâtre, grains fins	0,50—1,30	2,370	505	50	Ponts des lignes de Limoges à Poitiers et à Brive.
INDRE	Ambrault.	Oolithe infér.	Demi-dur, blanc	0,50—1,00	2,200	280	24	Edifices de Châteauroux et d'Issoudun.
	Pont-Chrétien.	Grande oolithe.	Blanc, assez dur	0,30—0,80	2,270	510	25	Ponts et viaducs, près Argenton.
PAS-DE-CALAIS	Marquise.	Oolithe infér.	Oolithe, assez dur, blanchâtre, noircit à l'air	1,20	2,150	260	35	Edifices de Boulogne et de Saint-Pierre.
—	Maninghem.	Portlandien inférieur.	Grésoux, dur, gris fer ou jaunâtre	0,80	2,540	760	65	Dalles et bordures, Amiens, Boulogne, etc.
ARDENNES (*Sedan*)	St-Martin.	Fullers earth.	Demi-dur, jaune nankin, assez fin, homogène	0,40	1,980	160	14	Viaduc de Charleville, forts de Reims.

DÉPARTEMENT	NOM DE LA CARRIÈRE OU DE LA PIERRE	ÉTAGE géologique.	QUALITÉS DE LA PIERRE	HAUTEUR D'ASSISE	POIDS DU MÈTRE CUBE	CHARGE D'ÉCRASEMENT par centimètre carré.	PRIX DU MÈTRE CUBE sur carrière.	EMPLOIS REMARQUABLES
				mètres.	kilog.	kilog.	francs.	
ARDENNES (Sedan)	Le Fond-d'Enfer.	Grande oolithe.	Assez dur, blanc jaunâtre, grain fin	0,30—0,70	2,300	290	28	Ponts de Givet et Sedan, forts de Sedan.
MEUSE	Chauvency.	Fullers earth.	Demi-dur, grossier, jaune roux	0,60—0,80	1,880	115 à 214	25	Écluses sur la Meuse.
—	Châtillon-sous-les-Côtes.	Corallien.	Calcaire à entroques, demi-dur, blanc, grain grossier	0,30—0,80	2,030	115	22	Écluses et travaux d'art.
—	Amblv.	Corallien.	Calcaire à entroques, dur, blanchâtre.	3,30	2,340	200	17	Édifices de Verdun; pont de Villers.
—	Euville.	id.	Calcaire à entroques, dur, blanchâtre, 1° formé de débris d'encrines. 2°	1,00—2,20 1,00—3,00	2,200 à	280 à	33 à	Corniches des ponts de Paris. Soubassements de nombreux édifices.
—	id.	id.	Inaltérable à la gelée et aux intempéries. 3°	1,70—4,00	2,400	430	50	Ouvrages d'art du canal de la Marne au Rhin et du canal de l'Est.
—	Lérouville.	id.	Analogue au précédent.	2—8	2,400	250	30	Travaux d'art du chemin de fer et du canal de l'Est. Constructions de Paris.
—	Reffroy.	Portlandien.	Oolithe, dur, grain fin, blanc.	0,70—1,60	2,150	370	à 40 34	Canal de la Marne au Rhin; soubassements à Paris
—	Saint-Joire.	id.	Oolithe, dur, grain fin, blanc.	0,60—1,20	2,180	280	34	Églises et ouvrages d'art à Nancy.
—	Savonnières.	id.	Oolithe, tendre, blanc jaunâtre, grain fin.	4,00	1,650	80	30	Édifices de Paris, Châlons, Saint-Dizier.
—	Brauvillers.	id.	Banc royal, analogue au précédent.	0,75—0,90	1,700	90	30	Édifices et ponts à Chaumont.
—	Liais de Morley.	id.	Oolithique, dur, blanc grisâtre, grain fin.	0,90—1,00	2,120	380	40	S'expédie à Paris et dans un grand rayon.
HAUTE-MARNE	Chevillon.	id.	Oolithique, dur, gris jaunâtre, grain fin.	1,20	2,190	165	22	Gares de la ligne de Saint-Dizier à Gray.
—	Chalvraines.	Grande oolithe.	Oolithique, blanc, demi-dur, grain fin, sculpture.	0,40	2,270	340	15	Gares de la ligne de Chaumont à Neufchâteau.

Département	Localité	Étage	Description	Dimensions			Emplois
HAUTE-MARNE	La Maladière	Grande oolithe	Oolithique, blanchâtre, demi-dur, homogène	0,50—1,00	2,130	150	16	Édifices et constructions de Chaumont.
—	Esnouveau-Bieslos	id.	Calcaire demi-dur, blanc rougeâtre	0,40—1,00	2,170	230	20	Ponts et ouvrages du chemin de fer.
—	Greignot	id.	Calcaire blanc rougeâtre	0,20—1,00	2,250	300	22	Viaduc de Chaumont, ouvrages d'art
—		Oolithe infér.	Calcaire à entroques, bleue gris, très dur, se polit	0,30—0,60	2,470	860	22	Ponts et ouvrages d'art à Chalindrey.
VOSGES	Fréville	Grande oolithe	Oolithique, dur, blanchâtre, grain fin	0,60	2,400	470	25	Ouvrages d'art de la ligne de Chaumont.
HAUTE-SAONE	Andelarrot	Oolithe infér.	C. à entroques, blanc gris, très dur, se polit	0,20—1,10	2,600	545	35	Édifices de Vesoul, ouvrages d'art du département.
—	Autrey	Ét. séquanien	Oolithique dur, blanc gris ou jaunâtre	0,10—0,45	2,455	445	25	Édifices de Gray; ouvrages d'art.
BELFORT	St-Dizier	Ét. corallien	Calcaire compact	0,40—1,00	2,580	940	30	Ouvrages du canal de la Marne au Rhin.
DOUBS	Longres Hyèvre-Paroisse	Grande oolithe	Dur, grisâtre à taches blanches, se polit	0,20—0,70	»	»	»	Pont sur le Doubs, pont de Montbéliard.
—		id.	Compact, très dur, gris cendré ou bleuâtre	0,25—0,60	2,665	880	22	Écluses du canal du Rhône au Rhin, ouvrages de la ligne de Dijon à Belfort.
—	La Malcombe	id.	C. compact, très dur, gris cendré, se polit	0,20—1,00	2,600	770	30	Édifices de Besançon.
—	Velesmes	id.	Compact, dur, blanchâtre, tacheté de rose pâle	0,15—0,80	2,500	710	30	Édifices de Besançon; ligne de Dôle et Belfort.
JURA	Dôle	Ét. oxfordien	Oolithe, moyennement dur, blanc jaunâtre, banc franc	0,90	2,180	300	30	Édifices de Dôle.
—	Sampans	Fullers earth	Pierre marbre, dure, nuancée du gris jaune au rouge vif		2,640	860	30	Façades et colonnes à l'Opéra, palais du Trocadéro. S'exporte en Amérique et en Orient.
—	Belvoye	Ét. séquanien	Compact, très dur, blanc nuancé de lie de vin, susceptible de poli et de sculpture fine	1,25	2,590	755	50	Pont et fontaine Saint-Michel et nombreux édifices à Paris; théâtre de Genève, bourse de Francfort, palais de justice à Bruxelles, cathédrale de Dublin.
—	L'Abbaye	id.	Compact, très dur, variant du blanc au rose, se polit	0,25—1,00	2,660	850	40	Pont sur le canal du Rhône au Rhin.
—	Grauçot	Oolithe infér.	C. à entroques, compact, dur, rougeâtre	0,10—0,60	2,615	770	45	Édifices de Louis-le-Saulnier; ligne de Lyon à Besançon.
COTE-D'OR	Lignerolles	Grande oolithe	Oolithique, demi-dur, blanc, grains fins	0,20—0,70	2,150	335	40	S'expédie jusqu'à Paris.

DÉPARTEMENT	NOM DE LA CARRIÈRE ou DE LA PIERRE	ÉTAGE géologique.	QUALITÉS DE LA PIERRE	HAUTEUR D'ASSISE	POIDS DU MÈTRE CUBE	CHARGE D'ÉCRASEMENT par centimètre carré.	PRIX DU MÈTRE CUBE sur carrière.	EMPLOIS REMARQUABLES
				mètres.	kilog.	kilog.	francs.	
CÔTE-D'OR	Ampilly ou Pierre-Chèvre.	Forest-Marble.	C. oolithique, dur, gris ou rougeâtre	0,60—1,40	2,330	435	30	Lignes de Châtillon à Chaumont et à Troyes; têtes des ponts des Invalides et de l'Alma, à Paris
—	Chamesson	Grande oolithe.	Pierre blanche, assez dure, grains fins	0,50—1,80	2,280	470	30	Cathédrale de Troyes.
—	Cérilly.	Cornbrash.	Très dure, blanc jaunâtre, un peu caverneux	0,15—0,70	2,500	505	25	Dalles, marches, soubassements.
—	Puits.	Grande oolithe.	Demi-dur, gris et jaunâtre, à grains fins	2,00	2,160	420	20	Ouvrages de la ligne de Paris à Lyon.
—	Mont-Moyen.	id.	C. oolithique, dur, blanchâtre	0,40—1,30	2,380	410	20	Ponts et ouvrages de Troyes à Chaumont, cathédrale de Troyes, tribunal de commerce de Paris.
—	Sémond.	Forest-Marble.	C. oolithique, demi-dur, gris ou rougeâtre	1,00—1,50	2,030	200	20	
—	Chanceaux.	Grande oolithe.	Assez dur, blanc jaunâtre, parfois veiné de rouge.	0,60—0,75	2,230	430	22	Ponts et aqueducs, barrage sur l'Yonne.
—	Is-sur-Tille.	Corallien.	Demi-dur, blanc, grains fins	0,50—4,30	2,235	205	25	Ponts; édifices de Dijon, ligne de Dijon à Langres.
—	Lux.	Et. sequanien.	Dur, blanc jaunâtre.	0,30—0,60	2,700	830	25	Ponts et églises près Dijon.
—	Brochon.	Et. bajocien.	Dur, oolithique, susceptible de poli.	0,20—0,70	2,660	620	30	Ligne de Dijon à Châlons, édifices de Dijon.
—	Comblanchien.	Grande oolithe.	Masse puissante; compact, très dur; blanc, fin, se polit.	0,40—2,00	2,680	900	50	Escalier de la banque de France à Paris; colonnes du palais de justice de Bruxelles; gare de Dijon et ouvrages d'art.
YONNE	Palotte.	Et. séquanien	Banc royal: oolithique, crayeux, demi-dur, blanc.	0,60—1,00	1,750	130	15	Gares et édifices de la région.
—	Charentenay.	id.	Banc royal: oolithique, demi-dur, très fin, blanc jaune.	0,80—1,00	1,950	125	12	Édifices d'Auxerre; Louvre, Hôtel de ville de Paris.

YONNE	Courson.	Et. séquanien.	(C. oolitique, tendre, blanc)	0,50—1,10	1,940	85	Édifices d'Auxerre; cathédrales de Sens et de Nevers. Banque de France, Opéra de Paris.	12
	Andryes.	Grande oolithe.	Calcaire dur, gris rougeâtre.	0,20—0,50	2,435	565	Barrage d'Ablon, pont de Coulanges.	22
	Tonnerre.	Et. séquanien.	Demi-dur, beau blanc, grain très fin, sculpture.	0,40—1,00	1,900	240	Édifices de Tonnerre, gares de la ligne de Lyon, statues.	20
	Augy (banc franc).	id.	Semi-cristallin, beau blanc.	0,15—0,80	2,000	200	Sculpture, monuments funèbres.	25
	Lézinnes (finis de Tonnerre).	Oxfordien.	Compact, très fin, gris clair ou jaunâtre, propre au dallage.	0,15—0,70	2,430	680	Maisons, gares et ouvrages de la ligne de Lyon et du canal de Bourgogne; s'exporte au loin, se débite en dalles.	62
	Chassignelles.	Grande oolithe.	1° pierre dure, compacte, blanchâtre, se polit.	0,30—0,80	2,680	1170	Dallages et carrelages.	90
			2° liais, demi-dur, blanc d'un grain fin		2,285	465	Édifices de Paris : magasins du Printemps, de la Belle Jardinière.	40
	Ravières.	id.	C. oolithique, demi-dur, blanchâtre	indéfinie.	2,200	280	Socle de l'Opéra, Journal officiel.	32
	Liais des Brosses.	id.	C. oolithique, miliaire, assez dur, sculpture	0,40—1,40	2,110	260	Église du Sacré-Cœur, à Paris.	32
	Les Larrys du Bief.	id.	C. oolithique, demi-dur, blanc et veiné, se polit.	0,30—1,20	2,310	480	Lames pour dessus de marches : nouvel Opéra, palais de justice.	55
	Liais de Grimault.	id.	C. oolithique, dur, blanchâtre, se polit.	0,80	2,620	720	Lames pour dessus de marches : nouvel Opéra, palais de justice.	80
	Coutarnoux.	id.	Pierre grise, dure	0,20—1,50	2,345	505	Ponts dans l'Yonne et à Paris.	25
	Avrigny. Austrude.	id.	C. oolithique, dur, blanc ou gris.	0,15—2,50	2,400	400	Pont de Melun; hôtel du Louvre.	25
	Chevroches.	id.	C. oolithique, demi-dur, grain fin, blanc ou gris	0,20—1,00	2,160	325	Soubassement du palais de l'Industrie.	25
	La Manse.	Grande oolithe.	C. oolithique, dur, grain fin, blanc	0,10—0,70	2,440	570	Ponts et ouvrages à Clamecy et à la Charité.	55
NIÈVRE		id	C. oolithique, dur, grain fin, blanc ou gris	0,10—1,00	2,420	360	Cathédrale de Moulins, ouvrages de la ligne du Bourbonnais, barrages de l'Yonne.	35
	Malvaux.	Corallien.	Banc royal : tendre, blanc, grain fin	0,20—1,40	2,130	180	Gares de Montargis à Nevers.	24
	Vergers.	id.	Liais, demi-dur, blanc grisâtre.	0,20—1,10	2,200	370	Pont de Cosne; ligne du Bourbonnais.	32
	Narcy.	id.	Liais, demi-dur, blanc grisâtre.	0,30—0,90	2,380	440	Églises de Nevers et Moulins; ouvrages d'art de la région.	35
	Donzy.	Callovien.	Demi-dur, blanchâtre, grains très fins.	0,30—1,00	2,080	240	Édifices de Cosne.	20

DÉPARTEMENT	NOM DE LA CARRIÈRE ou DE LA PIERRE	ÉTAGE géologique.	QUALITÉS DE LA PIERRE	HAUTEUR D'ASSISE	POIDS DU MÈTRE CUBE	CHARGE D'ÉCRASEMENT par centimètre carré.	PRIX DU MÈTRE CUBE sur carrière.	EMPLOIS REMARQUABLES
				mètres.	kilog.	kilog.	francs.	
CHER	Sancerre.	Corallien.	Calcaire crayeux, tendre, blanc, grain fin .	1,00—1,40	»	»	17	Constructions du pays.
—	Bourges.	id.	C. oolithique crayeux, tendre blanc . . .	0,30—1,50	»	»	20	Constructions du pays.
—	Apremont.	Fullers earth.	C. oolithique, demi-dur, blanc jaunâtre, sculpture et ornement	0,70	2,030	265	25	Édifices de Bourges et de la région.
—	Dun-le-Roi.	Corallien.	C. compact lithographique, blanc jaune, très dur	0,40	»	»	»	Employée comme pierre de taille à Bourges, mais surtout comme pierre à chaux et castine pour les hauts fourneaux.
—	Vallenay.	Grande oolithe.	C. oolithique, demi-dur, blanchâtre, grain fin	0,60	2,450	130	30	Ponts de Saint-Amand.
—	La Celle.	id.	C. miliaire, dur, blanchâtre, grain fin . .	0,50	»	»	28	Ponts ; pont-canal de la Tranclasse.
CORRÈZE	Saint-Robert.	Lias.	C. dur, gris jaunâtre, grain fin	0,20—0,80	2,270	180	20	Églises et halles de Saint-Robert.
AVEYRON	Ménier.	id.	Liais, dur, gris cendré, propre à la sculpture.	0,20—0,60	»	»	30	Pont et édifices à Villefranche.
SAONE-&-LOIRE	Givry.	Grande oolithe.	Semi-cristallin, demi-dur, blanc, se sculpte	0,20—0,50	»	»	40	Édifices de Chalon-sur-Saône.
—	Laives.	Bathonien.	Compact, très dur, gris ou roux, se polit.	0,90	»	»	33	Ponts sur la Saône ; réservoir de Chalon.
—	Génélard.	Lias.	Compact, assez dur, non bleuâtre	0,20	»	»	30	Moellons d'appareil des ponts de Digoin.
—	Saint-Vincent-les-Bragny.	Oolithe infér.	C. à entroques, assez dur, jaune roux . .	3,00	»	»	30	Ponts de la région.
—	Saint-Maurice-lès-Châteauneuf.	id.	C. à entroques, dur, blanc jaunâtre . . .	0,25—1,30	»	»	10	Ponts de Roanne.
—	Farges.	Grande oolithe.	Semi-cristallin, demi-dur, blanchâtre . .	1,30	»	»	35	Ponts de Tournus et de Mâcon.

Département	Localité	Étage	Caractères	Dimensions				Emplois
SAÔNE-&-LOIRE	Saint-Martin-Senozan.	Ool-the infér.	C. à entroques, cristallin, très dur, gris..	4.00	»	»	35	Ponts de Mâcon, barrage de Thoissey.
RHONE	Lucenay.	Grande oolithe.	Demi-dur, blanchâtre, grain fin, se sculpte	0.20—1.20	»	»	35	Ouvrages d'art près Villefranche.
—	Saint-Fortunat.	Lias.	Subcristallin, dur, grisâtre, se polit...	0.10—0.70	»	»	25	S'emploie à Lyon, comme la pierre de Dardilly.
	Bully.	id.	C. lamellaire, dur, noir d'ardoise, grain fin.	0.10—0.55	»	»	60	S'emploie à Tarare, à l'Arbresle, comme les pierres de l'Arbresle et de Glay.
AIN	Drom, Montmerle.	Corallien.	C. compact, très dur, blanc grisâtre.	3.00	2.720	1.000	20	Genève ; Saint-Julien.
	Hauteville.	Kimméridgien.	C. compact, très dur, gris clair, se polit.	4.00	2.710	1.450	25	Préfecture de Bourg.
		id.	Compact, très dur, grain très fin, clair, se polit.	0.10—1.20	2.760	1.160	55	Pierres de choix pour l'ornementation, à Paris, Lyon, Marseille et à l'étranger.
	Villebois.	id.	Compact, très dur, gris de fer, se polit.	0.10—1.20	2.700	820	40	Ponts de Lyon ; porte, comme la précédente, le nom de Choin.
	Cirin.	id.	C. lithographique, dur, blanc jaunâtre.	0.03—0.15	2.720	910	»	Dallages et pierres lithographiques.
HAUTE-SAVOIE	Meillerie.	Ju. infér.	Compact, très dur, non bleuâtre, grain fin.	0.40	»	»	»	Moellons de parement à Genève, Lausanne, Evian.
SAVOIE	Grésy-s.-Isère.	Oxfordien.	Pierre marbre, bréchoïde, très dur, noir nuancé..	0.50	2.720	1.160	35	S'emploie à Albertville et Chambéry.
	Curienne.	id.	C. compact, très dur, gris chocolat, se polit...	0.20—1.00	2.700	950	35	Ponts et ouvrages d'art à Chambéry et dans la région.
—	Le détroit de Giex.	id.	Pierre marbre, dur, blanc nuancé de gris.	5.00	2.800	500	50	Ponts et édifices de Moutiers et d'Albertville ; église de Fourvières à Lyon.
ISÈRE	Saint-Alban, Montalieu.	Grande oolithe.	C. miliaire, assez dur, blanc jaunâtre	0.10—0.30	»	»	20	Arrondissement de Vienne.
	L'Echaillon.	Oxfordien.	C. compact semi-cristallin, très dur, grisâtre.	0.20—1.00	»	»	25	Édifices et quais de Lyon.
—	id.	Corallien.	1° blanc) assez dur, très fin, demi-cristal- 2° rose) lin, se taille au tour et au rabot.	0.50 à 5.00	2.250	550	65	Pierre décorative, s'exporte partout ; groupes de la façade de l'Opéra ; colonnes ; édifices de Paris, Lyon, Marseille.
ISÈRE	Pierre marbre de Ratz.	Oxfordien.	C. compact, dur, jaunâtre, veines blanches, se polit...	1.70	»	»	32	Porte Randon et édifices à Grenoble.
ARDÈCHE	Crussol.	id.	C. compact, noduleux, très dur, blanc gris, se polit.	0.50—1.30	2.600	870	40	Ponts et édifices de Valence, ouvrages de la navigation du Rhône.

DÉPARTEMENT	NOM DE LA CARRIÈRE ou DE LA PIERRE	ÉTAGE géologique.	QUALITÉS DE LA PIERRE	HAUTEUR D'ASSISE (mètres)	POIDS DU MÈTRE CUBE (kilog.)	CHARGE D'ÉCRASEMENT par centimètre carré. (kilog.)	PRIX DU MÈTRE CUBE sur carrière. (francs)	EMPLOIS REMARQUABLES
ARDÈCHE	Chomérac.	Oxfordien.	C. compact, noduleux, très dur, gris bleuâtre, se polit.	0,10—0,20	2,670	1,100	31	Fontaines à Privas ; ponts à Tournon ; édifices de Lyon, Valence, Avignon, Gap.
—	Ruoms.	id.	C. compact, très dur, noduleux, grisâtre.	0,15—0,60	»	»	25	Pont sur l'Ardèche.
DROME	Saillans.	id.	Compact, dur, grisâtre.	0,60	2,675	1,450	35	Ouvrages d'art du pays.
HAUTES-ALPES	Rocher-de-l'Ombre.	Jurassique.	C. cristallin, très dur, blanc gris, beau poli.	indéfinie.	»	»	60	Monuments et forts de Briançon.
—	Gréville.	id.	C. demi-dur, blanchâtre, grain fin, se sculpte.	»	»	»	52	Ponts et forts d'Embrun.
—	Guillestre.	id.	Pierre-marbre, très dur, nuancé de gris et de jaune.	0,40—1,00	»	»	60	S'emploie à Embrun.
—	La Grand'-Combe.	id.	C. saccharoïde, dur, beau blanc, propre à la statuaire.	2,00	»	»	»	S'expédie à Lyon et Marseille.
BASSES-ALPES	Pierre-marbre de Maurin.	id.	Serpentine calcarifère, élastique, assez dure, vert foncé avec veines claires, beau poli.	indéfinie.	»	»	250	Colonnes — employée à l'Opéra.
ALPES-MARITIMES	La Turbie.	id.	C. lithographique, très dur, gris blanc, se polit.	0,25—1,00	2,680	1,135	40	Édifices et ouvrages d'art à Nice, Monaco, Menton.

ALPES-MARITIMES	Roquevignon.	Corallien.	C. compact, très dur, blanc gris, se polit.	0,20—0,80	2,680	1,200	40	Édifices et ouvrages d'art à Cannes et Grasse.
—	La Sine.	Grande oolithe.	C. compact, très dur, blanc laiteux, se polit.	0,15—0,50	2,730	1,000	35	Ponts entre Antibes et Nice.
VAR	Tourris.	Juras. supér.	C. compact, très dur, blanchâtre, se polit.	0,15—0,85	»	»	27	S'emploie à Toulon et aux environs.
HÉRAULT	Frontignan.	Oxfordien.	Compact, très dur, gris brun, clair, se polit.	0,40—1,00	2,690	765	45	Ponts; port de Cette; soubassements à Montpellier.
CHARENTE	Villbonneur.	id.	C. oolithique, assez dur.	0,25—2,00	2,400	530	35	Édifices d'Angoulême; ponts sur la Dordogne.
LOT	Libre.	Oolithe supér.	C. oolithique.	0,47—0,70	»	»	20	Pont de Souillac, tribunal de Gourdon.
—	Tombebiac.	Lias.	C. semi-cristallin, très dur, gris bleuâtre.	0,20—0,80	»	»	35	Socles des ouvrages de la ligne de Figeac à Aurillac.
—	Saint-Médard-Catus.	Kimmeridgien.	C. siliceux compact, dur, blanc jaune, se sculpte.	3,00	»	»	40	Édifices de Cahors.
—	Crens.	Oolithe supér.	Assez dur, blanc, crayeux, grains fins.	2,00	»	»	35	Écluses du Lot.
—	Les Caissines.	id.	C. lithographique, très dur, gris cendré, se polit.	0,15—1,00	»	»	27	Soubassement de la gare de Cahors.
TARN-ET-GARONNE	Caylus.	Oxfordien.	Liais fin, blanc cendré, se sculpte.	0,20—0,55	»	»	35	S'emploie dans la région.
—	Septfonds.	Oolithe moyen	C. compact, très dur, gris cendré, pale fine.	0,06—0,90	»	»	»	Pont de Montauban; écluses; dalles.
—	Saint-Antonin.	Oolithe infér.	C. dur, gris cendré, grain très fin.	0,47—1,50	»	»	36	Ligne de Figeac à Montauban; ponts.
—	Bruniquel.	id.	C. compact argileux, très dur, gris cendré	0,60—2,00	2,400	750	35	Ponts d'Albi et de Moissac; écluses.
TARN	Puycelci.	id.	C. compact, dur, blond, grain fin.	1,50	2,400	640	35	Ponts du chemin de fer près Albi.

3° Calcaires du terrain crétacé.

MAINE-et-LOIRE (Saumur)	Montsoreau.	Craie marneuse	Craie tuffeau, tendre, blanche, très fine, sculpture.	3,00	»	»	18	S'emploie en élévation dans les villes de la région, s'expédie en Bretagne et Angleterre.
—	Saumoussay.	id.	Craie tuffeau, tendre, blanche, très fine, sculpture.	3,00	»	»	12	id.

DÉPARTEMENT	NOM DE LA CARRIÈRE ou DE LA PIERRE	ÉTAGE géologique.	QUALITÉS DE LA PIERRE	HAUTEUR D'ASSISE	POIDS DU MÈTRE CUBE	CHARGE D'ÉCRASEMENT par centimètre carré.	PRIX DU MÈTRE CUBE sur carrière.	EMPLOIS REMARQUABLES
				mètres.	kilog.	kilog.	francs	
DEUX-SÈVRES	Tourtenay.	Craie marneuse	Tuffeau, très tendre, blanc, fin, durcit à l'air.	0,33	»	»	10	Édifices de Loudun, gare de Bressuire.
VIENNE (Chatelle-rault)	Loudun.	id.	Tuffeau, blanchâtre, tendre et homogène.	»	1,360	55	13	
—	Antoigné.	id.	Tuffeau, tendre, blanche, grain très fin, sculpture	0,33	1,100	70	13	Édifices du pays.
INDRE	Villentrois.	id.	Tuffeau, tendre, blanche, très fine et micacée.	0,33—1,00	2,090	85	14	Édifices de Châteauroux.
—	Clion.	Crétacé inf́er.	Calcaire demi-dur, celluleux, blanc jaunâtre	0,50—1,00	2,280	190	35	Ouvrages de la ligne de Vierzon à Limoges.
INDRE-et-LOIRE	Sainte-Maure.	Craie marneuse	Calcaire gréseux, assez dur, blanchâtre, grain fin.	0,80	2,260	370	28	Soubassements et ponts à Tours et Chinon.
—	Loches.	id.	Tuffeau, blanc, homogène, fin, sculpture, ornements	0,33	»	»	12	Élévation et intérieur des édifices à Tours, Loches, Nantes.
—	Loches.	id.	Calcaire gréseux, demi-dur, blanc, grain fin	0,70	2,430	470	35	Soubassements, marches, ouvrages d'art à Loches et Tours.
LOIR-ET-CHER (Blois)	Saint-André.	id.	Crayeux, blanc, tendre ou demi-dur.	2,50	1,710	100	14	Édifices de Vendôme.
—	Bourré.	id.	Tuffeau, tendre, blanc, fin, très bonne qualité, propre à la sculpture, blocs de toutes dimensions.	»	1,420	50	»	Édifices de Blois et Tours, exploitation très importante.

Département	Localité	Étage	Caractères	Épaisseur des bancs (m)	Résist. écras. (kg)	Résist. rupt. (kg)	Prix (fr)	Emploi
PAS-DE-CALAIS	Tournehem. Cottes.	Craie supér. id.	Craie blanche, tendre et très fine, sculpture. Craie tendre de bonne qualité.	0,20—1,00 0,80—1,10	» »	» »	15 20	Hôtel de Ville de Saint-Omer. Châteaux et églises de l'arrondissement de Béthune.
SOMME (*Péronne*)	Liercourt.	id.	Calcaire crayeux, tendre, blanc, verdit à l'humidité.	0,30—0,70	3,060	440	15	Châteaux et églises de la région d'Abbeville.
	Passillon.	C. blanche nod.	Craie dure, jaunâtre, un peu noduleuse.	0,75			50	Églises et châteaux, quelques ouvrages d'art.
(*Montdidier*)	Chaussoy-Epagny	Craie marneuse	Calcaire demi-dur, blanchâtre, liais tendre.	0,60	1,980	240	35	Socles de la cathédrale d'Amiens, ouvrages d'art.
EURE	Goupillières.	id.	Calcaire crayeux, tendre, près Bernay.	0,80	»	»	20	S'emploie dans un rayon de 120 kilomètres.
	Vernon.	Craie blanche	Calcaire assez dur, blanc mat. très fin, sculpture	0,60—1,40	1,950	260	35	Églises et ponts de la vallée de la Seine et de la ligne de Paris à Rouen et à Cherbourg.
(*Pont-Audemer*)	Caumont.	id.	Demi-dur, analogue au précédent.	0,50—0,70	1,900	200	30	Édifices et ponts de Rouen et d'Elbeuf.
EURE-ET-LOIR	Montigny-le Ganelon.	Craie marneuse	Tuffeau faiblement siliceux.	1,00	1,550	30	25	Bâtiments de la ligne de Brétigny à Vendôme.
DOUBS	Val de Morteau.	Néocomien	Demi-dur, jaune nankin, grain fin, sculpture.	»	2,125	175	35	Arrondissement de Pontarlier, Baume, Montbéliard.
AIN	Divonne.	id.	C. compact, très dur, blanchâtre, se polit.	0,30—0,80	2,740	1,250	60	Châteaux et édifices de la région, s'expédie à Lausanne et Fribourg.
—	Thoiry.	id.	C. compact, clair, verdâtre, se polit.	0,40—0,80	2,710	990	43	S'expédie en Suisse.
—	Charix.	id.	C. crayeux, tendre, blanc, se sculpte.	0,80	2,040	200	22	S'expédie à Lyon et Genève.
—	Saint-Cyr.	id.	C. crayeux, demi-dur, blanc, se sculpte.	6,00	2,050	190	30	Édifices de Chambéry, s'exporte.
—	Saint-Cyr.	id.	C. dur, blanchâtre, pâte fine, se polit.	0,15—0,90	2,720	860	50	Ponts et viaducs sur le Rhône.
—	Saint-Martin.	id.	Compact, dur, blanc jaunâtre, se polit.	0,30—0,75	2,730	920	35	Ponts et viaducs près Culoz.
SAVOIE	Autoyer.	id.	C. compact, très dur, blanc bleuâtre.	0,40—0,70	2,740	1,080	35	Édifices d'Aix, ligne de Rumilly.
ISÈRE	Lignet.	id.	C. cristallin, très dur, variant du blanc au jaune avec veines, se polit et se tourne.	0,50—1,50	2,700	850	»	Pierre marbre, vasque de la fontaine du Château d'Eau à Paris, édifices de Paris, Grenoble, Alger.

DÉPARTEMENT	NOM DE LA CARRIÈRE OU DE LA PIERRE	ÉTAGE géologique.	QUALITÉS DE LA PIERRE	HAUTEUR D'ASSISE	POIDS DU MÈTRE CUBE	CHARGE D'ÉCRASEMENT par centimètre carré.	PRIX DU MÈTRE CUBE sur carrière.	EMPLOIS REMARQUABLES
				mètres.	kilog.	kilog.	francs.	
ISÈRE	Fontanil.	Néocomien.	C. marneux fin, dur, gris bleuâtre.	0,30—1,00	»	»	36	Édifices de Grenoble.
ARDÈCHE	Gras.	id.	C. compact, assez dur, blanc jaune, se sculpte.	0,25—1,20	2,200	560	50	Ouvrages et gares de la ligne de la vallée du Rhône.
DRÔME	Montceau.	id.	C. à grains fins, dur, blanc mat.	0,20—1,00	2,440	915	30	Édifices et ouvrages à Montélimart.
HAUTES-ALPES	Vaux.	id.	C. assez dur, blanc gris, très fin, se polit	0,80	»	»	40	Cathédrale de Gap.
BASSES-ALPES	Le Sant du Loup	id.	C. compact, bréchiforme, très dur, gris brun	0,50	»	»	50	Ouvrages d'art près Digne.
	Chéron.	id.	C. compact, très dur, gris foncé.	0,75	»	»	17	Ouvrages d'art près Castellane.
BOUCHES DU RHÔNE	Saint-Rémy.	id.	C. demi-dur, blanchâtre, grains fins.	0,70	1,960	145	22	Pont suspendu d'Avignon.
	Meyrargues.	id.	C. compact, très-dur, grisâtre, se polit.	0,70—2,30	2,710	1,210	40	Ouvrages et gares des lignes de Marseille à Aix, Gap et Digne.
	Calissonne.	id.	C. demi-dur, blanchâtre, propre à la sculpture	0,50—1,00	2,230	220	40	Édifices et statues à Marseille.
	Cassis.	id.	Compact, très dur, blanchâtre.	0,30—1,60	2,730	1,100	40	Soubassements et quais de Marseille, s'exporte en Algérie, Égypte, Turquie.
GARD	Saint-Ambroix.	id.	Cristallin, lamellaire, dur, noir	0,10—0,80	»	»	100	Colonnes d'églises à Nîmes.
	Pompignan.	id.	Compact, très dur, gris foncé, se polit	0,05—0,40	»	»	20	Ligne de Lunel au Vigan.
	Lens.	id.	C. miliaire, demi-dur, blanc, grain fin.	Indéfinie	»	»	50	Cathédrales de Perpignan, Albi, Carcassonne et Montpellier.
	Roquemaillière	id.	C. poreux, dur, blanc, grain fin.	0,10—1,40	»	»	50	Arènes et édifices de Nîmes.

Département	Localité	Formation	Description				Usage
GARD	Baruthel. Beaucaire.	Néocomien. id.	C. compact, dur, blanc cendré. C. coquillier de couleur et d'aspect variable.	0,20—0,60 0,40	» »	» 15	Arènes et édifices de Nîmes. Pierre très répandue dans le Sud-Est, jusqu'à Toulouse, Canal du Midi.
AUDE	La Nouvelle Baixas Brèch.-d'Arago	Ét. Néocomien. id. id.	Compact, très dur, noirâtre, veines blanches. Brèche cristalline dure, marbre. C. cristallin, dur, employé comme marbre.	0,10—2,00 0,80 0,80	» 2,750 2,760	70 680 660	Ouvrages d'art près Perpignan. Ponts et fortifications près Perpignan. Parapets, monuments funéraires.
CHARENTE-INFÉRIEURE	Saint-Savinien La Léraudière	Craie glauconieuse. id.	Crayeux, demi-dur, blanc ou roux. Crayeux, tendre, blanc, durcit à l'air.	0,30—0,65 0,50	1,820 1,820	80 70	Église de Nantes, gares et stations. Église de Saintes, pont de Tonnay-Boutonne.
	La Limoise	Craie marneuse	Dur, blanchâtre, celluleux.	0,35	2,200	360	Cathédrale de La Rochelle, port de Rochefort.
	Crazannes Hortichize La Rochette	id. id. id.	Demi-dur, grain fin, blanc, jaune ou rose. Tendre, blanchâtre, durcit à l'air et à l'eau. Demi-dur, blanc, propre à la sculpture et à la moulure.	» 1,00 »	2,070 1,860 1,865	175 90 110	Édifices de Lorient, phares, ponts, écluses. Ponts de Jonzac. S'expédie à Bordeaux.
CHARENTE	Angoulême	id.	Crayeux, tendre, blanc neige, durcit à l'air.	0,80—1,20	1,800	60	Édifices d'Angoulême, ouvrages d'art de la région, s'expédie dans tout le sud-ouest.
	Saint-Même	id	Crayeux, tendre, blanc, celluleux.	0,50—4,00	1,810	60	Pont et édifices de Cognac et de Rochefort, ouvrages de la ligne des Charentes
	Châteauneuf	id	Crayeux, très tendre, blanc, grain fin, durcit à l'air.	0,70	1,800	70	S'expédie dans le Midi et en Espagne.
DORDOGNE	Saint-Pardoux Jovelle. Chancelade.	id. id. id.	C. oolithique, assez dur, blanc, homogène. C. crayeux, tendre, blanc, durcit à l'air. C. crayeux, tendre, blanc, durcit à l'air.	0,80—1,50 5,00 6,00	2,200 1,750 1,950	360 50 80	Pont sur la Dronne. Pont sur la Dronne, édifices de Ribérac. Ponts et ouvrages des chemins de fer à Coutras, Limoges, Brive, Agen.
	Périgueux. Campagne.	Craie blanche. id.	C. glauconieux, demi-dur, blanc grisâtre. C. gréseux, tendre, blanc jaune, durcit à l'air.	1,10 0,20—1,00	2,230 »	250 »	Édifices de Périgueux.
	Sarlat.	id.	C. gréseux, tendre, blanc jaune, durcit à l'air.	»	»	17	Ponts près Sarlat.
	Bayac.	id.	C. gréseux, blanc jaunâtre, dureté variable.	0,60 0,40	1,900 1,860	60 115	Ligne de Périgueux à Agen. Barrage de Beyzerac, ponts.
LOT	Frayssinet-le-Gélat.	Néocomien.	C. gréseux, assez dur, jaune nankin, durcit à l'air.	0,25—0,55	»	»	Pont et édifices à Cahors.

4° Calcaires des terrains tertiaires.

DÉPARTEMENT	NOM DE LA CARRIÈRE ou DE LA PIERRE	ÉTAGE géologique.	QUALITÉS DE LA PIERRE	HAUTEUR D'ASSISE	POIDS DU MÈTRE CUBE	CHARGE D'ÉCRASEMENT par centimètre carré.	PRIX DU MÈTRE CUBE sur carrière.	EMPLOIS REMARQUABLES
				mètres.	kilog.	kilog.	francs.	
ARIÈGE	Moulis.	Crétacé inf.	Pierre-marbre, noir, veiné de blanc...	0,80—2,00	2,750	»	70	Pont sur le Lez.
HAUTE-GARONNE	Labarthe-de-Rivière.	id.	Compact, très dur, gris bleuâtre, se polit.	»	2,700	990	45	Ponts de la ligne de Montréjeau.
LANDES	La Pouchette.	Crétacé.	Celluleux, assez dur, blanchâtre.......	0,20—0,40	»	»	36	Pont et trottoirs à Mont-de-Marsan.
	Audignon.	id.	Craie dolomitée dure, saccharoïde, blanche.	0,50	»	»	50	Pierre d'ornement à Mont-de-Marsan.
BASSES-PYRÉNÉES	Béreux.	id.	Compact, grisâtre, très dur, pâte fine...	0,30—0,80	2,670	710	48	Ponts de Béreux et de Puyoo.
	Laas.	id.	Dur, blanc, à grain fin, ou gris.......	0,03—0,40	2,700	500	30	Ponts et églises.
	Bidache.	Craie chloritée.	Gréseux, dur, blanchâtre, gris ou bleuâtre.		2,420		30	Quai de Bayonne, ouvrages d'art de la région.
	Dalles-d'Asson	Crétacé inf.	Calcarifère, dur, gris bleuâtre........	0,10—0,60	»	»	»	Pavage de Pau.
	Pierre-marbre d'Arudy.	id.	Compact, cristallin, noirâtre, veiné de blanc.	»	2,730	1,050	60	Édifices de Pau, s'emploie comme marbre.
	Dalles-de-Lourdes.	id.	C. argileux, schistoïde, dur, noir ardoise.	0,10—0,50	»	»	»	Dalles de toutes grandeurs.
LOIR-ET-CHER	Pontlevoy.	Miocène.	Calcaire lacustre, compact, dur, homogène, blanc.	0,40—0,50	2,270	340	40	Ponts de Montlouis et d'Amboise, nombreux ouvrages d'art et édifices.
SEINE.	Vergelé de Nanterre.	Éocène.	Calcaire grossier moyen ; tendre, blanchâtre.	0,40—0,75	1,500	60	26	Palais de l'industrie.

			Désignation				Emplois
SEINE	Cliquard de Clamart.	Éocène.	Calcaire grossier supérieur; blanchâtre, très dur.	0,25	2,300	»	Édifices de Paris, balcons, marches, dallages.
—	Roche de Fleury.	id.	Calcaire grossier, blanchâtre, dur, un peu coquillier.	0,40	2,300	300	50	Louvre, Élysée, bandeaux, marches socles.
—	Liais de Bagneux.	id.	Calcaire grossier, blanchâtre, dur.	0,25	2,400	400	90	Fûts des colonnes du Panthéon; marches, balcons, dallage.
—	Roche de Châtillon.	id.	Calcaire grossier, blanchâtre, dur, un peu coquillier.	0,45	2,200	250	50	Soubassements du Louvre.
—	Banc franc du Moulin.	id.	Calcaire grossier, coquillier, assez dur, blanc jaunâtre.	0,35	2,100	150	50	Louvre, Palais-Royal, gare d'Orléans.
—	Banc royal de Vitry.	id.	Calcaire grossier moyen; demi-dur, blanc jaunâtre.	0,40	1,900	120	55	
—	Banc d'argent de Vitry.	id.	Calcaire grossier supérieur; demi-dur, un peu coquillier.	0,25	2,100	270	65	
—	Banc gris d'Ivry.	id.	Calcaire grossier dur, blanchâtre, coquillier.	0,32	2,100	350	50	Marches et piliers de fondation du Palais-Royal.
SEINE-ET-OISE	Roche de Saillancourt.	id.	Calcaire grossier inférieur; siliceux et coquillier, blanc gris, demi-dur.	1,50	2,000	250	50	Ponts de Paris et de la Seine jusqu'à Rouen.
—	Banc royal de Marly-la-Ville.	id.	Calcaire grossier moyen; tendre blanc, propre à moulure.	1,00	1,750	90	50	Palais de justice, théâtre du Châtelet.
—	L'Isle-Adam.	Calcaire grossier moyen.	1° Banc royal : demi-dur, blanc, jaune, coquillier.	0,80—1,20	»	»	37	École polytechnique, théâtre de la Porte-Saint-Martin, s'expédie en Belgique.
—	id.	id.	2° Banc franc : demi-dur blanchâtre, coquillier.	1,00—1,80	»	»	45	
—	id.	id.	3° Roche douce : demi-dur, blanc jaunâtre.	1,00—1,10	»	»	60	
—	Parmain.	id.	Banc royal : tendre, blanchâtre, très propre à la sculpture.	0,70—1,50	1,600	75 à 40	»	Pavillon de Flore, Tribunal de commerce.

DÉPARTEMENT	NOM DE LA CARRIÈRE ou DE LA PIERRE	ÉTAGE géologique.	QUALITÉS DE LA PIERRE	HAUTEUR D'ASSISE	POIDS DU MÈTRE CUBE	CHARGE D'ÉCRASEMENT par centimètre carré.	PRIX DU MÈTRE CUBE sur carrière.	EMPLOIS REMARQUABLES
				mètres.	kilog.	kilog	francs.	
SEINE-&-OISE	Méry-sur-Oise.	Calcaire grossier moyen.	1° Banc royal : tendre, blanc jaunâtre...	1,00—1,40	1,700	90	32	Édifices de Paris; s'expédie dans le Nord et en Belgique.
	id.	id.	2° Banc franc : demi-dur, jaunâtre, fin et serré.	0,60—0,80	»	»	40	
	Chérence.	Calcaire grossier inférieur.	Siliceux, dur, blanc grisâtre.	0,60	2,300	300	55	Arc-de-triomphe. Ponts de Rouen.
	Damply.	id.	1° Roche fine : calcaire gréseux, dur, blanchâtre.	0,50	2,400	350	55	Société de géographie; hôtel-de-ville de Rouen; monuments d'Amiens et du
	id. Poissy.	id.	2° Banc royal : demi-dur, blanc jaunâtre.	0,50	1,750	90	55	Havre.
		Calcaire grossier moyen.	Gréseux, demi-dur, blanc gris, grain fin.	0,30—1,20	1,900	120 à 380	45	Église de Poissy.
	Conflans.	id.	Banc royal : tendre, blanc, sculpture et décoration.	0,60—1,00	1,650	70 à 100	35	Statues et colonnes des édifices de Paris.
OISE	Saint-Nom.	Calcaire grossier supérieur.	Dur, coquillier, gris très clair.	0,50—0,80	2,290	350	50	Fontaines de la Concorde; château de Versailles.
	Laigneville.	Calcaire grossier inférieur.	Banc royal tendre, blanc jaunâtre.	0,30—1,50	1,620	60	20	Maisons ordinaires de Paris.
	Rousseloy.	Calcaire grossier moyen.	Banc royal tendre, blanc jaunâtre, durcit à l'air.	0,50—1,40	»	»	20	Paris, Amiens, Beauvais.
	Roche de Pajol.	Calcaire grossier supérieur.	Blanchâtre à grains fins.	0,60—1,00	2,000	70 à 200	55	Église de la Trinité; villes du Nord.
	Saint-Maximin.	id.	1° roche : demi-dur, blanchâtre.	0,40—1,10	2,100	100 à 500	45	Louvre, Tuileries, École des ponts et chaussées.

OISE	Saint-Maximin	Calcaire grossier supérieur.	2° demi-roche : tendre, blanc jaunâtre.	0,40—0,70	1,670	90	26	Édifices de la région du Nord.
—	id.	id.	3° Vergelé : tendre, jaunâtre.	0,30—0,70	1,600	70	20	La Madeleine, Bourse, Trinité.
—	id.	id.	4° Banc royal : tendre, jaunâtre.	0,30—0,70	1,630	60	26	Cathédrales d'Amiens et Beauvais.
—	Saint-Leu-d'Esserent.	id.	1° Roche de Saint-Quentin : demi-dur, blanchâtre.	0,70—1,40	2,000	120 à 400	55	Constructions de Paris.
—	id.	id.	2° demi-roche : tendre, blanc jaunâtre.	0,70—1,20	1,720	400	35	S'expédie pour les constructions importantes de la Région du Nord.
—	id.	id.	3° Banc royal : tendre, blanc jaunâtre, durcit à l'air.	0,40—0,75	1,790	100	28	
—	Saint-Vaast.	id.	1° Roche grise : dur, grain fin.	0,50—0,80	2,100	180	33	La pierre tendre s'expédie à Paris et dans toutes les villes du nord et de la Belgique.
—	id.	id.	2° Roche blanche : dur, grain fin.	»	»	145	»	
—	id.	id.	3° Banc royal : tendre, blanc jaunâtre.	1,20—1,40	1,550	60	25	
—	id.	id.	4° Vergelé : jaunâtre tendre.	0,40—2,30	1,530	50	20	
—	Liais de Senlis.	Calcaire grossier supérieur.	Dur, blanchâtre.	0,40—0,60	2,250	250	68	Marches, balcons et soubassements.
—	Roche fine d'Aumont.	Calcaire grossier moyen.	Dur, blanchâtre.	0,70—0,80	2,300	500	60	Château de Chantilly; Nord et Belgique.
—	Roche de Laversine.	Calcaire grossier supérieur.	Coquillier, dur, grain fin, gris pâle.	0,60—1,10	2,300	300	50	Écluse de la Monnaie, parapets du Pont-Neuf; soubassements d'édifice.
AISNE	Roche franche de Parguy.	id.	Demi-dur ou roche douce.	0,70—0,80	1,900	180	45	Élévation d'édifices: s'expédie dans le Nord.
—	Jouy.	id.	1° Roche : très résistant, blanc gris, coquillier.	0,30	2,200	400	55	Façade de la gare du Nord; rosaces de la cathédrale de Reims; s'expédie dans le Nord.
—	id.	id.	2° Pierre de Jouy : blanc, fin, dur, sculpture.	0,30	2,000	200	55	
—	id.	id.	3° Banc franc : dur, blanchâtre.	0,35	1,950	200	50	
—	Villers-la-Fosse.	id.	Dur, grisâtre, siliceux, coquillier.	0,50—0,70	2,300	220	40	Palais de l'Élysée, Louvre.
—	Vassens.	Calcaire grossier moyen.	1° Vergelé : fin, blanc, rubané.	0,90—1,20	1,550	72	20	S'expédie à Paris, dans le nord et l'est de la France.
—	id.	id.	2° Banc royal : fin, blanc, non rubané.	0,90—1,20	1,600	80	24	
—	Bonneuil-ou-Valois.	Calcaire grossier supérieur.	Roche.	0,55—0,90	2,200	460	52	Socles de l'Hôtel de ville.
—	Liais de Violaines.	id	Dur, grain fin, blanc gris.	0,40—0,70	2,200	300	60	Marches, dallages et balcons à Paris et dans le Nord.

DÉPARTEMENT	NOM DE LA CARRIÈRE ou DE LA PIERRE	ÉTAGE géologique	QUALITÉS DE LA PIERRE	HAUTEUR D'ASSISE	POIDS DU MÈTRE CUBE	CHARGE D'ÉCRASEMENT par centimètre carré.	PRIX DU MÈTRE CUBE sur carrière.	EMPLOIS REMARQUABLES
				mètres.	kilog.	kilog.	francs.	
AISNE	Liais de Mons.	Calcaire grossier supérieur.	Dur, blanchâtre.	0,40	2,400	700	50	Marches et balcons à Laon.
—	Liais de Vendresse.	Id.	Dur, blanchâtre.	0,45	2,220	640	50	Marches, balcons, soubassements; canal de l'Aisne, monuments de Reims.
—	La-Ferté-Milon.	Calcaire grossier moyen.	Roche douce et blanc royal dur.	0,50—1,10	1,900	150	52	Gare de l'Est, constructions de l'avenue de l'Opéra.
MARNE	Roche d'Hermenouville.	Calcaire grossier supérieur.	Demi-dur, blanc jaunâtre, grain coquillier.	0,50	2,250	360	50	Édifices de Reims et de Châlons.
—	Liais de Courville.	id.	Fin, demi-dur, blanchâtre.	0,60	2,150	350	40	Édifices de Reims; dallages.
SEINE-ET-MARNE	Souppes.	Miocène.	Calcaire lacustre, compact, très dur, blanchâtre, susceptible de poli.	0,80	2,500	400 à 600	70 à 100	Ponts de Paris: Saint-Michel, des Invalides, du Point-du-Jour.
—	Château-Landon.	Éocène.	Analogue au précédent.	0,30—0,70	2,560	600	70	Rampe de l'église Saint-Vincent-de-Paul.
LOIRET	Beaugency.	Miocène.	Lacustre, un peu noduleux, dur, blanc jaune.	0,40—0,70	2,450	380	40	Ponts d'Orléans et de Beaugency.
—	Fay-aux-Loges.	id.	Lacustre, un peu noduleux, assez dur, très coquillier.	0,25—0,40	2,300	400	35	Pont suspendu de Jargeau.
—	La Chapelle.	id.	Lacustre, dur, blanchâtre, homogène.	0,40—0,80	2,400	510	45	Ouvrages d'art, réservoirs d'Orléans.
—	Briare.	id.	Lacustre, très dur, blanchâtre.	0,50	2,600	830	40	Ponts sur la Loire; ligne du Bourbonnais.

Département	Localité	Époque	Description	Épaisseur			Usage
EURE-ET-LOIR	Berchères. Prasville.	Oligocène. Miocène.	Lacustre, très dur, blanc grisâtre. Calcaire lacustre de la Beauce, dur, gris cendré	0,50 - 1,00	»	»	35	Cathédrale et édifices de Chartres.
—	Villengears.	id.	Lacustre dur, blanchâtre, celluleux.	0,40 0,50—0,70	2,200 2,450	220 350	40 36	Édifices et ponts de Chateaudun.
CHER	Saint-Florent.	Miocène.	Lacustre, compact, très dur, blanc gris.	0,20—1,00	»	»	35	Cathédrale et constructions militaires à Bourges.
ALLIER	Gannat.	id.	C. compact, subcristallin, très dur, blanc.	0,30	2,650	830	50	Ligne de Gannat à Commentry, édifices de Gannat et de Vichy.
PUY-DE-DOME	Glénat.	id.	C. gréseux, dur, blanc gris, tubuleux.	0,40—1,00	2,475	460	35	Pont sur l'Allier, barrage de Vichy.
DROME	Molasse de Chamaret.	id.	C. demi-dur, blanchâtre, grain fin.	»	»	»	20	S'emploie à Montélimar, Valence.
BASSES-ALPES	Molasse de Saint-Just. Mane.	id. Miocène.	C. tendre, gris, se sculpte. C. gréseux, blanchâtre, tendre, durcit à l'air.	» 0,30	1,640 »	60 »	12 15	Édifices de Marseille, Lyon et Saint-Étienne. Ouvrages d'art de Forcalquier et de la vallée de la Durance.
—	Céreste.	id.	C. gréseux, blanchâtre, demi-dur, grain fin.	1,00	»	»	15	Ponts, près Apt.
VAR	Les Roches.	id.	C. compact, dur, blanc gris, se polit.	0,10—1,00	»	»	40	S'expédie dans les Bouches-du-Rhône et le Vaucluse.
BOUCHES-DU-RHONE	Montpaon.	id.	C. demi-dur, blanc, grain fin, propre à l'ornement.	indéfinie.	1,900	120	28	Édifices de Marseille, Arles, Gap, Lyon.
—	Fontvieille.	id.	C. tendre, blanc grisâtre, grain fin.	0,40—1,00	1,680	40	12	Édifices de Marseille et d'Arles.
—	Saint-Gabriel.	id.	C. tendre, blanc grisâtre, grain fin.	indéfinie.	1,970	140	19	Ponts et ouvrages d'art à Tarascon, Avignon.
VAUCLUSE	Vaison.	id.	Compact, un peu gréseux, dur, gris de fer.	0,20—1,00	2,530	1,000	30	Arrondissement d'Orange.
—	Caromb.	id.	Demi-dur, blanc jaunâtre, grains moyens.	0,50—0,80	2,120	235	12	Édifices et ouvrages d'art à Avignon et Carpentras.
—	Saint-Didier.	id.	Compact, demi-dur, blanc jaunâtre.	0,60—1,00	1,900	170	12	Édifices d'Avignon et de Carpentras.
—	Venasque.	id.	C. gréseux, demi-dur, blanc gris, grain fin.	0,60—1,00	2,150	200	12	Avignon et arrondissement de Carpentras.
—	Les Taillades.	id.	C. celluleux, jaunâtre, grain grossier.	0,25—0,40	2,040	80	12	Ouvrages d'art du canal de Carpentras.
—	Bonnieux.	id.	C. gréseux, demi-dur, blanchâtre, grain fin.	0,30—2,00	2,000	145	12	Ligne de Cavaillon à Gap.
—	Oppèdes.	id.	C. demi-dur, blanc, grains fins.	indéfinie.	1,950	165	27	Gare de Cavaillon. — S'expédie à Marseille et sur tout le littoral de la Méditerranée.
GARD	Castillon.	id.	C. coquillier, un peu gréseux, celluleux, jaune.	0,30—1,00	»	»	8	Pont du Gard; édifices d'Uzès.
HÉRAULT	Saint-Geniès.	id.	C. grenu tendre, blanc, durcit à l'air. C. grenu tendre, demi-dur, blanc, durcit à l'air.	0,40 0,40	1,840 2,100	75 125	10 10	Édifices de Montpellier. Édifices de Montpellier.

DÉPARTEMENT	NOM DE LA CARRIÈRE ou DE LA PIERRE	ÉTAGE géologique	QUALITÉS DE LA PIERRE	HAUTEUR D'ASSISE	POIDS DU MÈTRE CUBE	CHARGE D'ÉCRASEMENT par centimètre carré	PRIX DU MÈTRE CUBE sur carrière	EMPLOIS REMARQUABLES
				mètres.	kilogr.	kilogr.	francs	
HÉRAULT	Vendargues	Miocène.	Un peu gréseux, assez dur, blanc ou bleu cendré	0,40	2,060	200	15	Édifices de Montpellier; dalles de seuage.
—	Aumes.	id.	Blanc jaunâtre, coquillier, celluleux	0,30—0,50	1,590	40	22	Ponts; ligne d'Agde à Lodève.
—	Brégines.	id.	C. gréseux, demi-dur, blanchâtre, coquillier.	0,33	2,400	235	22	Pont sur l'Orb; édifices de Béziers.
AUDE	Armissant.	Éocène.	C. compact, marneux, blanc gris, assez dur.	»	»	»	»	Dalles et marches à Narbonne, Bordeaux et Barcelone.
GIRONDE	Saint-Laurent.	id.	C. très tendre, blanc, grains grossiers.	0,35	»	»	14	S'emploie sur les rives de la Gironde.
—	Petit-Gnac.	Miocène.	C. très tendre, blanc, friable.	0,35	1,390	18	9	Maisons de Bordeaux.
—	St-Christophe.	Éocène.	C. tendre, blanc jaunâtre, durcit à l'air.	0,50	»	»	13	Édifices de Libourne.
—	Daignac.	id.	Tendre, blanc, grain fin, durcit à l'air.	0,35	»	»	10	Édifices de Bordeaux.
—	Frontenac.	Miocène.	Demi-dur, blanc jaunâtre, grain irrégulier.	0,33	2,230	155	40	S'emploie à Bordeaux; fontaines.
—	Saint-Macaire.	id.	C. gréseux, celluleux, assez dur, blanc jaune.	0,20—0,60	2,400	330	40	Viaduc de Langon; soubassements à Bordeaux.
—	Bommes.	id.	C. grenu, très tendre, blanc, friable.	0,32	»	»	14	Églises, près Bazas.
LOT-ET-GARONNE	Bellonne.	id.	C. lacustre compact, dur, blanchâtre.	0,35—1,50	»	»	30	Ouvrages d'art, près Marmande.
—	Coudat.	id.	Grenu, celluleux, tendre et demi-dur, blanc jaune, durcit à l'air.	0,80	»	»	22	Viaduc des Ondes, ligne de Périgueux à Agen.
—	Roquefond ou Vianne.	id.	Lacustre, compact, très dur, blanchâtre.	1,00	»	»	50	Ponts d'Agen et de Toulouse; barrages.
—	La Batse.	id.	Lacustre, compact, très dur, blanc.	1,00	»	»	50	Ligne de Gontom à Port-Sainte-Marie.

TARN-ET-GARONNE	Goudourville.	Miocène.	C. lacustre celluleux, gris ou blanc, dur ou demi-dur.	0,50—1,00	2,500	660	50	Ouvrages d'art entre Moissac et la Magistère.
ARIÈGE	Loubières.	Eocène.	Compact dur, café au lait, se polit.	1,00	2,730	650	60	Ponts et viaducs sur l'Ariège.
HAUTE-GARONNE	Montoulieu.	id.	Calcaire compact.	0,20 – 1,20	2,300	»	51	S'expédie à Toulouse et dans les départements voisins.
—	Belbèze.	id.	1re Pierre blanche; c. marneux, compact.	0,40	2,110	280	30	Ponts de la ligne de Toulouse à Bayonne.
—	Furne.	id.	2e Pierre grise; c. marneux, compact.	0,40	2,300	500	30	Ponts de la ligne de Toulouse à Bayonne, et de Saint-Girons.
—	Bonas.	Miocène.	C. gréseux, demi-dur, jaune nankin.	0,60	2,110	160	35	Ponts et écluses sur la Baïse.
GERS	Lombard.	id.	C. lacustre, assez dur, blanchâtre, compact.	0,30—0,50	»	»	35	Pont de Lectoure; lignes d'Agen à Tarbes,
—			C. lacustre, dur, blanchâtre, compact.	1,00 à 2,00	»	»	45	et de Toulouse à Auch.
LANDES	Pouchicot.	Eocène.	C. gréseux, dur, grisâtre, grains fins.	0,40—0,50	»	»	40	Ponts de Saint-Sever, Dax, Bayonne.

5° Calcaires des terrains quaternaires et modernes.

DOUBS	Cuisance.	T. moderne.	Tuf caverneux, tendre (travertin), blanc jaunâtre.	0,45—0,60	1,480	48	20	Voûtes d'église.
AVEYRON	Creissels.	»	Tuf concrétionné, tendre, gris, léger, durcit à l'air.	»	»	»	15	Pont Rouge à Millau.
HAUTE-SAVOIE	St-Jeoire.	»	C. concrétionné, tendre, durcit à l'air, gris jaune.	40,00	»	»	6	Moellons ébauchés ou sciés.
AUDE	Ferrals, pierre Turel.	T. quaternaire.	C. lacustre, très dur, gris, celluleux, concrétionné.	1,80	»	»	50	Ouvrages d'art; église de Lézignan.

Composition chimique des pierres calcaires. — Le laboratoire de l'Ecole des Ponts et chaussées a exécuté et exécute chaque jour des analyses de nos pierres de construction.

Nous avons réuni dans le tableau suivant les résultats d'analyse relatifs aux diverses variétés de calcaires à bâtir.

Le calcaire pur contient en poids 56 parties de chaux et 44 d'acide carbonique pour 100 parties de pierre. Cette composition correspond au calcaire pur et à la formule chimique $CaO.CO^2$.

Le tableau ci-après nous montre que les marbres et les meilleures pierres à bâtir sont des calcaires presque purs; au contraire, les pierres à faible résistance, comme le tuffeau de Montsoreau, le vergelé des environs de Paris, s'écartent beaucoup de la pureté chimique; ils renferment une forte proportion de sable et d'argile. Les pierres de Caen contiennent une notable proportion d'argile; mais ce sont précisément celles qui en renferment le plus qui sont les moins bonnes, et la pierre d'Aubigny, si réputée, n'en contient pas 2 p. 100.

Résultats de l'analyse des principales pierres calcaires.

DÉSIGNATION DES PIERRES	RÉSIDU INSOLUBLE DANS LES ACIDES		PARTIE SOLUBLE DANS LES ACIDES			PERTE AU FEU et PRODUITS NON DOSÉS
	Sable.	Argile.	Alumine et peroxyde de fer.	Chaux.	Magnésie.	
Pierre d'Allemagne, dite de Caen...	0,80	12,55	0,50	46,85	0,50	38,80
Tuffeau de Montsoreau.........	28,10	20,55	1,80	24,90	0,60	24,05
Pierre de Niort..............	0,25	1,50	1,00	53,90	0,40	43,25
Pierre de Chauvigny (Vienne).....	»	0,15	0,25	55,25	0,35	44,00
Tuffeau de Loches	7,75	16,00	1,10	40,85	»	34,30
Pierre de Pontlevoy (Loir-et-Cher)...	0,10	1,15	0,65	54,30	0,25	43,55
Marbre de Marbaix (Nord	0,80	1,35	0,25	53,10	0,95	43,35
Pierre de Vernon (Eure)	0,95	1,15	0,85	53,85	0,15	43,05
Liais de Bagneux (Seine)........	2,00	1,10	0,40	52,95	0,55	43,00
Roche de Saillancourt (Seine-et-Oise).	1,15	0,25	1,85	53,10	0,40	43,25
Banc royal de Conflans (Seine-et-Oise).	10,80	1,25	0,50	47,80	0,45	39,20
Roche de Saint-Maximin (Oise)....	7,05	0,70	0,45	50,40	0,45	40,95
Vergelé de Saint-Maximin (Oise)...	13,05	1,10	0,40	46,85	0,55	38,05
Banc royal de Saint-Maximin (Oise)..	16,30	0,50	0,85	45,15	0,20	37,00
Roche de Laversines (Aisne)......	5,50	0,90	0,45	50,85	0,50	41,80
Pierre de Souppes (Seine-et-Marne)..	0,10	0,05	0,25	55,50	0,20	43,90
Pierre de Lérouville (Meuse)......	0,35	0,05	0,45	54,85	0,40	43,90
Pierre de Belvoye (Doubs).......	0,25	1,10	0,35	54,35	0,20	43,75
Pierre de Comblanchien (Côte-d'Or)..	»	0,65	0,40	55,00	0,45	43,50
Banc royal de Tonnerre (Yonne)....	0,20	0,30	0,35	54,90	0,10	44,55
Liais de Tonnerre (Yonne)......	2,50	9,30	0,75	47,60	0,50	39,35
Pierre de Saint-Fortunat (Rhône)...	0,50	2,35	1,10	52,90	0,35	42,80
Echaillon blanc (Isère)	0,05	0,15	0,30	55,45	0,15	43,90
Pierre tendre de Mane (Basses-Alpes).	4,45	0,95	1,05	51,55	0,60	41,40
Pierre d'Angoulême (Charente).....	0,20	0,15	0,40	55,20	»	44,05
Pierre tendre de Chancelade (Dordogne)	»	0,10	0,25	55,80	0,10	43,75
Pierre dure de Chancelade (Dordogne).	»	0,10	0,20	55,80	0,10	43,80
Pierre de St-Antonin (Tarn-et-Garonne).	0,05	0,90	1,10	35,60	15,75	46,60
Marbre blanc de St-Béat (Hte-Garonne).	»	0,85	0,35	54,80	0,30	43,70

Calcaires du bassin de Paris. — Depuis des siècles, les pierres calcaires du bassin de Paris ont servi à la construction de tous les édifices de cette ville dont la position géologique a fait la grandeur; ces pierres sont aujourd'hui encore exportées au loin, bien que les facilités nouvelles de transport permettent aux pierres des autres régions de la France de venir leur faire concurrence à Paris même.

M. l'ingénieur Michelot, chargé pendant de longues années des recherches statistiques sur les matériaux de construction, nous fournit les renseignements suivants sur les calcaires du bassin de Paris :

Les pierres de taille du bassin de Paris sont fournies en presque totalité par le calcaire grossier. On en tire en outre dans quelques endroits des calcaires lacustres de Saint-Ouen, de la Brie et de la Beauce. Les constructeurs distinguent ces pierres en huit natures principales, eu égard aux emplois qui peuvent en être faits, d'après leur dureté, la finesse de leur grain, leur manière de se tailler, ainsi que la résistance qu'elles présentent à la gelée et aux influences atmosphériques ; ces divisions sont en rapport avec la structure et les caractères minéralogiques des bancs exploités. Nous les ferons connaître succinctement.

1° *Liais, cliquarts et faux liais.* — Les liais sont des calcaires d'un grain très fin, très plein, homogène et sans empreinte de coquilles, dont la cassure rappelle celle des calcaires lithographiques oxfordiens ; ils rendent, sous le marteau, un son très clair, un son de cloche, suivant l'expression des ouvriers. Leur dureté est variable, mais leur résistance à l'écrasement est considérable ; ils absorbent beaucoup d'eau et gèlent lorsqu'ils sont tirés en mauvaise saison.

Les liais s'emploient particulièrement pour marches, dalles, carreaux et monuments funéraires.

A peu d'exceptions près, les liais proviennent du banc du calcaire grossier supérieur placé immédiatement au-dessus du banc Vert; tels sont ceux de Senlis, de Bagneux et de Créteil.

Les cliquarts et les faux liais sont des calcaires, moins fins et présentant quelques empreintes de coquilles, qui ressemblent le plus au liais. On nomme cliquarts, ce qui indique une pierre à la cassure nette et au son métallique, ceux qui sont plus durs et souvent à demi compacts; ils se rapprochent par là des roches, et leurs emplois sont les mêmes.

Les faux liais ou petits liais, moins résistants et plus traitables, s'emploient aux mêmes usages que les liais dans les constructions moins soignées. Les uns et les autres proviennent, en général, de la même couche qui fournit le liais de Senlis.

2° *Roches.* — Les roches proprement dites sont des calcaires durs et coquilliers, d'un grain serré, demi-compacts, par conséquent très denses et très résistants, et particulièrement propres à la construction des soubassements et des travaux hydrauliques.

Dans la plaine de Montrouge, au sud de Paris, la roche est fournie par le banc le plus élevé du calcaire grossier supérieur; elle est souvent plus coquillière au lit de dessus et plus douce au lit de dessous qu'au cœur de l'assise.

Dans les plateaux de l'Aisne, qui en produisent beaucoup aujourd'hui, la roche, généralement plus fine et plus homogène dans la hauteur, est donnée par deux bancs semblables par leur structure et par leurs fossiles, mais distincts par leur position géologique, l'un inférieur au banc Vert, qui se trouve aux carrières de Saint-Nom, et l'autre supérieur, que j'ai déjà signalé comme donnant les liais et cliquarts.

Les pierres provenant de ces trois bancs du calcaire grossier supérieur, qui ont des caractères communs et bien définis, devraient seules recevoir le nom de *roche ;* mais on le donne encore aux bancs francs durs de la plaine qui s'en rapprochent le plus, aux diverses couches du calcaire grossier inférieur qui deviennent en certains endroits très résistantes, et généralement aux bancs les plus durs que l'on exploite dans chaque localité.

3° *Bancs francs.* — Les bancs francs, c'est-à-dire d'un grain égal, assez plein et peu coquillier, se taillant bien et se sciant à la scie à grès, présentent de grandes variétés d'aspect, de qualités et d'emplois. Si le banc franc est dur, il sera livré dans les travaux comme roche ; s'il est fin, comme faux liais ; s'il est très coquillier, il prend le nom de *grignard*, et de *rustique* s'il a des parties dures qui en rendent la taille difficile.

Les bancs francs, qui ne s'exploitent guère que dans le département de la Seine, sont pris dans des couches assez nombreuses de calcaire grossier supérieur qui séparent la roche du liais ou cliquart.

On appelle, dans la vallée de l'Oise, bancs francs certains *vergelés* plus pleins et plus fermes qui, par leur consistance, rappellent les bancs précédents. Les uns et les autres sont la plupart sujets, soit à geler, soit à se désagréger avec le temps, sous l'influence des agents atmosphériques.

4° *Bancs royaux.* — Les bancs royaux sont des couches plus tendres, mais plus homogènes et d'une plus grande hauteur d'assise que les bancs francs ; ils se scient encore à la scie à grès, mais ils ne supportent plus la boucharde et se taillent à la laye.

Le royal de Conflans en est le type ; c'est une pierre ferme, très fine, sans coquilles, et tellement pleine sans être grasse, que la texture grenue y est à peine apparente ; elle est très propre à la sculpture et à la décoration monumentale.

Les bancs royaux ne sont, d'ailleurs, pas moins variables de qualité et de structure minéralogique ; les uns se rapprochent des bancs francs ; les autres ne sont que des vergelés ou des lambourdes fermes d'un grain homogène.

On en trouve dans toute la série du calcaire grossier, moyen et supérieur ; leur position géologique, ordinairement facile à reconnaître par leurs fossiles, est souvent un indice probable de leur qualité. Les plus beaux proviennent du banc supérieur du calcaire grossier moyen ; ceux qui se trouvent à la place du liais ou du Saint-Nom, quelquefois un peu grossiers, sont, en général, plus fermes et moins accessibles à l'action atmosphérique que ceux qu'on trouve parmi les vergelés et les bancs francs : ces derniers sont souvent sujets à geler et à se désagréger avec le temps.

5° *Vergelés et lambourdes*. — Les vergelés sont des pierres maigres, poreuses, plus ou moins fines, résultant de l'agrégation d'un sable calcaire, qui souvent paraît entièrement composé de miliolithes. Ces pierres, qui s'exploitent en quantités immenses dans la vallée de l'Oise et sur les plateaux du Clermontois, sont fréquemment rubanées de veines ocreuses, d'une teinte grise et quelquefois mêlées de débris de moules coquilliers, qui en rendent la texture grossière.

Les vergelés s'équarrissent à la laye et se scient à la scie à dents avec tant de facilité, qu'on ne les taille pas autrement.

Les lambourdes des environs de Paris proviennent des mêmes bancs que les vergelés; leur nature est pareille, mais elles sont généralement plus tendres, et souvent grasses ou marneuses, en sorte que le mot de lambourde s'emploie volontiers pour désigner un vergelé de qualité inférieure, tandis qu'une lambourde de bonne nature peut avec raison être qualifiée de vergelé.

Les vergelés et lambourdes, qui s'exploitent en bancs puissants et étendus, forment la masse du calcaire grossier moyen; c'est de toutes les subdivisions du calcaire grossier la plus constante dans son épaisseur et dans sa structure minéralogique, et en même temps celle qui se distingue le plus nettement des autres par la nature des matériaux qu'elle fournit. Les couches plus fermes et plus fines qui donnent le banc royal de Conflans ou le liais de Carrières-Saint-Denis, ont toujours, à un certain degré, l'aspect spécial du calcaire à miliolithes, qui se reconnaît également dans les bancs résistants de Saint-Maximin, appelés roche de Vergelé.

6° *Saint-Leu, pierres grasses et pierres tendres*. — Les pierres de Saint-Leu, ou pierres grasses, se distinguent des vergelés en ce que le sable calcaire qui en est l'élément principal est formé de débris de coquilles. brisés, pilés et tellement fondus dans la masse, qu'ils ne se distinguent pas du ciment également calcaire qui les agrège; de là cette faculté de s'écraser sous le marteau et de s'attacher aux outils, que les carriers expriment par le mot de pierre grasse.

Le type de cette nature se voit dans les carrières de Trosly et de Saint-Leu, dont la pierre, d'une teinte jaunâtre, très tendre au moment de l'extraction et à laquelle on doit laisser jeter son eau de carrière, durcit à la surface et se conserve parfaitement en élévation. Mais, exposée à l'humidité, elle gèle et se détruit rapidement, où le vergelé aurait bien résisté. D'ailleurs, le Saint-Leu se débite et se scie comme le vergelé.

J'ai établi, par des coupes nombreuses, que le Saint-Leu forme la partie moyenne du calcaire grossier inférieur entre les couches à verrains (*Cerithium giganteum*) et les couches à nummulithes.

Ces deux dernières subdivisions donnent, la première dans le Valois et la seconde dans le Laonnais, des pierres appelées tendres, douces ou fines, d'une teinte blanche, qui sont en général plus sableuses et moins consistantes que le Saint-Leu ; bien que leur structure minéralogique soit analogue, elles ne paraissent plus uniquement formées de débris coquilliers, mais aussi de sable calcaire fin, provenant de la destruction des bancs plus anciens.

Les bancs à verrains et à nummulithes s'exploitent en étanfiche et se débitent le plus souvent en parpaings, tranchés et taillés à la laye.

7° *Chérence et Saillancourt*. — Les pierres de Chérence, de Saillancourt, de Tessancourt et autres localités voisines sont de véritables grès calcaires, d'une teinte grise ou rougeâtre, plus ou moins agglutinés par un ciment calcaire, et composés d'éléments très divers ; on y voit, avec du sable calcaire et du sable siliceux, des coquilles entières ou brisées, des oursins, des polypiers, des grains de quartz translucides et de nombreux grains verts de glauconie.

La consistance de ces couches varie beaucoup dans l'épaisseur de la masse et d'une carrière à l'autre ; on y trouve cependant d'excellentes pierres, les unes franches, les autres très dures, rarement gélives, se conservant bien dans l'eau, mais s'usant au frottement. Le banc le plus dur et le plus fin de Chérence s'emploie aux sculptures monumentales, telles que les groupes de l'Arc de l'Étoile.

Les bancs dont il s'agit forment la masse du calcaire grossier inférieur dans le golfe tertiaire, entouré de falaises de craie, dont les limites sont celles du Vexin Français ; et les caractères minéralogiques que ces bancs présentent seuls dans le bassin de Paris, résultent des circonstances géologiques particulières dans lesquelles leur dépôt s'est effectué.

8° *Château-Landon*. — Le château-landon est un calcaire compact, très dense et très résistant, se sciant et se taillant parfaitement, et susceptible de poli, ce qui l'a fait quelquefois appeler marbre.

Celui qu'on tire des carrières situées en amont de Nemours, sur les deux rives du Loing, est peut-être la plus belle et la meilleure pierre de taille du bassin de Paris.

Les environs de Briare, d'Orléans et de Chartres fournissent des matériaux analogues, mais de moins belle qualité, souvent remplis de poches et difficiles à tailler.

Les bancs exploités dans ces diverses localités présentent exactement les mêmes caractères minéralogiques ; mais ils appartiennent à deux époques géologiques différentes, les uns étant supérieurs et les autres inférieurs aux sables de Fontainebleau.

Tableau des pierres à bâtir que l'on trouve aux divers étages du calcaire grossier du bassin de Paris.

		HAUTEUR D'ASSISE	
		m.	m.
Marnes ou caillasses de 3 à 6 mètres.	Caillasses sans coquilles (Tripoli). .	3,00 à	6,00
	Caillasses coquillières (rochette). . .	0,00 à	2,00
Calcaire grossier supérieur à cérithes : 2 à 12 mètres.	Roche (de Paris).	0,25 à	1,00
	Bancs francs.	1,00 à	2,00
	Liais et cliquart (*Turitella fasciata*).	0,60 à	4,00
	Banc vert (fossiles d'eau douce). . .	1,00 à	6,00
	Saint-Nom (*Turitella fasciata*) . . .	0,50 à	1,00
Calcaire grossier moyen à miliolithes : 3 à 12 mètres.	Banc royal (Orbitolithes).	0,60 à	2,50
	Vergelés et lambourdes.	1,00 à	10,00
	Vergelé de fond (coquillier).	2,00 à	4,00
Calcaire grossier inférieur (glauconieux) : 5 à 18 mètres.	Bancs à verrains (*Cerithium giganteum*).	0,00 à	6,00
	Saint-Leu (pierre grasse).	2,00 à	10,00
	Bancs à nummulithes.	1,00 à	12,00

Remarques générales sur la résistance des pierres du bassin de Paris. — Les bancs durs du calcaire grossier, appartenant à la partie supérieure de cette formation, sont régulièrement stratifiés en assises de 0^{m}15 à 1^{m}20; la consistance de la pierre diffère beaucoup sur cette hauteur et, même après son ébousinage soigné, la résistance peut varier du simple au triple dans un bloc d'apparence homogène.

De là un grand embarras pour le constructeur et la faveur accordée aux pierres de Bourgogne, du Jura et de la Lorraine, pour les soubassements des édifices ; ces pierres sont à la fois homogènes d'aspect et de résistance.

Une seule pierre-marbre est exploitée dans le bassin de Paris : c'est le calcaire lacustre de Souppes et Château-Landon, qui porte de 600 à 900 kilogrammes.

« Les liais durs, dit M. Michelot, dont les types étaient ceux de Bagneux et de Senlis, épuisés aujourd'hui, sont très rares dans les environs de Paris.

« On ne peut citer que ceux de Courville (Marne), de Vendresse et de Violaine (Aisne) ; ils pèsent de 2,300 à 2,400 kilogrammes, et leur résistance, du haut en bas de l'assise, varie de 400 à 500 kilogrammes. Les liais moins durs de Carrières-Saint-Denis et de Jérusalem (Seine-et-Oise), les roches fines de Senlis et de l'Isle-Adam, qu'on peut leur assimiler, ont à peu près le même poids, mais portent seulement de 300 à 600 kilogrammes.

« Les roches dures, dont la taille se paye, à Paris, de 8 à 10 francs le mètre superficiel, sont aussi devenues rares; les meilleures sont celles de Saint-Nom, près Versailles, de Laversine et de Villers-la-Fosse, près Soissons, de Bonneuil et de Saint-Pierre-Aigle, près Villers-Cotterets ; leur poids est de 2,200 à 2,400 kilogrammes; leur résistance varie de 200 à 600 kilogrammes dans l'épaisseur de l'assise. On peut ranger dans la même catégorie les pierres de Tessancourt et de Damply, près Meulan, qui sont beaucoup plus homogènes dans chaque banc, mais qui varient d'un banc à l'autre de la masse; leur poids est de 2,200 à 2,400 kilogrammes, et leur résistance de 300 à 500 kilogrammes.

« Les roches ordinaires et les bancs francs durs, dont la taille vaut 6 francs le mètre superficiel, s'exploitent encore dans la plaine au sud de Paris, où les roches dures sont épuisées; on en tire également de Pargny et d'Hameret, au nord de Soissons, de Saint-Leu et de Saint-Maximin, près Creil, et de la Ferté-Milon; leur poids varie de 2,000 à 2,300 kilogrammes et leur résistance de 150 à 400 kilogrammes. On y peut joindre la pierre célèbre et toujours abondante de Saillancourt, dont les bancs pèsent de 1,900 à 2,200 kilogrammes et portent de 100 à 550 kilogrammes.

« Les chiffres qui précèdent montrent bien que, en général, on ne peut pas avec sécurité soumettre à de fortes charges les pierres dures du calcaire grossier parisien.

« Les pierres demi-dures, dont la taille se paye 4 francs le mètre superficiel, sont désignées sous les noms de roches douces, bancs francs, bancs royaux durs; elles s'extraient aussi dans la plaine au sud de Paris, dans la vallée de l'Ourcq, à Saint-Maximin, Butry et Méry, sur l'Oise; leur poids varie de 1,800 à 2,000 kilogrammes et leur force portante de 100 à 200 kilogrammes.

« Les pierres tendres du bassin de Paris sont beaucoup plus homogènes que les pierres dures, et comparables sous ce rapport à celles des autres régions de la France. On les divise, d'après leur texture, en vergelés, lambourdes, pierres grasses ou Saint-Leu, pierres fines ou pierres douces; on a défini plus haut ces diverses natures de pierres tendres, qui diffèrent de qualité, mais dont le poids et la résistance restent sensiblement dans les mêmes limites.

« Les plus fermes et les plus serrées, qui reçoivent le nom de bancs royaux tendres et dont la taille vaut 2 fr. 75 le mètre superficiel, pèsent 1,600 à 1,800 kilogrammes et portent de 70 à 120 kilogrammes; on les exploite notamment à Conflans-Sainte-Honorine, Marly-la-Ville et Méry (Seine-et-Oise), Saint-Maximin et Saint-Vaast-les-Mello (Oise), Crouy, Autresches et la Ferté-Milon (Aisne).

« Les pierres tendres proprement dites, dont la taille se paye 2 francs le mètre superficiel, pèsent, en général, de 1,400 à 1,700 kilogrammes et portent de 40 à 90 kilogrammes; quelques carrières, celles de Houilles et de Ressons, par exemple, donnent des matériaux dont la résistance descend jusqu'à 30 kilogrammes, mais qui n'ont pas de valeur.

Les meilleures des pierres tendres sont les vergelés, très employés à Paris et qui s'exportent en Belgique et en Allemagne; ils proviennent principalement des localités citées plus haut pour leurs bancs royaux.

« On termine en faisant remarquer que, dans le bassin de Paris en particulier, non seulement la qualité des matériaux est très variable d'un banc à un autre, mais encore que souvent la consistance du même banc diffère dans l'étendue de la carrière; il en résulte que les expériences sur la résistance de ces matériaux doivent être très multipliées et fréquemment renouvelées. »

Détails sur nos principales carrières. — Les grands gîtes de pierres à bâtir ont généralement donné naissance à un grand nombre de carrières, qui sont parfois de médiocre importance. Cette circonstance a rendu les progrès de l'exploitation difficiles, faute de capitaux, et s'est opposée à la généralisation des procédés mécaniques. On rencontre donc peu de grandes exploitations et nous n'en avons qu'un petit nombre à signaler en dehors de celles du bassin de Paris.

Parmi les nombreuses carrières qui entourent la ville de Caen et qui exportent leurs produits dans toute la Normandie et jusqu'en Angleterre, les plus importantes sont celles d'*Allemagne*, à quatre kilomètres de la gare. La pierre qu'elles donnent appartient à la grande oolithe; de couleur uniforme, d'un grain très fin, elle convient à la sculpture la plus délicate et s'est prêtée à toutes les fantaisies de l'art gothique. La variété dite pierre d'*Aubigny* est la plus estimée; c'est aussi celle qui est la plus pure, elle ne renferme que 1,7 p. 100 de sable et d'argile; le *Franc banc*, au contraire, en renferme le sixième de son poids et sa résistance est beaucoup moindre; la résistance à l'écrasement de la pierre d'Aubigny est quintuple et cette pierre absorbe trois fois moins d'eau que celle du Franc banc.

La Normandie et la Bretagne nous offrent d'importantes exploitations de granite, mais elles sont disséminées et ne présentent aucune circonstance importante à signaler. On trouve dans le Finistère les carrières de Laber et de Kersanton, qui occupent l'une 350 et l'autre 150 ouvriers.

Les carrières des environs de Poitiers, Lourdines, Lavaux, Tercé, constituent un groupe important qui compte près de 300 ouvriers.

Dans le Loir-et-Cher, il faut signaler l'exploitation très importante des carrières de *Bourré*, donnant une craie tuffeau tendre, blanche et fine.

Le département de l'Oise renferme de nombreuses carrières de calcaire grossier; les plus importantes sont celles de *Saint-Vaast*, près Creil, dont la pierre s'expédie à Paris et dans le nord de la France et de l'Europe; 450 ouvriers y extraient annuellement 70,000 mètres cubes de pierre de taille.

En Seine-et-Marne, les carrières les plus importantes sont celles de *Souppes*, qui ont concouru à la construction des grands ponts de Paris.

Nous trouvons dans les Ardennes les grandes carrières d'*Euville*, situées à 5 kilomètres de Commercy et à 8 kilomètres du canal de la Marne au Rhin; elles donnent un calcaire à entroques, dur et inaltérable aux intempéries, et produisent par an plus de 20,000 mètres cubes de pierres de taille, qui s'expédient à Paris, dans l'Est et en Allemagne.

On exploite à *Lérouville*, dans l'arrondissement de Commercy, un calcaire semblable au précédent, extrait de 25 carrières en activité.

Signalons encore dans la même région les grandes carrières de *Savonnières*, arrondissement de Bar-le-Duc.

Dans le Jura, la pierre de *Belvoye*, dite de *Damparis* ou de *Saint-Ylie*, arrondissement de Dôle, est une des plus belles pierres de taille; c'est un calcaire compact, très dur, blanchâtre, nuancé lie de vin, susceptible de poli. On avait monté pour ces carrières une exploitation très importante qui ne paraît pas avoir réussi. Ce calcaire de Saint-Ylie est exempt de cavités, pur, non argileux, et par conséquent n'absorbe pas l'humidité ; toutes ses parties sont intimement cimentées et sa résistance est considérable. Il s'exploite à ciel ouvert, par bancs très épais, sans fissures et le gisement est inépuisable. On peut en voir de beaux échantillons à Paris dans les parapets des ponts Saint-Michel et Solférino.

Nous citerons près de Beaune l'exploitation très importante de *Comblanchien*, et dans l'Yonne celle de *Tonnerre*. Les carrières se trouvent à 10 kilomètres de cette ville ; des usines hydrauliques font le sciage de la pierre dont la consommation en carreaux et dalles est considérable. L'exploitation occupe au moins 400 ouvriers. La pierre de Tonnerre est employée pour les filtres et est très propre à la sculpture.

Dans la région du sud-est, la Société des carrières de Villebois exploite les carrières d'*Hauteville*, arrondissement de Belley, et de *Villebois*, à 4 kilomètres du Rhône, qui fournissent le calcaire compact, appelé *choin*, très dur, de couleur gris de fer, qui alimente la région de Lyon et la Suisse.

Près Grenoble on trouve les carrières de l'*Echaillon*, dont l'importante exploitation a été organisée par M. Biron vers 1830. On distingue l'échaillon blanc et l'échaillon rose ; c'est un calcaire assez dur et très fin, demi-cristallin, propre à la sculpture et recevant le poli. La pierre blanche est une excellente pierre de taille qui s'exporte de toutes parts ; la variété rose est une pierre d'ornement. A Paris, la pierre de l'Echaillon a été employée pour les groupes de la façade de l'Opéra et pour les balustrades du square de la Trinité. Le pic de l'Echaillon, à 18 kilomètres de Grenoble, se relie au dernier anneau de la chaîne des Alpes ; il a été exploité au moyen âge et même par les Romains. Aujourd'hui, une importante scierie, des tours, des polissoirs, des rodoirs, des machines à moulures, le tout mû par la vapeur, ont été établis au pied même de la montagne du flanc de laquelle les blocs sont extraits.

« La pierre de l'Échaillon, dit M. Lory, est un calcaire pur ou légèrement magnésien, mais nullement argileux, moitié crayeux, moitié cristallin. Il est formé presque entièrement de débris de polypiers pierreux et d'autres corps marins, convertis par la fossilisation en calcaire cristallin : la partie crayeuse qui en remplit les interstices n'est probablement que le résultat de la trituration des mêmes fossiles. C'est donc un calcaire éminemment *corallien*, et il appartient à l'étage des terrains jurassiques désigné spécialement sous le nom d'étage corallien. Dans tout l'est de la France, les calcaires de cet étage sont les plus remarquables par la pureté de leurs teintes, et ont été de tout temps très recherchés pour les constructions monumentales. La pierre de l'Échaillon a été employée à Grenoble dans plusieurs constructions du moyen âge et du dix-septième siècle (chapiteaux et quelques colonnes de la crypte de Saint-Laurent, portail de Saint-André, portail et chapelle ogivale du palais de la Cour d'appel, fronton de la porte de France, balustrades du Jardin de ville, etc.); les parties construites en cette pierre ont parfaitement résisté aux intempéries et conservé les détails les plus délicats d'ornementation architecturale. »

Nous terminerons en citant, parmi les exploitations importantes du midi de la France, celles de *Fontvieille,* près Arles, dont les produits s'expédient sur tout le littoral de la Méditerranée; de *Calissanne,* arrondissement d'Aix; de *Cassis,* près Marseille; d'*Oppèdes,* près Apt; de *Beaucaire,* où la masse a 17 mètres de puissance et fournit annuellement 20,000 mètres cubes de pierre de taille et autant de moellon; de *Saint-Savinien,* arrondissement de Saint-Jean-d'Angély; de *Crazannes,* arrondissement de Saintes, dont les produits s'exportent à de grandes distances; d'*Angoulême,* qui s'expédie dans tout le sud-ouest de la France et qui produit 45,000 mètres cubes par an; de *Saint-Même,* arrondissement de Cognac, où une masse de 20 mètres de puissance donne annuellement 16,000 mètres cubes de pierre; de *Chancelade,* près Périgueux, production 12,000 mètres cubes.

En résumé, la richesse de la France en bonnes et belles pierres est inépuisable et peut donner lieu à une exportation considérable lorsque la généralisation des procédés mécaniques aura permis de produire économiquement.

B. — RÉSISTANCE DES PIERRES; APPAREILS SERVANT A LA MESURER

Depuis longtemps les architectes ont senti le besoin de connaître la charge maxima que pouvaient supporter sans se rompre les pierres qu'ils employaient et ils ont eu recours, pour l'évaluer, à des appareils plus ou moins exacts, se rapprochant plus ou moins de la balance ou du levier.

Parmi les expérimentateurs connus il faut citer Rondelet, qui étendit ses recherches sur des matériaux de toute nature, Gauthey, Soufflot et Perronnet.

Le ministère des travaux publics a établi, il y a bientôt quarante ans, un service pour les recherches statistiques relatives aux matériaux de la France; M. l'ingénieur en chef Michelot, qui a créé ce service et l'a pendant longtemps dirigé, a fourni aux constructeurs de précieux renseignements sur les gisements, les qualités et la résistance d'une infinité de matériaux.

En ce qui touche la résistance des pierres, elle peut être considérée à deux points de vue : la *résistance à l'écrasement* et la *résistance à la traction.* Il arrive parfois que les pierres travaillent par *flexion* lorsqu'elles servent de dalles ou sont placées en porte à faux; mais ces cas sont très rares et exigent des expériences spéciales, dans le genre de celles que nous avons signalées en parlant des ardoises d'Angers.

Les appareils servant à mesurer la résistance, soit à l'écrasement, soit à la traction, servent non seulement pour les pierres naturelles, mais encore pour les chaux, mortiers et ciments; nous traiterons donc ici de ces appareils en général, afin de n'avoir pas à revenir sur le sujet au chapitre des mortiers et ciments.

1° MACHINES MESURANT LA RÉSISTANCE A L'ÉCRASEMENT

Machine à levier de M. Michelot. — M. l'ingénieur en chef Michelot se servait, pour les essais de résistance à l'écrasement, de la machine puissante et exacte, mais un peu compliquée, que représentent les figures 5 à 7, de la planche V.

Voici la description de cette machine, tirée des notices présentées par le Ministère des travaux publics à l'exposition de Vienne en 1873 :

« La machine consiste essentiellement en un levier du second genre dont le rapport des bras est variable et sur lequel roule une charge mobile.

« La pièce principale de cette machine est une barre de fer du commerce, à triple nervure, de 5 mètres de longueur et de 26 centimètres de hauteur. L'extrémité de cette barre est engagée dans un collier portant extérieurement un double couteau en acier, qui est mobile dans un double coussinet également en acier, constituant un point d'appui fixe à la partie supérieure de deux colonnes en fer très solides, encastrées elles-mêmes dans une poutre horizontale en chêne.

« Les matériaux à essayer sont posés sur un support formé de plusieurs plaques en fonte superposées, de 5 centimètres d'épaisseur chacune ; des cales en fer, de 1 centimètre à 2 centimètres d'épaisseur, puis un double plan incliné mû par une vis de pression, permettent de faire varier insensiblement la hauteur de l'échantillon, en maintenant toujours le levier de niveau. La pression est transmise au solide essayé par l'intermédiaire d'un cône renversé, adapté à la nervure inférieure du levier, et dont la pointe appuie au centre d'un chapeau, également en fer, posé sur ce solide, qui est muni en dessus et en dessous de plaques de drap, de cuir ou de caoutchouc. Le support est d'ailleurs pourvu de roues dentées engagées dans une double crémaillère fixée à la poutre, de manière à faire varier le petit bras de levier de 20 centimètres à 2^m40. Le rapport des deux bras est donné par une échelle métrique fixée au levier.

« Une roulette à gorge, glissant sur la nervure supérieure de ce levier, porte un plateau destiné à recevoir des poids. Cette roulette est liée par une chaîne à la Vaucanson à deux poulies de renvoi dentées, placées l'une sur le collier à couteaux, l'autre sur la tête d'un vérin qui soutient l'autre extrémité du levier dans l'intervalle des expériences ; une manivelle ajustée à la première de ces poulies fait avancer ou reculer la roulette, au moyen de l'un ou de l'autre des deux engrenages qui lui impriment un mouvement plus ou moins rapide.

« Un plateau fixe, suspendu au bout du levier et chargé suivant la résistance présumée des matériaux éprouvés, permet de réduire la charge du plateau mobile de manière à rendre insensible le frottement de la roulette ; cette charge est le plus habituellement de 40 à 80 kilogrammes.

« *Marche des expériences.* — Trois hommes sont employés à l'expérience : le premier tient la manivelle qui dirige le plateau mobile ; le second manœuvre le vérin de manière à laisser libre l'extrémité du levier à mesure qu'il fléchit sous la pression, et charge en outre le plateau fixe suivant qu'il convient; le troisième met l'échantillon en position, surveille la marche de l'opération et en note le résultat.

« Cette opération se conçoit aisément; lorsque l'échantillon est placé et le plateau fixe chargé en vue de la résistance présumée, le plateau mobile, ramené près du support et modérément chargé, est mis en mouvement, puis arrêté à l'instant même où l'échantillon se fend ou s'écrase : si l'effet n'est pas produit quand le plateau mobile arrive au terme de sa course, le levier est immédiatement soutenu par le vérin, de nouveaux poids sont ajoutés au plateau fixe, le plateau mobile est ramené près du support, puis l'opération est reprise sans que, dans l'intervalle, l'échantillon soit resté soumis à la pression. Lorsqu'on éprouve pour la première fois une nouvelle espèce de matériaux, on peut avoir à répéter plusieurs fois la manœuvre qui vient d'être indiquée, mais ensuite on n'a généralement besoin que d'une ou deux courses du plateau mobile pour obtenir un résultat, dont l'exactitude paraît bien assurée par la simplicité même de la méthode employée.

« *Vérification de la machine.* — Toutefois, il était désirable de soumettre l'appareil à des vérifications positives, et c'est ce qui a eu lieu en 1867, grâce au concours de M. H. Tresca, membre de l'Institut, sous-directeur du Conservatoire des arts et métiers, qui a fait construire, en vue de ces vérifications, un manomètre à colonne de mercure, d'une grande précision, et en a opéré lui-même la graduation de la manière suivante :

« La presse hydraulique à quatre corps de pompe, qui sert aux essais du Conservatoire, ayant été démontée, ces corps de pompe ont été posés, sur une fondation solide, aux quatre coins d'une salle et sont devenus les points d'appui d'une plate-forme en charpente, susceptible de porter une charge considérable.

« L'eau contenue sous les pistons étant mise en communication avec le manomètre, la plate-forme a été chargée progressivement de 500 en 500 kilogrammes, au moyen de poids et de caisses remplies de boulets, jusqu'à la limite de 37,000 kilogrammes, pour tarer le manomètre, et ensuite déchargée de même, à titre de vérification; cette double opération a marché très régulièrement et a donné pour chaque millimètre de mercure une valeur de 35^k01.

« Le nouveau manomètre, après avoir été ainsi directement et exactement gradué, a été mis à notre disposition pour servir aux expériences de vérification de la machine à levier, qui ont été, avec l'assistance de M. Alfred Tresca, préparateur du cours de mécanique au Conservatoire, exécutées de la manière suivante :

« Les quatre corps de pompe qui avaient servi à la graduation du manomètre ont été rapprochés et posés sur la poutre horizontale de notre appareil, puis recouverts d'une plaque de fonte et d'un chapeau, sur lequel le cône de pression agit comme si ce chapeau était posé sur un cube de pierre en expérience.

« Ces corps de pompe étant ensuite mis en communication avec le manomètre, on a exécuté dans ces conditions plusieurs séries d'expériences en faisant varier successivement ou simultanément la charge du plateau fixe et celle du plateau mobile, puis la distance du point de pression au point de rotation, soit le rapport des deux bras de levier. Ces expériences ont marché avec une régularité parfaite; un même accroissement de la charge donnait constamment lieu à une même élévation du mercure, et les chiffres, calculés au moyen des tables établies en vue des essais journaliers, étaient toujours sensiblement égaux à ceux indiqués par la tare du manomètre. Les plus fortes différences n'ont pas atteint 5 p. 100, lorsque le petit bras du levier était de 20 centimètres; elles étaient moitié moindres lorsqu'il était de 50 centimètres, et cet accord remarquable s'est soutenu tant que la pression totale n'a pas dépassé 26,000 kilogrammes. On a reconnu qu'au delà de cette limite, on ne pouvait plus compter sur les indications de la machine; mais jamais on n'opère sous d'aussi grandes charges, par des raisons pratiques qui ont depuis longtemps fait adopter la règle de ne pas dépasser 20,000 kilogrammes.

« Ces résultats démontrent que la machine à levier ne laisse rien à désirer sous le rapport de l'exactitude, en même temps que sa simplicité en rend l'usage et l'entretien très faciles. Cette constatation avait d'autant plus d'importance que, si les résultats obtenus avec cette machine s'accordent très bien avec ceux de Rondelet et d'autres expérimentateurs, pour les pierres tendres et demi-dures, ils les dépassent notablement pour la plupart des pierres dures, roches, marbres et granites, en suivant une progression qui semble d'ailleurs plus conforme à la nature des matériaux, mais qu'il était indispensable d'établir rigoureusement.

« *Calcul des expériences.* — Le calcul des expériences ne demande pas moins de soin que leur exécution même; on en assure la rapidité et l'exactitude au moyen de registres où les résultats observés sont immédiatement inscrits dans les colonnes disposées en vue de tables spéciales, fournissant les divers membres de la formule qui exprime en kilogrammes la charge supportée par l'échantillon.

« Cette formule est la suivante :

$$F = \frac{\overset{(a)}{(414^k \times 2^m 656 + 51^k 85 \times 5^m 35)}}{x} + \frac{\overset{(b)}{(5^m 35 \times p)}}{x} + \frac{\overset{(c)}{(63^k 50 \times z)}}{x} + \frac{\overset{(d)}{(q \times z)}}{x} + \overset{(e)}{(r+s)}.$$

« x est la distance de la pointe du cône de pression au point de rotation des couteaux ;

« 414 kilogrammes est le poids du levier, avec ses accessoires, étrier, couteaux, poulies, chaînes, etc. ;

« $2^m 656$ la distance de son centre de gravité au point de rotation ;

« $51^k 85$ est le poids du plateau fixe, et $5^m 35$ la distance de son point de suspension au point de rotation ;

« p est la charge du plateau fixe ;

« $63^k 50$ est le poids du plateau mobile, y compris la roulette qui le porte ;

« z est la distance du point de contact de cette roulette sur le levier au centre de pression, au moment de la rupture ou de l'écrasement de l'échantillon;

« q est la charge du plateau mobile;

« r et s sont les poids du cône de pression et du chapeau qui porte sur l'échantillon.

« On a calculé trois tables correspondant aux valeurs habituelles de x, qui sont : 25, 50 centimètres et 1 mètre ; dans chacune d'elles on trouve les valeurs des divers termes de la formule, suivant celles de p et de q de 20 en 20 kilogrammes, et celles de z de 5 en 5 centimètres.

« Au moment même de l'expérience on inscrit, dans chacune des colonnes du registre portant pour titre les termes (a), (b), (c), (d) et (e) de la formule, les valeurs observées de x, p, z, q $(r+s)$. Il suffit alors de chercher dans la table convenable les valeurs correspondantes des termes (a), (b), etc., et de les écrire au-dessous des chiffres observés, puis de les additionner horizontalement pour obtenir la force portante de l'échantillon soit lors des premières fissures qui s'y manifestent, soit à l'instant de l'écrasement total; en divisant la somme par la section de l'échantillon, on a la résistance par centimètre carré. »

Presse hydraulique. — L'appareil que nous venons de décrire est nécessairement lourd et encombrant, vu la grandeur des efforts à développer. Il est donc naturel qu'on l'ait remplacé par la presse hydraulique, bien que celle-ci se prête moins à la mesure exacte des pressions.

Il est vrai que, dans la pratique, l'exactitude mathématique n'est pas indispensable en cette matière; aussi la presse hydraulique est-elle généralement employée pour l'étude de la résistance des mortiers et ciments.

M. Michaélis se sert d'une presse hydraulique de $1^m 35$ de hauteur, composée d'un pied massif de $0^m 48$ sur $0^m 55$, dans lequel est ajusté un cylindre dont le piston a $0^m 0922$ de section et porte une forte plaque rectangulaire sur laquelle on place le corps à essayer. Quatre colonnes en fonte massive relient le pied avec le sommier supérieur, au travers duquel passe une forte vis à volant fixé par une articulation sphérique à un plateau faisant face au plateau du piston.

Un homme, agissant sur le volant de $0^m 70$ de diamètre, fait descendre la vis et exerce sur la pièce à essayer une pression de 2,000 kilogrammes. La pièce se trouve ainsi calée, et en agissant sur la vis horizontale à manettes, on la force à entrer dans le cylindre rempli d'huile et on arrive à développer entre les deux plateaux une pression de 70,000 kilogrammes.

Deux manomètres mesurent la pression : le premier va jusqu'à 300 atmosphères et est gradué de 5 en 5 atmosphères; le second, gradué de 1 en 1 atmosphère, va jusqu'à 50. Un troisième manomètre, allant jusqu'à 600 atmosphères, sert pour le contrôle.

Pour les corps à faible résistance, mortier maigre, mortier de chaux, etc., on se sert de cubes de $0^m 10$ de côté, et pour les corps à forte résistance on se sert de cubes ayant seulement 50 centimètres carrés de section.

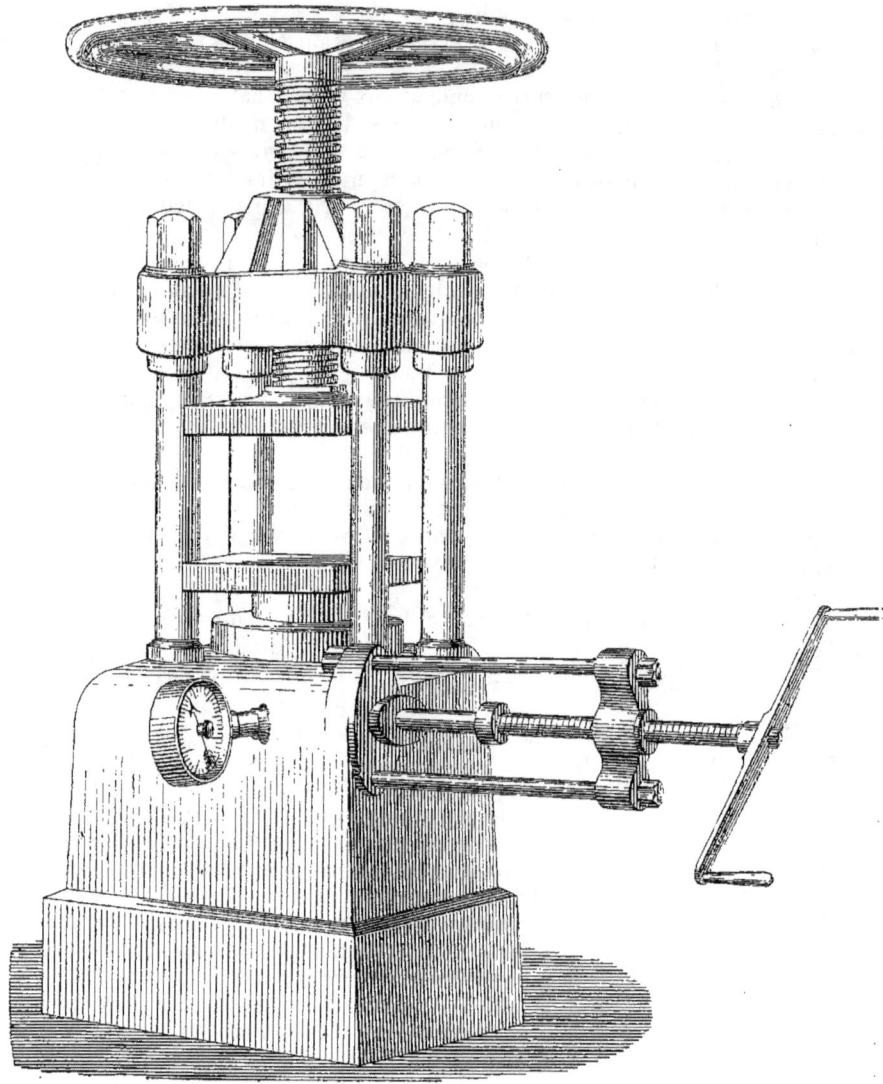

Fig. 3.

On se sert, pour confectionner les cubes d'essai, de moules en fonte et le mortier y est pressé par des mandrins.

La presse que nous venons de décrire pèse 900 kilogrammes.

2° MACHINES MESURANT LA RÉSISTANCE A LA TRACTION

Les machines qui servent à mesurer la résistance à la traction sont infiniment plus simples que les précédentes, parce que la rupture à la

Fig. 4.

traction se produit sous une charge qui est une fraction minime de celle qu'exige la rupture par écrasement.

Aussi se contente-t-on, en général, pour les essais des pierres, des mortiers et des ciments, de machines à levier plus ou moins semblables entre elles ; nous en donnons ci-après trois spécimens.

L'appareil Suc. — L'appareil Suc est celui dont on se sert pour les essais à l'École des ponts et chaussées (*fig.* 4).

C'est une balance dont les deux bras sont dans le rapport de 1 à 10, de sorte que tout poids placé dans le plateau transmet à l'échantillon d'essai une traction dix fois plus grande. Cet échantillon, convenablement taillé, est saisi entre deux griffes ; la griffe inférieure est solidement reliée au bâti par une tige en fer filetée s'engageant dans un écrou fixe et la roue a permet d'exercer sur la tige verticale une tension convenable ; la griffe supérieure est prolongée par une chape posant sur le couteau

Fig. 5.

du petit bras de la balance. Le fléau de celle-ci est équilibré par un contrepoids en forme de lentille ; ses oscillations sont limitées par une fourche c dont la tige filetée, manœuvrée par une roue à manette b agissant sur un écrou fixe, monte et descend dans la colonne creuse de support.

On ne peut mettre dans le plateau que des poids entiers, par exemple des kilogrammes faisant varier la traction de 10 en 10 kilogrammes ; afin d'obtenir les tractions intermédiaires et afin surtout d'éviter les tensions brusques, on se sert du poids d mobile sur le long bras du fléau ; ce bras est gradué et indique à chaque instant la traction correspondant à la position du poids. Le déplacement du poids s'obtient d'une manière lente et sans à-coups par un écrou mobile qu'actionne une vis avec roue à manivelle h.

Cet appareil simple, robuste et précis, est parfois remplacé par le

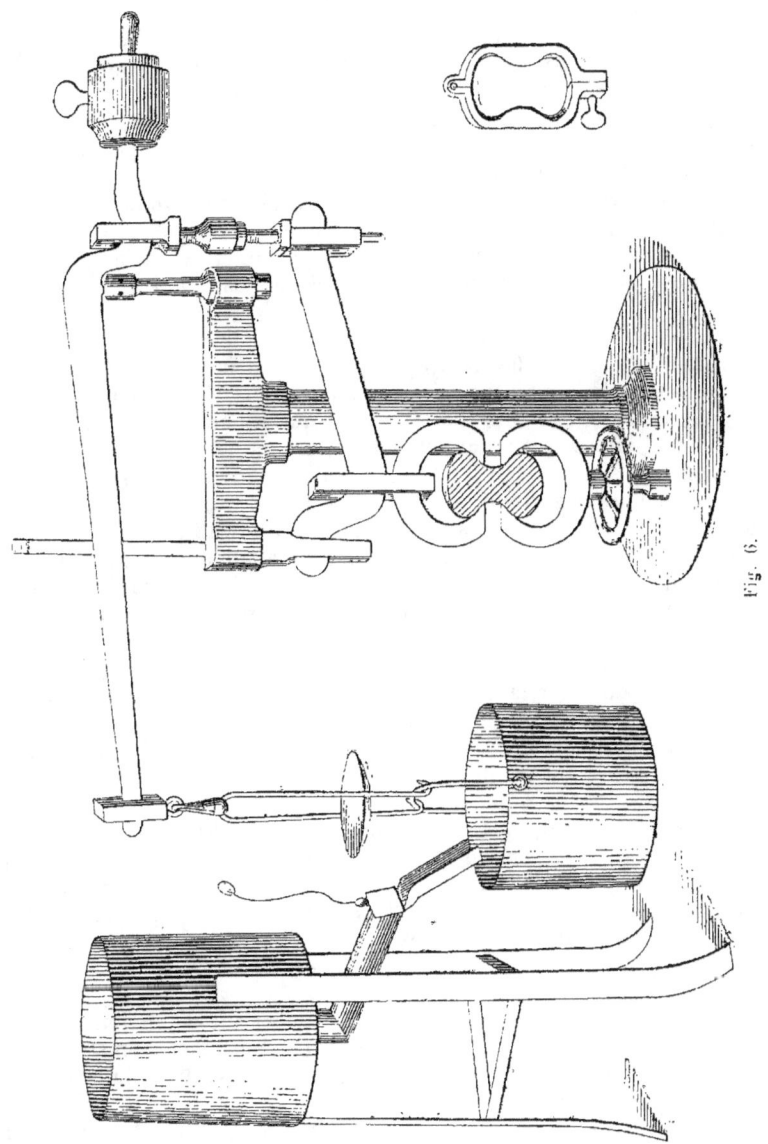

Fig. 6.

petit appareil représenté par la figure 5 ; le rapport des bras de levier est moindre que dans le précédent, circonstance évidemment nuisible à la précision; le contrepoids mobile se meut à la main. Mais la manœuvre est rapide, l'appareil peu coûteux et peu encombrant; il est susceptible de rendre des services sur les chantiers pour les essais courants de mortiers et de ciments.

Appareil Michaélis. — Une colonne massive de $0^m 35$ de hauteur porte un double système de leviers; le levier supérieur multiplie dix fois la force et le levier inférieur cinq fois, de sorte que la traction exercée sur la briquette d'essai est égale à 50 fois la charge appliquée à l'extrémité du grand levier (*fig.* 6).

La briquette est saisie par deux griffes tracées de manière à avoir un contact parfait et une application certaine de la force de traction. La griffe supérieure est suspendue au levier par un étrier et la griffe inférieure est maintenue par un assemblage à genoux et une vis armée d'un volant.

Un contrepoids sert à mettre tout l'appareil en équilibre. Ayant introduit entre les griffes la briquette tirée de l'eau et égouttée, on agit sur le volant de la vis pour faire descendre la griffe inférieure et commencer la tension; il est indispensable que les griffes se trouvent dans un même plan avec leurs arêtes horizontales et parallèles.

La charge s'obtient avec de la grenaille de plomb tombant dans un seau suspendu au grand levier et dont le fond est à environ $0^m 03$ au-dessus de la table. La grenaille s'échappe d'un récipient latéral par un orifice que ferme une glissière à ressort en caoutchouc; au moment de la rupture de la briquette, on lâche le cordon et l'orifice se ferme. On n'a plus alors qu'à enlever le seau et à le peser avec son contenu sur une balance ordinaire.

La traction qui a causé la rupture est égale à 50 fois le poids obtenu et en la divisant par la section exprimée en centimètres carrés on connaît la charge par centimètre carré.

Pour les essais de corps à faible résistance, on pourrait substituer le sable ou l'eau à la grenaille de plomb et se servir d'un petit seau en laiton mince.

Il s'écoule toujours quelques grains de plomb après la rupture de la briquette, parce que l'action de la main sur le cordon n'est pas instantanée. On apprécie cette cause d'erreur en ouvrant et fermant brusquement une vingtaine de fois la glissière et pesant la grenaille qui s'est échappée; on obtient de la sorte l'excès de poids afférent à chaque opération.

Appareil Prévost. — M. Prévost, fabricant de ciment à Vassy-lès-Avallon, ancien conducteur des ponts et chaussées, a construit pour ses essais l'appareil ingénieux et simple que représente la figure 7.

La briquette à éprouver A est saisie entre deux griffes B et C. La griffe inférieure est reliée, par une tige E à double articulation, à une vis F mobile dans un écrou fixe qui reçoit son mouvement de la roue D. Cette disposition a pour but de tendre le système de traction pour évite les chocs.

LES PIERRES

La griffe supérieure agit sur le couteau du petit bras d'une romaine, dont les bras sont dans le rapport de 10 à 1. Le grand bras est, du reste, limité dans ses oscillations par le guide L; il porte à son extré-

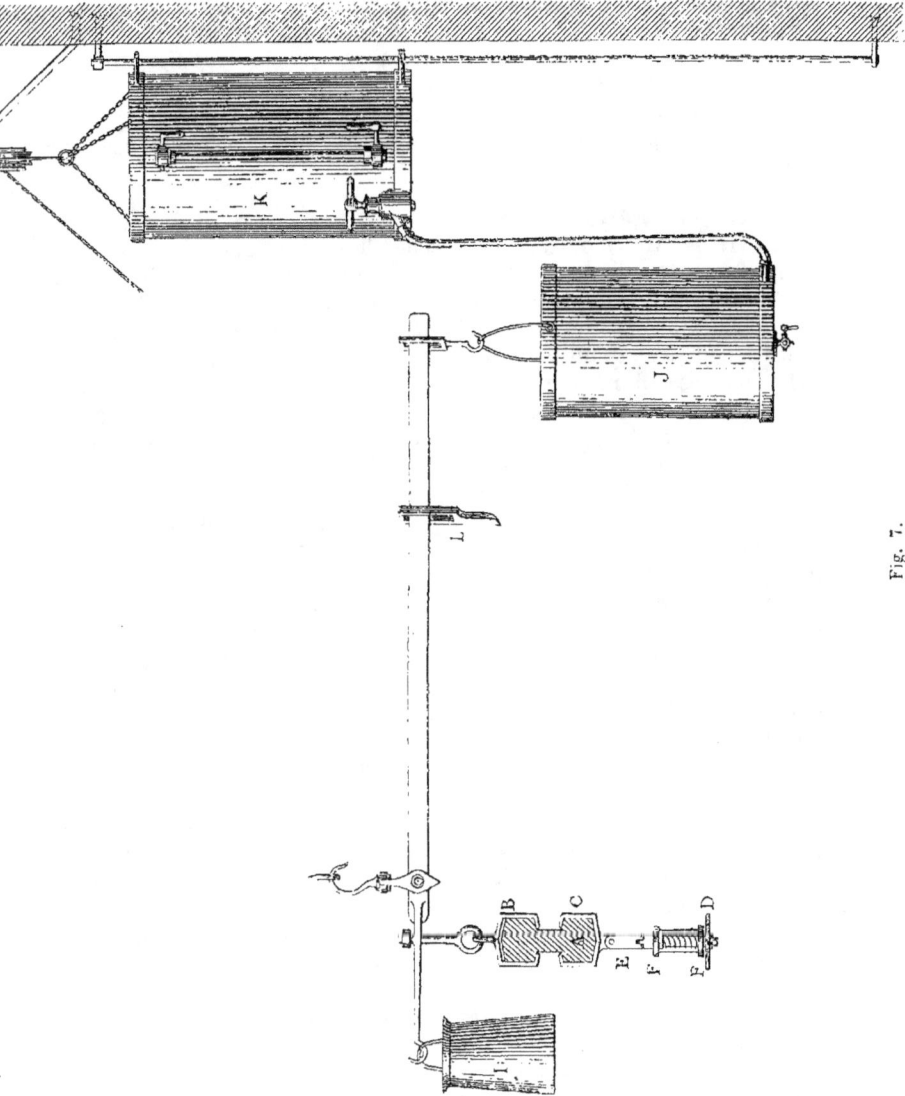

Fig. 7.

mité un seau ou réservoir destiné à recevoir l'eau dont le poids se transformera en effort de traction. Le fléau est équilibré par le contrepoids I à l'intérieur duquel on verse de la grenaille de plomb.

L'eau arrive dans le réservoir J, venant du réservoir supérieur K par un tube en caoutchouc, et un robinet permet de régler et d'arrêter le mouvement à volonté.

Le tube indicateur du niveau de l'eau dans le réservoir K est gradué, et la graduation indique en kilogrammes l'effort de traction transmis à l'échantillon d'essai.

Le réservoir K est mobile verticalement le long de deux tiges métalliques scellées dans le mur; lorsqu'une opération est terminée, on le descend au-dessous du réservoir J et, en ouvrant le robinet on ramène en K l'eau qui était passée en J. On est prêt alors pour recommencer une opération nouvelle.

Résultats généraux des essais de résistance à l'écrasement. — Au laboratoire des Recherches statistiques sur les matériaux de construction, les pierres dures sont éprouvées en cubes de 3 à 5 centimètres de côté et les pierres tendres en cubes de 5 à 10 centimètres; chaque expérience est répétée sur au moins deux et généralement sur quatre échantillons semblables.

Les pierres qui ne sont pas homogènes, sont essayées sur des échantillons pris à diverses hauteurs du banc; on trouve ainsi, pour les roches des environs de Paris, par exemple, des différences du simple au triple sur la hauteur d'une même assise.

Pour la plupart des pierres poreuses, on ne se contente pas de les peser et de les mesurer exactement, on détermine de plus la densité de la matière par le procédé de la balance hydrostatique et l'on note la quantité d'eau absorbée.

Vicat a montré que la résistance diminuait, lorsqu'au lieu de prendre pour l'essai un cube, on prenait un prisme de hauteur variable; la *charge d'écrasement décroît avec la hauteur*, et, si l'on représente la hauteur du prisme par h, $2h$, $3h$, les charges de rupture décroîtront comme 0,93, 0,86, 0,83. Il serait utile de faire à ce sujet des expériences plus étendues, car on ne sait pas bien ce que devient la résistance lorsqu'on emploie les matériaux sous forme de piliers ou de colonnes.

La résistance est proportionnelle à la section des pierres. — Les expériences ne portant que sur des matériaux de petite dimension, il y a lieu de se demander si les résultats obtenus sont applicables aux blocs employés dans la pratique.

Rondelet a prouvé, par une série d'expériences, que les cubes de même nature résistent aux charges proportionnellement à leur section horizontale.

M. Michelot a confirmé cette règle par plusieurs expériences faites avec son appareil à levier sur des cubes pris dans les mêmes blocs et ayant de 2 à 10 centimètres de côté.

On peut donc considérer cette règle comme définitivement établie.

Coefficient de sécurité. — Ne serait-elle pas absolument vraie qu'il ne faudrait pas s'en inquiéter, car les constructeurs ont l'habitude d'adopter le coefficient 1/10, c'est-à-dire de ne faire porter aux pierres que le dixième au plus de leur charge de rupture.

Lorsqu'on emploie des pierres dures et homogènes, bien taillées et posées avec soin, non altérables avec le temps, on pourrait sans imprudence porter à 1/6 la valeur du coefficient de sécurité ; cette proportion serait sans danger pour les porphyres, les granites, les marbres et les calcaires compacts.

Résistance comparative des pierres posées sur lit et des pierres posées sur champ. — En général, il convient de poser les pierres suivant leur lit de carrière. On sent instinctivement qu'elles doivent, dans cette position, offrir plus de résistance aux poids dont on les charge. Cet effet doit être particulièrement sensible pour les pierres feuilletées : elles ressemblent à un livre dont les feuillets se séparent et qui s'affaisse lorsqu'on le place de champ, tandis qu'il résiste à de grosses charges lorsqu'il est à plat.

Donc, les matériaux peu homogènes, à stratification bien nette, doivent être employés sur lit, car leur résistance est plus grande dans ce sens ; il n'en est pas de même pour les matériaux compacts et homogènes dans lesquels la stratification, peu accusée, est difficile à distinguer.

Les expériences de M. Michelot montrent que ces matériaux n'offrent pas une différence sensible dans leur force portante, qu'ils soient posés ou non sur leur lit de carrière. Il cite, comme l'un des exemples les plus frappants, celui de l'oolithe rubanée de Ravières qui a fourni les grandes colonnes monolithes placées en délit au premier étage de la façade de l'Opéra de Paris ; cette pierre, étant pressée de lit, s'est écrasée sous une charge de 319 kilog. par centimètre carré, et de champ sous une charge de 254 kilog.

Malgré sa structure rubanée, on voit que la différence entre ses deux résistances n'est pas énorme ; il était très important de pouvoir la placer en délit afin d'obtenir des colonnes monolithes qu'il serait impossible de trouver dans la hauteur même de l'assise.

Cas où il est avantageux d'employer la pierre en délit. — Il y a donc avantage à employer certaines pierres en délit lorsqu'on veut en tirer de longues colonnes, comme dans le cas que nous venons de citer.

Il est encore un autre cas où il devient avantageux d'employer les pierres en délit, c'est lorsqu'elles doivent travailler à la flexion.

Supposez une architrave, ou une simple plate-bande monolithe, posée sur deux pilastres et formée d'une pierre feuilletée, un schiste, une lave, etc., vous ne placerez point les feuillets horizontaux mais verticaux, car la pierre offrira de la sorte plus de rigidité et ne sera pas exposée à se rompre par flexion.

M. Choisy cite l'application de ce principe, faite par les Grecs au temple de Pœstum. « La pierre, dont ce monument est bâti, est un travertin à strates bien accusées, c'est presque une substance feuilletée : elle pouvait résister énergiquement aux efforts d'écrasement pourvu qu'on la posât sur son lit de carrière comme en A ; mais, employée sous forme de linteaux ou de poutres en porte-à-faux, elle ne travaillait avantageusement à la flexion qu'à la condition d'avoir ses strates de champ comme en B. »

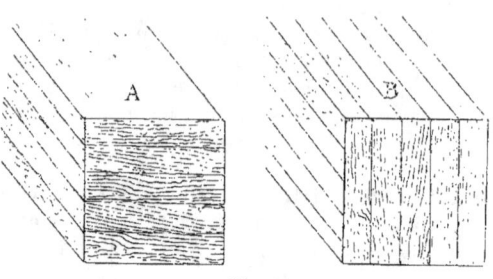

Fig. 8.

Les architectes grecs posaient donc chaque pierre sur l'un ou sur l'autre sens suivant son rôle.

Les Romains, bien qu'ils eussent constamment recours à la voûte, employèrent également dans plus d'un cas la pierre en délit, et l'amphithéâtre d'Arles donne de cet emploi un exemple bien net.

Résistance comparative des pierres sèches et des pierres mouillées. — « Il a été fait, dit M. Michelot, de très nombreuses expériences pour comparer à la résistance des pierres sèches celle des mêmes pierres mouillées, qui en diffère d'autant plus que la roche est plus poreuse. C'est ainsi que les grès bigarrés des Vosges, si employés dans l'Est de la France, perdent, lorsqu'ils sont imbibés d'eau, le quart et jusqu'au tiers de leur force; il en est de même des bancs royaux et des pierres tendres des environs de Paris, des molasses du Midi et des matériaux analogues. Ainsi le banc royal d'Eragny, près Pontoise, fraîchement extrait et contenant son eau de carrière, ne porte que 42 kilog., tandis que, sec, il résiste jusqu'à 102 kilog.; il existe évidemment entre la proportion d'eau absorbée par une pierre et la diminution de sa résistance une relation directe.

« Il convient d'engager les constructeurs à réduire la charge à supporter par les pierres poreuses, dures ou tendres, qu'ils emploieront dans les piles et même dans les voûtes des ponts, comme dans tous les autres travaux exposés à une grande humidité. »

La résistance des pierres d'une même catégorie augmente avec leur densité. — Des pierres de nature différente peuvent, à poids égal, présenter de grandes différences de résistance, car la résistance dépend, non seulement du poids, mais aussi de la structure, de l'homogénéité, de la cohésion, etc.; mais lorsqu'il s'agit de pierres de même nature, la résistance augmente avec la densité. Les expériences ne sont pas encore assez nombreuses pour que l'on puisse donner à cette loi une forme mathématique et établir une formule exprimant la relation entre la résistance et la densité de pierres d'une catégorie donnée.

M. Gros de Perrodil indique pour les calcaires pesant :

1,500 1,700 1,900 2,100 2,250 2,350 2,450 2,600 2,650 2,700 kilog.

des résistances à l'écrasement par centimètre carré égales à :

50 100 150 200 300 400 600 1,000 1,400 1,800 kilog.

et pour les grès pesant :

1,870   1,950   2,050   2,100   2,200   2,300   2,570 kilog.

des résistances égales à :

150   200   300   400   600   700   900 kilog.

mais il ne faut considérer ces relations numériques que comme approximatives.

On remarquera seulement qu'à densité égale la résistance à l'écrasement des grès est un peu plus forte que celle des calcaires.

Remarques générales sur la résistance des diverses catégories de pierres. — Les roches *éruptives* fournissent les pierres les plus dures.

Pour les *granites*, la charge d'écrasement est d'autant plus forte que le grain est plus fin et le granite moins altéré. On sait que certains granites se désagrègent lentement par l'action de l'eau sur les feldspaths ; des granites ainsi attaqués n'offrent plus qu'une résistance réduite. M. Michelot les désigne sous le nom de *granites-pierres*, tandis qu'il réserve aux premiers la qualification de *granites-marbres*, parce qu'ils sont toujours durs, difficiles à tailler et susceptibles de poli ; ce sont les seuls que l'on emploie dans les grands travaux et les ouvrages de luxe.

Les charges d'écrasement par centimètre carré varient comme il suit :

Granite-marbre à grain fin	1,000 à 1,500 kilog.
— à gros grain	700 à 1,000 —
Granite-pierre à grain fin	600 à 900 —
— à gros grain	400 à 600 —

Nous avons cité également des *porphyres* et autres roches éruptives, sans grande importance au point de vue général des constructions, mais susceptibles de fournir des pierres de luxe ; tels sont les basaltes qui peuvent porter jusqu'à 1,900 kilog., le jaspe-brèche de Saint-Gervais qui porte 1,839 kilog. et le porphyre vert de Ternuay (Vosges) qui porte, sans se rompre, 1,363 kilog. par centimètre carré.

Parmi les *roches volcaniques*, on emploie surtout les *trachytes* du Cantal et de la Haute-Loire qui portent de 360 à 900 kilog., et les *laves* de Volvic et d'Agde qui portent de 300 à 500 kilog.

Les pierres d'un emploi général sont les grès et surtout les calcaires ; encore les grès ne jouent-ils un rôle sérieux que dans la région de l'Est.

Grès. — « Les grès, dit M. Michelot, sont loin de fournir autant de pierres de taille que les calcaires et présentent aussi de moins nombreuses variétés ; ces variétés, fondées d'une part sur la grosseur des éléments arénacés et, de l'autre, sur la nature du ciment siliceux, calcaire ou argileux qui les réunit, n'ont d'ailleurs pas une grande influence sur le poids et la résistance, qui dépendent principalement de l'abondance plus ou moins grande du ciment ou, si l'on veut, de la porosité des grès. »

On s'est donc borné à diviser les grès en : 1° grès durs, pesant 2,100 à

2,500 kilog. et portant 350 à 780 kilog., et 2° grès demi-durs ou tendres, pesant 1,900 à 2,100 kilog. et portant 80 à 300 kilog. « Un procédé très simple permet d'apprécier très facilement la *porosité* d'un grès ; il consiste à laisser tomber quelques gouttes d'eau à la surface d'une cassure fraîche ; si le grès est tendre, l'absorption est immédiate ; elle demande au moins une minute si on opère sur un grès dur. »

Pierres calcaires. — « Les pierres calcaires, dit M. Michelot, en même temps qu'elles sont les plus nombreuses, sont aussi les plus variables de poids et de force, aussi bien que de nature et de qualité ; pour se rendre compte de ces variations, on a dressé le tableau de plus de mille espèces de calcaires recueillis dans toutes les parties de la France (à l'exclusion du bassin de Paris, dont les matériaux présentent des caractères particuliers), en les rangeant dans l'ordre de leur résistance à l'écrasement, et voici les remarques générales qu'a suggérées l'examen de ce tableau.

Le poids des calcaires employés comme pierres de taille varie de 1,400 à 2,800 kilogrammes par mètre cube, et leur résistance de 20 à 1,200 kilogrammes par centimètre carré.

« Les pierres dures, qui se scient à l'eau et au grès, pèsent à très peu d'exceptions près, de 2,200 à 2,800 kilogrammes et portent de 220 à 1,200 kilogrammes ; les pierres tendres qui se scient à la scie à dents pèsent de 1,400 à 2,200 kilogrammes et portent de 20 à 220 kilogrammes.

« *Calcaires durs.* — Au point de vue de la taille et de la résistance, les pierres dures se divisent en deux classes distinctes, suivant qu'elles peuvent ou non recevoir le poli.

« Les pierres-marbres ou calcaires susceptibles de poli, figurent en tête du tableau, leur poids métrique variant en général de 2,600 à 2,800 kilogrammes, et leur force portante, de 700 à 1,200 kilogrammes ; on a même trouvé pour quelques-unes une force supérieure.

« Les plus résistants sont les calcaires très compacts, dont le grain est imperceptible ou finement cristallin, comme les marbres de la Belgique et du nord de la France, les choins de l'Ain et de la Savoie, les pierres froides de la Provence ; les matériaux de cette catégorie pèsent rarement moins de 2,700 kilogrammes et portent souvent plus de 900 kilogrammes.

« Au second rang viennent certains calcaires compacts à entroques ou suboolithiques, de la Bourgogne et de la Franche-Comté ; et quelques calcaires lacustres, tels que ceux de Château-Landon et de Gannat, et autres pierres analogues, dont la résistance varie de 700 à 900 kilogrammes et le poids de 2,600 à 2,700 kilogrammes. Ces deux catégories de matériaux sont principalement employées dans les constructions, et ne fournissent d'ordinaire que des marbres communs.

« Les marbres proprement dits, recherchés pour la décoration et la statuaire, sont ceux qui offrent la moindre résistance pour le plus grand poids ; ainsi le marbre blanc saccharoïde de Saint-Béat, qui pèse 2,741 kilogrammes, ne porte que 641 kilogrammes, et le marbre brèche de Tantavel, avec un poids de 2,668 kilogrammes, ne résiste qu'à 552 kilogrammes.

« Les pierres dures, non susceptibles de poli, sont généralement moins résistantes que les précédentes ; elles portent de 200 à 800 kilogrammes et pèsent de 2,200 à 2,600 kilogrammes.

« Dans une première catégorie, dont le poids varie de 2,400 à 2,600 kilogrammes et la résistance de 600 à 800 kilogrammes, se placent d'abord les véritables liais, calcaires très homogènes et finement grenus, propres au dallage, dont ceux de Lézinnes, près Tonnerre (Yonne), de Maninghen Pas-de-Calais) et de Chandolin (Sarthe), offrent des types ; puis les calcaires subcompacts, dont quelques-uns, comme la belle pierre blanche de l'Échaillon, près Grenoble, le calcaire lacustre de Vendôme et l'oolithe dure de Saint-Dizier, près Belfort, susceptibles de recevoir un demi-poli, forment le passage aux pierres-marbres.

« Les pierres dures, mais d'un grain moins serré, qu'on assimile aux roches du bassin de Paris et qui s'emploient également en soubassement, mais dans les constructions moins importantes, formeront une deuxième catégorie portant de 350 à 600 kilogrammes et pesant de 2,200 à 2,500 kilogrammes ; elle comprend notamment les roches grises de la Bourgogne, les bancs les plus durs de la Lorraine, du Poitou et du Bordelais, la plupart des calcaires lacustres de la Beauce.

« Dans une troisième catégorie se placent les pierres moins dures, qui, dans les bâtiments publics, s'emploient au-dessus du soubassement, et qu'on appelle bancs francs dans le bassin de Paris ; elles portent de 220 à 350 kilogrammes et pèsent le plus souvent de 2,200 à 2,300 kilogrammes ; tels sont les bancs ordinaires des carrières d'Euville et Lérouville (Meuse), de Ravières (Yonne) et de Chauvigny (Vienne), et les plus dures parmi les molasses du Midi.

« *Calcaires demi-durs et tendres.* — Les pierres tendres, comme on l'a dit plus haut, portent de 20 à 200 kilogrammes et pèsent de 1,400 à 2,200 kilogrammes. On peut les diviser assez clairement en pierres demi-dures, pour lesquelles on a encore quelquefois avantage à faire usage de la scie au grès, et qui s'emploient en élévation au premier étage, et en pierres tendres proprement dites, qu'on sciera toujours à la scie à dents et qui ne doivent servir qu'aux étages supérieurs des bâtiments.

« Les pierres demi-dures, qu'on appelle bancs royaux lorsqu'elles sont d'un grain fin, portent de 100 à 220 kilogrammes et pèsent de 1,800 à 2,200 kilogrammes ; les plus connues sont les bancs royaux de Tonnerre, de Savonnières-en-Perthois, d'Allemagne, près Caen, et des Lourdines, près Poitiers, dont les débouchés s'étendent jusqu'à Paris et au delà.

« Les pierres tendres proprement dites portent de 20 à 100 kilogrammes et pèsent, à part un très petit nombre, de 1,400 à 1,800 kilogrammes ; elles sont peut-être moins répandues en France que les pierres dures, mais leurs exploitations forment, dans nos diverses régions, bien des groupes importants dont les produits peuvent donner lieu à autant de catégories distinctes. Au Nord, les carrières de l'Oise et de l'Aisne, ouvertes dans le calcaire grossier éocène, donnent les vergelés, pierres grasses et pierres fines dont nous avons parlé plus haut. A l'Ouest, on exploite d'abord la craie tuffeau de la Touraine et des départements voisins, dont le poids est relativement très faible, puisqu'il reste généralement compris entre 1,250 et 1,400 kilogrammes pour des forces portantes de 30 à 80 kilogrammes, et, plus loin, les bancs, également crayeux mais plus tenaces et coquilliers, de la Charente, connus sous le nom de pierres d'Angoulême, qui s'exportent jusqu'à Bordeaux et en Espagne ; leur poids varie de 1,800 à 2,000 kilogrammes et leur résistance de 65 à 110 kilogrammes. Au Sud-Ouest, ce sont les calcaires grossiers de la Gironde et de la Dordogne, ceux de tous dont la résistance varie le plus, puisqu'elle descend au-dessous de 20 kilogrammes, leur poids restant au-dessus de 1,400 kilogrammes, et que les bancs les plus fermes peuvent être considérés comme pierres dures. Enfin, au Sud-Est, les molasses du bassin du Rhône, dont les plus serrées figurent en tête des pierres demi-dures, mais dont les plus employées, telles que celles de Saint-Just et Saint-Restitut, près Saint-Paul-Trois-Châteaux, restent comprises dans les limites restreintes de 60 à 90 kilogrammes pour la force portante, et de 1,600 à 1,800 kilogrammes pour le poids métrique. »

RÉSULTATS DES ESSAIS DE RÉSISTANCE A LA TRACTION

Il est rare, avons-nous dit, que les pierres travaillent à la traction, et les essais de leur résistance en ce sens sont peu nombreux. On les réserve pour les chaux, mortiers et ciments, dont la cohésion, c'est-à-dire la résistance à la traction, est très importante à considérer au point de vue de la solidité et de la durée des maçonneries.

Quelques expérimentateurs, notamment Tredgold, Coulomb et surtout Vicat, ont néanmoins recherché les tractions nécessaires pour produire la rupture de diverses pierres ; ces tractions sont bien inférieures aux efforts qui déterminent la rupture par écrasement, et il faut, en conséquence, éviter de soumettre les pierres à des efforts d'arrachement.

Le basalte d'Auvergne se rompt sous une traction de 77 kilog. par cent. carré.
Le calcaire de Portland . . . . 60 —
Le calcaire compacte . . . . 32 —
Le calcaire aréneacé . . . . 23 —
Le calcaire oolithique . . . . 14 —
La brique de bonne qualité . . . . 18 à 20 —
La roche de Bagneux, près Paris . . . . 15 —
Le vergelet, pierre tendre . . . . 7 —

DURETÉ DES PIERRES

La dureté des pierres est, dans bien des cas, lorsqu'il s'agit de dallages par exemple, aussi importante que la résistance à l'écrasement ; Rondelet a mesuré la dureté d'une pierre par l'usure qu'elle subit lorsqu'on la frotte avec du grès pendant un temps donné, ou par la profondeur du trait qu'on obtient au bout d'un certain temps avec une scie donnée. Voici quelques résultats que nous trouvons dans le cours d'architecture de M. Reynaud :

DÉSIGNATION DES MATÉRIAUX	DURETÉ comparative.	DÉSIGNATION DES MATÉRIAUX	DURETÉ comparative.
Marbre blanc veiné	1.00	Granite gris de Bretagne	8.56
Granite antique rose (syénite)	10.08	Granite gris de Normandie	7.00
Granite vert	9.70	Marbre bleu turquin	1.28
Granite feuille morte	9.30	Pierre de liais	0.88
Granite gris des Vosges	8.92		

On voit que le granite l'emporte de beaucoup sur toutes les autres pierres au point de vue de la dureté ; il donne le meilleur des dallages pour les passages soumis à une grande circulation.

Des expériences ont été effectuées, dans ces dernières années, en vue de déterminer la dureté comparative des matériaux d'entretien des chaussées d'empierrement. Un certain poids de chaque espèce de matériaux est placé dans un cylindre animé d'un mouvement de rotation autour d'un axe oblique autour de l'axe du cylindre ; au bout d'un temps donné, on pèse la quantité de poussière produite, et cette quantité est considérée comme en raison inverse de la dureté de la pierre. On trouvera le résultat de ces expériences spéciales dans une notice publiée, en 1880, par le Ministère des travaux publics.

ALTÉRABILITÉ DES PIERRES A L'AIR OU A L'EAU ; GÉLIVITÉ

Les pierres argileuses et ferrugineuses s'altèrent à l'air et à l'humidité ; elles ne doivent pas être employées dans les constructions soignées. Cependant la pierre de Caen, qui renferme un peu d'argile intimement mélangée, est durable ; les échantillons dans lesquels la proportion d'argile augmente perdent de leur valeur, comme nous le verrons plus loin.

Les pierres gypseuses ne peuvent non plus être employées à l'air ou à l'humidité puisque le sulfate de chaux est soluble.

Les pierres en général, sauf celles de la famille des granites, ne peuvent être employées aussitôt après leur extraction : *il faut qu'elles perdent leur eau de carrière*. A cet effet on les expose en plein air au soleil et au vent, pendant un temps qui varie de six à douze mois.

Pour éviter cette perte de temps et d'intérêt, on a essayé d'un séchage artificiel par des feux de charbon ou de coke ; mais ce procédé est insuffisant et n'atteint pas l'effet produit par le séchage à l'air libre.

L'expérience directe permet seule d'apprécier exactement les chances de durée d'une pierre ; l'examen à la loupe, l'essai au ciseau ne donnent que des indices.

Certaines causes chimiques influent sur la durée : ainsi le granite à feldspath alcalin est rapidement altéré par l'eau ; l'eau de mer est funeste à certains calcaires ; les pierres ferrugineuses, à moins qu'eells ne contiennent le peroxyde, se décomposent rapidement, surtout lorsqu'elles sont soumises à des alternatives de sécheresse et d'humidité, de chaleur et de froid ; les pierres magnésiennes sont très sensibles à l'action du soufre ; or la proportion d'acide sulfureux et d'acide sulfhydrique est devenue considérable dans l'air et dans le sol des grandes villes, et l'on a vu s'altérer, notamment à Londres, des monuments anciens formés de pierres magnésiennes qui résistaient depuis longtemps ; il a fallu les peindre pour arrêter la dégradation.

Mais l'agent principal de la dégradation des pierres est une cause physique, la congélation de l'eau contenue dans les pores de la pierre. Les pierres lamelleuses sont sensibles à cette cause et se délitent par feuilles ; c'est une raison de plus pour les poser avec lits de carrière horizontaux.

Dans les climats du Nord, les faces sud des édifices sont plus sensibles à la gelée que les autres parce qu'elles supportent des alternatives plus marquées de chaleur et de froid, de sécheresse et d'humidité ; il en est de même des faces ouest exposées aux vents pluvieux ; elles sont toujours plus humides que les autres et, si elles sont construites avec des matériaux médiocres ou en maçonnerie mal faite, il convient de les protéger par une couche de peinture périodique, et mieux encore par un revêtement.

Pierres gélives. — On appelle pierres gélives celles qui s'écaillent ou se délitent par l'action de la gelée. Ces pierres sont poreuses ; elles absorbent l'humidité qui se condense dans leurs pores ; l'eau confinée peut se transformer en glace s'il arrive une forte gelée ; or, l'eau augmente de 1/20 de son volume en se solidifiant, et rien ne résiste à sa force d'expansion ; la pierre est donc désagrégée, et, au dégel, elle s'écaille à la surface. M. Brard a proposé de reconnaître les pierres gélives par le procédé suivant : on prend un morceau du bloc à essayer, on le trempe dans une dissolution saturée et bouillante de sulfate de soude, et on l'y laisse séjourner assez longtemps pour que l'imbibition soit parfaite ; puis, on le place dans un courant d'air, au milieu d'une chambre à 15° ; il y a évaporation, le sel vient effleurir à la surface du morceau de pierre en petits cristaux microscopiques, dont on le débarrasse par des lavages. Si ces petits cristaux laissent un résidu dans l'eau qui a servi à les dissoudre, c'est qu'ils ont entraîné de petits fragments de la pierre et que, par suite, celle-ci a été désagrégée ; c'est donc une pierre gélive, et on peut, à la rigueur, mesurer son degré de gélivité en cherchant combien elle a perdu de son poids.

En réalité, ce procédé ne donne point de résultats certains, et c'est surtout par l'expérience directe et longtemps prolongée que l'on pourra savoir si tel ou tel banc d'une carrière fournit des pierres gélives.

M. Braun, ingénieur, a cherché dans ces dernières années à soumettre au calcul la question de gélivité, en partant du principe suivant : « Une pierre est gélive quand sa résistance à la traction est moindre que la force d'expansion de l'eau contenue dans ses pores au moment de sa transformation en glace. » Sachant qu'un kilogramme d'eau, en se congelant, développe un travail de 33,600 kilogrammètres, connaissant en outre l'élasticité, la porosité et la résistance à la traction d'une pierre, on pourrait arriver à déterminer par le calcul si cette pierre résistera ou non à la force expansive de l'eau congelée dans ses pores.

Mais les éléments du problème sont à peu près indéterminés et, en somme, comme nous le disions tout à l'heure, il faut s'en tenir à l'expérience directe.

C. — EXPLOITATION DES CARRIÈRES

Les carrières, ou *quarrières* (lieu d'où l'on extrait des pierres équarries), sont définies comme il suit par la loi du 21 avril 1810 :

« ART. 4. Les carrières renferment les ardoises, les grès, pierres à bâtir et autres, les marbres, granites, pierres à chaux, pierres à plâtre, les pouzzolanes, les trass, les basaltes, les laves, les marnes, craies, sables, pierres à fusil, argiles, kaolins, terres à foulon, terres à poteries, les substances terreuses et les cailloux de toute nature, les terres pyriteuses. »

Les *carrières* appartiennent complètement au propriétaire du sol. Lorsqu'elles sont *à ciel ouvert*, elles peuvent être exploitées sous la simple surveillance de la police et avec l'observation des lois ou règlements généraux ou locaux. Lorsqu'elles sont *souterraines*, elles sont soumises à la même surveillance administrative que les mines, principalement au point de vue de la sûreté des hommes et des choses.

Dans la plupart des départements il existe des règlements locaux pour l'exploitation des carrières. Deux décrets de 1813 ont réglé la matière pour les départements de la Seine et de Seine-et-Oise. Nous citerons comme type un décret du 20 décembre 1873 réglementant les carrières ouvertes ou à ouvrir dans le département du Nord ; on en trouvera le texte, ainsi que la législation et la jurisprudence relatives aux carrières, à l'article *Carrières* de notre *Dictionnaire administratif des Travaux publics*.

Au point de vue technique, nous diviserons l'étude des carrières en trois points :
1° Procédés en usage pour détacher et morceler les blocs ;
2° Exploitation à ciel ouvert ;
3° Exploitation souterraine.

Mais il convient tout d'abord de définir quelques termes pratiques.

Les roches éruptives, telles que les granites et les laves, se présentent en masses irrégulières, généralement profondes, que l'on exploite à ciel ouvert, sans règles fixes.

Mais la plupart des carrières sont ouvertes en vue de l'extraction des roches sédimentaires, ardoises, grès, marbres, pierres calcaires, etc., qui se présentent en *couches* ou assises, horizontales ou inclinées.

Chaque couche a une épaisseur à peu près constante dans l'étendue d'une carrière, ce qui n'arrive pas pour les filons dont l'allure est essentiellement irrégulière.

Le *toit* et le *mur* sont les plans qui séparent la couche des assises supérieure et inférieure; par extension on appelle toit l'assise supérieure elle-même et mur l'assise inférieure; la solidité du toit est très importante à considérer.

La *puissance* est l'épaisseur de la couche.

L'*affleurement* est la surface par laquelle la couche se présente au sol. Le *chef* ou la *tête* est un affleurement souterrain recouvert de terrains plus récents.

Lorsqu'on coupe une couche par un plan horizontal, la ligne que l'on obtient est la *direction*, et, lorsqu'on la coupe par un plan vertical perpendiculaire à la direction, on a l'*inclinaison*. La direction est l'horizontale du plan de la couche au point considéré et l'inclinaison est sa ligne de plus grande pente.

1° PROCÉDÉS EN USAGE POUR DÉTACHER ET MORCELER LES BLOCS

Les opérations par lesquelles on détache les blocs de la masse d'une carrière constituent l'*abattage*. Ces opérations s'effectuent encore presque partout avec des outils à main; les applications d'engins mécaniques sont peu nombreuses. Cependant il est nécessaire qu'elles se développent de plus en plus pour faire face à la concurrence étrangère, si terrible pour nos mines, et à l'élévation croissante de la main-d'œuvre. L'humanité même exige que l'on arrive à délivrer l'ouvrier mineur de certains travaux qui usent ses forces et sa santé.

Nous ne parlerons point de l'abattage des roches ébouleuses, nous avons amplement traité la question au chapitre *Terrassements*; il en est de même de l'abattage à la mine, par la poudre ou la dynamite; l'usage de la mine n'est, du reste, pas aussi répandu qu'on le croirait dans les carrières; il ne convient qu'aux carrières de moellons, de pierres à chaux ou de pierres à plâtre, parce qu'on cherche alors à se procurer des morceaux nombreux et irréguliers; dans les carrières de pierres de taille, on tient à ménager les blocs et à les obtenir aussi réguliers que possible, aussi réduit-on d'ordinaire le travail de la mine à la disjonction des grandes masses.

Pour détacher un bloc parallélipipédique d'une assise qui se présente à nous, le *front de taille* étant dégagé ainsi que le toit, on l'isole sur trois autres faces en creusant des rainures; la rainure horizontale ménagée sous le bloc s'appelle la *sous-cave*, dans les roches terreuses l'opération qui consiste à creuser cette rainure s'appelle *sous-chevage*. A droite et à gauche de la sous-cave on pratique des rainures verticales, qu'on appelle *entailles* ou *rouillures*, que l'on fait aussi étroites que possible avec la même profondeur que la sous-cave.

Celle-ci correspond évidemment aux lits de la roche, c'est-à-dire aux feuillets tendres et terreux qui séparent les assises et dont l'attaque s'effectue sans difficulté.

Ces rainures terminées, le bloc n'adhère plus à la masse que par sa

LES PIERRES 109

face postérieure et on achève la séparation, soit à l'aide de coups de mine, soit plus souvent à l'aide de coins enfoncés suivant la direction de cette face.

Parfois la roche présente des fissures naturelles et la séparation des blocs peut s'effectuer à l'aide de la pince et du levier.

Mais généralement la fissure ne préexiste pas et il faut la déterminer suivant la ligne voulue à l'aide de rainures et de coins.

L'outil principal du mineur est le *pic* (*fig.* 9), muni d'une tête plate pouvant servir de masse; on fait des pics à double pointe et à pointe amovible. Le pic au rocher pèse 1^{k}70 et coûte 1^{f}35.

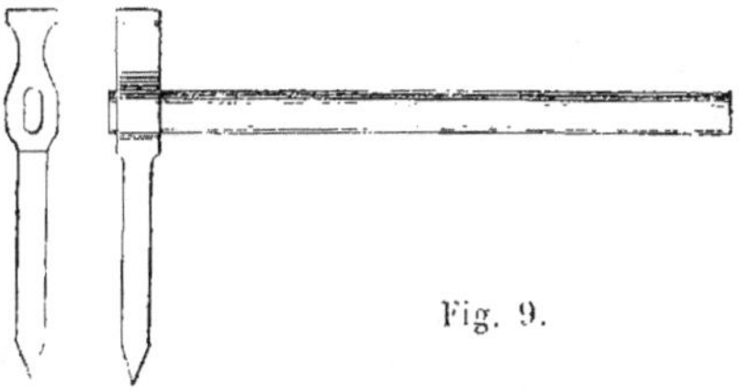

Pour creuser des sous-caves profondes, le mineur se sert de la *rivelaine* (*fig.* 10), pic à deux pointes plates; la longueur de cet outil atteint 1^{m}80.

Le *coin* ou *aiguille* (*fig.* 11) est un des outils les plus usités dans l'exploitation des carrières; ce coin est en fer aciéré, on l'enfonce à la *massette*, (*fig.* 12); les gros coins sont enfoncés à la masse.

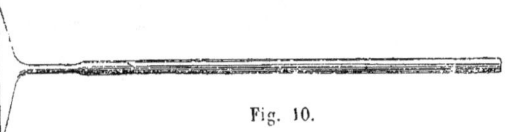

Fig. 9.

Fig. 10.

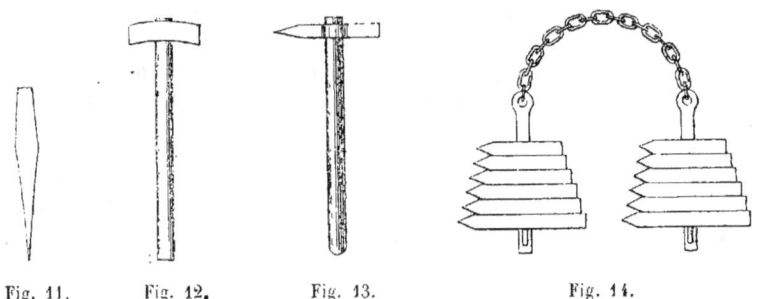

Fig. 11.   Fig. 12.   Fig. 13.   Fig. 14.

Dans les roches dures, le pic n'est pas toujours assez puissant et, pour creuser les trous destinés à recevoir les coins, on a recours à la *pointerolle*, (*fig.* 13), ciseau d'acier qui porte un œil dans lequel on engage un manche. La pointerolle s'émousse vite, et il faut la changer souvent; aussi le mineur a-t-il à sa disposition une trousse de pointerolles, (*fig.* 14).

Dans les carrières de grès et de calcaires tendres, on remplace le pic par le *mortaisoir*, (*fig.* 15), pour creuser les rainures de séparation;

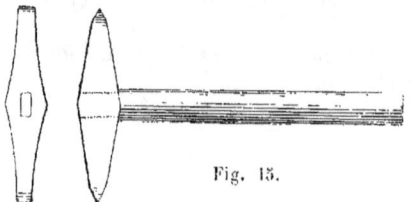

Fig. 15.

c'est un gros marteau terminé par deux tranchants et pesant 3 kilogrammes; dans les longues rainures qu'il a tracées, on enfonce des coins à coups de masse.

La refente des gros blocs s'effectue d'ordinaire à l'aide de coins engagés dans des trous creusés par la pointerolle ou le fleuret (*fig.* 16).

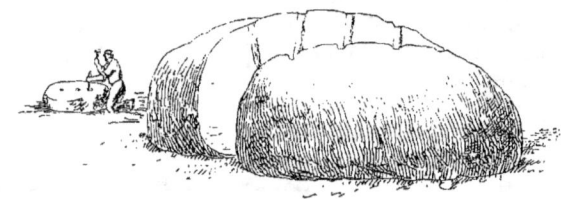

Fig. 16.

Rondelet rapporte que les colonnes de l'église Saint-Isaac, à Saint-Pétersbourg, ont été débitées dans le granit de Finlande par l'emploi combiné de la force de percussion avec un mortaisage et un forage préalables. « La rainure avait $0^m 108$ de large sur $0^m 271$ de profondeur. Les trous y étaient forés à une distance de $0^m 15$ d'axe en axe, avec un diamètre d'environ $0^m 05$ à la partie supérieure et $0^m 04$ à la partie inférieure et sur toute l'épaisseur de la masse. De forts coins en fer de $0^m 35$ à $0^m 40$ de longueur, assujettis entre des cales en fer, étaient alors placés sur toute l'étendue de la rainure, séparés seulement par quelques millimètres d'intervalle. A un signal donné, tous les ouvriers, en nombre égal au tiers du nombre des coins, frappaient à la fois. La pierre résonnait et, au bout de quelques instants, se fendait lentement d'abord; mais, arrivée au tiers de l'épaisseur, la fente parcourait, avec la rapidité d'un trait, le reste de la masse jusqu'au bas. Cette fente ne s'écarte jamais de la direction qui lui est donnée par les trous qui déterminent le plan de séparation. »

La refente des blocs de grès et de quelques autres roches s'obtient plus facilement encore; on trace à la fausse équerre le contour de la surface de séparation à obtenir, la face d'un pavé par exemple; on suit ce contour en le frappant à coups de marteau, ce qui prépare la séparation, puis quelques coups secs de marteau donnés sur la partie à détacher déterminent la séparation.

Coins perfectionnés. — Le frottement des coins ordinaires sur la pierre est considérable et il y a presque toujours une certaine pénétration, un broyage latéral qui diminuent l'effet utile. On s'oppose à cette déperdition en interposant entre le coin et les faces de la rainure des fers plats ou des feuilles de tôle dont la présence a pour effet de diminuer le frottement qui s'oppose à la pénétration du coin et d'empêcher la désagrégation de la pierre en répartissant la pression d'une manière uniforme.

Ce système a été perfectionné dans l'*aiguille-coin* ou *aiguille infernale*; elle se compose de deux fers demi-ronds placés l'un contre l'autre par leur face plane et enfoncés avec un certain jeu dans un trou de fleuret. Entre les deux fers on fait entrer un *plat-coin*, un peu moins large qu'eux, et on l'enfonce à coups de masse; il en résulte un effort très énergique qui arrive à produire la séparation.

« On dispose également ces aiguilles en sens contraire, en introduisant le coin dans le trou la tête la première et l'attirant vers l'ouverture, au moyen d'une vis puissante, à laquelle il est relié et qui prend son point d'appui sur l'orifice du trou. Plusieurs dispositifs ont été combinés dans ce sens. La figure 17 représente celui de M. Levet. » (Haton de la Goupillière, *Cours d'exploitation des mines*.)

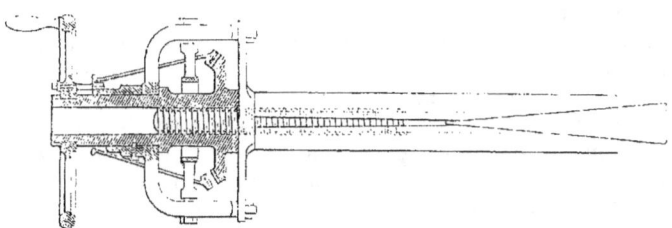

Fig. 17.

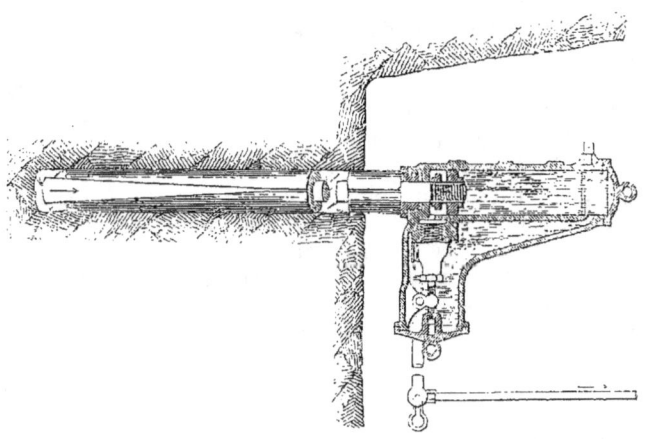

Fig. 18.

M. Levet a même perfectionné et augmenté la puissance de cet appareil en ayant recours, non plus à une vis, mais à la pression de l'eau agissant sur un piston pour tirer le coin central de l'aiguille. « On injecte sur la face interne du piston, avec une petite pompe de compression, de l'eau que l'on prend sur l'autre face et qui rentre par un conduit oblique dans la région où puise la pompe. La tige du piston qui tire le coin est guidée par le fond du corps de pompe qu'elle traverse dans un cuir embouti. En cas d'insuccès on n'a qu'à frapper sur la tige du piston après avoir soulagé la pression ; l'aiguille rentre en dedans et l'on peut retirer le système. Le petit modèle de cet appareil arrive à développer un effort de trente tonnes. »

Machine à mortaiser ou à trancher. — Des essais nombreux ont été faits dans les mines pour substituer les machines au travail du pic et de la rivelaine manœuvrés à la main ; nous citerons les haveuses et les perforateurs de diverses natures que nous avons décrits au tome I du présent ouvrage.

Ces procédés mécaniques sont encore fort peu répandus dans les carrières, même les plus importantes. Cependant, quelques essais ont été tentés ; il est désirable que les exploitants les poursuivent et ne se découragent pas en présence des tâtonnements inévitables qu'entraîne un perfectionnement de ce genre.

Nous citerons la *machine à trancher*, que représente les figures 1 à 3, planche 6. Les renseignements y relatifs nous ont été fournis par M. Jacquin, ingénieur de MM. Civet et Ce.

Cette machine sert à faire des tranchées verticales de 0^m05 de largeur sur 4 à 5 mètres de hauteur et sur une longueur quelconque. Le châssis qui porte la machine et sur lequel elle circule a 6 mètres de longueur ; c'est donc par sections de 6 mètres que l'on opère. Le châssis se compose de deux fers à plancher B, parallèles et convenablement entretoisés.

L'outil est un fleuret à dents F, dont l'extrémité est plus épaisse que le corps, afin qu'il ne se produise pas de coincement dans la tranchée. Ce fleuret est fixé au porte-outil D, guidé verticalement par deux montants et relié à la tige verticale du piston du cylindre à vapeur A.

La vapeur arrive par le tuyau C et par le tiroir I et la mise en marche est obtenue à l'aide de la manette *m*.

La manivelle M, commandant la vis V par l'intermédiaire de l'engrenage E, règle la hauteur du cylindre, et par conséquent la pénétration de l'outil. Un piston, solidaire du piston à vapeur, comprime de l'air à la fin de la descente et empêche les chocs violents.

Le mouvement de translation de l'appareil est automatique : chaque oscillation verticale de l'outil fait avancer d'un cran la roue *a*, et, par les roues *b* et *c*, le mouvement est transmis à la roue hélicoïdale *d*, qui engrène avec la crémaillère horizontale *f* fixée au bâti.

La vapeur est fournie par une chaudière verticale de la puissance de 4 chevaux.

Dans la pierre d'Euville, cette machine produit 5 à 6 mètres superficiels de tranchée par jour de travail.

Abatage par l'eau. — Aux États-Unis et en Russie on a, paraît-il, exploité du granite en remplissant d'eau une file de trous de mine, que l'on bouchait ensuite avec des tampons de bois ; la congélation de l'eau pendant la nuit faisait éclater des blocs.

Un procédé, peut-être plus pratique, consiste à creuser une rainure dans la masse et à y loger des coins de bois sec que l'on humecte d'eau ensuite ; le gonflement du bois développe une poussée considérable qui fait éclater la masse.

2° EXPLOITATION A CIEL OUVERT

Lorsque la couche à exploiter se rencontre à une faible profondeur sous le sol, il y a avantage à l'exploiter à ciel ouvert, après avoir enlevé au préalable les terres superposées, ce qu'on appelle le *découvert*.

Beaucoup de carrières sont exploitées à ciel ouvert, car le peu de valeur de la matière ne permet pas d'aller la chercher bien profondément.

Les avantages de ce genre d'exploitation sont évidents ; le front de taille divisé en gradins peut s'étendre à volonté, l'accès et les transports sont faciles, l'éclairage est inutile, toute la matière est enlevée sans qu'il soit besoin d'en sacrifier une part pour les piliers des cloisons de soutènement, les ouvriers travaillent dans de meilleures conditions hygiéniques.

Mais le système offre aussi ses inconvénients ; la superficie est bouleversée et enlevée à la culture et il faut acheter le fonds et le tréfonds ; de plus, il faut, pour enlever le découvert, procéder à des terrassements dont la dépense peut arriver à dépasser le supplément de frais qu'exigerait l'exploitation souterraine. Il y a donc, dans chaque cas, à procéder à une étude économique comparative ; si l'exploitation à ciel ouvert doit réaliser, par rapport à l'exploitation souterraine, une économie de 3 fr. par mètre cube extrait et que la puissance de la couche soit de 3 mètres, que, de plus, le mètre cube de découvert coûte 0 fr. 75, l'exploitation à ciel ouvert cessera d'être économique à partir d'une profondeur de 12 mètres.

Ayant étudié sérieusement les allures, la direction et l'inclinaison de la masse à exploiter, on déterminera le point d'attaque de manière à donner au front de taille la plus large étendue possible ; la fouille sera descendue tout d'abord jusqu'au mur, ou jusqu'à la plus grande profondeur qu'on se propose d'atteindre, afin de n'avoir jamais à revenir sur les parties déjà fouillées et de pouvoir y déposer soit les produits du découvert, soit les déchets de la carrière.

Enfin, comme il importe d'éviter autant que possible les frais accessoires, notamment les frais d'épuisement, on s'efforcera de commencer l'attaque par le point le plus bas, afin de laisser aux eaux un écoulement naturel. Sinon, il faudrait les réunir dans un puisard et les extraire mécaniquement.

Toutes les précautions doivent être prises pour éloigner de la carrière les eaux du voisinage; à cet effet, on ménage au pourtour un fossé extérieur avec cavalier intérieur; cette ceinture protectrice est, du reste, nécessaire pour la sécurité.

Les talus des fouilles doivent être assez doux pour n'offrir aucun danger d'éboulement; souvent le découvert peut être taillé à 45 degrés, mais il exige parfois une inclinaison plus rapprochée de l'horizon; ces talus sont coupés par des banquettes destinées à faciliter la circulation et à retenir les eaux pluviales.

La roche elle-même peut être en général coupée presque verticalement; le front de taille est disposé en gradins qui se suivent à distance; les faces latérales restent à peu près verticales, on se contente de ménager une banquette à chaque assise.

Il convient en cette matière de relever avec soin la direction des couches, afin de s'assurer qu'il n'y a pas d'assises poussant au vide; nous avons montré l'importance de cette précaution en traitant de l'ouverture des tranchées en rocher : si les assises tendent à glisser vers le talus, il faut tenir celui-ci beaucoup plus doux que lorsque les assises sont inclinées vers la masse.

Exemples. — 1° Callon donne l'exemple de l'exploitation d'une

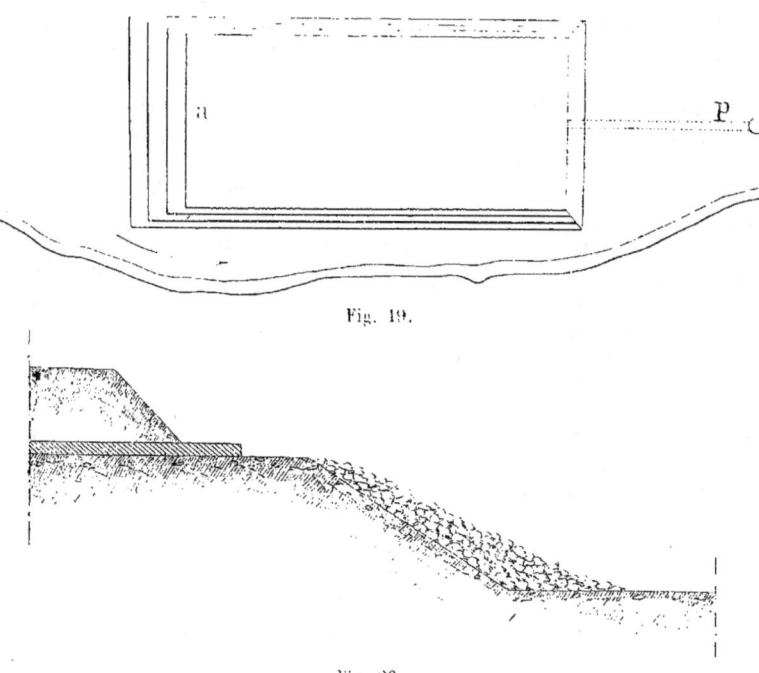

Fig. 19.

Fig. 20.

couche d'alluvion au fond d'une vallée (*fig.* 19). On commence par détourner le cours d'eau; puis on attaque la couche au point le plus bas et on l'exploite par gradins *a* remontant la vallée; quelques banquettes sont ménagées sur les faces latérales pour la circulation et pour recueillir les eaux. Le découvert est amené en arrière sur les parties fouillées et dans le remblai qu'il forme on construit un aqueduc, qui s'allonge avec le remblai, recueille les eaux et les conduit à un puisard *p* d'où on les extrait, à moins qu'elles ne puissent par une rigole se rendre directement à la rivière.

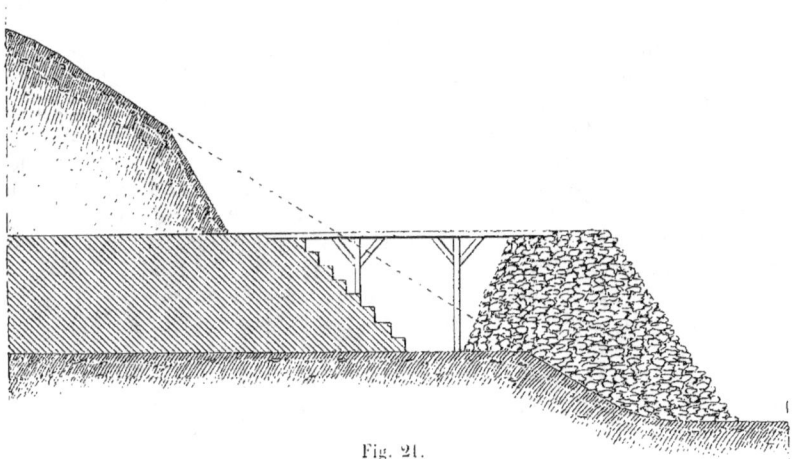

Fig. 21.

2° Souvent les affleurements se présentent à flanc de coteau et l'exploitation est alors des plus faciles; les déblais sont rejetés à flanc de coteau en avant de la masse que l'on dégage progressivement.

3° Si la hauteur fait défaut, les déblais s'accumulent en cavaliers du côté de la vallée; l'espace compris entre la masse et le cavalier est réservé pour l'exploitation; des ponts et passerelles en bois sont jetés entre le découvert et le cavalier au-dessus des gradins de la masse et servent au transport des déblais.

Les petits chemins de fer portatifs, si répandus aujourd'hui, donnent pour ce travail de grandes facilités.

A mesure qu'on avance, la hauteur du recouvrement augmente; par mesure de sécurité, le pied du talus du découvert est toujours maintenu en avant du premier gradin à une distance au moins égale à la hauteur de ce talus.

Il arrive un moment où les frais de découvert seraient excessifs et où l'on passe de l'exploitation à ciel ouvert à l'exploitation souterraine. D'après Callon, la hauteur limite du découvert peut atteindre 12 ou 15 mètres pour une épaisseur de grès à pavés de 1^m30 à 1^m50, parce que la matière exploitée a une valeur assez élevée; mais, pour les plâtrières, la limite est beaucoup moindre et il faut commencer plus tôt l'exploitation souterraine.

La figure 2, planche 7, tirée de l'ancienne publication Sganzin-

Lalanne, représente le premier mode d'exploitation de la *carrière de grès de Marcoussis* (Seine-et-Oise) qui fournissait un fort contingent au pavé de Paris à l'époque où, en l'absence de chemins de fer, on ne pouvait économiquement aller chercher au loin les matériaux de construction. Le découvert se fait sur la droite et le déblai est transporté par brouettes et passerelles volantes au delà du front de taille vers la gauche. On voit au milieu le front de taille et ses gradins; de gros blocs de grès ont été détachés au coin et à la masse et des ouvriers s'occupent à les morceler.

On reconnaît à première vue combien cette installation est défectueuse et coûteuse; aussi les ingénieurs de la Ville de Paris l'avaient-ils transformée, ainsi que l'indique la figure 3, même planche; cette figure est une vue de la carrière prise en sens inverse de la précédente : le découvert est à gauche et le remblai à droite; une grande grue à vapeur se meut parallèlement au front de taille et au-dessus de lui, elle roule sur deux rails; la machine à vapeur actionne un mouton qui sert à enfoncer les coins destinés à détacher les grands blocs; ce mécanisme, qui se montre au milieu de la figure, délivrait l'ouvrier de sa tâche la plus pénible et la plus dangereuse; le travail à la main se trouvait réduit au débitage des blocs. Le transport des déblais du découvert s'effectuait mécaniquement par une toile sans fin allant déverser ces déblais au delà du front de taille; des wagonnets tirés par des câbles élevaient et emmenaient hors de la carrière les pavés fabriqués.

La disposition que nous venons de décrire est encore susceptible de recevoir des applications utiles.

4° *Exploitation mixte.* — Presque toujours l'exploitation à ciel ouvert n'a qu'un temps, soit que l'on se trouve à flanc de coteau, soit que l'on

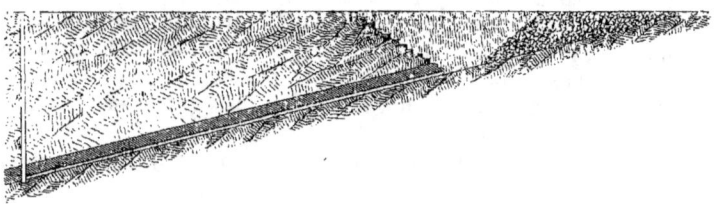

Fig. 22.

s'attaque en plaine à une couche plongeante, et elle se continue par l'exploitation souterraine, comme l'indique la figure 22. On attaque un large front à ciel ouvert, puis on le prolonge par des galeries inclinées; un puisard unique reçoit les eaux et sert pour l'épuisement de la carrière, s'il y a lieu. Les déblais du découvert sont conservés, car ils peuvent être avantageusement utilisés plus tard pour les travaux de consolidation intérieure.

5° *Ardoisières d'Angers.* — Les bancs de schiste viennent affleurer au jour avec une inclinaison de 75 à 80 degrés et plongent vers le nord;

l'ardoise n'est exploitable qu'à partir de 20 à 25 mètres de profondeur et on est descendu jusqu'à 100 mètres et plus.

Les détails d'une exploitation de ce genre sont très intéressants et nous avons jugé utile de les reproduire en les empruntant à Callon :

« Pour ouvrir une carrière de cette nature, on commence par déblayer la terre végétale et les argiles plus ou moins altérées voisines de la surface. Arrivé au rocher intact on l'attaque par une série de *foncées* successives de 3 mètres à 3ᵐ30 de hauteur, de manière à créer une excavation de forme rectangulaire qui s'approfondit successivement. Les parois de l'excavation perpendiculaires à la direction sont distantes de 60 à 70 mètres et coupées verticalement avec quelques rares gradins droits. On les désigne d'après leur position sous le nom de *chef du levant* et de *chef du couchant*.

« Sur le chef qui paraît le plus solide et qui est généralement celui du couchant, on établit des charpentes destinées à supporter un châssis à molettes, et en arrière de ce châssis on installe un manège, ou plutôt une machine à vapeur pour l'extraction, sur un remblai de quelques mètres ; cet ensemble est représenté par la figure 23.

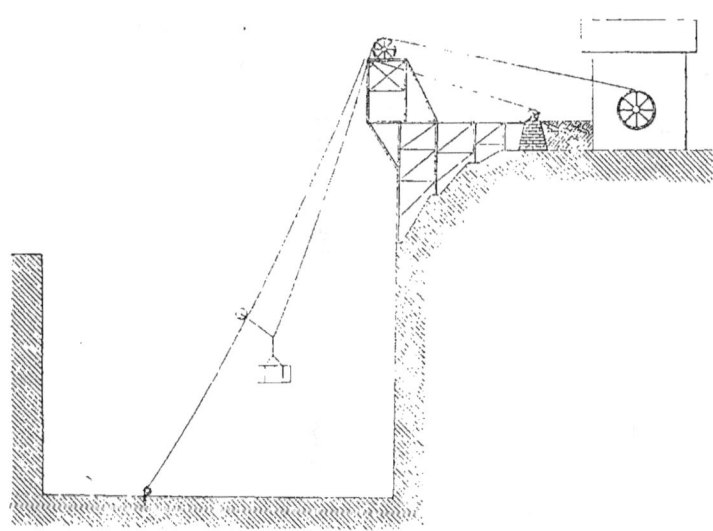

Fig. 23.

« Le vase d'extraction, ou *bassicot*, que manœuvre cette machine, n'a pas un mouvement vertical, mais un mouvement oblique, une sorte de vol, dans lequel il est guidé par des câbles ou billons, disposés de manière que le bassicot vienne de lui-même se déposer en un point donné quelconque du fond de l'excavation. L'objet qu'on se propose est de faciliter l'enlèvement en gros blocs dont l'élaboration se fait à la surface, mais qu'il ne serait pas facile de déplacer au fond de la carrière, pour aller les charger dans le bassicot, si celui-ci descendait toujours au même point du fond.

« La solution trouvée dans les carrières d'Angers est très ingénieuse et très pratique.

« Elle comporte deux dispositions différentes, que l'on désigne sous le nom des *billons de conduite* et des *billons de rappel*.

« Le billon de conduite est un câble lié au chevalement de l'appareil d'extraction, et dont le point d'attache au fond de la carrière peut être déplacé à volonté. Sur ce billon roule une poulie reliée au câble d'extraction par une courte chaîne.

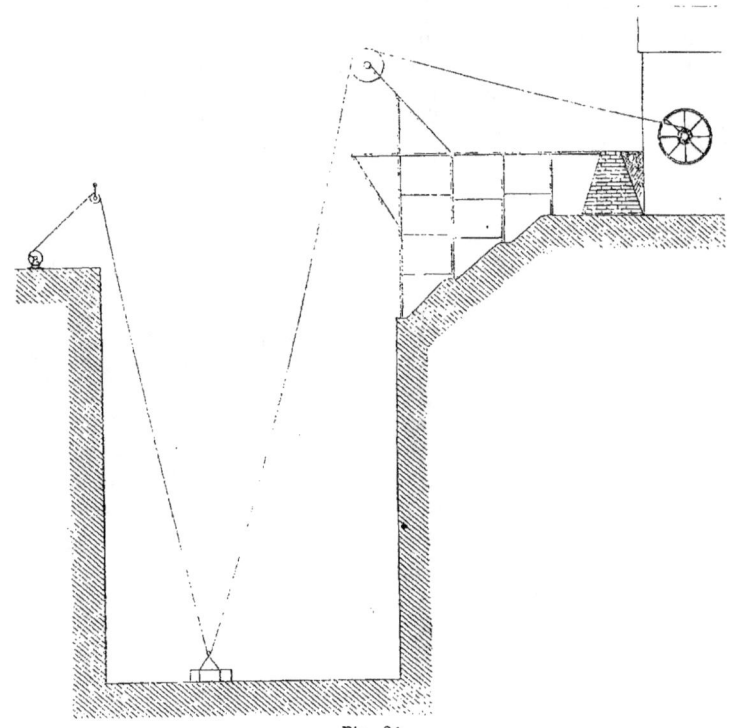

Fig. 24.

« Le billon se prolonge d'ailleurs au delà du chevalement jusqu'à un treuil, sur lequel on l'enroule ou on le déroule, de manière à lui donner le degré de tension convenable, quelle que soit la position actuelle de son point d'attache au fond de la carrière.

« Le billon de rappel, qui évite l'établissement assez incommode de nombreux points d'attache fixes au fond de la carrière, consiste en un câble établi sur le chef opposé à celui de la machine d'extraction, et dont on peut varier le *point d'attache* le long d'un gros câble parallèle au chef de la carrière, et la *longueur* au moyen d'un treuil. Il est lié par son bout libre à l'extrémité du câble d'extraction.

« Par cette combinaison, on comprend que le bassicot tend à être, à chaque instant, dans un plan vertical passant par le câble d'extraction et par le billon de rappel, et qu'il arrive au point d'intersection du fond de la carrière avec un arc de cercle décrit dans ce plan vertical, dont le centre est le point d'attache supérieur et le rayon est la longueur du billon. Il peut être intéressant de noter ici que ces dispositions ingénieuses sont précisément celles qui sont employées dans certaines ardoisières de l'Angleterre, et qu'ainsi les mêmes besoins ont conduit dans les deux pays à imaginer les mêmes moyens.

« Les faces nord et sud de l'excavation sont établies, celle du sud suivant la stratification, celle du nord suivant une série de grands gradins droits, dont les faces sont d'abord suivant l'inclinaison du gîte, et qui sont ensuite redressées verticalement lorsqu'on arrive à la limite nord du terrain dont on dispose.

« Le travail d'approfondissement se fait, avons-nous dit, par un fonçage de 3^m30 de hauteur, qui n'est autre chose qu'une sorte de rigole de 1 mètre de largeur, faite au pic et à la poudre sur toute la longueur en direction comprise entre les deux chefs. Ensuite l'abattage de la foncée se fait en élargissant à droite et à gauche. Les blocs que l'on détache ont 8 à 10 mètres de longueur, 3^m30 de hauteur et 1 mètre d'épaisseur.

« Il convient de les obtenir aussi volumineux et aussi peu fissurés que possible. A cet effet, un bloc est d'abord détaché par les deux bouts au moyen d'une tranchée verticale, ou entaille, plus ou moins profonde, faite au pic sur toute la hauteur de ce bloc.

« Le travail achevé, on cherche à produire au pied du bloc, dans le sens horizontal, un plan de séparation, au moyen de petits coups de mine horizontaux; puis on fait d'autres petits coups de mine suivant un plan de clivage, pour commencer à séparer du reste du banc le bloc à abattre. Ensuite, dans la fissure ainsi produite, on place une série de 15 ou 20 coins en fer, ou *quilles*, sur lesquels autant d'ouvriers frappent en cadence pendant plusieurs heures consécutives.

« Il ne reste plus alors qu'à renverser le bloc au moyen de leviers diversement combinés; puis, après ce renversement, à le débiter sur place, dans le sens de la longueur et dans le sens de la fissilité, en morceaux d'une dimension telle que trois ou quatre hommes puissent les manier sans trop de difficulté. C'est dans cet état qu'ils sont élevés au jour, où ils reçoivent le reste de leur élaboration, qui les divise en ardoises ayant les diverses dimensions et épaisseurs adoptées dans le commerce.

« L'exploitation se poursuit ainsi, allant sans cesse en s'approfondissant, et elle se termine, soit lorsque les parois fatiguées par les infiltrations d'eau, ou atteintes par l'influence des agents atmosphériques, cessent de présenter une solidité suffisante, soit lorsque la convergence générale des parois du sud et du nord rend le fond de la carrière trop étroit pour que l'exploitation cesse d'en être profitable. On a été ainsi, dans quelques ardoisières d'Angers, jusqu'à près de 150 mètres de profondeur : ce qui dépasse probablement les profondeurs atteintes dans toute autre localité par des travaux du même genre. Il est bon de remarquer qu'en vue de réduire la dépense assez considérable qu'entraîne l'ouverture d'une semblable carrière, par suite du déblai à faire à la surface, on peut se proposer d'exploiter souterrainement. On aura alors la même disposition de chantier qu'avec une carrière à ciel ouvert, sauf que l'excavation sera recouverte par une voûte plus ou moins surbaissée ayant un peu plus que l'épaisseur des terrains stériles. »

C'est ce qui a été fait aux *ardoisières de Trélazé* (Maine-et-Loire). La couche schisteuse y est inclinée de 65° sur l'horizon, mais le plan de clivage est à peu près vertical. On va l'atteindre au moyen de puits de 3 mètres sur 5 mètres, au-dessous desquels on trouve d'immenses chambres de 35 à 50 mètres de largeur en plan, avec une hauteur allant jusqu'à 100 mètres. Ce sont des carrières sous voûte.

Exploitation de la carrière de Saint-Waast. — La carrière de Saint-Waast, près Creil (Oise), exploitée par MM. Civet et Cie, ouverte dans le calcaire grossier moyen, donne le *banc-royal* et le *Vergelé*. Ce sont des calcaires tendres, blancs, jaunâtres, maigres, résultant de l'agrégation d'un sable calcaire formé en grande partie de miliolithes ; ils se taillent bien et se scient à la scie à dents. Le vergelé, plus employé et moins cher que le banc-royal, est d'un grain moins fin et d'un ton moins régulier. Ces pierres tendres, qui se travaillent facilement et se sculptent, sont également durables, pourvu qu'elles ne soient pas en contact avec le sol. Le banc-royal pèse 1,550 à 1,650 kilogrammes le mètre cube et se rompt sous une pression de 60 à 80 kilogrammes par centimètre carré ; le vergelé pèse de 1,500 à 1,650 kilogrammes et se rompt sous une pression de 50 à 70 kilogrammes.

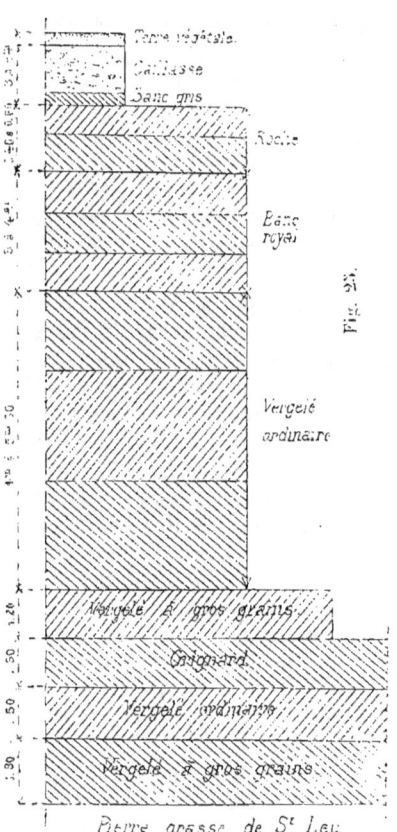

Fig. 25.

La coupe verticale d'une carrière de Saint-Waast montre que les découverts ont 3 à 9 mètres de hauteur, et la masse 10 à 12 mètres ; elle est divisée en bancs de 0^{m}80 à 1^{m}80 de hauteur. Sous le découvert, qu'on enlève à la pioche ou par abattage au moyen de sous-caves, opération assez dangereuse, on trouve la *roche*, banc de 0^{m}40 à 0^{m}60 de hauteur, qui fournit des moellons ou des blocs de petit appareil irrégulier; au-dessous, deux ou trois assises de banc-royal ayant chacune 1 à 2 mètres de hauteur; puis les bancs de vergelé fin et ordinaire qui prennent 3 à 6 mètres de la hauteur; ces bancs comprennent parfois entre eux un banc royal blanc d'une grande finesse. Les bancs supérieurs de vergelé reposent ordinairement sur un banc grossier appelé *grignard*, qui recouvre d'autres vergelés à plus gros grain et des pierres grasses analogues à la pierre de Saint-Leu.

Un chantier d'extraction est limité par deux *filières* perpendiculaires au front; on attaque d'abord l'assise supérieure près d'une filière, et le bloc qu'on détache le premier est le bloc de *déferme*. Avec des *lances* ou pinces en fer de 2 à 4 mètres de longueur et de 0^{m}03 de diamètre on creuse la *tranche de derrière*, à 1^{m}40 de largeur, puis une tranche perpendiculaire; le bloc ne doit pas cuber plus de 4 mètres.

Le bloc étant isolé sur ses quatre faces verticales, il faut le détacher de son lit de carrière; suivant que l'adhérence est faible ou accusée, c'est-à-dire suivant que le *délit* est ou n'est pas franc, on procède différemment :

1° Si le délit est franc, on engage des bois dans la tranche d'arrière, et sur ces bois on fait agir la tête de deux crics ou *levrettes*, dont le pied prend son point d'appui sur une chaîne appelée *ramailleur*, agrafée par ses deux bouts au bord postérieur de la tranche. Les bois ont pour but d'empêcher les épaufrures de la pierre. Quand les crics ne suffisent pas, on engage dans la tranche des pinces ou barres de fer verticales, sur le sommet desquelles on agit par traction sur une chaîne. Le bloc une fois soulevé, on le renverse et il tombe au bas du chantier; quelques moellons suffisent pour amortir le choc.

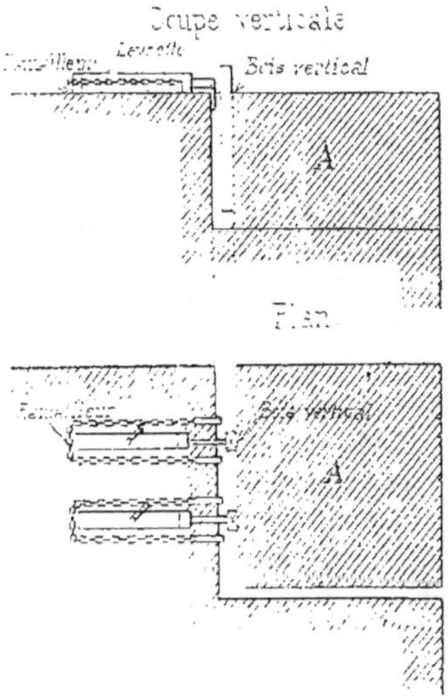

2° Quand le délit n'est pas franc, il faut exécuter une rainure horizontale qu'on appelle *sous-main*, et on engage dans cette rainure des coins compris entre des lames de tôle; de la sorte on peut *moyer* le bloc, c'est-à-dire le soulever légèrement. Les ouvriers s'échafaudent sur des pinces en fer enfoncées dans les délits du front d'attaque, c'est-à-dire du *heurt*.

Fig. 26.

Il est bon d'exploiter tout d'abord tous les blocs du premier banc, afin de reconnaître la direction des filières secondaires appelées *poils* ou *couches*.

Pour extraire la dernière bande, accolée au heurt du chantier suivant, le cric ne prend plus son point d'appui sur une chaîne mais sur le nouveau heurt lui-même et il agit, pour renverser le bloc, soit par la tête, soit par le talon.

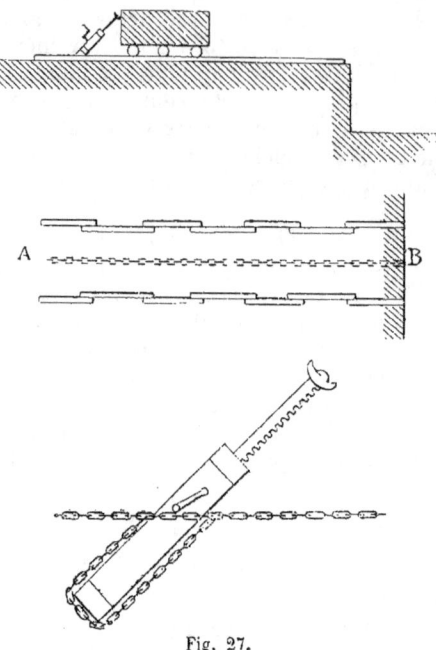

Fig. 27.

Les blocs sont poussés jusqu'au chopin, ou banquette de 1^m50 de hauteur que viennent accoster les chariots. Le transport jusque-là se fait sur des roules, ou rouleaux en bois, parcourant un chemin de madriers. Une chaîne AB règne entre les deux rails en bois; à cette chaîne s'accrochent les extrémités d'un ramailleur sur lequel le cric destiné à pousser le bloc prend son point d'appui. On procède ainsi par poussées successives.

Exploitation de la roche d'Euville. — La roche d'Euville, étage corallien du terrain jurassique, se présente en masse de 16 à 20 mètres de hauteur, avec assises peu accusées de 0^m40 à 5 mètres de hauteur, surmontées d'un découvert rocailleux de plus de 12 mètres de hauteur qui s'exploite à la mine; elle repose sur une roche fissurée, demi-dure.

C'est un calcaire à entroques blanchâtre, miroitant, dur, d'apparence cristalline, non gélif, qui se débite en toutes dimensions, ne se laisse pas imbiber par l'eau et convient pour toutes les constructions exposées à l'humidité. Son poids est de 2,300 à 2,350 kilogrammes le mètre cube, et sa résistance à l'écrasement 300 à 350 kilogrammes par centimètre carré. Il se coupe à la scie à lame; lorsque son grain est très fin, c'est une pierre de marbrerie.

L'exploitation se fait à ciel ouvert sur un front de 500 mètres d'étendue, et l'excavation descend à 35 ou 40 mètres sous le sol.

La masse est divisée en grands prismes de 15 à 30 mètres de côté par des failles ou fissures verticales appelées *routes*. Pour débiter un de ces prismes, on reconnaît le lit de son assise supérieure, et, dans ce lit, on enfonce des coins en fer compris entre deux coins en bois ou *paumelles* et espacés de 0^m15 à 0^m20. L'assise une fois soulevée, on fait apparaître les faces verticales du bloc à détacher en exécutant, à l'aplomb de ces faces, des *passées* dans lesquelles on enfonce des coins. Le bloc a de 5 à 10 mètres cubes; on le déplace de son alvéole à l'aide de pesées exécutées sur de longues et lourdes pinces en fer que l'on engage dans le lit et dans les rainures; on engage sous le bloc des boulets en fonte de 0^m10 à 0^m15 de diamètre, puis on détermine le mouvement de progression à l'aide de crics prenant leur point d'appui sur le reste de la masse.

Pour les gros blocs le déplacement initial s'obtient en substituant aux pinces des vérins.

C'est à ces carrières que la Société Civet a fait l'application de la trancheuse à vapeur représentée sur la planche 6.

3° EXPLOITATION SOUTERRAINE

L'exploitation à ciel ouvert se transforme souvent, avons-nous dit, en exploitation souterraine. Cette dernière s'impose lorsque les couches se présentent à la base ou sur les flancs d'un coteau élevé, ou lorsque les couches exploitées en pays plat sont plongeantes ou trop profondes. Les carrières du bassin de Paris sont, en général, souterraines.

Carrières de basse masse des environs de Paris. — Les carrières de *basse masse* sont celles dans lesquelles la hauteur d'assise à exploiter est inférieure à la hauteur nécessaire pour la voie de roulage.

On creuse les marnes qui supportent la couche, c'est-à-dire qui forment le mur, sur une profondeur de 2 mètres, en réservant quelques supports de place en place. La couche est donc dégagée par sa face inférieure; on y creuse des rouillures verticales, puis, avec des coins enfoncés dans les délits, on détache et on fait tomber les blocs.

On avance ainsi par tailles ou *volées*, qui ont 15 à 20 mètres de front et qui forment, en plan, retraite les unes sur les autres.

Il va sans dire que le toit s'effondrerait si, au fur et à mesure de l'avancement, on ne remblayait en arrière de la taille; le remblai s'exécute avec les marnes du sous-chevage et avec les déchets de la couche; on forme ainsi des *hagues* (haies) ou *bourrages*, et avec les pierres on élève même des *piliers à bras*, que l'on place le long des galeries ou *rues* que l'on conserve pour la desserte.

Carrières de haute masse. — Dans les carrières de haute masse l'épaisseur de la couche est supérieure à celle qu'exigent les voies de roulage; celles-ci sont donc établies sur le mur même de la couche, et celle-ci est exploitée par la *méthode des piliers tournés*.

On appelle piliers tournés ceux qui sont ménagés dans la masse même et qui soutiennent le toit sans qu'il soit nécessaire de recourir à un remblai. Ces piliers font perdre une partie de la matière d'autant plus considérable que les dimensions des piliers sont plus fortes par rapport à celles des galeries.

On augmente celles-ci et on réduit celles-là le plus possible ¡eu égard aux allures¦ et à la résistance de la roche.

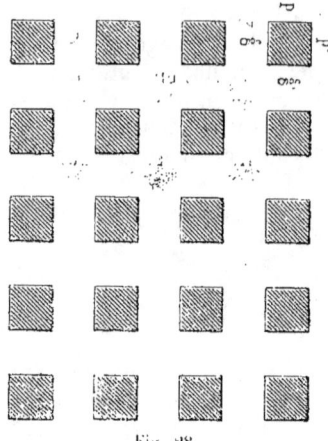

Fig. 28.

Quand les dimensions des piliers et des galeries sont égales dans les deux sens rectangulaires, la perte est d'un quart. Elle tombe à 1/9 si les dimensions des galeries sont doubles de celles des piliers.

Quand les piliers sont en ligne, séparés par des galeries continues, on a la disposition en *quinconce;* quand le vide d'une pile transversale correspond au plein de l'autre, on a la disposition en *damier.*

Cette dernière est plus favorable à la sécurité quand la masse présente des *fils* ou des *filières;* le toit est beaucoup mieux soutenu. La filière est une longue cassure, remplie de matière terreuse, peu apparente, d'une orientation à peu près constante dans une carrière donnée. On cherche à pousser les galeries à peu près perpendiculairement aux filières.

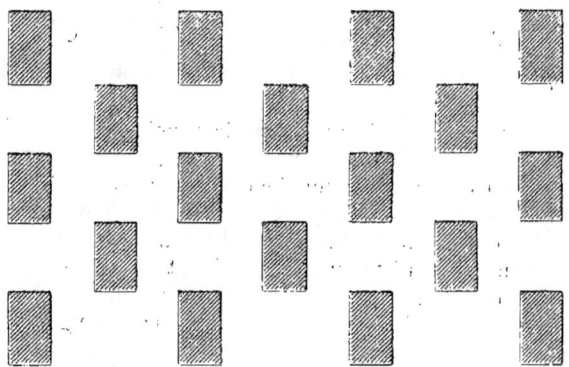

Fig. 29.

Carrières à plâtre du bassin de Paris. — Elles sont exploitées par le système des piliers tournés; la masse gypseuse offre parfois une hauteur de 16 à 20 mètres. Les piliers se profilent en encorbellement à la partie haute de manière à former voûte. Ils ont 3 mètres de côté à la base et sont tournés par des chantiers de 5 mètres. On réserve dans la masse un toit de 1 mètre d'épaisseur pour soutenir la marne verte superposée et un mur un peu plus épais pour relier les piliers.

Les galeries sont attaquées à la partie haute et exploitées par gradins.

La perte de matière est à peu près d'un quart, mais elle n'exige pas de remblais et ménage la superficie du sol dont la valeur est parfois très élevée.

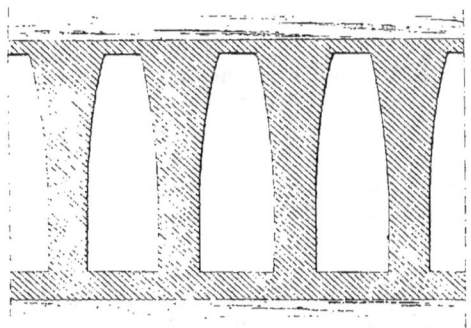

Fig. 30.

Carrières à craie de Meudon. — Quand la hauteur de la masse est considérable, comme c'est le cas pour la craie de Meudon, on l'exploite en plusieurs étages. Chaque étage est exploité par galeries et piliers tournés; les tranches horizontales séparant les étages s'appellent *estaux*.

C'est la méthode par *piliers et estaux*.

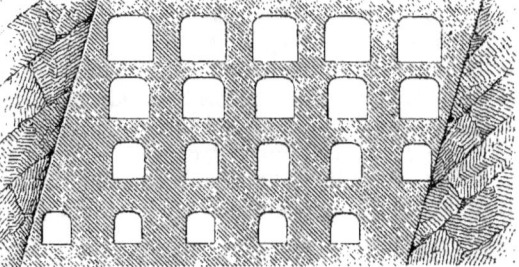

Fig. 31.

Il faut: 1° que les piliers se correspondent verticalement d'un étage à l'autre; 2° que la résistance à l'écrasement croisse avec la profondeur de l'étage; l'épaisseur des étaux et celle des piliers doit donc croître à mesure que l'on descend.

Dans la craie de Meudon on adopte les dimensions suivantes :

1er étage, galerie, 6 mèt. sur 6 mèt.; piliers, 4 mèt sur 4 mèt.; estau, 3 mèt.
2e étage, galerie, 5 mèt. sur 5 mèt.; piliers, 5 mèt sur 5 mèt.; estau, 4 mèt.
3e étage, galerie, 4 mèt. sur 4 mèt.; piliers, 6 mèt. sur 6 mèt.

L'abattage de la craie est très facile, mais dangereux, et on adopte pour les voûtes la forme d'un plein cintre, à moins que la présence d'un banc de silex ne donne de la consistance au toit supérieur.

Ancienne carrière à Arcueil, près Paris. — Les figures 4 et 5, planche 7, représentent, en coupe et en plan, une carrière exploitée depuis fort longtemps à Arcueil, près Paris.

Le puits P dessert une exploitation ancienne dont il ne reste que la galerie G ; le reste est remblayé ou occupé par des hagues et des piliers à bras.

Le puits P' dessert une exploitation plus récente à deux étages ; l'étage moyen a les contours indiqués en plan par des hachures légères ; pour l'étage inférieur les hachures sont plus fortes.

Les vides de l'étage moyen sont comblés par des bourrages avec hagues et quelques piliers tournés ; une des galeries H montre encore des piliers tournés.

Les lettres K indiquent les bourrages et hagues de l'étage inférieur qui montre aussi quelques piliers tournés avec des piliers à bras le long des rues.

Carrière souterraine exploitée par plan incliné, à Savonnières. — Les figures 2 et 3, planche 8, représentent, en coupe et en plan, une carrière de calcaires de Savonnières exploitée par MM. Civet et Cie.

La rue d'accès est en rampe de 1/10 ; elle porte une voie ferrée de 0^{m}60. L'extraction peut se faire également par un puits de 4 mètres de diamètre.

L'exploitation s'effectue par galeries et piliers tournés. Les galeries ont 4^{m}80 de large et les piliers 2 mètres de côté ; les blocs, pesant jusqu'à 10 tonnes, sont chargés sur des trucs qui passent dans des courbes de 6 mètres et même de 4 mètres de rayon, de sorte que la voie a pu contourner tous les piliers et pénétrer dans toutes les galeries.

Chaque truc est tiré par un cheval et amené au pied de la rampe. Là, il est accroché à un câble d'environ 130 mètres de long ; le câble est tiré par un treuil à noix qu'actionne un manège placé au sommet de la rampe.

Au sommet, le truc est repris par un cheval et conduit, par la voie de 0^{m}60, sous une grue roulante qui recouvre en même temps la voie de raccordement avec le chemin de fer. La grue roulante met les pierres en dépôt ou les charge sur wagon ; elle est mue à bras d'hommes, à moins que l'importance du mouvement ne justifie l'emploi d'une machine à vapeur.

La figure 6, planche 8, représente le truc à deux bogies, ou trains indépendants, capable de porter jusqu'à 12 tonnes et de circuler sur voie de 0^{m}60. Ce truc porte à l'avant un treuil qui tire les blocs et en opère le chargement en leur faisant gravir, avec des roues, un plan incliné.

Pour le bardage des pierres sur le sol, on se sert du treuil roulant que représentent les figures 4 et 5, planche 8. C'est un treuil à noix des plus commodes, facilement transportable, pouvant exercer une traction de 3,000 kilogrammes. On équilibre cette traction par une chaîne d'amarrage terminée par un crochet ; l'amarre du crochet est plantée dans un trou que l'on creuse dans le sol de la carrière.

Autre carrière exploitée par puits. — Un autre exemple

d'exploitation par puits, appartenant à MM. Civet et Cie, est indiqué par la figure 1, planche 8.

Les puits sont ordinairement circulaires avec un diamètre de 4 à 5 mètres et une profondeur de 15 à 30 mètres. Au-dessus, on installe une grue fixe portant un treuil mobile. Le treuil permet l'enroulement du câble plat sur la bobine a après son passage sur la poulie folle b. Quand le bloc est soulevé, le treuil se déplace et le porte soit sur chariot soit sur wagon, figure 4, planche 6.

La machine à vapeur coûte trop cher pour une exploitation ordinaire. et un manège suffit généralement aux besoins de l'extraction.

Ces deux derniers exemples sont très intéressants parce qu'ils montrent une intelligente application des engins mécaniques à la manutention des blocs, application qu'il est désirable de voir étendre à la préparation même de ces blocs.

Procédés d'abattage des carrières de Savonnières. — Le banc-royal de Savonnières, terrain jurassique supérieur, étage portlandien, se présente en assises de 0^m80 à 1^m20, et la hauteur de masse ne dépasse pas 3 ou 4 mètres en 3 ou 4 bancs.

C'est un calcaire tendre, gris jaunâtre, comparable comme grain et dureté aux bons bancs de Saint-Vaast; il se scie à la scie à dents, mais avec une certaine difficulté. Il convient surtout aux travaux d'intérieur, car la variété de grain fin ne résiste pas toujours aux intempéries. Il pèse 1,700 à 1,750 kilog. le mètre cube et s'écrase sous une pression de 80 à 100 kilog.

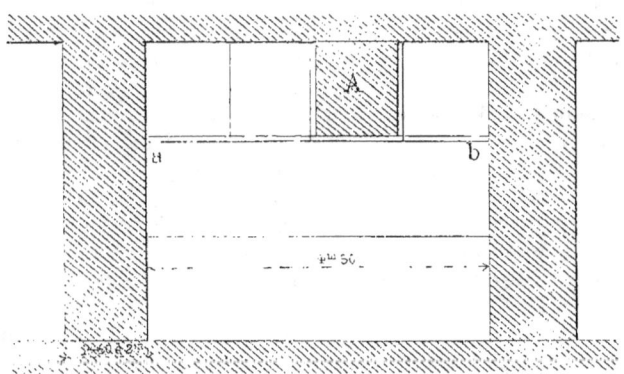

Fig. 32.

L'exploitation est souterraine, 30 mètres de profondeur; elle se fait par plan incliné ou par puits, comme nous venons de l'expliquer plus haut.

Les blocs sont détachés à l'aide d'outils appelés *aiguilles*, barres de fer de 0^m03 de diamètre, dont la longueur varie de 1 à 4 mètres.

On fait d'abord, au délit de la première assise, une rainure ab d'environ 3 mètres de profondeur appelée *coudès;* l'assise est divisée en trois ou quatre blocs et on creuse les rainures verticales qui les séparent jusqu'à la même profondeur que le coudès.

Pour détacher le premier bloc A, appelé *clef*, on creuse la rainure horizontale du plafond, de sorte que ce bloc ne tienne plus à la masse que par sa face verticale postérieure. On le force à se détacher en enfonçant à la masse des coins dans la rainure du plafond. On a placé à l'avance dans le coudès deux petits rouleaux en fer sur lesquels tombe le bloc. Lorsqu'il est tombé, on le tire en avant par pesées successives, faites en dessous à l'aide de petites pinces en fer.

La clef enlevée, on peut détacher à l'aiguille toutes les faces des autres blocs.

Parfois, le lit du plafond est assez franc pour qu'on n'ait pas besoin d'y creuser une rainure et quelques coins suffisent pour déterminer la séparation.

D. — MACHINES A TRAVAILLER LES PIERRES

L'antiquité a connu l'art de travailler les pierres et les procédés qu'elle employait sont restés intacts jusqu'à nos jours.

On attribue aux Phéniciens l'invention des procédés de sciage, qui furent mis en œuvre pour l'érection du temple de Salomon.

Les ruines de Ninive nous montrent des blocs taillés et polis, juxtaposés sans mortier, système de construction que nous retrouvons dans les monuments de Rome et d'Athènes. Le Parthénon indique à quel degré de perfection les Grecs avaient porté l'art de travailler la pierre.

Des dessins relevés dans les ruines de Thèbes représentent des ouvriers montés sur un échafaudage et taillant la pierre avec le ciseau et le maillet ; ce sont eux qui ont équarri et dressé ces obélisques dont la préparation représenterait, même aujourd'hui, un travail gigantesque.

Les Romains de l'époque impériale ont fait grand usage des plaques de marbres, avec lesquelles ils décoraient leurs édifices, construits du reste en petits matériaux agrégés par du mortier. Le poète Ausone parle de moulins à scier la pierre et Pline cite des marbres polis au sable.

C'est encore avec les vieux outils, manœuvrés à bras d'hommes, que l'on travaille aujourd'hui presque toutes les pierres de construction ; et cependant, il existe des machines capables d'exécuter toutes les opérations, telles que le sciage, le polissage, le moulurage, etc., et de les exécuter mieux et plus vite que ne le fait la main de l'homme. Ces machines, dont l'usage se développe à l'étranger, sont encore peu connues en France ; il est nécessaire qu'elles se propagent, par raison d'économie et d'humanité. Nous serons heureux de concourir à les faire connaître.

La présente étude se divise en dix sections :
1° Outils du tailleur de pierre ;
2° Machines à scier la pierre ;
3° Machines à dresser les surfaces planes ;
4° Machines à moulurer ;
5° Machines à polir ;

6° Tours à pierre ;
7° Machines à broyer les pierres ;
8° Machines à travailler les ardoises ;
9° Comparaison du travail à la main et du travail à la machine ;
10° Observations générales sur le fonctionnement et l'installation des machines à travailler la pierre.

1° OUTILS DU TAILLEUR DE PIERRES

La première opération à effectuer sur un bloc est l'équarrissage ; l'outil dont on se sert à cet effet est le *têtu* C, gros marteau à tête carrée d'un côté, à pointe ou à tranchant de l'autre, avec lequel on fait sauter les aspérités de la pierre. L'opération est le *tétuage*.

Elle donne des blocs équarris et dégrossis.

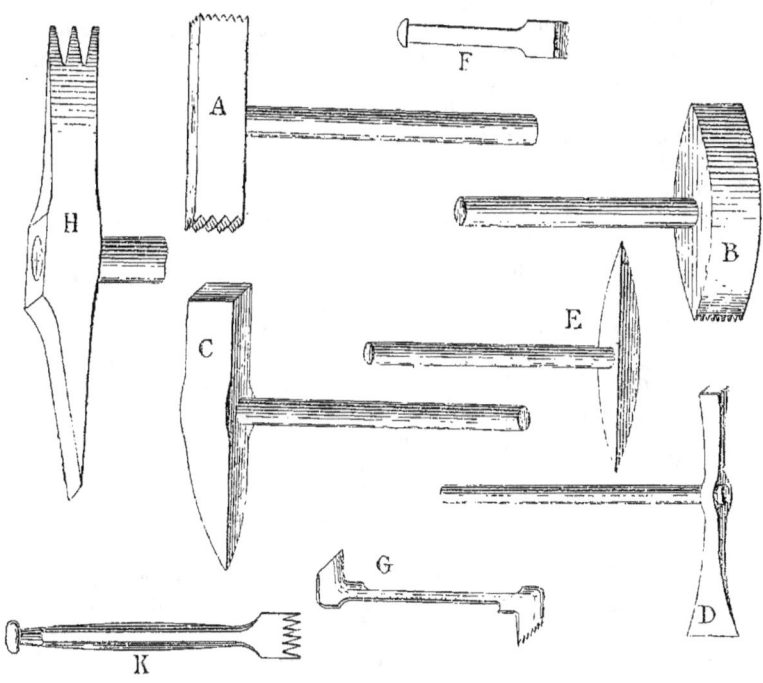

Fig. 33.

Quand on veut des surfaces moins imparfaites, on procède au *smillage*, qui s'exécute avec des marteaux à tête carrée pour la pierre dure et à tranchant pour la pierre tendre ; D est une hachette ou marteau à smiller.

Après le smillage vient le *piquage*, qui a pour but de bien aplanir la surface. E est la pioche à piquer. Le piquage se fait à la *grosse pointe* ou à la *pointe fine* suivant le degré de perfection que l'on veut obtenir.

La pioche E terminée par des pointes à quatre pans ne convient qu'à la pierre dure; les pointes sont d'autant plus aiguës que la pierre est plus dure; la surface d'attaque d'une pierre doit varier en raison inverse de la dureté, quel que soit l'outil mis en œuvre. Pour la pierre tendre, les pointes sont remplacées par de petits tranchants, dont les deux directions sont perpendiculaires entre elles, ce qui donne à la pioche H une forme analogue à celle de l'herminette du charpentier.

Quand le piquage n'est pas jugé suffisant pour obtenir la perfection qu'on veut atteindre dans le dressage des surfaces, on a recours au *bouchardage*. La boucharde A est un marteau à deux têtes carrées; ces têtes sont des carrés de $0^m 05$ de côté portant un grand nombre de pointes saillantes, 25 à 100, avec lesquelles on frappe normalement la surface de la pierre, de manière à désagréger lentement toutes les aspérités. La boucharde ne convient qu'aux pierres dures; encore lui reproche-t-on d'altérer la consistance de la pierre dans une région voisine de la surface et de la disposer à s'effriter sous l'influence de la pluie et de la gelée.

On lui substitue souvent, surtout pour les pierres de dureté moyenne, le *marteau bretté* ou *laye* B, marteau à deux tranchants dentelés, ou à un tranchant dentelé et un tranchant rectiligne.

Quand les dents ne sont pas rapprochées, la laye devient le *rustique*. La surface étant bouchardée ou rustiquée, on lui donne l'uni définitif avec la *ripe* G, tige terminée par deux râcloirs en sens inverse, l'une à dents, l'autre plane. La première commence l'opération et la seconde la termine.

Les pierres de taille ainsi préparées, on entoure d'ordinaire les faces apparentes d'une *ciselure*, ou cadre bien dressé au ciseau. Le *ciseau* F est dans la main gauche de l'ouvrier qui de la main droite manœuvre une massette; on obtient ainsi une bordure bien plane et quasi polie qui fait ressortir l'aspect grenu de la surface qu'elle entoure. La largeur du ciseau diminue avec la dureté de la pierre, et même, pour les pierres très dures, on a recours à la *gradine*, ou ciseau à dents K.

Ces nombreuses opérations, par lesquelles on passe du bloc équarri à la pierre de taille, exigent, comme on le voit, beaucoup de temps et de main-d'œuvre, et la nécessité de recourir à une préparation mécanique s'impose de plus en plus.

Nous terminerons en indiquant, d'après Claudel et Mégrot (*Éléments des prix des travaux*), le nombre d'heures que met un tailleur de pierre aux divers travaux de son métier.

La taille d'un mètre carré de parement de pierre dure, pierre de roche de Paris, exige onze heures d'ouvrier, savoir:

Mise en chantier.	0 h. 3
Plumées ou ciselures	2 4
Dégrossissage de la pierre à la pointe du marteau.	2 3
Première taille à la boucharde ou au rustique.	1 4
Layement au marteau bretté.	3 4
Ripement de la pierre.	1 2
Total.	11 heures.

Le mètre superficiel de parement vu exige :

En moellons durs épincés ou équarris...............................	0 h. 6
— tendres —	0 4
En moellons durs smillés, sans ciselures, avec retour de 0^{m}08 sur lits et joints. .	0 9
— tendres — — — ..	0 6
En moellons durs piqués ou d'appareil, avec ciselures et retour de 0^{m}15 sur lits et joints.	5 0
En pierre de taille tendre avec dressage à la laye et à la ripe entre ciselures, et piquage des lits et joints retournés sur 0^{m}20.................	5 0
En pierre de taille dure, travail dont le détail est donné ci-dessus..........	11 0

Les éléments précédents s'appliquent à des murs droits, ou à courbure de grand rayon, ou à des membres de moulures de plus de 0^{m}30 ; ils s'appliquent aussi aux tailles d'épannelage des pierres moulurées. Pour les moulures à membres dont le développement varie de 0^{m}01 à 0^{m}10, on compte :

Sur pierre tendre layée et ripée.	13 heures ;
— dure bouchardée	31 —

quand le développement des membres de moulure est compris entre 0^{m}10 et 0^{m}30, les chiffres précédents se réduisent à dix et vingt-deux heures.

Les moulures sphériques ou à double courbure exigent une fois et demie le temps passé aux moulures ordinaires.

On ajoute à la longueur des moulures 0^{m}10 par angle saillant et 0^{m}20 par angle rentrant.

2° MACHINES A SCIER LES PIERRES

Le sciage est appliqué aux pierres tendres pour les débiter en blocs de dimensions voulues et cela d'une manière plus économique qu'on ne le ferait avec les procédés ordinaires d'équarrissage ; pour les pierres dures le sciage est à employer lorsqu'on veut ménager la pierre ou la débiter en lames minces comme on le fait pour les marbres. Le sciage a l'avantage de préparer les surfaces pour le polissage beaucoup mieux que ne le fait la taille ordinaire.

Nous étudierons successivement les scies à bras et les scies mécaniques qui se divisent elles-mêmes en scies oscillantes à lames, scies circulaires et scies à rubans. Nous terminerons par quelques mots sur l'application du diamant noir au sciage et à la taille des pierres.

Scies à bras. — Deux scies sont en usage : l'une à dents pour les pierres tendres, l'autre à simple lame pour les pierres dures. La première seule agit par striction comme la scie à bois ; la seconde agit par friction et usure comme une machine à émoudre.

La figure 34 représente la scie à dents, que deux ouvriers font mouvoir; ils agissent par traction et le poids de l'outil n'intervient pas; ce poids entraverait même la marche de l'appareil. Le *tourne-à-gauche* A

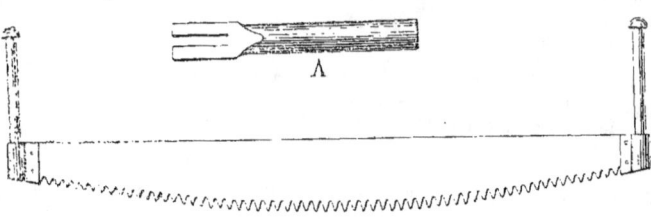

Fig. 34.

est l'outil qui sert à régler l'écartement des dents, à maintenir ce qu'on appelle *la voie* de la scie.

Il n'en est pas de même pour la scie à pierre dure; c'est une lame de fer de 0^m10 à 0^m15 de large, à laquelle deux ouvriers impriment un mouvement de va-et-vient. L'outil agit par frottement, c'est-à-dire par son poids, et il y a avantage à augmenter ce poids autant que le permet la force musculaire des ouvriers. Si le poids est trop lourd, on soulage l'outil, comme le montre la figure 35, en le reliant par des cordes à deux

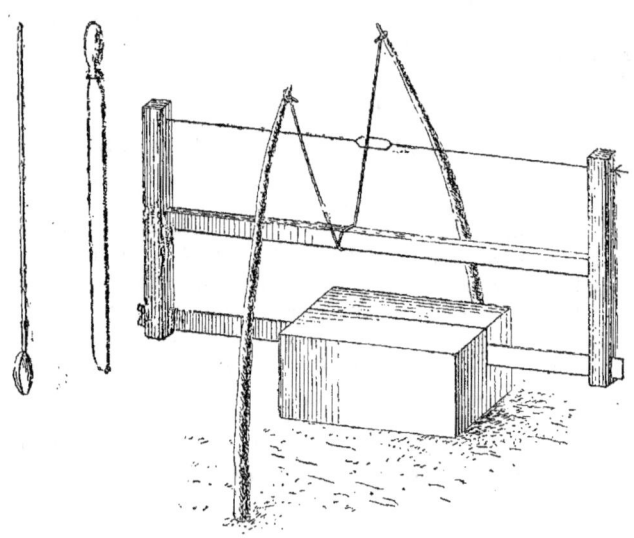

Fig. 35.

perches flexibles, système qui a l'avantage de guider la scie dans son mouvement.

Le bandage de la lame est réglé par un gros fil de fer avec vis de rappel qui forme le côté horizontal du châssis opposé à la lame.

L'entaille destinée à recevoir la lame est amorcée par une scie à main, et l'on voit sur la gauche de la figure, en même temps que cette scie à main, la cuiller avec laquelle de temps en temps l'ouvrier introduit dans la fente de l'eau et du sable.

L'eau a pour but d'empêcher l'échauffement de la lame; de plus l'humidité favorise la désagrégation de la pierre ainsi que l'usure produite par le frottement du fer et du sable combinés.

Pour les pierres tendres et demi-dures le sable grossier suffit ; pour les pierres dures, il faut un sable fin et siliceux, bien lavé et purgé de matières étrangères.

Il faut veiller à ce que de petites pierres ne s'introduisent pas dans la fente; elles s'opposeraient à l'action de la scie et surtout auraient le grave inconvénient de rayer plus ou moins profondément les faces de sciage de la pierre, ce qui ferait perdre le bénéfice de l'opération.

Quand les pierres sont destinées à être polies, il importe d'employer un sable fin, car le travail du polissage en sera d'autant facilité.

L'opération du sciage exige, en outre, pour être menée à bien, des soins tout particuliers trop souvent négligés: il faut tracer à l'avance avec le fil à plomb et marquer exactement les lignes de la fente, afin que l'ouvrier soit parfaitement guidé. La scie oscille et se déplace facilement, surtout dans les pierres dures, et si l'on opère sans précaution, on obtient des faces de sciage ondulées et irrégulières qu'il faut ensuite dresser à grands frais.

Cet inconvénient n'est pas à redouter avec les châssis mécaniques, mais les précautions relatives au choix du sable les concernent également.

Le *mètre carré de sciage* exige : en pierres tendres, avec scies à dents, dix heures d'ouvrier;

En pierres dures, avec scie à lame et grès humecté, vingt heures d'ouvrier.

Scies mécaniques à lames oscillantes. — Le mouvement de va-et-vient de la scie à lame est facile à reproduire à l'aide d'un moteur quelconque; aussi depuis des siècles a-t-on recours aux chutes hydrauliques pour faire mouvoir d'importantes scieries de marbres.

La figure 1, planche 9, représente l'ancienne installation d'une scierie de M. Géruzet, à Bagnères-de-Bigorre : un châssis à quatre lames débite un grand bloc de marbre; un ouvrier dégrossit un autre bloc, pendant que d'autres ouvriers en transportent un sur des rouleaux. Cette installation primitive a été transformée par la Compagnie qui a succédé à M. Géruzet.

La pièce essentielle d'une scierie mécanique est un châssis en bois ou en fer, plus large et plus long que les blocs à scier, portant un certain nombre de lames verticales et animé par une bielle d'un mouvement de va-et-vient; les lames pénètrent dans la pierre par leur poids et par une charge additionnelle que leur laisse le châssis; celui-ci est soutenu en partie par des chaînes passant sur des poulies avec contrepoids. L'eau et le sable qu'exige l'opération sont fournis par un réservoir.

Les figures 2 et 3, planche 9, représentent un châssis de sciage à descente automatique, établi par M. Décamps, constructeur du département du Nord. Un arbre de couche supérieur donne par une courroie le mouvement à la poulie motrice A, dont l'arbre actionne la bielle B; la longueur de cette bielle est réglée suivant la hauteur du châssis par l'écrou C. Le mouvement oscillatoire de la bielle est donc transmis au châssis rectangulaire D, guidé par les quatre colonnes E que relie un bâti rigide. Les quatre angles du châssis sont soutenus par une tige articulée terminée par une poulie F; sur cette poulie passe une chaîne G, dont un bout est fixe tandis que l'autre va s'enrouler sur le tambour H; les chaînes s'enroulent deux à deux en sens contraire; leur mouvement de descente ou d'ascension concorde donc et le châssis monte ou descend parallèlement à lui-même. Ce mouvement vertical est donné aux chaînes par le tambour H et par l'équipage K de roues dentées et de pignons, équipage qui est actionné par les courroies M ou N, suivant que l'on veut relever ou descendre le châssis.

Le châssis est combiné suivant les dimensions des blocs à scier et suivant le nombre de lames qu'il doit porter.

Pour obtenir une marche régulière, il convient de monter deux châssis sur le même arbre. Généralement les usines comptent un plus grand nombre de châssis, réunis dans une même salle et actionnés par le même arbre; en avant de la ligne des châssis est ménagé un chemin pour le transport des blocs; ce transport se fait généralement par voie ferrée et une grue roulante met les blocs en place. Dans une salle de 16 mètres de long sur 7 mètres de large, on peut loger huit châssis, conjugués deux à deux, ainsi que la roue hydraulique qui donne la puissance.

La figure 4, planche 9, représente la *sciotteuse* ou scie à une lame, à grande vitesse, construite par M. Décamps. La scie A, à une seule lame, actionnée par la bielle B, se meut en avant de deux colonnes C qui la supportent; elle est soutenue par les systèmes de tiges articulées D, suspendus à des chaînes qui passent sur les poulies E placées au sommet des colonnes et qui se terminent par des contrepoids; cependant, la scie n'est pas complètement équilibrée, une partie de son poids pèse sur la lame et cette surcharge est réglée par le contrepoids F formé d'un gros écrou mobile sur une vis. Le bloc à débiter est posé sur une table mobile G, de sorte que les déplacements sont très faciles et peuvent être réglés avec exactitude, chose importante lorsqu'il s'agit de débiter un bloc en plusieurs bandes parallèles.

Les figures 5 et 6, planche 9, représentent un châssis un peu plus simple construit par M. Rikkers, à Paris. La bielle B est beaucoup plus longue, de sorte que les déplacements du châssis dans le sens longitudinal, dus aux variations d'inclinaison de la bielle, sont insignifiants.

Le châssis A est guidé par les quatre colonnes D et soutenu par quatre chaînes qui s'enroulent sur le tambour E. La descente et la montée du châssis s'opèrent par la manivelle F qui commande, à l'aide d'une chaîne Gall, les vis sans fin et les roues clavetées sur l'axe des tambours E.

Un seul ouvrier peut conduire plusieurs châssis; il n'a qu'à surveiller l'alimentation d'eau et de grès et à descendre de temps en temps chaque châssis à l'aide de la manivelle F.

On voit que tous ces appareils sont simples; l'expérience montre qu'ils fonctionnent d'une manière très satisfaisante. En Amérique, les lames de scie attaquent la pierre par dessous et vont en remontant, soutenues par un contrepoids; cette disposition, favorable à l'expulsion des poussières, n'est pas usitée chez nous; elle devrait donner lieu à des expériences comparatives.

La production de chaque lame d'un châssis à lames multiples est d'ordinaire de 1,5 à 1,7 mètres carrés par journée de dix heures; une lame de scie supporte, sans être retouchée, quatorze jours de travail. Il importe de l'alimenter avec du sable qui ne renferme ni gravier ni poussière.

Dans les matériaux très durs, comme le granite, l'enfoncement des lames est très faible et l'on a cherché à l'augmenter en substituant au sable *de la cendre* ou *poudre de fer fondu*. Cette cendre est obtenue en pulvérisant par un jet de vapeur un jet mince de fer fondu; les petits grains de métal tombent dans l'eau froide et la trempe leur donne une grande dureté. Avec cette poudre, la descente des lames dans le granite s'est élevée de 4 à 10 centimètres à l'heure, avec une consommation de 7 à 8 kilogrammes de cendre de fer par mètre carré de sciage. Quand les blocs ne sont pas longs, les lames courtes sont plus roides, on peut les charger davantage et la descente peut s'élever jusqu'à 30 centimètres à l'heure. La charge de la lame est proportionnée à la dureté de la pierre.

Il faut environ une puissance effective de 1/2 cheval-vapeur par lame de scie.

Il est à remarquer qu'il est facile d'établir des scieries locomobiles se transportant sur les chantiers suivant les besoins.

Scies circulaires. — Nous ne pensons pas que les scies circulaires soient usitées en France pour le travail des pierres; nous n'en avons trouvé aucune application. Ces appareils commencent cependant à se répandre en Angleterre et M. Powis Bale les a décrits dans un ouvrage récent (*Stone working machinery*), ouvrage qui nous a fourni les renseignements ci-après :

Les scies circulaires à pierres sont des disques en fer forgé ou en acier armés à la périphérie de dents indépendantes. Les dents ne sont pas venues avec la lame elle-même comme pour les scies à bois. L'usure en est trop rapide et il faut qu'elles soient amovibles; il importe aussi qu'elles puissent être remplacées facilement et rapidement; de plus, il les faut simples et robustes.

Naturellement, les scies circulaires sont beaucoup plus épaisses que les scies à lames droites; elles creusent des rainures plus larges et doivent attaquer et détruire un plus grand volume de pierre pour produire une égale surface de taille. Elles exigent donc une plus grande consommation de travail, mais elles sont beaucoup plus expéditives et peuvent donner 150 à 200 pieds carrés (13 à 18 mètres carrés) par dix heures dans une pierre de moyenne dureté.

Le point capital est d'*accommoder les dents à la nature de la pierre;* c'est par l'expérience seule qu'on y parvient. Ce principe est, du reste, applicable à tous les outils; c'est pour l'avoir négligé que l'on compte tant d'insuccès.

Le montage des scies circulaires est analogue à celui des machines à raboter : l'arbre des scies est fixe ou, du moins, ne peut que monter et descendre, et la pierre est portée par une table voyageuse très robuste, capable de résister à tous les chocs. Cette table est d'ordinaire en fonte, parfois en bois avec armatures en fer, mais dans ce cas les déformations sont à craindre. Le mouvement est communiqué à la table soit par une vis, soit par un contrepoids; elle glisse sur des rouleaux ou sur des glissières en V bien graissées.

La pierre doit être bien fixée et inébranlable sous la pression de la scie. La scie à pierre agit par pression plutôt que par striction comme la scie à bois; elle doit être plus massive et plus lourde que celle-ci.

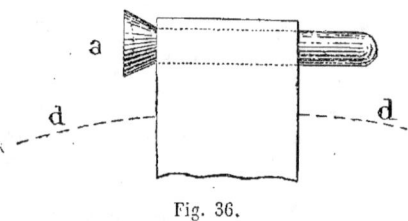

Fig. 36.

Les constructeurs anglais Hunter et Cooke ont obtenu quelque succès avec la dent amovible que représente la figure 36; elle consiste en une sorte de boulon de bon acier dont la tête a est forgée en forme de coupe évasée, dont le bord est exactement tourné et durci par la trempe. Pendant le travail, cet outil est serré par deux mâchoires implantées dans le disque de la scie. Lorsque la partie du bord qui attaque la pierre est émoussée, on tourne le boulon dans sa douille pour mettre en contact avec la pierre un taillant frais et bien coupant; cette opération se répète plusieurs fois jusqu'à ce que le bord entier de la coupe soit émoussé, et c'est seulement alors que l'on remplace la dent.

Le calibre de ces dents varie suivant la circonférence de la scie; elles sont espacées de 0^m10 à 0^m20 sur le pourtour du disque, et la coupe taillante a un diamètre de 13 à 35 millimètres.

Les mâchoires qui tiennent les dents sont de même épaisseur que le disque et sont engagées dans des rainures ouvertes ménagées à sa périphérie. Une scie de ce genre, de 1^m6 de diamètre, armée de 44 dents, creusant une rainure de 25 millimètres, est capable de scier, en

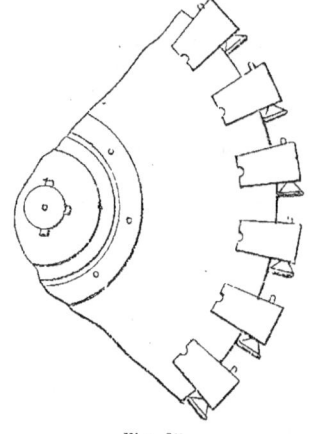

Fig. 37.

cinq minutes, un bloc de calcaire portlandien de 1^m8 de long et de 0^m9 de large.

Mais la dent la plus simple est faite d'une lame d'acier trapézoïdale A que l'on courbe légèrement en son milieu avant de l'engager dans une mâchoire B ménagée à la périphérie du disque.

Ces dents sont les mêmes qui, montées sur un cylindre tournant et disposées en hélice, servent à dresser les faces des pierres ; celles-ci sont animées d'un lent mouvement de progression et passent sous le cylindre armé de couteaux ; les couteaux ou dents agissent successivement à quelques centimètres d'intervalle à cause de leur répartition sur une ligne hélicoïdale et le travail de la machine est constant.

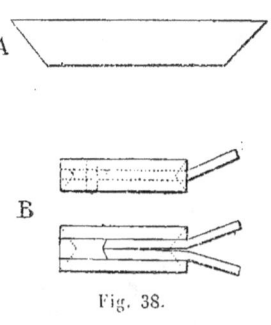

Fig. 38.

Les scies circulaires sont généralement montées sur un arbre horizontal ; montées sur arbre vertical, elles sont très rares et fonctionnent médiocrement.

L'objection capitale que l'on fait à l'emploi des scies circulaires est l'usure des dents et la nécessité qui s'impose de les remplacer fréquemment ; mais cette objection a beaucoup perdu de sa valeur depuis qu'on a créé des dents robustes que l'on peut changer avec simplicité et facilité. La dépense n'est pas excessive ; elle n'a pas excédé 7^f50 pour 18 mètres carrés de surface de sciage dans le grès, soit 0^f45 par mètre carré.

D'ordinaire, les lames circulaires en acier ont 6 à 7 millimètres d'épaisseur et les dents font saillie de chaque côté de 3 à 4 millimètres ; la vitesse à la périphérie est en moyenne de 50 centimètres à la seconde, et peut aller jusqu'à 1 mètre. Cela dépend de la nature de la pierre, car la vitesse de sciage, c'est-à-dire l'avancement de la pierre, peut varier, par minute, de 7 centimètres dans la pierre dure à 30 centimètres dans la pierre tendre.

On a fait des scies dont le diamètre atteignait 4 mètres.

Malgré l'avis de quelques praticiens, il convient de recourir à l'eau pour la scie circulaire comme pour la scie à lames ; sans doute, il y a des pierres qui peuvent être travaillées à sec, mais ce n'est pas le cas de toutes, et la présence de l'eau a toujours le grand avantage de s'opposer à l'échauffement des outils.

La scie circulaire est appelée à rendre de grands services pour les constructions en pierres de taille, car elle dresse à peu de frais des lits parfaitements réguliers qui n'ont absolument besoin d'aucune retouche, et elle est susceptible de fournir un débit considérable représentant le travail d'un grand nombre d'ouvriers exercés. Il va de soi que l'on doit, pour préparer les blocs, monter sur le même arbre deux ou plusieurs scies à écartement variable, qui assurent le parallélisme des faces ; on peut tailler de la sorte des dalles et des pavés de forme irréprochable.

Application du diamant noir au sciage et à la taille

des pierres. — On avait fondé de grandes espérances pour le travail des pierres dures sur l'usage du diamant noir ; à la suite de l'exposition universelle de 1855, Delesse signalait ce progrès dans les lignes suivantes :

« Jusque dans ces derniers temps, le travail sur le tour des pierres dures de grandes dimensions présentait beaucoup de difficultés, et l'on était obligé, pour leur donner le poli, d'avoir recours à l'emploi très prolongé du grès pulvérisé. Une découverte heureuse, due à M. Bigot-Dumaine, permet maintenant de tourner le granit et les pierres les plus dures avec la même netteté et la même facilité que le bois.

« Il y a quelques années, on découvrait, près de Bahia, au Brésil, parmi des cailloux roulés, une variété de diamant qu'on a nommée le diamant noir : ce diamant a, en effet, une couleur foncée, le plus souvent noire, quelquefois aussi verte ou brune. Il est d'ailleurs opaque, et tout à fait impropre à la bijouterie ; mais il a cependant la structure cristalline et la dureté du diament ordinaire ; aussi les arts n'ont-ils pas tardé à s'en emparer, et ils viennent d'en faire une application très utile.

« M. Bigot-Dumaine, qui depuis vingt ans s'occupait à polir les pierres précieuses, songea à recourir au diamant noir pour tourner le granit et les pierres dures. Après quelques essais infructueux, il réussit parfaitement en employant un diamant noir ayant 1 ou 2 centimètres de longueur, qu'il enchâssa à l'extrémité d'un burin de laiton. A cause de la grande rareté du diamant, on n'avait pas encore songé à l'employer dans l'industrie en fragments aussi gros, et, bien que de temps immémorial il servît à polir et à buriner les pierres précieuses, il ne fallait rien moins que la découverte du diamant noir pour que l'idée vînt de s'en servir pour tourner des meules, des vasques ou des colonnes. Cette idée a été couronnée de succès ; car, lorsqu'on met sur un tour une pièce de granit, de porphyre ou de silex, quelque grandes que soient d'ailleurs ses dimensions, et qu'on en approche le diamant, il enlève, en vertu de sa grande dureté, toutes les aspérités de la pierre qui lui est présentée ; et quelque dure qu'elle soit, cette pierre se laisse tourner avec la plus grande facilité.

« Pour que le procédé réussisse, il est nécessaire cependant que le diamant noir soit enchâssé très solidement dans une tige de laiton, de fer ou d'acier. A cet effet, on creuse dans cette tige un trou dans lequel on ntroduit le diamant ; puis on ramène contre le diamant les bords de la ige. Avant de placer la pièce à travailler sur le tour, on la dégrossit d'abord avec la pointerolle, et on lui donne autant que possible la forme qu'elle doit conserver.

« Le procédé que nous venons de faire connaître présente plusieurs avantages. Il donne d'abord des surfaces d'une netteté beaucoup plus grande que celles qu'on pouvait obtenir jusqu'à présent. Lorsque la pièce sort du tour, il reste très peu de chose à faire pour qu'elle prenne un poli parfait ; il y a donc une économie de temps et de main-d'œuvre considérable. De plus, on n'a pas à craindre qu'il se détache de petites écailles de la surface polie, comme cela a lieu quelquefois quand on emploie la pointerolle et le grès. Enfin, il n'y a pas non plus d'usure d'outils, car l'expérience a démontré que le diamant noir ne se brise pas sous les chocs auxquels il est exposé, et qu'après une année d'usage il a perdu seulement quelques milligrammes de son poids.

« Des meules en silex, des cylindres broyeurs en granit ont été tournés par ce nouveau procédé, et ils témoignent de la grande perfection avec laquelle le travail s'exécute. Des colonnes, des vasques, des pièces de toutes dimensions, pourraient être travaillées de la même manière. »

On a appliqué le *diamant noir à la scie circulaire* et cette application a presque réussi, malgré la grande difficulté qu'on éprouve à enchâsser solidement les pointes de diamant dans leur gaine ou dans des mâchoires. De même, pour creuser des rainures dans le marbre, on a imaginé de recourir à des sortes de chaînes ou de rubans sans fin dont les anneaux étaient garnis d'éclats de diamant noir.

Dans la pratique ces applications ont dû être abandonnées ; elles n'étaient pas économiques ; jusqu'à ce jour l'exploitation commerciale du diamant noir a donné de mauvais résultats, du moins en Europe.

Elle n'a guère réussi que dans l'application qui en a été faite aux perforateurs ; nous avons décrit précédemment le perforateur Laroche-Tolay, dans lequel le fleuret se terminait par une bague armée de diamants agissant sur la roche par pression et rotation et attaquant ainsi les matières les plus dures.

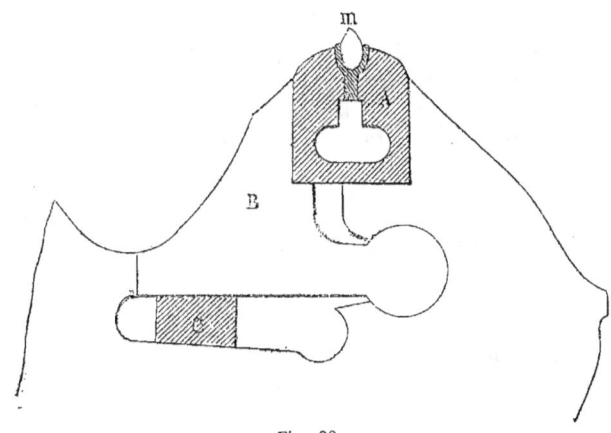

Fig. 39.

Les scies, armées de diamants noirs, semblent avoir eu plus de succès en Amérique, surtout les scies circulaires. Nous citerons le système Emerson ; une lame, de 1^m83 de diamètre, porte 40 dents en diamant, implantées comme il suit : un diamant noir m est enchâssé dans une pince en cuivre, avec sa pointe tournée dans le sens suivant lequel elle doit attaquer la pierre ; la pince est enfoncée par pression dans les mâchoires de la monture A, et le diamant se trouve ainsi solidement maintenu, sans que toutefois la pression s'élève au point de le briser. La monture A est en acier, elle est implantée dans la lame de la scie, comme le montre la figure, et maintenue comme dans un étau par la pression de la pièce B sur laquelle agit le coin C.

La vitesse de la lame circulaire atteint 670 mètres à la minute, et 'avancement de la table qui porte la pierre est réglé suivant la dureté de celle-ci. Dans du grès ordinaire, la surface de sciage peut dépasser 11 mètres carrés à l'heure.

Cette machine, construite avec le plus grand soin, coûte 10,000 dollars.

On peut l'armer à volonté avec des diamants noirs ou avec de petites dents en acier très dur.

Dans un autre système américain, les diamants sont placés dans des alvéoles chauffées au rouge, et le refroidissement de la lame détermine une contraction qui les maintient solidement.

Pendant le travail un jet d'eau froide enlève les détritus et empêche l'échauffement du diamant et du métal.

Scie hélicoïdale, formée d'une corde métallique sans fin. — Nous verrons que la scie sans fin, formée d'un ruban d'acier tendu sur deux poulies dont une est motrice, rend de grands services pour le sciage des bois minces. Le principe du ruban sans fin a été appliquée aussi au sciage de la pierre par M. Gay.

Dans son appareil, qu'il appelle *scie hélicoïdale*, le ruban est remplacé par une cordelette sans fin, montée sur deux poulies et formée de trois fils d'acier tordus ensemble suivant un pas d'hélice allongé.

« Les poulies porte-cordelette, à gorge de forme spéciale, sont guidées par deux paires de colonnettes, de sorte que le châssis de sciage se déplace parallèlement à lui-même par un mouvement automatique continu et régulier, variable suivant la dureté de la pierre à scier et l'action du contrepoids gradué.

« Outre ces deux mouvements de translation et d'avance, la cordelette est encore animée d'un mouvement giratoire sur elle-même dont l'effet est de dégager continuellement le fond de l'entaille de la poudre produite par le sciage.

« Un sablier, déposé au-dessus de la masse à découper, fournit le sable et l'eau nécessaires à l'opération.

« Il résulte du mouvement de translation rectiligne et de la rotation simultanée de la cordelette que le sable est rapidement véhiculé le long de la trace en même temps que sur tous les points de la périphérie du brin engagé dans la pierre. C'est à cette combinaison, jointe à la continuité du sciage qu'est due la grande rapidité du travail. »

Nous avons vu fonctionner cet appareil d'une manière satisfaisante sur des blocs de marbre ; il paraît bien conçu et susceptible de donner un bon travail, rapide et économique ; mais nous ignorons les résultats fournis par une application industrielle prolongée et ces résultats sont seuls concluants en pareille matière. L'auteur déclare avoir obtenu avec son appareil une descente régulière de 0^m03 à l'heure sur 2 mètres de largeur dans du marbre ou du porphyre belge, mais il ne dit pas avec quelle force motrice ni avec quelle usure ; quoi qu'il en soit, on doit reconnaître que l'appareil est fort ingénieux.

3° MACHINES A DRESSER LES SURFACES PLANES

Ces machines ont pour but de remplacer la boucharde et le ciseau. Aussi les inventeurs ont-ils songé tout d'abord à imiter le fonctionnement de ces deux outils simples.

On s'est servi, par exemple, d'un petit marteau pilon à tête de boucharde, dont le saut était proportionné à la nature de la pierre. Cet appareil aurait pu, ce nous semble, conduire à quelques bons résultats pour les pierres dures, comme le granite. Il n'a pas réussi et ce n'est pas, en somme, chose regrettable, car le choc, même celui de la boucharde, altère la pierre sur une certaine profondeur et produit une sorte de désagrégation moléculaire qui se traduit par des effritements lors des intempéries. Il faut rejeter les outils qui produisent une action de ce genre.

De même les machines armées du ciseau ordinaire n'ont pas eu de succès. Un outillage mécanique suppose une grande production et un travail continu ; les ciseaux s'émoussent vite d'une manière inégale et doivent être changés très fréquemment, de là des arrêts continuels et des pertes de temps qui ne permettent pas des résultats économiques.

Remarquons en outre que le ciseau à main est en quelque sorte un outil intelligent; l'ouvrier varie à volonté l'inclinaison et le choc et mesure l'action à l'obstacle qu'il rencontre, ce que ne peut faire le ciseau mécanique.

Cependant, nous citerons, d'après M. Powis Bale, un ciseau mécanique qui a donné quelques bons résultats dans la pierre tendre et que représente la figure 40. La tige d'un balancier agissant en A communique son mouvement oscillatoire au ciseau coudé ABD; à chaque oscillation l'outil entame la pierre sur une hauteur réglée par l'oscillation même de la tige motrice. L'outil est fixe et la pierre se présente à lui sur une table voyageuse; arrivé à l'extrémité de la course, les bras de l'outil sont reportés de D en E et c'est la seconde pointe qui, à son tour, attaque la pierre.

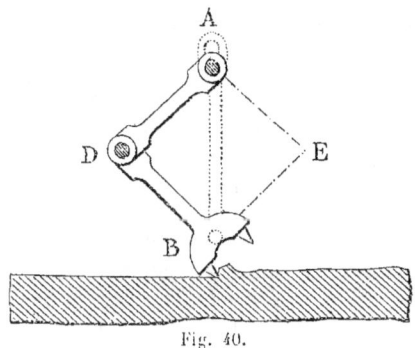

Fig. 40.

Cet appareil ne présente guère qu'un intérêt historique. Les machines, dont les essais sont les plus nombreux, sont des machines à rotation continue ; un cylindre, dont la périphérie est armée d'outils, tourne sur un axe fixe, parallèlement à la pierre à dresser qui s'avance lentement sur une table mobile. Pour s'opposer à l'échauffement et à la désaciération des outils, quelques constructeurs font arriver un mince jet d'eau à l'intérieur de chacun d'eux; mais généralement, cette complication est jugée inutile, l'action de l'outil étant intermittente.

Les ciseaux sont disposés en spirale sur le cylindre tournant; la largeur de leur tranche d'attaque, ainsi que leur inclinaison sur la surface du cylindre, sont réglées d'après la dureté de la pierre. Les ciseaux sont solidement fixés dans des mâchoires, quoiqu'ils demeurent facilement amovibles.

Parmi ces machines rotatives, nous citerons la machine *Anderson*,

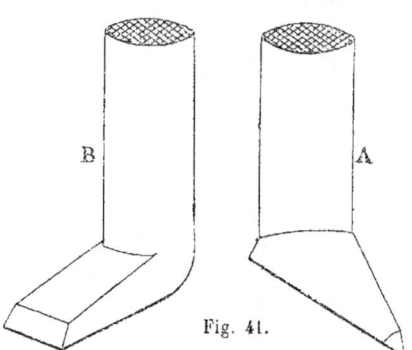

Fig. 41.

présentée à l'Exposition de Vienne en 1873. Sa disposition générale est celle d'une machine à raboter les métaux; la pierre à travailler est montée sur une table mobile et passe sous un cylindre armé de couteaux, disposés suivant une hélice, de telle sorte que la zone d'action de l'un d'eux soit exactement contiguë à celle du voisin et même empiète un peu sur elle; il y a plusieurs lignes hélicoïdales dessinées par ces couteaux sur le cylindre, et d'ordinaire quatre couteaux travaillent à la fois. La machine Anderson comporte d'ordinaire deux cylindres voisins, qui agissent successivement : le premier est armé de couteaux pointus A, qui enlèvent les grosses aspérités de la pierre et qui la préparent à recevoir l'action des ciseaux plats B dont est armé le second cylindre qui finit le travail.

Le mouvement de rotation est lent, mais l'effort considérable parce que les couteaux sont très robustes; ils sont implantés suivant les rayons des cylindres, et leur pointe ou leur tranchant attaque par conséquent la pierre sous un angle très faible; on voit que leur forme leur permet d'exercer sans danger un grand effort.

Nous ne connaissons pas les résultats pratiques obtenus avec cette machine qui est bien conçue.

Le système des cylindres armés de couteaux n'a pas mal fonctionné avec les pierres tendres ou demi-dures. Pour les pierres dures on s'accorde à lui préférer la machine Brunton et Trier.

La *machine Brunton et Trier* est basée sur un principe tout nouveau. Cette machine, construite en France par M. Rikkers, est représentée dans son ensemble par la figure 42, et la disposition de l'organe principal, l'outil, est indiquée par la figure 43.

Cet outil A est un couteau circulaire, monté sur un axe incliné C, axe portant une petite roue dentée, à laquelle la roue B, montée sur un axe vertical, imprime un mouvement rapide de rotation. Le porte-outil reçoit plusieurs de ces couteaux circulaires; il y en a six sur l'appareil que représente la vue d'ensemble. Le porte-outil lui-même D est animé d'un mouvement de rotation autour de son axe vertical; ce mouvement de rotation est : 1° indépendant de celui des couteaux, car l'axe vertical qui actionne la roue B et par suite les couteaux est libre au milieu de

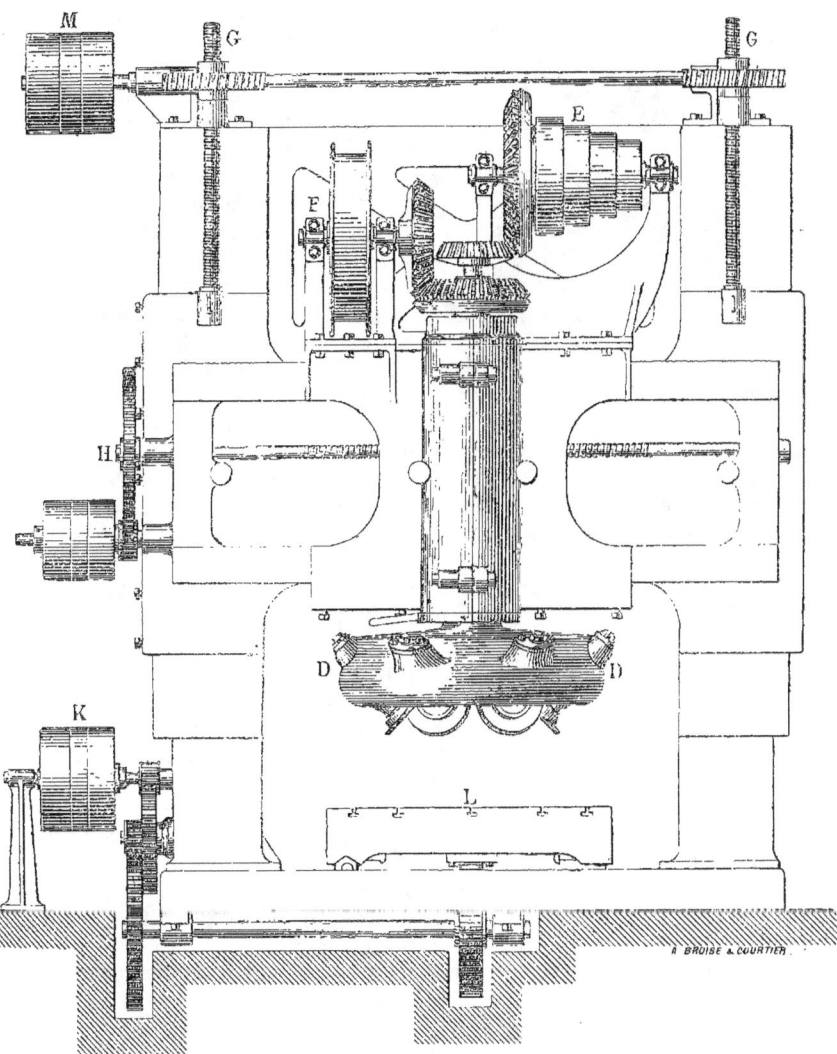

Fig. 42.

l'arbre du porte-outil qui l'enveloppe; 2° dirigé en sens inverse de la rotation des couteaux, ainsi que l'indiquent les flèches de la figure 43.

Il en résulte qu'un point du couteau est animé d'un mouvement épicycloïdal d'une vitesse considérable.

Il est à remarquer que l'axe du porte-outil est très légèrement dévié de la verticale, dans le sens de progression de la pierre, afin de dégager les couteaux pendant qu'ils ne travaillent pas et de les empêcher de frotter contre les parties déjà dressées sur la surface de la pierre.

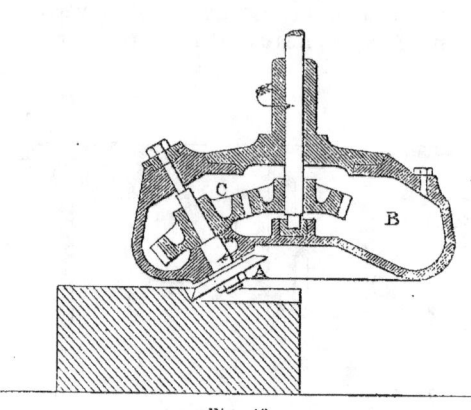

Fig. 43.

La rotation est imprimée aux couteaux par la poulie E agissant sur un système de roues d'angle ; la poulie E est à plusieurs diamètres, ce qui permet de modifier la vitesse de rotation des couteaux et de la proportionner à la dureté de la pierre.

La poulie F détermine, par un système de roues d'angle, la rotation du porte-outil ; il n'y a qu'une vitesse pour cette rotation.

Les poulies M, par un système de vis sans fin et de roue dentée, font monter ou descendre tout le système de l'outil.

Les poulies H lui impriment les déplacements dans le sens horizontal.

Les poulies K actionnent, par des roues dentées et des pignons, une crémaillère logée sous la table mobile L, qui se déplace sur des glissières en forme de V renversé.

Le but des inventeurs a été de combiner la vitesse de rotation du couteau et celle du porte-outil, de telle sorte que la tranche coupante roule sans friction sur la pierre qu'elle attaque. La pierre n'est attaquée par le couteau que sur une très faible surface à la fois, de sorte que la puissance du couteau se trouve presque concentrée en un point et agit énergiquement pour faire disparaître les inégalités de la surface.

La vitesse des couteaux à la circonférence atteint 600 mètres à la minute ; plus la vitesse est considérable, meilleur est l'effet.

La première application du système avait été faite pour tourner le granite ; le couteau circulaire roulait sur la pierre animée d'un mouvement de rotation et le contact était ininterrompu ; deux couteaux étaient disposés chacun d'un côté de la colonne. Le système ne réussit pas pour dresser les surfaces planes parce que le contact était intermittent, d'où des chocs. Il n'est devenu pratique que le jour où l'on a eu l'idée d'imprimer aux couteaux une rotation indépendante.

La machine est excellente pour toutes les pierres courantes ; elle donne des surfaces parfaites, sauf pour certains granites dont la taille laisse encore à désirer.

On lubrifie les surfaces frottantes au moyen d'eau et de savon, pour éviter les taches d'huile sur les pierres.

D'après les attestations de divers industriels, la machine Brunton et Trier aurait donné les résultats suivants :

1° Avec un grès compact $2^{m^2},3$ de taille à l'heure d'une manière continue, ce qui, pour une pierre de $0^m 50$ de large, suppose un avancement de près de 8 centimètres à la minute ; c'est le travail de 25 ouvriers tailleurs de pierre.

2° Des exploitants de carrières de Glascow accusent une taille de $4^{m^2},8$ à l'heure opérée sur des pierres de grès dur, ayant 4 pieds 6 pouces sur 2 pieds ; on préparait 6 pierres à l'heure. On ne changeait les couteaux qu'une fois par jour ; ces couteaux étaient en fonte durcie et on les affûtait mécaniquement à la meule.

3° Des tours à couteaux circulaires, employés pour le granite d'Aberdeen, ont donné toute satisfaction ; la surface obtenue est nette et lisse, ce qui rend le polissage très facile, et l'économie de temps est notable pour des colonnes de toute longueur et de tout diamètre. En grosses colonnes de plus de $0^m 20$ de diamètre, on a tourné une surface de 99 mètres carrés en 383 heures, soit un quart de mètre carré à l'heure, et le travail a été très satisfaisant, les surfaces ne présentant pas les trous que l'on obtient souvent avec les méthodes ordinaires.

4° D'après MM. Farmer et Brindley, la machine Brunton et Trier serait avantageuse pour tourner le marbre ; elle enlève d'énormes parties brutes ; elle n'exige pas l'usage de l'eau, dont l'effet est fâcheux sur certaines parties tendres de la pierre ; elle évite la poussière si dangereuse pour l'ouvrier ; elle laisse une surface bien régulière sans flaches ni arrachements ; l'usure de l'outil est très faible.

5° MM. Mortal, Magné et Ce, qui travaillent le granite à Paris, enlèvent avec la machine à couteaux circulaires jusqu'à $0^m 025$ d'épaisseur de pierre brute ; ils arrivent à dresser en une heure la surface d'une meule en granite de $1^m 50$ de diamètre, alors qu'il faudrait cinq jours à un tailleur de pierre pour cette opération.

Ces attestations nous paraissent démontrer le bon fonctionnement de la machine que nous venons de décrire.

Nous n'avons représenté que la machine à axe vertical, mais il en existe des modèles à axe horizontal, qui servent à dresser les faces latérales de la pierre, et des modèles pour colonnes et autres pièces tournées.

4° MACHINES A MOULURER

Les moulures sur pierres de taille se font encore presque partout à la main ; l'ouvrier se sert du ciseau et termine par un polissage au sable ou à l'émeri.

Cette opération exige une main exercée ; il est difficile d'obtenir une surface d'une absolue régularité sans bosses ni trous.

L'usage de la machine est évidemment indiqué pour ce travail, comme il l'est pour le moulurage des bois et le rabotage des métaux. Les machines à faire des moulures sur la pierre sont analogues aux machines à raboter ; il faut remarquer cependant que le travail de l'outil ne s'exerce pas dans les mêmes conditions, car il n'y a guère de pierres dont on puisse détacher des copeaux comme on le fait sur le bois ou le fer ; généralement elles ne fournissent que des éclats et de la poussière.

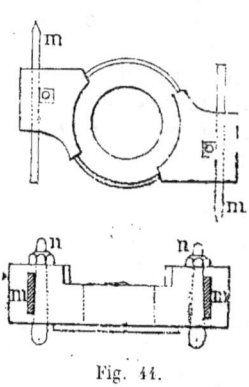

Fig. 44.

La figure 44 montre comment les ciseaux sont fixés dans les machines Hunter. Le ciseau m est engagé dans une rainure du porte-outil et le serrage est obtenu par une clef à écrou n.

Les machines à moulures les plus récentes sont formées de cylindres, tournant sur un axe horizontal ou vertical, et armés de couteaux solides en acier ; la pierre est posée d'une manière inébranlable sur une table voyageuse. Ces outils tournants sont destinés en général à commencer la moulure ; le travail est achevé à l'aide d'un outil fixe présentant en creux le profil de la moulure voulue ; cet outil fixe agit sur la pierre mobile comme le fait l'outil d'une machine à raboter les métaux.

5° MACHINES A ÉMOUDRE ET A POLIR

Observations générales. — Les pierres d'ornement, comme le marbre, ne prennent leur bel aspect que lorsqu'elles sont polies ; dégrossies et même sciées, elles restent ternes, sans couleurs apparentes, elles ressemblent à une pierre quelconque.

Le *polissage* est donc une opération très importante ; elle ne s'exécute pas en une fois et c'est par plusieurs degrés que l'on passe de la pierre dressée à la pierre polie. L'usage des nouvelles machines à dresser et à raboter a cependant rendu le polissage plus facile, car les surfaces à polir présentent beaucoup moins de stries et d'inégalités qu'autrefois.

Le polissage consiste à user par le frottement les aspérités des surfaces ; le frottement s'exerce d'abord à l'aide d'un bloc d'une matière plus dure que la pierre que l'on prépare, et on interpose entre le bloc et la pierre une matière pulvérulente constamment humectée.

Il faut commencer par *émoudre* les surfaces, et les machines à ce destinées sont animées d'une faible vitesse ; les grains de la matière interposée sont gros et résistants.

Les machines à polir, quoique semblables aux machines à émoudre, n'ont plus à produire une usure aussi considérable ; les blocs frottants peuvent devenir plus légers et plus rapides et la poudre usante est d'un grain dont la finesse va croissant.

Matières servant au polissage. — Les principales matières, employées pour l'usure, à l'aide des machines à émoudre et à polir, sont les suivantes :

1° Sous forme compacte : la pierre à aiguiser, la pierre à huile (*oilstone*), le charbon de bois, une composition d'émeri ;

2° Sous forme de poudre et par rang de dureté : le diamant, le quartz cristallisé, l'émeri, le sable, le caillou pilé, le verre, le tripoli, l'ardoise, la pierre ponce, la craie, l'oxyde de fer, le colcotar, la potée d'étain (peroxyde d'étain).

A mesure que le grain de la matière usante diminue, on emploie des blocs de dureté décroissante ; d'abord du fer ou de la fonte, puis un alliage de plomb et d'étain, et enfin, pour finir, des blocs de vieille toile serrés dans un cadre en fer.

Un mince filet d'eau arrose sans cesse les surfaces frottantes.

A chaque changement de poudre, il faut laver à grande eau les surfaces à polir, car, si des grains d'une poudre plus grosse restaient mélangés à la poudre fine, il se produirait certainement des rayures, surtout avec les pierres relativement tendres comme le marbre.

La préparation du sable à polir doit, pour le même motif, faire l'objet de grands soins ; il faut arriver pour chaque poudre à l'uniformité du grain, ce qu'on obtient par lévigation ; les particules les plus grosses, ne pouvant être tenues en suspension dans l'eau, se précipitent les premières.

Polissage du marbre. — Pour donner une idée des opérations successives du polissage, nous indiquerons les cinq phases qu'exigeait, il y a quelques années, le polissage complet du marbre exécuté à la main.

1° L'*égrisage* s'opérait en frottant la pièce avec un morceau de grès mouillé ; pour les moulures, on se servait de molettes en bois ou en fer avec de la poudre de grès pilé et mouillé ;

2° Venait alors le *rabat*, qui consistait à frotter avec des morceaux de faïence sans émail n'ayant subi qu'une cuisson, et toujours en mouillant ; pour obtenir un poli brillant, on se servait de terre à four, ou argile sableuse ; pour les granites, le rabat se faisait avec une molette de plomb et de la poudre d'émeri : c'est après le rabat que l'on remplissait avec un mastic de couleur convenable les fils, cavités et terrasses ; nous avons déjà parlé de ce mastic dont malheureusement on peut trouver la trace sur un grand nombre de marbres ;

3° La troisième opération est l'*adouci*, qui consistait à frotter avec une ponce dure constamment arrosée, sans interposition de sable ou de mordant ;

4° La quatrième opération, le *piqué* ou l'adouci à fond, s'effectuait en frottant le marbre avec un tampon de linge bien serré et bien imprégné d'une boue d'émeri mélangée de limaille de plomb ;

5° Enfin venait le *lustré* ; les surfaces étant bien lavées et essuyées, on les frottait avec le tampon de linge humecté et recouvert de potée d'étain. Quelques coups d'un tampon de linge sec achevaient l'opération.

Le polissage s'effectue toujours à peu près par ces mêmes méthodes, mais il est bien simplifié par l'usage des machines.

Beaucoup de marbriers mettent de l'alun dans l'eau dont ils se servent; ce mordant pénètre les pores du marbre et lui donne un poli brillant, mais factice, qui se ternit et se tache à l'humidité. On reconnaît la présence de l'alun en projetant des gouttes d'eau sur le marbre; s'il y a de l'alun, le marbre happe le liquide et, après avoir essuyé les parties mouillées, il reste des taches blanchâtres.

L'industrie des marbres donne lieu à beaucoup de supercheries de ce genre, contre lesquelles il faut se tenir en garde; elles proviennent souvent des intermédiaires.

Description des machines à émoudre et à polir. — Comme nous l'avons dit plus haut, les machines à émoudre et les machines à polir sont presque les mêmes. La différence entre elles consiste dans le poids et la nature du bloc frottant et dans la vitesse dont il est animé. A mesure que l'opération avance, l'importance des rugosités à user s'atténue; il faut diminuer la pression, ainsi que la grosseur de grain de la poudre usante pour éviter les rayures; en même temps il y a grand avantage à augmenter la vitesse.

Machine à émoudre à disque horizontal tournant. — La plus simple des machines à émoudre, susceptible cependant de produire un grand travail, est représentée par la figure 45; elle est construite à Paris par M. Rikkers.

Elle se compose d'un disque horizontal en fonte A, qui reçoit un mouvement de rotation autour de son axe vertical, par l'intermédiaire des roues d'angle B et des poulies motrices C.

Le bloc E soutenu par des tenailles et suspendu à une grue est posé sur le disque et y pèse de tout ou partie de son poids; il en résulte un frottement qui détermine l'usure.

Le disque est alimenté d'eau et de sable et les boues liquides qu s'échappent sont recueillies par la gouttière annulaire D.

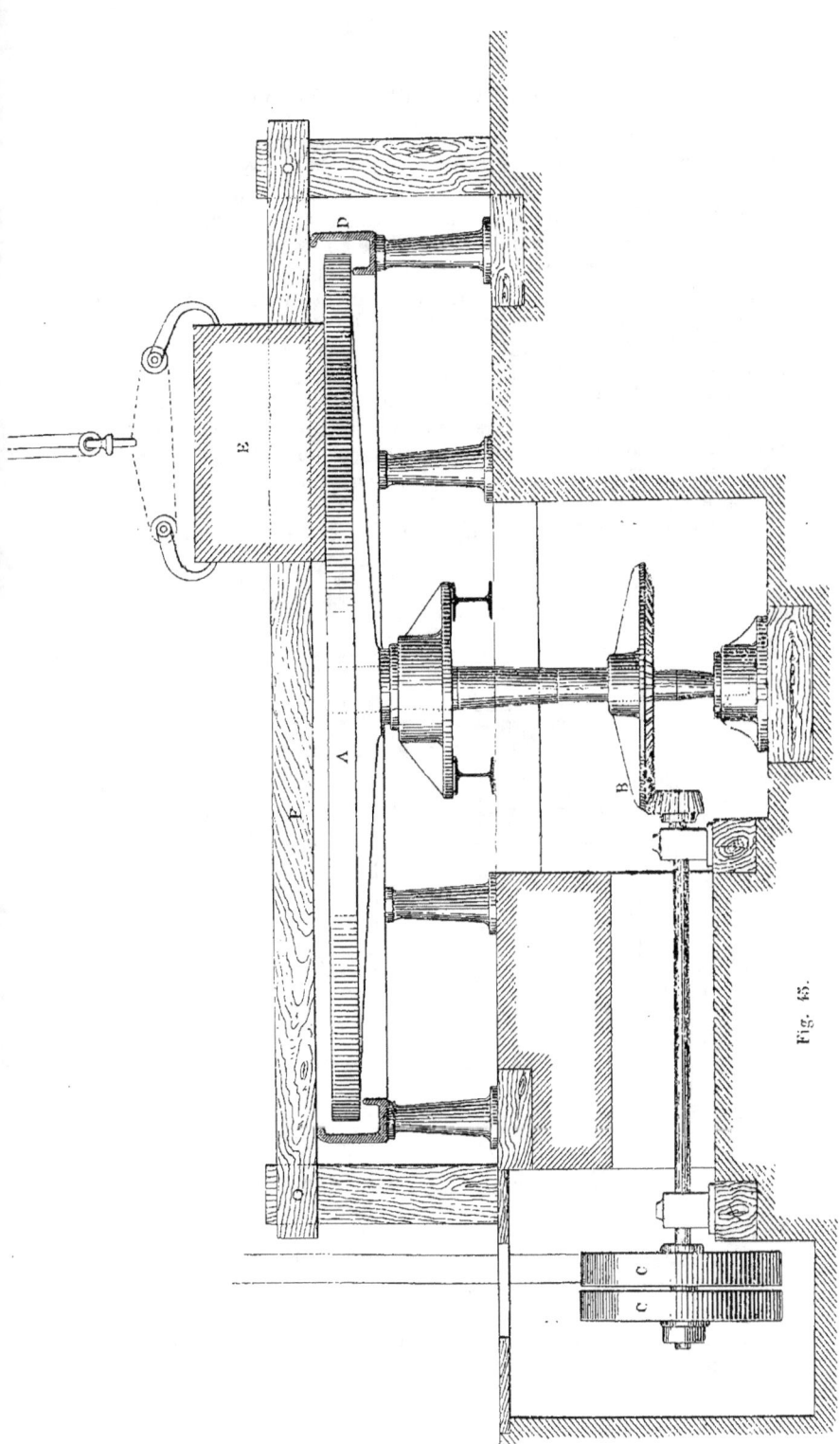

Fig. 65.

Plusieurs pierres sont travaillées à la fois afin d'utiliser toute la surface du disque, qui atteint jusqu'à 5 mètres de diamètre.

Il va sans dire que, comme toutes les machines-outils, ces appareils doivent être montés sur des fondations inébranlables. On ménage autour du mécanisme inférieur une chambre de visite d'un accès facile.

Pour fonctionner économiquement, cet appareil doit être sans cesse en travail; il faut donc qu'il soit parfaitement desservi par des grues et par un nombre suffisant de manœuvres; il faut en outre que l'approvisionnement d'eau et de sable ne manque jamais et que l'on ait toujours à sa disposition des sables de diverses grosseurs.

Les pierres de taille elles-mêmes peuvent être soumises pendant quelque temps à l'action d'une machine de ce genre qui évite un dressage coûteux effectué au ciseau; elles présentent alors des surfaces parfaites, d'un bel aspect, non altérées par les chocs et les joints s'assemblent avec précision.

Le prix de revient de l'opération peut varier de 1 à 3 francs le mètre;

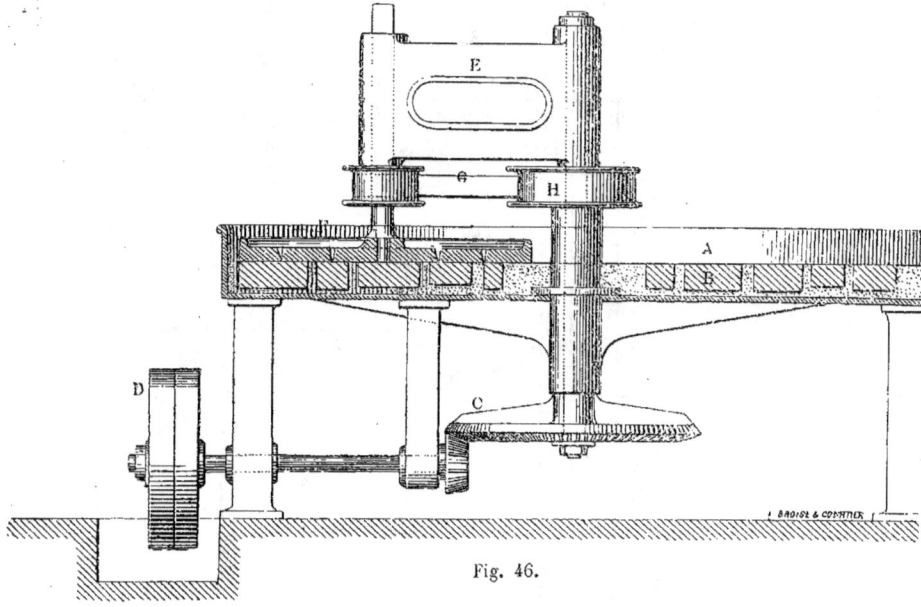

Fig. 46.

on voit qu'en bien des cas elle peut être plus économique que le travail à la main. Il est probable que, si l'on avait à construire un monument important, il y aurait avantage à établir sur les chantiers une machine à émoudre.

On a construit des machines dans lesquelles la pierre à dresser était comprise entre deux disques tournants, de sorte que l'on travaillait deux faces à la fois. Ce système compliqué ne s'est pas développé; il ne convenait du reste que dans les cas où l'on avait à préparer beaucoup de pierres de même épaisseur.

Polisseuse à double rotation. — La véritable machine à dresser et à polir est la machine à double rotation. La figure 46 représente le modèle construit par M. Rikkers.

Celui-ci se compose d'une table-cuve en fonte A, solidement fixée sur des colonnes ; sur le fond de la cuve sont scellées au plâtre les pièces à polir B. Des poulies motrices D actionnent, par l'engrenage d'angle C, un arbre vertical qui entraîne dans son mouvement de rotation le bras E ; l'extrémité de ce bras est traversée à frottement doux par l'axe vertical du plateau polisseur F ; la poulie fixe H est reliée par une courroie à la poulie G calée sur l'arbre vertical du plateau polisseur, de sorte que ce dernier est animé de deux mouvements de rotation, l'un autour de l'axe vertical de la table, l'autre en sens inverse autour de son axe propre.

Ainsi les surfaces en contact et la direction du frottement changent sans cesse, disposition éminemment favorable à la perfection du polissage.

On voit que le plateau F est percé de trous et est muni d'un rebord sur sa face supérieure ; c'est par ces trous que pénètrent l'eau et le sable qui viennent s'interposer entre les surfaces frottantes.

L'appareil de M. Décamp est identique en principe à celui que nous venons de décrire, mais les outils sont plus légers parce qu'il est destiné surtout à polir les plaques de marbres ; le cadre du plateau est en bois et octogonal. La transmission de mouvement est au-dessus de l'outil ; les plaques à polir sont posées sur un bloc de pierre ; une grue sert à les mettre en place, à les prendre, puis à les reporter sur le wagon. C'est la disposition que l'on voit sur la planche 10, représentant deux ateliers de la marbrerie de Bagnères-de-Bigorre.

Polisseuse à plateau pour petites pièces. — La figure 47 représente une

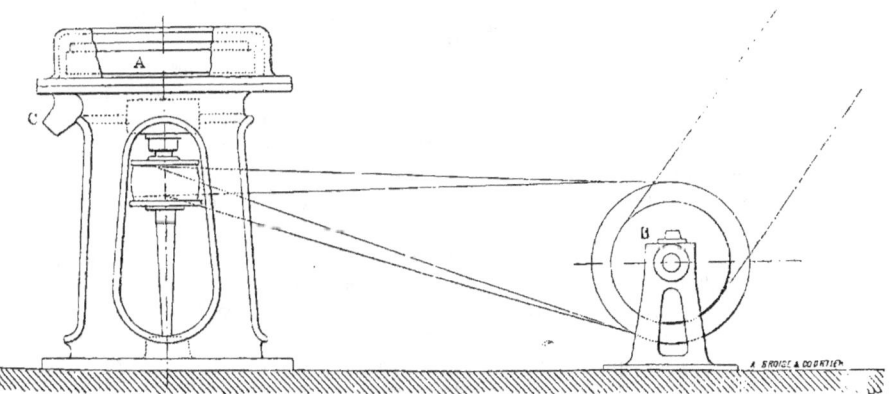

Fig. 47.

polisseuse à plateau pour petites pièces, analogue à la machine à émoudre et à polir que nous avons décrite en premier lieu.

Un arbre vertical, actionné par une courroie, ou même par une manivelle à engrenage, imprime son mouvement au plateau A sur lequel on appuie les pièces à polir, en alimentant la surface d'eau et de sable; les boues liquides qui se forment tombent sur les bords du plateau dans une rigole qui les déverse dans le conduit C. Le plateau A est en fonte ou en pierre à grain fin, suivant la dureté des matières à polir.

Les machines à plateau de toutes dimensions sont répandues en Amérique. Les disques qui donnent le poli final et qui n'ont plus à produire qu'une usure insignifiante arrivent à faire 180 tours à la minute.

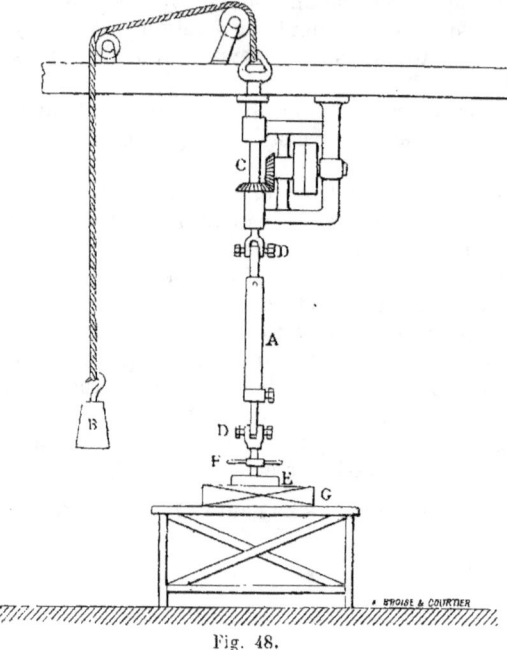

Fig. 48.

Polisseuse à plateau voyageur. — Cet appareil se compose d'un arbre vertical traversant un tube à glissière A et susceptible par conséquent de s'allonger et de se raccourcir à volonté. Cet arbre, supporté par un câble à contrepoids B, est actionné par les roues d'angle C. Il est coupé par deux joints à la cardan D qui permettent de l'infléchir dans tous les sens; il se termine par le plateau polisseur en fonte E, plateau percé de trous et creusé en cuvette à la partie supérieure; cette cuvette reçoit la provision d'eau et de sable. Les manettes F servent à l'ouvrier à saisir l'appareil et à le promener à volonté sur la pièce à polir G.

Polisseuse rectiligne. — Cet appareil, construit comme le précédent par M. Rikkers, se compose d'un arbre horizontal porté sur deux chaises en fonte et actionné par une poulie motrice; cet arbre porte un volant B armé d'un bouton qui fait mouvoir les bielles D et C. Cette dernière porte un plateau polisseur E en fonte, percé de trous et recevant dans une cuvette ménagée à sa face supérieure sa provision d'eau et de sable.

Ce plateau est donc animé d'un mouvement de va-et-vient et polit la pierre sur laquelle il repose.

En changeant la position du bouton sur le volant et les points d'attache des bielles sur leur tige commune de suspension, on peut faire varier en toutes proportions l'amplitude et la vitesse de la course.

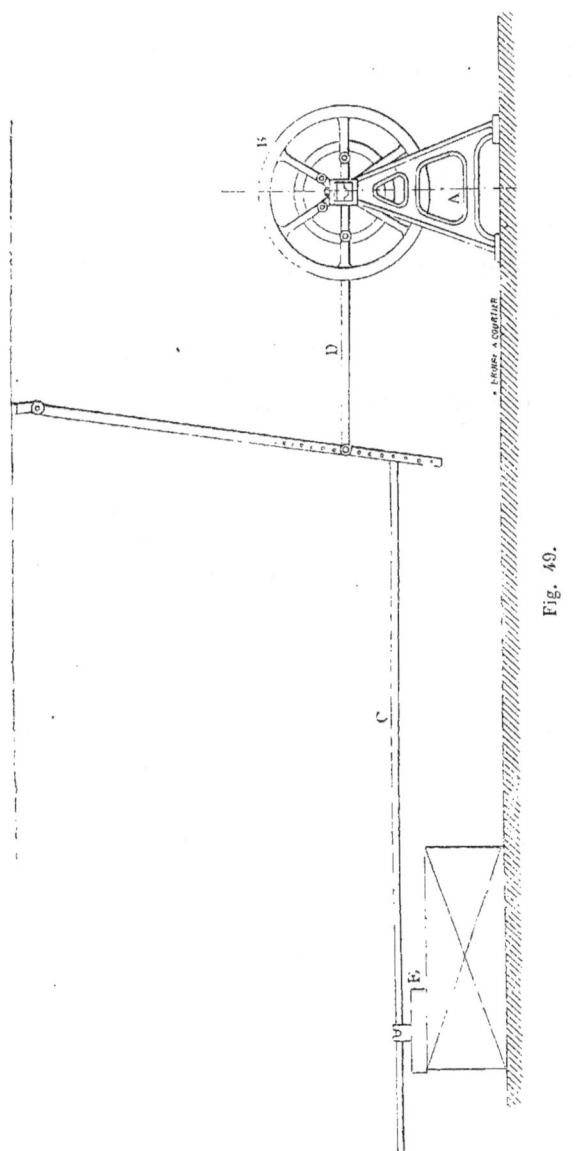

Fig. 49.

On reproche à cette machine la tendance qu'elle peut avoir à produire sur la pierre des stries rectilignes dans le sens du mouvement; pour corriger cet inconvénient, on peut monter les pièces à polir sur une table voyageuse animée d'un mouvement oscillatoire perpendiculaire à celui du plateau polisseur. Grâce à ces deux mouvements rectangulaires combinés, chaque point du plateau décrit une ovale et les stries sont évitées.

Cet exposé nous montre que les machines polisseuses sont arrivées à un grand degré de perfection et sont capables de se prêter à toutes les exigences du constructeur.

Emploi d'un jet de sable ou de poudre de fer pour percer et graver les pierres. — Il y a quinze ans, M. Tilghman, de Philadelphie, reconnut qu'un jet de sable quartzeux, frappant un corindon, y creusait en 25 minutes un trou de 36 millimètres de profondeur et d'autant de diamètre ; la pression du jet était obtenue par de la vapeur à 20 atmosphères.

Ce résultat n'est pas fait pour nous étonner si nous nous rappelons les effets puissants de destruction engendrés par les jets vaseux qui s'échappent des caissons à air comprimé travaillant à de grandes profondeurs. Ne sait-on pas, du reste, que dans certains pays les verres de vitres sont rapidement attaqués et dépolis par le sable que le vent soulève ?

M. Tilghman songea à employer au travail des pierres dures et des métaux les jets de sable entraînés par de la vapeur ou de l'air à haute pression ; plus la pression est grande, plus l'effet est puissant. Nous avons cité plus haut l'exemple du corindon ; un jet de sable avec vapeur à 7 atmosphères creuse, en 10 minutes, un trou de 6 millimètres dans de l'acier dur.

L'appareil qui sert à creuser les pierres est analogue à un injecteur Giffard : il se compose de deux tubes dont l'un enveloppe l'autre ; le tube intérieur de 3 millimètres de diamètre est alimenté par du sable quartzeux sec descendant d'un réservoir ; dans le tube extérieur de 9 millimètres de diamètre arrive la vapeur à 4 atmosphères ; ce tube se prolonge au delà du tube intérieur par un tuyau d'acier très dur ; le sable est appelé et entraîné par la vapeur et il se forme un jet mixte d'eau, de sable et de vapeur, que l'on dirige à volonté, car l'appareil est simple et maniable. La consommation de sable est de un demi-litre à la minute ; la pierre est placée à 20 centimètres de l'orifice du jet.

Cet appareil est surtout propre à graver des lettres ou des ornements sur la pierre ; celle-ci est recouverte d'un calibre en fonte qui permet de diriger le jet convenablement. Ce calibre peut servir une centaine de fois avant d'être usé.

Avec un appareil de ce genre on peut creuser en quelques instants des rainures profondes dans la pierre, et détacher ainsi en carrière tels blocs que l'on voudra ; l'orifice du jet est alors rapproché à quelques centimètres de la pierre ; la rainure est d'abord tracée et amorcée avec un outil à main.

On a obtenu des résultats plus favorables encore pour attaquer les pierres dures, en substituant la poudre de fer fondu au sable quartzeux ; nous avons dit précédemment comment cette poudre était préparée.

LES PIERRES

6° TOURS A PIERRE

Les pierres peuvent être, comme le bois et le métal, travaillées au tour. La disposition générale des tours est toujours la même ; la pièce est fixée entre deux poupées d'une manière inébranlable, de telle sorte que son axe coïncide avec l'axe de rotation. Elle est animée d'un mouvement de rotation plus ou moins rapide ; le ciseau qui l'attaque est fixe dans le sens transversal, mais reçoit dans le sens horizontal un lent mouvement de progression, de sorte qu'il trace sur la pièce à tourner une ligne hélicoïdale à pas très faible.

La largeur de l'outil est, du reste, proportionnée à la dureté de la pierre.

Pour les pierres de dureté moyenne, les ciseaux ordinaires en acier trempé suffisent. Mais, pour les granites, la préférence doit être donnée

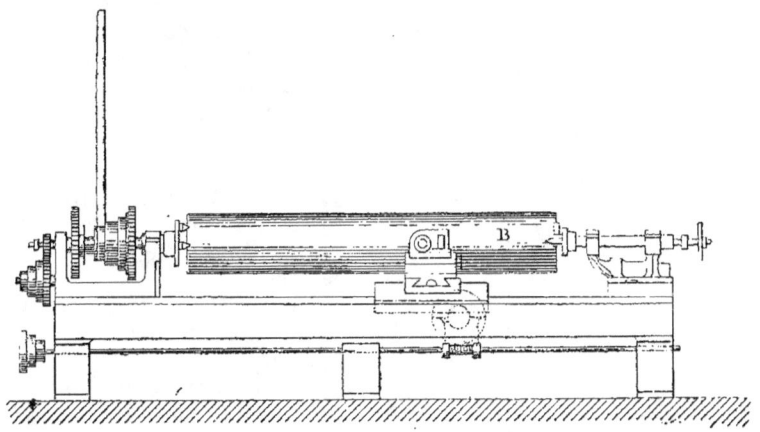

Fig. 50.

aux couteaux circulaires tournants de Brunton [et Trier; nous avons signalé, en décrivant les machines à dresser, les excellents résultats obtenus par l'adaptation de ces couteaux aux tours à granite.

Les figures 50 et 51 représentent un de ces tours avec le détail du couteau. L'appareil est très robuste, il est destiné à recevoir une vitesse considérable ; le mouvement lui est donné par une poulie à plusieurs diamètres. L'outil est un galet A, en acier trempé ou même en fonte blanche, faisant avec l'axe de

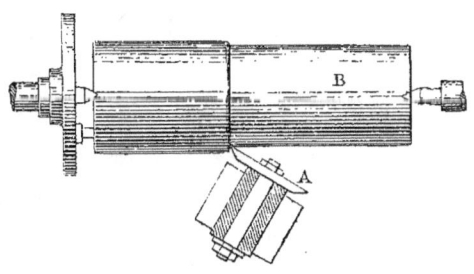

Fig. 51.

rotation un angle de 25°; le galet A, fou sur son axe, tourne au contact de la pierre qu'il attaque par une partie très limitée de son tranchant. Le porte-outil reçoit en même temps, d'une vis sans fin et d'une roue dentée, une translation dont la vitesse est réglée par une poulie à plusieurs diamètres reliée à l'arbre principal du tour. Pour chaque nature de pierre il faut établir expérimentalement le rapport convenable entre la vitesse de rotation et la vitesse de translation.

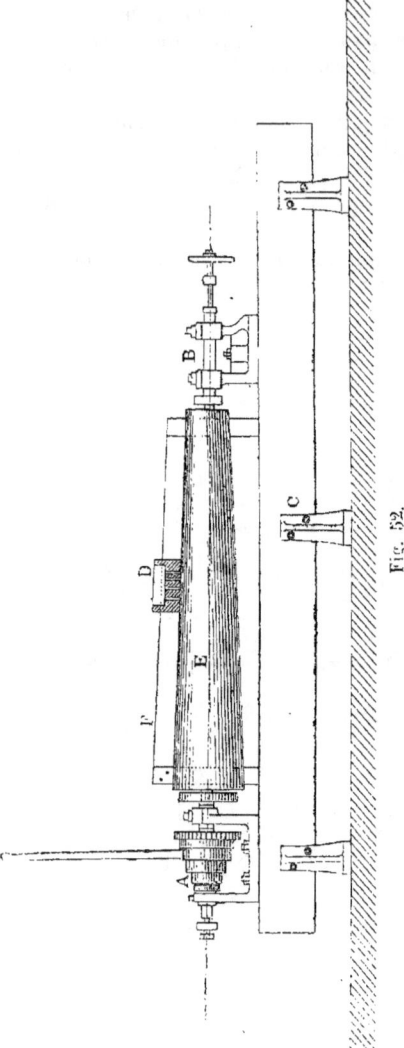

Fig. 52.

La vitesse de la pierre à tourner peut être de 15 à 20 centimètres par seconde à la circonférence avec de la pierre dure; l'avancement de l'outil est de 1 millimètre par tour de l'arbre, et l'on peut enlever des épaisseurs s'élevant jusqu'à 25 millimètres. L'appareil produit donc beaucoup de travail et donne jusqu'à 70 décimètres carrés par heure; la surface obtenue est parfaitement nette et prête pour le polissage.

Avant d'être placée sur le tour, la pierre est débitée sur section octogonale.

La préparation des colonnes est terminée sur un *tour polisseur*.

Il se compose d'une poupée A, avec poulie à plusieurs diamètres, et d'une contre-pointe B, montées sur un banc de bois C. Le tout est solidement maintenu, et la pierre elle-même est fixée d'une manière inébranlable. Le sabot en fonte D est mobile le long d'une traverse F; c'est un sabot creux percé de trous que l'on alimente d'eau et de sable fin, et que l'on promène tout le long de la traverse pour le faire agir successivement sur les diverses parties de la pierre.

Le poli final est donné par un bloc de chiffons enduit de fleur d'émeri ou de potée d'étain.

7° MACHINES A BROYER LES PIERRES

e métier de casseur de pierres a de tout temps excité la pitié ; c'est, en effet, un métier monotone et pénible, qu'il serait humain de remplacer par des procédés mécaniques. L'élévation croissante de la main-d'œuvre ne tardera pas, du reste, à imposer partout cette substitution.

Il n'est point de département qui ne consomme, pour l'entretien de ses chaussées, plusieurs dizaines de milliers de mètres cubes de pierre cassée, et souvent on a peine à assurer l'approvisionnement en temps utile. Les frais de premier établissement des machines broyeuses seraient vite couverts par les économies réalisées ; mais, en général, les entrepreneurs ne sont pas en mesure de faire la dépense des installations premières ; c'est à l'État ou aux départements qu'il appartiendrait de donner l'exemple. Il est vrai que l'adoption des machines entraînerait un nouveau choix et une nouvelle répartition des carrières ; mais il n'y a pas là de difficultés insurmontables, sauf dans quelques régions.

Les machines à casser la pierre ne sont guère usitées en France, si ce n'est dans quelques grosses exploitations ; cependant elles ont, dans ces dernières années, rendu de grands services pour la fabrication du sable destiné à la confection des maçonneries d'ouvrages d'art ; nous donnerons, au chapitre des mortiers, des renseignements précis à ce sujet.

Ces machines sont, en revanche, très répandues en Angleterre et en Amérique, où elles ont reçu de nombreuses applications.

Plusieurs broyeuses sont spécialement appliquées à la préparation des minerais ; nous ne décrirons ici que celles qui nous paraissent susceptibles d'être utilisées dans les travaux publics.

Broyeur Loiseau. — Le broyeur Loiseau, représenté par la figure 53, qui suppose qu'une portion de l'enveloppe de l'appareil a été enlevée, se compose de deux parties distinctes, savoir :

1° Un bâti en fer et fonte offrant une grande résistance, portant à la partie supérieure une trémie servant à l'introduction des pierres, et garni à l'intérieur de deux fortes grilles d'acier, l'une inclinée, l'autre cintrée, percées toutes deux de trous de diamètre déterminé ; ces grilles sont destinées à laisser passer le sable résultant du cassage de la pierre ;

2° Un broyeur proprement dit, formé d'un manchon dont les joues sont traversées par des axes d'acier servant à maintenir des marteaux mobiles pesant environ 9 kilogrammes chacun. Ce manchon est claveté sur un arbre moteur qui tourne à raison de 900 tours par minute et transmet son mouvement de rotation aux marteaux. Ces derniers, en raison de leur mobilité et de la vitesse avec laquelle ils sont manœuvrés, se trouvent constamment tendus.

Ceci posé, il est facile de comprendre que la pierre introduite par la trémie est immédiatement cassée par les marteaux et projetée contre les grilles qui laissent passer les fragments de la grosseur voulue. Les morceaux insuffisamment broyés repassent sous les marteaux, qui achèvent de les broyer. Ces différentes phases du travail sont extrêmement rapides.

Si les marteaux viennent à frapper sur une pierre offrant une résistance anormale, ils oscillent sur leurs axes, ce qui a pour double avantage d'éviter les ruptures et de réduire au minimum la force motrice nécessaire au broyage.

Le sable produit par l'outil que nous venons de décrire est, dit l'inventeur, toujours à grains anguleux et très résistants, attendu que les roches ne sont ni clivées ni étonnées, comme dans le cas de broyeurs agissant par écrasement, tels que les meules, les mâchoires, etc., et il est dispensé du lavage.

Fig. 53.

Nous ferons remarquer enfin que les organes principaux de l'appareil sont en acier, que les marteaux ont deux faces de frappe, ce qui permet de doubler leur durée en les retournant, et que leur remplacement se fait rapidement et sans avoir besoin de démonter l'appareil, des portes latérales ayant été ménagées à cet effet.

On a imité, dans cet appareil, le cassage à bras d'hommes, et il fonctionne d'une manière satisfaisante quoiqu'il donne lieu, comme tous les appareils à choc et comme tous les broyeurs, à une usure considérable. Bien qu'en principe les appareils à choc soient d'un ordre inférieur, parce que tout choc absorbe de la force vive transformée en usure ou en chaleur, il faut reconnaître que ces appareils sont, dans le cas actuel, appropriés au travail qu'on leur demande et qu'ils donnent des résultats comparables à ceux que fournissent les broyeurs par pression. Il est même probable que l'assertion de l'inventeur est vraie en ce qui touche la proportion de poussière, qui est plus faible avec les broyeurs à percussion.

Concasseur, système Blake. — Le concasseur ou broyeur, système Blake, se compose essentiellement de deux mâchoires, l'une verticale et fixe $C_1 C_2$, l'autre inclinée C_3, animée d'un mouvement oscillatoire autour de l'axe fixe E. L'écartement de ces deux mâchoires est réglé suivant la grosseur des fragments à obtenir ; les blocs à broyer sont jetés entre elles à la partie supérieure, et le produit du broyage tombe par le bas soit dans des wagonnets, soit dans un crible cylindrique à axe incliné, qui opère la répartition des fragments suivant leur grosseur et qui tourne lentement autour de son axe.

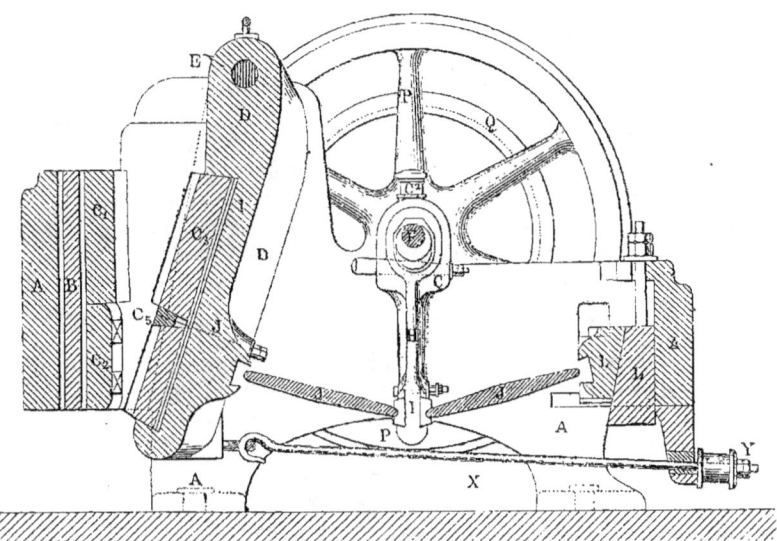

Fig. 54.

Les mâchoires sont armées de dents, ou plutôt de cannelures longitudinales, en fonte trempée, disposées de manière à pouvoir être facilement remplacées après usure.

Toutes les pièces du concasseur sont portées par un bâti en fonte A obtenu d'une seule pièce ; la massivité et la solidité inébranlable du bâti sont une condition capitale de succès pour les machines-outils en général et pour les machines à choc en particulier ; les constructeurs anglais observent avec soin cette condition.

On voit en Q la poulie motrice, actionnée par la courroie d'une locomobile ; l'arbre F porte, en outre, deux lourds volants régulateurs P. Cet arbre moteur, qui fait 250 révolutions à la minute, donne le mouvement à la bielle HI, et le va-et-vient de la bielle se transmet, par les tiges articulées J, à la mâchoire mobile.

Le recul de la mâchoire est obtenu par la tige de rappel X, terminée part un ressort Y.

L'écartement des mâchoires est réglé par les coins L que manœuvrent des écrous. L'appareil est monté sur un chariot spécial à quatre roues et peut être facilement transporté sur les divers chantiers.

Lorsqu'on veut séparer les fragments obtenus suivant leur grosseur, on les reçoit, avons-nous dit, à leur sortie des mâchoires sur un plan incliné qui les conduit dans l'axe d'un crible trieur cylindrique, analogue au crible à grains, percé de trous circulaires de diamètre croissant; les morceaux trop gros sont repris au bout de ce crible et peuvent être introduits de nouveau dans l'appareil. Le crible, d'une longueur de 2 mètres, est incliné au dixième sur l'horizon; le mouvement de rotation lui est donné par deux roues dentées à angle droit et par une courroie montée sur un volant du broyeur.

On voit que cet appareil est bien conçu; quoiqu'il donne une proportion un peu forte de poussière, il est appelé à rendre des services et a reçu déjà de nombreuses applications.

Le cassage et le broyage à la main constituent, du reste, un travail barbare, dont la rareté de la main-d'œuvre augmente sans cesse le prix; il est désirable qu'il disparaisse. Malheureusement, l'opération exige une machine robuste, lourde, coûteuse, d'un transport difficile : c'est là ce qui explique pourquoi les machines à casser le caillou sont encore peu répandues et n'apparaissent que sur les grands chantiers.

Les broyeurs Blake, fonctionnant comme pulvérisateurs, sont munis d'une noria qui reçoit les fragments trop gros à leur sortie du crible et les remonte pour les déverser dans le broyeur.

Pour produire à l'heure 4 mètres cubes de cailloux cassés, il faut une puissance normale de 6 chevaux vapeurs; le broyeur complet pèse environ 8,000 kilogrammes, monté sur roues, et coûte 5,000 francs.

Fig. 55.

Broyeur Carr. — Deux arbres horizontaux, ayant le même axe, tournent en sens contraire ; chacun porte un plateau vertical garni de broches horizontales dessinant des cercles concentriques, et les broches d'un plateau sont intercalées entre celles de l'autre.

La matière à pulvériser, réduite en cailloux, est introduite par une trémie latérale au centre de l'appareil enfermé dans une enveloppe cylindrique. Les cailloux commencent à tomber, mais ils sont pris et choqués par les broches animées d'un mouvement très rapide de rotation; ils sont renvoyés de l'une à l'autre, broyés par les chocs et arrivent finalement à l'état de poussière. Cette poussière tombe dans le coffre inférieur d'où elle s'écoule au dehors. On lui fait subir un criblage pour reprendre les morceaux trop gros.

Avec 10 chevaux de force, des diamètres variant de 0^m90 à 1^m90, une vitesse de 300 tours par minute, on peut pulvériser à l'heure 6 à 7 mètres cubes d'une matière de dureté moyenne.

Nous verrons ultérieurement les résultats relatifs à la fabrication du sable par pulvérisation des roches.

8° MACHINES A ARDOISES

Nous avons exposé la constitution des gîtes ardoisiers, qui se présentent en couches inclinées plus ou moins puissantes; la direction du clivage n'est pas parallèle aux lits de la couche, elle est oblique sur ces lits et, à Angers, se rapproche de la verticale.

On fabrique l'ardoise de toiture en débitant les blocs en feuilles à l'aide du coin et du maillet; quelques machines commencent à se répandre pour effectuer cette opération. Il importe que ce travail ait lieu aussitôt que le bloc quitte la carrière ; il deviendrait impossible, ou très difficile, si la pierre avait perdu son eau de carrière par une exposition prolongée au soleil et à l'air.

On équarrit et on arrondit les bords des ardoises avec des couteaux ou cisailles mus à la main ou à la machine. Les couteaux agissent sur l'ardoise posée sur une table ; ils sont courbes et reçoivent par un levier un mouvement oscillatoire, de sorte qu'ils n'attaquent la pierre que par un point à la fois et, ainsi, ne l'exposent pas à se rompre. Les couteaux mus à la machine agissent par un mouvement de guillotine ; ils attaquent l'ardoise sur toute la ligne à la fois, aussi la pose-t-on d'ordinaire entre des coussins à ressort pour amortir les vibrations.

L'ardoise pour dallage et pour tables est extraite du bloc à l'aide de scies circulaires ou de scies à lames, puis les plaques sont portées à la polisseuse et à la machine à mouturer.

L'ardoise ordinairement se travaille par machines, pourvu qu'elle soit de bonne qualité, ni molle, ni pourrie et ne contenant point de parcelles dures de feldspath ou autres.

9° COMPARAISON DU TRAVAIL A LA MAIN ET DU TRAVAIL A LA MACHINE

Est-il besoin de comparer, au point de vue économique, le travail à la main au travail à la machine? Du moment qu'il s'agit d'une *opération continue*, l'expérience constante a montré et la simple réflexion prouve que la machine travaille à meilleur compte. C'est une règle facile à vérifier dans toutes les industries.

De plus, la machine donne un travail parfait et régulier; elle n'a ni les défaillances, ni les moments d'inattention qui se rencontrent chez le meilleur ouvrier.

Elle est donc préférable à tous égards.

En parlant de la machine à dresser à couteau circulaire et de la polisseuse à plateau, nous avons indiqué déjà quelques chiffres relatifs à la production de ces machines. Nous les complèterons par des résultats empruntés au livre de M. Povis Bale (Stone Working machinery), qui peuvent inspirer confiance, car les machines à travailler la pierre sont beaucoup plus répandues en Angleterre que chez nous.

1° Dans des conditions moyennes une bonne machine dresse 2^m50 à 3 mètres superficiels à l'heure; la dépense, pour deux hommes et un enfant est d'environ deux shillings (2^f50); le travail à la main coûterait au moins 5 shillings !(6^f25). Il y a donc une grande marge pour l'usure et l'amortissement de la machine.

2° Une machine à moulurer le calcaire portlandien a fait 90 pieds superficiels ($8^{m2}1$) par jour et a coûté :

Deux ouvriers	0 livre 9 shillings 2 deniers.
Outils.	0 — 7 — 6 —
Force de vapeur	0 — 5 — 0 —
Intérêt à 5 p. 100	0 — 3 — 6 —
Total	1 livre 5 shillings 2 deniers, ou 31 fr. 15.

Ce qui donne moins de 4 francs par mètre carré.

Le travail à la main n'eût pas coûté moins de 1 sh. 2 den. par pied, ou 16 francs par mètre carré, soit quatre fois plus que le travail à la machine, et ce dernier est effectué mieux et plus vite.

Pour le sciage il est difficile de donner des résultats précis, car la production superficielle dépend surtout de la nature de la pierre. Avec de la pierre tendre, le prix du mètre carré du sciage à la machine n'atteint pas 1 franc; il est le double pour le travail à la main. Quand il s'agit de pierres dures, la différence est plus considérable.

Les chiffres relatifs aux scies circulaires ne sont pas encore établis. Comme nous l'avons dit, ces outils sont plus expéditifs que les scies à lames, mais elles exigent plus de puissance et entraînent plus de déchet.

10° OBSERVATIONS GÉNÉRALES SUR LE FONCTIONNEMENT ET L'INSTALLATION DES MACHINES A TRAVAILLER LA PIERRE

Jusqu'à ce jour les machines à travailler la pierre sont demeurées presque inconnues en France, si ce n'est dans les marbreries et les ardoisières qui elles-mêmes n'en tirent pas tout le parti possible. Si nous voulons mettre en valeur, pour notre usage et surtout pour l'exportation, nos carrières nombreuses, disséminées sur tout le territoire et riches en excellents matériaux de construction, il est indispensable que nous transformions à bref délai notre outillage et que nous nous mettions en mesure de lutter avec l'étranger.

Depuis longtemps déjà l'Angleterre et l'Amérique, où la main-d'œuvre est, il est vrai, encore plus coûteuse que chez nous, nous ont donné l'exemple.

Ainsi, la préparation mécanique des pierres de taille est entrée dans la pratique courante des constructeurs américains, qui partout réduisent au strict nécessaire l'emploi de la force musculaire. M. Malézieux cite d'immenses carrières situées à 40 kilomètres de Chicago, dans lesquels on suppléait déjà, en 1870, par les procédés mécaniques à la main-d'œuvre qui ferait totalement défaut. On exploite des bancs calcaires d'une horizontalité parfaite, gisant à fleur du sol sur une grande étendue.

« Les engins qui servent à préparer la pierre sont établis sous un long hangar, en tête duquel est une machine à vapeur dont l'action se transmet par un arbre de couche. Ces engins se composent de scies, de meules et de rabots.

« La scie comprend cinq lames montées sur un même châssis auquel on imprime un mouvement de va-et-vient horizontal. Les dents sont à la partie supérieure des lames et la scie monte au lieu de descendre : elle est suspendue à cet effet à une traverse sur laquelle agit un contrepoids.

« La meule à polir est suspendue à l'extrémité du bras horizontal d'une grue et pèse sur les aspérités de la pierre fixée en dessous et portée par un plateau horizontal tournant.

« Mais le travail principal, après le sciage, c'est le rabotage. Chaque machine à raboter, constituée comme celles qui servent pour la fonte, comprend huit ciseaux juxtaposés. La pierre ne reçoit pas d'autre taille. »

Le moment est venu pour nos constructeurs d'imiter ces procédés et, si nous avons insisté sur la description des machines à travailler la pierre, c'est dans le but d'être utile et d'aider, dans la mesure de nos forces, à une transformation qui s'impose.

Malheureusement, les industriels français sont parfois trop timides dans leurs essais ; il s'en trouve qui se décident à acheter une machine nouvelle et qui ne tardent pas à l'abandonner après quelques jours d'une expérience infructueuse, sans chercher à la perfectionner, sans même se demander si elle est réellement construite en vue du travail qu'on lui impose.

Et c'est là, en effet, le point capital à considérer lorsqu'il s'agit des machines-outils en général et plus particulièrement des machines à travailler la pierre. *Chaque machine doit être appropriée à la nature spéciale de la matière qu'on lui donne à travailler.* Une scie à bois ne convient pas à tous les bois indistinctement; il faut pour chaque essence une denture, une disposition particulière. Or, la variété des pierres est plus grande que la variété des bois; telle machine qui réussit pour la taille d'un calcaire ou d'un grès déterminés ne réussira pas, sans une modification de son outil, pour la taille d'un granite ou même d'un autre calcaire ou d'un autre grès. C'est *l'expérience seule* qui, dans chaque cas, permet de déterminer *la forme et les dispositions qui conviennent au bon fonctionnement de l'outil.*

C'est donc seulement par des essais prolongés et intelligents que nos exploitants de carrières arriveront à créer l'outillage qui leur est nécessaire.

Les pierres homogènes et régulières sont, en général, faciles à traiter par toutes les machines; la dureté n'est pas l'obstacle principal, c'est l'inégalité de la texture. Le granite, avec ses trois éléments, est toujours difficile à travailler, surtout à moulurer.

De même on n'arrive guère à travailler à la machine les pierres d'un grain trop friable qui s'émiettent sous la pression, ni les pierres coquillières remplies de fossiles. Ces pierres ne prennent jamais des moulures nettes; cependant l'usage des couteaux circulaires tournants a donné des résultats bien supérieurs à ceux qu'on obtenait avec les ciseaux ordinaires.

Les pierres argileuses et ferrugineuses se travaillent mal à la machine. Sauf ces quelques exceptions, il est possible de trouver pour la généralité des pierres des machines-outils appropriées à leur nature et donnant des résultats satisfaisants au point de vue de l'économie et de la perfection du travail.

Installation d'une usine à travailler les pierres. — Quand il s'agit de matières lourdes et encombrantes comme la pierre, le choix de l'emplacement de l'usine est chose capitale. Toute facilité, même légère, donnée à la manutention ou au transport, se traduit par une économie de quelques centimes, et c'est beaucoup lorsque la matière première est par elle-même sans grande valeur.

L'usine à travailler la pierre sera donc, autant que possible, à proximité et en contre-bas des carrières; elle leur sera reliée par une voie ferrée dont les ramifications pénétreront d'un côté jusqu'aux chantiers d'abatage et de l'autre jusque dans les bâtiments qui abritent les machines-outils.

La voie large n'est pas indispensable, à moins qu'on n'ait intérêt à conduire directement à la carrière les wagons du chemin de fer voisin; en général on pourra se contenter d'une voie de 0^m60, qui possède une grande flexibilité et qui, comme nous l'avons vu, peut livrer passage dans des courbes de 3 mètres de rayon à des blocs de 10 tonnes et plus portés sur des trucs à deux trains de quatre roues munis chacun d'une cheville ouvrière.

L'usine sera, de plus, directement reliée par un embranchement au réseau des chemins de fer ; les transports sur routes exigent un matériel considérable et de trop grosses dépenses ; toutes les fois qu'on le peut, il faut les supprimer.

Est-il besoin de dire que des grues fixes ou roulantes doivent être disposées, en force et en nombre suffisants, partout où il s'agit de déplacer, de charger ou de décharger les blocs ?

Quand à ces conditions on peut ajouter une bonne chute d'eau pour actionner un moteur hydraulique, la situation est excellente sous le rapport économique.

En ce qui touche l'usine proprement dite, il convient de l'établir sur les proportions les plus larges en plan et en hauteur ; la hauteur est nécessaire pour éviter l'accumulation des poussières tenues en suspension dans l'air, poussières des plus nuisibles à la santé des ouvriers. Un bon éclairage est indispensable pour faciliter et activer le travail.

Une halle de 30 à 40 mètres de long et de 15 mètres de large doit suffire à contenir toute la série des machines placées le long de l'un des grands côtés ; en avant d'elles règne une double voie ferrée avec plaques roulantes. Un treuil roulant dessert toute la surface, aidé s'il le faut par quelques grues fixes.

La machine motrice, surtout si c'est une machine à vapeur, est installée dans un bâtiment spécial ; il importe qu'elle soit à l'abri des poussières qui ne tarderaient pas à pénétrer dans tous les organes et à les détériorer par l'usure et le grippement. Elle doit être susceptible d'une assez grande variation de puissance et, dans ce but, les machines à vapeur à longue détente doivent être préférées.

L'arbre de couche doit recevoir un mouvement de rotation assez rapide, 100 tours à la minute. Les constructeurs anglais recommandent d'adopter un arbre souterrain, parce que tous les frottements s'y trouvent mieux à l'abri de la poussière. L'arbre souterrain est toujours d'une construction plus difficile ; les prises de mouvement et les courroies y sont plus dangereuses pour les ouvriers et gênent davantage la circulation. Aussi nous pensons qu'il faut préférer l'arbre aérien supérieur en ayant soin de protéger par des boîtes hermétiques et par des toiles goudronnées tous les paliers et toutes les surfaces frottantes.

L'installation que nous venons de décrire est certainement coûteuse ; elle exige un gros capital de premier établissement et n'est pas à la portée des petites exploitations qui devront se fusionner ou disparaître. C'est un mal inévitable dans presque toutes les industries qui, pour être économiques, doivent réaliser une production considérable ; mais c'est un mal nécessaire au progrès industriel d'un pays.

E. — BRIQUES ET TERRES CUITES

Argiles. — L'élément principal des briques et terres cuites est l'argile.

Nous avons étudié les argiles dans la première partie de cet ouvrage, mais il convient d'en rappeler ici les propriétés comme introduction à l'étude de la brique.

En langage vulgaire, on appelle argile une masse terreuse plus ou moins dure, onctueuse au toucher, absorbant l'eau et susceptible de former une pâte avec elle, laquelle pâte se durcit par la cuisson; les argiles desséchées happent à la langue, parce que, vu leur constitution poreuse, elles tendent à absorber l'humidité; elles sont douées d'une odeur amère, que l'on qualifie du nom d'odeur argileuse.

L'argile la plus pure physiquement est le *kaolin* ou hydrosilicate d'alumine, ou encore feldspath terreux, parce qu'il semble résulter d'une décomposition lente des roches feldspathiques. Le kaolin est réservé à la fabrication de la porcelaine.

La composition des argiles communes est très variable; ce sont des combinaisons de silice, d'alumine et d'eau, auxquelles s'ajoutent une ou plusieurs des matières suivantes : calcaire, sable, carbonate de magnésie, silicate de chaux, marne, oxyde de fer.

Classification des argiles. — Les argiles se distinguent en trois classes :

La première classe, qui comprend les argiles dites ordinaires et *argiles à poterie*, contient comme élément principal le silicate d'alumine, avec 10 à 12 p. 100 d'eau. Inattaquables aux acides, ces terres, délayées, forment une pâte ductile, facile à façonner; l'eau doit y exister plutôt à l'état hygrométrique qu'à l'état de combinaison, car presque tous les hydrates sont solubles dans les acides.

La troisième classe comprend les argiles qui renferment 20 à 25 p. 100 d'eau; elles forment avec l'eau une pâte peu liante, qui se déchire, se gerce, et fond facilement au feu; en revanche, elles ont la propriété d'absorber les graisses, avec lesquelles elles forment un savon terreux. Ce sont les *terres à foulon* ou argiles smectiques; elles fournissent, par la cuisson, les pouzzolanes artificielles les plus énergiques.

La deuxième classe comprend toutes les argiles intermédiaires entre la première et la troisième classes, qui renferment des quantités d'eau variant de 12 à 20 p. 100. Ce sont des argiles mixtes, formées de l'union en proportion variable d'une argile ordinaire avec une terre à foulon.

En pratique, on appelle argiles les terres qui servent à la fabrication des poteries et des diverses espèces de briques. Ce sont des silicates d'alumine contenant 10 à 12 p. 100 d'eau, et presque toujours additionnés d'oxyde de fer, de sable, de bitume ou de calcaire qui en modifient la nature et l'usage.

L'*argile plastique* est la plus pure, et fournit la terre à faïence fine; elle contient quelquefois du bitume, mais cela est sans inconvénient, parce que le bitume se volatilise pendant la cuisson. L'argile plastique est infusible; sa couleur est le blanc sale; par la chaleur, elle devient plus attaquable par les acides; il semble que la cuisson décompose en partie le silicate d'alumine, et c'est ainsi qu'on s'explique l'emploi de l'argile calcinée comme pouzzolane; les éléments se trouvant séparés s'unissent facilement à la chaux. A l'argile plastique se rattache la terre de pipe, ou argile blanche.

Vient ensuite l'*argile figuline*, qui sert à la fabrication des faïences communes, des briques et des terres cuites en général; on l'emploie aussi pour dégraisser les pâtes d'argile plastique.

Retrait. — Par la cuisson, l'argile se contracte et se gerce; elle éprouve un *retrait* d'autant plus considérable qu'elle est plus pure; pour combattre ce retrait, on l'additionne d'un peu de sable, qui est un dégraisseur. Cette opération s'appelle dégraisser la pâte, qui devient beaucoup moins ductile.

Le *retrait est parfois considérable*. Les dimensions linéaires, entre le moule à pâte molle et la brique parfaitement cuite, peuvent diminuer de 2 à 20 p. 100, suivant la composition de la pâte et la quantité d'eau qu'elle renferme; le retrait est dû, en effet, à deux causes : l'élimination de l'eau et le rapprochement des molécules solides par un commencement de fusion plus ou moins avancée suivant la composition chimique.

Avant d'employer une terre pour fabriquer des briques, il faut donc en déterminer le retrait par une expérience portant sur des barreaux. Si l'on trouve, par exemple, un retrait de 1/10 et que l'on veuille fabriquer des briques de 0^m22 sur 0^m11 et 0^m055, on trouvera pour les trois dimensions du moule les valeurs 0^m244, 0^m1222, 0^m0611. Bien entendu, l'expérience doit porter sur la composition même qui servira à faire la brique; le sable, qu'on ajoute à l'argile pour la dégraisser, a pour effet de diminuer le retrait.

Argile figuline, marne. — L'argile figuline est liante, moins tenace que l'argile plastique; elle contient toujours 5 à 6 p. 100 de chaux carbonatée ou silicatée, et renferme aussi un peu de fer, qui, par la cuisson, lui donne une couleur rouge ou jaune; elle se ramollit à une haute température.

Lorsque la proportion de chaux augmente, on passe de l'argile figuline à l'argile calcaire et à la marne; on n'emploie, dans les arts céramiques, que des marnes renfermant 20 à 25 p. 100 de calcaire au plus, et elles jouent le rôle de dégraisseurs pour empêcher la fente.

Citons encore les argiles légères, qui sont des silicates de magnésie alumineux, et qui fournissent des briques d'une grande légèreté; les argiles bitumineuses ou argiles plombagines, qui, lorsqu'elles sont infusibles, servent à fabriquer des creusets pour l'acier fondu : le charbon qu'elles renferment brûle à une haute température et laisse une pâte poreuse qui peut, sans se rompre, se réchauffer et se refroidir à volonté.

Fusibilité de la pâte argileuse. — L'argile pure, silicate d'alumine, est infusible aux températures connues; aussi s'en sert-on pour les *produits réfractaires*, qui résistent à des températures de plus de 1800°, et qui sont précieux pour la construction des fourneaux métallurgiques et autres. La silice ou l'alumine en excès ne nuisent pas à la valeur du produit réfractaire.

La pâte argileuse cesse d'être réfractaire et devient plus ou moins fusible lorsqu'elle renferme du calcaire, des alcalis ou du protoxyde de fer. La chaux du calcaire donne, avec l'argile, des silicates doubles d'alumine et de chaux plus ou moins fusibles suivant leur composition. Les silicates alcalins sont très fusibles, puisqu'ils sont la base des verres et des cristaux. Le protoxyde de fer donne aussi un silicate fusible qui entre dans le verre à bouteilles; quant au sesquioxyde de fer, qui est rouge, il n'est pas fusible. Les silicates doubles sont toujours plus fusibles que chacun de leurs silicates simples pris isolément.

Certaines pâtes à briques sont donc plus ou moins *vitrifiables*, et, au premier abord, il semble que la vitrification soit un indice de bonne cuisson; mais ce n'est pas toujours certain, car les silicates de protoxyde de fer sont fusibles à des températures relativement basses. Les traces de fusion à la surface de la brique ne sont donc pas un indice de forte cuisson, mais un indice de mauvaise composition de la pâte.

Plasticité. — Les matières molles et humectées qui prennent, sous la pression de la main, la forme qu'on veut leur donner et qui la conservent, sont des matières plastiques. L'argile ainsi qualifiée en est le type.

La plasticité augmente avec le corroyage de la pâte; elle augmente aussi jusqu'à une certaine limite avec la quantité d'eau introduite; mais quand on dépasse une certaine proportion d'eau, la résistance disparaît et la cuisson de la pâte est très difficile.

C'est donc par le malaxage et la trituration qu'il faut développer la plasticité.

La plasticité de l'argile pure est diminuée par l'addition du sable ou d'une matière dégraissante quelconque; mais le moulage et surtout la cuisson deviennent alors possibles en même temps que le retrait diminue. Quand la terre se fendille à la cuisson, elle est trop plastique, il faut la dégraisser par du sable ou de la marne; quand elle ne se fendille pas, mais reste friable et tendre, on augmente l'adhérence par l'addition d'argile.

Choix de la terre à briques. — La terre dont on doit faire usage pour fabriquer de la brique est en général une argile grasse, de la classe des argiles figulines, plus ou moins colorée en rouge ou en jaune par l'oxyde de fer. Elle doit être plutôt grasse que sablonneuse; il faut qu'elle ait assez de ductilité pour se pétrir bien sous la main qui la comprime, qu'elle soit savonneuse, un peu rude au toucher, et happant à la langue; qu'elle soit surtout dépouillée de matières salines ou terreuses étrangères à celles qui constituent son essence, de matières métalliques, végétales ou animales; et enfin qu'elle renferme le moins possible de cailloux roulés, ou autres corps plus ou moins volumineux et abondants.

Les argiles que nous venons de décrire sont, en général, désignées sous le nom de terres fortes.

Nous avons dit qu'il fallait préférer une argile grasse à une autre trop sablonneuse; il est toujours nécessaire d'avoir du sable dans la terre à briques, afin de combattre le retrait; mais il est toujours facile d'en ajouter, et il est rare de rencontrer une bonne argile ductile.

Une terre trop sablonneuse est rude au toucher et s'émiette facilement sous les doigts; elle ne vaut absolument rien et se trouve mêlée de beaucoup de matières étrangères, dont il est impossible de la dépouiller en entier par les procédés ordinaires, et qui peuvent la faire entrer en fusion pendant la cuisson.

Une argile, très pure sous certains rapports, qui contiendrait une trop grande quantité de substances siliceuses, présenterait au moulage de grandes difficultés, et subirait à la cuisson une vitrification qui ferait adhérer les briques les unes aux autres.

Les briquetiers intelligents et expérimentés reconnaissent au tact la qualité d'une terre à briques, et ne s'y trompent guère. Lorsqu'il leur reste quelques doutes, ils façonnent avec la terre des briquettes d'essai qu'ils font cuire dans un four à chaux, par exemple, et ils jugent, d'après l'effet produit par la cuisson, s'il y a lieu d'amaigrir ou d'engraisser la terre, c'est-à-dire s'il faut lui ajouter du sable ou de l'argile grasse.

Pour une argile et un sable donnés, il y a une combinaison mécanique de ces deux substances qui donne une brique meilleure que celles qui résultent des autres combinaisons. Comme les argiles sont rarement semblables les unes aux autres, comme elles sont même rarement homogènes, on ne peut rien préciser à ce sujet; c'est à l'expérience de décider, pour ainsi dire à chaque fournée, quelle proportion de sable on doit introduire dans l'argile, et on ne peut y arriver que par des briquettes d'essai. Malheureusement, la plupart des fabricants se contentent d'obéir à la routine, et il leur arrivera souvent d'obtenir une fournée bien inférieure aux précédentes. Dans un grand établissement, qui voudrait conserver une réputation méritée, il faudrait adopter cette méthode des essais fréquemment renouvelés.

Il est inutile de rechercher une terre dont la pâte soit extrêmement fine, parce que la brique qui en sortira n'en sera pas pour cela plus solide ni plus propre aux usages auxquels on la destine. On réserve ces belles variétés d'argile pour les carreaux, briquettes, tuiles, poteries et autres menus ouvrages d'apparence un peu plus soignée; au total, on s'attache moins au brillant extérieur qu'au solide, lorsqu'il s'agit de la confection de ces matériaux si utiles, et, sous ce point de vue, l'on peut avancer hardiment que les terres qui procurent les meilleures briques ne pourraient être employées à la fabrication d'aucun objet d'art; *et vice versâ*, que les terres les plus fines et les plus pures ne seraient point propres, pour la plupart, à être soumises, dans leur état naturel, au travail commun, mais profitable du briquetier.

Nous avons dit que, lorsqu'une argile n'était pas assez ductile, on lui ajoutait de l'argile plastique pour l'engraisser. Souvent on n'a point de l'argile plastique sous la main, et elle reviendrait trop cher s'il fallait la tirer de loin; on se contente d'ajouter à la pâte du calcaire ou de la marne, qui lui donnent un peu de fusibilité.

En Angleterre, on force même la dose de marne afin d'obtenir un produit plus fusible, dont la surface éprouve un commencement de vitrification, ce qui la rend plus résistante à l'influence de l'humidité et des agents atmosphériques; mais aussi elle contracte moins d'adhérence avec le mortier.

Quelquefois encore, on mélange à la pâte des escarbilles ou du mâchefer, qui servent de dégraisseurs, et fournissent une brique plus fusible, mais sonore et peu attaquable à l'humidité; la cuisson se trouve être régularisée, parce que ces escarbilles sont très bonnes conductrices de la chaleur, tandis que l'argile ne l'est point; la chaleur se répartit donc dans toute la masse.

Lorsqu'on veut obtenir une argile réfractaire, destinée par exemple à la fabrication des cornues à gaz ou des briques qui forment les parements intérieurs des fours et fourneaux, on prend une argile pure, et par suite infusible, que l'on dégraisse en lui ajoutant un ou deux volumes de la même argile cuite, puis pulvérisée. On obtient ainsi la brique réfractaire de premier choix; elle est coûteuse à cause des préparations qu'il faut faire subir à la matière dégraissante. On se sert aussi de briques réfractaires de second choix, que fournit une pâte d'argile pure dégraissée tout simplement par du sable siliceux bien fin.

Ce qu'il faut *enlever* soigneusement d'une terre à briques, ce sont les *morceaux de calcaire* et les *cailloux de silex*. Le calcaire se transforme en chaux par la cuisson; plus tard, lorsque la brique est en place, la chaux s'éteint et se gonfle, fait éclater la brique et dégrade la maçonnerie. Le silex éclate pendant la cuisson et brise ou déforme la brique qui le contient.

De la fabrication des briques. — La plupart des briques sont, aujourd'hui encore, fabriquées dans des usines peu importantes et disséminées sur toute la surface du pays. Le mode primitif de fabrication est donc le plus répandu, et subsistera probablement longtemps encore, parce qu'il n'exige pas des frais considérables de premier établissement, et qu'il permet de limiter la production aux exigences de la consommation locale. Ce n'est guère qu'aux environs des grandes villes que l'on a installé des usines qui produisent mécaniquement la brique; comme elles peuvent avoir un débouché considérable, elles ne craignent point l'élévation des frais généraux; mais, toutefois, à moins de posséder des qualités particulières, la brique ne se transporte pas au loin, parce que les frais de transport en augmentent le prix dans une grande proportion, et elle se consomme dans un rayon limité.

Ces considérations expliquent la permanence des vieux procédés que nous allons décrire d'abord, ainsi que l'insuccès commercial de quelques grandes briqueteries qui n'ont pu vivre faute d'un débouché suffisant.

Nous avons donc à décrire successivement :

 1° La fabrication à la main ;
 2° La fabrication mécanique ;
 3° Les fours à briques.

1° FABRICATION A LA MAIN

On distingue les briques employées dans les constructions ordinaires en deux espèces : la brique crue et la brique cuite. La première tend à disparaître de jour en jour; comme on la rencontre encore quelquefois en architecture ordinaire, nous la décrirons sommairement.

Brique crue. — « L'origine des briques remonte à une si haute antiquité, dit M. Reynaud dans son cours d'architecture, qu'elle se perd dans la nuit des temps; cependant, on peut affirmer qu'elles ont dû être employées postérieurement à la pierre; et que c'est par suite des difficultés éprouvées dans quelques contrées pour se procurer ou tailler celle-ci qu'on dut songer à fabriquer d'autres matériaux propres au même usage. On n'a pu recourir aux pierres artificielles qu'après avoir reconnu l'utilité des pierres naturelles.

« Les plus anciennes formes de brique que nous connaissions témoignent bien, en effet, de cette marche de l'industrie humaine, car elles se rapprochent beaucoup de celles que recevaient les pierres à bâtir.

« Les Grecs employaient trois sortes de brique, qui étaient désignées par les noms de didoron, tetradoron et pentadoron. Les premières, qui étaient également employées chez les Romains, avaient, suivant Vitruve, un pied antique ou 0^m296 de côté sur un demi-pied d'épaisseur. Celles des deux autres espèces étaient cubiques, et devaient avoir, les plus petites 0^m592, et les plus grandes 0^m740 de côté. Toutes ces briques et la majeure partie de celles qui ont été employées dans l'antiquité, tant en Asie-Mineure qu'en Égypte, étaient formées d'argile corroyée avec de la paille hachée, puis simplement séchée au soleil. Leur dessiccation exigeait un long espace de temps pour être complète. Vitruve recommande d'y consacrer deux années au moins, et il approuve les magistrats d'Utique en ce qu'ils ne permettaient d'employer les briques crues que cinq années après leur fabrication. Ces briques présentaient d'ailleurs cet autre inconvénient, qu'elles ne pouvaient résister à l'action délétère des longues pluies et des gelées. Aussi tous les édifices construits en Europe avec de tels matériaux ont-ils complètement disparu, et ceux des contrées méridionales elles-mêmes ne présentent-ils plus que des ruines. »

Les lignes précédentes renferment à peu près tout ce que nous avons à dire des briques crues, qui sont encore assez répandues dans les régions du midi de l'Europe, mais avec des dimensions analogues à celles de la brique cuite.

Pour former la brique crue, on se sert d'une terre forte, que l'on corroie et que l'on mélange à des débris de paille ou de foin, destinés à lui donner de la cohésion. Quelquefois, au lieu de corroyer la terre, on se contente de ramasser la boue des chemins qui a subi une certaine trituration.

La brique crue, pour être économique, doit être fabriquée pour ainsi dire sur le lieu d'emploi; on défonce la terre jusqu'à un pied de profondeur, puis, dans la cuvette ainsi formée, on verse de l'eau sur le sol qu'on a remué à la bêche; pour former la pâte, on fait piétiner l'emplacement soit par des hommes, soit par des animaux. Quand la boue est épaisse, on ajoute la paille hachée, et le corroyage recommence pendant deux ou trois jours; l'opération est terminée, lorsque la masse commence à fermenter et à dégager une odeur de pourriture.

On forme la brique avec des moules en bois, et on la dépose sur le sol, en la retournant de temps en temps, pour lui donner un commencement de dessiccation; on l'empile ensuite, et on la laisse exposée à l'air et au soleil jusqu'à complète dessiccation. En employant la brique encore humide, on s'expose à la voir éclater par l'effet des gelées.

Le mortier, qui sert à agréger les briques crues les unes aux autres, est une terre argileuse dégraissée et mélangée de bouse de vache, de crotin de cheval ou de débris de paille réduits à de petites dimensions.

La maçonnerie de brique crue ne résiste bien aux intempéries que si on a le soin de la protéger par un enduit qui peut être, soit un lait de chaux, soit une couche de goudron, soit un crépi d'argile et de paille hachée, que l'on lisse et que l'on comprime avec une planche de bois.

Brique cuite. — « La cuisson de la brique, dit M. Reynaud, était connue des anciens peuples de l'Orient; car la tour de Babel était construite en briques cuites, ainsi que cela résulte du passage suivant de la Genèse : « Et ils se dirent l'un à l'autre : Allons, faisons des briques « et cuisons-les au feu. Ils se servirent donc de briques comme de « pierres, et de bitume comme ciment. » Mais il paraît que les Romains n'y recoururent qu'à une époque assez rapprochée de nous; Vitruve en parle à peine, et l'on n'en a trouvé de témoignage dans aucun de leurs monuments qu'on puisse affirmer être antérieur au panthéon d'Agrippa, lequel a été élevé sous Auguste. A partir de cette époque, les briques cuites formèrent la majeure partie de la plupart des édifices que les Romains construisirent dans les diverses parties de leur vaste empire. Les murailles exécutées en briques étaient ordinairement revêtues d'un enduit en stuc; quelquefois elles étaient recouvertes de dalles de marbre; en quelques circonstances elles étaient apparentes. Les briques cuites des Romains étaient de diverses dimensions; quelques-unes étaient fort grandes, mais toujours de faible épaisseur, ainsi qu'il convient pour obtenir une bonne cuisson. »

De nos jours, la brique est beaucoup plus employée que la pierre en Belgique et en Angleterre; elle produit un bon effet décoratif dans l'architecture du temps de Louis XIII. La brique de bonne qualité donne une maçonnerie légère, d'exécution facile, très résistante. Il faut donc la ranger parmi les excellents matériaux de construction.

Procédés de fabrication. — La fabrication de la brique cuite comprend plusieurs séries d'opérations : le choix des terres, dont nous avons parlé, la préparation des terres, le moulage, le séchage et la cuisson.

Préparation des terres. — C'est peut-être l'opération la plus importante pour une bonne fabrication, puisqu'elle a pour but de donner à la matière tout le liant nécessaire, et de la débarrasser de tous les corps étrangers qui rendraient la brique défectueuse.

La préparation de la terre comprend deux parties : 1° l'exploitation de la terre; 2° le foulage.

Le moulage de la brique ne devant se faire que pendant la belle saison, il faut que la quantité de terre à employer se trouve préparée au commencement du mois d'avril. D'autre part, il est indispensable d'exposer cette argile brute aux actions réitérées de l'atmosphère et des pluies pendant toute la durée de la morte-saison afin de la purger de toutes les substances nuisibles, organiques ou autres, qu'elle contiendrait et qui seraient susceptibles d'être détruites par les intempéries de l'hiver.

C'est donc à l'automne que l'on exploite la terre; on enlève à la bêche la couche d'humus que l'on met de côté, et on tire ensuite la terre glaise au moyen de la bêche ou de la pioche, en ayant bien soin de la prendre à une assez grande profondeur, pour qu'elle ne renferme pas de résidus animaux ou végétaux, ou des racines ou des cailloux. Comme il arrive souvent qu'au-dessous d'un banc de glaise est un banc de sable, il faut prendre garde aussi de ne point descendre trop profondément, afin de ne pas attaquer les couches sablonneuses, qui gâteraient la pâte.

L'exploitation se conduit de la manière suivante : on ouvre une première tranchée d'un mètre de large, d'un mètre de profondeur et d'une longueur variable, on enlève l'humus, que l'on rejette au dehors, et l'on dépose la glaise sur le bord de la tranchée; à côté de cette première tranchée, on en ouvre une seconde pareille, sans conserver entre elles aucun intervalle plein, et on remplit la première avec la glaise de la seconde; de même, on dépose dans la seconde tranchée la glaise de la troisième, et ainsi de suite. On donne à la dernière tranchée une plus grande largeur; elle se trouve vide et servira plus tard au foulage.

Généralement, le banc de glaise n'est pas bien épais, et l'exploitation par bassins, comme nous venons de la décrire, est suffisante : lorsque la couche argileuse est plus épaisse, on l'exploite par gradins.

Les excavations de la glaise doivent toujours être conduites de manière à ce que les tranches soient verticales et non en talus, afin que les eaux ne délayent pas la terre qui reste à exploiter, et n'y déposent pas des matières de transport.

La terre préparée doit passer l'hiver; on la remue à la pioche aussi souvent que possible, pour renouveler les surfaces et éviter un tassement qui soustrairait les parties inférieures aux influences atmosphériques. Cette exposition préliminaire de la terre extraite en automne est essentielle et ne doit pas être négligée dans la pratique.

Elle constitue le *pourrissage ;* la terre subit une sorte de fermentation, de désagrégation interne, très favorable à la qualité future des produits. On ne devrait jamais renoncer à cette opération.

Après l'hivernage, au mois d'avril, on pétrit la terre afin de la mettre en œuvre ; c'est ce qui constitue l'opération du foulage.

L'opération du foulage exige beaucoup d'adresse et d'attention : elle se commence dans le dernier bassin resté vide ; on l'arrose et on y apporte une partie de la terre de l'avant-dernière tranchée, que l'on répand, en ayant soin d'écraser avec la houe les mottes et les grumeaux que l'on rencontre. Puis les ouvriers se mettent à marcher sur cette terre avec les pieds nus, et à la fouler méthodiquement, en ajoutant tantôt de l'eau au moyen de seaux et d'écopes, tantôt de la glaise, jusqu'à ce que la couche de boue atteigne une hauteur de 0^m30 à 0^m40.

Chaque fouleur ou marcheur pétrit un gâteau d'environ trois mètres de diamètre, qu'il parcourt sans cesse en suivant une ligne spirale comprise entre le centre et la périphérie ; de la sorte, tous les points de la masse se trouvent également malaxés.

Toutes les fois que le marcheur aperçoit ou sent sous son pied un grumeau, une impureté quelconque, il les fait disparaître, et il continue son opération jusqu'à ce que le corroyage soit complet ; pendant ce temps-là, un homme, armé d'une pelle en bois, va d'un tas à l'autre et relève la pâte qui s'étale sur les bords.

Dans quelques pays, on a recours à des animaux pour l'opération du marchage ; mais les animaux ne peuvent remplir une des fonctions les plus importantes de l'ouvrier, qui consiste à éplucher la terre, c'est-à-dire à lui enlever toutes les impuretés qu'elle renferme.

Il faut éviter que la terre s'attache aux outils de l'ouvrier, parce qu'alors elle se dessèche et se change en grumeaux qui se mélangent à la pâte ; ces outils doivent donc être souvent ratissés et plongés dans un seau d'eau.

On ne peut rien fixer au sujet de la quantité d'eau qu'il faut ajouter à la terre ; cela dépend de la qualité de celle-ci ; cependant, la proportion ne dépasse jamais la moitié du volume de la terre. On doit amener la pâte à la consistance d'une pâte de farine, que l'on porte au moulage le plus tôt possible. Il serait dangereux de laisser la pâte exposée à l'air par la chaleur et le vent, car elle sècherait et serait perdue ; pour empêcher un dessèchement rapide, on lisse la surface de la masse pâteuse avec le dos d'une pelle en bois, et on la recouvre d'un paillasson, qui s'oppose aussi bien à l'action de la chaleur qu'à celle de la pluie.

Pour les poteries, on se sert d'argile à peu près pure, ne contenant point de matières étrangères ; on n'a pas besoin de l'exposer aux intempéries de l'hiver ; au contraire, les alternatives de sécheresse et d'humidité lui seraient nuisibles, la fendilleraient, la durciraient, et il faudrait un certain travail pour la ramener à l'état malléable. On la conserve

LES PIERRES

donc en grosses mottes, que l'on dépose dans des caves humides, et qui restent imprégnées d'eau et ductiles.

C'est ainsi qu'il faudrait agir, si l'on employait à la fabrication des briques une bonne argile grasse; mais, généralement, on se sert d'une glaise plus ou moins impure.

Moulage. — La terre apprêtée, comme nous venons de le dire, est transportée par petites portions sur des brouettes, du lieu de préparation à l'atelier de moulage, qui est en plein air à peu de distance, et qui comprend d'abord des mouleurs, puis des porteurs chargés de transporter les briques sous les hangars de dessiccation, et enfin des apprentis chargés de préparer et de nettoyer les moules et de servir les mouleurs.

Les outils consistent, pour chaque mouleur, en un établi, appelé *selle*, en plusieurs moules et en un instrument très simple, appelé *plane*, lequel sert à racler le dessus des moules lorsque la pâte est dedans, pour égaliser la surface des briques et faire disparaître les bavures et les grumeaux qui surgissent encore. La plane est une simple règle en bois, à section de forme variable, et que l'on pose, après s'en être servi, dans un seau plein d'eau, pour la débarrasser des terres adhérentes. Ajoutez aux moules et à la plane une ratissette pour nettoyer les moules et une caisse pleine de sable sec, vous aurez tous les outils nécessaires au moulage.

Le moule est un prisme en bois ou en tôle dépourvu de ses bases; lorsqu'il est en bois, on garnit quelquefois avec un peu de tôle les huit arêtes des bases. Les dimensions du moule sont toujours supérieures à celles de la brique, pour compenser le retrait de la cuisson; cependant, ces dimensions dépendent aussi des ouvriers mouleurs : quelques-uns emploient la pâte à l'état compact, d'autres à l'état demi-fluide ; il vaut toujours mieux se servir d'une pâte épaisse, si l'on veut avoir une bri-

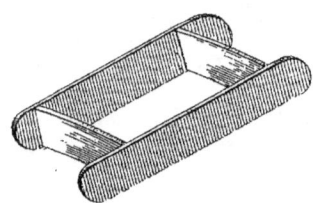

Fig. 56.

que solide et tenace; mais il est vrai que l'opération, pour être bien faite, devient plus pénible. Lorsque les ouvriers sont à la tâche, il faut donc veiller à ce qu'ils ne fabriquent pas la brique avec une pâte trop légère.

Lorsque la brique est cuite, sa longueur doit être le double de sa largeur, et celle-ci le double de son épaisseur. Les dimensions usuelles sont 0^m22, 0^m11 et 0^m055.

La pâte est donc apportée près de la selle, dont on saupoudre la surface avec du sable sec; un apprenti jette la pâte à mesure sur la table, et un autre apprenti présente au mouleur un moule préalablement lavé, puis plongé dans le sable sec. Le mouleur remplit le moule de pâte, enlève l'excédant avec la main et dresse la surface avec sa plane; pendant ce temps, le second apprenti prépare un nouveau moule; un porteur s'empare du moule plein, le tire à lui jusqu'au bord de la table, puis le relève de 90° pour l'emporter sans que la brique tombe : il le porte sur une aire et le pose de champ, puis le renverse par une secousse brusque, de manière à placer la brique sur sa grande face. Il peut alors enlever le moule bien verticalement sans déformer la brique, et le reporte à l'établi.

Chacun continue ainsi indéfiniment sa besogne spéciale.

Un ouvrier mouleur de force ordinaire, convenablement servi, peut fabriquer six milliers de briques à sa journée; mais il vaut mieux ne pas s'attacher à un rendement considérable et obtenir par journée de mouleur deux ou trois mille briques façonnées avec une pâte ferme.

Dessiccation. — La dessiccation a pour but de donner à la brique une certaine solidité en lui enlevant la plus grande partie de son humidité; elle permet de procéder plus tard à une cuisson régulière. Si la dessiccation préalable n'était pas convenable, on serait certain d'obtenir par la cuisson une brique poreuse, fendillée et peu solide.

On procède d'abord à une dessiccation préparatoire : en sortant des mains du mouleur, la brique est encore trop molle pour être placée de champ, et il faut lui laisser perdre une partie de son eau en la posant à plat sur une aire.

Cette aire a été préparée à l'avance; l'emplacement choisi, on commence par enlever toutes les herbes à la bêche, après quoi on dresse le terrain pour le transformer en une aire ferme et unie, que l'on saupoudre de sable fin et sec. Pour obtenir des briques bien régulières, non gondolées, il est nécessaire d'avoir une aire qui ne se déforme pas; c'est une excellente précaution de comprimer fortement cette aire en lui faisant subir un battage à la hie.

Il sera bon de recommencer le battage après chaque opération pour corriger les déformations; on peut même assécher cette aire et la débarrasser des eaux que rendent les briques humides, en l'entourant d'une rigole.

L'aire de dessiccation doit être aussi rapprochée que possible de l'atelier de moulage, afin d'éviter des transports inutiles, et aussi afin d'éviter les déformations qui se manifestent quelquefois pendant le transport de la brique fraîche. Le terrain, sur lequel est établie cette aire, ne doit pas être humide ni trop exposé au soleil. L'action du soleil est très irrégulière; un coup de soleil amène quelquefois une brusque dessiccation qui se manifeste par des crevasses et des gerçures. Dans le midi, on peut obtenir d'excellentes briques en les desséchant tout simplement au soleil; mais dans le nord, la dessiccation à l'air ne saurait être qu'une opération préalable, destinée à régulariser et à rendre efficace l'action du feu.

Il vaut donc mieux choisir un endroit bien sec, un peu à l'abri du soleil, pour y établir l'aire de dessiccation : lorsque la chaleur s'élève trop rapidement, le briquetier intelligent met ses briques à l'abri d'une transition trop brusque, soit en les saupoudrant de sable, soit en les recouvrant de paillassons élevés sur des piquets, de manière à permettre à l'air de circuler.

Le porteur dépose donc la brique molle sur l'aire, en prenant toutes les précautions possibles pour ne pas la détériorer ; l'ensemble des briques qu'il dépose représente un carrelage parfaitement régulier, et, en les arrangeant ainsi sur le terrain, on doit les saupoudrer de sable fin et pur, ce qui prévient les gerçures et les crevasses. On peut cependant renoncer à cette précaution lorsque la terre employée est déjà sablonneuse par elle-même.

On laisse les briques posées à plat tout le temps qui leur est nécessaire pour qu'elles acquièrent une certaine consistance sur la face exposée à l'influence atmosphérique. On conçoit parfaitement qu'il n'y a pas de temps déterminé à cet égard, et que cela dépend absolument de l'état plus ou moins sec de l'air ambiant, ainsi que de son état hygrométrique. Quelquefois cela peut aller jusqu'à vingt-quatre heures.

Quoi qu'il en soit, lorsqu'on s'est assuré que la brique s'est suffisamment affermie, ce qu'on reconnaît dès qu'elle oppose quelque résistance à la pression du doigt, qu'elle est déjà un peu sonore, que sa couleur est bien uniforme, et qu'elle peut se soutenir sur l'un de ses longs côtés sans se briser ni se voiler, on la relève pour la placer de champ, toujours à la même place, où on la laisse encore un certain temps avant de la mettre en haie pour la dessiccation définitive.

Lorsque le temps menace de se mettre à la pluie, on ne se hâte point trop de placer les briques de champ, parce qu'une forte pluie les délaverait et les perdrait toutes.

Avant de placer les briques en haie pour la dessiccation définitive, on procède au *parage* qui consiste à prendre chaque brique séparément et à enlever avec un couteau ordinaire toutes les bavures qui existent sur les bords, afin d'obtenir des arêtes vives et nettes.

Pour les briques destinées à être mises en parement, on procède quelquefois à un *battage*, qui consiste à frapper la brique sur chacune de ses faces avec une batte en bois ; c'est une bonne opération, puisqu'elle augmente la compacité de la matière, et par suite la rend plus résistante et plus dure.

La seconde partie de la dessiccation s'opère pendant que les briques sont *en haie :* cela consiste à empiler les briques de manière que l'air puisse circuler librement autour de chacune d'elles pour leur enlever la plus grande partie de l'humidité qu'elles contiennent encore, et de manière aussi que la muraille ainsi formée possède assez de stabilité pour rester sur pied pendant le temps nécessaire à la dessiccation.

La disposition d'une haie est la suivante :

On indique par un cordeau (*ab*) la direction longitudinale de la haie, et l'on dispose le long du cordeau une ligne de briques de champ faisant un angle aigu avec la direction (*ab*) ; au-dessus de cette première ligne, on en dispose une seconde symétrique de la première par rapport à la perpendiculaire à (*ab*), c'est-à-dire que cette deuxième ligne fait un angle aigu avec la direction (*ba*). Au-dessus de la deuxième ligne, on en place une troisième parallèle à la première, puis une quatrième parallèle à la deuxième, et ainsi de suite. On laisse entre deux briques successives d'un même rang un vide égal à l'épaisseur du doigt.

On accole plusieurs tranches verticales composées comme la précédente, et on les consolide aux extrémités par des piliers en briques posées à angle droit; les différentes tranches ne sont pas élevées à la même hauteur, parce qu'il faut que la muraille se termine par un plan incliné que l'on recouvre d'un paillasson.

On comprend que l'air circule facilement dans la masse et que la dessiccation s'opère avec assez de facilité.

Le sol sur lequel on établit la haie doit être parfaitement sec, et on le recouvre d'une couche de paille neuve couchée en long, qui a pour objet d'empêcher les dernières rangées de briques d'attirer l'humidité de la terre, et en même temps de faciliter la circulation de l'air.

Quelquefois on établit les haies sous des hangars construits exprès ; il est évident qu'alors on n'a pas besoin de recourir aux paillassons ni de terminer la muraille par un plan incliné.

Les briques restent en haie pendant un temps plus ou moins long qui dépend de la nature de l'argile employée et surtout de l'état hygrométrique et thermométrique de l'air. Il est des endroits où l'on conserve la haie 25 à 30 jours au plus, et d'autres où on la conserve plus longtemps; en thèse générale, il faut observer que plus on laisse dessécher les briques, plus elles sont propres à recevoir une excellente cuisson ; lorsqu'elles sont convenablement sèches, elles ne doivent pas conserver l'empreinte du doigt qu'on appuie fortement dessus ; elles doivent rendre un son clair lorsqu'on les frappe avec un corps dur, présenter une cassure nette, et enfin avoir acquis assez de solidité pour pouvoir entrer dans la composition des maçonneries intérieures d'un édifice.

Cuisson de la brique. — Les manipulations qui précèdent, si elles sont exécutées avec soin et avec intelligence, donneront une brique qui sera belle et solide ; c'est la cuisson qui, seule, peut la rendre inaltérable et en faire une pierre artificielle parfaite.

Nous décrirons ultérieurement cette opération de la cuisson. Il nous suffira de rappeler ici que *la cuisson seule donne à la brique sa cohésion* et produit la soudure des molécules terreuses ; il faut donc opérer la cuisson à une température suffisamment élevée, et cela n'est possible qu'avec une terre bien composée, qui ne renferme pas un excès d'éléments fusibles et qui soit bien homogène.

Briques rebattues ou repressées. — Nous avons dit plus haut que, même dans le mode de fabrication ordinaire, on avait soin de faire subir aux briques destinées à être mises en parement un battage avec une batte en bois. Cette opération a lieu après la première période de dessiccation, avant la mise en haie ; la brique a toujours été plus ou moins déformée pendant le démoulage, le transport et les manipulations qu'on lui a imposées. Le rebattage lui rend une forme régulière, lui donne un peu plus de compacité et expulse une certaine quantité d'eau, ce qui facilite la dessiccation finale. C'est donc une opération à recommander, au moins pour les briques de parement qui doivent conserver leurs arêtes vives et leur forme régulière.

Elle s'effectue d'ordinaire, non pas à la main avec une batte, mais avec une machine à levier, dont la figure 2, planche 12, représente un modèle.

La presse à rebattre est montée sur roues; on la promène dans les séchoirs et chaque brique, à moitié sèche, est repressée, puis replacée à sa place. Il faut graisser de temps en temps les parois du moule pour empêcher l'adhérence.

Il est bon que le degré de siccité des briques soit uniforme, afin que le travail soit bien régulier; parfois, on empile en masse serrée, pendant un jour ou deux, les briques à repasser, afin qu'elles se communiquent leur humidité d'une manière uniforme.

Une presse de 350 francs, du poids de 300 kilogrammes, peut rebattre par jour 3,000 à 5,000 pièces, briques ou carreaux.

2° FABRICATION MÉCANIQUE

Des procédés à adopter suivant la consistance de la pâte. — Les vieux procédés de fabrication à la main, rigoureusement appliqués, avec des terres bien composées, donnent toujours d'excellents produits, homogènes, durs, sonores et résistants.

Il est clair, cependant, qu'ils comportent un certain nombre de manutentions, devenues aujourd'hui trop coûteuses par l'augmentation du prix de la main-d'œuvre, et qu'il est facile de confier à des machines, de manière à obtenir une production rapide et économique.

C'est dans cette voie que se sont engagés les premiers inventeurs et le succès a couronné leurs efforts.

Il va sans dire tout d'abord que les transports des terres et des produits ne doivent plus se faire soit à bras d'hommes, soit avec des brouettes, mais qu'il convient de relier les divers ateliers par des chemins de fer portatifs, avec wagonnets de forme appropriée à chaque espèce de transports.

Parmi les opérations successives qui amènent la terre à l'état de brique moulée, celles qu'on peut demander à des machines sont les suivantes : 1° le broyage des mottes, obtenu par des *cylindres lamineurs;* 2° la trituration de la pâte, obtenue par des *malaxeurs* analogues à ceux que l'on voit fonctionner partout pour la confection des mortiers; ces deux opérations correspondent au foulage et au marchage, et les procédés mécaniques sont évidemment bien supérieurs aux anciens, pourvu cependant que le broyage par les cylindres n'incorpore pas à la masse un excès de débris siliceux ou calcaires, provenant de cailloux que l'ouvrier fouleur eût enlevés autrefois; 3° le moulage : on peut imaginer et on a construit, en effet, une grande variété de machines capables de remplacer le moulage à la main et il en existe un certain nombre de bonnes, que nous décrirons ultérieurement.

Malgré l'usage de ces machines, le fond même de la fabrication, c'est-à-dire la préparation de la pâte, est longtemps resté immuable.

Longtemps on a continué à se servir de la *pâte molle*, obtenue par l'addition à la terre d'environ la moitié de son volume d'eau.

Puis on s'est dit qu'il était illogique et coûteux d'introduire dans la pâte une aussi grande quantité d'eau, qu'il fallait ensuite enlever à grands frais soit par le séchage, soit par la cuisson. On en vint donc à diminuer progressivement le mouillage de la terre, et on adopta le procédé dit de fabrication en *pâte ferme*, dans lequel la proportion d'eau tombe au cinquième du volume de la terre. Pour donner à cette pâte ferme une trituration, une homogénéité suffisantes, il fallut nécessairement employer des appareils plus robustes et des moteurs plus forts; au lieu d'une paire de cylindres lamineurs ou broyeurs, on a recours à deux ou à plusieurs laminages successifs; on adopte tantôt des cylindres cannelés, tantôt des laminoirs coniques pour déchirer la pâte pendant le laminage; dans le même but, on donne parfois aux deux cylindres placés face à face des vitesses différentes. Quand les mottes sont trop dures et qu'on ne veut pas leur laisser le temps de se fondre et de s'imbiber par le mouillage et l'hivernage, on les déchire, avant le laminage, dans des machines dont les axes sont armés de couteaux tournants. Le laminage, qui pulvérise les éléments de la pâte, mais ne les mélange guère, est toujours suivi du malaxage qui seul arrive, après un temps plus ou moins long, à fournir une pâte homogène. Cette pâte est alors livrée au moulage : parfois le moulage se fait à la presse discontinue, opérant par choc ou par pression sur chaque élément successif, la pâte étant placée dans un moule de forme voulue; le plus souvent, on a recours aux *machines à filières*, dans lesquelles la pâte est chassée par un piston ou par une hélice dans un orifice dont la section transversale est celle du produit que l'on veut obtenir, brique ordinaire, brique creuse, tuyau de drainage; ce système est le seul applicable aux briques creuses et aux tuyaux; la pâte sort de la filière en forme de ruban qui s'étend sur une table à rouleaux, il est coupé en morceaux de longueur voulue par un appareil à couteaux ou à fils de fer. Quand il s'agit de fabriquer des tuiles avec creux et reliefs et d'autres produits qui ne peuvent être obtenus que par moulage, la machine à filières prend le nom de *galetière*; elle donne la galette qui, divisée en lopins, alimentera la presse à mouler. Tel est, dans son ensemble, le procédé dit de la *pâte ferme*.

On est allé plus loin encore dans la réduction de la quantité d'eau à incorporer à la pâte; après avoir remplacé en partie l'action délayante de l'eau par l'action triturante des machines, on a voulu supprimer l'eau complètement, et on a adopté le procédé de la *pâte dure*, dans lequel la terre, composée du mélange voulu, est prise à l'état naturel, avec l'humidité qu'elle renferme, sans addition d'eau, et soumise dans cet état à un taillage, à un découpage, à un broyage, à un malaxage et enfin à un moulage énergiques. De la sorte, les opérations préliminaires, ainsi que la dessiccation et la cuisson finales, sont considérablement simplifiées et on comprend qu'on peut arriver à une grande production à peu de frais; il semble, du reste, que la pression peut suppléer en partie la trituration et, dans cette idée, quelques personnes ont eu l'idée de recourir, pour le moulage, à la presse hydraulique.

Le procédé de la pâte dure lui-même a été dépassé dans son principe par le procédé de la *pâte sèche*, qui consiste à dessécher les matières premières, à les broyer, à les pulvériser, à les mélanger intimement, à les mouler sous forte pression après les avoir légèrement humectées, soit par l'eau, soit par la vapeur d'eau, puis à les porter au four. Ce procédé n'est évidemment applicable que dans quelques cas exceptionnels ; il ne paraît pas économique puisqu'il faut opérer la dessiccation des matières premières au lieu d'opérer le séchage de la pâte.

En résumé, on distingue quatre procédés de fabrication des briques et terres cuites de bâtiment :

Procédé de la pâte molle ;
Procédé de la pâte ferme ;
Procédé de la pâte dure ;
Procédé de la pâte sèche.

Nous allons examiner les avantages et les inconvénients de ces procédés.

Avantages et inconvénients des divers procédés de fabrication : pâte molle, pâte ferme, pâte dure. — 1° Le procédé de la *pâte molle* réalise d'une manière certaine, par une série d'opérations simples, l'homogénéité de la pâte, condition capitale pour la résistance et pour une cuisson parfaite. Avec ce procédé, on est certain du succès et c'est à lui qu'il faudra toujours recourir dans les grands travaux publics, lorsqu'on préparera sur place les briques nécessaires à la construction des ouvrages. Il donne des briques d'un grain égal, sonores et dures, dont la résistance est analogue à celle des bons calcaires. L'inconvénient principal du système est qu'il exige un grand espace et beaucoup de temps pour le séchage et la cuisson ; l'expulsion d'une quantité d'eau, qui peut atteindre la moitié du volume de la terre, ne s'effectue que d'une manière progressive ; il est indispensable de sécher les produits à l'air avant de les porter au four, parce qu'une température élevée, agissant sur un produit trop humide, ne manquerait pas de le déformer et de le faire éclater. Les produits en pâte molle ont naturellement une assez faible consistance lorsqu'ils sortent du moule ; ils se déforment plus ou moins pendant les transports et la manutention du séchage, leurs arêtes s'émoussent et perdent leur netteté, de sorte qu'après la cuisson on a des pièces irrégulières et d'un aspect peu satisfaisant ; le mal n'est pas grand pour la maçonnerie de remplissage, et le constructeur sérieux préférera toujours une bonne brique dure et sonore, quoique irrégulière et dépourvue d'arêtes vives, à ces briques de forme et de couleur parfaites, très satisfaisantes à l'œil, mais dépourvues d'homogénéité et de résistance, et sensibles à toutes les influences atmosphériques. Du reste, le rebattage ou le repressage des briques en pâte molle, effectué après un certain séjour au séchoir, leur rend une forme régulière sans leur enlever leurs qualités et donne pour les parements des matériaux excellents, moins poreux que les briques non rebattues et moins exposés à se couvrir de végétation et à se laisser pénétrer par l'humidité. Un obstacle continuel se présente dans l'emploi de la pâte molle, obstacle très gênant pour les machines, c'est l'adhérence de la pâte avec les outils; les pelles et bêches dont on se sert pour remuer la pâte doivent être constamment nettoyées et plongées dans l'eau; les cylindres broyeurs et lamineurs doivent être munis de racloirs qui détachent la pâte demeurée adhérente; les moules ne peuvent être faits en métal, il faut adopter des moules en plâtre, enchâssés dans des matrices en fonte, et ces moules en plâtre s'usent rapidement; de plus, ils ne peuvent être soumis à de grandes pressions, ce qui est fâcheux pour la résistance, surtout quand il s'agit de tuiles, car la compacité est une qualité essentielle à rechercher dans ce produit. Cet inconvénient est beaucoup moindre toutefois pour les briques, car elles se fabriquent à la filière et ne se moulent pas par pression.

Les cylindres lamineurs et les machines à filières livrent une pâte feuilletée et schisteuse, et c'est un inconvénient grave pour la résistance des produits, lorsqu'ils conservent après le moulage une tendance à s'effeuiller, tendance malheureusement trop fréquente sur les pièces de l'aspect le plus satisfaisant. Cet inconvénient se rencontre dans toutes les pièces fabriquées mécaniquement, mais le moulage peut le faire disparaître lorsque la pâte est suffisamment plastique et la pression suffisamment grande; avec la pâte molle en particulier, il disparaît facilement, car la plasticité est considérable et une pression modérée suffit pour produire la soudure et rétablir l'homogénéité de la pâte. Néanmoins, il y a là un effet mécanique qu'il ne faut pas perdre de vue.

2° Le procédé de la *pâte ferme* n'incorpore à la terre que le cinquième au plus de son volume d'eau, c'est-à-dire les quatre dixièmes seulement du volume d'eau qu'exige la pâte molle; il permet donc un séchage plus rapide et une cuisson moins coûteuse, d'où une production plus forte et plus économique.

La pâte obtenue au sortir de la filière ou des moules est déjà consistante; aussi, les produits ne se déforment pas comme avec la pâte molle et conservent une belle régularité. La pâte n'adhère plus aux moules en métal comme le fait la pâte molle; son adhérence est beaucoup moindre et il suffit, pour la détruire, de passer dans les moules un pinceau trempé dans de l'huile; on choisit les huiles de goudron, par exemple, qui sont les moins coûteuses. Avec cette précaution, on peut recourir à des moules en fonte et exercer sur les produits une pression considérable; cette pression permet, par exemple, d'imprimer dans les briques les marques de fabrique et de donner aux tuiles perfectionnées leurs formes compliquées et délicates.

La pâte ferme est donc susceptible de fournir de beaux et bons produits, mais elle exige plus de soins que la pâte molle et surtout un outillage plus puissant pour arriver à obtenir la parfaite homogénéité d'une terre, bien composée du reste; il faut recourir à de vigoureuses machines pour couper et broyer les mottes, laminer et malaxer la terre, et le fabricant consciencieux ne doit chercher à réaliser aucune économie sur cette préparation de la pâte, d'où dépend tout le succès final. La vigueur de la pression au moulage ou au rebattage ne peut jamais compenser le défaut d'homogénéité.

La constitution schisteuse, que donnent à la pâte les laminoirs et les filières, disparaît moins facilement dans la pâte ferme que dans la pâte molle ; cette constitution est redoutée surtout pour les tuiles creuses qui ne peuvent être soumises comme les briques ordinaires à l'action de la presse à rebattre ; il est vrai que les briques creuses ne sont pas employées en parement et n'ont pas à craindre l'effet des intempéries. Quant aux briques ordinaires pour parement, fabriquées en pâte ferme à la filière, il est indispensable, à notre avis, de les represser avant la cuisson si on veut être certain de leur résistance ; c'est sans doute pour avoir négligé cette opération que beaucoup de constructeurs livrent des briques de belle apparence, que l'on voit après quelques hivers s'effriter et s'écailler lorsqu'on les a employées en façade.

3° Vient enfin le procédé de la *pâte dure*. Il est impossible, en l'état actuel des choses, à moins qu'il ne s'applique à des terres exceptionnellement bonnes et naturellement préparées, il est impossible, à notre avis, qu'il donne de bons produits, insensibles aux intempéries. Quel que soit le procédé suivi, l'homogénéité de la pâte est incomplètement réalisée et la cuisson, à moins qu'on ne la pousse jusqu'à la vitrification, ce qui alors déforme les produits, ne peut remédier au mal.

Il est un cas cependant où le procédé de la pâte dure nous paraît appelé à rendre des services, c'est pour la fabrication des briques destinées aux murs d'intérieur : en soumettant une terre à une compression considérable, comparable à celle que donne la presse hydraulique, on moule des briques qui, desséchées ensuite, sans être soumises à une cuisson réelle, peuvent avoir encore une résistance bien suffisante pour l'usage auquel elles sont destinées. On arriverait par ce procédé à produire à très bon compte des matériaux utiles. Mais ce n'est point dans les travaux publics que le procédé peut trouver son application.

Jusqu'à ce jour, en somme, le procédé de la pâte dure n'est qu'un trompe-l'œil et n'a fourni que des produits de pacotille, sauf dans certaines circonstances exceptionnelles où la qualité naturelle des terres permettait de supprimer toutes les manipulations destinées à lui donner l'homogénéité. On comprend que, dans ce cas, il suffit de mouler et de comprimer la terre, et de la porter au four, puisque c'est la cuisson seule qui lui manque.

4° Le procédé de la *pâte sèche*, qui consiste à torréfier séparément les matières premières, puis à les pulvériser et à les mélanger pour en former une poudre homogène, que l'on humecte et que l'on moule pour la cuire ensuite, ce procédé paraît, au point de vue théorique, susceptible de fournir de bons produits, car il est capable de réaliser une composition homogène dont les éléments sont soudés entre eux par une température élevée.

Mais il ne saurait être économique et, en admettant qu'il soit acceptable pour certaines terres cuites, il ne convient pas à la fabrication de la brique, objet principal de notre étude. Il a rendu de très grands services pour la confection de briques spéciales formées soit avec les laitiers et scories de hauts fourneaux, soit avec les schistes houillers. Ces matières sont broyées en poudre fine, puis humectées à l'eau ou à la vapeur d'eau, moulées sous forte pression et cuites à haute température; mais on n'obtient pas des briques proprement dites, car les molécules ne se sont agrégées que par la vitrification des silicates de fer; ce sont des briques vitreuses, qui représentent cependant de très utiles matériaux de construction et qui permettent d'utiliser des débris encombrants et jusqu'ici sans valeur.

Description sommaire des machines à fabriquer les briques. — Les machines à briques et à terres cuites ont beaucoup exercé l'imagination des inventeurs; elles sont très nombreuses et nous n'avons pas l'intention de les décrire ici, mais seulement d'en donner un aperçu général.

1° *Extraction et taillage de la terre*. — L'argile, comme on le sait, est capable, vu sa cohésion, de tenir avec un talus presque vertical, au moins pendant plusieurs mois; l'exploitation d'une carrière d'argile se fait donc par gradins étagés comme celle d'une carrière à pierre à ciel ouvert; on découpe dans chaque gradin des pains ou prismes verticaux et l'ouvrier se sert à cet effet d'une sorte de pioche à lame pointue, étroite et longue, qui lui sert à faire des rainures horizontales et verticales, puis à détacher le prisme resté adhérent par sa face postérieure.

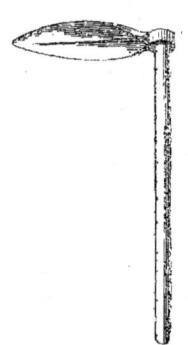

Fig. 57.

La glaise se colle facilement au métal; l'ouvrier a donc sous la main un seau d'eau dans lequel il lave fréquemment son outil.

L'organisation d'un bon système de transports est un point capital à étudier dans une grande exploitation; ainsi que nous l'avons dit, les chemins de fer portatifs avec leurs wagonnets spéciaux rendent en cette matière les plus grands services. L'argile extraite est donc portée aux fosses d'hivernage et de mélange; on ne saurait trop le répéter, l'*hivernage* et le pourrissage des terres est une condition indispensable de la bonne qualité des produits, et les fabricants, qui ne se préoccupent pas de la qualité de leurs produits, sont seuls à la négliger.

Elle suffit, en général, à effriter et à diviser les pains d'argile, sous l'influence combinée de l'eau et des intempéries. Cependant, il y a des terres trop plastiques qui ont besoin d'être taillées et morcelées, surtout quand elles ne subissent pas un hivernage sérieux, ce qui est malheureusement trop fréquent.

Les *tailleuses* ont pour but de débiter en copeaux la terre plastique; la figure 1, planche 11, en représente un modèle construit par MM. Boulet et Lacroix : La terre est jetée dans le cylindre en fonte A; l'axe vertical B fait tourner un plateau C qui se trouve à la base du cylindre A; ce plateau est percé suivant des rayons de quatre rainures armées de couteaux E; la terre, attaquée par ces couteaux, est découpée et sort des rainures sous forme de copeaux qui tombent soit dans la fosse de trempage, soit dans des wagonnets. L'arbre B est entouré d'une gaine fixe qui le protège contre le contact de la pâte; cette gaine porte du reste la cloison diamétrale séparant en deux le cylindre A; cette cloison s'oppose à ce que la terre trop ferme soit entraînée par le mouvement de rotation du plateau sans travail utile. Une machine de ce genre, du poids de 1,000 kilogrammes et du prix de 1,200 francs, avec arbre faisant 110 à 120 tours par minute, exige la force d'un cheval et taille 30 mètres cubes de terre par jour en copeaux d'un centimètre d'épaisseur.

La terre découpée est portée à la fosse de trempage; le trempage remplace fréquemment l'hivernage, on le prolonge un ou plusieurs jours et on admet que le pourrissage et la fermentation qui en résultent produisent le même effet que l'hivernage. C'est après le trempage et au moment du mélange qu'il convient d'ajouter les matières dégraissantes.

2° *Broyage de la terre.* — Le broyage de la terre s'effectue généralement avec des cylindres lamineurs de différents diamètres, quelquefois cannelés. Quand la terre renferme des cailloux, on adopte des cylindres de petit diamètre (*fig.* 3, Pl. 11), afin que les cailloux ne soient pas entraînés dans le laminoir et restent au-dessus de la rainure; on les enlève alors à la main. Un broyeur épurateur de ce genre coûte 350 francs avec manivelle à bras et 375 francs avec poulie motrice.

Les gros broyeurs, avec cylindres unis ou cannelés de 72 centimètres de diamètre, construits par Boulet-Lacroix, pèsent 3,000 kilogrammes, coûtent 2,700 francs, produisent 20 à 30 mètres cubes en dix heures de travail, et exigent une puissance de 4 à 5 chevaux.

Le vide laissé entre les cylindres lamineurs est de 5 à 6 millimètres; on le réduit à 2 millimètres si la pâte renferme des grains de calcaire, car il importe de les pulvériser et de les mêler intimement à l'argile pour éviter la présence dans la brique cuite de morceaux de chaux vive qui la feraient éclater lors de l'emploi.

La figure 2, planche 11, représente un broyeur avec double paire de cylindres ou plutôt avec une paire de cônes et une paire de cylindres superposés; les cônes sont cannelés et on a adopté la forme conique afin de soumettre les diverses parties de la pâte à des vitesses différentes et de produire des arrachements favorables au mélange. Cet appareil est employé pour la fabrication des tuiles en pâte ferme. Il exige une puissance de 5 chevaux.

On voit sur la figure que les cônes, comme les cylindres, sont munis de couteaux racloirs, formés d'une ou de plusieurs lames suivant que la surface est unie ou cannelée; ces racloirs enlèvent la terre qui demeure adhérente au cylindre et la rejettent dans la trémie.

De même, les axes des cylindres sont munis de leviers à contrepoids qui leur permettent de se soulever lorsqu'un obstacle accidentel s'engage dans le laminoir, et on évite ainsi les ruptures.

On emploie aussi les *broyeurs à meules;* la figure 4, planche 11, représente le broyeur Jannot qui s'emploie pour broyer et mélanger l'argile sèche, susceptible de se pulvériser. La meule de 500 kilogrammes pulvérise donc l'argile sèche et des racloirs, mobiles avec elle, remuent la matière; la poudre est enlevée par une noria, mobile avec la meule, et tombe par un couloir, sur un grillage conique à mailles plus ou moins larges; la matière pulvérisée traverse ce grillage ou tamis et s'emmagasine dans une fosse inférieure; les morceaux non broyés retombent dans l'auge et sont soumis à nouveau à l'action de la meule.

Les meules peuvent être disposées également pour servir à la préparation de la pâte molle ou de la pâte ferme, mais les cylindres sont généralement préférés.

3° *Malaxage.* — Le malaxage se fait avec les tonneaux à lames mobiles qui sont bien connus et dont la figure 5, planche 11, représente un spécimen. Le tonneau est fixe, muni d'une vanne d'écoulement à sa base; il est traversé par un arbre vertical, tournant lentement; cet arbre est armé de bras horizontaux armés eux-mêmes de couteaux verticaux qui coupent et mélangent la terre; les bras horizontaux sont eux-mêmes des lames dont le plan incliné doit chasser la pâte vers le bas du tonneau; c'est cette condition qui donne le sens du mouvement de rotation. Le malaxeur à manège, du modèle que représente la figure 5, coûte 450 francs avec flèche; il peut donner une production journalière de 8 à 12 mètres cubes de pâte molle.

La terre est apportée au malaxeur, venant des fosses, et on la jette par portions dans le cylindre en ajoutant la dose voulue de matière anti-plastique, si cette addition n'a pas été faite à la fosse; un robinet placé au-dessus du cylindre permet d'ajouter de l'eau, si c'est nécessaire.

On fait des tonneaux qui sont surmontés d'une paire de cylindres broyeurs et qui exécutent en une fois le broyage et le malaxage. Les appareils pour pâte ferme doivent être très vigoureux et consomment une grande puissance; le travail à dépenser par kilogramme de terre malaxée peut varier de 15 à 50 kilogrammètres; l'arbre de rotation fait de 5 à 10 tours par minute.

4° *Moulage de la brique.* — Le nombre des machines à mouler la brique est très considérable et il ne peut entrer dans notre cadre de les décrire toutes. Il nous suffira de donner une idée des principaux systèmes que l'on peut ranger en deux grandes classes : 1° machines à pression directe comprenant un ou plusieurs moules d'où le produit sort avec sa forme définitive; 2° machines à filières dans lesquelles le produit sort sous forme de rubans plus ou moins continus qui sont coupés en morceaux de la longueur voulue.

1° Le type le plus simple de la *machine à pression directe* est un appareil analogue à celui qu'on emploie pour rebattre et pour represser les briques. La figure 58, représente une de ces presses à bras construite par MM. Boulet-Lacroix; cette machine coûte 330 francs et peut produire 3,000 briques par jour. L'homme agissant sur le bras du levier A transmet son effort, amplifié dans le rapport de 1 à 8, à la chaîne B qui le transmet au levier C; celui-ci transmet, en l'amplifiant à nouveau, l'effort qu'il a reçu à un double piston rectangulaire mobile dans les alvéoles G; celles-ci sont au préalable remplies de pâte et fermées avec le couvercle E que maintient un solide crochet. Le moulage

Fig. 58.

par choc violent étant obtenu, on relève le couvercle et la pédale à levier F permet de faire sortir les deux briques qui sont enlevées et portées au séchoir.

On peut varier les dispositions de cet appareil et sa puissance, mais le principe reste le même.

A la *presse à levier* on substitue souvent la *presse à vis*, qui, à l'avantage d'exercer un effort plus puissant, joint celui de donner une pression progressive et non instantanée (*fig.* 3, *pl.* 12). La pression par choc n'expulse pas l'eau que renferme dans sa masse la pièce soumise au moulage; cette eau ne s'échappe qu'à la cuisson et donne un produit bulleux à compacité imparfaite; or la compacité est une qualité essentielle à rechercher pour les pièces exposées aux intempéries, les tuiles par exemple; l'humidité et les végétations parasites ont beaucoup de prise sur les tuiles poreuses. La presse à vis permet d'exercer sans choc une pression croissante, qui pénètre dans la masse entière et favorise l'expulsion de l'eau. La figure 3, planche 12, représente une presse, à vis, mue à bras, capable de produire 1,500 tuiles par jour; on se sert de moules en plâtre pour la pâte molle et de moules en fonte pour la pâte ferme.

On a construit des *presses continues* dans lesquelles les moules et les pistons sont disposés à la périphérie d'un tambour tournant de forme polygonale; ces machines sont animées par un moteur mécanique et leur produit peut atteindre un chiffre considérable.

Comme type de ces appareils à grande production, nous donnerons une idée de la *machine Capanelet*, dont l'usage ne s'est, du reste, guère répandu. Un cylindre, tournant autour de son axe horizontal, est muni à sa périphérie *mn* d'une série de moules à briques juxtaposés; le fond de chaque moule est mobile et forme un piston P dont la tige T est dirigée suivant un rayon du cylindre; l'oscillation de cette tige est, du reste, limitée par le taquet *t*. Les moules arrivés à la partie supérieure passent d'abord sous une boîte à sable sec et se trouvent saupoudrés, puis ils passent sous la trémie à pâte et se remplissent; la pâte est comprimée par un autre cylindre horizontal qui tourne en contact avec le cylindre des moules, le contact se produisant un peu au-dessus du plan horizontal de l'axe de celui-ci afin que la pâte soit comprimée avant de pouvoir se déverser. Puis les moules remplis d'une terre comprimée passent devant des couteaux qui enlèvent les bavures; enfin au bas du cylindre à moules est un taquet à surface courbe sur lequel viennent porter les tiges T, de sorte que le piston P est poussé peu à peu vers la circonférence et chasse la brique; celle-ci tombe sur une toile sans fin qui l'emporte. L'inventeur de cet appareil arrivait à une production de 20,000 briques par jour; il fallait nécessairement employer une pâte un peu ferme et la compression devait laisser à désirer; c'est pour ce motif sans doute que la machine ne s'est pas propagée.

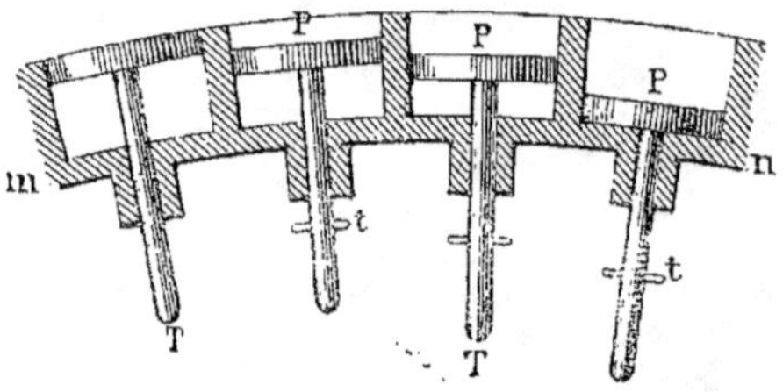

Fig. 59.

Les *machines à plateau tournant*, qui réalisent aussi la continuité de production, ont eu plus de succès, surtout pour les produits spéciaux. La figure 6, planche 11, représente une petite presse à main avec plateau tournant, qui peut être utilisée pour le rebattage des briques; la pression est donnée par un levier à main et se transmet au-dessus comme au-dessous de la pièce à mouler. Le plateau tournant est muni de trois moules, l'un est sous pression, l'autre est au démoulage et le troisième se trouve devant l'ouvrier chargé du remplissage. MM. Boulet-Lacroix construisent une autre machine à plateau tournant, dans laquelle tous les mouvements sont automatiques et qui donne sur la pièce à mouler une pression de 60,000 kilogrammes; pour la fabrication des carreaux en ciment comprimé, obtenus avec de la poudre sèche légèrement humectée, ils ont recours à la presse hydraulique et arrivent à exercer sur les pièces à mouler une pression de 150,000 kilogrammes.

2° Les *machines à filières* sont les plus répandues et, du reste, conviennent seules pour la fabrication des tuiles creuses, des tuyaux et poteries de bâtiment. Nous avons signalé le grave inconvénient de ces appareils au point de vue du feuilletage des produits, et les briques

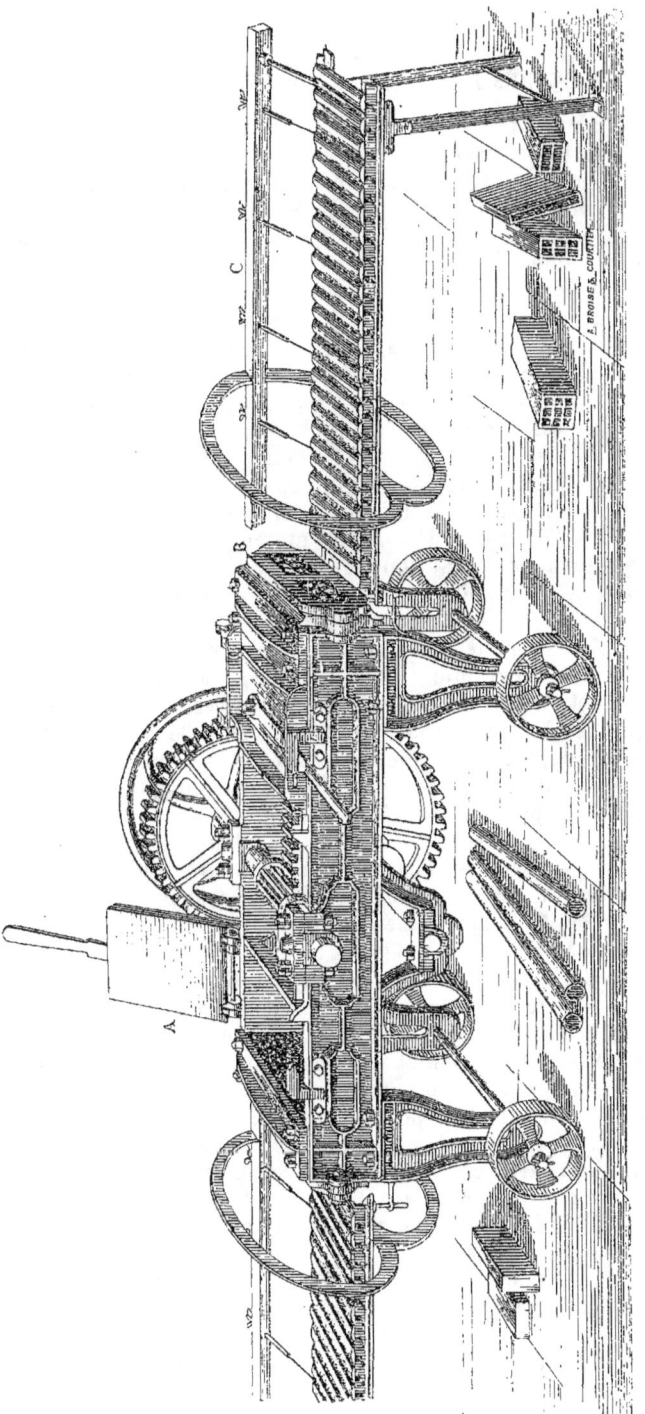

Fig. 60.

ordinaires qui en sortent doivent être nécessairement repressées pour être employées en parement :

La figure 60 représente une machine à filières à double effet, à caisses carrées, construite par MM. Maillard et Schlosser, et pouvant être mue à bras. L'arbre moteur horizontal porte un pignon qui engrène avec une crémaillère horizontale terminée à chaque extrémité par un piston rectangulaire qui se meut dans une boîte de même section que lui. Le couvercle A de cette boîte se lève et peut être maintenu fermé par un verrou solide ; la boîte de gauche est en charge, on va la remplir de pâte et fermer le couvercle, puis le piston se met en marche de la droite vers la gauche, il comprime la pâte, lui fait traverser une grille à trous que montre le dessin, grille destinée à malaxer la pâte plastique et à arrêter les corps solides ; la pâte traverse donc cette grille et entre dans la chambre qui précède la filière B ; elle s'écoule à travers cette filière et en prend la forme ; le ruban moulé s'allonge sur un banc à rouleaux, et l'appareil à fil de fer C le découpe en morceaux lorsque la boîte est vide et que le cylindre est au fond de sa course. Pendant ce temps, la boîte de droite a été remplie de pâte et elle se trouve prête pour une nouvelle opération. On voit sur le sol, sous la machine, des spécimens des diverses pièces qu'elle peut produire. Une machine à filières double, du poids de 1,000 kilogrammes et du prix de 1,200 francs, avec manivelle à bras et transmission de roues dentées, produit par jour 5,000 briques creuses à 6 trous, de 0,22, 0,11, 0,06. Fonctionnant au moteur mécanique, cette machine coûte 200 francs de plus.

Mais, du moment où on a recours à un moteur, on adopte en général des machines plus puissantes.

Aux boîtes carrées on substitue fréquemment les boîtes cylindriques dans lesquelles la pâte est chassée, non plus par un piston, mais par une hélice ; il va sans dire que l'hélice convient seulement pour la pâte molle ou pour la pâte demi-ferme et que le piston est nécessaire quand on moule en pâte ferme. La figure 1, planche 12, représente une machine à hélice pour pâte demi-ferme, construite par MM. Boulet-Lacroix. La poulie motrice de 1 mètre de diamètre, fait 150 tours par minute ; elle actionne, au moyen de pignons et de roues à chevrons, deux arbres horizontaux qui font mouvoir, l'un, une paire de cylindres broyeurs superposée à la trémie alimentant le cylindre horizontal qui reçoit la pâte, l'autre, l'hélice placée dans ce cylindre ; cette hélice, ou malaxeur horizontal, chasse la pâte dans le cylindre et dans la filière qui lui fait suite ; un chariot coupeur découpe le ruban reçu sur une table à rouleaux. Cette machine, du poids de 4,000 kilogrammes et du prix de 4,500 francs, produit 100 briques pleines ou creuses à l'heure avec une puissance motrice de 6 chevaux.

Pour terminer, nous citerons comme exemple intéressant d'une machine à filières, la machine dite revolver, en usage pour la confection des poteries de bâtiment (*fig.* 4, planche 12). Cette machine, mue par une manivelle à bras, fonctionne sur un faux plancher ; la pâte est chargée dans un cylindre vertical et chassée vers le bas par un piston à crémaillère ; elle traverse une filière annulaire ou rectangulaire, fermée en bas par un plateau à agrafes solides; quand le moule est plein, on enlève les agrafes, on fait descendre le plateau équilibré par des contre-poids et sur ce plateau on trouve un échantillon de la poterie; les moulures d'emboîtement se font à la main. Les produits sont portés au séchoir. La machine revolver a deux cylindres A et B, reliés par des traverses horizontales et formant un tout mobile autour de l'axe vertical C; on nettoye et on remplit le cylindre B pendant que l'autre est en pression, ce qui active beaucoup la production. Avec cet appareil, qui coûte 2,500 francs, on peut faire 800 poteries par jour.

Les exemples qui précèdent suffiront pour donner au lecteur une idée nette de toutes les machines à briques dont il existe, nous le répétons, une grande variété; ces exemples se rapportent, du reste, aux machines les plus connues.

3° FOURS A BRIQUES

Les manipulations que nous venons de décrire, si elles sont exécutées avec soin et avec intelligence, donneront une brique qui sera belle et solide; c'est la cuisson qui, seule, peut la rendre inaltérable et en faire une pierre artificielle parfaite.

La cuisson devra être poussée assez loin pour atteindre le degré où commence la vitrification, sans toutefois le dépasser. Cela veut dire que la brique sera assez cuite dès l'instant où sa surface commencera à se couvrir d'une espèce de fritte légère, dont l'effet sera plus tard de la préserver des actions de la gelée. Si la brique était vitrifiée, elle n'adhérerait point au ciment et les maçonneries ne seraient point assez liées; une brique qui n'est pas assez cuite manque de résistance et peut s'écraser sous le poids de la superstructure.

On voit qu'en somme il y a là un degré difficile à atteindre, qu'il est cependant essentiel d'obtenir.

La dépense de cuisson entre pour un gros chiffre dans le prix final de la brique et, pour produire à bon marché, c'est sur la cuisson qu'il faut chercher à réaliser des économies, ce à quoi on est parvenu par l'adoption des fours continus perfectionnés.

Il a été pris pour ces fours de nombreux brevets et il en existe beaucoup de types plus ou moins variés. Nous ne pouvons signaler que les plus importants et les plus connus.

Nous décrirons successivement :

A. — Les fours en meule ou fours flamands;
B. — Les fours fixes intermittents;
C. — Les fours continus.

A. — FOURS EN MEULES OU FOURS FLAMANDS

La cuisson des briques en meule, sur le lieu même de fabrication, était autrefois générale; le procédé peut encore rendre des services, notamment dans les travaux publics, car il est simple et expéditif et doit, dans certaines conditions, être économique lorsqu'il s'agit d'une seule opération.

Il consiste à cuire les briques dans un four dont les parois sont formées par les briques elles-mêmes, et qui disparaît tout entier après l'opération. Un four en plein air ne peut recevoir des dimensions illimitées, car la cuisson devient plus difficile et moins uniforme que dans une fournée moyenne ; l'expérience a montré que les meilleures briques sont celles qui ont été cuites dans un four dont la contenance ne dépasse pas quatre à cinq cents milliers.

Avant de construire le massif, on égalise préalablement le sol, et on l'aplanit, en l'entourant de fossés s'il est exposé à être inondé. On trace ensuite avec des cordeaux le rectangle du four, en donnant au grand côté trois fois et demie la hauteur à donner au massif, et au petit côté trois fois cette même hauteur. Les briques étant posées de champ, le carré semblerait avoir moins de solidité que le rectangle ; cependant, il est des briqueteurs qui adoptent un carré dont le côté est quatre fois la hauteur du massif.

Le massif se construit en deux fois : on élève d'abord la base qui renfermera sept lits de briques à partir du sol, puis on élève le reste de l'édifice lorsque le feu est en pleine activité et que la chaleur commence à gagner le septième rang.

Voici comment on dispose la base : sur le grand côté, on place une ligne de briques panneresses, c'est-à-dire, qui sont accolées de champ en présentant leur grande face à l'extérieur, et l'on remplit la base avec de slignes parallèles à celle-ci, sauf sur les côtés que l'on ferme aussi par des briques panneresses. Sur cette première ligne, on place des briques dites boutisses, c'est-à-dire, dont les grandes faces sont normales au grand côté du four. Ces boutisses placées de champ constituent la seconde ligne ; on met seulement deux de ces briques sur une brique du premier rang, de sorte qu'il reste dans la seconde ligne autant de plein que de vide.

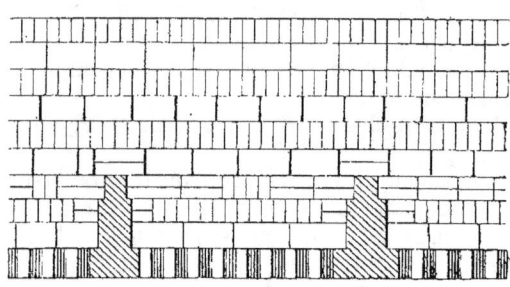
Fig. 61.

Les briques de la première ligne, dont le rang est multiple de cinq, ne portent rien ; elles correspondent à la base des foyers ; au-dessus de la deuxième ligne, on en place une troisième parallèle à la première, mais interrompue au-dessus de la base des foyers. Vient ensuite une quatrième ligne formée de deux rangs de briques posées à plat ; ils font saillie sur le côté vertical de l'ouverture des foyers, et cette ouverture se trouve fermée à la partie supérieure par deux briques posées à plat, qui appartiennent à la cinquième ligne. Le reste du massif s'achève au moyen d'assises de briques posées de champ, en sens alternativement inverse.

Nous avons voulu expliquer simplement qu'aux briques numéros 5, 10, 15.... de la base correspondaient des foyers allant en se rétrécissant jusqu'à la sixième assise qui les termine, et traversant le massif de part en part. On réserve partout des vides qui serviront de canaux aux produits de la combustion et répartiront la chaleur dans toute la masse.

Pour allumer le feu, on met d'abord dans les foyers de la paille qu'on enflamme, en commençant par la gueule du four qui se trouve faire face au vent; on ajoute ensuite des fagots ou des bûches, puis de la tourbe ou de la houille. L'emploi de la houille est plus économique, évidemment, mais on ne la trouve pas partout à bon marché, et il est souvent facile d'avoir du bois à peu de frais en s'établissant près d'une forêt.

Au commencement du feu, si le vent est violent, on risque de porter brusquement les briques à une haute température, parce que la combustion se trouve très activée; cette circonstance amènerait de fâcheux résultats si on n'avait soin de protéger les gueules du four par des paillassons mobiles que placent les ouvriers.

C'est généralement le soir qu'on allume, parce que l'on juge mieux de la marche du feu : au bout de vingt heures, on achève d'exhausser le massif. On garnit les parois latérales du massif avec de la paille placée debout, contre laquelle on applique ensuite une muraille de terre, qui s'oppose à la déperdition de la chaleur. Lorsque l'on élève la deuxième partie du four, on remplit de charbon les cheminées verticales qu'on a ménagées, et on en remplit aussi tous les vides de la septième assise, puis les vides de la neuvième, ceux de la onzième, et ainsi de suite; mais on ne procède à la pose d'une nouvelle assise que lorsque le feu a déjà gagné la précédente; sans cela on s'exposerait à étouffer la combustion.

La surface supérieure du tas est recouverte de houille menue; s'il y a des endroits où le briqueteur trouve la combustion trop active, il y jette un peu de sable.

Lorsque le temps se met à la pluie d'une façon continue, on protège la fournée par des paillassons transversaux que soutiennent de longues perches.

Quelquefois on cuit, en même temps que la brique, des tuiles ou des pierres à chaux; c'est presque toujours une mauvaise opération, qui ne réussit que par hasard, car la température qui convient à l'une des matières ne convient pas à l'autre.

Il faut au moins huit à dix jours pour monter complètement un four de 200,000 briques. L'opération complète dure de douze à quinze jours.

Le procédé que nous venons de décrire est simple et peut s'appliquer partout; il a l'avantage sur le procédé des fours fixes, que l'on établit le massif à l'endroit le plus convenable pour les transports, et qu'il n'y a point de dépenses de premier établissement. Mais il est certain que l'on obtiendra une fabrication plus régulière et une notable économie de combustible en se servant de fours construits une fois pour toutes.

On compte d'ordinaire trois à quatre hectolitres de houille tout-venant par mille briques ordinaires, ce qui, à 80 kilogrammes l'hectolitre, donne un poids de 240 à 320 kilogrammes.

La consommation est, du reste, très variable avec les circonstances atmosphériques et avec l'habileté des ouvriers.

Le déchet est toujours considérable : au voisinage des parois il y a beaucoup de briques mal cuites ; dans les régions où le feu a été trop vif, les briques se sont brisées et déformées, quelquefois elles se sont vitrifiées et collées les unes aux autres et il faut les briser pour les séparer. Aussi doit-on compter sur un déchet d'un cinquième.

Cependant on arrive, par un choix judicieux, à diminuer le nombre des produits inutilisés en réservant pour les parements ceux qui ont conservé une apparence nette et régulière ; les briques brûlées ou scorifiées, celles qui sont vitrifiées, ont souvent une grande résistance et font bon effet dans les massifs de maçonnerie. Les briques imparfaitement cuites peuvent également trouver leur place dans des constructions secondaires.

En résumé, la cuisson en meule donne des matériaux généralement solides, susceptibles de racheter par cette qualité les défauts qu'ils présentent dans la forme.

B. — FOURS INTERMITTENTS

Les fours fixes ordinaires sont construits sur le modèle des fours à la volée ; compris entre quatre murs assez épais pour empêcher la déperdition de la chaleur, souvent ils sont enterrés sur une certaine hauteur.

Généralement, les fours ne restent pas à découvert ; on les protège par une toiture en tuiles, qui laisse une issue aux gaz de la combustion et favorise le tirage, ou bien encore par une voûte percée de nombreuses ouvertures. On brûle le combustible sur des grilles, et les foyers sont recouverts d'une voûte réfractaire offrant de nombreux carneaux à la flamme ou à l'air chaud, qui doit pénétrer la masse.

Le four une fois rempli, on mure la porte par où l'on a fait le chargement, et l'on allume sur les grilles un feu de bois, de tourbe ou de charbon ; on commence par un feu doux et l'on élève graduellement la température, sans arriver cependant jusqu'à la vitrification des briques voisines du foyer.

Les briques sont tassées dans le four d'une manière analogue à celle que nous avons décrite pour la cuisson en plein air ; l'opération marche d'autant plus vite que l'espacement des briques entre elles est plus grand, parce que l'air chaud circule mieux ; d'un autre côté, il faut modérer l'espacement si l'on veut cuire un nombre considérable de pièces à la fois.

Les dimensions de la section des foyers doivent être plus considérables lorsqu'on se sert de bois que lorsqu'on se sert de tourbe ou de houille. La tourbe convient bien à la fabrication de la brique.

La durée de la cuisson est beaucoup plus faible dans les fours fixes, parce qu'en général le massif est moins étendu et les briques plus espacées.

On ne doit point enlever les briques aussitôt que la cuisson est terminée; il faut attendre que le refroidissement de la masse se fasse graduellement, et éviter tout changement brusque de température.

Dans un four fixe bien construit, avec un chauffeur bien habitué à la bonne manière de conduire le feu, on obtient un produit de qualité constante, ni trop peu cuit, ni trop cuit. La brique à moitié cuite s'attendrit à l'air, s'exfolie et se réduit en poudre; la brique trop cuite ou vitrifiée est spongieuse, noire, boursouflée, bulleuse et semblable à du mâchefer; elle est fragile et n'adhère point au mortier.

En résumé, une brique est bonne lorsqu'elle peut donner un son clair et net dès qu'on la frappe avec un corps dur, qu'elle est compacte, exempte de gerçures, cavités, boursouflures et fentes, nullement déformée; qu'elle conserve toujours la couleur qui lui est naturelle, laquelle, en général, est d'un brun prononcé, mais uniforme; enfin qu'elle a une dureté suffisante pour laisser quelquefois échapper des étincelles au choc du briquet. La cassure doit laisser voir un grain fin, homogène et luisant, et être parsemée d'une multitude de petits points brillants, grisâtres et vitreux, qui sont des molécules de quartz vitrifiées.

Parmi les procédés de fabrication de la brique, il est urgent de choisir celui qui, toutes choses égales d'ailleurs, revient le moins cher; c'est donc en chaque lieu une étude à faire. Le combustible doit être employé de telle sorte que le calorique puisse se propager uniformément dans toutes les parties de la fournée sans qu'aucune d'elles soit exposée à être vitrifiée. Dans un four fermé, à foyer latéral ou à foyer intérieur, il est préférable d'avoir un combustible à longue flamme, tel que le bois, la tourbe ou la houille sèche; la tourbe, par son bon marché, est celui qui convient le mieux, mais on ne l'a pas toujours sous la main à côté de l'argile.

La houille est économique aussi; mais, lorsqu'on n'a que de la houille grasse, ou à courte flamme, on obtient de meilleurs résultats par le procédé de la cuisson à l'air, dans lequel le combustible se trouve mélangé à la brique. Si l'on se sert de fours fermés avec de la houille sans flamme, on ne peut les choisir de grandes dimensions, sans quoi la quantité de chaleur reçue en un point serait très variable avec la distance au foyer.

La cuisson en four fermé donne une brique beaucoup plus belle et qui convient bien pour être employée en parement dans les maçonneries; la cuisson à l'air, bien conduite, donne une brique très solide, mais un peu rugueuse, ce qui la rend moins belle, mais ce qui lui permet, en revanche, de contracter pour le mortier une grande adhérence.

La forme rectangulaire adoptée d'ordinaire pour les fours n'est pas favorable à la régularité de la cuisson; les briques des angles sont médiocrement cuites et doivent être réservées pour les maçonneries intérieures ou de remplissage.

La consommation du charbon n'est guère que le tiers de celle qu'exige la cuisson en meule.

Fours rectangulaires voûtés ou non voûtés et fours circulaires. — Dans les fours à meule, la perte de chaleur est considérable et, par suite, la consommation de combustible est exagérée. Si un millier de briques exige 250 kilogrammes de houille avec le four à meule et qu'on puisse économiser avec un autre four 100 kilogrammes de combustible à 25 ou 30 francs la tonne, l'économie sera de 2 fr. 50 ou 3 francs par millier de briques et, répartie sur plusieurs milliers de produits, elle ne tardera pas à amortir les dépenses de premier établissement et à donner même un gros bénéfice.

La figure 62 représente un four rectangulaire non voûté, enfermé dans des murs de 2 mètres d'épaisseur à la base et de 0^{m}80 d'épaisseur au sommet; quatre foyers reçoivent le combustible et la flamme traverse de petites voûtes à claires-voies, formées généralement d'arceaux laissant entre eux des vides assez larges pour le passage de la flamme. Les produits sont empilés sur ces voûtes et mélangés de combustible comme dans le four à la volée, car, le four étant découvert, le feu du foyer ne suffirait pas pour cuire les tranches supérieures.

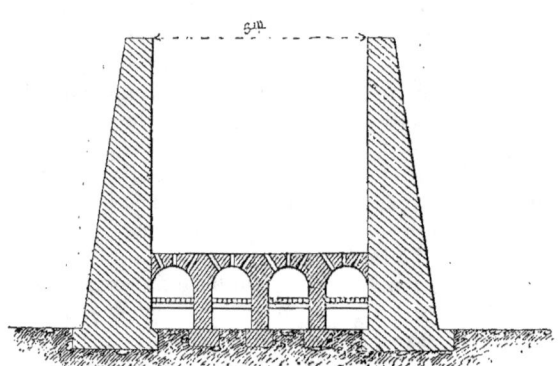

Fig. 62.

La surface supérieure est recouverte d'une couche d'argile dans laquelle on ouvre des évents pour régler le tirage.

L'allure de ces fours est très variable avec les circonstances atmosphériques; néanmoins ils réalisent, sur le procédé primitif, un perfectionnement notable.

Il y a avantage à les enterrer en partie, car le rayonnement est encore moindre et les murs peuvent être construits avec moins d'épaisseur; ces murs, soumis à l'action d'une température élevée, se déforment facilement; ils doivent être établis avec beaucoup de soin.

On perfectionne ces fours en les voûtant, et, comme la voûte s'oppose à la déperdition de la chaleur et produit une réverbération considérable, il n'est plus nécessaire alors de mélanger du combustible aux assises de briques : donc plus de tassement à craindre ; mais les mouvements de dilatation des maçonneries sont à redouter et les voûtes doivent être solidement contrebutées par leurs culées et construites avec grand soin de manière à se prêter à une certaine déformation. Elles sont percées de plusieurs lignes de carneaux.

Ces fours voûtés, établis sur plan carré de 6 mètres avec une hauteur de 5 mètres contiennent 30,000 briques; on en a établi au camp de Châlons qui avaient 2ᵐ50 de large, 4ᵐ50 de long et 3ᵐ50 de haut.

Lorsqu'on peut les construire en briques réfractaires, ou au moins leur donner un revêtement réfractaire, ils sont moins exposés, car les pierres calcaires se cuisent à la longue, se transforment en chaux et perdent leur cohésion.

La consommation de combustible est, à volume égal de four, bien moindre sous voûte qu'à ciel ouvert; mais il est difficile de donner des chiffres moyens par millier de briques, car la consommation varie dans des limites très étendues avec la capacité du four et cela se conçoit : la déperdition de chaleur est proportionnelle à la surface des parois, c'est-à-dire au carré des dimensions, tandis que l'utilisation est proportionnelle à la capacité du four, c'est-à-dire au cube des dimensions.

La production ne peut donc être économique qu'avec de grands fours; on cite des exemples où

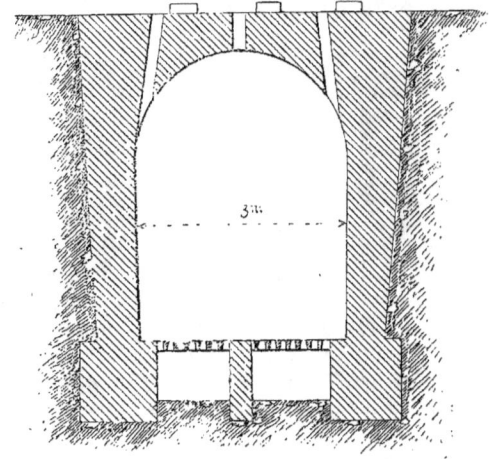

Fig. 63.

elle est tombée alors à environ 100 kilogrammes par mille briques; dans les petits fours, elle peut s'élever à 300 kilogrammes et plus.

Afin que la cuisson des assises supérieures soit assurée, il est nécessaire que les gaz de la combustion s'échappent à une haute température; il y a donc beaucoup de calorique perdu qui s'en va dans l'atmosphère. On devait naturellement songer à l'utiliser en faisant passer la masse gazeuse par des chambres renfermant des produits préparés pour la cuisson; c'est ce qui a été fait de deux manières différentes : 1° par l'adoption de chambres parallèles accolées; 2° par l'adoption de chambres superposées.

Les *fours accolés* sont deux fours exactement semblables, ayant un mur commun et desservis par une cheminée unique; un système de carneaux et de registres permet, soit de conduire directement à la cheminée le courant gazeux sortant d'un des fours, soit de le faire passer d'abord à travers l'autre four chargé de briques fraîches, soit d'alimenter le foyer de l'un des fours avec de l'air chaud qui traverse la masse de briques du four voisin dont la cuisson est terminée.

Les *fours superposés* comprennent trois chambres, par exemple, avec foyer distinct; on allume le foyer inférieur, la flamme traverse les carneaux d'un mur en briques réfractaires et parcourt la première chambre, puis le courant gazeux gagne la cheminée en parcourant la deuxième et la troisième chambres dont les foyers sont fermés; la cuisson une fois terminée dans la première chambre, on allume le deuxième foyer et on l'alimente avec l'air qui traverse la première chambre et refroidit les briques qu'elle contient. La même manœuvre se répète pour la troisième chambre, et l'on voit que la chaleur des chambres inférieures est en grande partie utilisée.

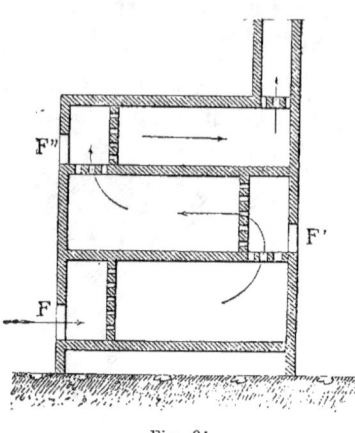

Fig. 64.

Les fours à section rectangulaire sont de construction facile, mais le courant gazeux ne pénètre guère dans les angles où la cuisson se trouve imparfaite; les *formes rondes* sont bien préférables, parce que la réverbération s'y fait beaucoup mieux ainsi que la circulation des courants gazeux. La meilleure forme serait évidemment celle d'une sphère dont le foyer occuperait le centre; on s'en rapproche en construisant des fours recouverts d'un dôme. Ces *fours ronds* ne peuvent pas avoir de grandes dimensions; leur diamètre est d'ordinaire de 4 mètres, la hauteur de 5 mètres, l'épaisseur des murs 1 mètre à 1^m20 à la base, 0^m70 au sommet; des cercles de fer s'opposent aux dislocations de l'enveloppe. Quatre foyers ou alandiers sont disposés symétriquement sous la sole, et, en agissant sur chacun d'eux séparément, on arrive à régler la cuisson d'une manière parfaite; les produits de la combustion s'échappent par des carneaux ménagés dans le dôme ou par une cheminée construite au sommet.

Ces fours, qui donnent de fort beaux produits, réalisent un grand progrès par rapport à ceux que nous venons de décrire, et consomment un quart ou un tiers en moins de combustible à dimensions égales; mais ils ne sont pas encore économiques parce qu'ils n'utilisent pas la chaleur entraînée par le courant gazeux qui s'échappe à haute température, ni celle que la masse cuite tient emmagasinée et doit perdre avant d'être défournée. On a construit des fours ronds superposés, mais l'usage ne s'en est pas propagé; nous les retrouverons en traitant de la cuisson des chaux et des ciments.

Four semi-continu. — M. Bourry, ingénieur des arts et manufactures, construit un four semi-continu, que représente la figure 65 et qui a pour but de procurer au fabricant une partie des avantages que donne le four annulaire continu système Hoffmann; ce dernier est coûteux et ne convient qu'aux grandes exploitations, qui produisent plus d'un million de pièces par an.

Le four semi-continu ne donne pas, comme le four Hoffmann, une économie de 70 p. 100 sur les anciens systèmes; mais on peut encore raisonnablement compter sur une économie de 50 p. 100 de combustible.

« Le four semi-continu est composé, dit M. Bourry, d'une seule galerie droite et voûtée, fermée aux deux extrémités par des murs droits. Dans l'un d'eux sont ménagées les portes de un, deux ou trois foyers fixes, suivant la largeur du four. A l'autre extrémité, se trouve un carneau plongeant qui conduit à la cheminée. La voûte du four est perforée d'un certain nombre de petites ouvertures, suivant le système Hoffmann, par lesquelles s'introduit le combustible servant à la cuisson des produits.

« Ces trous de chauffage se bouchent à volonté, par des cloches en fonte dont les bords trempent dans le sable, afin d'obtenir une fermeture imperméable. Sur l'un des côtés longitudinaux du four se trouvent un certain nombre de portes d'enfournement, distancées d'une manière convenable l'une de l'autre.

« Lorsque le four n'a pas plus de 15 à 16 mètres de longueur, ces portes sont au nombre de quatre, et le côté opposé est complètement fermé; il n'est pas nécessaire alors d'employer des registres obstruant la galerie de cuisson. Mais lorsque la longueur dépasse 15 à 16 mètres, il y a avantage à faire, par chaque 3 à 5 mètres de prolongement, une porte d'enfournement et un carneau de tirage correspondant. Ces carneaux, qui peuvent à volonté être ouverts ou fermés hermétiquement par des tampons en fonte, communiquent avec la cheminée par un canal collecteur.

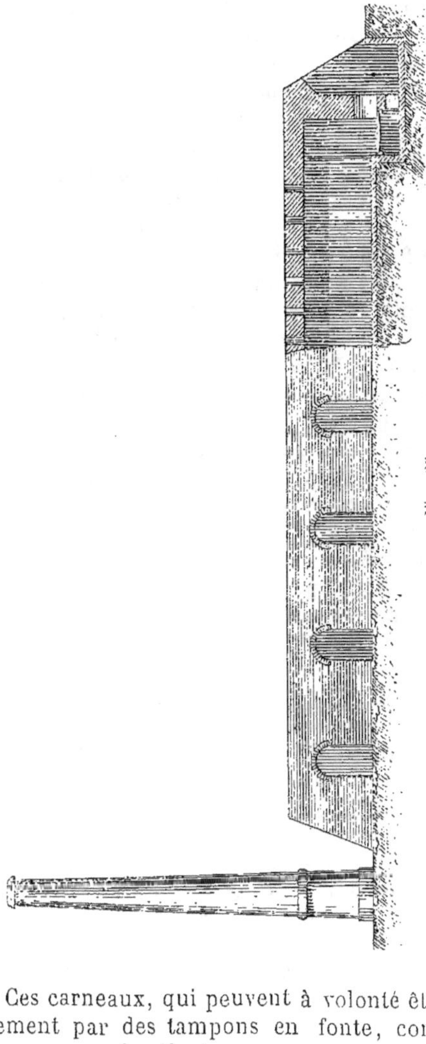

Fig. 65.

« Pour faciliter l'explication de la marche du four, il est utile de désigner l'espace du four compris entre les foyers fixes et la première porte, sous le nom de section ou de compartiment n° 1; l'espace entre la première et la deuxième porte sous le nom de compartiment n° 2, et ainsi de suite, quoique la galerie de cuisson ne soit réellement pas partagée en compartiments par des cloisons.

« Ainsi nous appellerons un four qui a quatre portes d'enfournement, four à quatre compartiments, quoiqu'ils ne soient que fictifs.

« Pour mettre en marche un four qui n'a que quatre compartiments, on commence par l'enfourner complètement, puis on allume dans les foyers fixes le petit feu, qu'on entretient aussi longtemps qu'il est nécessaire : lorsque l'enfumage est terminé, on passe au grand feu, absolument comme dans les anciens fours. Au moment où le premier compartiment est en pleine incandescence, on commence à introduire le combustible par le haut, alors le feu avance graduellement vers le compartiment n° 2, puis vers le n° 3; à ce moment le compartiment n° 1 étant cuit on cesse de l'alimenter de combustible; il se trouve en refroidissement, et la chaleur qui se dégage des produits cuits est ramenée au feu par l'air d'alimentation qui traverse la masse cuite juste en quantité nécessaire; lorsque le feu est arrivé au bout du dernier compartiment, on cesse de l'alimenter aussitôt que les produits y sont suffisamment cuits. Les produits du compartiment n° 1 ont eu le temps de se refroidir, et on commence à défourner et à réenfourner, pendant qu'au compartiment n° 4 les produits sont encore incandescents.

« Or, un four ne contenant que quatre compartiments peut se défourner et se réenfourner facilement en quatre ou cinq jours. Le temps de l'enfumage du premier compartiment est très variable, suivant la nature des terres; mais on peut admettre quatre jours en moyenne, et en comptant cinq à six jours pour terminer la cuisson du four entier, on voit que l'opération totale dure de treize à quatorze jours, soit deux opérations par mois.

« En construisant des fours semi-continus plus longs, soit avec six, sept, huit, neuf ou dix compartiments, le commencement de l'opération reste toujours le même; mais outre une économie plus grande en combustible, on aura l'avantage de pouvoir défourner et réenfourner le compartiment n° 1, lorsque le grand feu se trouvera au cinquième et au sixième compartiment: de même on sera de nouveau au grand feu dans le n° 1, lorsqu'on terminera de cuire le n° 9 ou 10. Il n'y a alors, pour ainsi dire, pas de temps perdu ou d'interruption, et on voit que la cuisson complète de dix compartiments n'exige pas plus et même moins de temps que celle d'un four de quatre compartiments; tout le travail devient alors à peu près continu.

« Les fours à plus de quatre à cinq compartiments doivent avoir plusieurs carneaux de tirage, comme il a déjà été dit, et on doit alors se servir d'un registre pour séparer la galerie de cuisson en deux parties. Ce registre doit être placé après chaque carneau de tirage aussitôt que l'enfournement aura été terminé jusque-là.

« Par économie on peut parfaitement le faire en papier au lieu de tôle, qui revient très cher et se détériore assez promptement.

« L'enfumage n'a besoin de se faire, à chaque fournée, qu'au n° 1 dans les foyers fixes; cette opération se fait tout naturellement, dans les autres compartiments, par l'approche graduelle du grand feu. Ceci constitue déjà une économie considérable comparativement aux anciens fours.

« Si on désirait cependant activer toute l'opération de la cuisson, il est facile de faire des petits feux d'enfumage dans les portes d'enfournement, ou par les trous de chauffage du haut. Il est très commode à cet effet d'employer des foyers mobiles en fonte, faits exprès pour cet usage.»

Le four semi-continu profite en grande partie des avantages qu'offre le four annulaire continu, avec des frais de construction beaucoup moindres; il convient aux petites exploitations de 300,000 à 2,000,000 de pièces par an et peut s'agrandir suivant les besoins; à mesure qu'il s'allonge, l'économie de combustible augmente; il se prête, en outre, à toutes les variations de la production.

Les figures 4 et 5, planche 13, représentent un autre four, construit par M. Virollet, et analogue au précédent. C'est aussi un *four à tranches*, c'est-à-dire un four dans lequel le feu, allumé d'abord sur une grille placée en tête de la galerie, se propage ensuite sur une série de petites grilles de 0^m15 de largeur, laissant entre elles des tranches de 0^m45 occupées par les briques empilées. Au fur et à mesure de la progression de la cuisson, on ferme la grille d'extrémité et les petites grilles successives. Au-dessus de chaque grille l'espace est vide, et la voûte supérieure porte un trou pour l'introduction du combustible et la surveillance de la marche du feu. Le défournement se fait par des portes latérales. L'air qui arrive aux grilles ne provient pas directement de l'extérieur, mais arrive déjà échauffé après avoir parcouru des carneaux ménagés dans l'intérieur des massifs, carneaux qui peuvent être interceptés à volonté par des cloches en fonte. Le four Virollet est à quatre galeries rectangulaires entre elles et desservies par une cheminée centrale; les galeries peuvent fonctionner ensemble ou séparément; on peut les mettre en communication par des registres verticaux ménagés dans la cloison séparative, de manière à faire passer sur les produits frais d'une galerie le courant de la combustion qui s'échappe de la galerie précédente; les dépenses relatives à l'enfumage et au petit feu se trouvent ainsi supprimées. Le type que nous venons d'examiner convient pour une petite usine produisant 500,000 pièces par an.

C. — FOURS CONTINUS

Four Hoffmann. — Le plus connu des fours continus est le four Hoffmann, breveté en 1858. C'est celui dans lequel la chaleur produite est le mieux utilisée; les principes d'après lesquels il est construit étaient connus auparavant, mais M. Hoffmann a eu le mérite de les mettre en pratique d'une manière simple et rationnelle.

M. l'ingénieur Bourry, qui possède en France le brevet du four Hoffmann, en donne la description suivante, que les figures 66 et 67 permettent de suivre :

« La galerie AA est l'espace dans lequel se place et se cuit la brique ou tout autre produit; elle est formée par deux murs parallèles, reliés dans le haut par une voûte. Dans le mur extérieur sont pratiquées à certains intervalles des portes BB servant à l'enfournement et au défournement, et par lesquelles on passe facilement avec des brouettes ou wagonnets sur ou sans rails. La galerie annulaire est mise en communi-

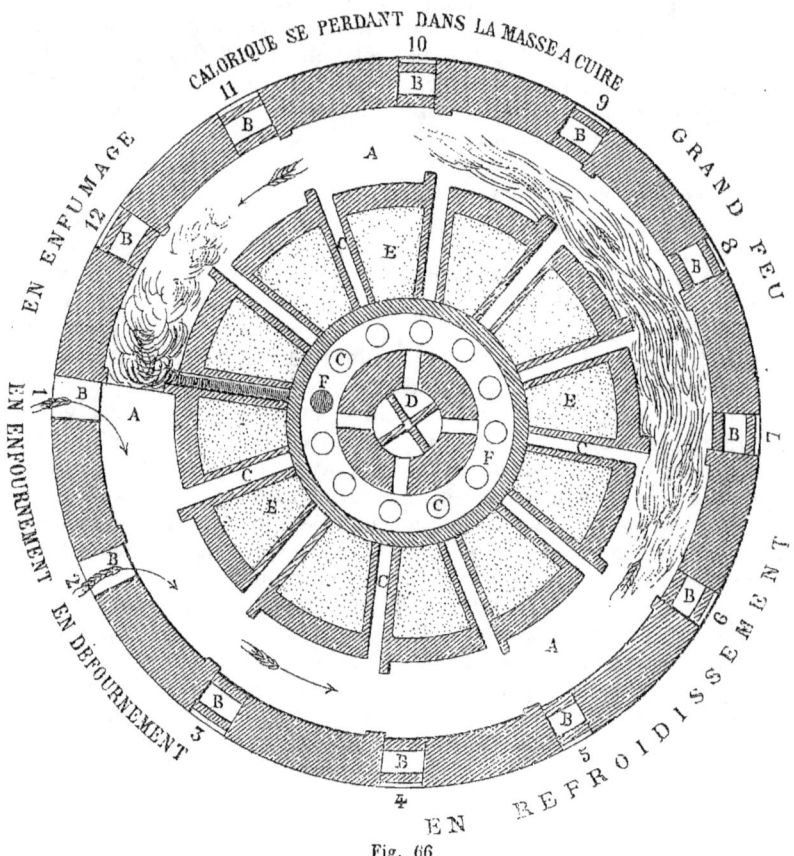

Fig. 66.

cation avec la cheminée D par des carneaux C et le récipient ou chambre à fumée F; ces carneaux peuvent être bouchés à volonté au moyen de soupapes à l'endroit où ils font leur entrée dans la chambre à fumée. Les soupapes, en forme de cloches, peuvent être soulevées par une tige en fer traversant la voûte de la chambre à fumée. Dans la grande galerie, près des portes et des carneaux, se trouvent de petites saillies aux deux murs et à la voûte pour recevoir le registre ou la vanne en tôle. Ce registre mobile a la forme verticale de la galerie; son but est d'intercepter la continuité de la galerie; il est en deux ou trois pièces et peut être introduit ou retiré par les portes BB. Dans la voûte du four sont ménagées un certain nombre d'ouvertures, servant à l'introduction

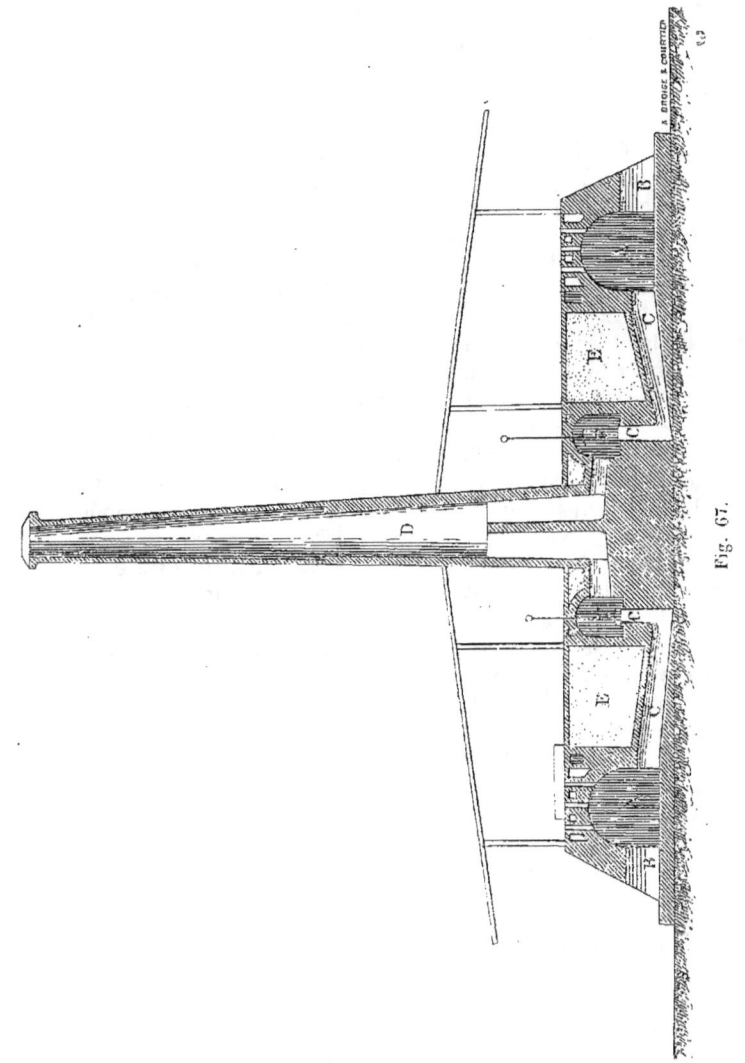

Fig. 67.

du combustible; elles sont recouvertes par de petites cloches mobiles en fonte.

« Ainsi qu'il est indiqué sur le dessin ci-contre, le four a douze portes B, douze carneaux de tirage C, autant d'emplacements pour le registre. Pour faciliter les explications, nous appellerons compartiment l'espace entre chaque emplacement du registre. Les parties marquées EE ne représentent que du remplissage en terre ou en sable, destiné à réduire la déperdition de la chaleur.

« *Fonctionnement*. — En supposant le four en pleine activité, le registre en tôle se trouvera, par exemple, placé entre les compartiments 12 et 1, c'est-à-dire à gauche de la porte n° 1. Les portes n°^{os} 1 et 2 sont ouvertes et toutes les autres fermées.

« L'air atmosphérique s'introduit dans le four par ces deux portes ouvertes et fait le tour dans la galerie du four jusqu'au registre; là il prend son chemin par le carneau pour échapper ensuite par la cheminée. Ce carneau du 12e compartiment est seul ouvert; tous les autres sont soigneusement clos. On enfourne le compartiment n° 1 et on défourne le n° 2, contenant la marchandise cuite et déjà refroidie. Tous les autres compartiments sont remplis de produits; ceux contenus dans les 3e, 4e, 5e et 6e sont cuits et en refroidissement; dans le 7e et 8e ils sont en plein feu et c'est là seulement qu'on introduit le combustible par les ouvertures traversant la voûte. Les n°^{os} 9 à 12 se chauffent graduellement par la chaleur provenant du grand feu; cette chaleur se perd dans la masse enfournée et le dernier compartiment ne reçoit que la chaleur suffisante pour l'enfumage.

« Le four est combiné pour que le feu avance graduellement chaque jour d'un compartiment. Toutes les phases du fonctionnement décrit ci-dessus se trouveront le lendemain avancées d'un compartiment. Donc, après avoir enfourné dans le n° 1 et lorsqu'on aura enlevé le registre de sa place ci-dessus indiquée et qu'on l'aura replacé près de la porte n° 2, on enfourne le compartiment n° 2 et on défourne dans le n° 3. Le n° 1 se trouve en enfumage. La soupape du n° 12 aura été fermée et celle du n° 1 ouverte. La porte d'enfournement n° 1 aura été bouchée par un plâtrage et une couche de sable; par contre, la porte n° 3 sera ouverte.

« Ainsi, toutes les vingt-quatre heures, l'enfournement, le défournement, la cuisson et l'enfumage avancent simultanément d'un compartiment; la fournée entière emploie, par conséquent, douze jours.

« Il en résulte que la brique se trouve vingt-quatre heures en enfumage (au petit feu), trois jours au chauffage, deux jours en grand feu et quatre jours en refroidissement graduel. On emploie un jour pour enfourner et un jour pour défourner.

« Le tirage se règle toujours à volonté par les soupapes; on peut ainsi retarder ou activer le feu.

« L'introduction du combustible par le haut du four ne se fait que là où les produits sont en pleine incandescence et à des intervalles réguliers et rapprochés. Si, par une cause quelconque, on désire ralentir la production ou l'arrêter pendant quelques jours ou même une semaine, on en a parfaitement la facilité.

« *Enfournement*. — Toute espèce de produits doit être enfournée à peu près comme dans les anciens fours, sauf à ménager des puits de chauffage ou des vides de 0ᵐ15 à 0ᵐ20 de diamètre, partant de la sole du four jusque sous la voûte, exactement sous chaque ouverture ménagée dans l'épaisseur de la voûte, de façon que le combustible introduit par ces ouvertures puisse tomber sur la sole du four. Ces puits sont reliés entre eux dans le bas, longitudinalement à la galerie du four, par de petits canaux ménagés dans la masse enfournée. On peut enfourner de la brique très verte; l'enfumage se fera parfaitement bien pourvu que la brique se supporte elle-même.

« *Économie.* — On admettrait difficilement qu'on pût réaliser sur le combustible une économie de 60 à 75 p. 100 pour la cuisson des briques et des tuiles et de 50 p. 100 pour la cuisson des calcaires; cependant, en étudiant la théorie de ce système, on peut s'en rendre parfaitement compte, si l'on considère :

« 1° Que le four entier est plein de briques ou d'autres produits, sauf les deux compartiments que l'on enfourne ou défourne;

« 2° Que l'air entrant dans le four par les deux portes ouvertes traverse quatre compartiments de produits déjà cuits et en voie de refroidissement, s'échauffe toujours progressivement en s'avançant vers le feu et s'élève ainsi à une température presque égale à celle du feu même qu'il vient alimenter;

« 3° Que l'introduction du combustible à la plus haute température possible a pour effet de dégager et de brûler tous les gaz et d'arriver à une combustion plus complète que sur une grille ou par tout autre moyen de chauffage;

« 4° Que les produits gazeux de la combustion et l'air chaud en excès, avant de sortir de la cheminée, cèdent, pendant leur long parcours, la majeure partie de leur calorique aux pièces non encore cuites contenues dans les quatre derniers compartiments;

« 5° Que, pour l'enfumage de la brique, un petit feu spécial n'est pas nécessaire;

« 6° Que le tirage peut être réglé à volonté et enfin que la chaleur contenue dans le four est soigneusement conservée et sert continuellement à la cuisson des nouveaux produits.

« Supposons que 1,500 degrés de chaleur soient nécessaires à la cuisson des produits, l'air préalablement chauffé par son passage à travers la marchandise cuite aura atteint environ 1,300 degrés à son entrée dans le grand feu. Les produits placés immédiatement après le grand feu sont chauffés au rouge à la distance de plusieurs mètres avant de recevoir le combustible, dont il ne faut qu'une faible quantité pour achever la cuisson. La chaleur, en se perdant dans les compartiments suivants, arrive enfin à celui d'enfumage, réduite à la température propre à ce but. La température observée dans le bas de la cheminée montre une moyenne de 50 degrés; ainsi, tout le calorique provenant du feu à 1,500 degrés reste dans le four, moins les 50 degrés nécessaires au tirage dans la cheminée.

« En dehors de l'économie en combustible, on peut encore citer celle obtenue par la grande facilité de l'enfournement et du défournement, ainsi que par la disparition presque totale des déchets, par la cuisson très uniforme dans toutes les parties du four.

« Une autre économie est encore souvent obtenue par la qualité inférieure de combustible dont le four annulaire permet de faire usage; en chauffant avec la houille, c'est de la fine ou du poussier que l'on se sert de préférence.

« Tous les combustibles peuvent être employés : la houille, l'anthracite, le bois, les fagots ou bourrées, la tourbe, le lignite, etc.

« La fumée est tout à fait consumée, le four est complètement fumivore.

« La quantité de combustible employée varie considérablement, ainsi que dans les anciens fours, selon les qualités des terres ou argiles à cuire. Il y a beaucoup de fours annulaires où 70 à 80 kilogrammes de houille cuisent le mille de briques d'une manière irréprochable. En Bourgogne, où la brique demande une cuisson égale à celle de la faïence, soit 1,500 à 1,600 degrés, on emploie 150 à 160 kilogrammes de houille. La moyenne peut être estimée à environ 100 à 110 kilogrammes pour le mille de briques de $22 \times 11 \times 6$ centimètres.

« La manière de chauffer ces fours est très simple : on introduit, toutes les cinq minutes, une petite pelletée de charbon ou une minime quantité de bois dans les trous de chauffage. Comme il est inutile que l'introduction du combustible se fasse d'une manière régulière, on place une horloge *ad hoc*, qui règle l'ouvrage du chauffeur. Le chauffage est peu pénible et peut même être fait par des femmes.

« Par cette manière de procéder pour le chauffage, le four devient dans le fait un générateur de gaz des plus simples; la partie incandescente du four fait l'effet de la cornue. Les parties gazeuses se détachent immédiatement du combustible introduit par petites quantités, et sont aussitôt consumées; l'oxygène s'y trouve en quantité suffisante et conserve même très longtemps le résidu dans l'état ardent.

« L'uniformité et la régularité que présente la cuisson dans le four annulaire sont le résultat du grand nombre de points de chauffage, c'est-à-dire des foyers qui se trouvent répartis également dans toute la masse. Le chauffeur est donc bien maître de la conduite du feu et régularise très facilement la cuisson, sans être incommodé, comme il l'était devant les anciens foyers, par la chaleur se perdant dans l'atmosphère. »

Grandeur et formes. — Les compartiments peuvent recevoir toutes les dimensions, de 8 à 100 mètres cubes, chaque compartiment correspondant à la production d'un jour. Si l'on veut obtenir un enfumage ou un refroidissement plus lent, on adopte 14, 16 ou 18 compartiments, et la rotation est ainsi portée à 14, 16 ou 18 jours.

On donne aux petits fours la forme annulaire, mais la forme oblongue est préférée pour les grands.

La figure 68 représente un four oblong à 14 compartiments. A est la sole de la galerie de cuisson, B la chambre à fumée dans laquelle aboutissent les carneaux de tirage et où se trouvent les soupapes chargées de régler ce tirage. La cheminée est en dehors du four, en prévision de la construction d'un second four. La hauteur intérieure du four sous

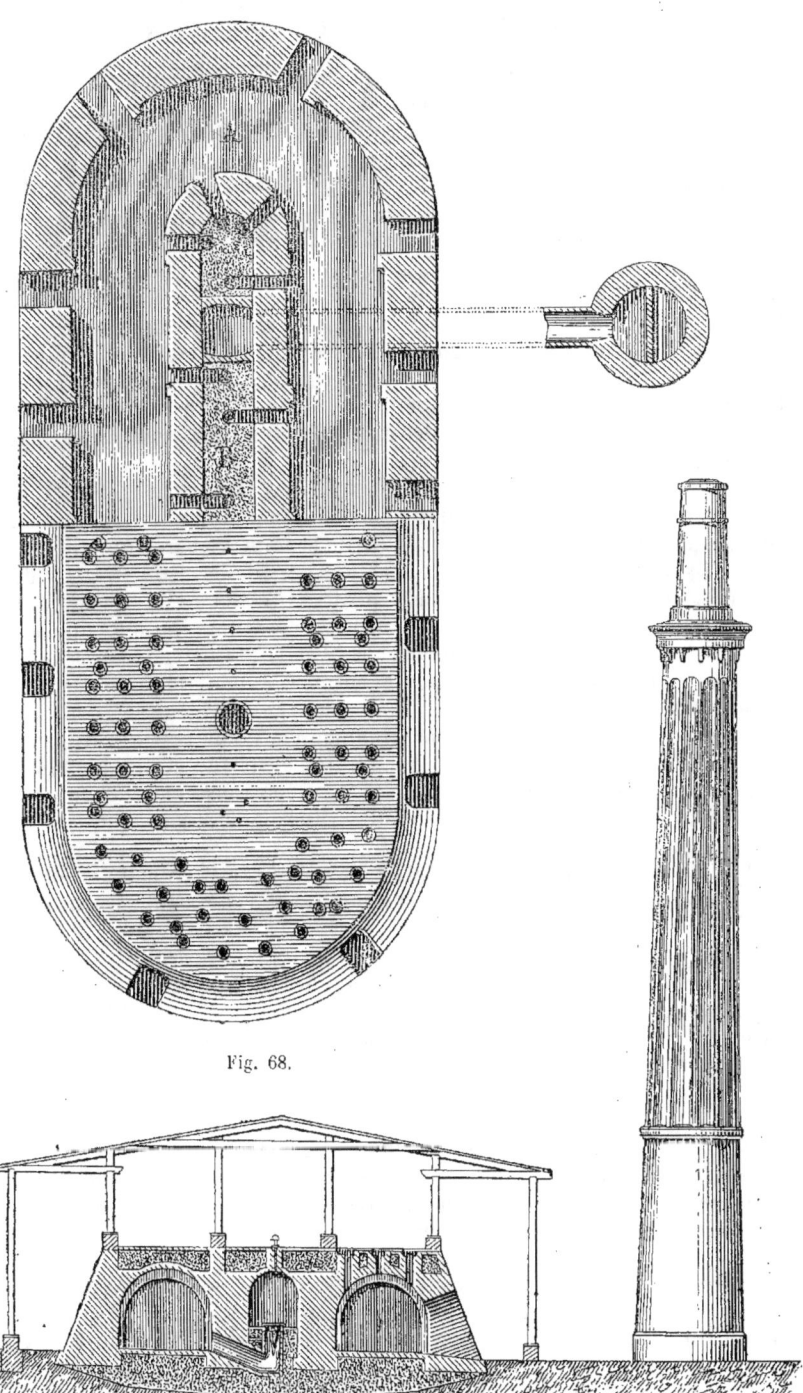

Fig. 68.

clef est en général de 2^{m}20 à 2^{m}60 et ne dépasse pas 3 mètres ; l'enfournement et le défournement s'effectuent donc sans difficulté.

Les maçonneries ont un jeu suffisant pour la dilatation, et l'ensemble de la construction est solide sans qu'il soit besoin de recourir à des armatures en fer.

Un four à douze compartiments, dont chacun a une capacité de 10 ou 50 mètres cubes et peut contenir 4,500 ou 22,000 briques, exige 400 ou 820 mètres cubes de maçonnerie et 3,000 ou 5.500 kilogrammes de fonte. La cheminée forme 1/5 de la maçonnerie ; on peut faire en moellons 20 p. 100 de la construction ; les fours à chaux, à ciments exigent 15 p. 100 de maçonnerie en briques réfractaires. En comptant à 40 francs en moyenne le mètre cube de maçonnerie, ce qui est probablement faible, et à 0^{f}30 le kilogramme de fonte, on trouve pour les deux fours un prix de 16,900 francs et de 34,450 francs, non compris les toitures.

Carneaux d'enfumage. — Il arrive, dans les fours annulaires continus, que les produits prennent une nuance sale et impure, parce que, l'enfumage se faisant sous l'unique caléfaction des fumées et gaz issus du foyer, la buée mélangée aux dits gaz peut se précipiter et s'attacher à la surface des produits fraîchement enfournés. Cela se manifeste lorsque les produits derniers enfournés sont encore froids et que ceux précédemment enfournés contiennent encore beaucoup d'humidité, leur enfumage ayant été insuffisant.

Pour éviter cet inconvénient, M. Hoffmann a combiné des carneaux, partie fixe, partie mobile, qui prennent de l'air chaud au sommet de la voûte au-dessus des produits déjà cuits et en refroidissement, et conduisent cet air chaud et sec aux produits enfournés les derniers pour les enfumer et les sécher.

Il existe actuellement plus de 2,000 fours Hoffmann en activité, presque tous destinés à la cuisson de la brique ; 200 cependant servent à la préparation des chaux et ciments.

On peut arriver, dans ces fours, à cuire un millier de briques avec une consommation de 80 à 100 kilogrammes de houille, ce qui fait une économie de 70 p. 100, par rapport aux anciens fours intermittents, qui brûlaient 250 à 300 kilogrammes. Cette économie couvre vite les frais du premier établissement, devant lesquels le constructeur ne doit donc pas reculer.

Fours divers dérivés du système Hoffmann. — Il est inutile de décrire ici les fours divers dérivés du système Hoffmann. Presque tous sont formés de deux galeries voûtées et parallèles accolées ; cette forme est de construction plus simple et moins coûteuse et se prête mieux à un développement progressif de la production. Mais le principe est toujours le même. Le courant de la combustion éprouve quelque difficulté à rebrousser chemin à l'extrémité d'une galerie pour pénétrer dans l'autre ; il tend à suivre le chemin le plus court. Aussi faut-il chercher à le diviser et à le répartir en le forçant à traverser une cloison percée de nombreux orifices. Ces fours possèdent généralement des galeries spéciales d'enfumage fonctionnant comme les carneaux dont nous avons parlé plus haut, ou bien encore de petits foyers latéraux destinés à produire le même effet.

Ce sont presque toujours des fours à tranches; les produits à cuire sont empilés en murailles creuses entre lesquelles on fait tomber le combustible au fur et à mesure de l'avancement de la cuisson.

Le jeu des carneaux s'établit sans peine à l'aide de soupapes ou cloches en fonte pénétrant dans du *sable sec*, qui fait, pour ainsi dire, fonction de fermeture hydraulique.

Fours à tunnel. — Dans les fours que nous venons d'étudier, c'est le feu qui se déplace et qui vient trouver successivement les divers groupes de produits à cuire. On peut imaginer une autre combinaison qui consisterait à rendre mobiles les groupes de produits, en les chargeant par exemple sur des trucs roulants, et à les amener successivement en prise avec la flamme du foyer.

Cette combinaison est réalisée par les *fours à tunnel*. Le plus ancien est le four Demimuid, consistant en un tube en briques réfractaires, incliné à 10° sur l'horizon et parcouru par une série de wagonnets roulant sur des rails; au milieu du tube et sur le côté est le foyer, en haut la cheminée. La flamme agit énergiquement sur le premier wagon qu'elle rencontre en remontant, puis le courant gazeux se refroidit peu à peu à mesure qu'il se rapproche de la cheminée, et la chaleur est ainsi utilisée. Les wagons qui descendent dans la seconde moitié du tube peuvent servir à échauffer l'air alimentant le foyer. A intervalles périodiques on retire un wagon du bas et on en fait entrer un par le haut; la continuité est ainsi réalisée.

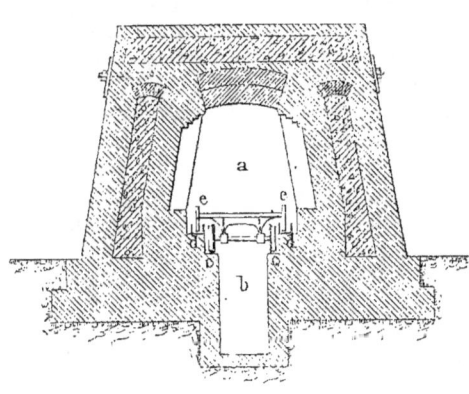

Fig. 69.

Citons encore le four à tunnel de Bock, galerie horizontale de 50 mètres de longueur, dont la figure 69 est la coupe transversale. Les chariots, qui portent les produits à cuire, roulent sur le rebord *cc* et portent latéralement des plaques verticales qui glissent dans des rainures *dd* remplies de sable fin. De la sorte, il y a un joint hermétique entre la partie inférieure *b* et la partie supérieure *a* de la galerie; les foyers latéraux, placés vers le milieu de la galerie, débouchent dans la partie supérieure. L'air frais de l'atmosphère pénètre à l'entrée de la galerie dans la capacité *b*, la parcourt sur toute sa longueur, s'y échauffe au contact des wagons, revient sur ses pas par la capacité *a* en léchant les produits déjà cuits, et par des carneaux latéraux gagne la grille du foyer; la flamme qui s'échappe du foyer parcourt la seconde moitié de la cavité *a* et cuit les produits frais chargés sur les wagons qui s'avancent à intervalles réglés. N'oublions pas de dire que les wagons sont reliés entre eux par des joints en terre glaise formés dans des rainures, de sorte que les cavités *a* et *b* sont bien séparées.

On ouvre les portes à intervalles déterminés, et on retire d'un bout un wagon refroidi tandis qu'on fait entrer à l'autre bout un wagon chargé de produits frais.

Le mouvement de progression s'obtient soit par un treuil, soit par une crémaillère.

Au fond, le principe est le même que dans le four Hoffmann, mais le matériel est plus compliqué si la construction est plus simple; la suppression de l'enfournement et du défournement à la main ne donne pas, du reste, une grande économie.

Nous ne croyons donc pas que les fours à tunnel puissent être considérés comme supérieurs aux autres fours continus.

Fours continus au gaz. — Les fours continus du système Hoffmann ne donnent pas toujours des produits bien nets; ces produits sont souvent tachés et décolorés, comme nous l'avons dit, ou couverts de poussières adhérentes et de plaques de silicates fusibles, ou bien encore déformés et salis au contact du combustible. De plus, ces fours ne se prêtent guère à l'emploi des combustibles inférieurs ou de rebut. Aussi a-t-on cherché à obtenir une meilleure cuisson avec une certaine économie en transformant le combustible en gaz dans un laboratoire, ou *gazogène*, séparé du four; le gaz mélangé d'air vient brûler dans le four et y produit une flamme bien nette, facile à régler et à diriger, qui est à volonté oxydante ou réductrice, suivant que l'air est ou n'est pas en excès. Dans les fours ordinaires, où le combustible est en contact avec les produits, le courant de la combustion est tantôt oxydant, tantôt réducteur; son action sur les oxydes de fer que contiennent les terres est variable et il en est de même de la coloration obtenue, circonstance qui n'est pas très fâcheuse pour la brique, mais qui déprécie beaucoup les produits fins, tels que tuiles et carreaux.

Production du gaz combustible. — Lorsque l'on charge avec une couche mince de houille la grille d'une forge et qu'on laisse entrer l'air librement, le carbone brûle et donne de l'acide carbonique, l'eau s'échappe en vapeur, l'hydrogène et les carbures brûlent, mais ceux-ci d'une manière incomplète; aussi la flamme est-elle fumeuse et fuligineuse et dépose-t-elle une suie épaisse.

Au contraire, mettons sur la grille une couche épaisse de houille et modérons l'accès de l'air, l'assise inférieure de la houille entrera seule en combustion et produira de la vapeur d'eau et de l'acide carbonique bientôt réduit en oxyde de carbone par les assises suivantes; celles-ci subissent une distillation comme dans une cornue à gaz, et, en somme, il s'échappe du foyer un courant de gaz combustible mélangé d'azote. Voici, par exemple, la composition d'un gaz de gazogène obtenu avec une houille demi-grasse :

	GRAMMES	LITRES
Gaz incombustibles : azote	650	610
— acide carbonique	80	50
Gaz combustibles : oxyde de carbone	250	240
— hydrogène	6	80
— carbures d'hydrogène	14	20
	1,000	1,000

Un foyer ordinaire peut donc être transformé en gazogène; mais il faut des dispositions spéciales pour l'introduction du combustible afin qu'elle ne soit pas accompagnée de l'introduction d'un flot d'air.

Il ne faut pas confondre le gaz produit par un gazogène avec le gaz d'éclairage, résultant d'une distillation véritable et coûteuse; c'est le foyer même du gazogène qui est en même temps la cornue, et la chaleur entière est utilisée par le courant; elle ne s'en va pas dans une cheminée spéciale. Le gaz de l'éclairage, qui n'est pas mélangé d'azote, produit quatre à cinq fois plus de calorique que le gaz du gazogène; mais 100 kilogrammes de houille ne produisent que 30 mètres cubes de gaz d'éclairage, tandis qu'ils donnent 500 mètres cubes de gaz au gazogène. Celui-ci brûle tous les combustibles qu'on lui offre et n'a pas besoin d'épurateurs; aussi la production du gaz y est-elle économique, surtout quand on a sous la main des combustibles de rebut d'un placement difficile.

Il y a bien une certaine perte de chaleur entre le gazogène et le four, mais cette perte est plus que compensée par les avantages du système.

Le gazogène offre, il est vrai, quelque chances d'explosion; mais il faut remarquer que le gaz s'y trouve mélangé à un grand volume de gaz inerte et que l'explosion est beaucoup moins violente que celle du gaz d'éclairage; elle ne peut se produire que par le fait d'un vice grave de construction, et l'expérience montre qu'elle est bien rare. Depuis longtemps on recueille et on emploie le gaz des hauts fourneaux, qui n'est autre qu'un gaz de gazogène et il n'en est pas résulté d'accidents sérieux.

Four continu au gaz de la Société de Schwandorf. — La cuisson au gaz peut être appliquée à toute espèce de four, mais c'est évidemment au four continu du système Hoffmann qu'elle convient le mieux; c'est l'application qu'en a faite M. Escherich aux usines de la Société Schwandorf. La description de ce four à gaz nous a été donnée par M. l'ingénieur Bourry, et les figures 1, 2, 3, planche 13, le représentent.

Comme construction, c'est un four Hoffmann à deux galeries parallèles accolées. Tous les murs sont doubles, et l'intervalle entre eux est rempli avec du sable, corps isolant; toute la construction est établie de manière à permettre à la dilatation de se produire librement, sans chercher à la contrecarrer par des armatures en fer ou en bois, dont l'effet est souvent plus nuisible qu'utile.

Nous avons déjà fait remarquer que le point délicat, dans les fours à galeries accolées, était le rebroussement du courant gazeux lorsqu'il doit passer d'une galerie à l'autre ; il tend à suivre le chemin le plus court, et les bords externes des deux galeries accolées échappent à la cuisson. Aussi, dans le four qui nous occupe, les deux galeries A sont réunies par deux carneaux a et a' au lieu d'un seul ; le premier fait communiquer les parties internes des deux galeries et le second les parties externes, chacun d'eux pouvant être réglé par un registre réfractaire ; cette disposition simple arrive à rendre le tirage uniforme dans toute la section.

Gazogènes et conduits du gaz. — Les gazogènes peuvent se placer en n'importe quel point de la périphérie du four ; mais leur emplacement le plus naturel, lorsqu'on dispose de la surface nécessaire, est de les mettre à une des extrémités, la cheminée étant située entre eux et le four, comme il est indiqué dans le dessin. Les générateurs GG, au nombre d'un, deux ou trois, suivant l'importance du four, ont la forme la plus perfectionnée qu'on donne ordinairement à ce genre d'appareils et sont munis de tous les engins destinés à régulariser leur marche et à purifier le gaz produit. Une trémie T à double papillon, placée à la surface du sol, permet de charger le combustible sans laisser échapper le moindre atome de gaz. Le chauffeur peut, en descendant dans la chambre H, ringarder, s'il y a lieu, le feu, et régler exactement le volume d'air qui entre, par un registre placé sur la porte du foyer.

On dispose ordinairement les gazogènes au-dessous du sol pour permettre au gaz de pénétrer dans l'intérieur du four sans le secours du tirage de la cheminée, quand on veut marcher avec un feu réducteur. Cependant, cette condition n'est pas absolue, et lorsqu'on craint l'envahissement de l'eau, on peut parfaitement les mettre au même niveau que le four et employer des appareils à entraînement forcé.

A sa sortie des gazogènes, le gaz se rend dans un conduit annulaire BBB, faisant le tour du four et qui sert en même temps à faire évacuer les produits de la combustion qui se rendent à la cheminée. Pour que ces deux services puissent se faire simultanément, en M est placé un papillon de changement de direction, semblable à ceux qui sont employés dans les régénérateurs Siemens. Cet appareil, dans la première des deux positions qu'on peut lui faire prendre, fait communiquer les gazogènes avec la partie du conduit B située à droite, tandis que la cheminée est réunie à celle de gauche ; dans la seconde position, au contraire, ce sont les gazogènes qui communiquent avec la partie de gauche, et la cheminée avec celle de droite. En outre, en trois points différents le conduit B peut être complètement fermé par des cloches RRR, de sorte que le gaz ne peut jamais s'échapper directement par la cheminée. Enfin, en SS se trouvent des récipients dans lesquels vient se rassembler le goudron qui se dépose par suite du refroidissement des gaz, et qu'on peut enlever sans entraver la marche.

Le gaz pénètre dans l'intérieur du four par une série de petits carneaux, *bbb*, dont on peut régler l'ouverture ou la fermer complètement au moyen de cloches *ccc*. Chacun de ces carneaux, après avoir cheminé sous la sole, va aboutir à un tube vertical *dd*, en terre cuite, qui est perforé latéralement d'une série de trous par où le gaz s'échappe et brûle dans l'intérieur du four sous la forme de longues flammes. Ces tubes sont disposés par rangées les uns à côté des autres, formant dans la longueur du four des zones dans lesquelles s'opère la combustion, tandis que les marchandises sont enfournées dans les espaces plus ou moins longs qui les séparent. Les flammes ne peuvent, par conséquent, jamais effleurer les produits ni exercer une action nuisible.

Ainsi, la combustion s'opère sur toute la hauteur du four, donnant une température rigoureusement égale dans toute la section, tandis que par suite de la direction et de l'entre-croisement des flammes, l'air les enveloppe de toutes parts, sans pouvoir passer entre elles et, en se mélangeant avec elles, donne naissance à des produits de la combustion qui ont partout la même composition, ce qui n'a jamais pu être obtenu dans n'importe quel autre système de four. Des regards ménagés dans la voûte permettent d'ailleurs de suivre en chaque point les progrès de la cuisson et de la régler au moyen des cloches.

Cette disposition forme la principale originalité et la grande supériorité du four de la Société anonyme de Schwandorf, et c'est elle qui a principalement assuré le succès de la cuisson au gaz.

Lorsque le feu arrive à l'extrémité de la galerie située près de la cheminée, on voit qu'il faut tourner le papillon M pour envoyer le gaz dans l'autre galerie. Mais, comme on ne peut faire avancer le feu de plus d'un rang de tubes à la fois, il se trouve que pendant un certain temps la combustion ne s'effectue que par un rang, puis par deux, par trois, etc., tandis qu'il devrait toujours y en avoir de cinq à six en feu.

Pour parer à cet inconvénient, on a fait un conduit supplémentaire DD, dit conduit de passage, qui sert spécialement à alimenter de gaz les trois premiers rangs de tubes de chaque galerie. Ce conduit est mis d'une part en communication avec les générateurs par une cloche N, et, de l'autre, avec la cheminée par une seconde cloche P. Cette dernière sert à faire sortir, au besoin, les produits de la combustion par le conduit D.

On voit facilement que, si l'on veut obtenir une marche régulière, il est nécessaire d'employer cette disposition spéciale, même si la galerie de cuisson, au lieu d'être formée de deux galeries parallèles, est ronde ou oblongue; elle est du reste inutile à l'autre extrémité du four.

Marche du four. — Les personnes qui connaissent la marche des fours à feu continu ordinaires, ou qui ont suivi la courte description que nous en avons faite précédemment, peuvent parfaitement se rendre compte de la marche absolument identique du four continu au gaz.

L'air, appelé par le tirage de la cheminée, entre par les portes des compartiments en enfournement et en défournement, traverse les produits cuits et arrive très chaud en contact des tuyaux verticaux par lesquels on laisse échapper le gaz. Celui-ci brûle sous la forme de flammes très brillantes et très nettes à l'arrière du four, où l'air est en excès, un peu ternes, moins distinctes, mais plus longues à l'avant, où la plus grande partie de l'oxygène de l'air a déjà été consumée. Les produits de la combustion, poursuivant alors leur chemin, traversent les marchandises à cuire, passent par les tuyaux verticaux et les carneaux du dernier compartiment, dont on a ouvert les cloches, et entrent dans le grand conduit annulaire pour se rendre, de là, dans la cheminée.

Ce fonctionnement, on le voit, est le même que celui des fours continus ordinaires; mais, où se montre l'incontestable supériorité du four au gaz, c'est dans la possibilité de faire varier presque instantanément et en chaque point l'intensité de la flamme et de modifier à volonté l'allure générale du feu.

Le volume de gaz qui entre dans chacun des tubes perforés peut être rigoureusement réglé; on peut éteindre un quelconque ou plusieurs tubes, alors que les autres du même rang sont encore en fonction; on peut même, en pleine marche, y laisser pénétrer de l'air froid à la place du gaz. D'un autre côté, dans chaque tube, on peut modifier le nombre et l'écartement des flammes, suivant la température qu'on veut obtenir et les produits qu'on doit cuire. Ainsi, en chaque point du four, par une simple manœuvre de cloche, on peut obtenir une température plus élevée ou plus basse que celle des points environnants et par conséquent, à plus forte raison, avoir une température absolument uniforme dans tout le four.

L'allure des fours à feu continu qui emploient des combustibles solides est toujours oxydante, parce qu'il faut un excès d'air pour brûler ce combustible et, par conséquent, un excès d'oxygène. Il en sera ordinairement de même pour le four au gaz, car c'est le mode de cuisson qui convient au plus grand nombre de produits; mais, si cela est nécessaire, on peut parfaitement réduire de plus en plus la quantité d'air qui entre par rapport à celle du gaz et même en arriver à laisser pénétrer un excès de gaz, c'est-à-dire à obtenir une allure franchement réductrice. Ce changement peut se faire à n'importe quel moment de la cuisson, et il suffit de quelques minutes pour le produire.

Mais, pourra-t-on dire, le gaz qui dans l'allure réductrice se trouve en excès, s'échappe par la cheminée et constitue une perte en combustible; il n'en est rien. A l'endroit de la galerie de cuisson où se trouvent les produits nouvellement enfournés, on peut parfaitement laisser entrer par les tuyaux perforés un peu d'air qui brûle l'excès du gaz, formant ainsi une espèce de feu d'enfumage. En ce point, les gaz peuvent devenir sans inconvénient oxydants, car toutes les terres cuites sans exception commencent par être enfumées au milieu d'un excès d'air.

Carneau d'enfumage. — Lorsque, dans les fours continus, on enfourne des marchandises trop vertes, il se forme des buées en assez grande quantité, qui vont se condenser partiellement sur les produits froids nouvellement enfournés et peuvent les tacher ou les déformer en les ramollissant.

Pour remédier à cet inconvénient, M. Hoffmann, depuis quelques années déjà, a imaginé un système de carneaux dits d'enfumage, qui prennent la chaleur qui se trouve en excès dans le compartiment en défournement pour la ramener dans celui qui vient d'être enfourné. Ce compartiment est, pendant ce temps, isolé du reste de la galerie par deux vannes, et mis en communication avec la cheminée. Lorsque l'enfumage est suffisant, on met le compartiment dans la circulation générale, et on opère de même pour le suivant. Par ce procédé, aussi simple qu'ingénieux, on peut faire l'enfumage des produits les plus délicats en même temps qu'on utilise une chaleur qui serait à peu près perdue sans cela et ne ferait qu'incommoder les ouvriers qui défournent.

Ce système de carneaux d'enfumage a également été appliqué au nouveau four au gaz; mais ici, en raison de sa forme, sa construction est extrêmement simple. Il se compose d'un conduit E, placé parallèlement et entre les deux galeries de cuisson (fig. 1). L'air chaud du compartiment en défournement sort par les regards de la voûte pour pénétrer par un tuyau mobile dans le carneau d'enfumage; un second tuyau, semblable au premier, le mène, de là, dans le compartiment à enfumer, d'où cet air, après avoir séché et chauffé les produits, s'échappe par la cheminée. Des papillons permettent de régler exactement le volume d'air qui passe et, par conséquent, de fixer à volonté la température de l'enfumage.

Prix d'un four au gaz. — Le prix d'un four au gaz est à peu près le même que celui d'un four annulaire Hoffmann. S'il exige en plus la construction d'un gazogène et de conduits à gaz, il ne demande ni chambre de fumée, ni carneaux de tirage. Du reste, le chauffage au gaz peut être facilement appliqué à tous les anciens fours Hoffmann.

Applications. — Le four au gaz s'applique à tous les produits céramiques, surtout aux produits fins: briques de parement, tuiles, carreaux, produits réfractaires. Il convient même à la faïence et à la porcelaine, bien que souvent on s'imagine à tort qu'on ne peut obtenir avec le four à gaz une température aussi élevée que celle des fours ordinaires.

Le ciment, la chaux et le plâtre s'accommodent très bien de la cuisson au gaz qui est économique, laisse les produits bien purs sans mélange de combustible et les cuit très également.

Le four au gaz peut être construit en toutes dimensions; les grands fours sont toujours plus économiques, mais la différence au détriment des petits est moins sensible avec la cuisson au gaz.

En résumé, la cuisson au gaz réalise les avantages suivants:

Faible dépense de combustible, économie de 70 p. 100 sur les anciens procédés;

Cuisson régulière et uniforme dans toutes les parties et dans toute la section;

Pas de cendres ni de scories tachant les produits;

Pas de coups de feu qui les détériorent;

Pas de rentrées d'air froid qui les fendillent ;
Fumivorité presque complète à cause du mélange intime des gaz et de l'air ;
Pas d'engorgement des conduites, le goudron étant récolté en pleine marche ;
Enfumage et refroidissement graduels, conduits à volonté ;
Marche méthodique et régulière ;
Possibilité de brûler les combustibles les plus grossiers.

Le four à gaz, comme le four annulaire continu, est donc un instrument de production excellent, et la dépense qu'il représente peut être rapidement amortie ; mais il est évident qu'il convient seulement à une exploitation continue et solidement assise.

GÉNÉRALITÉS SUR LES BRIQUES ET TERRES CUITES

Dimensions des briques. — Les dimensions courantes des briques pleines sont : 0^m22, 0^m11, 0^m055.

Le devis-type arrêté par le ministre des travaux publics fixe comme il suit les qualités et les dimensions des briques pour ouvrages d'art :

« Les briques seront fabriquées en terre soigneusement corroyée : elles seront bien moulées, sans gerçures ni bavures, bien cuites, mais non vitrifiées, non friables, et elles devront rendre un son plein et vif sous le choc du marteau.

« Les briques auront généralement les dimensions suivantes :

« Briques simples, 0^m23 de longueur, 0^m11 de largeur, 0^m03 d'épaisseur.

« Briques doubles, 0^m23 de longueur, 0^m11 de largeur et 0^m054 d'épaisseur. »

Chaque brique double, qui est en somme la brique courante, a un volume de $1^{lit}37$; il en entre 740 dans une capacité d'un mètre cube. Mais, en maçonnerie, il faut tenir compte des joints, qui doivent avoir un centimètre d'épaisseur, ce qui augmente d'autant les dimensions de chaque brique en tous sens ; aussi le mètre cube de maçonnerie ne contient-il que 544 briques, ou 550 en chiffre rond.

Briques de dimensions exceptionnelles. — Parfois, on a créé pour certains ouvrages des briques de grandes dimensions.

Ainsi, au pont de la Scrivia, dont les arches ont 40 mètres d'ouverture, on s'est servi de briques spéciales, fabriquées avec beaucoup de soin et composées d'une argile choisie et bien manipulée.

Leur résistance à l'écrasement était de 54 kilogrammes par centimètre carré. Elles avaient 0^m26 sur 0^m13 avec trois épaisseurs différentes 0^m065, 0^m067 et 0^m070, afin qu'il y eût à peu près le même nombre de joints à l'extrados qu'à l'intrados. Quelques-unes recevaient une largeur de 0^m195 afin de permettre de fausser les joints sur les têtes.

Les voûtes du pont de la Scrivia sont les plus grandes qu'on ait construites en briques.

Quand on veut obtenir une bonne cuisson et, par suite, une grande résistance, il ne faut pas chercher à augmenter les dimensions usuelles.

Fabrication des briques sur place pour les grandes entreprises. — Dans les entreprises de quelque importance, il est très avantageux, lorsque l'on trouve de la bonne terre dans le voisinage, de fabriquer sur place la brique destinée à entrer dans les maçonneries, au moins celle de l'intérieur des massifs.

Dans certains pays, les fouilles pour les fondations et pour les caves des édifices donnent une glaise dont on fait les briques à employer pour la construction.

Cette méthode est à recommander pour les travaux publics qui s'exécutent dans des pays où la pierre est rare et où nécessairement la brique s'emploie sur une vaste échelle.

Elle a été appliquée par M. l'ingénieur en chef Menche de Loisne, lors de la construction récente de la ligne de Busigny à Hirson.

« Les briques, mises en adjudication publique, ont été livrées en four au prix moyen de 11 francs le mille, les indemnités de terrain, qui donnaient une plus-value de 1 franc, restant à la charge de l'administration.

« Les adjudicataires des travaux de l'infrastructure étaient, d'après le cahier des charges, assujettis à se fournir dans ces briqueteries, tant pour les terrassements que pour les ouvrages d'art, et il était compté de ce chef 4 fr. 25 par mille pour la mise à pied-d'œuvre. Une grande quantité de briques devant être employée dans les terrassements, on était assuré, par le choix, d'un stock de bonne qualité pour les parements des ouvrages d'art. Même pour les stations, les briques ont été l'objet d'une adjudication dans la campagne qui précédait les travaux : il y a à cela un grand avantage.

« Le commerce n'a pas de ressources disponibles ou, quand il en a par hasard, exige des prix excessifs. Par suite, un entrepreneur qui deviendrait adjudicataire au printemps serait réduit à faire des briques avec de la terre qui n'aurait pas hiverné, ou bien perdrait la campagne. »

On voit que, par le procédé de fabrication sur place, on peut arriver à fabriquer de bonnes briques à des prix très modérés, tels que la dépense, pour obtenir le nombre de briques entrant dans un mètre cube de maçonnerie, n'est guère supérieure au prix que l'on donne pour un mètre cube de moellons bruts dans les pays à pierre.

Briques en béton comprimé. — L'usage des briques fabriquées en pâte sèche tend à se développer dans certains pays ; il a le grand avantage de permettre l'utilisation de résidus dont il fallait, auparavant, se débarrasser à prix d'argent.

Ainsi, MM. Périn, à Charleville, ont fabriqué des briques en béton comprimé fait avec les résidus de leur fabrique de chaux hydraulique et de ciment.

A Saint-Dizier-Marnaval, on produit des briques composées avec du sable de laitier de haut fourneau aggloméré par la chaux hydraulique sous une forte pression.

Résistance et poids des briques. — Les briques employées dans la construction ne sont généralement pas soumises à de grandes pressions et l'on recherche surtout leur inaltérabilité. Cette dernière qualité est, du reste, corrélative de la résistance et, en général, l'une assure l'autre.

« Les briques les plus dures qui aient été éprouvées par le service de M. Michelot provenaient d'une usine récemment installée à Sarcelles ; elles portaient, posées à plat, 400 kilogrammes par centimètre carré, le poids du mètre cube étant de 1,800 kilogrammes ; les bonnes briques dures, comme celles de Boisguillaume, près Rouen, pesant 1,800 à 1,900 kilogrammes, portent de 200 à 300 kilogrammes. Lorsqu'elles sont bien cuites, les briques façon Bourgogne, de Paris, pesant 1,700 kilogrammes, portent de 90 à 120 kilogrammes, et les briques communes, du poids de 1,500 à 1,600 kilogrammes, ont une résistance de 40 à 60 kilogrammes. »

La résistance de la bonne brique crue est évaluée à 30 kilogrammes.

La résistance des bonnes briques tubulaires est, à section égale, comparativement plus grande que celle des briques pleines, ce qui s'explique par le plus grand développement de la surface vue, entraînant une cuisson plus parfaite ; mais nous manquons de renseignements précis à ce sujet.

Briques légères. — Ce sont des briques, connues même de l'antiquité, assez légères pour surnager sur l'eau, et fabriquées soit avec des tufs siliceux mêlés à une petite proportion d'argile grasse, soit avec une terre spéciale, poreuse et légère, appelée magnésite. Ces briques sont très résistantes et conviennent par leur légèreté, par exemple, à la confection de voûtes et de cloisons peu épaisses.

« **Briques creuses ou tubulaires.** — On éprouvait depuis longtemps, dit le rapporteur du jury de la quatorzième classe de l'exposition de 1855, le besoin de matériaux en même temps solides, légers

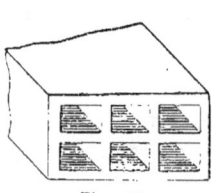

Fig. 70.

et susceptibles, par leur forme et par la disposition de leurs pleins et de leurs vides, de se juxtaposer et de se superposer convenablement et facilement, de se lier avec le moins possible de mortier ou de plâtre, de s'opposer à la propagation de l'humidité du sol, du froid ou du chaud extérieurs, des sons d'une localité à une autre ; c'est à quoi satisfont parfaitement et complètement les matériaux tubulaires ou briques creuses de M. Borie. Leurs dimensions variées sont convenablement appropriées aux différents besoins des constructions et judicieusement déterminées en fractions du système décimal. La terre en est bien choisie et habilement mise en œuvre à l'aide d'une machine ingénieuse et susceptible d'être appliquée à la fabrication de tuyaux de drainage et d'un grand nombre d'autres produits.

« Les briques creuses sont donc des matériaux en même temps nouveaux, habilement établis, parfaitement appropriés aux besoins des constructions de toutes sortes : ils sont, de plus, favorables à la solidité, à la commodité, à la salubrité des habitations ; enfin ils donnent lieu à des exportations assez considérables en divers pays. »

Voici le poids des principales briques creuses :

1° brique ordinaire : 0^m22 sur 0^m11 et 0^m055, deux ou trois trous, $1^{kg}700$, tandis que la brique pleine de même dimension pèse $2^{kg}600$: il en entre 40 au mètre carré ;

2° briques pour plâtrier : n° 1 de 0^m35 sur 0^m165 et 0^m035, poids $2^{kg}5$, 17 au mètre carré ; n° 2 de 0^m35 sur 0^m165 et 0^m05, poids $3^{kg}35$; n° 3 de 0^m45 sur 0^m28 et 0^m05, poids 6 kilogrammes : il en entre 8 au mètre carré.

A dimensions égales, le prix de la bonne brique creuse doit être de 15 à 20 p. 100 inférieur à celui de la brique pleine de première qualité ; celle-ci coûtant par exemple 50 francs le mille, la brique creuse peut être vendue 40 francs. A cette économie s'ajoute celle qu'on réalise sur les frais de transport ; elle est facile à calculer par la comparaison des poids.

On fabrique des *briques de forme spéciale* pour balustres, main-courante, bordures, corniches, etc. ; une fois le moule établi, la fabrication en est aussi facile que celle des briques ordinaires.

Les briques creuses sont très résistantes ; l'expérience a montré d'une manière générale que, pour une quantité donnée de matière, les formes tubulaires sont toujours beaucoup plus solides que les formes pleines (à preuve, les colonnes en fonte) ; il faut remarquer en outre que la cuisson des briques perforées est beaucoup plus parfaite, puisque les tranches pleines sont très minces, et que l'air chaud pénètre la masse entière. Généralement, on a reconnu qu'il valait mieux avoir de nombreuses cavités de petite section que deux grandes cavités ; les briques se trouvent mieux cuites et plus résistantes, et, de plus, on perd moins de mortier, car le mortier pénètre toujours d'une certaine quantité à chaque bout des cavités.

La supériorité des briques creuses est aujourd'hui parfaitement démontrée ; les architectes et les entrepreneurs recherchent en tous pays ce genre de matériaux, à cause de ses propriétés spéciales que nous avons signalées en tête du paragraphe.

La fabrication des briques creuses demande beaucoup plus de soin que celle des briques ordinaires ; il faut une pâte de composition plus constante.

Elles ne peuvent se faire qu'à la machine à filières ; la filière leur donne parfois une schistosité excessive, quand elles sont fabriquées en pâte trop ferme.

Production des briques en France. — La production des briques est très considérable en France ; les bénéfices réalisés dans les premières grandes usines installées avec des procédés mécaniques et des fours perfectionnés ont malheureusement amené la création de nouvelles usines beaucoup trop nombreuses, et incapables de trouver un débouché en rapport avec leur capital d'établissement; aussi avons-nous vu se produire quelques ruines dans ces derniers temps, et l'industrie briquetière traverse une crise, qui ne sera probablement que passagère, car l'emploi de la brique se propage sans cesse, même dans les pays qui possèdent en abondance de la bonne pierre à bâtir.

En 1878, le département de la Seine-Inférieure produisait, à lui seul, plus de 110 millions de briques, ce qui représente environ 180,000 mètres cubes de maçonnerie, ou un mur de 90 kilomètres de long, de 4 mètres de hauteur et de 0^m50 d'épaisseur. A la même époque, l'usine de Montchanin, la plus importante de France, produisait jusqu'à 20 millions de pièces, briques ou tuiles; l'inconvénient d'une production aussi considérable est qu'il faut expédier ses matériaux à de grandes distances et que les prix de transport les grèvent trop lourdement pour qu'il leur soit facile de supporter la concurrence des petites usines locales.

Beaucoup d'usines fabriquent, à la fois, la brique ordinaire de construction et la *brique réfractaire;* mais celle-ci exige des matières premières spéciales et des soins particuliers; aussi ne faut-il la demander qu'aux usines connues. Parmi les fabriques de pièces réfractaires, nous citerons celles de Fontaineriant (Orne), de Langeais (Indre-et-Loire), qui produit annuellement quatre millions de briques vendues 50 francs à l'usine, de Blosseville et de Saint-Aubin (Seine-Inférieure), et de Bollène (Vaucluse). La terre de Bollène, dit M. Durand-Claye, donne des produits réfractaires de qualité supérieure; la terre non cuite, prise à l'usine, se vend de 10 à 20 francs la tonne; les carrières, consistant en une masse compacte d'argile réfractaire de 30 à 40 mètres de puissance, sont exploitées par puits et galeries. « Elles donnent trois sortes de terre : la rose, complètement exempte de fer et absolument réfractaire; la grise, encore réfractaire, mais inférieure à la rose, et qui doit être triée avant l'emploi; la tigrée, mêlée d'oxyde de fer, qui n'est pas assez pure pour entrer dans les produits réfractaires et qui est employée pour la poterie ordinaire. »

Fabrication des tuiles. — Les tuiles exigent, pour présenter la durée et la solidité nécessaires, une argile meilleure et préparée avec plus de soin que pour les briques; aussi la prépare-t-on presque toujours à l'aide d'un tonneau corroyeur. Leur moulage n'offre rien de particulier. On les cuit ordinairement dans les fours, concurremment avec des briques, en plaçant les briques à la partie inférieure, et les tuiles à la partie supérieure, parce que, par suite de leur moindre épaisseur, elles n'ont pas besoin d'être soumises à une chaleur aussi intense.

Lorsqu'on veut donner à la masse des tuiles une couleur grisâtre, on charge sur la grille, aussitôt que la cuisson est terminée et lorsque les briques sont encore bien rouges, des branches d'aune ou de tout autre bois avec leurs feuilles, puis on ferme aussi complètement que possible toutes les ouvertures du fourneau. La fumée qui en résulte forme dans la masse poreuse des briques un dépôt de charbon très divisé, qui la colore en gris.

On recouvrait souvent autrefois les tuiles d'une couverte plombeuse fortement colorée, qui leur donnait un aspect très agréable, et qui les rendait plus susceptibles de résister à l'influence des agents atmosphériques. A cet effet, on formait un mélange de 20 parties d'alquifoux (plomb sulfuré) et 3 parties de peroxyde de manganèse, que l'on pulvérisait finement sous des meules verticales, et auquel on ajoutait une quantité suffisante d'argile obtenue par lévigation, et un peu d'eau, de manière à en former une bouillie moyennement épaisse, dans laquelle on plongeait les tuiles séchées à l'air avant de les porter dans le four, où on avait soin de les disposer de telle sorte qu'elles eussent entre elles aussi peu de contact que possible. Ces tuiles ne se fabriquent plus guère aujourd'hui que sur commande, parce que leur prix est notablement plus élevé que celui des tuiles ordinaires.

Les tuiles exigent une pâte parfaitement préparée ; elles doivent être moulées sous forte pression, non par choc, mais par pressées successives, afin que l'humidité soit expulsée autant que possible avant la cuisson ; de la sorte, les tuiles ne sont ni poreuses, ni bulleuses après la cuisson, et ne se prêtent pas au développement des végétations ni à la pénétration des eaux pluviales lorsqu'elles se trouvent sur les toitures.

Il existe d'innombrables modèles de tuiles : tuile plate à crochet, qui se pose sur lattes avec un tiers de *pureau ;* tuile creuse, qui se pose simplement sur voliges, de telle sorte qu'une tuile présentant sa convexité recouvre deux tuiles voisines présentant leur concavité ; tuiles à emboîtement et à nervure dans lesquelles on utilise les trois quarts et plus de la surface de chaque pièce, au lieu de n'en utiliser que le tiers comme on le fait avec la vieille tuile plate. Parmi les tuiles modernes, les tuiles Gilardoni et Muller sont les plus connues ; on emploie également les tuiles en forme de losanges à nervures variées.

Ces tuiles se fabriquent dans de nombreuses usines ; malheureusement la bonne apparence, le parfait moulage et la belle couleur rouge ne sont pas toujours une preuve de qualité, de résistance et de bonne cuisson, et le constructeur ne saurait apporter trop de précautions dans le choix des usines auxquelles il s'adresse : il convient même, dans les grandes entreprises, d'exiger un délai de garantie d'au moins un hiver. La figure 3, planche 12, représente une presse pour le moulage des tuiles.

La tuile moderne la plus répandue est le modèle de 0^m22 sur 0^m353 ; il en faut 13 au mètre carré, et chacune d'elles pèse 2^k8 à 3 kilogrammes ; le prix en est voisin de 150 francs le mille ; lorsqu'on veut les mettre à l'abri des coups de vent, on les attache au lattis avec deux bouts de fer galvanisé. Le même modèle, vernissé en rouge, brun, noir, jaune ou vert, coûte 225 francs le mille.

Exemple d'une grande tuilerie. — La tuilerie de Montchanin était une des plus importantes de France et, pour donner au lecteur une idée d'une exploitation de ce genre, nous en reproduisons la description générale telle que nous la trouvons dans le recueil : les *Grandes usines*, par Turgan :

« La terre, apportée de la carrière peu distante, est mise en tas à l'air libre ; elle est rouge, veinée de gris verdâtre, et conserve très longtemps son humidité naturelle. Analysée, elle donne pour 100 d'argile desséchée :

Eau de combinaison.	8,90
Carbonate de chaux.	0,44
Carbonate de magnésie	0,27
Silice.	66,80
Alumine	15,18
Oxyde ferrique.	5,41
Magnésie.	1,25
Potasse.	1,39
Soude	0,36
	100,00

« Comme elle est très fine et absolument exempte d'impuretés et de cailloux, il n'est pas nécessaire de la laver et de la délayer avant de la soumettre aux différentes opérations qui la transforment. Elle reste environ un an à l'air libre avant qu'on ne la jette à la pelle dans les wagonnets qui la conduisent à un appareil formé de trois cylindres successifs, puis dans un malaxeur d'une grande énergie. Au sortir du malaxeur, elle tombe dans une grande fosse où elle est humidifiée juste au degré nécessaire pour développer la plasticité naturelle, et pour accentuer la tendance à la cohésion.

« Une noria remonte la terre préparée à l'étage supérieur d'où, au moyen d'une trémie, elle descend dans le récipient d'une presse analogue aux machines à faire les tuyaux de drainage. L'appareil se compose d'une caisse carrée dans laquelle joue un piston dont la compression fait jaillir sur une toile sans fin une longue bande de terre où des gamins découpent des galettes à peu près de la grandeur d'une tuile.

« Les galettes sont immédiatement portées aux presses à estamper, rangées en ligne au nombre de dix, dans une longue galerie ; chaque presse à estamper est servie par trois personnes : un gamin qui reçoit la galette et la présente à un ouvrier dont la charge est de placer la galette entre les deux cachets de l'estampe, un second gamin reçoit la tuile formée par l'estampage et la dépose sur une table inclinée placée derrière lui. Les presses à estamper employées à Montchanin sont composées d'un fort bâtis traversé par une grosse vis portant la matrice supérieure, et qui reçoit le mouvement d'un volant circulaire horizontal, tournant par la friction de deux disques verticaux, dont la puissance augmente à mesure que la vis, en descendant, fait appuyer le volant sur un rayon plus long du disque. Une matrice fixe est opposée à la matrice mobile, et c'est sur elle que l'ouvrier place la galette avant de lancer la pression de la vis.

« Les matrices en acier fondu sont enduites d'huile minérale pour empêcher l'adhérence qu'une pression aussi énergique ne manquerait pas de causer entre la terre et le moule. Deux coups de balancier suffisent ordinairement pour mouler définitivement la terre, quelquefois il en faut trois, après lesquels la tuile sort de la presse complètement formée avec ses rainures, ses ornements, ses crochets et jusqu'à la marque de fabrique de Montchanin ; mais, quelque net que soit un moule, il laisse toujours des inégalités qu'il faut ébarber. Pour ce travail, des femmes armées d'ébauchoirs en croissant, et placées de l'autre côté de la table sur laquelle sont déposées les tuiles au sortir de la presse, les placent une à une sur de petits appuis tournants et réparent toutes les imperfections. Pour certains modèles elles pratiquent avec une sorte d'alène courbe, dans un panneton en saillie, un trou devant servir plus tard à passer un fil de fer.

« Quand elles jugent leurs tuiles suffisamment terminées, elles les placent renversées sur une toile sans fin qui tient toute la longueur de l'atelier, et qui en conduit tous les produits vers un monte-charge. A ce moment la terre, encore lisse et légèrement lustrée par l'huile de pétrole, est d'un beau ton rouge brunâtre et d'une extrême finesse de toucher ; elle paraît encore plus parfaite dans sa forme et son aspect, et ressemble entièrement à la terre des pipes à large ouverture usitées dans le Levant. Il est regrettable que le séchage et la cuisson lui enlèvent le poli et pâlissent un peu sa couleur.

« Les deux ouvrières placées à l'extrémité de la toile sans fin se hâtent de placer sur les tablettes du monte-charge les tuiles, à mesure qu'elles arrivent. Ce monte-charge, animé d'un mouvement continu, trouve, à l'étage supérieur, d'autres ouvrières qui reçoivent les tuiles et les rangent sur les planches de vastes séchoirs, s'étendant partout au-dessus des ateliers du rez-de-chaussée ; là, les tuiles, dans une atmosphère maintenue à une température moyenne, perdent rapidement le peu d'eau qu'elles contenaient et sont, au bout de trois jours, en état d'être enfournées. »

Usage des poteries dans les constructions. — L'usage des poteries dans les massifs de constructions, que l'on veut obtenir à la fois légères et résistantes, remonte à l'antiquité ; il s'était beaucoup développé, il y a une centaine d'années, en architecture, et l'on a, dans plusieurs monuments, associé d'une manière fort intelligente la charpente en fer et la maçonnerie en plâtre et poteries creuses. Les briques creuses ont aujourd'hui supplanté les poteries.

On a trouvé des maçonneries en poteries dans les ruines d'Herculanum et de Pompéi, dans les temples des Indes, dans plusieurs châteaux du moyen âge, en Allemagne ; le système fut employé, en 1720, au château des Condé, en 1786 aux voûtes et plafonds du Théâtre-Français et du Palais-Royal, et, au commencement de ce siècle, pour les voûtes de la Chambre des députés.

Les poteries conviennent bien pour les planchers, pour les trémies et les âtres des cheminées, pour les voûtes en général, pour les cloisons de toutes espèces ; elles ressemblent beaucoup aux briques perforées, mais sont encore plus légères qu'elles, et on les fabrique avec une pâte plus soignée, qui est la même que celle des poteries communes.

Le grand avantage de l'usage des poteries dans les cloisons est le peu de conductibilité qu'elles présentent pour les sons, et l'on peut dire que ce système est indispensable dans la construction des salles de spectacle, comme garantie de solidité et d'incombustibilité.

On cite, comme exemple de solidité, un mur de 21 mètres de hauteur, de 11 mètres de largeur, percé de nombreuses baies, et qui résiste depuis 1830, sans le plus léger déchirement; ce mur est formé de pots cylindriques horizontaux, empilés au-dessus les uns des autres, et réunis par du mortier; on cite encore un four de la manutention, dont la voûte est en poteries et plâtre, et qui résista fort longtemps, malgré les variations considérables de température qu'il eut à subir.

Expliquons rapidement la fabrication d'un pot cylindrique :

Ce pot se fabrique au moyen d'un tour horizontal dont l'arbre C tourne sur la crapaudine G (fig. 5, pl. 12); l'ouvrier met le tour en mouvement en agissant avec le pied sur le plateau circulaire D; et, sur le plateau en bois A, il place le cylindre de terre glaise pétrie que lui apporte son aide : en appuyant d'abord un doigt, puis la main sur l'axe du cylindre de terre, il le creuse à l'intérieur et l'élargit; puis, en présentant la main de champ à l'intérieur, il l'allonge et lui fait dépasser un peu l'index Q en baleine flexible; cet index est soutenu par une tige verticale O, fixée à un vase N, plein d'eau, dans laquelle le mouleur plonge de temps en temps la main pour qu'elle n'adhère point à la pâte. Le cylindre ayant le diamètre voulu, le mouleur le ferme par en haut, en rabaissant tout ce qui dépasse l'index Q, et appuyant sur le fond ainsi formé, soit une raclette, soit la paume de la main ; puis il détache le pot de sa base en coupant la pâte avec un fil de fer, et il obtient le cylindre creux que représente la figure 6, pl. 12; avant de l'enlever du tour, on a présenté à la surface extérieure une lame de tôle taillée en dents de scie, et la surface s'est recouverte de stries destinées à faciliter l'adhérence du mortier. Après coup, on perce la paroi et le fond du pot de trois petits trous qui permettent à l'air de circuler pendant la dessiccation et la cuisson.

Il y a quelques années, le millier de poteries de 0^m325 de hauteur e 0^m136 de diamètre revenait, à Paris, à 500 francs; le millier de poteries de 0^m275 de hauteur sur 0^m136 de diamètre revenait à 380 francs, et le millier de poteries de 0^m245 de hauteur sur 0^m136 de diamètre revenait à 200 francs.

On comprend bien qu'en accolant ces pots et les reliant par un mortier de plâtre ou de chaux, il est facile de construire des murailles et des voûtes.

Faïences décoratives. — L'usage des faïences et terres cuites décoratives, associées à la brique, se développe de plus en plus et se développera davantage encore; c'est le meilleur des systèmes de polychromie; il est peu altérable et donne à nos édifices un aspect propre et riant.

Des verres. — Ce n'est plus seulement le verre à vitres qui entre dans la construction; on emploie le verre sous forme de plaques épaisses, de dalles, de tuiles et même de pavés. Les usines de Saint-Gobain fabriquent une série de modèles à cet effet.

Ainsi, on a des lames en verre cannelé pour la toiture; leur épaisseur varie de 4 à 6 millimètres, leur poids est de 12^k5 par mètre carré; la dimension courante des feuilles est de 2 mètres sur 0^m50 et le prix est de 6 à 7 francs le mètre.

Saint-Gobain fabrique des tuiles en verre des modèles Montchanin, Muller, etc., pouvant se substituer en tout ou en partie aux tuiles ordinaires d'une toiture et susceptibles, par conséquent, de rendre de grands services; elles coûtent 1^f40 à 2 fr. pièce, suivant le modèle.

La même usine fabrique :

1° Les dalles brutes, tables de verre ayant plus de 14 millimètres d'épaisseur, servant à l'éclairage des sous-sols et se posant sur des châssis en fer;

2° Des dalles quadrillées, qui s'emploient comme les précédentes et qui leur sont généralement préférées; elles coûtent 45 francs le mètre carré pour une épaisseur de 20 millimètres, et le prix augmente de 2 francs par chaque millimètre;

3° Des pavés en verre et des dalles moulées de toute épaisseur au prix de 0^f90 le kilogramme.

CHAPITRE II

CHAUX, CIMENTS, MORTIERS

Généralités. — Les chaux, les ciments, les mortiers sont les gangues dont on se sert pour souder entre elles les pierres qui entrent dans la composition des maçonneries.

Ces gangues, employées à l'état pâteux, durcissent plus ou moins avec le temps.

Leur élément essentiel est *la chaux* ou protoxyde de calcium. La chaux s'obtient par la calcination des pierres calcaires ; un calcaire pur, le marbre blanc par exemple ($CaO\,CO^2$), renferme en poids :

$$\frac{\text{56 de chaux,}}{\text{44 d'acide carbonique,}}$$
pour 100 de calcaire.

Par la calcination, il se décompose et abandonne tout son acide carbonique, de sorte que 100 kilogrammes de calcaire laissent seulement 56 kilogrammes de *chaux vive*, et 44 kilogrammes de produits gazeux s'en vont dans l'atmosphère.

La densité de la chaux vive (CaO) est 2,3 ; quand on l'humecte, elle absorbe l'eau avec avidité, la masse s'échauffe jusqu'à 300° ; il se forme un hydrate de chaux (CaO,HO) qui tombe en poudre et l'on a de la *chaux éteinte*, qui n'absorbe plus l'humidité de l'air comme le fait la chaux vive.

La poudre de chaux éteinte, en suspension dans l'eau, constitue un lait de chaux.

Le *carbonate de chaux est insoluble, mais la chaux est soluble dans l'eau;* la solubilité diminue avec la température, de sorte qu'une eau saturée de chaux à froid en abandonne une partie quand on l'échauffe.

100 kilogrammes d'eau dissolvent :

A	0 degrés	1 kil. 43 de chaux vive.
A	15 —	1 — 35 —
A	30 —	1 — 19 —
A	45 —	1 — 03 —
A	60 —	0 — 89 —
A	100 —	0 — 58 —

Les pierres formées de calcaire pur sont rares dans la nature, elles ne comprennent guère que le marbre blanc et quelques minéraux cristallisés. Le plus souvent, le carbonate de chaux est uni à de l'argile ou silicate d'alumine; à cela s'ajoutent des matières étrangères : oxydes de fer ou de manganèse, quartz ou sables, bitume, magnésie, etc.

Suivant la nature et la proportion des matières mélangées, le calcaire produit, par la calcination, des chaux de propriétés toutes différentes.

A. — CLASSIFICATION DES CHAUX ET CIMENTS

Les chaux se divisent, comme on le sait, en : 1° *chaux grasses*, provenant de calcaires purs, se gonflant par l'absorption de l'eau, donnant une pâte onctueuse et liante, durcissant à l'air, mais se dissolvant et disparaissant lentement lorsqu'elles sont immergées; 2° *chaux maigres*, provenant de calcaires sableux impurs, donnant avec l'eau une pâte courte, non liante, se conduisant à l'air et sous l'eau comme les chaux grasses; 3° *chaux hydrauliques*, provenant de calcaires argileux, donnant une pâte moins liante que celle de la chaux grasse, mais qui a le grand avantage de durcir sous l'eau.

En 1813, époque où Vicat, ingénieur des ponts et chaussées, commença ses recherches, on connaissait déjà des chaux susceptibles de durcir sous l'eau; la plus célèbre était celle de Senonches; mais la cause du durcissement échappait complètement aux constructeurs et aux chimistes. Vicat procéda à l'analyse de tous les calcaires fournissant des chaux hydrauliques et trouva qu'ils présentaient les compositions les plus variables; un seul point était commun à tous, c'est qu'en les traitant par les acides qui chassent l'acide carbonique et dissolvent la chaux, tous les calcaires laissaient au fond du verre d'expérience un dépôt boueux, une vase argileuse, dont l'élément essentiel est le silicate d'alumine.

L'analyse montrait donc que toutes les chaux hydrauliques renfermaient de l'argile; la synthèse prouva que si l'association de l'argile au calcaire était nécessaire, elle était aussi suffisante. Vicat tritura ensemble de la chaux grasse et de l'argile, en fabriqua des briquettes qu'il fit cuire au four; le produit pulvérisé et gâché en pâte, puis immergé, acquit une dureté comparable à celle des chaux hydrauliques naturelles.

L'expérience, faite sous le contrôle de l'Académie des sciences, eut un retentissement énorme, et l'inventeur désintéressé, qui eût pu tirer de sa découverte une énorme fortune, la laissa tomber dans le domaine public. Et cependant Arago disait en 1845 : « On citerait difficilement une découverte qui, dans le court intervalle de vingt-six années, ait eu de si colossales applications et de si utiles résultats. »

Après cet exposé sommaire, nous laissons la parole à Vicat lui-même pour expliquer en détail la classification des chaux :

« Les diverses chaux produites par la cuisson des pierres calcaires sont classées dans l'art de bâtir en chaux grasses, chaux maigres et chaux hydrauliques.

« Les *chaux grasses* sont ainsi nommées parce qu'elles se résolvent par le concours d'une quantité d'eau suffisante en une pâte fine, grasse et très foisonnante; cette pâte reste indéfiniment molle dans les lieux humides, hors du contact de l'air, et conséquemment dans l'eau, où elle se dissout peu à peu et finit par disparaître.

« Les *chaux maigres* sont ainsi nommées parce qu'elles se résolvent, dans les mêmes circonstances, en une pâte courte, peu foisonnante, n'ayant ni le liant ni l'onctuosité des chaux grasses; elles sont fournies par les calcaires chargés en sable plus ou moins fin, le plus souvent uni au peroxyde de fer ou au protosilicate de fer, et aussi par les dolomies ou calcaires magnésiens; ces chaux se comportent d'ailleurs dans l'eau comme les chaux grasses.

« Les *chaux hydrauliques* sont ainsi nommées parce que la pâte qui résulte de leur extinction dans l'eau jouit de la propriété de durcir sous ce liquide, ainsi que dans des lieux humides privés ou non privés d'air, contrairement à ce qui a lieu pour les chaux grasses et les chaux maigres. Ces qualités précieuses sont dues à l'argile qui imprègne les substances calcaires en proportions variables de 12 à 20 parties pour 100. La pâte qu'elles fournissent par l'extinction ordinaire n'est jamais aussi fine ni aussi foisonnante que celle des chaux grasses; leur énergie, ou degré d'hydraulicité, se mesure généralement par la quantité d'argile qu'elles renferment, comparée à la chaux caustique représentée par l'unité; on désigne conséquemment, sous le nom d'*indices d'hydraulicité*, les fractions qui résultent de ce rapprochement, ce qui conduit à classer ces chaux en éminemment, ou moyennement, ou faiblement hydrauliques, selon que leurs indices sont compris entre 0,36 et 0,40, ou entre 0,30 et 0,36, ou entre 0,24 et 0,30, chiffres qui répondent à des doses d'argile de 17 à 20, ou de 15 à 17, ou de 12 à 15 pour 100 parties de calcaire argileux.

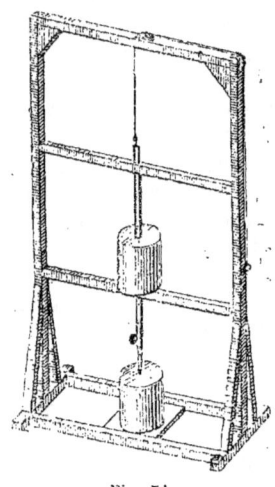

Fig. 71.

« La classification précédente suppose l'intervention d'une argile à peu près pure et d'une composition moyenne différant peu de celle du bisilicate, tenant 64 parties de silice et 36 d'alumine ; mais il n'en est pas toujours ainsi : cette composition peut varier entre des limites assez étendues. La pratique a donc besoin d'une seconde classification plus précise que celle qui résulte des indices calculés comme ci-dessus ; voici le moyen usuel qu'elle emploie depuis longtemps : la chaux récemment cuite, étant éteinte par le procédé ordinaire, en pâte ni trop ferme ni trop molle, puis logée au fond d'un vase quelconque sous une eau potable, passera graduellement de cet état pâteux à ce premier degré de cohérence qu'on appelle la prise. Cela étant, nous disons qu'une chaux est éminemment hydraulique quand la pâte, ainsi immergée, fait prise du deuxième au sixième jour, suivant la saison (car la température de l'eau exerce une influence très marquée) ; et quand, après un mois, elle est déjà dure et superficiellement insoluble, et enfin, lorsque après six mois elle donne des éclats par le choc.

« La cohésion qui constitue la prise se mesure au moyen d'une aiguille à tricot d'un peu plus d'un millimètre de diamètre (0^m0012), limée carrément à l'une de ses extrémités, et engagée par l'autre dans un culot de plomb du poids de 0^k30 ; il y a prise quand la pâte, de molle qu'elle était, parvient à porter cette aiguille sans dépression sensible. »

Aiguille Vicat perfectionnée. — M. Bonnami, directeur des usines à chaux de Pont-de-Pany, a perfectionné l'aiguille Vicat et l'a mise sous une forme qui permet de suivre les allures de solidification des mortiers. Une tige creuse A, pesant en tout 50 grammes, se termine par l'aiguille B de $\overline{0^m001}^2$ de section ; cette tige creuse est mobile dans une gaine C, terminée à sa base par un disque de support, et elle porte à son sommet un épaulement destiné à recevoir des rondelles de zinc pesant chacune 50 grammes. Une vis V, agissant par pression sur un plan incliné ménagé latéralement sur la tige mobile, permet d'arrêter ou de laisser descendre le système à volonté et sans chocs. Une graduation avec vernier sert à mesurer les enfoncements de l'aiguille. La chaux à essayer étant tassée et immergée dans une assiette, on pose l'appareil à la surface de cette chaux et on peut mesurer à diverses époques l'enfoncement de l'aiguille sous des charges croissantes de 50 en 50 grammes ; cet enfoncement diminue avec la durée de l'immersion, et la construction de la courbe des enfoncements successifs de jour en jour permet de connaître l'allure de solidification du produit considéré.

« En suivant toujours le même mode d'essai, nous disons qu'une chaux est moyennement hydraulique quand sa prise n'a lieu que du sixième au huitième ou neuvième jour, et lorsque après quatre à cinq mois sa consistance est comparable à celle que prend à l'air une pâte argileuse pétrie à bonne consistance, et qu'enfin sa surface n'abandonne plus de chaux au bain d'immersion.

« Les chaux faiblement hydrauliques, dans les mêmes circonstances, ne feront prise que du neuvième au quinzième jour ; leur consistance après six mois ne dépassera pas celle du savon sec, et l'eau d'immersion pourra se couvrir encore d'une pellicule de chaux carbonatée.

« L'insolubilité des surfaces baignées ne prouve pas qu'intérieurement, même chez les meilleures chaux hydrauliques, il n'y ait de la chaux soluble; nous n'en avons trouvé aucune qui, prise à une certaine profondeur au-dessous de ces surfaces, n'ait pas changé l'eau distillée en eau de chaux, même après plusieurs années. Le degré d'insolubilité des parties en contact avec l'eau pourrait servir à apprécier la stabilité chimique des chaux hydrauliques, et à mesurer ainsi leur énergie par un moyen différent des moyens physiques fondés sur la dureté acquise; il s'agirait de recueillir toute la chaux dissoute dans des bains d'eau distillée, renouvelée jusqu'au moment où elle ne se troublerait plus par l'oxalate d'ammoniaque. La totalité de cette chaux perdue, divisée par la surface mouillée exprimée en centimètres carrés, donnerait le degré de solubilité rapporté à cette unité de surface pour les chaux que l'on aurait à comparer. »

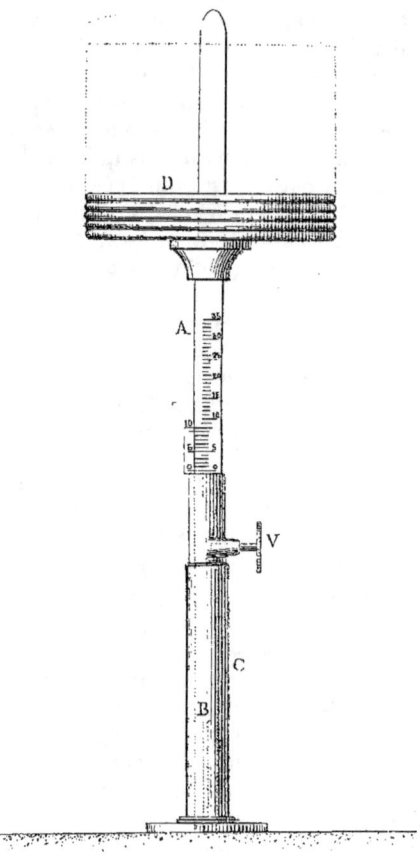

Fig. 72.

Lorsque la quantité d'argile contenue dans un calcaire est comprise entre 20 et 23 p. 100, on obtient par la calcination des produits variables, dont Vicat forme une classe : celle des *chaux limites ou limites des chaux*, à laquelle appartient un composé fort précieux, le *ciment de Portland*, dont l'usage s'étend de jour en jour.

Les calcaires à chaux limites, cuits seulement à une température suffisante pour être dépouillés de leur acide carbonique, sont très difficiles à éteindre; beaucoup de fragments ne s'éteignent même que longtemps après l'emploi, et alors disjoignent les maçonneries et rendent les mortiers pulvérulents. Si on les pulvérise après la cuisson, et qu'on les emploie après les avoir gâchés, il est clair que l'extinction est complète; les mortiers font prise assez rapidement, mais ne tardent pas à tomber en bouillie.

Les chaux limites, cuites seulement à la température qui suffit à chasser tout l'acide carbonique, doivent donc être sévèrement proscrites de toute construction.

Mais lorsque la cuisson est portée à une température assez élevée pour qu'il y ait çà et là commencement de vitrification, la chaux limite broyée et pulvérisée, puis gâchée, devient alors un produit éminemment hydraulique, qui fait prise après un temps variant d'une demi-heure à dix-huit heures. C'est ce qu'on appelle le ciment de Portland, dont la composition varie un peu suivant les usines qui le fabriquent. On l'emploie à l'état de poudre fine, que l'on gâche avec de l'eau, et auquel on peut ajouter beaucoup plus de sable qu'on n'en met dans les mortiers ordinaires.

« Pour transformer ces calcaires à chaux limites en ciments, dit M. Merceron-Vicat, ingénieur des ponts et chaussées, il faut, préalablement à la cuisson, leur faire subir une préparation spéciale pour mélanger intimement tous leurs éléments. De là vient le nom de *ciments portlands artificiels* sous lequel ils sont désignés. Il faut, en outre, que le résidu insoluble qu'ils laissent dans les acides soit composé de silice et d'alumine et non de silice seule. Enfin, il faut que la cuisson soit assez forte pour amener dans la masse un commencement de ramollissement, sans toutefois qu'il y ait fusion complète.

« Ces ciments, immergés à l'état d'hydrate, font prise après six ou douze heures. Leur durcissement marche rapidement et atteint son maximum après soixante jours environ ; après quarante-huit heures il est déjà supérieur à celui que peuvent atteindre les meilleures chaux hydrauliques après un an. Ils sortent du four à l'état de scories et ne foisonnent pas. »

Après les chaux limites, viennent les calcaires qui renferment plus de 23 p. 100 d'argile ; ceux qui en renferment de 23 à 30 p. 100 donnent ce qu'on appelle le *ciment à prise rapide*, par opposition au portland, qui est à prise lente. Ce ciment renferme, sans qu'il soit besoin de lui ajouter aucun agrégat, toutes les substances nécessaires à un durcissement très rapide. La qualité des ciments est très variable avec la composition de l'argile qu'ils renferment et avec le degré de cuisson ; on peut les classer par leur indice d'hydraulicité, comme on l'a fait pour les chaux ; mais ce n'est alors qu'une classification artificielle, qui n'est pas d'accord avec le temps que chaque ciment met à faire prise.

Les ciments prompts s'obtiennent par une cuisson modérée des calcaires argileux ; la prise s'effectue en dix ou vingt minutes et le maximum de dureté est atteint au bout de quelques jours. On les appelle souvent *ciments romains :* c'est une locution vicieuse, car les Romains n'employaient guère que le *ciment de tuileau*, obtenu par le mélange d'une chaux ordinaire avec une pouzzolane ou argile cuite. La dureté des ciments à prise rapide est inférieure à celle des portlands.

Quand la cuisson des calcaires renfermant 23 à 30 p. 100 d'argile est poussée jusqu'à un commencement de ramollissement de la pierre au lieu d'être modérée, on obtient des *ciments portland naturels*, dont la dureté est intermédiaire entre celle des portlands artificiels et celle des ciments à prise rapide, et qui font prise en quelques heures comme les portlands artificiels, quoique la prise de ces derniers soit un peu plus lente.

Les calcaires qui renferment 30 à 40 p. 100 d'argile donnent encore des ciments à une cuisson modérée, ciments à prise demi-rapide, dont la dureté finale ne dépasse point celle des chaux hydrauliques. Ces ciments sont généralement médiocres.

Les calcaires renfermant plus de 40 p. 100 d'argile ne donnent point par la calcination de produits susceptibles de durcir un mortier; ils peuvent, lorsqu'ils ont été portés à une haute température, servir de pouzzolanes artificielles.

Nous reviendrons ultérieurement sur le rôle et sur la fabrication des pouzzolanes.

« Les chaux hydrauliques et les ciments, dit M. Merceron-Vicat, ne forment pas une suite naturelle de composés différant les uns des autres seulement par les proportions respectives de leurs éléments. Il existe entre eux une distinction essentielle :

« Pour qu'un calcaire donne par la cuisson une chaux hydraulique, il faut et il suffit qu'il contienne de la silice. Tous les ingénieurs savent que les chaux du Teil et de Sassenage, si universellement réputées, sont composées à peu près exclusivement de silice et de chaux.

« Mais, pour qu'un calcaire donne, par la cuisson, un ciment, c'est-à-dire une gangue hydraulique durcissant rapidement et atteignant en peu de jours son maximum de résistance, il faut qu'il contienne à la fois de a silice et de l'alumine. Tous les ciments connus, naturels ou artificiels, renferment ces deux éléments et dans des proportions qui ne s'écartent pas beaucoup, en général, de celles du silicate d'alumine ayant pour formule $Al^2O^3, 3SiO^2$.

« Certains produits, désignés sous le nom de *ciments de grappiers*, semblent faire exception à la règle, mais je ne crois pas qu'ils doivent être rangés dans la catégorie des ciments. Ce sont en réalité des chaux limites éminemment siliceuses et qu'on ne parvient à utiliser qu'en les réduisant à l'état de poudre d'une ténuité extrême. »

Bien que l'élément d'hydraulicité des chaux paraisse être la silice et celui des ciments l'argile ou silicate d'alumine, il n'en faut pas moins remarquer que la plupart des chaux hydrauliques proviennent non pas de calcaires simplement siliceux, mais de calcaires argileux. En fait, la conclusion de Vicat n'est pas infirmée, et c'est de la proportion d'argile contenue dans le calcaire que dépend l'hydraulicité du produit.

Il nous a paru utile de résumer, dans le tableau suivant, la classification des chaux et ciments.

Mais, pour éviter toute erreur, il convient de s'entendre d'une manière précise sur la détermination de l'indice d'hydraulicité.

Détermination de l'indice d'hydraulicité. — D'après Vicat, l'indice d'hydraulicité est le rapport de la quantité du poids A d'argile, contenu dans le produit, au poids C de chaux vive, en admettant que l'argile considérée a pour composition normale 64 p. 100 de silice et 36 d'alumine, cette composition normale étant à peu près celle du bisilicate.

Cette restriction de Vicat n'est pas admissible; elle suppose, en effet, que l'hydraulicité résulte uniquement de la présence d'une argile définie. Dans la pratique il n'en est rien, car il y a d'excellents produits hydrauliques qui renferment de l'argile avec excès de silice et même de la silice pure.

Dans la pratique, l'*indice d'hydraulicité est donc le rapport* $\dfrac{A}{C}$ *du poids total A d'alumine et de silice contenues dans le produit au poids C de chaux caustique.*

L'indice peut varier de zéro, valeur qui correspond au calcaire pur, à l'infini, valeur qui correspond à l'argile pure.

M. l'ingénieur en chef Léon Durand-Claye, directeur du laboratoire de l'École des ponts et chaussées, admet la classification suivante, basée sur l'indice d'hydraulicité :

	VALEUR de L'INDICE D'HYDRAULICITÉ
Chaux grasse ou chaux maigre	0
Chaux faiblement hydraulique	0,10 à 0,16
Chaux moyennement hydraulique	0,16 à 0,31
Chaux hydraulique	0,31 à 0,42
Chaux éminemment hydraulique	0,42 à 0,50
Chaux limite	0,50 à 0,65
Ciment	0,65 à 1,20
Ciment maigre	1,20 à 3,00
Pouzzolane	3,00 et au delà.

Il ne faut pas oublier que la valeur de l'indice donne une *présomption* et non une certitude d'hydraulicité; celle-ci dépend, en effet, de l'état sous lequel la silice et l'alumine se trouvent dans le produit; l'expérience seule permet d'en connaître la valeur réelle.

Connaissant l'un des éléments d'un calcaire hydraulique, calculer soit l'indice, soit les autres éléments. — Généralement, on ne connaît que l'un des éléments d'un calcaire naturel et on se propose de calculer les autres; ou bien, on donne une chaux d'indice déterminé et on se propose de calculer la composition du calcaire générateur. De là plusieurs problèmes de solution très simple :

1° Un calcaire naturel renferme B parties p. 100 de calcaire pur, et par conséquent (100—B) d'argile et de silice; quel est l'indice de la chaux qu'il fournira?

La quantité B de calcaire pur renferme $\dfrac{56}{100}$ de chaux vive; donc :

$$i = \frac{100 - B}{0,56\,B}.$$

Exemple : Un calcaire naturel renferme 70 p. 100 de carbonate de chaux; il donnera une chaux d'indice égal à $\dfrac{30}{0{,}56 \times 70} = 0{,}76$.

2° Un calcaire naturel renferme D parties p. 100 d'acide carbonique; quel sera l'indice de la chaux qu'il fournira ?

A D parties d'acide carbonique correspondent $\dfrac{56}{44} \times D$ parties de chaux vive et $\dfrac{100}{44}$ D parties de calcaire; par suite, il y a dans 100 parties de la pierre $\left(100 - \dfrac{100 \cdot D}{44}\right)$ d'argile et de silice, et l'indice est :

$$i = \dfrac{100 - \dfrac{100 \cdot D}{44}}{\dfrac{56}{44} \cdot D}.$$

Exemple : 100 parties d'un calcaire renferment 40 p. 100 d'acide carbonique; à cette quantité d'acide carbonique correspond $40 \times \dfrac{56}{44}$ ou 50,9 de chaux vive et 90,9 de calcaire pur; reste 9,1 d'argile, et l'indice est $\dfrac{9{,}1}{50{,}9} = 0{,}18$.

3° Combien un calcaire naturel, d'indice i, renferme-t-il d'argile et de calcaire pour 100 parties ?

$$\text{Argile} = i \times \text{chaux vive} = i \times \dfrac{56}{100} \text{ calcaire pur.}$$

Mais : $\qquad$ Argile + calcaire pur = 100.

Donc : $\qquad$ Calcaire pur $= \dfrac{100}{1 + i \cdot \dfrac{56}{100}} = \dfrac{10{.}000}{100 + 56 \cdot i}$.

Exemple : Un calcaire d'indice 0,4 renferme 81 de carbonate de chaux et 19 d'argile.

DÉSIGNATION DES PRODUITS	CALCAIRE GÉNÉRATEUR	DEGRÉ de CUISSON	DURÉE d'immersion nécessaire A LA PRISE	INDICE D'HYDRAU-LICITÉ	PROPORTION d'argile contenue dans 100 parties de la pierre calcaire.	OBSERVATIONS
Chaux grasse.	Calcaire pur.	Modéré.	»	»	»	Pâte qui durcit à l'air et se dissout dans l'eau.
Chaux maigre.	Calcaire imp.	Modéré.	»	»	»	Pâte peu liante qui se conduit comme la précédente.
Chaux faiblement hydraulique et moyennement hydraulique.	Calcaire argileux ou simplement siliceux.	Modéré, sans ramollissement de la pierre.	9 à 15 jours	0,10 à 0,31	5 à 14	Pâte durcissant sous l'eau ou dans les lieux humides aussi bien qu'à l'air. — L'élément indispensable du durcissement paraît être la silice. — L'argile qui entre dans la composition de la chaux est toujours plus ou moins salie par le fer.
Chaux hydraulique.			6 à 9 jours.	0,31 à 0,42	14 à 19	
Chaux éminemment hydraulique.		Modéré.	2 à 6 jours.	0,42 à 0,50	19 à 21	
Chaux limites.	Calcaire argileux.	Poussé jusqu'à un commencement de ramollissement.	Quelques heures.	0,50 à 0,65	21 à 26	Pâte qui durcit rapidement dans l'eau, mais ne tarde pas à se déliter et à tomber en poussière.
Ciments portland artificiels.			6 à 12 heures.			La pâte immergée devient le plus dur de tous les produits hydrauliques.
Ciments à prise rapide.	Calcaire argileux.	Modéré.	10 à 20 minutes.	0,65 à 1,2	26 à 40	Pâte à prise rapide, mais atteignant une dureté inférieure à celle de la précédente.
Ciments portland naturels.	Calcaire argileux.	Poussé jusqu'à un commencement de ramollissement de la pierre.	2 à 4 heures.			Pâte intermédiaire comme prise et comme dureté finale entre celle des ciments portland artificiels et celle des ciments à prise rapide.
Ciments médiocres à excès d'argile.	Calcaire argileux.	Modéré.	»	1,2 à 3,0	40 à 62	Ciments médiocres, à rejeter; la pâte atteint une dureté comparable à celle des chaux hydrauliques.
Pouzzolanes.	Calcaire argileux.	700 à 800°.	»	3 et au delà.	Plus de 62.	Les pouzzolanes mélangées à la chaux grasse donnent des produits hydrauliques, qui sont les anciens ciments romains.

B. NOTIONS SOMMAIRES SUR L'ANALYSE DES PIERRES CALCAIRES, DES CHAUX, DES CIMENTS ET DES POUZZOLANES.

L'analyse complète des calcaires et des chaux ne peut être faite que par un chimiste expérimenté ; nous sortirions de notre cadre si nous voulions exposer ici le détail des procédés qu'elle emploie ; on en trouvera la description dans la *Chimie appliquée* de M. l'ingénieur en chef Léon Durand-Claye, directeur du laboratoire de l'École des ponts et chaussées. Il nous suffira de donner un aperçu sommaire de ces procédés d'analyse.

Essai des pierres à chaux. — Lorsqu'on est éloigné d'un laboratoire et qu'on ne peut faire exactement l'analyse chimique d'un calcaire donné, l'essai le plus simple consiste à cuire une certaine quantité de la pierre à chaux et à fabriquer avec la chaux obtenue un mortier analogue à celui qu'on se propose d'employer. Il faut opérer sur une quantité suffisante, afin d'être certain que les choses se passent dans des conditions pratiques. Ce mode d'essai est, dans tous les cas, le plus sûr, parce qu'il ne demande qu'un peu de soin et d'attention ; l'analyse chimique, si elle n'est pas faite par un opérateur exercé, laisse toujours place à quelque doute.

1° *Analyse sommaire.* — Il existe un mode d'analyse sommaire qui donne des indications précieuses et qu'on peut appliquer partout.

On broie la pierre à chaux considérée, on la tamise et on prend 2 grammes de la poussière que l'on place dans un verre ; on délaye avec un peu d'eau, puis on verse, goutte à goutte, de l'acide azotique ou chlorhydrique étendu ; on agite à chaque fois le vase, et on cesse d'ajouter de l'acide lorsqu'il ne se produit plus d'effervescence.

La poussière se dissout en partie dans l'acide, le carbonate de chaux est transformé en azotate de chaux ou en chlorure de calcium soluble ; le résidu marque l'impureté du calcaire. S'il n'y a pas de résidu, c'est que le calcaire est formé uniquement de carbonate de chaux, ou bien de carbonate de magnésie ; ce dernier existe rarement en forte proportion.

Au fond du verre, on trouve d'ordinaire un dépôt boueux dont la couleur peut varier du gris au roux : ce dépôt est de l'argile, mélangée quelquefois de sable et de matière organique. On sépare ce dépôt en filtrant la liqueur, et on brûle le filtre en papier et la matière qu'il a recueillie, dans un petit creuset de porcelaine et mieux de platine : le poids du produit calciné, comparé aux 2 grammes de calcaire employé, marque l'impureté de la pierre. En admettant que tout le dépôt soit argileux, on peut calculer l'indice d'hydraulicité, et voir, sans qu'il soit besoin d'aller plus loin, si le calcaire considéré est capable de fournir la chaux voulue. Cela suffit pour savoir si l'on doit poursuivre ou cesser les essais.

On peut, par des moyens simples, poursuivre plus avant cette analyse sommaire; par exemple, séparer le sable de l'argile, et doser l'humidité du calcaire.

Pour séparer le sable de l'argile, nous remarquerons que l'argile a les propriétés de la vase et qu'elle se délaye dans l'eau (pourvu qu'on ne l'ait pas chauffée), tandis que le sable est en grains de dimensions relativement plus fortes et tombe au fond d'une eau tranquille. Prenons donc le dépôt qui tout à l'heure s'est produit au fond du verre, et plaçons-le avec de l'eau dans un verre conique comme ceux qu'on emploie en chimie : battons le liquide avec un agitateur ou baguette de verre, l'argile est enlevée par le tournoiement et reste en suspension, tandis que le sable reste au fond du verre. On décante, et l'on recommence une ou deux fois l'opération avec de l'eau pure; l'eau décantée, après un long repos, abandonne toute l'argile qui s'amasse au fond du vase. On a donc séparé de la sorte le sable et l'argile.

Si l'on soupçonnait dans le dépôt la présence de matières organiques, on les déterminerait de la manière suivante : on prendrait 2 grammes de calcaire que l'on traiterait par l'acide chlorhydrique, on recueillerait le dépôt et on le brûlerait à l'air dans une capsule de platine. La matière organique est grillée et disparaît en produits gazeux; comme, d'autre part, on a pesé le dépôt simplement desséché sans calcination, la différence indique le poids des matières organiques.

Veut-on calculer le poids d'eau et le poids d'acide carbonique qui entrent dans 2 grammes de calcaire? On calcine ces 2 grammes dans un creuset de platine bien fermé, que l'on pèse avant et après l'opération; la différence de poids donne la somme de l'eau et de l'acide carbonique. On s'assure qu'on a bien chassé tout l'acide carbonique en regardant si, après l'opération, la matière fait encore quelque effervescence avec les acides; si cela a lieu, il faut recommencer.

Ayant le poids total d'eau et d'acide carbonique, versons dans un petit ballon de verre quelques grammes d'acide chlorhydrique étendu et pesons le ballon avec son contenu; le ballon est garni d'un bouchon sur le pourtour duquel on a creusé quelques rainures et qu'on a entouré de papier à filtrer. On enlève le bouchon et on laisse tomber dans le liquide 2 grammes du calcaire à essayer, puis on referme vivement; l'acide carbonique se dégage et passe dans l'atmosphère; l'effervescence terminée après agitation, on insuffle un peu d'air dans le ballon pour chasser le reste de gaz carbonique et on pèse. La perte de poids donne le poids d'acide carbonique; mais il y a une légère correction à faire, le gaz carbonique a toujours entraîné un peu de vapeur d'eau, plus ou moins, suivant la température, et dont on peut tenir compte en consultant les tables hygrométriques.

L'opération précédente peut suffire à elle seule pour faire une analyse sommaire de calcaire, elle donne l'eau et l'acide carbonique; du poids de ce dernier, on déduit le poids de chaux qui lui est combiné en se servant de la formule (CaO, CO^2) et des équivalents; on a donc les poids d'eau et de carbonate, et, si l'on admet que ce qui reste, pour arriver à 2 grammes, est de l'argile, on calcule immédiatement l'indice d'hydraulicité de la chaux qui résultera du calcaire.

On peut encore doser l'acide carbonique en volume dans des eudiomètres, au sein desquels on réduit le calcaire par de l'acide phosphorique; mais c'est là une opération de laboratoire sur laquelle nous ne devons pas nous appesantir.

2° *Analyse complète*. — On prend 2 grammes de calcaire que l'on traite dans une fiole à fond plat par quelques grammes d'acide chlorhydrique étendu de 5 à 6 parties d'eau. Au bout de quelques heures, tout l'acide carbonique est dégagé, on chauffe un peu en ajoutant une goutte d'acide azotique pour peroxyder le fer, s'il y en a; on filtre et on recueille le dépôt.

Ce dépôt est calciné et pesé; on peut en séparer le sable, comme nous l'avons vu plus haut, mais il est bien entendu que cette séparation n'est possible qu'avant la calcination.

La liqueur filtrée renferme la chaux, la magnésie, et le peroxyde de fer.

On la place dans la fiole à fond plat, et on y verse de l'acide chlorhydrique, puis un excès d'ammoniaque; le peroxyde de fer est précipité par l'ammoniaque, mais la magnésie ne l'est pas, puisque la liqueur renferme des sels ammoniacaux.

Après une courte ébullition, on filtre; on recueille, on calcine et on pèse le peroxyde de fer.

Restent dans la liqueur la chaux et la magnésie; on la concentre, on y verse quelques gouttes d'ammoniaque, puis une dissolution bouillante et concentrée d'oxalate d'ammoniaque en excès. La magnésie n'est point précipitée, mais la chaux tout entière s'est précipitée à l'état d'oxalate de chaux, après une demi-heure d'ébullition. On filtre, on recueille le précipité, et on le calcine avec son filtre dans un creuset en platine, à la flamme du chalumeau à gaz, de manière à réduire l'oxalate en chaux vive. On pèse celle-ci, en opérant rapidement pour éviter qu'elle n'absorbe l'air et l'humidité. On regarde après la pesée si la chaux ne fait pas effervescence avec les acides; dans ce cas, il faut recommencer.

Dans la liqueur, il reste des sels ammoniacaux avec la magnésie; on verse dans cette liqueur du phosphate de soude, et on laisse reposer douze heures. Il se dépose de petits cristaux de phosphate ammoniaco-magnésien, que l'on recueille par filtration, et que l'on pèse après calcination. La formule de ce phosphate montre qu'il renferme les $\frac{40}{111}$ de son poids de magnésie.

« Une précaution essentielle, dit Vicat, que nous recommandons à ceux qui ont intérêt à connaître la composition homogène d'une roche argilo-calcaire en place, c'est de ne pas la juger par celle de ses affleurements; on devra l'attaquer assez profondément pour arriver aux parties que l'air, la pluie et la gelée n'ont jamais pu atteindre; les modifications chimiques produites par ces intempéries sont souvent considérables; il en résulte ordinairement un grand appauvrissement en carbonate de chaux.

Essai des argiles, des pouzzolanes naturelles et artificielles. — Les propriétés physiques des argiles peuvent déjà donner des renseignements précieux sur leur composition. Beaucoup d'argiles sont marneuses, et, lorsque la proportion de calcaire est assez forte, on opère comme pour l'analyse d'un calcaire; le sable se sépare de l'argile par lévigation, ainsi que nous l'avons vu.

L'argile est formée par des silicates d'alumine; lorsqu'elle n'a pas été cuite, elle n'est pas attaquable par les acides en général, et en particulier par l'acide chlorhydrique qui est le réactif ordinaire; mais, après cuisson, l'argile devient plus ou moins facilement attaquable : c'est le cas des pouzzolanes. Toutefois, qu'il s'agisse d'une argile ou d'une pouzzolane, il faut, au préalable, lui faire subir une opération qui la rende complètement soluble dans l'acide chlorhydrique; on la soumet, à une haute température, à l'influence d'un alcali qui s'empare de la silice et forme un silicate alcalin, facilement décomposable par les acides.

Les argiles renferment souvent un peu de potasse et de soude; dans une analyse ordinaire, on néglige de doser ces alcalis.

Voici en quels termes M. l'ingénieur Hervé-Mangon, directeur du laboratoire de l'École des ponts et chaussées, expose la méthode à employer pour l'essai d'une argile :

« Les composés, qu'il est nécessaire de traiter au rouge par les oxydes alcalins, doivent être, avant tout, réduits en poudre d'autant plus fine qu'ils sont plus difficiles à attaquer.

« Lorsqu'on opère sur des briques, des pouzzolanes ou d'autres substances renfermant à l'état de mélange plus ou moins intime du carbonate de chaux ou de l'oxyde de fer, on commence par les faire bouillir pendant un certain temps avec de l'acide chlorhydrique très faible pour les débarrasser de ces matières étrangères. On filtre et on lave soigneusement la matière non attaquée. La liqueur filtrée est analysée par les procédés ordinaires. Quant au résidu insoluble, on le sèche complètement, on le pèse avec exactitude et on le soumet aux opérations suivantes :

« On opère habituellement, dans l'analyse des silicates, sur 2 grammes environ de matière et on les mêle intimement, dans un petit creuset de platine, avec quatre à six fois leur poids d'un fondant composé de quatre parties de carbonate de soude et de cinq parties de carbonate de potasse, l'un et l'autre parfaitement desséchés. On chauffe alors le creuset de platine, fermé de son couvercle, pendant 8 à 10 minutes, à l'aide d'une lampe à essence ou d'un chalumeau à gaz, ou même dans un fourneau surmonté d'un cône en tôle pour activer le tirage. Il convient, dans ce dernier cas, de renfermer le creuset de platine dans un creuset de terre garni d'un couvercle. L'emploi, comme fondant, d'un mélange de carbonate de soude et de carbonate de potasse n'est pas indispensable. On pourrait se servir de l'un ou de l'autre de ces carbonates ; mais leur mélange, étant plus fusible que chacun d'eux pris isolément, est généralement préféré.

« Quand le creuset a été soumis assez longtemps à l'action de la chaleur, on le laisse refroidir, et, quand sa température est retombée au rouge sombre, on plonge dans l'eau sa partie inférieure. Le refroidissement brusque ainsi produit suffit, en général, pour détacher du creuset la masse plus ou moins vitrifiée qu'il renferme. Si cet effet se produit, on jette cette masse dans une capsule de porcelaine; dans le cas contraire, on y place le creuset lui-même avec ce qu'il renferme. On humecte la matière avec de l'eau, et, après quelques instants, on ajoute avec précaution une certaine quantité d'acide chlorhydrique. Une effervescence très vive se manifeste, et la dissolution s'opère peu à peu. Quand l'addition d'une nouvelle quantité d'acide chlorhydrique ne produit plus aucun effet, on lave le creuset avec soin, en ajoutant les eaux de lavage au contenu de la capsule. Ce vase doit rester couvert pendant la durée de l'effervescence, pour éviter les projections.

« Lorsque l'attaque au rouge par les carbonates a été complète, toute la masse se dissout dans l'acide chlorhydrique, soit à froid, soit par une faible chaleur, ou au moins il ne reste que de la silice, en gelée ou en flocons, nageant dans la liqueur; mais on ne trouve pas au fond de la capsule de grains durs et sableux. Quand cette dernière circonstance se manifeste, l'attaque n'a pas été complète, soit parce que la chaleur n'a pas été poussée assez loin, soit parce que la pulvérisation de la matière n'a pas été assez parfaite. Il faut alors, ou recommencer complètement l'expérience, ou reprendre les parties non attaquées, les pulvériser de nouveau et les chauffer une seconde fois avec les carbonates alcalins.

« La dissolution de la matière dans l'acide chlorhydrique est évaporée à sec une ou deux fois pour rendre la silice gélatineuse insoluble, reprise par l'eau acidulée et filtrée. La silice, parfaitement blanche, reste sur le filtre, on la lave bien, on la sèche, on la calcine et on la pèse. On s'assure de sa pureté en la chauffant au chalumeau avec de l'azotate de cobalt, qui lui donnerait une teinte bleue si elle contenait de l'alumine.

« La liqueur filtrée renferme l'alumine, que l'on précipite par l'ammoniaque; on filtre, on calcine et on pèse.

« L'eau que renferme le corps donné se dose par la perte de poids que fait subir, à 2 grammes de matière, une calcination au rouge vif.

« Ayant ajouté les poids des éléments ci-dessus déterminés, s'il y a une perte notable, et que l'expérience ait été bien faite, c'est que le corps renfermait des alcalis, que l'on dose ainsi par différence. Si on veut les doser exactement, il faut employer d'autres fondants que les carbonates alcalins; on a recours au carbonate de baryte.

« La proportion d'alcalis que l'on trouve dans une argile peut atteindre 2 ou 3 p. 100; les argiles plastiques des environs de Paris n'en renferment que quelques millièmes. La présence des alcalis est la cause du ramollissement que subissent certaines argiles à une haute température; celles qui en renferment une proportion notable ne sont pas réfractaires. »

LES CHAUX, CIMENTS ET MORTIERS

Essai des chaux et ciments. — Dans les pierres à chaux, l'argile n'est pas attaquable par les acides, et il est facile, au moyen de l'acide chlorhydrique, de séparer immédiatement cette argile des autres éléments ; mais, après la cuisson, l'argile est devenue attaquable par les acides : c'est ce qui modifie la méthode d'analyse.

On prend 2 grammes de la chaux ou du ciment considérés, on les place dans une capsule en porcelaine, on les éteint avec 8 grammes d'eau, et on ajoute 20 grammes d'acide chlorhydrique. En chauffant un peu, toute la matière se dissout; on évapore lentement, on reprend par l'acide chlorhydrique, puis on évapore de nouveau. On redissout dans une eau acidulée, et on filtre. La silice reste sur le filtre et on la traite comme on a fait pour l'essai d'une argile.

Dans la liqueur, restent la chaux, la magnésie, l'alumine et l'oxyde de fer. On ajoute un peu d'acide chlorhydrique, puis de l'ammoniaque en excès ; la magnésie ne se précipite pas, parce qu'il y a dans le liquide un sel ammoniacal : on recueille sur le filtre un précipité brun gélatineux d'alumine et de peroxyde de fer, qu'on lave à l'eau chaude.

Le précipité, calciné et pesé, est traité au rouge dans un creuset d'argent par de la potasse pure en morceaux; on reprend par l'eau, qui dissout l'aluminate de potasse et laisse le peroxyde de fer, que l'on recueille sur un filtre et que l'on pèse. Il faut laver longtemps ce peroxyde, parce qu'il retient avec force un peu de potasse.

Dans la liqueur, il n'y a plus que de la chaux et de la magnésie, que l'on sépare comme nous l'avons indiqué dans l'essai d'un calcaire.

Emploi des liqueurs titrées. — L'emploi des liqueurs titrées, qui tend à se généraliser pour l'analyse de beaucoup de matières commerciales (potasses et soudes, chlorures de chaux, fer, sucre, etc...), repose sur le principe suivant :

On dissout dans un liquide (eau, alcool, acide) un poids p d'un réactif A, et on étend la liqueur de manière à ce qu'elle occupe, par exemple, un volume d'un litre. Dans une burette graduée, on prend, par exemple, 100 centimètres cubes de cette liqueur préparée, lesquels renferment un poids $\frac{p}{10}$ du réactif A. D'autre part, soit un corps B décomposable par A ; on calcule d'après les équivalents respectifs de A et de B, que le poids $\frac{p}{10}$ de A peut décomposer un poids p' de B, par exemple deux grammes. Supposons maintenant qu'on ait divers échantillons plus ou moins impurs du corps B, et que l'on veuille calculer la proportion exacte qu'ils renferment du composé chimique B qui leur donne son nom, on prendra deux grammes de ce corps, et on verra combien il faut verser de divisions graduées de la burette pour le décomposer complètement; il n'en faudra pas 100, puisque le corps est impur, il n'en faudra qu'un nombre n, et le corps donné ne renfermera que $\frac{n}{100}$ du composé chimique pur B.

Pour que l'expérience soit possible, il est nécessaire que le réactif employé soit sans influence sur les substances mélangées au corps considéré; il est nécessaire, en outre, que la décomposition complète de ce corps par le réactif se manifeste par un changement physique dans l'aspect de la liqueur; le plus souvent ce changement consiste dans une transformation de couleur.

Ainsi, pour la chaux, nous allons expliquer sommairement comment on opère :

La chaux éteinte est peu soluble dans l'eau, mais elle se dissout très bien dans l'eau sucrée; le liquide obtenu prend le nom de saccharate de chaux : c'est un sel dans lequel le sucre joue le rôle d'acide.

D'un autre côté, versons dans un vase un peu d'acide chlorhydrique avec quelques gouttes de teinture de tournesol. On sait que cette teinture mêlée à une liqueur acide devient rouge, de bleue qu'elle était, et qu'elle revient à la couleur bleue, lorsqu'on neutralise l'acide par une base.

Cela posé, remplissons de saccharate de chaux la burette graduée, et versons-le goutte à goutte dans l'acide chlorhydrique, coloré en rose par le tournesol; le saccharate se décompose, il se forme du chlorure de calcium, et le sucre, que l'on doit considérer comme un corps neutre, est mis en liberté. Tant qu'il existe dans la liqueur de l'acide chlorhydrique libre, elle reste rose; mais, aussitôt qu'on a fait tomber la dernière goutte de saccharate nécessaire à la saturation complète de l'acide, on voit la liqueur virer au bleu. C'est cet instant qu'il faut saisir; on note combien on a employé de divisions de la burette graduée, soit N ce nombre de divisions.

On sait le poids de chaux que l'on a mis dans le saccharate, et l'on emploie un volume fixe d'acide chlorydrique étendu, de composition constante; de l'expérience précédente, on déduit que ce volume d'acide sature N divisions de saccharate renfermant un poids P de chaux pure. Chaque division de la burette correspond donc à un poids $\frac{P}{N}$ ou p de chaux pure.

Etant donné une chaux à analyser, on en pèse un poids $P = Np$, et on le mélange peu à peu avec le volume fixe du même acide déjà employé dans la première expérience. On ajoute du tournesol; si la chaux était pure, l'acide serait complètement saturé, et la teinture resterait bleue; mais généralement la chaux est impure, le tournesol reste rose, et, pour le faire virer au bleu, il faut verser dans la liqueur un nombre n de divisions de saccharate. La chaux employée produit donc le même effet que (N-n) divisions de la burette graduée, et par suite elle renferme un poids p (N-n) de chaux pure.

On voit que l'opération est simple; mais il faut avoir un acide et un saccharate de composition fixe : on peut se les procurer tout préparés chez les fabricants de produits chimiques.

Choix des échantillons destinés à renseigner sur la valeur des produits d'une carrière. — Lorsqu'on se trouve en présence d'une masse calcaire à exploiter en vue de la fabrication de la chaux, il est impossible, ainsi que nous l'avons dit plus haut, de prendre comme base de la valeur du produit futur l'analyse opérée sur un seul échantillon pris au hasard. La composition de la roche calcaire est très variable non seulement dans les diverses assises d'une masse stratifiée, mais encore dans les divers points d'une grande masse dépourvue de stratification apparente. Il faut un œil exercé pour distinguer à la variation des teintes et de la texture la variation de la composition chimique ; c'est ainsi qu'après la cuisson on pourra reconnaître dans un morceau de chaux grasse les veines de couleur verdâtre caractéristiques de la présence d'une chaux hydraulique.

Généralement, la variation de la teneur en argile est peu sensible dans le sens des feuillets de la stratification ; elle est surtout accusée dans le sens normal à la stratification, soit que l'on passe d'une assise à l'autre, soit que l'on prenne des échantillons à diverses hauteurs de la même assise.

D'ordinaire, la variation de l'indice d'hydraulicité est continue et va en croissant à mesure que l'on descend dans la masse stratifiée ; parfois, cependant, la variation est irrégulière. Il faut donc reconnaître par de nombreuses analyses la valeur moyenne des produits de la carrière et s'attacher, par une observation, par une analyse incessantes, à réaliser un mélange de composition parfaitement constante.

Les carrières les plus avantageuses à cet égard, les moins dangereuses pour le fabricant et pour le constructeur, sont celles dans lesquelles les variations de l'indice d'hydraulicité des diverses assises sont renfermées dans d'étroites limites. On comprend, en effet, que, si les variations sont considérables, il est beaucoup plus facile de s'écarter de la composition moyenne, et l'écart peut être assez considérable pour que les produits aient perdu toutes les qualités voulues.

C'est seulement une analyse générale d'une carrière qui permettra de comparer sérieusement la valeur de ses produits futurs à celle de produits connus et consacrés par la pratique.

Il ne faut pas oublier cependant que *la valeur finale d'un produit hydraulique ne dépend pas uniquement de sa teneur en argile, mais encore de la modification qu'il a subie par la cuisson*. L'essai à la cuisson doit donc venir corroborer les résultats de l'analyse.

Un fabricant soigneux doit procéder à des essais continuels de la masse calcaire qu'il exploite ; mais il est inutile de refaire constamment une analyse complète et détaillée ; il suffit d'évaluer, par la méthode sommaire précédemment décrite, la proportion de résidu insoluble ; car, dans ce résidu, le rapport entre la silice et l'alumine ne subit que de faibles écarts pour une carrière donnée.

Il est une précaution importante à observer dans l'examen du résidu insoluble d'après lequel on détermine l'indice d'hydraulicité ; cette précaution est signalée dans les termes suivants par M. Bonnami, directeur des usines de Pont-de-Pany :

« Dans le résidu insoluble, il est bon de séparer par lévigation le sable siliceux de l'argile.

« Le sable siliceux peut, en effet, entrer dans les combinaisons qui se forment dans la cuisson et concourir à la formation du silicate de chaux (il est même seul à entrer dans ces combinaisons pour les chaux du Teil et de Sassenage), mais il peut aussi ne jouer aucun rôle dans les combinaisons et alors sa présence ne fait qu'amaigrir les mortiers; la détermination de la proportion de sable siliceux est donc très importante. En réalité, on ne pourra calculer l'indice réel d'un calcaire renfermant du sable siliceux sans connaître la proportion de ce sable qui se combine pendant la cuisson; c'est pourquoi il est convenable de ne pas en tenir compte dans la détermination première de l'indice d'hydraulicité; on est ainsi assuré d'obtenir un minimum. »

C. — CUISSON DES PIERRES CALCAIRES; FOURS A CHAUX

La cuisson des pierres calcaires, destinées à la fabrication des chaux grasses et des chaux maigres, a pour but de leur enlever l'eau et l'acide carbonique qu'elles contiennent; la cuisson des pierres calcaires destinées à la fabrication des produits hydrauliques doit en outre exercer sur la silice ou l'argile une transformation physique et chimique que nous examinerons ultérieurement. La cuisson de certains ciments doit même, ainsi que nous l'avons exposé plus haut, entraîner un commencement de vitrification de la pierre et s'effectue par conséquent à une température très élevée.

L'étude que nous avons faite des fours à briques nous facilite la description des fours à chaux, et bien des principes sont communs aux deux genres d'appareils.

On distingue d'ordinaire deux grandes classes de fours à chaux :

1° Les fours à feu intermittent;
2° Les fours à feu continu.

Dans les premiers, chaque opération est distincte; le four est chargé, mis en feu, puis déchargé après refroidissement; on recommence alors une nouvelle fournée. Ce système simple donne évidemment lieu à une perte de combustible considérable.

Il n'en est pas de même avec les fours continus; le four est toujours plein et chauffé à la température voulue; on retire périodiquement une charge de pierre cuite et on la remplace par une charge de pierre fraîche.

Suivant la nature du combustible, les fours sont à longue flamme ou à courte flamme; le combustible à longue flamme, tel que le bois et certaines houilles, est brûlé sur un foyer distinct sans être mélangé à la pierre que traversent la flamme et le courant gazeux de la combustion; le combustible à courte flamme est mélangé à la pierre calcaire par couches alternantes, et la combustion se propage successivement d'une couche à l'autre.

1° FOURS INTERMITTENTS

Four de campagne à longue flamme. — Le plus simple des fours intermittents est celui que représente la figure 73. Dans le flanc d'un coteau on creuse une chambre et on construit en maçonnerie de pierres sèches une cuve ovoïde; les pierres sont prises parmi les morceaux du calcaire à cuire. Le diamètre du gueulard a est de 1^m50 et celui de la base 2^m50; l'ouverture b donne accès au foyer d dans lequel on brûle du bois; au-dessus du foyer on fait une voûte à claire-voie avec des moellons de pierre à chaux, et sur cette voûte on charge tous les autres morceaux de la pierre par grosseur décroissante; au sommet se trouvent les menus débris.

Fig. 73.

Le feu est conduit lentement pendant vingt-quatre heures; il se produit d'abondantes fumées et un grand dégagement de vapeur d'eau qui finit par s'arrêter; le second jour, le feu est porté au rouge vif, et le troisième jour on le laisse tomber. La masse s'est affaissée et la chaux est cuite. On mélange les diverses parties de la fournée, dont la valeur est très inégale, afin d'obtenir un produit de qualité moyenne.

Fig. 74.

Four fixe ordinaire à longue flamme. — La figure 74 représente les fours les plus anciens et les plus simples; ils ont en général la forme ovoïde, et sont percés à la base d'une ouverture latérale par laquelle on introduit le combustible et on défourne la chaux quand elle est cuite; la pierre calcaire est introduite par le gueulard. Pour soutenir la masse et ménager l'emplacement du foyer, on commence par prendre les plus gros morceaux de calcaire, avec lesquels on établit une voûte; sur cette voûte on dispose les pierres calcaires en commençant par les plus grosses. La voûte s'appuie souvent sur un redan annulaire

246   PROCEDES ET MATERIAUX DE CONSTRUCTION

ménagé dans le massif du four; quelquefois aussi elle repose sur des piédroits formés eux-mêmes avec de grosses pierres calcaires.

On allume sur la grille un feu modéré de bois ou de tourbe; la flamme s'élève et pénètre à travers la masse; on pousse peu à peu la température jusqu'au rouge, et la transformation du calcaire en chaux s'effectue avec un grand dégagement de gaz et de vapeur. La cuisson terminée, on laisse tomber le feu, et on retire les morceaux de chaux pour les remplacer par d'autres morceaux calcaires. Il s'écoule entre les deux opérations un certain intervalle, pendant lequel le massif se refroidit, sans que la chaleur perdue soit utilisée.

Four intermittent perfectionné à longue flamme. — Nous trouvons dans la Chimie de Knapp la description d'un four intermittent perfectionné en usage en Allemagne et représenté par les figures 75 et 76.

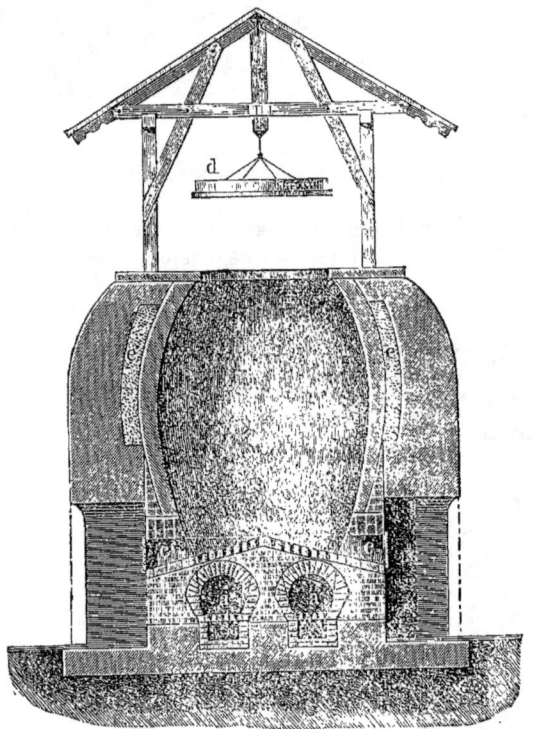

Fig. 75.

La voûte en pierre à chaux, construite à chaque fournée au-dessus du foyer, est supprimée et remplacée par des arceaux fixes en briques réfractaires f établis au-dessus des deux foyers a qui sont munis de grilles en fonte et de cendriers. Ces deux foyers permettent de régler la cuisson et de répartir la chaleur dans la masse entière au lieu de la laisser se concentrer dans l'axe du four. Les arceaux supportent des piles transversales de briques réfractaires, et l'ensemble forme une claire-voie qui livre passage à la flamme. Les piles de briques constituent deux plans inclinés aboutissant aux ouvertures *c* par lesquelles on retire les morceaux de chaux cuite. A est l'ouverture qui donne accès aux foyers.

Le four est adossé à un coteau, autant que possible au-dessous de la carrière, afin de réduire au minimum les frais de transport et de chargement du calcaire; le massif extérieur est en maçonnerie ordinaire, la chemise intérieure en maçonnerie réfractaire; entre les deux est un vide *e* que l'on remplit de sable ou de scories afin d'empêcher la déperdition de la chaleur et de laisser à la dilatation une certaine liberté.

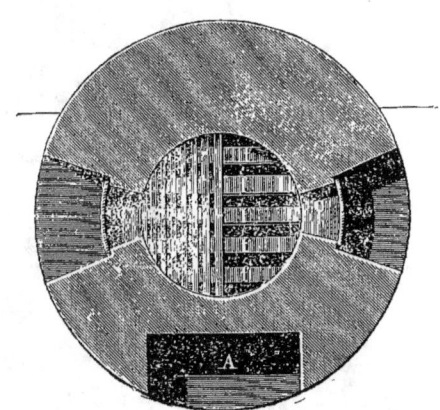

Fig. 76.

Les gros morceaux de calcaire occupent le tiers de la hauteur de la cuve et l'on place au-dessus le reste par grosseur décroissante; la charge dépasse de 0^m65 le niveau du gueulard.

La cuisson dure quatre jours; à la fin du troisième jour, on la modère en abaissant le couvercle en fonte et le faisant reposer sur quatre briques disposées autour du gueulard. La cuisson terminée, on enlève ces briques, on descend complètement le couvercle pour produire une fermeture hermétique et on laisse refroidir pour défourner trois ou quatre jours après; la masse s'est affaissée et le sommet est descendu à 0^m50 au-dessous du gueulard.

Un four de 8 mètres de hauteur et de 3 mètres de diamètre donne environ 20 mètres de chaux, et chaque mètre cube exige 600 à 650 kilogrammes de bonnes bûches de pin.

Quand on se sert de tourbe, il en faut environ 2 mètres cubes par mètre cube de chaux.

Fours à courte flamme. — Lorsque l'on consomme des houilles sèches, il faut ou mélanger le combustible au calcaire ou multiplier le nombre des foyers.

Dans le premier cas, on dispose des couches successives de combustible et de calcaire; on allume à la base un feu de bois, qui se communique peu à peu aux couches de charbon. Quand la dernière couche de charbon est brûlée, on ferme le gueulard et on laisse refroidir la masse.

Knapp donne la description d'un four, chauffé à la houille ou au

Fig. 77.

lignite, et dans lequel le combustible n'est pas mélangé au calcaire, circonstance avantageuse à la pureté du produit, surtout quand le combustible est de qualité médiocre. Quatre foyers symétriques reçoivent le combustible, et le courant gazeux se répartit dans la masse ; on place dans l'axe du four un tronc d'arbre qui se calcine lentement et qui finit par laisser une cheminée de tirage. L'ouverture supérieure b sert à l'enfournement du calcaire et l'ouverture inférieure d au défournement de la chaux. La porte a permet d'accéder à la voûte supérieure que recouvre la cheminée ; cette voûte est percée d'évents que l'on ferme ou que l'on ouvre à volonté de manière à régulariser le tirage et la cuisson. La durée de la cuisson est de 72 heures, dont 5 heures d'allumage.

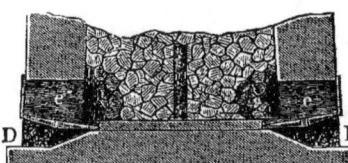

Fig. 78.

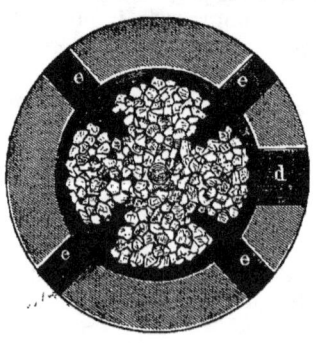

Fig. 79.

Avec un four dont la chambre a 3^m50 de hauteur et 3^m50 de diamètre à la base, la consommation de houille est de 280 à 320 kilogrammes par mètre cube de chaux.

2° FOURS CONTINUS

Fours continus ordinaires. — La figure 80 représente un four à feu continu, qui est formé d'un double cône de 10 mètres de hauteur, chauffé par un foyer latéral dont la flamme pénètre dans la masse par trois carneaux O, situés dans un même plan horizontal à 2 mètres de la base. Le four étant chargé, on allume au centre un feu de bois de façon à porter au rouge les pierres calcaires jusqu'à la hauteur des carneaux ; on allume alors le foyer latéral, dans lequel on brûle du bois ou de la houille à longue flamme, et l'opération se poursuit, sans qu'il soit besoin de conserver le feu central. Toutes les douze heures, on retire par l'ouverture C une partie de la chaux, et on la remplace par de nouvelles pierres que l'on verse par le gueulard. La fabrication se fait alors d'une manière continue.

Fig. 80.

D'ordinaire, dans les fours de ce genre, le calcaire est supporté par une voûte en maçonnerie ; cette voûte est percée d'ouvertures qui livrent passage à la flamme du foyer situé au-dessous : une porte latérale qui débouche à la hauteur de la naissance de la voûte permet d'enlever la chaux, que l'on remplace à la partie supérieure par du calcaire. Cette forme ne peut s'employer qu'avec des combustibles à longue flamme, tels que le bois, la bruyère, les houilles sèches. En plus d'un endroit, on a voulu, par mesure d'économie, se servir de houille ordinaire ; on ne peut alors la brûler sur un foyer fixe, parce que les pierres voisines du foyer seraient trop cuites et les autres ne le seraient pas assez. Il faut, pour avoir une cuisson uniforme, que le combustible soit mélangé au calcaire ; on entasse dans le four des couches successives de calcaire et de combustible, et la masse entière repose sur la grille du cendrier ; on met le feu par en bas, la première couche de combustible s'enflamme et décompose le calcaire qui la touche, puis la seconde couche de combustible s'enflamme à son tour et le mouvement se continue ainsi de proche en proche. Les cendres du combustible traversent la grille et on les enlève par une ouverture spéciale ; une autre ouverture permet de retirer successivement chaque couche de chaux, lorsque le combustible sur lequel elle repose est épuisé. A mesure que les couches descendent et disparaissent, on les remplace par de nouvelles à la partie supérieure. Toutes les couches de combustible ne sont pas en ignition ; il n'y a que celles du bas qui brûlent ; par suite elles vont sans cesse en diminuant de volume à mesure qu'elles descendent et, pour éviter une descente irrégulière, il faut rétrécir la section du four d'une manière progressive. La forme théorique du four doit donc se composer d'un cylindre surmontant un tronc de cône évasé vers le haut ; le cône doit commencer là où les couches de combustible commencent à brûler ; cette forme tronc-conique facilite beaucoup la combustion, qui est toujours plus active dans l'axe du four, puisque le courant d'air y possède sa vitesse maxima ; le combustible se rapproche peu à peu de l'axe, et les couches successives disparaissent d'une manière régulière.

Au lieu de surmonter le tronc de cône d'un cylindre, on le continue le plus souvent par un autre tronc de cône évasé vers le bas ; on a pour but d'éviter ainsi une certaine déperdition de chaleur. Quoi qu'il en soit, les couches successives de combustible sont soumises à une sorte de distillation, et l'on peut chercher à recueillir les gaz qui s'échappent du gueulard pour en séparer le gaz d'éclairage, ou pour commencer la dessiccation de pierres calcaires disposées dans des chambres à travers lesquelles on fait passer le courant de la combustion.

C'est dans les fours continus que l'on adopte le plus souvent les couches superposées de combustible et de calcaire ; mais il faut que le combustible ne renferme pas d'impuretés capables de nuire à la valeur des produits ; s'il en était autrement, il faudrait au préalable transformer la houille en coke.

Fours continus perfectionnés à courte flamme. — Dans la première édition de son ouvrage, publiée en 1828, Vicat s'exprimait ainsi :

« Dans les fours à houille à feu continu, la pierre et le charbon sont mêlés ; de tous les modes de cuisson, c'est certainement le plus capricieux et le plus difficile, surtout lorsqu'on l'applique aux calcaires argileux (pour la fabrication des chaux hydrauliques et des ciments). Un simple changement dans la direction ou dans l'intensité du vent, quelques dégradations sur la paroi intérieure du four, une trop grande inégalité dans la grosseur des fragments, sont autant de causes qui retardent ou accélèrent le tirage, produisent des mouvements irréguliers dans la descente des matériaux qui s'arc-boutent, forment voûte et précipitent tantôt le charbon, tantôt la pierre, sur un même point ; de là excès ou défaut de cuisson. Quelquefois un four fonctionne parfaitement pendant plusieurs semaines, puis se dérange tout d'un coup sans qu'on puisse en déterminer la cause ; une simple altération dans les qualités du charbon suffit pour mettre en défaut le chaufournier le plus expérimenté : en un mot, la cuisson à la houille à feu continu est une affaire de tâtonnement et d'habitude. » Ces quelques lignes signalent les difficultés que l'on peut rencontrer dans la fabrication des chaux hydrauliques ; elles ont été surmontées dans quelques grandes usines bien connues en France ; ces usines donnent d'excellents produits, et elles sont arrivées à ce résultat en perfectionnant la forme des fours et la conduite de l'opération.

Four des usines de MM. Pavin de Lafarge, au Teil. — Les figures 2 et 3, planche 14, représentent les fours des usines de MM. Pavin de Lafarge, au Teil ; ces fours sont accolés à la colline qui constitue les carrières. La cuve ovoïde a 13 mètres de hauteur, 4 mètres de diamètre en son milieu, 1^m50 aux deux extrémités.

Le four est fermé à la base par une grille à barreaux mobiles ; la chaux cuite tombe directement dans les wagonnets sans effort pour l'ouvrier. Au-dessus de la grille on voit une lanterne cylindro-conique en fer qui sert à diviser la masse et qui joue en même temps le rôle de tuyau d'aérage.

Le gueulard est surmonté d'un couvercle en tôle qui, par un treuil, peut être soulevé plus ou moins suivant le tirage à obtenir, et qui peut même être déplacé de côté lorsqu'il s'agit de faire un chargement. Quand on est forcé, par un chômage, de suspendre la cuisson ou de la modérer, on abaisse le couvercle et la température se conserve pendant quelques jours sans grande déperdition jusqu'au moment où l'on reprend une marche normale. De même, l'orifice inférieur du four peut être complètement fermé par une porte en fer.

A *Paviers* (Indre-et-Loire), la forme générale des fours est analogue à la précédente, mais ils sont de moindre dimension ; le diamètre de base est inférieur au diamètre du gueulard, parce que la grille cylindro-conique n'existe pas, et l'extraction de la chaux se fait par un couloir latéral incliné. La consommation de houille est variable suivant les cas ; elle est comprise entre 2 et 4 hectolitres par mètre cube de chaux.

Four à ciment de Vassy. — La figure 1, planche 17, donne la coupe du four construit par M. Prévost pour son usine de ciment, à Vassy-les-Avallon. La forme du four est ovoïde à la base et cylindrique à la partie haute, mais le gueulard est recouvert d'une cheminée de tirage semblable à un entonnoir renversé. Le chargement du calcaire et du combustible s'effectue par des orifices ménagés à cet effet à la base de la cheminée.

Four à portland, Demarle et Lonquéty. — La figure 5, planche 15, représente le four à portland de l'usine Demarle et Lonquéty, près Boulogne. Le four proprement dit est semblable au précédent, creuset conique surmonté d'une partie cylindrique ; et, comme une haute température est nécessaire, le four proprement dit est surmonté d'une chambre ovoïde ou chambre de combustion ; par des portes ménagées à la base de cette chambre on introduit les briquettes à cuire et le combustible. Ces fours donnent par cuisson 30 tonnes de ciment ; en réalité, *ils ne sont pas continus*, parce que la matière ramollie et scorifiée adhère aux parois et empêche une descente régulière, d'où un fonctionnement intermittent.

La cuisson est la grosse dépense dans la fabrication des ciments, et

252   PROCÉDÉS ET MATÉRIAUX DE CONSTRUCTION

c'est dans cette industrie qu'il est le plus avantageux de recourir aux fours économiques dont nous parlerons plus loin.

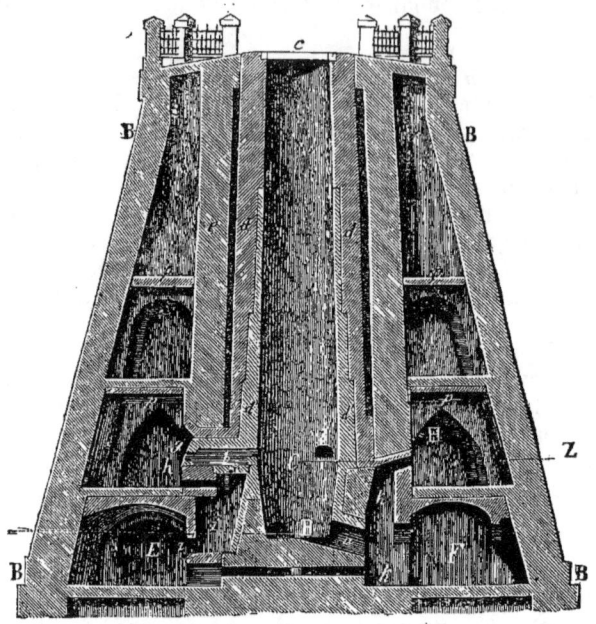

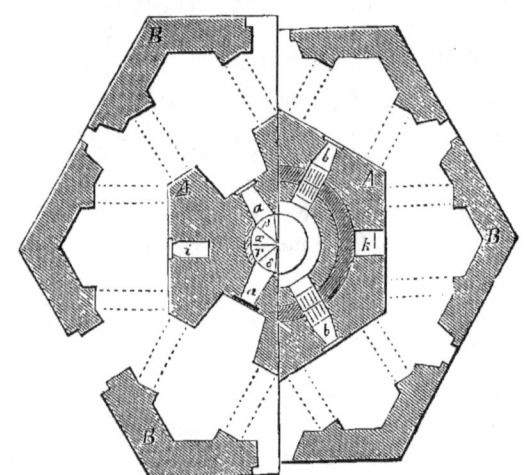

Fig. 81 et 82.

Four continu de Rüdersdorf. — Les figures 81 et 82 représentent, d'après Knapp, le four des grandes usines de Rüdersdorf, près Berlin. La cuisson s'y fait avec le bois et la tourbe.

Le four proprement dit comprend la partie cylindro-conique centrale ; il est entouré d'un mur extérieur B auquel il est relié par quatre étages de voûtes.

La cuve a 14^m20 de hauteur et les foyers sont à 2^m20 au-dessus de la sole ; les diamètres sont 1^m90 à la base et 2^m50 en haut ; l'intérieur de la cuve est enveloppé d'une chemise réfractaire séparée du massif extérieur par un vide annulaire.

Il y a trois foyers b ; le combustible est introduit sous la voûte G, et la grille est formée par des arceaux de briques réfractaires ; l'air s'introduit par le carneau h, et les cendres qui tombent en i sont enlevées de temps en temps par la porte z qui débouche dans la chambre E.

L'extraction se fait par les ouvertures inclinées a, et le mouvement des pierres de chaux est facilité par des plans inclinés et des dos d'âne qui les forcent à converger vers la sortie. L'air chaud s'échappe par la cheminée k et gagne la chambre H sans gêner outre mesure l'ouvrier placé en F ; dans la chambre H, on met sécher le combustible, bois ou tourbe.

L'extraction est périodique ; toutes les douze heures on retire 5 mètres cubes de chaux ; de même l'introduction de la pierre calcaire se fait périodiquement par le gueulard.

Pour la mise en marche, il faut cuire la partie inférieure de la charge par les carneaux d'extraction.

Four mixte, système Simoneau. — Le four du système Simoneau est mixte et se prête à l'emploi de combustibles à longue flamme et de combustibles à courte flamme.

Il est représenté par les figures 1 et 2, planche 15 ; la cuve ovoïde a 11^m80 de haut, 3 mètres de diamètre au gueulard, 0^m80 à la base et 4^m40 au renflement.

Le four est adossé sur talus et le chargement s'effectue par le gueulard, qui est recouvert d'une toiture.

Le défournement se fait à la base par l'ouverture M munie d'un registre en fer, et au-dessous on voit le cendrier N, muni également d'un registre.

A 3 mètres au-dessus de la grille de fond se trouvent quatre carneaux de chauffage G avec grilles en fonte.

Quand on se sert de bois ou de bruyères, on chauffe par les foyers G, en réglant convenablement le tirage au moyen des registres de leurs grilles ; la cuisson dure quarante-huit heures et l'on retire, toutes les vingt-quatre heures, 8 à 9 mètres cubes de chaux.

Quand on chauffe à la houille, on introduit des couches alternatives de 7 hectolitres de houille et de 5 mètres cubes de calcaire, et on extrait la chaux à intervalles périodiques lorsqu'elle est convenablement cuite.

Le rendement en chaux est de 7 à 8 hectolitres par hectolitre de houille.

Four annulaire Hoffmann. — Nous avons décrit précédemment le four annulaire Hoffmann, qui a rendu de grands services dans l'industrie céramique aussi bien que dans celle de la fabrication des chaux et ciments. Le lecteur devra donc se reporter pour la description de ce four à la partie du chapitre I qui traite de la fabrication des briques.

La notice publiée par M. l'ingénieur Bourry, sur les fours Hoffmann, renferme les observations suivantes sur la cuisson des chaux et des ciments :

Cuisson de la chaux. — Pour la cuisson de la chaux grasse ou hydraulique dans le four annulaire, on procède à peu près de la même façon que pour la brique, sauf l'enfumage, dont on n'a pas à se préoccuper ; on peut donc augmenter sans crainte la température par un tirage énergique. L'acide carbonique qui se dégage de la pierre à chaux pendant la calcination est facilement entraîné par ce tirage. Le tassement qui s'opère pendant la cuisson ne produit aucun obstacle au tirage, et, de plus, l'inconvénient qui pourrait en résulter par le vide qui se fait entre la pierre et la voûte est corrigé par une disposition particulière.

L'économie en combustible obtenue par le four annulaire, comparativement aux fours généralement usités en France depuis un certain nombre d'années, est très considérable, et peut s'évaluer à 50 p. 100 ; ainsi la calcination de 1,000 kilogrammes de chaux grasse ne demande qu'une dépense d'environ 90 à 100 kilogrammes de houille. On obtient une meilleure qualité de chaux par la cuisson plus égale et régulière, et même les grands blocs se cuisent d'une manière complète et irréprochable, avantage très apprécié en maintes localités. Les frais d'enfournement et de défournement restent à peu près les mêmes que dans les autres fours ; cependant la faculté d'entrer dans le four annulaire, même avec les wagonnets chargés, facilite l'opération.

On enfourne la pierre à chaux seule, et le combustible ne s'introduit dans le four que pendant la cuisson par les puits de chauffage déjà décrits.

Lorsqu'il y a utilité à réduire la production, on peut pendant un temps indéfini la restreindre à volonté et même la supprimer presque entièrement, sans pour cela laisser éteindre le feu, et à chaque instant on peut lui rendre sa marche régulière. On peut également laisser la chaux emmagasinée dans le four même pendant quelque temps.

Cuisson du ciment portland. — La cuisson de ce produit demande une température excessivement élevée ; on l'estime de 1,800 à 2,000 degrés ; par conséquent, une quantité considérable de combustible est employée et l'économie obtenue par le four annulaire est de la plus haute importance. Non moins importante est la cuisson uniforme et régulière, cuisson qu'on n'obtient que plus difficilement dans les autres fours intermittents ou continus.

Les expériences faites ont permis de constater les résultats suivants :

1° 50 pour 100 d'économie sur le combustible de même nature comparativement aux fours en usage actuellement ;

2° Tout combustible peut être employé, mais c'est généralement de la houille dont on se sert, et on peut se dispenser du coke ;

3° Le combustible ne se mélangeant pas avec le produit, il n'y a pas d'encombrements occasionnés par les cendres ou mâchefers ;

4° Le tassement se fait d'une manière égale et régulière dans tout l'enfournement, et il en résulte que le tirage est à peine entravé par des obstructions ;

5° Ayant la facilité d'observer le feu dans toute son étendue, il est facile d'apprécier le moment où la cuisson est complète ;

6° Le tirage ne subit pas les influences atmosphériques et peut toujours être réglé à volonté ;

7° La plus haute température connue est facilement atteinte, car la chaleur de l'air qui alimente le feu s'élève toujours en proportion de l'intensité du feu même.

Sur mille fours Hoffmann construits jusqu'à ce jour, il n'y en a guère que deux cents qui fonctionnent pour la cuisson des chaux et ciments. Les dépenses de premier établissement sont, en effet, très considérables et ne sont couvertes par l'économie du combustible que dans le cas d'une production considérable ; on est arrivé, du reste, à consommer moins de combustible qu'autrefois dans les fours continus ordinaires, où les opérations d'enfournement et de défournement sont souvent plus faciles et beaucoup moins coûteuses que dans les fours annulaires.

La consommation des fours Hoffmann est évaluée d'ordinaire à 80 kilogrammes de houille par mètre cube de chaux vive.

Fours à tunnel. — Nous avons décrit les fours à tunnel au chapitre précédent.

Ces fours, assez coûteux de construction, ont le grand avantage de rendre très faciles l'enfournement et le défournement ; mais ils ne sont pas supérieurs aux fours du système Hoffmann comme économie de combustible. Ils sont, en somme, peu répandus.

Fours à gaz. — Nous ne reviendrons pas non plus sur la description des fours à gaz, qui a été donnée avec détails dans le chapitre 1er.

Comme nous l'avons vu, ce système réalise une cuisson très économique, les résidus du combustible ne se mélangent pas avec les produits ; la masse entière est également cuite, circonstance favorable à la fabrication d'un produit pur et régulier.

Le prix de revient de ces fours est élevé ; ils exigent une surveillance intelligente, active et continue ; mais la main-d'œuvre proprement dite y est bien réduite, et on réalise une économie certaine qui ne tarde pas à couvrir la dépense de premier établissement.

D'après M. l'ingénieur Duquesnay, un four à gaz, système Vigreux, construit à Champigny et ayant une capacité de 10 mètres cubes, produit 6 mètres cubes de chaux par vingt-quatre heures, avec une consommation moyenne de 208 kilogrammes de coke pour 1,000 kilogrammes de chaux cuite.

Fours à étages. — Le courant gazeux qui sort du gueulard d'un four ordinaire entraîne une grande quantité de chaleur inutilisée ; aussi a-t-on songé à l'utiliser en le conduisant dans le foyer d'un second four superposé au premier.

Il y a longtemps qu'on a construit, pour la première fois, ces fours à deux étages ; ils donnent une économie de combustible d'environ un cinquième, et sont surtout favorables quand on fabrique en même temps la chaux et la brique, parce qu'on cuit la brique dans le four supérieur. Ce système se rencontre dans les pays où la consommation des deux produits est faible ; dans le cas contraire, il est préférable de les fabriquer séparément.

Four à étages, système Dietsch, pour cuisson continue du portland. — La cuisson du portland s'effectue, comme nous l'avons vu, au moyen de fours coulants verticaux à fonctionnement intermittent ; on utilise la chaleur perdue dans des *séchoirs* où les briquettes préparées reçoivent un commencement de dessiccation.

Mais la cuisson du portland est toujours coûteuse, et la préoccupation des fabricants est d'en réduire le prix de revient.

« Dans le four à étages du système Dietsch, on est arrivé, dit M. l'ingénieur Bourry, à combiner les avantages des fours coulants verticaux et du four continu Hoffmann. Aux uns, il a pris la facilité de l'enfournement et du défournement, la possibilité de l'emploi de masse de ciment sous n'importe quelle forme, l'avantage de s'appliquer aux petites et aux grandes productions ; à l'autre, il a emprunté le fonctionnement continu et économique, la régularité de la marche. Enfin il possède, sur ces deux systèmes de four, l'avantage d'une construction moins coûteuse et moins encombrante, et exigeant moins d'entretien à égalité de production. »

Les figures 3 et 4, planche 15, représentent deux de ces fours à étages accolés l'un à l'autre. Chacun d'eux se compose essentiellement de quatre parties : une chambre de refroidissement B, une chambre ou creuset de scorification C, une chambre D où s'opère le mélange du combustible et de la masse à ciment, et un réchauffeur E.

Les deux fours sont surmontés d'une cheminée commune F. La masse de ciment est précipitée par les trémies G dans le réchauffeur E. Là, elle s'échauffe graduellement, à mesure qu'elle descend, au contact des gaz incandescents qui s'échappent du creuset C, et elle arrive à un état voisin de la scorification dans la chambre D, où elle prend son talus d'éboulement et vient s'arrêter à une faible distance du bord du creuset C. Des ouvertures latérales H permettent de régler, s'il est nécessaire, ce mouvement de descente.

Les portes de travail L, latérales à la chambre D, permettent de saisir la masse au moyen de ringards, et de l'étendre, sous forme de couches horizontales, dans le creuset C. Entre chacune de ces couches, on répand une certaine quantité de houille que l'on jette soit par les portes L, soit par une ouverture percée dans la voûte de la chambre D. Le ciment contenu dans le creuset, porté à une très haute température, se ramollit et s'agglutine, sans qu'il ait tendance à adhérer aux parois, parce qu'il n'est pas écrasé, comme dans les fours ordinaires, par une charge supérieure et par la conicité des parois. Du reste, on peut facilement le détacher, s'il y a lieu, en agissant au moyen de ringards, par l'ouverture supérieure de la chambre D, ou par les regards J.

La chambre B contient le ciment cuit en refroidissement qui repose sur la grille A. Lorsque par les regards on observe qu'une certaine quantité de la masse du ciment contenue dans le creuset est scorifiée et cuite à point, on en retire une quantité égale par la grille A, et on dispose dans le creuset de nouvelles couches de ciment et de combustible correspondant avec le vide qui s'est formé.

Le dessin représente deux fours accolés, disposition qui permet d'économiser un peu la maçonnerie; rien n'empêche cependant de faire des fours isolés.

La production de deux fours accouplés doit varier de 2,000 à 7,000 tonnes par an. Les fours coulants à étages occupent moins de place que les fours Hoffmann, sont de construction beaucoup moins coûteuse et d'un entretien beaucoup plus facile, puisque l'action d'une haute température est concentrée dans un creuset spécial.

La main-d'œuvre est dans ces fours moindre que dans les fours Hoffmann, mais supérieure de 30 p. 100 à ce qu'elle est dans les fours coulants ordinaires.

On comprend que par leur disposition ils peuvent être à peu près aussi économiques que les fours Hoffmann, en ce qui touche la consommation du combustible, et ils sont plus simples et plus commodes; ils paraissent donc appelés à un certain développement.

OBSERVATIONS GÉNÉRALES SUR L'ART DU CHAUFOURNIER

Ces observations ne se rapportent pour la plupart qu'aux procédés ordinaires de cuisson; elles ont cependant leur intérêt.

La calcination des calcaires a pour but de leur enlever leur eau et leur acide carbonique; le plus souvent, ils perdent dans cette opération les quatre dixièmes de leur poids. La décomposition commence à la chaleur rouge, et il est nécessaire d'élever successivement la chaleur jusqu'à ce qu'on obtienne une décomposition complète; une température uniforme, longtemps prolongée, ne suffirait pas à la réduction du calcaire; car, pour une température donnée, il s'établit un état d'équilibre entre la force expansive du gaz et son affinité pour la chaux.

Il est sage, surtout dans les fours à feu discontinu, d'échauffer graduellement la masse; une chaleur trop vive au début pourrait faire éclater le calcaire et le réduire en fragments qui s'opposeraient à un cheminement régulier de la flamme.

La conductibilité des calcaires est très faible; dans un morceau un peu gros, la chaleur met donc beaucoup de temps à passer de la périphérie au centre, et pour réduire complètement ce morceau, il faudra surchauffer, et l'on risquera de le vitrifier à la surface lorsqu'il est argileux. C'est pour ces raisons qu'il faut placer les plus grosses pierres calcaires près du foyer, et, dans les fours à feu continu, il faut réduire les calcaires en petits fragments de grosseur uniforme; c'est une opération qui ne laisse point que d'être dispendieuse, particulièrement pour les calcaires argileux qui donnent les chaux hydrauliques.

Quand on cuit des calcaires donnant des chaux grasses, il est indifférent de porter la masse à une température trop élevée; du moins, on ne perd que du combustible; mais, s'il s'agit de calcaires argileux, il faut se borner à une température indiquée par l'expérience, sans quoi on formerait des silicates fusibles, et certaines parties seraient vitrifiées.

Les pierres tendres et poreuses se cuisent plus facilement que les pierres compactes; la chaleur pénètre plus facilement jusqu'au centre des morceaux, et les gaz trouvent une issue plus facile.

Le calcaire humide et sortant de la carrière se réduit plus facilement que le calcaire sec. La présence de la vapeur d'eau accélère le dégagement de l'acide carbonique. On le démontre par une expérience de laboratoire. « Si l'on fait chauffer du calcaire dans un tube, disposé sur un fourneau, de manière à pouvoir d'un côté recueillir les produits gazeux et de l'autre introduire à volonté de la vapeur d'eau, on reconnaît que la pierre, étant portée au rouge et ne laissant pas encore échapper de gaz carbonique, commence à se décomposer avec activité dès qu'on introduit la vapeur d'eau; la décomposition cesse aussitôt que la vapeur cesse d'arriver et recommence si de nouvelle vapeur arrive. Le résultat de cette action est un hydrate de chaux (CaO,HO) décomposable lui-même par la chaleur. Ce déplacement de l'acide carbonique par l'eau semble contradictoire avec un fait qui se passe tous les jours sous nos yeux, c'est que la chaux éteinte des mortiers absorbe l'acide carbonique de l'air et abandonne de l'eau; mais il faut remarquer, avec Vicat, que l'acide carbonique ne parvient jamais à déplacer la portion d'eau qui constitue l'hydrate de chaux en proportions définies, et que, sous ce rapport, il existe une grande différence entre les carbonates naturels et les carbonates régénérés dans les mortiers, lesquels sont des hydrocarbonates de chaux. » Bien qu'il faille employer un supplément de combustible pour vaporiser l'eau et la porter au rouge, il paraît qu'il y a économie à employer une certaine proportion de vapeur pour faciliter la transformation du calcaire, et l'on a l'habitude d'arroser les pierres qui sont extraites depuis quelque temps.

Il faut que la cuisson du calcaire se fasse d'une manière progressive; si, pendant l'opération, il y a un abaissement brusque de température dans le four, il devient pour ainsi dire impossible de chasser ensuite l'acide carbonique qui restait. C'est pourquoi l'on évite autant que possible les ouvertures multiples à la base des fours, parce qu'elles peuvent livrer passage à des courants d'air qui refroidissent la masse.

L'axe des fours doit être vertical; dans un four à axe incliné, débouchant dans une haute cheminée, on pourrait obtenir un tirage énergique; mais le calcaire est peu résistant, la masse s'affaisserait sur la sole du four, et le courant de chaleur aurait une marche irrégulière.

Un four en activité est traversé par un courant gazeux de vitesse uniforme; or, à mesure que les gaz s'éloignent du foyer, ils se refroidissent, et comme ils sont soumis à une pression constante, la pression atmosphérique, ils se contractent à mesure qu'ils s'élèvent. Si la section du four est uniforme, c'est-à-dire si le four est cylindrique ou prismatique, l'écoulement des gaz ne pourrait se faire toujours à pleine section qu'autant que la vitesse irait en diminuant d'une tranche à l'autre; mais, ainsi que nous l'avons dit plus haut, la vitesse d'écoulement est uniforme, car le mouvement de chaque tranche est subordonné au mouvement des tranches voisines, et quand l'une avance, il faut que la suivante vienne immédiatement prendre sa place. L'écoulement gazeux ne peut donc se faire à pleine section, et, à mesure que l'on s'élève, le courant se concentre vers l'axe du four, parce que c'est là qu'il rencontre le moins de résistance. En dehors du courant, se trouvent des espaces remplis d'un air stagnant qui s'échauffe par rayonnement et conductibilité. Dans les fours cylindriques et prismatiques, on est donc très exposé à avoir des incuits près des bords. Pour les chaux grasses, on évite cet inconvénient par un surchauffement qui correspond à une perte de combustible. Pour les chaux hydrauliques, il faut adopter un profil de four à section variable.

Les fours perfectionnés se composent le plus souvent de deux troncs de cône accolés par la base.

L'orifice du tronc de cône supérieur ne doit pas être d'une largeur trop faible, parce qu'alors il ne suffirait pas à écouler la masse d'air qui entre par le foyer avec le maximum de vitesse qu'elle peut prendre; le courant serait brisé, la vitesse diminuée, et par suite le tirage moins actif. Un rétrécissement de l'orifice a de plus le désavantage de correspondre à une diminution de volume.

Le tronc de cône supérieur ne doit donc pas s'écarter beaucoup de la forme cylindrique. Ces fours perfectionnés formés de deux troncs de cône opposés par la base sont la forme usitée pour les fours à feu continu, dans lesquels le combustible est mélangé à la pierre; c'est aujourd'hui le cas le plus fréquent, du moins dans les grandes exploitations.

La vitesse d'échauffement, et par suite la vitesse de calcination, diminue rapidement à mesure qu'on s'élève dans un four à combustible non mélangé. Le combustible est d'autant mieux utilisé que le gaz reste plus longtemps en contact avec la pierre calcaire. D'après cela, il faudrait ne pas craindre d'augmenter la hauteur de charge; mais la calcination s'arrête à une certaine hauteur et, pour la porter plus loin, il faudrait élever la température du foyer et risquer de vitrifier le calcaire de la base. Au delà de la couche où la calcination s'arrête, le courant gazeux ne fait qu'échauffer la pierre ou lui enlever de l'humidité, ce qui est plus nuisible qu'utile avec les pierres à chaux ordinaire. On doit donc se limiter, dans la hauteur d'un four, à la hauteur à laquelle on rencontre la dernière couche calcinée, lorsque le foyer donne le maximum de chaleur compatible avec la vitrescibilité de la chaux.

En résumé, si la cuisson des chaux grasses n'exige pas de grandes précautions sous le rapport de la qualité finale du produit, pourvu qu'elle soit suffisamment prolongée, il n'en est pas de même pour les chaux hydrauliques et les ciments. La durée et la température de cuisson indiquées par l'expérience doivent être strictement observées. La présence de la silice isolée dans le calcaire favorise la décomposition du carbonate de chaux, surtout quand la pierre est un peu humide; quand la silice prédomine, la cuisson exige une température modérée maintenue pendant longtemps; si c'est l'argile qui domine, la durée de cuisson peut être réduite, pourvu que la température soit poussée à un plus haut degré.

D. — EXTINCTION ET CONSERVATION DES CHAUX

Modes divers d'extinction des chaux vives. — La chaux, au sortir du four, est à l'état de chaux caustique, CaO; elle est très avide d'eau; elle absorbe l'humidité de l'atmosphère (on profite de cette propriété pour préserver de la rouille les échantillons de fer que l'on conserve dans des vitrines, en plaçant à côté d'eux une assiette remplie de chaux vive); la chaux vive tend à enlever l'eau même aux tissus organiques; elle produit un effet de cautérisation; pour l'éteindre, il faut lui donner l'eau qu'elle demande et la transformer en hydrate.

Il existe plusieurs procédés d'extinction qui produisent des résultats physiques différents.

1° *Extinction ordinaire ou à grande eau.* — Elle consiste à jeter la chaux dans un bassin plein d'eau, de manière à en faire une bouillie épaisse; avant de tomber en bouillie, la chaux grasse éclate, se gonfle, et la combinaison chimique de l'eau et de la chaux développe une grande quantité de chaleur qui se manifeste par des vapeurs abondantes. Avec les chaux maigres et hydrauliques, le gonflement et le dégagement de chaleur sont beaucoup moindres.

La chaux étant réduite à l'état de bouillie épaisse, on peut encore l'étendre d'eau et en faire un lait de chaux destiné, par exemple, à blanchir des murailles; pour fabriquer du mortier, il faut bien se garder d'ajouter de l'eau après coup : cette addition peut favoriser le mélange de la chaux et du sable et épargner un peu de travail à l'ouvrier, mais elle amortit la chaux et donne un mortier détestable. La chaux grasse en pâte se conserve indéfiniment dans des fosses recouvertes de sable; on en a mis en œuvre qui avait plusieurs années d'existence; elle est même meilleure quand on ne l'emploie pas immédiatement, parce qu'il y a souvent dans la masse des fragments qui ne s'éteignent qu'à la longue, et dont le gonflement tardif pourrait disloquer les maçonneries. Quant aux chaux hydrauliques, elles durcissent plus ou moins rapidement, et il faut ne les préparer qu'au fur et à mesure des besoins.

Dans l'extinction à grande eau, il faut donc ne pas noyer la chaux, et cependant avoir assez d'eau pour que la masse entière soit imbibée. Certains morceaux mouillés d'une manière insuffisante décrépitent à sec et s'échauffent outre mesure; pour les éteindre complètement, il faut leur donner de l'eau avec ménagement, parce qu'un excès d'humidité les résout en grumeaux.

« Le foisonnement, ou volume des chaux éteintes, dit Vicat, est évidemment en raison inverse de la consistance pâteuse à laquelle on s'arrête ; mais, à égale consistance, les chaux grasses foisonnent beaucoup plus que les chaux hydrauliques; les premières rendent, en pâte ni trop molle ni trop ferme, de deux à deux volumes et demi, pour un de chaux vive mesurée en pierres avec vides ; les dernières, dans les mêmes circonstances, ne rendent que de un volume à un volume et demi.

« En général, 100 kilogrammes de chaux grasse très pure et très vive donnent, en fraction de mètre cube, 0^m24 en pâte; mais, quand la cuisson date de plusieurs jours, et que la chaux n'est pas très pure, ce chiffre descend à 0^m18; entre ces limites, se trouvent toutes les variations de foisonnement propres à ces espèces de chaux.

« Les densités des chaux hydrauliques et leur composition sont trop variables pour permettre d'assigner, entre des limites aussi voisines, des rapports analogues aux précédents, entre leur poids et leur foisonnement, par l'extinction ordinaire. »

Sur les grands chantiers, l'extinction se fait dans des bassins en maçonnerie ; pour les constructions de peu d'importance, lorsqu'on n'a à préparer à la fois qu'une faible quantité de chaux, on place la chaux sur une aire bien battue, et on l'entoure par une digue circulaire formée du sable qui doit entrer dans le mortier ; on verse l'eau dans ce bassin improvisé.

Une partie en poids de chaux grasse, sortant du four, s'est unie après extinction à 2,91 d'eau.

2° *Extinction sèche, par immersion ou aspersion.* — Si l'on place la chaux vive dans des paniers à claire-voie, que l'on plonge dans l'eau pendant quelques secondes, ou bien si l'on se contente d'arroser les morceaux de chaux placés sur une aire, ils éclatent avec bruit, ils sifflent en dégageant des masses de vapeur, et finalement tombent en poussière. La chaleur dégagée est assez forte pour enflammer un peu de poudre que l'on dispose dans une cavité d'un des morceaux à l'abri de l'humidité.

Il faut avoir soin d'accumuler la chaux en tas ; la chaleur dégagée se perd moins facilement, et la réduction en poudre se trouve accélérée.

La poudre obtenue ne s'échauffe plus avec l'eau lorsqu'on la mouille pour la réduire en pâte.

Souvent, une fois la chaux mouillée et entassée, on la recouvre de sable ; l'extinction se fait à l'abri, et la chaux se conserve, de sorte qu'elle peut fournir à la consommation de plusieurs jours.

« Si l'on réduit, dit Vicat, 100 kilogrammes de chaux grasse en pâte molle par l'extinction ordinaire, et la même quantité en pâte de même consistance, obtenue par le gâchage de la poudre d'extinction sèche, suffisamment refroidie, les volumes de ces pâtes seront dans le rapport de 100 à 58, d'où il suit que deux volumes égaux de pâte de chaux grasse d'égale consistance, préparés, l'un par le procédé ordinaire d'extinction, l'autre par immersion ou aspersion, contiendront des quantités de chaux dans le rapport de 100 à 161, et des quantités d'eau dans celui de 100 à 93.

« Ces différences s'observent dans le même sens chez les chaux hydrauliques, mais sont beaucoup moins tranchées et varient nécessairement avec leurs indices d'hydraulicité, c'est-à-dire avec la dose d'argile que contient chacune d'elles. Il n'en résulte pas moins que l'extinction à grande eau est celle qui divise le mieux toute espèce de chaux, et en porte le foisonnement au plus haut degré. »

La méthode que nous venons d'exposer a l'avantage de permettre de séparer les incuits et les biscuits, c'est-à-dire les fragments trop peu cuits et les fragments surchauffés ; ils ne se résolvent pas en poussière, et on peut les enlever à la main.

Extinction spontanée. — « Il est un troisième mode d'extinction que nous nous bornerons à mentionner, parce qu'on n'en fait pas usage : c'est l'extinction spontanée ou naturelle, que toute chaux vive éprouve à l'air, dont elle soutire l'acide carbonique et l'humidité ; par là, ces chaux tombent en poudre d'une grande finesse et se modifient essentiellement en qualité.

« Il ne faut pas moins de trois mois pour que cette extinction spontanée soit complète, sur une chaux grasse dont les pierres, à l'état de chaux vive, ont été réduites à la grosseur d'un œuf. Après ce laps de temps, les poussières, sur 100 parties, contiennent de 10 à 11 parties d'eau, et de 26 à 27 parties d'acide carbonique, ce qui constitue des espèces de sous-hydrocarbonate où la chaux caustique serait à l'acide comme 630 à 265 ; il y aurait un peu plus de l'acide nécessaire à la complète saturation de la chaux.

« Parvenues au terme de cette extinction naturelle, les chaux grasses font avec le sable de bien meilleurs mortiers que lorsqu'on les éteint artificiellement ; mais la lenteur avec laquelle elles arrivent à ce terme ne permet pas d'y avoir recours dans les applications.

« Les chaux hydrauliques perdent, par l'extinction spontanée, la presque totalité de leurs propriétés spéciales.

« Nous ne devons pas omettre de dire que l'extinction dont il s'agit doit, pour répondre aux observations précédentes, s'opérer à couvert. » (Vicat.)

Conservation des chaux. — Il s'écoule presque toujours un certain temps entre la préparation et l'emploi des chaux. Si l'on ne prend les précautions suffisantes, on risque de perdre des masses quelquefois considérables de chaux ; ou bien, si l'on s'en sert, on exécute de détestables maçonneries. Voici comment Vicat engage à conserver les différentes espèces de chaux :

« La faculté des chaux grasses, éteintes à grande eau, de rester indéfiniment molles dans des fosses imperméables où on les recouvre de terre ou de sable frais, permet d'en approvisionner ainsi de grandes quantités : ce moyen ne peut malheureusement convenir aux chaux hydrauliques, dont les pâtes durcissent si rapidement, qu'après quelques jours il ne serait plus possible de les broyer; il faut donc ou employer ces dernières à mesure qu'elles arrivent sur les ateliers, ou les conserver, soit vives, en pierres, soit en poudre provenant de l'extinction sèche.

« Pour les conserver vives, il faut en éteindre en poudre une quantité suffisante pour former, sur l'étendue du sol à couvert dont on dispose, un matelas de 15 à 20 centimètres d'épaisseur; sur ce matelas, tassé, on empile la chaux en pierres, en serrant celles-ci à coups de masse pour en diminuer les vides; puis, quand le tas est fini, on le recouvre de toutes parts d'une couche de la même chaux en poudre dont on a formé le matelas; cette poudre se loge en partie dans les vides et domine en sus toutes les surfaces; on lisse, avec le dos d'une pelle, la superficie de cette espèce de manteau, qui doit avoir une quinzaine de centimètres d'épaisseur, afin d'intercepter autant que possible l'entrée de l'air humide dans l'intérieur, et on étend sur le tout de vieilles toiles, si l'on en a.

« La chaux vive, ainsi enveloppée, peut se maintenir sans altération trop sensible pendant cinq à six mois. La poudre enveloppante elle-même ne se détériore que sur une faible épaisseur, qui passe à l'état de croûte carbonatée. Ces sortes d'approvisionnements doivent reposer sur une aire très sèche et sous des hangars bien couverts et clos de toutes parts; une seule gouttière pourrait causer un incendie.

« Le succès serait plus certain si, indépendamment des précautions indiquées, on pouvait loger toute la masse dans des encaissements en planches bien jointives. La chaux, ainsi conservée, ne s'éteint plus, après quelques mois, avec la même promptitude et la même effervescence qu'au sortir du four; elle devient ce qu'on appelle paresseuse et ne se résout en pâte qu'après plusieurs heures et quelquefois toute une journée.

« On conserve les chaux éteintes en poudre bien plus facilement que les chaux vives; mais on a besoin, alors, d'emplacements très vastes; il n'y a pas d'autres précautions à prendre que de tasser, autant que possible, la poudre accumulée, et de la couvrir de vieilles toiles, si l'on en a. Cependant, si l'emploi n'en devait avoir lieu que très tard, il faudrait la loger dans des futailles ou dans de vastes encaissements en planches bien jointives.

« Ce n'est que sous cette forme pulvérulente, due à l'extinction sèche, que les chaux peuvent se transporter au loin : on les expédie ainsi en futailles ou en sacs; elles peuvent alors traverser les mers. Les grandes fabriques de chaux hydrauliques sont munies de tous les appareils nécessaires à ce mode d'exploitation; les chaux, après leur réduction en poudre, passent par divers blutoirs qui en séparent les parties solides provenant d'un défaut de cuisson ou de la composition hétérogène de certains noyaux dont les masses calcaires sont souvent pénétrées. Les poudres tombent de ces blutoirs dans de vastes chambres bien closes, et de là par des trémies dans les sacs ou futailles à mesure qu'on les expédie. Les fabriques de Doué, de Paviers et du Theil sont parfaitement organisées sous ce rapport. »

E. — CAUSES DU DURCISSEMENT DES PATES DE CHAUX OU DE CIMENT ET DES MORTIERS ; CAUSES D'ALTÉRATION

Les mortiers, dont nous étudierons plus loin la composition, sont des mélanges de chaux ou de ciment et de sable. Sauf quelques exceptions que nous aurons l'occasion de signaler, le sable est chimiquement inerte ; il joue dans le mortier un rôle purement physique d'adhérence et permet d'économiser la chaux ou le ciment dont le prix est bien supérieur à celui du sable. Les mortiers sont toujours moins résistants que la chaux ou le ciment générateur, et les causes physiques qui les font durcir sont les mêmes que celles qui font durcir la pâte pure de chaux ou de ciment. Il suffit donc d'étudier le durcissement de cette pâte pure.

1° SOLIDIFICATION DES CHAUX AÉRIENNES, GRASSES OU MAIGRES

La solidification des chaux aériennes, grasses ou maigres, est due à la dessiccation de l'hydrate de chaux et surtout à l'action lente de l'acide carbonique de l'air, qui, peu à peu, pénètre la masse et transforme lentement la chaux en carbonate insoluble, dont les cristaux enchevêtrés et confus se déposent sur les grains de sable auxquels ils adhèrent.

Ce travail moléculaire ne peut avoir de résultats bien appréciables qu'après plusieurs siècles et se propage avec une extrême lenteur de la surface au centre du mur ; il peut arriver que du mortier, enfoui dans des murs très épais et protégé du contact de l'air par la couche de carbonate formée à la surface, reste indéfiniment à l'état de bouillie épaisse, parce qu'il ne peut durcir en absorbant l'acide carbonique, ni se dessécher et se pulvériser en abandonnant son eau. C'est ainsi qu'à Strasbourg, en 1822, on a trouvé le mortier tel qu'il avait été posé en 1666 au centre du soubassement d'un bastion.

C'est donc à la dessiccation seule qu'il faut attribuer la prise première de la chaux grasse ou maigre.

La chaux, en se desséchant, subit un retrait considérable ; c'est pour combattre l'effet de ce retrait qu'on l'amaigrit, en lui mélangeant une substance inerte comme le sable. Ce retrait est funeste aux maçonneries exposées à l'air et à la chaleur ; la dessiccation se fait trop vite ; avant que la cristallisation par l'acide carbonique ait pu commencer, la chaux se contracte, le sable, au contraire, ne se contracte pas et ne peut pas suivre le mouvement ; il en résulte que tous les éléments se disjoignent et le mortier tombe en poussière : la chaux en poudre absorbe ensuite peu à peu l'acide carbonique, mais sans retrouver sa cohésion.

Ce qui précède explique pourquoi le mortier de chaux grasse et de sable réussit mieux dans les parties un peu humides, telles que fondations et soubassements, que dans les parties en élévation où la dessiccation est beaucoup plus rapide. « Tout procédé, dit Vicat, qui tendra à diminuer le retrait de la chaux améliorera donc la qualité du mortier, et ce sera le cas de l'extinction sèche et d'un gâchage à bonne consistance, c'est-à-dire avec le moins d'eau possible. »

Vicat signale un fait curieux de durcissement pour des mortiers de chaux grasse : on a trouvé quelques-uns de ces mortiers aussi durs que des mortiers hydrauliques, et cela dans des fondations, dans des caves, dans des souterrains; il semble que la silice du sable employé ait été attaquée à la longue, et se soit combinée à la chaux. On explique ce phénomène par la présence d'un peu de potasse, qui à la longue a pu se combiner à la silice et la transformer en silice gélatineuse susceptible d'entrer en combinaison.

Altération des mortiers de chaux aérienne. — La principale cause d'altération des mortiers de chaux non hydraulique est le séjour dans l'eau, et surtout dans l'eau courante; la chaux se dissout, le mortier se désagrège et au bout de quelque temps il n'en reste plus trace. Avant l'invention des chaux hydrauliques, les maçonneries sous l'eau, même établies avec mortier, ne devaient donc être considérées que comme des maçonneries à pierres sèches.

Le mortier de chaux grasse, gâché à l'eau de mer, s'altère rapidement; il se forme du carbonate de soude et du chlorure de calcium, corps solubles et déliquescents; les mortiers se désagrègent et les maçonneries restent indéfiniment imprégnées d'humidité.

Sous l'influence de la chaleur et de l'humidité, la chaux, en présence des matières azotées fermentescibles, telles que les fumiers et les urines, donne lieu, comme on sait, au phénomène de la *nitrification*. Il se forme des azotates de chaux, des azotates alcalins, qui entrent en dissolution et viennent se déposer par efflorescence à la surface des murs. Dans ce cas, le mortier est peu à peu rongé et finit par disparaître.

En résumé, les mortiers de chaux non hydraulique ne conviennent qu'aux constructions ordinaires et seulement pour les étages supérieurs.

On trouve partout à un prix modéré des chaux hydrauliques passables, et les architectes ne devraient pas en employer d'autres dans toutes les constructions de quelque importance, car les mortiers qu'elles donnent durcissent souvent plus encore à l'air qu'à l'eau.

Pour les travaux publics, les chaux hydrauliques et les ciments sont seuls en usage.

2° SOLIDIFICATION DES CHAUX HYDRAULIQUES ET DES CIMENTS

Il faut, en matière de mortiers hydrauliques, distinguer la *prise* et le *durcissement*. La prise est plus ou moins rapide; elle est obtenue quand la pâte immergée supporte sans dépression l'aiguille de Vicat. Le durcissement continue après la prise et généralement augmente pendant des mois et quelquefois pendant des années; mais la rapidité de la prise ne préjuge rien quant au durcissement final; il y a même des mortiers à prise presque instantanée qui ne tardent pas à tomber en poussière.

La prise et le durcissement final, quoique corrélatifs, ne paraissent donc pas dus absolument aux mêmes causes.

Les mortiers hydrauliques présentent, quant au durcissement, une différence capitale avec les mortiers de chaux ordinaire : c'est qu'ils trouvent en eux-mêmes les éléments de la réaction, sans avoir à emprunter l'acide carbonique de l'air.

Vicat attribuait la solidification des mortiers hydrauliques à une cristallisation confuse résultant de l'hydratation des différentes substances y contenues ; mais il ne se livra jamais à des expériences suivies à ce sujet. Plusieurs chimistes éminents l'ont abordé, mais on ne peut dire qu'ils l'aient complètement résolu. Aussi nous bornerons-nous à exposer les divers travaux sur la matière, pour en tirer, s'il est possible, quelques conclusions générales.

Expériences de Rivot. — Il y a des chaux hydrauliques purement *siliceuses*, par exemple les excellentes chaux du Teil et de Senonches ; mais la plupart sont des chaux *argileuses*, c'est-à-dire engendrées par un mélange de carbonate de chaux et d'argile ou silicate d'alumine.

Les chaux *siliceuses*, après la cuisson, renferment de la chaux caustique, du silicate de chaux, de l'oxyde anhydre de fer, du sable quartzeux non transformé en silice gélatineuse qui est seule susceptible de se combiner à la chaux, et du carbonate de chaux dont il reste toujours une certaine proportion, car il est rare que le calcaire soit complètement décomposé. Il y a toujours un peu de fer dans les pierres calcaires, mais il ne se trouverait dans la chaux vive à l'état de silicate que si la pierre était à la fois très siliceuse et très ferrugineuse ; généralement la chaux ne le contient qu'à l'état d'oxyde anhydre. Pendant la cuisson, la chaux n'exerce son affinité que sur une faible partie de la silice, celle qui se trouve intimement mélangée au calcaire ; elle ne paraît exercer qu'une action très minime sur la silice à l'état de grains quartzeux.

Dans les chaux *argileuses*, la chaux, qui est toujours en grand excès, agit sur les deux éléments de l'argile qu'elle décompose et donne naissance à un silicate et à un aluminate de chaux ; elle peut même agir sur les particules de silice qui se trouvent intimement mélangées au calcaire et former une certaine proportion de silicate de chaux. L'oxyde de fer, le sable quartzeux non attaqué, le carbonate de chaux non décomposé, se conduiraient, d'après Rivot, comme des matières inertes et n'apporteraient aucun concours à l'hydraulicité.

Dans les ciments à prise rapide, la cuisson, poussée juste au point où la chaux se combine entièrement avec les éléments de l'argile, donne naissance à un silicate et à un aluminate ; il ne reste plus, d'après Rivot, de chaux vive en grand excès ; le sable, l'alumine, l'oxyde de fer non attaqués par la chaux, restent dans la pâte à l'état de matières inertes. Le silicate et l'aluminate de chaux entrent pour près de 90 p. 100 dans la constitution des bons ciments, mais l'élément qui domine est toujours le silicate; la proportion d'aluminate est beaucoup plus faible et varie avec les calcaires.

Dans les ciments à prise lente, ou ciments portland, la cuisson, étant portée jusqu'à la scorification de la pierre, ne laisse subsister dans le produit aucune trace de carbonate de chaux ; il se forme, comme précédemment, du silicate et de l'aluminate de chaux.

Ainsi, le caractère général de tous ces produits est que, par la cuisson, *la silice isolée et les deux éléments de l'argile se combinent avec la chaux*, de sorte que le produit obtenu contient :

1° *De la chaux caustique libre*, qui n'existe que dans les chaux hydrauliques en proportion plus ou moins grande, mais qui ne se rencontre plus qu'en proportion très faible dans les ciments ;
2° *Du silicate de chaux* ($3\,CaO, SiO^3$);
3° *De l'aluminate de chaux* ($3\,CaO, Al^2O^3$);
4° *Du silicate double d'alumine et de chaux*.

En présence de l'eau, le silicate et l'aluminate de chaux l'absorbent, et leur hydratation détermine une cristallisation confuse à laquelle il faut attribuer le durcissement de la pâte.

Le silicate hydraté, qui se forme dans les chaux hydrauliques et les ciments à prise rapide, renferme six équivalents d'eau et a pour formule : $3\,CaO, SiO^3 + 6\,HO$; celui qui se forme dans les ciments à prise lente ne renferme que trois équivalents d'eau et a pour formule $3\,CaO.SiO^3 + 3\,HO$.

La proportion d'eau qu'absorbe l'aluminate n'a pas été déterminée.

Quoi qu'il en soit, c'est à la cristallisation et à la stabilité des silicates et des aluminates hydratés que l'on doit le durcissement des mortiers hydrauliques.

Le rôle prépondérant appartient au silicate ; en effet, la présence de l'alumine n'est pas nécessaire à la production d'une bonne chaux hydraulique, nous l'avons vu pour les chaux de Senonches et du Teil. Vicat, avant Rivot, avait préparé des chaux hydrauliques en cuisant du calcaire pur avec de la *silice gélatineuse;* avec la silice en grains, le sable quartzeux par exemple, on n'obtient que de la chaux maigre.

On admet que *la présence de l'aluminate facilite la prise*, mais que c'est *le silicate qui assure le durcissement final*.

Dans une chaux hydraulique, toute la chaux ne paraît pas entrer en combinaison avec la silice et l'alumine; il en reste une partie à l'état libre, que l'acide carbonique pénètre peu à peu et transforme en carbonate, ce qui augmente le durcissement; cette pénétration est très lente, car tout mortier hydraulique, quelque âgé qu'il soit, renferme de la chaux libre, puisqu'il transforme toujours de l'eau pure en eau de chaux.

Dans les ciments, au contraire, la proportion de chaux libre serait toujours très faible.

Objections de M. Merceron à la théorie de Rivot. — Les conclusions de Rivot, qui se rapprochent de celles de Vicat en ce qui touche l'influence de la silice amenée à l'état gélatineux, c'est-à-dire à l'état où se manifeste son affinité pour la chaux, ces conclusions sont basées sur de nombreuses expériences de laboratoire.

Elles ont été combattues dans ces derniers temps par M. Merceron-Vicat, ingénieur des ponts et chaussées, directeur des usines Vicat à Grenoble. M. Merceron s'exprime ainsi :

« Non seulement ces conclusions n'ont jamais reçu la sanction de l'expérience, mais elles sont contredites par les faits. L'aluminate de chaux ne possède aucune propriété hydraulique ; Berthier, en chauffant ensemble du carbonate de chaux et de l'alumine, obtint un composé foisonnant comme la chaux grasse, formant avec l'eau une pâte liante, mais ne durcissant pas. Quant au silicate, $3\,CaO, SiO^3$, son existence n'a jamais été démontrée; aucun chimiste ne l'a isolé des autres éléments qui constituent les chaux hydrauliques.

« Quels que soient d'ailleurs les corps formés par la cuisson et l'hydratation, silicates ou aluminates, aucun d'eux n'est stable. Si l'on pulvérise une gangue hydraulique quelconque, chaux ou ciment, ayant fait prise depuis longtemps et ayant atteint son maximum de résistance, qu'on la mette en présence de l'eau, la chaux est dissoute et une partie de la poudre passe de l'état sableux à l'état de flocons blancs gélatineux. Si on décante et qu'on remette de l'eau pure, une nouvelle quantité de chaux est dissoute et finalement il ne reste dans la liqueur qu'une masse floconneuse de silice et d'alumine plus ou moins combinées. Il n'y a donc pas dans les gangues hydrauliques de composés stables.

« Il n'y a pas davantage de composés définis, car les proportions respectives de la silice, de l'alumine et de la chaux, sont variables entre des limites assez étendues. »

Expériences de M. Fremy. — M. Fremy s'est livré à de très nombreuses expériences de laboratoire fort intéressantes, mais qui ne reproduisent pas toujours les circonstances dans lesquelles les chaux et les ciments sont fabriqués et employés.

1° Il obtint d'abord, soit par voie humide, en décomposant les silicates alcalins par la chaux, soit par voie sèche, en combinant la silice gélatineuse et la chaux, une série de *silicates de chaux*. Tous, pulvérisés et gâchés avec l'eau, ont donné des pâtes qui se sont desséchées lentement sans faire prise.

2° Il produisit ensuite une série de *silicates doubles d'alumine et de chaux*, auxquels il ajouta même à diverses reprises des alcalis, de l'oxyde de fer ou de la magnésie. Ces silicates se conduisirent avec l'eau comme les précédents; ils ne sont donc pas davantage la cause de la solidification des mortiers.

3° Il obtint enfin une série d'*aluminates de chaux* en calcinant, à diverses températures, des mélanges en proportions variables d'alumine et de chaux, provenant de la calcination l'une de l'alun ammoniacal et l'autre du spath d'Islande, ce qui assurait une pureté absolue. La fusion s'opérait dans des creusets en charbon. M. Fremy a reconnu que l'alumine était pour la chaux un excellent fondant et agissait sur elle avec plus d'efficacité que ne le fait la silice ; il a obtenu d'abord trois aluminates de chaux parfaitement fondus, renfermant 80, 90 et 93 parties de chaux pour 20, 10 et 7 parties d'alumine ; ces aluminates très basiques sont cristallisés, à cassure saccharoïde et se combinent à l'eau avec grand dégagement de chaleur, mais ce ne sont pas eux qui donnent l'hydraulicité. Celle-ci est due à trois aluminates moins riches en chaux ayant pour formule :

$$Al^2O^3, CaO \qquad Al^2O^3, 2CaO \qquad Al^2O^3, 3CaO ;$$

pulvérisés et gâchés avec une petite quantité d'eau, ces aluminates se solidifient presque instantanément et acquièrent dans l'eau une dureté considérable ; ils ont, en outre, la propriété d'agglutiner fortement les matières inertes, telles que le sable quartzeux.

M. Fremy a reconnu, en outre, que les aluminates de chaux susceptibles de se solidifier dans l'eau n'acquièrent cette propriété au maximum d'intensité que lorsqu'ils ont été exposés à une température élevée ; il explique ainsi la valeur des ciments portland artificiels et la nécessité d'arriver à la vitrification de la pierre pour les obtenir.

L'aluminate de chaux serait donc le principal élément de l'hydraulicité.

4° Mais alors se présente l'objection suivante : comment se fait-il que des mélanges uniquement siliceux produisent cependant d'excellentes chaux hydrauliques? M. Fremy résout cette objection en démontrant que les chaux de ce genre sont des chaux mélangées de pouzzolanes, et c'est *la silice qui précisément joue le rôle de pouzzolane.*

Nous étudierons plus tard les diverses pouzzolanes ; il nous suffira de dire ici que ce sont des matières susceptibles de contracter à froid une combinaison avec la chaux hydratée, combinaison qui acquiert dans l'eau une grande dureté.

« Mes expériences ont démontré, dit M. Fremy, que le composé qui se forme en hydratant la chaux avec précaution, et qui est représenté par la formule CaO, HO, est celui qui, sous l'influence de l'eau, se combine aux pouzzolanes avec le plus de facilité.

« J'ai constaté, en outre, que les véritables pouzzolanes, c'est-à-dire celles qui contractent à froid avec l'hydrate de chaux une combinaison durcissant dans l'eau, sont beaucoup plus rares qu'on ne le pense.

« Les terres cuites, les substances volcaniques, les argiles plus ou moins calcinées que l'on considère, en général, comme des pouzzolanes, ne doivent pas être comprises dans cette classe de corps et, à quelques exceptions près, ne durcissent pas dans leur contact avec l'hydrate de chaux.

« Les substances réellement actives, les véritables pouzzolanes, sont les silicates de chaux simples ou multiples qui ne contiennent que 30 ou 40 pour 100 de silice et qui sont assez basiques pour faire gelée avec les acides.

« Comme les bons ciments hydrauliques contiennent précisément des silicates simples ou multiples excessivement basiques et faisant gelée avec les acides, j'ai donc été conduit à admettre que le rôle de ces corps dans la prise des ciments était d'agir comme pouzzolanes et de se combiner, sous l'influence de l'eau, à la chaux libre qui existe dans les ciments.

« Ces observations sont complètement d'accord avec celles de M. Chevreul, d'après lesquelles il a établi que les pouzzolanes s'unissent à la chaux en raison d'un phénomène d'affinité capillaire. »

En résumé, la prise d'une pâte hydraulique résulterait de deux actions chimiques différentes : 1° hydratation des aluminates de chaux ; 2° *action de l'hydrate de chaux sur les silicates d'alumine et de chaux* qui existent dans les chaux et ciments et qui *agissent comme pouzzolanes.*

La cuisson d'un calcaire argileux ne peut donner un produit hydraulique que si elle forme :

1° Un aluminate à 1, 2 ou 3 équivalents de chaux ;

2° Un silicate de chaux simple ou multiple, très basique, faisant gelée avec les acides et se rapprochant des formules $SiO^3, 2CaO$ et $SiO^3, 3CaO$;

3° De la chaux libre pouvant agir sur les silicates pouzzolaniques précédents.

« La présence de la chaux libre dans un ciment se démontre facilement en soumettant le ciment à l'action des dissolvants de la chaux : eau, eau sucrée, etc.

« Pour établir la composition pouzzolanique d'un ciment, dit M. Fremy, je soumets à l'action de l'acide chlorhydrique un ciment hydraulique très actif, tel que celui de Pouilly, dont l'hydraulicité a été attribuée à un phénomène d'hydratation de silicates ; l'acide est employé en quantité suffisante pour dissoudre toute la chaux libre, mais il n'est pas assez concentré pour attaquer la pouzzolane que le ciment contient.

« Le ciment de Pouilly, ainsi privé de sa chaux libre, a perdu toutes ses propriétés hydrauliques ; la partie insoluble dans l'acide se comporte dans l'eau comme un corps inerte ; elle fait gelée avec les acides concentrés et résulte de la combinaison de la silice avec l'alumine, la chaux et l'oxyde de fer.

« Mais si ce corps, qui a résisté à l'action des acides étendus, ne possède par lui-même aucune propriété hydraulique, il l'acquiert immédiatement dès qu'il est mélangé à la chaux et constitue alors un corps qui présente toute l'hydraulicité du ciment de Pouilly. On peut donc admettre que le ciment, sur lequel l'expérience précédente a été faite, est bien un mélange pouzzolanique, puisqu'on le paralyse en lui enlevant la chaux qu'il contient et qu'on le régénère en lui rendant la chaux que les acides ont dissoute. »

Objections à la théorie de M. Fremy. — M. Merceron a fait à la théorie de M. Fremy les objections suivantes, qui paraissent fondées dans une certaine mesure :

« M. Fremy, dit-il, fit des mélanges de chaux et de silice, de chaux et d'alumine, de chaux, de silice et d'alumine, et les chauffa à une très haute température dans le four de son laboratoire. Il obtint ainsi de véritables verres et non ces scories pâteuses qui constituent les ciments ; il obtint bien moins encore des chaux hydrauliques qui ne subissent, dans les fours industriels, aucune trace de fusion.

« Il n'est donc pas étonnant que les conclusions auxquelles il est arrivé soient en contradiction avec les faits. »

M. Fremy reconnaît d'abord que les silicates de chaux et les silicates doubles d'alumine et de chaux sont des composés inertes, ne faisant aucune prise sous l'eau ; mais, pour expliquer l'anomalie que présenteraient alors les bonnes chaux siliceuses du Teil, il admet ensuite que les silicates de chaux jouent le rôle de pouzzolanes et se combinent avec l'hydrate de chaux en présence de l'eau. Cependant, en se combinant, ils ne peuvent donner que des silicates, corps tout d'abord reconnus inertes.

L'aluminate à 1, 2 ou 3 équivalents de chaux serait l'agent de l'hydraulicité ; mais dans les chaux et les ciments l'alumine se trouve en présence d'un grand excès de chaux ; comment se fait-il qu'elle ne se combine pas avec 4,5 équivalents de chaux? Or, ces aluminates à plus de 3 équivalents de chaux seraient inertes, d'après les expériences de M. Fremy.

« En fait, quand on chauffe trop un ciment, loin d'exalter son hydraulicité, on la détruit ; le calcaire fond et forme un verre qui, pulvérisé et gâché avec de l'eau, ne fait pas prise ; aucun fabricant de ciment ne l'ignore. »

Expériences de M. Raoult, de M. Landrin. — Il y a lieu de rappeler ici les résultats de diverses expériences qui, sans résoudre la question de l'hydraulicité, peuvent concourir à l'élucider.

1° M. Raoult en chauffant, au rouge naissant dans une atmosphère d'acide carbonique, de la chaux caustique pure obtenue par calcination du spath d'Islande au rouge vif, a reproduit non pas du carbonate monobasique CaO, CO^2, mais des *sous-carbonates*.

Un courant d'acide carbonique, passant ainsi au rouge naissant sur la chaux pure, est absorbé avec incandescence ; au bout d'une demi-heure, l'incandescence s'arrête et le produit obtenu est *un carbonate bibasique* : $2CaO, CO^2$. *Ce produit, pulvérisé et gâché avec un peu d'eau, fait prise en une heure comme un ciment;* le durcissement s'opère dans une atmosphère humide aussi bien que dans l'eau ; l'hydrate obtenu a pour formule : $2CaO, CO^2, HO$.

Quand la chaux pure est chauffée pendant quatre jours dans une atmosphère d'acide carbonique, elle donne un carbonate sesquibasique $3CaO, 2CO^2$, qui se conduit comme le précédent.

MM. Minard et Noel, ingénieurs des ponts et chaussées, avaient signalé il y a déjà longtemps les propriétés hydrauliques des sous-carbonates de chaux et on trouvera leurs intéressants travaux sur ce sujet dans les *Annales des ponts et chaussées*.

2° Les expériences de M. Landrin, insérées aux comptes rendus de l'Académie des sciences, font voir *l'agent d'hydraulicité dans la silice amenée à un certain état*. M. Landrin appelle *silice hydraulique* celle que l'on obtient en décomposant un silicate alcalin par un acide ; le précipité insoluble, lavé et séché au rouge sombre, est la silice hydraulique.

Mélangée en diverses proportions à la chaux pure, elle donne un mélange qui fait prise sous l'eau, même quand il est additionné de sable c'est donc à sa présence qu'il faut attribuer le durcissement des mortiers hydrauliques.

La silice hydraulique se trouve dans certains dépôts comme le kiesel guhr, la gaize et dans les pouzzolanes naturelles ou artificielles; elle es engendrée par la cuisson des calcaires argileux parce que la silice ou l silicate d'alumine s'y trouve en présence de la chaux et parfois d'un certaine quantité d'alcalis.

L'aluminate de chaux se forme également dans la cuisson et est carac térisé par sa prise rapide; il protège ainsi les surfaces des gangues im mergées et permet au silicate de produire, sous son abri, son actio d'hydraulicité qui est beaucoup plus lente. Mais l'aluminate n'est pa nécessaire; s'il favorise la prise, c'est le silicate seul qui assure le dur cissement final.

Ce silicate contient pour 100 parties 44,55 de silice et 55,45 de chaux il correspond à la combinaison de 3 équivalents de silice avec 5 équiva lents de chaux; M. Landrin l'appelle pouzzo-portland; on le trouve dan les chaux du Teil et dans les bons portlands.

Quand on traite la chaux du Teil par l'eau distillée pendant dix à douze jours en agitant le mélange, l'eau dissout la chaux libre, un peu d'aluminate de chaux et un peu de silice à l'état de silicate alcalin; l'a nalyse du résidu insoluble, que M. Landrin interprète en admettant que la silice, en présence d'un excès de chaux, forme un silicate aussi ba sique que possible, cette analyse montre que le résidu insoluble est formé en grande partie de pouzzo-portland avec un peu d'un aluminate de chaux insoluble.

De même, les grappiers de la chaux du Teil qui, pulvérisés, donnen un bon ciment portland, renferment près de 80 pour 100 de pouzzo-port land, ce qui explique l'hydraulicité du produit.

M. Landrin a reproduit le pouzzo-portland par la cuisson au rouge vi d'un mélange de chaux pure et de silice. Ce composé, qui, d'ordinaire se délite par refroidissement et qui tombe en poussière, est soluble dans l'acide chlorhydrique, ce qui montre bien la transformation subie par la silice; gâché avec très peu d'eau et immergé dans l'eau distillée, il fai prise en quinze jours, mais n'acquiert pas une dureté supérieure à celle du blanc d'Espagne; mais, si l'on fait passer dans l'eau d'immersion un courant d'acide carbonique ou si cette eau contient naturellement une certaine proportion de ce gaz, la dureté augmente et ressemble à celle qu'atteignent les meilleurs ciments.

Expériences de M. Le Chatelier. — M. Le Chatelier a présenté en 1882, à l'Académie des sciences une note très intéressante sur les pro duits hydrauliques, note que nous reproduirons intégralement :

« Quand on examine au microscope polarisant une plaque mince taillée dans la masse, d'aspect pierreux, qui sort des fours à ciment portland et dont le broyage fournit le ciment marchand, on y distingue diverses espèces chimiques. N'ayant pu réussir à en faire la séparation mécanique pour les analyser, j'ai cherché à déterminer leur nature en comparant leurs caractères optiques à ceux des composés calcaires que j'ai reproduits par synthèse. Voici les espèces qui présentent les caractères les plus saillants :

« 1° *Substance n'agissant pas sur la lumière polarisée.* — Elle consiste en aluminate de chaux, riche en chaux, mélangé quelquefois de chaux libre. J'ai, en effet, reproduit artificiellement l'aluminate de chaux tricalcique $Al^2O^3,3CaO$; j'ai vérifié qu'il cristallise dans le système cubique ; j'ai vérifié, en outre, qu'avec la chaux c'est le seul des composés pouvant exister dans les ciments qui cristallise dans ce système.

« 2° *Substance agissant faiblement sur la lumière polarisée et présentant des formes cristallines très nettes.* — C'est un silicate de chaux ; j'y vois le principal sinon le seul élément actif des ciments ; cette substance forme toujours la majeure partie et quelquefois même la totalité des ciments portland. C'est, je crois pouvoir l'affirmer, le péridot calcaire $SiO^2,2CaO$ qui, lors de la cuisson du ciment, cristallise dans la substance dont je vais parler, lorsqu'elle est portée à la fusion.

« 3° *Substance fortement colorée en brun agissant sur la lumière polarisée.* — C'est la plus fusible des substances existant dans les ciments ; elle forme, à l'état solide, la gangue du silicate qui vient d'être défini, et, à l'état fondu, le véhicule de sa cristallisation. C'est un alumino-ferrite de chaux, plus pauvre en chaux que l'aluminate tricalcique ; je lui attribue la formule $2\,(AlFe)^2O^3,4CaO$. J'ai reproduit directement les composés répondant à cette formule, et j'y ai retrouvé les caractères optiques et la fusibilité de la substance signalée dans les ciments. Cette substance s'altère très lentement dans l'eau et se modifie peu lors de la prise.

« 4° *Petits cristaux agissant très énergiquement sur la lumière polarisée.* — Ils sont peu abondants et n'éprouvent aucune altération au contact de l'eau. Ce sont probablement des composés magnésiens, car j'ai reconnu que tous les composés calcaires très basiques s'altèrent dans l'eau, à l'encontre des composés magnésiens.

« Les éléments effectifs du ciment sont donc : en première ligne, un péridot calcaire $SiO^2,2CaO$; en seconde ligne, un ou plusieurs aluminates et ferrites de chaux.

« L'existence des aluminates de chaux cristallisés dans les ciments avait déjà été signalée par M. Fremy, dont le travail a été le point de départ de mes recherches.

« D'un autre côté, en ce qui concerne les phénomènes successifs de la prise des ciments, voici ce que j'ai constaté en les suivant au microscope polarisant. L'action de l'eau produit plusieurs composés : celui qui joue le rôle principal dans le durcissement définitif cristallise en lamelles hexagonales analogues à celles de l'hydrate de chaux CaO,HO ; je n'en ai pas encore réuni une quantité suffisante pour en déterminer la composition. C'est, en tout cas, un produit dérivant du péridot calcaire ; il est, en effet, beaucoup plus abondant dans les ciments exclusivement formés de ce silicate et non alumineux.

« Il se forme encore, mais seulement dans les ciments alumineux, de longues aiguilles qui s'enchevêtrent en tous sens et dont la proportion devient considérable dans les ciments à prise rapide. Ces cristaux, abandonnés à l'air sec, se déshydratent en éprouvant un retrait considérable ; chauffés dans l'eau vers 50°, ils éclatent et se réduisent en poussière. Ils résultent de l'action de l'eau sur l'aluminate tricalcique, comme je l'ai vérifié sur cet aluminate préparé directement. J'ai constaté, de plus, que ce corps $Al^2O^3, 3CaO$ se dissout dans l'eau pure à la proportion de $0^{gr}3$ par litre, et dans l'eau salée en plus forte quantité, mais en se décomposant partiellement.

« Ces remarques expliquent les différences constatées, dans la pratique, entre les ciments à prise lente et les ciments à prise rapide, toujours très alumineux.

« En outre, j'ai reconnu la production, dans la prise des ciments, d'autres substances n'agissant pas sur la lumière polarisée ; mais je n'ai pu actuellement leur assigner ni composition, ni rôle dans la prise.

« Le péridot calcaire possède une propriété remarquable, qui doit donner la clef d'un phénomène assez fréquent dans la fabrication des ciments. Chauffé jusqu'à ramollissement, c'est-à-dire jusqu'à la température de fusion du fer doux, puis abandonné à un refroidissement progressif, il se présente d'abord sous forme d'une matière pierreuse à demi-translucide, puis la masse se désagrège et se réduit finalement en une poussière impalpable, formée de débris de cristaux, mâclés avec une finesse extrême. L'inégalité de dilatation des faces amenées en contact par les mâcles est sans doute la cause de la rupture. Mais si la cristallisation a lieu à une température moins élevée, les mâcles n'existent plus et il n'y a plus de pulvérisation par le refroidissement.

« J'ai reproduit des cristaux non mâclés de péridot calcaire, cristaux semblables à ceux des ciments, par précipitation chimique dans le chlorure de calcium fondu, qui joue là le même rôle que les aluminates dans la fabrication des ciments. »

Objections de M. Merceron aux expériences de M. Le Chatelier. — « Cette théorie ne diffère pas sensiblement de celle de M. Rivot : c'est toujours le silicate de chaux et l'aluminate de chaux qui jouent le rôle principal. On peut donc lui faire les mêmes objections. Quant aux aiguilles hexagonales dont parle M. Le Chatelier, à l'enchevêtrement desquelles serait dû le phénomène de la prise, je ne les ai jamais vues dans les ciments que j'ai examinés. Si l'on met de la poudre de ciment dans un flacon plein d'eau distillée, il se forme bien, au bout d'un certain temps, de longues aiguilles blanches, qui sont effectivement composées d'alumine et de chaux, mais ces aiguilles se forment dans la partie supérieure du liquide, et non dans la couche de ciment tassée au fond du vase.

« Quant aux cristaux, ils existent dans les ciments portlands, mais ils n'existent que dans ceux-là ; ils varient avec la température à laquelle a été soumis le corps expérimenté, et leur rôle, comme leur composition, me semblent différents de ceux que leur attribue M. Le Chatelier.

« Pour les étudier, j'ai fait tailler des lames minces en prenant le ciment à ses différents états, depuis celui qui est caractérisé par le simple départ de l'acide carbonique, sans aucune trace de fusion, jusqu'à celui qui correspond à une vitrification presque complète. Voici les faits que j'ai observés :

« Dans la fabrication des ciments portlands, le corps chauffé se compose de carbonate de chaux, de silice, d'alumine, de fer et d'alcalis. Je laisse de côté la magnésie qui manque parfois, et dont la proportion est toujours très faible. Le fer, au contraire, ne manque jamais; on le trouve dans tous les ciments connus, et si son rôle, au point de vue de la résistance finale de la gangue, n'est pas très actif, et peut-être même contestable, au point de vue de la fabrication, il est très important.

« Le silicate de fer, surtout quand il contient quelques traces d'alcalis, est excessivement fusible et sa fusibilité est telle, ainsi que l'a constaté Berthier, qu'il s'infiltre dans les parois du creuset où on le chauffe, avant que la masse ne soit totalement fondue. C'est lui qui, grâce à cette propriété, détermine la combinaison des éléments actifs du ciment et sert de véhicule à leur cristallisation.

« Le calcaire qui doit être transformé en portland est disposé dans des fours à cuves, par couches successives de pierres et de charbon, comme le minerai des hauts fourneaux ; le feu agit successivement sur toute la masse, en se propageant de bas en haut.

« Chaque morceau de calcaire se trouve donc, à un moment donné, dans une atmosphère réductrice et le fer est ramené à l'état de protoxyde de fer et une partie de la silice de l'argile se combine avec les alcalis pour former un verre qui s'infiltre dans les pores de la pierre, favorise le rapprochement des molécules de chaux, de silice et d'alumine, les met en contact et détermine leur combinaison. Ce fait est facile à constater.

« Si l'on taille une lame mince dans un calcaire après le départ de l'acide carbonique et avant tout commencement de fritte, la lame semble composée d'une multitude de petits points blancs, plus ou moins enveloppés par une pâte grise. L'aspect est à peu près identique à celui d'une lame du même calcaire avant toute cuisson. La différence est précisément donnée par le fer : dans le calcaire, il se présente sous forme de points noirs à contours nettement définis. Après le départ de l'acide carbonique, ces contours sont, au contraire, légèrement estompés : il y a déjà eu un commencement de fusion.

« Si l'on prend ensuite un morceau ayant subi une fritte, on constate la disparition des points noirs et leur remplacement par un verre de couleur très foncée qui s'interpose par filets plus ou moins larges entre des plaques blanches se résolvant, dans la lumière polarisée, en une multitude de cristaux excessivement petits. A cette période de la fabrication, ces cristaux forment, avec le silicate ferreux, la totalité du ciment.

« C'est à eux, je pense, que M. Le Chatelier attribue la formule

$$2\,CaO, SiO^2.$$

« Contrairement à son opinion, je crois que ce sont des silicates doubles d'alumine et de chaux, et voici les faits sur lesquels je m'appuie :

« Dans le verre formé par la combinaison du fer, de la silice et des alcalis, trois éléments se trouvent en présence : de la chaux, de la silice, de l'alumine. Ces trois corps sont susceptibles de se combiner de plusieurs manières, mais la première combinaison qui apparaîtra sera celle qui exigera le minimum d'énergie, c'est-à-dire celle qui sera le plus fusible.

« Or, d'après les études de Berthier, auxquelles il faut toujours revenir quand il s'agit de combinaisons par la voie sèche, l'alumine et la chaux ne se combinent qu'à des températures excessivement élevées et avec une difficulté extrême.

« La silice et la chaux se combinent un peu plus facilement, mais il faut encore que la température soit très élevée ; il faut de plus, pour obtenir une masse fondue, avec une quantité de chaleur industriellement pratique, que le rapport de la silice à la chaux soit compris entre des limites différentes de celles que l'on trouve dans les ciments portlands. Dans ces ciments, la chaux est toujours plus abondante que la silice ; ils contiennent environ 3 de chaux pour 1 de silice, tandis que les silicates fusibles contiennent au contraire plus de silice que de chaux.

« Les mélanges de silice, d'alumine et de chaux, dans les proportions où ils entrent précisément dans les ciments, c'est-à-dire environ 1 d'alumine pour 2 de silice et 6 de chaux, sont au contraire assez fusibles. Tous les chimistes savent que, lorsqu'il s'agit d'attaquer un silicate par la chaux, on facilite beaucoup l'opération en mélangeant au carbonate de chaux une petite quantité d'alumine. Si l'on met en regard de cette propriété le fait que les molécules en présence dans le silicate ferreux, sont précisément de la silice, de l'alumine et de la chaux, il paraîtra naturel d'admettre que le corps formé est un silicate double d'alumine et de chaux.

« Ce qui est certain, c'est que le mélange qui doit donner naissance au ciment portland se sépare, après le départ de l'acide carbonique, en deux parties : l'une se présente sous l'aspect d'un verre brun foncé ; l'autre à laquelle la première sert de gangue, se présente sous l'aspect de cristaux blancs.

« Lorsque le ciment est bien cuit, c'est-à-dire lorsque les éléments ont été portés à la température qui développe le maximum d'énergie hydraulique, la cristallisation est nette et tous les cristaux agissent de la même manière sur la lumière polarisée. Il est donc probable qu'ils ont la même composition chimique.

« Si l'on continue à élever la température, le silicate double d'alumine et de chaux et le silicate ferreux réagissent l'un sur l'autre et l'on voit apparaître de nouveaux cristaux, brillants, fortement polycroïques, orientés par plages, et qui prennent la structure perlitique. En même temps, les cristaux précédents s'agglomèrent et forment des masses plus considérables dont les sections présentent en général la forme d'hexagones.

« Lorsqu'il est ainsi cristallisé, les ouvriers disent que le ciment est pierreux. Sa prise est excessivement lente et ses propriétés hydrauliques moins énergiques.

« Enfin, si l'on pousse encore la chaleur, la cristallisation s'efface, toute la masse paraît tendre vers la formation d'un verre coloré. A cet état, le ciment n'existe plus ; par la pulvérisation on obtient un sable qui, délayé avec l'eau, n'acquiert plus qu'une cohésion insignifiante.

« Ainsi donc, les corps qui se forment dans la fabrication du ciment portland varient avec la température. En premier lieu, et avant toute trace de cristallisation, on voit apparaître le silicate ferreux. Les cristaux blancs à section hexagonale viennent ensuite, et enfin les cristaux polycroïques, qui représentent bien le dernier composé formé, car on les trouve parfois à l'état d'inclusion dans les premiers.

« Si l'on arrête la cuisson au moment de l'apparition du silicate ferreux, on a une chaux limite impropre à tout emploi ; si on la pousse jusqu'à la formation des cristaux polycroïques, on a un ciment portland médiocre. Pour obtenir un bon produit, il faut élever la température jusqu'au point nécessaire à la combinaison des éléments qui composent le corps dont les sections se présentent sous l'aspect d'hexagones.

« Est-ce à ce corps, quelle que soit d'ailleurs sa formule, qu'il faut attribuer la prise des gangues hydrauliques et leur durcissement sous l'eau ? Je ne le pense pas, car on ne le retrouve ni dans les ciments prompts, ni dans les chaux.

« J'ai déjà signalé l'identité d'aspect entre une lame de calcaire argileux cru et une lame du même calcaire transformé, par la cuisson, en ciment prompt. L'une et l'autre sont composées essentiellement de petits grains blancs enveloppés dans une pâte grise. Les cristaux n'apparaissent que si l'on pousse assez la cuisson pour fritter la pierre, c'est-à-dire si l'on transforme le ciment prompt en ciment portland.

« La cristallisation et la lenteur de prise sont donc deux faits corrélatifs, mais ce n'est pas le corps cristallisé qui donne au ciment la faculté de faire prise puisqu'il la possédait avant sa formation. »

Théorie de M. Merceron-Vicat. — La théorie de M. Merceron-Vicat a été exposée par lui en 1885, lors de la réunion à Grenoble de l'association française pour l'avancement des sciences ; la situation de l'auteur, qui dirige depuis plusieurs années les usines Vicat, donne à ses idées une certaine autorité, bien qu'elles tendent au renversement des notions admises jusqu'à ce jour.

Voici la théorie de M. Merceron, telle qu'il l'a exposée :

« J'ai dit qu'une lame de calcaire argileux et une lame de ciment prompt étaient identiques. Cela n'est vrai, bien entendu, qu'au point de vue physique. Au point de vue chimique, il y a une différence profonde ; elle résulte non seulement de l'expulsion de l'acide carbonique, mais surtout de la transformation de l'argile insoluble du calcaire en argile soluble. Ce dernier fait me paraît suffisant pour expliquer toutes les propriétés des gangues hydrauliques, sans faire intervenir les silicates et les aluminates dont personne, jusqu'à ce jour, n'a pu démontrer directement l'existence.

« J'estime que la consolidation de ces gangues est un phénomène d'ordre purement physique, analogue à celui qui a produit, dans la nature, la consolidation des grès à ciment siliceux.

« Lorsqu'une eau contenant de la silice gélatineuse en dissolution, ou plutôt en suspension, passe à travers une masse de sable, elle se filtre et abandonne les matières entraînées. La silice empâte les grains de sable ; à mesure qu'elle se dépose, l'accès de l'eau devient plus difficile. La silice alors s'égoutte, sèche, durcit et la masse de sable, au bout d'un temps plus ou moins long, devient un grès.

« Une chaux grasse, quand elle est fusée, n'est en réalité qu'une masse de sable. Lorsqu'on humecte un morceau de chaux vive, l'eau est rapidement absorbée et une combinaison chimique se produit en dégageant de la chaleur. Une partie de cette chaleur devient sensible en élevant la température du corps, mais une autre partie reste à l'état latent et est employée à vaincre la cohésion des molécules de chaux qui retombent les unes à côté des autres, sans aucune liaison. Quelle que soit la ténuité de la poussière ainsi formée, elle constitue donc un sable dont tous les grains sont des particules de chaux plus ou moins hydratées, indépendantes les unes des autres. Si l'on ajoute de l'eau, on augmente la division de la matière, mais on ne donne naissance à aucun élément capable de produire une agglutination quelconque.

« Examinez au microscope la pâte formée par une pareille chaux, en l'écrasant entre deux lames de verre, et vous n'apercevrez qu'une multitude de petits grains toujours indépendants les uns des autres.

« Une chaux hydraulique me paraît n'être en réalité qu'un mélange de chaux grasse et d'argile gélatineuse ; c'est-à-dire un composé analogue au grès. Les faits sur lesquels j'appuie cette opinion sont précisément ceux que j'ai précédemment cités.

« C'est d'abord l'analogie physique entre une lame mince de calcaire argileux cru et une lame mince du même calcaire transformé par la cuisson en ciment prompt. Le calcaire est bien évidemment un mélange de carbonate de chaux et d'argile ; cela résulte de son mode même de formation. Le ciment doit donc aussi être un simple mélange de chaux et d'argile, puisque ses éléments ont conservé, les uns par rapport aux autres, les mêmes positions. S'il y avait eu combinaison, c'est-à-dire création d'un corps nouveau, il me semble qu'il y aurait eu transport de l'argile vers la chaux, et par conséquent remaniement de la masse.

« Mais comment l'argile insoluble du calcaire est-elle transformée en argile soluble, s'il n'y a pas combinaison ? Je l'ignore et me borne à constater le fait. Sa possibilité est facile à vérifier : il suffit de chauffer ensemble du carbonate de chaux et de l'argile pulvérisés et intimement mélangés dans la proportion qui correspond aux chaux hydrauliques ou aux ciments. Le mélange, sans cesser d'être pulvérulent, devient entièrement soluble dans les acides.

« Vicat a démontré d'ailleurs dans ses études sur les pouzzolanes, que la chaleur seule pouvait produire la transformation. En soumettant des argiles composées exclusivement de silice, d'alumine et d'eau, à une cuisson normale, c'est-à-dire à l'action d'une température de 600 à 700 degrés centigrades, soutenue jusqu'au moment où l'hydrosilicate alumineux arrive à peu près à l'état anhydre, il les a rendus solubles en grande partie dans les acides.

« En second lieu, une chaux hydraulique pulvérisée, ou un ciment, est entièrement décomposable par l'eau. Or, si la consolidation de la chaux résultait de la formation d'un sel composé de silice, d'alumine et de chaux, comment ce sel pourrait-il se former lors de l'emploi du mortier, c'est-à-dire quand la chaux et le sable sont mélangés avec de l'eau, puisqu'il est décomposable par l'eau?

« Enfin une pâte de chaux hydraulique, étendue entre deux lames de verre et examinée au microscope, se sépare en grumeaux qui se soudent les uns aux autres; sur les bords les particules de chaux paraissent englobées dans une espèce de gelée. Si on presse les deux lames, l'eau expulsée entraîne des grains de chaux qui se déposent, sans liaison, les uns à côté des autres et se distinguent nettement de la partie grumelée.

« S'il existait une combinaison quelconque, silicate de chaux, aluminate de chaux, silicate double d'alumine et de chaux, ayant le privilège de l'hydraulicité, comment expliquer que la dureté d'une chaux soit la même en tous ses points? Dans ce cas il me semble qu'il devrait se former, dans les chaux peu hydrauliques, des grains très durs, comme les rognons siliceux de certaines craies, simplement reliés par une pâte de chaux grasse. Or, il n'en est pas ainsi : quand on coupe une pareille chaux, après sa prise, on sent une résistance analogue, suivant l'expression de Vicat, à celle du savon sec, c'est-à-dire à celle d'une pâte parfaitement homogène.

« Tous ceux qui étudient les gangues hydrauliques savent que la dureté des briquettes d'essai est plus considérable à la surface qu'au centre. Si la consolidation était le fait d'un silicate quelconque, le phénomène inverse devrait se produire, car c'est précisément à la surface de la briquette que la carbonatation de la chaux est le plus considérable. C'est donc là que le silicate de chaux, s'il existait, serait le plus décomposé, et aurait par conséquent le moins de résistance.

« Quand l'hydrate de chaux grasse a durci, sa cassure est nette et compacte; elle ressemble à celle des calcaires à grains très fins. La cassure de l'hydrate de chaux éminemment hydraulique, après six mois de durcissement, est au contraire criblée de trous excessivement petits. De là vient que la carbonatation est bien plus rapide, ainsi que l'a constaté Vicat, dans les chaux hydrauliques que dans les chaux grasses (1).

(1) Il exposa des tubes de chaux grasse et de chaux hydraulique, dans des conditions identiques, à l'action de l'air. Après un an l'acide carbonique avait pénétré à 0^m006 de profondeur dans les chaux hydrauliques, et à 0^m003 seulement dans les chaux grasses.

« Ces faits qui me paraissent peu explicables avec la théorie de sels définis, ne présentent pas de difficultés avec celle d'un simple mélange.

« Lorsque dans la masse sableuse constituée par les particules de chaux grasse, après fusion, on introduit une certaine quantité d'argile gélatineuse, cette argile forme une espèce de réseau qui empâte les particules de chaux, de même que, dans les grès, elle empâte les grains de sable. La consolidation se produit par la dessiccation de l'argile et la carbonatation de la chaux. C'est un phénomène du même genre qui a constitué les granites. Dans la masse, où se trouvaient pêle-mêle la silice, l'alumine, la chaux, la potasse, etc., le quartz, en refroidissant, a formé un squelette dont les cavités ont été bouchées par les feldspaths et les micas qui ont cristallisé ultérieurement. De même dans les chaux hydrauliques, l'argile en séchant forme un réseau dont les cavités sont bouchées par la chaux grasse qui, sous l'influence de l'air, se tranforme peu à peu en carbonate de chaux. En vertu de cette carbonatation la résistance des chaux doit toujours aller en augmentant et être plus forte à la surface qu'à l'intérieur, ce qui est conforme aux faits ; elle doit aussi augmenter à mesure que les mailles du réseau se rétrécissent, c'est-à-dire à mesure que la quantité d'argile augmente, ce que l'expérience confirme également. Une chaux hydraulique atteint sa cohésion maxima plus vite qu'un grès, parce que du premier coup on apporte dans le mélange les matériaux nécessaires à la consolidation et que la chaux en s'hydratant absorbe l'eau, développe de la chaleur, et durcit l'argile, tandis que le sable des grès est inerte.

« Le phénomène de la consolidation n'est pas dû à une cristallisation, même confuse, comme on l'avait supposé. Si l'on taille en lames minces des chaux et des ciments ayant fait prise et qu'on les observe entre les nicols croisés du microscope, on aperçoit bien des cristaux, ou plutôt des agglomérations de cristaux, souvent fort belles, mais elles sont à l'état isolé. La lame paraît composée de petits cristaux indépendants les uns des autres, et entourés d'une gangue amorphe (1). Ce n'est donc pas à eux qu'il faut attribuer la consolidation, mais bien à la gangue dans laquelle ils sont disséminés.

« Si la solidification des chaux hydrauliques est le fait de l'argile, sans combinaison, comment expliquer l'anomalie présentée par les chaux limites ? La raison m'en paraît simple.

« Lorsqu'on humecte une chaux grasse, elle fuse avec rapidité. Si l'on prend une chaux hydraulique, la fusion se produit encore, mais d'autant plus lentement que la chaux contient plus d'argile. C'est que, dans ce cas, l'argile devenue gélatineuse par la cuisson, enveloppe les molécules de chaux et gêne leur hydratation.

---

(1) Ces cristaux agissent presque tous très énergiquement sur la lumière polarisée. Ils me paraissent de deux natures différentes : les uns se sont évidemment formés après le gâchage de la chaux ; les autres, en plus grand nombre, sont le résultat d'une mouture imparfaite. Dans les portlands on retrouve ces cristaux colorés que j'ai considérés comme provenant de la réaction du silicate ferreux sur le silicate double d'alumine et de chaux. C'est peut-être à leur décomposition lente et tardive qu'il faut attribuer le phénomène du léger relâchement qui se produit dans les ciments quelques mois après leur emploi.

« Dans les chaux limites, la quantité d'argile est telle qu'il ne peut se produire qu'une hydratation incomplète. La pierre s'effrite, mais une partie de la chaux reste enveloppée dans l'argile et ne s'hydrate qu'avec une lenteur extrême.

« Si on pulvérise cette chaux, on favorise l'hydratation. Suivant la finesse de mouture, l'eau est plus ou moins absorbée, et la chaleur qui résulte de cette absorption sèche et durcit immédiatement l'argile. Une prise rapide se produit. Mais bientôt les grains de chaux restés à l'état anhydre s'hydratent à leur tour; ils augmentent de volume, et sous l'influence de la pression développée, la masse se fend et tombe en poussière.

« Pour utiliser les calcaires à chaux limites, que faut-il donc faire?

« Le premier procédé consiste à réduire la chaux en poudre tellement fine, que l'eau puisse atteindre toutes les molécules dans un temps inférieur ou au plus égal au temps de la fabrication du mortier. Il est appliqué aux calcaires éminemment siliceux, d'où l'on tire les produits désignés sous le nom de *ciments de grappiers*.

« Le second procédé consiste à engager la silice dans une combinaison facilement décomposable par l'eau. Il est utilisé pour la fabrication des *ciments portlands artificiels*. A propos des expériences de M. Le Chatelier, j'ai expliqué les phénomènes qui se produisent pendant la cuisson et la formation d'un silicate double d'alumine et de chaux. Quand le ciment pulvérisé est gâché avec l'eau, ce sel est décomposé et donne naissance à un silicate d'alumine qui joue le rôle de l'argile des chaux hydrauliques et à de la chaux caustique qui s'hydrate, échauffe la masse, sèche le silicate d'alumine et le durcit. La consolidation est progressive et s'effectue avec d'autant plus de rapidité que le ciment aura été réduit en poussière plus fine.

« Je ne puis discuter ici ces deux méthodes qui sont employées l'une et l'autre. Mais il est évident que si les gangues hydrauliques ne sont, comme je l'ai supposé, qu'un mélange de chaux et d'argile soluble, la meilleure sera celle qui permettra à la chaux de s'hydrater le plus rapidement et surtout le plus régulièrement.

« Il me resterait à donner une explication du phénomène de la prise des ciments prompts. Ce que je viens de dire des chaux limites peut la faire deviner. Ces ciments sont moulus au sortir du four, et la chaux qu'ils contiennent reste à l'état anhydre. Quand on les gâche, elle s'hydrate, échauffe la masse et durcit l'argile; la consolidation est immédiate. Ce qui tend à prouver que le rôle de la chaux est bien réellement celui que je lui assigne, c'est que si on laisse le ciment prompt exposé à l'air, il perd ses qualités; *il s'évente*, suivant l'expression usuelle. La chaux subit en effet une extinction spontanée, et au moment de l'emploi, la chaleur dégagée par l'hydratation devenant insuffisante, la prise ne s'effectue qu'avec lenteur; le ciment n'est plus guère qu'une chaux hydraulique. En second lieu, si on pousse la cuisson jusqu'à cristallisation des éléments constituants, la chaux engagée dans une combinaison n'agit plus qu'après la décomposition par l'eau de cette combinaison; la prise est ralentie : le ciment prompt devient un portland. Inversement, une chaux hydraulique moulue vive, au sortir du four, fait prise comme un ciment, alors qu'éteinte par immersion et fusée, elle ne commence à durcir qu'après quelques jours.

« Mais pourquoi l'argile des ciments prompts n'empêche-t-elle pas, comme celle des chaux limites, l'hydratation rapide de la chaux ? Il y a là un phénomène dont je ne vois pas la cause. Pour la trouver, il faudrait isoler le silicate d'alumine des autres corps avec lesquels il est mélangé et je ne connais aucun moyen d'obtenir ce résultat. Mais comme deux calcaires laissant le même résidu insoluble dans les acides ne donnent pas des ciments de même qualité, je serais tenté d'admettre qu'il existe dans l'argile de ces calcaires des états moléculaires analogues à ceux que l'on rencontre dans les argiles plastiques. Tous les potiers savent qu'il y a des argiles qui fusent, c'est-à-dire qui s'hydratent très rapidement, et d'autres, au contraire, qui n'absorbent l'eau qu'avec une extrême lenteur. Ces deux catégories se rencontrent souvent dans un même banc ; au milieu d'une masse très fusible il y a des nodules qui ne se pétrissent qu'avec une grande difficulté. Il est possible que le silicate d'alumine des ciments prompts présente une modification analogue. Je laisse à de plus habiles le soin de résoudre la question.

« Quant aux calcaires contenant plus de 30 % d'argile, l'infériorité des produits qu'ils fournissent provient de ce que la transformation de l'argile insoluble qu'ils renferment en argile soluble ne se fait qu'imparfaitement ; une partie reste à l'état primitif et fait par conséquent l'office d'une terre, c'est-à-dire qu'elle diminue la résistance du ciment avec une très grande rapidité.

« Cette manière d'envisager les gangues hydrauliques n'est pas entièrement nouvelle ; L. Vicat y avait été conduit par ses belles études sur les pouzzolanes, et il formulait ainsi son opinion : *Une chaux hydraulique, ou silicate d'alumine et de chaux, ne peut subir l'extinction qu'autant que la chaux caustique se sépare, en tout ou en majeure partie, de la combinaison. Il peut donc se faire que cette chaux, fraîchement éteinte, ne soit qu'un simple mélange de chaux hydratée et d'argile gélatineuse.*

« C'est en cherchant à expliquer cette hypothèse que j'ai été conduit aux conclusions précédentes. Mes observations sont incomplètes ; je crois cependant que la voie indiquée est celle dans laquelle on trouvera la véritable solution du phénomène de la prise. Il est certain qu'il y a un grand nombre de faits, soit dans la fabrication des ciments, soit dans leur emploi, qui sont justifiés par la pratique, et que les théories de Rivot ou de Fremy, non seulement n'expliquent pas, mais contredisent formellement. L'hypothèse d'un simple mélange permet au contraire de les interpréter d'une manière toute naturelle. »

Observations de M. Bonnami. — M. Bonnami a présenté dans ces derniers temps des observations, qui ne sont, il est vrai, basées sur aucune expérience, mais qui expliquent, par l'influence de la chaux vive mise en liberté après un temps plus ou moins long, les variations qu'on remarque dans la résistance des produits hydrauliques.

Un produit hydraulique renferme : 1° un élément actif qui produit la cohésion progressive du mortier, et 2° une proportion plus ou moins forte de chaux grasse entrant dans des combinaisons instables, qui s'éteint peu à peu au fur et à mesure de sa mise en liberté. M. Bonnami appelle *les expansifs* ces combinaisons instables donnant de la chaux grasse.

La chaux grasse libre, en présence de l'eau, fuse rapidement avec développement de chaleur et sa force expansive est considérable.

Les expansifs, contenus dans un produit hydraulique, donnent donc lieu, pendant une période plus ou moins longue, à une extinction de chaux vive qui se produit au sein du mortier et qui se traduit par une force de disjonction des molécules, force contraire à la cohésion et à la prise que détermine l'élément actif.

Si la force expansive l'emporte à un moment donné sur la force de cohésion, on voit se pulvériser un produit qui avait, dès l'abord, fait une prise rapide et avait atteint une résistance parfois considérable. Si, au contraire, le travail des expansifs est déjà terminé au moment où la pâte fait prise, la cohésion s'exerce seule et la résistance du produit s'accroît avec le temps jusqu'à une certaine limite. Dans d'autres cas, le travail des expansifs se manifeste lentement et assez longtemps après la prise, de sorte qu'on voit la résistance des échantillons d'essai s'élever jusqu'à un maximum puis redescendre ensuite pour se fixer à une certaine limite; c'est un phénomène que présentent les portlands.

Le travail des expansifs commence d'autant plus tard après la confection de la pâte et se répartit sur une période d'autant plus longue, que le degré de cuisson et l'indice d'hydraulicité du calcaire sont plus élevés; au contraire, il commence d'autant plus tôt et se répartit sur une période d'autant plus courte, que la ténuité du produit pulvérisé est plus grande et que la quantité et la température de l'eau employée au gâchage sont plus élevées.

Nous n'insisterons pas sur cette théorie que l'auteur n'a pas encore mise au point et dégagée des hypothèses; il faut remarquer cependant qu'elle explique la nécessité d'une pulvérisation aussi parfaite que possible et l'utilité de la digestion préalable en silo ou en sacs, digestion qui améliore très sensiblement la résistance d'un grand nombre de produits hydrauliques.

Conclusions des expériences et des théories précédentes. — Après cet exposé complet des expériences et des théories ayant trait à la question du durcissement des gangues hydrauliques, pouvons-nous formuler une réponse précise et certaine à cette importante question?

Évidemment non.

Jusqu'à ce jour on avait vu la cause de l'hydraulicité dans une réaction purement chimique; cette réaction était la cristallisation, après hydratation, d'un silicate de chaux obtenu grâce à la présence de la silice gélatineuse; tous les chimistes sont d'accord pour reconnaître l'influence de la silice; M. Fremy lui-même la constate, mais en faisant jouer le rôle de pouzzolane à des silicates d'alumine et de chaux; en général l'hydraulicité des aluminates de chaux n'est pas affirmée,

M. Fremy est seul à le faire; les aluminates ne sont pas un élément nécessaire d'une bonne gangue hydraulique : toutefois, il semble admissible, d'après les expériences de M. Landrin, qu'ils sont susceptibles d'accélérer la prise première, la dureté finale ayant pour seule cause la présence des silicates.

M. Merceron, dans un travail récent, rejette absolument la cause chimique ; il ne voit dans l'hydraulicité qu'un phénomène physique analogue à celui qui dans la nature a produit le grès, c'est-à-dire une agglutination de grains sableux par la silice gélatineuse. L'hydratation de la chaux dessèche l'argile gélatineuse qui se précipite en un réseau dont les mailles enserrent les particules de chaux hydratée; telle serait la cause de la prise et du durcissement qui augmente avec le temps par suite de la carbonatation de la chaux.

Bien que la théorie de M. Merceron soit habilement déduite et se prête assez bien à l'explication des diverses phases de l'hydraulicité, elle n'est en somme qu'une hypothèse et ne laisse pas dans l'esprit une absolue conviction.

Quoi qu'il en soit, sa théorie physique est d'accord avec la théorie chimique de ses prédécesseurs sur un point bien net : *la présence de la silice amenée à l'état gélatineux est nécessaire à la production d'une gangue hydraulique, que cette silice soit isolée ou associée à l'alumine sous forme d'argile;* la silice non gélatineuse est inerte et, associée à la chaux, ne donne que des produits maigres. Le rôle de l'alumine dans l'hydraulicité n'est pas aussi net que celui de la silice; il semble cependant que par sa présence elle favorise la formation de la silice gélatineuse par l'action de la chaleur et qu'elle concourt ainsi à produire ou à augmenter l'hydraulicité; peut-être même rend-elle dans certains cas la prise plus rapide.

En ce qui touche le *durcissement progressif* des gangues hydrauliques, durcissement qui s'accentue pendant des mois et même pendant des années après la prise, la carbonatation lente de l'hydrate de chaux doit, à notre avis, exercer un rôle des plus importants. L'acide carbonique existe dans l'air et dans l'eau et le contact de ces deux éléments avec la surface des gangues aériennes ou immergées se renouvelle sans cesse ; l'acide carbonique imprègne cette surface et peu à peu pénètre la masse entière, si bien qu'au bout d'un temps plus ou moins long la chaux entière se trouve neutralisée; elle est passée à l'état de carbonate de chaux, qui est insoluble, tandis que l'hydrate de chaux possède une solubilité assez grande pour qu'il disparaisse entièrement, en un temps relativement court, lorsqu'il n'est pas protégé par un revêtement quelconque contre le contact incessant de l'eau; cette protection existe dans les gangues hydrauliques dès que la prise est survenue.

CAUSES D'ALTÉRATION DES CHAUX HYDRAULIQUES ET DES CIMENTS, NOTAMMENT PAR L'EAU DE MER

A l'air et dans l'eau douce, les causes d'altération des bonnes gangues hydrauliques sont les mêmes que pour les chaux grasses; dans l'eau de mer elles sont plus complexes, et des désastres survenus dans les travaux maritimes, surtout dans la période qui a suivi l'invention de Vicat, ont trompé les espérances qu'on avait placées en certains produits dont l'hydraulicité paraissait démontrée par la théorie et par des expériences de laboratoire. Aujourd'hui, à la suite d'une expérience prolongée, on connaît dans chaque mer les produits dont on n'a rien à craindre; c'est à ceux-là qu'il faut s'en tenir, bien que cette manière d'agir soit rétrograde et contraire au progrès; si l'on veut innover, il ne faut le faire qu'après des expériences de plusieurs années sur des blocs de maçonnerie immergés en pleine mer et disposés de manière à être facilement relevés et visités de temps en temps.

Vers 1850, on a vu des mortiers de pouzzolanes artificielles, promettant de bons résultats par un premier durcissement, se ramollir et disparaître après deux ou trois ans d'immersion dans l'Océan; mêmes accidents avec de nouvelles chaux, moyennement et éminemment hydrauliques, du genre de celles qu'on fabriquait alors à Doué, à Paviers, à Plassiac, etc., et aussi avec des ciments tels que ceux qu'on fabriquait à Cahors, à Guétary, au château d'Oleron; cependant, les expériences préliminaires avaient indiqué une hydraulicité satisfaisante. De pareils résultats doivent mettre en garde les ingénieurs contre les innovations en cette matière, surtout quand il s'agit de travaux considérables; *l'expérience directe et prolongée en pleine mer est seule concluante.*

Ceci posé, nous étudierons successivement l'action réciproque des composés en présence :

1° *L'oxyde de fer et le sable semblent ne jouer qu'un rôle inerte;* cependant il faut *employer avec une grande réserve certains sables argileux* renfermant de la silice gélatineuse susceptible de se combiner à la chaux, ou des silicates décomposables; si cette silice se combine à la chaux après la prise, la réaction détruit l'arrangement moléculaire et le mortier se délite. Cette réaction n'est dangereuse que si elle se produit après la prise; quand elle est antérieure à la prise, elle la favorise et concourt à l'hydraulicité. Il peut donc arriver que certains mélanges, qui donneraient des mortiers dangereux si on les gâchait immédiatement, engendrent au contraire d'excellents produits si on mélange longtemps à l'avance la chaux hydraulique avec le sable humide ; la réaction de la silice et de la chaux s'opère et l'hydratation du silicate obtenu concourt à l'hydraulicité après le gâchage aussi bien que le silicate existant déjà dans la chaux hydraulique. *L'excellent effet de cette digestion préalable* a été maintes fois signalé par les ingénieurs :

« La digestion, disaient MM. Rivot et Chatoney, est une opération qui consiste à placer, pendant un temps plus ou moins long, les matières ou les mélanges de matières hydrauliques en présence d'une quantité d'eau insuffisante pour la prise, mais assez grande pour les humecter et permettre aux actions chimiques de se préparer par voie humide. Les combinaisons qui se forment pendant la digestion (telles que les silicates et aluminates de chaux), n'ont plus qu'à s'hydrater au moment de la fabrication et de l'emploi des mortiers. La prise produite par cette hydratation est durable, parce que les combinaisons chimiques qui existent alors sont celles qui doivent subsister après l'immersion. »

Certaines pouzzolanes naturelles exigent aussi cette digestion de plusieurs jours avec la chaux grasse pour donner de bons mortiers hydrauliques.

« Les constructeurs, dit M. l'ingénieur Montaut, qui depuis des siècles font usage de la pouzzolane de Santorin, ont pratiqué cette méthode dont ils ont constaté les excellents résultats, sans se rendre compte cependant des raisons théoriques qui peuvent les expliquer, et ils ont réussi à éviter ces énormes quantités de laitance qui sont toujours une cause d'embarras et quelquefois un motif d'insuccès. »

2° *L'action la plus redoutable pour les mortiers à la mer est*, d'après Vicat, *celle de la magnésie*.

Partant de cette idée, voici comment il faisait dans son laboratoire l'essai d'un mortier ou d'un ciment donné :

Il plaçait un mortier hydraulique dans un verre rempli d'eau douce, et le laissait durcir un temps suffisant; puis il le plongeait dans de l'eau contenant 4 à 5 millièmes de sulfate de magnésie. La chaux décompose les sels de magnésie (sulfate et chlorure) et prend la place de cette base; on peut constater la présence de la chaux dissoute dans la liqueur en y versant de l'oxalate d'ammoniaque qui produit un précipité blanc d'oxalate de chaux. On renouvelle la liqueur magnésienne jusqu'à ce qu'elle n'enlève plus de chaux. Si l'échantillon de mortier résiste un certain temps à un pareil traitement, par exemple, deux ans, il y a de grandes chances pour qu'il résiste à l'eau de mer; cependant, il ne faudrait pas ajouter à l'essai une trop grande confiance.

D'autre part, des composés, que détruit en peu de temps l'eau magnésienne, ont donné néanmoins dans la pratique de bons résultats.

Il est certain que les chaux ou ciments, dans lesquels la silice domine aux dépens de l'alumine, se conservent beaucoup mieux dans l'eau de mer; il semble que l'hydrosilicate de chaux soit moins facilement décomposable que l'aluminate par les sels de magnésie.

D'après MM. Rivot et Chatoney, les silicates et aluminates de magnésie se solidifient par hydratation comme les mêmes sels à base de chaux; mais la solidification des sels de magnésie serait postérieure à celle des sels de chaux, de sorte qu'elle produirait la dislocation et l'émiettement de la masse déjà prise.

Mais, nous le répétons, les influences sont trop complexes, pour qu'on puisse se fier à autre chose qu'à l'expérience pratique longtemps continuée : si vous voulez essayer un mortier, faites-en un bloc de béton que vous coulerez à l'entrée d'un port et que vous visiterez de temps en temps en le soulevant au moyen d'une chaîne de bouée à laquelle il sera fixé.

3° Les *influences chimiques ne sont pas les seules à considérer;* l'action mécanique des vagues vient quelquefois aider à la destruction; la température moyenne, qui est beaucoup plus élevée dans la Méditerranée (15° à 18°) que dans l'Océan et la Manche (10° à 12°), modifie la prise du mortier; la prise se fait plus vite par une température élevée.

Les arêtes vives sont bien plus rapidement attaquées que les parties arrondies.

Enfin, les mortiers qui sont toujours immergés, comme dans la Méditerranée, se conduisent beaucoup mieux que ceux qui sont alternativement mouillés et exposés à l'air, par le jeu des marées, comme dans l'Océan.

Autrefois, beaucoup de travaux à la mer se faisaient en charpente et en maçonnerie à pierres sèches; dans l'antiquité et jusqu'au commencement du siècle actuel, on employa à la mer des mortiers de chaux grasse et de pouzzolane naturelle, et les maçonneries ainsi construites purent résister; mais il faut remarquer que l'on se servait surtout de pierres de taille, notamment en parement; il y avait peu de joints, et par suite peu de prise à l'action saline. La chaux des joints durcissait peu à peu par l'absorption de l'acide carbonique, ou bien encore le parement se revêtait de coquillages ou d'une végétation marine, formant un manteau protecteur.

Le massif intérieur était à l'abri des influences externes, et cela est si vrai qu'on a trouvé au Havre, dans le massif d'un mur de bassin, un mortier de chaux grasse et de sable siliceux, bien conservé, parce qu'il était couvert par un parement de pierres de taille rejointoyé en ciment.

Avant 1786, on employait des mortiers à pouzzolane d'Italie ou à trass de Hollande; à cette époque, l'accès de l'étranger nous étant fermé, Chaptal conseilla l'usage de pouzzolanes artificielles, qui réussirent à peu près à Cette, mais qui depuis n'ont généralement pas donné de bons résultats.

Les pouzzolanes naturelles ont généralement réussi; ainsi les blocs artificiels à mortier de chaux grasse et de pouzzolane d'Italie ont donné d'assez bons résultats à Alger et à Toulon; cependant les blocs ont subi des altérations superficielles, ce qui s'explique par l'énorme surface qu'opposent, aux actions physiques et chimiques de l'eau salée, ces blocs immergés avant dureté complète.

A l'exception des mortiers avec trass de Hollande, on emploie généralement aujourd'hui dans les travaux à la mer les mortiers de ciment de Portland ou de chaux siliceuse comme la chaux du Teil.

4° Nous n'avons montré jusqu'ici que l'effet des sels de magnésie sur les mortiers à la mer; il nous semble impossible que les *sels alcalins n'aient point quelque influence* sur l'alumine. Dans certains cas, les eaux de la mer, chargées *d'acide sulfhydrique*, attaquent les sels de chaux et forment par oxydation du sulfate de chaux soluble, d'où résulte une désagrégation des mortiers. Quelquefois, on a employé des pouzzolanes artificielles renfermant de la chaux qui s'éteignait après l'emploi, et qui, en changeant de volume, soulevait les maçonneries.

Le ciment de Portland renferme souvent un peu de sulfate de chaux, produit par la cuisson; tant que la proportion de sulfate n'atteint pas 5 p. 100, elle est inoffensive; au delà, elle détermine la ruine des mortiers, comme cela est arrivé à Cherbourg.

Terminons cette énumération de faits en disant que Vicat pensa à substituer la magnésie à la chaux et mit en œuvre des *mortiers magnésiens;* évidemment ils ne furent pas attaqués par les sels de magnésie, mais ils sont coûteux et peu cohérents, ils ne font prise que lentement, et on les a abandonnés.

Ce qui précède peut se résumer en ceci : tous les mortiers sont attaqués par l'eau de mer, dans une proportion plus ou moins grande, et il en résulte une modification dans leur constitution chimique. Quelquefois cette modification ne détruit pas la cohésion du composé qui, alors, résiste à l'eau de mer, sans être protégé par un enduit; d'autres fois, la présence d'un enduit est nécessaire à la conservation; souvent aussi, il arrive que l'enduit ne peut se produire, ou qu'il est lui-même entraîné par les eaux, et la maçonnerie s'affaisse.

L'expérience faite, non dans un laboratoire, mais en pleine mer et pendant des années, peut seule fixer le constructeur sur la valeur d'un mortier.

F. — LES POUZZOLANES

Quelle que soit la vraie cause à laquelle il faille attribuer la prise des gangues hydrauliques, en fait l'hydraulicité est produite par un mélange de chaux et de silice ou d'argile, dans lequel la silice se trouve dans cet état particulier de division qui fait qu'on l'appelle silice gélatineuse.

Certains calcaires naturels donnent ce mélange par la cuisson; mais on peut le réaliser aussi en mélangeant la chaux grasse à certaines substances naturelles ou artificielles, désignées sous le nom de *pouzzolanes*, et essentiellement composées de silice, d'alumine et de peroxyde de fer, auxquels s'adjoignent accidentellement la magnésie, la chaux, la potasse et la soude.

Pouzzolanes naturelles. — La pouzzolane naturelle est un produit volcanique, caverneux et scoriacé, qui semble être une argile portée à une haute température et ayant abandonné de nombreuses bulles gazeuses. C'est aux environs de Pouzzoles, en Italie, que se trouve, en quantité considérable, la meilleure pouzzolane; les Romains en faisaient usage; elle est colorée en rouge violet par de l'oxyde de fer. On en trouve encore dans les cratères et sur les flancs des volcans éteints de l'Auvergne et du Vivarais; la pouzzolane de Santorin a été employée aux travaux de Trieste et de l'isthme de Suez, elle offre des propriétés particulières et elle est d'une couleur gris cendré.

Voici la composition de quelques pouzzolanes naturelles :

DÉSIGNATION des pouzzolanes	SABLE mixte	SILICE	ALU- MINE	MAGNÉ- SIE	PER- OXYDE de fer	CHAUX	EAU	PRINCIPES alcalins et volatils
Trass de Hollande...	8,75	46,25	20,71	1,00	5,48	2,15	9,25	6,30
Pouzzolane du Vésuve.	20,00	24,50	15,75	traces	16,30	8,96	3,50	11,00
— brune....								
— gris foncé..	1,50	44,50	15,50	3,00	15,50	10,00	5,00	4,00
— gris clair..	2,50	42,00	16,50	4,40	12,50	9,50	33,33	10,27
— grise du Vivarais...	3,95	35,09	17,65	3,17	16,82	4,26	19,06	»
— brune de l'Hérault.	4,50	38,50	18,35	»	14,90	8,70	7,75	7,30
— brune du Vivarais..	7,48	30,73	11,63	2.49	24,92	3.73	19,02	»
— de Santorin.	»	66,80	13,17	0,83	5.24	4,03	1,50	7,32

La potasse et la soude de la pouzzolane du Vivarais, si elle en renferme, sont comprises dans le chiffre eau.

Ces analyses montrent que les pouzzolanes grises du Vésuve et le trass de Hollande renferment beaucoup plus de silice en combinaison que les pouzzolanes de l'Hérault et du Vivarais; la plus riche en silice est celle de Santorin qui est formée de silicates acides, pendant que les autres ne renferment que des silicates basiques. La pouzzolane de Santorin se rapproche beaucoup par sa composition des roches feldspathiques.

Le *trass*, dit de Hollande, provient d'*Andernach*, dans la vallée du Rhin ; c'est une pouzzolane très énergique, qui descend le Rhin par bateaux et est exportée de Hollande en moellons que l'on pulvérise au lieu d'emploi. Le trass pèse 1,100 kilog. le mètre cube et revient à 75 fr. la tonne dans le Nord de la France.

Pour donner le meilleur résultat possible, la pouzzolane doit être parfaitement pulvérisée : il est toujours préférable de la pulvériser sur les chantiers plutôt que de la tirer toute préparée des lieux de production ; par ce moyen on n'a pas de fraude à craindre.

Au nombre des pouzzolanes naturelles ou des substances présentant des propriétés pouzzolaniques, il faut ranger :

1° Certains sables résultant de la décomposition de gneiss granitiques que l'on trouve près de Brest, en Bretagne ; ce sont des kaolins impurs ; les propriétés pouzzolaniques sont exaltées par la torréfaction ;

2° Certaines roches, résultant de la décomposition des diorites, et présentant l'aspect d'argiles rousses ou d'un blanc sale à texture grossière. Elles prennent, par la cuisson, une grande énergie. Elles ont été découvertes et employées au canal de Nantes à Brest, par M. Avril, inspecteur général des ponts et chaussées ;

3° La gaize, roche tendre, légère, grisâtre et devenant verdâtre par l'humidité ; elle renferme de la silice à l'état semi-gélatineux, et donne une pouzzolane médiocre que la cuisson n'améliore guère ; on la trouve à la base du terrain crétacé ;

4° Certaines craies renfermant 30 à 40 p. 100 de silice gélatineuse ; mais elles ne peuvent être employées qu'à l'abri du contact de l'eau et de l'air, parce qu'à la longue, l'acide carbonique déplace la silice gélatineuse, et l'agrégation se trouve détruite ;

5° Les sables argileux, ou arènes, formés de grains quartzeux inégaux, empâtés dans une argile brune ou chaude. Les arènes appartiennent à la formation tertiaire ; elles forment des mamelons d'une certaine élévation. La meilleure arène se trouve dans la Dordogne ;

6° Certains grès friables, à pâte argileuse, que l'on trouve aux environs de Saint-Quentin, et qui deviennent d'assez bonnes pouzzolanes lorsqu'ils sont torréfiés à l'air.

Sur la ligne du Bourbonnais, section de Saint-Germain-des-Fossés à Roanne, M. Desnoyers employait la chaux éminemment hydraulique de Joze (Puy-de-Dôme) qui donnait de bons résultats. Mais sa prise rapide en rendait l'emploi difficile dans les parties hautes des viaducs, car les moyens de montage sont toujours lents. Aussi dut-on recourir à un mortier composé de chaux moyennement hydraulique de Cusset, de sable et de pouzzolane d'Auvergne ; plus tard, on obtint d'excellents résultats en mélangeant simplement la chaux de Cusset avec des *porphyres décomposés ou gores*, donnant par le piochage de gros sables argileux qui sont, en réalité, une sorte de pouzzolane, analogue à celle que l'on connaît sous le nom d'*arènes*. Le mortier obtenu avec ces porphyres était économique ; malheureusement on n'osa l'employer tout d'abord, malgré les bons résultats des premiers essais, parce qu'il faut toujours s'assurer non seulement que la prise du mortier est rapide, mais encore qu'elle est persistante et ne disparaît pas avec le temps.

Pouzzolane artificielle. — Elle résulte de la cuisson des argiles ; elle a une composition analogue à celle de la pouzzolane naturelle, et possède les mêmes propriétés, quoique avec moins d'énergie. Nous avons vu que partout on trouvait des argiles plus ou moins pures : nous en avons exposé la composition variable. Elles renferment principalement de la silice, de l'alumine et de l'eau (ces trois éléments forment l'argile pure ou kaolin) ; à cela viennent accidentellement s'ajouter, en proportions variables, les oxydes de fer et de manganèse, les carbonates de chaux et de magnésie, du sulfure de fer, des sables, des débris végétaux.

Les argiles chauffées depuis le rouge sombre, vers 600°, jusqu'à la tempérarure où elles commencent à éprouver la fusion, durcissent et perdent la faculté de faire pâte avec l'eau ; elles deviennent poreuses et absorbent avidement l'humidité ; elles deviennent aussi plus facilement attaquables par les agents chimiques, et elles manifestent, pour s'unir à la chaux, une énergique affinité ; la pâte qu'elles forment avec elle durcit dans l'eau et dans les lieux humides.

« Le degré de cuisson, dit M. Vicat, qui transforme les argiles en pouzzolanes au maximum de puissance hydraulique, est en même temps celui qui suffit à la vaporisation des dernières parties d'eau combinée, de sorte que la condition de bonne cuisson peut s'énoncer de deux manières (identiques au fond), savoir : 1° régler la durée et l'intensité du feu, de manière à rendre les argiles attaquables au plus haut point, par les acides et les alcalis ; 2° régler cette durée et cette intensité de manière à dégager les dernières parties d'eau des argiles sans dépasser 600° à 700° thermométriques. L'argile subit alors un degré d'incandescence un peu supérieur au rouge sombre, et devient indélayable dans l'eau. »

Le degré de cuisson précédent ne convient point aux argiles marneuses qui renferment plus de 15 à 20 p. 100 de carbonate de chaux ; pour leur donner leur maximum d'énergie pouzzolanique, il faut décomposer entièrement le carbonate et combiner la chaux avec l'argile, sous l'influence d'une température de 700° à 800°. On supplée à l'intensité du feu par la durée.

Les argiles, destinées à donner des pouzzolanes, doivent être cuites à l'air et non en vase clos ; en vase clos, la modification moléculaire ne se produit pas, une faible quantité de silice est mise en liberté, car l'argile cuite n'abandonne que peu d'alumine aux acides bouillants ; en outre, elle garde une teinte grise et terne ; au contraire, cuite à l'air, elle prend une couleur brune ou rosée, et devient facilement attaquable par les acides.

Pour fabriquer la pouzzolane, on cuit généralement l'argile sous forme de briques ou de tuileaux, en restant au-dessous de la température qui convient à la cuisson d'une bonne brique dure et sonore ; mais la cuisson est très inégale d'un morceau à l'autre ; et dans un même morceau, les parties centrales ne sont généralement pas assez cuites.

Il faudrait donc, pour obtenir d'excellente pouzzolane, cuire l'argile en poudre et dans un courant d'air ; on pourrait sans doute y arriver par l'emploi d'un torréfacteur à vis d'Archimède, déjà en usage dans plusieurs industries ; c'est un cylindre métallique faiblement incliné, chauffé par sa surface extérieure, et renfermant à l'intérieur une vis d'Archimède qui transporte les matières ; on pourrait diriger un courant d'air chaud à travers ce cylindre, et obtenir avec lui une fabrication continue de pouzzolane artificielle.

Les meilleures pouzzolanes sont données par les terres de pipe ou argiles réfractaires ; les argiles ocreuses et marneuses fournissent des pouzzolanes de qualité moyenne et les terres à briques en fournissent de médiocres.

Le *schiste calciné* a servi quelquefois de pouzzolane ; ainsi M. l'ingénieur

Lepère a produit avec le schiste ferrugineux de Hainneville, près Cherbourg, une pouzzolane renfermant pour 100 parties :

Alumine.	26	Chaux.	4
Silice.	46	Oxyde de fer.	14
Magnésie.	8	Perte et eau.	2

De même le *basalte*, pulvérisé après un commencement de fusion au four, donne une pouzzolane; du reste, nous verrons plus loin que le basalte naturel pulvérisé, employé comme sable dans les mortiers, paraît en augmenter l'hydraulicité, ce qui n'a rien d'étonnant vu l'origine ignée de ce produit volcanique.

G. — FABRICATION DES CHAUX HYDRAULIQUES ET DES CIMENTS ; DESCRIPTION DE QUELQUES USINES

GÉNÉRALITÉS

Fabrication des chaux artificielles. — « Puisque les chaux hydrauliques, dit Vicat, résultent de la cuisson des substances calcaires naturellement mélangées d'argile, on doit pouvoir obtenir des chaux semblables en imitant artificiellement ces mélanges dans des proportions voulues, et en les soumettant à la cuisson : l'expérience ne laisse aucun doute à cet égard, et cette fabrication, dont l'invention nous est due, forme depuis 1820 une branche d'industrie très utilement exploitée à Paris et ailleurs. »

On fabrique les chaux artificielles par deux procédés différents : 1° procédé de la simple cuisson; 2° procédé de la double cuisson :

1° *Procédé de la simple cuisson*. — On se procure des calcaires tendres et faciles à pulvériser, tels que du tuf ou de la craie; quelquefois même on prend des marnes qui ont l'avantage de se déliter facilement, et qui renferment déjà une certaine proportion d'argile; mais il faut prendre des marnes argileuses et non sableuses, et rechercher par l'expérience quelle proportion d'argile elles renferment. On réduit ces calcaires à l'état de pâte fine, ou plutôt de forte bouillie. D'un autre côté, on se procure de l'argile bien pure que l'on délaye aussi. On mélange le tout, et l'on soumet cette pâte liquide à une trituration énergique, afin d'obtenir un mélange aussi parfait que possible ; pour ce travail, on emploie quelquefois les tonneaux à mortier; mais on doit leur préférer de beaucoup les meules verticales qui font subir à la matière non pas une simple agitation, mais un corroyage énergique. Au sortir du manège, la matière liquide s'écoule dans une série d'auges étagées, qui communiquent entre elles par des déversoirs. Quand la première est pleine, la pâte passe dans la seconde ; enfin, dans la dernière s'écoule une eau bourbeuse, formée de la réunion de toutes les eaux qui montent à la surface de chaque auge; elle se perd dans un puisard.

Lorsque la matière est un peu desséchée dans les auges, on la découpe en briquettes que l'on fait sécher sur une aire dallée. Quand elles sont sèches, on les cuit comme des calcaires ordinaires.

On peut simplifier l'opération précédente en comprimant la pâte qui sort du manège au moyen d'une sorte de balancier qui moule les briquettes.

La composition de la chaux hydraulique artificielle de Paris, dont il a été fait un grand usage dans les fortifications, est la suivante :

Chaux	Silice	Alumine	Oxyde de fer
74,60	15,86	7,93	1,60

2° *Procédé de la double cuisson*. — Lorsque l'on ne possède pas un calcaire facile à pulvériser, on ne peut faire directement le mélange de ce calcaire avec l'argile, car l'opération serait coûteuse et susceptible de mauvais résultat. On se sert de chaux grasse que l'on éteint soigneusement et dont on fait une bouillie que l'on mêle à l'argile ; on corroie le mélange, on le moule en briquettes, que l'on cuit à la manière ordinaire pour revivifier la chaux. Après la cuisson, on pulvérise.

La chaux à double cuisson, employée à Saint-Malo, avait la composition ci-après :

Chaux	Silice	Alumine	Sable	Carbonate de chaux	Principes solubles
37,92	19,59	4,71	19,83	15	4,95

Cette chaux était fabriquée par M. l'ingénieur Féburier ; elle renfermait 59 d'argile pour 100 de chaux caustique ; c'était donc un ciment, et toutes les fois qu'on a voulu diminuer la quantité d'argile, les mortiers n'ont plus résisté à la décomposition par l'eau de mer.

« Pour fabriquer cette chaux, disait M. Féburier, en 1853, on prend de la chaux grasse éteinte par le procédé ordinaire et des vases de mer que l'on trouve dans les grèves. Le dosage se fait en volumes.

« On jette les matières dans de grandes cuves et on les délaye dans une très grande quantité d'eau ; le mélange se fait au moyen d'une roue verticale qui tourne dans les cuves et qui n'a d'autre fonction que d'agiter l'eau. On coule ensuite la matière dans de grands bassins.

« La cuisson a lieu dans des fours de la contenance de 30 à 40 mètres cubes, à feu non continu.

« Lorsque la cuisson est terminée, on laisse la chaux se refroidir en partie, puis on l'écrase entre deux cylindres, et un petit jet d'eau est dirigé constamment sur la chaux au fur et à mesure qu'elle arrive entre les cylindres.

« Du reste, lorsque cette chaux est cuite, elle est presque à l'état pulvérulent, et c'est ce qui en rend la cuisson difficile. Les briques, lorsqu'on les tire du four, s'écrasent entre les doigts.

« Cette chaux ne fuse pas ; elle acquiert seulement un peu de chaleur lorsqu'on l'arrose. Nous ne l'employons jamais avant un délai de quinze jours après sa sortie du four et même nous la gardons presque toujours un mois et plus avant de l'employer : cela est absolument indispensable. »

Ces explications nous ont paru intéressantes à reproduire parce qu'elles ont trait à une des premières et des plus importantes applications de la théorie de Vicat, et parce qu'elles mettent aussi en lumière l'importance de la digestion préalable des produits qui donne aux réactions le temps de se manifester avant l'emploi des mortiers.

Vicat employa la chaux hydraulique artificielle pour la fondation des piles du pont de Souillac, son premier ouvrage : pour cuire les briquettes, il les disposait au-dessus de calcaire ordinaire, qui recevait le premier l'action du foyer et se trouvait transformé en chaux grasse. La chaux grasse fabriquée dans une fournée entrait dans la composition de la chaux artificielle à la fournée suivante : le produit artificiel revenait à un prix assez élevé, 41 fr. 60 le mètre cube; mais tout le travail se faisait à bras d'hommes, et les fours étaient intermittents.

Signalons ici certaines chaux hydrauliques, cuites avec des houilles sulfureuses, qui sont d'un emploi détestable et se désagrègent sous l'eau : il semble que les sulfures s'oxydent et donnent du sulfate de chaux qui boursoufle la masse, puis se dissout peu à peu dans l'eau.

Fabrication des ciments. — La fabrication des ciments est analogue aujourd'hui à celle des chaux artificielles ; car, si l'on se sert de calcaires argileux naturels, il faut, pour obtenir des produits uniformes, analyser le calcaire employé à chaque fournée, et ajouter ce qui lui manque de manière à obtenir les proportions voulues.

Le ciment romain ou ciment de Parker, inventé à Londres en 1696, est une chaux éminemment hydraulique, qui fait prise en un quart d'heure sans éprouver aucun retrait, et qui durcit très rapidement sous l'eau ; on l'obtient par la cuisson d'un calcaire gris bleuâtre à grain fin et très lourd. Il faut éviter pendant la cuisson tout commencement de vitrification.

Les galets argileux, qu'on trouve dans les falaises de Boulogne, donnent ce qu'on appelle le plâtre-ciment, analogue au ciment de Parker.

Le ciment de Pouilly, donné par un calcaire naturel, est supérieur encore au ciment de Parker, mais il garde une couleur foncée qui empêche de l'employer dans les constructions en pierres de taille ; le ciment de Vassy, qui a les mêmes propriétés que le précédent, est presque blanc.

Tous ces ciments sont dits à prise rapide. Le ciment à prise lente, ou portland, est beaucoup plus récent.

Nous avons déjà vu que le portland était une chaux limite; il est donné par tout calcaire qui renferme 20 à 23 p. 100 d'argile, et 70 à 80 p. 100 de carbonate de chaux. Si ces proportions n'existent pas, on est sûr de ne point obtenir de ciment à prise lente. Toute fabrication de portland comporte donc des analyses fréquentes et complètes.

Il est rare de rencontrer un calcaire naturel renfermant exactement les proportions de 22 d'argile pour 78 de carbonate ; le plus souvent, il faut arriver à cette composition par des mélanges.

A Londres, on mélange de la craie pure à de l'argile d'alluvion des bords de la Tamise. Les mêmes conditions se rencontrent à Meudon, près de Paris.

Ailleurs, ce sont des marnes argileuses auxquelles on ajoute de la craie, ou des calcaires argileux auxquels on ajoute de l'argile ; ou bien encore c'est une marne riche en argile, que l'on mélange avec une autre marne riche en calcaire.

Les matières sont délayées dans l'eau, et pour les faire passer à l'état de poudre impalpable, on les place dans des auges annulaires que parcourent sans cesse d'énormes râteaux ou des herses en fer.

La bouillie très claire ainsi obtenue s'écoule par un déversoir en traversant une grille à mailles serrées sur laquelle elle abandonne tous les fragments non pulvérisés ; elle passe ensuite dans des bassins où les matières solides se déposent. La couche de vase s'accroît peu à peu de manière à remplir chaque bassin ; on la brasse alors de manière à rendre le mélange homogène ; puis on la découpe en briquettes et on achève la dessiccation à l'air ou sous des hangars, suivant le climat ; quelquefois on accélère la dessiccation par une température de 80° à 100°.

La cuisson du ciment à prise lente exerce sur sa qualité la plus grande influence ; elle peut, jusqu'à un certain point, corriger une erreur sur la composition chimique normale de la pâte, et c'est à elle, dans tous les cas, que le ciment doit la densité considérable qu'il possède lorsqu'il est de bonne qualité. La cuisson du ciment à prise lente n'a pas seulement pour but de chasser l'acide carbonique du calcaire, elle doit encore déterminer entre ses éléments une combinaison intime et produire un commencement de vitrification à la surface des fragments. Cette opération exige de la part des ouvriers une grande expérience et une extrême attention. Les briquettes séchées sont brisées en fragments passant dans un anneau de 0^m06 à 0^m07 de diamètre, comme le caillou de route, et on les cuit dans des fours à feu intermittent, alimentés par du coke ; les bitumes et surtout les sulfures de certaines houilles sont susceptibles de nuire beaucoup au ciment. Les fours ordinaires sont formés de deux troncs de cône accolés par leur base, ils contiennent 20 à 25 tonnes de ciment ; la cuisson dure vingt-quatre à cinquante heures, et le refroidissement, deux ou trois jours ; on consomme 200 à 350 kilogrammes de coke par tonne de ciment cuit obtenu. Les fours à portland, étant soumis à une chaleur beaucoup plus forte que celle qui se produit dans les fours à chaux, demandent à être construits avec une solidité toute particulière.

Au défournement, on enlève tous les morceaux de mauvaise qualité, que l'on reconnaît à leur aspect, à leur couleur, à leur faible densité. Les bons morceaux sont concassés sous des meules de granite ou bien entre des cylindres broyeurs, puis ils passent dans un moulin à meules horizontales qui les pulvérise; la poudre traverse un blutoir, et on n'a plus qu'à la loger dans les barils pour l'expédier.

Dans le commerce, on vend quelquefois sous le nom de portland des mélanges de ciment à prise lente avec des matières inertes, ou avec des chaux hydrauliques, du plâtre, des oxysulfures de calcium; ces mélanges font prise au moment de l'emploi, mais les mortiers se décomposent rapidement.

Ces généralités ne renseigneraient pas suffisamment le lecteur si nous ne les faisions suivre de la description de quelques exploitations importantes. Malheureusement, les fabricants sont presque toujours peu disposés à faire connaître les détails de leurs usines parce qu'ils s'imaginent, souvent à tort, posséder des procédés spéciaux, des tours de main avantageux qu'ils veulent tenir secrets. Cette défiance apporte quelque entrave au progrès.

EXEMPLES DE FABRICATION DE CHAUX HYDRAULIQUE, NATURELLE OU ARTIFICIELLE

Chaux hydraulique artificielle de Bougival. — La fabrication de M. Pointelet, à Bougival (Seine-et-Oise), est très intéressante, parce qu'elle est complètement artificielle.

L'usine Pointelet a une superficie de 3 hectares, possède 3 machines à vapeur d'une force totale de 60 chevaux, 14 fours cubant chacun 40 mètres cubes, 3 manèges broyeurs et 4 bluteries de 4 mètres de longueur.

La chaux hydraulique de Bougival, qui fait prise en 4 jours, est composée de 0^m80 de craie pure et 0^m20 d'argile; son indice d'hydraulicité est 0,37, caractérisant une chaux hydraulique ordinaire.

L'extraction de la craie est souterraine, celle de l'argile se fait à ciel ouvert.

Le mélange de craie et d'argile est broyé très liquide dans de grandes auges (dont le fond est en fonte et la maçonnerie en portland) par deux roues verticales de 2 mètres de hauteur sur 0^m40 de longueur, pesant chacune 2,000 kilogrammes; puis ce mélange passe dans de grands bassins de 3,000 à 4,000 mètres cubes où il reste environ trois mois; il est parvenu alors à l'état de pâte assez ferme pour être transformée en pains que l'on porte au four.

La cuisson est faite au charbon de terre; la chaux cuite est étendue ous de grands hangars et éteinte au moyen de jets d'eau; elle est ensuite relevée en tas de 2 à 3 mètres, et reste ainsi pendant 15 à 20 jours, afin que l'extinction et la digestion des matières soient complètes. Le foisonnement est de 15 à 20 p. 100; la fabrication journalière s'élève à 120 mètres cubes environ.

La chaux bien éteinte passe aux bluteries, qui séparent de la poudre les incuits et les surcuits, puis elle est livrée au commerce dans des sacs de 50 litres.

Cette chaux pèse 625 kilogrammes le mètre cube. Le prix de vente est d'environ 17 francs le mètre cube pris à l'usine.

La chaux de Bougival a été employée avec succès dans les édifices de Paris, dans les murs de quai, dans les égouts et les ponts; au barrage de Trilbardou, elle a fait prise en 2 ou 3 jours et il n'y avait pas de laitance sur la chaux dans le verre d'essai, ce qui n'arrivait pas avec les chaux de toutes provenances.

Chaux naturelle de Paviers. — L'établissement de Paviers, près l'Ile-Bouchard, arrondissement de Chinon, remonte à 1844; il donne une chaux éminemment hydraulique, dont l'indice est 0,40, et qui a été employée dans un grand nombre d'ouvrages d'art de la région de l'ouest, fondations, ponts et viaducs, et même aux travaux de construction du bassin à flot de Saint-Nazaire. Cette chaux paraît donc susceptible d'un bon emploi dans l'eau de mer, et l'expérience de Saint-Nazaire, prolongée depuis 1875, ne semble pas lui avoir été défavorable.

Le banc calcaire qui fournit la pierre à chaux a six mètres de puissance et a été trouvé jusqu'ici uniformément homogène dans toute son étendue qui semble indéfinie.

La chaux se fabrique dans des fours continus et est réduite en poudre par une extinction partielle.

Les charbons pour la cuisson ont été choisis parmi ceux qui ont présenté les meilleurs résultats, de sorte que la cuisson est désormais réglée avec précaution, à la température convenable pour éviter toutes combinaisons nuisibles.

L'extinction, ou réduction en poudre, s'effectue avec un soin spécial, sous des abris, par couches raisonnées, pour que la pulvérisation soit égale et parfaite et qu'en cet état la chaux puisse être conservée plusieurs mois sans éprouver d'altération. Les bluteries ont fait l'objet de soins particuliers.

Le mètre cube de chaux de Paviers pèse, en moyenne, 750 kilogrammes, et son rendement, en pâte, est de 0,800.

Le prix est de 18 francs le mètre à l'usine ou sur bateaux et 21 francs en gare.

Chaux naturelle de Senonches et de Laigle. — Les chaux hydrauliques naturelles de Senonches (Eure-et-Loir) et de Laigle (Orne) sont exploitées par la même administration, Hérissay et Cie.

La chaux de Senonches était, vers 1822, la seule employée dans les constructions hydrauliques de Paris, au prix de 85 francs le mètre cube. Elle est entrée dans la maçonnerie de plusieurs ponts sur la Seine. L'exploitation, qui s'était considérablement ralentie, a retrouvé aujourd'hui son importance.

La carrière souterraine, située à 600 mètres des fours, est desservie par deux puits d'extraction de chacun 30^{m}60 de profondeur, aboutissant à quatre galeries. Ces galeries sont creusées à un niveau constant, au-dessous d'un banc sensiblement horizontal, appelé *table de sûreté* et servant de ciel de carrière; ce banc, un peu plus dur que les autres, est remarquable par une grande abondance de moules d'inocérames. Les galeries ont une hauteur assez régulière de 2^{m}50, divisée en trois bancs d'épaisseurs variables entre 0m50 et 1 mètre; parfois on atteint 2m80 de hauteur de galerie, mais alors on entame le 4e banc de fond, et, dans ce cas, on est gêné par les eaux. On peut donc considérer cette exploitation comme limitée en haut par la table de sûreté et en bas par le 4e banc.

Dans toutes les galeries, les trois bancs exploités paraissent d'une nature assez constante et homogène, à l'exception toutefois du banc n° 1, dans lequel on trouve accidentellement de petits rognons de silex disséminés dans la masse.

Les galeries sont ouvertes à la base d'un étage de craie marneuse de 8,60 de hauteur, que surmonte l'argile à silex sur 21 mètres.

Comme celle du Teil, la chaux de Senonche est une chaux siliceuse; son indice 0m38 la range presque parmi les chaux éminemment hydrauliques.

L'établissement de Laigle, ouvert en 1862 près de la gare de ce nom, par M. Hérissay, sur les indications de Vicat qui avait constaté, en cet endroit, la présence d'une craie marneuse renfermant 15 à 18 p. 100 d'argile, a atteint une production supérieure à celle de Senonches et a fourni de la chaux à la plupart des travaux d'art de la région. On exploite une craie marneuse, contenant des moules d'inocérames, analogue à celle de Senonches, ayant pour indice 0,33, ce qui la classe dans les chaux hydrauliques ordinaires.

Le calcaire de Laigle, qui s'étend en masses compactes sous une superficie de 120 hectares, s'extrait par des puits de 33 mètres de profondeur correspondant à des galeries horizontales ouvertes dans les bancs exploitables; ces galeries sont des voûtes ogivales de 4 mètres de largeur et de 4m80 de hauteur.

A Senonches comme à Laigle, il n'a jamais été fait usage du broyeur pour la fabrication de la chaux tamisée qui n'est réduite en poudre qu'au moyen de son extinction par l'eau. Les *grappiers* sont mis de côté pour la culture.

L'usine de Senonches comprend actuellement 4 fours à feu continu chauffés au bois, pouvant donner, chaque jour, 30 mètres cubes de chaux, et 18 fours continus à la houille pouvant donner, chaque jour, 200 mètres de chaux. Une machine à vapeur de 40 chevaux met en mouvement les bluteries, les monte-charge et la pompe destinée à alimenter les magasins d'extinction.

Dans un laboratoire spécial, il est préparé chaque jour des hydrates pour contrôler la prise et la résistance des produits.

Le mètre cube de chaux de Senonches pèse 650 kilogrammes et celui de chaux de Laigle 600 kilogrammes; les livraisons se font en sacs plombés de 50 kilogrammes. Le dosage ordinaire est par mètre cube de sable de 300 kilogrammes pour les mortiers hydrauliques et 200 à 250 kilogrammes pour les mortiers aériens. Le prix est de 26 francs la tonne en gare de Laigle.

Chaux naturelle du Seilley, à Ville-sous-la-Ferté. — Il existe à Ville-sous-la-Ferté (Aube) plusieurs usines fabricant des chaux hydrauliques et même des ciments. On connaît surtout la chaux du

Seilley, exploitée précédemment par la Société des bétons Coigniet et maintenant par M Klcine, et celle des fours Saint-Bernard, exploitée depuis longtemps par MM. Convert et Maugras.

Les gisements, signalés en 1835 par M. Uhrich, ingénieur des ponts et chaussées, furent exploités en grand lors de la construction de la ligne de Paris à Belfort.

Le calcaire, extrait à ciel ouvert, appartient aux marnes coralliennes, terrain jurassique supérieur; les bancs sont de diverses épaisseurs, séparés par de petites couches feuilletées, la masse a 20 mètres de hauteur. Le calcaire, renfermant en moyenne 18 à 20 p. 100 d'argile, s'extrait facilement à la pioche et se sépare en fragments à surfaces conchoïdales; savonneux au toucher lorsqu'on le tire de la carrière, il se délite promptement à l'air et ne peut, par conséquent, être extrait longtemps à l'avance. L'humidité le rend boueux et la sécheresse le réduit en poussière.

Les fossiles sont assez rares dans ces calcaires argileux, cependant on y rencontre des ammonites et cinq espèces de pholadomies.

L'indice de la chaux en poudre est 0,50, ce qui indique une chaux éminemment hydraulique.

L'usine Convert et Maugras possède aujourd'hui quinze grands fours, pouvant produire chaque jour 350 mètres cubes, soit 200 tonnes, de chaux; elle occupe 150 ouvriers.

La planche 16 donne les dispositions de l'usine Convert et Maugras à l'époque où elle ne comptait que sept fours; sa puissance a été doublée depuis cette époque. On remarquera tout d'abord que la matière va toujours en descendant depuis la carrière jusqu'au point de chargement. La chaux cuite est, au sortir du four, étendue dans la chambre d'extinction que dessert une conduite d'eau; de là elle descend au broyeur, est reprise par une noria, puis versée dans les bluteries d'où elle sort prête pour l'ensachage. Les diverses dépendances sont intelligemment disposées; la machine à vapeur est dans une chambre distincte: il est nécessaire, en effet, de la mettre à l'abri des poussières qui remplissent toujours une usine de ce genre.

La cuisson du calcaire se fait à feu continu dans des fours de forme ovoïde. Au sortir des fours, la chaux est amenée dans de vastes chambres, éteinte par aspersion et mise en tas afin d'activer la pulvérisation, qui est généralement lente; l'extinction se fait au moyen de 100 litres d'eau pour 1 mètre cube.

Certaines parties même, et ce sont celles produites par les calcaires les plus argileux de la carrière, au lieu de s'éteindre, se fendent en petits morceaux inégaux, que l'on appelle communément grappiers.

Les grappiers sont des morceaux de calcaire renfermant une plus forte proportion d'argile et susceptibles de fournir des ciments. On en tire, en effet, par la pulvérisation, des ciments à prise lente. Nous reviendrons sur cette opération en parlant de la chaux du Teil.

La chaux éteinte est tamisée dans des bluteries recouvertes de toiles ayant 10.000 mailles au décimètre carré, et reçue en poudre impalpable dans des sacs où elle est fortement comprimée; chaque sac pèse 50 kilogrammes et contient 80 litres. Le mètre cube pèse donc 625 kilogrammes.

Cette chaux, qui donne des mortiers d'un jaune verdâtre, faisant prise en trois ou quatre jours, coûte 17 francs la tonne en gare de Clairvaux; elle a été employée dans beaucoup de travaux d'art de la région.

Chaux de Pont-de-Pany et de Malain (*Côte-d'Or*). — Cette chaux est fabriquée par la maison Branget, que dirige aujourd'hui M. Bonnami, conducteur des ponts et chaussées, à qui l'on doit d'intéressantes études sur les chaux et les ciments. Il y a deux usines, l'une près de la gare de Malain, l'autre à Pont-de-Pany, sur le canal de Bourgogne.

La carrière de Malain est ouverte dans les marnes du «fuller's earth», dont M. Guillebot de Nerville a dit :

« Ce calcaire marneux donne une chaux hydraulique réunissant plus qu'aucune autre les qualités qu'on apprécie le plus dans la conduite des grands travaux... Elle cuit et fuse ensuite facilement; elle fonctionne bien, fait prise avec assez de lenteur et durcit indéfiniment sous l'eau. »

L'exploitation a commencé lors de la construction de la ligne de Paris à Dijon, il y a quarante ans; la carrière est voisine du souterrain de Blaisy-Bas.

Elle donne une chaux siliceuse, plus ou moins riche, suivant que le calcaire est pris à tel ou tel niveau de la masse; on arrive ainsi à réaliser un indice moyen qui donne une bonne chaux hydraulique, employée avec succès aux ouvrages d'art de plusieurs chemins de fer et du canal de Bourgogne.

Chaux du Teil (*Usines Pavin de Lafarge*). — Les usines de Lafarge du Teil (Ardèche) ont pris un développement énorme et expédient des chaux et des ciments dans toute l'Europe. Il y a cinquante ans, c'était une exploitation rudimentaire qui ne livrait que des chaux en pierres, produit difficile à transporter, donnant de fréquentes anomalies, s'avariant facilement en route et offrant aux metteurs en œuvre une assez grande difficulté pour l'emploi. C'est cependant sous cette forme que commença la réputation de la chaux du Teil, employée déjà en 1835 aux travaux du port de Toulon, de Cette et de Marseille.

C'est en 1845 que MM. Pavin de Lafarge commencèrent à bluter leur chaux préalablement éteinte; ils obtinrent alors un produit homogène, de transport et de conservation faciles, dont la consommation s'est sans cesse accrue.

La planche 14 donne, en même temps que les dessins des fours, la coupe d'une partie de l'usine s'étendant du front de taille de la masse calcaire jusqu'au quai d'embarquement sur le Rhône. Le gueulard des fours est au niveau même de la plate-forme sur laquelle s'accumulent les pierres calcaires cassées à la masse à la grosseur de forts cailloux; la matière descend donc au fur et à mesure de la fabrication, de manière à ce que la manutention soit aussi peu coûteuse que possible; des fours elle passe aux chambres d'extinction, puis aux bluteries et à l'ensachage d'où elle est chargée directement soit en wagons, soit en bateau.

Les carrières font partie des marnes néocomiennes inférieures et constituent l'assise désignée sous le nom de *calcaires à criocères*. Elles sont ouvertes sur un front de 120 mètres de hauteur en moyenne sur 550 mètres de longueur et formées de trois bancs compacts superposés, qui sont découpés à pic.

Cet immense front de taille est attaqué par des mines d'une très grande puissance et qui atteignent des charges considérables (12,000 kilos de poudre); on procède ensuite à la division des blocs par des mines à l'acide (système Courbebaisse).

La quantité de pierres cassées soumise chaque jour à la cuisson s'élève à environ 1,200 mètres cubes pour une production de 750,000 kilos de chaux blutée par jour.

Les fours, au nombre de 42, sont à feu continu et consomment environ 125,000 kilos de charbon de terre par jour. La pierre, une fois cuite, est transportée dans de vastes hangars, où elle est soumise à l'opération de l'extinction, c'est-à-dire légèrement mouillée et mise en tas; là s'opère alors l'extinction complète, favorisée par le développement de la vapeur d'eau qui en pénètre toutes les parties. Les chaux ainsi traitées restent une dizaine de jours en tas; ce temps est ordinairement suffisant pour les rendre pulvérulentes et permettre de leur faire subir l'opération du blutage, après avoir rejeté les incuits.

Les blutoirs sont des cylindres tournants de 3 mètres de long, recouverts d'une toile en laiton; ils laissent passer la *fleur de chaux* et les *grappiers* s'échappent. Ce sont les petits morceaux que l'extinction n'a pas pulvérisés et qu'il ne faut pas confondre avec les incuits.

Ces grappiers sont broyés sous des meules et le produit est passé à un second blutoir; la poudre qui passe à ce second blutoir est mélangée immédiatement à la fleur de chaux et donne la *chaux marchande*.

Les seconds grappiers sortant du second blutoir sont recueillis, broyés et tamisés et fournissent un ciment à prise lente, le *ciment de grappiers;* le résidu final est encore siliceux et calcaire et est employé comme sable pour la confection des dalles et pièces moulées à base de ciment.

Il est reconnu que le produit des grappiers pulvérisés augmente l'hydraulicité de la fleur de chaux; ils proviennent, en effet, de parties du calcaire plus riches en silice, que l'extinction ne réduit pas en poudre, mais qui, finement broyées, augmentent la proportion de silice assimilable contenue dans la chaux. Les analyses, dont nous donnerons plus loin les résultats, démontrent la vérité de cette assertion.

L'emploi des grappiers est justifié au Teil et produit de bons résultats; mais il n'est pas prouvé qu'il en sera de même partout et qu'il sera toujours avantageux, quel que soit le calcaire d'origine, de mélanger à la fleur de chaux ce qui n'a point passé dans le blutoir.

La chaux de Lafarge pèse de 700 à 720 kilogrammes le mètre cube non tassé. Il faut 1,000 kilogrammes de chaux en poudre pour produire un mètre cube de chaux en pâte ferme.

Le prix de la tonne de chaux, livrée en sacs de 50 kilogrammes, est de 15 francs sur bateau et de 17 francs en gare.

La chaux du Teil a des débouchés considérables et une réputation justifiée par l'homogénéité et la constance de sa fabrication. Dans les grands travaux, sur les chantiers importants, il est possible et facile d'organiser des expériences méthodiques pour contrôler la valeur des chaux à chaque livraison ; mais cela n'est point praticable pour les petits ouvrages d'art courants qui se présentent dans le service ordinaire des ponts et chaussées et dans le service vicinal; on est heureux alors d'avoir une marque de chaux qu'on puisse accepter de confiance, et c'est là une des causes qui expliquent le succès des chaux de Lafarge.

Elles ont servi dans tous les ports de la Méditerranée et les ingénieurs en ont toujours été contents; on a dit quelquefois qu'elles ne résistaient pas dans l'Océan ni dans la Manche, parce qu'elles ne renfermaient pas d'aluminate de chaux; ce sel, d'après M. Landrin, notamment, ferait prise plus tôt que le silicate et mettrait ce dernier à l'abri des atteintes de la mer dans les eaux agitées des mers à marée, tandis que dans les eaux calmes de la Méditerranée cet abri ne serait pas nécessaire. Cette appréciation ne paraît pas justifiée et elle est contredite par de nombreuses expériences; du reste, la Méditerranée, quoique dépourvue de marée, est soumise à des courants et à des lames aussi puissants que ceux de l'Océan. Sans doute, la chaux du Teil ne fait pas prise assez vite pour être immergée directement à l'état pâteux dans des eaux agitées où il faudrait des ciments; mais cela ne prouve rien contre sa qualité. Elle a donné des résultats très satisfaisants aux ports de Bordeaux et de Saint-Malo, et il existe à la digue de Cherbourg des blocs artificiels à mortier de chaux du Teil qui se sont aussi bien comportés que les blocs à base de portland. Toute prévention contre cette chaux doit donc disparaître. Lorsqu'elle peut être substituée au portland, elle a l'immense avantage de donner des mortiers beaucoup plus économiques.

Il s'est formé dans le voisinage de Lafarge des exploitations analogues, qui donnent aussi de bons produits; nous citerons notamment les usines du *Détroit du Teil*, exploitées par une société anonyme, dont les produits ont été employés aux bassins à flot de Saint-Malo, aux jetées de Toulon, aux ports de Marseille et de Cadix.

Observations sur les usines non citées ci-dessus; des conditions à remplir pour fournir de bonnes chaux. — En donnant une description sommaire des quelques usines que nous venons de passer en revue, notre intention était simplement de mettre le lecteur au courant des procédés de fabrication des chaux; nous n'avons, en aucune façon, voulu placer ces usines au-dessus de leurs concurrents. Il en est d'excellentes parmi celles que nous n'avons pas citées et nous n'entendons pas leur causer le moindre tort.

Du reste, nous demeurons ainsi dans l'esprit des circulaires de M. le Ministre des travaux publics du 3 août 1882 et du 18 avril 1883 qui s'expriment ainsi :

« Le conseil général des ponts et chaussées a refusé de recommander à l'avenir les chaux de telle ou telle provenance et a exprimé l'opinion qu'il convenait de laisser aux ingénieurs le soin d'indiquer dans leurs devis, sous leur responsabilité et avec le contrôle de l'administration, les chaux à employer et les conditions auxquelles elles devraient satisfaire. »

Cependant l'administration a cru devoir rappeler aux ingénieurs que l'emploi de produits hydrauliques de premier ordre n'était pas toujours justifié et qu'il y avait lieu « de signaler à leur attention les facilités et l'économie qu'ils pouvaient trouver dans l'emploi de produits qui suffisaient pour un grand nombre de travaux à l'air libre et dans l'eau douce, à la condition d'être fabriqués avec soin et sévèrement contrôlés. »

Le contrôle des livraisons faites sur les chantiers est, en effet, bien nécessaire et, malheureusement, il est difficile pour les travaux de faible importance; on ne peut guère alors constater que la prise et on ne sait rien sur le durcissement final; on en est donc amené, comme nous l'avons dit, à s'en rapporter à la marque, car la recherche de l'indice d'hydraulicité est sans valeur. Un bon indice prouve seulement que le calcaire exploité est susceptible de fournir un produit hydraulique, pourvu que la fabrication soit conduite suivant les règles de l'art; mais une chaux à indice satisfaisant peut avoir été mal préparée et mal cuite et ne point réussir dans les constructions.

M. Bonnami estime que le *contrôle de la fabrication à l'usine* est le moyen le plus sûr et le plus rationnel pour apprécier une chaux; ce contrôle peut être basé, suivant lui, sur des conditions insérées à l'*Instruction spéciale pour l'exécution des ouvrages d'art*, rédigée par le service de construction de la Compagnie Paris-Lyon-Méditerranée. Voici un extrait de cette instruction :

« *Conditions pour la réception des chaux hydrauliques.* — Art. 9. — La chaux à employer sera préparée *exclusivement* au moyen de calcaires hydrauliques naturels, ayant de 12 à 18 p. 100 d'argile (non compris le sable quartzeux qui ne devra pas former plus de 3 p. 100 du calcaire).

« Les lieux dont elle proviendra seront fixés dans la série des prix. On constatera d'avance, par des essais, la bonne qualité de la chaux et le temps quelle met à faire prise.

« Art. 13. — En général, la chaux employée dans les chantiers sera éteinte et blutée dans les usines placées sous la surveillance immédiate de la Compagnie.

« La chaux vive, après sa sortie des fours, séjournera pendant au moins quinze jours dans des fosses de délitement couvertes, où elle recevra son eau d'extinction, par arrosage et en assez faible quantité pour qu'elle ne paraisse jamais mouillée. La chaux éteinte, alors seulement qu'elle sera refroidie et sèche, sera blutée au travers d'une toile métallique n° 20 formée de fils de laiton et contenant au moins 20,000 mailles par décimètre carré. Les grappiers qui n'auraient pu passer au blutoir ne seront admis dans la chaux que sous la triple condition :

« 1° Qu'ils auront été exposés pendant au moins quinze jours à un nouveau délitement;

« 2° Qu'ils auront été broyés et ensuite blutés au travers de la toile métallique de laiton sus-indiquée;

« 3° Qu'ils auront été mélangés intimement avec la chaux blutée et de façon qu'il n'y ait jamais plus d'un quart de grappiers dans le mélange.

« La chaux blutée, acceptée par un agent de la Compagnie, sera conservée à l'usine dans des magasins couverts et sur des planchers élevés d'un mètre au moins au-dessus du sol; elle sera expédiée dans les trois mois de sa fabrication, à mesure des demandes de l'entrepreneur, et chaque envoi sera suivi d'une lettre de voiture signée de l'agent de la Compagnie, pour constater sa provenance, sa qualité et sa quantité. Rendue sur les chantiers, elle sera employée immédiatement et, à défaut, emmagasinée avec les mêmes précautions qu'à l'usine, dans des hangars spéciaux insubmersibles, placés sous la surveillance des agents de la Compagnie, et dont elle devra être extraite, pour l'emploi, dans un nouveau délai de trois mois.

« Les chaux qui ne satisferaient pas aux conditions de fabrication indiquées ci-dessus, qui auraient été mouillées d'une façon jugée préjudiciable par l'ingénieur de la Compagnie, soit à l'usine, soit dans les magasins de la ligne, soit dans les transports, ou qui n'auraient pas satisfait aux expériences directes faites par les ordres de l'ingénieur, seront rejetées au moment même où leur défaut aura été constaté et seront séparées des chaux admises, de manière à éviter toute espèce de confusion.

« A chaque usine, l'entrepreneur mettra à la disposition de l'agent de la Compagnie un laboratoire avec les réactifs, matières et ustensiles nécessaires pour faire journellement les analyses et essais directs propres à constater la qualité des calcaires mis en service et des chaux fabriquées. »

Extrait du devis type joint à la circulaire du ministre des travaux publics du 15 septembre 1879.

Chaux. « ART. 30. — Toute la chaux sera de nature hydraulique; elle sera amenée sur les chantiers en poudre, renfermée dans des sacs plombés, avec une marque de fabrique agréée par l'ingénieur. Les plombs seront fixés à la ficelle et liant les sacs, de telle sorte qu'on ne puisse pas ouvrir le sac sans couper la ficelle.

« La chaux proviendra directement des usines et ne pourra jamais être prise dans les magasins des intermédiaires. Pendant le transport de l'usine aux chantiers, on veillera avec grand soin à ce que la chaux ne soit pas exposée à la pluie ou à l'humidité. Sur les chantiers, elle sera conservée dans des hangars bien clos, dont le plancher en bois sera établi de telle sorte qu'il ne puisse jamais être atteint par les eaux même accidentelles.

« Tout sac dans lequel se trouveraient des parties de chaux ayant fait prise par l'effet de l'humidité sera immédiatement vidé au remblai.

« Afin de laisser aux usines la responsabilité entière de leurs fournitures, on ne devra jamais employer des chaux de deux provenances différentes, dans un même ouvrage. Toutefois, s'il s'agit d'un travail très considérable, l'ingénieur pourra autoriser l'entrepreneur à déroger à cette clause formelle, et il lui remettra alors un ordre de service définissant les parties à exécuter avec les chaux des diverses provenances.

« L'entrepreneur devra justifier, par les lettres de voitures, de la provenance de la chaux, toutes les fois qu'il en sera requis.

« La chaux en poudre devra être préparée avec le plus grand soin ; elle sera bien éteinte, bien homogène et parfaitement tamisée.

« La chaux en pierre sera de la meilleure qualité que donnent les fours indiqués au devis, bien cuite, non éventée, sans incuits ni biscuits. Elle sera employée dans les. . . . . qui suivront la sortie des fours.

« La chaux hydraulique, réduite en pâte ferme et immergée, doit, au bout de. . . . . jours d'immersion, résister sans empreinte à une forte pression du doigt; les approvisionnements qui ne satisferaient pas à cette condition seraient refusés et immédiatement extraits des magasins. »

COMPOSITION CHIMIQUE DES CHAUX HYDRAULIQUES LES PLUS CONNUES

Nous avons réuni dans le tableau suivant les résultats de l'analyse des principales chaux hydrauliques rapportées à 100 parties de chaque produit; ces résultats sont extraits pour la plupart du *Catalogue des matériaux de construction* à l'Exposition de 1878, dressé par M. l'ingénieur en chef Durand-Claye, directeur du laboratoire à l'École des ponts et chaussées. Le lecteur n'oubliera pas que l'*indice d'hydraulicité* est le rapport $\frac{A}{C}$ de la quantité d'argile à la quantité de chaux caustique contenues dans le produit; par argile, il faut entendre le total de la silice combinée et de l'alumine, et non pas une argile théorique de composition chimique définie.

DÉSIGNATION DES CHAUX	SABLE SILICEUX	SILICE COMBINÉE	ALUMINE	PEROXYDE DE FER	CHAUX	MAGNÉSIE	ACIDE SULFURIQUE	PERTE AU FEU Acide carbonique, eau, etc.	INDICE D'HYDRAULICITÉ
De Senonches (Eure-et-Loir)	»	21,60	1,60	1,30	61,10	1,70	»	12,70	0,38
De Laigle (Orne)	0,55	18,95	2,05	1,30	63,25	0,65	»	13,25	0,33
De Doué (Maine-et-Loire)	»	14,35	2,90	2,20	63,85	0,80	0,40	15,58	0,27
De Lormandière (Ille-et-Vilaine)	1.15	11,40	12,25	2,50	59,55	»	1,70	1,45	0,40
Des Cordeliers (Vienne)	»	13,65	6,25	2,35	60,60	1,45	0,95	14,75	0,33
De Paviers (Indre-et-Loire)	»	23,00	2,05	1,05	61,50	0,65	»	11,75	0,40
De la Hève (Le Havre)	»	12,35	5,10	2,60	61,05	1,25	1,15	16,50	0,28
Des Moulineaux (Seine)	»	12,90	5,75	2,85	58,85	0,50	0,50	18,65	0,32
De Bondy (Seine)	1,10	13,70	6,80	1,85	57,65	0,65	0,80	17,45	0,38
De Romainville (Seine)	0,35	16,15	5,80	2,60	57,40	1,50	0,90	13,30	0,38
D'Argenteuil (Seine-et-Oise)	»	17,85	5,20	2,40	56,80	1,55	1,30	14,90	0,80
De Bougival (Seine-et-Oise)	»	16,55	5,00	2,10	57,80	1,00	1,05	16,50	0,37
D'Ablancourt (Marne)	»	12,20	4,90	2,50	59,50	0,90	»	20,00	0,29
Des Louvières (Marne)	0,35	13,80	6,70	2,40	63,00	0,45	0,30	13,00	0,33
Du Seilley, Ville-sous-la-Ferté (Aube)	»	14,10	5,30	2,00	60,50	1,70	»	15,60	0,32
De Convert et Maugras (Aube)	0,10	20,25	7,30	2,50	54,15	0,60	0,25	14,85	0,50
De Longchamp, près Clairvaux (Aube)	»	14,35	4,45	4,40	56,65	1,00	0,45	18,70	0,33
De Bar-sur-Seine (Aube)	»	17,30	5,20	2,60	59,20	1,90	»	13,80	0,38
De Mussy-sur-Seine (Aube)	1,10	14,90	4,95	2,15	60,70	0,95	0,30	14,95	0,33
De la Gravière, près Mussy (Aube)	1,65	15,80	5,05	2,70	58,90	0,25	0,30	15,35	0,36
De Charleville (Ardennes)	6,75	21,85	4,55	3,75	47,85	0,75	1,05	13,45	0,55
De Warcq (Ardennes)	1,40	14,70	3,85	4,15	55,75	0,95	0,95	18,25	0,35
Des Côtes d'Alun (Haute-Marne)	1,00	16,30	7,75	1,65	54,00	0,30	3,05	15,95	0,44
De Chatenois (Haut-Rhin)	»	21,95	5,20	3,20	57,90	0,25	0,10	7,35	0,54
De Saint-Martin, près Dôle (Jura)	»	17,90	6,40	2,20	58,65	1,40	1,15	12,30	0,41
Du Pont de Pany et Malain (Côte-d'Or)	»	10,60	4,45	1,35	65,85	0,50	0,80	16,45	0,23
De Beaune (Côte-d'Or)	0,85	13,85	1,75	1,35	60,90	0,70	0,20	20,40	0,26
De Beffes (Cher)	1,35	15,50	4,25	3,20	61,35	1,05	0,45	12,85	0,32
De Virieu-le-Grand (Ain)	2,50	19,90	5,75	2,70	56,10	1,50	1,00	10,55	0,46
De Saint-Michel (Savoie)	»	14,20	5,40	2,10	62,20	2,40	«	13,70	0,31
De Chanaz (Savoie)	1,00	18,10	7,85	2,50	54,85	1,30	0,95	13,45	0,47
De Lafarge du Teil (Ardèche)	»	23,13	1,72	0,73	63,76	0,97	»	9,69	0,39
Du détroit du Teil (Ardèche)	0,30	19,05	1,60	0,55	65,10	0,65	0,30	12,45	0,32
De Cruas (Ardèche)	0,30	21,60	2,00	1,25	65,80	0,33	0,15	8,55	0,36
De Saint-Aule, près Viviers (Ardèche)	0,85	16,30	3,95	2,45	58,00	0,65	2,60	15,20	0,35
De l'Homme-d'Armes, près Montélimar (Drôme)	0,15	19,70	0,75	1,10	63,55	0,60	0,30	13,85	0,32
De Sigouce (Basses-Alpes)	1,15	20,80	3,70	1,95	55,65	0,25	1,15	15,35	0,44
De Contes-les-Pins (Alpes-Maritimes)	»	22,55	5,00	2,60	57,75	0,60	1,35	10,15	0,48
De la Bédoule (Bouches-du-Rhône)	0,35	16,80	5,65	3,45	58,80	0,85	0,70	13,40	0,38
De la Nerthe (Bouches-du-Rhône)	0,40	10,94	2,65	2,95	63,35	0,50	0,25	18,95	0,21
De Vaison (Vaucluse)	0,65	23,60	1,50	0,65	61,25	0,30	0,50	11,75	0,41
De la Blaquière (Gard)	4,40	12,30	9,25	2,45	57,30	0,25	1,15	12,90	0,38
De Saint-Bauzille (Hérault)	»	17,00	4,80	2,15	61,75	1,55	1,00	11,75	0,35
De Frascati, près Castelnaudary (Aude)	1,10	15,65	4,95	1,45	59,90	0,70	»	16,25	0,34
De Maraus (Charente-Inférieure)	»	13,70	5,90	2,70	58,10	1,40	»	18,20	0,34
De la Grave, près Echoisy (Charente)	»	11,70	4,20	2,30	59,20	1,40	»	20,80	0,28
De Mansle, près Echoisy (Charente)	0,25	10,90	4,20	1,75	61,10	1,40	0,50	19,90	0,25
De Saint-Astier (Dordogne)	»	21,85	1,35	2,85	62,25	1,05	0,50	10,15	0,37
De Thiviers (Dordogne)	»	9,50	11,40	3,90	57,94	4,20	»	13,10	0,36
De Saint-Antonin (Tarn-et-Garonne)	»	12,65	5,30	2,35	62,80	2,30	3,40	11,20	0,29
De Reuteils, près Albi (Tarn)	3,75	17,55	5,60	2,45	51,35	2,6	0,50	16,20	0,45
D'Albi (Tarn)	3,60	19,60	6,30	2,60	49,40	5,75	0,35	12,40	0,52

La *densité des chaux* est variable entre 600 et 750 kilogrammes le mètre cube; la chaux de Laigle pèse 600 kilogrammes, celle de Bougival (artificielle) 625, de Ville-sous-la-Ferté 625, de Senonches 650, du Teil 720, de Paviers 750 kilogrammes.

EXEMPLES DE FABRICATION DES CIMENTS

Ciments portland de Boulogne. — Les ciments portland de Boulogne ont, depuis longtemps déjà, une réputation méritée; ils sont employés d'une manière générale dans tous les travaux maritimes de la Manche et dans tous les ouvrages d'art du Nord, de Paris et du centre, et on peut dire qu'ils s'exportent dans le monde entier. Ils offrent toute garantie; il ne faut pas oublier cependant que le prix relativement élevé de ces produits laisse une grande marge à la fraude, et les constructeurs doivent se tenir en garde contre la falsification et les substitutions; il leur faudra toujours vérifier avec soin la marque et la provenance, et procéder à des essais suivis et rigoureux : toutes les usines fabriquent, du reste, des produits inférieurs, ce qui est leur droit lorsqu'elles les vendent comme tels. L'ancienne compagnie Demarle, Lonquety et Ce s'est aujourd'hui fondue avec la compagnie Famchon, qui avait créé les usines de Desvres.

La matière première du portland est le *calcaire marneux du terrain crétacé inférieur*, que l'on rencontre à fleur de terre dans la région du Boulonnais; les carrières de Desvres, par exemple, sont à ciel ouvert, sur une superficie de 13 hectares et sur une profondeur d'extraction de 20 à 25 mètres.

Le calcaire exploité est variable dans sa composition; sa teneur en carbonate de chaux et en argile n'est pas constante, et cependant il est indispensable d'obtenir un produit toujours le même.

Il faut donc composer artificiellement un *calcaire marneux parfaitement homogène*, ce à quoi on arrive en analysant les matières et en réalisant, par des dosages attentifs, un mélange à composition chimique telle, que les écarts soient maintenus entre les limites voulues. — Le portland de Boulogne est donc un produit semi-naturel, semi-artificiel.

Les matières dosées sont délayées et malaxées sous des meules avec addition d'eau, et la boue liquide qui s'écoule des auges est poussée dans des bassins de dosage de 100 mètres cubes de capacité.

Dans les bassins de dosage, la bouillie de calcaire et d'argile est agitée au moyen d'arbres tournants garnis de palettes; le sable se dépose au fond et se sépare de la boue argilo-calcaire; on prélève un échantillon de cette boue et on corrige le mélange, si cela est nécessaire, par l'addition d'une boue plus argileuse ou d'une boue plus calcaire.

Des bassins de dosage, la boue liquide passe aux bassins de dessèchement, où on l'abandonne à elle-même; les matières solides se déposent, et il se forme à la surface une couche d'eau claire que l'on fait écouler. L'opération est renouvelée jusqu'à remplissage des bassins.

Le bassin est donc rempli d'une pâte molle, que parfois l'on malaxe et l'on brasse encore, pour assurer l'homogénéité et corriger les petites erreurs de dosage.

La pâte abandonnée à elle-même durcit un peu, et on en fabrique des briquettes que l'on sèche, soit à l'air libre sous des hangars, soit dans des chambres chauffées par le courant gazeux qui s'échappe des fours de cuisson.

Les briquettes desséchées sont concassées à la machine en morceaux passant dans un anneau de 0^m08 de diamètre; on procède alors à la cuisson dans les fours que nous avons précédemment décrits. Ces fours sont intermittents et à courte flamme : intermittents, parce que la matière se vitrifie et les morceaux se collent, soit entre eux, soit contre les parois, ce qui s'oppose à la descente régulière qu'on obtient dans les fours à chaux; à courte flamme, parce qu'il faut mélanger le combustible et la pierre calcaire, afin d'obtenir une température suffisamment élevée.

Après cuisson, on procède au triage, pour éliminer surtout les incuits qui se reconnaissent à leur teinte jaunâtre et à leur faible densité.

Les bons morceaux sont portés au concasseur, qui peut être l'un des appareils précédemment décrits pour le broyage des pierres : appareils Carr, Loiseau, Blake, etc.

Le produit du concasseur est moulu ensuite par des meules horizontales analogues à celles qui broyent le blé. Ces meules, de 1^m50 de diamètre, font 120 tours à la minute; chaque paire exige 6 chevaux de force et donne une tonne de ciment à l'heure.

La poudre obtenue passe aux bluteries, et on obtient définitivement le ciment en poudre impalpable, que l'on met en sacs ou en barils. — Pour empêcher les fraudes, les sacs et les barils sont ficelés et plombés avec des précautions spéciales.

Quelquefois on opère le dosage et le mélange des matières par voie sèche, c'est-à-dire en desséchant et en pulvérisant séparément le calcaire naturel et l'argile ou le calcaire plus pur qu'il faut ajouter à ce calcaire naturel pour obtenir la composition voulue. Ce procédé de la voie sèche exige moins de place et une moindre mise de fonds première, mais il semble moins efficace que le procédé de la voie humide, pour réaliser un mélange intime.

Les usines de Boulogne fournissent peut-être 200,000 tonnes de portland par an.

On conçoit que la fabrication est coûteuse et que le produit doit nécessairement se maintenir à un prix assez élevé.

La première qualité, marquée par une étoile rouge à l'usine Demarle, se vend, en effet, 55 francs la tonne en gare de Boulogne.

Malgré les nombreux avantages que l'on trouve à l'emploi de ces ciments, l'ingénieur doit donc, par raison d'économie, en limiter l'emploi aux parties où ils sont nécessaires, et *se contenter de la bonne chaux hydraulique dans toutes les parties de la construction où elle donne des garanties suffisantes.*

Observations sur la fabrication des portland, par M. Barreau. — M. Barreau, ingénieur des ponts et chaussées, a publié en 1882 une étude complète sur la fabrication et sur les qualités des ciments à prise lente, dits portland. Nous ne résumerons que les observations relatives à la fabrication.

Les ciments artificiels à prise lente, dits ciments portland, ont, sur les ciments naturels à prise lente ou rapide et sur les chaux hydrauliques, l'avantage d'une résistance beaucoup plus grande, qui permet, malgré leur prix élevé, de constituer encore des mortiers économiques en augmentant la proportion de sable ; les mortiers de portland ne se sont pas, jusqu'à ce jour, décomposés à l'eau de mer; enfin il est assez facile, par une fabrication soignée, d'arriver à une régularité parfaite dans la qualité des produits obtenus.

Mais, en revanche, des variations assez faibles dans la composition peuvent compromettre la qualité, et il importe, à ce point de vue, de procéder à des essais de réception complets et précis.

Nature des portland. — Les portland sont des composés mal définis, comme les verres, renfermant principalement de la silice, de la chaux et de l'alumine, avec de l'oxyde de fer et un peu de potasse, de soude, de magnésie et d'acide sulfurique. Le groupement des éléments n'a pu être déterminé exactement; les proportions en centièmes sont comprises dans les limites suivantes :

    58 à 63 pour la chaux,
    21 à 24 pour la silice,
    5 à 9 pour l'alumine,
    3 à 6 pour l'oxyde de fer,
    0,5 à 1,5 pour l'acide sulfurique.

Matières premières. — Les matières premières sont : 1° la craie pure et l'argile pure, mélangées à la proportion voulue ; 2° ou bien des marnes ou calcaires argileux dont la composition est voisine de la composition voulue, et que l'on corrige par l'addition de chaux pure ou d'argile pure. Le dosage des matières est le point capital. En France, les proportions usuelles sont 21 à 23 d'argile pour 79 à 77 de carbonate de chaux ; en Angleterre, les limites sont plus étendues et vont de 21 à 26 d'argile pour 79 à 74 de carbonate de chaux.

Les proportions 21-79, 23-77, 26-74 d'argile et de carbonate correspondent aux proportions 32-68, 35-65, 39-61 d'argile et de chaux caustique, et aux indices d'hydraulicité 0,47, 0,54, 0,64.

Si la proportion de chaux est moindre encore, on est exposé à obtenir par la cuisson des composés vitrifiés non hydrauliques, ou bien, en modérant la cuisson, de médiocres produits se rapprochant des ciments à prise rapide.

Si au contraire on augmente la proportion de chaux, la fusibilité du mélange diminue, la cuisson devient plus difficile, on obtient des mortiers plus durs, mais beaucoup plus dangereux, parce qu'ils se fendillent et peuvent, par leur foisonnement, amener la ruine des constructions.

L'oxyde de fer donne de la fusibilité; il ne faut pas qu'il soit en excès, parce que la cuisson deviendrait insuffisante.

L'acide sulfurique serait dangereux s'il existait en proportion supérieure à 1,5 p. 100. Le sulfate de chaux fait prise après le ciment et augmente de volume en cristallisant; il ferait donc éclater les mortiers et les rendrait poreux, parce qu'il est soluble.

Tous ces éléments sont fournis par l'argile; il importe donc d'analyser avec soin l'argile dont on se sert, et de vérifier qu'elle est susceptible de se transformer par la cuisson en silice gélatineuse, sans laisser un dépôt abondant, inattaquable par les acides.

Du dosage. — Le dosage est très facile quand on emploie l'argile et le calcaire purs; il suffit de les peser et de les mesurer. Mais quand on emploie des calcaires argileux, dont la composition est nécessairement variable d'une assise à l'autre et quelquefois dans une même assise, il faut procéder sans cesse à des essais chimiques, afin d'être exactement renseigné sur la composition du contenu des divers bassins avant de faire les mélanges. On ne doit pas s'en rapporter à l'expérience, basée sur l'aspect physique des pâtes; l'essai chimique est seul concluant, et, en Allemagne, il ne dure que 15 minutes.

Préparation et mélange des matières. — Les calcaires ou les marnes sont concassés ou broyés, puis moulus et délayés sous des meules verticales; l'argile est délayée dans des bassins ou sous des meules.

Le mélange des pâtes laiteuses se fait dans des bassins, et on agite mécaniquement la masse pour arriver à une composition homogène. — Il y a avantage, pour économiser le combustible, à réduire le plus possible la quantité d'eau employée; à cet effet, on traite le mélange, au sortir du bassin, par un jeu de meules horizontales, d'où sort une pâte épaisse, bien broyée et bien laminée, qui n'a plus que 40 p. 100 d'eau.

On dispose sur les conduits de la pâte des grillages serrés, qui arrêtent les grains durs et les particules non écrasées.

Séchage et cuisson des pâtes. — Les pâtes sont élevées par des pompes dans des bassins de décantation où l'eau s'évapore et s'écoule superficiellement.

Les pâtes consistantes sont chargées à la pelle et conduites au moulage; les briquettes sont desséchées, avant d'être portées au four, sur des aires chauffées par des fours à coke spéciaux.

La chaleur perdue des fours intermittents que nous avons décrits est maintenant utilisée dans des chambres de séchage où l'on fait arriver la pâte aussitôt après sa sortie des bassins. On est arrivé de la sorte à réaliser une économie qui se rapproche de celle qu'on obtient avec les fours annulaires; ceux-ci exigent absolument que les pâtes soient moulées sous forme de briquettes, ce qui n'est pas nécessaire avec les fours ordinaires lorsque la pâte est séchée directement.

Avec les chambres de séchage perfectionnées, on est arrivé, en Angleterre, à réduire la consommation de combustible à 35 p. 100 du poids de ciment fabriqué.

Le combustible employé doit être aussi pur que possible, et susceptible de produire une haute température. Il faut surtout qu'il ne renferme pas de pyrites.

Les pâtes chargées dans les fours doivent contenir encore 10 p. 100 d'eau, car cette humidité favorise le dégagement de l'acide carbonique.

Triage. Broyage. — Au sortir du four, les morceaux ont l'apparence du laitier des hauts fourneaux. Il faut rejeter les morceaux vitrifiés parce qu'ils sont trop cuits et les morceaux de couleur jaunâtre parce qu'ils ne sont pas assez cuits. Les morceaux qui renferment un grand excès d'argile tombent en poussière au sortir du four.

Le produit conservé est concassé, puis porté sous des meules horizontales ; on recueille ce qui passe au blutoir et on moud à nouveau ce qui n'y passe pas.

Plus le ciment est résistant, plus il est dur ; la mouture devient donc plus difficile et plus coûteuse. Aussi le fabricant a-t-il parfois tendance à produire un ciment moins cuit, moins dur, ou moins bien pulvérisé. Il importe cependant que la *mouture soit aussi complète que possible*.

Conservation. Il y a danger à employer le ciment trop frais à raison de la chaux caustique en excès qu'il renferme. Il faut le conserver un certain temps en magasin à l'abri de l'eau et des courants d'air. Il n'y a pas d'inconvénient à le transporter en sac lorsqu'on n'a pas à craindre une humidité trop grande.

Essais des ciments portland. — Le ciment portland ainsi obtenu se présente sous forme de poudre lourde, de couleur grise plus ou moins foncée, ayant l'aspect de cendres de foyer.

Il convient de le soumettre sur le chantier à des essais fréquents ; il serait bon, dans les travaux de longue haleine, de procéder de temps en temps à une analyse complète et de surveiller la fabrication à l'usine.

D'ordinaire on se contente de vérifier avec soin la provenance et de contrôler la prise et le durcissement des mortiers au moyen de briquettes d'essai que l'on immerge pour en apprécier ultérieurement la résistance à la traction.

En ce qui touche les conditions particulières à insérer dans les devis, nous donnerons comme exemple celles qui sont appliquées dans les travaux du nouveau port de Boulogne et qui ont été approuvées par M. le ministre des travaux publics le 7 février 1881.

Cahier des charges pour les fournitures de portland destinées aux travaux du nouveau port de Boulogne. — « 1° *Qualités du ciment.* Le ciment sera bien homogène, cuit d'une manière uniforme et tamisé de manière à ce qu'étant repris dans un tamis de 180 mailles par décimètre de longueur, le résidu ne dépasse pas le dixième du volume expérimenté.

« Le ciment ne pourra contenir que des traces de sulfate de chaux

(1 p. 100 du poids au plus). Le ciment sera parfaitement sec; tout ciment humide ou ayant été exposé à l'humidité sera refusé.

« La pesanteur spécifique sera mesurée en versant le ciment lentement, et sans le tasser, dans une mesure d'un litre (cube en bois d'un décimètre de côté intérieurement), et en pesant 25 litres à la fois.

« Le ciment sera à prise lente. On rejettera tout ciment qui, gâché à l'eau de mer et exposé à une température de 15 degrés au plus, supporterait sans dépression, au bout d'une demi-heure, une aiguille à tête carrée de 1 millimètre de côté, et d'un poids total de 300 grammes (trois cents grammes.)

« 2° *Epreuves*. — Outre les essais et vérifications résultant des articles précédents, on fera subir à chaque livraison de ciment les épreuves suivantes :

« On gâchera à l'eau de mer une certaine quantité de ciment pris au hasard, en des points et en des profondeurs quelconques, dans un ou plusieurs sacs; on en formera au moyen de moules disposés ad hoc des briquettes d'essai, ayant pour section droite minima un carré de 0^m04, qui seront immergées immédiatement dans l'eau de mer à une température de 10 degrés au moins, pouvant s'élever à 15 degrés au plus. Le nombre des briquettes sera fixé dans chaque cas par l'ingénieur.

« Après quarante-huit heures et cent vingt heures d'immersion, les briquettes seront éprouvées, jusqu'à rupture par extension, au moyen de l'appareil établi dans les magasins du port, et dans lequel l'augmentation progressive est obtenue soit par charge directe, soit par le déplacement d'un poids; la moyenne générale de leur résistance à la rupture devra dépasser, au bout de quarante-huit heures, 7 kilogrammes et demi par centimètre carré ou 120 kilogrammes par briquette, et, au bout de cent vingt heures, 12 kilogrammes et demi par centimètre carré ou 200 kilogrammes par briquette.

« Aucune des épreuves particulières ne devra donner à la rupture une résistance inférieure aux 4/5 de la moyenne générale exigible, soit quatre-vingt-seize kilogrammes (96 kilog.) au bout de quarante-huit heures, et cent soixante kilogrammes (160 kilog.) au bout de cent vingt heures par briquette.

« Pendant la durée de l'immersion, les faces et les arêtes des briquettes devront rester parfaitement nettes et ne présenter aucune trace de fendillement ou de boursouflement.

« Ces épreuves pourront être répétées plusieurs fois sur la même livraison et jusqu'au moment de l'emploi, si les ingénieurs le trouvent convenable.

« Il ne sera point tenu compte au fournisseur du poids du ciment employé dans les expériences d'essai, et toutes les mains-d'œuvre nécessaires pour ces vérifications et expériences à faire suivant les indications et ordres de l'ingénieur seront à la charge du fournisseur.

« On rebutera les livraisons de ciment ne remplissant pas les conditions stipulées ci-dessus.

« Un délai de huit jours sera accordé au fournisseur pour l'enlèvement des matières rebutées. Ce délai commencera à courir du lendemain du jour où le rejet lui aura été notifié.

« Faute par le fournisseur d'enlever dans ce délai de huit jours les ciments rebutés, il y sera procédé par les soins de l'Administration, et les ciments seront transportés et déposés, aux frais, risques et périls de l'entrepreneur, dans des magasins loués à son compte.

« Le ciment sera renfermé dans des enveloppes plombées à la marque de fabrique du fournisseur, de manière à éviter toute falsification pendant le transport des matières. »

Ciment prompt de Vassy. — Parmi les ciments à prise rapide, le ciment de Vassy est un des plus anciens et des plus connus ; il est expédié dans toute la France et même à l'étranger.

La planche 17 indique les dispositions de l'usine de M. Prévost, située près de la gare de Vassy-lès-Avallon.

La matière première est un calcaire argileux qui acquiert par la cuisson les qualités d'un ciment rapide ; il est fourni par des carrières situées sur trois communes voisines.

Il n'y a que deux fours à l'usine, mais il en existe quatre aux carrières. La pierre à ciment est apportée sur la plate-forme a au niveau du gueulard des fours ; ce sont des fours continus b que nous avons décrits précédemment.

Les coupes de l'usine proprement dite, figures 2 et 3, permettent de saisir les transformations successives de la pierre cuite. En c on décharge une voiture de pierre cuite venant des fours de la carrière ; elle passe au concasseur e qui la réduit en menus fragments ; ceux-ci se rendent au moulin f et le produit de la mouture est repris par l'élévateur ou noria j, qui le conduit au blutoir ou tamiseur g ; la poudre descend en h dans les tonneaux où elle est tassée mécaniquement et les tonneaux sont roulés jusqu'au wagon i.

Ces ciments rapides sont excellents, mais la rapidité de la prise est une gêne pour l'emploi qui doit être confié à des ouvriers exercés et faire l'objet d'une surveillance assidue ; c'est là un obstacle assez facile à surmonter. Du reste, on obtient, par la cuisson, plusieurs degrés de prise, suivant les besoins ; le ciment dont la prise est moins active est toujours préférable.

Le poids du ciment en poudre varie, suivant le degré de cuisson et de tassage, de 850 kilogrammes à 1,200 kilogrammes le mètre cube, mais on peut admettre que le poids du mètre cube de ciment non tassé, de cuisson ordinaire, est de 900 kilogrammes.

Dans les constructions ordinaires, dans les reprises en sous-œuvre et réparations, le ciment est d'un usage extrêmement commode : c'est un produit toujours prêt, qu'on peut employer sans préparation, et d'un prix modique ; mais c'est surtout dans les travaux publics et les travaux d'usine, qu'il est devenu un précieux auxiliaire.

Il réalise une grande économie dans les massifs, par la diminution d'épaisseur qu'il procure. On peut le mélanger avec avantage avec une ou plusieurs parties de sable.

Son prix, en gare de Vassy, est de 26 francs la tonne en sacs et 35 francs en fûts. Indice d'hydraulicité : 0,54.

L'application du ciment de Vassy la plus intéressante pour l'ingénieur a été faite au viaduc de Chastellux (Yonne), entièrement composé de petits matériaux tirés des déblais aux abords et reliés par un mortier de ciment de Vassy ; ce travail est exécuté dans des conditions exceptionnelles d'économie et de solidité.

Nous aurions voulu donner d'autres exemples de fabrication des ciments ; il existe en effet des usines considérables dont la description eût offert quelque intérêt. Malheureusement les fabricants de ciment se refusent, en général, à faire connaître leurs procédés, parce qu'ils se croient tous en possession de secrets particuliers et redoutent la concurrence.

Des conditions à remplir par les bons ciments. — En traitant des essais et de la résistance des mortiers, nous examinerons les diverses circonstances qui, en dehors de leur composition chimique, peuvent influer sur la valeur des ciments. Nous ne donnerons donc ici que des indications générales :

1° Les ciments sont sensibles à l'influence de l'eau et de l'air humide ; ils *s'éventent* facilement et perdent alors toutes leurs qualités ; il faut donc les transporter dans des sacs et mieux encore dans des tonneaux et les conserver dans des magasins bien secs.

2° Toutes choses égales d'ailleurs, les ciments sont d'autant *meilleurs que leur densité est plus forte*. La densité est donc un élément capital de la valeur, surtout pour les portlands, et il faut toujours prévoir les dosages non pas en volume, mais en poids.

3° *Un ciment est d'autant meilleur qu'il est plus finement moulu.* — On sait, en effet, que les résidus qui ne passent pas au blutoir ne donnent que de mauvais mortiers si on les gâche en cet état, mais qu'au contraire leur hydraulicité est exaltée lorsqu'on les réduit en poudre impalpable ; ces grappiers correspondent, en effet, aux parties les plus riches en argile et les mieux cuites, qui ne peuvent s'éteindre que par une pulvérisation poussée à ses dernières limites. Mais il ne faut pas oublier que la densité diminue avec la finesse de la mouture et que, par conséquent, on ne doit pas exiger à la fois le maximum de finesse et le maximum de densité.

Extrait du devis-type joint à la circulaire ministérielle du 15 septembre 1879.

« Art. 31. — Le *ciment dit de portland* sera à prise lente, de la meilleure qualité. On l'approvisionnera en barils hermétiquement fermés et pourvus de la marque de fabrique indiquée.

« Sa provenance sera d'ailleurs justifiée, au besoin, par les lettres de voiture.

« Le ciment sera, comme la chaux, conservé dans des magasins clos et couverts. Tout baril de ciment éventé, humide, contenant des grumeaux, sera refusé.

« Il devra peser au moins 1,240 kilogrammes au mètre cube mesuré en le versant lentement, sans le faire tasser, dans une mesure d'un litre, et en en pesant 25 litres à la fois.

« Plusieurs échantillons pris au hasard et gâchés en pâte ferme devront faire prise sous l'eau, après huit heures d'immersion.

« On refuserait le ciment qui, gâché pur, ne résisterait pas, sans se déformer, à une forte pression du doigt, après douze heures d'immersion.

« On refuserait également le ciment à prise trop rapide qui supporterait cette épreuve après deux heures d'immersion.

« Les ingénieurs pourront d'ailleurs faire, en outre, toutes les épreuves qu'ils jugeront utiles pour s'assurer de la bonne qualité du ciment et exiger qu'il offre une résistance égale à celle des ciments réputés les meilleurs.

« Des briquettes composées de 10 kilogrammes de ciment pour dix litres de sable devront, après cent vingt heures d'immersion, offrir en leur milieu, découpé en carré de 0^m04, de côté, une résistance à la rupture par traction de 4 kilogrammes au moins par centimètre carré ».

COMPOSITION CHIMIQUE DES CIMENTS LES PLUS CONNUS

Comme pour les chaux hydrauliques, nous avons réuni dans le tableau ci-après le résultat de l'analyse des principaux ciments, en distinguant les ciments à prise rapide et les ciments à prise lente.

1° Ciments à prise rapide.

DÉSIGNATION DES CIMENTS	SABLE SILICEUX	SILICE COMBINÉE	ALUMINE	PEROXYDE DE FER	CHAUX	MAGNÉSIE	ACIDE SULFURIQUE	PERTE AU FEU Acide carbonique, eau, etc.	INDICE D'HYDRAULICITÉ
Des Moulineaux (Seine)	4,35	27,35	7,75	3,85	50,25	1,05	0,55	4,85	0,70
De Fresnes (Seine)	0,85	29,05	7,95	3,75	46,05	2,80	1,10	8,45	0,80
D'Argenteuil (Seine-et-Oise)	»	29,55	8,35	4,10	47,50	3,85	1,35	5,30	0,80
De Vassy-lès-Avallon (Yonne)	0,50	20,00	8,40	5,70	52,05	0,95	2,80	9,60	0,54
De Courterolles (Yonne)	»	22,15	9,15	5,45	49,15	0,70	2,45	10,95	0,64
De Champréau (Yonne)	»	21,00	8,40	5,10	52,05	1,00	2,50	9,95	0,56
De Chouard-Angély (Yonne)	»	23,40	12,90	3,30	47,70	1,05	3,30	8,35	0,76
De Vimines (Savoie)	2,50	25,85	10,30	5,05	50,25	1,85	1,00	3,00	0,71
Du Rocher-de-Comboire, près Vif (Isère)	»	23,15	9,55	4,35	53,00	4,45	1,80	3,70	0,62
De Gap (Hautes-Alpes)	»	26,70	9,90	3,75	53,45	1,05	1,25	3,90	0,69
De la Valentine (Bouches-du-Rhône)	»	29,10	12,50	4,65	48,60	1,70	1,90	1,55	0,86
De Roquefort (Bouches-du-Rhône)	0,85	27,20	11,05	4,45	48,05	1,40	1,65	5,35	0,79
De Saint-Bauzille (Hérault)	»	25,85	10,00	4,85	54,20	1,65	1,00	2,45	0,66
De Lesquibat (Lot-et-Garonne)	»	23,35	11,50	4,85	50,65	0,95	1,40	7,30	0,69
De Cahors (Lot)	»	28,20	10,75	3,50	50,65	1,05	2,10	3,75	0,77
De Guéthary (Basses-Pyrénées)	»	25,10	8,85	3,05	53,80	1,15	1,15	6,85	0,63

2° Ciments à prise lente, genre portland.

DÉSIGNATION DES CIMENTS	SABLE SILICEUX	SILICE COMBINÉE	ALUMINE	PEROXYDE DE FER	CHAUX	MAGNÉSIE	ACIDE SULFURIQUE	PERTE AU FEU	INDICE D'HYDRAULICITÉ
De Campbon (Loire-Inférieure)	»	18,75	9,65	3,80	51,80	12,95	0,60	2,45	0,55
De Boulogne (Pas-de-Calais)	1,65	24,10	7,20	3,35	59,40	0,95	0,55	2,80	0,52
De Desvres (Pas-de-Calais)	»	24,03	8,52	3,31	61,31	0,81	0,66	1,36	0,53
De Samer (Pas-de-Calais)	1,45	24,70	8,23	2,95	60,50	0,85	0,20	1,10	0,55
De portland de Paris (Cᵉ Schacher)	»	22,30	9,35	3,90	59,80	1,15	0,50	3,00	0,53
De portland d'Argenteuil (Seine-et-Oise)	»	24,50	9,50	4,25	57,90	1,50	0,80	1,55	0,57
Du Montant du Scilley (Aube)	2,75	21,15	7,15	3,20	54,75	1,40	»	9,90	0,54
De Charleville (Ardennes)	1,80	23,65	4,70	4,35	51,30	0,25	1,70	12,25	0,55
De Chouard-Angély (Yonne)	»	22,60	9,05	5,95	49,40	0,90	3,45	8,65	0,64
De Frangey (Yonne)	»	21,61	7,53	3,17	63,70	1,22	0,61	2,16	0,46
De portland de Tenay (Ain)	2,10	24,30	6,90	3,85	53,25	1,70	0,70	7,20	0,58
De Lafarge du Teil (Ardèche)	1,95	25,70	3,25	1,40	59,10	0,95	0,30	7,35	0,49
De Cruas (Ardèche)	0,85	26,75	3,70	1,80	59,10	0,90	0,30	6,60	0,51
De portland de la Valentine (Bouches-du-Rhône)	0,85	21,25	8,60	4,20	50,45	2,05	1,65	10,95	0,59
De Saint-Bauzille (Hérault)	»	22,10	9,55	4,25	60,85	1,30	0,95	1,00	0,52

L'indice d'hydraulicité des ciments portland artificiels est pour ainsi dire constant et voisin de 0,52; celui des ciments à prise rapide est susceptible de varier dans des limites beaucoup plus étendues.

LES CHAUX, CIMENTS ET MORTIERS 317

Le *prix des portlands artificiels* est nécessairement bien *supérieur à celui des ciments naturels* à prise lente ou rapide, car la fabrication en est beaucoup plus coûteuse, ainsi que nous l'avons exposé ; un ciment naturel, au contraire, n'a pas un prix de revient plus élevé que celui d'une bonne chaux hydraulique.

Nous citerons comme prix de la tonne de ciment à l'usine les chiffres suivants :

1° Ciments à prise rapide : Argenteuil, 45 francs ; Vassy et similaires, 25 à 35 fr. ; Gap, 30 francs ; Roquefort, 18 francs ; Lesquibat, 38 francs ; Cahors, 30 francs ;

2° Ciments portland artificiels : Campbon, 60 francs ; Boulogne (Demarle), 55 francs ; portland de Paris, 70 francs ; Argenteuil, 60 francs ; Frangey, 60 francs ; portland de Marseille, 40 francs ; Lesquibat, 48 francs ; Cahors, 60 francs.

Certains ciments naturels à prise lente ne coûtent pas plus cher que les ciments à prise rapide, mais ils n'ont pas la valeur des portlands artificiels.

Le ciment de grappiers du Teil coûte 35 francs la tonne.

H. — PROCÉDÉS POUR ESSAYER LA RÉSISTANCE DES CHAUX, DES CIMENTS ET DES MORTIERS

Lorsque les gangues hydrauliques ont fait prise et qu'on s'est assuré qu'elles représentent des combinaisons stables et ne tomberont pas en poussière quelques jours ou quelques mois après l'emploi, leur valeur comparative peut s'établir par la résistance qu'elles exercent, soit à la pression, soit à la traction, c'est-à-dire à *l'écrasement* ou à *l'arrachement*. Généralement, les deux résistances sont corrélatives et *varient dans le même sens*, et l'on se contente d'ordinaire de l'essai le plus facile, celui de la résistance à la traction ; en réalité, cependant, les matériaux employés dans les constructions travaillent presque toujours par pression ; c'est seulement dans les tuyaux, les voûtes, les murs de soutènement que les efforts d'arrachement se manifestent.

Appareils servant aux essais. — Les appareils qui servent aux essais des pierres artificielles appelées chaux, ciments et mortiers, sont identiques à ceux que nous avons décrits plus haut dans le chapitre I. Le lecteur voudra bien se reporter à ce chapitre où il trouvera :

1° Les appareils mesurant la résistance à l'écrasement : machine à levier de M. Michelot, presse hydraulique ;

2° Les appareils mesurant la résistance à la traction : appareils Suc, Michaëlis, Prévot, qui sont tous des machines à leviers amplifiant dans une proportion considérable, pour les transmettre à la matière à essayer, les efforts exercés par des poids à l'extrémité d'un premier levier.

Essai des ciments portland. — Les essais les plus nombreux ont porté sur les ciments portland ; M. Michaëlis notamment a précisé les conditions à remplir pour que ces essais soient toujours comparables. C'est lui que nous prendrons pour guide, et les explications qui vont suivre suffiront à indiquer les précautions à observer dans toutes les opérations de ce genre.

Préparation des briquettes d'essai. — L'essai à la traction est comme nous l'avons vu plus simple et plus facile et c'est à lui qu'on a recours d'ordinaire, bien que les mortiers soient destinés en général à travailler par compression; les rapports entre les deux résistances à la traction et à la compression sont aujourd'hui suffisamment connus.

Mais il importe que les *essais soient faits exactement dans les mêmes conditions* et avec les mêmes appareils *pour rester comparables*.

Pour se rendre compte de la valeur d'un ciment, on fait d'abord un essai sur des ciments purs, puis un autre sur un mortier comprenant en poids 1 de ciment et 3 de sable.

La quantité d'eau à employer pour le gâchage varie de 30 à 50 pour 100 de ciment; plus un ciment doit être fort, moins il doit contenir d'eau.

Généralement, dans la pratique, on emploie un mortier assez clair parce que les matériaux sont peu ou point arrosés et absorbent rapidement l'eau en excès dans le mortier; avec certains matériaux, ce dernier se trouve parfois rapidement desséché et devient même pulvérulent; il y a là un danger sérieux pour la résistance des maçonneries et *il ne faut pas le perdre de vue lorsqu'on met en œuvre des pierres poreuses ou volcaniques*.

Pour connaître la quantité d'eau nécessaire à la confection d'un mortier, M. Michaëlis fait un mortier clair et le place entre deux briques bien poreuses qu'il charge de dix briques superposées; au bout de quelques heures il détermine la quantité d'eau que renferme encore le mortier et c'est cette quantité qu'il emploie pour la confection des briquettes d'essai.

M. Michaëlis a eu recours plus tard à un procédé qui paraît préférable : il fait un mortier relativement clair et le coule dans un moule reposant sur une plaque de plâtre nouvellement préparée et par conséquent très absorbante; une feuille de papier buvard est interposée entre le plâtre et le mortier. On frappe légèrement sur le moule pour dégager l'air incorporé au mortier, les bulles d'air étant susceptibles de fausser les résultats. Il ne convient pas d'avoir pour les *briquettes d'essai une section supérieure à 5 centimètres carrés*, car l'absorption de l'eau en excès et l'expulsion des bulles d'air se feraient mal avec une masse plus considérable.

Les expériences ont montré que la section de 5 centimètres carrés donnait des résultats parfaitement réguliers.

Dans ces conditions, la résistance minima à la traction par centimètre carré d'un ciment de portland pur, gâché avec 33 d'eau pour 100 de ciment, a été trouvée égale à 25 kilogrammes après sept jours et à 35 kilogrammes après 28 jours.

Le *sable employé* dans les essais doit être *pur et à arêtes vives*. On le fait passer par trois tamis, le premier ayant 60 mailles par centimètre carré, le deuxième 120 et le troisième 240. Le sable doit passer en entier par le premier, la moitié doit rester sur le deuxième et le reste sur le troisième. Ce sont les conditions que doit remplir un bon sable de moyenne grosseur.

Les briquettes doivent rester vingt-quatre heures à l'air, puis être immergées jusqu'au moment de l'essai; si on les laisse sécher à l'air, elles perdent une notable proportion de leur résistance. La durée de sept jours pour l'immersion est généralement reconnue comme nécessaire.

Cependant pour des essais à fond une très longue durée est toujours à recommander.

« Un ciment portland, dit M. Michaëlis, bien cuit et bien moulu, d'après les idées actuelles, c'est-à-dire laissant 25 p. 100 quand on le passe sur un tamis de 900 mailles par centimètre carré et 50 p. 100 sur un tamis de 5,000 mailles, *atteint après sept jours les* 60 p. 100 *de sa puissance maxima et n'augmente que de* 10 p. 100 *après quatre semaines.*

« Dans cet ordre d'idées, tout dépend de la *finesse de la mouture :* plus elle sera fine, plus rapidement le ciment portland atteindra sa force maxima. Une grande résistance en peu de temps indique sous tous les rapports un excellent produit ».

Pour fabriquer la *briquette d'essai en ciment pur*, on commence par piler le ciment dans un mortier avec 1/3 de son poids d'eau, puis on coule le produit dans un moule en métal posé sur plaque absorbante et on frappe légèrement le moule avec un maillet. Au bout de quelques minutes, on peut enlever la pièce, ôter le papier buvard et la déposer sur une plaque de verre.

Pour fabriquer la *briquette en ciment et sable*, on mêle à sec 500 grammes de ciment et 1,500 grammes de sable, puis on passe le mélange sur un tapis de 60 mailles par centimètre carré et on mêle de nouveau; on ajoute 240 grammes d'eau et on travaille la masse avec soin sur une plaque métallique jusqu'à ce qu'on ait formé un mortier correct et bien homogène. On remplit le moule avec excès, on comprime la masse avec une dizaine de légers coups de maillet, on enlève l'excès de mortier avec un couteau et on lisse la surface ; le moule est alors porté sur la plaque absorbante.

Tout chiffre de résistance doit être la *moyenne de dix expériences.*

De la forme des briquettes. — Pour les expériences par écrasement, on confectionne des briquettes cubiques de 0^m10 de côté, et les appareils sont disposés de telle sorte que la pression s'exerce normalement aux faces pressées.

Les expériences à la traction exigent des formes plus compliquées ; il faut, en effet, que ces briquettes puissent être saisies entre les deux griffes qui les tirent sans être exposées à des efforts obliques ; il faut éviter également les arêtes en creux qui déterminent toujours des lignes de moindre résistance.

La section de rupture est, d'ordinaire, un carré de 0^m04 ou 0^m05 de côté ; cette section est trop faible quand du sable est mêlé à la chaux et, pour obtenir des résultats comparables, il faut essayer alors de grosses briquettes de 0^m16 de côté en carré.

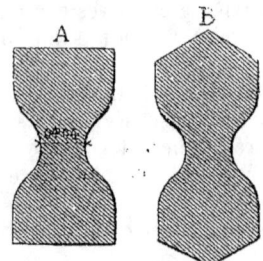

Fig. 83.

La forme en double T doit donc être rejetée.

Celle qui convient est représentée en A ; les griffes à branches courbes trouvent un bon point d'appui sur l'inflexion des parties concaves, et la rupture se produit dans la section médiane.

La forme B ne diffère de la précédente qu'en un point : les bouts plats sont remplacés par des bouts en chevron qui facilitent le dégagement du moule. Le laboratoire de l'Ecole des ponts et chaussées pour les essais des ciments a définitivement adopté la petite section C représentée en grandeur naturelle.

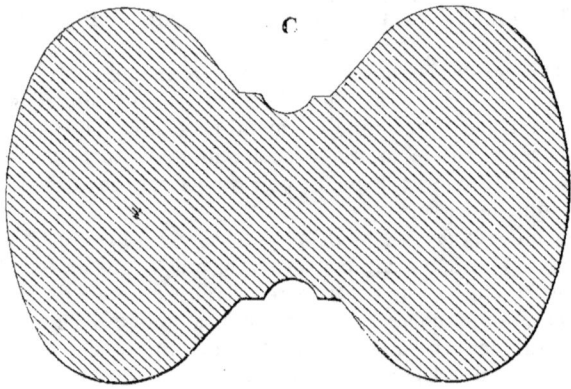

Fig. 84.

Essais ordinaires. — Pour les essais ordinaires, que l'on opère sur les chantiers, on ne prend évidemment pas toutes les précautions que nous venons de dire, parce qu'on ne recherche pas une exactitude absolue. Néanmoins il est bon de les observer dans la mesure du possible.

I. — DU SABLE A EMPLOYER POUR LA CONFECTION DES MORTIERS

Il est rare que l'on emploie les chaux ou les ciments purs, si ce n'est dans les cas où il faut obtenir à la fois le maximum de résistance et la prise la plus rapide. En général, la chaux et le ciment sont associés à du sable dans une proportion telle que la ténacité de la gangue soit appropriée à la résistance qu'il suffit d'obtenir; il résulte de l'introduction du sable dans la pâte une grande économie, et c'est cette économie qu'il faut concilier avec la solidité de l'ouvrage.

Tous les sables ne donnent pas de bons mortiers; *le choix du sable a une influence capitale sur la valeur d'un mortier.* Nous ne discuterons pas ici *l'influence de la grosseur des grains;* elle sera signalée ultérieurement lorsque nous traiterons de la confection des mortiers. Pour le moment, nous signalerons seulement l'influence des diverses natures de sables.

Sables naturels. — Tous les sables proviennent de la désagrégation mécanique ou chimique de différentes roches.

Les roches entraînées par les torrents et les rivières s'usent et se brisent, et finissent par se résoudre en fragments plus ou moins gros. Les roches tendres, telles que les calcaires, sont bien vite broyées et se résolvent en vase; les sables calcaires sont rares, et, du reste, ils sont peu résistants. Les vrais sables se composent de grains de quartz, plus ou moins anguleux; le quartz est en effet l'un des minéraux les plus durs; certains sables renferment la plupart des éléments des granites et des gneiss.

C'est surtout dans le lit des rivières et sur le bord de la mer, que l'on trouve les sables; ils sont fins, lorsque les grains n'ont pas plus de un millimètre de diamètre; les sables gros atteignent jusqu'à trois millimètres de diamètre; au delà, c'est du gravier.

On trouve aussi des couches de sable dans les formations géologiques: c'est alors du sable fossile, produit jadis par des causes mécaniques.

Viennent enfin les sables vierges, ou arènes, qui ont une origine chimique, et qui résultent de la décomposition spontanée des roches granitiques, des grès, des calcaires arénacés. Les arènes sont souvent argileuses et d'un mauvais emploi pour les mortiers; mais elles peuvent posséder à un certain degré les propriétés pouzzolaniques.

Dans certains pays, on trouve en abondance des sables purs, et leur présence est précieuse pour le constructeur; dans d'autres, au contraire, il faut *les extraire par le lavage de terres plus ou moins sableuses.* Pour opérer ce lavage, on barre un ruisseau, et dans le bassin formé à l'amont, on jette à la pelle la terre sableuse, que l'on agite avec des râteaux; les parties argileuses et ténues restent en suspension et sont entraînées par le courant; les grains de sable se déposent. On arrive ainsi à purger les sables complètement; mais le procédé est coûteux, et le prix de revient peut atteindre, dans ce cas, 15 et 20 francs le mètre cube.

Dès qu'un sable est un peu argileux, un bon constructeur doit procéder à un lavage méthodique et installer pour cela des patouillets et des machines.

Le sable de mer est imprégné de sels déliquescents; il est par suite très hygrométrique, et ne peut convenir pour des constructions qui doivent être à l'abri de l'humidité: on l'emploie cependant pour les travaux à la mer, sans qu'il en résulte d'inconvénients sérieux. Si l'on veut le faire entrer dans des mortiers aériens, il faut au préalable l'étendre pendant longtemps en couche mince, sur un sol légèrement incliné; peu à peu la pluie le purifie et le débarrasse des sels qu'il renferme.

A part quelques arènes, « *tous les sables*, dit Vicat, *sont inertes* et n'exercent chimiquement, du moins pendant un grand nombre d'années et sans intervention de principes étrangers, aucune action sur la chaux avec laquelle on les mélange ; mais, considérés sous le rapport de l'adhérence physique ou enchevêtrement, c'est-à-dire de la faculté de s'attacher à la chaux par leurs aspérités, les sables anguleux exercent une action favorable à la cohésion des mortiers, propriété que ne possèdent pas à un même degré les sables à grains polis et arrondis. »

Avec un peu d'habitude, on reconnaît bien le bon sable au toucher, en cherchant à l'écraser entre les doigts ; il ne doit point tacher la peau, sans quoi il renfermerait des poussières qui sont nuisibles à la fabrication du mortier.

Extrait du devis-type arrêté par le ministre des travaux publics.

« Art. 20. — Le sable sera de moyen grain, pur, exempt de toute matière terreuse, bien criant à la main, ne s'y attachant pas, passé à la claie et lavé si cela est nécessaire.

« Le sable employé à la confection du mortier destiné à la pose et au rejointoiement de la pierre de taille et du moellon piqué ou smillé sera tamisé. »

Fabrication mécanique du sable par des appareils broyeurs. — Un bon sable est nécessaire à la confection d'un bon mortier. Or, il y a des pays très pauvres en sable ; le lavage des sables impurs est coûteux, et donne souvent de médiocres résultats ; aller chercher du sable au loin constitue une grosse dépense. L'idée de fabriquer le sable sur place par le broyage des pierres est donc parfaitement justifiée.

Plusieurs appareils ont rendu cette opération pratique ; nous décrirons notamment deux installations de fabrication mécanique du sable fonctionnant l'une avec le broyeur Loizeau, l'autre avec le concasseur Blake et le broyeur Carr combinés.

1° *Fabrication du sable par le broyeur Loizeau.* — Le broyeur Loizeau, dont nous avons donné plus haut la description, a été installé dans ces dernières années sur un certain nombre de grands chantiers pour la fabrication mécanique du sable.

L'installation en est simple. Une locomobile à grande vitesse, de la puissance de six chevaux, est installée sous un hangard et son volant est relié par une courroie à l'arbre du broyeur. La machine fait 120 tours à la minute et sa poulie-volant a 2^{m}50 de diamètre ; cette condition de grande vitesse est indispensable et on ne pourrait employer la première machine venue.

Le broyeur fait 1000 tours à la minute et le diamètre de ses poulies est de 0m30 ; son prix est de 8,000 francs.

La pierre concassée est amenée par des wagonnets et déchargée sur le plan incliné du broyeur ; le sable tombe dans d'autres wagonnets circulant sur une voie inférieure qui les conduit à l'atelier de fabrication des mortiers.

M. Aubert, ingénieur de la ligne de Mauriac à Aurillac, nous a donné les renseignements suivants sur l'installation d'un broyeur Loizeau, faite par M. Gautherot, entrepreneur, pour pulvériser le basalte et le transformer en sable. Nous ferons remarquer, en passant, que ce sable, provenant de la pulvérisation de roches volcaniques, est excellent, joue dans un certaine mesure le rôle de pouzzolane et contribue à augmenter l'hydraulicité des mortiers. Le prix de revient, au mètre cube, s'établit comme il suit :

1° MACHINES

	F. C.	F. C.
Broyeur, transport compris	8.900 »	
Locomobile, y compris transmission et transport.	7.080 »	
	15.980 »	
Intérêt et amortissement de cette somme (10 ans), par an		2.070 »

2° INSTALLATION

Forge, maçonnerie, baraquements, outillage	1.500 »	
Intérêt et amortissement de cette somme (3 ans), par an		550 »
Entretien et réparations, marteaux, grilles, etc., par an		5.000 »
Soit par an une dépense de.		7.620 »

En supposant 300 jours de travail dans l'année, la dépense par jour se subdivise ainsi :

Frais d'établissement, entretien et réparations $(\frac{7.620}{300})$.	25 40	
Charbon de terre	12 »	
Mécanicien.	5 »	
6 manœuvres à 4 francs par jour	24 »	
Dépense par jour	66 40	

La quantité de sable fabriquée dans un jour est de 10 mètres cubes en moyenne.

Le prix de revient du mètre cube de sable est donc de $\frac{66.40}{10}$ = ... | | 6 64 |

Nota. — Cette machine étant placée sur les lieux même d'extraction, l'approche des matériaux est supprimée.

Le broyeur peut être utilisé également à la préparation des cailloux à béton ; on lui fournit des pierres extraites de la carrière sous forme de petits moellons versés dans la trémie de l'appareil. Il va sans dire que la production journalière est variable, suivant la dureté de la roche, dans des limites assez étendues.

Le sable produit par un broyeur donne toujours des mortiers bien supérieurs comme ténacité à ceux qu'on obtient avec les sables naturels de même provenance, et cela se conçoit, car le sable artificiel est débarrassé de toute poussière, vif et anguleux. La différence de résistance à l'arrachement est parfois considérable ; ainsi des expériences ont été faites, sous les ordres de M. l'ingénieur Cadart, pour comparer la résistance des mortiers fabriqués, d'une part avec le sable de Saône et d'autre part avec le sable des calcaires oolithiques broyés en carrière à l'aide du broyeur Loizeau. On se servait de chaux de Cruas ; au bout de trois mois, la résistance du mortier à sable ordinaire était de :

$3^{kg}18$ par centimètre carré, à l'air, et $2^{kg}24$ à l'eau

tandis que celle du mortier à sable artificiel était de :

$5^{kg}58$ par centimètre carré, à l'air, et $6^{kg}77$ à l'eau.

2° *Fabrication du sable par le concasseur Carr et le broyeur Blake combinés.* — Sur la ligne de Mauriac à Aurillac, un entrepreneur, voisin du précédent, M. Rodiès, a installé un atelier important pour la fabrication mécanique du sable à l'aide du concasseur Carr et du broyeur Blake combinés ; on pulvérise du basalte, c'est-à-dire une des pierres les plus dures.

L'entrepreneur a mis à profit la force motrice d'un cours d'eau et a installé à la partie supérieure d'une cascade une roue hydraulique de 7 mètres de diamètre ; c'est une roue en dessus avec augets en bois, planche 18. Cette roue, qui fait six tours à la minute, actionne par roue dentée et pignon un arbre intermédiaire *b* qui fait 39 tours, et celui-ci transmet le mouvement à l'arbre *kcd* qui porte les poulies motrices des appareils et fait 195 tours.

L'arbre de la roue hydraulique est à section carrée de 0^m110 de côté ; l'arbre intermédiaire a 0^m140 de diamètre et l'arbre de transmission commence par un diamètre de 0^m090 pour finir à 0^m070. Les paliers de l'arbre de la roue sont à coussinets en fonte et les autres à coussinets en bronze.

Les poulies *c* actionnent les courroies de deux concasseurs Carr placés à un étage supérieur ; le basalte concassé descend par une trémie dans le broyeur dont les courroies motrices sont actionnées par les poulies *d*.

Le même arbre de transmission porte deux autres poulies qui donnent la puissance, l'une à une scie verticale, l'autre à une scie circulaire à banc horizontal ; tous les appareils sont abrités par des toitures provisoires.

Le plan d'ensemble, figure 1, planche 18, fait saisir les dispositions générales de l'atelier ; les moellons de basalte arrivent dans des wagonnets par les voies M à l'étage supérieur qui porte les concasseurs A ; le basalte concassé descend par une trémie cylindrique dans le broyeur B ; le sable est reçu dans des wagonnets et emporté par la voie N. On voit en O le canal en charpente qui amène les eaux sur la roue R ; le plan indique aussi l'arbre de couche avec ses transmissions, la scie verticale C et la scie circulaire D.

Voici, d'après M. l'ingénieur Aubert, le prix de revient du mètre cube de sable de basalte pulvérisé dans l'atelier que nous venons de décrire, atelier dont la production journalière est deux fois et demie celle du précédent :

1° MACHINES

	F. C.	F. C.
2 concasseurs à 2.500 francs, transport compris	5.000 »	
2 broyeurs à 4.200 francs, transport compris	8.400 »	
Transmission (6,300 kilogrammes à 80 francs les 100 kilogrammes)	5.000 »	
	18.400 »	
Intérêt et amortissement (10 ans), par an		2.380 »

2° INSTALLATION DE L'USINE

	F. C.	F. C.
600 mètres cubes de terrassements dans le roc à 5 fr.	3.000 »	
150 mètres cubes de maçonnerie à 30 fr.	4.500 »	
Roue à augets	1.000 »	
Conduite d'eau et barrage	1.500 »	
Estacade	1.500 »	
Montage des machines	1.000 »	
	12.500 »	
Intérêt et amortissement (3 ans), par an		4.590 »
Achat d'acier, réparations et entretien, par an		4.800 »
Dépense totale par an		11.770 »

En supposant 300 jours de travail dans l'année, la dépense par jour se subdivise ainsi :

Frais d'établissement, entretien et réparations $\frac{11.770}{300}$	39 23
3 ouvriers employés constamment aux réparations, à 6 fr. par jour	18 »
10 manœuvres à 4 fr. par jour	40 »
Dépense par jour	97 23

La quantité de sable fabriquée dans un jour est de 25 mètres cubes.

Le prix de revient du mètre cube de sable est donc de $\frac{97.23}{25} =$	3 89
Auquel il faut ajouter par mètre cube pour extraction et approche des matériaux	3 »
Ce qui porte le prix du mètre cube de sable à	6 89

On voit par ces exemples que la fabrication mécanique du sable est entrée dans la pratique courante et peut se faire aujourd'hui à un prix qui n'a rien d'exagéré. Ce sable artificiel est supérieur au sable naturel de même provenance et peut être obtenu à telle grosseur que l'on veut, ce qui ne laisse pas d'avoir une importance considérable pour la confection des mortiers de ciments.

K. — DE LA CONFECTION DES MORTIERS

COMPOSITION DES MORTIERS

1° Mortiers de chaux grasse. — Le mélange du sable à la chaux grasse a pour but de modérer le retrait et surtout de diminuer la consommation de la chaux. A 100 volumes de chaux en pâte, on mélange 200 à 250 volumes de sable. L'usage le plus général consiste à former le mortier avec deux brouettées de sable pour une de chaux.

Pour la chaux grasse, le gros sable est préférable au fin, et dans le gros sable, il faut choisir celui qui est âpre et rude au toucher : les grains arrondis donnent moins de cohésion.

La chaux éteinte par immersion est de beaucoup préférable à celle qu'on éteint par le procédé ordinaire ; elle augmente des deux tiers la cohésion du mortier, mais il en résulte une notable augmentation de dépense, puisque le foisonnement est bien moindre.

2° Mortiers de chaux hydraulique. — Voici comment Vicat, l'illustre inventeur des mortiers hydrauliques, en explique la composition :

« La chaux éteinte sera broyée avec le sable, soit au pilon, soit au manège ou au rabot, et avec le moins d'eau possible ; les bonnes proportions pour tout mortier hydraulique sont, en moyenne, de 1 vol. 80 de sable pour 1 vol. de chaux en pâte ; on peut s'en écarter un peu, en plus ou en moins, sans un grand inconvénient ; mais s'il s'agit de mortiers destinés à l'immersion à travers une eau profonde, il faut assurer la première liaison par un surcroît de 1/6 à 1/5 de chaux en sus de la proportion moyenne, et donner au mortier la plus forte consistance possible, ce que l'on n'obtient qu'à l'aide du pilon. S'agit-il, au contraire, de mortiers pour enduits ou crépissage destinés à braver les intempéries, il faut forcer la dose de sable et ne pas s'étonner de la maigreur du mélange ; la cohésion finale y perdra quelque chose, mais la résistance à la gelée y gagnera considérablement.

« La nature du sable n'exerce pas une influence appréciable sur la bonté du mortier hydraulique, pourvu que le grain en soit palpable, net et dur ; mais il n'en est pas de même de sa grosseur ; nous citerons, comme exemples de sables convenant parfaitement aux chaux hydrauliques sous ce rapport, ceux de la Garonne, de la Dordogne, de l'Allier et de la Loire, dans la partie de leur cours assez éloignée des embouchures pour qu'il ne s'y forme pas de dépôts limoneux. Leur grain a moyennement un peu moins d'un millimètre de grosseur. Les sables de la Seine dragués à Paris approchent du menu gravier et sont beaucoup trop gros ; ceux que l'on désigne sous le nom de sablons, et dont l'écoulement mesure le temps dans les sabliers, seraient trop fins ; malheureusement, le choix n'est presque jamais possible.

« La cohésion finale d'un mortier hydraulique à sable moyen étant représentée par 100, descendra à 70 par l'emploi d'un très gros sable, tel que celui de la Seine, et à 50 par l'emploi du menu gravier.

« Contrairement à ce qui a lieu pour les chaux grasses, les chaux hydrauliques gagnent à être éteintes par le procédé ordinaire ; il en résulte, pour l'accroissement de cohésion du mortier, une différence peu appréciable dans le cas d'exposition à l'air, mais très sensible et de 1/3 pour le cas d'immersion constante. Il faut donc, toutes les fois que la chose est possible, préférer l'extinction à grande eau à l'extinction en poudre.

« Le mortier hydraulique doit toujours être gâché à couvert quand la saison est pluvieuse, ce qui suppose un sable mouillé ; on ne prend alors que la moitié ou le tiers de la chaux en pâte ordinairement employée, et l'on remplace ce qui manque par la même chaux éteinte en poudre, afin d'absorber l'eau du sable ; sans cette précaution, on n'obtiendrait qu'un mortier délavé.

« Par un temps sec et chaud, il devient, au contraire, quelquefois indispensable d'ajouter de l'eau, mais avec réserve, car il en faut très peu pour noyer le mortier.

« On insiste sur ces précautions, parce que la consistance donnée au mortier dans le gâchage exerce une grande influence sur sa dureté future; dans aucun cas on ne doit lui donner ce degré de mollesse qui constitue les bouillies, même épaisses ; il faut qu'il tienne bien sur la truelle, sans trop s'y affaisser ; il y a 50 p. 100 à perdre dans la bonté d'une maçonnerie exposée à l'air, par l'emploi d'un mortier noyé ou introduit sous forme de coulis entre les pierres ou moellons dont elle se compose, et 30 p. 100 s'il s'agit de constructions hydrauliques destinées à une immersion constante.

« Au degré de fermeté que nous prescrivons, le mortier serait fort mal employé avec des matériaux absorbants et d'ailleurs très secs, avec la brique surtout ; il faut tenir de tels matériaux dans un état complet d'imbibition jusqu'au moment de l'emploi, en les arrosant de temps à autre, si besoin est ; ils doivent, s'il est permis de s'exprimer ainsi, suer l'eau. Le secret d'une bonne maçonnerie est tout entier dans ce précepte : *mortier ferme et matériaux mouillés*. C'est, comme on le voit, le contraire de la manière des maçons, qui semblent avoir pris pour règle : *matériaux secs et mortier liquide*.

« Pour maçonner comme on l'entend ici, il faut n'avoir jamais à introduire après coup du mortier entre les pierres qui ne laissent pas un intervalle suffisant pour le recevoir en plein par le lancer de la truelle ; ces joints étroits doivent se garnir dans la pose même par le refoulement latéral du mortier sur lequel on assied le moellon.

« Avec des matériaux absorbants, employés mouillés, la main du maçon ne résisterait pas longtemps au contact inévitable de la chaux, si l'on ne trouvait quelque moyen de l'en préserver, soit par des enduits tels que le goudron liquide, soit par des espèces de gants rendus imperméables par les préparations connues de caoutchouc ou de guttapercha. L'inconvénient, au surplus, n'existe pas quand on maçonne avec des matériaux non absorbants, attendu qu'employés secs ils laissent au mortier toute sa ductilité et son eau de fabrication, en lui permettant de durcir par l'effet d'une action chimique et non par la dessiccation forcée de la chaux, qui ne produit que pulvérulence.

« Une longue expérience nous a démontré que les maçons intelligents et dociles sont rares ; il en est qui préfèrent quitter le travail à se conformer aux prescriptions qui contrarient leurs habitudes ; l'amour-propre se révolte contre les conseils. Une surveillance active est donc indispensable quand il s'agit de maçonneries importantes. »

3° **Mortiers de ciments à prise rapide.** — L'emploi du ciment romain (cette dénomination comprend tous les ciments à prise rapide) demande, pour être fait dans de bonnes conditions, beaucoup d'habitude et d'attention. Il faut le gâcher en petite quantité, afin qu'il s'écoule peu de temps entre la fabrication et l'emploi ; le ciment gâché doit être consistant, on applique chaque couche sur la précédente, avant que celle-ci soit sèche, et on la presse fortement.

Les ciments bien vifs, c'est-à-dire sortant du four, font prise en quelques minutes et souvent en quelques secondes ; il est impossible de s'en servir, il faut attendre qu'ils aient subi quelques mois d'embarillage. Le ciment s'évente avec grande facilité, et il faut le conserver soigneusement à l'abri de l'air et de l'humidité.

Les ciments servent à restaurer des édifices dégradés, à reprendre un travail en sous-œuvre, à aveugler les sources dans des fondations, à faire des enduits de citernes, bassins et fosses de toutes espèces, à mouler des tuyaux de conduite, etc.

Un ciment retient toujours, même s'il paraît sec, une certaine quantité d'eau, 16 à 20 p. 100 ; cette eau, qui semble combinée, s'évapore cependant lorsque la couche de ciment est soumise aux rayons du soleil, et il se produit dans les enduits et jointoiements ainsi exposés de profondes gerçures. Les gelées exercent une influence analogue. On ne peut parer à ces inconvénients qu'en ajoutant du sable au ciment ; mais l'introduction du sable a le grand désavantage de diminuer la cohésion, parce que le ciment adhère mal au sable et que l'on est forcé d'ajouter une grande quantité d'eau.

En général, le ciment romain, délayé avec beaucoup d'eau ou employé à l'état de coulis, perd la moitié de sa force, et son tissu reste poreux et perméable.

Quoi qu'il en soit, le ciment s'emploie rarement pur ; la quantité de sable à ajouter pour avoir le mortier le plus cohérent, ne peut être fixée à l'avance, il faut, dans chaque cas, la déterminer par l'expérience.

De 1832 à 1857, les ingénieurs du service municipal de Paris se sont servis, pour la construction des égouts, de mortier de ciment romain dans la proportion de 1 de ciment pour 3 de sable en volume. Les égouts étaient moulés dans un coffrage très léger en bois, et le ciment formait parement; on arrivait de la sorte à rendre l'exécution plus rapide et à diminuer l'encombrement de la voie publique.

« Les ciments, dit Vicat, n'offrent, généralement, des garanties de durée bien certaines que sous l'eau ou sous une terre fraîche ou enfin dans des lieux constamment humides; à cette condition, ils arrivent en quelques jours à une dureté que les meilleurs mortiers hydrauliques n'atteignent dans les mêmes circonstances qu'après un an ou dix-huit mois. »

Le ciment éventé ne fait plus prise seul, mais il donne un bon mortier hydraulique lorsqu'on le mélange à de la chaux grasse. Le ciment vif forme aussi avec la chaux grasse un mortier hydraulique, mais d'une force bien moindre que le précédent; le ciment éventé semble jouer le rôle de pouzzolane, tandis que le ciment vif paraît ne constituer avec la chaux grasse qu'un simple mélange.

Emploi du ciment de Vassy. — Les instructions suivantes sont données par M. Prévost, fabricant de ciment, qui a construit le viaduc de Chastellux :

« Les briques, pierres ou sable qui entrent dans les maçonneries de ciment doivent toujours être parfaitement propres. Dans les massifs en béton il est inutile de cribler le sable; mais il doit être tamisé fin pour les chapes et enduits; le sable de rivière siliceux et anguleux est préférable à tout autre.

« Lorsqu'il s'agit de rejointoyer de vieilles maçonneries ou de faire des enduits, il faut *refouiller profondément* tous les joints, *laver à grande eau et tenir les surfaces humides* au moment de l'application du ciment.

« *Gâchage et dosage.* — Le ciment peut être employé seul; mais il est plus économique de le mélanger avec du sable; le sable, d'ailleurs, s'oppose au retrait et aux effets de la gelée.

« Pour faire le mortier, on se sert d'une boîte, dite *gâchoir*, posée sur deux tréteaux, dont le fond, un peu incliné en arrière, a 1 mètre de long sur 0^{m}60 de large; elle est fermée sur trois côtés seulement.

« On mélange le ciment en proportions variables avec le sable, suivant la nature des travaux; dans les massifs de fondation, on peut mettre quatre parties de sable pour une de ciment; dans les maçonneries extérieures, trois parties de sable; dans les enduits, chapes, fontaines, réservoirs, citernes et autres constructions qui doivent contenir des liquides, une ou deux parties de sable, suivant le degré de sujétion. Mais dans tous les cas, surtout pour les enduits, *le dosage doit être fait très exactement*, au moyen de sébilles. L'eau elle-même doit toujours être introduite en proportion constante et en une seule fois autant que possible, de façon à donner au mortier la consistance d'une pâte ferme; on évitera, par un dosage exact, les changements de nuances qui donnent aux enduits l'aspect de mosaïques.

« Il faut se garder de noyer le ciment, ce qui relâche le mortier et le rend poreux, il faut éviter surtout de *regâcher*, avec une nouvelle introduction d'eau, un ciment qui a commencé à faire prise.

« Le ciment et le sable doivent être d'abord mélangés à sec et triturés ensuite avec la quantité d'eau strictement nécessaire, au moyen d'une truelle pouvant se manœuvrer des deux mains : une manutention énergique ramollit suffisamment le mortier qui doit être immédiatement employé.

« Il ne faut jamais, sous prétexte de ralentir la prise, *tuer le ciment*, en le mélangeant trop longtemps d'avance avec le sable.

« *Emploi du ciment.* — Le ciment est employé avec la truelle ordinaire, à la manière des autres mortiers. En parement, le mortier est projeté vigoureusement dans les joints et sur les surfaces préalablement mouillées, égalisé avec le tranchant de la truelle et *non poli*. Au moment où il vient de faire prise, on le ravale définitivement à la truelle brettée, en lui donnant cette granulation qui imite l'effet de la boucharde sur la pierre de taille ; on complète l'illusion en traçant les joints au fer, et en formant des ciselures avec un ciseau de tailleur de pierre.

« Dans les carrelages, on produit souvent le même effet au moyen d'une roulette en laiton munie d'aspérités en *tête de diamant*, dont on se sert avant que le ciment ait terminé sa prise.

« Il est toujours utile, surtout en été, d'arroser les chapes, enduits ou maçonneries de ciment, pendant quelques jours après l'emploi.

« En résumé, pour obtenir de bons travaux avec le ciment, il suffit d'un ouvrier soigneux, qui sache se conformer scrupuleusement aux règles suivantes :

« 1° *Employer des matériaux propres;*
« 2° *Mouiller ces matériaux, ainsi que les surfaces d'application;*
« 3° *Doser exactement le mélange;*
« 4° *Gâcher vigoureusement et faire un mortier ferme;*
« 5° *Ravaler avec le tranchant et non avec le dos de la truelle.*

« *Prise du ciment.* — Nous livrons, suivant les besoins, du ciment à prise lente, à prise moyenne et à prise rapide. Le premier, gâché pur, fait prise en trente minutes ou même en plusieurs heures, suivant la saison; le second, en dix minutes; le troisième, en cinq minutes. A moins de désignation spéciale, nous livrons toujours du ciment à prise moyenne. Le sable ralentit la prise du ciment.

« Le ciment éventé se charge d'eau et d'acide carbonique. En cet état, il ne fait plus prise lorsqu'il est gâché seul; mais il peut rendre encore d'excellents services, par son mélange avec un mortier de chaux grasse. Il possède alors, d'après les expériences faites par M. Vicat, un pouvoir hydraulisant très supérieur à celui du ciment ordinaire.

« *Pilonnage.* — Le pilonnage et la compression augmentent la densité et la résistance du ciment. En comprimant par la percussion ou par une presse puissante un ciment simplement humide, on obtient immédiatement un bloc solide d'une résistance considérable. On peut fabriquer, par ce moyen, des briques, carreaux, etc. : ce mode est préférable au moulage ordinaire; il est surtout plus expéditif.

« *Application*. — L'application la plus importante du ciment de Vassy a été faite pour la construction du viaduc de Chastellux, qui a montré qu'avec les mortiers de ciment on pouvait, sans danger, réduire au minimum l'épaisseur des maçonneries, et par conséquent les cubes, et réaliser en même temps une grande économie en proscrivant la pierre de taille et se contentant de moellon ordinaire, dont la valeur est infiniment moindre. On obtient par ce procédé une sorte de construction monolithe, et le viaduc en question n'est revenu qu'à 40 francs le mètre carré d'élévation, chiffre bien inférieur au prix de revient des viaducs de même largeur.

« Les égouts et aqueducs sont construits sur place ou moulés à l'avance. Les conduites à grandes sections s'exécutent sur place d'une manière continue : on donne à la fouille la forme de la section ; on régularise cette forme par une couche de sable pilonné, si c'est nécessaire, et on fait un rocaillage sur le segment inférieur. Au moyen d'un cintre volant on exécute le segment supérieur et l'on continue le travail dont toutes les parties doivent être rendues solidaires. On complète par un enduit intérieur et une chape sur l'extrados.

« Les enduits pour cuves et réservoirs doivent être imperméables et sont exécutés avec mortier comprenant volumes égaux de sable et de ciment; 1 mètre de ciment et 1 mètre de sable donnent 1^m50 de mortier, qui fait prise en vingt minutes.

« Le mortier à 1 mètre de ciment et 2 mètres de sable donne 2^m10 de mortier et fait prise en quarante minutes.

« Le mortier à maçonneries comprend les combinaisons :

« 1° 2 mètres de ciment et 5 mètres de sable, produisant 5 mètres de mortier, faisant prise en une heure ;

« 2° 1 mètre de ciment et 3 mètres de sable, produisant 3 mètres de mortier, faisant prise en une heure et demie. »

4° **Mortiers de Portland.** — Les mortiers de Portland se fabriquent comme les mortiers de chaux hydrauliques ; ils ont reçu dans ces dernières années des applications très nombreuses et très variées et on les a souvent substitués aux ciments à prise rapide ; peut-être a-t-on été trop loin dans cette voie et s'est-on exagéré les difficultés d'emploi des ciments romains.

L'introduction du ciment de Portland dans les maçonneries a eu pour promoteurs, à Paris, MM. les ingénieurs Darcel et Vaudrey, attachés au service municipal. M. Vaudrey l'a employé à la reconstruction du pont Saint-Michel ; nous lui empruntons la note suivante :

« La substitution du ciment de Portland au ciment romain réalise, sous le rapport du prix et de la résistance, des avantages qu'il est utile de signaler.

« Les ingénieurs ont journellement occasion d'employer du ciment romain; ils reconnaissent tous les graves inconvénients qui résultent de la prise beaucoup trop rapide du mortier et de la nécessité de ne le fabriquer que par très petites quantités à la fois; la proportion de ciment employé rend, en général, ces mortiers très dispendieux.

« Avec le ciment de Portland, le mortier peut être fabriqué par grandes masses et au moyen des procédés les plus économiques, la prise ne commence qu'au bout de huit heures; par suite, les ouvriers ont tout le temps nécessaire pour faire l'emploi du mortier, qui n'exige pas d'autres précautions que le mortier à la chaux; en outre, à dose beaucoup moins forte, le ciment de Portland produit un mortier plus résistant que le ciment romain.

« Je vais indiquer les résultats obtenus dans les travaux de reconstruction du pont Saint-Michel.

« Le nouveau pont, qui a dû être décintré immédiatement, repose sur des culées formées en partie de vieilles maçonneries, dont quelques-unes sont deux fois séculaires, en partie de maçonneries neuves. Il était donc nécessaire qu'elles acquissent immédiatement une très grande résistance, et dès lors l'emploi du mortier de ciment était obligatoire.

« Pour ces parties en maçonnerie neuve dans les culées, le mortier a été composé d'un mètre cube de sable de rivière et de 250 kilogrammes de ciment de Portland; pour le fabriquer, le sable et le ciment sont d'abord mêlés sans addition d'eau, ce n'est que quand ce mélange est bien fait que l'on ajoute l'eau; la proportion varie nécessairement avec l'état d'humidité du sable, elle est en moyenne de 125 litres par mètre cube de sable; le mortier ainsi obtenu est bien pris au bout de douze heures.

« Il est fabriqué au rabot, parce que l'espace a manqué pendant une partie des travaux pour installer des broyeurs. Le prix de revient de ces mortiers est de :

1 mètre cube de sable à.	3 fr. 20.	3 fr. 20
250 kilog. ciment de Portland à. . . .	0 08	20 00
Fabrication.		2 50
Prix du mètre cube de mortier.		25 fr. 70

Dans une autre note, publiée en 1858 dans les *Annales des ponts et chaussées*, M. Darcel cite des expériences faites sur la résistance comparative des mortiers de ciment romain et de portland, et il arrive aux conclusions suivantes :

« De ces expériences, il semble résulter un fait assez remarquable, c'est que la cohésion d'un bon ciment ne serait pas changée, qu'il soit gâché pur ou avec un volume égal de sable, et qu'un mortier composé de 1 mètre de sable et 350 kilogrammes de ciment de Portland est aussi résistant qu'un mortier du meilleur ciment romain gâché par parties égales de sable et de ciment, et employant par mètre cube de mortier 660 kilogrammes de ciment.

« Outre sa prise lente, qui est un grand avantage dans un grand nombre de cas, le ciment de Portland jouit d'une propriété très importante, c'est celle de rejeter une grande partie de l'eau en excès, lorsqu'il est employé en coulis ou en injection. Quelque liquide qu'il ait été gâché, on trouve par la suite une masse résistante sur tous ses points, seulement moindre à la partie supérieure qu'à la partie inférieure. Les ciments romains, au contraire, presque impossibles à employer dans de pareilles circonstances, laissent à la partie supérieure déposer, sur une assez grande hauteur, une matière inerte, tandis que la partie inférieure n'acquiert qu'une résistance relativement médiocre. Les parties ayant reflué en dehors des trous dans les injections faites par M. l'ingénieur en chef Chatoney, en ciment de Portland, sous le radier de l'écluse de *la Floride*, au Havre, ont donné comme résistance à la traction et par centimètre carré 9 kilogrammes après quinze jours d'immersion, 14^k5 après un mois et demi, et 19^k5 après trois mois. Au pont de l'Alma, les injections faites au ciment de Portland mélangé de chaux (par économie, la résistance n'ayant pas besoin d'être énorme) ont présenté également une dureté considérable, quoique les injections aient traversé une hauteur d'eau de 4 mètres. Ces coulis s'étendent très loin jusque dans les moindres vides. M. Chatoney a trouvé au Havre que, sous une charge de 5 mètres, dans un tube de 0^m04 de diamètre, le ciment injecté dans une couche de galet de 0^m10 d'épaisseur, l'a transformé en béton compacte jusqu'à 2 mètres de l'orifice. A Paris, à travers des enrochements, une pression presque nulle de quelques centimètres faisait refluer le mortier à quelques mètres de distance. »

Dans les massifs de béton pour fondation, on a obtenu plusieurs fois de bons résultats en *ajoutant au mortier de chaux ordinaire 1/10 de son volume de ciment de Portland;* le mélange est très hydraulique, sans coûter un grand prix. Il est préférable au mélange analogue, dans lequel on se sert de ciment romain, parce que ce dernier fait prise beaucoup plus rapidement, avant que la chaux ait seulement commencé à se dessécher, et l'on risque de voir le mortier se désagréger.

C'est ainsi qu'au viaduc de Coursan (ligne du Midi), on ajoutait à un mètre cube de mortier de chaux grasse, 100 à 180 kilogrammes de ciment Gariel en poudre; le système a bien réussi. Au viaduc d'Orsay, M. l'ingénieur Malibran a ajouté 100 kilogrammes de portland par mètre cube de mortier, soit 50 kilogrammes par mètre cube de béton, et il en a obtenu d'excellents résultats.

A l'origine de la fabrication, les ciments de Portland ne pesaient que 1,100 à 1,200 kilogrammes le mètre cube : ce sont ceux que cite M. Vaudrey dans la note dont nous avons donné un extrait. Depuis, M. Leblanc, ingénieur chargé de la construction du bassin à flot de Boulogne, a montré que le ciment lourd, c'est-à-dire pesant au moins 1,350 kilogrammes par mètre cube, donne des mortiers beaucoup plus cohérents que ceux qu'on obtient avec le ciment léger. Il montre aussi que, plongé dans l'eau chargée de nitrate d'ammoniaque, le ciment léger abandonne à cette eau beaucoup plus de chaux que le ciment lourd.

De ce qui précède, on doit conclure, comme nous l'avons déjà fait, qu'il faut substituer dans les devis le dosage en poids au dosage en volume, de sorte que l'entrepreneur n'ait pas avantage à fournir du ciment léger. Le ciment lourd est celui dont le poids, déterminé au moyen d'une boîte de 100 litres que l'on remplit de manière à éviter le tassement, ne descend pas au-dessous de 1,350 kilogrammes.

M. Leblanc parle, en outre, dans son mémoire inséré aux *Annales des ponts et chaussées* de 1865, de la consistance à donner au mortier de Portland pour l'exécution des maçonneries de remplissage.

« Nous croyons de bonne pratique, dit-il, d'employer le mortier de Portland un peu mou, de manière qu'il se prête bien à former des bains suffisants sous les moellons, sinon, on s'exposerait à avoir beaucoup de vides dans les massifs ; car le mortier de Portland roide s'égrène comme de la terre franche, quand on le jette à la truelle. Mou, il prend au contraire de la mine, devient plus onctueux et s'étale plus facilement en lits. Toutefois, il ne faut point lui donner un excès d'eau, ce qui nuirait à la qualité du mortier.

« Sous les pierres de taille mises en parement, le mortier de Portland, qui ne les happe point (les pierres de taille employées au bassin à flot de Boulogne sont des marbres très lisses), tend, en rejetant son eau et en durcissant, à laisser se former dans les lits, par l'effet du retrait, des espaces vides, dont l'existence est mise en évidence en temps de pluie. Voici comment : par suite de la porosité du mortier, l'eau de pluie, chassée violemment par le vent, arrive à remplir ces espaces vides qui, lorsque la pluie a cessé, sont accusés par de légers suintements.

« Il faut les soins les plus minutieux et beaucoup d'habileté de la part des poseurs, pour obtenir des lits entièrement pleins.

« Voici, à notre avis, la meilleure pratique à suivre pour cela. On commence par étaler soigneusement sur les lits une couche (deux à trois centimètres d'épaisseur) de matière assez roide ; on place vers les angles du parement de la pierre deux cales en bois tendre, enfoncées jusqu'à la tête, et l'on cale fortement en queue avec un gros éclat de pierre ; puis on retire peu à peu les cales du parement et l'éclat de pierre de la queue, faisant descendre à coups de maillet la pierre à sa vraie place.

« Les cales en bois ne servent plus alors qu'à empêcher la pierre de flotter sur son lit de mortier. Elles empêchent ainsi l'assise d'onduler ; on les enlève facilement à la main, dès que le lit a un peu durci.

« Le portland pur éprouve un retrait considérable et se fendille à l'air ; il faut donc employer pour rejointoiements un mortier maigre, obtenu par le mélange de 700 kilogrammes de ciment avec un mètre cube de sable. Pour diminuer, du reste, autant que possible, la porosité du joint, il importe de prescrire un lissage très énergique avec la dague ou tire-joints.

« Au nombre des propriétés remarquables des mortiers de Portland, il faut citer celle de n'être pas détruits par la gelée. Les mortiers de Portland ne gèlent pas, disent nos maçons, c'est ce qui permet l'exécution de maçonneries de portland dans l'arrière-saison, et même en hiver dans les cas urgents.

« Il faut proscrire, d'une manière générale, l'emploi des sables fins dans la confection des mortiers maigres. Pour les mortiers gras, le choix semble presque indifférent, quoiqu'il y ait toujours un certain avantage pour le gros sable. »

FABRICATION DES MORTIERS

Sur un chantier important, il est pour ainsi dire indispensable, si l'on veut arriver à de bons résultats, de fabriquer à couvert les mortiers et les bétons. En effet, la pluie noie le mortier et délave le béton ; le soleil enlève au mortier l'eau qui lui est nécessaire et le rend pulvérulent.

Fabrication avec le rabot, à bras d'hommes. — La fabrication du mortier ne se faisait autrefois qu'à bras d'hommes ; c'est ainsi qu'elle se fait encore aujourd'hui sur les petits chantiers ; mais le plus souvent, on a recours à des procédés mécaniques beaucoup moins coûteux.

Pour confectionner le mortier à bras d'hommes, on dispose sur une aire dure et bien dressée la couche de sable nécessaire, et on la relève en bourrelets sur les bords ; dans le bassin ainsi formé on verse la chaux en pâte ; les ouvriers se placent autour du bassin avec des rabots à longs manches qu'ils manœuvrent d'abord de la circonférence au centre en appuyant sur le plat du rabot de manière à écraser le mélange, puis du centre à la circonférence en relevant les parties comprimées ; ils se déplacent peu à peu en tournant uniformément, de sorte que toutes les parties du mortier sont bien mélangées et bien corroyées. Les rabots dont on se sert sont en bois ou en fer ; quelquefois même on se sert de longs morceaux de bois aplatis par le bout.

Dans les temps chauds, la chaux en pâte se dessèche vite, et, au premier abord, elle semble quelquefois trop ferme ; les maçons et même les entrepreneurs non surveillés ne trouvent rien de mieux alors que d'ajouter de l'eau, c'est une opération détestable, qui diminue toujours les qualités du mortier. Si la chaux est par trop ferme, il faut la rejeter ; mais, en général, on peut amollir la pâte par un corroyage énergique ou en la pilonnant fortement avec des pilons en bois et mieux en fonte ; c'est un travail supplémentaire, mais grâce à lui, on obtient de bon mortier. Dans certains cas, lorsque le sable est trop sec, on peut l'arroser légèrement.

Fabrication par meules à manège. — Dans les grands chantiers, on substitua d'abord le manège au rabot : dans une auge annulaire en bois ou en pierre, analogue à celle qui sert à broyer le plâtre, et aussi les pommes avant de les mettre sous le pressoir, on place le mélange de chaux et de sable. Dans l'auge tournent deux ou plusieurs roues, les unes rasant le bord extérieur, les autres le bord intérieur ; elles compriment le mélange et le font refluer de chaque côté. Le rayon sur lequel est fixée chaque roue tire derrière lui une racloire qui traîne au fond de l'auge et soulève le mortier comprimé. On voit qu'en somme, on arrive à un corroyage analogue à celui du rabot.

Beaucoup de constructeurs estiment que ce mode de fabrication donne le meilleur mortier, et que le mélange de la chaux au sable y est parfait à cause de la compression.

Nous partageons absolument cet avis, mais il faut reconnaître que le manège à meules exige une installation solide et coûteuse et ne peut être employé que dans les travaux de longue haleine; aussi se contente-t-on d'ordinaire du tonneau malaxeur.

Au pont-canal d'Agen, on fabriquait le mortier à l'aide d'un broyeur à meules composé de deux roues de charrette de 1m75 de diamètre et de 0m12 de largeur de jante, calées sur un même essieu horizontal en bois; cet essieu, ou arbre en bois, s'étendait à 4m30 de chaque côté du pivot central et à chaque bout s'attelait un cheval; le manège était donc dépourvu de tout engrenage; les roues roulaient dans une auge de 3m30 de diamètre, ayant pour section un trapèze de 0m32 de large au fond et 0m46 en gueule. Les deux roues étaient aux extrémités d'un même diamètre et un arbre auxiliaire, à angle droit avec le premier et entraîné par lui dans son mouvement de rotation, portait à chaque bout une raclette qui ramenait constamment la pâte dans la partie centrale de l'auge où passent les roues. Une trappe mobile était ménagée dans le fond au-dessus d'une coulotte, et c'est par là qu'on faisait tomber le mortier fabriqué.

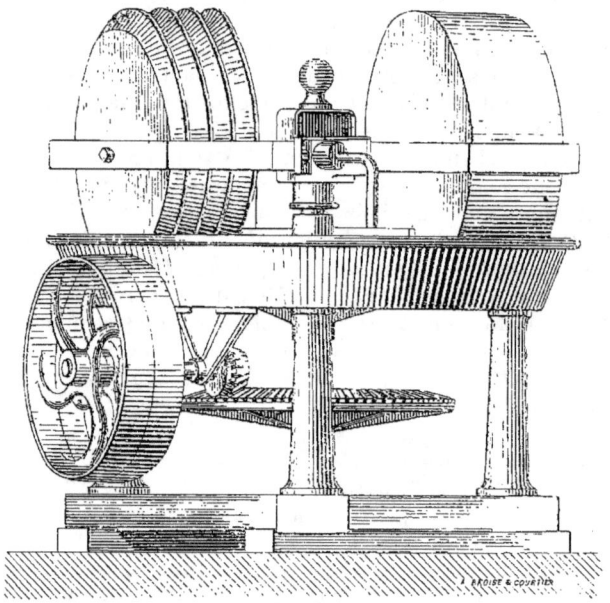

Fig. 85.

Cet appareil simple, qui peut être imité partout, avait été établi pour 600 francs, compris les supports en maçonnerie, et donnait un rendement de 24 mètres cubes de mortier par journée de 10 heures.

La dépense peut s'évaluer comme suit :

	F. c.
2 chevaux à 6 francs.	12 »
1 conducteur à 4 francs.	4 »
6 manœuvres à 3 francs.	18 »
1 heure de chef d'atelier à 6 francs.	0,60
Entretien des brouettes, des seaux, etc.	0,30
Intérêt et amortissement de l'appareil.	2 »
Total.	36,90

Soit 1 fr. 50 par mètre cube de mortier.

La figure 85 représente un manège avec deux meules en fonte et auge métallique, mu par une transmission; une des meules est cannelée et l'autre cylindrique; deux raclettes ramènent la pâte sous les meules. La production peut atteindre 2^m50 à 4 mètres de mortier à l'heure suivant le modèle employé (Weidknecht, constructeur à Paris).

Fabrication par tonneau malaxeur. — La méthode généralement en usage aujourd'hui est celle du tonneau à mortier : l'axe vertical du tonneau porte à différentes hauteurs des rayons garnis de dents; aux parois sont fixés d'autres rayons à dents; ceux-ci sont fixes, les premiers sont mobiles et suivent le mouvement de rotation de l'axe; les dents d'un rayon mobile sont disposées de manière à passer dans les intervalles des dents d'un rayon fixe. A la partie supérieure, on verse le sable et la chaux qui se trouvent malaxés en descendant dans l'appareil; à la base, on recueille le mortier. Ce tonneau a été inventé par M. Bernard, inspecteur général des ponts et chaussées; il a été modifié heureusement par M. Roger, architecte, qui au malaxage de la matière a ajouté une certaine compression.

L'axe du tonneau est mis en mouvement par des hommes ou par des chevaux, ou mieux encore par une machine à vapeur.

Les tonneaux employés pour la première fois par M. Bernard, au port de Toulon, se composent essentiellement d'un tonneau en bois, légèrement évasé par le haut, fermé par le fond, et percé latéralement à sa partie inférieure d'une ouverture que l'on ferme à volonté, au moyen d'une porte à coulisse.

Aux parois du tonneau, et à des hauteurs différentes, sont fixés des croisillons en fonte, à branches armées de dents en fer.

Un arbre vertical, mis en mouvement par une manivelle, porte trois croisillons également armés de dents. Les dents des branches mobiles et celles des branches fixes sont disposées de manière à s'entre-croiser.

La hauteur du tonneau est habituellement de 1^m30, sa largeur de 1^m10. La manivelle, l'arbre, les dents et le pivot, sont en fer forgé, les croisillons en fonte, et les bordages du tonneau en chêne.

Un tonneau semblable fournit ordinairement 4 mètres de mortier par heure, soit 40 mètres dans une journée de 10 heures, soit 32 mètres dans la journée de 8 heures que l'on fait plus habituellement sur les chantiers du port. La manivelle est tournée par dix hommes ou par deux chevaux. Dans ce dernier cas, il faut en outre un manœuvre pour dégorger la porte et surveiller à chaque instant l'écoulement des matières. Un chef d'atelier surveille à la fois le dosage, l'apport des matières et la fabrication. Il ne consacre à ce dernier travail que la moitié de son temps.

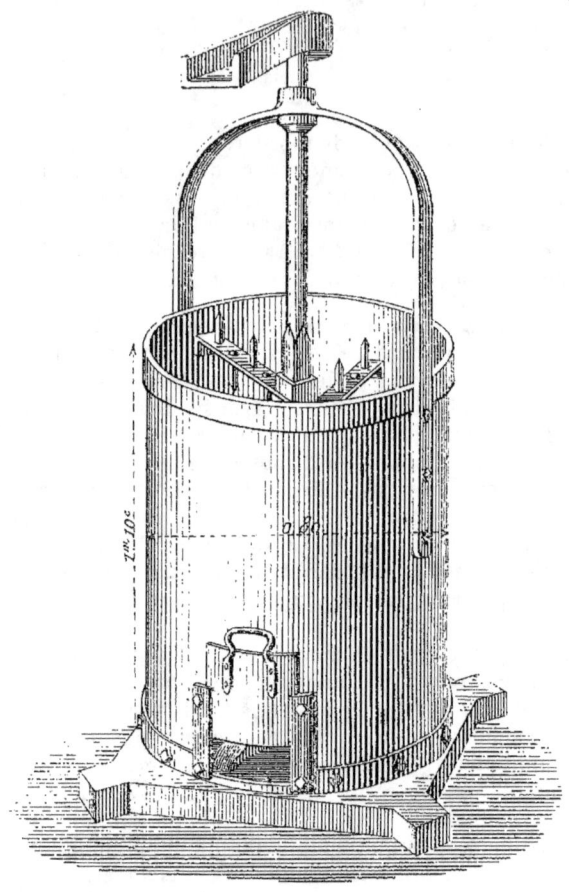

Fig. 86.

Deux modifications principales distinguent le tonneau à mortier de M. Roger de celui de M. Bernard. La première consiste en ce que le mortier s'écoule, non seulement par une porte latérale, mais encore par des ouvertures pratiquées au fond du tonneau. La seconde, en ce que l'arbre vertical porte à sa partie inférieure des disques en fonte qui écrasent le mortier contre le fond du tonneau.

Dans le tonneau de M. Bernard, les matières n'ayant qu'une issue assez étroite, et étant d'une fluidité fort imparfaite, se compriment dans la partie opposée à la porte, et acquièrent une compacité telle qu'il faut un très grand effort pour tourner la manivelle.

Il arrive même quelquefois que l'arbre vertical, sollicité au delà de ses forces, se tord sous la résistance énergique qu'il rencontre.

Dans le tonneau de M. Roger, cette compression de matières, dont nous venons d'indiquer les effets, ne saurait exister.

Le vide formé à chaque instant en divers points de la surface du disque inférieur facilite le passage des dents. Il doit donc en résulter, et il en résulte effectivement, une notable diminution dans la dépense en main-d'œuvre. On peut craindre, il est vrai, que le mortier ne s'échappe incomplètement mélangé; mais habituellement cet effet ne se produit qu'au moment de la mise en train de l'appareil. Aussi est-on obligé de fermer les ouvertures et de suspendre l'écoulement jusqu'à ce que les couches inférieures du mortier soient suffisamment mélangées.

Aujourd'hui les tonneaux à mortier sont de construction plus simple : c'est un cylindre en tôle dans l'axe duquel se meut un arbre vertical armé de bras horizontaux à dents; d'autres bras peuvent être fixés au cylindre; à la base est une étoile à deux, trois ou quatre branches, sorte d'hélice qui pousse le mortier vers la vanne de sortie et l'empêche de se tasser contre la paroi opposée à cette vanne.

Ces tonneaux se font à manivelle à bras d'hommes, à traction par un cheval agissant sur une flèche de 3^m50 de long légèrement inclinée, à engrenages pour transmission de machine à vapeur.

Un broyeur à bras, deux hommes à la manivelle avec engrenages, de 0^m60 de diamètre et 0^m80 de hauteur, coûte 350 francs et peut donner 1 mètre de mortier à l'heure.

Un broyeur à 1 cheval avec sa flèche, de 0^m80 de diamètre et 1^m10 de hauteur, coûte 450 francs et donne 2 mètres de mortier à l'heure.

Un broyeur, mu par la vapeur, du modèle précédent, coûte 700 francs et donne jusqu'à 5 mètres cubes à l'heure.

Il est bon que les tonneaux soient alimentés d'eau par un réservoir supérieur et que l'eau soit projetée par une pomme d'arrosoir.

Fabrication par vis d'Archimède. — La vis d'Archimède est un engin de transport et de mélange en usage dans beaucoup d'industries; elle a été employée également à la confection des mortiers de ciment. L'application la plus importante en a été faite en 1857 par M. Greyveldinger, entrepreneur des égouts du boulevard Sébastopol, à Paris.

La machine se compose d'une trémie en tôle A dont le fond est fermé par un disque B surmonté d'un cône C. Le disque et le cône reçoivent, au moyen des roues d'angle D, un mouvement rapide de rotation. La trémie est pourvue en E d'un orifice rectangulaire de 0^m20 de largeur, dont la hauteur est réglée par une petite porte en tôle mobile au moyen d'une crémaillère, d'un pignon et du bouton F.

Au-dessous de la trémie est un auget G qui contient une hélice dont l'arbre est armé de dents en fer; l'hélice roule dans l'auget au moyen de la roue H et de son pignon.

Entre la trémie et l'auget, et derrière l'entonnoir J, se trouve un robinet dont le boisseau est percé de plusieurs fentes étroites : le cône intérieur est un obturateur qui recouvre une partie plus ou moins grande des fentes suivant la position du robinet K. Le robinet communique au moyen d'un tuyau de caoutchouc avec une cuve un peu large dans laquelle on entretient un niveau à peu près constant. Le robinet fournit ainsi des jets bien divisés et dont il est facile de régler le débit à volonté.

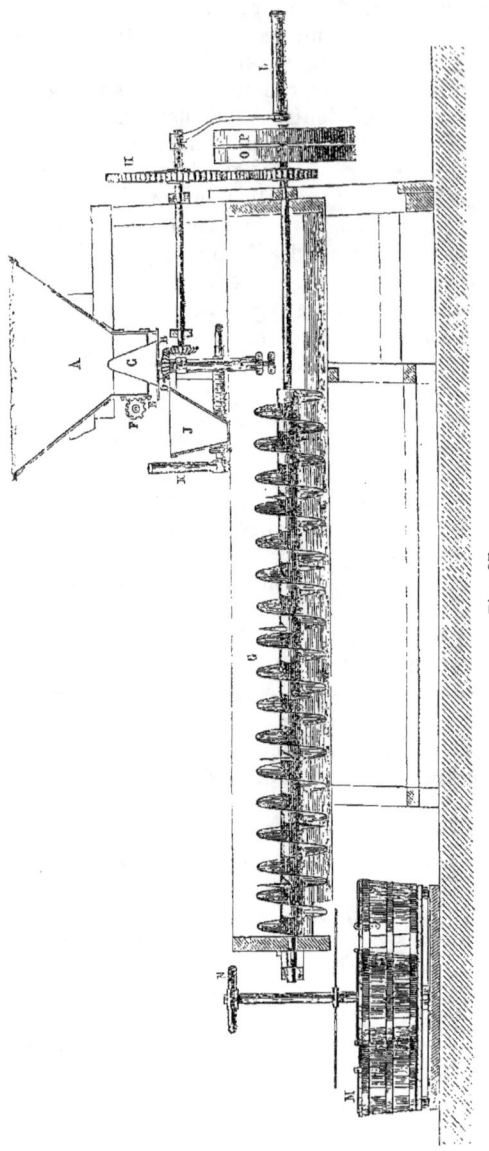

Fig. 87.

Pour fabriquer le mortier, on commence par doser le sable et le ciment, les mélanger grossièrement à la pelle et les passer à la claie au pied de l'appareil ; on charge ensuite la trémie. La rotation du disque et du cône achève le mélange des matières sèches et leur imprime un mouvement qui, grâce à l'effet de la force centrifuge, entretient un écoulement régulier par l'orifice E. En tombant dans l'auget par l'entonnoir J elles se mêlent avec l'eau que fournit le robinet. Le mouvement de l'hélice triture les matières mouillées, et le mortier complètement corroyé tombe dans les seaux préparés sous l'extrémité de l'auget. Afin de remplacer promptement un seau plein par un vide, on pose ceux-ci sur un disque M qui tourne sur un pivot; dès qu'un seau est plein, un ouvrier fait mouvoir d'un quart le cercle de la poignée circulaire N; cette manœuvre est facile et évite toute perte de ciment.

L'appareil est mu soit par deux hommes tournant la manivelle M, soit par la courroie d'une locomobile agissant sur la poulie O; P est une poulie folle. Une machine à vapeur d'un demi-cheval suffisait.

L'appareil exige un conducteur et huit manœuvres, et la dépense s'établit comme suit :

	F. C.
9 hommes à 4 francs	36 »
1 chauffeur	6 »
Charbon	2 »
Entretien de la machine	1 »
Amortissement de la machine coûtant 2,500 francs	2,20
Total	47,20

La production étant d'environ 3 mètres cubes à l'heure, le prix de revient est de 1 fr. 60 le mètre cube.

Il serait moindre pour des mortiers de chaux, car le dosage est plus facile et il faudrait moins de manœuvres.

L'appareil que nous venons de décrire a servi pour la *fabrication des mortiers de ciment à prise rapide;* ces mortiers font prise en quelques minutes et il est impossible de les préparer avec une meule ou un tonneau malaxeur; on est donc réduit à les gâcher dans des auges au fur et à mesure de l'emploi, ou de recourir à l'appareil à hélice dans lequel il s'écoule seulement quelques secondes entre le moment où l'on humecte le mélange et le moment où le mortier tombe dans les seaux.

Prix de revient de la fabrication d'un mètre cube de mortier. — Les prix de revient de la fabrication d'un mètre cube de mortier s'établissent comme il suit :

1° *Au rabot.* — Un ouvrier fabrique 1 mètre de mortier par jour, avec un rabot qui coûte 10 francs par an, achat et entretien compris; il faut un surveillant pour 10 hommes; le prix de revient est donc :

	F. C.
1 journée de manœuvre à 3 fr. 50	3,50
1/10ᵉ de journée de surveillant	0,50
Frais d'outils	0,02
Total	4,02

2° *Au manège à roues.* — Nous avons établi plus haut le prix de 1 fr. 50;

3° *Au tonneau broyeur à bras.* — Production, 10 mètres par jour ;

	F.	C.
4 hommes à 3 fr. 50	14	»
1/10ᵉ journée de surveillant à 5 francs	0,50	
Intérêt et amortissement de la machine (20 p. 100 pour 250 jours de travail)	0,28	
Total	14,78	

Soit 1 fr. 50 par mètre cube.

4° *Au tonneau broyeur à 1 cheval.* — Production, 20 mètres par jour ;

	F.	C.
1 cheval	6	»
4 hommes	14	»
1/10ᵉ journée de surveillant	0,50	
Intérêt et amortissement de la machine	0,32	
Total	20,82	

Soit 1 fr. 05 le mètre cube.

5° *Au tonneau broyeur avec locomobile de 4 chevaux.* — Production, 50 mètres cubes.

	F.	C.
Location de la locomobile	5	»
Intérêt et amortissement du broyeur	0,70	
Graissage, allumage et nettoyage de la locomobile	2,90	
Mécanicien	6	»
6 manœuvres à 3 fr. 50	21	»
Charbon de terre, 125 kil à 0 fr. 04	5	»
Total	40,60	

Soit 0 fr. 80 le mètre cube. On peut même forcer la production, mais il faut alors augmenter le nombre des manœuvres.

Le gâchage du mortier de ciment à prise rapide ne coûte pas moins de 5 à 6 francs s'il est fait à la truelle dans une augette; avec la machine à hélice, il ne revient guère qu'à 1 fr. 50.

Sur un chantier ordinaire à petite consommation, la main-d'œuvre de confection d'un mètre cube de mortier est comptée 2 francs et quelquefois jusqu'à 3 francs.

Extrait du devis type arrêté par le ministère des travaux publics.

« Réduction de la chaux en pâte. — ART. 32. — La chaux en poudre sera réduite en pâte dans des bassins imperméables, revêtus en planches, placés sous des hangars couverts, bien abrités, et à portée des ateliers de fabrication des mortiers et bétons. On étendra la chaux sur une épaisseur de 0^m10 à 0^m15, et l'on versera l'eau avec des arrosoirs à pomme, qui la répandront partout uniformément; puis, en même temps, on réduira la chaux en pâte ferme, au moyen de rabots, en ayant soin de mettre toujours à découvert les parties sèches, de les imbiber d'eau et de les incorporer à la pâte, de manière à rendre cette pâte ferme, bien liante, et bien homogène.

« On s'attachera à n'employer, dans l'extinction de la chaux, que la quantité d'eau strictement nécessaire pour amener la pâte à l'état indiqué ci-dessus, et les arrosoirs, destinés à verser l'eau sur la poudre, devront être soigneusement tarés.

« La chaux en poudre, transformée en pâte, devra être aussitôt employée.

« **Dosage du mortier.** — Art. 33. — Le mortier de chaux hydraulique sera composé de. . . . kilogrammes de chaux en poudre pour 1 mètre cube de sable. La chaux sera dosée d'après le nombre des sacs plombés, qui ne seront ouverts qu'au moment de l'emploi, le poids moyen des sacs étant établi contradictoirement au moment où on entame chaque nouvelle livraison de chaux, et plus souvent si l'ingénieur le juge convenable. Le sable sera soigneusement mesuré dans des caisses fournies par l'entrepreneur et dont le volume sera taré, de manière à présenter un rapport très simple avec le nombre des sacs de chaux en poudre qui doivent lui être incorporés.

« Pour le mortier destiné au béton immergé, on augmentera la proportion de chaux, et on emploiera alors. . . . kilogrammes de chaux en poudre pour 1 mètre cube de sable.

« Dans le cas où on emploie la chaux préalablement réduite en pâte, le mesurage de la chaux en pâte se fera dans des caisses analogues à celles employées pour le mesurage du sable; on aura soin de se rendre compte, par des expériences souvent répétées, de la quantité de pâte que produit un poids déterminé de poudre, et on règlera la quantité de pâte à employer, de manière que le dosage corresponde toujours au poids de chaux en poudre indiqué au présent article.

« Art. 34. — Pour les petits ouvrages, le mortier pourra être fabriqué au pilon et au rabot sur aires en planches jointives; pour les ouvrages plus importants, on emploiera des broyeurs, malaxeurs ou manèges mis en mouvement par des chevaux ou des machines, et installés sous des hangars de dimensions suffisantes pour garantir complètement l'atelier de la pluie et du soleil. Pour les ouvrages nécessitant la fabrication d'au moins 100 mètres cubes de mortier, l'ingénieur pourra prescrire l'usage exclusif de manèges à roues verticales, roulant dans des auges circulaires, et pesant au moins 25 kilogrammes par centimètre de largeur de bande : les auges n'auront pas de rebord extérieur, et les matières seront constamment ramenées sous les roues par des rabots convenablement disposés ou manœuvrés par des ouvriers.

« Quand on emploiera la chaux éteinte en pâte, on corroiera le mélange, sans addition d'eau, jusqu'à ce qu'on ne puisse plus distinguer aucune partie de chaux séparée : par exception, si le sable est très sec, on pourra l'arroser, mais sur le tas et avant tout mélange.

« Lorsque l'ingénieur autorisera la fabrication directe du mortier avec la chaux en poudre, sans transformation préalable de la poudre en pâte, la chaux et le sable dosés seront étendus par couches minces sur une aire en planches et mélangés à sec de la façon la plus complète ; puis le mélange sera introduit dans le malaxeur et additionné progressivement, au moyen d'arrosoirs, de la quantité d'eau strictement nécessaire pour produire une pâte ferme. Le mélange sera corroyé et trituré jusqu'à ce que le mortier soit bien lié et parfaitement homogène.

« Le mortier devra, dans les divers cas, être gâché assez ferme pour qu'en l'agitant dans la main, il forme une boule légèrement humide à la surface, mais ne se laissant pas aller entre les doigts. »

EXEMPLES D'INSTALLATIONS POUR LA FABRICATION DU MORTIER

Généralement, la fabrication du mortier est connexe de celle du béton, et il n'y a qu'une installation pour les deux fabrications, comme nous le verrons au chapitre suivant, en traitant du béton. Nous ne décrirons donc ici que deux installations spéciales pour la fabrication des mortiers.

Fabrication du mortier au barrage du Furens. — Au barrage du Furens, on exécutait chaque jour 80 à 90 mètres cubes de maçonnerie exigeant 35 à 40 mètres de mortier, qui comprenait 40 mètres de sable et 14 à 15 tonnes de chaux. Le sable, provenant d'arènes granitiques situées au-dessus de l'ouvrage, descendait par des couloirs en bois sur la plate-forme où étaient installés les appareils de fabrication du mortier, comprenant un mélangeur et deux tonneaux broyeurs.

« Le mélangeur, dit M. de Montgolfier, consistait en une conche en fonte de 3 mètres de diamètre, dans laquelle on versait 0^m40 de sable et 150 kilogrammes de chaux blutée. On agitait le mélange en mettant en mouvement des griffes portées par quatre bras reliés à un axe vertical qui traversait la conche. On versait ensuite, à l'aide d'une pomme d'arrosoir, le volume d'eau nécessaire au mortier, et l'on faisait tourner les griffes jusqu'à ce que le mélange fût bien homogène. On enlevait alors latéralement un des segments en fonte de la sole, et le mortier, déjà à moitié fabriqué, tombait dans des tonneaux broyeurs de 2 mètres de hauteur et de 1^m30 de diamètre, qui le trituraient et achevaient sa confection.

« Le mélangeur et les tonneaux étaient mis en mouvement par une locomobile à vapeur de 8 chevaux.

« Le mortier fabriqué descendait par un couloir en bois, garni de tôle intérieurement, sur une plate-forme en charpente établie un peu au-dessus du niveau de la maçonnerie, d'où il était repris ensuite pour être porté au lieu d'emploi, soit par un wagonnet de service, soit par les aides. »

Toutefois, les ouvertures de ces deux disques sont contrariées de telle façon qu'aucun des boisseaux supérieurs ne peut être ouvert en même temps que le boisseau inférieur correspondant.

Ces disques sont mis en action par une roue d'angle dentée empruntant son mouvement à l'arbre de couche principal de la machine. Par un mécanisme très simple, on peut à volonté suspendre le distributeur ou le remettre en marche.

On comprend maintenant que, les trois substances étant déposées au-dessus de chacun des boisseaux, les poussières remplissent, par l'effet de leur poids, le boisseau supérieur. Puis quand, par suite d'une révolution des disques accouplés, le boisseau inférieur vient à s'ouvrir à sa partie supérieure, les matières le remplissent à son tour et ne s'en échappent que, lorsque le disque supérieur ayant fermé toute communication entre les deux boisseaux, et le mouvement continuant, l'ouverture du disque inférieur vient à correspondre avec ce boisseau inférieur et lui permet de se vider dans le malaxeur.

L'arbre des disques faisant dix-sept tours par minute, c'est donc dix-sept fois par minute que chacun des boisseaux laisse tomber son contenu dans le malaxeur.

Malaxeur. — Le malaxeur, dont l'ouverture d'entrée se trouve au-dessous du distributeur, se compose d'un cylindre fixe en fonte muni d'un arbre mobile horizontal qui le traverse en entier dans le sens de la longueur, et qui est mis en mouvement par des engrenages situés à l'extérieur. Cet arbre fait trente et un tours à la minute. Il est muni de palettes en fer uniformément réparties sur ses quatre côtés, et inclinées à peu près à 45 degrés sur l'axe du cylindre. La tête de ces palettes décrit une circonférence, et les matières versées à une extrémité par le distributeur sont à la fois mélangées et transportées vers l'extrémité opposée.

Vers le milieu du cylindre, une ouverture rectangulaire munie de joues en tôle permet de surveiller la marche de l'opération. Par la même ouverture, deux jets d'eau plongent dans la matière, sous une pression de 2 mètres de hauteur environ.

Dans le reste du cylindre s'achève le malaxage du mortier, qui en sort déjà parfaitement homogène pour tomber sur les cylindres du broyeur.

Broyeur. — Le broyeur est composé de trois cylindres lamineurs, de diamètres inégaux, dont les mouvements, par l'effet d'engrenages calés sur leurs axes, sont solidaires.

En ne tenant compte que de l'aspect du mortier au sortir du malaxeur, les broyeurs pourraient paraître superflus. Cependant leur établissement n'a été décidé que parce que les mortiers comprimés par les manèges ordinaires présentaient une densité sensiblement supérieure à celle des mortiers obtenus par un simple malaxage. Les broyeurs, en donnant une dernière façon au mortier, rachètent cet inconvénient.

Toutes les parties de la machine peuvent se démonter avec la plus grande facilité ; de sorte qu'il suffit de l'approvisionnement de quelques pièces de rechange, pour être assuré que la rupture d'un organe ne peut pas arrêter sérieusement la fabrication du mortier.

Machine à vapeur. — La machine à vapeur qui actionne ces divers engins a une puissance nominale de six chevaux de 75 kilogrammètres. Elle est placée dans une chambre voisine et indépendante. Son arbre fait 85 tours par minute et commande, d'une part, le blutoir, et, de l'autre, un arbre de couche établi sur le bâti de la machine à mortier proprement dite ; cet arbre de couche donnait le mouvement par l'intermédiaire d'une courroie au distributeur, et, par l'intermédiaire d'engrenages, aux malaxeurs et aux broyeurs.

Nombre d'ouvriers. — Quatorze ouvriers et manœuvres sont nécessaires pour le service des appareils qui viennent d'être décrits, y compris la conduite de la machine à vapeur.

La dépense d'un atelier ainsi composé revient par heure à. . . .	4 fr. 25
A ce chiffre il convient d'ajouter pour frais de charbon de la machine, graisses, huile, etc., par heure.	2 »
Total.	6 fr. 25

La quantité de mortier produite étant constamment de 8 mètres cubes à l'heure, le prix brut d'un mètre cube pour fabrication, en ne tenant aucun compte du montant de l'amortissement de la machine à vapeur, revient à 0 fr. 781.

L. — EXPÉRIENCES SUR LA COMPOSITION NORMALE DES MORTIERS

Proportions normales des mélanges de chaux ou de ciment et de sable. — On doit se préoccuper, avant tout, d'obtenir des *mortiers étanches ;* c'est un point capital dans les constructions de tout genre ; il est donc nécessaire que la proportion de chaux admise dans un mortier soit suffisante pour combler tous les vides du sable. Si la dose de chaux nécessaire à cet effet est dépassée, on a un *mortier gras* qui convient bien pour les maçonneries hydrauliques et pour les massifs immergés ; si la dose, au contraire, n'est pas atteinte, on a un *mortier maigre*, dans lequel il reste des vides et qui ne saurait être étanche ; un pareil mortier est rarement admissible. Il convient donc toujours de rechercher expérimentalement la proportion de vides que contient le sable dont on dispose et c'est cette proportion qui donne le volume normal de chaux en pâte à incorporer au sable pour constituer le mortier.

Il a été entrepris à ce sujet, par les ingénieurs du canal de l'Est, une série d'expériences que nous croyons utile de rapporter ici.

1° *Expériences sur les sables ; détermination du vide et du tassement par l'humidité.* — Les expériences ont porté sur dix-huit espèces de sables. On les a faites avec des caisses étanches de 500 litres de capacité. Le sable étant jeté à la pelle comme on le charge d'ordinaire, on versait lentement de l'eau dans la caisse ; cette eau pénétrait dans le sable sans rester apparente jusqu'à ce que le sable fût saturé ; à ce moment il s'était tassé et n'affleurait plus les bords de la caisse ; pour la remplir il fallait encore verser un certain volume d'eau et cette eau restait sur le sable à l'état de couche liquide.

Le vide total du sable primitivement sec est égal au volume total de l'eau employée ; quant au vide du sable mouillé et tassé, il est égal seulement au volume de l'eau d'imbibition, abstraction faite de la couche d'eau libre.

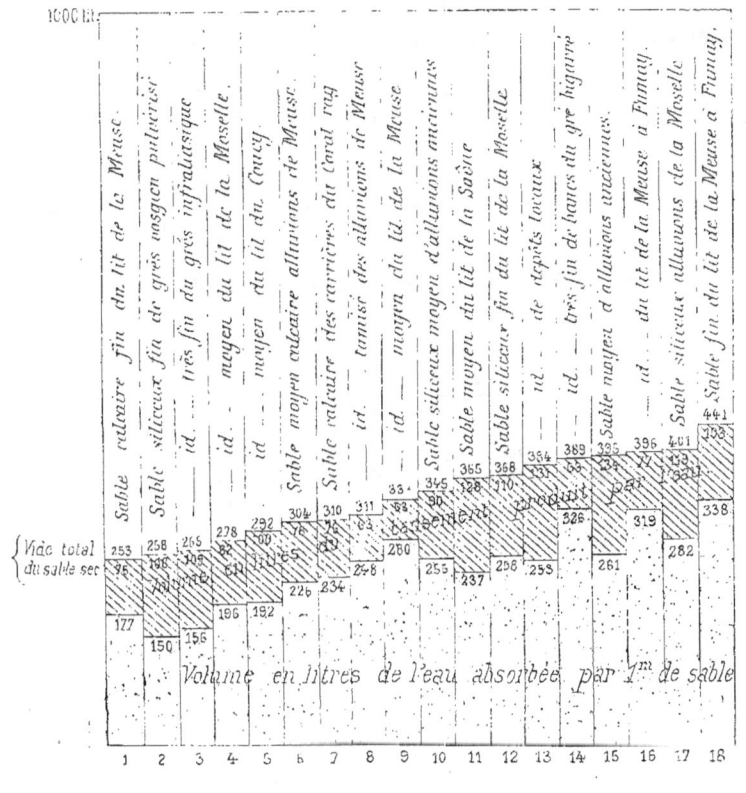

Fig. 88.

Nous avons résumé dans le tableau ci-contre les résultats moyens obtenus avec les dix-huit espèces de sable. On voit que ces résultats sont essentiellement variables et qu'on ne peut en déduire une règle générale; ainsi le vide total du sable sec varie de 253 à 441 litres pour 1000 litres de sable.

Les sables bien fins ne renferment guère que 25 p 100 de vide lorsqu'ils proviennent des alluvions calcaires de la Meuse ou de la pulvérisation du grès vosgien et du grès infraliasique, ils en renferment, au contraire, 39 à 44 p. 100 lorsqu'ils proviennent des alluvions anciennes de la vallée de la Meuse ou du grès bigarré. Les écarts sont moindres pour les sables moyens.

Avec certains sables fins on est donc exposé à introduire dans le mortier moins de chaux qu'il n'en faudrait, et c'est un point à surveiller.

Le vide d'un sable donné varie du reste avec son degré d'humidité, ainsi qu'on le reconnaît facilement par une série d'expériences faites sur un même sable.

Afin d'éviter toute erreur, il est bon de se guider sur le vide du sable sec pour déterminer la proportion normale de chaux à employer.

2° *Expériences sur les chaux.* — Les résultats en sont résumés au tableau ci-après; ces résultats ne s'appliquent qu'à des chaux hydrauliques :

NATURE ET PROVENANCE DE LA CHAUX	POIDS du mètre cube de chaux en poudre.	VOLUME DE PATE donnée par 1.000 k. de chaux en poudre.	COEFFICIENT de réduction de la chaux en poudre transformée en pâte	VOLUME d'eau absorbée	
				pour 1 mèt. c. de pâte.	par sac de 50 kil. de chaux en poudre
	kil.	m. c.		litres.	litres.
Chaux de Warcq et de Bertancourt, près Charleville, des bancs de calcaire liasique.	1.018	0,85	0,866	575	24
Chaux de Ville-sous-la-Ferté (Convert et Maugras), des calcaires marneux de l'oolithe moyenne	672	1,18	0,796	625	31
Chaux de Xeuilley, Meurthe-et-Moselle, des calcaires bleus à gryphées arquées du lias.	653	1,18	0,772	625	34
Chaux de Trouville, Meuse, des calcaires marneux de l'oolithe supérieure.	656	1,20	0,787	625	34
Chaux du Teil, Ardèche, marque Pavin de Lafarge.	850	0,93	0,838	575	28

Les quantités d'eau à employer sont des maxima qui conviennent lorsqu'on se sert de sable bien sec ; il faut généralement se tenir au-dessous, plus ou moins, suivant le degré d'humidité du sable.

3° *Expériences sur les mortiers*. — La composition théorique normale serait celle dans laquelle la chaux en pâte suffirait à combler exactement les vides du sable ; dans la pratique on majore le volume de chaux de 10 p. 100 et c'est là la composition normale. La composition réelle en diffère en plus ou en moins suivant les cas et correspond à des mortiers gras ou à des mortiers maigres, ainsi que le montre le tableau suivant :

N° D'ORDRE	DÉSIGNATION DU SABLE	DÉSIGNATION de la chaux.	POIDS DE CHAUX en poudre employée par m³ de sable.	VIDES par m³ de sable.	VOLUME DE CHAUX en pâte à employer par m³ de sable p' le mortier normal	VOLUME DE CHAUX réellement employée	DIFFÉRENCE en plus ou en moins
			kil.	lit.			
1	Sable moyen, lit de la Meuse N° 16...	Wareq	587	396	436	500	+ 64
2	Sable fin, lit de la Meuse N° 18.....	id.	587	441	485	50	+ 15
3	Sable moyen calcaire, lit de la Meuse N°9.	Wareq.	800	333	366	400	+ 34
4	Sable moyen, alluvions de la Meuse N° 6.	Wareq.	488	304	334	422	+ 88
5	Id. id......	Wareq.	841	304	334	716	+382
6	Id. id......	Xeuilley.	346	304	334	409	+ 75
7	Id. id......	id.	552	304	334	654	+320
8	Sable calcaire moyen, lit de la Meuse N° 9	Ville-s.-la-Ferté	352	333	366	416	+ 50
9	Id. id.....	id.	424	333	366	500	+134
10	Id. id.....	id.	569	333	366	671	+305
11	Sable siliceux moyen, lit de la Moselle N°4	Xeuilley.	424	278	306	500	+194
12	Sable siliceux fin, lit de la Moselle N° 12.	Xeuilley	424	368	405	500	+ 95
13	Sable siliceux très fin, grès infralias N° 3.	Xeuilley.	390	265	292	460	+168
14	Sable siliceux moyen, alluv. Moselle N° 10	Teil.	300	345	379	295	— 84
15	Sable siliceux fin, grès bigarré N° 14...	id.	368	389	428	363	— 65
16	Sable moyen, lit de la Saône N° 11...	id.	365	365	401	360	— 41
17	Id. id........	id.	275	365	401	270	— 31
18	Id. id........	id.	228	365	401	225	—176

Les numéros du sable sont les mêmes que ceux du tableau graphique qui précède.

Ces mortiers ont été employés à la construction des ouvrages d'art ; le mortier gras n° 5 a servi pour la fondation des écluses et siphons ainsi que le n° 7 ; le n° 10 a été utilisé pour la confection du béton coulé sous l'eau ; le n° 12 pour la maçonnerie des souterrains ; le n° 13 pour les ouvrages d'art du chemin de fer de Chalindrey à Mirecourt ; le n° 16 pour du béton immergé, le n° 17 pour des murs et des voûtes et le n° 18 pour les culées de ponts et les fondations de maisons.

Les cinq derniers mortiers, fabriqués avec la chaux du Teil, sont relativement maigres. « La qualité exceptionnelle de cette chaux, dit

M. l'ingénieur Denys, est de nature à compenser la légère insuffisance au point de vue de la quantité; l'excédent du vide du sable augmenté d'un dixième sur le volume de pâte varie de 176 litres pour les mortiers employés aux culées de ponts, aqueducs, etc., à 41 litres pour les mortiers employés aux murs de réservoirs, aux écluses, aux ponts sous canal, etc. Le manque de chaux est d'ailleurs inférieur dans ces mortiers au tassement que le sable éprouve quand on le mouille, d'où on peut conclure que les mortiers obtenus présentent en réalité une étanchéité assez complète. »

Résumé des opérations à effectuer pour déterminer la composition normale d'un mortier. — 1° Le premier point à connaître est le *rendement de la chaux*, c'est-à-dire le cube minimum de pâte que l'on peut obtenir avec 1000 kilogrammes de chaux en poudre. La chaux s'achète au poids; on n'en connaît donc pas le rendement *à priori*.

« Pour déterminer le rendement d'une poudre, dit M. Bonnami, on en prend un kilogramme que l'on amène à l'état de pâte par trituration vigoureuse et en ajoutant l'eau par très petites quantités à la fois. La pâte obtenue est introduite en une ou deux fois dans un litre gradué et on apprécie ainsi le volume obtenu qui, multiplié par 1000, donne le rendement. La détermination du rendement minimum est assez délicate : lorsqu'après chaque introduction d'eau on gâche vigoureusement, il arrive un moment où il ne faut plus que quelques centimètres cubes d'eau pour obtenir une pâte ferme : c'est ce moment qu'il faut saisir, car deux ou trois centimètres cubes en trop rendent la pâte trop claire. »

M. Bonnami attire l'attention sur certaines chaux qui renferment une proportion notable d'incuits, de matières insolubles dans les acides, de sable ou de scories. Le rendement, déterminé comme nous venons de le dire, n'est que fictif et il faudrait le réduire de tout le volume qui correspond à ces matières inertes mélangées à la poudre ; c'est la considération de ce volume qui explique pourquoi certaines chaux donnent d'excellents résultats lorsqu'elles sont employées pures et fournissent cependant de mauvais mortiers lorsqu'elles sont mélangées au sable ; l'énergie du mélange est insuffisante et la proportion de matière active est trop faible.

Il est donc prudent, dans des travaux importants, de rechercher tout d'abord si la chaux en poudre ne renferme pas une proportion notable d'incuits et de matières insolubles dans les acides.

Puis on déterminera le rendement. D'après les expériences que nous venons de relater, le rendement de la chaux du Teil serait $0^{m}93$, c'est-à-dire que 1000 kilogrammes de chaux du Teil en poudre donnent $0^{mc}93$ de pâte, ou bien que pour avoir 1 mètre cube de pâte, il faut prendre 1,075 kilogrammes de chaux en poudre.

2° Le second élément à rechercher est *le vide du sable*, qui se détermine comme nous l'avons dit plus haut. Soit un sable moyen d'alluvions renfermant 345 litres de vide par mètre cube de sable, le mortier normal sera composé de :

1 mètre cube de sable,
345 litres de chaux en pâte ;
pour avoir 345 litres de chaux en pâte, il faudra 1,075 × 0,345, ou 370 kilogrammes de chaux en poudre.

Expériences faites dans le service de la navigation de la Seine. — M. l'ingénieur en chef de Préaudeau, chargé de la construction d'écluses sur la Seine, à l'aval de Paris, a entrepris sur les chaux et les mortiers une série d'expériences analogues à celles du canal de l'Est, et il en a donné le résultat dans un mémoire inséré aux *Annales des Ponts et Chaussées* de 1881, mémoire dont nous résumerons les points principaux :

« La formule inscrite le plus souvent dans les devis généraux, qui consiste à admettre qu'un mètre cube de mortier se compose de 0^m90 de sable et 0^m45 de chaux, dispense de toute expérience spéciale ; car on sait que les vides du sable sont inférieurs à 50 p. 100 et, par suite, avec ce dosage et l'emploi d'une chaux moyennement hydraulique, on ne peut manquer d'obtenir de bons mortiers.

« Mais l'usage des chaux d'une qualité supérieure et des ciments conduit à admettre, dans bien des travaux, des dosages moins larges, et l'expérience prouve que ces mortiers maigres produisent de bons résultats au point de vue de la résistance; pour les travaux dans lesquels l'étanchéité des mortiers n'est pas une condition importante, cela suffit, et on peut descendre dans les dosages jusqu'au point où le mortier n'aurait plus une cohésion suffisante.

« Pour les travaux de navigation au contraire, et surtout pour les écluses et les barrages, la porosité des mortiers est une cause certaine de destruction, puisqu'elle détermine un courant d'eau continu à travers les maçonneries soumises aux sous-pressions ; il faut donc, indépendamment de la résistance, s'occuper de l'étanchéité. »

C'est seulement par l'expérience directe dans chaque cas que l'on peut établir la composition normale :

1° *Sables.* — Au canal de l'Est on a trouvé que les sables siliceux fins sont ceux qui renferment le moins de vides, puis viennent les alluvions anciennes ou récentes, et enfin les sables schisteux. Avec les sables fins l'influence du tassage est très grande et on a pu réduire les vides de moitié par le tassage.

Dans la vallée de la Seine, les sables de dragages donnent presque autant de vides que les sables schisteux, et les sables d'alluvions anciennes se rapprochent des sables fins siliceux.

Les variations dans le volume des vides dépendent donc, non seulement de la provenance géologique des sables, mais encore de leur degré de finesse. Les vides peuvent varier de 26 à 42 p. 100 pour le sable sec, et 14 à 33 p. 100 pour le sable mouillé.

Il faut donc éviter dans les dosages d'employer : 1° des sables trop humides, parce qu'ils ont subi un grand tassement; 2° des sables tassés artificiellement, surtout s'ils sont fins.

2° *Chaux.* — M. de Préaudeau recommande de ne pas effectuer les pesées des chaux en poudre dans de grandes caisses, parce qu'il y a trop de différences possibles dans le remplissage et dans le tassement. Il est préférable d'employer le système en usage pour les ciments, qui consiste à donner le poids d'un décimètre cube de poudre non tassée, et à faire toutes les pesées dans des mesures de faible capacité; c'est le seul moyen d'avoir des résultats comparables;

3° *Mortiers.* — Au canal de l'Est on admettait comme mortier normal, au point de vue de l'étanchéité, celui qui renferme un volume de chaux en pâte égal aux vides du sable sec augmentés d'un dixième.

« Cette base, dit M. de Préaudeau, nous paraît un peu large : le mortier se fait avec addition d'eau, il est trituré dans sa fabrication et plus ou moins serré dans l'emploi; il doit donc subir une grande partie du tassement produit par l'eau sur le sable. » C'est ce que démontre l'expérience.

En moyenne, dans la confection d'un mortier non tassé, tout volume de chaux excédant les vides du sable sec produit un égal volume de mortier.

« Pour tenir compte des déchets et du tassement qui résultent de l'emploi, il convient de compter, pour 1 mètre cube de mortier, les matières nécessaires pour produire un volume de 1^m05, mesuré sans tassement dans les caisses à expériences. »

D'après cela, la chaux du Teil employée sur la Seine ayant donné 975 litres de pâte, la composition normale du mortier sera : 303 kilogrammes de chaux en poudre pour 1^m05 de sable d'alluvions anciennes qui contient 0,282 de vide, et 436 kilogrammes pour 1^m05 de sable de dragages qui contient 0,403 de vide.

Porosité des mortiers. — Il a été fait des expériences sur la porosité des mortiers en moulant avec ces mortiers des vases de la forme des pots à fleurs; lorsqu'ils avaient fait prise, on les remplissait d'eau jusqu'à un niveau constant, on les mettait à l'abri et chaque jour on mesurait le volume disparu.

On prenait comme coefficient de porosité le rapport de ce volume d'eau disparu au volume du mortier composant le pot.

Pour les mortiers de gros sable le coefficient diminue rapidement entre le dixième et le vingtième jour de fabrication; il devient constant du vingtième au trentième jour, il est alors de 0,05 à 0,10 pour vingt-quatre heures.

Pour les mortiers de sable fin, les résultats sont différents suivant le dosage; pour peu que le mortier soit maigre, le coefficient atteint vite 0,10.

Les *mortiers au broyeur* étaient généralement *plus étanches* que les mortiers fabriqués au tonneau malaxeur.

M. — DE LA RÉSISTANCE DES MORTIERS

Nous avons décrit précédemment les appareils et procédés en usage pour mesurer la résistance des mortiers, c'est-à-dire la pression ou la traction par centimètre carré pour laquelle se produit la rupture de ces pierres artificielles.

Nous n'avons plus qu'à donner les résultats de ces expériences et à indiquer les variations de résistance qu'entraînent les différences de composition ou de préparation des mortiers.

Résistance des mortiers de chaux grasse et des mortiers de chaux hydraulique d'après Vicat. — « Le vieux dicton des maçons : « qu'à cent ans le mortier n'est encore qu'un en- « fant » ne s'appliquait évidemment qu'aux mortiers à chaux grasse ; nous allons plus loin en affirmant que, dans nos murailles ordinaires, hors de terre et à l'abri de toute humidité pénétrante, ce mortier « reste « dans une éternelle enfance » ; ce n'est qu'en fondation, et après deux à trois cents ans, qu'il peut parvenir à une grande dureté par l'intervention de principes étrangers à sa composition première. »

La cohésion des bons mortiers hydrauliques, immergés en eau douce ou en eau de mer, lorsqu'ils n'y périssent pas, arrive à son terme après trois ans à peu près, abstraction faite des surfaces qui, recevant peu à peu l'acide carbonique, le laissent, après s'en être saturées, pénétrer de proche en proche dans l'intérieur, où il détermine un surcroît de cohésion, mais en procédant avec une extrême lenteur.

Les progrès de la cohésion, en dehors de cette influence, sont plus rapides du premier au sixième mois, que de celui-ci au douzième ; dans la seconde année, ils n'ajoutent guère que 1/5 à la cohésion déjà acquise, et, au delà de ce terme, l'accroissement n'est plus appréciable.

La cohésion par centimètre carré peut atteindre :

Pour les *mortiers de chaux grasse*, 1^k25 à 2 kilogrammes dans les parties élevées au-dessus du sol et constamment à couvert ;

Pour les *mortiers de chaux faiblement hydrauliqves*, 3 à 7 kilogrammes dans les maçonneries exposées à toutes les intempéries ;

Pour les *mortiers de chaux hydrauliques ordinaires*, 7 à 9 kilogrammes dans les mêmes conditions ;

Pour les mortiers à *chaux éminemment hydrauliques argileuses*, 10 à 15 kilogrammes ;

Pour les mortiers à *chaux éminemment hydrauliques siliceuses*, 15 à 17 kilogrammes.

Les *mortiers à chaux grasse et pouzzolane* atteignent, après deux mois d'immersion, la moitié de leur cohésion finale, laquelle arrive du douzième au seizième mois. Cette cohésion va de 5 à 14 kilogrammes.

On arrive à ces chiffres pour des mortiers employés à l'air et soumis à la pluie, à la rosée ; dans une terre humide, la cohésion des mortiers hydrauliques perd 30 p. 100 et 40 p. 100 dans l'eau.

La cohésion d'un mortier hydraulique, étant de 100 avec du sable moyen, est de 70 avec du gros sable de Seine, et 50 avec du menu gravier.

Résistance à l'écrasement par centimètre carré :

		KILOG.	
Mortier de chaux grasse et sable, de 18 mois (densité 1,63)		30	(Rondelet.)
— — battu, —	— 1,89	41	—
Mortier de chaux grasse et ciment de tuileaux, de 18 mois	— 1,46	47	—
Mortier de chaux grasse et ciment battu, de 18 mois	— 1,66	65	—
Mortier de chaux et de pouzzolane d'Italie, de 18 mois	— 1,46	37	—
Enduit en ciment provenant de la démolition de la Bastille	— 1,49	54	—

	KILOG.	
Mortier de chaux grasse et sable	19	(Vicat.)
Mortier de chaux hydraulique ordinaire	74	—
Mortier de chaux éminemment hydraulique	144	—
Mortier de ciment de Vassy et sable (parties égales)	136	(Couche.)

Compressibilité des mortiers. — Les mortiers, soumis à des charges, éprouvent, comme les pierres, une contraction, dont il faut tenir compte, dans les projets de viaducs d'une grande hauteur ; voici, sur ce sujet, le résultat de quelques expériences de Vicat :

INDICATION DES CORPS	RÉSISTANCES par CENTIMÈTRE CARRÉ	TASSEMENTS pour 1 MÈTRE DE HAUTEUR
	kil.	mètre
Mortier de chaux grasse et sable ordinaire	23,5	0,004 26
Autre mortier de chaux grasse et sable ordinaire	19,0	0,004 97
Mortier de chaux hydraulique	74,6	0,006 07
— — éminemment hydraulique	145,7	0,007 10
Grès de rémouleurs	170,7	0,006 05
Calcaire oolitique	177,7	0,006 05
Calcaire arénacé	99,5	0,003 55

Quelques mots sur les mortiers antiques. — L'usage du mortier était connu des Égyptiens plus de deux mille ans avant notre ère, mais il ne leur servait qu'au remplissage des joints séparant les blocs énormes dont se composent leurs monuments; aussi ces monuments subsistent encore, tandis que les constructions romaines en mortier et petits matériaux ont disparu.

Vitruve nous a transmis la description des mortiers employés par les Romains; il n'y a dans la confection de ces mortiers aucun procédé perdu ; les Romains ne connaissaient ni les chaux hydrauliques ni les ciments, mais ils avaient, en Italie, l'excellente pouzzolane du Vésuve;

hors de l'Italie, en Gaule par exemple, ils la remplaçaient par la brique ou la tuile pilées. En bien des pays, on se sert encore du *ciment de tuileau*, qui est le véritable *ciment romain*, bien que l'on range d'ordinaire sous ce nom tous les ciments à prise rapide.

L'excellence qu'on a longtemps attribuée aux mortiers romains et la supposition d'un procédé particulier de fabrication, dont le secret se serait perdu, sont donc erronées.

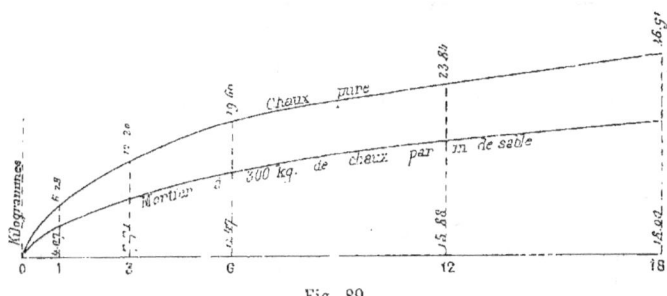

Fig. 89.

Résultats divers d'expériences sur la résistance des chaux hydrauliques et de leurs mortiers. — 1° *Résistance des mortiers de chaux du Teil.* — MM. Pavin de Lafarge donnent les moyennes ci-après de la résistance de leur chaux, essayée au laboratoire de leur usine :

DÉSIGNATION DU PRODUIT	MOYENNE de L'ANNÉE	RÉSISTANCE A L'ARRACHEMENT en kilogrammes par centimètre carré APRÈS UNE IMMERSION DE :					
		7 jours	1 mois	3 mois	6 mois	1 an	1 3 m.
Chaux blutée des usines de Lafarge employée pure.	1882	3,55	6,28	12,20	19,60	23,84	26,91
	1883	3,95	8,85	15,00	19,84	22,61	24,70
	1884	3,77	8,40	15,40	19,95	21.80	»
Mortier de chaux blutée avec sable de rivière tamisé ; 300 kilog de chaux pour 1 mètre cube de sable.	1882	2,01	4,07	7,71	11,47	15,88	18,00
	1883	2,14	4,26	8,41	11,36	15,12	18,57
	1884	2,33	4,98	9,41	13,36	16,17	»

Au bout de deux ans, la moyenne des essais pour la chaux pure de 1882 a donné 28^{k}11.

Le graphique ci-dessus donne la marche de la cohésion pour les produits de 1882.

2° *Résistance de diverses chaux présentées à l'Exposition de 1878.* — Dans le catalogue des matériaux de construction rédigé par M. l'ingénieur en chef Léon Durand-Claye, lors de l'Exposition de 1878, nous trouvons les résultats de quelques expériences sur plusieurs chaux hydrauliques gâchées pures :

DÉSIGNATION DES CHAUX	RÉSISTANCE EN KILOGRAMMES par centimètre carré APRÈS TROIS MOIS D'IMMERSION	
	A l'arrachement	A l'écrasement
Chaux de Lormandière (Ille-et-Vilaine)	4,93	28,05
— de Ville-sous-la-Ferté (Aube)	4,40	27,80
— de Saint-Martin près Dôle (Jura)	4,70	25,60
— de Cruas (Ardèche)	7,77	43,80
— de Cruas (Ardèche)	5,67	37,40
— de Meysse (Ardèche)	6,80	33,60
— de l'Homme-d'Armes (Drôme)	4,98	29,50
— de Sigonce (Basses-Alpes)	4,22	28,00
— de Contes-les-Pins (Alpes-Maritimes)	6,34	30,90
— de Vaison (Vaucluse)	5,00	42,00

Expériences faites aux écluses de Carrières et de Bougival. — Nous avons déjà cité les expériences entreprises par M. de Préaudeau lors de la construction des écluses de Carrières et de Bougival, sur la Seine. Elles ont porté non seulement sur le dosage, mais sur la résistance des mortiers et sur les diverses circonstances qui peuvent la modifier.

1° *Influence de l'âge des mortiers.* — Les expériences effectuées sur les chantiers en vue de reconnaître la résistance des mortiers ne peuvent évidemment porter que sur un délai assez court d'immersion, afin qu'on ait le temps de remédier aux défauts qui pourraient être découverts.

Les expériences de M. de Préaudeau ont porté sur des *mortiers de chaux du Teil*, au dosage normal; les échantillons ont été immergés dans les douze heures qui suivaient la fabrication et essayés dans les douze heures qui suivaient l'immersion; on a obtenu les résultats consignés au tableau suivant :

Le mortier A comprenait 350 kilogrammes de chaux du Teil pour 0^m975 de sable;

Le mortier B comprenait 300 kilogrammes de chaux du Teil pour 1^m05 de sable :

DÉSIGNATION DU MORTIER	MODE DE FABRICATION DU MORTIER	NATURE DU SABLE	RÉSISTANCE MOYENNE à l'écrasement après une immersion de			RÉSISTANCE MOYENNE à l'arrachement après une immersion de		
			5 à 10 jours	11 à 15 jours	16 à 21 jours	5 à 10 jours	11 à 15 jours	16 à 21 jours
A	Malaxeur à vapeur.	gros	11,02	10,42	11,70	1,01	1,06	1,39
	Broyeur à meules à vapeur. .	fin	6,45	9,31	15,25	0,96	1,32	1,33
	Malaxeur à vapeur.	fin	5,35	6,32	8,63	0,84	0,80	0,89
B	Broyeur.	fin	5,37	9,02	»	0,73	1,40	»
	Malaxeur	fin	5,63	8,13	»	0,80	1,29	»

Dans les expériences à l'écrasement, on a noté les pressions qui faisaient apparaître la *première fissure;* ces pressions sont presque toujours égales à peu près à la moitié de celles qui déterminent l'écrasement complet.

On peut conclure de ces expériences :

1° Au bout de quinze jours, la résistance moyenne qu'on doit obtenir avec la chaux du Teil et un bon sable n'est pas inférieure à 1 kilogramme par centimètre carré à la traction et 5 kilogrammes à la compression ;

2° Cette résistance augmente assez rapidement après quinze jours d'immersion ;

3° Pour le mortier maigre B, la résistance obtenue après dix jours est généralement moindre que pour le mortier gras A, mais elle augmente plus rapidement après.

Cela s'explique par la quantité de chaux libre que renferme la chaux du Teil; le mortier gras fait prise plus vite, mais le durcissement de la chaux hydratée contenue à l'intérieur, durcissement qui résulte de la carbonatation lente progressant de la surface à l'intérieur, se fait moins vite que dans le mortier maigre qui est plus poreux. Pour le même motif, le durcissement est plus rapide dans les mortiers à gros sable. Il faut donc que *le mortier ne renferme pas un trop grand excès de chaux libre.*

2° *Influence du mode de fabrication des mortiers.* — Le mortier fabriqué à la truelle ou au rabot est toujours inférieur aux autres; en effet, la trituration n'est jamais complète et on ajoute toujours un excès d'eau pour favoriser le corroyage.

Les *produits du broyeur sont supérieurs à ceux du malaxeur;* il faut donc installer des broyeurs sur les grands chantiers.

« Toute action mécanique augmentant l'intimité du mélange produit le même résultat.

La résistance d'un mortier augmente avec la durée de la trituration.

Lorsqu'on se sert d'un malaxeur, il ne faut pas lui demander une trop grande production et il faut l'atteler à un moteur assez puissant pour qu'on n'ait pas tendance à rendre la pâte plus fluide par addition d'eau.

3° Influence de l'âge de la chaux. — Une chaux, qui avait été conservée en magasin tout un hiver, a donné des mortiers aussi bons que ceux qu'on fabriquait avec la chaux ayant au plus un mois de magasin.

« Si les chaux sont emmagasinées dans des hangars bien clos et abrités contre l'excès d'humidité, leur conservation s'explique par la présence de la chaux libre, qui peut absorber une certaine quantité d'eau et d'acide carbonique sans qu'il y ait commencement de prise. C'est pourquoi MM. Rivot et Chatoney conseillent de n'employer les chaux hydrauliques qu'après une extinction bien complète résultant de leur exposition à un air un peu humide et ils donnent des indications analogues pour les ciments de Portland. Mais, pour ceux-ci, l'excès de chaux libre est notablement moindre et, par suite, la limite plus difficile à saisir, car un excès d'humidité peut déterminer un commencement de prise; mais il faut, en tout cas, éviter l'emploi des ciments frais. »

Durcissement comparatif à l'air et sous l'eau. — Les expériences comparatives sur la résistance des mortiers à l'air et sous l'eau sont peu nombreuses, et ne paraissent pas permettre de formuler une loi générale. En général les chaux hydrauliques se conduisent mieux à l'air humide que sous l'eau; pour les ciments, c'est souvent le contraire.

Opinion de Vicat. — « La qualification d'hydraulique donnée aux mortiers pourrait faire croire que leur destination exclusive est de lier les maçonneries exposées d'une manière quelconque à l'action de l'eau; ce serait une grande erreur, car, bien qu'ils rendent dans ce cas d'immenses services, nous devons dire que c'est principalement dans les maçonneries qui ont à subir toutes les vicissitudes atmosphériques que leur excellence se manifeste; la dureté à laquelle ils parviennent alors égale celle de la plupart des calcaires non compactes.

« Continuellement placés sous une terre humide ou sous l'eau, les mêmes mortiers, après le même temps, n'atteignent pas le même degré de dureté qu'en plein air sous l'influence des pluies et des rosées; les différences observées sont, pour la terre humide, de 70 à 100, et pour l'eau, de 60 à 100. »

Ce que Vicat ne dit pas, c'est qu'avec les bonnes chaux hydrauliques la résistance des produits immergés croît avec le temps et finit par égaler presque la résistance des produits employés à l'air.

Il ne faut pas oublier cependant que la digestion préalable et prolongée des chaux hydrauliques et des ciments en magasin, en présence de l'air à l'état naturel, c'est-à-dire chargé d'humidité et d'acide carbonique, exerce une sérieuse influence sur le durcissement des produits immergés ; cette influence est aujourd'hui généralement reconnue.

Quoi qu'il en soit, voici les résultats comparatifs d'une série d'expériences sur le durcissement à l'air et sous l'eau :

DÉSIGNATION DES CHAUX	Mode d'emploi	KILOGRAMMES de chaux par mètre de sable.	RÉSISTANCE EN KILOGRAMMES à la rupture par arrachement après				
			5 jours	15 jours	1 mois	3 mois	1 an
Chaux de Clairvaux . . .	à l'air	350	0,67	0,83	1,03	2,21	4,21
Id. . . .	—	450	0,94	1,23	1,62	3,12	5,92
Id. . . .	—	500	1,22	1,39	1,53	3,12	5,92
Id. . . .	sous l'eau	350	0,28	0,57	0,83	1,73	4,19
Chaux de Clairefontaine .	à l'air	350	0,84	1,54	3,20	5,62	7,25
Id. .	—	450	1,09	1,50	2,72	6,39	7,88
Id. .	—	500	1,01	2,19	2,61	6,87	6,97
Id. .	sous l'eau	350	»	»	»	1,05	3,71
Id. .	—	450	»	0,79	1,00	2,40	5,81
Id. .	—	500	»	0,97	1,69	3,00	4,29
Chaux de Cruas.	à l'air	350	0,82	1,24	2,16	2,46	6,03
Id.	—	450	0,87	1,68	2,55	3,92	5,12
Id.	—	500	1,03	1,76	2,98	3,47	6,47
Id.	sous l'eau	350	»	0,58	0,66	1,61	5,71
Id.	—	450	»	0,86	0,75	2,75	7,22
Id.	—	500	»	0,82	0,75	2,14	10,12
Chaux du Teil.	à l'air	350	1,16	1,57	2,76	3,96	5,84
Id.	—	450	0,98	1,75	2,75	3,75	7,00
Id.	—	500	1,03	1,18	2,62	4,20	6,15
Id.	sous l'eau	350	»	0,90	1,06	2,51	6,12
Id.	—	450	»	0,87	1,25	3,28	6,06
Id.	—	500	»	0,94	1,39	2,09	6,00

Voici encore les résultats d'une autre série d'expériences exécutées, en 1886, au laboratoire de l'École des ponts et chaussées, sur la chaux de Mâlain.

Résistance de la chaux hydraulique de Mâlain (Côte-d'Or).

ARRACHEMENT

N° DES BRIQUETTES	Briquettes de chaux pure		Briquettes de mortier sable de Saône (300k de poudre pour 1 mètre cube de sable)		Briquettes de mortier sable de Saône (200k de poudre pour 1 mètre cube de sable)		Briquettes de mortier scories de hauts fourneaux (300k de poudre pour 1 mètre cube de scories)		Briquettes de mortier scories de hauts fourneaux (200k de poudre pour 1 mètre cube de scories)	
	conservées à l'air	immergées	conservées à l'air	immergées	conservées à l'air	immergées	conservées à l'air	immergées	conservées à l'air	immergées
	kil.	kil.	kil.	kil.	kil.	kil.	kil.	kil.	kil.	kil.
1	8,8	7,2	8,8	3,6	8,2	2,0	7,6	3,0	6,8	1,4
2	7,6	6,9	7,6	3,4	8,8	1,9	6,8	3,4	6,8	1,4
3	8,2	7,4	7,4	2,5	7,6	2,0	7,0	3,4	6,8	1,5
4	8,2	7,8	5,2	3,4	7,6	2,0	7,6	3,0	6,8	1,7
5	7,2	8,0	8,8	2,5	8,4	1,8	8,2	3,2	6,2	1,4
6	7,0	8,8	»	3,8	7,0	3,0	»	»	6,8	1,3
	7,83	7,65	7,36	3,15	7,93	1,95	7,44	3,20	6,70	1,45

COMPRESSION

N° DES BRIQUETTES	Briquettes de chaux pure		Briquettes de mortier sable de Saône (300k de poudre pour 1 mètre cube de sable)		Briquettes de mortier sable de Saône (200k de poudre pour 1 mètre cube de sable)		Briquettes de mortier scories de hauts fourneaux (300k de poudre pour 1 mètre cube de scories)		Briquettes de mortier scories de hauts fourneaux (200k de poudre pour 1 mètre cube de scories)	
	conservées à l'air	immergées	conservées à l'air	immergées	conservées à l'air	immergées	conservées à l'air	immergées	conservées à l'air	immergées
	kil.	kil.	kil.	kil.	kil.	kil.	kil.	kil.	kil.	kil.
1	65	57	61	40	44	21	68	57	49	37
2	65	57	61	40	44	21	68	57	48	37
3	65	59	51	40	45	22	68	58	48	39
4	65	59	51	40	45	22	68	58	48	39
5	65	56	57	40	47	20	77	60	45	33
6	65	56	»	40	47	20	»	»	46	33
	65	57,3	56,2	40,0	45,3	21,0	69,8	58,0	47,5	36,3

Résistance des mortiers de ciments romains ou à prise rapide. — Parmi les expériences de date déjà ancienne, nous citerons celles de M. l'ingénieur Darcel :

*Tableau d'expériences comparatives faites par M. Darcel
sur les ciments romain et de Portland.*

PROPORTION de sable pour 1 de ciment	RÉSISTANCE correspondante par centimètre carré		POIDS DU CIMENT en poudre par mètre cube de mortier		OBSERVATIONS
	CIMENT de Portland	CIMENT romain	CIMENT de Portland d'une densité de 1,4	CIMENT romain d'une densité de 1,1	
	kil.	kil.	kil.	kil.	La cohésion d'un bon ciment, gâché pur ou avec un volume de sable, ne change pas. Un mortier composé de 1 mètre de sable et 330 kil. de portland est aussi résistant qu'un mortier composé de 1 mètre de sable et 660 kil. de ciment romain.
0	20,»	10,»	1,400	1,100	
1	20,»	10,»	830	660	
2	14,»	8,»	565	446	
3	11,5	6,5	456	355	
4	10,»	5,6	350	275	
5	9,»	4,7	280	220	
6	8,2	4,»	233	183	
7	7,5	3,»	200	157	
8	7,»	2,5	175	139	
9	6,5	1,8	156	122	
10	6,»	»	140	110	

Le catalogue des matériaux présentés à l'Exposition de 1878 nous fournit, en outre, les résultats ci-après relatifs à des ciments de diverses provenances.

DÉSIGNATION DES CIMENTS ROMAINS	RÉSISTANCE EN KILOGRAMMES par centimètre carré après un mois d'immersion	
	A L'ARRACHEMENT	A L'ÉCRASEMENT
Ciment des Moulineaux (Seine)	9	60
Ciment de Fresnes (Seine)	6	49
Ciment d'Argenteuil (Seine-et-Oise)	8	58
Ciment de Vassy (Prévost et Cᵉ)	8	72
Ciment de Champréau Yonne)	6	54
Ciment de Chouard-Angély, rapide	8	80
Ciment de Chouard-Angély, lent	10	86
Ciment de Vimines (Savoie)	9	75
Ciment du Rocher-de-Comboire (Isère)	10	108
Ciment de Gap (Hautes-Alpes)	6	49
Ciment de la Valentine (Bouches-du-Rhône)	4	34
Ciment de Roquefort (Bouches-du-Rhône)	7	68
Ciment de Saint-Bauzille (Hérault)	10	83
Ciment de Les Quibat (Lot-et-Garonne)	9	72
Ciment de Cahors (Lot)	6	»
Ciment de Guéthary (Basses-Pyrénées)	7	35

Résistance du ciment prompt de la Grande-Chartreuse. — La société Vicat, de Grenoble, fabrique à la Grande-Chartreuse un ciment naturel prompt ; mêlé à volumes égaux avec du sable moyen, il donne un mortier dont les résistances à la traction par centimètre carré, après exposition à l'air, atteignent :

	4	5	6	7,5	9	12	15 kilogrammes.
Après	1 heure	1 jour	8	15	30	60	90 jours.

Le mélange de 1 mètre de ciment, pesant environ 1,000 kilogrammes, et de 1 mètre de sable donne 1^{m}43 de mortier.

Il ne faut jamais avec le ciment dépasser 3 volumes de sable pour 1 de ciment ; quand il s'agit de moulages, pour tuyaux par exemple, *il vaut mieux introduire de gros graviers dans la pâte que de la charger de sable ;* ces moulages se font avec 3 volumes égaux de ciment, de sable et de gravier lavé, ce qui rend deux mètres cubes de béton.

Les ciments prompts se conduisent beaucoup mieux sous la terre humide et dans l'eau qu'à l'air libre. Pour les ouvrages exposés à l'air, couvertures, pierres factices, il faut mélanger au ciment prompt la moitié ou le tiers de son volume de ciment Vicat artificiel à prise lente.

Résistance des mortiers de ciments à prise lente ou portlands. — Avant d'entrer dans le détail des expériences nombreuses entreprises sur le portland de Boulogne, nous donnerons dans le tableau ci-après les chiffres indiqués en 1878, par M. Durand-Claye, pour les ciments genre portland de diverses provenances :

DÉSIGNATION DES PORTLANDS	DURÉE de l'immersion.	RÉSISTANCE EN KILOGRAMMES par centimètre carré.	
		A l'arrachement.	A l'écrasement.
Ciment de Champbon (Loire-Inférieure)...	1 mois.	24	255
— de Boulogne (Demarle, Lonquéty)..	5 jours.	12	107
— id. id. ..	15 jours.	17	169
— id. id.	1 mois.	17	225
— de Desvres (Famchon et Ce)....	5 jours.	13	115
— id. id.	15 jours.	19	190
— id. id.	1 mois.	22	228
— id. id.	6 mois.	24	»
— id. id.	1 an.	23	»
— de Samer (Pas-de-Calais	1 mois.	19	138
— de Paris (Schacher et Ce)......	id.	27	288
— d'Argenteuil (Seine-et-Oise).....	id.	28	295
— de grappiers du Seilley (Aube)....	id.	18	101
— de Frangey (Yonne)	5 jours.	17	145
— id.	10 jours.	24	229
— id.	1 mois.	30	320
— de grappiers du Teil	id.	19	155
— du Détroit du Teil	id.	7	47
— de grappiers de Cruas (Ardèche)...	id.	15	158
— de la Valentine (Bouches-du-Rhône).	2 mois.	10	76
— de Marseille	1 mois.	10	68
— de St-Bauzille (Hérault).......	id.	24	231

Expériences de M. Leblanc sur les mortiers du portland de Boulogne. — M. l'ingénieur en chef Leblanc a procédé sur les ciments de Boulogne à diverses expériences dont voici les résultats :

ÉTAT DU MORTIER	COMPOSITION	RÉSISTANCE A L'ARRACHEMENT APRÈS		
		5 jours.	15 jours.	1 mois.
	litr.	kil.	kil.	kil.
Mortier roide (il s'égrenait quand on le prenait à la truelle)	2,50 portland. 10,00 gravier. 2,30 eau.	30,50	49,67	68,33
Mortier mou (onctueux)	2,50 portland. 10,00 gravier. 2,70 eau.	41,67	70,00	83,33
Mortier très mouillé (crème épaisse)	2,50 portland. 10,00 gravier. 3,30 eau.	19,83	33,33	57,83

Un excès d'eau est très nuisible, et un mortier roide est préférable à un mortier noyé; mais le mortier gâché mou est le meilleur.

Autre série d'expériences de M. Leblanc :

COMPOSITION des briquettes de mortier essayées.	CHARGE AYANT PRODUIT LA RUPTURE PAR ARRACHEMENT, APRÈS					
	5 jours.	1 mois.	3 mois.	6 mois.	1 an.	2 ans.
	kil.	kil.	kil.	kil.	kil.	kil.
1 vol. portland....... 2 vol. gravier.........	46,67	90,00	120,83	167,50	183,33	196,67
1 vol. portland....... 2 vol. sable fin des dunes. .	43,00	96,67	104,50	146,66	155,00	190,00
1 vol. portland....... 4 vol. gravier.........	5,50	26,67	»	63,40	81,25	»
1 vol. portland....... 4 vol. sable des dunes ...	2,50	10,67	»	30,20	38,50	»

Le gravier doit donc être employé de préférence au sable fin.

Expériences de M. Barreau. — Nous emprunterons au mémoire de M. Barreau, précédemment cité, les résultats de ses expériences.

1° *Poids et densité du ciment.* — A égalité de composition et de mouture, les meilleurs portlands sont les plus lourds; le poids du mètre cube ne doit pas être inférieur à 1.300 kilogrammes; il ne dépasse jamais 1.500 kilogrammes.

La pesée s'effectue sans tassement; on laisse glisser librement la poudre dans la mesure qui la reçoit, et on fait la moyenne de plusieurs pesées.

La lourdeur est une garantie de bonne cuisson.

Il ne faut pas confondre le poids du mètre cube de ciment en poudre avec *la densité;* celle-ci doit être recherchée abstraction faite des vides de la poudre, c'est le poids spécifique de la molécule élémentaire. Ce poids spécifique est à peu près constant et voisin de 3.

2° *Finesse de mouture.* — La poudre impalpable est seule active; les grains de ciment sont inertes, et ne deviennent actifs qu'après pulvérisation. La poudre qu'ils produisent donne des mortiers de même résistance que ceux qui proviennent de la poudre première, et la composition chimique est la même.

L'influence de la finesse de la mouture est mise en relief par les résultats suivants : un mortier comprenant une partie de ciment et trois parties de sable a donné, après un mois d'immersion, des résistances à l'arrachement de :

> 5^{k}39 avec le ciment tel qu'il est livré,
> 10 01 avec le ciment passé au tamis de 30 fils par centimètre,
> 15 26 avec le ciment passé au tamis de 70 fils par centimètre.

La résistance des briquettes de ciment pur, tel qu'il était livré, était de 51 kilogrammes.

Quand on opère sur du ciment pur, et non sur du mortier, la finesse du tamisage influe moins sur la résistance; cependant, celle-ci va toujours en croissant, légèrement, il est vrai, avec le nombre des fils du tamis.

En Allemagne, on exige que le portland ne laisse pas plus de 20 p. 100 de résidu sur le tamis de 30 fils au centimètre, ou de 900 mailles au centimètre carré. Nous avons vu qu'au port de Boulogne on admettait un résidu de 10 p. 100 au tamis de 18 fils par centimètre.

Il y aurait inconvénient à exiger le passage à un tamis d'un numéro trop élevé, car le fabricant aurait tendance à obtenir un produit moins dur et mal cuit.

3° *Du temps de prise.* — La prise se reconnaît avec l'aiguille Vicat; quand la prise est faite, le ciment résiste à une légère pression de l'ongle ou de la truelle.

Le ciment est à prise lente quand il lui faut plus d'une demi-heure pour faire prise; les portlands ne font souvent prise qu'après cinq heures et quelquefois plus.

La prise s'accélère quand la température s'élève. La gelée ne l'empêche pas, pourvu qu'on puisse avoir de l'eau liquide.

Le gâchage à l'eau de mer augmente le temps de la prise, mais la dureté finale ne paraît pas bien différente.

Dans certains travaux, il faut exiger une prise assez rapide, même quand on protège les parements des massifs par des mortiers à prise rapide.

4° *Essais à la traction.* — Les essais de résistance à la traction sont seuls possibles sur les chantiers. Les briquettes de mortier de ciment et sable n'atteignent une résistance suffisante pour l'essai qu'au bout de vingt-huit jours; aussi les briquettes d'essai sont-elles généralement en ciment pur, afin qu'on n'ait pas à attendre trop longtemps les résultats des épreuves. On peut essayer les briquettes de ciment pur au bout de deux jours.

En France, la section de rupture des briquettes est un carré de 0^m04 de côté, ou de 16 centimètres carrés de surface.

La *résistance des mortiers de portland augmente quand ils sont immergés au lieu d'être laissés à l'air.* Cependant il faudrait sur ce point des expériences comparatives plus complètes.

Voici les résultats d'une des séries d'expériences effectuées au port de Boulogne, rapportés par M. Barreau :

Résistance à la rupture par traction par centimètre carré.

TEMPS écoulé depuis la fabrication des briquettes.	Ciment pur.	COMPOSITION DES BRIQUETTES									
		1^m10	1^m10	1^m00	1^m00	1^m00	1^m10	1^m10	1^m05	1^m00	1^m00
		De gros sable ou gravier avec les poids de ciment ci-après :					De sable fin des dunes avec les poids de ciment ci-après :				
		335 k.	350 k.	400 k.	450 k.	500 k.	335 k.	350 k.	400 k.	450 k.	500 k.
5 jours.	9^k56	1^k94	2^k00	2^k94	3^k25	4^k19	1^k56	1^k75	2^k06	2^k19	2^k31
1 mois.	22 94	4 25	5 19	5 50	6 88	8 13	2 31	2 06	2 94	4 38	5 81
3 mois.	26 44	6 25	7 25	8 13	9 06	10 19	3 13	3 50	4 38	6 06	6 75
6 mois.	24 38	7 19	8 00	9 38	10 00	11 44	3 94	5 13	6 75	7 69	9 56
9 mois.	30 00	8 25	8 88	10 19	11 06	12 69	6 44	5 63	7 06	8 13	10 44
1 an.	29 19	8 13	9 81	11 25	12 69	14 88	6 88	7 06	9 25	9 81	11 06
15 mois.	28 94	8 69	10 63	12 00	13 88	15 50	7 19	8 25	10 13	10 44	11 19
18 mois.	29 06	9 00	10 94	12 25	13 44	15 75	7 50	8 56	10 44	10 94	11 31
21 mois.	22 62	8 50	9 00	10 88	15 13	16 38	7 25	8 36	10 56	10 75	11 69
2 ans.	18 75	8 88	9 44	11 69	16 00	17 38	7 88	8 44	10 69	10 94	11 94

En comparant les mortiers à sable pur et fin avec les mortiers à sable un peu argileux, on a trouvé que ceux-ci augmentaient la dureté initiale, mais qu'à trois mois ils rendaient le mortier moins résistant.

Des mortiers placés dans des sacs et jetés à la mer aussitôt après fabrication ont donné au bout d'un mois des résistances à la traction de :

1k81	2k69	3k00
pour les mélanges de 1 mètre cube de sable fin avec		
275	335	400 kilogrammes de ciment.

La résistance des briquettes de ciment pur augmente jusqu'à 1 an, puis diminue ensuite, en sorte qu'à 2 ans toutes les expériences donnent à peu près le même résultat, une résistance d'environ 18 à 19 kilogrammes par centimètre carré. Au delà de 2 à 3 ans, la résistance paraît devenir constante.

Pour les briquettes de ciment et sable, l'accroissement de résistance persiste plus longtemps, mais reste stationnaire à partir de 18 mois.

Les résultats au bout de 2 ans sont à peu près les mêmes, qu'il s'agisse de ciment pur ou de mortier à 500 kilogrammes de ciment pour 1 mètre de gros sable.

Il est inutile de rechercher dans le ciment des résistances initiales considérables.

Ainsi, la résistance à la traction des mortiers de ciment pur atteint au maximum 20 kilogrammes après 2 ans ; celle des calcaires extraits dans les falaises de Boulogne est, en moyenne, de 81 kilogrammes. On peut donc perfectionner encore la fabrication des portlands pour augmenter leur résistance.

Résistance du ciment du Teil à prise lente. — La résistance à l'écrasement de briquettes, formées de 300 kilogrammes de ciment pour 1 mètre cube de sable tamisé, a été de :

4,2	7,9	13,3	17,1	21,03	23,8 kilogrammes
après 7 jours	1 mois	3 mois	6 mois	1 an	18 mois d'immersion.

Résistance du ciment Vicat artificiel à prise lente. — Le ciment Vicat pèse 1,400 kilogrammes le mètre cube ; il fait prise en 8 heures au moins et quelquefois en 24 heures. C'est une poudre grise, couleur cendre de foyer.

Le soleil accélère la prise, mais expose au fendillement.

C'est la manière dont se comportent les ciments dans les mortiers, c'est-à-dire mélangés avec le sable, qui est le critérium de leur valeur. Beaucoup de ciments employés à l'état pur arrivent à la même résistance, mais des différences considérables se manifestent lorsqu'on les mélange avec du sable ; et cependant ce mélange est nécessaire par raison d'économie et pour diminuer le retrait qui est parfois dangereux.

Le gros sable bien lavé, dont les grains ont de 1 à 3 ou 4 millimètres de grosseur, est le meilleur pour les ciments ; les sables siliceux sont préférables ; viennent après eux les sables granitiques, puis les sables calcaires.

LES CHAUX, CIMENTS ET MORTIERS

Ainsi des mortiers comprenant volumes égaux de sable et de ciment Vicat ont donné au bout de :

         2   5   15   60   180 jours.
des résistances à l'arrachement de :
         7   11   14   27   29 kilogrammes,
avec du sable granitique fin et légèrement argileux ; et de :
         8   15   17   27   34 kilogrammes,
avec du sable de carrière grenu et siliceux.

Le gâchage étant fait avec 620 litres d'eau, le rendement du ciment Vicat pour des mélanges de 1 mètre de ciment avec

      0   1   2   3   4 mètres de sable de rivière ordinaire
est 0,825 1,68 2,64 3,60 4,50 mètres de mortier.

Le mortier composé de 1 kilogramme ciment Vicat pour un litre de sable de rivière, exposé en briquettes à l'air libre, a donné :

au bout de :   18   30   45   60   90 jours   1 an 1/2
des résistances de : 11   11   21   22   25   30
kilogrammes à l'arrachement par centimètre carré ;

et le mortier à 1 kilogramme de ciment pour 2 litres de sable, exposé à l'air, a donné, après les mêmes délais, des résistances de :

      5   7   5   6   6   13 kilogrammes.

La résistance à l'écrasement du premier mortier était de :

         31   34   51   56   81   90   110   150 kilogrammes.
au bout de : 8   14   21   30   45 jours   3   15   17 mois.

Le durcissement des briquettes exposées à l'air est irrégulier, car le desséchement varie avec les circonstances atmosphériques, quelques précautions que l'on prenne. Voici les résultats obtenus sur des briquettes immergées, le mètre cube de ciment pur non tassé pesant 1,400 kilogrammes.

Résistance minima à la traction par centimètre carré des mortiers composés avec un mètre cube de sable et divers poids de ciment Vicat.

AGE des BRIQUETTES	Ciment pur.	MORTIERS COMPOSÉS DE					
		Sable 1mc Ciment 1400k	Sable 1mc Ciment 700k	Sable 1mc Ciment 465k	Sable 1mc Ciment 350k	Sable 1mc Ciment 280k	Sable 1mc Ciment 235k
2 jours	15k 2	5k 2	2k 8	1k 5	»	»	»
5 —	21 5	8 2	4 »	2 6	2k 3	1k 8	» »
15 —	23 1	10 3	6 7	4 4	3 5	3 »	2k »
30 —	29 1	18 8	10 2	6 2	4 5	3 2	3 »
60 —	37 2	24 4	14 2	9 »	5 9	4 4	4 2
90 —	38 7	29 8	16 9	10 6	6 8	5 »	4 5
180 —	44 1	31 8	21 5	11 2	8 1	7 3	7 »

N. — DOSAGES DES MORTIERS EMPLOYÉS DANS DIVERS OUVRAGES.

On ne peut adopter des proportions fixes pour le dosage des mortiers ; il faut, dans chaque cas, établir un dosage spécial en tenant compte de la nature du sable, de la destination du mortier et de la résistance qu'on veut obtenir. — On ne doit pas s'en tenir à la routine et se contenter de prendre les proportions adoptées par d'autres constructeurs dans des circonstances analogues.

On trouvera dans ce qui précède toutes les notions nécessaires à ce calcul des dosages.

Ce n'est donc qu'à titre de simple renseignement que nous avons jugé utile de réunir dans les tableaux ci-après les dosages adoptés dans d'importants travaux :

1° *Composition de divers mortiers de chaux hydraulique.*

DESTINATION DE CES MORTIERS et PROVENANCE DES CHAUX	QUANTITÉ de CHAUX	QUANTITÉ de SABLE	VOLUME du mortier obtenu ou supposé obtenu
Pont de St-Pierre-de-Gaubert : chaux du Teil et chaux d'Echoisy avec sable de la Garonne.	350 kil.	1 mètre.	1 mètre.
Viaduc du Val St-Léger : chaux Trouillet et sable de Seine.	350 kil. ou 0ᵐ45	0ᵐ90	1 mètre.
Pont de Port-Boulet sur la Loire : chaux de Paviers et sable de rivière	5 vol.	9 vol.	»
Pont de Port-Sainte-Marie (Dordogne) : chaux du Teil et sable de rivière.	300 kil.	0ᵐ90	1 mètre.
Pont Sully, à Paris : chaux artificielle légère de Bougival et sable de Seine.	250 kil.	1 mètre.	1 mètre.
Ouvrages divers du port de Marseille : chaux du Teil et sable, mortier au manège à roues.	400 kil.	1ᵐ07	1 mètre.
Pont de Chalonnes sur la Loire : chaux de Paviers et de Doué, et sable de rivière	0ᵐ50 de poudre.	0ᵐ90	1 mètre.
Remplissage des puits au port de Saint-Nazaire : chaux hydraulique et sable.	1 vol.	2 vol.	»
Réservoir de Gentilly, à Paris.	2 vol.	5 vol.	»

Remarques : 1° Au pont de Saint-Pierre-de-Gaubert, le dosage prévu a donné, par suite du foisonnement, un boni de 5 p. 100 avec la chaux du Teil et de 13 p. 100 avec la chaux d'Echoisy.

2° Pour hâter la prise et le durcissement, *on a souvent ajouté du ciment de Portland aux mortiers de chaux hydraulique.*

Exemples :

Pont de Chalonnes : pour accélérer la prise dans la mauvaise saison, on a pris : 0^{m}10 de portland, 0^{m}40 de chaux et 0^{m}90 de sable ; ce mélange a donné d'excellents résultats et a été appliqué également aux piles et aux voûtes du viaduc de l'Aulne ;

Viaduc de Pompadour : pour les voûtes on a ajouté 150 kilogrammes de portland à chaque mètre cube de mortier de chaux hydraulique ;

Pont de Bezons-sur-Seine, mortier pour béton immergé entre pieux : 1 de portland, 2 de chaux de Bougival, 6 de sable en volumes.

2° *Composition de divers mortiers de ciment à prise lente.*

DESTINATION DE CES MORTIERS	POIDS du ciment p^r mètre cube de mortier.	VOLUME du sable.
Pont Sully, à Paris : portland de Boulogne (pour rejointoiements, on met 600 kil. de ciment).........	350 kil.	1 m.
Blocs artificiels du fort Chavagnac............	500 kil.	1 m.
Puits du port de Saint-Nazaire...............	400 kil.	1 m.
Quais du Havre...........................	400 kil.	1 m.
Mortier des bétons de fondation de la digue Saint-Jean....	500 kil.	1 m.
Culées du pont Saint-Louis, à Paris............	350 kil.	1 m.
Blocs artificiels de Saint-Jean-de-Luz...........	1 vol.	2.5 vol.
Pont des Andelys, piles et voûtes.............	500 kil.	1 m.
Pont de Tilsitt, à Lyon, ciment Vicat (piles et voûtes).....	1 vol.	2 vol.
Grand pont de Claix-sur-le-Drac (Isère) : Ciment Vicat, 1° voûtes.................	1 kil.	1 litre.
— 2° tympans.................	1 kil.	2 litres.

3° *Composition de divers mortiers de pouzzolane.*

L'usage des mortiers de pouzzolane est peu répandu et tend à disparaître, en présence des progrès de la fabrication des chaux hydrauliques et des ciments. Nous donnerons toutefois les exemples suivants :

1^{mc} de mortier du béton immergé au port d'Alger contenait { 0^{m}454 de sable. 0^{m}454 de pouzzolane d'Italie. 364 kil. de chaux du Teil en poudre.

Le béton fabriqué avec ce mortier a toujours été d'excellente qualité.

1^{mc} de mortier du port d'Anvers. { 3 vol. chaux de Tournai. 1 — trass de Hollande. 2 — sable.

Le trass est, comme nous l'avons dit, une pouzzolane très énergique ; on l'exploite à Andernach, vallée du Rhin, au-dessus de Cologne ; il descend le Rhin par bateaux et est exporté en Belgique et dans le nord de la France, où il revient à 75 francs la tonne ; les moellons sont pulvérisés au lieu d'emploi.

Les excellents mortiers dont M. Guillain s'est servi au port de Dunkerque et que M. Menche de Loisne a adoptés également sur la ligne de Busigny à Hirson, sont composés comme il suit, au mètre cube :

Chaux éminemment hydraulique de Tournai...	475 kil.	2 vol.
Sable graveleux..................	0m53	2 vol.
Trass d'Andernach................	0m27	1 vol.

Le trass, employé avec la chaux grasse, a donné autrefois de mauvais résultats au port du Havre ; d'une manière générale, les mortiers de pouzzolane et de chaux grasse sont inadmissibles à la mer et dans les eaux agitées.

O. — LE PLATRE

Pierre à plâtre. — La pierre à plâtre se trouve en grande abondance dans le terrain tertiaire, au-dessus du calcaire grossier ; elle forme aux environs de Paris une série d'assises puissantes exploitées dans de nombreuses carrières.

Quelquefois, on trouve le sulfate de chaux à l'état anhydre (CaO,SO^3) ; il constitue alors le minéral appelé anhydrite.

Le sulfate hydraté ou gypse ($CaO,SO^3 + 2HO$) cristallise en une infinité de petits cristaux, dont se compose la pierre à plâtre qui, en outre, renferme souvent quelques impuretés : de l'argile, du sable, du calcaire. Ainsi, le gypse de Montmartre renferme 12 à 13 p. 100 de carbonate de chaux avec un peu de silice.

Le gypse se présente aussi en gros cristaux hémitropes, dits fers de lance, à cause de leur forme, qui se clivent en lamelles minces et friables ; il est facile de détacher ces plaquettes avec un canif, et elles se rayent à l'ongle. Ces cristaux sont très purs et on peut, en les chauffant, en obtenir un très beau plâtre pour la statuaire.

Enfin, on trouve encore un sulfate de chaux transparent, qui constitue un faux albâtre, moins dur que le véritable qui est du carbonate de chaux : ce dernier fait effervescence avec les acides.

La pierre à plâtre est soluble dans l'eau et lui communique de fâcheuses propriétés. Certains puits de Paris (rive gauche) fournissent des eaux qui ont traversé les couches de gypse ; ces eaux, dites séléniteuses, sont indigestes, impropres au savonnage et à la cuisson des aliments, parce que les acides organiques forment avec la chaux des sels insolubles ; elles sont, en outre, très incrustantes et complètement impropres à l'alimentation des chaudières à vapeur.

La solubilité du sulfate de chaux ne croît pas sans cesse avec la température ; à 12 degrés, un litre d'eau dissout 2^g33 de gypse ; à 35 degrés, 2^g54, c'est le maximum, et à 100 degrés, 2^g17. Une eau séléniteuse que l'on fait bouillir se trouble, parce qu'à 100 degrés elle ne peut tenir en dissolution tout le plâtre qu'elle renfermait à la température ordinaire.

Cuisson du plâtre. — Le gypse perd son eau à la température de 130 degrés ; refroidi, il tend à la reprendre, même en empruntant l'hu-

Fig. 90.

midité de l'air ; la poudre de plâtre mêlée à l'eau s'hydrate de nouveau, se gonfle et se durcit ; il se forme un enchevêtrement et comme un feutrage d'une masse de petits cristaux.

Il est urgent, dans la cuisson, de ne pas dépasser beaucoup 130 degrés, parce que le plâtre trop cuit ne reprend plus son eau qu'avec une extrême lenteur, et même, s'il a été porté au rouge, il est devenu semblable à l'anhydrite et ne s'hydrate plus. Au rouge vif, le plâtre fond sans se décomposer.

La cuisson du plâtre s'effectue sous des hangars, comme le représent les figures ci-jointes. Un hangar est fermé sur trois côtés seulement, le quatrième est libre. On construit avec les plus grosses pierres de petites voûtes sur lesquelles on dispose ensuite les morceaux plus petits par ordre de décroissance ; à la partie supérieure, se trouvent les petits fragments, la poussière. Sous les voûtes, on entasse des bourrées, des fagots, auxquels on met le feu ; la flamme traverse la masse qui s'échauffe peu à peu et qui perd environ le quart de son poids en laissant échapper son eau de carrière et son eau combinée. La toiture en tuiles est légère et à claire-voie, ou bien elle est simplement ouverte à la partie supérieure; la fumée et la vapeur d'eau se dégagent en nuages.

L'opération dure de dix à quinze heures suivant l'état atmosphérique, suivant les qualités de la pierre et du combustible employé. L'ouvrier exercé reconnaît que l'opération est terminée à l'aspect de la pierre et de la fumée, et il est important de saisir ce moment précis.

Un mètre cube de plâtre demande pour sa cuisson 210 kilogrammes de fagots de chêne, 190 kilogrammes de bouleau et châtaignier mélangés, et 135 kilogrammes de chêne et de charme mélangés.

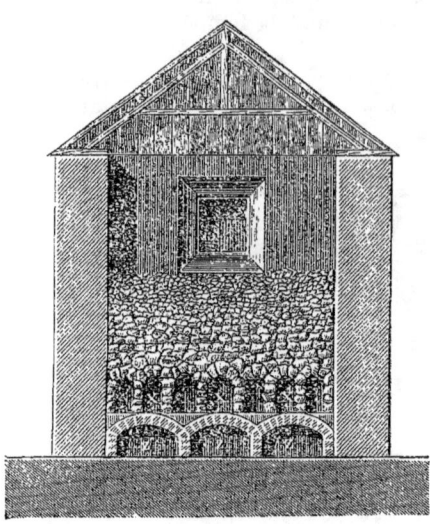

Fig. 91.

La forme de four décrite plus haut est la plus commune; mais on se sert aussi de fours à foyer latéral, semblables à ceux que nous avons décrits pour la chaux; on brûle alors de la houille à longue flamme.

Les figures 92 et 93 représentent le *four Dumesnil;* le combustible repose en D sur une grille recouvrant le cendrier; le combustible est introduit par le conduit H.

La flamme pénètre, par douze conduits courbes E dans la chambre à feu G, puis gagne, par les ouvertures F, les carneaux rayonnants M, d'où elle s'élève à travers les couches de pierre de grosseur décroissante; les produits de la combustion s'échappent par la cheminée centrale P et par les cheminées latérales O. La pierre est introduite par une porte sur le côté du four et la poudre par la porte N ménagée dans le dôme. Un four de 6 mètres de diamètre et

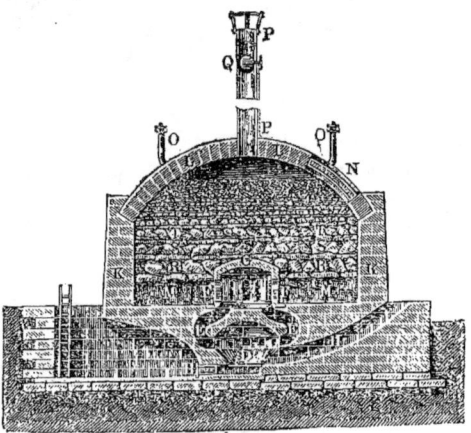

Fig. 92.

de 4 mètres de hauteur sous clef contient 35 mètres cubes de plâtre qui se cuit en douze heures avec un feu de fagots. Ce four est plus économique que le précédent ; la température atteint 360 degrés dans la région moyenne, 250 degrés en haut et en bas.

Nous trouvons dans les *Grandes usines*, de Turgan, la description d'un procédé spécial de cuisson en usage à la *brûlerie de Saint-Nicaize, à Vaux* (Seine-et-Oise),

On commence par broyer la pierre au concasseur et à la transformer en masse pulvérulente.

Fig. 93.

« Les fours sont basés sur le raisonnement suivant : Si, après avoir broyé la pierre, on pouvait laisser tomber la poudre dans une série de chambres de plus en plus chaudes, pour arriver enfin dans une dernière cavité maintenue au rouge brun et, si cette chute pouvait être constante et suivie de la sortie du plâtre cuit, on réunirait ainsi aux avantages d'une opération continue une extrême régularité de cuisson, puisque toutes les particules de plâtre cru auraient passé successivement par les mêmes conditions de température. Ce problème avait été inspiré par le désir d'utiliser un amas considérable de débris de carrière ne pouvant être cuits avec les anciens procédés, et présentant une matière première d'une extraction facile. Voici l'ingénieux système qu'on imagina et qui fonctionne aujourd'hui jour et nuit, sans interruption aucune :

Un massif en briques appuyé à l'extrémité du plan incliné qui apporte le sulfate de chaux à déshydrater, renferme treize fours étagés et composés de chambres superposées, cloisonnées par de grands diaphragmes à surface conique, pour éviter la déformation. Ces diaphragmes sont en fonte, d'un centimètre environ d'épaisseur, percés de deux trous situés au centre des plaques ; ils sont traversés par un arbre de transmission portant au niveau de chaque plaque deux raclettes perpendiculaires à son axe, parallèles et presque tangentes à la surface des plaques. Cet arbre de transmission en fer vient sortir au sommet du four, et est mû par une roue dentée correspondant avec un système d'engrenages mis en marche par une machine à vapeur. A cette même extrémité supérieure est une cuvette en fonte dont le fond est percé de deux trous par lesquels s'engage incessamment le plâtre broyé par le concasseur et que des gamins, armés de pelles et de balais, poussent vers les cuvettes. Ces deux trous ont des registres qui s'ouvrent et se ferment plus ou moins, suivant que le plâtre broyé étant plus ou moins sec, s'écoule trop ou pas assez facilement. Un distributeur à ailettes, mû également par l'arbre vertical, reçoit la poudre et, la poussant par un mouvement lentement calculé, la mène devant deux trous s'ouvrant à angle droit des deux trous supérieurs ; elle tombe alors dans la première chambre, y séjourne jusqu'à ce qu'elle soit chassée par les palettes dans la chambre inférieure, et ainsi de suite jusqu'à ce qu'elle arrive dans la dernière chambre où sa cuisson s'achève ; de là elle tombe par des carneaux ouverts dans des cavités où nous la retrouverons plus tard. »

Le chauffage se fait au coke parce que la houille salirait la poudre, et la blancheur du plâtre est indispensable pour la vente.

Dans certains cas, lorsqu'on prépare du *plâtre pour l'agriculture* et qu'on ne tient pas à l'obtenir blanc, on a recours au four à feu continu, dans lequel les couches de pierre et de combustible sont alternantes.

La charge d'un four à plâtre doit être composée, ainsi que l'expérience l'indique pour chaque carrière, afin d'obtenir un produit uniforme. Tel banc ne donne que de la poussière, tel autre fournit un plâtre très actif, celui-ci donne un plâtre médiocre : du mélange de ces divers échantillons on compose un plâtre convenable.

Broyage du plâtre. — Le plâtre, une fois cuit, est retiré du four. Autrefois, on le cassait en fragments que l'on expédiait en sacs : le manœuvre, qui sert le maçon, cassait ces fragments avec une batte et passait la poudre dans un tamis en crin. Aujourd'hui, on broie le plâtre sous des meules en pierre, dans des manèges analogues aux manèges à mortier, mais d'un plus petit diamètre. La poudre est ensachée et expédiée dans de petits sacs, d'un maniement facile, contenant vingt-cinq litres.

Voici, d'après Turgan, comment il est procédé au broyage du plâtre dans la plâtrière de Vaux que nous avons citée plus haut :

« Le plâtre cuit tombe à un étage inférieur où il est reçu par deux moulins à meules verticales en pierre qui le pulvérisent en poudre tout à fait fine, comme le commerce le demande ; un blutoir en toile métallique laisse passer la fleur, et retient les grains trop gros qui sont renvoyés au moulin, car il est assez difficile de réduire en poudre analogue à la farine un corps naturellement cristallisé ; on opère bien sur lui un clivage de plus en plus fin ; mais les plus petits fragments conservent toujours la forme cristalline. Après la déshydratation, les cristaux de plâtre, désagrégés par la perte de leur eau de composition, gonflés encore par la chaleur, peuvent enfin être pulvérisés au degré absolu de finesse qu'il est nécessaire de leur faire atteindre.

« La poudre donnant à la main la sensation de *fleur* tombe par trois ouvertures à l'étage inférieur où sont ménagées trois voûtes sous lesquelles elle s'accumule. Des ouvriers, dont les jambes sont enveloppées dans des sacs en grosse toile qui les mettent à l'abri du contact de la poudre de plâtre arrivant quelquefois encore chaude, chargent à la pelle, en prenant à même dans ces tas, de petits wagonnets à deux grandes roues que des hommes conduisent à bras au bateau qui attend leur chargement ; d'autres remplissent des sacs que viennent chercher des voitures du pays, pour les transporter dans les environs : bientôt le chemin de fer conduisant, sous la route, le plâtre cru au port d'embarquement, conduira aussi le plâtre cuit. La brûlerie Saint-Nicaise en travaillant jour et nuit, transforme, par vingt-quatre heures, 100 mètres de plâtre brut en plâtre livrable au commerce : ses produits sont parfaitement blancs, et ne contiennent pas de matières étrangères, — car la masse du massif de Triel est entièrement exempte des stries glaiseuses que contiennent un grand nombre d'autres plâtres, et qui ont pour inconvénient de les rendre extrêmement sensibles à l'humidité, de sorte que les constructions faites avec ces plâtres argileux n'ont aucune durée. »

Emploi du plâtre. — Le plâtre en poudre, mêlé avec l'eau et réduit à l'état de bouillie, fait prise au bout de quelques instants et cristallise en masse. Pour obtenir un bon résultat, il faut donner au plâtre un volume d'eau égal au sien : le servant verse d'abord son eau dans l'auge, puis il ajoute le plâtre, qu'il gâche avec la truelle. Avec cette proportion d'eau, on dit que le plâtre est gâché serré, il fait prise assez vite et il faut l'employer immédiatement.

Si l'on augmente la proportion d'eau, la prise est moins rapide, mais la résistance finale est diminuée : on dit que le plâtre est gâché clair.

Quelquefois on se sert de plâtre en coulis; mais c'est une mauvaise opération et le plâtre noyé n'est guère résistant.

Depuis qu'on a l'habitude de transporter le plâtre en poudre, il arrive de temps en temps qu'il s'est éventé, c'est-à-dire qu'il a absorbé l'humidité; par le gâchage, on obtient une masse pulvérulente qui ne fait point prise. Le bon plâtre donne une pâte onctueuse, qui ne s'égrène pas sous les doigts; c'est par l'expérience du gâchage que l'on peut essayer une livraison de plâtre.

On peut le conserver dans des tonneaux hermétiquement fermés, ou sous forme de tas placés sur une aire sèche et arrosés à la surface de manière à se couvrir d'une couche solide qui protège la masse contre l'humidité.

Nous ne décrirons pas ici les usages bien connus du plâtre; nous rappellerons seulement qu'en faisant prise il augmente de volume dans une proportion assez forte, environ 1/3; lorsque cette dilatation est gênée pour de grandes couches de plâtre, celles-ci se fendillent, il faut donc avoir soin de ne pas remplir le cadre du premier coup.

Le plâtre adhère fort bien aux pierres, aux briques et au fer, mais il n'adhère pas aux bois; lorsqu'on l'étend sur du bois, il faut larder celui-ci de petits clous saillants. Pour le gâchage, on doit rejeter les truelles en fer, qui s'oxydent rapidement et auxquelles le plâtre adhère.

Le plâtre de Montmartre est des meilleurs; il renferme 12 à 13 p. 100 de carbonate de chaux qui n'est pas réduit, et un peu de silice semi-gélatineuse qui pourrait bien être la cause de la dureté particulière qu'atteint cet échantillon de plâtre.

Le plâtre gâché avec la chaux s'améliore.

Le plâtre reste toujours soluble dans l'eau, il faut donc bien se garder de l'employer en fondations et dans toutes les parties humides.

Voici les poids que le plâtre peut supporter sans s'écraser :

Plâtre gâché à l'eau.	50 kilog. par centimètre carré (Rondelet).
Plâtre gâché au lait de chaux . .	72 — —
Plâtre gâché ferme	90 kilog. (Vicat).
Plâtre gâché clair.	42 — —

Voici maintenant les tractions que le plâtre peut subir sans se rompre :

Plâtre gâché serré.	11^k7 par centimètre carré (Rondelet).
Plâtre gâché à la manière ordinaire.	4 kilog. — —

Suivant Vicat, le plâtre, gâché seul, ne cède qu'à une tension de 15 kilogrammes par centimètre carré ; se rompt sous 6 kilogrammes avec un volume et demi de sable ordinaire, sous 4 kilogrammes si le sable est gros, et sous 3 kilogrammes s'il approche du menu gravier.

On fabrique avec le plâtre de grands carreaux ou plâtras dont on compose les cloisons dans les maisons de Paris.

Mélangé à la colle forte, le plâtre fait prise un peu moins vite, mais il acquiert plus de dureté et est susceptible d'un certain poli. En introduisant dans la pâte des couleurs solides, on obtient des stucs, qui simulent le marbre, et qui s'emploient avantageusement pour les ornements d'intérieur ; ces stucs ne résistent pas à l'humidité. On les aplanit avec de la pierre ponce, on les recouvre au pinceau d'une couche de plâtre gâché avec la gélatine, et on les polit avec du tripoli délayé dans l'huile.

On obtient un autre stuc d'intérieur, plus dur et plus fin, en mélangeant le plâtre et l'alun.

Ces stucs se distinguent facilement du marbre, parce qu'ils ne produisent pas une sensation de froid sur la main qui les touche.

Le plâtre bien fin sert en sculpture pour le moulage ; la propriété qu'il possède de se dilater en se durcissant, favorise l'opération et force la matière à pénétrer dans tous les creux du moule.

Rappelons que le plâtre qui vient d'être gâché et qui a fait prise est très absorbant et aspire l'eau des substances avec lesquelles on le met en contact. Cette propriété est utilisée dans la fabrication des porcelaines, dans les raffineries de sucre. Nous avons vu précédemment qu'on l'utilisait aussi pour la dessiccation des briquettes que l'on fait pour essayer des ciments.

Le plâtre est fréquemment employé pour fixer des échafaudages ; il présente une résistance suffisante et se démolit très facilement.

Nous avons cité plus haut les *stucs à la colle forte ou à l'alun;* on vient de découvrir un nouveau stuc très dur, qu'il est intéressant de signaler.

Plâtre durci, système Julhe. — M. Julhe a fait connaître à l'Académie des sciences, en 1885, un nouveau procédé pour durcir le plâtre, procédé qui semble ingénieux et pratique.

« J'ai entrepris, dit-il, une série d'expériences dans le but de rendre encore plus général l'emploi du plâtre, de le substituer, par exemple, au bois dans la construction des planchers. De tous les matériaux employés à bâtir, le plâtre est la seule substance qui augmente de volume après son application, tandis que tous les autres mortiers ou ciments et même le bois éprouvent du retrait et des fendillements par la dessiccation; appliqué en couches suffisamment épaisses pour résister à la rupture, il offre donc une surface que le temps et les variations atmosphériques n'altéreront pas, pourvu qu'on la tienne à l'abri de l'eau. Deux propriétés lui manquent, la dureté et la résistance à l'écrasement, voilà ce que j'ai cherché et ce que je crois avoir trouvé; je ne passerai pas en revue tous les procédés indiqués jusqu'à ce jour, ils sont d'une exécution plus ou moins pratique et dans tous les cas remplissent très imparfaitement l'objet de mes recherches; ces dernières ont abouti au procédé dont voici la description :

« On mélange intimement 6 parties de plâtre de très bonne qualité avec 1 partie de chaux grasse récemment éteinte et finement tamisée : on emploie ce mélange comme le plâtre ordinaire; une fois bien desséché, on imbibe l'objet confectionné avec une solution d'un sulfate quelconque à base précipitable par la chaux et à précipité insoluble, le sulfate de fer et le sulfate de zinc sont, à tous les points de vue, les sulfates qui conviennent le mieux. La théorie du procédé est facile à faire, la chaux contenue dans les pores du plâtre décompose le sulfate avec production de deux corps insolubles, à savoir du sulfate de chaux et de l'oxyde, qui remplissent très exactement les pores de l'objet soumis au traitement.

« Avec le sulfate de zinc, l'objet reste blanc, comme il est facile de le prévoir; avec le sulfate de fer, l'objet, d'abord verdâtre, prend en peu de temps et par la dessiccation la teinte caractéristique du sesquioxyde de fer. Avec le fer on obtient les surfaces les plus dures; la résistance à la rupture est vingt fois plus considérable que pour le plâtre ordinaire; pour obtenir le maximum de dureté et de ténacité, il faut très bien gâcher le plâtre chaulé, dans le moins de temps possible et avec la quantité d'eau strictement nécessaire; il importe que l'objet que l'on veut durcir soit très sec afin que la solution que l'on emploiera le pénètre facilement; il faut que cette dernière soit voisine de son point de saturation et que la première immersion ne dure pas plus de deux heures.

« Le plâtre durcit dès qu'il a subi le contact de la solution, au point qu'on ne peut plus le rayer avec l'ongle, tandis que le plâtre témoin se laisse profondément entamer. Si la première immersion se prolongeait trop, le plâtre deviendrait friable ainsi que je l'ai observé après un bain de vingt-quatre heures, mais une fois que le plâtre a été de nouveau desséché après la première immersion, il ne craint plus le contact de l'eau; il arrive même, si la proportion de chaux éteinte est trop élevée, que la surface se feutre à un tel point qu'elle devient impénétrable à l'eau et même à l'huile ainsi que j'ai pu le constater sur une plaque durcie au sulfate de zinc. Sa surface était polie, aussi difficile à entamer au papier de verre que du marbre; elle avait néanmoins un défaut grave, la couche dure avait à peine 2 millimètres d'épaisseur, le feutrage était si complet, que la première couche, une fois durcie, préservait le reste de tout contact avec la solution, de telle sorte que cette plaque, malgré la dureté de sa surface, n'offrait plus une résistance suffisante à l'écrasement en raison de la faible épaisseur de la couche durcie.

« Les proportions de chaux et de plâtre n'ont rien de fixe, on les fait varier en vue des résultats à obtenir, néanmoins le rapport de 1 à 6 m'a donné les meilleurs; la pénétration de la solution et l'épaisseur de la couche durcie deviennent suffisantes. Il importe, en outre, pour que ces conditions soient facilement réalisées, de ne pas *éteindre* le plâtre à la surface en passant et repassant trop longtemps la truelle, l'ouvrier le plus expéditif sera le meilleur.

« Les plaques prennent l'aspect de la rouille avec le sulfate de fer; mais, en passant à la surface de l'huile de lin lithargyrée, un peu brunie par la chauffe, elles prennent un aspect d'acajou assez beau en même temps qu'elles offrent à l'écrasement par la marche une certaine élasticité superficielle; si l'on y ajoute une couche de vernis copal dur, la teinte devient très belle.

« En étalant dans un appartement une couche de plâtre chaulée de 0^m06 à 0^m07 d'épaisseur et lui faisant subir le traitement qui vient d'être exposé, on obtient un parquet uni comme une glace, remplissant dans la plupart des cas l'office du parquet de chêne, mais offrant sur ce dernier l'avantage d'être quatre fois moins coûteux.

« J'ai insisté sur un emploi nouveau du plâtre durci, mais il est évident que l'on trouvera avantageux de durcir le plâtre et de le rendre indifférent aux influences atmosphériques; dans une foule de circonstances, le procédé se recommande par son extrême simplicité et son extrême bon marché (il faut environ 0^k30 de sulfate de fer par mètre carré); il offre au sulfate de zinc, à peu près sans emploi, un débouché tel que l'emploi économique de la pile, comme source de force motrice, devient praticable, surtout pour les petites forces. »

Analyses des principaux plâtres de France. — Nous avons réuni dans le tableau ci-après les résultats de l'analyse des principaux plâtres français donnés par M. Durand-Claye, dans le catalogue de l'Exposition de 1878; ces résultats sont rapportés à 100 parties de plâtre cuit :

DÉSIGNATION DU PLATRE	RÉSIDU INSOLUBLE dans les acides.	ALUMINE et peroxyde de fer.	SULFATE de chaux.	CARBONATE de chaux.	CARBONATE de magnésie.	EAU, ETC.
Plâtre de Villejuif (Seine)	4,8	0,6	78,0	8,5	1,9	6,2
— ordinaire de Vitry (Seine)	4,9	2,5	70,9	10,2	5,1	6,4
— fin de Vitry	3,7	2,7	72,6	12,0	5,5	3,5
— de Romainville (Seine)	0,6	0,8	87,7	2,4	2,7	5,8
— de Bondy (Seine)	1,4	1,5	79,1	9,9	2,3	5,8
— de Bois-le-Comte (Seine-et-Marne)	1,2	0,3	85,8	4,3	»	8,4
— de Bussières (Seine-et-Marne)	1,0	0,5	84,0	7,2	0,4	6,9
— de Poligny (Jura)	0,8	»	93,5	3,4	»	2,3
— de Grasse (Alpes-Maritimes)	0,1	0,2	95,7	»	»	4,0
— de Roquevaire (Bouches-du-Rhône)	11,2	3,1	70,6	6,7	5,6	2,8
— de Malaucène (Vaucluse)	0,6	»	92,9	0,4	»	6,1
— de Hérépian (Hérault)	4,2	1,0	81,6	»	»	13,2
— de Portel (Aude)	0,7	0,4	86,9	5,3	»	6,7
— du bassin de Couze (Dordogne)	4,0	1,4	71,6	14,1	5,0	3,9

Le plâtre cuit se vend à l'hectolitre ; il est compté, dans les environs de Paris, 10 à 11 francs le mètre cube pris à l'usine.

Le plâtre pour moulage, bien tamisé, se vend jusqu'à 60 francs le mètre cube. On distinguait autrefois : 1° le plâtre ordinaire ; 2° le plâtre au panier, tamisé dans un panier d'osier ; 3° le plâtre au sas, passé au tamis de crin ; 4° le plâtre au tamis passé au tamis de soie, et enfin, 5° la fleur du plâtre.

Le poids du mètre cube de plâtre au panier, gâché très serré, trente heures après l'emploi, est de 1,571 kilogrammes.

CHAPITRE III

MAÇONNERIES

Le métier du maçon (du latin *machio*) consiste à mettre en œuvre et à combiner les deux éléments que nous avons étudiés aux chapitres précédents, à savoir : les pierres et les mortiers.

On distingue diverses espèces de maçonneries que nous examinerons successivement :

Maçonnerie de pierre de taille, ou de pierres d'appareil ;
Maçonnerie de moellons ;
Maçonnerie mixte ;
Maçonnerie de briques ;
Bétons ;
Maçonneries diverses, mastics ;
Bitumes et asphaltes.

1° MAÇONNERIE DE PIERRES DE TAILLE

Cette maçonnerie se compose d'assises régulières formées de morceaux de pierre de formes géométriques dont toutes les faces sont dressées. Suivant leurs dimensions, ces morceaux sont des pierres de taille proprement dites ou des moellons piqués.

Autrefois, on s'est servi de blocs irréguliers présentant en parement des surfaces polygonales, on y a renoncé aujourd'hui, du moins pour la maçonnerie de pierres de taille, et l'on élève ce genre de maçonnerie par assises horizontales ; les *lits de la pierre* sont les faces horizontales. On appelle *joint* l'intervalle qui sépare deux pierres voisines, cet intervalle est d'autant moindre que la taille est plus parfaite et que la couche de mortier interposée a moins d'épaisseur.

Les Grecs et les Romains distinguaient deux genres de maçonnerie à assises horizontales : celui où toutes les pierres ont les mêmes dimensions, spécialement en hauteur, et celui où les pierres ont des dimensions variables et, par suite, les assises des hauteurs variables aussi. Le premier système constituait l'*opus isodomum* et le second l'*opus pseudisodomum*.

C'est un grand tort, notamment en travaux publics, d'exiger la régularité dans les dimensions des pierres de taille ; en effet, ces travaux ont pour but d'être solides, et la plus ou moins grande régularité de largeur ou de hauteur importe peu pour cela ; ajoutons que ces travaux sont généralement destinés à être vus à grande distance, et que l'œil embrasse l'ensemble et les grandes lignes sans regarder si les joints sont équidistants ou non.

Il est de principe dans toute maçonnerie que les pierres doivent, autant que possible, s'enchevêtrer les unes dans les autres, afin de mieux résister à tous les efforts de disjonction, et de ne point présenter des plans de clivage, c'est-à-dire des plans suivant lesquels la rupture exige pour se produire la force minima.

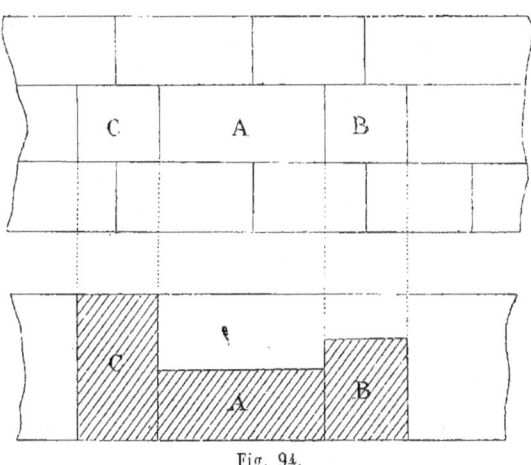

Fig. 94.

Aussi, 1° les *assises doivent se découper*, c'est-à-dire qu'un joint montant d'une assise doit être compris entre deux joints des assises supérieure et inférieure ; 2° il faut, pour cela, placer le plus grand côté des pierres en parement ou dans l'intérieur du mur, alternativement ; quand le grand côté est en parement, la pierre A prend le nom de *carreau ;* quand c'est au contraire le petit côté que l'on aperçoit, la pierre prend le nom de *boutisse* B ; 3° enfin, de place en place, on pose des pierres oblongues C, qui traversent toute l'épaisseur du mur, et que l'on appelle des *parpaings :* les parpaings sont en parement à leurs deux bouts.

La quantité dont une pierre pénètre dans la construction, c'est-à-dire sa dimension normalement à la surface vue, s'appelle *queue ;* il est évident que les carreaux ont une queue bien moins longue que celle des boutisses.

On doit employer des blocs aussi gros que possible, il est évident que la solidité ne peut qu'y gagner ; mais on est forcément limité, d'abord par les moyens de transport, de bardage et de montage, et surtout par la nature de la pierre que l'on met en œuvre. Nous avons déjà dit que la hauteur des bancs de roche était limitée et très variable suivant les carrières ; il y a de très bonnes pierres dont la couche n'a pas plus de 0^m50 d'épaisseur, et qui de plus sont fissurées ou peu homogènes, de sorte qu'on ne peut pas davantage leur donner de grandes dimensions horizontales. D'autre part, il y a à observer un certain rapport entre la hauteur et la largeur d'une pierre, et ce rapport varie suivant la dureté, sans que jamais la largeur soit supérieure à cinq fois la hauteur (c'est la proportion limite pour les pierres très dures comme les granites) ; pour des pierres tendres, le rapport sera au plus de 2,5, et pour les bonnes pierres de dureté moyenne, il ne dépassera pas 3,5 à 4.

Quelle que soit la pierre employée, la *découpe*, c'est-à-dire la distance horizontale qui sépare un joint du joint le plus voisin, sera d'au moins 0^m15.

Il va sans dire que les pierres d'angle doivent être d'un seul morceau et qu'il faut bien se garder de placer un joint dans un angle ; les pierres d'angle sont en parement sur la façade et sur la face en retour.

La mise en place d'une pierre de taille exige des précautions nombreuses et doit être dirigée par un appareilleur intelligent. Il s'agit d'abord de soulever le bloc à la place qu'il doit occuper ; dans les travaux d'art on se sert généralement de l'appareil appelé *louve*. Dans les maçonneries ordinaires, on se sert plus souvent d'une corde solide qui entoure la pierre de taille à chaque bout ; c'est une corde sans fin, dont les bouts sont réunis par une épissure, et on l'attache au crochet de la poulie mobile d'une moufle. Cette corde s'appelle *braye*. Dans ce cas, il est toujours à craindre que la corde, par sa pression, ne détériore les arêtes vives de la pierre ; on doit les protéger par des bouchons de paille ; il vaut mieux encore entourer toute la corde d'une gaine dont on remplit le vide avec des étoupes.

La pierre est donc soulevée et présentée à la place qu'elle doit occuper ; on la fait reposer sur l'assise inférieure par l'intermédiaire de cales ou de règles en bois, dont la hauteur est égale à celle d'un joint (0^m004 à 0^m010 suivant le soin qu'on apporte à la maçonnerie). Deux méthodes sont en œuvre pour achever l'opération :

1° On peut se contenter, la position de la pierre ayant été vérifiée par l'appareilleur, de couler du mortier sous la pierre afin de remplir le vide. Lorsqu'on se sert de plâtre, comme à Paris, l'opération est facile, car on peut gâcher le plâtre assez clair pour en faire un coulis ; lorsqu'au contraire la pâte du mortier est un peu ferme, il faut se servir de la *fiche à dents* ; c'est une lame de tôle avec manche en bois, elle est taillée à redans successifs et en l'introduisant dans le joint, on fait pénétrer jusqu'au fond le mortier que l'on a déposé sur les bords.

On comprend sans peine que ce procédé est vicieux et *doit être proscrit dans les travaux publics ;* en effet, la pierre ne s'appuie sur l'assise infé-

MAÇONNERIES

rieure que par l'intermédiaire de ses cales, c'est-à-dire seulement par quelques points ; la pression est donc très inégalement répartie, et il en résulte soit des ruptures, soit des tassements inégaux. Toutefois, il faut dire que lorsqu'on se sert de plâtre, on est presque forcé d'employer cette mauvaise méthode, parce que le plâtre, par sa prise rapide, ne donne pas le temps d'employer la seconde méthode.

2° Celle-ci consiste à présenter la pierre, comme tout à l'heure, à l'emplacement qu'elle doit occuper, en la faisant reposer par des cales sur l'assise inférieure ; on vérifie la position, et on regarde si le lit de pose ne présente point encore de trop fortes aspérités ; puis, on soulève la pierre, ou bien on lui donne quartier, on enlève les cales, et on recouvre le lit d'une couche de mortier deux fois plus haute que le joint qui doit rester ; on ramène la pierre, qui repose sur le bain de mortier, et en frappant sur la face supérieure, soit avec une masse, soit avec une hie de paveur, on fait refluer le mortier de toutes parts pour le réduire à l'épaisseur voulue. On est assuré par là que tous les vides sont bien remplis et les pressions également réparties, puisque par tous les points de son lit la pierre agit sur l'assise inférieure. On remplit les joints montants avec la fiche à dents ; la perfection du remplissage n'est point aussi désirable pour les joints que pour les lits, puisque les joints n'ont pas à transmettre les efforts de pesanteur.

Une fois qu'une assise est terminée, il est rare que sa face supérieure soit parfaitement horizontale ; l'appareilleur la vérifie, et indique les pierres qu'il faut un peu démaigrir afin de préparer à l'assise suivante un lit d'une horizontalité parfaite.

Les pierres de taille isolées sont posées par les maçons aidés de leurs garçons ; pour la maçonnerie homogène en pierres de taille, et pour toutes les pierres qui exigent des précautions particulières, la pose est faite par une équipe de quatre hommes, composée de : un poseur, un contreposeur, et deux garçons pour servir et pour ficher les pierres. Voici d'après MM. Claudel et Laroque (*Pratique de l'art de bâtir*), le temps nécessaire à une pareille équipe pour poser un mètre cube des diverses maçonneries de pierres de taille :

Ouvrages ordinaires, parements de mur, chaînes, parpaings, parapets, cordons, etc.	4ʰ 00
Assises en reprises, plates-bandes droites, voûtes en berceau.	5 00
Assises en reprises par petites parties, dans l'embarras des étais.	7 00
Voûtes en arc de cloître, voûtes d'arêtes, voûtes sphériques	10 00
Morceaux posés par incrustement.	15 00

Un maçon avec son garçon met les temps ci-après pour la pose des pierres de taille communes :

Libages, auges, bornes et autres ouvrages semblables	11ʰ 00
Seuils, marches, appuis, caniveaux	27 00
Dalles de 0ᵐ08 à 0ᵐ10 d'épaisseur, par mètre superficiel	1 25

L'épaisseur des joints doit être uniforme. — Pour diminuer l'épaisseur des joints apparents et obtenir l'effet d'une construction très soignée, certains constructeurs n'ont pas craint de donner du creux aux joints en arrière du parement; c'est une pratique vicieuse, car il en résulte que la compression des mortiers est moindre en a, la pression transmise par la masse supérieure se concentre en ce point et souvent il arrive que l'arête de la pierre de taille s'épaufre.

Cet effet s'est produit dans certaines colonnes composées de rondelles superposées : pour leur donner un aspect monolithe, on avait creusé les faces de joint afin d'obtenir une simple ligne séparative entre les rondelles successives; les pressions concentrées ainsi sur le pourtour déterminèrent des épaufrures.

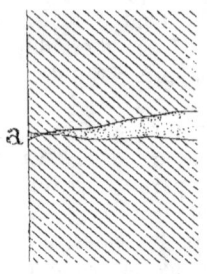

Fig. 95.

Extrait du devis type arrêté par le ministère des travaux publics.

Maçonnerie de pierres de taille. — Art. 28. — « Les pierres de taille proviendront toujours des meilleurs bancs des carrières indiquées; elles seront parfaitement homogènes, non gélives, exemptes de fils, bousin, etc., pleines, d'un grain égal, ayant toutes les qualités requises pour offrir, après la taille, un parement très régulier.

« Elles devront rendre un son clair sous le choc du marteau ; celles qui rendraient un son sourd, qui contiennent des parties tendres et s'écrasent en grains sablonneux au lieu de se briser en éclats à arêtes vives, seront rejetées.

« Elles seront, autant que possible, extraites avant l'hiver, placées en délit et exposées aux pluies et aux gelées avant d'être taillées.

« Aucune pierre ne sera posée en délit dans les constructions.

« Elles auront les formes et dimensions indiquées par les dessins d'appareil. La taille sera faite exactement suivant les panneaux; les lits seront dressés sans démaigrissement sensible sur toute leur étendue ; les joints montants seront également de franc appareil et bien dressés d'équerre, sur 0^m20 au moins, à partir du parement.

« Les pierres des voussoirs, des plates-bandes, des couronnements, seront dressées sans aucun démaigrissement sur toutes leurs faces.

« Les pierres seront très proprement taillées, dressées en parements avec la boucharde à pointes fines et entourées d'une ciselure de 0^m025 de largeur sur les arêtes du parement.

Art. 78. — « Les appareils et la pose seront faits avec le plus grand soin. Les arêtes des chaînes montantes seront dans la même verticale formant à droite et à gauche des harpes conformes aux dessins. Quand ces harpes ne seront pas cotées spécialement, on les fera égales à la hauteur des assises pour celles en liaison avec la pierre de taille, et à la demi-hauteur d'assises pour celles en liaison avec le moellon.

« Les pierres de revêtement seront également d'appareil et de longueur déterminés par les dessins, employées par carreaux et boutisses, et auront, lorsque la longueur de pénétration ne sera pas indiquée, 0ᵐ50 de queue réduite.

« Les appareils seront d'ailleurs disposés de telle sorte que chaque pierre ait une longueur de parement égale à deux fois au moins sa hauteur ; que la plus courte distance entre un joint et un angle rentrant soit de 0ᵐ20, que celle entre un joint vertical et un angle saillant soit de 0ᵐ35.

« Pendant les travaux et jusqu'à la réception définitive, toute pierre qui serait avariée, écornée, épaufrée, sera remplacée.

« La pose sera faite à bain de mortier fin de chaux et de sable. On commencera par présenter la pierre, on la retirera pour la piquer au besoin, on nettoiera et on humectera les surfaces de pose qui doivent être en contact avec le mortier ; on étendra, sur le lit inférieur et sur les joints des pierres voisines, une couche de mortier de 0ᵐ025 d'épaisseur. La pierre sera ensuite amenée, placée, assujettie et tassée en tous sens à coup de masse en bois, de manière que le mortier reflue, garnisse exactement les lits et joints et que la largeur des joints et des lits soit réduite à 0ᵐ01. Les inégalités qui pourraient se trouver vers la queue seront soigneusement garnies avec des éclats de pierre dure enfoncés au marteau. »

2° MAÇONNERIE DE MOELLONS ET MAÇONNERIE MIXTE

Les moellons sont les pierres non taillées, telles que les fournit le morcellement des blocs de la carrière.

On distingue : 1° les moellons *bruts*, c'est-à-dire tels qu'ils sortent de la carrière, purgés de leur *bousin* ou partie terreuse adhérente aux lits des assises ; 2° les moellons *têtués*, dont la tête est équarrie et qui se posent par assises régulières, le parement est dressé au têtu d'une manière plus ou moins grossière et les lits et joints sont retournés d'équerre sur 0ᵐ10 ou 0ᵐ15 ; 3° les moellons *smillés* ou parementés, analogues aux précédents et posés aussi par assises horizontales, mais ayant un parement mieux dressé et des joints plus soignés ; 4° les moellons *piqués*, qui sont de petites pierres de taille et exigent dans l'emploi les mêmes précautions, si ce n'est qu'ils peuvent être déplacés à la main.

Maçonnerie homogène de moellons. — Dans cette maçonnerie, les moellons sont simplement associés entre eux, sans pierres de taille. Vu la petite dimension des matériaux, il est nécessaire de les relier les uns aux autres avec un bon mortier, et de veiller à ce que la découpe et l'enchevêtrement soient bien combinés ; pour la pose, on n'a pas besoin de recourir à des cales, les moellons sont posés à bain de mortier, et on fait refluer celui-ci en frappant le moellon avec un marteau.

Quelquefois c'est le maçon qui taille lui-même le moellon dont il se sert ; mais pour une construction importante, il vaut mieux avoir recours à des ouvriers spéciaux, que l'on appelle piqueurs de moellons.

La maçonnerie homogène de moellons bruts se rencontre rarement; il est rare qu'on n'associe pas ces matériaux à d'autres plus résistants, des pierres de taille, par exemple, destinés à former les socles, les angles de la construction et les principales lignes. Le moellon brut ne sert guère que pour remplissage. Cependant on peut avoir à l'employer en parement; alors, le maçon choisit, dans le tas de pierres qu'il a à côté de lui sur l'échafaud, les plus belles, dont il dresse la tête aussi bien que possible avec sa hachette : le manœuvre arrose ces moellons avant l'emploi, afin qu'ils ne sèchent pas trop vite; le maçon étend à la truelle, sur l'assise déjà existante, un lit de mortier de 0^m02 à 0^m03 d'épaisseur, puis il met le moellon en place, et fait refluer le mortier en frappant avec la tête de sa hachette; il peut aussi, en frappant latéralement, corriger la position de la pierre et faire en sorte que le parement soit bien parallèle au cordeau directeur.

Pour accoler un second moellon au premier, on commence par plaquer du mortier sur le joint de celui-ci, puis on approche la seconde pierre en la frappant latéralement avec la hachette, afin de réduire l'épaisseur du joint et de rendre la masse plus compacte. Nous n'avons pas besoin de répéter que les moellons ont des queues inégales, et que les joints se découpent d'une assise à l'autre. La plupart du temps, ces pierres se trouvent démaigries en queue, et alors elles ne reposent sur l'assise inférieure que par la partie antérieure de leur lit; on remédie à cet inconvénient, en plaçant sous la queue des éclats de pierre, qui forment cale, et que l'on engage solidement dans le mortier en les frappant d'un coup de hachette.

Reste à faire le remplissage : pour cela, on pose un bon bain de mortier sur la surface de l'assise, et on prend les moellons bruts que l'on met en place en les enchevêtrant le plus possible, et en les enfonçant avec le marteau; quelquefois, le maçon ne trouve point dans le tas une pierre convenable, alors il en fend une et la taille en la forme voulue avec le tranchant de sa hachette; les éclats sont enfoncés à coups de marteau dans les joints nécessairement irréguliers qui séparent tous les moellons, et il faut que le mortier reflue bien de toutes parts, afin que l'on soit certain qu'il ne reste pas de vide.

Le maçon prend à la main le mortier qui a reflué et le répand uniformément sur la surface de l'assise; il doit bien se garder de lisser cette surface avec la truelle, parce que la compression qu'il fait subir au mortier le dessèche et le fait durcir, et il conserve sa surface lisse lorsqu'on vient appliquer le bain de mortier destiné à recevoir l'assise supérieure; l'adhérence se fait mal et la maçonnerie est mauvaise.

On a vu des maçons placer à sec les moellons qui remplissent une assise, puis verser dessus un mortier de chaux ou de plâtre, plus ou moins fluide, qui est censé devoir remplir tous les vides. C'est une opération déplorable, de laquelle résulte une maçonnerie creuse de qualité détestable.

A moins qu'elle ne soit hourdée au mortier de ciment, ce qui la transforme presque en bloc monolithe et enlève un peu d'importance au mode d'enchevêtrement des pierres, la maçonnerie de moellons bruts exige une exécution soignée, lorsqu'on la veut durable et solide ; il faut réserver pour les angles les blocs les plus gros, ménager de place en place de fortes boutisses et des parpaings, veiller au découpage des joints d'une assise à l'autre, éviter du reste les assises à joints continus qui créent des lignes de moindre résistance. La figure ci-contre, qui représente, l'une en trait plein et l'autre en pointillé, deux assises successives d'une maçonnerie de moellons bruts, fait comprendre nettement les dispositions à adopter en cette matière.

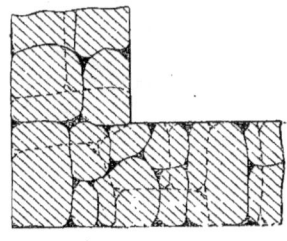

Fig. 96.

Dans la maçonnerie de moellons bruts rentrent les *libages*, gros blocs dont les deux lits horizontaux sont à peu près dressés et correspondent aux lits de carrière, tandis qu'en plan la forme est quelconque. Les libages sont réservés d'ordinaire pour les assises de fondation.

Extrait du devis type arrêté par le ministère des travaux publics.

Qualité des moellons. — Art. 22. — « Les moellons de toute espèce proviendront des meilleurs bancs des carrières indiquées; ils seront durs, bien gisants, sans fils, non gélifs, dégagés de toute gangue et terre, propres et lavés, si c'est nécessaire.

« Les moellons ne seront employés en parements qu'après avoir perdu leur eau de carrière. Ils seront extraits autant que possible avant l'hiver.

Dimensions et préparations. Moellons ordinaires. — Art. 23. — « Les moellons ordinaires pour maçonneries et perrés auront au moins 0^{m}40 d'épaisseur sur 0^{m}25 de queue pour les massifs, et 0^{m}30 à 0^{m}45 de queue pour les parements.

« Les moellons pour enrochements seront de la plus forte dimension que puissent fournir les carrières.

Moellons têtués pour assises réglées et joints réguliers ou irréguliers. — Art. 24. — « Les moellons têtués pour assises réglées seront choisis avec soin dans les bancs les plus réguliers et les plus résistants des carrières désignées; ils seront bien gisants et pleins dans toutes leurs faces.

« Le parement sera débruti au têtu, de manière à présenter. . . —

« Les moellons têtués seront dressés d'équerre dans les lits et joints, sur 0^{m}15 au moins. Ceux destinés aux voûtes seront dressés en coupe sans démaigrissement sur toute la longueur de leurs queues.

« La plus petite longueur de face d'un moellon sera d'une fois et demie sa hauteur, sans que cette longueur puisse être inférieure à 0^{m}35.

« Les moellons têtués à joints irréguliers ou incertains recevront en parement une forme aussi régulière que possible et satisferont aux autres prescriptions qui précèdent.

Moellons parementés. — Art. 25. — « Les moellons destinés à être parementés seront réguliers dans leurs dimensions, surtout dans leurs parements. Ils auront les hauteurs prescrites par les dessins de 0^m30 à 0^m45 de longueur de queue. Un moellon de 0^m60 de queue sera fourni et posé par mètre carré superficiel de parement.

« Ils seront dressés sur leurs lits et joints de manière à offrir une assiette régulière sur 0^m20 de longueur et des joints réguliers d'équerre au moins sur 0^m15 quand ils seront employés ailleurs que dans les voûtes.

« Pour l'intrados des voûtes, ils seront dressés en coupe sans démaigrissement sur toute la longueur de leur queue.

« Les parements seront dressés avec soin, de manière que les arêtes soient dans un même plan ; mais la surface sera arrondie avec un bombement en saillie d'environ 2 centimètres sur le plan des arêtes qui seront elles-mêmes un peu arrondies.

« La plus petite longueur de face d'un moellon sera double de la hauteur.

« Les angles saillants des moellons formant arêtiers porteront de chaque côté de l'arête une ciselure de 3 centimètres de largeur.

« Les moellons formant bandeau de voûte porteront cette même ciselure de chaque côté des arêtes à l'intrados et l'extrados.

Moellons smillés. — Art. 26. — « Les moellons smillés seront dressés dans leurs lits et joints comme les moellons parementés. Les moellons employés dans l'intrados des voûtes seront aussi dressés en coupe sans démaigrissement sur toute la longueur de leur queue.

« Les arêtes ne seront pas ciselées, mais elles seront vives et parfaitement dressées ; les faces vues seront très régulièrement planes.

« Pour les parapets, on fournira, sans augmentation de prix, par mètre linéaire et par assise, un moellon ayant toute l'épaisseur et présentant ainsi deux parements vus.

Moellons piqués. — Art. 27. — « Les moellons piqués auront leurs parements parfaitement dressés, taillés à la fine pointe et entourés d'une ciselure ; ils seront, sauf le volume, tout à fait semblables à la pierre de taille et soumis aux mêmes prescriptions.

Façon des maçonneries de moellons. — Art. 73. — « Pour toutes les maçonneries, les moellons seront posés à bain de mortier et en liaison. Ils seront placés à la main et serrés par glissement les uns contre les autres, de manière que le mortier reflue à la surface par tous les joints. Ils seront frappés et tassés avec un maillet en bois ; ceux qui casseraient seront repris, nettoyés et employés avec de nouveau mortier. Les joints et intervalles, bien garnis de mortier, seront remplis d'éclats de pierre enfoncés et serrés de façon que chaque moellon ou éclat soit toujours enveloppé de mortier.

« Les parements cachés du côté des terres seront construits en moellons bien gisants, les joints seront bien garnis, le mortier refluant par les lits et joints sera proprement relevé sans bavures et lissé fortement à la truelle. Les fournitures et les mains-d'œuvre de ce jointoiement sont comprises dans le prix du mètre cube de maçonnerie.

« Les maçonneries de moellons seront successivement arasées, pour les piles et pour les massifs verticaux de peu d'épaisseur, suivant le plan des assises de pierre de taille ; pour les voûtes, suivant le plan des joints des voussoirs ; pour les massifs soumis à de fortes pressions, tels que les retombées des voûtes, suivant des plans normaux à la courbe des pressions ; enfin, pour les grands massifs de maçonnerie, les matériaux seront enchevêtrés de manière à se relier dans tous les sens.

« Les types des diverses espèces de maçonneries à employer ont été construits..... et l'entrepreneur, qui aura dû les étudier, sera tenu de s'y conformer avec soin.

Prescriptions communes à toutes les maçonneries. — ART. 74. — « Une demi-heure au moins avant l'emploi, les pierres et les moellons seront arrosés à grande eau sur le tas.

« Dans les temps secs, les maçonneries seront arrosées légèrement, mais fréquemment, afin de prévenir une dessiccation trop prompte.

« Dans les temps secs ou dans les temps de pluie, il conviendra aussi de préserver les surfaces des nouvelles maçonneries au moyen de nattes ou de paillassons qui seront fournis par l'entrepreneur.

« Quand on appliquera une maçonnerie nouvelle sur une déjà ancienne, les surfaces de jonction de cette dernière seront soigneusement nettoyées, arrosées et même lavées au besoin.

« Enfin, le mortier devra toujours être déposé dans des auges en bois sur les chantiers et non à même sur les maçonneries, et ces auges seront d'ailleurs soigneusement abritées, au moyen de nattes, dans les temps pluvieux ou dans les temps très chauds.

Maçonneries avec parements vus en moellons têtués à joints réguliers et assises réglées ou à joints irréguliers. — ART. 75. — « Les moellons têtués seront employés par assises horizontales réglées, correspondant aux lits des pierres de taille et des moellons d'angle.

« La différence de hauteur de deux assises consécutives n'excèdera pas 20 p. 100 de la hauteur, et les joints verticaux de deux assises superposées se découperont de 0^m10 au moins.

« Les moellons seront posés en bonne liaison, par carreaux et boutisses, et, pour mieux assurer la liaison des parements avec le reste de la maçonnerie, on placera par mètre superficiel au moins un moellon de 0^m30 de queue.

« La largeur des joints ne devra pas dépasser 0^m02.

« Pour les maçonneries à joints incertains, on suivra les mêmes prescriptions, sauf en ce qui concerne la disposition des assises.

Maçonneries de moellons parementés ou smillés — ART. 76 — « Les moellons parementés ou smillés seront employés par assises horizontales, bien dressées de niveau et correspondant aux lits des pierres de taille.

« La différence de hauteur de deux assises consécutives n'excèdera pas 0^m02 et la différence des hauteurs d'assises d'un même ouvrage ne dépassera pas 0^m04.

« Les variations de hauteur se feront par degrés insensibles.

« Les moellons seront posés à bain de mortier, en liaison, par carreaux et boutisses, et l'on placera toujours, par mètre superficiel, un moellon ayant au moins 0^m60 de longueur de queue.

« Les joints verticaux des assises superposées se découperont de 0^m10 au moins.

« La largeur des joints sera de 0^m010 à 0^m015.

« Dans les parapets, on placera, par mètre linéaire et par assise, un moellon ayant toute l'épaisseur et présentant deux parements.

Maçonneries de moellons piqués. — ART. 77. — « La maçonnerie de moellons piqués sera exécutée avec les mêmes soins et les mêmes précautions que la maçonnerie de pierre de taille.

« La largeur des lits et des joints sera de 0^m01. »

Remarque. — L'art. 73 indique que des *types des diverses maçonneries* à exécuter seront construits avant l'adjudication, afin que les entrepreneurs puissent se rendre un compte exact du travail auquel ils s'engagent. C'est une excellente précaution, que les ingénieurs et les architectes devraient toujours prendre dans les travaux de quelque importance, car le devis ne permet pas de préciser les détails avec l'exactitude d'un type, grâce auquel on évite toute réclamation ultérieure.

Maçonneries mixtes. — Les maçonneries mixtes sont aujourd'hui les plus fréquentes, et ce sont en effet les plus rationnelles ; elles sont formées de l'alliance de la pierre de taille avec les petits matériaux : moellons ou briques. On place les pierres de taille à toutes les parties qui ont à supporter des efforts plus considérables ou qui sont soumises à des causes de dégradation plus puissantes : les socles, les angles, les parties qui, sur la façade, correspondent aux murs de refend de l'intérieur, tout cela appelle l'emploi de matériaux solides, parce que c'est pour ainsi dire l'ossature de l'édifice. Il ne reste plus que des panneaux que l'on remplit avec du moellon ou de la brique.

Sans doute, en agissant ainsi, on a un peu moins de solidité qu'avec une construction toute de pierre de taille ; mais la solidité est encore bien suffisante, et on a l'immense avantage d'une disposition très économique et très judicieuse. On peut même tirer un excellent parti de la maçonnerie mixte au point de vue de l'effet architectural.

Les anciens distinguaient plusieurs genres de maçonnerie mixte :

1° Le système qui consistait à faire tous les parements en pierres de taille et le remplissage en moellon brut ;

2° Ce qu'ils appelaient l'*opus incertum* (*fig*. 97), composé de chaînes de

pierres de taille formant des cadres dont l'intérieur est rempli par des
moellons à tête irrégulière, accolés les uns aux autres, et taillés de manière à ne présenter que des joints assez minces; cette maçonnerie est d'un bon effet, et elle résiste bien pourvu qu'on ait la précaution de la rejointoyer en ciment;

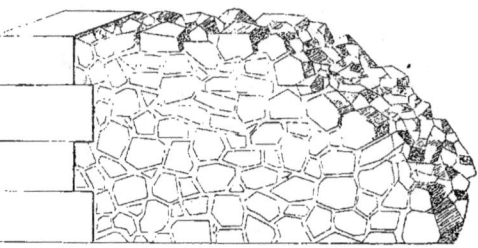

Fig. 97.

3° L'*opus reticulatum* (*fig.* 98), qui ne diffère du précédent que par la forme régulière des moellons de parement : ce sont des moellons à tête carrée, mais posés de manière que la diagonale du carré soit verticale;

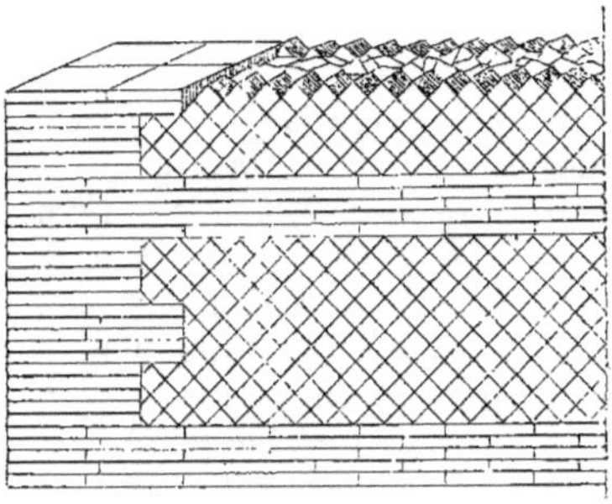

4° Enfin les Romains employaient encore la brique en parement de remplissage; quelquefois même ils faisaient alterner des assises de moellons et des assises de briques. Au moyen âge, on a exécuté, en Normandie, des maçonneries ayant l'aspect d'un damier, dont une moitié des carreaux était en briques, et l'autre moitié en petits moellons de silex bien taillés.

Fig. 98.

Tous ces systèmes, sauf le dernier, sont aujourd'hui employés d'une manière générale; les panneaux sont le plus souvent exécutés en maçonnerie de moellons bruts que l'on cache par un enduit.

On a obtenu d'excellents résultats, que l'on peut reconnaître sur la plupart de nos lignes de chemins de fer, de l'alliance des chaînes et des cordons de pierres de taille avec la maçonnerie de briques. On arrive même, en employant des briques jaunes et des briques rouges, à produire des dessins réguliers d'un effet agréable, ainsi que nous l'expliquerons plus loin.

Les chaînes sont formées de pierres de taille qui n'ont pas même longueur, afin qu'elles se lient mieux à la maçonnerie de remplissage; c'est une sorte de découpe. La pierre de la base doit évidemment être longue, elle forme ce qu'on appelle harpe sur la seconde assise; le déharpement, c'est-à-dire la saillie d'une grande pierre sur une petite, doit être d'au moins $0^m 20$.

Ce qui est à craindre, dans l'association de ces matériaux de hauteur différente, ce sont les tassements inégaux; remarquez en effet que les joints sont beaucoup plus nombreux et beaucoup plus larges dans la maçonnerie de remplissage que dans la maçonnerie de pierre de taille, et, comme le mortier est sensiblement compressible, il y a une réduction inégale dans les hauteurs, et les deux genres de maçonnerie tendent à se disloquer ; il en résulte souvent des crevasses qui prennent toute la hauteur. Le même effet se produit, par exemple, lorsqu'on élève un mur de soutènement dont le parement est en pierre de taille et le massif non apparent en moellons bruts ; il peut se faire que le parement se détache du massif et que le tout s'écroule.

On peut s'opposer efficacement à cette dislocation, en diminuant autant que possible, par une compression énergique, les joints de la maçonnerie de remplissage ; en faisant pénétrer quelques-unes des pierres de parement très profondément dans la maçonnerie de remplissage : ces longues boutisses établissent une certaine solidarité entre les deux genres de matériaux ; en établissant de place en place des cordons horizontaux de pierres à longue queue. Malgré toutes ces précautions, il ne sera pas rare de voir les joints s'ouvrir le long des harpes, au raccordement des chaînes et du remplissage ; on remédiera à ce défaut par un rejointoiement bien soigné.

Des tassements dans les maçonneries mixtes ; leur danger. — Nous ne saurions trop insister sur le danger que présentent ces tassements inégaux, danger d'autant plus grand que, par raison d'économie, on donne souvent aux pierres régulières du parement des dimensions beaucoup trop faibles. Aussi a-t-on vu des façades entières se décoller et tomber en ruine, laissant debout la maçonnerie de remplissage à laquelle elles servaient de placage. Il faut toujours redouter cet effet dans *les murs de soutènement*, dans les culées et dans les piles ; il existe une quantité considérable de murs de soutènement dans lesquels le parement en moellons piqués est séparé du massif postérieur ; il finit alors par tomber surtout à la suite des gelées, à moins qu'on ne bouche exactement la fissure avec un coulis de ciment. Mieux vaut encore éviter un pareil remède, et adopter pour le parement les mêmes moellons que pour le massif, en ayant soin de réaliser un enchevêtrement et une liaison aussi parfaite que possible. On trouve à cette manière de faire double avantage : 1° garantie de solidité ; 2° économie notable.

Consolidation des maçonneries par des armatures en fer. — On a recours assez souvent à des crampons en fer pour relier entre elles les pierres de taille accolées et les rendre solidaires. Cette précaution était justifiée dans les maçonneries exposées à des chocs violents ou à l'assaut des tempêtes. L'usage des ciments d'excellente qualité a permis de la supprimer dans bien des cas ; néanmoins il faut reconnaître qu'elle peut encore rendre exceptionnellement de grands services dans les ouvrages où une solidité inébranlable est nécessaire, surtout quand l'enveloppe en pierre de taille recouvre un massif de maçonnerie en petits matériaux.

Au pont de Kuilenburg, sur le Lek, les ingénieurs hollandais ont relié par des crampons en fer, comme le montre la figure 99, les pierres des principales assises des piles ; les crampons sont en fer de 0,02 sur 0,04, recourbés d'équerre à leurs extrémités, et ces parties recour-

MAÇONNERIES

bées sont évasées afin que le scellement soit immuable. On remarquera du reste que les pierres posées en boutisse sont taillées en forme de queue-d'aronde.

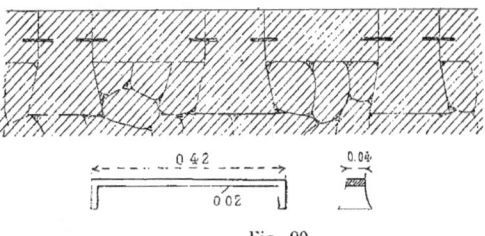

Fig. 99.

Ces systèmes de consolidation sont aujourd'hui peu usités en France ; ils l'étaient beaucoup autrefois, surtout pour les travaux à la mer, peut-être a-t-on eu tort en bien des cas de les abandonner, malgré les secours que donnent les ciments pour obtenir une bonne liaison des maçonneries ; à l'étranger, surtout en Allemagne et en Hollande, ils sont encore d'un emploi général et permettent souvent de réduire le cube de la maçonnerie de pierre de taille. Voici, par exemple (*fig.* 100), un parement formé d'une dalle en pierre dure ; il est à redouter qu'il ne se sépare de la masse ; de bons crampons bien scellés éviteront ce danger et assureront la solidarité de l'ensemble.

Les scellements des crampons et armatures en fer doivent se faire au

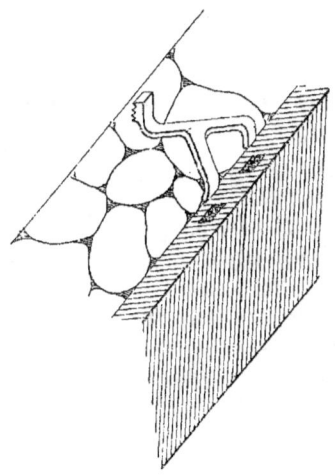

Fig. 100.

ciment et non au soufre, car le soufre est plus cher, il attaque le fer et donne du sulfure qui se gonfle et peut faire éclater la pierre.

Dans les maçonneries exposées aux chocs, comme certains parapets, on relie les pierres entre elles par des chevilles en pierre, en bois ou en fer ; il convient alors de leur donner une forme en queue-d'aronde. Un double crampon en fer serait sans doute d'exécution plus facile, moins coûteux et plus solide.

Les déchirements dus au tassement inégal des maçonneries sont très fréquents dans les voûtes. — Il arrive fréquemment que les têtes d'une voûte sont composées de grands voussoirs en pierres de taille, tandis que le corps est composé de moellons ; dans ces conditions, si on se sert d'un mortier ordinaire et que l'on décintre avant un durcissement suffisant, le tassement du corps de la voûte est beaucoup plus considérable que celui des têtes, il y a déchirement et séparation; quelquefois même, les têtes se renversent.

Cet accident assez fréquent est facile à conjurer si l'on a soin d'exiger une maçonnerie très serrée pour les moellons ordinaires, des joints un peu larges sur les têtes, un décintrement lent. Souvent on relie les deux têtes par des ancres en fer noyées dans la maçonnerie et on rend ainsi le tout solidaire.

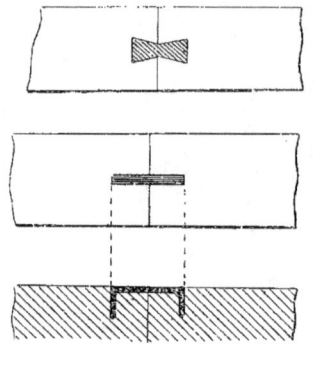

Fig. 101.

Le mieux est encore de faire la voûte entière, même les têtes, en pierre de grosseur semblable; il y a tout à la fois économie et accroissement de solidité.

Armatures en fer pour pierres en encorbellement. — Il arrive souvent que l'on est conduit à placer des pierres en encorbellement; tel est le cas des corniches en général et parfois des parapets de ponts. Il est indispensable que la verticale du centre de gravité des parties en encorbellement ne tombe pas dans le vide et que ces parties soient stables par le fait même de leur poids, sans tenir compte de l'adhérence des mortiers. Cependant, cette condition ne suffit pas toujours et il faut prévoir les chocs violents qui pourraient troubler l'équilibre. Dans ce but, on a recours à des tirants ou armatures en fer.

C'est ainsi qu'au pont de Vichy, M. Radoult de Lafosse a réuni les pierres des consoles (*fig.* 102) au massif de la maçonnerie par des boulons en fer de 0^{m}03 de diamètre et de 1^{m}16 de longueur, boulons terminés à chaque extrémité par un œil dans lequel passe un fer rond horizontal de 0^{m}03 de diamètre.

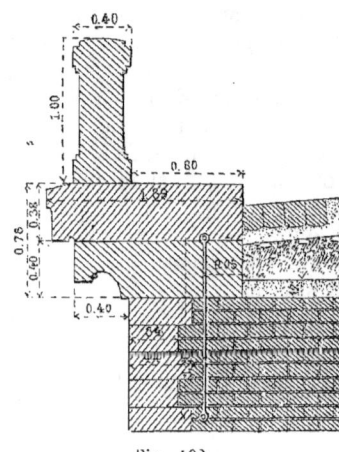

Fig. 102.

Toute la masse est rendue solidaire. De plus les consoles sont taillées en queue-d'aronde de telle sorte qu'elles ne puissent être renversées sans briser ou entraîner la maçonnerie latérale.

Les pierres du parapet sont réunies entre elles par des coins en chêne ayant 0^{m}09 de pénétration, 0^{m}09 de hauteur et 0^{m}09 d'épaisseur. Ces coins, parfaitement secs, ont été, préalablement à leur emploi, plongés pendant un certain temps dans l'huile bouillante.

De l'enchevêtrement à réaliser dans les maçonneries.
— Nous venons de signaler à plusieurs reprises l'importance capitale qui s'attache à réaliser un enchevêtrement aussi complet que possible des pierres qui entrent dans la constitution d'un massif. Cette condition doit être particulièrement observée dans les ouvrages exposés à des efforts obliques, tels que *murs de soutènement, murs de réservoirs, culées de ponts*.

La disposition des maçonneries par assises planes et régulières, normales aux efforts de compression, est rationnelle lorsqu'il s'agit de constructions à pierres sèches ou de constructions dans lesquelles le mortier n'est qu'un remplissage dont la résistance n'est pas comparable à celle de la pierre. Cette disposition ne convient plus lorsqu'on se sert de bons mortiers hydrauliques ou de mortiers de ciment qui transforment les massifs de maçonnerie en monolithes; il convient alors d'enchevêtrer les matériaux de manière à obtenir dans tous les sens des sections sensiblement homogènes.

Pour le même motif, il convient d'employer des matériaux de grosseur comparable et de ne point placer en parement des pierres de taille alors que le massif intérieur est en petits moellons; les différences de compression produiraient alors des déchirures inévitables.

Maçonnerie du barrage du Furens. — L'enchevêtrement des maçonneries a été réalisé avec le plus grand soin dans le barrage du Furens et dans les ouvrages analogues, et les précautions recommandées par M. Graëff nous paraissent applicables à tous les massifs.

Quand on a de pareilles pressions à supporter, il faut éviter avec soin la maçonnerie ordinaire par assises horizontales et laisser au contraire des boutisses dans toutes les directions. Sur un pareil chantier, la plateforme présente l'aspect d'un champ hérissé de pierres saillantes et la liaison est faite dans tous les sens. En un mot, il faut exécuter la maçonnerie de manière à faire du massif un monolithe.

Une des conditions essentielles dans de pareils massifs est d'ailleurs de ne pas employer des matériaux d'échantillon trop différent. Les maçonneries de pierre de taille et de moellon d'appareil tassent moins que la maçonnerie de remplissage : on voit dans les écluses des canaux les parements en pierres de taille ou en moellon d'appareil se détacher presque toujours des massifs des bajoyers après un certain nombre d'années de service, et lorsque l'eau peut s'introduire entre les deux maçonneries, les parements finissent par tomber à la première gelée.

Dans les murs non soumis à l'action de l'eau, le même phénomène se produit; seulement il s'accuse moins et le parement d'un mur peut tenir de longues années, quoique détaché en partie du massif.

Dans les massifs des murs de soutènement et surtout des murs de réservoir, il convient donc de n'employer que des matériaux de même échantillon; il faut proscrire d'une manière absolue les massifs de béton posés à l'intérieur de murs destinés à retenir les eaux.

Ce principe est, pour ainsi dire, applicable à tous les massifs de maçonnerie; ainsi, prenez une voûte dont les têtes sont appareillées e grosses pierres de taille tandis que le reste est construit en petits moellons, il arrivera fréquemment qu'au décintrement les têtes se sépare ront du corps de la voûte et qu'il faudra recourir après coup à de armatures en fer pour empêcher la disjonction complète.

Maçonnerie du viaduc de Morlaix. — M. l'ingénieur Fenoux a appliqu les mêmes principes lors de la construction du viaduc de Morlaix.

L'emploi de la pierre de taille a été restreint aux encadrements d l'ouvrage; le surplus des parements vus est exécuté en moellons piqués La hauteur d'assises des pierres de taille formant angles des piles ains que celle des moellons va en diminuant de la base au sommet, mais l minimum de queue des moellons a toujours été égal à une fois et demi leur hauteur.

« Les maçonneries d'intérieur, dit M. Fenoux, ont été entièremen exécutées avec moellons bruts sans aucune interposition d'assises d libages. Les limites dans lesquelles les pressions restent renfermées on permis d'en agir ainsi. Dans certains ouvrages de ce genre, tels que le grands viaducs du chemin de fer de Limoges et le viaduc de Dinan, o a cru devoir, pour mieux résister à l'écrasement, s'astreindre à exécute toutes les maçonneries d'intérieur avec des moellons à lits parallèles régulièrement taillés et de hauteur égale à celle des moellons de pare ment. Ces dispositions sont certainement plus avantageuses au point d vue de la résistance aux pressions verticales. Mais la réduction des pres sions aux limites admissibles n'est qu'une condition assez secondaire e ce sens qu'elle est, en général, très facile à réaliser. Ce qu'il import surtout d'y considérer, ce sont les vibrations produites au passage de trains; il ne suffit pas que les matériaux ne s'écrasent pas sous les pressions pour assurer la bonne conservation de l'ouvrage; si l'on ne s'es pas mis à l'abri de l'influence des vibrations, elles produiront à la longu dans les maçonneries des effets de dislocation redoutables et dont o pourrait citer de nombreux exemples. Or, pour éviter ces effets, on es conduit à augmenter la masse relative de l'ouvrage et, par suite, donner aux supports des dimensions de beaucoup supérieures à celle strictement nécessaires pour les garantir contre l'écrasement.

Précautions contre les infiltrations à travers les maçonneries. — Dans certains ouvrages, murs de réservoirs pa exemple, il importe d'obtenir des massifs non seulement solides, mais encore imperméables. La première condition à observer est d'employer un mortier gras, c'est-à-dire un mortier dans lequel la proportion de chaux en pâte soit supérieure aux vides du sable. Mais il est une seconde condition non moins importante, c'est *d'éviter les joints continus et de veiller au parfait enchevêtrement des maçonneries*, condition déjà commandée par la résistance.

Exemple des bassins de radoub de Marseille. — Aux bassins de radoub de Marseille, on a pris des précautions particulières pour empêcher les infiltrations à travers les maçonneries. Le mortier comprenait 400 kilogrammes de chaux blutée du Teil pour 1^m07 de sable non tassé; il y a un peu plus de chaux qu'il n'en faut pour remplir les vides du sable, mais cela est nécessaire pour assurer l'étanchéité des maçonneries. On a réagi sans cesse contre la tendance des maçons à araser horizontalement leurs assises en bouchant avec des éclats de pierre les trous entre les moellons. Cette pratique, admissible à la rigueur, bien que médiocre, pour des massifs soumis uniquement à des pressions verticales, est vicieuse pour ceux qui supportent des pressions inclinées et qui sont exposés à être traversés par des infiltrations. Il faut alors enchevêtrer les moellons dans tous les sens, les présenter à la demande des vides, et allonger le chemin à suivre par les eaux en admettant qu'elles puissent traverser les mortiers.

La consommation de mortier s'est élevée à $0^{mc}45$ par mètre cube de maçonnerie ainsi exécutée.

La maçonnerie a été appliquée sur le rocher décapé à vif et bien lavé, *les sources ont été captées et drainées* pour être conduites à un puisard extérieur, et les maçonneries ont été ainsi soustraites à toute souspression; la face des bajoyers, contre laquelle devait s'appuyer le remblai, a été revêtue d'un enduit de 0^m02 d'épaisseur en mortier de ciment. Enfin, pour arrêter les filtrations qui malgré tout cela pourraient arriver au parement vu, on a établi dans l'épaisseur des bajoyers une *cloison en briques tubulaires* placées bout à bout, de façon à former une surface drainante qui débouche dans un égout entourant la forme de radoub dans la partie inférieure de ses bajoyers. Cette cloison est faite en briques de première qualité, mouillées à saturation et bien exactement appliquées contre le mortier sans air emprisonné; l'épaisseur de maçonnerie qui la sépare des terres de remblai doit être d'au moins 0^m80.

Grâce à ces précautions, les bajoyers du bassin sont étanches et les parements ne laissent suinter après l'épuisement que le peu d'humidité qui les a pénétrés pendant que la forme était pleine.

3° MAÇONNERIE DE BRIQUES

La brique, par sa forme régulière et par sa constitution physique, qui lui permet d'adhérer fortement aux mortiers, est susceptible de fournir des maçonneries d'une solidité et d'une durée considérables. Comme ce sont en somme de petits moellons bien réguliers, on les pose de même et avec beaucoup plus de facilité; il faut seulement une certaine habitude pour donner aux joints une épaisseur bien régulière.

Dans les angles, on est forcé souvent de tailler la brique, par exemple de la couper en deux, d'en abattre un angle ou même de la tailler obliquement : la bonne brique se prête facilement à cette opération, que le maçon exécute d'un seul coup de sa hachette; il est rare qu'un ouvrier adroit n'obtienne pas exactement la section qu'il désire.

La règle de la découpe doit être fidèlement observée dans la maçonnerie de briques.

Dans un mur d'une certaine épaisseur, il est nécessaire à la solidité de produire un enchevêtrement aussi parfait que possible; deux joints d'assises voisines ne doivent jamais se trouver sur la même verticale : cette sujétion exige que, pour une épaisseur de mur donnée, on dispose les briques sur un dessin régulier que l'on reproduit sans cesse. La figure 103 A donne un dessin que l'on emploie pour les murs qui ont en épaisseur la longueur d'une brique.

Sur la figure 103 B, on voit le dessin en usage pour les murs qui ont en épaisseur une fois et demie la longueur d'une brique; et la figure 103 C s'applique à ceux qui ont deux fois la longueur d'une brique. Il est facile, du reste, de trouver les diverses combinaisons que l'on peut employer pour une épaisseur donnée.

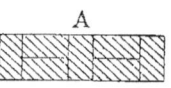 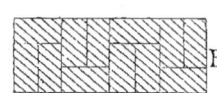 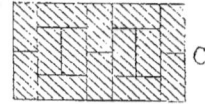

Fig. 103.

La brique se pose toujours à bain de mortier; mais il faut avoir soin d'arrêter le bain à quelques centimètres du parement, afin que, lorsqu'on frappera la brique, le mortier en refluant arrive jusqu'au parement sans le dépasser; s'il allait plus loin, il coulerait sur le parement, qui prendrait un aspect malpropre.

Les joints d'une maçonnerie de briques très soignée doivent être de 0^{m}005; on ne doit guère dépasser 0^{m}01 pour une construction ordinaire.

Terminons ce sujet en regrettant, avec Reynaud, qu'on ait abandonné la pratique suivie par les Romains, qui admettaient deux sortes de briques. Il serait bien d'établir, à leur exemple, la majeure partie d'un ouvrage en briques de dimensions ordinaires, et d'en avoir d'autres, plus longues et plus larges, mais de même épaisseur, qu'on placerait dans les angles et de distance en distance, en guise de parpaings.

Avec les briques creuses, que nous avons décrites, et qui s'emploient comme les briques ordinaires, les maçonneries sont mieux reliées, parce que les bouchons de mortier qui pénètrent dans les trous des briques forment comme autant d'assemblages à tenon et mortaise.

La *brique pleine ou creuse*, et les terres cuites en général, sont *très poreuses;* elles dessécheraient très rapidement le mortier qui les entoure, si on n'avait soin *de les arroser avant l'emploi*.

Extrait du devis type arrêté par le ministère des travaux publics.

Maçonnerie de briques. — Art. 79. — « Les briques seront trempées dans l'eau avant l'emploi; on les fera glisser dans le mortier

MAÇONNERIES

en les pressant fortement, et on les posera en long et en large, de manière à former liaison en tous sens.

« La largeur des joints sera de 1 centimètre.

« Les rejointoiements seront dressés dans le plan même des parements. »

Des divers appareils de briques. — Lorsque les briques présentent en parement leur petite face latérale, elles sont des briques *boutisses;* lorsqu'elles présentent leur grande face, elles sont dites *panneresses*, et jouent le même rôle que les carreaux dans la maçonnerie de pierre de taille.

On distingue divers appareils pour les murs en briques :

L'*appareil anglais A ;* les assises sont alternativement formées entièrement de boutisses, et entièrement de panneresses, de sorte que les joints des assises de deux en deux se trouvent sur les mêmes verticales, et il est facile de dessiner, avec des briques de couleur ou vernissées, des chaînes verticales ou des croix isolées, comme le montre la figure 104;

L'*appareil en losange B ;* les assises sont encore alternativement tout en boutisses et tout en panneresses, mais les joints de deux assises de panneresses successives se découpent, de sorte qu'en suivant un joint on dessine une ligne inclinée à 45 degrés formée de gradins, ayant pour hauteur et pour largeur un quart de brique; l'enchevêtrement est plus parfait que dans l'appareil précédent;

L'*appareil flamand C ;* il s'emploie pour les murs composés d'une longueur ou de deux longueurs de briques, et, par l'emploi de briques de teintes différentes, permet de réaliser d'agréables dessins ;

L'*appareil hollandais* est analogue au précédent, et donne le même dessin extérieur, mais il y a de deux en deux une assise composée entièrement de boutisses ;

L'*appareil avec files diagonales ;* cet appareil consiste à placer des files de briques à 45 degrés dont l'ensemble dessine un carré ou un rectangle sur le parement du mur ; il exige l'emploi de briques à section triangulaire.

On peut avec les briques obtenir des effets

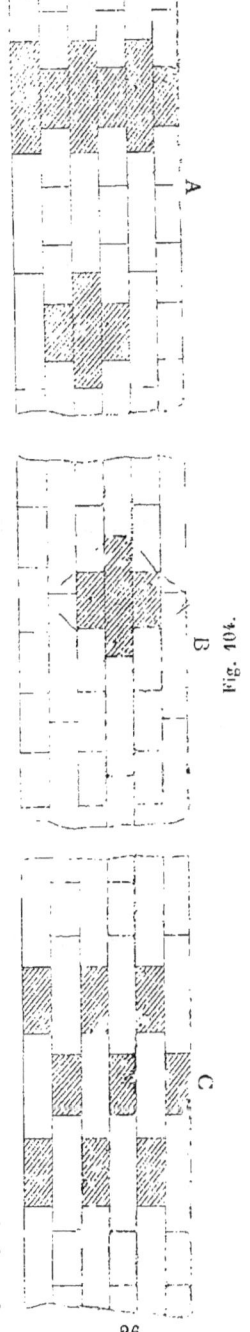

Fig. 104.

de relief et de creux, des corniches et des médaillons, des parapets à jour, etc.; qu'on ajoute à cela des briques de formes spéciales et de teintes différentes, des briques vernissées, des faïences et des terres cuites, on arrive à obtenir des constructions gaies et agréables à l'œil.

Elles sont encore peu répandues en France, parce que nous sommes très riches en belles pierres, mais elles sont arrivées à un certain degré de perfection dans quelques régions de l'Allemagne et de l'Angleterre.

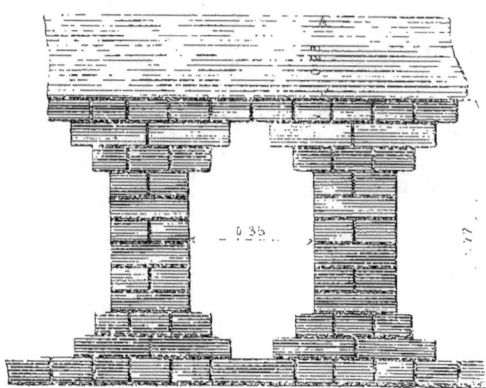

Fig. 105.

On voit sur la figure 105 le type d'un parapet à jour en briques adopté pour le viaduc de Saint-Pierre-de-Gaubert; ce parapet est léger, il n'a que 0^m22 d'épaisseur, c'est-à-dire la longueur d'une brique; il peut être placé sur une plinthe en encorbellement, soutenue par des modillons. La figure 106 représente un autre type de parapet à jour qui a été bien souvent reproduit. On a créé plusieurs autres types de balustrades à jour exécutés non plus avec des briques, mais avec des terres cuites de forme spéciale: ce serait sortir de notre cadre que d'en donner ici la description.

Comme exemple du bel effet décoratif que l'on peut obtenir avec les briques diversement colorées, les terres cuites ou vernissées et les faïences, nous citerons l'élégant pavillon construit en 1878 pour l'Exposition spéciale du ministère des travaux publics (Pl. 20).

Le projet en est dû à M. de Dartein, ingénieur en chef des ponts et chaussées, professeur d'architecture à l'Ecole polytechnique. L'ossature de l'édifice est en fer, et la décoration repose essentiellement sur l'emploi de briques de tons différents et de carreaux émaillés. Les murs du pourtour sont exécutés en briques jaunes mêlées de quelques briques rouges avec joints lissés au fer. La partie centrale de la façade, les cloisons et les plafonds des vestibules sont en terre cuite émaillée.

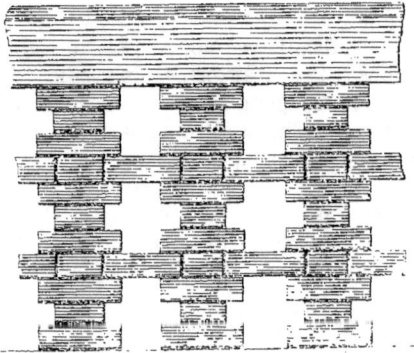

Fig. 106.

On voit, par cet exemple, que la combinaison de tous ces éléments simples donne un ensemble de l'aspect le plus agréable à l'œil.

Maçonnerie mixte en briques. — La maçonnerie mixte en pierres de taille et briques, ou en briques et moellons, exige les mêmes précautions minutieuses que nous avons signalées en traitant de la maçonnerie mixte de pierres de taille et moellons.

La construction toute en briques, avec ossature en fer, commence à se propager en France, où jusqu'à présent on n'avait guère connu que la maçonnerie mixte de pierres de taille et briques. On sait quel heureux rôle elle a joué dans l'architecture du temps de Louis XIII, et combien elle a contribué à l'aspect riant des châteaux de cette époque ; l'ossature de la construction est en pierres de taille et les panneaux de remplissage sont en briques. Les formes géométriques de tous les matériaux mis en œuvre dans une construction de ce genre permettent de les agencer sans peine, et il est facile d'éviter les déchirements si les briques sont maçonnées avec soin.

Il n'en est pas de même lorsqu'on associe la brique avec le moellon brut et que la brique est chargée de constituer les angles et les chaînes de l'édifice ; il faut que ces chaînes lancent des harpes dans le moellon, afin de rendre le tout solidaire, et il convient d'employer, pour ces chaînes et pour les maçonneries qui les touchent, un mortier de première qualité.

On rencontre encore un système de maçonneries, déjà connu des Romains, qui consiste à couper un mur en moellons bruts par des cordons horizontaux formés de deux, trois ou quatre assises de briques. Ces assises régularisent et répartissent les pressions et ne produisent pas mauvais effet, surtout quand les baies de l'édifice sont elles-mêmes encadrées de briques.

4° BÉTON

Le béton est un agrégat de cailloux dont la gangue est du mortier. A vrai dire, cet agrégat ne diffère d'une maçonnerie ordinaire que par la dimension des matériaux ; au lieu de moellons, on emploie des cailloux de la grosseur du caillou de route, c'est-à-dire pouvant passer dans un anneau de 0^m06 de diamètre ; et au lieu de placer ces cailloux un à un dans un bain de mortier, on fait le mélange à l'avance, soit à bras d'hommes, soit au moyen d'appareils simples que nous décrirons plus tard. Au moyen de caisses, on vient ensuite verser le béton à l'emplacement des massifs à construire ; on le comprime, et l'on arrive à faire, avec des couches successives qui se soudent l'une à l'autre, une manière de monolithe sur lequel on peut asseoir de lourds ouvrages ; ces massifs peuvent même être élevés sous l'eau ; grâce à eux, on a mené à bonne fin des constructions qu'il n'eût pas été possible d'entreprendre autrement.

C'est ainsi qu'on a fondé tant de grands ponts, tant de quais, d'écluses et de barrages; cependant, il ne faut pas oublier que l'immersion du béton est toujours une opération délicate, et qu'on ne saurait avoir une confiance absolue en des massifs de béton immergé; trop souvent ils sont plus ou moins transformés en un simple tas de cailloux.

Composition des bétons; dosage normal. — La dimension des pierres cassées est ordinairement, avons-nous dit, de 0^{m}06 de diamètre; toutefois, pour des constructions peu épaisses, on recourt à des cailloux passant dans un anneau de 0^{m}05, et pour les voûtes et chapes, on se sert d'un gros gravier passant à l'anneau de 0^{m}03 de diamètre.

Pour du béton posé à sec, les doses ordinaires sont, si l'on veut obtenir 1 mètre cube de béton, de 0^{m}50 de mortier et 0^{m}75 de cailloux, soit deux brouettées de mortier pour trois de cailloux.

Pour du béton immergé, il est nécessaire de forcer la proportion de mortier, parce qu'il se trouve toujours un peu délavé, et perd une partie de sa chaux; on mélange donc 0^{m}60 de mortier à 0^{m}80 de cailloux, soit trois brouettées de mortier pour quatre de cailloux. Souvent même on va plus loin, lorsqu'il s'agit de couler du béton dans une eau courante; par exemple, pour la fondation d'une écluse, on mélangera une brouettée de pierre cassée à deux brouettées de mortier, soit pour 1 mètre cube de béton, 0^{m}45 de cailloux et 0^{m}90 de mortier.

Au canal du Centre, où les fondations se faisaient en eau calme, on mélangeait à parties égales le caillou et le mortier, soit pour 1 mètre cube de béton 0^{m}63 de cailloux et 0^{m}64 de mortier.

Le dosage des quantités demande beaucoup d'attention, et il ne faut le confier qu'à un employé sérieux.

On ne doit employer que des cailloux bien égaux et à arêtes vives, autant que possible : on sent que le caillou roulé doit donner moins de cohésion. *Il faut que le caillou soit purgé de toutes les poussières* qui l'encrassent, et c'est pour avoir négligé cette précaution, qu'on a fabriqué quelquefois des bétons détestables; pour nettoyer le caillou, on le place dans des brouettes, dont le fond est à claire-voie, et alors on l'arrose à grande eau; c'est lorsqu'il est ainsi bien humecté qu'on le mélange au mortier.

Les proportions indiquées plus haut sont les chiffres courants que l'on prend dans la pratique, mais on doit reconnaître qu'ils sont empiriques et ne correspondent pas, dans tous les cas, à un dosage normal.

Pour les bétons, comme pour les mortiers, *le dosage est normal quand on mélange aux cailloux un volume de mortier égal au cube du vide que les cailloux présentent*. D'ordinaire, le volume du vide est majoré d'un dixième, pour parer aux pertes et à l'imperfection du mélange.

Un excès de mortier est inutile, sauf dans les bétons immergés, où l'on peut avoir à redouter un certain délavage et un entraînement de la chaux; un déficit de mortier est nuisible, parce qu'il en résulte un défaut de solidité et un béton creux et perméable.

La première opération à faire est donc de rechercher les vides du caillou ou du gravier qui doit entrer dans la composition du béton.

Nous résumerons les expériences entreprises à cet effet par les ingénieurs du canal de l'Est.

1° *Expériences sur les pierres cassées et les graviers.* — On a négligé le faible tassement que les pierres cassées éprouvent sous l'action de l'eau, ainsi que la quantité d'eau absorbée par certaines pierres, quantité qui ne dépasse pas 25 à 30 litres par mètre cube de pierre cassée.

Les vides de la pierre cassée, variant de 45 à 50 p. 100, sont toujours supérieurs à ceux du gravier, qui varient de 32 à 42 p. 100.

Pour un cassage à l'anneau de 0^{m}06, le vide par mètre cube a été de :
498 litres avec la pierre calcaire de l'oolithe inférieure;
455 litres avec la pierre de Fépin, bancs d'arkose;
498 litres avec la pierre de Liverdun, étage oolithique inférieur.

Le gravier calcaire de la Meuse, passé à la claie, a donné 408 litres de vide; les cailloux et graviers siliceux de la Moselle, passés à l'anneau de 0^{m}06, ont donné 350 litres de vide; les graviers tout venant de la Moselle et de la Saône, d'un diamètre variable de 0^{m}02 à 0^{m}05, ont donné 340 à 350 litres de vide.

2° *Expériences sur les bétons.* — On a admis, comme composition normale du béton, celle dans laquelle le volume du mortier serait égal au volume du vide augmenté d'un dixième, et les expériences ont donné, comme moyenne, les résultats suivants :

NATURE DU BÉTON	VIDE par m³ de pierre ou de gravier.	VOLUME normal de mortier à employer.	VOLUME réel de mortier employé.	EXCÉDANT de mortier.
Béton de pierres cassées posé à sec. . . .	483	531	664	133
Béton de gravier posé à sec.	366	402	650	248
Béton de pierres cassées coulé sous l'eau	483	531	791	260
Béton de gravier coulé sous l'eau. . . .	379	417	729	312

Les dosages prescrits par les devis étaient en général : 0^{m}50 ou 0^{m}66 de mortier pour 1 mètre cube de pierre ou de gravier dans les bétons à poser à sec, et 0^{m}60 de mortier pour 0^{m}80 de pierre ou de gravier dans les bétons à immerger.

Le béton de pierres cassées est toujours notablement plus maigre que le béton de gravier à dosage égal; mais la quantité de mortier est, dans tous les cas, bien supérieure au volume du vide.

Expériences faites sur les graviers de la Seine. — M. l'ingénieur en chef de Préaudeau, dont nous avons déjà cité les expériences sur les mortiers, en a exécuté également sur les bétons fabriqués, soit avec du gravier tiré des alluvions de la Seine, et d'un diamètre variant de 0^{m}02 à 0^{m}05, soit avec des pierres cassées à 0^{m}06.

Il a trouvé que le tassement produit par l'eau était insignifiant, que les vides de la pierre cassée variaient de 45 à 50 p. 100 et ceux du gravier de 32 à 42 p. 100.

« Il suit de là, dit-il, que le dosage habituel des bétons, 0ᵐ67 à 0ᵐ75 de mortier par mètre cube de pierres cassées ou de gravier, dépasse le béton normal, dosé avec la quantité de mortier nécessaire pour remplir les vides du caillou augmentés d'un dixième ; l'excédent de mortier est nécessaire pour tenir compte des irrégularités de la fabrication et des pertes provenant des laitances.

« Cependant, pour des ouvrages secondaires, on pourrait, avec une bonne fabrication, descendre, sans faire des bétons maigres, aux dosages :

« 3 de pierres cassées pour 3 de mortier.

« 2 de gravier pour 1 de mortier. »

Le béton, mesuré à sec aussitôt après fabrication, donne toujours un foisonnement par rapport au cube calculé ; ainsi un béton, composé de 0ᵐ55 de mortier et de 0ᵐ80 de gravier qui renfermait 0,22 de vide, aurait dû donner 1ᵐ03 de cube total, tandis qu'il a donné 1ᵐ45.

Il est probable que cet excédent disparaît en grande partie par le tassement qui se produit lors de l'emploi, surtout quand le béton est immergé. Il est, en tout cas, au profit de l'entrepreneur.

Composition des bétons employés à divers ouvrages.

— Nous donnons, à titre d'indication pratique, la composition des bétons employés dans divers travaux de grande importance.

1° *Pont de Saint-Pierre-de-Gaubert.* — Béton de fondation : 0ᵐ90 de cailloux cassés et lavés et 0ᵐ45 de mortier, le volume total obtenu étant supposé devoir être d'un mètre cube. Béton pour chape : volume prévu pour 1 mètre cube : 0ᵐ70 de gravier cassé et lavé et 0ᵐ70 de mortier ; le foisonnement résultant de ces dosages, surtout du dernier, devait donner à l'entrepreneur un certain bénéfice.

2° *Béton immergé au port d'Alger :* 0ᵐ56 mortier, 0ᵐ84 pierre cassée, soit 2 volumes mortier pour 3 volumes de pierre. Ce béton a toujours été d'excellente qualité.

3° *Béton immergé au port d'Anvers :* chaux de Tournai 3 volumes, sable 1 volume, trass d'Andernach 2 volumes, pierre cassée 3 volumes, briquaillon 3 volumes. Les trois premiers éléments constituent le mortier dont nous avons déjà signalé la composition.

En somme, le béton comprend volumes égaux de mortier et de matériaux cassés, pierres ou briquaillons.

4° *Pont de Port-Boulet.* — Béton immergé : 2 volumes mortier pour 3 de galets cassés.

5° *Pont Sully*, à Paris. — Béton immergé pour fondation : on comptait par mètre cube 0ᵐ50 de mortier et 0ᵐ75 de cailloux cassés.

6° *Pont de Bezons-sur-Seine.* — On employa d'abord pour béton immergé dans les caissons 2 volumes cailloux et 1 volume mortier ; puis on augmenta la proportion de mortier et on adopta 3 volumes cailloux pour 2 volumes mortier ; cette dernière composition donna une meilleure adhérence aux parois du caisson et des épuisements plus faciles.

7° *Bâtardeau du bassin de radoub de Marseille.* — Pour 1 mètre cube de béton immergé on compte : 0^m59 de mortier et 0^m89 de pierres cassées.

Cette proportion correspond à 2 de mortier pour 3 de pierres cassées à 0^m06 ; dans les ouvrages précédents, on trouva que chaque mètre cube de béton mis en place et durci avait absorbé 0^m362 de mortier, au lieu de 0^m325 prévus en sous-détail, soit 37 litres de mortier en plus des prévisions par mètre cube de béton ; si l'entrepreneur s'était fié au sous-détail, il se trouvait donc en déficit.

8° *Pont de Mantes.* — Béton immergé pour fondation : pour 1 mètre cube de béton on comptait : pierres cassées 0^m75, sable 0^m341, portland 210 kilogrammes, et même on doubla la dose de portland sur les derniers 0^m60 de hauteur afin d'assurer l'étanchéité lors des épuisements. Avec de pareil béton, on peut avoir confiance dans les fondations sur massifs immergés ; mais il n'en est pas de même, à notre avis, quand on immerge un béton fabriqué avec de la chaux hydraulique ordinaire.

9° *Tour balise de Lavezzi* (Corse). — Elle a été construite, comme nous le savons, en béton immergé ; le mortier comprenait 2 volumes ciment rapide de la Méditerranée pour 1 volume de sable, et le béton était formé de volumes égaux de mortier et de pierres cassées.

Remarque.—La composition des mortiers entrant dans les bétons énumérés ci-dessus a été donnée au chapitre précédent.

DE LA LAITANCE

Nous avons parlé, dans le chapitre précédent, des précautions à prendre pour l'immersion des bétons, et de la gêne qu'apporte à cette opération la formation de la laitance. Rappelons ici les causes qui donnent naissance à cette bouillie claire appelée laitance : elle est due à une partie de la chaux qui se sépare du mortier, et aussi au soulèvement des vases fluides qui recouvrent le fond sur lequel on bétonne ; en eau de mer, il se précipite en outre de la magnésie et du sulfate de chaux gélatineux ; les poussières mêlées à un caillou mal lavé, la combinaison immédiate des parties ténues de pouzzolane avec la chaux, viennent encore accroître ce précipité, dont on ne peut combattre la funeste influence que par une bonne méthode d'immersion.

La chaux en suspension dans l'eau a la faculté de se précipiter assez vite en clarifiant l'eau et entraînant les matières en suspension ; lorsqu'on immerge du béton dans une fouille, dont le fond n'est pas toujours bien nettoyé, on met nécessairement en suspension toutes les vases ou particules terreuses de la fouille, en même temps que la superficie du béton se délaye et qu'une partie du mortier se délaye et contribue à troubler l'eau. La chaux, se précipitant ensuite pendant une période de repos, entraîne avec elle toutes les poussières inertes et l'ensemble produit cette bouillie fluide, d'une teinte plus ou moins voisine de la couleur chocolat, qu'on appelle laitance.

M. l'ingénieur en chef de Préaudeau a étudié les laitances qui s'étaient produites lors de la construction des écluses de Carrières et de Bougival, sur la Seine, et est arrivé aux conclusions suivantes :

« Les laitances qui se produisent dans le coulage du béton sont formées d'éléments empruntés aux vases produites par les dragages, au sable des mortiers et à la chaux. Si on suppose que la composition chimique de la vase et du sable incorporés à la laitance n'ait pas changé, on peut déduire d'analyses chimiques la composition approximative des éléments provenant de la chaux hydraulique et retrouvés dans la laitance. Les calculs faits avec cette hypothèse tendent à prouver que, lorsque la laitance vient de se former, elle ne renferme déjà plus autant de silice soluble que la chaux dont elle provient ; que la quantité de silice diminue à mesure que la proportion de vase augmente en même temps que la quantité proportionnelle de chaux libre.

« La laitance, abstraction faite des matières inertes qu'elle renferme, est donc une chaux noyée dans un grand excès d'eau et dont l'indice d'hydraulicité est rapidement décroissant.

« D'où il semble résulter que les chaux qui renferment un trop grand excès de chaux libre ne doivent pas être recommandées pour les bétons immergés ; et qu'il ne convient pas d'employer des mortiers trop gras dans ces bétons. »

Il serait désirable que des expériences variées et prolongées vinssent éclairer la question des laitances.

Quoi qu'il en soit, la laitance est un ennemi dangereux pour les massifs de béton immergés : « Elle se dépose uniformément, dit Vicat, dans les creux résultant des inégalités des surfaces ; à chaque couche nouvelle la quantité en augmente et surnage, mais pas au point de laisser les couches successives se juxtaposer exactement ; la laitance qui reste engagée entre elles y produit des solutions de continuité très fâcheuses ; il importe donc, au fur et à mesure que cette laitance se produit, de la balayer hors de l'enceinte, quand c'est possible, ou de la chasser vers un puisard ménagé à cet effet, et de la pomper ; l'opération devient moins difficile quand le bétonnement, au lieu de se faire par couches horizontales, présente une déclivité vers le puisard. »

Quelques soins que l'on prenne pour la laitance, il en reste toujours et personne, à notre avis, ne peut affirmer qu'un massif de béton de chaux hydraulique immergé est monolithe ; il est, en général, composé de blocs irréguliers enchevêtrés ensemble, mais non soudés. Les bétons à mortiers de ciment donnent plus de garanties ; nous avons vu qu'on avait construit en pleine mer, au milieu des courants les plus violents, des tours balises en béton avec mortier de ciment à prise rapide. Le béton immergé à base de ciment portland a rendu aussi de grands services pour les fondations, bien qu'on doive en éviter l'emploi toutes les fois qu'on peut faire autrement.

Bétons à base de ciment portland. — M. l'inspecteur général Leblanc, dont nous avons déjà cité le mémoire, nous donne les renseignements suivants sur l'emploi du béton de portland dans l'eau de mer :

« Les bétons de Portland, immergés dans l'eau, y éprouvent un délavement énergique, qui tient à ce que toute pierraille qui touche l'eau est immédiatement dépouillée du mortier qui l'enveloppe, n'en garde plus trace à vrai dire. Le mortier de Portland n'est pas, en effet, gras et savonneux à la façon des mortiers de chaux proprement dits. Il ne happe pas à la truelle. Il ressemble à du verre pilé mouillé, tant il a mauvaise mine, quand il est un peu roide.

« Délayé dans l'eau de mer, ce mortier se partage en trois couches. La couche supérieure A n'est qu'une laitance épaissie ; elle ne fait plus prise et reste indéfiniment savonneuse, à moins d'être séchée.

« La partie médiane B se comporte comme ferait un mortier maigre. Le culot C paraît seul avoir conservé quelque qualité ; mais, composé des grains les plus pesants, et partant les plus cuits du ciment, il fait prise avec une extrême lenteur. Il est d'ailleurs appauvri par le mélange de la plus grande partie du gravier entrant dans la composition du mortier qui tombe avec lui au fond des interstices que laissent entre elles les pierrailles.

« Ces résultats physiques ont été vérifiés par l'analyse chimique. Cela posé, examinons les deux cas de coulage du béton à fleur d'eau et sous l'eau.

« *Premier cas.* — La pratique ordinaire, consistant à verser le béton frais un peu en arrière de la rive du massif déjà coulé et à l'y damer, de manière à faire gonfler le talus mouillé qui marche alors en avant, en présentant toujours à l'eau la même surface, n'est pas possible avec le portland : le mortier n'est pas assez gras, assez savonneux pour cela. Les longs glissements qui, déterminés par l'aplatissement du massif coulé qui s'étale, font cheminer le béton au mortier de chaux d'un mouvement lent et avec un délavement insensible, ne se produisent que très rarement avec un béton au mortier de Portland. Maintenir des talus doux est à peu près impossible avec ce béton. Or, dès que les talus sont un peu roides, les pierrailles roulent à leur surface et le délavement se produit.

« Aussi sur toute la hauteur baignée des massifs, mais principalement vers le niveau de l'eau où s'exercent des actions de clapotage, voit-on au travers des pierrailles délavées des cavernes imparfaitement remplies de gravier et des grains les plus gros et les plus lourds de ciment, constituant un mortier extrêmement maigre, que recouvre le surplus du ciment, plus ou moins mêlé de laitance.

« Au-dessus de l'eau, au contraire, le béton est excellent.

« Passons maintenant au cas où l'on coule le béton sous l'eau au moyen de boîtes d'une capacité qu'il est avantageux (on le verra plus bas) de faire aussi grande que possible.

« Les tas sont sous l'eau disposés côte à côte, mais ils ont nécessairement leurs talus très roides, pour les motifs détaillés ci-dessus. Dans chaque tas le cœur seul peut ainsi être sain, de sorte que, si l'on a des sources de fond, il n'est pas douteux qu'elles n'apparaissent à la surface de la nappe coulée, quand on épuisera les fouilles, en suivant les canaux laissés ouverts par les surfaces délavées.

« A la vérité, des effets analogues tendent à se produire avec des mortiers de chaux; mais nous croyons pouvoir affirmer, sans crainte d'être démenti par les faits, que, par l'emploi des mortiers de ciment de portland, ces effets sont singulièrement exagérés.

« Les tas de béton de mortier de chaux s'aplatissent davantage; on a presque une couche au lieu d'avoir des tas juxtaposés.

« A sec, le béton au mortier de portland reprend l'avantage sur le béton au mortier de chaux.

« Ainsi nous avons maintes fois constaté qu'une source de fond faisait, au travers d'une nappe de béton de portland, un véritable trou de balle; l'eau passe, mais le béton ne lui livre que le passage dont elle a besoin. Tout autour du trou, du haut en bas de la nappe, le mortier de ciment ne se laisse pas détériorer. Le béton est percé comme d'une cheminée dont le diamètre est réduit, autant que faire se peut, au strict nécessaire.

« De même sur le béton frais, l'eau court sans faire grand mal, sauf le cas de très grandes vitesses et de chutes. Pour remplir à l'écluse à sas du bassin à flot de Boulogne une rigole que suivait un courant d'eau, nous avons, avec un succès complet, formé sur l'une des moitiés de la largeur de la rigole un premier lit de béton, l'eau coulant alors sur l'autre moitié; puis nous avons fait passer sur le lit frais le courant contenu par un bourrelet, et nous avons rempli la moitié restée vide et ainsi de suite.

« Nous estimons que cette stabilité, si l'on peut dire ainsi, du mortier de portland, tient au grand poids du ciment, dont la densité est plus de moitié plus considérable que celle de la chaux. En résumé, si le béton de ciment se coule mal dans l'eau, il est possible de le couler à sec dans les terrains sourceux sans trop de désavantage.

« Que si l'on était obligé absolument de le mettre en œuvre dans l'eau, nous recommanderions l'emploi d'apparaux du genre des *trémies*, de préférence à tous autres, car les deux faits que nous venons de rapporter montrent qu'une couche de béton de portland peut être étalée sous l'eau avec moins d'altération que n'en subirait une couche de béton au mortier de chaux, pourvu que l'on évite les talus roides et le roulement des pierres à leur surface; ce qui est assez facile avec des trémies. Nous conseillerons en même temps de confectionner les bétons avec des galets aux formes arrondies au lieu de pierres cassées, toujours plus ou moins anguleuses, car il est extrêmement important de faciliter le glissement des matériaux les uns sur les autres pour suppléer à ce qui manque d'onctueux au mortier de portland.

MAÇONNERIES 411

« Disons ici qu'un galet rond de nos plages nous a paru aussi difficile à détacher d'une gangue de mortier de portland qu'une pierre cassée. »

DU BÉTON CHEZ LES ROMAINS

On considère parfois notre béton moderne comme une imitation de la maçonnerie en petits matériaux que l'on retrouve dans les ruines de beaucoup d'édifices romains. C'est là une question intéressante à étudier et nous n'avons, pour le faire, qu'à prendre comme guide M. l'ingénieur en chef Choisy.

Le caractère des constructions primitives est la massivité : les édifices des anciens Égyptiens comme ceux des Étrusques sont un assemblage de gros blocs, bruts ou taillés, toujours assemblés sans ciment.

Les Romains conservèrent d'abord ce système qui convenait bien à leurs idées de grandeur et de puissance.

« Les colonnes de granit, dit M. l'ingénieur en chef Choisy dans son beau livre l'*Art de bâtir chez les Romains*, les colonnes de granit dressées dans les monuments de l'empire, ces monolithes lourds et massifs comme des obélisques égyptiens qui portent la retombée des grandes voûtes, ces quartiers de roche taillée qui forment l'enceinte des amphithéâtres, tous ces fastueux revêtements que les architectes des bas temps appliquaient à leurs grands édifices, montrent assez, malgré la différence des styles, que les constructeurs de Rome n'ont jamais oublié les antiques traditions puisées à l'école des maîtres étrusques.

« Mais l'esprit pratique des Romains, leur goût instinctif pour les choses simples, les poussaient à faire, dans les cas ordinaires, un emploi plus fructueux de leurs immenses richesses: au lieu de composer le corps de leurs monuments de grands blocs péniblement amoncelés, ils cherchèrent dans des procédés moins dispendieux des ressources jusque-là inconnues : ils inaugurèrent l'emploi en grand de matériaux irréguliers réduits en fragments et reliés les uns aux autres par du mortier. »

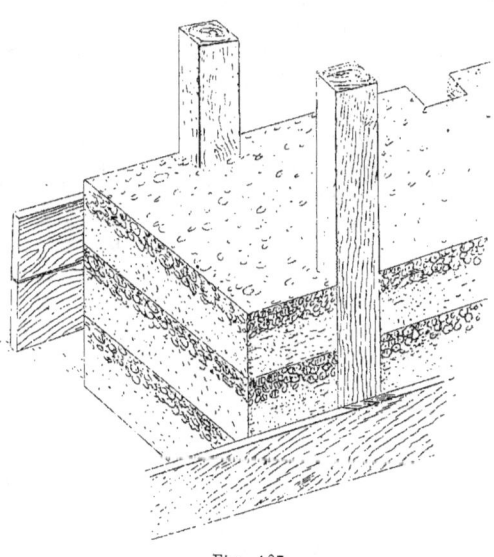

Fig. 107.

Ils purent ainsi utiliser les moellons les plus irréguliers et les menus débris de carrières et faire élever leurs édifices par les mains les plus étrangères à l'art de bâtir, « toutes les opérations se réduisant à corroyer des mortiers et à répandre sur eux des pierrailles par couches uniformes. »

M. Choisy donne comme exemple de ce mode simple de construction les murs formés par remplissage entre deux parements en pierres de taille et aussi les massifs de fondation obtenus par assises comprimées dans des tranchées blindées, comme le montre la figure 107.

Entre les deux parements en pierre de taille, ou entre les deux parois en planches de la tranchée, on étendait une couche de 0^{m}10 à 0^{m}15 de mortier, composé de chaux et pouzzolane ou de chaux et sable; au-dessus, on jetait à la pelle sur une hauteur à peu près égale une couche de pierres cassées, que l'on soumettait ensuite à un batage pour faire descendre la pierre dans le mortier. On procédait ainsi par dépôts alternatifs et, quand la face supérieure du massif était atteinte, on jetait sur le dernier lit les poussières provenant de la taille des pierres et on exerçait un dernier pilonnage très énergique; la poussière de pierre empêchait l'adhérence du mortier et des pilons.

Le système de maçonnerie que nous venons de décrire se rencontre dans les fondations et dans les massifs à parements, mais dans les massifs aériens ordinaires le pilonnage n'était pas applicable et on recourait presque toujours au système suivant : on étendait le mortier par couches plus minces et sur ces lits de mortier on venait poser à plat des cailloux ou des moellons pour constituer les assises successives; le mortier était jeté à la pelle sur de grandes longueurs et les ateliers de maçons se suivant à distance permettaient d'imprimer à la besogne une grande rapidité.

Cette maçonnerie n'est donc pas un béton dans le sens ordinaire du mot, mais elle est en quelque sorte plus simple encore que le béton, parce qu'elle repose sur l'emploi séparé du mortier et des cailloux; elle permettait une liaison excellente entre les massifs des murs et leurs parements formés de briques triangulaires.

Elle permettait en outre d'établir par une sorte de moulage les voûtes de toute nature. Sur des cintres légers, les Romains construisaient en briques l'ossature de leur voûte et l'anneau d'intrados, et cette ossature servait en quelque sorte de moule à la maçonnerie de remplissage exécutée comme nous venons de le dire par assises presque toujours horizontales.

CONFECTION DU BÉTON

La fabrication s'effectue à bras d'hommes, comme celle du mortier, en substituant au rabot une griffe à deux ou trois branches. On verse sur une aire en planche les brouettes de mortier et de gravier et les hommes armés de griffes à longs manches triturent le mélange en marchant en cadence autour du tas.

La figure 108 représente le rabot à mortier et la griffe à béton.

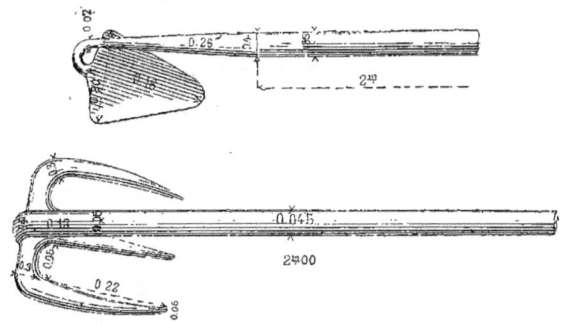

Fig. 108.

Mais, dès qu'on a une quantité notable de béton à fabriquer, on a recours à la machine.

La première machine en usage pour la confection du béton était composée d'une douzaine de boîtes basculantes, étagées les unes au-dessus des autres. Dans la première, on plaçait le caillou et le mortier, que l'on déversait dans la seconde, de celle-ci dans la troisième et ainsi de suite.

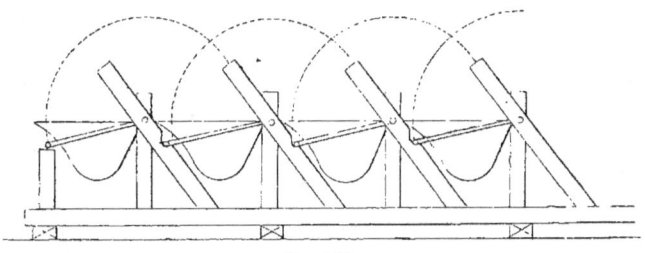

Fig. 109.

Cette méthode, plus coûteuse que celle des couloirs à béton, est aujourd'hui abandonnée. Un couloir à béton est un coffre prismatique : sur une paroi, on dispose une série de plans inclinés, dirigés dans le même sens et qui ne s'étendent que sur une partie de la largeur du coffre ; sur la paroi opposée, on dispose une série de plans semblables inclinés en sens contraire et situés au milieu des intervalles qui séparent les premiers. A la partie supérieure, on verse le caillou et le mortier qui descendent et se mélangent, pour sortir en bas à l'état de béton.

Le couloir à béton est généralement vertical ; le mortier et le caillou sont préparés sur une esplanade au niveau de l'orifice supérieur du couloir.

Citons encore un autre couloir : c'est un tube en tôle à section cylindrique, dans lequel on a fixé une quantité de diamètres en fer, situés dans des méridiens différents. Le caillou et le mortier se mélangent en descendant; mais le résultat est moins satisfaisant qu'avec le couloir ordinaire.

Le prix d'un tube en tôle, semblable à celui que représente la figure, est de 125 francs; pour le même prix on peut faire, avec du bois et des planches, un couloir beaucoup plus élevé à section rectangulaire. En Allemagne *on se sert beaucoup*, pour la fabrication du béton, *d'un cylindre* de 4 mètres de longueur, de 1m25 de diamètre, ouvert à ses deux bouts et *tournant autour de son axe* incliné sur l'horizontale. La pierre et le mortier sont versés à la brouette dans une trémie placée à la partie haute du cylindre et le nombre des brouettes de chaque espèce est réglé suivant le dosage. Le mélange se fait par suite de la rotation du cylindre dont la partie inférieure

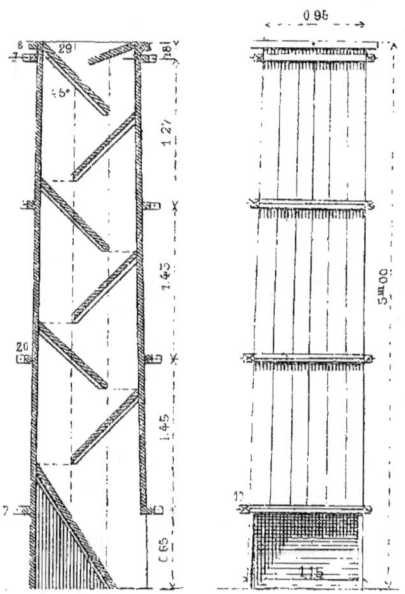
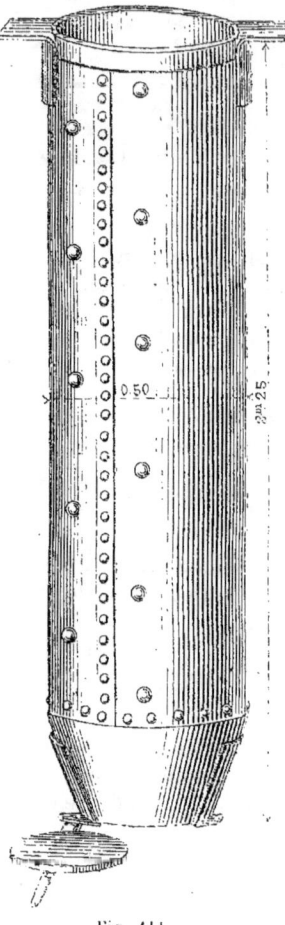

Fig. 110.　　　　　Fig. 111.

verse le béton dans des brouettes ou des wagonnets. Le cylindre est en tôle à parois lisses; il est incliné d'un treizième sur l'horizontale et fait 15 à 20 tours par minute; il est manœuvré sans engrenages ni poulies par une courroie qui s'enroule directement sur sa face extérieure et qui est actionnée par une locomobile. Cette machine donne un mélange parfait et fabrique facilement de 80 à 100 mètres cubes de béton en 10 heures pour une dépense minime. Il nous semble qu'elle pourrait, dans certains cas, recevoir des applications en France.

Quelle que soit la méthode employée, on reconnaît que le béton est bien fabriqué, lorsque chaque caillou est complètement entouré d'une couche de mortier présentant une certaine adhérence.

Extrait du devis type arrêté par le ministère des travaux publics.

Pierres cassées pour béton. — Art. 21. — « Les pierres cassées, cailloux et graviers destinés au béton des fondations, devront pouvoir passer en tous sens, dans un anneau de 0^m06 de diamètre; ils seront complètement purgés de terre, lavés si besoin est, et passés à la claie, de manière à faire disparaître tous les détritus de dimensions inférieures à 0^m02.

« Les pierres cassées et cailloux destinés aux chapes devront pouvoir passer en tous sens dans un anneau de 0^m03 de diamètre.

« Les cailloux et graviers pour bétons de ciment seront de *nature siliceuse* et devront avoir les dimensions suivantes :

« Pour les ouvrages de 0^m12 d'épaisseur, le caillou devra passer dans un anneau de 0^m02.

« De 0^m12 à 0^m18, il devra passer dans un anneau de 0^m03; de 0^m18 à 0^m25, il devra passer dans un anneau de 0^m04.

« Au-dessus de 0^m25, il devra passer dans un anneau de 0^m05.

« Les matériaux destinés aux chapes et au béton de ciment répondront, en outre, aux conditions prescrites pour ceux destinés au béton de fondation.

« La pierre cassée, dans tous les cas, proviendra des bancs non gélifs et les plus durs des carrières indiquées; on rebutera également les galets tendres ou friables.

« Le cassage sera toujours fait hors des lieux d'emploi.

Fabrication du béton. — Art. 36. — « Le béton sera fabriqué et conservé sur des aires en planches établies sous de grands hangars couverts et bien abrités de la pluie et du soleil.

« Il sera composé de deux parties de mortier et de trois parties de graviers ou de pierres cassées, pour le béton posé à sec.

« Et de trois parties de mortier et de quatre de graviers ou de pierres cassées, pour le béton immergé.

« Les matières seront mesurées dans des caisses fournies par l'entrepreneur, d'après les dimensions et indications qui seront prescrites par l'ingénieur.

« Le mélange ne pourra pas être commencé avant la vérification du mesurage par l'agent de l'administration préposé à cet effet; en cas de non-exécution, les tas de béton auxquels elle s'appliquerait ne seront pas reçus en compte.

« On commencera par faire le mortier de la manière indiquée ci-dessus; on y ajoutera, par parties successives, le gravier ou la pierre cassée, et le mélange s'opérera au moyen de rabots et de griffes en fer aussi longtemps qu'il sera nécessaire pour qu'on ne distingue plu aucune pierre qui ne soit recouverte d'une gangue de mortier.

« Les ouvriers chargés d'opérer l'incorporation de la pierre avec l mortier devront toujours marcher en tournant autour du mélange, e les ateliers devront présenter l'étendue nécessaire à cet effet.

« Pour les ouvrages qui exigeront plus de 300 mètres cubes de béton on emploiera, pour la fabrication du béton, des machines qui devron être agréées par l'ingénieur, après qu'il aura été constaté, par les expé riences, qu'elles produisent du béton répondant bien aux conditions du cahier des charges.

« La fabrication du béton sera faite sans aucune addition d'eau. Le graviers ou pierres cassées seront, au contraire, arrosés avec soin, afi de les disposer à se lier avec le mortier; mais cet arrosage sera fait su le dépôt des matériaux et toujours une heure au moins avant l'emploi.

« Le béton qui sera desséché au point de ne pouvoir revenir par la trituration ou le pilonage, sans addition d'eau, sera rejeté hors du chan tier et ne pourra pas être mélangé avec du béton frais. »

EXEMPLES DE GRANDS ATELIERS POUR LA FABRICATION DES MORTIERS ET DES BÉTONS

La disposition des ateliers, dans lesquels on confectionne le mortier et le béton, a la plus grande influence sur le prix de revient de l'opération.

Deux principes sont à observer :

1° Les matières doivent faire le moins de chemin possible et ne jamais revenir en arrière ;

2° Elles doivent toujours descendre depuis le point de départ jusqu'au point d'arrivée, de telle sorte que les transports et les mélanges s'effectuent par l'action même de la pesanteur.

Le lecteur trouvera l'application de ces principes dans les exemples qui vont suivre :

1° Ateliers pour la fabrication des blocs artificiels au port d'Alger. — M. Krantz, à qui l'on doit l'invention du couloir à béton, a décrit dans un mémoire, dont nous donnerons quelques extraits, la disposition ingénieuse, quoique déjà ancienne, adoptée pour la fabrication du mortier et du béton destinés à la confection des blocs artificiels du port d'Alger.

« Les chantiers de fabrication des blocs sont établis sur des quais dont la largeur varie de 20 à 50 mètres, et qui ont une pente en travers de 3 centimètres par mètre. Ces quais sont au pied du rempart qui forme l'enceinte d'Alger du côté de la mer, et qui n'a pas moins de 14 à 17 mètres d'escarpe verticale. Les rues qui débouchent sur le rempart servent au transport des matières premières. La pouzzolane seule arrive par mer, et on l'emmagasine sur les chantiers à cause de l'intermittence de son arrivage.

« Jusque vers la fin de 1842, la chaux, le sable, la pierraille, amenés sur le bord du rempart, étaient précipités sur le quai. La chaux, le sable et la pouzzolane, étaient ensuite chargés dans des brouettes, et transportés au pied d'un tonneau à mortier, du genre de ceux que M. Bernard a employés au port de Toulon. Ces matières premières, ainsi amenées à pied d'œuvre, étaient reprises dans des paniers en osier et vidées, au fur et à mesure de la fabrication du mortier, par-dessus le bord supérieur du tonneau à 1^m50 au-dessus du sol.

« Le mortier fait était chargé à la pelle dans des brouettes d'une forme spéciale, transporté au pied des caisses-moules, puis mélangé avec la pierraille que l'on avait amenée de même, à la brouette; le mélange était lancé par-dessus les bords de la caisse-moule, c'est-à-dire à plus de 1^m50 au-dessus du sol.

« Les inconvénients principaux de ce système de fabrication étaient :

« 1° La nécessité d'élever à plusieurs reprises les matières, après les avoir laissé descendre d'une hauteur considérable ;

« 2° La nécessité de les charger fréquemment, opération dispendieuse en elle-même, et nuisible à l'économie des matières ;

« 3° L'emploi d'un très grand nombre de brouettes se croisant dans tous les sens sur un terrain assez étroit, se gênant l'une l'autre et retardant le travail.

« Au rebours de toute fabrication bien organisée, le nombre des ouvriers croissait, à partir d'une certaine limite, beaucoup plus vite que le travail effectué.

« Dans le nouveau système de fabrication, on dut se proposer de ne pas laisser descendre les matières au-dessous du plan des bords supérieurs de la caisse; de profiter de leur chute forcée pour éviter de les élever de nouveau, et surtout pour faciliter leur chargement et leurs diverses manipulations. On dut enfin songer à effectuer autant que possible tous les transports sur des chemins de fer.

« *Description générale de l'atelier*. — Pour satisfaire à ces diverses exigences, l'atelier dut présenter en élévation les dispositions suivantes :

« En commençant par le bas, un premier étage A destiné à recevoir le béton tout fait : le plancher de cet étage doit être au-dessus des wagons qui transportent le béton dans des caisses-moules.

« Si on ajoute à la hauteur des caisses-moules (1^m50) l'épaisseur du chemin de fer, la hauteur des wagons et l'épaisseur du plancher, on reconnaît que l'élévation du premier étage doit être fixée à 3^m80 au-dessus du sol.

« Le second étage B doit recevoir le mortier tout fait, la pierraille purgée et lavée, et servir à leur mélange en proportions convenables. On ne pouvait lui donner moins de 2^m25 au-dessus du premier.

« Au troisième étage C on fait le mortier, on passe la pierraille à la claie, on la lave et on la charge dans les wagons. Cet étage est également à 2^m25 au-dessus du précédent.

« Le seul appareil convenable pour la fabrication du mortier était évidemment, eu égard à la disposition des lieux, un tonneau à mortier du genre de ceux que M. Bernard a employés au port de Toulon. Pour permettre de faire la charge de ces tonneaux sans troubler les hommes

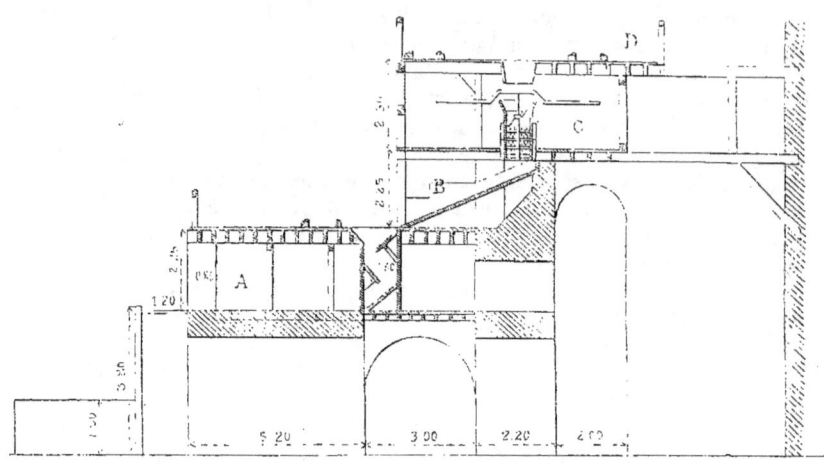

Fig. 112.

attachés à la manivelle, il devint nécessaire de faire un quatrième étage destiné aux transports de chaux, de sable et de pouzzolane. La pierraille, reçue également sur cet étage, était passée à la claie, en descendant les 2^m50 qui le séparaient du troisième.

« Ainsi, en élévation, l'atelier dut présenter quatre étages élevés aux hauteurs suivantes, au-dessus du sol :

1er étage (charge du béton). 3,80
2e — (fabrication du béton). 5,05
3e — (fabrication du mortier). 7,30
4e — (apport des matières). 9,80

« En plan, l'atelier présente deux ailes et une partie centrale ayant chacune son rôle particulier.

« *Aile gauche.* — L'aile gauche sert au transport de la chaux, du sable et à l'élévation de la pouzzolane.

« Le sable et la chaux, éteinte en poudre, arrivent par le haut du rempart à 5 mètres environ au-dessus du dernier plancher D. Une aire inclinée et bétonnée les reçoit à leur sortie du tombereau et les conduit, sans grand travail des ouvriers, jusqu'au niveau de la partie supérieure des wagons destinés à les transporter au tonneau à mortier. La fabrication du mortier pouvant consommer, par jour, environ 60 mètres de chaque espèce de ces matériaux, les deux emplacements de la chaux et du sable ont dû avoir chacun une capacité de 120 mètres cubes pour contenir la provision de deux jours de travail. Les deux voies de fer sur lesquelles se transportent la chaux et le sable se réunissent en une seule près du tonneau. Cette disposition permet de faire passer alternativement, et selon les besoins du service, les wagons chargés de sable et ceux qui sont chargés de chaux.

« Nous avons dit que la pouzzolane était emmagasinée dans la partie basse de l'atelier. Il faut donc l'élever jusqu'à la hauteur du quatrième étage pour pouvoir la jeter dans les tonneaux à mortier. Parmi les divers modes d'élévation simples et peu dispendieux en usage dans les constructions, on a choisi le bourriquet.

« *Aile droite*. — L'aile droite est destinée à la réception, au passage à la claie, à l'arrosage et au transport de la pierraille. Elle se compose d'un plancher supérieur, au niveau du quatrième étage. Ce plancher reçoit la pierraille que l'on décharge du haut du rempart. Il est assez grand pour contenir la provision de pierraille d'une journée. Il est terminé du côté de la mer par un plan incliné à trois de base pour deux de hauteur. Ce plan, qui rachète la hauteur de l'étage où se trouvent les tonneaux, est formé d'une grille en bois, à barreaux espacés de 0^m01 de bord en bord. Ces barreaux ont 0^m03 de large, sont inclinés, suivant la ligne de plus grande pente du plan, et reposent sur des traverses auxquelles ils sont fixés au moyen de vis à bois. Les matériaux versés à la brouette sur la partie supérieure de cette grille descendent en bas en laissant tamiser la poussière qu'ils contiennent. Au bas de la grille se trouvent, également espacées entre elles, six caisses à fond mobile, d'une capacité de 1/2 mètre. La pierraille est dirigée dans ces caisses, dont le fond est d'abord fermé. Les wagons viennent à l'étage inférieur se placer chacun au-dessous de la caisse qui lui correspond ; les fonds s'ouvrent au moyen de déclics, et dans un instant très court la charge passe de la caisse dans le wagon. Cette disposition permet, avec une seule ligne de chemin de fer, d'obtenir un service aussi actif qu'avec deux, puisque la charge du wagon se parfait dans la caisse pendant qu'il est en marche, et qu'il ne faut pas plus de temps pour la traverser qu'il n'en faudrait pour mettre en place, sur l'une des voies, les wagons vides, et reprendre sur l'autre les wagons chargés.

« La poussière, à sa sortie de la grille, tombe sur un plancher établi au niveau du premier étage ; une cloison en planches l'empêche de pénétrer dans la partie du second étage, où se fait la charge de la pierraille. Au-dessous du troisième étage, et parallèlement à l'axe du bâtiment, court une conduite d'eau alimentée par un réservoir placé à l'étage supérieur ; au droit de chacune des caisses, un tuyau s'embranche sur la conduite principale, se relève à 0^m25 au-dessus du plancher et s'avance jusqu'à l'aplomb du vide de la caisse. Ce tuyau est terminé par une tête d'arrosoir et interrompu par un robinet qui permet de rendre le jet intermittent. Aussitôt qu'une caisse est remplie de pierraille, on ouvre le robinet, pour le fermer à l'arrivée des wagons.

« Nous avons vu comment les matières premières arrivent des ailes au centre de l'atelier ; il nous reste maintenant à décrire leur mode d'emploi.

« *Partie centrale de l'atelier*. — Le chantier du quai du sud peut contenir 900 blocs environ. L'intervalle compris entre la fabrication et le lançage de chaque bloc est de 35 jours environ. Pour que la fabrication soit continue, il faut que l'on remplace les blocs au fur et à mesure de leur enlèvement, et partant que l'on en fasse chaque jour $\frac{900}{35}$, soit de 25 à 26. Pour ce travail, cinq tonneaux à mortier ont été jugés nécessaires; ils reposent sur le plancher du troisième étage.

« Au niveau du plancher supérieur, et à l'aplomb de chacun des tonneaux, se trouve une grille formée de lames de fer posées de champ et espacées de 0^m02 de bord en bord. La chaux éteinte en poudre, le sable et la pouzzolane sont jetés tour à tour, et par mesures égales, sur cette grille. Les incuits et les pierres que la chaux et le sable contiennent restent sur la grille et sont mis en tas, à côté, pour être enlevés à la fin de la journée.

« Au-dessous de la grille se trouve un coffrage en bois qui dirige les matières et les empêche de tomber à côté du tonneau. Ce coffrage s'arrête nécessairement à quelques centimètres au-dessus du plan décrit par la rotation des manivelles.

« Les tonneaux sont alimentés d'eau au moyen de deux réservoirs situés au-dessus du rempart. Un tube en plomb, de 0^m06 de diamètre, descend de ce réservoir et court sous le plancher du premier étage, parallèlement à l'axe du manège. Au droit de chaque tonneau, un petit tube de 0^m02 de diamètre, muni d'un robinet et d'une tête d'arrosoir, s'embranche sur la conduite principale, pénètre le coffrage et répand dans le tonneau une rosée dont l'abondance est graduée suivant le plus ou moins de sécheresse des matières.

« Le mortier s'échappe par le bas du tonneau, tombe dans un chenal en planches incliné à 3^m50 de base pour 1^m30 de hauteur. Ce chenal a 0^m80 de large, et des bords d'une hauteur moyenne de 0^m30. A son extrémité, se trouvent deux vannes espacées de 1 mètre environ, et comprenant entre elles un espace de 1/4 de mètre cube. Par cette disposition, le dosage des matières est extrêmement facile. Au moment où le wagon vient déposer près du couloir un demi-mètre de pierraille, l'ouvrier chargé de la fabrication du béton ferme la vanne extrême, lève l'autre, et laisse pénétrer, dans l'intervalle qu'elles comprennent, 1/4 de mètre de mortier. Une ligne tracée sur les parois intérieures du chenal détermine exactement cette mesure; lorsqu'elle est remplie, l'ouvrier ferme la vanne supérieure, lève l'autre de manière à lâcher le mortier par petites parties, au fur et à mesure du lançage de la pierraille dans le couloir.

« *Fabrication du béton*. — A l'aplomb de l'extrémité inférieure du chenal à mortier, se trouve une caisse verticale, ouverte à ses deux extrémités, et descendant du deuxième au premier étage. Sa section rectangulaire a 1 mètre de large sur 0^m80 de long. Ses parois sont formées de madriers assemblés à rainures et languette. Trois des faces de la caisse sont complètement fermées; la face antérieure seule est échancrée à sa base, de manière à présenter, pour le passage du béton, une ouverture de 1 mètre de large sur 0ᵐ60 de hauteur. A l'intérieur, et sur les larges faces de la caisse, sont placés trois plans inclinés également, faits en madriers. Ces plans, étagés à des hauteurs différentes, sont in-

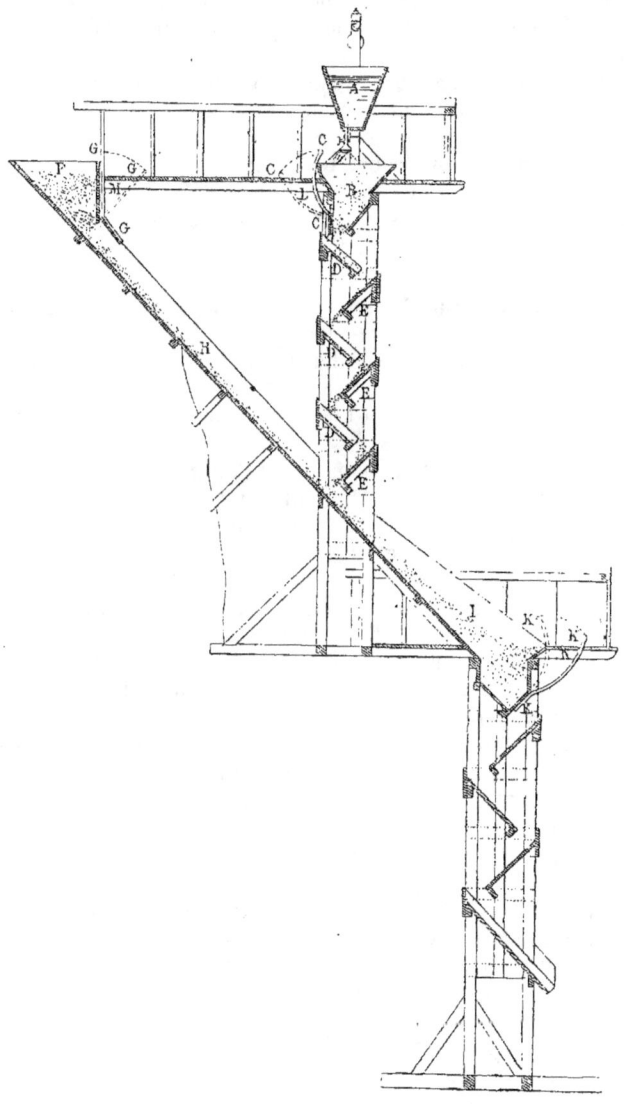

Fig. 113.

clinés en sens contraires, et se renvoient de l'un à l'autre la matière que l'on a jetée par l'ouverture supérieure du couloir. Ces renvois successifs bouleversent les matières et opèrent leur mélange. Pour que le béton soit convenablement fait, il faut que le couloir soit toujours aux trois quarts rempli. En cet état, on jette constamment par le haut la pierraille et le mortier en proportions convenables; chaque charge descend à mesure que la vidange s'opère, se bouleverse à son tour, puis, arrivée au bas du couloir, sort sous la pression du mélange semi-fluide qui la surmonte.

« En inclinant un peu les couloirs à béton, leur donnant, par exemple, un de base pour trois de hauteur, on augmenterait le parcours des matières et on améliorerait, je crois, leur mélange.

« Au sortir du couloir, le béton est reçu sur une aire dallée en laves du Vésuve, et placée au niveau du premier étage. Quatre ouvriers le distribuent dans les wagons qui stationnent au-dessous et de chaque côté de cette aire. »

2° Appareil du capitaine Poulain pour la fabrication du mortier et du béton. — La figure 113 représente une machine employée à Gorée par le capitaine du génie Poulain; elle fabrique le béton et le mortier ensemble ou séparément : c'est une machine à deux couloirs; dans celui d'en haut on fait le mortier, dans celui d'en bas le béton.

Voici comment M. Poulain conduisait l'opération : le réservoir A est rempli d'eau, que l'on montait par un bourriquet; le récipient B étant fermé au moyen de la palette mobile C que manœuvre un bras de levier, on le remplit de couches alternatives de sable et de chaux dans des proportions voulues; ce sont des enfants munis de calebasses qui apportent ces matériaux, et l'on verse périodiquement une calebasse de chaux et deux de sable. Le récipient B une fois rempli, on abaisse la palette, le mélange tombe et forme une série de cascades; les plans inclinés D sont disposés en gouttières, et les plans E en dos d'âne, de sorte que les parties de matières réunies par les uns sont disjointes par les autres, et le mélange se fait parfaitement. — Lorsqu'il faut faire du béton, on met les pierrailles en F, elles descendent par le plan H en traversant un orifice que l'on ouvre plus ou moins, grâce à la palette à levier G; le caillou rencontre le mortier, et le béton se fabrique en descendant le couloir du bas.

3° Ateliers pour la confection du mortier et du béton destinés aux gros blocs artificiels du port de Marseille. — MM. Latour et Gassend, entrepreneurs de la jetée du large au port de Marseille, ont adopté pour les diverses opérations qu'exigeait ce travail colossal des installations mécaniques très intéressantes, qu'ils ont décrites dans un ouvrage publié en 1861. Nous résumerons ici ce qui a trait à la confection des mortiers et des bétons destinés aux gros blocs artificiels de 10 mètres cubes.

Ces blocs sont formés de deux volumes de pierres cassées pour un de mortier de chaux hydraulique du Teil; les pierres cassées passent à l'anneau de 0^m06 de diamètre et ne passent pas à celui de 0^m03; le mortier est formé de cinq parties de sable de mer pour trois de chaux.

La planche 21 représente le chantier sur lequel on confectionnait successivement le mortier, le béton et les blocs; la puissance motrice était fournie par une machine à vapeur de quinze chevaux.

Manèges à mortier. — Il y a trois manèges à mortier installés sur une plate-forme à 3 mètres au-dessus de l'aire sur laquelle arrivaient les wagonnets de chaux, de sable et de pierre cassée. Un manège comprend une auge circulaire en fonte, à section trapèze, que parcourent trois roues et une griffe également espacées; des trois roues l'une est tangente à la paroi extérieure de l'auge, l'autre à la paroi intérieure et la troisième est au milieu; la griffe est à trois branches qui raclent l'auge sur toute sa section; cette disposition assure un broyage actif et parfait. Au fond de chaque auge on trouve deux ouvertures de 0^m45 sur 0^m10, fermées par une trappe en fonte que l'on ouvre pour faire tomber le mortier dans les wagons inférieurs.

On voit qu'il faut prendre les wagons de sable, de pierre et de chaux sur l'aire inférieure et les élever sur la plate-forme des manèges; cette opération s'effectue à l'aide d'un balancier inférieur que l'on voit sur la gauche de la figure 1. Il serait préférable, dans des circonstances analogues, de chercher à placer naturellement les voies d'alimentation au niveau même des manèges et, généralement, on y parviendrait sans peine; aussi n'insistons-nous pas sur le système du balancier, bien qu'il paraisse avoir donné des résultats satisfaisants. Il fournissait pour chaque opération trois wagons de sable cubant chacun 0^m83 et un wagon de chaux chargé de dix-huit sacs de 45 kilogrammes chacun, soit 810 kilogrammes de chaux correspondant à un volume de 1^m36. Le tout donnait 3^m62 de mortier représentant la broyée des trois manèges; 1 mètre cube de mortier exigeait 0^m90 de sable et 0^m54 de chaux.

Chaque broyée durait quinze à vingt minutes; le nombre de tours des roues, noté par un compteur, était toujours le même. L'eau, fournie par une canalisation spéciale, était versée à l'aide de seaux de huit litres de capacité, et la consommation était de vingt-huit seaux ou deux cent vingt-quatre litres par broyée.

La chaux est répandue uniformément dans l'auge, on ajoute assez d'eau pour la réduire en pâte molle, puis on introduit le sable et le reste de l'eau. La broyée finie, on ouvre la trappe et le mortier tombe, poussé par la griffe à laquelle a été ajoutée une vanne.

Cylindres à béton. — Le béton est fabriqué dans des cylindres tournants; en théorie, on peut craindre que la rotation ne vienne à classer les matières par ordre de densité, c'est-à-dire à rejeter le mortier vers la circonférence; il n'en est rien : quelques barres de fer divisent la masse et la mélangent sans cesse, ne lui permettant pas de prendre un état d'équilibre.

Les bétonnières sont installées sur une plate-forme spéciale placée à 1^m30 au-dessus du sol; les wagons de mortier et de caillou sont élevés jusqu'à la plate-forme supérieure à l'aide d'une romaine ou balancier que suffit à mouvoir un treuil actionné par un homme; de la sorte le mortier et la pierre, dosés par les wagonnets eux-mêmes dans la proportion voulue, viennent se déverser au-dessus des bétonnières, comme on le voit sur la figure. Les wagons à pierre cassée sont à claire-voie et passent d'abord sous une conduite d'eau dont on ouvre la vanne, afin que la pierre soit bien lavée.

Le cylindre manipulateur de la bétonnière, porté sur un châssis à roues, est en tôle renforcée, de 0^m93 de diamètre et de 1^m32 de long; il est mobile sur son axe, et présente sur le quart de sa circonférence une porte à charnière pour l'introduction des matières. A l'intérieur il existe douze rayons adaptés à l'axe et rivés sur la paroi extérieure de la tôle; ce sont eux qui opèrent le mélange.

Vingt tours, exigeant cinq minutes de temps, suffisent pour effectuer un mélange parfait : ce nombre de tours est réglé par une étoile à vingt dents dont une est émoussée; un doigt porté par l'arbre moteur fait tourner l'étoile d'une dent à chaque tour jusqu'à ce qu'il parvienne à la dent émoussée; alors l'étoile s'arrête.

Si la disposition des lieux l'eût permis, il eût été préférable d'éviter l'élévation par machines spéciales du mortier et de la pierre et de disposer le chantier de telle sorte que les matières allassent toujours en descendant jusqu'à la fin de l'opération.

Fabrication des blocs. — On voit sur les dessins le procédé suivi pour la fabrication des blocs artificiels; les moules à parois amovibles sont rangés en ligne; les bétonnières viennent s'y déverser; des ouvriers régalent le béton et le pilonnent; le tassement est de 5 p. 100. Quand la prise est faite, on démonte le moule, et le bloc est soulevé par des chaînes passant dans les rainures inférieures.

4° Atelier de fabrication du mortier et du béton au pont de Dirschau. — Au pont de Dirschau, sur la Vistule, l'ingénieur autrichien Hornbostel avait installé, pour la fabrication du mortier et du béton, l'atelier représenté par les figures 3 à 5 de la planche 19.

Deux chaudières B, logées dans un bâtiment spécial, donnent la puissance à une machine à vapeur C qui fait mouvoir un arbre de couche établi sur le plancher séparant le rez-de-chaussée et le premier étage d'un long bâtiment au second étage duquel arrivent les matières premières, sable, chaux, cailloux pour la fabrication du mortier et du béton.

Le mortier se fabrique au second étage; on dose sur le plancher la chaux et le sable. Le mélange et la trituration se font sous des meules verticales à essieu fixe roulant sur une sole horizontale en fonte; cette sole circulaire est animée d'un mouvement de rotation autour de son axe vertical, comme le montrent les figures 3 et 4.

Les caisses à fabriquer le béton sont au premier étage en D; ce sont des caisses en forme de prisme polygonal légèrement inclinées sur l'horizon et auxquelles une courroie, mue par l'arbre de couche, imprime une rotation lente autour de leur axe. Cette rotation, combinée avec l'inclinaison de la caisse, produit le mélange du mortier et des cailloux, et le béton fabriqué tombe directement dans les wagons accédant au rez-de-chaussée du bâtiment.

Quatre moulins à mortier alimentaient un malaxeur à béton.

Malgré la dépense première de cette grande installation, le résultat final a été très économique, et la main-d'œuvre de fabrication de 1 mètre cube de mortier n'est pas revenue à plus de 0^{f}75, celle de 1 mètre cube de béton à 0^{f}30.

Prix de confection et d'immersion des bétons. — Au moyen des couloirs, la fabrication du béton n'exige que la charge, en proportions convenables, des matières premières; le mélange se fait par la chute même.

Le béton est généralement destiné à des constructions hydrauliques, et on l'emploie presque toujours au-dessous du plan d'apport des matières dont il provient. On peut disposer, pour sa fabrication, de cette différence de niveau.

Souvent elle ne sera pas suffisante, mais en supposant même qu'on la crée tout entière au moyen d'un léger échafaudage ou d'une rampe, il n'en résultera qu'une augmentation de travail, correspondant à une surélévation de 3 mètres des matières premières employées. Cette élévation équivaut à un transport horizontal à deux relais de distance, soit 0^{f}40 environ. Un couloir à béton peut fournir 60 à 80 mètres de béton, dans une journée de dix heures de travail.

On peut facilement établir ce couloir pour 150 francs; c'est dire que la dépense y relative influe peu sur le prix de revient, dès qu'il s'agit d'un travail de quelque importance.

L'intérêt, l'usage et l'entretien de l'appareil ne représentent pas plus de 1 fr. par jour, soit au maximum 0^{f}02 par mètre cube de béton.

Le prix de revient, en comptant le montage des matières premières sur rampes, ne serait donc pas supérieur à 0^{f}42.

Le chargement en brouettes ou wagonnets du béton fabriqué peut être compté à 0^{f}30.

La confection du béton à la griffe et au rabot exige 0,4 journée d'homme par mètre cube; à 3 fr. la journée, cela fait 1^{f}20. Ajoutez 0^{f}05 pour frais d'outils et 0^{f}15 pour surveillance, vous obtenez 1^{f}40 pour prix de revient total, ne comprenant aucun chargement ou transport.

La machine à coffres, avec six ouvriers, soit 18 francs de dépense, peut fournir 30 mètres cube de béton par jour, d'où un prix de revient de 0^{f}60 par mètre cube.

En résumé, le couloir à béton est le plus économique, et, en admettant qu'il faille élever les matériaux jusqu'au sommet du couloir, le mètre cube de béton ne revient pas à plus de 0^{f}42.

Pour la fabrication à bras d'hommes, il ne faut pas compter plus de 1^{f}20.

Ces chiffres ne comprennent pas l'apport des matières, ni le chargement ou le transport du béton fabriqué.

Le *prix à payer pour l'immersion d'un mètre cube de béton* est évidemment susceptible de grandes variations.

Au port d'Alger, l'opération n'est revenue, frais de matériel compris, qu'à 0 fr. 94 ; mais on avait immergé 23,000 mètres cubes.

D'ordinaire, pour les fondations de ponts sur béton immergé, le prix alloué pour l'immersion, y compris le transport à partir de l'atelier de fabrication, est de 3 francs par mètre cube. Ce prix serait un peu faible pour des ouvrages ordinaires.

5° GÉNÉRALITÉS SUR LES MAÇONNERIES

DU PRIX DE REVIENT DES DIVERSES NATURES DE MAÇONNERIES

Le prix de revient des diverses natures de maçonneries s'établit lorsque l'on connaît :
1° Le prix du mètre cube de la pierre rendue à pied d'œuvre ;
2° Le prix du mètre cube du mortier fabriqué sur place ;
3° La dépense par mètre cube pour mise en œuvre de la pierre et du mortier, c'est-à-dire le prix de la main-d'œuvre pour confection de la maçonnerie, en y comprenant, s'il y a lieu, la dépense de rejointoiement et de ravalement ;
4° La proportion de mortier absorbée par 1 mètre cube de maçonnerie.

1° *Prix de la pierre.* — Le prix de la pierre, rendue à pied d'œuvre, est très variable, et ne peut être précisé. Il est facile de savoir ce que coûte la pierre prise sur carrière ou chargée sur wagon, et l'on calcule alors le prix de revient à pied d'œuvre en considérant les tarifs de transport, les frais de chargement et de déchargement.

La pierre de taille coûte, en général, de 60 à 120 francs le mètre cube, suivant la provenance et la qualité ; ce prix ne comprend pas la taille des surfaces vues, qui se paye à part, d'après les bases que nous avons données au chapitre I.

La valeur du mètre cube de moellons piqués est de 30 à 45 francs, non compris la taille de la surface vue.

Quant au moellon brut ordinaire, le prix peut tomber à 5 ou 6 francs le mètre cube et quelquefois moins, lorsqu'on le trouve sur place ; généralement il varie de 8 à 15 francs.

Mais, nous le répétons, il est impossible de donner sur ce point des chiffres bien définis.

2° *Prix du mortier.* — Le prix du mortier se déduit du prix de la chaux et du sable rendus à pied d'œuvre et du dosage ; soit un mortier comprenant, par mètre cube, 350 kilogrammes de chaux à 30 francs la tonne, et 0^m95 de sable à 6 francs le mètre cube ; le prix de revient du mortier s'établira comme il suit :

MAÇONNERIES

350 kilogrammes de chaux à 0 fr. 30.	10 fr.	50
0^{m}95 de sable à 6 francs.	5	70
Main-d'œuvre pour fabrication au tonneau à bras.	1	50
Total.	17 fr.	70

Le mortier, avec 300 ou 250 kilogrammes de chaux seulement, coûterait 16 fr. 20 ou 14 fr. 70.

3° *Valeur de diverses mains-d'œuvre relatives à la confection des maçonneries.* — Le tableau suivant résume quelques expériences relatives à l'exécution des maçonneries ; ces expériences, empruntées à plusieurs auteurs, notamment à MM. Claudel et Laroque, s'appliquent surtout aux travaux ordinaires d'architecture.

Nombre d'heures que passent un maçon et son servant à exécuter 1 mètre cube de l'une des maçonneries ci-après :

Massifs, blocages et remplissages des reins de voûtes, sans aucun ébousinage de moellons.	3 heures.
Murs de fondation, au-dessus de 0^{m}30 d'épaisseur, sans aucun parement.	4 —
Les mêmes, au-dessous de 0^{m}30 d'épaisseur.	5 —
Voûtes en berceau et murs de cave ou de clôture, au-dessus de 0^{m}40 d'épaisseur, à deux parements, les moellons étant smillés proprement avant l'emploi.	5 —
Les mêmes, au-dessous de 0^{m}40 d'épaisseur.	6 —
Parements de voûtes d'arêtes ou en arc de clôture.	11 —
Murs en élévation, de 0^{m}40 d'épaisseur au moins, construits entre deux lignes, les moellons étant ébousinés et les parements devant être recouverts d'un enduit, jusqu'à 3 mètres de hauteur.	6 —
De 3 à 8 mètres de hauteur.	8,5 —
Les mêmes, sur plan circulaire, élevés au plomb, jusqu'à 3 mètres.	9 —
Les mêmes, sur plan circulaire, élevés au plomb, de 3 à 8 mètres.	12 —
Maçonnerie de moellons piqués, exécutée avec soin, pour parements de murs de caves, de clôtures ou de terrasses, les moellons étant servis tout piqués au maçon.	11 —
Maçonnerie de moellons posés à sec pour perrés.	4 —
Rocaillage fait au fur et à mesure de l'exécution des maçonneries, sur parement de meulière brute ou smillée grossièrement, posée par assises à peu près régulières ou dans tous sens, un maçon et son aide, par mètre carré.	1,3 —
Rocaillage d'ornementation posé à bain de mortier, pour soubassement.	3 —
Briques modèle de Bourgogne (0^{m}055 sur 0^{m}107 et 0^{m}22) :	
1 mètre carré de cloison de 0^{m}055 d'épaisseur, un maçon et son aide.	0,8 —
— 0^{m}107 —	1,8 —
— 0^{m}22 —	3,8 —
1 mètre cube de maçonnerie, de plus de 0^{m}22 d'épaisseur, y compris l'échafaudage et le montage des matériaux à 7 ou 8 mètres de hauteur, un maçon et son aide.	15 —
1 mètre cube de même maçonnerie pour voûtes.	16 —
Maçonnerie de meulière avec mortier.	7 —
Maçonnerie de libages avec mortier (un poseur, deux contre-poseurs et un manœuvre).	2,5 —
Maçonnerie de pierre de taille courante, pose et fichage (un poseur, deux contre-poseurs et un manœuvre).	5 —

Déchet des pierres par suite de la taille. — Il faut compter un certain déchet de la pierre pour le passage de la carrière à l'emploi ; ce déchet provient surtout des parties perdues par la taille. Il est très variable et peut aller de $\frac{1}{3}$ à $\frac{1}{18}$; il est plus considérable pour les pierres tendres et pour celles de petit appareil. Dans les travaux publics, on le compte d'ordinaire de $\frac{1}{10}$, c'est-à-dire que l'on prend 1ᵐ10 de pierre de taille en blocs pour avoir 1 mètre de maçonnerie terminée. Lorsqu'il s'agit de voussoirs, il vaudrait mieux compter sur un déchet de $\frac{1}{5}$.

Une pratique excellente, qu'il faut généraliser, consiste à *demander en carrière non pas des blocs, mais les pierres mêmes, taillées suivant leur appareil définitif*. Cette pratique n'offre aucun inconvénient quand il s'agit de pierres dures; elle est évidemment économique et exige seulement un peu plus de soins dans le bardage et le transport.

Pour les moellons piqués, le déchet est de $\frac{1}{3}$ à $\frac{1}{4}$; il est de $\frac{1}{5}$ à $\frac{1}{10}$ pour les moellons smillés.

Pour les moellons bruts, il n'y a guère de déchet, car les éclats sont employés dans les creux; cependant, il y a toujours quelques morceaux à mettre de côté, et l'on compte 1ᵐ10 de moellons pour 1 mètre de maçonnerie.

4° *Proportion de mortier absorbé par les diverses maçonneries.* — La quantité de mortier employée par mètre cube de maçonnerie est voisine des moyennes suivantes :

Pierres de taille, en assises réglées, libages, plate-bandes.	0ᵐ08 à 0ᵐ10
Voûtes en berceau et en arc de cloître.	0,10
Voûtes d'arêtes et sphériques.	0,105
Marches, seuils et appuis.	0,175
Maçonnerie de blocage en moellons irréguliers.	0,40
Maçonnerie de moellons ébousinés et équarris.	0,32
— — smillés et d'appareil.	0,25
Maçonnerie de blocage en meulière.	0,45
Maçonnerie de meulière piquée ou smillée pour parements.	0,33
Pour 1 mètre cube de maçonnerie de briques (modèle de Bourgogne) 635 briques et un volume de mortier de.	0,20

Au viaduc de Dinan, des expériences suivies ont conduit aux résultats ci-après :

1 mètre de maçonnerie de pierre de taille a absorbé. . . 0ᵐ10 de mortier.
   —   —   de moellons piqués a absorbé. . . 0ᵐ16   —
   —   —   de moellons bruts a absorbé. . . 0ᵐ31   —

Il est probable que l'on employait des moellons bruts de choix, car le vide des moellons ordinaires est 0ᵐ40 par mètre cube.

La proportion de mortier dans la maçonnerie de pierres régulières, la maçonnerie de briques, par exemple, dépend de l'épaisseur donnée aux joints. Soit des briques de 0ᵐ055, 0ᵐ11 et 0ᵐ22, avec joints de 0ᵐ01, chacune occupera avec ses joints un volume de 1ˡⁱᵗ,794; il y aura 560 briques par mètre cube de maçonnerie avec un cube de 255 litres de mortier.

Souvent, la seconde dimension de la brique est 0^m105 et les joints 0^m008 ; il faut alors 616 briques au mètre cube et 218 litres de mortier.

Pour tenir compte des déchets, il convient d'augmenter de 5 p. 100 le chiffre trouvé pour les briques.

Économies à rechercher et économies à éviter dans les maçonneries. — Comme exemple du prix des maçonneries dans un ouvrage important, nous citerons les résultats qu'a donnés la construction du pont-viaduc du Point-du-Jour, à Paris. Cet ouvrage a absorbé 33,820 mètres cubes de maçonnerie, au prix moyen de 50 fr. 08 ; la pierre de taille venait de Château-Landon, le moellon de Saint-Maximin, et la meulière pour les voûtes des environs de Paris ; on a substitué le plus possible le moellon d'appareil à la pierre de taille, ce qui a donné une notable économie. Les prix élémentaires ont été : 113 francs pour le mètre cube de maçonnerie de pierre de taille, 87 francs pour la pierre de taille de petit appareil ou moellon piqué, 31 francs pour la meulière, 21 fr. 20 pour le moellon brut, 18 et 21 francs pour le béton posé à sec ou immergé, et 13 fr. 60 pour le béton de sable.

C'est donc la pierre de taille qui augmente le plus la dépense et, pour réaliser des économies sérieuses, il faut en réduire le cube ; en bien des cas on peut même la supprimer : l'emploi des ciments donne à cet effet de grandes facilités et permet de construire les ouvrages les plus importants avec des moellons bruts.

Cependant, il faut reconnaître que la généralisation des machines à tailler la pierre abaissera certainement dans une proportion considérable le prix de la pierre de taille et en rendra sans doute l'emploi plus facile et moins onéreux.

L'emploi de la pierre de taille dans certains ouvrages est non seulement coûteux, mais peut devenir dangereux et compromettre la solidité : un massif de moellons bruts recouvert d'un placage en pierres de taille est presque toujours moins solide qu'un massif tout en moellons. Raison de plus pour éviter la pierre de taille partout où elle n'est pas commandée.

Il ne faut pas chercher l'économie dans une réduction de l'épaisseur des massifs en maçonnerie de moellons bruts. En effet, la maçonnerie de moellons bruts est, en général, à très bas prix, et c'est à tort que bien des constructeurs s'ingénient à en réduire le cube outre mesure ; ce n'est point dans cette voie qu'on peut trouver une économie sérieuse, et on s'expose en revanche à des accidents qui se manifestent souvent dans les premiers mois de la construction avant le complet durcissement des mortiers.

Il ne faut pas chercher non plus l'économie dans une réduction de la proportion de chaux à incorporer au mortier. Il y a des entrepreneurs sans scrupule qui cherchent sans cesse à tromper sur le dosage afin d'économiser quelques sacs de chaux ; ils tirent cependant un bien maigre profit de cette opération qui peut compromettre gravement un édifice.

Nous avons vu plus haut qu'un mortier à 350 kilogrammes de chaux hydraulique coûtait par exemple 17 fr. 70, tandis que le mortier à 300 kilogrammes coûtait 16 fr. 20; en substituant le second au premier dans un massif de moellons bruts, le bénéfice sera la fraction de 0,3 à 0,4 de 1 fr. 50, soit 0 fr. 40 à 0 fr. 60 par mètre cube, chiffre insignifiant. Il est vrai qu'avec les mortiers de ciment la différence est beaucoup plus grande et cependant, à moins qu'il ne s'agisse de masses considérables, l'économie à réaliser par une réduction dans la proportion de ciment n'est jamais forte. Le constructeur sérieux ne la recherchera point et toutefois, cela va sans dire, évitera de tomber dans l'excès contraire.

Doit-on préférer le béton à la maçonnerie de moellons bruts ? — Le béton, dans les pays où le moellon se trouve sur place, est plus cher que la maçonnerie de moellon brut. Soit du caillou à 8 francs le mètre cube, du moellon à 6 francs et du mortier à 17 fr. 50; un béton renfermant 0^m90 de caillou et 0^m45 de mortier, ce béton étant fabriqué à bras, coûtera, mis en place, 16 fr. 65; la maçonnerie de moellon, avec 1^m10 de moellon et 0^m35 de mortier par mètre cube, plus 2 fr. 70 de façon, coûtera seulement 15 fr. 50. Que le prix du moellon passe à 8 francs, c'est la maçonnerie de moellon brut qui coûtera plus cher que le béton. Au point de vue de l'économie, le choix à faire est donc une question de circonstances locales. Le béton offre l'immense avantage de pouvoir être fabriqué mécaniquement et employé par des manœuvres quelconques. Il est donc précieux quand on veut aller vite et que l'on manque de personnel, car la maçonnerie de moellons bruts exige toujours le concours de maçons possédant une certaine expérience. Avec trois ou quatre hommes et un couloir à béton, on pourra fabriquer et mettre en place 30 mètres cubes de béton par jour; le même cube de maçonnerie de moellons bruts exigera 8 à 10 maçons et autant d'aides. Cependant, il ne faut pas abuser du béton: quoi qu'il ait l'avantage de mieux répartir les pressions sur le sol qu'il recouvre, il n'en est pas moins vrai que c'est une maçonnerie d'ordre inférieur, plus attaquable que la maçonnerie de moellons; le béton doit donc être réservé pour les fondations, à condition encore qu'il se trouve à l'abri de l'action directe des courants. En élévation, il ne peut être employé que s'il est protégé par un revêtement.

En ce qui touche le *béton immergé*, nous avons maintes fois exprimé notre avis sur son compte; *il ne faut l'employer que quand on ne peut pas faire autrement*. On s'imagine qu'un massif de béton immergé est un monolithe; nous sommes convaincu que cette idée est presque toujours fausse, si ce n'est peut-être dans certains bétons à base de ciment.

PRESSIONS A IMPOSER AUX MAÇONNERIES

La résistance que présente une maçonnerie régulière peut être considérée à deux points de vue : la résistance propre de la pierre, la résistance propre du mortier. Quelle est la résistance moyenne qui en résulte? Il est impossible de le dire. Tantôt, dans les voûtes, par exemple, on prend comme base de la résistance celle de la pierre, on adopte le coefficient de sécurité $\frac{1}{10}$, et on s'attache à ne pas dépasser la pression réduite qui en résulte. Ainsi, une pierre s'écrase sous une pression de 200 kilogrammes par centimètre carré, on admet, en général, qu'elle peut être soumise à une pression atteignant 20 kilogrammes par centimètre carré.

Quand il ne s'agit pas des voûtes, on reste d'ordinaire bien au-dessous de cette limite, et on ne dépasse guère une charge de 5 à 6 kilogrammes par centimètre carré, ce qui revient presque à appliquer le coefficient de sécurité $\frac{1}{10}$ à la résistance propre du mortier, dans le cas où c'est un excellent mortier hydraulique.

En réalité, dans la pratique, on se guide sur une règle empirique par imitation des constructions existantes dont la solidité est reconnue. Dans ces derniers temps, M. l'ingénieur Tourtay a entrepris une série d'expériences qui ont jeté quelque jour sur la question et que nous examinerons plus loin lorsque nous aurons donné d'abord les chiffres admis dans la pratique.

Pressions adoptées dans la pratique. — Parmi les éléments d'édifices dans lesquels les pierres sont soumises à de fortes pressions on cite : les piliers des Invalides portant 15 kilogrammes par centimètre carré, ceux de Saint-Pierre de Rome 16 kilogrammes, de Saint-Paul de Londres 19 kilogrammes, du dôme du Panthéon 29 kilogrammes, de la tour St-Méry 29 kilogrammes, de l'église Saint-Toussaint d'Angers 44 kilogrammes.

Il est certain que, dans les voûtes, il existe à la clef et aux joints de rupture des pressions égales et supérieures à celles-là; mais elles ne sont pas également réparties sur toute la surface. On admet, comme nous l'avons dit, qu'on peut atteindre alors sans danger des pressions s'élevant au dixième de la charge de rupture de la pierre employée.

Dans les piles et les massifs à pression uniformément répartie, on se tient bien au-dessous d'une pareille proportion, ainsi qu'on le verra par les chiffres ci-après :

Au *viaduc de Dinan*, construit en pierres granitiques, les pressions par centimètre carré sont de :

       8 k. 8 sur le rocher de fondation.
       9 k. 5 à la base des piles.
       6 k. 5 à la naissance des voûtes.

La pierre employée ne s'écrasait que sous une charge de 700 kilogrammes par centimètre carré. A l'appui de son projet, l'ingénieur du viaduc de Dinan citait, comme extraordinaires, les pressions existant dans d'autres édifices du même genre :

Fondations du pont tubulaire de Menai. . . . . . . 17 k.
Base du pont-aqueduc de Roquefavour . . . . . . 15 »
Base du pont du Gard. . . . . 19 »
Aqueduc de Spolette (?). . . . . 45 »

Au *viaduc de l'Aulne*, les pressions sont :

6 k. » au sommet de la pile.
8   76 à la base du fût de la pile.
9   20 à la base du socle.
7   34 sur le sol de fondation.

La maçonnerie était faite en granite gris foncé, massifs de moellons bruts enfermés dans des moellons parementés de 0m40 de queue avec boutisses de 0m60 tous les cinq moellons; les joints horizontaux avaient 0m02 et les joints verticaux 0m015, et le mortier était fabriqué avec de la chaux hydraulique de Doué.

Au *viaduc du Point-du-Jour*, la pression dans les voûtes atteint 15k5 par centimètre carré à la clef et 14 kilogrammes aux naissances; la maçonnerie étant en meulière brute, avec mortier de ciment, ces chiffres pourraient être dépassés.

Au pont de Claix, sur le Drac, la pression à la clef atteint 21 kilogrammes sur la pierre de Sassenage.

Au *viaduc du val Saint-Léger*, les pressions transmises par les poutres métalliques sur les sommiers en pierre d'Euville ou en granite de Normandie placés au sommet des culées et des piles s'élèvent à :

7 k. 07   13 k. 62   13 k. 96   13 k. 62   8 k 91,

et la pression transmise par les sommiers à la maçonnerie de moellons bruts qu'ils recouvrent est de :

3 k. 01   6 k. 46   6 k. 61   6 k. 46   3 k. 9;

la pression exercée sur le sol calcaire de fondation est de 6k36.

Au *viaduc de l'Allier*, la pression dans les piles, construites en moellons ordinaires de schistes quartzeux, ne dépasse pas 7k7.

Au *pont de Mantes*, dont les piles sont fondées sur massifs de béton à base de portland, la pression transmise au béton par le socle des piles est de 5k43 et de 7k10 si l'on se borne à considérer la partie du socle comprise entre les têtes du pont.

Dans les grands viaducs du Bourbonnais, la pression est de 5 kilogrammes au sommet des piles, atteint 6k25 à la base des piles et varie de 5k40 à 6k66 sur le sol de fondation; ce sol était un granite décomposé, sans quoi on eût pu lui transmettre une pression plus forte. La limite maxima, admise pour les maçonneries, a été de 7 kilogrammes; on s'y est limité, dit M. Desnoyers, parce que l'intérieur des piles, au lieu d'être en libages ou en moellons assisés comme à Dinan, est en maçonnerie brute à moellons irréguliers qui, en raison de leur nature granitique dure, offraient des surfaces lisses sans adhérence au mortier. En réalité, ce système est plus économique et plus rassurant, et il n'y a lieu de réduire les dimensions en augmentant les pressions que si on dispose de matériaux faciles à tailler.

En résumé, on peut faire porter sans danger 5 kilogrammes par centimètre carré au béton ordinaire, 6 ou 7 kilogrammes au béton de Portland, 7 kilogrammes aux bonnes maçonneries de moellons bruts.

Pressions admises par les ingénieurs hollandais. — Les ingénieurs hollandais calculent les dimensions des piles de leurs grands viaducs à tablier métallique en admettant que la surface des sommiers, sur lesquels reposent les semelles des poutres, doit être telle que la pression élémentaire ne dépasse pas 10 kilogrammes par centimètre carré.

Cette méthode, dit M. l'inspecteur général Desnoyers, doit conduire à des résultats trop forts. « On suppose, en effet, dans cette application, que le poids provenant de la travée métallique devra être supporté exclusivement par la partie de maçonnerie située exactement au-dessous de la semelle qui s'applique directement sur elle, et nous pensons au contraire qu'il faudrait prendre au moins, pour superficie de la maçonnerie qui supporte la charge, la surface des sommiers en pierre de taille sur lesquels repose la semelle. »

La pression de 10 kilogrammes par centimètre carré pour la maçonnerie de briques paraît, du reste, un peu forte; celle de 5 kilogrammes peut être dépassée sans inconvénient, et un chiffre intermédiaire, 7 à 8 kilogrammes par exemple, est convenable.

Au grand pont sur le Lek, à Kuilenbourg, tablier métallique porté sur piles en maçonnerie de briques, les ingénieurs hollandais, comptant pour poids du mètre cube de la maçonnerie de pierre de taille, de la maçonnerie de briques et de béton, 2,840, 1,900 et 2,000 kilogrammes, arrivent aux pressions ci-après pour trois piles distinctes :

A la base du corps prismatique	3^{k}03	2^{k}35	2^{k}55
Sur le béton	2,76	1,82	3,05
Sur le sol de fondation	3,19	2,43	2,45

Ces pressions sont, on le voit, très modérées.

Expériences de M. Tourtay. — Quand on calcule les pressions dans les voûtes, on les compare d'ordinaire à la résistance de la pierre « sans qu'on puisse tenir un compte exact, faute de données expérimentales, de l'influence que peut avoir sur cette résistance la présence de joints en mortier. »

Les expériences de M. Tourtay ont consisté dans l'essai à l'écrasement de blocs de pierres de diverses natures avec intercalation de joints de composition et d'épaisseur variables. On a employé : 1° une pierre dure, calcaire à entroques pesant 2,700 kilogrammes le mètre cube; 2° une pierre mi-dure, calcaire oolithique pesant 2,430 kilogrammes; 3° un calcaire oolithique tendre pesant 2,330 kilogrammes.

Il a été fait entre des blocs carrés de 0^{m}10 de côté des joints en mortier de ciment Vicat, en mortier de chaux hydraulique de Virieu-le-Grand, et en coulis de ciment. Le sable provenait de la Saône ; à chaque mètre cube on a mêlé 500 kilogrammes de chaux ou de ciment. Pour les coulis de ciment pur, on arrosait à grande eau les pierres à mettre en contact, on appliquait les coulis, puis on faisait glisser les deux morceaux de pierre rapidement l'un sur l'autre de manière à chasser les bulles d'air et à réduire au minimum l'épaisseur des coulis. Les essais ont été faits sur des mortiers ayant vingt et un jours de prise.

Les charges d'écrasement par centimètre carré ont été :

			KIL.
1° Pour la pierre dure, blocs compactes sur lit de carrière.			909
—	—	en délit.	927
—	blocs superposés avec coulis de ciment.		704
—	—	sans joint.	535
—	—	avec mortier de ciment, joint de 0,005.	546
—	—	—	joint de 0,01.	579
—	—	—	joint de 0,015.	618
—	—	avec mortier de chaux et joint de 0,01.	585
2° Pour la pierre demi-dure, blocs compactes sur lit de carrière.			587
—	blocs superposés avec coulis de ciment.		647
—	—	sans joint.	479
—	—	avec mortier de ciment, joint de 0,005.	526
—	—	—	joint de 0,01.	468
—	—	—	joint de 0,015.	416
—	—	avec mortier de chaux et joints de 0,01.	403
3° Pour la pierre tendre, blocs compactes, environ.			400
—	blocs superposés avec coulis de ciment.		437
—	—	sans joint.	338
—	—	avec mortier de ciment, joint de 0,005.	300
—	—	—	joint de 0,01.	275
—	—	—	joint de 0,015.	266
—	—	avec mortier de chaux, joint de 0,01.	276

Quant aux blocs de mortier de ciment ou de chaux, ils s'écrasèrent sous des pressions respectives de 73 et de 20 kilogrammes par centimètre carré.

Les résultats obtenus montrent que la résistance intrinsèque du mortier n'a qu'une très faible influence sur la charge d'écrasement des blocs avec joints.

Dans les blocs avec joints, l'épaisseur des joints a diminué sous les pressions d'une quantité qui a varié entre 1 et 4 millimètres, qui ne paraît pas proportionnelle à l'épaisseur des joints.

Sous des pressions variant de 140 à 300 kilogrammes, le mortier s'est désagrégé sur les bords des joints et est tombé en poudre sur une certaine profondeur. La pression qui a produit cette désagrégation a toujours été en raison inverse de l'épaisseur du joint.

Les blocs reliés par un coulis de ciment se sont comportés comme des monolithes et le joint ne paraît pas s'être écrasé avant la pierre elle-même.

« Il est évident, dit M. Tourtay, que dans la pratique on doit considérer que la limite de résistance de la maçonnerie est atteinte lorsque le mortier commence à s'écraser, surtout quand il s'agit des voûtes. Il paraît assez probable que cette limite de résistance ne dépend pas en général de la résistance de la pierre, puisque le joint en mortier se trouve écrasé entre deux blocs dans lesquels la pression reste encore fort éloignée de la charge de rupture. Les chiffres précédents suffisent à montrer que la limite pratique de résistance de la maçonnerie, bien que très supérieure à celle du mortier, était fort au-dessous de celle de la pierre. »

Ces expériences sont très intéressantes et prouvent que dans des assemblages de voussoirs bien taillés, reliés par un coulis de ciment et tirés d'un bon calcaire résistant, on pourrait atteindre des pressions de 70 kilogrammes par centimètre carré, le coefficient de sécurité restant voisin de 1/10. Ces pressions seraient excessives avec de la maçonnerie à joints.

Les expériences de M. Tourtay ne visent malheureusement que la pierre de taille. Il serait bien désirable qu'il en fût entrepris d'analogues sur la maçonnerie de moellons qui est beaucoup plus intéressante à considérer.

M. Tourtay en a exécuté quelques-unes sur les briques employées avec coulis de ciment; mais les briques, non grésées, c'est-à-dire dont les grandes faces n'ont pas été aplanies au grès, offrent toujours une convexité transversale sur ces faces et le coulis donne toujours un joint d'une certaine épaisseur moyenne.

La brique seule, grésée sur une ou sur deux faces, se rompait sous une charge de 46 ou de 71 kilogrammes par centimètre carré; avec joints en coulis de ciment, la charge de rupture était de 55 kilogrammes; avec joints en mortier de ciment de 0^m005, 0^m01 et 0^m015 d'épaisseur moyenne, elle était de 45, 41 et 34 kilogrammes. On retrouve là l'avantage du joint en coulis de ciment.

DENSITÉ DES MAÇONNERIES

La densité de la maçonnerie est un élément important à considérer dans les calculs de résistance.

Dans les calculs relatifs aux grands murs de réservoirs, MM. les ingénieurs Graëff, de Sazilly et Delocre adoptaient le poids de 2,000 kilogrammes au mètre cube.

Ce poids est trop faible. M. Krantz établit le chiffre suivant pour la maçonnerie bien serrée en moellons durs de calcaire ou de granite:

```
0m67 de moellons (cube réel) à 2.500 kilogrammes le mètre cube..  1.675
0m33 de mortier mouillé à 1.900 kilogrammes le mètre cube. . . .    627
                                        Total. . . . . . . . . .  2.302
```

En adoptant presque partout dans leurs calculs le poids de 2,000 kilogrammes, les ingénieurs ont donc indûment allégé, suivant M. Krantz, le poids de leur construction.

D'après M. l'ingénieur Pochet, qui a dirigé la construction du réservoir de l'Habra, la maçonnerie de moellons calcaires pèserait 2,150 kilogrammes.

Les expériences de M. l'ingénieur Bouvier, sur la maçonnerie de moellons de granit, lui ont donné pour poids du mètre cube 2,360 kilogrammes.

Au viaduc du val Saint-Léger, on a trouvé les chiffres suivants pour le poids du mètre cube de maçonnerie, de :

Moellons de meulière caverneuse	2,000 kil.	
— de meulière coillasse	2,300 —	
— de pierre de taille d'Euville	2,600 —	
Béton	1,800 —	

Les briques d'Agen, de 0^m22 sur 0^m11 et 0^m055, pèsent 2,200 kilogrammes le mille. La maçonnerie de briques, avec joints de 0^m01, pèsera donc environ :

$0,6 \times 2.200$	1,320 kil.
0^m25 de mortier mouillé à 1.900 kilogrammes	475 —
	1,795 kil.,

soit 1,800 kilogrammes le mètre cube.

COEFFICIENT DE DILATATION DES MAÇONNERIES

Le coefficient de dilatation des maçonneries a été déterminé par M. l'ingénieur en chef Bouniceau, qui a opéré sur des parallélipipèdes rectangles de 1^m69 à 2^m40 de longueur, plongés dans un bain d'eau dont on élevait la température de 10 degrés à 95 degrés. Le bloc repose sur des rouleaux au fond de son bain, et s'allonge ou se raccourcit librement ; ses deux extrémités agissent sur deux leviers verticaux montés chacun sur un axe horizontal, qui porte une lunette ; les déplacements des extrémités des leviers se traduisent par une petite rotation de chaque lunette, et cette rotation est mesurée sensiblement par la différence des cotes lues sur une mire verticale placée à 100 mètres de distance. L'axe de la lunette est supposé s'écarter fort peu de l'horizontale. Les longueurs interceptées sur la mire, réduites dans le rapport de similitude, donnent par leur total la variation de longueur subie par le bloc (*fig.* 1 à 4, *pl.* 5).

L'appareil a été contrôlé tout d'abord par une expérience portant sur une barre de fer de dilatation connue.

Le coefficient de dilatation, c'est-à-dire la longueur dont s'allonge ou se raccourcit un bloc de 1 mètre de longueur pour une variation de température de 1 degré, est donné par le tableau ci-après :

Ciment de Portland gâché pur	0,0000107
Mortier de sable siliceux et du même ciment	0,0000118
Maçonnerie de ce mortier avec briques de champ	0,0000089
Même maçonnerie avec briques en long	0,0000046
Béton de galet siliceux et du même mortier	0,0000143
Pierre de taille de Ranville	0,0000075
Pierre de taille de la Maladrerie, près Caen	0,0000089
Pierre de taille de Diélette	0,0000079
Marbre	0,0000054
Coulée de plâtre blanc	0,0000166

Ainsi, un massif de béton de 10 mètres de long varie de près de 3 millimètres pour un changement de température de 20 degrés.

D'après cela, il serait bon de laisser, de distance en distance, un jeu de quelques millimètres dans les longs murs de clôture ou de quai exposés à de grandes variations de température.

REJOINTOIEMENT DES MAÇONNERIES

Souvent, le mortier qu'on emploie dans le massif ne serait pas suffisamment résistant pour être exposé indéfiniment à l'air et aux intempéries. Le fût-il, qu'il faudrait encore remanier les joints dans le voisinage du parement, car il y a toujours des bavures à enlever et des trous à boucher. Cette opération, qui consiste à refaire les joints après coup pour leur donner une forme régulière, s'appelle le *rejointoiement*.

L'importance de cette opération est capitale.

Avant que l'emploi de la chaux hydraulique se fût généralisé comme il l'est aujourd'hui, le rejointoiement en ciment était presque nécessaire. Dans bien des cas, on peut maintenant rejointoyer avec le mortier dont on s'est servi pour le massif, en ayant soin de comprimer fortement le joint avec une tige en fer ou dague.

Le mortier déjà hydraulique, qui se trouve ainsi comprimé, n'absorbe plus l'humidité et résiste longtemps à la gelée.

Cependant, dans les constructions ordinaires, pour lesquelles le mortier intérieur est souvent d'une hydraulicité assez faible, le rejointoiement est forcé ; on dégrade donc le joint avec une sorte de crochet en fer que l'on tient par un manche de bois, et l'on remplit la partie dégradée en fichant le joint à la truelle avec du mortier de bonne chaux hydraulique ou mieux de ciment.

La compression du joint par une tige en fer doit toujours être exigée.

Dans la maçonnerie de pierre de taille, le joint est de faible épaisseur, et on le termine en parement par une face plane. Pour une maçonnerie de moellons à joints plus larges, on donne quelquefois aux joints une forme concave, qui a pour effet de mieux accuser les arêtes de la pierre, et de donner à l'édifice un aspect de solidité analogue à celui que l'on produit avec les refends et les bossages.

La figure 114 indique les divers systèmes de refends et de bossages : A est le joint avec refend ordinaire ; B le joint avec

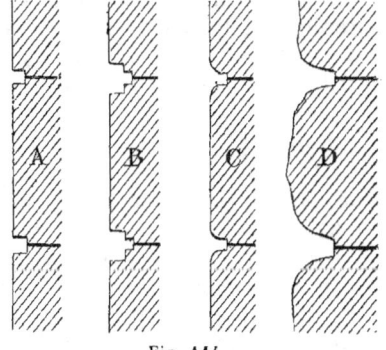

Fig. 114.

refends et bossages à arêtes vives ; C le joint avec refends et bossages à arêtes arrondies ; D le joint avec bossages bruts, donnant à la construction une grande apparence de vigueur.

Un maçon et son aide mettent, d'après MM. Claudel et Laroque, le nombre d'heures suivant pour exécuter 1 mètre courant de rejointoiement :

Sur une maçonnerie neuve de pierre de taille. . . . . 0,2 heure.
Sur une vieille maçonnerie, jusqu'à 0^{m}04 de largeur de joint. . . . . . 0,3 —
Sur une vieille maçonnerie, de 0^{m}04 à 0^{m}08 de largeur de joint. . . . . . 0,7 —
Pour 1 mètre carré de maçonnerie neuve en moellons piqués, joint soigné et comprimé. . . . . 1,5 —
Pour 1 mètre carré de parement en briques, joint soigné. . . . . 1,8 —

Le rejointoiement des maçonneries doit suivre la construction à très bref délai.

C'est une pratique générale de rejointoyer les maçonneries plusieurs semaines, quelquefois même plusieurs mois après leur achèvement; ce système est tout à fait vicieux, car le nouveau mortier ne fait jamais complètement prise avec l'ancien, à moins que les joints ne soient profondément dégradés et soigneusement lavés avec un jet d'eau.

« Ce qu'il y a de plus avantageux, disait M. Graëff, est de *lisser les joints avec le mortier même de pose* au fur et à mesure que l'on construit les parements. On obtient ainsi des rejointoiements d'une apparence un peu moins belle, il est vrai, mais beaucoup meilleurs au fond.

« Il résulte de l'expérience de nos travaux que la plupart des rejointoiements, faits après coup en mortier de chaux hydraulique et de sable, sont tombés au bout de sept à huit ans, tandis que les rejointoiements au même mortier, faits à mesure que l'on achevait les maçonneries, sont encore parfaitement intacts. »

Le rejointoiement doit être particulièrement soigné sur la maçonnerie de briques, car le remplissage des joints y est souvent très défectueux, et cette maçonnerie est facilement traversée par la pluie.

Il n'est pas nécessaire d'employer pour les rejointoiements du mortier de ciment; le ciment à prise rapide exige des soins particuliers et ne contracte pas toujours une parfaite adhérence. Un bon mortier de chaux hydraulique est bien suffisant et se relie mieux au vieux mortier; il n'est pas mauvais de l'additionner d'une certaine proportion de portland, 100 kilogrammes au mètre cube, par exemple.

Extrait du devis type arrêté par le ministère des travaux publics.

Ragréements et rejointoiements de maçonneries à parements vus. — ART. 82. — « Après l'achèvement des maçonneries, les parements vus seront toujours ragréés, nettoyés et rejointoyés avec soin.

« Le ragréement consistera à tailler sur place les saillies, les irrégularités résultant de l'imperfection de la préparation ou de la pose.

« Le nettoyage consistera à enlever les bavures en grattant ou lavant à l'eau ou à l'acide.

« Pour opérer le rejointoiement, on commencera par dégrader ou refouiller au crochet les joints horizontaux et verticaux sur 3 centimètres de profondeur, et on mouillera les surfaces avec une brosse trempée dans du lait de chaux. On appliquera ensuite, dans les joints, du mortier fin un peu ferme, qu'on serrera fortement contre la pierre, et on enlèvera avec soin toutes les bavures. On laissera le mortier rejeter son eau et prendre une certaine consistance, puis on le refoulera et on le lissera à plusieurs reprises différentes avec une spatule en fer, jusqu'à ce que le retrait occasionné par la dessiccation ne donne plus lieu à aucune gerçure.

« On aura soin, d'ailleurs, de ne pas frotter le mortier trop vite ni trop longtemps.

« Les surfaces des rejointoiements seront tenues en retraite de 1 centimètre environ sur le plan des arêtes des moellons, et de 5 millimètres sur les parements de la pierre de taille. »

Lavage à l'acide. — Avant de refaire les joints, mais après les avoir grattés et lavés à vif, il faut laver la surface entière des parements pour la débarrasser des bavures et des taches de mortier. Ce lavage s'effectue évidemment en commençant par le haut; quelquefois le lavage à grande eau avec un balai rude suffit. Souvent on a recours à de l'eau acidulée avec l'acide chlorhydrique; cette eau est sans danger sur les pierres quartzeuses en général et volcaniques; elle peut détériorer les pierres calcaires, et mieux vaut avec elles s'en abstenir.

CHAPES

L'extrados des voûtes, et, en général, toutes les surfaces de maçonnerie non verticales, doivent être protégés par des parois lisses qui s'opposent à la pénétration des eaux dans le massif; ces parois sont données par les chapes qui recueillent les eaux d'infiltration et les conduisent dans des gargouilles ménagées à cet effet.

La chape la plus simple consiste en une couche de bon mortier hydraulique, de 0^m08 d'épaisseur, posée en deux couches bien battues et bien comprimées.

Un autre système de chape comprend une couche de béton maigre de 0^m10 d'épaisseur, recouverte d'une couche de mortier de 0^m02 seulement.

Souvent on se contente d'une chape en mortier de ciment de 0^m02 à 0^m03 d'épaisseur, bien lissée; mais les raccords de ces grandes surfaces sont toujours difficiles, et on est exposé à voir des fissures se déclarer, surtout quand les mortiers ne sont pas protégés et se dessèchent trop vite.

La chape mixte de mortier et d'asphalte, couche de mortier de 0^m02 à 0^m03 recouverte d'une couche d'asphalte de 0^m015, donne de bons résultats, parce que l'asphalte jouit d'une certaine élasticité qui permet aux légers mouvements de la maçonnerie de se produire sans déchirage. L'asphalte est, du reste, imperméable.

Les ingénieurs hollandais emploient comme chapes des enduits en ciment avec trois couches de goudron : « Ces chapes réussissent très bien, ce qui, en outre du résultat des soins spéciaux apportés à l'exécution, tient peut-être aussi en partie à ce que, dans ce climat humide, les chapes sèchent moins promptement que dans le nôtre. On a soin de bien couvrir également avec du goudron les murs de tympans et, en général, on prend de grandes précautions contre les infiltrations. »

L'usage des enduits et chapes en goudron commence à se généraliser dans nos grands travaux.

On ne saurait trop recommander de bien relever les chapes sur les bords verticaux des maçonneries et de bien les souder avec les murs montants, afin d'empêcher les infiltrations entre la chape et la maçonnerie.

Extrait du devis type arrêté par le ministère des travaux publics.

Chapes. — ART. 84. — « Les chapes ne seront établies qu'après le décintrement des voûtes.

« Les chapes de 8 centimètres d'épaisseur seront formées d'une couche de béton de 6 centimètres et d'une couche de mortier de 2 centimètres d'épaisseur.

« Les maçonneries ayant été bien arasées, nettoyées et lavées, on posera les deux couches en ayant soin de les battre et de les comprimer fortement; la surface sera frottée et lissée à la grande truelle pour éviter les gerçures ou les fermer, jusqu'à ce qu'elle soit devenue complètement dure et résistante.

« Pour prévenir une dessiccation trop prompte, on recouvrira les maçonneries avec des toiles, des planches ou des paillassons.

« Lorsque sur les chapes des ponts on ajoutera une couche d'asphalte, on lui donnera 0^m015 d'épaisseur.

« On attendra, pour exécuter ce recouvrement, que le béton et le mortier soient complètement secs. »

OUTILLAGE DU MAÇON

L'outillage du maçon comprend :

Des règles, un fil à plomb, un niveau rectangulaire ou triangulaire, toutes choses connues du lecteur;

Une *auge* en bois pour le mortier;

Un *oiseau* A pour le transport du mortier; l'oiseau ne sert plus guère, si ce n'est dans les constructions de peu d'importance;

Les *truelles:* la truelle à mortier B, à coins arrondis, à manche parallèle à la lame, on l'appelle gueluchonne; la truelle à plâtre D à bords carrés, en cuivre, dont le manche fait un angle aigu avec la lame, elle doit toujours avoir les angles et les arêtes vifs afin de permettre de lisser le plâtre; la truelle à ciment C, plus petite et analogue à la précédente;

La *hachette* E, qui sert à recouper ou à débiter les moellons;

Le *marteau* F, qui sert aux mêmes usages que la hachette et qui permet de caler et de serrer les moellons;

MAÇONNERIES

La *taloche* G, planchette en bois qui sert à étendre le plâtre dans les enduits et le plafonnage ;

La *truelle brettée* H, plaque d'acier rectangulaire, dentelée d'un côté, qui sert à unir les surfaces, surtout les surfaces du plâtre, en les raclant d'abord et les grattant ensuite ;

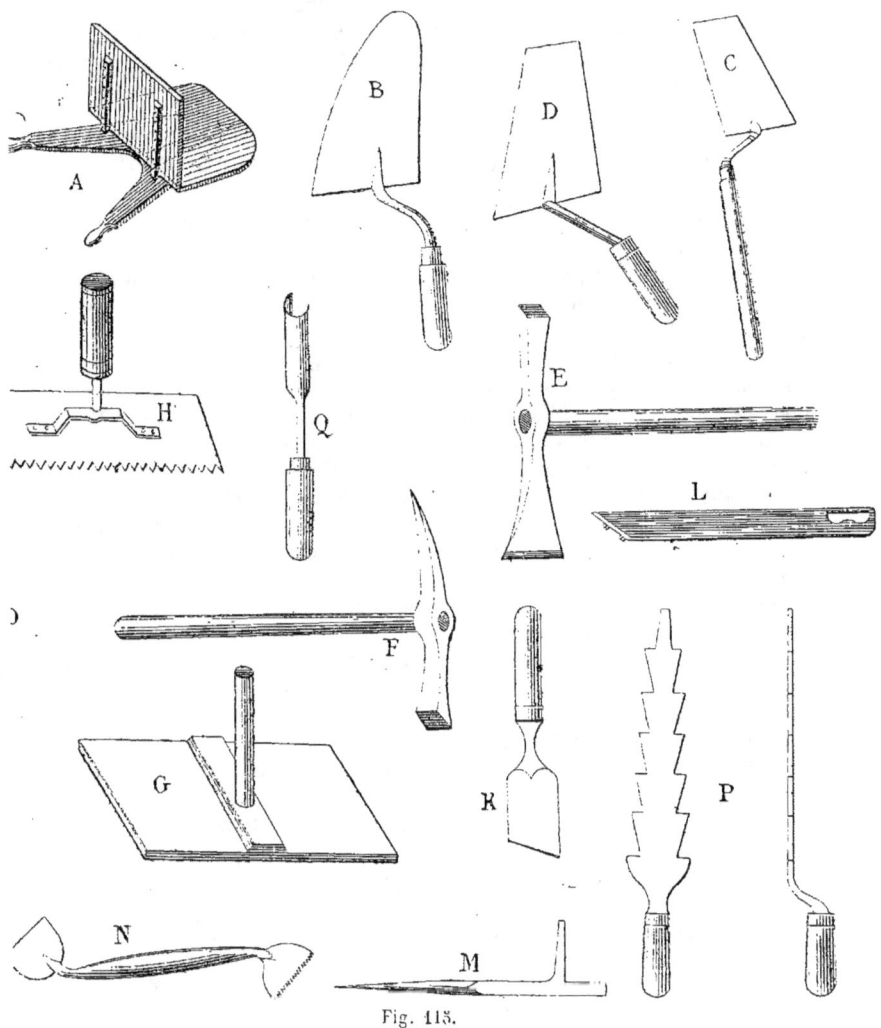

Fig. 115.

Le *riflard* K, couteau taillé en biseau servant à couper les repères, à dégager les angles ;

Le *guillaume* L, rabot en bois à lame d'acier qui sert à dresser les arêtes et à couper les moulures ;

Les *chevillettes en fer* M, qui s'enfoncent dans la maçonnerie et soutiennent les règles et les cordeaux ;

La *ripe* N pour dresser les surfaces ;

Le *rejointoir* O pour dégrader les joints ;

La *fiche à dents* P pour garnir les joints des pierres de taille ;

Les ciseaux et les *gouges* Q, qui servent pour les moulures.

On pourrait ajouter à cet outillage celui du tailleur de pierres que le maçon emploie souvent et les divers engins simples servant au bardage des matériaux.

6° MAÇONNERIES DIVERSES ; PIERRES FACTICES ; MASTICS

Maçonnerie en pierres sèches. — La maçonnerie en pierres sèches est bien délaissée aujourd'hui, et cela se comprend si l'on réfléchit à la facilité et à l'économie avec laquelle on produit les mortiers et les ciments, qui permettent de former de gros blocs solides avec les matériaux les plus petits.

Aux premiers temps de la civilisation, en Égypte, en Grèce, à Rome, les monuments destinés à vivre indéfiniment étaient construits en pierres de taille assemblées sans mortier. On en retrouve des exemples dans lesquels les joints sont presque imperceptibles ; il semble que les pierres aient été usées les unes contre les autres par un frottement prolongé, afin de mieux s'assembler. Quelquefois, on les réunissait entre elles par des crampons en fer ou en bronze, ou par des queues-d'hironde en bois dur, qui s'engageaient dans des refouillements ménagés tout exprès.

On rencontre encore sur les côtes de la Bretagne quelques jetées en pierres sèches ; ainsi la jetée de Roscoff, qui a 13^m50 de large sur 11 mètres de haut, est formée de deux parements en gros blocs juxtaposés sans mortier, qui comprennent entre eux un remplissage. Les blocs assemblés étaient, paraît-il, coincés avec des cales en bois qui, en absorbant de l'eau, se gonflaient et déterminaient un serrage énergique. A Folkestone, on a construit une grande jetée formée de pierres inclinées à 60 degrés sur l'horizon vers l'intérieur du massif.

Quoi qu'il en soit, nous le répétons, ce mode de construction n'est plus guère usité, excepté pour les enrochements et les perrés, dont nous avons déjà donné les détails de construction.

Maçonnerie de pisé. — Le pisé est une maçonnerie faite avec de la terre comprimée sur place. Quelquefois on moule de gros blocs que l'on relie ensuite par du mortier ; le plus souvent, les murs sont moulés d'une seule pièce dans des moules appelés *banches*. Une *banchée* a 3 mètres de longueur, 1 mètre de haut, 0^m50 à 0^m60 de large. La compression de la terre s'effectue avec un *pilon* ou *pisoir* ; on le fait avec de grosses racines d'un bois dur et liant et on le tourne d'un certain angle à chaque coup que l'on frappe, afin de produire un certain corroyage.

On emploie de la terre franche ; l'argile seule ou le sable seul ne conviennent pas. La terre franche, fouillée à la bêche, est écrasée, passée à la claie pour la purger des cailloux, débarrassée des racines et matières organiques qu'elle renferme, puis humectée par aspersion si elle est trop sèche et remuée. Il faut qu'elle conserve de la consistance et ne soit pas transformée en pâte molle.

Il est bon de mouler, à titre d'essai, une sorte de brique de grandes dimensions et de voir ce qu'elle devient après avoir séché à l'abri pendant quelques jours.

Les murs en pisé sont montés sur une fondation en moellons reliés souvent par un mortier de terre.

Deux ouvriers, ayant la terre à pied d'œuvre, peuvent faire deux tiers de mètre cube de pisé à l'heure.

Le pisé, lorsqu'il est à l'abri de la pénétration de l'eau, est très résistant et durable; il acquiert une dureté progressive. Mais, une fois que l'eau a pénétré à l'intérieur, il est perdu.

C'est une maçonnerie économique, peu conductrice de la chaleur, ni combustible; il convient surtout dans les climats du Midi, où l'humidité est rare. Il faut que les murs en pisé soient protégés par des chaperons imperméables, en chaume ou en tuile. Quand ils appartiennent à des constructions d'une certaine importance, des maisons, par exemple, on les protège par un enduit de chaux, de plâtre ou de bourre; mais il faut attendre, pour appliquer l'enduit, que la dessiccation des murs soit complète, ce qui exige plusieurs mois.

Rondelet a obtenu avec le pisé des constructions très solides en employant de la terre humectée, non plus avec de l'eau pure, mais avec un lait de chaux.

En Normandie et en Bretagne, on emploie un pisé formé de terre franche mêlée et gâchée avec du foin ou de la paille brisée; cela constitue un feutrage qu'on appelle *bauge* ou *torchis*. Quand les surfaces sont bien lissées et que les murs sont recouverts d'un bon chaperon, c'est une bonne construction.

Béton de sable. — On désigne sous le nom de béton de sable un mortier très maigre, formé ordinairement d'un mètre cube de sable mélangé à 0^m15 de chaux hydraulique : ce composé durcit avec le temps, et il est possible d'en faire des massifs, pourvu qu'ils ne soient pas exposés à subir des délavages ni à supporter de fortes charges.

On se sert souvent du béton de sable pour le remplissage des voûtes, la petite quantité de chaux introduite suffit pour agréger le sable et détruire les poussées qu'il exerce en tous sens; on n'a plus qu'un monolithe qui n'agit que par son poids.

En mélangeant 0,10 de chaux à 0,45 de sable et 0,45 d'argile, on obtient un béton qui ne résiste guère à l'eau et ne peut être employé sans être recouvert et protégé; il a à peu près la résistance du pisé.

Béton Coignet. — Le procédé de M. Coignet, procédé qui a subi depuis bien des améliorations, « consistait, en principe, à tasser fortement, dans des moules analogues à ceux employés pour faire le pisé, un mortier très maigre, désigné à tort sous le nom de béton, malaxé avec beaucoup de soin, composé de matières diverses appropriées au résultat à obtenir dans chaque genre d'application, mais toujours choisies de manière à composer une masse parfaitement compacte et sans vides appréciables.

« Voici quelques exemples des mélanges indiqués par M. Coignet :

POUR MURS ORDINAIRES		POUR DALLAGES		POUR MOULURES, JAMBAGES DE MAISONS	
Sable de rivière.	8	Cend. de houilles entières.	5 »	Cendres de houilles pilées.	1
Argile cuite et pilée.	1	— — pilées.	1 »	Terre argileuse cuite	
Cendres de houilles pilées.	1	Terre argileuse cuite.	1 »	Sable de mine.	
Chaux hydraulique naturelle.	1	Sable de mine.	1 »	Chaux hydraulique naturelle.	
	11	Chaux hydraulique.	1 1/2		
			9 1/2		

« Le mélange des matières est soigneusement exécuté au tonneau malaxeur. La construction des caves, des murs de fondation, etc., ne présente aucune difficulté. On découpe dans le sol un vide de la forme des murs et des voûtes à construire et on y pilonne soigneusement le mélange par petites couches de 5 centimètres chacune environ. Au bout de quelques jours, s'il s'agit de caves, on enlève la terre laissée pour servir de cintre et les voûtes se supportent d'elles-mêmes.

« La matière durcit en cinq ou six jours. Après un an, elle présente une très grande résistance. On peut ainsi construire d'une seule pièce des maisons entières, des égouts, des fondations, etc..., avec une économie qu'on peut évaluer, à Paris, à 50 p. 100. »

Pierres factices en mortier maigre ou en béton de ciment. — Aujourd'hui les pierres factices, succédanées de l'ancien béton Coignet, sont tout simplement soit des mortiers maigres de chaux hydraulique généralement additionnée de ciment pour faciliter la prise, soit des bétons à mortier hydraulique. Pour le moulage des buses et tuyaux, on a recours, le plus souvent, aux ciments à prise rapide.

Pierres factices en béton de ciment Vicat. — « L'emploi du ciment Vicat pour la fabrication des pierres factices procure une économie considérable sur la pierre de taille; les agglomérés de béton, composés de 8 à 9 volumes de blocaille pour 1 volume de ciment Vicat, ne sont pas encore assez entrés dans les habitudes pour que nous voulions les conseiller. Toutefois, disent MM. Vicat, nous n'hésitons pas à les employer pour nos propres constructions; depuis plus de dix ans les pierres d'angle de notre maison d'habitation à notre usine de Genevrey, composées de 8 volumes de gravier d'égale grosseur et de 1 volume de ciment Vicat, sans sable, n'offrent aucune altération et produisent un joli effet.

« Dans la pratique ordinaire, on n'admet pas de vide dans les maçonneries; pour y arriver, on emploie ordinairement $0^{mc}40$ de mortier par mètre cube de maçonnerie, de façon que la quantité de matériaux pour obtenir 1 mètre cube de pierres factices s'établirait de la manière suivante :

« 1 mètre cube de pierres en blocaille ;

« 335 kilogrammes de ciment Vicat ;

« 335 kilogrammes de sable (poids du mètre cube de sable, 1,400 kilogrammes); on arrive ainsi à des prix très inférieurs à ceux de la pierre de taille.

« Ordinairement, le béton composé comme ci-dessus est coulé dans des moules ou dans des caisses donnant la forme du bloc prêt à être mis en place; pour obtenir une pierre factice exempte de cavités, il est nécessaire de vider le béton dans le moule par petites assises, et de damer avec soin : il faut donc que le mortier de ciment ait la consistance ordinaire.

« On obtient ainsi des blocs de toutes les formes, et parfaitement solides; il faut seulement attendre que la prise du ciment soit faite avant de démouler, et si le moule offre des moulures délicates, ce n'est pas trop d'attendre quarante-huit heures avant le démoulage, qui doit être fait par un ouvrier expérimenté.

« S'il était possible d'imprimer au moule rempli, et avant la prise du ciment, un mouvement de trépidation ou de tassement pendant quelques minutes, on assurerait ainsi le remplissage de toutes les cavités et la parfaite réussite de la pierre factice ; au moyen d'un petit treuil portatif, nous ne pensons pas que cela fût très difficile. On peut aussi, si l'on veut éviter la blocaille, massiver dans le moule, par faibles épaisseurs, le mortier de ciment gâché comme pour les dallages; on évite de cette façon peut-être plus sûrement les cavités qui restent quelquefois sur les pierres moulées suivant la première méthode. »

On fait aussi avec le ciment Vicat des carrelages que l'on colore de diverses teintes en ajoutant à la pâte des matières minérales ; on peut même enchâsser des pierres dans la pâte à la surface du carreau et obtenir ainsi une mosaïque très résistante et d'un bel effet.

Ces carrelages sont inaltérables aux intempéries, l'entretien en est simple et ils présentent une grande résistance à l'usure.

Pierres artificielles diverses. — La fabrication des pierres artificielles a préoccupé de nombreux inventeurs. Mais, à notre avis, la propagation des bonnes chaux hydrauliques et des bons ciments s'oppose à un développement sérieux de l'industrie des pierres artificielles, dont les applications sont nécessairement restreintes. Nous nous bornerons donc à une description fort sommaire.

Dallages en fragments d'ardoise comprimée. — On a cherché à utiliser tous les débris d'ardoises accumulés depuis des siècles au voisinage des carrières. Ces débris schisteux de nature onctueuse, triturés avec du quartz et du brai purgé de ses huiles, ont donné une pâte propre au moulage, dont la résistance après dessiccation pouvait atteindre 3 kilogrammes par centimètre carré. La pâte moulée subissait une cuisson à la vapeur. La pose des dalles ou pavés ainsi obtenus se faisait sur plâtre ou sur mortier hydraulique. Les prix de revient devaient être assez élevés et nous ne pensons pas que cette industrie se soit propagée.

Pierres artificielles Lebrun. — On a fait, il y a une trentaine d'années, un certain bruit en faveur des pierres factices de M. Lebrun. Il pulvérisait ensemble 3 à 5 parties de calcaire marneux, capable de fournir une chaux hydraulique ou un ciment et une partie de coke ou de charbon ; de la poussière il faisait des briques que l'on cuisait et que l'on broyait ensuite. La poudre obtenue s'appelait *hydro*. L'hydro, gâché en mortier avec du sable, et employé avec compression, donnait la pierre factice, qui présentait en effet quelque résistance, n'était pas gélive, résistait bien à l'usure, et se prêtait à un bon moulage pour la fabrication des ornements d'architecture.

Pierres artificielles Ransome. — M. Ransome a inventé une pierre dont la base est le silicate de chaux, composé doué d'une notable cohésion.

Le procédé consiste à mélanger du sable ordinaire et de la craie avec une solution de silicate de soude ; le tout est gâché en pâte que l'on moule ou que l'on étend comme enduit. Puis ces pièces moulées ou ces enduits sont immergés dans une solution de chlorure de calcium ou badigeonnés à plusieurs reprises avec cette solution.

Il y a double décomposition : il se forme du silicate de chaux qui donne à la pâte un durcissement progressif et du chlorure de sodium ou sel marin que l'on enlève par des lavages.

On voit que cette pierre artificielle se fabrique uniquement par voie humide, sans cuisson ; elle n'éprouve donc aucun retrait et peut rendre service dans la confection des ornements et moulages pour l'architecture ; la pâte peut, du reste, être colorée.

Il semble que le sel, toujours imparfaitement enlevé par les lavages, doit rendre par certains temps ces pierres artificielles très hygrométriques.

Pierres en laitiers de hauts fourneaux. — Un haut fourneau qui donne 42 tonnes de fer par jour donne en même temps 67 tonnes de laitier dont il faut se débarrasser et qui encombrent des surfaces énormes.

Ce laitier est un verre informe, de composition variable, renfermant de la chaux, du fer, du silicate d'alumine. On l'a coulé en blocs artificiels dont on a fait des digues, en pavés dont l'usage ne s'est guère répandu ; on l'a réduit en filaments en le soumettant à sa sortie du fourneau à un courant d'air très violent, et on a obtenu la laine ou feutre minéral qui sert à protéger les tuyaux de vapeur contre la déperdition de chaleur ; on l'a réduit en sable en le faisant tomber à l'état de fusion dans un courant d'eau froide, et ce sable a constitué un assez bon amendement pour l'agriculture. Mais la meilleure application paraît avoir été faite par M. Fabre ; en ajoutant au sable de laitier une proportion de chaux qui lui donne à peu près la composition chimique du portland, il fait une pâte et des briques qu'il moule sous pression et qu'il fait sécher. La résistance de ces briques serait comparable à celle des briques de Bourgogne.

Il y en a une fabrique à Saint-Dizier-Marnaval, et le prix était, en 1878, de 36 francs le mille en gare de Saint-Dizier.

Marbre artificiel. — Un ingénieur anglais, M. O'Neill, donne le procédé suivant pour la fabrication du marbre artificiel : mélanger en parties égales du ciment de Portland, des cendres ou du poussier de houille, de la poussière de marbre ; faire une pâte avec de l'eau contenant 1 p. 100 de borax. La pâte est versée dans des moules et abandonnée jusqu'à prise complète. Puis on laisse sécher les pièces, on les recouvre de vernis de copal veiné avec quelques filets de couleur. On sèche les objets à l'étuve à 90 degrés pendant vingt-quatre heures et on les polit ensuite.

Pierre artificielle système Dumesnil. — M. Dumesnil a inventé une pierre factice qui n'est autre qu'un stuc et qui s'obtient par le mélange suivant :

Plâtre	1000 parties en volume.
Chaux hydraulique	10 —
Gélatine liquide	5 —
Eau froide	500 —

On brasse le tout dans une cuve et on verse la pâte dans des moules enduits de savon noir.

De la silicatisation. — Les pierres siliceuses sont, comme on le sait, les moins altérables aux intempéries ; aussi a-t-on cherché à introduire la silice au moins dans les couches superficielles des pierres calcaires. Dans ce but, M. Kuhlmann a recommandé d'appliquer sur leur surface une solution au sixième de silicate de potasse ou verre soluble. Il faut, en général, trois applications à quelques jours d'intervalle et l'opération s'effectue soit avec des pompes, soit avec des brosses, suivant l'étendue et la position des surfaces.

Au pont de Vernon-sur-Seine, les parapets en pierre de taille ont reçu cinq couches de silicate de potasse, à raison de 0 fr. 50 par mètre carré pour l'opération entière.

Après cette application, dit M. l'ingénieur Picquenot, la surface de la pierre prend une apparence de stuc ou de marbre du plus heureux effet et elle se trouve très efficacement protégée contre l'envahissement des mousses verdâtres et des vermiculures qui ne tardent pas à couvrir certaines pierres tendres renfermant des argiles.

On a proposé également de traiter les pierres calcaires par une dissolution étendue de *phosphate de chaux ;* un peu de calcaire se trouve décomposé, l'acide carbonique est chassé et il se forme un sous-phosphate de chaux insoluble et dur. Malheureusement une teinte brune envahit les pierres ainsi transformées.

MASTICS

Les constructeurs se servent encore quelquefois de différents mastics, qu'il est utile de connaître, bien qu'on leur ait en beaucoup de cas substitué les ciments calcaires.

Mastic Dihl. — Le mastic Dihl se vend au prix de 30 francs le quintal lorsqu'il est jaune, et de 35 francs lorsqu'il est blanc.

Il est imperméable et acquiert rapidement une grande dureté. Il est formé de neuf parties de brique pilée et d'une partie de litharge (oxyde de plomb). On l'emploie surtout pour faire les rejointoiements dans les ouvrages en pierre, en mortier, en plâtre, en briques. A cet effet, on le gâche avec de l'huile de lin ou avec de l'huile de noix : dans cette opération, il faut environ 25 litres d'huile pour 1 quintal de mastic. On a d'ailleurs le soin d'enduire avec une huile grasse les parties sur lesquelles le mastic doit être appliqué, afin d'empêcher que l'huile de lin, qui entre en combinaison dans le mastic, ne soit absorbée par les parois.

On emploie aussi le mastic Dihl pour la peinture conservatrice. Dans ce cas, on commence par le broyer à l'huile, comme le blanc de céruse, et on l'applique ensuite avec le pinceau. Il peut servir à enduire le fer, le bois, et surtout le plâtre, ainsi que la pierre ; il adhère fortement à tous ces matériaux qu'il préserve très bien de l'action de l'air.

Ciment d'oxychlorure de zinc. — Pour obtenir ce ciment, on délaye de l'oxyde de zinc dans un chlorure liquide de la même base. Le chlorure doit marquer 50 degrés à l'aréomètre de Baumé, et, afin que le ciment prenne moins rapidement, il est bon d'y introduire 3 p. 100 de borax. Lorsque le mélange est fluide, il peut être coulé dans des moules, et, en durcissant, il reproduit leur forme avec une netteté remarquable.

Le ciment d'oxychlorure basique de zinc possède une qualité précieuse, une grande dureté ; il est, en effet, plus dur que la chaux carbonatée. En outre, il résiste au froid, à la chaleur et à l'humidité. Les acides eux-mêmes l'attaquent assez lentement.

Pour diminuer son prix de revient, on peut y mélanger des matières étrangères, telles que du sable ou de la limaille de fer.

M. Sorel emploie son ciment à sceller le fer dans les constructions, à faire des dallages en mosaïques, à mouler très exactement des statuettes ainsi que des médaillons. Lorsqu'il l'emploie à sceller le fer dans les constructions, il le mélange avec de la limaille de fer, et le composé qui en résulte est assez dur pour être difficilement attaqué par la lime. Les dallages en mosaïques peuvent, d'ailleurs, recevoir les couleurs les plus vives et les plus variées : un essai de ce genre, fait dans l'église de Saint-Étienne-du-Mont, a donné des résultats satisfaisants.

Ce ciment pourrait encore trouver une application très importante, et remplacer la peinture à l'huile. On opère en délayant dans de l'eau et un peu de colle l'oxyde de zinc pur ou coloré. On applique ce mélange comme les peintures ordinaires à la colle; puis, quand il y en a une couche suffisante, on passe par-dessus, avec une brosse, un peu de chlorure de zinc à 25 degrés de Baumé. Il se forme immédiatement de l'oxychlorure de zinc, qui est une peinture très solide, sans odeur, séchant instantanément. Cette peinture peut d'ailleurs être poncée ou recevoir un vernis.

Les peintures, employées pour la conservation des bâtiments, présentent toutes des inconvénients; aussi, le moindre progrès, qui serait réalisé dans cet art, aurait-il une très grande importance. Les essais entrepris jusqu'à présent par M. Sorel sont donc dignes, au plus haut degré, de l'attention et de l'intérêt des constructeurs. (Delesse.)

Mastic Machabée. — Ce mastic comprend pour 100 parties: 60 de poix grasse de Bordeaux à 35 francs le quintal, 2 de galipot à 40 francs le quintal, 19 de bitume de Bastennes à 40 francs, 4 de cire vierge à 400 francs, 3 de suif de Russie à 180 francs, 6 de chaux hydraulique fusée à l'air à 5 francs, et 6 de ciment romain à 5 francs. Son prix de revient est donc de 51 fr. 40 le quintal; on le vend 120 francs. On l'applique sur les plâtres, sur les parties humides des murs, sur tous les bois exposés à l'humidité; il préserve le fer, la fonte et la tôle de la rouille; il convient pour scellement des grilles, des anneaux et des tuyaux en fonte.

Les expériences ont montré que ce composé pouvait rendre d'excellents services.

Mastics divers. — Nous terminerons en donnant la composition de divers mastics ou ciments, dont la plupart sont tombés dans l'oubli.

1° Le *mastic ordinaire* comprend un volume de chaux vive en poudre, éteinte avec du sang de bœuf, et additionnée de deux volumes de ciment avec un peu de limaille de fer. On s'en sert pour rejointoyer les corniches et pierres exposées à la pluie.

2° Le *mastic Loriot* est un ciment de tuileau; c'est un mélange de chaux éteinte à forte consistance et de cailloux siliceux ou de tuileaux pulvérisés. Quand ce mastic a bien séché à l'ombre, on peut l'employer; il est, paraît-il, imperméable.

3° Le *mastic Vauban* sert à imperméabiliser les parois des citernes; on mêle 5 parties de chaux et 2 de ciment bien tamisés, on ajoute de l'huile de lin et on bat le mélange pendant plusieurs heures. A plusieurs jours de distance on applique sur les parois des couches successives de manière à atteindre une épaisseur de 0^{m}02.

4° Le *mastic au blanc d'œuf* sert pour recoller le marbre; c'est de la chaux vive pulvérisée, passée au tamis de soie et gâchée avec du blanc d'œuf.

5° Le *mastic à la cire* sert pour recoller les pierres. On prend parties égales de soufre, de résine et de cire jaune; on fait fondre le soufre et la résine, puis on ajoute la cire. On chauffe légèrement les surfaces à recoller, on les enduit de mastic et on les rapproche; la suture est excellente.

6° *Ciments divers employés par les constructeurs anglais.* — Nous avons trouvé dans les ouvrages anglais plusieurs formules que voici :

Ciment pour albâtre : 1 partie plâtre fin, 2 de résine jaune; faire le mélange et l'appliquer à chaud sur le joint;

Ciment pour granite : 8 parties d'argile sèche pulvérisée, 4 de limaille de fer, 2 de peroxyde de manganèse, 1 de sel marin, 1 de borax; triturer le tout, et en faire avec de l'eau une pâte que l'on emploie immédiatement;

Ciment pour marbre : faire une pâte avec du plâtre et une dissolution saturée d'alun; recuire cette pâte et pulvériser le produit. Celui-ci, mêlé à l'eau, s'emploie comme du plâtre, est susceptible de poli et peut être coloré comme le marbre; c'est une variété de stuc que nous avons déjà décrite;

Ciment rouille : 2 volumes chlorhydrate d'ammoniaque, 1 de fleur de soufre, 16 limaille de fer;

Ciment imperméable pour citernes :

N° 1 : craie 100, résine 68, soufre 18, goudron 9; faire un mélange.

N° 2 : sable 100, chaux vive 28, cendre d'os 14; mélanger avec de l'eau.

7° *Ciments métalliques Chenot.* — Le fer très divisé, tel que le fer en éponge, est très oxydable. En le mêlant à la silice et en arrosant le mélange avec un oxydant, il se produit des silicates très durs; on peut même ajouter une assez forte proportion de matières inertes. Voici un des mélanges qui donne le ciment Chenot :

8 hectolitres de sable siliceux fin, 2 de plâtre, 3 d'éponge de fer, et 12 kilogrammes d'ammoniaque; le gâchage et l'arrosage du mélange se font avec de l'eau ammoniacale à 2 p. 100 d'ammoniaque. Le dosage susénoncé donne 1 mètre cube de ciment, qui, après absorption de 200 kilogrammes d'oxygène pour oxyder les 700 kilogrammes de fer, pèse 3,500 kilogrammes. Le ciment obtenu est inattaquable à la lime et inaltérable et, quand il renferme des matières engagées dans la pâte, il donne à la cassure l'aspect d'une brèche ou d'un poudingue. Mais le prix de revient de ce produit est très élevé.

8° *Mastic Fontenelle à base d'oxychlorure de zinc.* — Pour la réparation des pierres de taille des ponts de Paris, et notamment pour la réparation des corniches du Pont-Neuf, on s'est servi d'un mastic inventé par M. Fontenelle et perfectionné par M. Warest.

Ce mastic a pour éléments : 1° une poudre comprenant en poids 2 parties d'oxyde de zinc dit gris de pierre, 2 parties de calcaire très dur écrasé et passé au tamis de $0^m 0015$ et 1 partie de grès écrasé; 2° une liqueur préparée en faisant dissoudre jusqu'au refus des rognures de zinc dans l'acide chlorhydrique du commerce; à la dissolution on ajoute du chlorhydrate d'ammoniaque dans la proportion du sixième du poids de zinc employé, on laisse déposer et on décante. On prend trois volumes de ce liquide et deux volumes d'eau pour former la liqueur avec laquelle on gâche la poudre. Il faut opérer à l'air libre, dans des vases plats, et introduire peu à peu le zinc dans l'acide pour modérer l'effervescence.

La poudre avant emploi est agitée et passée au tamis pour assurer le mélange parfait des éléments; on peut lui donner la teinte voulue en remplaçant une partie du grès par un poids égal d'ocre rouge ou jaune, de noir de charbon. Pour gâcher 1 kilogramme de poudre, on emploie $0^{lit}30$ de liqueur.

La pierre à restaurer est mise à vif avec la pioche et le poinçon, soigneusement piquée et énergiquement brossée, puis mouillée au pinceau avec la liqueur; alors on applique le mastic, la prise commence au bout de vingt minutes; on ne doit plus alors continuer l'application, mais on continue à travailler les parties appliquées en les serrant avec la truelle.

Quand le trou à boucher a plus de 0^m03 de profondeur, on exécute un rocaillage avec le mastic et des éclats de pierre dure trempés dans la liqueur, en laissant seulement une épaisseur de 0^m005 pour l'enduit.

La surface durcie est passée au grès pour effacer les traces de la truelle; on peut même la boucharder et y exécuter des ciselures.

Le mastic ne se rompt par traction que sous un effort de 10^k27 par centimètre carré après quarante-huit heures de fabrication et de 26 kilogrammes au bout de quatre mois; à ce moment sa résistance à l'écrasement est de 278 kilogrammes.

Les prix de revient ont été de 0^f25 par kilogramme de poudre et 0^f36 par litre de liqueur.

L'application de ce mastic faite au Pont-Neuf a donné d'excellents résultats.

7° BITUMES ET ASPHALTES

L'antiquité la plus reculée a employé le bitume dans ses constructions. D'après la Bible, les constructeurs de la tour de Babel se servaient de bitume comme de ciment.

C'est qu'en effet l'Asie Mineure, et particulièrement la Judée, est riche en bitume : sur le lac Asphaltite ou mer Morte, le bitume surnage et on le recueille.

L'asphalte calcaire chargé de bitume se rencontre aussi dans bien des édifices de l'antiquité.

Ces deux produits, longtemps méconnus et négligés, ont reparu depuis quarante ans environ; accueillis d'abord avec trop d'engouement, ils rendent aujourd'hui de précieux services à l'art du constructeur.

Leur composition et leur préparation sont connues de peu de monde; M. l'ingénieur Léon Malo est à peu près le seul qui les ait étudiées à fond et ce sont ses divers mémoires qui nous serviront de guide.

Bitume. — Le bitume comprend une classe de composés, qui semblent formés, comme les corps gras, de la réunion de deux corps : un carbure $C^m H^n$ et un carbure oxygéné $C^p H^q O^r$. Suivant la composition de ces carbures, on a des bitumes de nature différente, que M. Léon Malo réunit dans le tableau suivant :

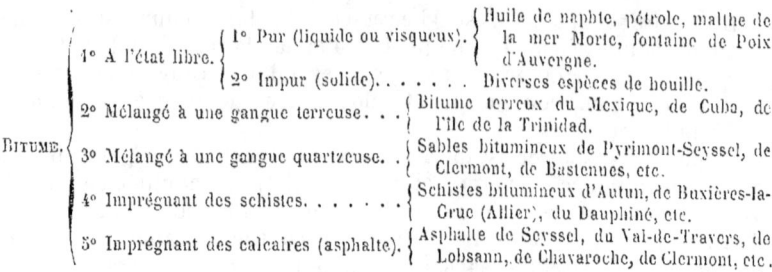

Les bitumes, dit M. de Coulaine, appartiennent à la classe des combustibles minéraux. A la température ordinaire, ils sont tantôt secs et cassants, tantôt mous, poisseux et même liquides. Dans l'état intermédiaire, ils s'étendent et coulent lentement; on les voit aussi céder progressivement sous le poids du corps le plus léger, tandis qu'un corps beaucoup plus lourd, lancé sur leur surface, rebondit sans laisser de trace sensible.

Ils éprouvent par le froid une très forte contraction.

Ils fondent complètement un peu au-dessus de 100 degrés. De 120 à 140 degrés, ils répandent des fumées très épaisses et entrent en ébullition. Le produit de la distillation est une huile dont les propriétés varient suivant la nature du goudron.

A mesure que cette distillation s'avance, la liquidité et la souplesse du bitume diminuent de plus en plus. Lorsqu'enfin les vapeurs ont presque entièrement cessé, il ne reste plus qu'une substance noire, brillante, très cassante à la température ordinaire, et qui, par un feu très prolongé, se décompose avec la plus grande facilité.

En mettant en contact les deux éléments qui ont été séparés par la chaleur, ils se réunissent de nouveau et reproduisent le bitume soumis primitivement à l'expérience.

Les bitumes minéraux présentent donc une composition semblable à celle des corps gras, et contiennent deux principes analogues à la stéarine et à l'oléine. C'est de cette composition, qui jusqu'ici ne nous semble pas avoir été remarquée, que découlent toutes les propriétés des bitumes, ainsi que celles des mastics dont ils forment la base principale.

On n'avait pas encore assigné la cause des différences qu'on observe dans leur qualité; elle paraît résider entièrement dans la nature de l'huile qu'ils renferment.

Ainsi, l'huile que contient le bitume appelé goudron de houille ou coltar répand une odeur très désagréable semblable à celle du goudron lui-même; parfaitement limpide et incolore lorsqu'elle vient d'être distillée, elle se colore et se charbonne au contact de l'air. Elle est très volatile, même à la température ordinaire. Aussi le goudron de houille se dessèche-t-il avec la plus grande rapidité, et ne produit-il (par son mélange au calcaire) que des mastics cassants. Vainement, en ménageant le feu, obtient-on une consistance convenable; cette consistance s'altère promptement par l'évaporation spontanée de l'huile dont il vient d'être question.

. Le bitume de Bastennes, au contraire, fournit une huile beaucoup plus fixe, beaucoup plus consistante, qui ne s'évapore pas sensiblement à l'air libre. Aussi, compose-t-on avec ce bitume des mastics excellents.

Les lignes précédentes nous apprennent qu'il faut éviter l'emploi du goudron de gaz, que l'on a cherché souvent à substituer au bitume naturel, par raison d'économie. C'est à lui que l'on doit de nombreux insuccès, qui avaient rendu le public très méfiant à l'égard des mastics bitumineux.

Toutefois, en distillant convenablement le goudron de gaz, et en remplaçant l'huile volatile qui se dégage par une huile fixe, on fabrique ce qu'on appelle *la lave fusible*, qui dans certains cas est susceptible d'un bon emploi; mais la réduction du goudron n'est jamais complète, parce qu'en voulant chasser toute l'huile volatile, on décompose la matière; de sorte que ces produits artificiels ne peuvent jamais égaler les mastics à base de bitume naturel.

Le bitume, qui est à peu près seul employé aujourd'hui en France, est celui qui provient de l'île de la Trinité (Trinidad). C'est une argile imprégnée de bitume; le produit, tel qu'il arrive par navires, renferme 32 à 38 p. 100 d'eau; desséché, il contient environ parties égales de bitume pur et d'argile.

Procédé pour distinguer le brai de gaz du bitume naturel. — M. l'ingénieur en chef Léon Durand-Claye a donné, en 1879, le procédé suivant qui permet de distinguer le brai de gaz du bitume naturel :

« On fait digérer la matière dans le sulfure de carbone et on filtre. La liqueur filtrée est évaporée à sec et chauffée jusqu'à ce qu'elle devienne, par le refroidissement, dure et cassante comme le brai. On s'arrange pour avoir environ 1 gramme de résidu desséché; on le broie dans un mortier et l'on opère sur la poudre ainsi obtenue.

« On pèse 1 décigramme de cette poudre et on la met au fond d'un tube bouché. On ajoute 5 centimètres cubes d'acide sulfurique ordinaire monohydraté. On ferme le tube avec un bouchon et on laisse digérer pendant vingt-quatre heures environ. On débouche et on étend de 10 centimètres cubes d'eau.

« Cette dernière opération doit être faite avec précaution, à cause de la grande chaleur qui se développe pendant le mélange. On place le tube dans un verre rempli d'eau froide et l'on ajoute les 10 centimètres cubes d'eau avec une pipette en la laissant couler lentement le long des parois du tube, puis, avec une baguette de verre, on agite doucement et à plusieurs reprises, en laissant un intervalle assez long — un quart d'heure, par exemple — entre les reprises successives.

« Quand le mélange est terminé, on le jette sur un petit filtre placé sur un entonnoir au-dessus d'une fiole de 150 à 200 grammes de capacité. Quand toute la liqueur a passé, ce qui est quelquefois assez long, on lave avec de l'eau froide jusqu'à ce qu'on ait versé 100 centimètres cubes d'eau de lavage.

« La liqueur ainsi obtenue est incolore ou à peine colorée, lorsqu'on a opéré sur des bitumes naturels. Elle est, au contraire, d'un brun foncé, paraissant noir dans les fioles, si l'on a employé le brai de gaz. Si l'on opère sur des mélanges, on obtient des nuances intermédiaires.

« L'intensité de ces nuances peut servir à doser approximativement les mélanges, si l'on a soin de se tenir toujours exactement dans les mêmes conditions. Il suffit de les comparer à celles que donnent des mélanges de composition connue.

« Pour comparer les couleurs, le mieux est de verser des volumes égaux des dissolutions dans des tubes de même diamètre et de les regarder au jour par transparence. »

M. Durand-Claye a signalé un autre procédé plus simple qui permet également de faire la distinction entre les deux substances, bien que le résultat soit moins saisissant.

« Il suffit de faire digérer 10 grammes de matière bitumineuse dans 100 centimètres cubes d'alcool à 36 degrés et de filtrer après vingt-quatre heures. L'alcool se colore en jaune d'or si c'est le brai qui a été essayé et reste incolore, ou se colore seulement en jaune paille très clair, si c'est du bitume naturel. »

M. Sporny, ingénieur à Varsovie, a affirmé la valeur pratique de ce procédé : un produit d'asphalte de même provenance donne toujours la même teinte de l'alcool; quand le bitume entrant dans la composition est naturel, la teinte est claire; quand il y a du brai de gaz mélangé, la teinte se fonce d'autant plus que la dose est plus forte ; l'asphalte factice donne toujours une teinte foncée et est ainsi facile à reconnaître.

Asphalte. — « L'asphalte, dit M. Léon Malo, est un carbonate de chaux pur, tendre, poreux, appartenant à l'étage supérieur du terrain jurassique (Urgonien), imprégné naturellement et intimement d'une quantité variable de bitume qui lui donne, par sa présence, la couleur et le grain du chocolat foncé.

« Si, par le moyen d'un dissolvant énergique, l'éther, par exemple, ou le sulfure de carbone, on extrait de l'asphalte son bitume d'imprégnation, on obtient une matière, visqueuse entre 20 et 40 degrés, solide au-dessous, liquide au-dessus, d'un beau noir brillant, d'une transparence rougeâtre et dont la composition est, d'après M. Boussingault, la suivante :

Carbone..............	87,00
Hydrogène............	11,20
Oxygène.............	1,80
	100,00

« La proportion de bitume entrant dans la composition de l'asphalte est très variable; elle descend jusqu'à 2,25 p. 100 comme dans les minerais de Forens, de Musiège et quelques autres; elle peut s'élever jusqu'à 12 p. 100 dans certaines roches du val de Travers.

« Les conditions nécessaires pour qualifier un bon minerai d'asphalte sont les suivantes :

« 1° Ne renfermer que du carbonate de chaux et du bitume;

« 2° Être imprégné intimement et régulièrement, sans interposition de grains de calcaire blanc ni de géodes ou cavités remplies de bitume libre;

« 3° Fournir au dosage au moins 7 p. 100 et au plus 11 p. 100 de bitume semblable à celui que nous avons décrit plus haut, dépourvu d'huiles volatiles et assez fixe pour ne pas perdre plus de 2 p. 100 de son poids dans une cuisson de six heures à 225 degrés centigrades. »

Le tableau ci-après résume les analyses faites au laboratoire de l'École des ponts et chaussées sur les différents minerais d'asphalte les plus connus :

Composition des asphaltes.

DÉSIGNATION DES ÉLÉMENTS	VAL DE TRAVERS	SEYSSEL	LOBSANN	SICILE	MAESTU	LORENS
Eau et matières volatiles à 100 degrés	0,5	1,9	3,1	0,8	0,4	0,3
Bitume	10,1	8,0	11,9	8,9	8,8	2,2
Carbonate de chaux	88,0	89,6	69,0	87,5	9,2	97,0
Sable siliceux	»	»	3,0	0,6	57,4	»
Alumine et peroxyde de fer	0,2	0,1	5,7	0,9	4,4	0,1
Soufre	»	»	5,0	»	»	»
Carbonate de magnésie	0,3	0,1	0,3	1,0	8,1	0,2
Matières diverses insolubles dans les acides	0,5	0,1	»	»	11,4	0,1
Perte et produits non dosés	0,4	0,2	1,7	0,4	0,4	0,1
Total			100			

Formation et constitution géologique de l'asphalte. — « Les couches d'asphalte se présentent généralement sous forme de lentilles coupées en deux par un cours d'eau. Parfois la couche est unique, ailleurs elle est multiple : on compte dans certains gisements jusqu'à sept couches superposées et séparées par des bancs de calcaire blanc très nettement distincts d'elles.

« Les rares savants qui se sont, jusqu'à cette heure, occupés de l'asphalte, ont disputé naturellement sur son origine et sur les circonstances de sa formation. Les uns ont voulu que l'apparition du bitume fût contemporaine de la sédimentation du calcaire et que le dépôt s'en soit fait de toutes pièces, les molécules de calcaire se déposant dans une mer bitumineuse. D'autres ont admis le dépôt, la putréfaction, puis la transformation en matière bitumineuse de la partie organique des coquilles qui ont fourni les matériaux du terrain oolithique. D'autres hypothèses encore plus hasardées ont été mises en avant. Une observation attentive des terrains asphaltiques m'a conduit à en adopter une qui, jusqu'à preuve contraire, me paraît la plus plausible.

« Il est permis de supposer, dit M. Léon Malo, d'après les indices révélés par l'étude des régions bitumineuses, qu'à des époques géologiques encore mal déterminées, des amas de matières organiques, enfouies sous les énormes massifs du calcaire jurassique et chauffées par le feu central, se sont mis en vapeur et, à cet état, ont cherché une issue à travers l'écorce terrestre. Un jour, un craquement se produit dans cette écorce, une fissure se manifeste; les vapeurs bitumineuses comprimées par des pressions incalculables s'y précipitent par le chemin qui leur est ouvert. Ces vapeurs franchissent ainsi les couches trop compactes pour se laisser pénétrer; mais, arrivées au terrain oolithique, elles rencontrent, à droite et à gauche de la fissure, des couches de calcaire tendre qu'elles imprègnent. Tant que la pression persiste, le bitume chemine à travers les pores du calcaire et en remplit les cavités infinitésimales; puis, peu à peu, cette pression diminue, l'imprégnation se ralentit et finit par cesser tout à fait. Voici un échantillon recueilli au point précis où l'imprégnation s'est arrêtée; d'un côté vous voyez la roche transformée en asphalte, de l'autre le calcaire resté vierge; il est facile de constater à la vue de ce bloc, que l'imprégnation a cessé faute de vapeurs imprégnantes ou faute d'énergie dans la dilatation de ces vapeurs.

« Je dois signaler ici, comme une circonstance intéressante de cette transformation, le fait suivant. Dans beaucoup des bancs de calcaire dur qui séparent horizontalement les couches d'asphalte, on trouve des fissures remplies de bitume natif semblable à celui qui existe à l'état de division extrême dans les pores du calcaire bitumineux. Il est vraisemblable que les vapeurs de bitume, ne pouvant pénétrer le calcaire dur, se sont simplement condensées dans les fissures et les poches qu'elles y traversaient, et où on les retrouve parfois en assez grande quantité. Voici un échantillon de ces fissures suintant le bitume, en voici un autre du bitume provenant de ces suintements.

« L'imprégnation de l'asphalte est un phénomène curieux à plus d'un titre. Non seulement, elle témoigne de la force prodigieuse qui a poussé les vapeurs bitumineuses, mais encore elle a profondément altéré la structure du calcaire sans en modifier en aucune façon la nature chimique. C'est toujours du carbonate de chaux pur, mais dans lequel l'affinité naturelle des molécules est remplacée par un autre élément de cohésion. Maintenant ces molécules n'adhèrent plus les unes aux autres que par une sorte d'agglutination où, comme je le disais tout à l'heure, le bitume sert de ciment; on dirait que les vapeurs bitumineuses, en circulant dans ses pores, ont, chemin faisant, rompu l'attraction moléculaire et introduit entre les atomes un isolant destiné à la remplacer. Les grains calcaires sont désormais séparés virtuellement les uns des autres et simplement collés ensemble par la vapeur condensée qui est devenue le bitume.

« Ceci n'est plus une hypothèse, c'est un fait. Un échauffement de 80 à 100 degrés suffit pour liquéfier la matière agglutinante et pour séparer les grains de calcaire : ce qui, avant l'imprégnation, était une pierre, par son fait est devenu une poussière agglutinée.

« Cette circonstance, d'une imprégnation opérée par une force capable de substituer un ciment de bitume à la cohésion naturelle de la roche calcaire, est d'une haute importance dans l'étude des applications de l'asphalte. On a tenté, mais vainement, de reproduire artificiellement ce colossal phénomène, et nous avons à constater l'inanité des efforts que l'industrie a tentés pour y parvenir. » (Léon Malo, conférence donnée en 1880 au Conservatoire des arts-et-métiers.)

Exploitation de l'asphalte, mines de Seyssel. — Les mines de Seyssel, qui renferment les deux gisements de Pyrimont et de Volant, et qui appartiennent à la *Compagnie générale des asphaltes de France*, sont exploitées depuis 1797 ; elles donnent des produits estimés, de valeur sensiblement constante. Ces mines sont situées dans la vallée du Rhône, à la limite des départements de l'Ain et de la Haute-Savoie, entre Seyssel et Bellegarde ; le gisement de Pyrimont est sur la rive droite, et celui de Volant sur la rive gauche du Rhône ; l'usine est sur le bord du fleuve et près de la gare de Pyrimont.

Voici, d'après M. Léon Malo, la manière dont les mines sont exploitées :

« L'extraction de l'asphalte se fait au moyen de la poudre de mine, aucun gaz explosible ne s'y produisant. On a essayé de substituer à la poudre la dynamite, mais sans succès ; l'asphalte étant une roche relativement élastique, les poudres brisantes, comme la dynamite, perdent chez lui la plus grande partie de leurs avantages.

« Les trous de mine s'y percent de deux façons différentes : lorsque le minerai présente une certaine dureté, on emploie le burin et la massette, ou la barre à mine ; quand il est tendre, comme se présente ordinairement l'asphalte pur et de bonne qualité, on se sert de la tarière. Souvent un trou de mine traverse plusieurs rognons de calcaire dur, et, dans ce cas, l'ouvrier se trouve obligé de prendre alternativement le burin ou la barre à mine, et la tarière ; c'est cette circonstance surtout qui empêche d'utiliser, dans les mines d'asphalte, les perforateurs mécaniques.

« Le minerai extrait est conduit au jour, soit par voitures, soit par voies ferrées, ordinairement avec facilité ; les couches d'asphalte étant généralement, ou horizontales, ou peu inclinées ; on n'y trouve pas de ces redressements considérables, ni de ces rejets énormes qui se voient dans les mines de houille ; appartenant à une formation plus récente, les gisements d'asphalte ont été moins bouleversés.

« Par suite d'une propriété que nous avons définie et expliquée un peu plus haut, lorsque la roche asphaltique est exposée au soleil, elle se ramollit, se fend, s'écrase et finit à la longue par tomber en poussière. Il en résulte que, s'il est entassé en plein air dans la saison chaude, les blocs se brisent peu à peu sous leur propre poids, et il se produit une grande quantité de menu qui comble les vides. »

Cette circonstance, qui rend le chargement plus difficile, est sans inconvénient, puisqu'il faut toujours pulvériser l'asphalte avant l'emploi.

C'est elle qui a mis sur la voie de l'invention des chaussées en asphalte comprimé; les blocs, tombés des chariots pendant le transport, se pulvérisaient en été, puis la matière, comprimée par les roues des véhicules, se reformait en une masse solide et finissait par donner de véritables chaussées, qui durent encore après un demi-siècle d'existence.

En hiver, la roche reste dure et se casse comme un calcaire ordinaire.

Du mastic d'asphalte. — Le mastic d'asphalte est un mélange d'asphalte et de bitume, qui est employé surtout pour la construction des trottoirs. Les lignes suivantes, empruntées à une conférence faite par M. Léon Malo, donneront une idée très nette de la constitution et de la fabrication du mastic :

« Si nous prenons le minerai asphaltique, ou calcaire bitumineux, si nous le pulvérisons, soit en le désagrégeant par la chaleur, soit en le broyant à froid par des procédés mécaniques; si nous jetons cette poudre par petites doses dans un bain de bitume fondu, équivalent à 7 ou 8 p. 100 du poids de la poudre employée; si nous faisons cuire ce mélange pendant cinq ou six heures en le malaxant continuellement au moyen d'agitateurs rotatifs, nous obtiendrons une sorte de pâte, qui, coulée dans des moules, donne ce qu'on appelle le *mastic d'asphalte*.

« Que se passe-t-il dans cette opération de la cuisson? il est assez difficile de le préciser. Ce qui est certain, c'est qu'elle a produit un corps chimiquement semblable à l'autre, mais physiquement différent.

« Analysez ce mastic et analysez cette roche, vous trouverez, sinon en quantité, du moins en qualité, exactement la même chose : du carbonate de chaux et du bitume. Mais, essayez de réduire en poudre, par la chaleur, le mastic, comme vous l'avez fait de la roche, vous n'y parviendrez pas. Les molécules ne sont plus collées les unes aux autres par un simple ciment de bitume, elles font corps avec lui : le nouveau produit, chauffé, ne tombera plus en poussière, mais en pâte. Il aura une autre constitution physique, une autre structure et d'autres applications.

« La fabrication du mastic d'asphalte constitue une industrie très importante. C'est par 15 ou 20,000 tonnes qu'il faut évaluer la production annuelle des seules usines françaises; auxquelles il convient d'ajouter une quantité dix fois, vingt fois peut-être plus grande, due aux imitations et aux contrefaçons.

« Il n'est donc pas sans intérêt de dire quelques mots de la façon dont ce mastic est fabriqué, et aussi de la manière dont il est contrefait.

« Le bitume, élément actif de l'imprégnation du calcaire bitumineux ou *asphalte*, se trouve, comme je l'ai dit, dans ses pores, à l'état de dissémination extrême et de pénétration intime. Il semble qu'il se soit faufilé à la faveur de l'énorme pression qui l'y a poussé, jusque dans les profondeurs atomiques de la pierre.

« Si je jette cet asphalte dans une chaudière chauffée à feu nu, la mince couche de bitume qui revêt chaque molécule brûlera au contact du métal et laissera, blanchie, la molécule calcaire.

« Mais, si j'ai mis préalablement dans cette chaudière une petite quantité de bitume en fusion, et si j'y jette ensuite l'asphalte pulvérisé, le bitume s'introduira dans les pores de l'asphalte, en suivant le bitume d'imprégnation, comme une goutte d'huile suit, dans une étoffe déjà tachée d'une matière grasse, le chemin que cette matière lui a tracé.

« Dans les usines bien organisées, la roche est pulvérisée au moyen d'appareils spéciaux.

« D'abord un concasseur à cylindres dentés la réduit en morceaux de la grosseur du caillou de macadam ; ensuite un broyeur, à grande vitesse, l'amène à un degré de ténuité suffisant pour qu'elle puisse passer par un blutoir à mailles de 2 millimètres et demi. C'est à cet état qu'elle est employée à la fabrication du mastic.

« La cuisson s'opère dans des chaudières demi-cylindriques, de la capacité de 3 à 4,000 kilogrammes, munies d'agitateurs qui brassent incessamment la matière en fusion. On jette dans ces chaudières une certaine quantité de bitume chauffé à l'avance, 200 à 250 kilogrammes. Dans ce bain on introduit la poudre d'asphalte par quantités de 100 kilogrammes à peu près, de façon que chaque dose ne tombe que lorsque la précédente a déjà fait pâte avec le bitume.

« On obtient à la fin de l'opération, c'est-à-dire au bout de cinq heures et demie de cuisson, une matière parfaitement homogène dans laquelle le bitume d'imprégnation de la poudre et le bitume préalablement placé dans la chaudière se sont mélangés l'un à l'autre de façon intime : c'est une des principales conditions de bonne qualité du mastic. »

Aux mines de Seyssel, on a abandonné le système de décrépitation de la roche asphaltique par la chaleur et du broyage par meules.

La roche est d'abord concassée en passant entre deux cylindres armés de dents en acier, qui agissent par déchirement et non par pression. Cet appareil est le concasseur à hérisson qui réduit à l'heure 10 à 12 tonnes de roche en fragments de 300 grammes et qui consomme 10 à 12 chevaux de puissance. Les fragments concassés sont repris par un broyeur Carr ; un broyeur, de 1^m30 de diamètre, entraîné par un moteur de 22 à 25 chevaux, et faisant 500 tours à la minute, pulvérise 5 tonnes d'asphalte à l'heure.

La poudre est tamisée dans un tamis à mailles de 3 millimètres.

Les figures 1 à 8 de la planche 23 représentent les appareils qui servent à la préparation et à l'emploi du mastic.

Trottoirs en mastic d'asphalte. — Ces trottoirs ont, à juste titre, obtenu la faveur universelle et il est regrettable qu'ils ne se soient pas propagés en dehors des grandes villes ; la confection et l'entretien de ces trottoirs n'offrent cependant pas des difficultés insurmontables même dans un centre de moyenne importance.

Les procédés de construction de ces trottoirs n'ont guère changé depuis vingt ans ; en voici la description :

« Un trottoir se compose de :

« Une couche de béton de 0^m05 à 0^m10 ;

« Une couche de mastic de 0^m015 à 0^m020 ;

« Lorsqu'on veut construire un trottoir, on commence par s'assurer que le terrain sur lequel il osera est ferme et sans germe de tassement; le tassement est la mort des trottoirs en asphalte. Après avoir damé fortement le sol, on coule le béton.

« Le béton doit être fabriqué avec de la chaux parfaitement éteinte, dans la proportion ordinaire; si la chaux renferme des parties encore vives, il arrive souvent que ces parties s'éteignent, soit au moment où la couche d'asphalte vient d'être posée, soit longtemps après; dans les deux cas, des soufflures se forment dans l'asphalte, et le trottoir périt s'il n'est pas immédiatement réparé.

« Lorsque le béton régalé et pilonné est parfaitement sec, on procède à la coulée du mastic.

« Le mastic avant d'être coulé est mélangé de gravier en proportion variable, selon l'épaisseur de la couche, la circulation probable et la température maxima de la localité; le gravier est non seulement utile comme matière inerte chargée de diminuer la quantité de mastic employée, c'est un élément indispensable destiné à atténuer l'action de la chaleur ambiante et des rayons du soleil; plus le mastic renferme de gravier, moins le dallage est fusible.

« Le mastic qui sert au dallage des trottoirs de Paris est ainsi composé :

« Par mètre :

Mastic d'asphalte de Seyssel.	23^k »
Gravier.	1 »
Bitume libre pour aider à la fusion.	1,5

« L'opération est conduite de la manière suivante :

« Dans une chaudière construite spécialement pour ce genre d'ouvrage et placée à côté du travail à exécuter, on met d'abord une certaine quantité de bitume destiné à aider à la fusion du mastic et à remplacer les huiles perdues par l'évaporation; pour les chaudières ordinaires contenant la valeur de 9 mètres carrés de dallage, la quantité de bitume est à peu près de 12 à 15 kilogrammes.

« Le bitume fondu, on jette dedans les pains de mastic brisés en huit ou dix morceaux et on laisse chauffer. Lorsque la liquéfaction est complète, on verse le gravier et on brasse le mélange jusqu'à ce qu'il soit bien liquide et que tous les grains de gravier soient imprégnés; alors on procède à la coulée. Un manœuvre verse avec un pochon sur la couche de béton la matière qu'un autre ouvrier, l'*applicateur*, étend avec une spatule, lisse d'une manière uniforme et saupoudre de sable fin. Le rôle de l'applicateur est très délicat, et ce n'est qu'après une longue expérience qu'un ouvrier parvient à bien saisir le moment où le mélange est bon à couler, à l'étendre sur le béton avec assez de précision pour rendre la couche uniforme et à opérer assez rapidement pour que le mastic ne se refroidisse pas avant d'être réduit à l'épaisseur voulue; le choix des ouvriers applicateurs est donc d'une grande importance pour l'exécution des travaux d'asphalte, et c'est par leur inhabileté que souvent des trottoirs, même construits avec de bons matériaux, ont péri. La durée des trottoirs en asphalte établis dans de bonnes conditions n'est pas encore connue; des trottoirs construits dès l'origine de la découverte, c'est-à-dire en 1838, 1839 et 1840, existent encore ; en 1860, on en voyait à Lyon, place des Célestins, place des Terreaux et sur le quai de l'Hôpital, qui, depuis vingt-deux ans, avaient été à peine réparés. En supposant une épaisseur de 0^m022, on peut fixer à vingt-cinq ans la durée maxima, mais on doit limiter la durée moyenne à vingt ans. Un trottoir bien fait doit s'user, pour ainsi dire, jusqu'à la corde avant de se détruire ; on admettra donc qu'un trottoir établi soigneusement avec des matières authentiques perdra tous les ans 1/25 de son épaisseur, et ne succombera que lorsque cette épaisseur ne sera plus que de 0^m003 à 0^m004.

« Le prix des trottoirs en asphalte est à Paris, en y comprenant une forme de 0^m10 de béton, de 7 francs environ par mètre carré. »

Chapes en mastic d'asphalte. — Le mastic, fondu de la même manière que pour les trottoirs, est étendu sur la chape à recouvrir, qu'il s'agisse d'une voûte, d'une fosse ou d'un réservoir. Il faut avoir soin que les maçonneries soient bien sèches, parce que le mastic chaud peut vaporiser l'eau contenue dans une maçonnerie humide, et il en résulte des boursouflements, ou, tout au moins, l'adhérence du mastic et de la maçonnerie est très médiocre.

Une précaution capitale à prendre lorsqu'on construit une chape, c'est d'en disposer les bords de telle sorte que l'humidité ne puisse les contourner et passer sous le mastic. Aussi les bords doivent-ils être redressés et engagés fortement, par exemple dans un refouillement de la pierre. Lorsqu'il s'agit de recouvrir une terrasse, il est bon de prolonger la chape verticalement sur toute la hauteur des petits murs ou parapets, ou bien d'établir ces murs sur la chape elle-même. Cette remarque suffira pour attirer l'attention sur les dispositions les plus convenables à adopter dans les divers cas.

La figure 9, planche 22, donne la disposition d'une chape en mastic.

Des chapes, exécutées en 1853 au fort de Vincennes, avec mastic de Seyssel de 0^m01 d'épaisseur posé sur une couche de mortier de 0^m05, ont été retrouvées en 1875 parfaitement imperméables ; le mastic renfermait encore sa dose première de bitume et n'avait rien perdu. Il est vrai que de telles chapes doivent être confiées à des ouvriers expérimentés et consciencieux.

Des chapes il faut rapprocher les *planchers asphaltés*, qui sont un excellent *préservatif contre l'incendie*. La feuille d'asphalte se ramollit et forme comme une étoffe épaisse et incombustible qui étouffe, en tombant, le foyer de l'incendie.

Ces planchers empêchent en outre la buée des écuries, par exemple, de passer au premier étage, et on a profité de cet avantage dans la Compagnie des omnibus de Paris.

Dans les skating-rinks, la glace a été remplacée par un dallage en mastic d'asphalte naturel ainsi composé :

Mastic d'asphalte naturel.	81
Bitume épuré.	4
Silex broyé très fin.	15
	100

Ce dallage résiste bien à l'usure ; on en lubrifie la surface avec de l'huile.

On a fait aussi *des dalles et des pavés en mastic d'asphalte;* les dalles, de un quart de mètre carré en surface, sont soudées avec un mastic bitumineux plus faible que le mastic ordinaire. M. Gobin, ingénieur des ponts et chaussées, a obtenu des pavés résistants en alliant du mâchefer au mastic.

Le mastic d'asphalte rend encore des services pour la *fondation des lourdes machines.* Il est tenace et résistant et présente une légère élasticité qui absorbe les vibrations. Ces massifs de fondation se composent de moellons, préalablement chauffés, et cimentés avec une sorte de béton bitumineux formé de 40 p. 100 de cailloux et de 60 p. 100 de mastic. Les massifs de ce genre sont précieux pour les machines à chocs ou à vibrations rapides, telles que les marteaux, les broyeurs et concasseurs.

Du bitume factice. — Le bitume factice est le nom sous lequel on désigne les imitations et les contrefaçons du mastic d'asphalte. Il n'y a peut-être pas d'industrie qui donne lieu à plus de falsifications que celle de l'asphalte, et les ingénieurs doivent exiger toutes les justifications voulues lorsqu'ils emploient l'asphalte et les bitumes.

« Le bitume factice, dit Léon Malo, joue deux rôles bien distincts dans l'industrie de l'asphalte.

« Ou bien il se présente loyalement pour ce qu'il est, sans dissimuler, ni son origine, ni ses visées. Alors, à la faveur de son bas prix, il peut prétendre à une place honorable dans certains travaux qui n'exigent pas impérieusement les qualités de l'asphalte naturel.

« Ou bien il abuse de sa ressemblance extérieure avec celui-ci, et de la difficulté qu'on a de les distinguer l'un de l'autre, pour prendre frauduleusement sa place dans les travaux.

« Dans le premier cas, il doit être encouragé comme toute tentative ayant pour but de réduire le prix des choses utiles. Dans le second, il doit être recherché et dévoilé par tous les moyens que la science peut mettre à la disposition des ingénieurs et des architectes chargés de contrôler des ouvrages d'asphalte.

Le *bitume factice* se fabrique ordinairement de deux façons.

Une première qualité de *bitume factice* est un mastic formé de calcaire blanc pulvérisé, mélangé ordinairement d'une certaine proportion de terre à four et cuit avec des bitumes naturels de Trinidad, ou autres analogues.

Une seconde qualité est composée des mêmes éléments ; seulement le brai de gaz y est substitué au bitume naturel. Dans cette seconde qualité, destinée le plus souvent à la contrefaçon, la falsification n'a plus de limite; tous les produits quelconques y sont admis pourvu qu'ils soient à bon marché, et il n'est pas rare que le calcaire broyé y soit remplacé simplement par la poussière de macadam ramassée sur les routes.

Je n'ai pas besoin de faire remarquer la différence profonde et caractéristique qui existe entre le mastic d'asphalte naturel et le bitume factice. Chez le premier, le bitume a été introduit dans les pores du calcaire, vraisemblablement à l'état de vapeur, poussé par une force inexprimable; il a ainsi pénétré jusque dans l'intimité de ses molécules; tandis que, dans le second, il n'y a eu qu'un grossier mélange de matières quelconques, fait de main d'homme, au moyen d'un malaxage d'une durée et d'une énergie limitée.

Il en résulte, et l'expérience a été sur ce point pleinement et constamment d'accord avec la théorie, il en résulte que les aires en bitume factice exposées au contact de l'air laissent, à la longue, échapper leur ciment bitumineux; que, par suite, la matière se dessèche, se fend et bientôt s'en va en poussière.

La poussière de macadam, les débris de matériaux de construction et le goudron de gaz se trouvant partout, on conçoit que le *bitume factice* peut se donner à un prix inférieur de moitié, quelquefois des trois quarts, à celui de l'asphalte naturel qui, outre ses dépenses de production, doit subir presque toujours des frais de transport et d'octroi considérables.

« La tentation est trop forte pour que quantité d'entrepreneurs, dont la garantie ne dépasse pas une année, n'y succombent point. Si mauvaise qu'elle soit, une application d'asphalte factice dure toujours bien une année, mais pas beaucoup plus, pourtant, lorsque l'on emploie la composition dont j'ai donné la description tout à l'heure.

« Le malheur est, je le répète, que pour un œil qui n'est pas très exercé, l'apparence du mastic factice et celle du mastic d'asphalte naturel n'offrent pas de différence sensible; tout au plus constate-t-on, dans le premier cas, une odeur spéciale due à la présence du goudron de gaz; mais encore n'est-ce point un indice sur lequel un contrôleur consciencieux consentira à se prononcer. De cette incertitude provient l'abondance extrême des asphaltes contrefaits qui, permettez-moi l'expression, empoisonnent les travaux publics.

« Parmi les produits artificiels fabriqués avec de mauvais goudrons, nous ne citerons que la lave fusible, obtenue en mélangeant à chaud 75 parties de craie avec 25 parties de brai; ce mastic, bien moins coûteux que le mastic naturel, a été employé avec succès à l'étanchement du fond des lacs du bois de Boulogne. Il s'améliore et devient plus résistant par l'addition de gutta-percha ou de caoutchouc.

« On fabrique encore avec le bitume, naturel ou artificiel, divers enduits hydrofuges qu'on applique, par exemple, sur des boiseries (bitume de Judée, mastic de Machabée).

Asphalte comprimé; chaussées en asphalte. — La principale application de l'asphalte brut est dans les chaussées en asphalte comprimé. On sait que les grains d'asphalte pulvérisé se recollent les uns aux autres sous l'influence de la pression et de la chaleur, et forment alors une surface unie, résistante, monolithe, imperméable, excellente pour le roulement des véhicules et très propre, par conséquent, à donner une bonne chaussée.

C'est en 1854 que le premier essai en fut fait à Paris, dans la rue Bergère. Les nouvelles chaussées eurent jusqu'en 1879 une vogue méritée depuis elles sont devenues un objet de suspicion, parce que certain entrepreneurs ont fait de mauvais travaux en ce genre, et elles ont ét supplantées en partie par les chaussées en bois; il semble cependan que la chaussée en asphalte peut soutenir la concurrence avec ces dernières et qu'il convient de la conserver en bien des cas.

« Les qualités de l'asphalte comprimé et les vices qu'on lui attribue dit M. Malo, ne sont plus aujourd'hui ignorés de personne.

« D'une part, facilité du roulage, insonorité, absence de boue et d poussière, heureuse influence exercée sur la santé publique par l'effe de cette propreté même; d'autre part, glissement des chevaux par le temps humides, obligation de détruire trop souvent la croûte asphaltique pour atteindre les distributions d'eau et de gaz, enfin réparation relativement fréquentes.

« Les avantages sont hors de discussion; quant aux défauts, sans le contester formellement, je crois pouvoir dire qu'ils sont curables et que s'ils n'ont pas encore disparu, si même certains d'entre eux se son encore accentués dans ces derniers temps, le système lui-même en es innocent.

« Le glissement des chevaux sur l'asphalte est un fait indiscutable Par certains jours de brume ou de pluie fine, la poussière de la chaussé se change en boue savonneuse et, jusqu'à ce que cette boue ait ét entraînée par la pluie ou le lavage à grande eau, la surface reste glissante. Cet inconvénient de l'asphalte est réel; on ne peut que plaide les circonstances atténuantes en disant qu'un cheval abattu sur l'asphalte s'en tire à meilleur compte qu'abattu sur le macadam ou sur l pavé.

« J'ajouterai cependant dans cet ordre d'idées, et à titre de simpl curiosité, que, d'après des calculs donnés par M. Darcy, la circulatio sur l'asphalte devait réduire de moitié les frais d'entretien et de renouvellement des chevaux et des voitures; ce qui, d'après les calculs d l'éminent ingénieur, calculs que je n'ai point vérifiés, procurerait un économie probable de 9 millions par an au bénéfice de leurs proprié taires, pour Paris seulement.

« Le second inconvénient est, dans les conditions actuelles, parfaite ment établi. Mais, comme la municipalité parisienne ne peut manque de rejeter prochainement dans les égouts, comme cela se fait d'ailleur à Londres, les conduits de gaz et d'eau, le mal est destiné à disparaîtr avec sa cause. Je ne m'en préoccupe donc pas davantage.

« Je vous demande, par exemple, la permission de réfuter la troisièm objection, celle qui se réfère aux réparations incessantes dont la chaussée en asphalte comprimé est le théâtre, ainsi qu'aux désagréments qui er résultent, tant pour la circulation des voitures que pour l'équilibre du budget municipal.

« Deux causes principales ont amené jusqu'ici les détériorations dont la fréquence inquiète à bon droit le public parisien.

« La première, c'est l'oubli d'une précaution essentielle, vitale, qui consiste à ne poser l'asphalte en poudre chauffée que sur une assiette sèche, inflexible et imperméable.

« Dans les origines du système, on posait la poudre d'asphalte sur des bétons de chaux imparfaitement pris, et plus ou moins perméables. La chaleur de l'asphalte (120 ou 130 degrés) élevait instantanément la température du béton, dont l'humidité s'échappait en vapeur à travers la croûte asphaltique, découpant celle-ci en mille fragments, appelés par les ouvriers des *macarons*. La chaux, entraînée par cette vapeur, et disséminée par elle dans les fissures, empêchant ces *macarons* de se ressouder, la cohésion de la croûte asphaltique disparaissait et la chaussée ne tardait pas à périr.

« Lorsque les Anglais établirent à Londres, il y a une dizaine d'années, leurs premières chaussées en asphalte, ils firent leur profit de cette observation. Ils placèrent l'asphalte sur une aire de ciment de Portland très épaisse, parfaitement sèche et complètement imperméable. Les chaussées ainsi construites, dans des rues comme celle de Cheapside, où la circulation des voitures est énorme, n'ont jamais eu de détériorations sérieuses.

« A son tour, l'industrie française s'est approprié le perfectionnement anglais; plusieurs rues de Paris ont été asphaltées dans ces conditions, de 1872 à 1878, et ces chaussées se sont remarquablement bien comportées.

« La seconde cause de destruction, c'est l'emploi de matières impropres ou mal préparées.

« L'asphalte que l'on répand en poudre et que l'on comprime sur l'assiette de béton, n'est pas destiné à présenter une résistance qui lui soit personnelle. Il ne fait que servir d'intermédiaire, relativement élastique, entre la roue de la voiture et le sous-sol; c'est comme une couche de caoutchouc durci dont on aurait revêtu l'aire de béton. Cette couche, pour rester durable, doit être homogène, imperméable à l'humidité, et ne renfermer aucun germe intérieur de détérioration. Les asphaltes purs, c'est-à-dire formés uniquement de carbonate de chaux et de bitume fixe, ont seuls, jusqu'ici, satisfait à ce programme.

« C'est un fait constant d'observation que les produits compliqués ont échoué partout où la circulation des voitures était un peu active. On a essayé des asphaltes sablonneux, et nécessairement spongieux, chargés d'huiles minérales mélangées à leur bitume d'imprégnation. Pour combattre cet excès de bitume huileux, on les a combinés avec d'autres asphaltes très maigres; c'était vouloir neutraliser les défauts des uns par le vice des autres. Le résultat a été lamentable. Chacun sait dans quel état ces expériences ont mis les chaussées de Paris.

« Il importe que l'opinion publique soit avertie que l'asphalte ne doit point porter la peine des erreurs commises sous son nom. Ses preuves sont faites. Partout où un travail d'asphalte comprimé sera exécuté avec des matériaux orthodoxes, appliqués dans de bonnes conditions et par des mains expérimentées, il réussira comme ont réussi ceux de Londres, de Vienne, de Berlin et de vingt autres villes principales où l'adoption du système est devenue définitive. S'il échoue, c'est qu'il y aura eu négligence, inhabileté ou malfaçon; mis en œuvre comme il doit l'être, il n'a plus le droit d'échouer.

« Ce n'est pas que je prétende donner l'asphalte comprimé pour la perfection absolue de la chaussée; il a ses défauts comme toute chose humaine; son entretien est parfois malaisé, sa pose est assurément plus compliquée que celle du pavé; certaines dispositions atmosphériques lui sont défavorables; ses réparations en temps de pluie sont délicates.

« D'ailleurs, les inconvénients reprochés à l'asphalte, pour la plupart, ne sont réels que parce que jusqu'ici on ne s'est pas préoccupé bien résolument de les faire disparaître.

« J'ai parlé tout à l'heure de l'espèce de détérioration, la plus fréquente et la plus grave de toutes que les ouvriers appellent *macarons*. Au risque de me répéter, je crois devoir y revenir, car là est la question de vie ou de mort de l'asphalte.

« Chacun a pu voir, dans la mauvaise saison, des taches noires se former au milieu des chaussées d'asphalte, s'élargir peu à peu, avec une rapidité plus ou moins grande, puis se transformer en mares noirâtres que l'on se hâtait de combler au moyen d'asphalte coulé ou même de simple macadam, en attendant qu'une éclaircie permît de remplacer ces matériaux provisoires par une pièce d'asphalte comprimé neuf.

« Ces accidents n'arriveraient pas, ou arriveraient infiniment moins nombreux, la matière étant supposée d'ailleurs de bonne qualité, si l'on prenait toujours les précautions nécessaires pour se défendre convenablement contre le pire ennemi de la chaussée en asphalte, contre l'humidité. Je parle, bien entendu, de l'humidité rencontrée au moment de la pose, car, une fois achevée, la croûte d'asphalte, si elle est saine et compacte, si elle est faite de bons matériaux, est absolument imperméable et hydrofuge.

« Mais enfin ces accidents se produisent; leurs réparations sont la plus lourde charge de l'entretien des chaussées en asphalte et d'autant plus difficiles à faire que trop souvent, c'est au milieu d'une circulation active de voitures que les ouvriers doivent travailler. Aussi a-t-on mis tout en œuvre pour découvrir un moyen rapide de les exécuter. Seulement, on a généralement fait fausse route.

« Ainsi, j'ai vu dernièrement dans les rues de Paris, employer à faire disparaître les *macarons* un remède que j'avais conseillé, il y a quelques années, pour la réparation des *flaches;* c'est-à-dire que je destinais à supprimer ces petites dépressions de la croûte asphaltique qui, par la pluie, se remplissent d'eau et forment réservoir sous le pied du passant. Le procédé, que j'ai décrit dans un récent mémoire, consiste à chauffer la surface de l'asphalte au moyen de tôles rougies, ou par tout autre expédient, pour la ramollir, puis à la gratter, tandis qu'elle est encore chaude, sur une certaine profondeur; ensuite à verser, sur l'emplacement de la *flache*, un supplément de poudre chaude pour la combler. Les deux poudres étant à la même température se soudent parfaitement l'une à l'autre et la flache disparaît.

« Ce procédé, destiné uniquement au rechargement des *flaches* est employé indûment si on l'applique à la réparation des chaussées détériorées sur toute leur épaisseur; il ne supprime point cette gangrène de l'asphalte comprimé appelée le *macaron*, il dissimule et emprisonne le mal : il ne le guérit pas. Lorsque, au bout de quelques mois ou de quelques semaines de circulation, la croûte de poudre neuve aura disparu, le bourbier reparaîtra plus large et plus profond qu'auparavant.

« Il n'y a de moyen curatif, pour ce cas trop fréquent, que l'enlèvement radical et le remplacement de toute la partie malade de la couche d'asphalte; une chaussée intérieurement disloquée ne se ressoude plus, fût-ce par les plus fortes chaleurs; l'amputation est absolument indiquée.

« Mais ce qui est plus nettement indiqué encore, c'est la nécessité sur laquelle je ne saurais jamais assez vivement insister de poser de bon asphalte sur de bon béton, la vie et l'avenir du système sont là.

« Il y a cependant un dernier perfectionnement qui, suivant moi, achèvera de compléter l'étude technique de l'asphalte comprimé.

« Je veux parler de la suppression du chauffage de la poudre.

« Dans le même appareil qui vient de servir pour la compression de la poudre chaude, nous allons comprimer de la poudre froide. Vous verrez que les petits blocs obtenus par cette opération, sont encore plus durs que ceux comprimés à chaud, et, si vous conservez ces deux échantillons pendant quelques jours, vous pourrez vérifier que cette différence s'accentuera encore avec le temps. C'est une expérience que j'ai répétée vingt fois, toujours avec le même résultat.

« Et cela s'explique parfaitement. Que faut-il pour que les molécules de la poudre se recollent et forment un monolithe résistant? Que, pendant un temps extrêmement petit, une seconde peut-être, le bitume d'imprégnation soit liquéfié et qu'à ce moment précis la compression ait lieu. Or, lorsque nous exerçons sur cette petite quantité de poudre la pression considérable et rapide que vous voyez, la chaleur produite par la compression ramollit brusquement le bitume dans l'instant même où cette compression s'exerce, en sorte que le rapprochement des molécules, la liquéfaction du bitume et la formation du monolithe ont lieu simultanément.

« Vous voyez quel avantage considérable cette théorie, absolument confirmée par l'expérience, assure à la pratique de l'asphalte comprimé. Supprimer les frais de chauffage, supprimer les chances de carbonisation accidentelle du bitume d'imprégnation, et par conséquent celles de desséchement de la matière; enfin, éviter les températures inégales dans une même masse de poudre, inconvénients presque inévitables si l'opération du chauffage n'est pas confiée à des ouvriers très soigneux et très habiles.

« Malheureusement, ce procédé exige une compression considérable, qui s'obtient aisément pour de petits échantillons comme ceux-ci, mais qui est difficile à réaliser dans la pratique.

« Dans un essai de comprimé à froid, exécuté avec un succès complet en 1870, à Paris, avenue d'Antin, j'ai employé le rouleau à vapeur de 30 tonnes; mais avec des précautions et une installation très compliquée qui ne sauraient être admises dans le courant des travaux.

« L'outillage de pose de l'asphalte comprimé à froid reste donc à trouver. Il se trouvera, je n'en doute pas, et la suppression du chauffage deviendra une garantie de plus du succès d'un système que je persisterai à regarder comme la chaussée définitive des grandes villes, si, dans ce temps d'insatiable progrès industriel, quelque chose pouvait être appelé définitif. » (Conférence faite, en 1880, par M. Malo.)

La condition capitale de résistance des chaussées en asphalte comprimé est d'avoir pour fondation une couche de béton sec et inébranlable. — Cette condition, sauf toutefois la question de siccité, n'est, du reste, pas moins nécessaire pour tous les systèmes de pavage, même pour le pavage en grès dont les détériorations tiennent le plus souvent à l'insuffisance de résistance de la fondation.

Le béton de fondation pour l'asphalte comprimé se compose de :

5 parties de sable de rivière.
3 parties de caillou lavé.
1 partie de ciment de Portland de bonne qualité.

On mélange les matières à sec et on fait le béton avec le moins d'eau possible.

Ce béton est posé sans solution de continuité et avec un profil bien régulier; il ne faut pas le lisser, car on réduirait l'adhérence de l'asphalte.

La poudre d'asphalte est chauffée, soit dans des torréfacteurs fixes et on la transporte au chantier dans des tombereaux spéciaux bien fermés, soit dans des torréfacteurs plus petits que l'on transporte sur les chantiers. La température ne doit pas dépasser 110 à 140 degrés, suivant la richesse des poudres en bitume; pour la poudre du Val de Travers, très riche en bitume, on peut atteindre 140 degrés; il faut se limiter à 120 degrés pour celle de Seyssel.

La poudre amenée à pied d'œuvre est versée à la brouette et répandue au râteau par un ouvrier exercé, qui évite toute différence de tassement, qui se traduirait par une différence dans l'épaisseur de la feuille comprimée et engendrerait une flache.

La poudre est pilonnée avec des pilons à main chauffés dans un fourneau; il est à désirer que l'on parvienne à faire cette opération mécaniquement. Vient ensuite le lissage qui se fait avec des outils semblables à de longs fers à repasser montés sur manches et portés au rouge sombre. La surface obtenue qui a l'aspect du palissandre, est saupoudrée de sable fin et comprimée définitivement par un petit rouleau en fonte, à foyer intérieur, pesant 500 kilogrammes. Trois heures après, la chaussée est livrée à la circulation. La planche XXII donne un profil de chaussée en asphalte avec les dessins des appareils qui servent à la confectionner.

Les chaussées en asphalte, bien qu'ayant perdu de leur faveur à Paris, sont très répandues à Londres et surtout à Berlin, où elles sont préférées au pavage en bois.

A Paris, l'asphalte de 0^{m}05 d'épaisseur, posé sur une couche de béton de ciment de 0^{m}15, est payé 19^{f}50 le mètre carré, et 23 francs pour les épaisseurs 0^{m}06 et 0^{m}20 qui conviennent à une grande circulation.

L'asphalte en poudre coûte environ 8 francs les 100 kilogrammes, le mastic bitumineux 11 francs et le bitume raffiné 40 francs.

Maçonneries asphaltiques. — Nous terminerons cette étude par quelques mots sur les maçonneries cimentées avec de l'asphalte ou du bitume au lieu de mortier de chaux ou de ciment.

C'est M. Malo qui a tenté de mettre en pratique le texte de la Bible relatif à la construction de la tour de Babel : « La brique leur servit de pierre et l'asphalte de ciment. » Il eut recours à trois systèmes distincts qu'il décrit comme il suit :

1° *Béton d'asphalte.* — Lorsque le mastic d'asphalte pur est cuit à point et bien chaud (environ 180 à 200 degrés), on y verse 50 à 60 p. 100 de son poids de caillou cassé à la grosseur de celui employé pour le macadam. Puis, l'on continue à chauffer le mélange, en le brassant sans relâche, jusqu'à ce qu'il ait atteint, de nouveau, la température que l'introduction de la pierre cassée lui a fait perdre (on se trouvera bien de chauffer le caillou avant de le verser dans l'asphalte). Lorsque cette température est récupérée, on coule le mélange dans le moule, en ayant soin de damer énergiquement le caillou, mais non, toutefois, jusqu'à le briser. Après le refroidissement, qui est plus ou moins lent selon les dimensions du massif, on démoule et l'on obtient un monolithe doué de toutes les qualités de résistance et d'invariabilité que j'ai énumérées plus haut.

2° *Maçonnerie asphaltique.* — Dans le même moule que je viens de décrire, on verse un premier lit de mastic d'asphalte pur, de 0^{m}05 à 0^{m}06 de hauteur, très chaud et par conséquent très liquide. On place dans ce bain des pierres d'inégale grosseur, autant que possible chauffées à l'avance et disposées de façon à réduire à leur *minimum* les espaces vides. Sur ce premier lit de pierres, on verse une nouvelle dose de mastic chaud qui en remplit les joints. On introduit ensuite une seconde couche de pierre dans les mêmes conditions en ayant soin de les enchevêtrer aussi bien que leur forme le permet; puis un troisième bain de mastic, un troisième lit de pierre, et ainsi de suite jusqu'au sommet du moule.

Si l'on veut noyer dans le bloc, soit des appareils de charpente, soit des armatures métalliques, elles doivent être fixées dans le moule, *ne varietur;* la maçonnerie asphaltique les enveloppe à mesure qu'elle s'élève. Si les pièces de bois à emprisonner n'étaient pas maintenues à leur place d'une manière fixe, la différence de leur poids spécifique avec celui du mastic (qui est 2,300), les chasserait à la surface ;

3° *Maçonnerie mixte.* — Dans certains cas qui, je crois, deviendront nombreux, on peut diminuer la dépense dans une proportion considérable sans perdre d'une manière sensible les avantages du système.

On construit, dans l'intérieur même du massif, un noyau en maçonnerie ordinaire, moellons ou pierre de taille; puis on remplit avec du béton d'asphalte ou de la maçonnerie asphaltique le vide, plus ou moins spacieux, qu'on a laissé entre le noyau et la paroi intérieure du moule. C'est de cette façon qu'a été établi un bloc de 7 mètres de longueur sur lequel est montée une machine à vapeur. C'est aussi dans ce système mixte qu'ont été construits les blocs de 15 mètres cubes immergés à la Pointe de Grave en 1863.

Cet aperçu très sommaire du procédé de fondations et maçonneries asphaltiques, que j'ai proposé dès 1862, suffit pour montrer quelles ressources l'art de construire y trouvera, le jour où il se donnera la peine de s'en occuper. Il y met le temps, mais il y viendra. Jusqu'à présent, je suis à peu près le seul qui l'ait appliqué. A vrai dire, je ne m'en suis pas fait faute; depuis vingt ans, toutes les fois que j'ai eu à établir un massif de fondations de machines, un mur de soutènement en terrain humide ou tout autre ouvrage semblable, j'ai toujours employé l'un des trois systèmes que je viens de décrire et toujours avec le même complet succès. Et cependant, malgré les excellents résultats que j'ai chaque fois obtenus, malgré la solidité presque incroyable de ces ouvrages, que beaucoup d'ingénieurs ont visités, je n'ai trouvé que peu d'imitateurs. »

CHAPITRE IV

LES BOIS

Division du chapitre. — « J'ay voulu quelques fois, dit Bernard de Palissy, mettre par estat les arts qui cesseraient alors qu'il n'y aurait plus de bois ; mais, quand j'en eus escript un plus grand nombre, je n'en sceus jamais trouver la fin à mon escript, et, ayant tout considéré, je trouvay qu'il n'y en avait pas un seul qui se peust exercer sans bois. »

Ces paroles sont toujours vraies, malgré la prodigieuse consommation de métal qui se fait de toutes parts. Si, au XVIe siècle, Bernard de Palissy craignait déjà de voir les forêts s'épuiser, que dirions-nous aujourd'hui? Les plus industrieuses des contrées de l'Europe se déboisent de jour en jour, et la richesse forestière des peuples civilisés va sans cesse diminuant à mesure que ces peuples avancent en âge.

Toutefois, il ne faut pas désespérer et craindre une disette prochaine : si nos forêts ont cédé la place à des cultures florissantes, certaines parties de l'Europe, l'Afrique et le Nouveau Monde nous offrent d'immenses richesses forestières, qui sont bien loin de s'épuiser.

Outre les anciens bois de construction, nous avons appris à connaître plusieurs espèces exotiques, très dures, très résistantes, dont l'emploi s'est rapidement propagé, surtout dans les constructions navales.

L'étude des bois de construction offre donc un grand intérêt; elle fait l'objet du présent chapitre qui se divise en cinq sections :

1. *Notions de physiologie végétale.*

2. *Exploitation des bois.*

3. *Essences principales des bois indigènes ou exotiques ; leurs qualités.*

4. *Défauts et maladies, conservation des bois.*

5. *Travail et mise en œuvre des bois.*

I. — NOTIONS DE PHYSIOLOGIE VÉGÉTALE

Constitution des tissus végétaux. — Le tissu végétal est, en dernière analyse, composé de cellules indépendantes accolées les unes aux autres et de forme variable; tantôt elles restent à l'état de cellules proprement dites, tantôt elles s'allongent et se transforment en fibres et en vaisseaux.

Les cellules peuvent contenir des matières organiques de composition et de nature variables; mais il y a une chose qui ne change pas, c'est la matière constitutive de leurs parois, on l'appelle la *cellulose*, substance oxygénée et dépourvue d'azote ($C^{12}H^{10}O^{10}$), blanche, solide, diaphane, insoluble dans l'eau, l'alcool, l'éther, les matières grasses, les acides et les alcalis étendus. Il est facile de l'obtenir en soumettant un tissu végétal à l'action des divers réactifs que nous venons de citer : les matières étrangères disparaissent et la cellulose reste seule.

La *cellule* est l'organe générateur de tous les tissus végétaux; elle prend naissance, non dans la sève, mais dans d'autres cellules et devient à son tour cellule mère. C'est un mouvement qui se propage au milieu du protoplasma et qui est analogue aux mouvements qu'on observe dans les fermentations; le protoplasma est le véhicule de la vie; quand cette matière semi-liquide a disparu, la cellule n'est plus remplie que de gaz; elle peut encore recevoir la sève, mais elle est morte et ne se reproduit plus.

Les cellules vertes doivent leur coloration à la substance appelée *chlorophylle* qui ne se développe qu'à la lumière.

Quand la cellule, au lieu de prendre une forme plus ou moins polyédrique en s'accolant à ses voisines, s'allonge sous les pressions qu'elle subit, elle devient une *fibre* dont les parois s'épaississent par le dépôt de couches successives. Entre ces couches se dépose la substance solide appelée *ligneux* qu'accompagnent des matières incrustantes variables suivant les essences.

Quand les cellules se superposent en piles et se soudent, leurs membranes séparatives disparaissent d'ordinaire et il se forme des *vaisseaux* ou tubes allongés.

Constitution des arbres. — Parmi les végétaux, nous n'avons à parler que des arbres. Ils se composent de la racine, de la tige, des feuilles et des organes de reproduction.

La racine est la partie de l'arbre qui, ordinairement enfouie dans le sol, y puise les éléments nutritifs que la sève entraîne et qui viennent jusqu'aux feuilles, pour s'y transformer par la respiration avant que l'arbre se les assimile. La racine ne s'allonge que par le bout, par des radicelles qui sont spongieuses et absorbantes.

La longueur des racines est très variable; un petit végétal comme la luzerne peut avoir des racines beaucoup plus longues que celles d'un gros arbre. Suivant leur forme, les racines sont désignées par les noms suivants : pivotante, fibreuse, bulbifère, rameuse, fasciculée.

La tige s'allonge en sens inverse de la racine, à laquelle elle est réunie par le collet. En descendant du sommet à la base de la tige, on rencontre ses organes extérieurs dans l'ordre suivant : bourgeons, rameaux, branches, tronc. La tige, qui a commencé par être un simple bourgeon, augmente sans cesse en largeur et en hauteur.

Les arbres sont classés dans deux des trois grandes familles végétales, les *monocotylédones* et les *dicotylédones*, que nous apprendrons à distinguer dans un instant.

Les arbres monocotylédones n'existent point dans nos climats. Le type du monocotylédone est le palmier des tropiques. Si l'on fait une section transversale de la tige du palmier, on voit qu'au centre elle est formée d'une masse de fibres ligneuses plus ou moins réunies par un tissu cellulaire sans consistance ; à la périphérie, les fibres se rapprochent et finissent par former un composé très dur ; la section s'accroît par la surface extérieure, car les feuilles se prolongent tout autour de l'écorce en l'entourant d'une gaine qui persiste même après la chute des feuilles ; mais il arrive au bout d'un certain temps que l'écorce est trop dure pour pouvoir s'étendre, le palmier ne grossit plus et il prend une forme cylindrique, au lieu que nos arbres ont toujours une tige conique. La figure 119 représente la section d'un palmier rouge de 0^m10 de diamètre.

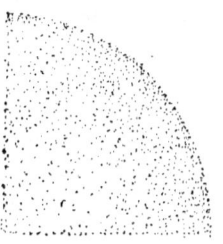

Fig. 119.

La tige des arbres dicotylédones est beaucoup plus complexe : au centre, on trouve la moelle, qui se prolonge depuis le pivot de la racine jusqu'au sommet de la tige, et qui est molle dans le jeune sujet, mais semble avoir disparu dans le vieil arbre, parce qu'elle s'est desséchée.

Entre la *moelle et l'écorce* s'étend le *corps ligneux* formé de deux parties : le *cœur* de bois ou bon bois et l'*aubier* ou bois tendre. Le corps ligneux est formé d'anneaux concentriques qui, dans nos climats où la végétation se trouve suspendue pendant l'hiver, correspondent chacun à une année d'existence de l'individu. C'est là un moyen simple de reconnaître l'âge d'un arbre qu'on vient d'abattre.

Après l'aubier vient l'écorce qui comprend à l'intérieur le *liber*, à l'extérieur l'*épiderme*. Le liber est formé d'une série de feuillets analogues à ceux d'un livre ; tous les ans, il s'ajoute à l'intérieur un nouveau feuillet, de sorte que le liber et l'aubier vont s'accroissant en sens inverse ; un objet, par exemple un morceau de métal, enfoncé dans l'aubier, disparaîtra avec les années sous les couches ligneuses et semblera se rapprocher du centre : au contraire, placé dans le liber, il semblera se rapprocher de l'écorce.

La tige porte les branches et les rameaux qui ont la même constitution qu'elle : ceux-ci portent les bourgeons, d'où les feuilles s'échappent au printemps.

Respiration des arbres. — Dans les feuilles, on distingue le pétiole ou la queue, qui se prolonge sur toute la surface de la feuille en côtes et en nervures : celles-ci sont réunies par un tissu analogue à la moelle (le parenchyme), lequel est parsemé, surtout à la partie inférieure, de petites bouches ou stomates qui servent à la respiration. La respiration s'opère par les feuilles et par toutes les parties vertes : la sève qui arrive jusque-là se modifie, et il en résulte des produits gazeux comme dans la respiration animale. Mais la réaction chimique est inverse; l'acide carbonique de l'air est absorbé et décomposé, le carbone est fixé par l'arbre, et l'oxygène rendu à l'atmosphère qu'il purifie et renouvelle. C'est surtout par ce mécanisme que les molécules animales et végétales se transforment les unes dans les autres, en parcourant éternellement le même cercle. Ce qui précède nous montre aussi l'influence que les forêts exercent sur la salubrité de l'atmosphère en absorbant d'immenses quantités d'acide carbonique.

Nutrition des arbres. — Les arbres se nourrissent en partie dans le sol, en partie dans l'atmosphère. Les radicelles spongieuses enlèvent au sol l'eau, les substances minérales, telles que phosphore et soufre, phosphates, silicates, bases alcalines et sels alcalins, matières azotées, etc.; les feuilles soutirent à l'atmosphère les gaz qu'elle renferme, tels que l'acide carbonique, l'hydrogène sulfuré, l'ammoniaque.

Quand la végétation renaît, le liquide absorbé par les racines commence à monter; il s'élève dans les couches d'aubier les plus récentes et prend le nom de sève montante; ce mouvement ascensionnel est produit surtout par la chaleur que développe la combustion des sucs absorbés par la plante dont les racines absorbent en même temps de l'oxygène; la force ascensionnelle qui en résulte est considérable et peut s'élever à plusieurs atmosphères au moment de la plus grande poussée. Comme cause accessoire de la montée de la sève, on invoque l'endosmose, la capillarité des vaisseaux, le vide partiel que l'évaporation à la surface des feuilles produit dans les vaisseaux de l'aubier, qui tous se prolongent dans le pétiole et dans les nervures d'une feuille. Il y a de nos grands arbres feuillus qui, dans une journée chaude, évaporent jusqu'à 2,000 litres d'eau.

La sève montante, arrivée dans la feuille, se transforme par la respiration : elle abandonne surtout une grande partie de son humidité, elle absorbe l'acide carbonique dont elle fixe le carbone et rejette l'oxygène; pendant la nuit, la respiration des feuilles est bien moins active, mais elle est inverse de la respiration diurne, c'est-à-dire identique à la respiration animale : il y a absorption d'oxygène et dégagement d'acide carbonique. C'est sous l'influence de la lumière seule que le carbone peut être fixé.

La sève modifiée recommence à descendre, elle est plus épaisse et porte le nom de *cambium*; elle descend dans les couches internes du liber et entre le liber et l'aubier, et elle ajoute à l'aubier une nouvelle couche, au liber un nouveau feuillet.

Reproduction des végétaux. — Les végétaux vasculaires ou phanérogames, c'est-à-dire à organes de reproduction apparents (ce qui les distingue des végétaux cellulaires cryptogames qui se développent, comme les ferments, par de simples cellules sur lesquelles d'autres cellules naissent par une sorte de bourgeonnement), les végétaux phanérogames, disons-nous, comprennent deux grandes classes : les monocotylédones, végétaux dont la graine forme une amande à un seul lobe ou cotylédon, dont la tige a la structure de celle du palmier, et les dicotylédones, végétaux dont la graine forme une amande à deux ou plusieurs lobes, et dont la tige est formée de couches concentriques comme celle des arbres de nos climats.

L'organe de reproduction des phanérogames est la fleur qui comprend, lorsqu'elle est complète : 1° une enveloppe verte, le calice ; 2° une enveloppe colorée, la corolle ; 3° un rang d'organes filiformes terminés par une petite bourse, les étamines ; 4° un ou plusieurs organes, contenant les graines dans un ovaire situé à leur base, ce sont les pistils.

L'étamine est l'organe mâle ; le pistil est l'organe femelle. Arrivé à un âge, variable suivant les espèces, l'arbre commence à fleurir. Les fleurs s'ouvrent, les étamines se gonflent, et de leur tête, ou anthère, s'échappe le pollen, petites vésicules remplies de semence ; le pollen tombe sur la partie supérieure du pistil, ou stigmate, qui est recouvert d'une matière gommeuse ; le pollen pénètre dans les conduits, qui du stigmate mènent à l'ovaire, la vésicule s'allonge dans ces conduits et vient crever au-dessus de l'ovaire que féconde la semence.

La plupart des fleurs sont hermaphrodites, c'est-à-dire qu'elles possèdent à la fois pistil et étamines ; toutefois, pour beaucoup d'espèces, il y a des fleurs mâles et des fleurs femelles réunies sur le même individu, ou séparées sur des individus différents ; les fleurs femelles sont seules à produire des fruits. Le pollen de la fleur mâle va féconder la fleur femelle, quelquefois à des distances considérables ; ce sont les oiseaux ou les vents qui se chargent de le transporter.

Section transversale de nos arbres. — Revenons à la section transversale des arbres de nos climats : au centre, nous avons trouvé la moelle, qui se durcit avec le temps et ne se distingue plus du bois ; des rayons, dits médullaires, réunissent la moelle à la périphérie de l'aubier.

Tous les ans, le liber et l'aubier s'enrichissent d'une nouvelle couche ; l'aubier comprend toujours plusieurs couches, qui se transforment successivement en bois dur. L'*âge d'un arbre s'évalue par le nombre de couches concentriques que présente le corps ligneux.* C'est aujourd'hui un fait indiscutable, du moins pour nos climats où la végétation s'arrête complètement en hiver. On peut le vérifier sans peine en glissant sous l'écorce d'un arbre un morceau de métal que l'on enfonce dans la première couche de l'aubier : si on scie l'arbre au bout de vingt ans, on retrouve le morceau de métal recouvert par vingt anneaux concentriques.

L'épaisseur des anneaux va en diminuant du centre à la circonférence ; on reconnaît les couches qui correspondent aux années rigoureuses, en ce qu'elles sont moins développées que les autres. Il est facile de reconnaître aussi, que, du côté qui regarde les vents froids et violents, les couches de bois sont plus minces.

La figure 120 donne la section d'un arbre ayant six ans d'existence; on y distingue nettement la moelle, le corps ligneux et l'écorce, ainsi que les *rayons médullaires*. On distingue deux espèces de ces rayons : 1° les grands rayons, qui datent de la première année de l'arbre et se développent chaque année de manière à s'étendre toujours de la moelle à l'écorce; 2° les petits rayons, qui chaque année se développent entre l'écorce et la couche de l'année précédente. Les rayons médullaires constituent les *mailles* du bois.

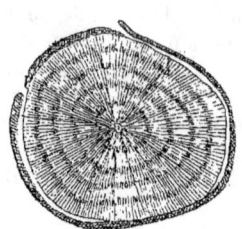

Fig. 120.

Chaque année de végétation est donc représentée par une couche du ligneux, et le nombre des couches que présente une section du tronc ou d'une branche donne l'âge de cette section. Les couches sont très distinctes parce qu'elles sont généralement formées à l'intérieur d'un tissu plus lâche et plus clair, tandis que le tissu externe, le dernier formé, est plus serré et plus sombre; la partie interne est composée de gros vaisseaux bien distincts, tandis que la partie externe est composée de fibres. Les sections de chêne que représentent les figures 1 et 2 planche 23 montrent nettement cette structure des couches annuelles. La partie fibreuse et foncée est plus importante dans nos bois durs, chêne, orme, etc., que dans nos bois tendres, tels que le peuplier, où cependant elle est très nette.

Les couches annuelles des bois résineux se distinguent également, bien que ces bois ne possèdent pas de vaisseaux; les fibres internes, celles du printemps, sont beaucoup plus lâches et beaucoup plus pâles que les fibres externes.

En charpente, on n'emploie que les arbres assez gros pour fournir des pièces de bois parallélipipédiques d'une certaine dimension; dans nos climats le diamètre des plus gros arbres ne dépasse guère 1 mètre, et les plus petits qu'on mette en œuvre ont au moins 0^m15 de diamètre.

La hauteur d'un arbre est généralement en rapport avec son diamètre, car la tige conique est formée d'une série de troncs de cône qui sont comme emboîtés les uns dans les autres, et dont le nombre va en diminuant à mesure que l'on s'élève. La hauteur de nos plus beaux arbres, chênes ou sapins, est rarement supérieure à 40 ou 45 mètres.

Dans les pays chauds, les dimensions des arbres sont bien plus considérables; tout le monde a lu, dans les récits des voyageurs, la description de ces arbres géants, dont la naissance remonte aux époques les plus reculées.

Composition chimique des bois. — La composition chimique des bois, abstraction faite des cendres, s'écarte peu de celle de la cellulose, et on ne relève pas de grandes différences d'une essence à l'autre.

Voici la composition chimique moyenne :

Carbone.	49,37
Hydrogène	6,14
Oxygène et un peu d'azote.	43,42
Cendres	1,07
	100,00

La proportion des cendres est beaucoup plus considérable avec le chêne qu'avec les bois blancs ou résineux. Dans un même arbre, cette proportion subit de grandes variations; elle est plus grande pour les branches que pour le pied, pour les vieux arbres que pour les jeunes, pour l'écorce que pour le bois.

Si l'on fait abstraction des matières déjà brûlées, c'est-à-dire combinées avec l'oxygène comme l'hydrogène de l'eau qui se trouve dans le bois, il n'y reste guère comme matière combustible que le carbone et un peu d'hydrogène, de sorte que le bois sec ne renferme que 50 p. 100 de matière combustible, et le bois à 20 p. 100 d'eau n'en renferme que 40 p. 100 : cette matière combustible est presque uniquement du carbone.

Quantité d'eau contenue dans le bois. — La quantité d'eau contenue dans le bois est très variable avec les essences et avec les saisons; le maximum se produit à l'époque de la poussée de la sève et le minimum après l'arrêt de la végétation. Du sapin fraîchement coupé contenait 53 p. 100 d'eau en janvier et 61 p. 100 en avril; le frêne 29 et 39 p. 100.

Les parties les plus jeunes sont les plus riches en eau.

Voici la teneur en eau pour cent parties de divers bois fraîchement coupés :

Charme	19	Pin silvestre.	40
Saule.	26	Hêtre	40
Érable.	27	Orme.	44
Frêne	29	Sapin rouge	45
Bouleau	30	Peuplier d'Italie, tilleul.	48
Chêne rouvre	35	Mélèze	49
Sapin	37	Peuplier blanc, peuplier noir. . . 50 à	52
Marronnier.	38		

Le séchage à l'air fait partir une grande quantité de l'eau contenue dans le bois, mais le départ se fait lentement et la proportion d'eau conservée ne tombe guère au-dessous de 20 p. 100. Du vieux bois, maintenu six mois en chambre chauffée, contenait encore 17 p. 100 d'eau, et une vieille poutre très sèche de cent cinquante ans en avait 10 p. 100.

Les bois écorcés perdent leur eau avec une rapidité infiniment plus grande; en trois mois ils se dessèchent à l'air aussi complètement que possible, tandis que les pareils bois non écorcés ne perdent pas plus de 1 p. 100 de leur poids d'eau.

En résumé, des bois bien séchés à l'air renferment toujours 15 à 20 p. 100 de leur poids d'eau.

2. EXPLOITATION DES BOIS

Croissance des bois. — La croissance annuelle des bois est évidemment très variable suivant le climat, le sol et les essences. Nous en donnerons une idée en reproduisant, d'après M. Chevandier, le tableau suivant qui indique l'accroissement annuel par hectare dans la Forêt Noire :

Chêne.	7,57 stères ou	2,901 kilogr. de bois sec.	
Charme.	5,81 —	2,226	—
Pin	12,04 —	2,394	—
Sapin	10,63 —	2,799	—

Le hêtre, dans les plaines des Vosges, s'accroît de 9 stères ou 3,650 kilogrammes de bois sec par hectare.

Arbres arrivés à maturité. — L'accroissement annuel, très actif dans la période de jeunesse, atteint un maximum, puis se ralentit et s'annule.

D'après Chevandier, le maximum est atteint : pour le chêne, vers 77 ans ; pour les sapins plantés dans de très bons sols, vers 115 ans ; et vers 76 dans les sols moyens ; pour les pins, vers cinquante ans.

Il serait bon de n'abattre les arbres qu'après qu'ils ont dépassé le maximum de leur accroissement annuel.

Tant qu'un arbre est en croissance, son aspect seul l'indique : la puissance de la végétation se manifeste par l'abondance et la coloration des feuilles, l'apparence saine de l'écorce, la vigueur des jeunes branches et la longueur des pousses annuelles.

Peu à peu, la végétation se ralentit, les branches ne s'allongent plus, l'écorce se ternit et se laisse envahir par les parasites ; puis, la sève n'arrive plus aux branches supérieures, celles-ci meurent peu à peu, l'arbre perd sa flèche, il est *couronné*. Si on le laisse encore sur pied, la partie supérieure se pourrit ; l'eau pénètre dans le tronc ; la moelle et le corps ligneux sont peu à peu rongés et certains arbres, comme le saule, le châtaignier et le tilleul, finissent même par ne conserver que l'écorce.

Pour exploiter un arbre, il ne faut donc pas attendre qu'il soit entré dans la période de dépérissement, qu'il soit sur *le retour ;* il est grand temps de l'abattre dès qu'il manifeste la tendance au couronnement et ne donne plus que des pousses annuelles insignifiantes.

Époque de l'abatage des bois. — C'est une question des plus importantes et longtemps controversée, que de savoir à quelle époque on doit abattre les arbres.

Suivant qu'on les abat dans une saison ou dans l'autre, on peut en tirer un bois qui se pourrit plus ou moins vite et qui se montre plus ou moins résistant.

Certains forestiers ont recommandé d'abattre les arbres au printemps, nous ne sommes pas de leur avis, car c'est précisément au printemps que la sève se met en mouvement et imprègne les fibres ligneuses, qui par suite sont exposées à une fermentation rapide.

D'autres prétendent avoir reconnu par l'expérience que les bois abattus en été, au moment où la végétation est arrivée à son développement maximum, sont toujours les meilleurs. Pour les mêmes raisons que plus haut, nous ne partageons point cette manière de voir.

C'est une pratique généralement répandue chez nous, que d'abattre les arbres lorsque la végétation semble s'endormir, après la chute des feuilles, à la tombée de l'hiver. On s'en est toujours bien trouvé, et des constructions élevées avec des bois abattus à la fin de l'année ont résisté fort longtemps à toutes les causes de destruction. Conservons donc cette vieille habitude, sanctionnée par l'expérience, et qui de plus a l'avantage de donner de l'ouvrage aux bûcherons, à l'époque où les travaux de la terre ne réclament pas de bras.

On a quelquefois préconisé une méthode qui consiste à écorcer les bois une année avant de les abattre ; ils se débarrassent ainsi, disait-on, de tous les liquides qu'ils contiennent, ils durcissent et deviennent inaltérables. On n'a jamais tiré de bons résultats de cette manière de faire, et cela se conçoit si l'on réfléchit qu'elle revient en somme à laisser mourir les arbres sur pied ; or le bois mort doit être absolument proscrit des édifices même les plus simples.

Procédés d'abatage. — Il y a trois modes d'exploitation des bois : 1° par *coupes réglées*, c'est le plus commun : le propriétaire aménage sa forêt, et la distribue par lots dont il abat chaque année ceux qui sont arrivés à terme ; on a soin de laisser les souches en terre afin qu'elles produisent des rejetons. La surface totale de la forêt se trouve donc périodiquement dépouillée ; la période est d'un certain nombre d'années, généralement compris entre sept et vingt-cinq, suivant les essences, suivant les pays et suivant le sol. Souvent on réserve dans la coupe quelques sujets bien venants, ce qu'on appelle des *baliveaux* qui, convenablement espacés, ont de l'air à discrétion, se développent rapidement, et plus tard donneront de beaux arbres ; 2° par *éclaircies*, celui-ci consiste à choisir les sujets arrivés à maturité pour les abattre ; leurs voisins plus petits se développent, pour être abattus à leur tour ; 3° par *coupes générales*, c'est le mode le plus rare, on l'emploie particulièrement lorsqu'on veut défricher une forêt pour la livrer à l'agriculture ; l'habitude de ces défrichements est encore, malheureusement, beaucoup trop répandue. Dans ce cas, on ne doit point laisser les souches en terre, il faut les arracher soigneusement pour rendre le sol facilement attaquable par les outils de l'agriculture.

Lorsqu'on laisse la souche en terre, il pousse de nombreux rejetons tout autour du collet de l'arbre, entre l'aubier et l'écorce, et ces rejetons produisent un taillis que l'on dépouille encore quelques années plus tard, en ménageant toutefois des baliveaux.

Il peut arriver que l'on défonce un bois et qu'on en enlève les souches, pour le renouveler par des semis ; il faut alors enfouir la graine à une profondeur et dans un sol convenables. Mais, pour créer un bois, on procède généralement par le repiquage de jeunes sujets, élevés dans une pépinière, et destinés à produire une futaie.

Certaines essences se reproduisent par *plançons;* ainsi, une branche de peuplier ou de saule, plantée en terre, se recouvre de chevelu dans la partie plongée, et devient un arbre à son tour.

Mais revenons à l'abatage : on voit qu'il y a deux manières de l'opérer : 1° couper le tronc immédiatement au-dessus du collet, et laisser en terre la souche destinée à reproduire des tiges; c'est ce qu'on appelle *abattre en blanc;* 2° arracher l'arbre avec toutes ses racines; c'est une opération plus longue et plus difficile.

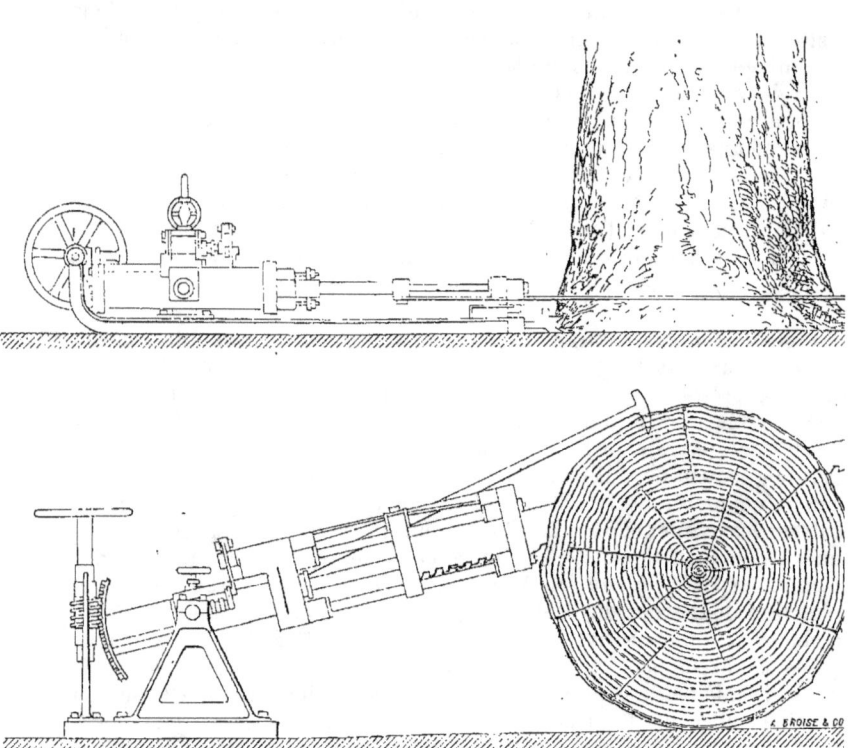

Fig. 121.

La première manière est la plus simple : le bûcheron juge d'après l'aspect des lieux de quel côté il doit faire tomber l'arbre pour qu'il soit commode de le débiter et de le transporter et pour qu'il fasse le moins de dégâts possible. Alors, il exécute avec la cognée une entaille profonde de plus de la moitié du diamètre et qui regarde le sens de la chute; puis, il attaque le tronc du côté opposé par une seconde entaille, qu'il approfondit peu à peu, jusqu'à ce que l'arbre tombe.

Deux choses sont à observer : couper l'arbre aussi près que possible du collet, afin de ne point perdre de bois ; on en perd toujours, parce que l'entaille faite à la hache a forcément une certaine hauteur ; éviter de creuser la surface de la souche, et lui donner plutôt un certain bombement ou une certaine inclinaison, de telle sorte que les eaux pluviales s'écoulent et ne fassent point pourrir la souche, qui alors ne donnerait plus que de mauvais rejetons.

L'abatage à la hache tend à disparaître : on se sert plutôt de la scie, qui est plus expéditive, et qui de plus permet de ne point perdre de bois, puisqu'on peut faire le trait juste au-dessus du collet. Pour manœuvrer une scie ordinaire, on creuse de chaque côté de l'arbre un trou dans lequel se place un ouvrier ; les deux ouvriers communiquent à la scie son mouvement de va-et-vient. On a inventé dans ces derniers temps des scies circulaires horizontales montées sur un bâti et manœuvrées par une manivelle ; c'est un procédé encore plus économique et plus rapide que le précédent.

On a pu voir, à l'Exposition de 1878, la scie pour abatage des bois construite par M. Ransomes.

« Cet appareil, dit M. Alfred Durand-Claye dans son rapport, consiste en un cylindre à vapeur de petit diamètre et de longue course, attaché à un bâti léger en fer forgé sur lequel il peut pivoter autour de son centre. Le mouvement de pivotage est imprimé au moyen d'une roue à main tournant un filet de vis, lequel s'engrène dans un quart de cercle fondu à l'arrière du cylindre. La scie est fixée immédiatement au bout de la tige du piston, qu'on fait marcher droit au moyen de guides, et les dents de la scie sont couchées de manière qu'elles ne coupent que pendant la course de rentrée. Par cette disposition très simple, on peut se servir de scies de 2^m50 à 3 mètres de longueur sans appareil de tension, parce que sa propre coupe est suffisante pour guider la scie en ligne droite au travers de l'arbre ; comme les dents n'offrent aucune résistance à la course de sortie, toute possibilité de pliage de la scie est évitée ».

« La vapeur est fournie à la machine à haute pression au moyen d'une petite chaudière portative par un tuyau à vapeur fort et flexible ; et, comme ce dernier peut avoir une longueur considérable, la chaudière peut rester dans un endroit jusqu'à ce que la machine ait coupé tous les arbres dans un rayon déterminé par la longueur du tuyau à vapeur ».

La chaudière est très légère et pèse 750 kilogrammes avec ses roues et son timon ; elle est disposée pour brûler les rebuts de bois au lieu de charbon. La machine se transporte en la suspendant à l'essieu d'un camion que tirent deux hommes. Au moment de la mise en marche, on l'assujettit par une forte vis d'arrêt terminée par une barre à pointe qui vient buter sur l'arbre.

Cette machine abat un chêne de 1 mètre de diamètre en 5 minutes et l'opération peut être répétée huit fois en une heure. Elle est donc très expéditive et évite les déchets. On peut l'employer sous une inclinaison quelconque et l'utiliser pour débiter les arbres abattus ; on la monte alors sur un bâti spécial.

Il y a trois modèles, coupant des arbres de 0^{m}60 à 2^{m}50 de diamètre, pesant 133 à 305 kilogrammes, exigeant 2 à 6 chevaux de force et coûtant de 1,020 à 2,060 francs.

Lorsqu'on veut, non plus abattre, mais *arracher* un arbre, on creuse au pied de façon à dégager le pivot, puis on fait des tranchées pour suivre chaque grosse racine que l'on soulève avec des cordages et des leviers; l'arbre est maintenu vertical par trois cordages au moins que 'on amarre à d'autres troncs, et en lâchant l'un ou l'autre de ces cordages, on détermine la chute dans le sens voulu.

Quelquefois, on se contente de dégager le pivot de l'arbre, et l'on coupe, soit à la hache, soit à la scie, toutes les racines qui s'en détachent et qu'on déterrera plus tard; l'arbre, ainsi isolé, finit par tomber sur le sol.

Quelques bûcherons ont recours à des charges de poudre, qu'ils placent sous le pivot de l'arbre et sous les principales racines, et qu'ils allument comme des mines; il ne reste plus, après l'explosion, que peu d'efforts à faire pour renverser l'arbre.

La *dynamite* rend, comme nous l'avons vu, de grands services pour l'arrachage des souches; en général une seule cartouche de 50 à 65 grammes avec mèche Bickford suffit pour une grande souche; quelquefois, il faut doubler la charge; on la dépose dans un trou de tarière, de 0^{m}03 de diamètre, percé de côté dans la couronne des racines jusqu'au cœur du tronc.

Quand un arbre est à terre, on le dépouille de ses rameaux, de ses petites branches et des branches qui ne conviendraient pas à la charpente, et de tout cela on fait des fagots et du bois de corde. Il reste les grosses branches que l'on détache de la tige, et la tige elle-même qui a une forme tronc-conique.

Bois en grume. — Dans cet état, quand l'arbre est encore pourvu de son écorce, on a ce qu'on appelle le bois en grume.

On étend quelquefois le nom de bois en grume à tous les bois qui n'ont pas été travaillés, qu'ils soient ou non pourvus de leur écorce; tels sont les bois ronds dont on fait les pilots. Les bois écorcés prennent plus régulièrement le nom de bois *pelard*.

Bois équarris. — La forme ordinaire des bois marchands est la pièce équarrie. Nous avons expliqué en stéréotomie la manière dont les bûcherons procédaient à l'équarrissage pour enlever le plus grand cube de bois possible, sans conserver aucune trace d'aubier. C'est une règle absolue, jamais on ne doit admettre d'aubier dans une construction destinée à durer; on réserve les dosses ou parties détachées de l'arbre, comprenant l'écorce et l'aubier, pour s'en servir dans les travaux provisoires.

Equarrissement et débit des bois. — 1. *Equarrissement.* — Les bois en grume et les bois ronds ne servent guère qu'à faire des pieux. Toutes les pièces qui sont destinées à recevoir des assemblages doivent être équarries.

L'équarrissement consiste à tirer d'un bois rond un parallélipède rectangulaire droit, dont la section, ne comprenant absolument que du bois dur, soit cependant aussi grande que possible.

L'arbre, scié à la longueur voulue, est placé sur des pièces de bois appelées *chantiers*, et soigneusement calées ; pour établir l'équarrissage, on trace dans la petite base un rectangle, le plus grand possible, en évitant d'y introduire de l'aubier, on détermine le centre de ce rectangle et on y fixe une règle parallèle à l'un des côtés. Vers le centre de l'autre section on place une seconde règle et on la fait tourner jusqu'à ce qu'elle

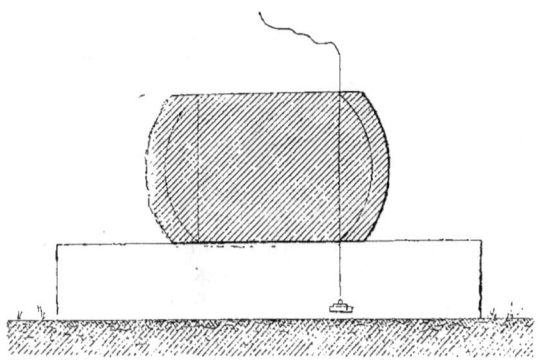

Fig. 122.

devienne parallèle à la première ; elle permet alors de tracer sur la grande base un rectangle égal à celui de la petite. On prolonge les deux côtés verticaux de chaque rectangle jusqu'à la périphérie de l'arbre et on bat le cordeau, imprégné d'encre noire, entre les deux points obtenus ; la ligne ainsi marquée est la trace du plan vertical limitant la *dosse* qu'il s'agit d'enlever ; on l'enlève, soit à la hache, soit à la scie. Les deux dosses latérales enlevées, on donne quartier à l'arbre, on bat le cordeau à nouveau et l'on enlève les deux autres dosses. Nous n'avons pas à insister sur cette opération simple.

Le carré inscrit dans la circonférence de l'aubier donne la *pièce de bois dont le cube est maximum, mais il ne donne pas la poutre de résistance maxima*.

Le moment fléchissant d'une poutre rectangulaire, dont h est la hauteur et b la base, est proportionnel à bh^2 ; il faut donc inscrire dans la circonférence de l'aubier, dont le rayon est pris pour unité, un rectangle qui réalise le maximum de ce produit $AC \times \overline{CD}^2$.

Or, nous avons les relations :

$$x^2 + y^2 = 1$$
$$AC = \sqrt{y^2 + (1-x)^2} = \sqrt{2(1-x)}$$
$$\overline{CD}^2 = y^2 + (1+x)^2 = 2(1+x)$$

Il faut donc trouver le maximum de :

$$2\sqrt{2}(1+x)\sqrt{1-x};$$

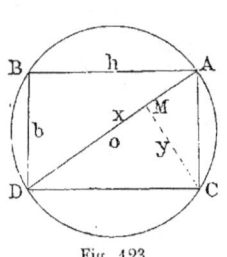

Fig. 123.

la dérivée de cette expression s'annule pour $x = \dfrac{1}{3}$, et cette valeur correspond à un maximum.

Ainsi *la longueur* OM, *qui détermine la section de la pièce de plus grande résistance, est le tiers du rayon.*

Le volume qui en résulte est inférieur de 6 p. 100 à celui du cube maximum à section carrée, et la résistance à la rupture de la poutre rectangulaire obtenue est cependant supérieure de 9 p. 100 à celle de la pièce carrée.

2. *Débit des bois.* — On n'a pas toujours besoin d'avoir des grosses pièces à section presque carrée. Le plus souvent, il est nécessaire de diviser ces grosses pièces en un certain nombre d'autres de formes et de dimensions régulières ; cela s'appelle les débiter.

Cette opération demande à être conduite avec soin et intelligence, de manière à tirer le rendement maximum d'une bille de bois donnée.

Plusieurs méthodes sont en usage pour diviser une bille en madriers, plateaux ou planches.

La première est représentée en M ; elle utilise toute la section, mais elle a l'inconvénient de donner des planches de largeur inégale, ce qui

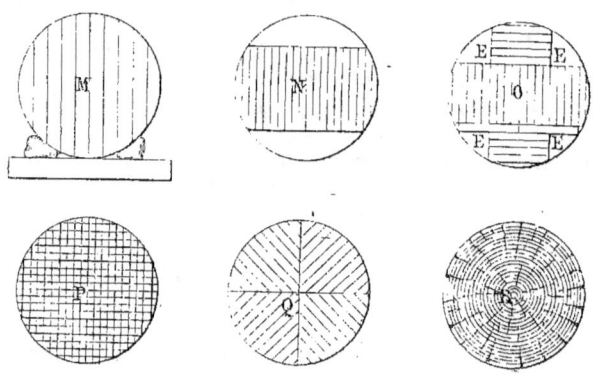

Fig. 124.

ne convient pas dans le commerce, où toutes les planches ont des dimensions conformes à un type consacré. Les planches inégales ne sont pas équarries sur les bords, on les empile en plaçant les bords d'un même côté, les uns au-dessus des autres, et on tranche tous les biseaux par un seul trait de scie.

La seconde méthode est donnée en N ; on retranche de la bille deux dosses et l'on divise la partie centrale en une série de planches égales que limitent deux petites dosses. Dans toutes ces opérations, il faut tracer les divisions avec le fil à plomb et le cordeau, de manière que les divisions correspondantes de chaque bout soient bien parallèles entre elles ; entre deux divisions de même numéro d'ordre on bat le cordeau, afin de marquer sur la longueur de l'arbre la trace des faces de la planche. Ces traces servent à guider la scie ; elles sont indispensables lorsqu'on a recours au vieux procédé du sciage de long.

O représente une troisième méthode de débit qui s'applique aux gros arbres ; on voit qu'elle utilise non seulement la partie centrale, mais aussi les dosses qui fournissent un certain nombre de planches. Les petits secteurs E peuvent eux-mêmes fournir quelques bois utiles.

Il y a, dans ce cas, à rechercher les dimensions qui donneront le plus grand nombre de planches ; on y arrive par tâtonnement en quadrillant la section de l'arbre comme on le voit en P, et cherchant la combinaison de rectangles qui comprend le plus grand nombre de carrés élémentaires.

Le débit par la méthode hollandaise Q consiste à diviser la bille en quatre secteurs que l'on divise par des plans obliques ; on obtient des planches de largeur inégale, mais elles ont l'avantage de présenter des faces à peu près parallèles aux mailles du bois ; on appelle mailles les plans qui passent par l'axe de l'arbre et par les rayons médullaires : la portion du corps ligneux qui est voisine des mailles est plus poreuse et plus hygrométrique que le reste ; lorsqu'elle est comprise dans le corps de la planche, elle a donc pour effet d'y attirer l'humidité : mieux vaut la placer à la surface. Quand une pièce de bois se fend par la dessiccation, c'est toujours suivant les mailles que les fentes se produisent ; par suite, il est convenable de prendre ces mailles comme faces de débit.

Quelques charpentiers, pénétrés de l'importance de ce fait, avaient même l'habitude de débiter les billes exactement suivant des rayons ; ils obtenaient ainsi des planches d'une épaisseur variable, qu'ils régularisaient avec l'herminette.

Lorsqu'on a besoin à la fois de planches et de madriers, on adopte pour le débit un système mixte ; on tire de la bille un grand madrier, deux plus petits, et il reste quatre secteurs dont on fait des planches.

Cubage des bois. — Les bois équarris mis en œuvre sont cubés suivant leurs dimensions réelles et il ne saurait y avoir de difficultés sur ce point lorsque les tolérances pour les flaches et l'aubier sont réglées à l'avance ; mais, il n'en est pas de même des bois ronds et des bois en grume, et les habitudes du commerce sont variables en cette matière.

Il n'est pas possible d'assimiler une pièce de bois à un tronc de cône, car son profil n'est pas d'ordinaire rectiligne, il est galbé comme celui d'une colonne. Cependant, on peut admettre sans grande erreur, que le cube d'une bille régulière, de forme conique peu accusée est à peu près équivalent à celui du cylindre, de même longueur que la bille, ayant pour base une circonférence égale à la moyenne arithmétique des circonférences des deux bouts de la bille. Pour calculer le cube, on n'a qu'à mesurer la longueur et les deux circonférences de la bille.

En réalité, ce cube n'est pas celui qu'on utilise dans la pratique puisqu'il faudra en retrancher les dosses et l'aubier.

L'*équarrissage absolu*, ne comprenant que le *franc bois*, serait le carré inscrit dans la circonférence de l'arbre sans aubier, carré qui a pour côté les 0,707 de cette circonférence.

Mais, dans le commerce, on n'a pas l'habitude de calculer cet équarrissage absolu. On adopte les équarrissages dits :

Au quart sans réduction,
Au cinquième déduit,
Au sixième déduit.

Le premier s'obtient en prenant comme section de la bille le quart de la circonférence moyenne (moyenne des circonférences des deux bouts), et en multipliant ce quart par lui-même. Ou bien, on commence par déduire le cinquième ou le sixième de cette circonférence, et on prend comme côté de la section le quart de ce qui reste ; c'est là ce qui constitue la seconde ou la troisième méthode.

La section carrée calculée est toujours multipliée par la longueur de la bille.

En prenant pour unité le cube du cylindre ayant pour base la moyenne des circonférences des bouts :

Le cube au quart sans réduction a pour mesure. 0,785
Le cube au sixième déduit a pour mesure. 0,545
Le cube au cinquième déduit a pour mesure. 0,502

C'est ce dernier cubage qui est le plus employé dans le commerce ; il se rapproche beaucoup de celui qui est adopté dans la marine pour calculer le bon bois des pièces brutes.

D'ordinaire, on substitue à la moyenne des circonférences des deux bouts la circonférence du milieu de la bille.

Quand il s'agit de cuber un arbre sur pied, on prend le tour à 1 mètre environ au-dessus du sol ; la réduction à faire subir à cette mesure pour avoir le tour au milieu est de :

1/15 pour les hauteurs d'arbres au-dessous de 6 mètres.
1/12 — — 6 à 8 mètres.
1/10 — — 8 à 10 mètres.
1/8 — — 10 à 13 mètres.
1/6 — — 13 à 16 mètres.

Dimensions des bois du commerce. — Les dimensions des *bois d'œuvre* que l'on trouve dans le commerce sont variables suivant les espèces et les provenances ; il y a là un vice que l'on n'arrivera pas à corriger.

LES BOIS

Les grosses *pièces de charpente* ont l'équarrissage qui résulte des dimensions des arbres ; on appelle, à Paris :

Chêne ordinaire,	celui qui a	0^{m}10 à 0^{m}30	d'équarrissage.
Petit arrimage,	—	0^{m}30 à 0^{m}40	—
Gros arrimage,	—	0^{m}40 à 0,60	—
Sapin ordinaire,	—	0^{m}18 à 0^{m}27	—
Poutrelles (sapin)	—	0^{m}27 à 0^{m}36	—
Gros bois (sapin)	—	0^{m}36 à 0^{m}60	—

Voici maintenant les dénominations en usage dans le commerce de Paris pour désigner les *pièces de sciage en chêne* :

NOMS DES PIÈCES	LARGEUR (millimètres)	ÉPAISSEUR (millimètres)	LONGUEUR (mètres)
Échantillon	25	42	1,5 à 4
Membrure	167	83	2 à 4
Doublette	333	63	2,5 à 4
Grand battant	333	126	4 à 6
Petit battant	25	83	3 à 6
Entrevous	25	28	1,5 à 4
Chevron	83	83	2 à 4
Membrette	167	56	1,5 à 4
Panneau	216 à 243	20 à 22	2 à 4
Volige	216 à 243	13 à 15	id.
Feuillet	216 à 243	6 à 7	id.

Tous ces échantillons se vendent au mètre et le prix de comparaison est celui de la *planche* proprement dite, ou bois de quinze lignes (0^{m}034 à 0^{m}042 sur 0^{m}22 à 0^{m}25) ; ces mesures sont les mêmes qu'au temps où l'on comptait par pouces et par lignes ; ainsi le panneau, la volige et le feuillet sont des pièces de 9 pouces sur 9,6 ou 3 lignes.

Le chêne de Champagne est considéré comme le plus résistant et le plus durable ; en menuiserie on préfère le bois plus gras, comme le chêne de Fontainebleau. Le chêne des Vosges est supérieur aux deux précédents pour les ouvrages de luxe.

On appelle chêne de Hollande, celui qui est débité sur mailles ; il n'est point exposé à se fendre ou à se gondoler, mais il ne se polit pas bien et les mailles, plus dures que le fond, restent toujours un peu saillantes.

Pour les planchers de luxe, on emploie, sous le nom de *merrain*, des planchettes de *bois fendu sur mailles* et au coutre, dont les dimensions sont : 20 à 34 millimètres, 0^{m}16 à 0^{m}22 et 0^{m}32 à 0^{m}40. Parmi le *bois de fente*, il faut ranger surtout le merrain qui sert à la confection des futailles, les *échalas* et les *cerceaux* des tonneliers, qui se font en châtaignier, les avirons et manches d'outils qui se font en frêne, etc.

Les *sciages de hêtre* se classent comme il suit, avec des longueurs variables :

Entrevous ou feuillet.	0.216 à 0.243	sur 0,033 à 0,031.
Membrure.	0,165 à 0,200	sur 0.11 à 0,08,
Doublette ou trappe.	0.33	sur 0.075 à 0.081.
Quartelot.	0,236	sur 0.056.

Enfin, les *sciages de sapin*, qui renferment également ceux de pin, sont :

Le madrier, de 0^m08 sur 0^m22, c'est la pièce principale.
Le petit madrier, de 0^m054 sur 0^m22.
La planche, de 0^m027 sur 0^m22 ou sur 0^m32.

La planche réduite a $0^m 22$, la planche ordinaire $0^m 24$ et la planche large $0^m 325$ de large.

Avec le sapin de France on fait des feuillets de $0^m 016$ à $0^m 018$ d'épaisseur.

La meilleur sapin est le sapin du Nord ; il est solide, durable, facile à travailler. Sa couleur rouge et ses veines en font un bois décoratif ; il donne de bons assemblages. Comme on ne le saigne pas avant de l'abattre, il conserve ses gommes et ses résines ; ses pores sont donc plus pleins, plus gras et moins sensibles aux influences atmosphériques.

Les *sciages de peupliers* se font en planches et voliges de $0^m 03$ et $0^m 015$ d'épaisseur. Ils ne conviennent qu'à des ouvrages provisoires ou à des constructions inférieures.

3° ESSENCES PRINCIPALES DES BOIS INDIGÈNES OU EXOTIQUES : LEURS QUALITÉS

A. — BOIS INDIGÈNES

On les distingue en trois classes : 1° bois durs ; 2° bois blancs ; 3° bois résineux.

1° Bois durs. — En voici les principales essences :

1, LE CHÊNE, qui est le meilleur de nos bois, se rencontre partout dans l'Europe centrale. La qualité en est variable suivant le sol qui l'a nourri ; dans un terrain marécageux, la croissance est plus rapide ; mais le bois est mou, peu résistant et peu durable.

Le bois de chêne est à fibres droites et serrées, sa section est d'une couleur jaune brun, de teinte uniforme. Submergé pendant quelques années, il perd sa sève et prend, après sa dessiccation à l'air, un grain fin. Il vit très longtemps, et est encore vigoureux à 200 ans ; généralement, on n'attend pas cet âge pour l'abattre ; dans le chêne jeune, la proportion d'aubier, toujours facile à distinguer, est considérable ; le bois d'un chêne trop vieux noircit à l'air (développement d'acide gallique) et est sujet à la vermoulure.

Tout le monde connaît le gland du chêne, et sa feuille terminée sur les bords par des échancrures arrondies.

Il y a bien en Europe soixante espèces de chêne, dont les principales sont : le *chêne rouvre* (chêne ordinaire de France, dont l'écorce sert au tannage des peaux), il est très résistant, et c'est de là que lui vient son nom (du latin *robur*, force) ; le *chêne à grappes*, assez commun chez nous ; le *chêne yeuse*, à feuilles persistantes, toujours vertes ; il vit très longtemps ; on le trouve dans le midi de l'Europe ; en France, il s'arrête à la Loire ; son bois tortueux ne peut servir qu'à la charpenterie de machines, parce qu'il est dur et résistant ; le *chêne-liège*, dont l'écorce fournit les bouchons, c'est un bois de construction médiocre qui n'endure pas l'humidité ; le *chêne des Pyrénées* ou *chêne doux* d'Angers, mauvais bois de charpente, parsemé de nœuds, difficile à travailler, garni de beaucoup d'aubier ; le *chêne chevelu*, très beau et très résistant, on le trouve au midi de l'Europe, en Provence, en Poitou, en Franche-Comté ; le *chêne de Hollande*, mou, gras, facile à couper, s'emploie en menuiserie.

Au point de vue de l'emploi, on distingue le *bois maigre* et le *bois gras*.

Les figures 1 et 2, planche 23, représentent un échantillon de chaque espèce de ces bois. Le *bois maigre*, plus coloré et plus foncé, est de la meilleure qualité. « Les couches annuelles, dit l'instruction sur les bois de marine, parées au rabot ou à l'herminette, présentent un grain fin et lisse : le tissu *corné*, d'une largeur moyenne de 3 à 5 millimètres, est parfaitement distinct de la zone cellulaire, qui est très étroite et dont les pores paraissent pleins et peu ouverts ; enfin, la densité est beaucoup plus considérable que celle des bois de qualité inférieure. La finesse du grain permet de donner aux bois maigres un beau poli ; la varlope en détache de longs rubans pleins, quoique d'une ténuité extrême, ayant une grande ténacité longitudinale et même transversale, ce qui annonce que les faisceaux de fibres sont bien unis et comme soudés ensemble ; si on détache un de ces faisceaux, on peut le rouler en hélice sur toute sa longueur sans le rompre ; enfin, un pareil bois possède le maximum de résistance et sa section de rupture n'est jamais nette, mais présente de longues esquilles, indices du liant du bois. »

Le bois maigre a l'inconvénient d'être très sensible aux influences atmosphériques ; il se gonfle par l'humidité et subit par la sécheresse un retrait considérable ; aussi se fend-il facilement et cela le rend impropre au débit des planches.

« Si le terrain dans lequel l'arbre a végété est dépourvu d'un ou de plusieurs des éléments qui constitue la terre normale ; si les eaux, ne trouvant pas d'écoulement, séjournent longtemps au pied de l'arbre ; si, enfin, celui-ci est soumis à des variations atmosphériques fréquentes et tranchées, alors la sève, ne transmettant plus qu'une nourriture imparfaite et se trouvant contrariée sans cesse dans ses évolutions, n'engendrera plus qu'un bois de mauvaise qualité. Le tissu corné sera très étroit et le tissu cellulaire, au contraire, très développé, à tel point que la loupe sera parfois nécessaire pour faire apercevoir les couches annuelles ; enfin le bois sera mou et spongieux. On dit alors que les bois sont essentiellement *gras*. Leur couleur est pâle ; si on y passe la varlope, on n'obtient que des enlevures courtes, écailleuses, sans ténacité ; enfin les sections de rupture, au lieu de présenter les longues esquilles des bois maigres, sont nettes. »

Les bois gras ont l'avantage d'être peu sensibles aux variations de température et d'humidité ; aussi conviennent-ils pour la confection des planches et des lames et pour les travaux de menuiserie.

Entre les deux natures extrêmes des bois les plus maigres et des bois les plus gras se rangent une infinité de nuances.

Influences du sol et du climat. — Le sol, le sous-sol et le climat exercent sur les qualités des bois une grande influence et sont à considérer attentivement lorsque l'on a un choix à faire.

Les meilleures essences croissent dans les climats tempérés, dans de bons sols substantiels et profonds. La rapidité de la croissance est accusée par l'épaisseur des couches annuelles et la qualité par leur tissu dense et serré.

L'humidité excessive est funeste et donne des bois très gras à développement lent ; la sécheresse du sol donne d'assez bons bois, mais à faible développement ; les terrains profonds et arrosés par une eau courante, sans stagnation, donnent de bons bois à grand rendement.

Les plus mauvais terrains sont ceux qui n'ont qu'une faible épaisseur de terre végétale, avec un sous-sol imperméable et impénétrable aux racines.

La végétation est évidemment plus rapide dans les pays chauds, à valeur égale de terrain ; cependant une sécheresse excessive arrête la végétation et tue les arbres.

Bien que le tissu ligneux soit peu conducteur de la chaleur, il y a peu d'arbres qui résistent à certains froids ; tous se ressentent d'un hiver exceptionnel et l'on voit les essences se raréfier à mesure que l'on s'élève vers le Nord.

La lumière active la respiration et la végétation des arbres, et les arbres isolés, baignés par le soleil, se développent avec plus de vigueur.

L'exposition, qui a grande influence sur les arbres fruitiers, paraît en avoir beaucoup moins en ce qui touche les bois de charpente.

Les arbres *de futaie* ont un bois franc, de droit fil, facile à débiter ; dépourvus de grosses branches, ils sont propres à la confection des longues pièces. Les arbres *isolés* atteignent un développement plus considérable et des qualités supérieures, mais ils sont exposés à de nombreuses causes d'avaries, ont souvent des défauts cachés et ne sont guère propres à fournir des pièces droites d'une certaine longueur.

2. Le châtaignier, arbre à longues feuilles, garnies de dents aiguës, donne un fruit précieux ; il arrive à un âge et à des dimensions considé-

rables. Fibreux et résistant, comme le chêne, mais plus léger, il est sujet à la vermoulure intérieure, et ne saurait convenir à des constructions durables ; plongé dans l'eau, il durcit, et l'on peut s'en servir pour faire des pilots. On a prétendu à tort que l'on avait employé le châtaignier à la charpente de combles du moyen âge, qui existent encore aujourd'hui ; on l'a confondu avec une espèce de chêne aujourd'hui disparue. Le châtaignier n'est pas, comme le chêne, susceptible de recevoir le poli.

3. L'ORME, bois dur, presque aussi résistant que le chêne ; il n'éclate pas comme lui, et convient très bien à la confection des pièces destinées à recevoir beaucoup d'assemblages, comme les moyeux de roues ; il résiste à peu près aussi bien dans tous les sens, et c'est pour cela qu'on en fait des vis, et qu'on l'emploie sur une vaste échelle au charronnage.

Il ne convient pas en charpente parce qu'il est sujet à être piqué des vers. Bois rougeâtre, fibreux et souple. L'orme dépérit quand il dépasse cent ans.

On distingue l'orme *tortillard*, à forme très irrégulière comme l'indique son nom, rempli de nœuds et de bosses, mais très résistant, et employé en ébénisterie.

4. LE NOYER, qui ne sert guère qu'en menuiserie et ébénisterie, est brun, légèrement veiné, d'un bois serré qui se travaille bien, mais que les vers attaquent aisément. Se polit très bien.

5. LE HÊTRE, dont le grain, sans fibres apparentes, se rapproche de celui du noyer, est un beau bois, moins résistant que le chêne, peu élastique, qui ne sert guère que pour les charpentes de second ordre ; il fournit des traverses de chemin de fer, et convient à la menuiserie parce qu'il se découpe bien dans tous les sens. Exposé à une flamme vive, il durcit beaucoup.

Le hêtre est un bois fauve clair, à écorce grisâtre, souvent recouverte par des plaquettes de végétaux parasites ; il est facilement piqué des vers.

Le fruit du hêtre, la faîne, est huileux et peut servir à l'alimentation.

6. LE FRÊNE, bois blanc, veiné en jaune, assez souple, dur et pesant, mais attaquable par les vers. Son élasticité en fait un bois précieux pour la confection des échelles, des brancards, des rames, des leviers. Les fabricants de voiture en font une grande consommation. Les loupes du frêne, comme celles de l'orme, donnent des morceaux variés pour placages.

2° Bois blancs. — Les principales espèces sont :

1. LE PEUPLIER, arbre élancé, à feuilles luisantes dont les bords sont unis et qui s'attachent aux rameaux par un long pétiole. C'est un bois tendre, léger, blanchâtre qui ne convient que pour les ouvrages provisoires ou les emballages ; il est peu résistant et s'altère très vite. Le

peuplier se convient partout, mais particulièrement dans les terrains humides. Il y en a plusieurs variétés assez répandues, savoir : le *peuplier blanc* (ypréau) dont le tronc et les branches sont gris, le dessous des feuilles cotonneux et blanc, et le dessus des feuilles vert sombre, il est très élancé et peut vivre 200 ans ; le *peuplier noir* ou franc, à feuilles unies dont les deux faces sont d'un vert brun ; le *peuplier argenté* dont les feuilles sont recouvertes sur chaque face d'un duvet blanc ; le *peuplier d'Italie*, ou *pyramidal*, qui ne diffère que par la forme du peuplier noir ; le *peuplier de Caroline* à pousses quadrangulaires, etc.

2. Le tremble est une espèce de peuplier qu'on trouve en forêt ; il a une écorce lisse et blanche, des feuilles montées sur un long pétiole et agitées par le moindre souffle. Bois très mou.

3. L'aulne, bois semblable au peuplier, de couleur roussie, facilement corruptible à l'air, se conserve bien dans l'eau, et peut fournir de très bons pieux et des corps de pompe. Croît très vite dans les terrains humides.

4. Le bouleau, bois blanc et léger, trop mou pour supporter les assemblages ; il a de petites feuilles triangulaires, dentelées et lisses son écorce s'enlève facilement par feuillets qui s'enroulent, elle sert en Russie à tanner le cuir, dit cuir de Russie. Il se courbe assez facilement et donne des cercles ou des jantes.

Le bouleau résiste très bien au froid ; dans la Russie, on en tire une boisson fermentescible.

En France, le bouleau blanc domine ; le bouleau du Canada fournit un bois plus dur et plus compacte.

5. Le charme, bois blanc à grain très fin, se contracte beaucoup et durcit en se séchant. Convient à la charpenterie de machines et au charronnage ; écorce blanche à taches grises ; tête touffue ; feuilles ovales, terminées en pointe, d'un beau vert en dessus, d'un vert pâle en dessous. Ne se travaille bien qu'au tour.

6. L'érable, dont les feuilles caractéristiques sont découpées en cinq lobes pointus, a, comme le frêne, des graines ailées. On connaît surtout l'*érable commun*, bois blanchâtre, à grain très serré, dont les menuisiers font des manches d'outils ; l'*érable sycomore*; l'*érable à feuilles de frêne*, très dur et recherché des ébénistes ; l'*érable moucheté*

7. Le tilleul, bois léger, doux et soyeux, facile à couper dans tous les sens, convient bien à la sculpture, à la fabrication des jouets. Son écorce est fibreuse et textile, on en fait des cordages communs.

8. Le platane, qui s'est beaucoup développé en France depuis le XVIIIe siècle, est un bois semblable à celui du hêtre, tendre, léger, à grain très fin ; ne se travaille bien qu'autant qu'il n'est pas sec ; il se coupe et se polit très bien, convient parfaitement pour les moulures fines.

9. Le saule, bois tendre, blanc à teinte rouge ou jaune ; il n'a qu'une qualité : sa souplesse. L'osier est une variété de saule.

10. L'acacia, ou robinier faux acacia, d'un aspect caractéristique, est un bois d'une couleur jaune tendre, veiné, qui résiste à l'humidité, est d'un bon emploi, quoiqu'un peu cassant ; nerveux, résistant et flexible, il se travaille bien au tour. On en tire d'excellentes chevilles.

3° Bois résineux. — Nous citerons parmi ces bois :

1. Le pin, bois blanc, léger, peu employé dans l'industrie ; on s'en sert en constructions navales ; se pourrit et se pique vite à l'air, à moins qu'il ne provienne d'arbres très âgés, auquel cas il est brun et imprégné de résine qui le conserve. Les rameaux des pins s'échappent du tronc par étages, et ses feuilles linéaires sont disposées en hélice régulière autour des rameaux. On distingue : le *pin sauvage* que l'on trouve au nord de l'Europe et dans les pays de montagnes ; le *pin rouge* ou *pin d'Ecosse*, dont les fruits ou cônes sont rectangulaires ; le *pin d'Alep* ou de *Jérusalem*, qu'on rencontre en Provence ; le *pin maritime*, qui peuple les plages sableuses du midi de l'Europe, les Landes, la Sologne, etc..., et qui fournit un cône peu allongé, la pomme de pin ; le *pin pignon*, dont les étages de branches forment comme des parasols, et dont le cône est ovoïde ; le *pin cembro*, à croissance très lente (Alpes du Dauphiné) ; le *pin de la Caroline* ou de *Californie*, dont la hauteur est énorme, et qui peut fournir de grosses poutres de près de 50 mètres de longueur.

2. Le sapin, bois uni, léger, homogène, se rabote bien, très élastique et sonore, se conserve bien à cause de la résine qu'il renferme ; on en fait une consommation considérable dans la menuiserie de bâtiment et dans l'art naval. On distingue le *sapin commun* ou *argenté*, le *sapin élevé*, le *sapin blanc*, l'*épicéa*.

Influence de la station d'origine sur les bois de sapin. — On a constaté, dans ces derniers temps, de nombreux accidents dans des charpentes en sapin, presque neuves, dont les éléments avaient cependant les dimensions usuelles et consacrées par la pratique ; ces accidents consistent presque toujours en rupture subite sans flexion préparatoire.

Ils tiennent à ce qu'on a employé des bois provenant d'arbres résineux qui ne s'étaient pas développés dans la région et à l'altitude voulue pour les qualités de leur essence.

Contrairement à ce qui a lieu pour le chêne et certains bois feuillus, dit M. Boppe, sous-directeur de l'École forestière, les bois résineux sont d'autant plus poreux, plus mous qu'ils ont une croissance plus rapide. Les pièces de sapin et d'épicéa ne présentent les conditions désirables de résistance et d'élasticité que chez les sujets ayant grossi lentement dans la zone moyenne de l'aire d'habitation spéciale à chaque espèce. A une altitude inférieure, toutes choses égales d'ailleurs, les couches annuelles sont plus larges et le bois devient peu propre à la charpente ; on se contente, dans les Vosges, d'en faire des planches. A une altitude supérieure, on trouve des bois d'une lenteur de croissance exagérée, qui cessent d'être nerveux, deviennent secs et cassants, mais qui sont recherchés par la menuiserie à cause de leur fibre fine et régulière; ces bois sont dangereux en charpente.

Il faut donc, surtout quand il s'agit de bois résineux :

1° N'employer dans les charpentes que des bois de qualité convenable et de provenance connue;

2° Choisir les charpentes parmi les pièces exemptes de nœuds et présentant, sur le rayon, 20 à 35 couches d'accroissement par décimètre d'épaisseur;

3° Rebuter les bois dont l'épaisseur moyenne de couche annuelle dépasse 6 à 7 millimètres, ou, si on les emploie, augmenter les dimensions.

3. Le MÉLÈZE est de la famille du sapin; il est à feuilles caduques, c'est-à-dire qui tombent à l'hiver; on le trouve chez nous dans les montagnes des Alpes. C'est un bois dur, qui convient bien pour la mâture et pour la grosse charpenterie en général. Il paraît qu'il durcit indéfiniment sous l'eau. Le bois du mélèze est rouge à veines foncées.

4. Le CÈDRE, bois célèbre dans l'antiquité, originaire de l'Asie Mineure où il atteint des proportions gigantesques, il est d'un grain très fin, mais trop tendre pour recevoir un beau poli; c'est un bois odorant, que les insectes évitent, et qui par suite est très durable. Il convient bien pour l'intérieur des meubles de luxe, et peut servir en charpente, lorsqu'on en a à sa disposition.

5. Le CYPRÈS est le plus durable des bois, il est dur, compacte, pâle veiné de rouge, et possède une odeur suave. Mais il se développe avec une extrême lenteur, et, pour cette raison, n'est guère répandu.

6. L'IF est un très beau bois, d'une couleur rouge veinée susceptible de recevoir un poli parfait; l'if, qui a poussé dans un sol humide, est gras et s'effeuille facilement; celui qui est venu dans les rochers, est noueux et très recherché pour l'ornementation. L'if croît avec une extrême lenteur et arrive, après des siècles, à de grandes dimensions.

Nous n'avons pas cité, dans les trois classes qui précèdent, plusieurs bois utiles, mais peu employés en construction; tels sont : le *poirier*, qui se contracte beaucoup en se desséchant, et qui, lorsqu'il est bien sec, présente une contexture serrée, très résistante et très facile à polir; le *pommier* s'en rapproche, mais il est moins dur : tous deux peuvent servir pour la charpenterie de machines; le *néflier*, le *cerisier* et le *merisier* sont très durs aussi et sont consommés par l'ébénisterie; le *cornouiller*, le *buis* sont encore des bois durs; le buis surtout convient très bien pour faire des coussinets aux axes métalliques.

B. — BOIS EXOTIQUES

L'usage des bois exotiques se propage de plus en plus; réservés autrefois à la fabrication des meubles de luxe, ils sont aujourd'hui mis en œuvre dans les constructions navales et dans les grands travaux.

Les plus anciennement connus en Europe sont :

1. L'ACAJOU, qui peuple les forêts de l'Amérique du Sud, est un arbre de grande taille; son bois est solide, inaltérable, d'un bel aspect, susceptible de recevoir un poli parfait, et de plus il se développe rapidement. Il s'expédie en Europe sous forme de billes ou rondelles, et l'on en distingue plusieurs variétés : l'acajou uni, l'acajou moucheté, moiré, qui est plus estimé que l'autre, et que l'on emploie plus souvent à l'état massif.

2. Le PALISSANDRE (Brésil et Guyane) est un bois dur, sec, résineux, d'une odeur suave, facile à polir et à vernir; il est formé de fibres noires séparées par des parties plus tendres et moins sombres. Associé à du bois blanc, le palissandre est d'un excellent effet.

3. L'ÉBÈNE est le cœur des ébéniers; il est d'un beau noir, dur, pesant, prend un vif éclat par le poli. Associé à l'ivoire, il constitue les meubles les plus riches.

4. Le THUYA ressemble au sapin, mais est plus dur que celui-ci; lorsqu'il est noueux, il prend un aspect moucheté du plus bel effet.

5. Le TEAK est un bois de construction que les Anglais emploient beaucoup; on en fait notamment des portes d'écluses. C'est un chêne du Malabar, solide et inaltérable, susceptible d'un beau poli, d'un grain serré comme l'acajou et de la couleur du noyer.

6. Le GAÏAC, bois à fibres croisées, qui provient de l'Amérique et des Antilles; il ne s'use, pour ainsi dire pas, par un frottement prolongé, tant il est dur; aussi en fait-on des poulies et des coussinets inusables.

Outre ces anciens bois, on importe aujourd'hui en Europe de précieux bois de construction, parmi lesquels nous citerons :

7. BOIS DES ETATS-UNIS. — Il est très difficile de se procurer à un prix raisonnable, parmi les bois indigènes de bonne qualité, les longues pièces de bois de fort équarrissage qu'exigent certains travaux à la mer ou en rivière, tels que fondations et portes d'écluses, etc. Les bois d'Amérique sont alors susceptibles de rendre de grands services; nous avons trouvé d'intéressants renseignements sur les bois des Etats-Unis dans une note de M. de Lagrené, inspecteur des ponts et chaussées.

Les principaux bois de construction employés dans l'Amérique du Nord sont les suivants :

Le *chêne blanc* (white oak), très abondant dans l'Alabama et le Tenessee; excellent, mais très coûteux; densité : 0,78;

Le *chêne vert* (live oak), abondant sur la côte du golfe du Mexique, très durable et de grande valeur ;

Le *chêne rouge* (red oak), bois de chauffage, n'atteint pas de grandes dimensions ;

Le *chêne d'eau* (water oak), abondant le long des cours d'eau, ne pourrit jamais dans l'eau ;

Le *noyer blanc* (hickory), très employé en carrosserie ;

Le *noyer noir* (black walnut), abondant dans le nord de l'Alabama, très dur et très coûteux, atteint des dimensions considérables, ne pourrit jamais dans l'eau ; ses branches submergées poussent comme des boutures de saule ;

Le *frêne* (ash), inférieur au nôtre, bois d'ébénisterie ;

Le *peuplier* (poplar), atteint de grandes dimensions, a beaucoup de valeur pour la menuiserie et la marqueterie ;

Le *hêtre* (beech), de petites dimensions et d'exploitation difficile ;

Le *cèdre rouge* (red cedar), s'exporte en Europe pour la fabrication des crayons ;

Le *genièvre* (juniper), bois très précieux à cause de sa durée sous l'eau, de sa légèreté et de la facilité avec laquelle il se travaille ; peu combustible ; est considéré par les charpentiers comme impérissable.

Mais tous ces bois ne donnent lieu, jusqu'à ce jour, qu'à une très faible exportation. Les deux seuls bois de construction qui nous arrivent en grande abondance sont :

Le *pitch-pine*, pin résineux, pin de la Floride, et le *cypress*, bois non résineux, dont les pores renferment une sorte d'huile âcre et pénétrante.

L'exportation de ces deux bois se fait par plusieurs ports de la Floride et de la Louisiane, et les forêts de ces deux États contiennent une réserve immense.

Sous le nom de pins de la Floride on range : 1° le *pin rouge*, red pine, très lourd et très résineux, densité 0,90 au moment de la coupe ; 2° le *pitch-pine*, lourd et résineux, densité 0,87 ; 3° le *yellow-pine*, pin jaune, moins lourd et moins résineux, densité 0,72 ; 4° le *withe-pine*, pin blanc, très léger et peu résineux ; les bois saignés n'ont qu'une densité de 0,45 au moment de la coupe.

Le premier présente souvent des poches résineuses qui interrompent les fibres ; le dernier n'a ni résistance ni durée. Les seuls qui conviennent à nos travaux sont le pitch et le yellow-pine.

Ce dernier est plus élastique et renferme moins de poches de résine ; il convient pour les portes d'écluses et les aiguilles de barrage, pièces travaillant par flexion. Le pitch-pine convient mieux pour les pieux et les palplanches ; son poids élevé favorise la mise en fiche dans l'eau, et sa forte proportion de résine s'oppose à la pourriture.

Ces deux bois perdent environ 50 kilogrammes par mètre cube dans l'année qui suit l'abatage. Des aiguilles bien sèches en yellow-pine avaient, au bout de deux ans de coupe, une densité variant de 0,50 à 0,63.

Le yellow et le pitch-pine se trouvent facilement en poutres de 20 mètres de long et de 0^m50 d'équarrissage; leur durée est comparable à celle du chêne. Nos constructions navales en font aujourd'hui une grande consommation.

Le cyprès est plus durable mais plus cher que le pitch-pine. Il est très estimé pour les pilotis et les grillages sous l'eau. C'est un arbre presque sans branches, à fil droit, sans nœuds; on rencontre facilement des troncs de 21 mètres de long avec diamètres de 1^{m}50 à la base et 1^{m}15 au sommet. Il y a le cyprès rouge, qui ne flotte pas et qui est peu employé, et le cyprès jaune (yellow) qui flotte, à condition qu'on lui fasse une incision au pied et qu'on le laisse mourir sur place un an avant de l'abattre; séché, puis exposé à l'humidité, il absorbe de l'eau et redevient très lourd. Le cyprès est regardé comme le bois le plus précieux des Etats-Unis; il serait presque seul employé s'il ne coûtait plus cher que le pitch-pine; il a la préférence auprès des ingénieurs américains.

Des madriers de 0^{m}10 sur 0^{m}10, posés sur deux appuis espacés de 3^{m}04, se sont rompus sous une charge de

   1,000 kilog. lorsqu'ils étaient en sapin du Nord.
   1,350   —   —   yellow-pine.
   1,225   —   —   cypress.

ce qui correspond à des efforts maxima par centimètre carré d'environ 455, 610 et 570 kilogrammes.

Les modules E d'élasticité de ces trois bois peuvent être évalués respectivement à 10^9 multiplié par 0,77, 1,43 et 0,87; le module d'élasticité du chêne d'Europe varie entre $0,8 \times 10^9$ et $1,2 \times 10^9$. On voit que le yellow-pine est très avantageux pour les pièces travaillant par flexion.

En chiffres ronds, le mètre cube de bois équarri à la scie, rendu au port, coûte 34 francs en pitch ou yellow-pine, et 49 francs en cyprès. Le fret d'Amérique au Havre, chargement et déchargement compris, est de 41 francs, et les frais divers s'élèvent à 10 francs. Le transport et la manutention du Havre à Paris coûtent 15 francs, ce qui donne un prix total de 100 francs pour le mètre cube de pitch-pine rendu à Paris. Il s'agit du bois marchand; le bois de choix pour aiguilles de barrage, par exemple, devrait être majoré de 20 à 30 francs.

8. BOIS DE FER DE LA GUYANE ANGLAISE. — Les portes d'écluses, en Angleterre, sont uniquement construites aujourd'hui en *green-heart* ou *bois de fer*, provenant surtout de la Guyane anglaise et aussi du Brésil et de la Jamaïque. Il y en a deux variétés, une jaune et une noire, qu'on obtient aisément sur les marchés de Londres et de Liverpool en pièces équarries de 0^{m}50 de côté et de 10 à 12 mètres de long. « C'est, dit M. Voisin, inspecteur général des ponts et chaussées, un bois résineux, à fibres droites et régulières, sans nœuds, extrêmement dur et flexible, très résistant, qui ne se comprime pas d'une manière sensible sous des charges dans le sens des fibres, dont la compression latérale est d'ailleurs beaucoup moindre, paraît-il, que pour le chêne et le sapin, qui jouit enfin en Angleterre de la réputation d'être inattaquable par les vers marins. Son prix est malheureusement très élevé : environ 400 francs

le mètre cube rendu dans nos ports pour des pièces de choix débarrassées de leur aubier qui est considérable. »

Cependant, malgré ce prix élevé, il peut être avantageux de l'employer pour les portes d'écluses à la mer plutôt que de recourir à des portes en fer, dont la durée ne peut être grande dans l'eau salée à moins de soins exceptionnels. Il est à remarquer, cependant, que le green-heart s'est laissé attaquer par les vers marins, à Boulogne, après neuf années d'emploi. La densité moyenne de ce bois, après un séjour de plusieurs années en magasin, est de 0,94.

Sa résistance à la pression présente cette particularité que la rupture se produit brusquement avec un bruit sec et fort, sans déformation préalable, et il reste une masse de fibres désagrégées. La charge d'écrasement a été de 675 kilogrammes par centimètre carré, tandis que celle de petits blocs en bon bois de chêne essayés simultanément a été trouvée de 618 kilogrammes. La compression latérale a été assez accusée, et la désagrégation des fibres a été produite sous cette compression pour une charge de 256 kilogrammes par centimètre carré.

La résistance à la rupture par traction, expérimentée sur des tringles minces, a été de 1,286 kilogrammes par centimètre carré.

9. Bois de Québracho. — M. l'ingénieur Thanneur a attiré l'attention en 1881 sur le bois de Québracho, le plus employé par les constructeurs du Brésil et de la Plata. Ses dimensions sont comparables à celles du chêne ; il est très dur et la hache rebondit sur lui quand il est sec ; il est beaucoup plus lourd que l'eau et sa densité peut atteindre 1,300 kilogrammes. D'abord rougeâtre comme l'acajou, il noircit avec le temps ; compacte, peu fibreux, peu élastique, il est apte surtout à travailler par compression ; il renferme quatre fois plus de matière tannante que le chêne ; aussi est-il employé, même en France, pour le tannage des cuirs. Il coûte 120 francs le mètre cube, au Havre, en billes, et 130 francs en pieux équarris. Il doit être peu attaquable par les vers marins, mais l'expérience n'a pas été faite.

Les blocs essayés à l'Ecole des ponts et chaussées étaient fissurés en divers points par des fentes assez larges remplies d'une sorte de gomme-résine de couleur acajou foncé ; leur densité était de 1,23 ; ils se sont écrasés brusquement sous des charges de 730 kilogrammes par centimètre carré.

Du bois artificiel. — On a construit, à New-York, plusieurs maisons avec un bois artificiel composé d'un mélange de :

Sciure de bois résineux . . . . 1 à 3 parties.
Kaolin lavé . . . . 1 partie.
Eau . . . . jusqu'à plasticité de la pâte.

La pâte est fabriquée et broyée dans des cuves, puis comprimée par pistons plongeurs dans des cylindres ou des caisses, d'où elle sort sous forme de blocs qu'on sèche d'abord à l'air, puis à l'étuve, et enfin dans des fours chauffés au rouge blanc.

Refroidis lentement, ces blocs sont très durs, se laissent scier, raboter et polir; leur densité est moitié de celle de la brique et ils sont incombustibles.

C'est encore en Amérique que l'on fabrique *le bois de paille*, sous forme de planches composées de plusieurs feuilles de carton de paille réunies par un ciment imperméable et moulées sous une énorme pression. Ce bois fait concurrence au pin et au noyer. On le trouve dans le commerce en planches de 0^m80 de largeur, de 4 mètres de longueur, et de 0^m01 à 0^m03 d'épaisseur; il faudrait des arbres de plusieurs siècles d'existence pour en fournir de pareilles. Ce produit, très dur, peut se scier et se refendre, recevoir des moulures, être percé de clous et de vis; il est moins combustible que le bois. La fabrication n'en est possible qu'en Amérique, où l'on abandonne la paille des blés après la récolte; en France, la matière première serait beaucoup trop chère.

Production des bois dans les divers pays. — La *France* compte 9 millions d'hectares de forêts, qui produisent annuellement 25 millions de stères; la consommation est de 30 millions de stères. L'importation nous fournit donc un appoint considérable, qui montait, d'après le relevé des douanes de 1883, à 189 millions de francs.

L'*Autriche* est très riche en bois d'espèces et de qualités très différentes, dont elle exporte environ 1,100,000 stères d'une valeur de 75 millions de francs. Les principaux bois exportés sont le chêne noir et blanc, le sapin, le mélèze, le pin d'Autriche, le pin sylvestre, le hêtre et le frêne.

L'*Espagne* possède encore de grandes richesses forestières, quoiqu'on les ait bien maltraitées; sa production s'élève annuellement à une valeur d'environ 15 millions de francs et tend à s'accroître sous une direction intelligente.

Le *Portugal* exploite surtout le chêne-liège qui s'exporte, et le pin maritime dont sont plantées les dunes de la côte, analogues aux dunes des Landes.

L'*Italie* voit ses ressources forestières, très importantes encore, aller en diminuant. L'île de Sardaigne fournit à la marine de gros chênes qui sont une précieuse ressource.

La *Grande-Bretagne*, autrefois couverte entièrement de forêts, s'est dégarnie peu à peu; on s'occupe du reboisement; ses forêts fournissent encore à la marine quelques vieux chênes que l'on emploie concurremment avec les bois exotiques.

La *Roumanie* exporte une certaine quantité de bois d'excellente qualité, notamment en Turquie.

La *Russie* offre une collection de bois des plus curieuses et des plus remarquables. Les arbres du nord croissent avec une lenteur qu'explique la rigueur du climat, mais ils sont généralement d'excellente qualité. Les chênes, les pins et les sapins de Russie sont fort estimés. Les forêts de l'État, presque intactes, renferment des trésors inépuisables. Les forêts sont très inégalement réparties sur la surface de ce vaste empire; à Moscou, par exemple, le bois est aussi cher qu'à Paris.

La *Suède et la Norvège* doivent leur richesse et leur développement à l'exploitation de leurs forêts, qui fournissent à toute l'Europe occidentale des bois excellents et peu coûteux. La Suède a livré à l'exportation, en 1867, 1,800,000 stères de planches et de madriers et 1,100,000 stères d'autres bois de construction, le tout représentant une valeur de 42 millions; en Norvège, la même année, la valeur des bois exportés s'élevait à plus de 45 millions de francs. Toutefois, une exploitation mal conduite de ces immenses forêts qui recouvrent le tiers du pays, menaçait de faire baisser les produits; le gouvernement a promulgué dans ces derniers temps des lois sévères qui règlent l'exportation.

Les bois doivent être, dans l'avenir, une source considérable de richesses pour l'*Algérie*. On remarque le thuya, le chêne yeuse, le caroubier, le pin d'Alep, l'eucalyptus, le liège. Le chêne vert vaut 55 francs le mètre cube, le cèdre et le pin 20 francs, le caroubier 25 francs, le thuya 90 francs.

Une autre de nos colonies, la *Guyane française*, est riche en bois de qualités exceptionnelles, comme dureté et résistance, qui sont destinés à fournir de précieuses ressources à l'art du constructeur. Nous citerons les palmiers, le bois de lettre moucheté pour la marqueterie; le bois de rose mâle et le bois cannelle qui sont incorruptibles et inattaquables aux tarets; le cèdre noir qui est commun, mais qui attaque le fer; le palétuvier blanc pour la mâture; l'ébène verte ou green-heart des Anglais, très recherché pour les constructions; le balata rouge ou balata saignant, qui produit une sorte de gutta-percha, et que la Compagnie de l'Ouest a employé en traverses; le carapa rouge ou crabwood des Anglais, qui se fend avec la plus grande facilité; l'acajou; l'hévé ou arbre à caoutchouc; le cèdre blanc; le couaïe, bois commun pour mâture; le palétuvier rouge; le bois dit marmite de singe, utile à l'ébénisterie et à la tonnellerie; le coupi de Surinam, très propre à la confection des traverses et à la charpente, mais d'une odeur désagréable; le gaïac de Cayenne ou févier de Touka; le courbaril, un des plus grands arbres, employé pour les constructions navales; le bois violet ou purple-heart des Anglais, d'une durée, d'une élasticité et d'une solidité à toute épreuve; le wacapou, très dur, incorruptible, inattaquable; le bois de fer, iron wood, noir et compacte, excellent pour l'ébénisterie. Malheureusement, tous ces bois si précieux coûtent déjà 50 francs de transport de Cayenne en France; ajoutez les frais d'exploitation, le prix de revient sera bien élevé. Nos autres colonies, notamment le Sénégal, sont aussi très riches en bois.

Les *colonies anglaises* sont à la hauteur des nôtres comme végétation, mais les bois y sont beaucoup mieux exploités; la Nouvelle-Galles du Sud est couverte d'arbres gigantesques, dont le plus remarquable est l'eucalyptus ou bois de fer, que l'on exporte aux Indes pour en faire des traverses de chemin de fer. L'Australie présente aussi plusieurs espèces d'eucalyptus. Les Indes anglaises étaient, à l'époque de la conquête, recouvertes de forêts qu'on a dévastées par une exploitation barbare, et qu'on regardait plutôt comme un embarras que comme une richesse; aujourd'hui la pénurie s'est fait vivement sentir et l'on a dû recourir à des lois sévères pour arrêter le mal. Le Canada exporte chaque année, spécialement pour sa métropole, une quantité d'excellents bois (pin, chêne, noyer, cèdre, érable, frêne), dont la valeur atteint en moyenne 70 millions de francs; la consommation intérieure représente 30 millions.

Les colonies hollandaises de l'Océan indien nous offrent pour l'avenir de précieuses réserves des bois les plus durs et les plus résistants, d'espèces analogues à celles que nous avons déjà citées.

Enfin, le Brésil, où la végétation tropicale offre un développement que nous ne pouvons soupçonner, est recouvert d'arbres géants, aux espèces variées, qui peuvent être mis en œuvre par les arts les plus divers. La grandiose vallée des Amazones, dont Humboldt a dit qu'elle serait un jour le centre de l'activité humaine, est une voie naturelle qui semble engager l'homme à l'exploitation de toutes ces richesses. Beaucoup des bois du Brésil sont communs à la Guyane française, et nous n'en donnerons point le catalogue, car tous ces noms étrangers n'apprendraient rien au lecteur.

Les États-Unis d'Amérique exploitent une quantité de bois immense; on en jugera, si nous disons que le chiffre de l'impôt annuel payé par les bois s'est élevé à 56 millions de dollars. Aussi les États-Unis commencent-ils, ainsi que nous l'avons vu plus haut, à envoyer à l'Europe des quantités assez considérables de bois de construction.

Densité des principaux bois. — La tableau suivant donne la densité ou *poids du mètre cube en kilogrammes* des principaux bois :

DÉSIGNATION DES ESSENCES	FRAICHEMENT coupés.	SÉCHÉS A L'AIR	FORTEMENT desséchés.
Chêne rouvre (quercus robur).	1075	708	663
Chêne à tiges (quercus pedunculata).	1049	678	663
Peuplier blanc (salix alba).	986	487	457
Hêtre (fagus sylvestris).	982	591	560
Orme (ulmus campestris).	947	547	518
Charme (carpinus betulus).	945	769	691
Mélèze (pinus laryx).	920	474	441
Pin sylvestre (pinus sylvestris).	912	550	485
Érable (acer pseudo platanus).	904	659	578
Frêne (fraxinus excelsior).	904	644	614
Bouleau (betula alba).	901	622	570
Cormier (sorbus aucuparia).	899	644	552
Sapin (pinus abies).	894	555	430
Sapin rouge (pinus picea).	870	472	384
Alizier (cratœgus terminalis)	863	591	549
Marronnier d'Inde.	861	575	443
Aune (betula alnus).	857	500	431
Tilleul (tilia europea).	817	439	348
Peuplier noir (populus nigra).	780	366	»
Tremble (populus tremula).	765	430	418
Peuplier d'Italie (populus italica).	763	393	»
Saule (salix caprea).	715	529	440
Gaïac.	»	1342	»
Ébène.	»	1226	»

Il ne faut pas oublier, du reste, que la densité est très variable pour une essence donnée suivant l'âge, la provenance et la qualité des divers échantillons.

Ainsi la densité du bois de hêtre peut varier de 368 à 770 kilogrammes, suivant que l'on compte, sur une longueur d'un pouce, cinq et demi à quarante cercles annuels. Il est évident que le tissu qui comprend quarante cercles pour cette même longueur est infiniment moins poreux et moins lâche que celui dont la croissance a été très rapide.

Il est *facile d'apprécier la densité d'un bois;* on en coupe une planche assez épaisse que l'on fait flotter, et le rapport de la hauteur immergée à l'épaisseur totale est la densité par rapport à l'eau. Si une planche de 0^m10 émerge de 0^m02, sa densité est de 0,8 et son poids au mètre cube 800 kilogrammes.

Densité du bois de corde. — Le bois subit par la dessiccation un retrait inférieur à 1 1/2 p. 100 dans le sens longitudinal, mais qui peut s'élever à 6 p. 100 dans le sens transversal; aussi le bois empilé en corde subit-il avec le temps un affaissement qui peut être considérable.

Le poids du stère de bois de corde de chêne, de hêtre ou de charme varie, suivant la dimension et la régularité des morceaux, de 300 à 380 kilogrammes; pour le sapin et le bois blanc, ce poids varie de 250 à 280 kilogrammes.

Les *bois flottés* ont perdu leur sève, et leurs pores se sont partiellement remplis de vase; le poids des cendres augmente, mais le poids du carbone a diminué ainsi que la densité.

Résistance des bois. — On distingue : 1° la résistance à la traction; 2° la résistance à l'écrasement; 3° la résistance à la flexion, et on mesure ces diverses résistances par les charges de rupture correspondantes.

La résistance à la rupture par flexion s'obtient en faisant rompre une poutre horizontale que l'on charge en son milieu et en calculant l'effort maximum qui se produit lors de la rupture sur la fibre la plus éloignée de l'axe neutre.

1° *Résistance à la traction; charge de rupture par centimètre carré.*

1° TRACTION PARALLÈLE AUX FIBRES

Chêne	600 à 1.000	kilogr.
Sapin	800 à 900	—
Tremble	600 à 700	—
Frêne	1.200	—
Orme	1.040	—
Hêtre	800	—
Teak	1.100	—
Buis	1.400	—
Poirier	690	—
Acajou	560	—

2° TRACTION PERPENDICULAIRE AUX FIBRES

Chêne	160	kilogr.
Peuplier	125	—

Pour les ouvrages de faible durée on adopte le coefficient de sécurité 1/5 et le coefficient 1/10 pour les travaux de longue durée. Ainsi on fait travailler le très bon chêne à 1 kilogramme ou à 2 kilogrammes par millimètre carré suivant l'un ou l'autre cas.

2° *Résistance à l'écrasement; charge de rupture par centimètre carré.*

Chêne de France	380 à 460	kilogr.
Sapin	460 à 538	—
Chêne anglais	455 à 706	—
Sapin de Prusse	436 à 479	—
Pin rouge	379 à 528	—
Hêtre	543 à 658	—
Orme	726	—
Peuplier	218 à 360	—
Noyer	426 à 507	—

Ces chiffres s'appliquent à des blocs ou à des pièces qui ne peuvent subir de déformations latérales, à des cubes, par exemple, ou à des pieux enfoncés dans un sol non mobile.

Suivant que le rapport de la hauteur à l'épaisseur de la pièce est de 10, 12, 24, 48, 60, la résistance d'un bon chêne ou d'un bon sapin ordinaire est de 300, 250, 150, 50, 25 kilogrammes par centimètre carré.

On admet d'ordinaire pour les pieux et poteaux le coefficient de sécurité 1/6.

Résistance à des pressions normales aux fibres. — M. l'ingénieur en chef, Jules Michel, a rendu compte des expériences qu'il a entreprises en vue de déterminer la résistance et la déformation des traverses sous la compression qui leur est transmise, normalement aux fibres du bois, par les patins et les coussinets des rails. Le tableau ci-après résume les résultats de ces expériences comparatives :

Résistance des bois de traverse à la déformation permanente.

ESSENCES DES BOIS	COMPRESSION TRANSMISE LATÉRALEMENT PAR UNE RÉGLETTE					
	PERPENDICULAIRE AUX FIBRES			PARALLÈLE AUX FIBRES		
	bois neuf.	bois vieux sec.	bois vieux humide.	bois neuf.	bois vieux sec.	bois vieux humide.
Chêne de France (Bourgogne)	196	324	309	138	190	210
Chêne d'Italie (Calabres)	264	»	»	»	»	»
Hêtre créosoté du Jura	214	262	245	175	226	156
Mélèze du Dauphiné	116	»	»	83	»	»
Châtaignier du Dauphiné	120	»	»	89	»	»
Sapin créosoté de la Baltique	80	60	»	41	45	»
Pin sulfaté des Landes	209	»	»	153	»	»

Les résistances sont exprimées en kilogrammes par centimètre carré.
Les résistances des mêmes bois pressés debout ont été :

Chêne de France neuf	435 kilogrammes par centimètre carré.
Hêtre neuf	510 — —
Pin des Landes neuf	500 — —

Il ressort des expériences que :

1° La résistance à la pression transmise latéralement aux fibres est moindre quand la réglette est parallèle que quand elle est perpendiculaire à la direction des fibres. La différence est d'environ 25 p. 100;

2° Les chênes vieux humides sont plus résistants à la déformation que les chênes secs, à moins, cela va sans dire, qu'ils ne soient atteints par la pourriture;

3° La résistance des bois tendres, tels que sapin, châtaignier, mélèze varie du tiers à la moitié de celle des bois durs.

3° *Résistance à la flexion; tension* maxima *en kilogrammes par centimètre carré qui se produit lors de la rupture sur la fibre la plus éloignée de l'axe.*

Acacia	1.093	Noyer	732
Bois de fer	1.050	Orme	707
Chêne maigre	690	Pin laricio de Corse	806
Chêne gras	470	Pin sylvestre	633
Chêne de Provence	459	Platane de Provence	671
Chêne-liège	682	Sapin	530
Frêne	1.186	Teak	836
Gaïac	1.771	Tilleul de Provence	648
Mélèze	590		

Coefficient d'élasticité de quelques bois.

(Les chiffres ci-après doivent être multipliés par 10^9.)

Acacia	0,98	Noyer	0,70
Bois de fer	0,82	Orme	0,87
Chêne maigre (Bourgogne)	0,94	Pin des Florides	1,32
Chêne gras (Bourgogne)	0,86	Pin sylvestre	1,09
Chêne maigre (Dantzig)	1,07	Platane de Provence	0,97
Chêne vert	0,70	Sapin des Alpes maritimes	1,09
Frêne	1,40	Sapin de Suède	0,78
Gaïac	1,17	Teak	1,06
Mélèze	0,65	Tilleul de Provence	0,85

On admet d'ordinaire le coefficient de 1/10 pour les bois à la flexion, c'est-à-dire qu'on ne leur impose qu'une charge égale au dixième de la charge de rupture.

4. — DÉFAUTS ET MALADIES, CONSERVATION DES BOIS

Défauts et maladies des bois. — Les arbres, comme les animaux, sont sujets aux maladies et à la mort.

Lorsqu'un arbre meurt sur pied, son cadavre ne possède plus ni résistance, ni flexibilité, il se dessèche et tombe en putréfaction, il est attaqué et dévoré par les vers ; sa substance se transforme en terreau et n'est plus susceptible de donner ni flamme ni chaleur.

Il faut, en charpente, proscrire le *bois mort* d'une façon absolue.

Les maladies des arbres sont nombreuses et se développent rapidement dans une forêt lorsque celle-ci n'est pas soignée ; par une chirurgie bien entendue, qui consiste à panser en temps opportun les parties malades et à couper les membres gangrenés, on arrive à préserver d'une perdition complète les arbres attaqués. Il est regrettable que la majorité des propriétaires ne s'occupe aucunement de ces questions, et ne comprenne point qu'une forêt demande à être cultivée comme un champ de blé. Les maladies des arbres ont des causes multiples : 1° La mauvaise constitution de l'individu, qui ne se développe pas d'une façon régulière et homogène, de sorte que certaines parties tombent en souffrance ; 2° les intempéries des saisons, telles que la gelée, le vent, la foudre ; 3° les chocs reçus d'une manière ou de l'autre ; 4° les morsures des animaux domestiques et celles, beaucoup plus dangereuses, de petits insectes appartenant à diverses familles qui toutes pullulent d'une manière effrayante.

Voici l'énumération des divers défauts ou maladies qui résultent des causes précédentes :

1° Les ULCÈRES et les CHANCRES, qui sont en général produits par un afflux trop considérable de la sève en un point donné : une suppuration s'établit, la sève se décompose et la gangrène s'étend peu à peu. Cette inégale répartition de la sève a souvent pour cause le développement exagéré de certaines racines qui se trouvent dans un sol plus humide et plus riche ; comme à chaque racine correspondent une ou plusieurs branches, celles-ci se développent aussi avec une intensité exagérée.

2° La CARIE, corruption de la sève et pourriture de l'arbre dont le bois se change en terreau. Elle a quelquefois pour cause les infiltrations de la pluie qui pénètre à la jonction des branches et du tronc, lorsque les branches ont éclaté sous l'effort des animaux et du vent.

La figure 122 montre ce qui reste d'une branche brisée par le vent ; la plaie recueille et conserve l'humidité qui engendre la pourriture et celle-ci peu à peu se propage jusqu'au cœur de l'arbre et ne tarde pas à faire de grands ravages. La figure 123 montre les résultats produits par une branche coupée en chicot qui s'est desséchée peu à peu et a transmis la pourriture jusque dans le tronc.

Un trou dans l'écorce, qui n'a pas été pansé, suffit à propager le mal, comme le montre la figure 127.

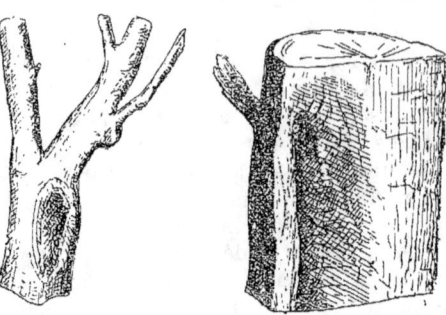

Fig. 125.   Fig. 126.   Fig. 127.

C'est par un bon élagage méthodique et par le pansement des blessures que l'on peut préserver les arbres de ces accidents qui leur enlèvent toute leur valeur marchande.

Les planches 23 et 24 offrent au lecteur divers exemples de carie et de pourriture.

La figure 1, planche 24, montre un *commencement de pourriture* due à un mauvais nœud et provenant d'une branche brisée ou mal coupée. Quelquefois la plaie se recouvre par l'écorce et forme un *cul-de-poule*. Toutes les fois qu'à côté d'un *nœud* de l'arbre on voit un renflement, on doit craindre un vice intérieur profond. D'une manière générale tout renflement, toute dépression sur le tronc font présumer un vice interne.

L'existence des mauvais nœuds s'annonce souvent par des suintements partant des aisselles des branches, suintements qui portent le nom d'*égouts* ou de *gouttières*.

Parmi les diverses pourritures, on distingue :

La *grisette*, figure 8, planche 23, qui se compose de fibres poreuses, de couleur brune, partant des nœuds et s'étendant dans l'intérieur du tronc; cette pourriture a une odeur fétide;

La *grisette à chair de poule*, figure 3, planche 24, parsemée de points blancs qui sont une moisissure;

La *grisette à flammes*, formée de langues irrégulières ou veines jaunes ou blanches; les flammes jaunes sont les plus dangereuses; elles remontent et se développent avec la sève de l'arbre;

Les *nœuds noirs*, qui sont peu dangereux et faciles à purger;

La *pourriture sèche* ou *nœuds jaunes* (*fig.* 4, *pl.* 24); cette pourriture est très redoutable et fait tomber le bois en poussière; il en est de même de la *jaunisse* (*fig.* 2, *pl.* 24);

L'*œil de perdrix* (*fig.* 5, *pl.* 24); c'est un point foncé qui se trouve au milieu d'un nœud et qui correspond à une poche interne de pourriture blanchâtre, appelée *huppe;* ce défaut peut souvent être purgé.

Les arbres venus de souche ont souvent de la pourriture au pied, ce qu'annonce un renflement anormal du tronc: la *pourriture blanche* est assez facile à purger, ainsi que la *pourriture noire*, généralement localisée; mais la pourriture rouge (*fig.* 3, *pl.* 23), est plus dangereuse et renaît quand on a extirpé les parties viciées.

3° Les GERÇURES, que le hâle produit sur l'écorce et qui souvent se prolongent jusqu'au liber et jusqu'à l'aubier; la partie découverte ne se nourrit plus, se dessèche, et l'accroissement de l'arbre est irrégulier.

4° La CADRANURE, figure 9, planche 23, qui consiste en un certain nombre de fentes partant du cœur et se dirigeant vers la circonférence, comme les rayons d'un cadran. C'est un vice très grave qu'on rencontre dans les arbres sur le retour. Tant que l'arbre est vigoureux, toutes les couches annuelles vivent et restent humectées par les sucs végétaux; quand l'arbre vieillit, les couches anciennes, le cœur, se dessèchent et éprouvent un retrait d'autant plus accusé qu'elles sont plus anciennes; de là la production de ces fentes, qui ont leur maximum de largeur au centre et vont mourir en pointe vers la circonférence. Dans un arbre sain, que la dessiccation fait fendre, c'est le contraire qui se produit, et les fentes ont la forme de coins dirigés vers le centre. Quand la cadranure est ancienne, elle est généralement accompagnée de moisissure dans les fentes.

5° La GÉLIVURE, figure 4, planche 23, qui consiste en des fentes allant de la circonférence au centre, semblables par conséquent à celles que produit le desséchement des bois; mais elles sont attribuées à la gelée; leurs faces sont lisses et noirâtres; le bois, qui en est traversé, donne un son sourd sous le marteau, tandis que le son reste franc et sec si les fentes sont dues à la dessiccation.

6° La ROULURE est produite par un hiver très rigoureux; le liber est désorganisé et ne se transforme pas en aubier; à la place de la couche concentrique correspondant à l'année dont il s'agit, on rencontre une solution de continuité, si bien qu'on trouve certains arbres roulés formés de deux cylindres concentriques, emboîtés l'un dans l'autre. En cherchant sur une section transversale l'âge des roulures, on reconnaît qu'elles correspondent bien aux hivers rigoureux.

La figure 6, planche 23, représente deux sections de chêne atteintes de roulure et de roulure cadranée. On attribue parfois la roulure à l'influence des grands vents qui produisent une sorte de décollement des couches annuelles. La figure 7, planche 23, représente la GÉLURE ou roulure incomplète; pour certaines couches annuelles, l'aubier s'est imparfaitement transformé en bon bois; on a le phénomène du *double aubier* ou *aubier entrelardé*, ou de la *lunure*, quand on voit au cœur un cercle, une lune blanchâtre.

7° Les TROUS D'ABATAGE, figure 5, planche 23, se produisent au pied dans la chute de l'arbre, quand cet arbre a été coupé en sifflet; ils font perdre une partie de la longueur utile. Quelquefois, les vieux arbres de grosses dimensions présentent une *fente au cœur*, qui ne compromet pas la solidité.

8° La FROTTURE, figure 6, planche 24; c'est une plaie ancienne produite par un choc d'arbre ou de voiture, ou par une marque de hachette ou *blanchis* trop accusée. Cette plaie a été recouverte par les couches subséquentes et souvent elle a engendré une pourriture; elle donne toujours un point faible dans la pièce de bois.

9° La TORSION est produite par l'action continue d'un vent violent sur la tête irrégulière d'un jeune arbre; le bois tors est souvent très résistant, mais il n'est plus susceptible d'être équarri, car il est de principe qu'on ne doit jamais couper les fibres du bois, si on ne veut lui enlever une grande partie de sa résistance.

10° L'EXFOLIATION, maladie de l'écorce qui se détache par feuillets; les *tumeurs*, les *loupes*, les *dépôts*, les *abcès* doivent être attribués à l'action d'insectes parasites.

11° La CHAMPLURE est le résultat de la gelée des jeunes pousses.

12° La DÉFOLIATION, ou chute des feuilles avant l'époque ordinaire, provient d'une maladie du liber, que l'on reconnaît à l'aspect de la couche correspondant à l'année considérée.

13° La JAUNISSE et la ROUILLE des feuilles, les *mousses*, les *lichens*, les *champignons*, les *moisissures* sont le fait de parasites, animaux ou végétaux.

14° Les GALLES sont des excroissances que des insectes produisent, pour s'y loger, sur le bois vert et sur les feuilles. La galle du chêne est bien connue, c'est une boule que l'on aperçoit sur les feuilles. La noix de galle provient d'un chêne d'Asie Mineure.

15° Le DÉPOUILLEMENT complet des feuilles est produit par les chenilles; l'arbre ne respire plus et bien souvent il en meurt. En tout cas, il en souffre beaucoup, et voit sa croissance arrêtée.

16° La VERMINATION, ou développement des larves déposées dans ou sous l'écorce par des insectes; ces larves donnent des vers, quelquefois très gros, qui se creusent des galeries de toutes parts, et qui finissent par faire mourir un arbre. Ce fléau se propage avec rapidité, et c'est un des plus terribles pour une forêt.

Parmi les animaux xylophages, on connaît surtout :

Le *grand capricorne* ou cerf volant, dont la larve produit de gros trous de vers, ayant jusqu'à 0^m02 de diamètre, et généralement peu dangereux;

Le *lymexylon*, figure 7, planche 24, petit ver donnant des trous capillaires ; il engendre la fermentation du bois et développe une odeur nauséabonde ; il se développe dans les arbres desséchés et les rend impropres à toute construction ;

Le *termite*, espèce de fourmi ailée, qu'on a rencontrée surtout au port de Rochefort ;

Le *taret*, mollusque qui attaque les bois plongés dans l'eau de mer ; nous étudierons plus loin ce terrible ennemi de nos ports.

17° Le RETOUR, c'est la décrépitude des arbres qui sont arrivés à leur fin, et qui ne tarderont pas à se décomposer, si on ne les abat pas. On reconnaît les arbres sur le retour à ce qu'on appelle le couronnement de la cime, qui s'arrondit, perd sa flèche, et dont les menus branchages se dessèchent.

Le forestier intelligent doit abattre un arbre dès que le couronnement commence, car on est certain que cet arbre ne croîtra plus et qu'il ne fera que perdre. Que de propriétaires ne peuvent se résoudre à abattre leurs beaux arbres au moment opportun, et perdent ainsi des bois précieux !

Les arbres sur le retour donnent un bois qui ne vaut guère mieux que le bois mort.

Causes de destruction des bois abattus. — Le paragraphe précédent traite des maladies qui attaquent les arbres sur pied. Elles ne laissent point toutes des traces apparentes sur la surface des arbres ; cependant, lorsqu'on achète des bois en grume ou des bois ronds, il est facile de reconnaître la plupart des défauts.

Un bois rond bien régulier, d'une forme conique régulièrement décroissante, d'une écorce fine et uniforme, est généralement bon.

On doit sonder attentivement, avant de procéder à l'équarrissage, les bois qui présentent des traces de *nœuds*, de *boursouflures*, de *chancres*, de *fentes* et ceux sur lesquels poussent les *champignons*, lorsque l'arbre est fraîchement abattu ; toutes ces circonstances indiquent presque toujours un défaut caché.

On doit rejeter des constructions l'*aubier*, les bois *noueux*, *rabougris*, *tordus*, *roulés*, *fendus*, *gercés*, *piqués*, *vermoulus*, *cariés*, *pourris*, les bois *sur le retour* et les *bois morts*.

Il faut se méfier du *double aubier* ; certains troncs possèdent deux anneaux d'aubier, séparés par une ou plusieurs couches de bois dur. Le double aubier, comme l'aubier simple, fermente rapidement, tombe en poussière, la fermentation se propage et l'on risque de voir s'écrouler une importante construction pour avoir voulu économiser un peu de bois.

On appelle *bois échauffé*, *brûlé*, un bois qui, après avoir été abattu, a été placé dans un endroit humide, mal aéré ; la sève ne s'est point évaporée, et la fermentation sera rapide lorsque l'arbre sera débité et mis en œuvre.

La *vermoulure* est la maladie du bois abattu qui tombe en poussière, par suite du travail d'un insecte parasite spécial; elle ne s'attaque guère qu'aux bois vieux et vicieux. Toute pièce qui présente une trace de vermoulure doit être rejetée.

La *carie sèche* est une sorte de lèpre, qui se manifeste à la surface des bois en magasin par des champignons de toutes espèces. Elle se communique rapidement; il semble prouvé qu'elle s'attaque aux bois légèrement échauffés et de mauvaise nature.

Toutes ces maladies peuvent se développer sur les bois mis en place; on conçoit donc combien il est important d'en reconnaître et d'en rechercher activement les symptômes avant l'emploi des bois.

Moyens de reconnaître un bon bois. — On y arrive par l'examen des propriétés physiques :

La régularité de la forme et de l'écorce est un bon signe, comme nous l'avons déjà dit. La section transversale d'un bon bois doit présenter une couleur uniforme et foncée; il faut que la transition de la teinte foncée du bois dur à la teinte pâle de l'aubier se fasse par gradation et non point brusquement. Lorsque la transition est brusque, on peut affirmer que l'arbre a souffert de quelque maladie.

Un bois de bonne qualité ne doit pas se revêtir de champignons, et ne doit présenter ni boursouflures, ni fentes, ni loupes. L'odeur doit en être fraîche et agréable; un arbre échauffé ou tendant à la vermoulure prend une odeur de moisi plus ou moins accusée que l'on reconnaît toujours. Un vieux bois n'a plus qu'une odeur insensible, on la ravive en enlevant de la surface quelques copeaux.

Le son que rend un bois par la percussion est un indice précieux; un bon bois placé sur deux chantiers et frappé avec une masse, doit être parfaitement sonore; s'il n'en est pas ainsi, c'est que la pièce est altérée ou qu'elle renferme des cavités; il est même possible, pour une oreille exercée, de reconnaître les points défectueux.

Un bois, qui montre un ou plusieurs nœuds, peut n'être pas mauvais; mais il faut, avant de le tailler, sonder les nœuds avec une tarière, et si le défaut ne s'étend pas trop loin, que la substance soit saine, on enlève le bois vicié et on fait entrer dans le trou un bouchon de bois dur que l'on enduit de goudron.

Le point capital qu'il faut toujours avoir dans l'esprit, c'est que la charpente d'un édifice est chose importante; il faut se garder d'en compromettre la durée et la solidité pour la satisfaction de faire une légère économie et d'employer une pièce douteuse.

Le bois de charpente doit être bien sec, parfaitement sain, abattu au moins depuis trois ans, provenant d'un sol point trop humide, et d'arbres coupés en bonne saison. Il doit être naturellement de droit fil et ne présenter aucun des vices que nous avons décrits plus haut.

Extrait du devis-type arrêté par le ministère des travaux publics.

Art. 40. — *Qualité des bois.* — « Les bois de fortes et de moyennes dimensions, les palplanches et les madriers seront en chêne ou en sapin, suivant les prescriptions.

« Ils seront abattus en bonne saison, depuis un an au moins pour les charpentes. L'abatage des pins pour pieux et pilotis dans l'eau sera récent.

« Ils seront de droit fil, ni échauffés, ni gras, sans malandre, aubier, roulures, gélivures, nœuds vicieux, pourritures et autres défauts,

« Ils seront approvisionnés, autant que possible, sous des hangars, et, dans tous les cas, empilés sur cales, de manière que leurs surfaces ne touchent pas la terre et ne se touchent pas entre elles.

« Les bois qui seront employés en menuiserie auront au moins trois années de coupe.

« Les bois de charpente seront de deux qualités :

« Ceux de premier choix seront parfaitement dressés, équarris à vive arête, sans aucune flache, ni aubier, exempts de toute espèce de défauts et d'imperfections;

« Ceux de deuxième choix seront en bois équarris, tels qu'ils sont généralement livrés au commerce.

« Les bois employés pour services temporaires comme cintres, ponts provisoires, bâtardeaux, etc., pourront n'être pas neufs, mais seront de qualité convenable pour l'objet auquel on les destine. »

Causes de destruction des bois mis en œuvre. — Quelque excellent qu'il soit, le bois mis en œuvre ne peut durer éternellement, et, dans certaines conditions, il est bien vite détruit.

Le bois qui entre dans la composition des combles d'un édifice se trouve naturellement abrité par la couverture; il est toujours au sec, et, s'il est sain et de bonne essence, il dure des siècles.

La plupart des bois, plongés dans l'eau ordinaire d'une manière absolument continue, et privés de tout contact avec l'air, durcissent plutôt qu'ils ne se détériorent et se conservent fort longtemps, à moins qu'ils ne soient dévorés par des parasites spéciaux que nous décrirons plus loin. C'est là un fait acquis pour tous les constructeurs et qui pourtant est loin de se réaliser toujours.

En effet, nous avons vu, en traitant la question des pilotis, que les bois, enfoncés dans des tourbes sulfureuses, y perdaient toute consistance et y subissaient une destruction complète de la matière ligneuse, de sorte qu'on arrivait à les trancher au couteau. Des eaux chargées de sulfate de chaux se décomposent parfois en présence de la matière organique du bois; le sulfate est réduit en sulfure et l'oxygène, mis en liberté, produit une combustion lente du bois, c'est-à-dire sa destruction.

Le bois enfoui en terre, ou plongé alternativement dans l'air et dans l'eau, perd ses qualités en quelques années et doit être remplacé. Nous en faisons l'expérience journalière avec les traverses de chemins de fer, qu'il faut remplacer bien souvent. Voici quelques chiffres qui nous éclaireront à ce sujet.

Le chêne, sorti d'un bon terrain, entouré d'un ballast bien perméable et d'un égout facile, dure environ 14 ans; dans des conditions exceptionnelles, il atteindra une vingtaine d'années.

Le sapin, dans bien des cas, n'a pas duré plus de 3 ou 4 ans; il ne dépasse jamais 7 à 8 ans.

Le hêtre est plus mauvais encore; une durée de 3 ans est sa limite extrême.

Le pin va de 2 ans au minimum jusqu'à 6 ans au maximum. Enfin le mélèze ou larix dure 6 à 8 ans, s'il provient des vallées, et peut aller jusqu'à 15 ans, s'il a poussé sur les montagnes.

Remarquez que les chiffres précédents s'appliquent à notre latitude; mais, si vous descendez dans le midi, notamment dans les régions qui se trouvent à une faible hauteur au-dessus du niveau de la mer, la décomposition est bien plus rapide. Ainsi en Espagne et en Italie, la durée des traverses est beaucoup moindre qu'en France, et sous la zone torride, dans l'Inde anglaise, les bois les plus durs, tels que le teak, le bois de fer et le jarrah, se détruisent avec une extrême rapidité.

De tout cela résulte que les bois à l'état naturel, enfouis dans le sol, ne durent au plus que quelques années, et la durée va très vite en décroissant lorsqu'à l'humidité se joint une température élevée.

A cette cause de destruction qui provient du sol et de l'humidité, il faut en ajouter une autre qui est due à l'action de certains animaux parasites.

Les bois conservés dans des magasins ou employés en charpentes aériennes sont attaqués par des insectes qui les rongent et amènent la vermoulure; ces insectes sont les poux de bois, les vrillettes, les termites, etc. Les bois employés sous l'eau ont deux ennemis, les tarets et les pholades.

Les pholades sont des mollusques bivalves qui se creusent des refuges dans les bois, dans les rochers et dans les maçonneries; ils sont peu développés sur nos côtes. Mais les tarets causent des ravages incalculables, et peuvent dévorer en deux ou trois ans des charpentes énormes. Un autre ver, qui se rapproche du taret, mais qui est beaucoup plus rare et moins dangereux, c'est la *limnoria terebrans*, que l'on trouve au Havre.

Taret. — « Le taret, dit M. l'ingénieur en chef Forestier, dans son mémoire sur la conservation des bois à la mer, est un mollusque acéphale appartenant à la même classe que l'huître, les moules, etc., auxquelles il ne ressemble pourtant en rien quant à l'apparence extérieure. La figure 8 planche 24 représente un morceau de bois qu'ont rongé des tarets.

« Le taret a la forme d'un ver blanc grisâtre, ayant jusqu'à 0^m30 de longueur et 0^m02 de diamètre, terminé d'un côté par une coquille ronde formée par deux valves égales assez semblables aux deux extrémités de la coque d'une noisette qu'on aurait profondément échancrées, et de l'autre par une espèce de queue bifurquée formant deux siphons qu'il peut allonger et raccourcir à volonté et qui sont, dans leur état naturel, renfermés entre deux palettes calcaires mobiles. La figure 128 représente en vrai grandeur un taret, moins le milieu de son corps; sa longueur totale est de 0^m20.

« L'un de ces siphons lui sert à aller chercher, à l'ouverture souvent microscopique par laquelle il a pénétré dans le bois à l'état de larve, l'eau aérée qui va baigner ses branchies et porter à sa bouche les molécules organiques nécessaires à sa nutrition ; l'autre reporte de la même manière au dehors cette eau épuisée qui entraîne en passant les résidus de la digestion.

« Les larves du taret commencent à pénétrer dans les bois vers la fin de juin. La fin d'août ou les premiers jours de septembre paraissent être, dans nos climats, la dernière période pendant laquelle elles parviennent à s'y loger.

« Les naturalistes ne sont pas d'accord sur la manière dont le taret effectue la perforation des bois.

« Deshayes explique le creusement des galeries par la présence d'une sécrétion ayant la propriété de dissoudre la matière ligneuse ; Hancock regarde le pied charnu de l'animal comme l'instrument térébrant ; de Quatrefages attribue ce rôle à une partie du manteau ou capuchon céphalique du mollusque, et Caillaut considère la coquille comme l'instrument perforateur, en s'appuyant sur ce qu'en fixant, à l'aide d'un peu de gomme-laque, la coquille d'un taret à l'extrémité d'une petite tige en bois et faisant tourner celle-ci entre le pouce et l'index, on parvient, en quatre heures et demie de temps, à forer dans le bois un trou de 30 millimètres de profondeur.

« Cette dernière opinion a été admise par M. Harting, membre de l'Académie des sciences des Pays-Bas, qui est arrivé à la même conclusion par un examen microscopique et minutieux de la coquille et de l'appareil musculaire du taret.

« M. Harting nous paraît fondé à conclure qu'il serait difficile d'imaginer un instrument plus propre que cette coquille à perforer le bois, chaque valve présentant en effet la réunion d'une lime avec une gouge ou mèche à cuiller.

« La direction flexueuse des galeries, dans lesquelles il n'est pas rare de rencontrer des angles droits ou même aigus, bien que le taret ait une propension à suivre les fibres du bois, le défaut de cylindricité des galeries, qui sont composées d'anneaux successifs juxtaposés qui n'ont pas toujours le même diamètre, et enfin la forme qu'affecte le fond, qu'on trouve toujours lisse et hémisphérique, sans la moindre saillie au milieu, démontrent, selon M. Harting, que l'action mécanique du taret sur le bois ne doit pas être attribuée à celle d'une tarière agissant par rotation, mais plutôt à celle d'une râpe.

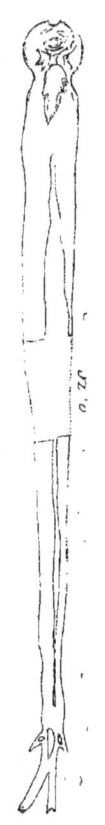

Fig. 128.

« M. Kater, de Nieuwendam, qui a fait de longues et minutieuses études sur la manière de vivre du taret, a pu constater *de visu* le bien fondé de l'opinion de M. Harting, en parvenant à mettre à nu une portion d'un taret qu'il a pu voir à l'œuvre, exécutant la perforation du bois à l'aide de sa coquille.

« Nous admettons d'autant plus volontiers cette hypothèse que, si nous n'avons pas vu, nous avons souvent entendu le taret travailler à son œuvre de destruction dans une pièce de bois remplie de tarets et longtemps conservée dans un vase rempli d'eau de mer qu'on avait soin de renouveler.

« Un bruit très perceptible, et tout à fait analogue à celui d'une râpe agissant sur le bois, est pour nous la preuve de l'action mécanique de la coquille, qui doit, du reste, être facilitée : d'une part, parce que les parois des galeries, toujours remplies d'eau, se trouvent soumises à une macération constante qui ne peut qu'en ramollir la surface ; d'autre part, par la présence d'une sécrétion du mollusque qui peut avoir la propriété de dissoudre la matière ligneuse, sécrétion qu'on ne peut contester, puisqu'au fur et à mesure que le taret avance dans sa galerie il se forme autour de lui un étui calcaire qui en tapisse exactement les parois et dans lequel il se trouve enfermé, en y conservant toutefois la liberté de ses mouvements.

« Jamais un taret ne pénètre dans la galerie d'un autre, tous ceux qui sont dans une même pièce de bois cheminent à côté les uns des autres et se croisent en tous sens ; mais quelque vermoulu que soit le bois, il reste toujours entre les galeries une cloison dont l'épaisseur est souvent infiniment mince.

« Le bois et l'eau de mer sont indispensables à l'existence de ce mollusque, qui ne peut vivre ni dans l'eau de mer seule, ni dans le bois hors de l'eau. Il a de plus besoin d'une eau claire et ayant un certain degré de salure, ce qui explique comment, dans un même port, les bois placés dans des parties où l'eau est trouble et sale sont souvent préservés et toujours beaucoup moins attaqués que ceux placés à côté, là où l'eau est plus pure, et aussi comment, sur un même littoral, ce térébrant fait moins de ravages à l'embouchure des fleuves qui apportent assez d'eau douce pour diminuer sensiblement la salure des eaux de la mer.

« Le taret peut hiverner dans les bois, et ce sont les individus ainsi conservés qui, suivant les naturalistes, donnent lieu au printemps à tous les phénomènes de la reproduction.

PROCÉDÉS DE CONSERVATION DES BOIS

Les procédés de conservation des bois peuvent se classer en trois systèmes : 1° les enduits ; 2° l'injection dans la masse entière de substances antiseptiques ; 3° la carbonisation superficielle ou flambage.

1° Enduits. — Les enduits ne s'appliquent guère qu'aux bois aériens ; les peintures sont généralement appliquées sur les bois de charpente et surtout de menuiserie, elles ne les protègent point complètement de la piqûre des insectes. Pour arriver à une protection parfaite, il serait nécessaire de plonger les bois dans une substance vénéneuse ; mais le mal est trop faible pour qu'on ait recours à ce procédé, qui pourrait amener plus d'un désagrément.

Souvent on recouvre les bois de plusieurs couches de goudron ; celui-ci agit à la fois comme une peinture sur laquelle glisse l'humidité et comme un antiseptique.

Voici une composition qui, appliquée à chaud avec un pinceau, pénètre le bois et donne un vernis noir assez agréable : 60 p. 100 de goudron végétal liquide, à 15 francs le quintal ; 20 p. 100 de coaltar, à 10 francs, et 20 p. 100 d'asphalte liquide de Bastennes, à 15 francs. Cet enduit revient à 0 fr. 10 le mètre carré.

Il y a quelques années, on a préconisé pour la conservation des bois l'enduit de glu marine, que l'on obtient en dissolvant du caoutchouc et de la laque dans l'huile provenant de la distillation du goudron de gaz ; il ne semble pas avoir mieux réussi que la peinture ordinaire.

Les enduits ne conviennent qu'à des bois parfaitement secs et absolument sains. C'est une erreur de croire que la peinture peut prolonger la durée d'un mauvais bois, humide ou échauffé ; elle ne fera que l'abréger. Peindre un mauvais bois, c'est, comme on dit, *enfermer le loup dans la bergerie ;* la fermentation se propage beaucoup plus rapidement ; il faut donc éviter soigneusement de le faire ; c'est malheureusement un conseil qui n'est pas assez suivi.

Des enduits nous rapprocherons le mailletage, destiné à protéger les bois contre les tarets. Le mailletage consiste à larder toute la surface des bois avec des clous à large tête ; l'ennemi ne peut alors pénétrer à l'intérieur ; en Angleterre, on a reconnu qu'il était nécessaire, pour arriver à une préservation certaine, de substituer aux clous à tête ronde des clous à tête carrée, de manière à recouvrir absolument toute la surface ; le mailletage doit être constamment surveillé et réparé. Les bois qui servent à la confection des portes d'écluses à la mer sont presque toujours mailletés ; les poteaux busqués qui doivent s'accoler hermétiquement sont mailletés avec des pointes de Paris, dont la tête ne reste point saillante.

Les blindages en tôle, en ciment, en cuir, dont on a essayé de recouvrir les bois à la mer, n'ont pas réussi.

Extrait du devis type arrêté par le ministère des Travaux publics.

ART. 92. — *Peinture des bois.* — « Les bois recevront trois couches de peinture.

« La première couche sera appliquée bouillante sur les bois, qui devront être très propres et avoir été exposés à l'air sous des hangars, pendant un temps suffisant pour que toute leur humidité intérieure soit rejetée au dehors.

« Après l'application de la première couche, on aura soin, avant de mettre la deuxième, de remplir exactement jusqu'au fond, avec du mastic, les trous, fentes et gerçures qui paraîtront à la surface des bois.

ART. 93. — *Goudronnage.* — « On choisira un temps sec pour faire les goudronnages. Les bois à goudronner seront préalablement grattés, afin que leurs surfaces soient bien nettes, puis chauffés avec un feu de paille. On les nettoiera ensuite de nouveau et on appliquera une première couche de goudron bouillant.

« Lorsque la première couche aura séché, on en étendra une seconde à laquelle on aura mêlé six à sept parties pour cent de chaux hydraulique en poudre tamisée. On fera de même pour la troisième couche ».

2° Injections de subtances antiseptiques. — Le cœur de chêne, aussi bien que le cœur des bois même moyennement durs, est difficilement injecté par les procédés industriels. L'injection ne se fait bien que dans l'aubier et dans les bois tendres.

Lorsqu'une pièce est injectée, elle doit être homogène, c'est-à-dire que, si c'est un aubier, elle ne doit pas renfermer de bois dur; en effet, l'aubier seul s'injecte et devient plus durable que le cœur; celui-ci se trouve attaqué le premier, la décomposition se propage et la pièce est perdue, tandis qu'elle durera plus longtemps si elle n'est qu'en bois tendre.

La cause de la destruction du bois est une combustion lente, qui se produit sous l'influence de l'air et de l'eau combinés; le corps ligneux est formé de cellulose et de ligneux, substances non azotées, mais imprégnées de sève, dont les éléments principaux sont la fibrine et l'albumine végétales, substances azotées et éminemment putrescibles. La putréfaction demande pour se produire de l'oxygène et de l'humidité; les bois enfouis dans le sol, ou même exposés à l'air libre, sont précisément dans ce cas; aussi les voit-on rapidement attaqués.

Les substances antiseptiques préservent le bois pour plusieurs causes : il y a d'abord dans le fait de l'injection une action mécanique qui chasse la sève en plus ou moins grande proportion; en outre, les antiseptiques ont généralement la propriété de coaguler les matières azotées, telles que l'albumine, ou bien de se combiner avec elles, et dans les deux cas elles les rendent imputrescibles; les ferments, qui sont des êtres organisés, ne sauraient vivre au milieu des substances plus ou moins vénéneuses qui servent à l'injection.

Les principaux antiseptiques en usage sont : le sulfate de cuivre, le sublimé corrosif ou bichlorure de mercure, le chlorure de zinc, et surtout la créosote.

L'injection se fait de plusieurs manières, soit par simple immersion des pièces dans des cuves pleines de liquide, soit par l'effet de la capillarité et d'une faible pression dans les bois récemment abattus et garnis de leur écorce, soit enfin par une pression considérable dans des réservoirs fermés. Nous allons donner des détails sur ces divers procédés.

Injection par immersion simple. — Elle est très économique, mais ne donne malheureusement que de médiocres résultats. On la trouve exposée complètement, par M. Couche, inspecteur général des mines, dans son traité des chemins de fer; nous lui empruntons les lignes suivantes :

« *Immersion simple à froid*. — Elle est en général peu efficace; son action, dans laquelle la cause fort obscure désignée sous le nom d'endosmose paraît jouer un certain rôle, est fort lente; c'est seulement au bout de deux ou trois jours et souvent plus, que l'immersion atteint à peu près sa limite. Un énorme matériel de récipients est donc nécessaire pour une production journalière un peu considérable. Aussi cette méthode, appliquée, par exemple, aux traverses en chêne demi-rond du chemin d'Amiens à Boulogne, y a-t-elle été bientôt abandonnée; l'antiseptique était le sulfate de cuivre.

« Le procédé est cependant encore appliqué au pin et au sapin sur les chemins de Berlin-Anhalt, Ouest saxon, Est saxon; sur ce dernier, l'immersion est prolongée pendant huit jours.

« Aujourd'hui comme autrefois, c'est par l'immersion à froid qu'on procède, dans le duché de Bade, pour l'application du sublimé corrosif. Les traverses restent pendant dix jours dans le bain, qui est au titre de 1/150. Les récipients sont des auges en sapin, de 6 mètres de longueur, 2^m55 de largeur et 1^m30 de profondeur, revêtues intérieurement d'un enduit composé d'huile de lin (1 part.), de cire (1 part.), de gomme (2 part.) et d'étoupe hachée. Cet enduit est posé à chaud. Il sert également à mastiquer les joints lorsque des fuites se déclarent. Des ferrures extérieures et de longs boulons à écrous noyés dans l'épaisseur des madriers permettent d'ailleurs de serrer les joints et de les rendre étanches.

« La dissolution se fait à chaud, dans un vase spécial, sur 0^k5 de sel et 3 litres d'eau seulement à la fois. Cette dissolution concentrée est amenée au titre de 1/150 par l'addition d'eau froide.

« La préparation coûte 11^f48 par mètre cube.

« Les ouvriers doivent s'astreindre à diverses précautions, dont ils payeraient chèrement l'oubli. Ils doivent éviter soigneusement tout contact, soit avec la liqueur, soit avec le bois préparé, et se défier surtout de l'introduction des moindres parcelles de sel dans les organes de la digestion et de la respiration. La dissolution s'opère au moyen d'un agitateur, dans un vase fermé, qui doit recevoir d'abord l'eau bouillante, et ensuite le sel. Si l'on faisait l'inverse, la vapeur entraînerait des particules salines. L'ouvrier a d'ailleurs un tampon sur la bouche.

« *Immersion à chaud*. — On a constaté, sur la ligne d'Amiens à Boulogne, qu'en portant le bain de sulfate de cuivre à la température de 60° environ, on obtenait, en une demi-heure, un résultat au moins égal à celui que donnait, toutes choses égales d'ailleurs, l'immersion à froid pendant deux jours et même plus; aussi s'empressa-t-on d'adopter cette méthode, expéditive et économique (0^f35 à 0^f40 par traverse). Le résultat a été satisfaisant, l'aubier ayant atteint à très peu près la durée du cœur; c'est évidemment tout ce qu'on pouvait désirer. La liqueur ne tenait 1/36 de sel; on opérait dans une chaudière en plomb. Ce procédé sommaire, appliqué plus tard, mais avec peu de succès, sur le chemin de l'Est français (sulfate de cuivre, prix : 0^f50), est à peu près délaissé aujourd'hui; peut-être cependant est-il, tout compte fait, le mieux approprié au chêne demi-rond, avec lequel la durée de la traverse a pour limite nécessaire la durée du cœur, qui forme une trop grande partie de la masse pour que la traverse lui survive.

« *Immersion dans le bain porté à l'ébullition.* — Ce procédé a été appliqué en Allemagne, notamment en Bavière, où il était en faveur il y a plusieurs années. Les traverses en sapin équarri, étaient placées verticalement dans une grande cuve en sapin ; on les fixait par le haut pour les empêcher de flotter ; la liqueur (sulfate de cuivre) était introduite et portée à la température de l'ébullition au moyen d'un jet de vapeur emprunté à une petite chaudière. L'injection de la vapeur cessait au bout de 45 minutes environ ; on laissait le tout se refroidir lentement, et c'est surtout pendant cette période que l'absorption s'effectuait.

« Cette méthode a donné généralement des résultats médiocres. Une élévation modérée de la température favorise l'absorption, mais ici le but est sans doute dépassé. Si d'une part on introduit à plus haute dose la substance préservatrice, de l'autre la dissolution trop chaude altère la constitution du bois en lui enlevant des principes essentiels à sa conservation.

« En Prusse, le reproche qu'on adresse à ce procédé est de ne donner qu'une pénétration superficielle ; peut-être les traverses étaient-elles extraites trop tôt du bain.

« Ce mode est toutefois appliqué encore sur l'Est saxon ; il l'a été également aux traverses en hêtre et à une faible partie des traverses en chêne des nouvelles lignes du Holstein, mais en élevant la température à 84 degrés au plus (chlorure de zinc).

« *Immersion dans un bain chaud après chauffage du bois à l'étuve.* — A l'exception du procédé Boucherie, qui est à cet égard dans des conditions toutes particulières, il faut en général, pour disposer le bois à absorber la liqueur antiseptique, le purger, aussi complètement que possible, de l'eau et de l'air qu'il contient. Une exposition prolongée à l'air atteint assez bien le premier but, surtout si elle a pu être précédée d'une immersion prolongée dans l'eau. Celle-ci a pour effet d'opérer un échange entre l'eau et la sève, d'enlever au bois des matières hygrométriques (et en même temps putrescibles), et de faciliter ainsi la dessiccation par l'exposition ultérieure à l'air. Le chauffage à l'étuve vaporise l'eau, et de plus, en dilatant l'air, il l'expulse en grande partie des méats. Le bois, plongé chaud lui-même dans le bain chaud, se sature beaucoup plus rapidement, tout en absorbant beaucoup plus ; mais la chaleur doit être appliquée avec mesure dans l'étuve, pour éviter de faire fendre le bois. Le chauffage à l'étuve et l'immersion dans le bain chaud, appliqués surtout avec l'huile de goudron, constituent un des procédés Bethell, fort usité en Angleterre ; il est employé aussi en Allemagne, sur le chemin d'Aix à Dusseldorf, par exemple. Les traverses, demi-rondes et écorcées, sont chauffées à l'étuve pendant vingt-quatre heures au moins et 48 heures au plus, et à 100 degrés. L'immersion dans le bain d'huile dure 24 heures. Prix : 1^{f}12 par traverse. »

Bain de paraffine. — Le bois imprégné de paraffine est soustrait à la pourriture. On le dessèche d'abord puis on le plonge dans un bain de paraffine fondue à laquelle on a ajouté un peu de pétrole. Les pièces imprégnées sont recouvertes d'un vernis à l'huile, ou mieux de verre soluble ou silicate de soude. Ce procédé est fort peu répandu.

Injection par le procédé Boucherie. — Le procédé inventé par le docteur Boucherie, vers 1835, est ingénieux et rationnel; il consiste à injecter, dans tous les canaux séveux du bois, un liquide qui ait la propriété de convertir en matières insolubles, inattaquables aux insectes, toutes les substances solubles, alimentaires et putrescibles qui entrent dans la composition physique et chimique des bois.

Le moyen, la puissance d'introduction, c'est la succion même résultant du mouvement séveux. Ce n'est donc que sur les arbres sur pied ou récemment abattus que l'on doit opérer.

Le système en usage à l'origine était très simple : on entourait le pied de l'arbre d'un réservoir annulaire, un sac imperméable par exemple; dans ce réservoir, l'écorce était enlevée et l'on faisait même un trait de scie tout autour de l'arbre dans l'aubier; le liquide monte peu à peu comme le ferait la sève, et pénètre non seulement le tronc, mais encore les branches et même les feuilles, jusqu'à une hauteur de 30 mètres: l'ascension est produite par la capillarité des tubes et surtout par l'effet d'aspiration que produit la respiration des feuilles et des parties vertes en général.

M. Gueymard, ingénieur en chef des mines, ayant reconnu que, par le procédé précédent, l'injection était loin d'être complète, le perfectionna en creusant dans la partie annulaire écorcée plusieurs trous de tarière, inclinés à 45 degrés de haut en bas et se réunissant au centre de l'arbre; le liquide pénétrait beaucoup mieux, et la petite pression qu'il exerçait au cœur de l'arbre facilitait l'injection.

L'invention du docteur Boucherie resta stagnante jusque vers 1846, où l'on changea en même temps le mode d'injection et la nature du liquide injecté.

Le mode perfectionné d'injection peut s'étudier en détail sur les figures de la planche 25 qui représentent un chantier de préparation établi en 1847 dans la forêt de Compiègne par M. Boucherie, qui devait livrer à la ligne du Nord une quantité considérable de traverses et de poteaux :

Des billes de hêtre ou de charme propres à faire de deux à quatre traverses étant posées horizontalement sur trois coins placés, l'un au milieu, les deux autres près des extrémités (*fig.* 1 à 6), on donne sur le point milieu de la division à opérer, un trait de scie pénétrant jusqu'aux 9/10 de la section. La pièce ainsi préparée, on enfonce le coin placé au milieu de sa longueur, de manière à faire ouvrir le trait de scie et à permettre d'y enfoncer jusque sur la partie non sciée une corde détordue dont on relève ensuite les deux extrémités que l'on croise à la partie supérieure de la section, en ayant soin de faire tenir la corde dans le trait de scie à quelques millimètres de la surface extérieure de la pièce. Il suffit alors de chasser le coin placé au milieu de la bille pour qu'elle plie et que le joint, en se fermant sur la corde disposée comme on vient de le dire, se trouve calfaté sur tout son périmètre.

Si on imagine maintenant qu'un trou de tarière a été percé obliquement du dessus de la pièce jusque dans le trait de scie, et que l'on y a introduit un ajutage en bois ou en métal sur lequel est fixé un tuyau en toile imperméable adapté par son autre bout au fond d'une gouttière disposée au-dessus du chantier, on voit comment il a été facile de faire arriver le liquide dans le vide du trait de scie, et par là dans les deux parties de la pièce qui y aboutissent.

D'autres gouttières placées sous les abouts des pièces rangées parallèlement et sous les traits de scie recevaient le liquide qui les avait traversées et celui qui s'échappait par quelques joints mal faits, et le ramenaient par une pente contraire à celle de la gouttière supérieure, de manière qu'avec une pompe placée dans le réservoir on relevait la liqueur pour la faire servir de nouveau, en ayant soin de la maintenir au degré de concentration voulu pour la conservation du bois.

En 1849 M. Boucherie améliora son procédé (*fig.* 7), en substituant à la gouttière supérieure fournissant le liquide un tuyau fermé enterré dans le sol au-dessous du milieu des pièces, et alimenté par un réservoir convenablement élevé pour entretenir la pression voulue et faire arriver la liqueur dans les traits de scie au moyen de tuyaux flexibles en toile ou en caoutchouc, fixés au tuyau alimentaire. Pour opérer sur des arbres à conserver avec leur longueur entière, l'inventeur eut recours d'abord aux calottes en plomb (*fig.* 9 et 10), puis à de forts plateaux en bois, fixés par des vis et recouverts par une couche d'argile corroyée (*fig.* 11).

Pour la préparation des poteaux de télégraphes, on eut recours aux dispositions des figures 12 à 14.

Ces dispositions peuvent être encore utilisées aujourd'hui, bien que le procédé ait perdu beaucoup de son importance.

M. Boucherie reconnut bien vite qu'une pression hydrostatique notable était nécessaire pour obtenir une injection rapide et complète ; aussi le réservoir est-il porté à 10 ou 12 mètres au-dessus du sol et soutenu par un échafaudage ; une pompe foulante y fait monter le liquide. Cette installation est peu coûteuse et s'établit sans peine dans n'importe quel pays, au milieu d'une forêt.

La nature du liquide injecté a beaucoup varié ; à l'origine, en 1835, le liquide choisi par M. Boucherie pour la conservation des bois était le pyrolignite de fer, substance peu coûteuse que l'on obtient en faisant macérer de vieilles ferrailles avec du vinaigre de bois (acide acétique ou pyroligneux). Le pyrolignite de fer a pour effet de changer les sels solubles en sels insolubles ; pour en démontrer l'efficacité, M. Boucherie prenait deux côtes de melon, dont une était abandonnée à elle-même, et l'autre trempée dans le pyrolignite ; celle-ci, au bout de quelques jours, était encore entière avec toutes ses chairs, bien que noircies, tandis que la première était tombée en pourriture.

On eut à ce moment l'idée de se servir de l'injection pour produire des bois colorés ; on injectait ainsi, par exemple, du sulfate de fer, puis du cyanure de potassium, et le corps ligneux se trouvait, par suite de la double décomposition, teint en bleu de Prusse (cyanure de fer); le pyrolignite de fer a lui-même la propriété de colorer les bois en gris, et il est facile de reconnaître par là qu'il ne pénètre point le bois dur; les chlorures de calcium et de magnésium, qui sont déliquescents, empêchent le bois de se dessécher absolument, lui conservent une certaine élasticité et par suite beaucoup de flexibilité; les teintures végétales, garance et autres, sont facilement absorbées par les bois tendres à qui elles communiquent leur couleur.

On ne tarda pas à reconnaître que le pyrolignite de fer, le sulfate de soude et le chlorure de calcium (ces deux derniers présentant l'avantage de rendre le bois difficilement combustible) n'empêchaient point la pourriture, et que le meilleur antiseptique était le sulfate de cuivre (ou vitriol).

Par une longue expérience, M. Boucherie a pu constater les faits suivants :

1° Toutes les essences ne se pénètrent pas également.

2° La marche de la liqueur est plus rapide dans l'aubier que dans la partie la plus rapprochée du cœur.

3° La quantité de liqueur introduite dans le bois égale la moitié de son cube au minimum.

4° Lorsque cette liqueur, qui contient $1^k 5$ de sulfate de cuivre par hectolitre, a traversé une pièce, on constate, en tenant compte du sulfate entraîné par la sève, que chaque stère de bois en a retenu entre 5 et 6 kilogrammes.

5° La pénétration, pour une longueur de bille égale à $2^m 60$, dure deux jours lorsque le bois est récemment coupé et que le réservoir est élevé d'un mètre; si le bois a trois mois d'abatage, il faut trois jours; s'il a quatre mois, il faut quatre jours pour effectuer cette pénétration.

6° L'élévation du réservoir qui fournit la liqueur rend la pénétration plus rapide et aussi plus complète.

7° Cette influence de la pression ne se fait sentir que dans les bois pénétrables comme le hêtre, le charme, le bouleau, le pin, etc.; les essais faits pour produire la pénétration au moyen de la pression, dans les bois impénétrables dans les conditions ordinaires, sont restés tout à fait sans résultat.

8° L'augmentation de poids que présente le bois après sa pénétration varie selon les essences, et dépend de la quantité d'air qu'il contenait et qui a été remplacé par la liqueur. Voici les résultats :

Le hêtre augmente de 95 kilogrammes par stère; l'aubier de chêne de 25 kilogrammes; l'aubier de charme de 21 kilogrammes; celui de bouleau de 21 kilogrammes; celui de peuplier d'Italie de $31^k 5$; l'aubier de grisard de $22^k 7$; l'aubier d'aune de $70^k 7$, celui de frêne de $22^k 8$; celui de pin de $57^k 5$, et celui de sapin de 24 kilogrammes.

9° La pénétration est possible toute l'année, excepté au moment de la gelée qui solidifie, soit la liqueur à injecter, soit la sève qui s'écoule.

10° Les essences les plus humides, ou, dans une même essence, les arbres qui ont poussé dans les sols les plus humides, se pénètrent le mieux. Il en résulte que ce sont les arbres réputés les moins bons, et par suite les moins chers, qui donnent les meilleurs résultats lorsqu'ils sont pénétrés de sulfate de cuivre.

L'injection au sulfate de cuivre a donné des résultats très inégaux; c'est, du reste, ce qui s'est produit pour la plupart des procédés de conservation des bois. Plusieurs Compagnies de chemins de fer qui l'avaient adoptée pour leurs traverses l'ont abandonnée. Ce procédé a un désavantage, c'est qu'il ne s'applique qu'aux bois en grume, et que, par suite, on injecte des parties qu'on enlèvera plus tard sous forme de dosses; c'est avec le hêtre qu'il paraît réussir le mieux; on ne doit donc pas hésiter à l'employer sur place, lorsque l'on exploite de grandes forêts de hêtres.

Comme exemple d'insuccès de l'injection des bois au sulfate de cuivre par le procédé Boucherie, M. l'ingénieur Frémaux a cité l'exemple des ponts en charpente établis sur la rivière d'Authie. Ces ponts étaient en hêtre injecté qui, en moins de dix ans, tomba en pourriture, tandis que des pièces de chêne naturel, placées dans les mêmes conditions, résistaient parfaitement. Cela tient-il à ce que des pièces débitées, exposées à l'air, perdent leur sulfate de cuivre? On ne le saurait dire. On a vu des platanes injectés sous une pression de dix mètres se pourrir presque instantanément, tandis que d'autres platanes de même origine, injectés sous une faible pression, se conservaient bien.

Ce sont les assemblages qui résistent le moins; cela se comprend, si l'on réfléchit que la liqueur injectée chemine parallèlement aux fibres qu'elle entoure sans les pénétrer; dans les assemblages, le bois est coupé obliquement, et l'on met à nu toutes les sections des fibres que le liquide n'imprègne pas.

Les procédés d'injection ont, en général, l'inconvénient de désagréger plus ou moins les fibres du bois, et par suite d'en diminuer la résistance; c'est une chose à considérer dans la construction des charpentes qui, comme celles des ponts, ont à résister à des efforts considérables.

Le système du docteur Boucherie devait, croyait-on, produire d'excellents résultats dans les travaux à la mer; le sulfate de cuivre est un poison violent, qui fait périr les animaux et les ferments; on espérait donc pouvoir avec lui détruire les tarets; il n'en est rien, car le sulfate de cuivre ne forme qu'une combinaison chimique très faible avec les substances albumineuses du bois; il est pour ainsi dire à l'état libre, et comme il est soluble, l'eau de mer l'entraîne, ce qui permet au taret de travailler à son aise.

Injection des bois par la pression ou par le vide. — Les procédés d'injection sont aujourd'hui, pour ainsi dire, réservés uniquement aux traverses de chemins de fer, et partout l'injection s'effectue sous une forte pression, parfois combinée avec le vide.

C'est en 1831 que M. Bréant eut l'idée d'imprégner les pièces de bois immergées dans des cylindres à l'aide d'une forte pression exercée sur le liquide.

La pénétration est telle, que des solutions même huileuses arrivent jusque dans l'intérieur des cellules végétales. Toutefois, les nœuds et le cœur des bois durs résistent encore à ce procédé énergique.

C'est avec un grand cylindre et une pompe foulante qu'opérait M. Bréant, et il traitait des pièces de bois équarries et façonnées pour la construction où elles devaient entrer.

Le procédé de M. Bréant a été modifié successivement par plusieurs constructeurs. Ainsi MM. Legé et Fleury traitaient les bois dans un cylindre où ils amenaient d'abord de la vapeur, puis du sulfate de cuivre; la vapeur humecte le bois, chasse la sève, dissout beaucoup de matières putrescibles; puis, lorsqu'on fait communiquer le récipient avec un condenseur, il se produit un vide partiel qui dépouille le bois de la plus grande partie de l'eau et de l'air qu'il renferme; dans cet état, la matière ligneuse est devenue facilement pénétrable au sulfate de cuivre, que l'on introduit dans le cylindre, et sur lequel on exerce des pressions qui atteignent jusqu'à 6 ou 8 atmosphères. Il est certain que de la sorte la pénétration est complète; mais cette méthode nous semble entraîner avec elle de graves inconvénients : 1° le cylindre doit être en cuivre ou protégé à l'intérieur par un mastic; car, s'il était en tôle sans enduit, le sulfate de cuivre décomposerait les parois; 2° pour opérer sur de grandes quantités de bois, il faut une installation coûteuse et encombrante; les wagons tout chargés de pièces de bois doivent pénétrer à l'intérieur du cylindre où se fait la réaction : cela nécessite un matériel considérable; 3° l'action de la vapeur d'eau, puis celle du vide, et enfin la pression élevée, désorganisent le tissu du bois, qui perd beaucoup de sa résistance.

De sorte qu'en somme on obtient encore avec ce système des résultats très variables. Quoi qu'on fasse, le sulfate de cuivre ne se combine pas avec la totalité des substances azotées, pour lesquelles il a peu d'affinité, et, d'un autre côté, le bois fait l'effet de filtre sur la dissolution saline, et le vitriol se trouve retenu en grande partie par les premières parties de bois traversées; l'injection n'est jamais bien accusée au centre des pièces. Toutefois, le résultat est d'autant meilleur qu'on prolonge davantage les diverses phases de l'opération.

C'est avec la créosote qu'on est arrivé à la protection la plus efficace, notamment en ce qui touche les bois à la mer, qu'il faut mettre à l'abri des ravages du taret. M. l'ingénieur en chef Forestier, dans son rapport que nous avons déjà cité, décrit tout au long les procédés de créosotage employés aux Sables-d'Olonne : nous engageons le lecteur curieux à lire ce rapport en entier.

La créosote est une huile lourde, d'un jaune verdâtre, d'une densité un peu supérieure à celle de l'eau, soluble dans l'alcool et l'éther, brûlant avec une flamme fuligineuse, comme tous les corps riches en carbone; on l'obtient en recueillant les produits de la distillation du goudron de gaz, qui se dégagent entre 160 degrés et 260 degrés; au-dessous de 160 degrés, on recueille des sels ammoniacaux et des huiles légères qui renferment la benzine, si utile dans l'industrie, notamment pour la préparation des couleurs d'aniline.

La créosote est un composé complexe, dans lequel on a bien distingué une vingtaine de substances différentes; les plus connues sont la créosote véritable $C^{14}H^8O^2$, et l'acide phénique $C^{12}H^6O^2$. C'est à ce dernier, qui est un excellent antiseptique, que l'on attribue les propriétés énergiques de la créosote.

Au port des Sables-d'Olonne, l'injection se faisait dans un cylindre en forte tôle B, dans lequel on peut successivement, avec deux pompes, faire le vide et exercer une pression de 10 atmosphères. Les tubes J, accolés aux parois et parcourus par un courant de vapeur, y maintiennent une température de 80 à 100 degrés.

Le cylindre à injection est muni d'un obturateur en fonte avec serrage à vis, d'indicateurs du vide et de manomètres, d'une soupape de sûreté, d'un tube indicateur du niveau de la créosote, des tubulures nécessaires pour l'introduction et la sortie de ce liquide, enfin de deux rails r sur lesquels roulent les wagons U, que l'on y introduit complètement, et qui portent les bois à créosoter.

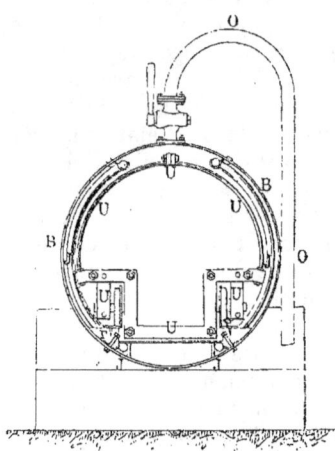

Fig. 129.

A la suite de nombreuses expériences, M. Forestier conclut que, pour les bois enfouis en terre ou exposés à l'air, il suffit d'injecter environ 150 kilogrammes de créosote par mètre cube; pour les bois que l'on veut préserver du taret, il faut au moins une absorption de 300 kilogrammes par mètre cube.

L'injection est loin d'être homogène; les parties dures sont peu imprégnées, tandis que les autres le sont beaucoup.

Si l'on ne doit point fournir au bois la quantité de créosote nécessaire, il vaut autant s'abstenir, parce que les tarets ne tardent pas à l'attaquer, et semblent, au bout de peu de temps, se faire à leur nouvelle habitation.

Les bois créosotés se travaillent très bien; l'expérience apprend qu'ils gagnent plutôt qu'ils ne perdent en flexibilité et en résistance.

La créosote coûtant à Paris 65 francs la tonne, la préparation d'un mètre cube de bois contenant 150 kilogrammes de créosote est revenue, tous frais compris, à 20 francs environ aux Sables, et la préparation d'un mètre cube de bois contenant 300 kilogrammes de créosote est revenue à 34 francs.

La Compagnie Paris-Lyon-Méditerranée emploie actuellement deux procédés pour la préparation de ses traverses : le créosotage par un procédé à peu près semblable à celui que nous venons de décrire, et le sulfatage par le procédé Légé-Fleury, c'est-à-dire en vase clos et à haute pression.

Une traverse de hêtre absorbe 20 à 24 kilogrammes de créosote, ou

24 à 32 kilogrammes de sulfate de cuivre; la dépense est de 1 fr. 90 dans le premier cas et 0 fr. 57 dans le second. Les traverses en chêne avec aubier n'absorbent que 6 à 8 kilogrammes de créosote, prix 0 fr. 98, ou 7 à 10 kilogrammes de sulfate, prix 0 fr. 35.

En Allemagne, les quatre antiseptiques qui ont donné les meilleurs résultats sont : le sulfate de cuivre, le bichlorure de mercure ou sublimé corrosif, le chlorure de zinc et la créosote. Le chlorure de zinc coûte 25 francs les 100 kilogrammes, le vitriol 90 à 112 francs, et la créosote 12 à 15 francs.

La préparation des traverses de bois de pin revient :

>De 0 fr. 40 à 0 fr. 63 avec le chlorure de zinc.
>De 0 fr. 75 à 1 fr. 06 avec le sulfate de cuivre.
>De 1 fr. 25 à 2 fr. 00 avec le sublimé corrosif, sans pression.
>De 1 fr. 82 à 2 fr. 87 avec la créosote, avec pression.

Les traverses en chêne ou sapin duraient, non préparées, 13,6 ou 7,2 années; préparées à haute pression, au chlorure de zinc ou à la créosote, elles durent 19,5 et 15 ans. D'où un grand avantage.

Dans ces derniers temps, on a appliqué aussi le procédé Hatzfeld d'injection au tannate de fer. Les appareils sont les mêmes que pour la créosote, mais l'opération est double : on injecte d'abord de l'acide tannique (solution d'extrait de châtaignier), puis du pyrolignite de fer; le tannate de fer se forme par décomposition, et on s'arrange dans le dosage de manière à avoir un excès d'acide tannique. Ce procédé semble efficace; il donne au bois une teinte d'ébène.

3° Carbonisation superficielle ou flambage. — Il semble que depuis bien longtemps on ait reconnu l'heureuse influence de la carbonisation sur la conservation des bois; car il est d'usage, même dans les campagnes, de carboniser l'extrémité des pieux qu'on plante en terre pour faire des poteaux de portes ou de clôtures.

Cet usage s'est généralisé et se pratique maintenant d'une manière courante dans les constructions navales; les ingénieurs de la marine carbonisent toute la superficie de la coque d'un navire, et ils emploient pour cela le jet enflammé d'un chalumeau à gaz, que l'on promène et que l'on dirige à son gré. M. de Lapparent, directeur des constructions navales, a propagé le procédé employé, en montrant l'intérêt qu'il y avait à l'appliquer aux traverses de chemins de fer et au pied des poteaux de télégraphes.

Le jet du chalumeau à gaz est à une température de 1,000 à 1,200 degrés; on conçoit donc que le bois éprouve une dessiccation, une carbonisation complète sur une certaine profondeur, et même une distillation sur une profondeur beaucoup plus grande. De là plusieurs effets.

1° La surface du bois augmente de dureté et de compacité; elle devient donc moins sensible aux agents atmosphériques;

2° La distillation qui se produit dans les couches plus profondes pro-

duit une sorte de goudron végétal, doué, comme la créosote, de pro
priétés antiseptiques;

3° Les ferments sont détruits par la température élevée à laquelle s
trouve portée la masse entière du bois;

4° La carbonisation joue un rôle analogue à celui des enduits; mais i
faut remarquer que si un enduit appliqué sur un bois humide peut êtr
funeste, cela n'arrivera pas avec la carbonisation, car le bois ne saurait
par ce procédé, conserver son humidité.

L'appareil primitif supposait que l'on avait à sa disposition une dis
tribution de gaz; cela est rare sur les chantiers. Aussi l'appareil invent
par M. Hugon, directeur d'usine à gaz, à Paris, a-t-il rendu de grand
services.

Il est représenté par la figure 130, et se compose de :

Un soufflet S, manœuvré par une tige verticale fixée à un levier; c
soufflet envoie de l'air dans le réservoir R, et celui-ci se rend ensuite
par le tuyau T, dans l
fourneau F, rempli d
houille incandescente
le jet de flamme sort pa
l'orifice A et carbonis
la pièce de bois (t), dé
posée sur des rouleau
(r) que supporte l
bâti (s). Un réservoi
d'eau envoie dans l'aju
tage (a) quelques gout
tes d'eau qui se trou
vent décomposées par l
houille lorsque celle-c
ne donne plus de flam
me; il en résulte de l'hy
drogène et de l'oxyd
de carbone qui entre
tiennent une flamme d

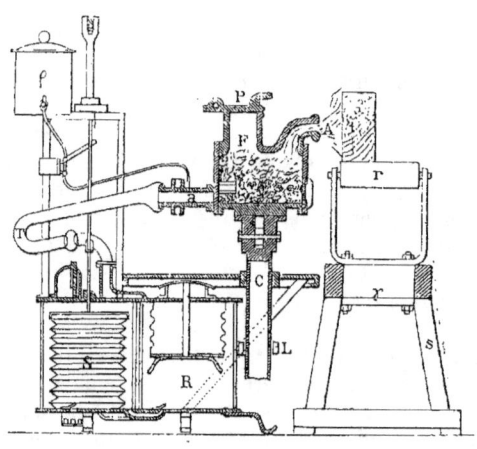

Fig. 130.

grande dimension. Le fourneau F a une porte P pour l'introduction du
combustible, et il est soutenu sur une colonne C, embrassée par un
levier L qu'équilibrent des contrepoids, et qui permet d'élever et de
faire tourner à volonté le fourneau, et par suite le jet de flamme.

Le flambage d'une traverse revient ainsi à environ 0 fr. 15, les frai
généraux non compris.

Au procédé de carbonisation s'en rattache un autre plus complexe
présenté en 1848 par MM. Hutin et Boutigny, mais dont l'usage ne s'es
pas propagé; nous ne le citerons donc qu'à titre de curiosité :

Les bois, disent MM. Hutin et Boutigny, se détruisent par l'action
incessante de l'humidité et de l'oxygène de l'air atmosphérique. Ce
principes de destruction les pénètrent jusqu'au cœur par voie d'absorp
tion et d'infiltration. Par leur présence dans le bois et leur action con
tinue sur la fibre élémentaire, ils y développent une combustion lente e

spontanée, que M. Liebig a qualifiée du nom d'*érémacausie*. Cette pénétration des éléments destructeurs s'opère exclusivement par les extrémités du bois et dans le sens naturel de la circulation physiologique.

Il résulte de ces divers faits incontestables que si l'on parvenait à soustraire les bois à l'action désorganisatrice des causes que nous venons de signaler, on les conserverait indéfiniment. Il en résulte encore évidemment qu'en oblitérant hermétiquement les extrémités absorbantes des bois, on fait pour la conservation ce qui se déduit naturellement des données de la science, de l'observation et de l'expérience.

Passant ensuite en revue les procédés employés ou conseillés dans ce but, les auteurs trouvent qu'aucun ne remplit les indications d'une manière suffisante; puis ils exposent le procédé qu'ils ont imaginé.

Notre procédé, disent-ils, consiste à sécher les extrémités du bois, à neutraliser leurs propriétés hygrométriques par un commencement de combustion, et à les sceller hermétiquement au moyen d'un mastic qui pénètre entre les fibres, s'y incorpore et les soustrait à l'action destructive du milieu dans lequel on les place. Ce procédé est simple, expéditif, peu dispendieux, praticable par la personne la moins intelligente; il n'exige ni appareils ni ateliers. Voici à quoi l'opération se réduit:

1° Immerger les extrémités de la pièce de bois à conserver, dans un carbure d'hydrogène quelconque, l'huile de schiste, par exemple, qui pénètre fort avant avec rapidité;

2° Y mettre le feu et, au moment où la flamme s'éteint, plonger le bois à la hauteur de quelques centimètres dans un mélange chaud de poix noire, de goudron et de gomme laque, qui est légèrement aspiré entre les fibres et qui forme à chaque extrémité du bois une sorte de cachet hermétique et relativement inaltérable;

3° Le bois est ensuite goudronné dans toute son étendue par les procédés ordinaires.

En résumé, les procédés d'injection, convenablement appliqués, prolongent beaucoup la durée des bois; ils ne sont pas bien coûteux et procurent des économies considérables. On ne saurait trop les recommander.

5. TRAVAIL ET MISE EN ŒUVRE DES BOIS

C'est généralement à la scie que l'on débite et que l'on équarrit les bois; le *sciage* est donc l'opération capitale du travail des bois, et c'est d'elle que nous nous occuperons tout d'abord. Nous décrirons ensuite les outils du charpentier avec lesquels on peut tirer d'un arbre une pièce de forme quelconque. Mais l'habileté du charpentier a beaucoup perdu de sa valeur depuis que des machines-outils de toute espèce permettent de fabriquer rapidement, et avec une précision parfaite, tous les éléments de la charpente et de la menuiserie.

Nous avons donc à décrire successivement :

1° Les scies;

2° Les outils du charpentier;

3° Les machines-outils pour le travail des bois;

4° Les procédés de courbure et de pliage des bois.

1° SCIES

On distingue trois espèces de scies : la scie à lame droite, la scie à lame circulaire et la scie à ruban sans fin. La première est à mouvement alternatif et les deux autres à mouvement continu; toutes trois peuvent être mues à la main, mais les deux dernières exigent alors une manivelle et des engrenages, et généralement elles sont actionnées par un moteur inanimé. On appelle *scieries mécaniques* les établissements, aujourd'hui très nombreux, où des scies puissantes, mues par la vapeur ou par une chute d'eau, débitent, pour les livrer au commerce, les arbres de nos forêts.

Scies ordinaires, à lames droites, à mouvement alternatif. — Tout le monde connaît la scie ordinaire, lame d'acier, mince, droite, de largeur et surtout d'épaisseur uniformes, découpée sur un côté en une série de dents aiguës qui déchirent les fibres du bois et finissent par couper ainsi les pièces les plus grosses. La lame est montée sur un châssis en bois et reçoit un mouvement alternatif.

La section que fait cet outil s'appelle un *trait de scie*.

Si les dents étaient exactement dans le plan de la lame, elles n'ouvriraient qu'une section de largeur précisément égale à l'épaisseur de cette lame, et le frottement sur celle-ci ne tarderait pas à rendre le mouvement de va-et-vient très difficile; la lame flamberait sous l'effort et finirait par se briser.

Pour éviter ce grave inconvénient, *on donne de la voie à la scie;* c'est-à-dire qu'on écarte les dents alternativement à droite et à gauche en les pliant un peu, de manière à mettre les pointes en saillie sur les faces de la lame; la largeur de la rainure creusée par les dents est alors supérieure à l'épaisseur de la lame, et les frottements ne sont plus à redouter en même temps que l'expulsion de la sciure est rendue plus facile.

La déviation des dents doit être inférieure à l'épaisseur de la lame, sans quoi la file des dents de droite et la file des dents de gauche ouvriraient chacune son sillon, laissant entre elles une feuille de bois inattaquée qui se coincerait entre les dents et serait un obstacle au travail.

La forme de la denture dépend essentiellement de la nature du bois qu'on attaque; les vides entre les dents doivent pouvoir contenir la sciure produite par un coup de scie. Avec un bois tendre, on a recours à des dents plus aiguës et moins rapprochées; le bois dur, au contraire, qui donne à chaque coup beaucoup moins de sciure, demande une scie à dents plus robustes et plus rapprochées.

On comprend sans peine que toutes les dents d'une lame doivent avoir *même forme et même voie.*

On affile les dents des scies avec des limes plus trempées que la lame; on se sert de limes triangulaires, dites *tiers-points,* et de limes rondes, dites *queues-de-rat;* les premières pour affiler le tranchant des dents et les secondes pour approfondir les vides à profil courbe qui raccordent deux dents successives. Le tranchant des dents s'affile en manœuvrant

LES BOIS

la lime perpendiculairement aux faces de la lame ; quand on donne aux tranchants une légère obliquité, elle doit être telle que la sciure ait toujours tendance à venir vers l'intérieur du trait de scie.

C'est avec la *rosette* ou *tourne-à-gauche* A, figure 131, que l'on donne la voie à une scie, en saisissant les dents l'une après l'autre dans une des échancrures de la rosette et en exerçant une pesée sur le manche de l'instrument. Il faut que la voie soit bien égale pour toutes les dents et, à défaut d'un œil exercé, on vérifie cette condition avec une règle ou un cordeau.

La figure 131 représente la scie du charpentier ; la lame, dont le côté opposé aux dents s'appelle le dos, est fixée par des clous rivés dans les fentes de deux montants en bois, dont les extrémités opposées sont

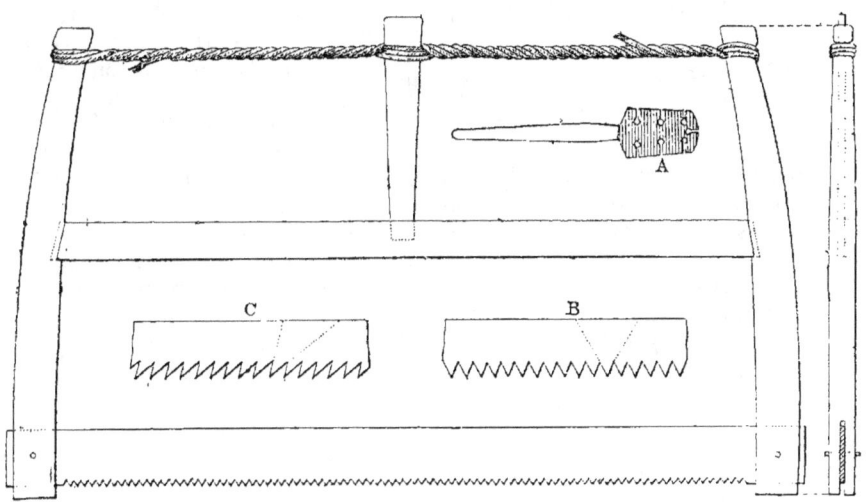

Fig. 131.

taillées en crossettes, et dont les arêtes sont arrondies comme celles des manches de tous les outils à main. Les extrémités des montants sont reliées par une corde tendue, entre les brins de laquelle passe, vers son milieu, la *clef* ou *garrot;* cette clef sert à donner, par une torsion convenable de la corde, la tension voulue à la lame ; elle s'engage ensuite dans une mortaise ménagée à cet effet dans la traverse en bois parallèle à la lame.

On desserre le garrot lorsqu'on ne se sert plus de la scie, car la lame en se refroidissant pourrait prendre une tension exagérée.

Le charpentier manœuvre, avec l'aide d'un compagnon, sa scie qui a 1^m30 à 1^m50 de long. On voit en B la denture de cette scie à plus grande échelle ; les deux coupants d'une dent font le même angle avec la direction de la lame, parce que cette scie est destinée à travailler dans les deux périodes de son mouvement alternatif.

Généralement, il n'en est pas ainsi; les dents de la lame n'attaquent le bois que dans un sens de leur mouvement alternatif. C'est ce qui arrive notamment avec la scie à main, dite *scie de menuisier*, et dont on voit la denture en C.

La scie que nous venons de décrire ne permet de faire que des rainures droites dont la profondeur est limitée par la distance qui sépare la lame de sa traverse. Lorsqu'il s'agit de *chantourner*, c'est-à-dire de faire des rainures concaves ou convexes, ou lorsque l'on veut exécuter des rainures profondes, on se sert de la *scie à chantourner* D, dont la lame est fixée non pas directement aux montants du châssis, mais dans des chevilles cylindriques qui peuvent tourner librement dans des renflements spéciaux ménagés dans les montants. Par cette disposition, la lame peut être placée dans une direction perpendiculaire ou oblique au plan du châssis et il est facile de suivre, dans une pièce de bois, une rainure courbe dont le dessin est figuré sur la pièce, ou de faire *une levée* tout le long d'une planche ou d'un tronc d'arbre. Pour les rainures courbes, on augmente la voie de la scie afin de lui permettre un changement facile de direction.

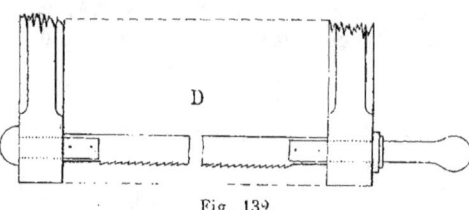

Fig. 132.

On appelle *passe-partout* une scie à forte lame manœuvrée par deux hommes et qui sert surtout à débiter les gros bois en forêt et à scier les

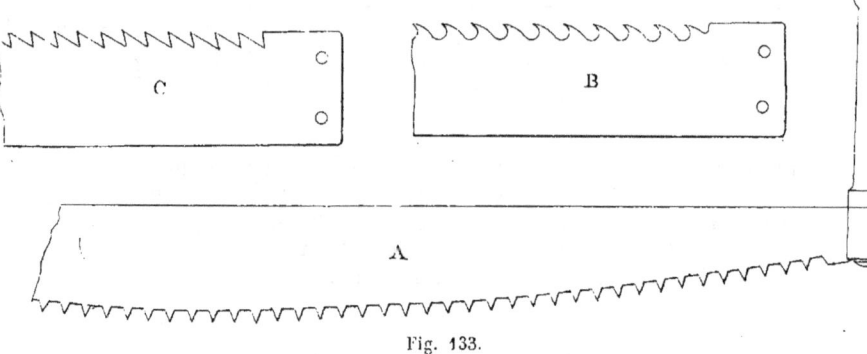

Fig. 133.

troncs. La partie garnie de dents est profilée en arc de cercle convexe, disposition qui a pour but de favoriser le mouvement de va-et-vient parce que la partie centrale de la denture s'use beaucoup plus vite que les parties latérales.

Le *passe-partout* coupe dans les deux sens et ses dents sont droites comme on le voit en A.

Elle diffère sous ce rapport de la *scie de long*, dont on voit les types de denture en B et C ; la scie de long se manœuvre dans un plan vertical et n'attaque le bois que dans son mouvement de descente ; la denture B convient pour les bois tendres et la denture C pour les bois durs.

Les scieurs de long sont chargés de l'équarrissage et du débit des bois, soit en forêt, soit à l'atelier. Leurs procédés sont connus ; ils élèvent les pièces à scier sur des chevalets assez haut pour qu'un ouvrier puisse se tenir debout en dessous, pendant que l'autre est monté sur la pièce même. C'est celui-ci qui dirige la scie et la relève ; il lui donne pendant la descente la pression et l'inclinaison voulues pour un bon travail. L'ouvrier inférieur tire la scie pendant la descente et la fait mordre dans le bois ; lorsqu'il s'agit de bois durs, il faut deux ouvriers inférieurs pour tirer la scie.

L'amplitude du mouvement d'oscillation est d'environ 0^m66.

Toutes les dents ne peuvent mordre que si la scie est, non pas verticale, mais inclinée, l'inclinaison étant telle que chaque dent enlève tout le copeau qu'elle est capable de fournir.

Le charpentier et le menuisier se servent encore pour des menues opérations, de scies à mains appelées *feuillet à poing*, *égoïne*, etc.

Scies mécaniques à lames droites, à mouvement alternatif. — Il y a longtemps qu'on a été conduit, surtout pour l'équarrissage et le débit des bois en forêt, à substituer les moteurs inanimés à la force musculaire de l'homme. Cette substitution est aujourd'hui générale et s'impose de plus en plus.

Il arrive souvent que l'on rencontre dans une forêt un cours d'eau assez puissant pour mettre en mouvement une scierie mécanique ; s'il est impossible de créer une chute, on installe sous un hangar une locomobile que l'on chauffe avec des copeaux et des dosses. On évite par là de transporter une grande quantité de bois inutile, et l'extraction est de beaucoup simplifiée.

Plusieurs genres de scie sont en usage : les scies à lame droite, les scies circulaires et les scies sans fin.

Les scies à lame droite sont montées sur un châssis solide ; généralement les lames sont multiples, de façon à débiter, par exemple, huit ou dix planches à la fois. A l'origine, on s'était contenté de placer le châssis entre deux rainures verticales et de lui communiquer un mouvement de va-et-vient. L'appareil ne fonctionnait pas bien ; on eut alors l'idée d'imiter ce qui se passe dans le mouvement de la scie à main, l'oscillation dans le sens vertical se complique d'une oscillation dans le sens horizontal, de telle sorte que l'arbre n'est pas attaqué en même temps sur toute la hauteur de sa section, mais seulement sur une partie ; la ligne de sciage n'est pas une droite verticale, mais une courbe convexe. Toutefois, en perfectionnant les scies et en augmentant la force motrice, on est arrivé à vaincre les difficultés qui s'étaient présentées à l'origine, et l'on se sert maintenant de lames animées d'un mouvement de va-et-vient dans un châssis vertical fixe. La pièce de bois reçoit un mouvement de progression parallèle à son axe, et on règle la vitesse de ce mouvement suivant le degré de résistance que rencontre la scie.

On a monté de ces appareils sur des chariots qui les transportent au milieu d'une forêt ; l'impulsion leur est donnée par une locomobile.

A l'origine, l'arbre moteur du châssis vertical était à la partie supérieure de la machine, ce qui exigeait une installation coûteuse, car il faut des installations robustes pour résister aux trépidations des appareils de ce genre. Maintenant, le mouvement est inférieur et logé dans une fosse creusée à cet effet.

La figure, 1 planche 26, représente un des nombreux types de scies oscillantes.

Le châssis qui porte les lames est guidé par deux solides montants à contreforts ; le mouvement oscillatoire lui est imprimé par deux bielles montées sur l'arbre moteur. L'arbre à débiter est porté par deux chariots mobiles sur des rails fixes ; son mouvement de progression est automatique, une bielle, que l'on voit sur la droite de l'arbre moteur, actionne une roue à rochet et l'arbre de cette roue agit sur une chaîne Galle qui transmet sa traction au charriot d'arrière. La vitesse de progression se règle en déplaçant dans sa rainure le bouton qui donne le mouvement au doigt de la roue à rochet ; l'expérience et le tâtonnement indiquent la vitesse de progression à adopter pour chaque espèce de bois.

On peut, sur un châssis, monter autant de lames que l'on veut, mais, en pratique, il ne faut guère dépasser le nombre de six à huit lames, car on perdrait alors beaucoup de temps pour le réglage, le remplacement et l'affûtage des scies.

On adapte à certains châssis un chariot diviseur qui permet de les déplacer transversalement de quantités déterminées et de débiter un arbre en madriers d'épaisseur voulue par une série de sciages successifs.

De même on peut débiter les bois en pièces courbes en adoptant des chariots spéciaux pour porter ces bois, avec un dispositif spécial, permettant à l'ouvrier de diriger convenablement les pièces.

Il y a des scies à une lame placée sur le côté ; elles ne font donc qu'un trait à la fois, mais elles le font avec une grande régularité et l'adjonction d'un chariot diviseur permet de varier à volonté, après chaque trait, l'épaisseur du feuillet ou du plateau qu'on enlève.

Quand on ne peut creuser une fosse, on se sert d'une scierie montée sur socle en charpente ; mais les scieries à lames droites oscillantes exigent des supports robustes, une fondation inébranlable, et il vaut mieux, pour les appareils portatifs, recourir à des scies circulaires.

L'avancement de la lame d'une scierie verticale varie de 3 à 5 millimètres par coup, suivant la nature et la dimension des bois. Cet appareil est excellent pour les exploitations de forêt, car il est beaucoup moins délicat que la scie circulaire, et surtout que la scie à ruban, et exige beaucoup moins d'attention surtout pour l'affûtage des lames.

Pour mouvoir un châssis de scierie, il faut une machine de 4 à 6 chevaux. Les lames ne sont pas absolument verticales ; on leur donne une inclinaison qui, théoriquement, doit être parallèle à l'hypoténuse d'un triangle rectangle ayant, pour côté vertical, l'amplitude d'oscillation du châssis et, pour côté horizontal, l'avance de la machine ; de la sorte, chaque dent travaille d'une manière égale et, quand la scie remonte, elle ne s'oppose pas à l'avance du bois. Cette inclinaison doit être réglée avec soin afin que la scie, en descendant, ne marche pas en partie dans le trait déjà fait, ce qui diminuerait la production.

Les constructeurs sérieux cherchent à équilibrer les bielles au moyen de contrepoids placés dans le volant de l'arbre moteur, en vue de réduire les trépidations, comme on le fait dans les locomotives.

Il importe au bon fonctionnement des scies que les lames soient bien réglées et bien affûtées ; il ne faut ni négligence, ni économie sur ce point. L'affûtage se fait à la lime et, mieux encore, à l'aide d'une machine analogue à celle que représente la figure 2, planche 29.

La scie à lames droites que nous avons décrite était destinée au débit des bois en grume. Pour *le sciage des bois équarris la disposition est différente ;* la figure 1 planche 27 représente un des types destinés à ce travail.

Les bois équarris sont guidés et amenés d'une manière continue par des cylindres verticaux qui les enserrent au degré voulu, pour produire la traction nécessaire au roulement ; le rapprochement des paires de cylindres opposées et le serrage sont réglés à l'aide d'un engrenage à manivelle.

Quand il s'agit de bois gros et lourds, les cylindres verticaux ne suffiraient pas à la traction ; ils deviennent alors simplement directeurs et le système de traction automatique, par chaîne ou par corde, est en même temps conservé.

Le nombre des coups de scie de ces appareils peut atteindre 150 à la minute et la machine motrice ne dépasse pas d'ordinaire 3 à 4 chevaux vapeur.

Nous citerons, en terminant, la scie à lames droites destinée à subdiviser en feuilles minces, placages ou panneaux, les bois précieux. Cet appareil, figure 2, planche 26, est un outil de précision, exigeant un montage parfait. Les bois y sont agrafés, ou mieux collés, sur un plateau qui monte verticalement pendant que la scie marche horizontalement. Il faut une machine de 3 chevaux, donnant à la minute 240 coups de scie avec des lames très minces et très tendues, à dents fines et pointues et à voie faible.

Ces scies conviennent pour débiter les matières précieuses, telles que l'ivoire ; elles ont sur la scie circulaire l'avantage de donner un trait infiniment moins large et par conséquent de *faire perdre beaucoup moins de matière ;* c'est une considération capitale lorsqu'il s'agit de réduire en feuillets une matière d'une certaine valeur.

Scies circulaires. — L'installation des scies circulaires est très simple. La figure 134 représente un de ces outils à disque vertical, c'est la disposition ordinaire.

Le disque A est monté sur un arbre horizontal dont on voit en B la double poulie, l'une motrice, l'autre folle; la table porte quatre rouleaux R sur lesquels un ouvrier pousse la pièce qu'il s'agit de débiter. Une cornière en fonte C, dont une des branches est verticale, sert à diriger le madrier qui s'appuie contre elle; la branche verticale de cette cornière étant parallèle au plan de la scie, il en résulte que la face de sciage est parfaitement parallèle à la face externe du madrier et que

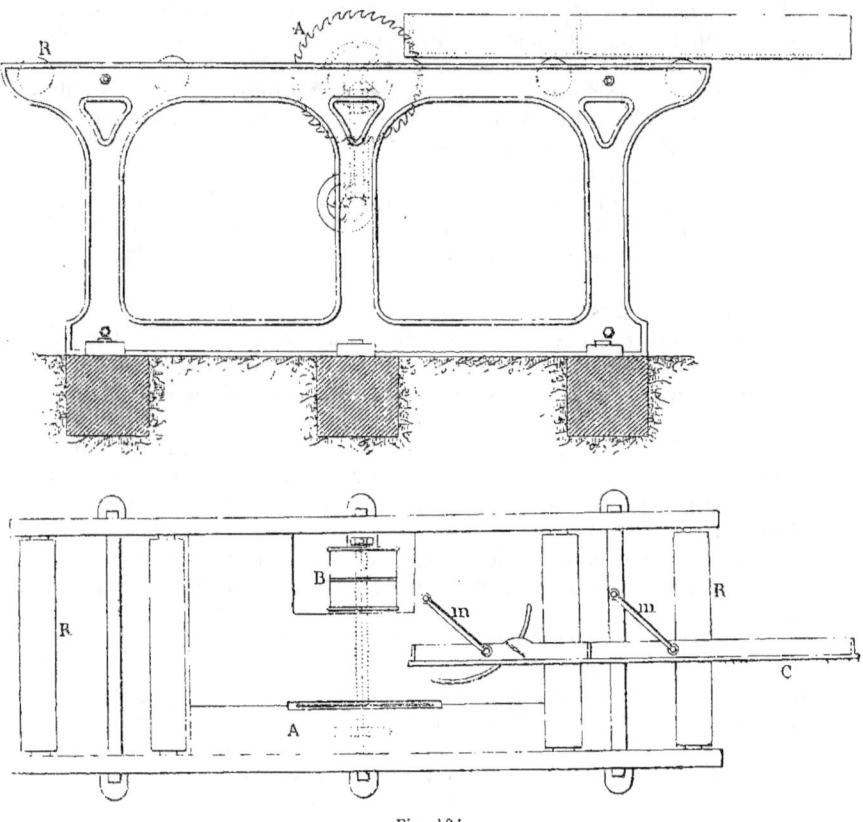

Fig. 134.

l'épaisseur des planches obtenues est bien uniforme. La cornière en fonte se meut parallèlement à elle-même, et par suite, parallèlement à la scie, au moyen de deux tiges parallèles égales m, articulées à une extrémité avec la cornière et fixées à l'autre extrémité. Quand la cornière est à la distance voulue de la scie, on la fixe solidement au moyen d'une vis de pression qui la traverse et qui la suit dans son mouvement en parcourant en même temps une rainure circulaire. Cet appareil est ingénieux et fonctionne avec une grande rapidité.

La scie circulaire est plus facile à monter et à transporter que la scie à lame droite, aussi peut-elle rendre des services même pour les exploitations en forêt. Elle ne donne pas lieu à de grandes trépidations parce que toutes les pièces sont ramassées près du sol et ne possèdent pas de mouvements alternatifs.

L'épaisseur des pièces à scier est nécessairement limitée au rayon du disque. De plus, ces disques sont beaucoup plus épais que des lames, aussi chaque trait fait-il perdre une certaine quantité de bois et on ne peut employer les scies circulaires à la division d'une pièce en feuillets nombreux, surtout quand il s'agit des scies à grand diamètre qui creusent une très large rainure. La scie circulaire ayant, à surface égale de sciage, à détruire une plus grande partie de bois, doit absorber plus de travail que la scie à lame droite.

La figure 2, planche 27 représente une scie circulaire pour bois en grume. Le bâti en fonte est très solide et le mouvement de progression de la table qui porte le bois et qui s'avance sur des galets lui est imprimé par une crémaillère qu'actionne un engrenage dont la roue initiale est montée sur l'arbre moteur de la scie.

Les applications de la scie circulaire sont infinies ; elle convient dès qu'il s'agit de débiter une substance quelconque en morceaux réguliers. La puissance motrice doit être en rapport avec les dimensions et le travail de la scie ; sa lame agit un peu comme un frein dans la rainure qu'elle creuse, et la force motrice augmente rapidement avec le rayon du disque.

Pour le sciage proprement dit, on se sert des scies à axe fixe ; pour les travaux d'assemblage, de menuiserie, de charronnage, d'ébénisterie, on a recours aux scies à axe mobile, c'est-à-dire à celles dont l'axe peut monter ou descendre dans son plan vertical ; cette disposition permet de ne laisser dépasser au-dessus de la table que juste la quantité nécessaire pour la hauteur du trait de scie que l'on veut donner. Il suffit de tourner une manivelle pour placer la scie à la hauteur voulue. Cela permet d'exécuter les feuillures, les tenons simples et de faire tous les élégissements ; avec des chariots guides, simples planches en bois dur bien dressées, on obtient vite le découpage convenable. Aussi cet appareil rend-il de grands services dans les ateliers de menuiserie.

On a cherché à le perfectionner en adjoignant à la scie divers outils, et on a composé ce qu'on a appelé le menuisier universel ; les outils à plusieurs fins sont généralement médiocres à tous égards et ne répondent pleinement à aucune de leurs fonctions. Ils sont à rejeter.

La scie circulaire remplace avec avantage l'ancien passe-partout pour tronçonner les arbres dans l'exploitation des forêts.

Généralement, elle exige un moteur inanimé, car il lui faut à la fois vitesse et puissance ; cependant, pour les menus travaux de marqueterie, d'articles de Paris, etc., ainsi que pour le sciage du bois de chauffage, on construit des scies circulaires à pédales ou à manivelle avec engrenages.

Observations sur les lames des scies circulaires. — Le choix du profil à adopter pour les dents des scies circulaires, ainsi que les soins à donner à l'affûtage et à l'entretien, sont choses capitales pour la réussite du travail.

Nous croyons utile, à ce sujet, de reproduire les instructions données par M. Dugoujon, le fabricant de scies circulaires, relativement à l'emploi de ces engins :

1° Il faut, avant tout, que la forme des dents et l'affûtage soient en rapport avec la nature du bois à scier.

2° Il faut que le nombre de tours, que fait la scie à la minute, soit en rapport avec la denture et avec l'écartement des dents.

3° La scie doit toujours être parfaitement ronde à l'extrémité des dents ; s'il en est autrement, on ne tardera pas à sentir un mouvement de trépidation, qui est toujours mauvais pour le sciage, et qui peut devenir fatal pour l'ouvrier, car une scie dans cet état doit forcément se briser. Il est en effet facile de comprendre que la scie ne travaille plus alors comme elle doit le faire, mais bien comme un coin, et avec de tels soubresauts que, si l'on n'y porte remède, elle se rompra soit aux dents, soit à l'œil. On peut se servir d'une scie à laquelle il manque des dents, mais jamais d'une scie qui n'est pas ronde.

4° Il faut que la voie soit bien régulièrement donnée de chaque côté, car autrement on ne peut obtenir un sciage droit, et de plus la scie se détend immédiatement, parce qu'elle tire du côté où la voie est plus saillante. C'est la cause qui fait le plus souvent voiler et se détendre les scies.

5° Lorsqu'on défonce une scie, il faut avoir bien soin de ne jamais la chauffer avec la meule d'émeri, car alors elle perd immédiatement de sa qualité. Parfois, lorsqu'elle est trop chauffée, elle se détrempe, et on est obligé de la retremper. D'autres fois la pointe, après avoir été rougie par la meule, est frappée par l'air froid que celle-ci entraîne dans son mouvement rapide ; elle se trempe alors très dur, et il est impossible de se servir de la scie avant de l'avoir fait réparer.

Nous avons dit plus haut qu'il est de la plus grande importance d'adopter pour chaque sorte de bois la forme de denture la plus favorable, et surtout l'affût le meilleur pour chaque denture.

Pour les bois blancs, peuplier, tremble, grisard, aulne, nous recommandons la forme A. Quant à l'affût, il doit être carré partout où la dent n'est pas hachée.

Dans la partie hachée, le dessus doit être légèrement en biseau, de manière à former la pointe dans le sens de la voie ; le dessous doit être aussi affûté en biseau, et un peu en creusant, de manière à ce que l'affûtage fasse des copeaux et non de la sciure.

Pour le sapin, la forme B est la préférable. L'affût doit être fait, tant en dessus qu'en dessous, légèrement en biseau dans la partie hachée. Le reste de la dent est affûté carrément.

Pour le chêne, et en général pour tous les bois durs, C est la meilleure denture. Elle doit être affûtée avec deux biseaux en dessus, mais carrément en dessous.

Dans toutes les formes de denture employées, il faut toujours laisser plus de vide que de plein, afin de donner un dégagement plus facile à la sciure.

Dès que l'on s'aperçoit que la scie n'est plus friande, il faut l'affûter, et répéter l'affûtage trois ou quatre fois par jour, si cela est nécessaire, car une scie que l'on continue à faire travailler lorsqu'elle a besoin d'être affûtée, chauffe et se détend.

Le fond du vide de la denture doit toujours être profilé en courbe, et non à angle vif, surtout pour les scies à gros bois qui travaillent beaucoup; en effet,

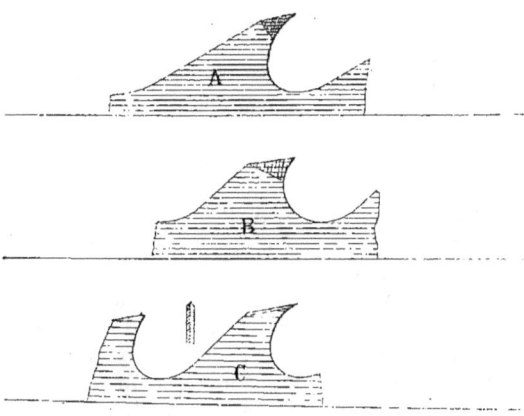

Fig. 135.

le métal s'échauffe et le profil courbe se prête à un jeu régulier de la dilatation, tandis qu'avec un profil aigu il finit toujours par se produire un déchirement du métal, au sommet de l'angle. Pour parer à cet effet de la dilatation, M. Taylor avait adopté des lames percées de trous réguliers en arrière de la denture; cette complication n'a pas subsisté.

Les lames circulaires doivent être trempées, sans excès cependant, car il faut qu'elles puissent être affûtées soit à la lime, soit à la machine à disque tournant, et il faut aussi que les dents puissent obéir à l'action du tourne-à-gauche qui leur donne la voie.

Pour les scies à tronçonner, c'est-à-dire à couper les bois perpendiculairement aux fibres, on donne aux dents le profil de triangles équilatéraux M, et, pour les scies de petit diamètre, marchant à pédale ou à bras d'homme, on adopte une dent N en forme de triangle rectangle.

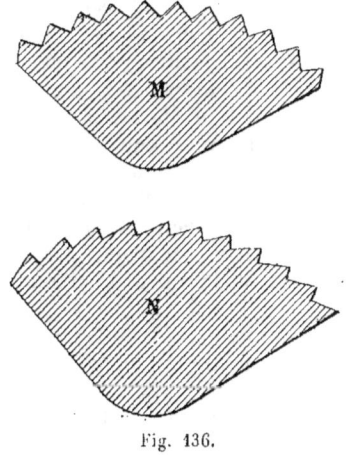

Fig. 136.

Scies à lames sans fin, dites scies à ruban. — Les scies à lames droites, ainsi que les scies circulaires, ne conviennent guère pour le découpage et le chantournage des bois, par exemple pour le découpage de tous ces bois minces qui entrent aujourd'hui dans toutes les constructions et qu'on rencontre dans beaucoup d'industries.

Le problème a été résolu par les scies à ruban; la première bonne scie de ce genre a été inventée par M. Périn, il y a une vingtaine d'années : imaginez-vous deux poulies à axe horizontal, montées sur un bâti solide en fonte, et situées l'une au-dessus de l'autre dans un même plan vertical; sur ces poulies s'enroule un ruban d'acier formant une scie mince et étroite; on communique à l'une des poulies la force produite par une locomobile, et la scie à lame sans fin prend une grande vitesse; à 1 mètre au-dessus du sol, elle traverse une table fixée au bâti et placée entre les deux poulies; sur cette table on place les lames de bois à découper, sur lesquelles on a marqué à l'avance le dessin que l'on désire; un ouvrier manœuvre ces lames de bois et les présente à la scie de manière qu'elle suive les contours du dessin; par ce procédé, on exécute en un instant, avec une grande perfection, les dessins les plus complexes, et c'est merveille de voir fonctionner cet outil. Les premiers essais n'avaient pas réussi, parce qu'on avait pris des lames de scie beaucoup trop fortes et beaucoup trop larges; le ruban mince et étroit qu'employa M. Périn a donné d'excellents résultats.

La figure 4, planche 27, représente un des types de scies à ruban construits par M. Arbey; le bâti et la table sont en fonte; la table est inclinable; cet appareil permet d'effectuer tous les chantournements et débillardages.

Les dispositions à prendre, dit M. Arbey, pour la construction d'une bonne scierie à lame sans fin, simples en elles-mêmes, sont cependant très importantes dans les détails. Porter et faire mouvoir le ruban denté suivant une vitesse convenable, proportionner la largeur de ce ruban à son développement, éviter le glissement de cette lame sur les poulies, et lui donner une tension facultative, de manière qu'elle ne puisse se déranger pendant le travail, suspendre d'une manière convenable le guide-lame en bois fendu de manière à maintenir la lame au point même où elle travaille, et à éviter les vibrations que produirait sans cela la grande vitesse dont elle doit être animée pour bien fonctionner; donner au bâti une stabilité indispensable, sont autant de conditions ou de qualités nécessaires dans la scierie à lame sans fin pour chantournements.

Différentes garnitures ont entouré successivement les poulies porte lames; aujourd'hui, la rondelle en caoutchouc fabriquée au diamètre exact est uniquement employée.

Le collage de ces rondelles demande quelques précautions bonnes à connaître.

Il faut nettoyer parfaitement la partie qui doit recevoir le caoutchouc, enlever avec le plus grand soin toutes taches de matières grasses; puis on chauffe la poulie légèrement, comme on chauffe un morceau de bois que l'on veut coller, avec un feu de copeaux, par exemple; on enduit ensuite de colle forte chaude la partie qui reçoit le caoutchouc qui, lui aussi, est enduit de colle forte chaude. Enfin, pour que le caoutchouc se tende bien, et ait partout une égale épaisseur, il faut avoir soin d'introduire, entre lui et la poulie, un petit morceau de bois arrondi que l'on promène autour de la circonférence.

L'affûtage des lames se fait à la lime, au tiers-point; pour les affûter et leur donner la voie, on les bande par parties entre des mâchoires.

La lame, parfois, se brise devant un obstacle ou par suite de son gauchissement; bien rarement, du reste, quand la machine réunit dans sa construction les qualités précitées; bien souvent, au contraire, lorsque le mécanicien n'a pas su les réaliser.

Les deux extrémités de la lame rompue sont brasées et réunies à nouveau avec de la soudure de cuivre. Il importe de détendre la lame dès que la machine cesse de scier; car cette lame va se refroidir et se contracter, et il y a des chances pour qu'elle se déchire si on ne la détend pas.

Les applications de la scie à ruban deviennent de jour en jour plus nombreuses, non-seulement pour le bois, mais encore pour les étoffes et les cuirs, les balustres en pierre tendre, les ornements en albâtre, en zinc, etc.

Scierie alternative à découper. — Le complément de la scie à ruban sans fin est la scie à ruban alternatif, dont la figure 1, planche 29, représente un modèle à pédale avec table en fonte inclinable et col de cygne. Cette machine est indispensable pour les découpages intérieurs; les découpages externes sont faits plus vite avec le ruban sans fin. Quand on veut découper un panneau à l'intérieur, on y perce un petit trou pour le passage de la lame, on y introduit celle-ci et on n'a plus qu'à suivre les contours du dessin tracé à l'avance.

Les outils de ce genre sont appelés à remplacer les anciennes scies à main dans une multitude de petites industries.

Observations sur les lames des scies à ruban. — On reproche aux scies à ruban de se casser très fréquemment; cela tient presque uniquement, dit M. Du Goujon, à la mauvaise denture qu'on leur donne par l'affûtage.

Suivant ce constructeur, « toutes les dents dont le fond a des angles vifs empêchent le développement de se produire, et seules les dents à fond ou angle très arrondis ne cassent pas. Il est facile d'adopter une dent propre à tous les bois, et remplissant cette condition : la denture à gencive, par exemple. Si elle était affûtée convenablement, elle devrait offrir la forme A, plus ou moins rapprochée avec plus ou moins de prise, tandis que 90

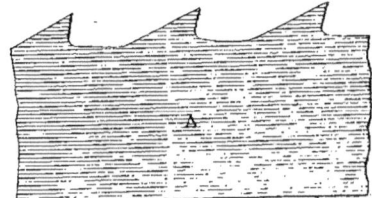
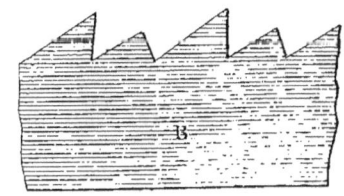

Fig. 137.

scieurs sur 100 l'affûtent comme le représente la figure B. Dans cette dernière forme, la routine ramène donc les angles vifs, et de là rupture continuelle des lames. Au contraire, en conservant la forme A, lorsque la scie s'échauffe elle peut s'allonger, puisque le bord n'en est pas découpé à angles vifs; de plus la scie se développe bien plus facilement sur les poulies, par suite du vide qui existe entre les dents. La rupture n'a donc pas lieu de se produire avec cette denture.

Bien des personnes se servent de la scie ruban sans même savoir dans quelles conditions doit se trouver la machine à scier; il est donc bon de les indiquer.

1° Le diamètre des poulies doit être le plus grand possible, en restant, toutefois, en rapport avec le travail que l'on doit faire.

2° Les deux poulies et les deux guides doivent être tenus bien parallèles l'un à l'autre.

3° Les deux arbres, au contraire, doivent être plus écartés sur le devant de la machine que sur le derrière. Ainsi, l'écartement étant de 1^{m}50 en avant, doit être seulement de 1^{m}485 à l'arrière.

4° Afin d'obtenir une bonne marche, il faut toujours que le dos de la scie frotte légèrement les joues des poulies. Pour cela, et pour le passage dans le guide, il est très important que la scie soit bien dressée sur le dos, sans être droite.

On comprend, du reste, en raison de la position indiquée plus haut pour les poulies, que les scies doivent avoir une courbe identique.

Les scies faites ainsi que nous venons de le dire donnent beaucoup de facilité à l'ouvrier pour son travail, si on les maintient dans cet état, car alors il faut moins de tension à la lame, tout en ayant un meilleur résultat, et, par suite, il faut moins employer de force pour une production plus grande.

Si l'on a soin en outre de ne se servir que de scies dont l'affûtage soit toujours friand, et fait par des ouvriers habiles, il arrivera qu'au lieu d'un surcroît de dépense, on réalisera une économie notable en évitant la rupture fréquente des lames, et en obtenant un travail mieux fait et plus considérable.

L'un des points les plus importants dans la scie ruban est le bon état des soudures. »

Installation d'une scierie mécanique; comparaison entre le travail à la main et le travail à la machine. — Pour toutes les exploitations de bois un peu importantes, on installe sur place des scieries mécaniques plus ou moins compliquées.

Lorsqu'on peut aménager facilement une chute d'eau, ou louer un vieux moulin, le moteur est tout trouvé. Mais ce n'est pas toujours le cas, et, parfois, les dépenses d'installation d'un moteur hydraulique seront supérieures à celles d'une locomobile.

C'est donc presque toujours à la locomobile que l'on a recours, et l'on installe les machines sous des hangars en planches, en ayant soin toutefois de ne pas économiser l'espace et de se tenir au large, afin d'arriver à une manœuvre économique et rapide.

Les chaudières qui produisent la vapeur doivent être disposées de manière à brûler tous les résidus des bois, les dosses et la sciure.

Il importe de s'établir à proximité d'une source ou d'un étang capable de fournir toute la provision de la machine; une dérivation simple permet souvent d'amener l'eau à pied d'œuvre à peu de frais.

Pour l'exploitation des grandes forêts, le moment semble proche où l'on pourra utiliser les chutes d'eau des montagnes, y recueillir une puissance aujourd'hui perdue et la transporter électriquement au lieu de consommation; les machines à débiter le bois prendront alors toute la mobilité désirable.

Aujourd'hui, les scieries en forêt sont des établissements présentant une certaine fixité; on les place, autant que possible, au centre de l'exploitation et en contre-bas, afin de réduire les frais de transport toujours considérables. Les ateliers d'abatage et de tronçonnement sont seuls des ateliers volants.

Les scieries mécaniques peuvent s'établir sur toutes dimensions; la plus simple comprend un moteur de quatre à six chevaux avec un châssis à lames droites qui suffit à équarrir et à débiter les bois.

Cela ne suffit pas lorsqu'on veut préparer tous les échantillons de bois du commerce. Une grande scierie mécanique s'installera alors sous un hangar de 20 mètres de long et de 25 mètres de large; elle comprendra, par exemple : 1° une scie verticale à une lame sur le côté avec chariot diviseur pour équarrir les bois en grume de 1 mètre; 2° une scie verticale à plusieurs lames pour les débiter; 3° deux autres scies verticales, avec ou sans cylindres directeurs, pour équarrir et débiter les bois de 0^m70 et 0^m50 de diamètre; 4° une scie circulaire, à lame de 1^m20 de diamètre, avec chariot à crémaillère; 5° deux autres scies circulaires à lames de 0^m80 et de 0^m50, et enfin une machine à affûter. L'usine sera desservie par un petit chemin de fer et possédera un arbre de couche aérien parallèle à la plus grande dimension. Le moteur à vapeur de trente-cinq chevaux sera installé dans un bâtiment spécial accolé au hangar, mais bien distinct; c'est une précaution à prendre contre l'incendie et qui en même temps préserve les organes de la machine à vapeur de l'introduction des poussières flottant dans l'atelier.

Une petite scierie mécanique comprenant une locomobile, une scie à lame sans fin pour les bois en grume et deux scies circulaires, a coûté 10,800 francs d'installation. L'intérêt, la réparation et l'usure représentent 4,500 francs par an, 18 francs par jour; le combustible est sans valeur, mais il faut par jour 5 francs d'huile et de chiffons, et douze ouvriers à 3 francs. La dépense journalière est donc de 59 francs. Cette usine transforme chaque jour en voliges à ardoises 200 décistères de bois en grume qui coûtent 200 francs rendus à pied d'œuvre; ils donnent 2,000 doubles mètres de volige qui valent 320 francs. D'où un bénéfice de 61 francs, non compris les déchets qui valent bien 10 à 12 francs. Pour produire le même travail avec des scieurs de long, il faudrait 20 fers de scie, qui ne coûteraient pas moins de 120 francs de main-d'œuvre; avec les machines, la main-d'œuvre ne coûte que 59 francs. L'économie est donc considérable.

Dans une usine fabriquant les panneaux de bois précieux pour voitures de chemins de fer, le mètre carré de panneau est revenu à 0^f40

environ, tandis qu'à la main il coûtait 1f80 ; encore les panneaux fournis par la machine sont-ils d'une parfaite régularité ; pour les finir, il suffit de les passer à la raboteuse. Dans cette même usine, une scie circulaire en acier, de 3 millimètres d'épaisseur, avance avec une vitesse de 0m20 à travers des pièces de 0m61 d'épaisseur ; mais elle ne convient pas pour débiter en panneaux des bois précieux puisque, pour des placages minces, elle réduit en sciure plus du cinquième de la matière. En pareil cas la scie à lames droites a donc l'avantage, surtout quand on la compose, comme on le fait en Amérique, d'une denture à deux tranchants qui lui permet d'attaquer le bois dans les deux sens de son oscillation. Cette denture A peut être considérée comme la superposition de deux dentures ordinaires B. L'ancienne double denture avec raccords à angle droit est inférieure au modèle A.

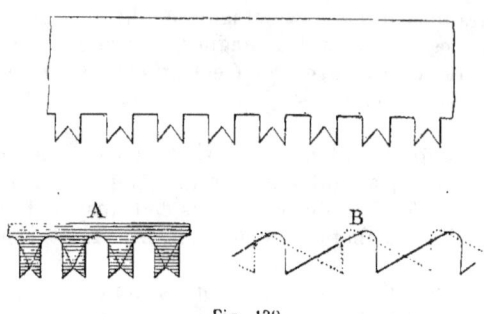

Fig. 138.

D'une manière générale on peut dire que le sciage mécanique coûte :

    0 fr. 15 à 0 fr. 20 par mètre carré pour les bois durs, comme le chêne.
    0 fr. 10 à 0 fr. 15   —   pour le sapin et les bois blancs.

tandis que le sciage de long à bras d'hommes coûte :

    0 fr. 40 à 0 fr. 50 pour les bois durs.
    0 fr. 30 à 0 fr. 40 pour les bois tendres.

L'économie est donc considérable, ce qui du reste était évident *à priori*, et les scieries mécaniques sont appelées à se développer de plus en plus.

2° OUTILS DU CHARPENTIER.

La scie est suffisante pour débiter les arbres, mais l'exécution des divers assemblages exige un certain nombre d'outils, dont il suffira de donner une énumération, car ces outils sont connus de tout le monde.

1. La *jauge*, règle graduée de 1/3 de mètre de longueur, que les charpentiers portent toujours dans une poche de côté et qui dépasse pour être sous la main.
2. Le *traceret*, espèce de clou à pointe acérée pour tracer les assemblages sur le bois.

LES BOIS 543

3. Le *cordeau* ou *ligne*.
4. Le *fil à plomb*.

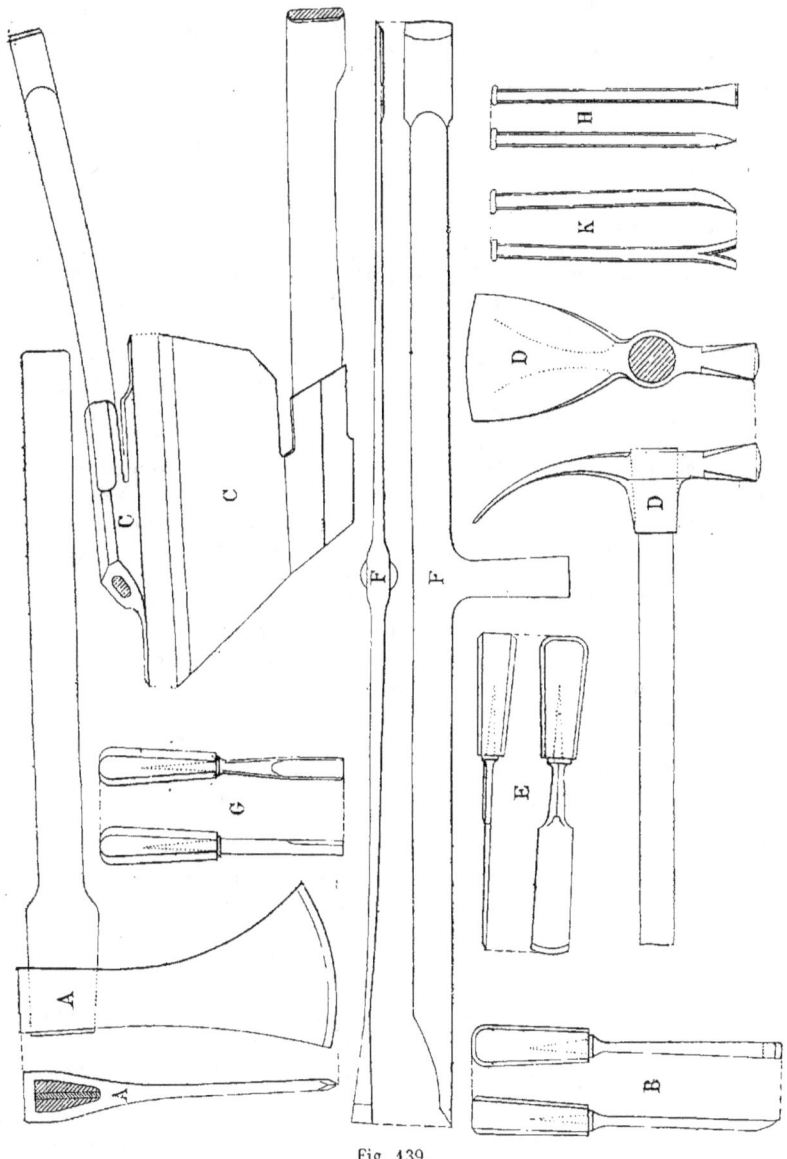

Fig. 139.

5. *Compas de charpentier* en fer, et *grand compas* pour épures.
6. Les *équerres* qui servent à déterminer les angles de toutes espèces :

il y a l'équerre à angle droit ; l'*équerre à épaulement*, dont une des branches est plus épaisse que l'autre ; la fausse équerre ou *sauterelle*, qu'on ne peut mieux comparer qu'à un couteau dont la lame en s'ouvrant peut s'arrêter dans toutes les positions, de manière à donner tous les angles de 0 à 180 degrés.

7. Le *niveau de maçon*, qui peut être carré ou triangulaire, et le niveau de pente.

8. La *hache* A, dont le manche, comme celui de tous les outils de charpentier et de forgeron, doit être en bois dur et fibreux, comme le frêne, avec une section ovale pour qu'il ne tourne pas dans la main. La cognée est de moindres dimensions que la hache.

9. La *doloire* C, ou épaule de mouton, grand couperet à lame courbe, quoique le tranchant soit plan ; elle sert à l'équarrissement des bois, pour dresser les faces, c'est là ce qui explique sa forme ; mais c'est en somme un outil peu commode, qui tend à disparaître.

10. L'*herminette* ou *essette* D, qui est d'un usage très répandu pour planer, pour unir, pour creuser les bois et faire apparaître les faces courbes ; on s'en sert beaucoup en construction navale. Elle peut remplacer la doloire avec avantage.

11. Le *ciseau* E, lame de fer emmanchée dans un bois rond ; on s'en sert en présentant la lame au bois, en la faisant entrer à coups de marteau que l'on applique sur le bout du manche. Le ciseau prend diverses formes de lame ; il sert à creuser les mortaises et toutes les cavités. Le *ciseau* B, étroit ou épais, est le *bec-d'âne* ou *bédâne*.

12. La *bisaiguë* F, l'outil favori des charpentiers, est en somme un composé de deux ciseaux perpendiculaires entre eux, un large et l'autre étroit ; la masse de l'outil, que l'on manœuvre par la douille, suffit pour faire pénétrer le ciseau dans le bois.

13. La *gouge* G, ciseau à lame dont la section est à demi annulaire, sert à faire des trous de peu de profondeur.

14. Le *ciseau à froid* H, pour couper les clous et le fer.

15. Le *pied-de-biche* K, pour arracher les vieux clous.

16. Les tenailles, que tout le monde connaît.

17. A la rigueur, les outils précédents suffisent pour tailler une charpente ; mais, dans les constructions soignées, le charpentier emprunte au menuisier quelques-uns de ses outils destinés à polir le bois. Ce sont les rabots en général.

Le *grand rabot* ou *varlope* L, se compose d'un fût (*a*) en bois dur, dont la base est parfaitement dressée et normale aux faces latérales. Dans cette base est ménagée une fente transversale ou lumière, qu'une lame d'acier (*f*), taillée en biseau, occupe sur toute sa longueur et sur le tiers de la largeur ; les deux autres tiers de la largeur servent au passage des copeaux. La lame (*f*) est maintenue par le coin (*g*), que l'on enfonce au marteau et qui s'appuie d'une part sur la lame, de l'autre sur deux saillies que l'on voit sur les faces latérales de la mortaise ; la partie antérieure de celle-ci est donc libre pour le passage des copeaux. Les oreilles (*b*) et (*c*) servent à manœuvrer l'appareil ; on lui donne un mouvement de va-et-vient, mais il est évident qu'il n'attaque le bois que pendant la première partie du mouvement, c'est-à-dire quand le bras s'allonge.

Avant d'employer la varlope, on emploie la *galère* pour dégrossir les surfaces.

18. Le *rabot* ordinaire M, que l'on manœuvre en appuyant les deux

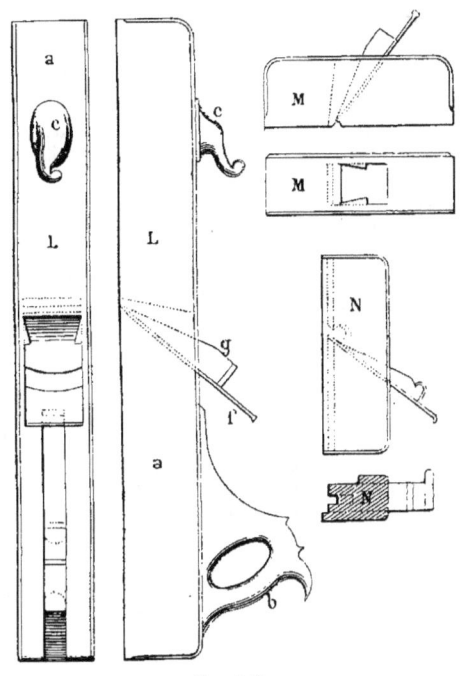

Fig. 140.

mains sur les extrémités, convient pour achever un travail ou pour raboter des pièces de petites dimensions. Il ne doit jamais remonter le fil du bois.

19. On distingue encore les rabots à base cintrée pour surfaces courbes, le *guillaume* qui sert à raboter les faces des angles rentrants, le *bouvet à languettes* N, et le *bouvet à rainures*, qui est l'inverse du précédent.

20. Arrivent maintenant les outils à percer. La *tarière* O, est une gouge, qui coupe par le bout au moyen d'une cuiller en spirale, limitée par un biseau. Pour que la tarière creuse un trou, celui-ci doit être d'abord amorcé avec une gouge ordinaire. On a un jeu de tarières de diverses dimensions.

21. La *mèche à trépan* P, sert à forer les grands trous, c'est une petite vis qui se prolonge par deux ailes recourbées en sens contraire et aiguisées sur les bords.

546   PROCÉDÉS ET MATÉRIAUX DE CONSTRUCTION

22. La *tarière anglaise* Q, est une spirale qui commence par une vis de vrille; elle donne des trous bien cylindriques et se débarrasse elle-même de ses copeaux, ce que ne fait pas la tarière ordinaire.

23. La *vrille* V, petite gouge terminée par une vis qui creuse le trou que la gouge élargit.

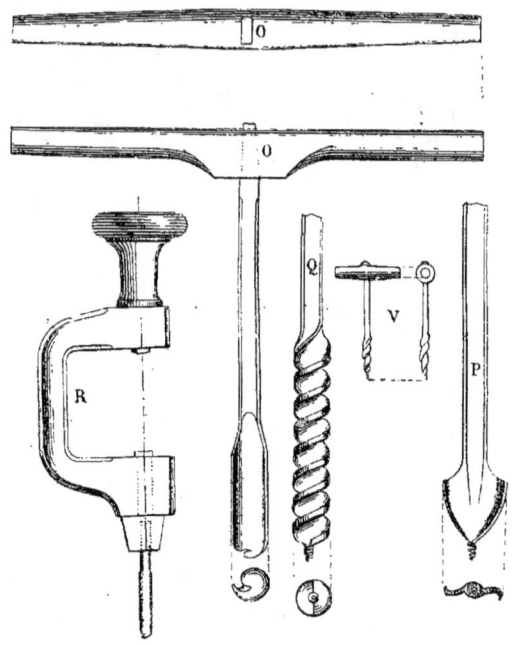

Fig. 141.

24. Le *vilebrequin* R. C'est une manivelle qui communique son mouvement à une mèche de tarière ordinaire, ou bien à une *mèche anglaise*, qui donne un trou plus régulier.

Les scies complètent cet outillage avec lequel un ouvrier habile parvient à extraire d'une bille de bois les pièces les plus compliquées. Malheureusement les machines-outils, si précieuses d'autre part, ont contribué partout à amoindrir l'habileté et l'expérience professionnelles.

3° MACHINES-OUTILS POUR LE TRAVAIL DES BOIS

Bien que le travail du bois ait progressé moins vite que le travail du fer, ce qui tient à ce que le bois est le plus souvent mis en œuvre sur place dans le moindre village, il existe cependant beaucoup d'usines où les bois sont préparés et façonnés avec une étonnante précision et une grande rapidité par des machines-outils, simples et puissantes.

C'est, à coup sûr, une des plus belles conquêtes de la science que l'invention de ces machines-outils, qui ne demandent plus à l'ouvrier ni force ni fatigue, et qui ne mettent en œuvre que son attention et son intelligence.

Elles ont en outre l'immense avantage d'exécuter vite et bien des opérations difficiles, quelquefois même impossibles, pour l'homme réduit à sa force musculaire.

Les constructeurs anglais sont arrivés plus vite que les nôtres à de bonnes dispositions pour leurs outils; l'important est d'avoir un bâti massif, lourd, inébranlable, afin d'éviter toute vibration et tout dérangement. Car il faut remarquer que, dans toutes ces opérations, on est exposé à des chocs provenant du défaut d'homogénéité des substances à travailler, et il est urgent d'amortir et d'annihiler l'effet de ces chocs en donnant à l'outil une masse considérable; c'est l'histoire du clou qu'on enfonce facilement avec un marteau pesant, et que l'on brise ou que l'on courbe si l'on se sert d'un marteau trop petit.

Aujourd'hui les constructeurs français ont atteint, sinon dépassé leurs concurrents étrangers et livrent d'excellentes machines-outils de toute nature. Nous citerons, parmi ceux qui ont le plus contribué à ce progrès MM. Garaud, Périn, Fréret, Mareschal, Frey, Arbey, etc.

On distingue parmi ces machines-outils, en dehors des scieries mécaniques, que nous avons décrites :

1. Les *tours*,
2. Les machines à *corroyer*, *blanchir*, *planer*, *raboter* les bois,
3. Les machines à *faire les assemblages*, à *moulurer*, à *percer*, à *mortaiser*, etc.

1. Tours. — Le tour proprement dit a pour but de fournir les pièces limitées à des surfaces de révolution, c'est-à-dire engendrées par un profil donné qui tourne autour d'un axe situé dans son plan. Tels sont les moyeux de voitures, les balustres, les colonnes, etc.

La plupart des tours sont à axe horizontal; il n'y a guère que le tour à potier qui soit à axe vertical, ce qui est nécessaire pour éviter les déformations de la pièce.

Dans les anciens tours, dits *tours à pointes*, la pièce à tourner est saisie suivant son axe entre deux pointes qui constituent l'axe de rotation; ces deux pointes sont fixes et la rotation est imprimée à la pièce au moyen d'une corde qui l'entoure et que fait mouvoir une pédale ou une manivelle à volant. Aujourd'hui, l'une des pointes est à l'extrémité d'un arbre moteur et communique son mouvement de rotation à la pièce qu'il s'agit de travailler; l'autre pointe est mobile parallèlement à l'axe et s'accommode à la longueur de la pièce.

Dans les anciens tours, l'outil est présenté à la main par l'ouvrier qui le tient à peu près à la hauteur de l'axe de rotation et qui, avec un gabarit, vérifie de temps en temps son travail. Mais en général, l'outil est maintenant porté par une traverse parallèle à l'axe de rotation et l'ouvrier n'a plus qu'à surveiller le profil.

Il importe que la pièce à tourner soit rendue bien solidaire de l'arbre moteur afin qu'elle soit entraînée par lui; la liaison se fait donc soit par une pointe à vis, soit par un mandrin, soit par un plateau circulaire percé de trous pouvant recevoir des boulons ou *tocs* afin d'entraîner la pièce dans son mouvement.

Le ciseau qui produit le travail du tour doit se déplacer parallèlement à lui-même pour attaquer successivement les diverses sections de la pièce et il est monté sur une poupée mobile; cependant, on fait aussi des *tours à chariot* ou *tours parallèles* dans lesquels l'outil reste fixe tandis que la pièce est montée sur un chariot qui se déplace à l'aide d'un engrenage à vis, la vis est parallèle à l'axe de rotation; la trace de l'outil sur la pièce est alors une hélice à pas plus ou moins allongé et c'est ainsi que l'on peut tourner des vis ou des écrous; la machine s'appelle alors *machine à fileter*.

C'est la plus simple des machines qui rentrent dans la catégorie des *tours composés*, dont le but n'est plus de produire des surfaces de révolution, mais des surfaces conformes à un profil quelconque, si compliqué qu'il soit, tel que celui d'une colonne à section ovale, d'une crosse de fusil, etc. Ainsi la section ovale est obtenue par un mouvement d'excentrique transmis à l'axe de rotation, les courbes de guillochage sont engendrées par un mouvement oscillatoire communiqué soit à l'outil, soit à l'arbre de rotation lui-même. En modifiant le profil des cames qui engendrent ces mouvements oscillatoires, on arrive à produire les dessins les plus variés.

Quand le tourneur avait autrefois à produire une queue de billard, une bonde de tonneau, il y arrivait sans doute en plaçant convenablement sa gouge et son ciseau sur leurs supports et en appréciant à l'œil la saillie qu'il convenait de leur donner, mais il lui fallait à chaque instant recourir au compas d'épaisseur pour comparer la pièce et le modèle. Aujourd'hui, on a simplement recours à un tour parallèle; l'outil est guidé par *une touche* qui suit un gabarit portant le profil à reproduire, de sorte que ce profil se reproduit automatiquement.

La figure 3, planche 29, représente un des plus simples de ces tours parallèles à touche, le tour à bondes de M. Arbey. La bonde est serrée entre deux mandrins et le ciseau se promène à sa surface de manière à tracer un tronc de cône; il suffit à l'ouvrier d'imprimer à une manette horizontale un mouvement de va-et-vient pour obtenir le profil voulu. Il n'est pas beaucoup plus difficile de produire des profils compliqués avec côtes, nervures, creux et renflements.

2. Machines à raboter. — Ces machines comprennent celles qui servent non seulement à raboter, mais à corroyer, à blanchir, à planer la surface des bois.

L'outil est monté sur un arbre tournant et la pièce se présente à lui, portée par un plateau voyageur dont l'avancement est réglé suivant le travail de l'outil.

Cet outil se composait autrefois de ciseaux ordinaires montés sur un cylindre tournant et faisant avec la surface de ce cylindre un certain angle, afin que le bois ne fût pas attaqué normalement. Le bois se déplaçait sous le cylindre ; à chaque tour, l'outil enlevait sur le bois un petit secteur correspondant à la surface cylindrique décrite par la lame ; la surface rabotée n'est donc pas plane, mais composée d'une suite de petites encoches cylindriques ; il est vrai que le contact du ciseau ne durant qu'un instant, les inégalités de la surface disparaissaient à l'œil et on obtenait en somme un résultat satisfaisant pour les pièces ordinaires. Le cylindre tournant portait une série d'outils de faible largeur, ayant même espacement angulaire et présentant, l'un par rapport au suivant, un certain recouvrement. De la sorte, le travail du moteur était continu et il n'y avait qu'à régler convenablement la vitesse de déplacement du bois à raboter.

Cette disposition simple est encore susceptible d'être utilisée pour les travaux courants. Ainsi la figure 142 représente un outil tournant autour de son axe O, qui est utilisé en Angleterre pour le rabotage des

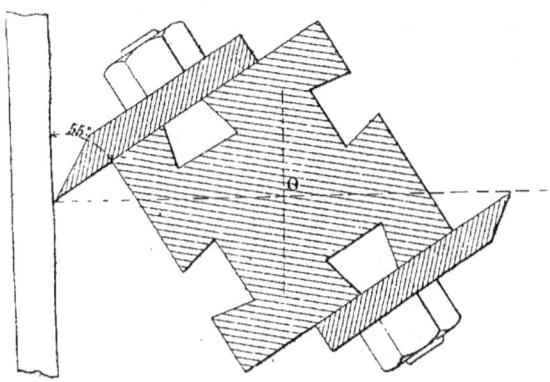

Fig. 142.

panneaux de voitures de chemins de fer. La vitesse des lames, de 165 millimètres de large, est de 26 mètres à la seconde. Elles attaquent les bois durs, comme le teak, sous un angle de 65 degrés et les bois tendres sous un angle de 55 degrés. Le principal défaut de ces machines est d'exiger un fréquent rafraîchissement des lames.

Au lieu d'implanter sur un cylindre une série de petits ciseaux disposés le long d'une hélice, on devait être amené nécessairement à adopter un couteau hélicoïdal.

En effet, les lames hélicoïdales ont remplacé les lames droites multiples dans toutes les machines nouvelles.

La figure 1, pl. 28, représente un type de machine à raboter, à couteau hélicoïdal, construit par M. Arbey. Cette machine est à plateau mobile et à cylindre-guide horizontal : les lames hélicoïdales minces sont munies de contrefers qui leur donnent de la résistance. La machine elle-même porte à sa partie supérieure, au-dessus du couteau, un disque à affûter, se déplaçant le long de l'arbre qui le porte et qui est parallèle à celui du couteau; par un mouvement de bascule, ce disque peut venir en contact avec la tranche du couteau qu'il affûte; l'arbre du disque porte une poulie qui peut recevoir la courroie motrice. Le déplacement du chariot porteur est donné automatiquement par un engrenage à chaîne de Gall.

L'usure des couteaux hélicoïdaux est régulière, car leur travail est d'une constance absolue et ils n'attaquent le bois à chaque instant que sur une largeur très faible. L'effort à exercer étant d'autant moindre que le bois est plus tendre, *il faut que le pas de l'hélice diminue avec la dureté;* la largeur de l'élément de lame qui travaille est alors d'autant moindre que le bois est plus dur.

D'ordinaire, plusieurs lames sont montées sur le même arbre tournant; il faut que l'extrémité de celle qui achève de travailler et l'extrémité opposée de celle qui entre en travail se trouvent sur une même génératrice du cylindre de rotation.

De la sorte, il n'existe point de chocs, et c'est une condition capitale pour des machines qui marchent à 2,000 tours par minute.

Les bois étant attaqués en biaisant, cela permet, dit M. Arbey, de les raboter suivant le fil ou en travers du fil, ce qu'on ne peut faire avec les outils ordinaires, qui doivent suivre le fil du bois. Les lames hélicoïdales peuvent donc raboter les panneaux tout montés, les parquets mosaïques, les bois noueux, etc.

On se sert de lames tranchantes très minces, de 0^{m}001 à 0^{m}002 d'épaisseur, planes quand elles sont démontées, et maintenues sur le porte-outils par des contrefers agissant par pression sur ces lames en les forçant à épouser la forme hélicoïdale, et ne laissant dépasser le biseau que de quelques millimètres.

Ces lames remplacent très avantageusement les anciens ciseaux, d'une épaisseur de 0^{m}010 à 0^{m}015, fabriqués soit tout en acier, soit en acier soudé sur fer, d'abord parce qu'elles sont d'une fabrication beaucoup plus simple et d'un prix très inférieur, ensuite, parce que l'affûtage en est beaucoup plus facile et plus rapide, surtout quand il se fait automatiquement avec la machine même.

En résumé, les machines à raboter les bois, à lames hélicoïdales, opèrent sur des pièces très larges ou très étroites, très épaisses ou très minces, suivant le fil du bois ou en travers, sans chocs, avec une grande économie de force motrice, diminuent les causes de réparations et sont d'un affûtage facile.

Aussi le nombre de ces machines s'accroît-il de jour en jour.

En terminant, nous signalerons: 1° la *varlope mécanique*, machine à mouvement alternatif imitant le travail de la varlope ordinaire; elle n'est plus guère usitée que pour produire les copeaux dont on se sert dans la fabrication du vinaigre; 2° la *machine à corroyer*, composée d'un disque tournant percé de trois ou quatre fentes rectilignes non dirigées suivant des rayons; dans ces fentes sont fixées des lames droites à saillie plus ou moins forte, qui enlèvent de légers copeaux à la surface du bois; ces lames travaillent en somme comme celles d'un rabot tournant, et l'appareil a quelque ressemblance avec les coupe-racines dont on se sert en agriculture.

3. Machines à faire les assemblages, à moulurer, à percer, à mortaiser, etc. — Nous étudierons sous ce titre un certain nombre de machines qui se ressemblent souvent par plus d'un point, et qu'il est difficile de répartir en plusieurs classes, parce qu'elles sont souvent combinées sur un même bâti.

Quand on voulait autrefois *percer* ou *mortaiser* une pièce de bois, l'ouvrier avait recours au vilebrequin, ou au bec-d'âne, ou à la bisaiguë; il enfonçait, par exemple, le bec-d'âne à grands coups de maillet dans le trou de la mortaise, qu'il arrivait à vider avec beaucoup de temps et de peine.

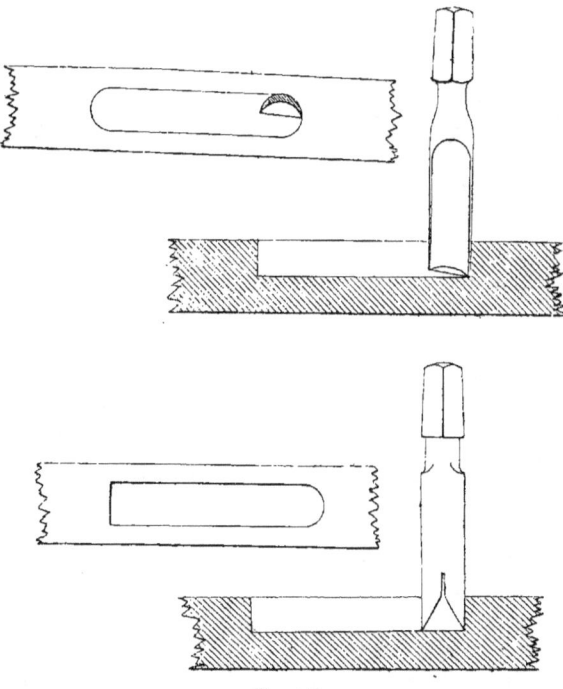

Fig. 143.

Aujourd'hui, l'*outil à percer et à mortaiser* est le même; c'est une mèche animée d'un mouvement rapide de rotation sur son axe; en même temps, la pièce à creuser peut être animée d'un mouvement de va-et-vient parallèle à la longueur de la mortaise voulue. N'y a-t-il qu'à percer un trou cylindrique? le mouvement de rotation suffit; faut-il creuser une mortaise? on combine la rotation et la translation. Les deux mouvements sont simultanés; l'ouvrier commande l'un d'une main et l'autre de l'autre main, de sorte que l'approfondissement se fait peu à peu sur la longueur entière de la mortaise. C'est une opération de fraisage. Les copeaux sont au fur et à mesure expulsés par la mèche.

Les extrémités arrondies de la mortaise, que donne la mèche, sont équarries avec un bec-d'âne double à mouvement alternatif; ce mouvement alternatif lui est imprimé par un levier à main. Souvent on conserve les bouts arrondis de la mortaise, et on profile le tenon en conséquence; quelques coups de râpe suffisent à arrondir convenablement les angles du tenon.

La mèche doit être animée d'une grande vitesse, qui cependant n'excède pas 2,000 tours à la minute. La forme de la mèche a fait l'objet de nombreux essais; on en est revenu, à raison de la difficulté de l'affûtage, à la forme cylindrique à simple cuiller; on peut la fabriquer partout, et le premier venu est capable de l'affûter.

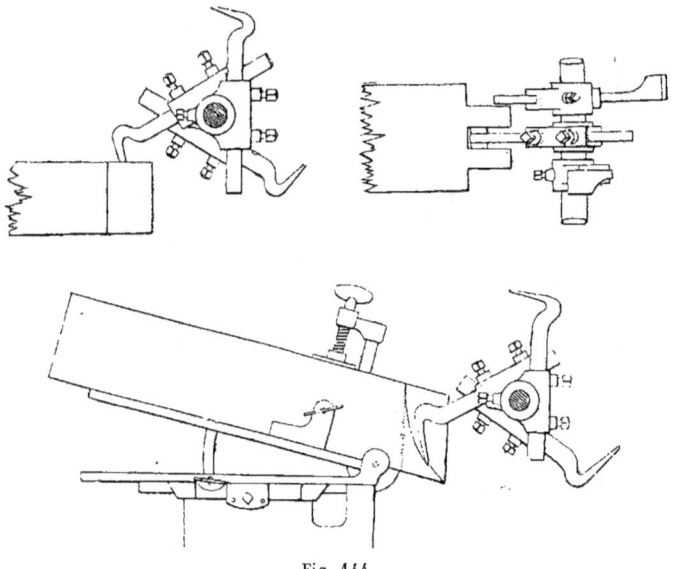

Fig. 144.

La figure 4, planche 28, représente un type de machine à percer et à mortaiser. Le chariot qui porte le bois peut, à l'aide de deux manettes placées sous la main de l'ouvrier, recevoir un mouvement de va-et-vient dans deux sens rectangulaires. Le porte-mèche reçoit son mouvement de rotation par une courroie, et l'ouvrier, en agissant sur une pédale, peut le monter ou l'abaisser à volonté. L'appareil porte un double bec-d'âne avec levier à main pour couper carrément les bouts des mortaises; mais cette complication est peu utile et autant vaut se servir d'un bec-d'âne ordinaire et d'un maillet.

La *machine à faire les tenons* simples ou mutiples a pour outils des *couteaux rotatifs,* dont le travail est parfaitement régulier et aussi rapide que celui de la machine à mortaiser. Le tenon peut être découpé droit ou oblique, avec ou sans épaulement, et la machine, suivant les cas, en produit 50 à 80 à l'heure. L'inspection seule des figures fait comprendre nettement le fonctionnement de l'outil qui est animé sur son arbre d'un mouvement de rotation rapide. La pièce que l'on présente est portée par un plateau mobile qui permet de donner au tenon la forme voulue.

La figure 2, planche 28, est une vue d'ensemble de la machine à faire les tenons; des manettes et des manivelles permettent de relever ou d'abaisser l'arbre des couteaux et de déplacer en long ou en large le plateau qui porte la pièce de bois. Celle-ci est, du reste, maintenue par des vis d'une manière inébranlable.

Une *machine ingénieuse à découper les tenons* est celle qui comprend quatre scies circulaires combinées et que représente la figure 4, planche 29, machine construite par M. Arbey : deux scies horizontales font apparaître les faces du tenon parallèles au fil du bois, et deux scies verticales font apparaître celles qui sont perpendiculaires aux fibres. L'écartement de chaque couple de scies est réglé au moyen de manettes agissant sur des vis. Quant au déplacement de la pièce de bois, deux leviers suffisent à l'assurer; elle est portée sur un chariot mobile. Cet appareil détache en un instant les deux briques de bois qui font apparaître le tenon.

Les *machines à faire les moulures, les rainures, les languettes* sont très nombreuses; on en distingue trois systèmes : 1° les machines à outil fixe; 2° les machines à couteau tournant; 3° les machines à toupie.

Dans les *machines à outil fixe,* un couteau vertical biseauté A, profilé en creux comme la moulure à obtenir en relief, est maintenu dans une glissière verticale qu'on peut, avec une petite manivelle, lever ou abaisser à volonté. La pièce à travailler C est fixée sur un banc que déplace une crémaillère à pignon D, mue par une manivelle; ce banc est soutenu par des galets E. Cet appareil s'appelle *banc à tirer,* il fonctionne à bras d'hommes, et sert surtout à travailler les bois durs pour ébénisterie; la baguette à moulurer est solidement tendue à ses extrémités sur le banc mobile. Après chaque course, la mâchoire

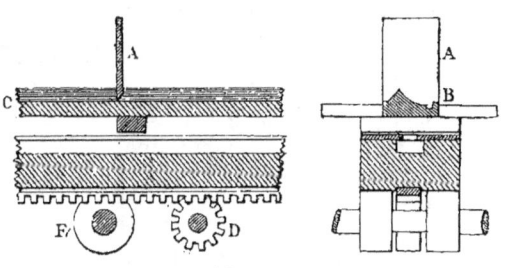

Fig. 145.

serrant l'outil fixe est descendue soit à la main, soit automatiquement, et l'outil pénétrant plus profondément, la moulure s'accentue peu à peu jusqu'à ce que les sinuosités en soient complètement accusées sur le bois. Cette machine a l'avantage de donner une rectitude parfaite. Elle a été perfectionnée de manière à donner des moulures guillochées et couvertes d'ornements variés.

La disposition *des machines à outil tournant* est très simple : l'arbre porte-outil A, animé d'un mouvement rapide de rotation, est muni de mâchoires B qui reçoivent les couteaux C et D convenablement profilés et affûtés.

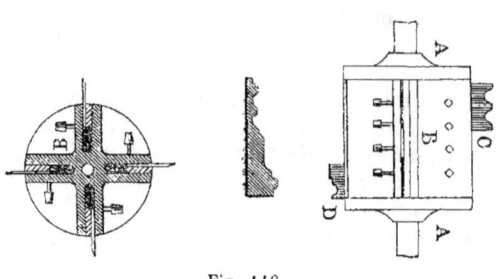

Fig. 146.

Quand il s'agit de creuser une rainure, un couteau droit suffit ; s'il s'agit d'une languette, il faut deux couteaux droits laissant entre eux un vide égal à l'épaisseur de la languette ; si l'on veut une moulure plus compliquée, on en fractionne le profil entre plusieurs couteaux, comme le montre la figure. Il serait bon, pour assurer la régularité de la marche et empêcher les chocs, que tous les couteaux eussent à faire le même travail et que l'un deux commençât à agir dès que le précédent s'échappe.

Les deux systèmes que nous venons de décrire conviennent seulement à la confection des moulures droites, ou, du moins, elles exigeraient l'adjonction de guides spéciaux pour les chariots d'amenage, si on voulait leur demander des moulures en lignes courbes.

Il n'en est pas de même du troisième système, qui comprend les *machines à toupie*. La toupie est une étoile à plusieurs branches, et ces branches se terminent par autant de couteaux affûtés. L'arbre de la toupie fait 4,000 révolutions à la minute. On conçoit sans peine que cet outil si simple se prête à l'exécution de tous les profils qu'on lui demande et peut travailler les bois, aussi bien sur leur tranche que sur leur plat. Quand on veut obtenir une moulure courbe, le bois est découpé à l'avance au contour cherché à l'aide d'une scie à ruban, et l'ouvrier n'a plus qu'à le présenter à la toupie pour faire apparaître la moulure.

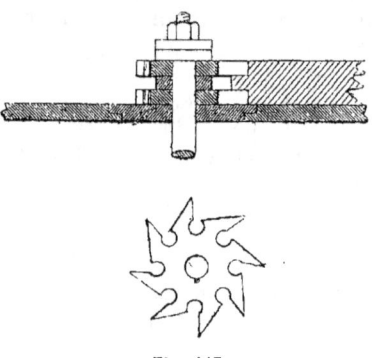

Fig. 147.

Il est facile, du reste, de se guider sur un gabarit quand cela est nécessaire. La figure 3, planche 28, représente une machine à faire les moulures et rainures droites ou cintrées, sur le champ des pièces ; la position du porte-outil est fixée sur la verticale à l'aide d'une manivelle à la disposition de l'ouvrier, qui arrive très rapidement à bien guider le travail.

Nous pourrions donner encore la description de nombreuses machines fort intéressantes, construites en vue de travaux spéciaux, telles que les machines à façonner les raies de roues, les sabots, les formes et talons de chaussures, à faire les assemblages à queue-d'hironde, à fabriquer les futailles, les bois d'allumettes, etc...; mais cela nous entraînerait hors des limites de notre cadre. Toutes ces machines reposent, du reste, sur la combinaison des principes que nous avons exposés, et grâce auxquels le lecteur arrivera facilement à saisir le mécanisme de tous ces outils spéciaux.

De la nécessité de préparer les bois en forêt pour éviter les transports inutiles. — Comme nous l'avons vu, nous sommes tributaires de l'étranger, surtout pour nos bois d'œuvre. Dans ces dernières années, la concurrence étrangère a même porté sur les objets fabriqués; nous avons cependant les moyens de lutter contre cette concurrence funeste à l'industrie nationale.

« Si l'Etat, dit M. Mélard, inspecteur des forêts, a le devoir d'améliorer les conditions dans lesquelles le commerce des bois est appelé à opérer, le commerce doit, de son côté, se rendre bien compte qu'il a à marcher aussi dans la voie du progrès.

« On se plaint de la cherté des transports; il faut alors réduire à son minimum la matière à transporter, et, pour cela, débiter le plus près possible des forêts ou même sur le parcours des coupes, de façon à économiser les frais de transport des déchets qui s'élèvent à 50 et même à 80 p. 100 pour certaines fabrications. Il faut installer en forêt des scieries locomobiles, voire même des machines-outils. La Suède nous envoie de la menuiserie prête à poser, fabriquée à la machine; pourquoi nous obstinerions-nous à amener dans les grandes villes des planches brutes que l'on transforme à chers deniers en portes, fenêtres, boiseries, etc..., quand nous pouvons faire une économie de transport et de main-d'œuvre, en façonnant nos chênes et nos sapins à proximité des points où ils viennent d'être abattus? Les industries qui emploient les bois indigènes devront renoncer à fonctionner dans les grands centres; elles seront contraintes de se fixer dans les régions forestières à proximité de la matière première. »

4° PROCÉDÉS DE COURBURE ET DE PLIAGE DES BOIS

Lorsqu'on veut établir un cintre, un comble courbe, ou bien encore quand il s'agit de constructions navales, de pièces en encorbellement, on a besoin de bois courbes.

On rencontre quelquefois des pièces naturellement courbes, mais le fait est rare; et, comme il est de principe que l'on ne doit pas couper les fibres du bois, comme d'autre part la section transversale des arbres n'est pas assez forte pour qu'on en puisse extraire de longues pièces limitées parallèlement aux fibres, ainsi qu'on le fait pour un limon d'escalier, il faut trouver un moyen de courber les bois droits.

Aujourd'hui que l'emploi du fer est général, on a, pour ainsi dire, renoncé aux bois courbes; nous n'insisterons donc pas sur cette question.

On peut se préparer, pour l'avenir, des bois courbes en pliant de jeunes arbres au moyen de cordages ou de harts fixés à des pieux dans le sol.

Mais il est évident que ce procédé n'est guère pratique.

Pour courber une pièce droite, on profite de la propriété qu'ont les bois de se ramollir sous l'influence de la chaleur et de la vapeur d'eau; dans cet état, on peut comme pétrir les bois et leur donner telle forme que l'on veut, forme que la pièce conservera après dessiccation.

Pour les pièces minces, on n'a recours qu'à l'intervention de la chaleur; on se contente de flamber les pièces au-dessus d'un feu de bois, et l'on détermine la courbure par des poids qui forcent le bois à s'incliner.

C'est le procédé qu'emploient les tonneliers pour faire une barrique; ils assemblent les douves dans le cercle de base, puis ils allument à l'intérieur un feu de copeaux, qui donne aux douves de la flexibilité; on peut alors les rapprocher par en haut et placer le second cercle de base.

Pour des pièces un peu fortes, il faut combiner la chaleur et la vapeur, et l'on soumet les bois à ces deux influences en les plaçant dans des étuves.

Les Hollandais se sont servis d'étuves dès le XVIIe siècle pour plier les bordages des vaisseaux; mais, comme ces étuves étaient en bois, il était impossible de les maintenir étanches à toutes les températures, et l'opération n'était pas bien commode. Toutefois on y tenait, parce que l'économie de bois était notable, et bien que le procédé ait pour effet d'enlever aux bois une partie de leur résistance, on reconnut qu'il y avait encore avantage à y recourir plutôt que de couper les fibres des pièces droites pour les transformer en pièces cintrées.

Voici la description de l'étuve qui était en usage en 1830 au port de Lorient : elle se compose d'un cylindre, formé de madriers de sapin assemblés comme les voussoirs d'une voûte; le cylindre est renflé vers le milieu, afin de permettre un cerclage énergique; les orifices sont fermés par des couvercles bien dressés, que l'on serre contre les bords au moyen d'une vis; une chaudière à foyer intérieur donnait la vapeur.

La caisse était parfaitement étanche, et les ingénieurs de la marine signalent comme un avantage le fait que cet appareil était locomobile.

Il est bien évident qu'aujourd'hui on ne trouverait pas la moindre difficulté à construire une étuve de ce genre; on la ferait en tôle capable de résister à telle pression que l'on voudrait.

D'autres constructeurs, trouvant l'emploi de la vapeur peu commode (les chaudières à vapeur n'étaient point communes alors), se servaient d'une longue auge métallique, remplie d'eau et chauffée par dessous; les bois étaient déposés dans cette auge. Mais on reconnut que l'eau changeait de couleur et se chargeait de substances organiques enlevées au bois; alors on ne voulut plus employer l'eau, que l'on remplaça à l'intérieur de l'auge par du sable que l'on arrosait de temps en temps. Les madriers étaient enfouis dans ce sable.

Au sortir de l'étuve, les bois sont donc susceptibles d'être facilement courbés. Cette opération s'effectue comme il suit : la pièce de bois est saisie entre deux pieux verticaux, à l'endroit où l'on veut que commence la courbure, et, avec un palan, on la courbe de façon qu'elle vienne s'appuyer sur des pieux, qui sont des points du gabarit cherché ; quand la pièce arrive à toucher un pieu, on l'empêche de revenir en arrière par un piquet. Quand la courbure est achevée, on laisse la pièce en place pendant quelques jours pour qu'elle se dessèche et prenne définitivement sa forme nouvelle ; elle revient toujours un peu sur elle-même lorsqu'on l'enlève de ses étaux.

Avec ce système, il arrive souvent que la courbe présente des jarrets aux points de contact avec les pieux ; aussi doit-on préférer un autre appareil ressemblant à une poutre composée et formant un cintre continu, sur lequel on applique la pièce qu'il s'agit de courber.

En somme, il est toujours très difficile de courber des bois d'une dimension notable ; mais, en revanche, les planches minces, de 0^m03 à 0^m08 d'épaisseur, se courbent facilement avec ou sans le secours du feu. Avec plusieurs bordages de cette espèce, solidement accolés par des moises en bois et des étriers en fer, on arrive à composer des poutres suffisamment épaisses, d'une grande résistance et d'une courbure voulue.

C'est le système appliqué par le colonel Emy à la construction des combles cintrés qu'il fit établir, par exemple, pour le manège de Libourne. Il est certain qu'avec une série de petites pièces ainsi accolées, on ne peut espérer une résistance comparable à celle d'une pièce pleine qu'autant qu'on a recours à un serrage énergique, capable de produire une adhérence invincible entre deux éléments voisins.

Le développement des charpentes en fer a rendu bien rares les applications de ces poutres composées en bois ; cependant elles peuvent encore rendre des services en certains cas, et c'est pour ce motif que nous avons cru devoir les signaler.

CHAPITRE V

LES MÉTAUX

Il est un métal que l'on rencontre aujourd'hui dans toutes les constructions et dont l'usage se développe sans cesse, c'est le fer avec ses deux dérivés : l'acier et la fonte. On a bien de temps en temps à mettre en œuvre le cuivre, le zinc, le plomb et l'étain, mais c'est toujours le fer que l'on retrouve devant soi.

Le constructeur doit donc le bien connaître. Aussi avons-nous jugé utile de passer en revue la fabrication, le travail, les qualités et les défauts de ce métal par excellence. C'est l'objet du présent chapitre qui traitera d'abord des métaux ferreux : fer, acier, fonte, et qui résumera en terminant les notions relatives aux métaux secondaires : cuivre, zinc, étain, plomb.

PRODUCTION DU FER, DE L'ACIER ET DE LA FONTE ; NOTIONS SUR LA MÉTALLURGIE DU FER

Distinction entre les trois termes de la série : fer, acier, fonte. — Le fer est un métal malléable, ductile, tenace, d'un gris bleuâtre à l'état pur, il ne fond pas, du moins par les procédés industriels, mais il partage, avec le platine seul, la propriété de se ramollir à une température relativement peu élevée et de se souder à lui-même, circonstance précieuse pour les divers arts de la construction.

Au rouge, le fer absorbe rapidement l'oxygène de l'air et se couvre d'une poussière ou de plaquettes noirâtres, appelées battitures; ces écailles d'oxyde se détachent sous le marteau. A l'air humide, le fer s'oxyde assez rapidement et se recouvre de rouille, hydrate de sesquioxyde de fer avec un peu d'ammoniaque, résultant de la combinaison de l'azote de l'air avec l'hydrogène naissant qu'abandonne l'eau décomposée.

Le fer du commerce renferme toujours un peu de carbone, mais la proportion ne dépasse pas 1/2 p. 100. Lorsque le fer ne renferme pas trace de carbone, c'est du *fer doux*, précieux en électricité. Dès que la proportion de carbone atteint 0,15 p. 100, le fer commence à être aciéreux.

Lorsque la proportion de carbone est comprise entre 1/2 et 1 p. 100, on a des *fers très aciéreux*, et si elle varie de 1 à 1,5 p. 100, on obtient l'*acier*.

Enfin, la proportion varie-t-elle entre 1,5 et 5 p. 100, on a la *fonte* ou *fer fondu*, fer coulé.

Les métaux ferreux renferment en outre, presque toujours, une proportion plus ou moins forte d'autres métaux, tels que le manganèse, et de métalloïdes, autres que le carbone, tels que le phosphore et le soufre. La présence de ces substances influe sur les qualités du métal ferreux, nous le montrerons plus loin; nous reviendrons également sur la classification des fers, des aciers et des fontes.

En ce moment, pour l'intelligence des notions métallurgiques qui vont suivre, le lecteur devra seulement se rappeler que les *substances appelées fer, acier, fonte, forment une série indéfinie de métaux, allant du fer doux et pur*, exempt de carbone, à la *fonte brute la plus chargée de carbone*. On passe par gradations insensibles d'un terme à l'autre de la série, et il est difficile de dire, par exemple, où finit le fer et où commence l'acier.

Minerais de fer. — Les minerais de fer sont nombreux. Ceux qu'on exploite le plus, et qui étaient même les seuls exploités naguère, sont : 1° le fer natif ou météorique; 2° le peroxyde de fer, anhydre ou hydraté, hématite rouge ou brune, fer oligiste, spéculaire, micacé, fer oolithique rouge ou brun; 3° l'oxyde magnétique; 4° les carbonates et oxalates de fer, fer spathique, fer carbonaté.

On rencontre, en outre, de grandes masses de minerais sulfurés, phosphorés, arséniés; on ne pouvait autrefois en tirer que de mauvais fers, mais les procédés nouveaux ont permis de les utiliser dans une certaine mesure. On doit reconnaître cependant que les fers tirés des minerais de premier ordre sont toujours les meilleurs, quelque grands que soient les progrès de la fabrication. Les minerais manganésifères donnent d'excellents produits.

« Lorsque notre planète a commencé à se refroidir, dit M. l'ingénieur Marché, dans une conférence sur l'acier, les métaux qui se trouvaient à sa surface à l'état liquide, après avoir été à l'état de vapeurs, se sont solidifiés au contact, probablement, de grandes quantités d'oxygène qui ont oxydé le fer, de sorte que nous avons, dans les minerais, le fer ayant perdu toutes ses propriétés caractéristiques, ainsi que son aspect métallique, du fer oxydé, en un mot, soit à l'état de protoxyde, soit à l'état de peroxyde, soit à l'état de carbonate. Dans les minerais riches ou pauvres, on est en présence du fer ayant perdu ses propriétés; et le but de l'homme, avec ses appareils et ses procédés de métallurgie, est de redonner la vie à ce fer mort, de le ressusciter, de le revivifier, de le réduire. »

La *teneur* en fer que présentent les minerais peut atteindre, lorsqu'ils sont purs, c'est-à-dire débarrassés de toute *gangue* rocheuse ou terreuse, les proportions suivantes :

Protoxyde de fer, FeO	0,778
Peroxyde de fer hydraté à 2 ou 3 équivalents d'eau	0,600 et 0,571
Oxyde magnétique, FeO, Fe^2O^3	0,724
Peroxyde de fer anhydre, Fe^2O^3	0,700
Carbonate de fer FeO, CO^2	0,483

Il est rare que l'on rencontre des minerais purs; aussi la *teneur* réelle est-elle toujours inférieure aux nombres précités; cependant, on n'utilise que les minerais dont la teneur est d'au moins 20 p. 100, à moins que la gangue ne soit un fondant.

Les *gangues habituelles* sont le quartz ou silice, le calcaire ou carbonate de chaux, la dolomie ou carbonate de magnésie, l'argile ou la marne. Quand la gangue est sulfureuse ou phosphoreuse, qu'elle renferme du sulfate de chaux, elle est très nuisible.

Préparation des minerais. — Pour traiter les minerais avec facilité et économie, il faut leur enlever d'abord la plus grande partie possible de la gangue inerte qui les accompagne, ce à quoi on arrive par des procédés mécaniques. Le minerai est broyé ou concassé par des appareils tels que rouleaux cannelés en fonte, broyeurs à mâchoires, concasseurs du système Carr, bocards ou marteaux oscillants, etc.

Le minerai pulvérisé, on arrive à le séparer, par une série de lavages, des matières étrangères qu'il renferme et qui se trouvent réduites en une poussière beaucoup moins dense que le minerai; l'eau en mouvement entraîne cette poussière et laisse tomber le minerai. Il existe une infinité de ces appareils destinés à laver et à enrichir les minerais : nous citerons les patouillets ou petites roues tournant dans l'eau, les tables fixes ou oscillantes, les appareils à force centrifuge qui classent les matières par ordre de densité.

Agents métallurgiques. — C'est presque toujours à une température élevée que l'on transforme le minerai en métal; la transformation par voie humide ne s'applique pas aux métaux usuels.

Le principal agent métallurgique est donc le *combustible;* la connaissance des combustibles, de leur mode d'action, et du prix de revient de l'unité de chaleur engendrée par chacun d'eux, est d'une importance capitale pour le métallurgiste.

Pour produire les divers métaux, notamment les trois métaux ferreux (nous désignons sous ce nom le fer, l'acier et la fonte), on agit tantôt par oxydation, tantôt par réduction; dans le premier cas, on fait intervenir l'oxygène pour brûler une partie des éléments que renferme la matière à traiter; dans le second cas, au contraire, on fait intervenir des corps avides d'oxygène pour désoxyder plus ou moins la matière à traiter.

Le principal *agent oxydant* est l'air pur; son action est d'autant plus active que sa pression et sa température sont plus élevées. Un courant gazeux, chargé d'air pur ou d'oxygène, constitue une atmosphère oxydante. L'eau et les oxydes métalliques sont aussi des agents oxydants, puisqu'ils abandonnent de l'oxygène en se décomposant.

Le principal *agent réducteur* est le carbone; une atmosphère est réductrice lorsqu'elle est chargée d'hydrogène ou d'oxyde de carbone, car ce gaz est combustible et se transforme en acide carbonique par absorption d'oxygène.

Le traitement mécanique n'enlève pas toute la gangue; il en reste une partie. Pour la séparer du métal, on cherche à la rendre fusible à la température dont on dispose, et, à cet effet, on ajoute au minerai un *fondant*, corps susceptible de former, avec les éléments de la gangue, des silicates doubles de chaux et d'alumine, ou des silicates triples de chaux, de magnésie et d'alumine.

Les silicates simples ne sont pas fusibles, tandis que la fusibilité est très accusée dans les silicates doubles ou triples, pour lesquels la proportion de l'oxygène de la silice à celui des bases est de 1 à 2. La présence d'une certaine proportion d'alcalis ou d'oxyde de fer augmente la fusibilité.

On appelle *laitiers* les matières vitreuses dues à l'action des fondants sur la gangue; ce sont presque toujours des silicates doubles de chaux et d'alumine.

Lorsque les matières vitreuses renferment une proportion notable de silicates à bases métalliques, silicates de fer, par exemple, ce sont des *scories*.

Ces notions simples suffiront, nous l'espérons, pour faire comprendre au lecteur les divers systèmes de préparation du fer, de la fonte et de l'acier.

Transformation des minerais de fer en fer ou en fonte; hauts fourneaux.

— L'opération initiale de la métallurgie du fer est la transformation du minerai en fonte de fer. On opère par *fusion réductive*, c'est-à-dire que l'on enlève au minerai son oxygène et son acide carbonique, et que l'on obtient le métal fondu.

Tantôt la fusion n'est que partielle, comme dans les bas foyers de la *méthode catalane;* tantôt elle est complète comme dans les *fours à réverbère* et dans les *hauts fourneaux*. Dans les foyers ordinaires et dans les hauts fourneaux le combustible et le minerai sont mélangés; les fours à réverbères ont, au contraire, un foyer latéral distinct, et c'est la flamme qui vient agir sur le minerai ou le métal déposé sur la sole du four.

Méthode catalane. — La méthode catalane consiste dans la réduction directe du minerai dans un bas foyer, par l'action du charbon et de l'oxyde de carbone.

On construit un foyer en briques réfractaires que l'on remplit de charbon de bois, au-dessus duquel on place le minerai. On allume le combustible et la combustion est activée par le vent d'une tuyère dont le courant est dirigé vers le centre du foyer.

Fig. 148.

L'oxyde de carbone, produit par la combustion incomplète du charbon, décompose l'oxyde du minerai et s'empare de l'oxygène en se transformant en acide carbonique. Il se forme un silicate de fer fusible qui s'écoule en partie par un trou inférieur et qui reste en partie emprisonné dans la *loupe* pâteuse que forme le métal. On cingle cette loupe sous un lourd marteau, mû par des machines, et à chaque coup les scories suintent à la surface et s'écoulent : la loupe reste très longtemps malléable, et finalement on obtient du fer plus ou moins aciéreux.

Ce procédé exige une grande quantité de combustible et a l'inconvénient d'absorber une partie du fer pour transformer la gangue siliceuse en silicate fusible; on l'employait autrefois dans les Pyrénées, où l'on avait à sa disposition des minerais très riches et très purs et du bois en abondance.

300 à 350 kilogrammes d'un minerai, dont la teneur en fer est de 45 p. 100, donnent 150 à 160 kilogrammes de fer étiré, et la consommation de combustible est de 3,000 kilogrammes de charbon de bois par tonne de fer. Le métal, n'étant pas dans cette méthode amené à l'état de fusion, conserve toujours quelques impuretés dont il faut le débarrasser par une série de *chaudes* et de *corroyages*.

Hauts fourneaux. — C'est en général dans des fourneaux à cuves de grandes dimensions que l'on opère la réduction des minerais, et le métal est recueilli, non pas à l'état de fer en loupes, mais à l'état de fonte de fer liquide.

Tous les minerais ne sont pas riches comme ceux des Pyrénées; il faut les débarrasser de leur gangue en lui donnant de la fusibilité non par l'oxyde de fer, mais par la chaux, car l'oxyde de fer du minerai ne suffirait pas toujours à neutraliser toute la silice en présence. On ajoute donc au minerai une proportion convenable de carbonate de chaux, *castine*, s'il est à gangue argileuse, ou une proportion d'argile, *erbue*, s'il est à gangue calcaire.

LES MÉTAUX

Le haut-fourneau est, depuis le commencement du XVIIe siècle, alimenté au coke; il est presque toujours adossé à une colline sur le flanc de laquelle se font les approvisionnements de minerai et de combustible.

Des wagonnets sur rails amènent les matières au *gueulard*. Le four se compose d'un cône supérieur, *la cuve*, qui s'accole par sa base appelée *ventre* à un autre cône renversé, les *étalages;* au-dessous vient un cylindre, l'*ouvrage*, dans lequel débouchent les tuyères, et à la base on trouve le *creuset*, ouvert sur une face par où se fait la *coulée*.

Fig. 149.

Un haut fourneau fonctionne sans interruption; il y a toujours une colonne descendante formée de couches alternatives de minerai et de combustible, et une colonne ascendante gazeuse, produit de la combustion et des réactions chimiques.

L'air de la tuyère, donné par une machine soufflante, rencontre le charbon, le brûle et donne de l'oxyde de carbone et de l'acide carbonique; ce dernier est bientôt réduit en oxyde de carbone par le charbon incandescent qu'il traverse, et cette réduction se traduit par une grande absorption de chaleur. Mais la masse d'oxyde de carbone entre en contact intime avec le minerai à une haute température; elle réduit le minerai et se transforme à nouveau en acide carbonique, dont la proportion augmente à mesure que l'on se rapproche du gueulard. Le fer mis en liberté dissout une partie du carbone en présence et même une partie du silicium de la gangue, et forme de la fonte; la fusion du métal et la réaction s'achèvent dans l'ouvrage, où la température atteint son maximum. La fonte gagne le fond du creuset; le laitier, ou silicate fondu, surnage et finit par se déverser au-dessus de la grosse pierre ou *dame* (de l'allemand damm, digue) qui limite le creuset. Quand le creuset est plein de fonte, on démasque une ouverture ménagée dans la dame, le trou de coulée, et le métal s'écoule dans des rigoles de sable où il se prend en *gueuses* demi-cylindriques; quelquefois, on fond immédiatement de grosses pièces n'exigeant pas une fabrication soignée. Pendant la coulée, on arrête le jet des tuyères; puis on recommence, et le fourneau marche ainsi pendant plusieurs années.

Il sort sans cesse du gueulard une flamme bleuâtre, due à la combustion de l'hydrogène et de l'oxyde de carbone que renferme le courant gazeux; c'est une source de chaleur qu'on utilise pour le chauffage des fours à réchauffer ou de l'air d'alimentation des foyers.

Les parois intérieures des hauts fourneaux sont constituées avec des briques réfractaires de choix; un jeu est laissé pour la dilatation entre le massif intérieur et le massif extérieur; celui-ci est consolidé par des armatures en fer; les tuyères sont des tubes épais en tôle ou en bronze, entourés d'une circulation d'eau froide. Un haut-fourneau produit de 30 à 60 tonnes de fonte par vingt-quatre heures; il consomme 800 à 1,500 kilogrammes de coke par tonne, et produit par jour au moins 30 mètres cubes de laitier, soit 10,000 mètres cubes par an; cette masse énorme de laitier est fort embarrassante, et l'on a cherché bien des procédés pour l'utiliser.

Transformation de la fonte en fer; affinage. — Le produit du haut fourneau est la fonte, c'est-à-dire du fer contenant en dissolution 3 à 3 1/2 p. 100 de carbone.

Pour transformer la fonte en fer, il faut lui enlever ce carbone. Cette opération, appelée *affinage*, se fait surtout dans le *four à puddler* : elle s'appelle le *puddlage;* elle consiste à porter la fonte à une haute température au milieu d'une atmosphère oxydante, dont l'oxygène en excès brûle le carbone de la fonte et ne laisse que le fer. L'oxygène brûle aussi, en partie ou en totalité, mais presque toujours en partie seulement, les autres matières étrangères contenues dans le métal, telles que le soufre, le silicium, le phosphore, etc...; il oxyde également le métal dominant et forme de l'oxyde de fer qui forme une scorie fusible ou qui se réduit en cédant son oxygène aux impuretés de la masse. C'est le fer lui-même qui sert ainsi de véhicule à l'oxygène et le met en contact avec les matières à brûler.

Il va sans dire que la masse à affiner doit être brassée et agitée de telle façon que toutes ses parties successivement soient mises en contact avec l'atmosphère réductrice.

Quand l'oxydation des matières étrangères est terminée, il faut séparer le métal affiné des scories qui surnagent; on laisse reposer le bain et on coule séparément le métal pur que l'on transforme en lingots; c'est ce qui se passe dans le procédé Bessemer.

Mais le métal n'est pas toujours à l'état suffisamment liquide pour se séparer entièrement des scories par le seul jeu des densités; il se présente en masse plus ou moins spongieuse, imprégnée de scories. On les expulse en soumettant la loupe soit à une pression énergique, soit à un *cinglage* répété sous le *marteau frontal* ou sous le *marteau-pilon*. Sous cette action mécanique, la loupe prend une forme parallélipipédique et devient, suivant ses dimensions, un *massiau* ou un *lopin*.

Quand on veut obtenir un produit bien pur, on fait subir au lingot un *raffinage* et au massiau ou lopin un *corroyage*; le raffinage termine donc l'épuration des métaux fondus et le corroyage celle des métaux obtenus en loupes cinglées. Le corroyage s'opère en réchauffant les massiaux à une température élevée, les scories fondent à nouveau, l'oxyde de fer brûle le reste des impuretés, et un nouveau travail mécanique de pression ou de martelage expulse les substances étrangères. C'est le commencement de l'étirage.

Le four à réverbère est celui dans lequel le métal est étendu en couche mince sur une large sole, recouverte d'un dôme rapproché qui rejette sur le métal le courant de la combustion produit par un foyer latéral; ce four est le meilleur pour l'affinage.

Cependant on pratique parfois l'affinage au petit foyer.

Affinage au petit foyer. — On remplit de charbon de bois un bas foyer analogue à celui de la forge catalane, dans le centre duquel on pousse peu à peu, au moyen de rouleaux, une gueuse de fonte; elle se résoud en gouttes qui, sous le vent de la tuyère, sont soumises à une influence très oxydante; leur charbon est brûlé, changé en acide carbonique, puis en oxyde de carbone, le silicium forme un silicate de fer fusible. Le métal épuré se rassemble en loupe pâteuse au fond du creuset. A la fin de l'opération, on soulève la loupe, on l'expose quelque temps à la haute température du voisinage de la tuyère et on la porte au cinglage.

Ce procédé, susceptible de donner un excellent produit, est très coûteux et entraîne un déchet de 25 p. 100; aussi n'est-il guère usité. Il ne peut, du reste, être employé qu'avec le charbon de bois; avec le coke et la houille on obtiendrait toujours un métal impur, imprégné tout au moins des cendres du combustible.

Lorsqu'au lieu d'affiner une loupe plus ou moins pâteuse, on affine au petit foyer un lingot fondu, l'opération s'appelle *mazéage* ou *finage*; on se sert de coke, parce qu'on n'a pas à craindre de voir les cendres empâtées dans le métal, et on projette le vent des tuyères à la surface du bain de métal. Les scories viennent à la surface et l'on recueille par le trou de coulée une fonte affinée, plus ou moins douce.

Puddlage. — Le puddlage (de l'anglais puddling, brassage) est l'affinage des loupes dans un four à réverbère. Avec les fours à gaz du système Siemens, on pourrait fondre le métal et l'obtenir épuré sous forme de lingots ; mais ce système n'est encore guère appliqué pour la production du fer, et on l'obtient presque partout par l'affinage des loupes dans des fours à réverbère ordinaires, dont la température n'est pas assez élevée pour déterminer la fusion du fer. La figure 150 donne une idée de ces fours à réverbère.

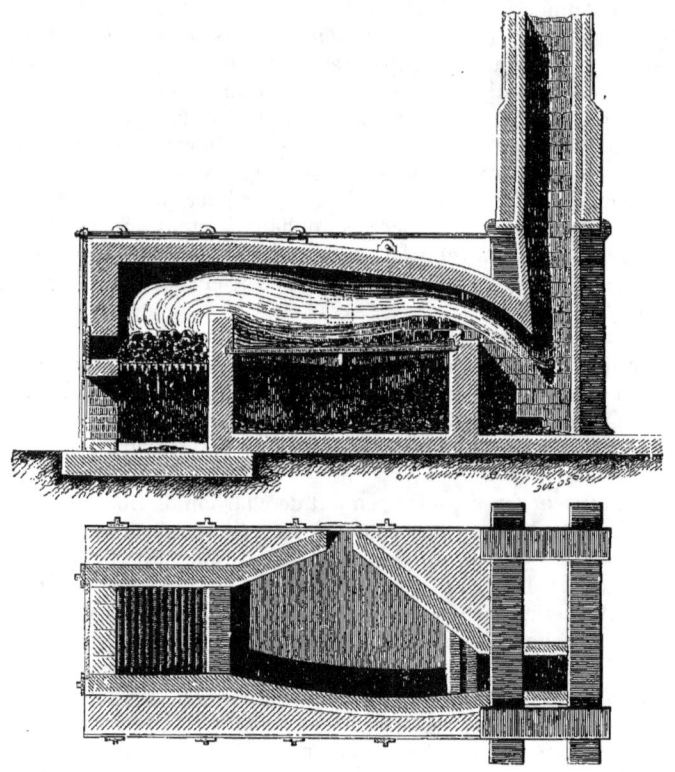

Fig. 150.

La sole y est horizontale et de grande dimension. Le métal y est soumis à un brassage mécanique effectué soit à bras d'hommes avec des ringards, soit par des procédés mécaniques qui tendent à délivrer l'ouvrier de cette pénible opération, et dont nous citerons tout à l'heure un exemple.

A l'origine, le métal était posé sur une sole de sable siliceux, qui se transformait en silicate de fer et causait un grand déchet sans profit pour l'affinage. Aussi le puddlage n'a-t-il réussi qu'à partir du jour où l'on a adopté une sole en fonte couverte d'oxyde de fer ou de scories basiques ; c'est cet oxyde ou ces scories qui, avec l'atmosphère oxydante, agissent sur les impuretés et les brûlent ou les incorporent dans des silicates fusibles. L'oxyde de carbone se dégage de la masse en bouillonnant et l'on retire le fer par loupes de 25 à 30 kilogrammes que l'on porte sous le marteau.

La fonte est introduite en gueuses sur la sole, et l'on charge en même temps des battitures et des scories riches; puis on pousse le feu de manière à fondre ou tout au moins à ramollir le métal; alors l'ouvrier laboure la masse avec des crochets, des rabots et des ringards; ces outils sont introduits non par la porte, mais par des orifices carrés de 0^m10 à 0^m15 de côté.

Le silicium et le manganèse, puis le phosphore, passent dans les scories; le soufre s'en va en acide sulfureux et le carbone en oxyde de carbone ou acide carbonique.

A mesure que le métal s'épure, il devient moins fusible et il faut forcer la température; il forme une vaste éponge que l'on découpe et que l'on roule en loupes après un dernier coup de feu, et on les porte au cinglage.

Il faut environ 1,300 kilogrammes de fonte pour obtenir 1,000 kilogrammes de fer, et l'on consomme 800 à 1,200 kilogrammes de houille.

Le cinglage se fait presque partout avec un marteau-pilon, du poids de 600 à 1,000 kilogrammes, avec course de 1 mètre à 1^m25, battant 60 à 80 coups à la minute.

Nous reviendrons plus loin sur la transformation des massiaux ou lopins en fers du commerce.

Puddlage mécanique, système Danks. — Comme exemple de puddlage mécanique nous donnerons, d'après M. l'ingénieur en chef Georges Lemoine, la description du procédé Danks :

La fonte est placée dans un cylindre tournant B, à axe horizontal, appelé rotateur et reposant sur quatre galets; il fait quatre tours à la

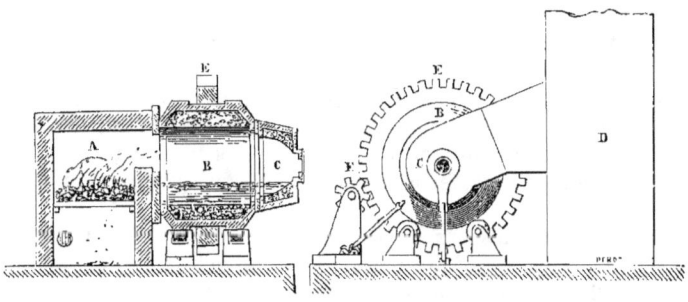

Fig. 151.

minute sous l'impulsion du pignon F et de la roue dentée E. L'intérieur du cylindre est chauffé par le foyer A et la flamme gagne la cheminée D par l'orifice C.

La fonte liquide est agitée et brassée par la rotation; elle se décarbure sous l'action de l'atmosphère oxydante et aussi sous l'action du revêtement de l'appareil, soigneusement composé avec de l'oxyde de fer exempt de silice. Le déchet est très faible et se trouve compensé par le fer que fournissent le revêtement et les scories ajoutées à la fonte.

Le puddleur injecte de l'eau à la surface du revêtement; cette eau, qui doit agir en oxydant le fer, est essentielle au succès du travail.

Une opération, portant sur 250 kilogrammes de fonte, dure une heure et demie.

Transformation du fer et de la fonte en acier. — L'acier est, avons-nous dit, un métal ferreux dont la teneur en carbone est intermédiaire entre celle du fer plus ou moins doux et celle de la fonte. De cette définition même résulte en théorie la possibilité de divers systèmes de production de l'acier. On peut l'obtenir soit en ajoutant du carbone au fer, soit en enlevant du carbone à la fonte, soit en mélangeant du fer doux et de la fonte, soit en mélangeant à de la fonte de l'oxyde de fer qui brûle une partie du carbone.

L'historique de ces divers systèmes nous a paru nettement exposé dans la conférence faite par M. l'ingénieur Marché, à l'Exposition de 1878, conférence dont nous reproduirons les passages suivants :

Historique des procédés mis en œuvre pour la fabrication de l'acier. — « Il y a vingt-cinq ans, nous ne connaissions le fer qu'à ces deux états de fer et de fonte, et à un troisième état intermédiaire qui était l'acier, c'est-à-dire du fer renfermant, au lieu de 2, 3, 4 p. 100 de carbone comme la fonte, 1, 1 1/4 ou 1 1/2 de carbone. Cet acier était surtout remarquable par sa propriété de durcir par la trempe. Il était obtenu dans des circonstances particulières, souvent assez inexplicables, mystérieuses parfois, et dépendant surtout de la richesse et de la pureté du minerai employé.

« Étant admis que l'acier est du fer carburé, mais moins carburé que la fonte, deux procédés, deux méthodes peuvent servir à l'obtenir : l'une consistant à prendre du fer qui n'est pas carburé et à le carburer de la quantité nécessaire pour lui donner les propriétés de l'acier; l'autre méthode, consistant à fondre de la fonte contenant 3 à 4 p. 100 de carbone et à la décarburer partiellement, de manière à l'amener à l'état intermédiaire entre la fonte et le fer. Le premier procédé, qui consistait à faire de l'acier avec du fer en le carburant, constituait ce qu'on nommait la *cémentation*.

« Dans des fours disposés *ad hoc*, des barres de fer de faibles dimensions étaient placées par lits successifs au milieu de poussière de charbon et chauffées à une haute température. En présence du charbon, le fer se carburait peu à peu, le carbone pénétrant dans l'intérieur de chacune des barres en allant de la surface au centre, s'y dissolvait, et au bout d'un certain temps on avait une série de barreaux d'acier cémenté, qui renfermaient une certaine proportion de carbone. Cette opération était très coûteuse, car elle était longue : elle durait quinze ou vingt jours. L'acier cémenté ainsi obtenu était irrégulier; certaines barres étaient plus carburées les unes que les autres, mais si on les reprenait et si, après les avoir cassées et triées, on les replaçait dans un creuset et on les fondait, car c'était une matière fusible, on obtenait alors une matière beaucoup plus homogène : de l'acier fondu. C'est cet acier fondu qui a fait pendant tant d'années la réputation des aciers Sheffield. Enfin, vers 1850, on a commencé à employer, à pratiquer la seconde méthode pour obtenir de l'acier, celle consistant à décarburer partiellement la fonte, c'est-à-dire à la traiter dans un four à puddler, comme on traite le fer, mais en arrêtant l'opération à un moment déterminé. Je ne dis pas quels étaient les détails de l'opération, mais c'est ainsi qu'on fait encore ce qu'on appelle l'*acier puddlé*.

« C'est en 1856 que survint la grande révolution métallurgique due à l'invention du procédé Bessemer. Le procédé Bessemer consiste, comme le puddlage, à obtenir de l'acier en décarburant la fonte, mais cette décarburation s'effectue dans un appareil spécial qu'on appelle le *convertisseur*.

« Voici les dispositions d'un atelier Bessemer. Il se compose de deux convertisseurs. Un convertisseur Bessemer est une sorte de cornue en tôle dont l'intérieur est revêtu de matières réfractaires. Cette cornue est fixée sur un axe horizontal autour duquel elle peut tourner de manière à prendre diverses positions. Elle est portée en outre par une potence tournant autour d'un axe vertical et qui permet d'amener l'orifice supérieur de la cornue en face de la porte d'un four par laquelle s'écoule de la fonte ; on peut donc la remplir d'une certaine quantité de fonte en fusion. On peut enfin la faire tourner de 180 degrés, de manière à verser extérieurement la fonte après qu'elle a été traitée et qu'elle est devenue de l'acier fondu. Le fond de cette cornue est constitué par une tuyère multiple au travers de laquelle on insuffle une grande quantité d'air avec une certaine pression.

« Lorsqu'on a rempli un convertisseur d'une certaine quantité de fonte, en introduisant de l'air avec une grande pression par la partie inférieure de manière que cet air traverse la masse de fonte, le phénomène qui se produit consiste dans la combustion, au contact de cet air, d'abord du silicium que renferme la fonte et ensuite du carbone, et cette combustion se fait en élevant la température de la masse, de sorte que, quand le carbone est brûlé et que la fonte s'est transformée ou en fer ou en acier peu carburé, la masse est à l'état de fusion, parce que la température y a été considérablement élevée par la combustion du silicium et du carbone. Si l'opération était prolongée, si on continuait à insuffler de l'air plus longtemps après que toute la masse est transformée en fer fusible, c'est le fer, à son tour, qui brûlerait en se transformant en oxyde de fer. Il est donc indispensable d'arrêter l'opération lorsque toute la quantité de carbone a été brûlée, et alors on fait faire à la cornue le mouvement inverse dont je parlais tout à l'heure, pour en verser le contenu, qui est de l'acier à l'état liquide.

« Il faut dire qu'à l'origine surtout il n'était pas possible de décarburer la fonte juste au point voulu pour avoir l'acier qu'on désirait, et l'opération consistait, — elle consiste encore souvent, — à insuffler assez d'air pour brûler toute la quantité de carbone, décarburer complètement la fonte, puis à introduire dans l'intérieur du convertisseur une certaine quantité de fonte renfermant une quantité de carbone parfaitement déterminée et destinée à ramener la masse qui se trouve dans la cornue à l'état de l'acier ayant le degré de carburation désiré. On emploie dans ce but les fontes très riches en manganèse connues sous le nom de *Spiegel Eisen* ou des alliages de fonte et de manganèse, des *ferro-manganèses*.

« Le manganèse est un grand élément de réussite de cette opération, parce qu'il facilite la réduction de l'oxyde de fer qui a pu se produire et dont la présence dans le métal en altérerait toutes les propriétés. Le traitement d'une masse de 5 à 10,000 kilogrammes de fonte dure de quinze à vingt minutes; c'est certainement l'opération la plus extraordinaire, la plus belle qui se soit faite en métallurgie. A ce sujet, j'exprimerai le regret que j'ai éprouvé, surtout en constatant, dans l'exposition belge, combien le public s'intéressait à la marche du laminoir de l'usine de Seraing, quoiqu'il fonctionnât à vide, qu'on n'ait pas installé et fait fonctionner à l'Exposition un appareil Bessemer. En montrant dans ses détails pittoresques comment s'effectue cette opération si admirable par sa rapidité et par la puissance des moyens employés pour la manœuvre des appareils, nul doute qu'on aurait ainsi contribué à l'éducation générale des masses et jeté peut-être dans le public les germes de découvertes futures.

« J'ajouterai que l'appareil Bessemer exige pour son emploi des fontes d'une très grande pureté; car si l'on peut éliminer le silicium et le carbone, on ne peut pas éliminer de même le phosphore et les autres corps qui se trouvent toujours dans la fonte. D'un autre côté, il faut employer de la fonte, on ne peut pas employer du fer ou des débris de fer et des débris d'acier. C'est ce qui a conduit à rechercher, à joindre au procédé Bessemer un autre procédé : la fabrication de l'acier sur sole, qui est devenue pratique lorsqu'on a connu en France le moyen d'obtenir de très hautes températures dans des fours à réverbère, c'est-à-dire par l'emploi des appareils *Siemens*, qui ont trouvé leur application non seulement dans la métallurgie, mais dans la verrerie et la fabrication du gaz.

« Lorsqu'on a pu obtenir de hautes températures, on a songé à faire l'acier en traitant la fonte, comme dans le four à puddler, sur une sole, et en y faisant fondre du fer (c'était le procédé indiqué en 1722 par Réaumur), et en y faisant fondre du fer, dis-je, en quantité suffisante pour que la quantité moyenne de carbone contenue dans la fonte primitive et dans le fer qu'on ajoutait vînt constituer la teneur voulue de l'acier; on obtint ainsi la transformation de la fonte en acier, par sa décarburation, et la cémentation du fer, carburé par le carbone que lui abandonne la fonte.

« La différence des procédés est caractérisée par ce fait que dans le procédé Bessemer le carbone est brûlé, et que dans la fabrication de l'acier sur sole le carbone renfermé dans la fonte est uniquement réparti sur une plus grande quantité de matière, et que cette matière employée peut être du fer, de l'acier peu carburé, peut être surtout du fer et de l'acier hors d'emploi, qu'on ne peut pas traiter dans le convertisseur Bessemer.

« Pour revenir à ce qui concerne l'acier sur sole, je me borne à vous dire qu'on applique le procédé de chauffage Siemens pour avoir de hautes températures, et que le système consiste à décarburer une masse de fonte en la mettant en contact avec du fer. Comme je le disais tout à l'heure, l'idée en avait été indiquée en 1722 par Réaumur; le procédé lui-même a eu pour inventeur un ingénieur des mines, M. Lechatelier, qui avait décrit et proposé un four pour la fabrication de l'acier dans ces conditions. Les premières expériences ayant échoué par suite d'une trop haute température donnée au four, la première fois qu'on s'en est servi, elles ont été reprises plus tard, avec succès, par M. Martin, de Sireuil, et le métal obtenu par ce procédé prit le nom d'*acier Martin*.

« Pour répondre à une question qui est faite bien souvent : quelle différence y a-t-il entre les aciers Martin et Bessemer? je dirai qu'il y a la différence de procédés que je viens d'indiquer, mais que, si les aciers étaient obtenus avec les mêmes matières et si le produit obtenu était un produit aussi carburé dans un cas que dans l'autre, il n'y aurait pas, dans les procédés eux-mêmes, de raison pour que ces aciers aient des propriétés différentes. Si des aciers Martin et Bessemer obtenus dans une même usine ont des propriétés différentes, c'est que, en général, chacun des deux procédés est appliqué pour traiter des matières premières, des fontes, de qualités différentes.

« On sait que les appareils dont je viens de parler ont subi depuis des modifications, des transformations. Il s'en fait tous les jours; mais je tiens à me borner ici à n'indiquer que les appareils classiques.

« Je ferai remarquer, en terminant cet exposé sommaire des procédés de fabrication de l'acier, que la grande raison des progrès rapides qui ont été faits depuis quinze ou vingt ans, c'est l'intervention de la chimie. C'est le laboratoire établi dans l'usine qui règle dans toutes ses phases la marche de la fabrication des aciers.

« Il faut se rappeler qu'autrefois il était loin d'en être ainsi. C'était le maître fondeur qui seul connaissait et réglait l'allure du haut fourneau; c'était l'ouvrier puddleur qui, guidé par des traditions, mais sans connaître les réactions qui se produisent, conduisait l'opération du puddlage.

« Aujourd'hui, c'est le laboratoire qui mène et dirige tout. On analyse les matières premières, les produits, les résidus, les scories; on sait combien il entre de kilogrammes de fer, de carbone, de manganèse, de phosphore, etc., dans la masse de fonte qu'on veut traiter; on sait quel est le poids de ces éléments, qui est éliminé pendant l'opération, et quelle est la quantité qui en est restée dans le produit. Je le répète donc, c'est à la chimie que nous devons les grands progrès qui se sont faits en métallurgie dans ces quinze dernières années. »

L'exposé qui précède en dit assez pour faire comprendre les procédés de fabrication de l'ancien acier de cémentation, de l'ancien acier fondu et de l'acier puddlé qui sont, en somme, surtout les deux premiers, les seuls métaux à qui l'on appliquait jadis le nom d'acier.

On comprend aujourd'hui dans la famille de l'acier le métal fondu dû aux procédés nouveaux, dont le plus important est le Bessemer ; c'est sur ces procédés que nous donnerons quelques détails.

Convertisseur Bessemer. — Le procédé Bessemer consiste à faire passer, au sein de la fonte en fusion, contenue dans une cornue appelée convertisseur, une multitude de jets d'air comprimé, qui produisent à la fois l'*oxydation*, le *chauffage* et le *brassage* de la masse.

L'oxydation produite par les molécules d'air dans le bain tout entier développe une quantité de chaleur suffisante pour maintenir à l'état liquide même le fer doux affiné. « Il suffit pour cela, dit Grüner, que la fonte renferme 1 à 2 centièmes de silicium, ou une certaine dose de manganèse. On pouvait craindre qu'en faisant passer de l'air froid au travers d'un bain de fonte le fer ne se figeât ou ne fût lui-même trop fortement oxydé. Or, l'expérience prouve que le fer n'est presque pas atteint, au moins d'une façon permanente lorsqu'il est associé à une proportion suffisante de silicium, de carbone et de manganèse. En outre, la chaleur, emportée par les gaz et par les parois de l'appareil, est plus que compensée par celle que développe l'oxydation de ces éléments, du moins dès que l'on opère sur plus de 500 à 1,000 kil. de matière. »

Le convertisseur, figures 1 à 3, planche 30, est une vaste cornue mobile autour d'un axe horizontal ; un des tourillons sert de conduit au vent, l'autre porte un pignon mû par une crémaillère. Du tourillon creux l'air comprimé se rend dans la boîte à vent, située à la base de la cornue, et il se distribue dans le bain de fonte par un grand nombre de petites tuyères en terre réfractaire ; ces tuyères sont le point faible du système et se détériorent facilement ; aussi a-t-on pour chaque cornue plusieurs fonds de rechange. L'assemblage du fond et de la cornue se fait par boulons à clavette, les surfaces à rapprocher étant enduites de ciment réfractaire.

La cornue se compose d'une armature extérieure en fonte ou en forte tôle et d'un revêtement intérieur en pisé ou en briques réfractaires de 0^m30 d'épaisseur. Elle a 2^m50 de diamètre au ventre, 1^m20 au fond et 4 mètres de hauteur totale et contient 7 à 8 tonnes de métal. Le haut de la cornue se termine en forme de bec de coulée.

Une usine comprend toujours au moins une paire de convertisseurs ; le métal fondu qu'on obtient est versé dans des chaudrons montés sur des grues mobiles qui vont porter le métal fondu dans les moules.

Les mouvements sont donnés d'ordinaire par des engins hydrauliques.

Voici, d'après M. Pernolet, le résumé du travail du convertisseur :

Conduite du travail. — Chauffer la cornue au rouge. Couler dans la cornue 5 à 6 tonnes de fonte. Relever la cornue en donnant le vent. Souffler pendant 15 à 20 minutes. Ajouter 10 p. 100 de spiegeleisen. Couler. Durée totale d'une opération, 17 à 25 minutes.

Au point de vue chimique on distingue trois parties dans l'opération :

1° Oxydation de la fonte et des matières étrangères, formation des scories, 2 à 6 minutes.

Flamme jaune orangé rougeâtre, pas de fumée.

2° Décarburation de la fonte, dégagement de l'oxyde de carbone, 8 à 10 minutes.

Flamme brillante, blanche, étincelles abondantes, projections.
Flamme lilas lorsque l'opération est terminée.

3° Recarburation, 1 à 4 minutes.

Flamme vive.

On coule dans des *lingotières* verticales formées de deux pièces et ayant 1^m10 à 1^m40 de hauteur, avec une section de 0^m210 sur 0^m445 en bas et 0^m235 sur 0^m470 en haut.

Résultats obtenus. — On peut résumer comme suit les résultats obtenus dans les conditions normales :

Charge moyenne	5,000 kilogr.
Addition de spiegel	500 —
Charge totale par opération	5,500 —
Nombre d'opérations par 12 heures	10 —
Poids de chaque lingot	300 —
Déchet, variable avec les projections	10 à 15 p. 100
Rendement en acier brut	0,90 à 0,85 —
Production en acier brut par 12 heures	45,000 kilogr.

Procédé Martin. — Le procédé Martin consiste à affiner la fonte dans les fours à gaz du système Siemens que nous décrirons tout à l'heure.

M. Pernolet résume comme il suit le procédé Martin :

« Tandis que le procédé Bessemer réclame des fontes *siliceuses* et ne dure qu'une demi-heure, le procédé Martin traite des fontes *peu siliceuses* et dure 8 à 10 heures, ce qui permet de prendre de nombreux essais et d'arrêter l'opération à un degré d'affinage nettement défini.

« On peut distinguer trois *variantes* dans le procédé Martin; mais, dans les trois cas, le travail se termine de la même façon ; on *outrepasse* l'affinage proprement dit, puis l'on réduit le fer oxydé, comme dans le procédé Bessemer, par des additions de ferro-manganèse ou de fonte spéculaire.

« La *première variante* consiste à dissoudre simplement des barres de fer dans un bain de fonte.

« Dans la *deuxième variante*, on remplace une partie du fer par du minerai riche. On hâte ainsi l'affinage, et l'on diminue le déchet. La proportion du minerai varie de 10 à 25 p. 100 du poids de la fonte.

« Dans la *troisième variante*, le fer en barres est remplacé par des *loupes* de fer brut, ou par des *éponges* provenant de la réduction directe de minerais riches.

« Notons encore que l'on peut hâter l'affinage en substituant au four fixe le four à chariot rotatif de M. Pernot.

« A Terre-Noire, où l'on a adopté la première variante, on consomme par tonne de lingots d'acier doux :

« 500 à 600 kilogrammes de houille. Le déchet est de 5 à 7 p. 100.
« Une charge de 5 tonnes se compose en général de :

Fonte.	1,400 à 1,500 kil.
Vieux rails	2,800 à 3,000 —
Rognures d'acier	800 à 900 —
Ferro-manganèse.	100 à 110 —
Total.	5,000 à 5,500 kil.

« Depuis peu on a porté les charges à 6 et 7 tonnes.
« A Landore, près de Swansea, où l'on a adopté la deuxième variante, on charge par opération :

Fonte.	4,200 à 4,650 kil.
Fer doux	850 à 1,000 —
Minerai riche.	750 à 1,000 —
Rognures d'acier	750 à 800 —
Total.	7,000 kil.

« Il faut ajouter le minerai par faibles doses de 100 kilogrammes pour éviter les corrosions des parois du four.
« On obtient en lingots un poids égal à celui du fer et de la fonte réunis. La consommation est de 500 à 600 kilogrammes de houille par tonne, et l'on fait ainsi trois opérations par vingt-quatre heures.
« Les lingots d'acier ou de fer doux fondus sont réchauffés, comme ceux du procédé Bessemer, dans de longs réverbères inclinés ou dans d'autres fours. On brûle pour cela 18 à 25 p. 100 de houille. On forge les lingots au marteau ou bien on les lamine directement en une seule chaude.
« L'*acier Martin* sert pour rails, essieux, bandages.
« Le *fer doux fondu*, du procédé Martin, est laminé pour tôles fortes de chaudières. »
Le grand avantage de ces procédés est qu'ils permettent de produire à volonté de l'acier, du fer aciéreux ou du fer doux.
L'acier fondu ne doit donc pas coûter sensiblement plus cher que le fer. Cependant la fabrication de l'acier exige toujours la pureté des matières employées et des analyses chimiques répétées à chaque coulée ; malgré ces conditions, le prix de revient de la tonne de rails d'acier fondu s'est abaissé à 100 francs, et le prix de vente à 120 francs à l'usine. On peut donc avoir des rails d'acier rendus à pied d'œuvre pour 135 francs la tonne.

Traitement des minerais phosphorés. — Les procédés Bessemer et Martin, tels que nous venons de les décrire, sont impuissants à produire l'affinage des minerais phosphorés ; pour se débarrasser du phosphore qui se transforme par la combustion en acide phosphorique, il faudrait introduire dans le bain non pas un acide, comme la silice qu'abandonnent les matières réfractaires de la cornue, mais une base donnant un phosphate.

Le *procédé Heaton*, inventé à cet effet, consiste à injecter dans le bain de fonte de nombreux jets d'azotate de soude qui changent le phosphore en phosphate de soude liquide qu'on recueille à la surface.

MM. Bérard et Tessié du Motay ont suivi des systèmes analogues et ont substitué à la garniture siliceuse des cornues une garniture en briques de magnésie.

Dès 1878, deux métallurgistes anglais, MM. Thomas et Gilchrist, sont arrivés par ce procédé à déphosphorer les fontes dans le convertisseur Bessemer.

Au Creusot on est parvenu également à d'excellents résultats, d'abord avec le four Martin-Siemens, puis avec l'appareil Bessemer, et la fabrication, dit M. Delafond, ingénieur des mines, y marche aujourd'hui d'une manière courante et sûre. Le Creusot produit donc deux variétés d'acier : l'*acier acide*, obtenu dans des cornues ou des fours à revêtement siliceux, et l'*acier basique*, obtenu en présence de revêtements de chaux magnésienne. Ces derniers revêtements consistent en un pisé de chaux magnésienne, aggloméré au moyen de goudron de gaz anhydre ; la chaux magnésienne provient de calcaires dolomitiques du trias.

On introduit d'abord dans le convertisseur 18 p. 100 de chaux fortement chauffée et 1,5 p. 100 de fluorure de calcium, puis 8 tonnes de fonte phosphorée. On donne le vent et l'affinage commence ; il passe par les périodes suivantes :

1° Scorification, correspondant au départ du silicium, durée 2 minutes ;

2° Décarburation, accompagnée d'une longue flamme, durée 10 minutes ;

3° On incline la cornue pour expulser les scories, puis le vent est redonné et on procède au sursoufflage qui dure 5 minutes et expulse le phosphore ; la température s'élève beaucoup pendant cette période et il se produit des scories très fluides que l'on déverse ;

4° Le métal est alors affiné, on le contrôle par des prises d'essai et on opère la recarburation au moyen de spiegeleisen ; le spiegel renferme 18 p. 100 de manganèse et on en met 10 p. 100 de la charge initiale. Le déchet s'élève à 18 p. 100, le double de ce qu'il est dans une opération acide. Par ce procédé, le soufre n'est pas complètement éliminé, et il faut traiter des fontes qui n'en renferment guère.

Le problème de la déphosphoration des fontes est donc résolu. Nous n'insisterons pas davantage sur ces procédés d'une importance capitale, et nous terminerons ces notions par la description du four Siemens.

Fours Siemens; régénération de la chaleur; emploi des combustibles gazeux. — Pour obtenir les hautes températures nécessaires à la production de certaines réactions métallurgiques, il est nécessaire d'alimenter la flamme avec de l'air porté lui-même à une température aussi élevée que possible. Il existe un grand nombre d'appareils pour la production de l'air chaud, appareils dans lesquels on utilise plus ou moins la chaleur perdue qu'entraînent les courants gazeux s'échappant soit d'autres foyers, soit de hauts fourneaux.

Le plus intéressant de ces appareils est le *four Siemens*, basé sur le *principe de la régénération de la chaleur*, principe dont nous avons déjà vu l'application en traitant du four Hoffmann.

Le four Siemens se compose de chambres ou de conduits, multiples et sinueux, dans lesquels on fait passer, alternativement et en sens inverse, le courant gazeux produit par la combustion et le courant d'air destiné à l'alimentation du foyer et à l'oxydation du combustible. Le courant gazeux de la combustion cède aux briques réfractaires la chaleur qu'il contient et qui, sans elles, irait se perdre dans l'atmosphère ; quand le courant d'air froid passe à son tour sur les briques chauffées, il leur reprend la chaleur absorbée, et finit par arriver au foyer à une température élevée. Si les chambres sont assez développées, le courant gazeux provenant de la combustion arrive presque froid à l'atmosphère et l'air d'alimentation reprend toute la chaleur que l'autre abandonne; d'où une grande économie de combustible et, en même temps, la possibilité d'obtenir des températures plus élevées.

Ces températures élevées s'obtiennent surtout avec les combustibles gazeux, produits par des *gazogènes*. Nous avons exposé le fonctionnement des gazogènes en décrivant les fours à gaz destinés à la cuisson des briques ; le gazogène n'est pas, comme la cornue à gaz, un appareil qui distille le combustible en vase clos ; c'est un foyer dans lequel le combustible est soumis à une combustion incomplète. Il s'échappe donc du foyer un courant gazeux combustible à haute température et, si on le mélange à un autre courant d'air chaud, on parvient à obtenir des températures très élevées.

Les figures 4 à 6, planche 30, représentent, d'après Grüner, un four à gaz du système Siemens. Le four à réverbère A, au lieu d'être muni à un bout d'un foyer ordinaire et à l'autre bout d'un rampant dirigé vers la cheminée, est symétrique et communique, à chaque extrémité, avec deux compartiments remplis de briques réfractaires empilées à claire-voie. Le gaz combustible arrive, par le canal mm, dans la chambre B ; l'air de combustion, par le conduit nn, dans la chambre B'; les deux courants se rencontrent normalement en t, se pénètrent, se mélangent et engendrent la flamme qui chauffe le laboratoire A. Au delà, les gaz brûlés se partagent entre les deux chambres C et C', descendent lentement à travers les briques et leur abandonnent leur chaleur propre avant de gagner la cheminée T par les carneaux pp et qq. Quand les briques des compartiments C et C' deviennent incandescentes vers le haut, on renverse les courants en faisant tourner de 90° les valves V et V'.

Les fours Siemens peuvent fonctionner à l'air comprimé, et il faut alors enfermer tout le système dans une enveloppe étanche en tôle de fer.

Ces fours à gaz, qui ne fonctionnent qu'avec une alimentation d'air chaud, sont précieux pour le métallurgiste.

Ils permettent, en effet, de produire très facilement dans les laboratoires des températures élevées et *d'obtenir à volonté une atmosphère oxydante ou une atmosphère réductive;* il suffit pour cela d'agir sur une vanne et de forcer ou de diminuer la proportion d'air qui, dans une atmosphère neutre, est strictement égale à ce qu'il faut pour brûler le gaz combustible.

CLASSIFICATION DES MÉTAUX FERREUX : FER, ACIER, FONTE

D'après l'ancienne classification, basée sur la teneur en carbone, on appelait :

Fer doux, le métal renfermant............	0 à 0,15	p. 100 de carbone.
Fer aciéreux, fer très aciéreux, renfermant...	0,15 à 1	—
Acier, renfermant................	1 à 1.5	—
Fonte, renfermant...............	1,5 à 5	—

Avec les nouveaux métaux fondus, tels que le métal Bessemer, le métal Siemens-Martin, auxquels on conserve à tort le nom d'acier, bien que souvent ils soient du fer fondu plus ou moins doux, la classification ancienne n'est plus suffisante; elle entraîne des confusions et désoriente complètement le constructeur et le consommateur. Malheureusement, on n'a pas encore trouvé de classification nouvelle qui permette de savoir, d'après le nom d'un produit, quelles sont ses qualités.

Grüner donnait, en 1877, la classification générale formée comme il suit :

« On peut appeler fonte le produit fondu brut de la réduction des minerais de fer. C'est un fer impur qui n'est pas malléable, au moins à chaud, mais peut se tremper par refroidissement brusque.

« On donne le nom de fer doux au métal plus ou moins épuré, extrait de la fonte ou directement des minerais de fer, malléable à chaud et à froid, mais non susceptible de prendre la trempe.

« Et le praticien appellera acier tout produit intermédiaire, pouvant subir la trempe, mais restant malléable à chaud et à froid, s'il n'est pas trempé; et ce métal sera l'acier, quelle que soit d'ailleurs la méthode suivie pour l'obtenir, extraction directe du minerai, affinage partiel de la fonte, ou recarburation du fer doux. D'après cela, par ses propriétés comme par sa fabrication, l'acier est compris entre la fonte et le fer doux. On ne peut même pas dire où commence, où finit l'acier. C'est une série continue qui part de la fonte noire la plus impure et aboutit au fer doux le plus mou et le plus pur. »

Un comité international, institué lors de l'Exposition de Philadelphie, a motivé et formulé dans les termes ci-après une nouvelle nomenclature des produits ferreux :

« Considérant que la fabrication des fers doux malléables fondus, tant par les procédés Bessemer et Siemens-Martin que par la fusion au creuset, semble réclamer une nouvelle nomenclature des produits ferreux, afin d'éviter tout malentendu ;

« Considérant, en effet, que le mot acier, par lequel ces fers doux sont désignés en Angleterre et aux Etats-Unis, dans les relations commerciales et dans les forges, ne les distingue pas des anciens aciers proprement dits, qui jouissent de la propriété spéciale de durcir par la trempe;

« Considérant qu'une nomenclature commune à toutes les langues semble désirable, aussi bien au point de vue commercial qu'au point de vue scientifique, puisque déjà des procès sont engagés sur le vrai sens du mot acier;

« Considérant enfin que le caractère définitif des fers fondus, doux ou durs, c'est-à-dire leur parfaite homogénéité due à la fusion, peut aussi bien être exprimé par un autre terme que par le vieux mot acier, nom qu'il convient de laisser aux composés malléables du fer qui durcissent par la trempe;

« Recommande l'adoption de la nomenclature suivante :

« I. — Tout composé ferreux malléable, comprenant les éléments ordinaires de ce métal, et obtenu soit par la réunion de masses pâteuses, soit par paquetage ou par tout autre procédé n'impliquant pas la fusion, et qui d'ailleurs ne durcit pas sensiblement par la trempe, bref, tout ce que l'on a désigné jusqu'à ce jour par le nom de fer doux, sera appelé à l'avenir *fer soudé*.

« II. — Tout composé analogue qui, par une cause quelconque, durcit sous l'action de la trempe et fait partie de ce qu'on appelle aujourd'hui acier naturel, acier de forge, ou plus particulièrement acier puddlé, sera appelé *acier soudé*.

« III. — Tout composé ferreux malléable, comprenant les éléments ordinaires de ce métal, qui aura été obtenu et coulé à l'état fondu, mais qui ne durcit pas sensiblement sous l'action de la trempe, sera appelé *fer fondu*.

« Enfin IV. — Tout composé pareil qui, pour une cause quelconque, durcit sous l'action de la trempe, sera appelé *acier fondu*. »

Ce serait un heureux résultat, dit M. l'ingénieur Lebasteur, dans son *Étude sur les métaux*, si les propositions du comité de Philadelphie pouvaient passer dans la pratique, mais toute difficulté ne serait pas aplanie; il resterait toujours à déterminer les valeurs relatives du métal fondu et du métal soudé au point de vue de l'emploi dans les constructions.

Le temps n'est plus où un praticien exercé pouvait, à la nuance et à l'aspect de la cassure, reconnaître la valeur et le rang d'un produit.

De nombreux éléments d'épreuve sont aujourd'hui nécessaires :

1° La composition chimique est un facteur considérable, mais non pas absolu, car le travail mécanique modifie les qualités d'un métal donné; du reste, la composition chimique est essentiellement variable, au moins en ce qui touche la teneur en métalloïdes autres que le carbone, et cette teneur exerce une action importante sur les qualités du produit;

2° La résistance à la traction n'est pas non plus caractéristique. On a proposé d'adopter comme limite de séparation entre le fer et l'acier le métal pour lequel la charge de rupture à la traction est de 45 kilogrammes par millimètre carré; tout métal dépassant cette limite serait de l'acier; tout métal ne l'atteignant pas serait du fer. Or il y a des fers phosphoreux, ductiles à froid, capables d'une ténacité bien supérieure à 45 kilogrammes, qui présentent cependant une grande fragilité sous les chocs. On aurait donc tort de les classer parmi les aciers, car ils seraient dangereux dans les constructions.

3° Les épreuves de la résistance à la traction sont indispensables, mais doivent être accompagnées d'épreuves directes sur la manière dont le métal supporte le travail mécanique. Les épreuves à froid consistent à plier les barreaux d'essai sous un angle plus ou moins aigu et à les redresser; l'opération est répétée un certain nombre de fois et le métal doit rester intact; il faut des fers de premier ordre pour résister à ces épreuves. Les épreuves à chaud sont analogues; elles méritent, dit M. Lebasteur, d'être conservées pour les fers de forge, car il faut s'assurer qu'ils supporteront bien les façonnages à chaud. Ainsi les fers sulfureux se travaillent mal à chaud; ils sont rouverins et doivent être rejetés; cependant les épreuves à la traction ne dénotent pas ce défaut;

4° Les épreuves de la résistance au choc donnent aussi des indications précieuses; elles sont loin de concorder toujours avec les épreuves à la traction et à l'allongement.

En résumé, ce n'est pas seulement la résistance à la rupture qui permet de classer entre eux les fers et les aciers, c'est encore leur élasticité, c'est-à-dire leur allongement à la rupture.

Pour les fers et tôles en usage dans les travaux publics, les épreuves à la traction et à l'allongement seront, en général, suffisantes pour l'appréciation des qualités du métal; nous reviendrons plus loin sur ces épreuves.

RÉSISTANCE DES MÉTAUX FERREUX; ÉPREUVES SERVANT A LA MESURER; INFLUENCE EXERCÉE SUR CETTE RÉSISTANCE PAR LA COMPOSITION CHIMIQUE DU MÉTAL ET PAR LES ACTIONS PHYSIQUES.

Désignation des diverses espèces de fers suivant leurs qualités physiques. — Avant d'aborder l'étude de la résistance du fer et des modifications qu'elle subit, nous croyons utile de rappeler quelques dénominations anciennes qui se rencontrent fréquemment dans la pratique; plusieurs d'entre elles ont beaucoup perdu de leur importance. Voici donc les principales espèces de fer :

1° Le *fer doux* est le plus pur, il est très ductile, très malléable, mais aussi très oxydable; il est mou et plie facilement à toutes les températures. A la forge, il se brûle assez facilement. Il est précieux dans les appareils télégraphiques, parce qu'il a la propriété de perdre instantanément les propriétés magnétiques lorsqu'on éloigne de lui l'aimant ou le courant qui les lui avait communiquées. Le fer pur est naturellement grenu, et d'autant meilleur que son grain est plus fin et plus serré; par le corroyage, l'écrouissage et le martelage, il devient *nerveux*, c'est-à-dire qu'il prend une texture fibreuse; le *fer à grains* est plus dur, le *fer à nerfs* est plus résistant.

2° Le *fer fort dur*, ou *fer aciéreux*, qui rend le plus de services, est le bon fer du commerce; il est très dur, moins élastique que le fer doux; il sert à fabriquer toutes les pièces qui réclament une grande résistance.

3° Le *fer fort mou* est moins résistant et moins dur que le précédent, mais il est plus ductile et on l'obtient facilement : il se travaille à chaud comme à froid, et convient à la fabrication des pièces résistantes à forme courbe, comme les fers à cheval.

4° Le *fer demi-fort*, qui participe des propriétés du fer fort dur et du fer fort mou, plus dur que celui-ci et plus ductile que celui-là : on en fabrique le fil de fer. Il ne casse ni à chaud ni à froid.

5° Le *fer rouverin* ou cassant à chaud (on l'appelle encore fer métis) : il se soude difficilement, et par suite présente de grandes difficultés à la forge; le fer rouverin a une cassure terne et foncée; lorsqu'il est nerveux, ses fibres sont grosses et non adhérentes. C'est à la présence de quelques millièmes de soufre ou d'arsenic qu'il faut attribuer les propriétés du fer rouverin.

6° Le *fer aigre* ou cassant à froid (le précédent se courbait bien à froid); celui-ci se travaille bien à chaud, et on l'emploie à la fabrication des clous. Il est lamelleux et présente à la cassure une série de grains aplatis et brillants. C'est à la présence du phosphore qu'il faut attribuer ces propriétés.

7° En faisant chauffer un bon fer à grains, et le soumettant au martelage ou au corroyage, on lui enlève une partie de son carbone, il se transforme en fer à nerfs; si on réchauffe ce fer et qu'on recommence plusieurs fois le martelage, la nervosité augmente, mais on risque d'obtenir un fer brûlé, c'est-à-dire renfermant peu de carbone avec de l'oxyde de fer. Le fer brûlé est cassant à froid; il présente une structure cristalline et lamelleuse.

8° Il y a des fers rouverins qui sont cassants à froid comme à chaud; ce sont ceux qui proviennent de minerais renfermant à la fois du soufre et du phosphore.

9° On appelle *fer cendreux* celui qui présente à la surface de petites taches grises, qui apparaissent surtout lorsqu'on cherche à le polir. Ce n'est là qu'un accident qu'il faut attribuer à un martelage ou à un corroyage insuffisant; on n'a pas expulsé de la masse tout le fer oxydé et toutes les scories.

10° Le *fer pailleux* présente des pailles ou filaments, produits par la même cause que les cendrures; ces pailles font casser le fer, lorsqu'on cherche à le plier.

Épreuves à la traction; barreaux d'épreuve. — Les épreuves à imposer au métal ont une importance capitale et exigent un soin tout particulier, lorsqu'il s'agit de la construction des machines, des armes de guerre ou des navires. On trouvera sur ce sujet tous les détails nécessaires et des observations fort intéressantes dans l'ouvrage de M. l'ingénieur Lebasteur : *Les Métaux à l'Exposition de* 1878; cet ouvrage nous a fourni de précieux renseignements.

Dans les travaux publics, le fer est surtout utilisé pour la construction des ponts métalliques; il travaille à des efforts modérés et n'est guère exposé à des chocs violents. Pour ce motif et par raison d'économie, on ne saurait exiger du constructeur des fers de premier ordre; ils doivent cependant posséder des qualités de résistance et d'élasticité satisfaisantes, qualités que l'ingénieur a le devoir de contrôler par des épreuves;

ces épreuves exigent de l'exactitude, du soin et une certaine habileté, mais peuvent être effectuées avec des appareils simples, tandis que les essais d'étude exigent parfois une étude mathématique.

La première opération consiste à prendre les barreaux d'épreuve dans les pièces de métal destinées à la construction projetée; ces barreaux sont découpés à la machine ou forgés.

Influence du corroyage et du martelage sur la résistance. — Le martelage et le corroyage d'un fer ou d'un acier, après une série de chaudes successives, augmentent jusqu'à une certaine limite la résistance à la rupture.

Ainsi, un fer puddlé, ayant une résistance de $30^k,8$ par millimètre carré, a atteint une résistance de 43 kilogrammes après six corroyages; la résistance a diminué avec les corroyages suivants et est revenue à sa valeur initiale après douze opérations.

La résistance d'un acier puddlé a passé de 68 à 85 kilogrammes après quatre corroyages; puis la résistance a diminué et s'est fixée à 64 kilogrammes à partir de la septième opération.

Le martelage à froid augmente aussi la résistance de la rupture, mais diminue l'allongement.

Il ne faut donc laisser ni marteler à chaud ou à froid, ni forger les barreaux d'épreuve; ils doivent être simplement découpés dans les pièces à essayer.

Influence des dimensions et de la forme des barreaux d'épreuve; allongement.

1° La longueur des barreaux paraît sans influence sur la charge à la rupture, mais elle en a beaucoup sur l'*allongement proportionnel*.

L'allongement d'une barre se mesure en notant les distances successives qui séparent deux coups de pointeau, à mesure que l'on augmente la traction jusqu'à produire la rupture; le rapport de l'allongement total à la distance primitive des deux pointeaux mesure l'allongement du métal par mètre courant de longueur de barre.

On sait que, si la charge reste au-dessous d'une certaine limite, appelée *limite d'élasticité*, souvent voisine du tiers de la charge de rupture, le barreau revient à peu près sans déformation à sa longueur initiale après l'enlèvement de la charge. Il n'en est plus de même quand la limite d'élasticité est passée; il y a alors un *allongement permanent* et une modification intérieure du métal.

La charge allant en augmentant, on voit le barreau s'allonger sans cesse; en même temps il s'amincit sur une certaine partie de sa longueur, probablement à un endroit où préexiste une légère cause de diminution de résistance, il se produit une *striction* et la rupture arrive précisément à la section la plus réduite. La charge de rupture se calcule en la rapportant à la section primitive de la barre et non à la section de striction.

La section de striction est généralement unique; cependant on cite des cas de striction multiple.

L'influence qu'exerce sur l'allongement total l'allongement spécial qui se produit dans la région de striction est d'autant plus grande que le barreau est plus court; aussi l'allongement proportionnel diminue-t-il avec la longueur du barreau.

Si l'on veut avoir des résultats comparables, il faut donc opérer sur des longueurs fixes; beaucoup de constructeurs admettent une distance de 0^{m}10 entre les deux repères primitifs.

2° La charge de rupture par millimètre carré est d'autant plus considérable que la *section du barreau est plus faible*.

Les résultats ne peuvent donc être comparables que si l'on opère sur des barreaux d'épreuve de section uniforme et déterminée.

3° Il ne paraît pas y avoir de différence pour la résistance à la rupture entre les barreaux ronds et les barreaux carrés de section équivalente.

4° La forme du barreau a une grande influence aussi sur les résultats. « Il est important, dit M. Lebasteur, que les parties prismatiques soient reliées par des congés aux extrémités, renflées en vue de l'application des efforts de traction, de manière qu'il n'y ait pas de variations brusques de diamètre. »

Influence du temps d'épreuve sur la charge de rupture. — Lorsque les charges sont appliquées par gradations successives et lentes, la charge de rupture est sensiblement plus grande que si l'on fait agir une charge instantanée.

La différence peut atteindre près de 20 p. 100. De même, des charges réitérées, inférieures à celle de la limite d'élasticité, passent pour reculer cette limite; mais ce fait n'est pas vérifié.

Influence de la température sur la résistance du fer et de l'acier. — *Influence du froid.* — Les métaux ferreux, comme le cuivre, ne perdent pas de leur *résistance statique* sous l'influence d'une température froide, du moins dans les limites que présentent nos climats. Mais il n'est pas douteux que leur résistance dynamique, c'est-à-dire la *résistance aux chocs*, est sensiblement atténuée. Aussi constate-t-on pendant les grands froids de nombreuses ruptures de pièces exposées à des chocs; cet effet est surtout sensible sur les métaux phosphorés.

Influence de la chaleur. — On a procédé à des essais à la traction sur le fer fibreux, le fer à grain fin et l'acier Bessemer, à des températures variant de 0 degré à 1,000 degrés.

On a observé sur les trois métaux à peu près la même allure.

Jusqu'à 100 degrés, la diminution de résistance est insensible; jusqu'à 200 degrés, elle ne dépasse pas 5 p. 100; à 300 degrés, la diminution est de 10 p. 100; à 500 degrés, 60 p. 100; à 700 degrés, 80 p. 100, de sorte qu'à cette température la résistance du fer n'est plus que le cinquième de sa résistance primitive. A 900 degrés, elle n'est plus que le dixième, et à 1,000 degrés elle peut tomber au-dessous du vingtième.

Ces expériences montrent bien le danger qu'il y a à *surchauffer forte-*

ment les tôles des chaudières; tant que l'on reste dans les pressions pratiques, la température de l'eau ne dépasse pas 200 degrés; il n'y a donc alors rien à craindre, pourvu que la tôle soit toujours mouillée directement par l'eau et se maintienne à la même température qu'elle.

Influence de la composition chimique sur la résistance du fer et de l'acier. — Nous savons déjà que c'est la proportion de carbone qui permet de classer le métal dans l'une des catégories suivantes :

Fer doux, si la proportion de carbone est de.	0,00 à 0,15	p. 100
Fer aciéreux....................	0,15 à 0,50	—
Acier.......................	0,50 à 1,05	—
Fonte	1,05 à 5,00	—

Les expériences, dont nous donnons ci-après les résultats, ont porté sur les fers fondus plus ou moins aciéreux et sur les aciers fondus.

1° *Influence du carbone.* — Le métal fondu atteint par la trempe une résistance à la rupture d'autant plus grande que la proportion de carbone est plus forte.

Ainsi des barreaux, trempés à l'huile, ayant pour teneur en carbone

 0,15   0,49   0,709   0,875 pour cent

ont supporté, à la limite d'élasticité, des charges par millimètre carré égales à :

 32   44   68   90 kilogrammes

et les charges de rupture ont été :

 46   70   107   106 kilogrammes,

les allongements proportionnels au moment de la rupture étant de :

 28   12   4   1 pour cent.

Plus la teneur en carbone est élevée, plus le métal est fragile sous les chocs.

2° *Influence du manganèse.* — Toutes choses égales d'ailleurs, la résistance eu égard à la proportion de manganèse varie exactement dans le même sens que pour le carbone.

La teneur en manganèse ayant varié de...........	0,521 à 2,008	pour cent.
La résistance, à la limite d'élasticité, a varié de.....	26 à 47	kilogrammes.
Et la charge de rupture	51 à 88	—
pour des barreaux à l'état naturel, non trempés.		

Pour estimer la valeur d'un acier, on peut donc cumuler la proportion de carbone et celle de manganèse. Rappelons, en passant, que le *chrome* et le *tungstène* communiquent à l'acier des propriétés excellentes, comme le fait le manganèse.

3° *Influence du phosphore.* — Comme les deux métalloïdes précédents, le phosphore augmente la résistance à la rupture et rend le métal susceptible d'être trempé, mais il augmente aussi dans une proportion considérable la fragilité sous les chocs. Ce qui explique, dit M. Lebasteur, « la facilité avec laquelle les fers phosphorés cassent brusquement toutes les fois qu'une paille, une fissure, une circonstance quelconque viennent à réduire la résistante effective en un certain point.

4° *Influence du soufre.* — Le soufre rend le fer rouverin et la soudure du fer avec lui-même plus difficile.

5° *Influence du silicium.* — On admet que le silicium augmente la ténacité, mais ne permet pas la trempe, et qu'il rend le métal très sensible aux chocs.

Moulage direct des pièces en acier fondu. — Généralement les lingots d'acier fondu sont laminés ou forgés pour être mis en œuvre.

Il serait évidemment beaucoup plus économique de couler immédiatement l'acier fondu dans des moules, comme on fait pour la fonte, et d'obtenir par cette seule opération les pièces que l'on veut créer.

« Mais, dit M. Lebasteur, deux conditions inhérentes au moulage influent sur la résistance du métal constitutif des objets moulés en acier :

« 1° Les objets moulés en acier sont remplis de soufflures qui diminuent la section résistante effective des objets moulés ;

« 2° Le retrait produit dans ces objets un état moléculaire instable qui diminue la résistance intrinsèque du métal constitutif. »

Les métallurgistes sont arrivés, par divers procédés, à atténuer, sinon à supprimer complètement, ces inconvénients ; les aciers en fusion ont été soumis sous la presse hydraulique à des pressions considérables qui ont expulsé la plus grande partie des gaz et diminué les soufflures ; le retrait a été combattu par des recuits et des trempes successifs.

De la trempe. — La trempe consiste à refroidir brusquement, par immersion dans un liquide à la température ordinaire, un corps qui se trouve à une température élevée. Cette modification brusque détermine souvent un changement moléculaire et par suite un changement des propriétés physiques. On sait, par exemple, que par la trempe du soufre on obtient un corps mou et pâteux au lieu du soufre cristallisé qui résulte d'un refroidissement lent, que par la trempe du verre on obtient les larmes bataviques qui se réduisent en poussière impalpable sous le moindre choc.

La trempe ne produit rien sur le fer, mais l'acier porté au rouge et plongé dans l'eau froide devient extraordinairement cassant en même temps qu'il acquiert plus de ténacité. Si l'on *recuit* l'acier trempé, il redevient flexible dans une mesure d'autant plus forte que la température du recuit est plus élevée.

La température du recuit s'appréciait autrefois d'après la coloration que prenait la surface du métal, coloration due à la production d'une pellicule d'oxyde. A 200 degrés, on obtient la coloration jaune clair (couteaux); à 255 degrés, brune; à 295 degrés, bleuâtre; à 300 degrés, indigo (ressorts de montre).

Le liquide, dans lequel on effectue la trempe, est habituellement l'eau; les petites pièces sont plongées dans un bain; pour les grosses, on projette à la surface une colonne d'eau venant d'une pompe ou d'un réservoir. On fait souvent usage d'un bain d'huile, qui se vaporise moins facilement, et qui donne une trempe plus douce et plus souple.

La trempe la plus dure est obtenue dans un bain de mercure.

Ce phénomène de la trempe offre un si grand intérêt que nous n'hésitons pas à reproduire les lignes suivantes de Grüner, dans lesquelles la théorie en est bien nettement exposée.

« La trempe résulte, comme la cristallisation, d'un abaissement de température. Si le refroidissement est lent, il y a cristallisation; s'il est brusque, il provoque la trempe. Bien des corps peuvent être trempés, mais ce sont les composés carburés du fer qui présentent surtout cette particularité. Le carbone est dissous par le fer chaud. Lorsque ces dissolutions métalliques se refroidissent lentement, le fer tend à prendre la structure cristalline, tandis que le carbone s'isole en partie sous forme de graphite. A chaque température correspond un maximum de solubilité, et cette solubilité croît et décroît, avec la température, à l'état solide comme à l'état fondu. Toutes les fois donc qu'un fer carburé (acier ou fonte) se refroidit lentement, il se produit un mélange intime de fer et de feuillets de graphite; c'est le cas de l'acier non trempé et surtout de la fonte grise ou noire. Or ce mélange implique une diminution de ténacité, par suite du défaut de continuité des molécules métalliques. Par contre, lorsque les fers carburés sont refroidis brusquement, l'isolement du carbone est rendu impossible, faute de temps. Le carbone demeure dissous dans le fer à la température ordinaire; il y a sursaturation. C'est de l'acier trempé lorsque la proportion de carbone est au-dessous de 0,015, de la fonte blanche lorsqu'elle dépasse ce chiffre. La trempe augmente d'ailleurs non seulement la dureté, mais aussi, entre certaines limites, la ténacité: elle diminue en outre la densité, d'après M. Caron. L'acier faiblement trempé est plus tenace que le même acier lentement refroidi; cependant, au delà d'une limite donnée, l'excès de dureté a pour conséquence une certaine aigreur. Le métal résiste aux efforts graduels, mais non aux chocs et aux vibrations brusques.

« La trempe produit le même effet sur les silicates, et en particulier sur les verres. Tout refroidissement brusque augmente la dureté; il suffit de citer les larmes bataviques comme exemples extrêmes de dureté et d'aigreur, et les expériences de M. de la Bastie sur les verres trempés. Leur ténacité est singulièrement accrue, comme on sait, lorsque la trempe se fait à des températures modérées.

« D'autres substances, parmi celles qui cristallisent facilement, éprouvent sous l'action de la trempe des effets opposés. Le refroidissement brusque, en empêchant la cristallisation, s'oppose au durcissement des corps. Ainsi le soufre fondu cristallise et durcit sous l'influence d'un refroidissement lent; il reste moins dense et mou lorsqu'on le verse fondu dans l'eau froide.

« De grosses pièces de fer forgé cristallisent à l'intérieur et deviennent aigres par le fait d'un refroidissement prolongé; elles demeurent flexibles et molles quand on empêche la cristallisation par un prompt abaissement de température. C'est le motif pour lequel on jette les plaques de blindage, au rouge incandescent, dans un vaste bassin rempli d'eau froide. Ce refroidissement subit tend cependant à durcir la surface des plaques, lorsque le fer est un peu carburé. Dans ce cas on détruit, par un faible recuit, l'effet de la trempe. Mais ce recuit ne doit être que superficiel et à température peu élevée, afin de ne pas provoquer, par cette chaude même, la cristallisation du fer.

« Certains bronzes, les tams-tams chinois, deviennent également durs par refroidissement lent, tandis qu'ils sont tendres et malléables après la trempe. C'est, il me semble, un phénomène analogue à celui que présente le soufre. Cependant il convient de remarquer à ce sujet que le refroidissement rapide s'oppose à la liquation spontanée des alliages peu stables, et modifie ainsi les propriétés mécaniques de ces composés. On sait en particulier que les bronzes riches en étain, ainsi que les mélanges de plomb et de cuivre, se dédoublent lorsqu'on ne les fige pas rapidement. Il se produit ici un effet peu différent de celui que manifestent les fers carburés, sous l'influence des variations de température, qui modifient la solubilité du carbone. »

Effets de la trempe sur le fer doux. — Le fer doux est insensible à la trempe soit à l'eau, soit à l'huile.

La trempe dans l'eau acidulée augmente la résistance du fer à la rupture et tend à transformer le fer à grains en fer nerveux.

Effets de la trempe sur l'acier puddlé. — Le fer aciéreux, comme l'acier puddlé, voit sa résistance à la rupture augmenter par la trempe, mais son élasticité diminue. La charge de rupture d'un acier puddlé a été de 42 kilogrammes pour les barreaux à l'état naturel, et 48 kilogrammes pour les barreaux trempés.

Effets de la trempe sur l'acier fondu. — L'acier fondu se trempe en plongeant dans un bain d'huile les pièces portées au rouge cerise.

Des expériences effectuées au Creusot ont donné les résultats ci-après:

	BARREAUX		
	NATURELS	TREMPÉS A L'HUILE	RECUITS APRÈS LA TREMPE
Charge de rupture par millimètre carré.	55	70	65 kil.
Allongement pour 100 de longueur...	18	13	16
Charge à la limite d'élasticité......	26	38	33 kil.

La trempe augmente donc la résistance à la rupture, et agit plus énergiquement sur les petites pièces que sur les grosses ; elle diminue l'allongement à la rupture et éloigne la limite d'élasticité. De plus, elle augmente la densité.

La trempe est toujours suivie d'un *recuit* qui en atténue les effets et rend au métal une partie de sa ductilité première. Le recuit est toujours poussé à une température inférieure à celle du métal lors de la trempe. Le refroidissement après le recuit doit être lent.

Effets exercés sur la résistance du fer et de l'acier par le cisaillage et le poinçonnage. — Quand on coupe le fer au moyen d'une cisaille ou qu'on y perce un trou avec un poinçon qui enlève une rondelle de métal, la pression transmise par l'outil coupant désagrège le métal du voisinage, et la pièce restante est affaiblie. C'est un fait connu de tous les constructeurs, et l'on doit notamment substituer le forage au poinçonnage.

Machines à essayer les métaux. — Les machines à essayer les métaux sont nombreuses ; on en trouvera la description dans l'ouvrage de M. Lebasteur que nous avons cité précédemment : *les Métaux à l'Exposition universelle de* 1878.

Les machines pour essais à la traction et à la compression sont analogues aux machines à essayer les pierres, que nous avons décrites dans le chapitre I de ce volume, auquel le lecteur voudra bien se reporter. Les appareils les plus simples sont les appareils à poids et à levier : pour rompre un barreau d'essai de 0^m01 de côté, il faut exercer un effort de 4,000 kilogrammes avec le fer forgé, de 6,500 à 7,000 kilogrammes avec l'acier fondu ; un système de leviers, permettant d'amplifier les efforts dans le rapport de 1 à 20, suffira pour les essais, et permettra de les aborder sans s'exposer à perdre beaucoup de temps.

Ces appareils à poids présentent toujours un certain danger à la manœuvre ; il y a à craindre de voir les poids projetés au moment de la rupture. Le plateau qui les porte doit donc être toujours très rapproché du sol ou d'un bloc destiné à le recevoir, de manière qu'il n'ait à tomber que de quelques millimètres. De même, les leviers doivent être guidés et strictement limités dans leur course par des taquets ou des supports à piston hydraulique.

Pour l'essai des gros barreaux et pour les essais d'étude on se sert, en général, des presses hydrauliques, et les efforts sont mesurés à l'aide de manomètres. Certains appareils à poids et à leviers multiplicateurs permettent cependant de mesurer des efforts considérables.

L'allongement se mesure au cathétomètre. Dans les essais courants, on se contente de marquer sur le barreau deux traits fins espacés de 0^m10, et on relève les écartements successifs de ces deux traits à mesure que l'on ajoute à la charge de nouveaux poids ; ce procédé permet une appréciation suffisante.

Dans les travaux publics, on n'a guère que des tôles à essayer à la traction; on découpe les barreaux d'essai comme le montre la figure 152; ces barreaux plats s'engagent dans les deux chapes de l'appareil de traction et on les fixe dans les chapes au moyen de deux broches. Si l'on avait à essayer des fers forgés, on pourrait en extraire des barreaux analogues ou faire des barreaux ronds taraudés aux extrémités.

Avec la forme du barreau que nous venons de décrire, on est certain de voir la striction se produire vers le milieu de la tige centrale, et les allongements se mesurent à l'aide de deux traits fins marqués à 0^m10 l'un de l'autre sur cette tige centrale.

Rappelons, en terminant, l'ingénieux appareil inventé par M. l'ingénieur en chef Dupuy, pour mesurer les variations de longueur des divers éléments d'une poutre composée, telle qu'une poutre en treillis; de ces variations on déduit la valeur des tensions ou des compressions subies par les éléments considérés, pourvu toutefois qu'on ait étudié la résistance et l'allongement du métal avant sa mise en œuvre.

Fig. 152.

RÉSULTATS D'EXPÉRIENCE SUR LA RÉSISTANCE DU FER, DE L'ACIER ET DE LA FONTE DANS LEURS DIVERS MODES D'EMPLOI.

1° Fer forgé. — Les fers et aciers se classent d'après leur résistance à la rupture par traction et leur facilité d'allongement.

Dans les tableaux ci-après, la charge de rupture, exprimée en kilogrammes, est toujours rapportée *au millimètre carré*, et l'allongement est exprimé en centièmes, c'est-à-dire qu'une barre de 1 mètre de longueur, d'un fer s'allongeant de 20 p. 100, atteint 1^m20 avant de se rompre.

Résistance et allongement proportionnel des fers forgés.

	CHARGE DE RUPTURE en kilogr. par millimètre carré.	ALLONGEMENT proportionnel p. 100.
Fers du Yorkshire, n° 1	47	23
— n° 7	41	42
Fers du Straffordshire, n° 1	37	39
— n° 4	33	15
Fers au bois, de Hongrie, à nerfs	37	21
— à grain fin	41	28
Série des fers du Creusot, n° 1, pour rails	41	10
— n° 2, fer marchand	37.8	15
— n° 3, fer maréchal	38	18
— n° 4, boulons et rivets	38.5	21

LES MÉTAUX

Résistance et allongement proportionnel des fers forgés (suite).

	CHARGE DE RUPTURE en kilogr. par millimètre carré.	ALLONGEMENT proportionnel p. 100.
Série des fers du Creusot, n° 5, chaudronnerie commune.	38,6	25
— n° 6, pièces mécaniques	38,7	29
— n° 7, pièces exceptionnelles .	39,2	34
Fers de Châtillon et Commentry, n° 1, essieux	36	25
— n° 5.	41,5	13
Fers de Terre-Noire, La Voulte et Bessèges, fer ordinaire. .	29	17
— — fer fort. . . .	33	20
— — fer supérieur. .	34	25
— — fer fin.	37	26
Forges de Saint-Etienne, fers à grains, n° 1.	28	»
— — n° 7.	36	12
— fers à nerfs, n° 1.	26	2
— — n° 7.	36	18
Fers de Pont-Évêque (Isère), n° 1	10 à 20	»
— n° 7.	34	18
Classification de la C⁰ P.-L.-M., 1ʳᵉ qualité, fer fin au bois. . .	38	25
— 2ᵉ — fer fort supérieur.	37	23
— 3ᵉ — fer fort.	35	18
— 4ᵉ — fer ordinaire. . .	33	12

En résumé, le bon fer forgé courant se rompt sous une traction de 35 à 38 kilogrammes par millimètre carré.

Réglementairement, on ne doit pas, dans des constructions définitives, le faire travailler à plus de 6 kilogrammes par millimètre carré, ce qui correspond au coefficient de sécurité 1/6. La limite d'élasticité correspond, en général, à une charge de 10 kilogrammes par millimètre carré.

2° Tôles de fer, fers laminés. — Les tôles de fer sont généralement classées en six catégories.

	CHARGE DE RUPTURE en kilogr. par millimètre carré.	ALLONGEMENT proportionnel p. 100.
Tôles du Creusot, n° 2.	33,2	6
— n° 3.	33,7	10
— n° 4.	34,7	14
— n° 5.	34,8	18
— n° 6.	35,6	22
— n° 7.	36,7	26
Tôles de Denain et Anzin, n° 2, tôle à bac.	30	3
— n° 3, chaudières ordinaires. . .	30	5
— n° 4, tôles communes de la marine.	33	8
— n° 5, tôles ordinaires de la marine.	35	12
— n° 6, tôles supérieures de la marine.	36	18
— n° 7, tôles fines	37	20

Les tôles de la marine comprennent quatre qualités, n°s 1 à 4, pour lesquelles les charges de rupture, dans le sens qui donne la moindre résistance, doivent être en moyenne de

        28   31   32   35 kilogr.

avec des allongements moyens de :

        3,5   5   7   10 p. 100

et des allongements minima de :

        2,5   4   5,5   7,5 p. 100.

En général, la charge de rupture est plus faible, de 4 à 6 kilogrammes par millimètre carré, dans le sens perpendiculaire au laminage, c'est-à-dire en travers des tôles, que dans le sens même du laminage.

Les Compagnies de chemins de fer ont adopté à peu près la même classification que la marine. En dehors des essais à la rupture et à l'allongement, on exige des essais par travail à chaud. Avec la tôle n° 1 de la marine, on doit faire à chaud un cylindre ayant pour hauteur et pour diamètre intérieur 25 fois l'épaisseur du métal; avec les tôles 3 à 4 il faut faire une calotte sphérique à bord plat raccordé par un congé, la corde de la calotte étant égale à 30 fois l'épaisseur de la tôle, et la flèche à 5, 10 ou 15 fois cette épaisseur, suivant qu'il s'agit des tôles 2, 3 ou 4.

Pour les cornières et fers à T ordinaires, la marine demande une charge de rupture de 34 kilogrammes et un allongement de 9 p. 100.

Ce sont les conditions qu'on devrait exiger pour les tôles de ponts métalliques.

Réglementairement, la *tôle ne doit jamais travailler à plus de 6 kilogrammes par millimètre carré.*

Cela correspond presque toujours *au coefficient de sécurité* $\frac{1}{5}$, et non au coefficient $\frac{1}{6}$, comme on l'admettait autrefois.

3° Aciers. — Sous cette rubrique il faut comprendre surtout les nouveaux aciers.

	CHARGE DE RUPTURE en kilogr. par millimètre carré.	ALLONGEMENT proportionnel p. 100.
Aciers coulés sous pression de sir J. Whitworth :		
1. Marque rouge, essieux, bielles, arbres, rivets, bandages	64	32
2. Marque bleue, arbres de machines, étampes, bouterolles, marteaux.	76	24
3. Marque brune, outils de rabot, tour, cisailles, mèches, laminoirs	92	17
4. Marque jaune, outils à forer, aléser, polir, planer. .	108	10

LES MÉTAUX

	CHARGE DE RUPTURE en kilogr. par millimètre carré.	ALLONGEMENT proportionnel p. 100.
Aciers fondus du Creusot : n° 1, non trempé	77	13
— n° 1, trempé	119	3,8
— n° 5, non trempé	64	21
— n° 5, trempé	91	12,6
— n° 10, non trempé	41	32
— n° 10, trempé	51	24,2

(Les charges correspondant à la limite d'élasticité pour ces six échantillons sont : 41, 78, 35, 62, 23, 33 kilogrammes).

Les forges de Denain et Anzin vendent quatre aciers fondus : acier extra-doux, doux, demi-doux, demi-dur, dont les charges, à la limite d'élasticité, sont :

    27   32   36   40 kilogr.

les charges de rupture :

    41   51   61   70 kilogr.

les allongements :

    32   26   22   18 p. 100.

Les *tôles et fers spéciaux en acier* pour construction ont une résistance à la rupture de 45 kilogrammes par millimètre carré, avec un allongement proportionnel de 25 p. 100 ; les tôles à chaudières sont plus douces et n'ont guère qu'une résistance de 40 kilogrammes.

Les fers spéciaux en métal fondu, cornières et fers à T, atteignent 46 à 48 kilogrammes de résistance à la rupture, avec un allongement de 16 à 18 p. 100.

En résumé, lorsqu'on emploie les tôles et fers spéciaux en acier fondu, par exemple dans des ponts métalliques, il ne faut pas les *faire travailler à plus de 8 à 10 kilogrammes par millimètre carré*. Ces métaux offrent le grand avantage que leur limite d'élasticité est relativement plus éloignée que celle du fer, condition favorable à la résistance.

Graphique des allongements et des tractions simultanés. — Si l'on porte sur un axe horizontal les allongements d'un barreau de fer ou d'acier, et sur les ordonnées verticales les tractions correspondantes, on obtient un graphi-

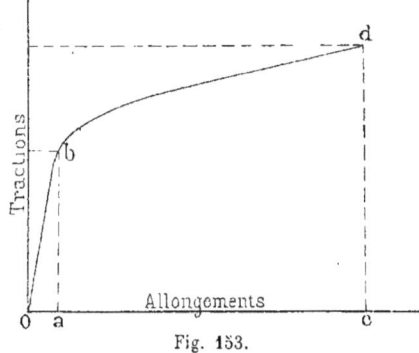

Fig. 153.

que de la forme ci-contre : tant que l'allongement n'a pas atteint la valeur *oa* correspondant à la limite d'élasticité, les tractions et les allongements sont proportionnels et la courbe se réduit à une ligne droite; quand l'allongement dépasse *oa*, la courbe prend une allure parabolique, elle se termine à la traction *cd* qui donne la rupture.

Le travail développé par les tensions moléculaires du métal pour l'allongement *oc* est mesuré par l'aire de la courbe *ocdb*.

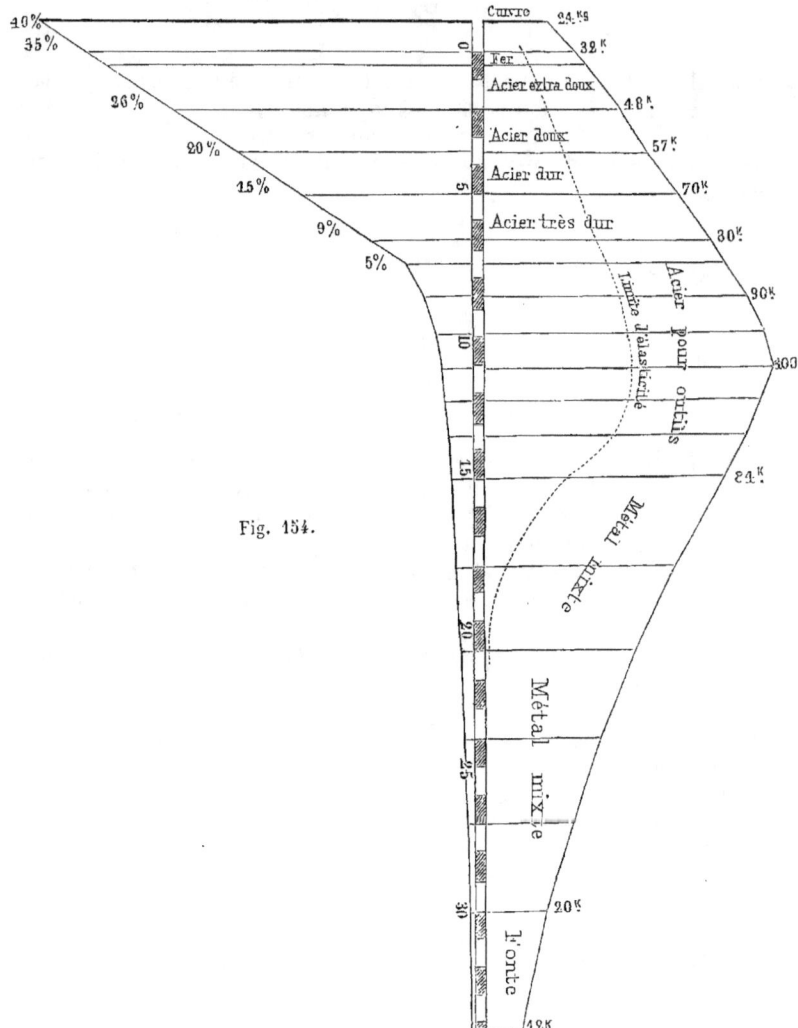

Fig. 154.

Graphique des allongements et des charges de rupture par rapport aux teneurs en carbone. — Le graphique, figure 154, comprend deux courbes, l'une à gauche de l'axe vertical mesurant les allongements, l'autre à droite de cet axe mesurant les charges de rupture. Ces deux courbes ont pour axe commun des abscisses la verticale sur laquelle sont portées les teneurs en carbone des produits considérés ; ces teneurs sont exprimées en millièmes de carbone, et chaque millième correspond à une longueur de 4 millimètres.

« On remarque sur ce diagramme, dit M. Marché, des aciers qui renferment de très fortes proportions de carbone, plus fortes que dans les classements commerciaux, et qui montrent bien que le maximum de résistance de l'acier correspond à 1 ou 1,25 p. 100 de carbone, et que, lorsque la teneur dépasse 1,25, cette résistance diminue. De même si, en face de chacune de ces indications, on porte les allongements produits au moment où la rupture de la pièce a lieu, on voit que les pièces qui offrent le moins de résistance sont celles qui présentent le plus d'allongement et qu'au contraire cet allongement va en diminuant à mesure que le fer est plus carburé et qu'on s'approche de l'acier le plus dur.

Si l'on arrive aux fontes renfermant 2 à 3 p. 100 de carbone, on voit qu'il n'y a plus d'allongement sensible et que les pièces se brisent sans modification dans la forme. »

On a indiqué sur le graphique les données relatives au cuivre avant celles du fer doux comme qualités physiques : il est remarquable par sa ductilité, mais est inférieur au fer pour la résistance.

Résistance à l'écrasement du fer et de l'acier. — On a longtemps considéré la résistance à l'écrasement comme égale à la résistance à la traction. Ce n'est pas absolument vrai, car l'expérience a montré :

1° Que l'élasticité et la charge de la limite d'élasticité étaient sensiblement les mêmes pour le fer et l'acier, à la traction et à la compression ;

2° Mais que les charges de rupture étaient plus élevées à la compression qu'à la traction.

Tableau de la résistance à l'écrasement du fer et de l'acier.

	CHARGE à la limite d'élasticité.	CHARGE de rupture kil. par m/m carré.
Fer à grains fins	6	100
Fer à nerfs	14	80
Acier Bessemer brut en lingots, n° 3.	15	165
— n° 7.	9	91
— forgé ou laminé, n° 3.	34	190
— — n° 7.	15	101
Acier Siemens Martin. . . . . n° 2.	37	211
— . . . . n° 7.	24	102

Dans les calculs, on admet que le fer ne doit pas travailler à plus de 6 kilogrammes par millimètre carré à la compression comme à la traction.

L'acier peut sans danger travailler à 10 kilogrammes, et dans certains cas jusqu'à 15.

Lorsque les métaux travaillent à la compression, il ne faut pas oublier qu'ils *sont exposés à flamber*, dès que la dimension parallèle à la pression est très supérieure à l'une des deux autres dimensions. Une feuille de tôle, par exemple, placée de champ et chargée, flambera sous une charge bien inférieure à la charge de rupture, à moins qu'elle ne soit encastrée et maintenue sur ses faces latérales par des montants verticaux suffisamment rapprochés.

4° Fontes. — La résistance de la fonte à la traction est bien inférieure à sa résistance à la compression, et l'on doit éviter de faire travailler ce métal à la traction.

Les *charges de rupture à la traction* des meilleures fontes anglaises varient de 11 à 20 kilogrammes par millimètre carré, et les allongements correspondants sont de 0,5 à 1 p. 100. La charge à la limite d'élasticité est de 4 à 8 kilogrammes.

La résistance des fontes est d'autant plus grande que la densité est plus forte. La *densité de la fonte* peut varier de 7 à 7,25; elle est d'ordinaire de 7,1 à 7,2.

Les fontes de moulage de la Compagnie de Terre-Noire sont réparties en cinq classes, dont les charges de rupture à la traction sont :

$6^k,5 \qquad 8^k,9 \qquad 10^k,2 \qquad 14^k,9 \qquad 17^k,5$

La *charge de rupture à la compression* est de :

85 kilogrammes par millimètre carré pour la fonte au bois,
76 kilogrammes par millimètre carré pour la fonte au coke.

Les *charges à la limite d'élasticité* sont à peu près la moitié des charges de rupture.

Le *raccourcissement* du barreau sous la charge de rupture est de 8 à 10 p. 100.

Le *module d'élasticité*, qui est égal à 22,000 pour le bon fer et l'acier fondu, est seulement de 11,000 pour la fonte.

Réglementairement, pour les travaux dépendant du ministère des travaux publics, la fonte ne doit pas travailler à plus de

1 kilogramme par millimètre carré à la traction.
5 — — à la compression.

Cette dernière limite est imposée par la crainte qu'inspire la fragilité de la fonte sous les chocs.

Résultats des expériences d'Hodgkinson sur la résistance des pièces en fonte :

1° Pour tous les longs piliers de mêmes dimensions (piliers dont la longueur est de 25 à 30 fois le diamètre), la résistance à la rupture par pression est environ trois fois plus grande quand les extrémités sont plates et solidement assises, que quand elles sont arrondies et capables de tourner.

2° Un long pilier uniforme ayant des extrémités solidement fixées, soit par des disques, soit autrement, a la même puissance pour résister à la rupture qu'un pilier de même diamètre et d'une longueur moitié qui aurait ses extrémités arrondies ou tournées en cône, de telle sorte que la force de compression passe par l'axe.

Ces résultats s'appliquent aussi aux colonnes longues en acier ou fer forgé et en bois.

3° En augmentant le diamètre d'un pilier, au milieu de sa longueur, on augmente sensiblement sa résistance à la rupture; cependant l'accroissement de la force ne paraît pas dépasser plus d'un septième ou d'un huitième du poids déterminant la rupture.

4° Dans les piliers semblables, c'est-à-dire qui ont toutes leurs dimensions proportionnelles, les résistances sont sensiblement proportionnelles aux carrés d'une des dimensions latérales, le diamètre, par exemple; les résistances de deux piliers semblables sont donc entre elles comme les aires de leurs sections transversales.

Euler avait déjà remarqué, en 1757, qu'un pilier ayant toutes ses dimensions doubles de celles d'un pilier voisin, ne possède qu'une résistance quadruple, bien qu'il renferme huit fois plus de matière.

5° Un pilier cylindrique résiste moins qu'un pilier ayant la forme d'un tronc de cône et renfermant la même quantité de matière que le premier.

6° Un pilier sur lequel la pression s'exerce suivant la diagonale, a trois fois moins de résistance que si la pression s'exerçait suivant l'axe. Il faut donc apporter le plus grand soin à la pose des piliers.

7° De tous les piliers en bois à section rectangulaire constante, et par suite renfermant la même quantité de matière, c'est le pilier à section carrée qui est le plus résistant.

8° Il semble résulter de l'expérience que la température de la fonte peut atteindre celle du plomb fondu (335 degrés), sans qu'elle perde de sa résistance.

9° Une pièce de fonte soumise à un effort transversal, si faible qu'il soit, conserve une flexion permanente, proportionnelle au carré des poids dont elle est chargée; il y a donc toujours perte d'élasticité.

10° La résistance d'une colonne creuse est égale à la différence des résistances de deux colonnes pleines ayant pour diamètre, l'une le diamètre extérieur, l'autre le diamètre intérieur.

11° La charge par millimètre carré de section transversale, est plus grande pour les colonnes creuses que pour les colonnes pleines. A égalité de matière, les colonnes creuses sont donc plus résistantes. Cette remarque s'applique à tous les solides métalliques évidés, qu'ils soient soumis à la compression ou à la flexion.

12° Les colonnes en fonte sont plus résistantes que les colonnes en fer, tant que la hauteur est inférieure à 28 fois le diamètre. Si la hauteur dépasse 28 fois le diamètre, la colonne en fer est plus résistante.

13° Une barre de fer est d'autant plus résistante que le rapport du périmètre à la section est plus considérable.

14° La résistance élémentaire de la fonte diminue à mesure que la section augmente. Cela explique encore l'excès de résistance que présentent les colonnes creuses. La cause de ce fait doit être attribuée au retrait de la fonte; la surface est solidifiée quand la partie centrale est encore liquide ou pâteuse; celle-ci, forcée de remplir le vide, ne peut se contracter librement; elle reste plus poreuse, moins condensée, et par suite moins résistante que le métal de la surface.

Nécessité qu'il y a de ménager aux pièces en métal un libre jeu de dilatation. — Les variations de volume, qui résultent des variations de température, donnent lieu à des efforts souvent considérables, qu'il ne faut point perdre de vue. Toutes les fois que cela est possible, on doit disposer la construction de manière à laisser toute liberté au jeu de la dilatation : ainsi les abouts des poutres ou des grilles qui sont encadrées entre deux pilastres en maçonnerie, doivent être prolongés par un espace libre où ils peuvent se dilater sans disloquer leurs supports.

Sur un tirant en fer ou en fonte d'une assez grande longueur, l'effort de la dilatation peut être supérieur à la limite de sécurité; il faut donc se réserver les moyens d'allonger ou de raccourcir cette pièce à volonté, ou bien il faut que les surfaces qu'elle réunit soient légèrement mobiles.

MACHINES A TRAVAILLER LE FER

Le fer se travaille soit à chaud, soit à froid; dans le premier cas on le forge ou on le lamine, c'est-à-dire qu'on le pétrit en quelque sorte pour arriver à la forme voulue; dans le second cas, on attaque le métal au moyen de machines-outils qui le taillent, le coupent ou le percent, comme font, par exemple, les machines à travailler le bois.

1° TRAVAIL DU FER A CHAUD

Fer forgé. — Le fer se travaille facilement à chaud, par suite de la propriété qu'il a de se souder avec lui-même à la température rouge. On peut donc recourber, replier sur elle-même une barre de fer portée au rouge, puis, par le choc d'un marteau, souder les deux morceaux ensemble; comme le fer est ductile, il s'allonge sous le choc; de sorte qu'en combinant la soudure et l'étirage, on peut donner à un morceau de fer telle forme qu'on voudra, c'est une manière de pâte qui se pétrit à volonté.

Ce pétrissage et ce corroyage du fer constituent ce qu'on appelle le *forgeage*.

Pour les petites pièces courantes, dont le poids ne dépasse pas quelques kilogrammes, ou bien encore lorsqu'on est éloigné d'un grand centre et que l'on n'a à satisfaire qu'à une faible consommation, il est plus économique et plus simple de forger le fer à bras d'hommes avec les outils du forgeron.

Mais s'il s'agit de pièces pesantes, ou si l'on doit servir une consommation considérable, il faut recourir aux machines-outils, dont nous avons déjà signalé les avantages immenses, non seulement au point de vue économique, mais encore au point de vue du bien-être de l'ouvrier.

Décrivons donc d'abord le travail ordinaire du forgeron qui manœuvre ses outils à la main.

Travail et outils du forgeron. — Le travail du fer à chaud et par percussion constitue l'art du forgeron.

Le forgeage à la main s'exécute avec les petites forges dites *forges maréchales;* le forgeage au martinet et au marteau-pilon s'exécute dans les grosses forges.

Voici le matériel nécessaire pour une forge maréchale.

1. La *forge*, qui peut être fixe ou mobile. On y distingue quatre parties : la *paillasse* ou massif en briques qui supporte le fourneau ; le *contre-cœur* ou paroi verticale qui limite le foyer et dans laquelle débouche la tuyère; au-dessus du foyer est la *hotte*, qui donne passage aux produits de la combustion. A côté ou derrière le contre-cœur est le soufflet, que le forgeron manœuvre de la main gauche au moyen d'une chaîne agissant sur un levier, tandis que de l'autre main il jette de la houille dans le foyer, ou manipule la pièce à forger, qu'il tient avec une pince.

C'est là la forge ordinaire que l'on rencontre dans toutes les campagnes, dans tous les petits ateliers; pour le travail des petites pièces sur les chantiers, pour le réchauffage des rivets, on a recours à de petites forges rondes ou carrées, dépourvues de hotte, portant un soufflet à l'intérieur de leur caisse en tôle, qui supporte le fourneau et la tuyère. Dans quelques-unes, on a substitué au soufflet un ventilateur.

2. Les *pinces et tenailles*, qui servent à saisir et à transporter les pièces.

3. Les *enclumes*, qui sont de diverses formes, en fer ou en fonte, et qui reposent sur des billots de bois bien solides, qu'on appelle *chabottes*.

L'*enclume ordinaire* est une masse de fer ou de fonte, présentant au milieu une partie plane horizontale, la table, sur laquelle on forge et on pétrit le fer; elle se termine à un bout par une pyramide, à l'autre par un cône, et c'est sur les bouts que l'on modèle les objets. La table porte plusieurs trous destinés à recevoir la queue des outils appelés tranchets, étampes, qui servent à couper et à modeler le fer. On voit en A une petite enclume ordinaire sur laquelle est implanté un tranchet.

La *bigorne* B est une enclume plus allongée, et dont la queue est encastrée dans la chabotte, tandis que l'enclume ordinaire est simplement posée sur celle-ci.

Le *tas* est une petite enclume portative, à surface dure et fortement aciérée, qui sert à finir les objets délicats.

Les enclumes sont en fer ou en fonte; en fonte, elles coûtent moins cher, mais elles cassent assez souvent et il faut être à portée de les réparer; en fer, elles coûtent plus cher, mais durent plus longtemps; la surface de percussion doit être aciérée.

4. Les *marteaux*, qui servent à forger et à modeler le fer pendant qu'il est sur l'enclume. C'est une masse de fer assemblée au bout d'un manche; le manche doit être en bois fibreux et dur, et de section ovale, comme nous l'avons déjà dit en parlant des outils du charpentier.

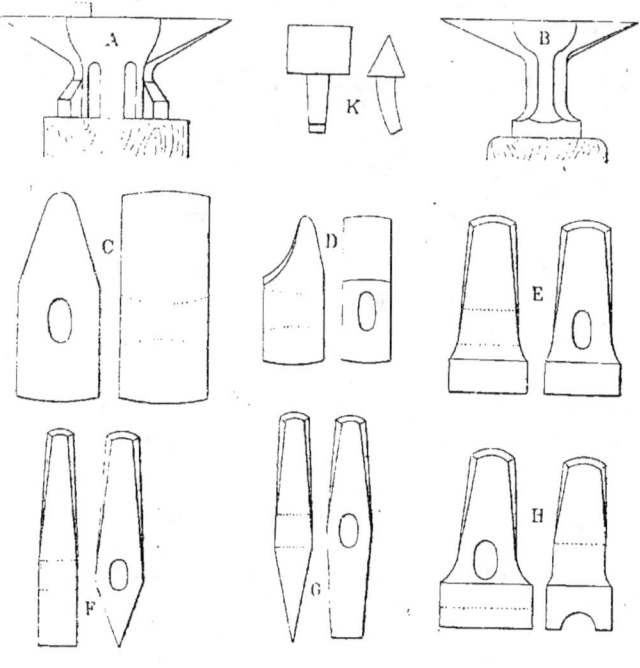

Fig. 155.

Le marteau agit en somme comme un levier; supposez-le manié à bout de bras, le point fixe sera l'articulation de l'épaule, l'effort sera exercé par la main et transmis par le fer; l'effort transmis sera donc d'autant plus considérable que le manche du marteau sera plus long, et que la masse de fer sera plus lourde. Mais la force musculaire du forgeron indique une limite qu'on ne pourrait dépasser.

Il y a plusieurs espèces de marteaux :

Les *marteaux à devant* C sont les plus lourds, et sont munis d'un long manche. Les ouvriers frappeurs les manœuvrent à tour de bras; ils servent à dégrossir les pièces de fer.

Les *marteaux à main* D servent au maître forgeron qui dirige le travail; la panne, c'est-à-dire la face qui donne le choc, est plane ou arrondie, suivant qu'il s'agit de forger un fer plat ou un fer rond.

Les *chasses* E servent à finir, à aviver les arêtes, à trancher, etc., il y en a de plusieurs formes : chasse à parer, chasse carrée, chasse à biseau, suivant la forme de la panne. Il y en a dont la panne est terminée en lame ou en pointe; ce sont des *tranches* F ou des *poinçons* G qui servent à couper ou à percer la pièce : on s'en sert en les plaçant à l'endroit voulu, un ouvrier les tient par le manche et les dirige, pendant qu'un autre avec un marteau les frappe sur la tête afin de les enfoncer dans le métal. Le poinçon peut être à section carrée, ronde, ovale.

L'*étampe* H est une autre espèce de chasse, qui sert à faire apparaître sur la pièce à forger des nervures ou des saillies quelconques : la panne est, par exemple, creusée d'une rainure à section carrée, on la place sur le fer chaud, et en frappant avec un marteau sur la tête de l'étampe, on force le fer à pénétrer dans la rainure.

L'étampe, comme le *tranchet* K ou le *casse-fer*, lorsqu'ils sont de petites dimensions, ne portent point de manche; ils se prolongent par une queue en fer, que l'on place dans les trous de l'enclume.

Ayant à forger un morceau de fer, on le place dans le charbon incandescent, on donne le vent, et quand le fer est à la température ou à la *chaude* voulue, on le saisit avec les tenailles ou les pinces, on le porte sur l'enclume, où les frappeurs le martèlent avec les marteaux à devant, tandis que le maître forgeron se sert du marteau à main. Si le fer se refroidit avant que l'opération soit achevée, on le reporte à la forge et on le soumet à une seconde chaude, puis à un second martelage, et ainsi de suite; on lui donne la forme voulue en ayant recours aux divers outils que nous avons décrits.

Suivant la température à laquelle on porte le fer dans le fourneau, et suivant la couleur que prend ce fer incandescent, on distingue plusieurs genres de chaudes :

1° La *chaude suante* ou au blanc soudant (1,500 degrés) : le fer à cette température se soude à lui-même et se corroye facilement.

2° La *chaude rouge blanc* (1,300 degrés); le fer se laisse étirer et façonner.

3° La *chaude rouge cerise* (950 degrés); le fer peut alors être paré, on corrige les défauts de la pièce.

4° La *chaude rouge brun* (700 degrés) est la limite inférieure à laquelle on puisse convenablement forger le fer; elle convient pour le recuit que l'on fait subir aux pièces façonnées, afin de leur enlever leur aigreur.

Le déchet sur le fer forgé est assez notable, et peut même être considérable lorsqu'on a affaire à des ouvriers peu habiles.

Forgeage mécanique; marteau-pilon. — Il n'y a pas bien des années qu'on a commencé à forger des pièces de fer dont le poids atteint plusieurs milliers de kilogrammes. Il ne fallait pas songer à les couler en fonte, si on ne voulait les voir se briser sous les chocs; l'emploi du fer forgé et corroyé était donc nécessaire.

C'était jadis une grosse affaire que de forger un essieu de grande voiture; on commençait par forger une âme dont on augmentait peu à peu la section par des chaudes et des additions de fer successives; mais on n'obtenait pas toujours une adhérence parfaite entre les diverses mises, et l'homogénéité de la pièce était loin d'être assurée.

Aujourd'hui les pièces sont manœuvrées par des treuils et des chariots roulants qui les portent en un moment d'un endroit à l'autre avec la plus grande facilité : le forgeage s'exécute sous des marteaux pesants que manœuvre la vapeur; la pression de cette vapeur vient souvent s'ajouter à la masse du marteau pour augmenter l'effet de percussion.

La machine-outil, qui fait à elle seule le forgeage mécanique, c'est le *marteau-pilon*.

Il est seul nécessaire; quelquefois cependant on lui ajoute les marteaux à soulèvement et les martinets à bascule : le *marteau à soulèvement* est en fonte avec un manche mobile autour d'une charnière; le manche se prolonge en avant du marteau par une saillie que soulèvent à chaque instant les cames d'un arbre mu par la vapeur ou par une roue hydraulique. Le *martinet à bascule* est un levier du premier genre : à un bout le marteau, au milieu le point fixe à charnière; à l'autre bout un arbre à cames qui abaissent le bout du manche et par suite soulèvent le marteau.

Le principe du marteau-pilon est facile à saisir : c'est le même que nous avons indiqué pour la sonnette Nasmyth, avec laquelle on bat les pieux à la vapeur.

Un lourd marteau est suspendu à une tige verticale, qui se termine par le piston horizontal d'un cylindre à vapeur. En manœuvrant convenablement le tiroir du cylindre au moyen d'un levier à main, on fait communiquer le dessous du piston soit avec la chaudière, soit avec l'atmosphère; on soulève donc le marteau, on le laisse tomber, on l'arrête où l'on veut, et on le laisse descendre de la hauteur que l'on veut, ce qui permet de proportionner l'effort de percussion aux dimensions de la pièce et au degré d'avancement du forgeage.

On comprend sans peine qu'avec le marteau-pilon on ne peut réchauffer les pièces dans des forges ordinaires; on se sert pour cela de fours à réverbère capables de donner une température élevée et persistante.

La figure 156 représente un marteau-pilon construit par M. Bouhey le marteau A, mobile entre deux glissières verticales, est comme la tête d'un piston horizontal qui se meut dans le cylindre vertical B. A la base du cylindre sont deux soupapes ou tiroirs D, équilibrés et solidaires, que manœuvre le levier C; à la partie supérieure est la soupape à air E avec un reniflard au sommet. Quand on abaisse le levier C, la vapeur est admise sous le piston et le marteau se lève; l'air au-dessus du piston s'en va par la soupape E jusqu'au moment où le piston la dépasse; l'air qui reste est alors confiné et forme un matelas élastique qui amortit la force vive de la masse en mouvement projetée vers le haut. A ce moment, on relève le levier, la soupape d'échappement s'ouvre, piston et marteau retombent; le reniflard laisse entrer l'air extérieur au-dessus du piston et ne laisse pas établir le vide. Un appareil de ce genre peut battre 80 coups à la minute; un marteau de 300 kilogrammes, avec course de $1^m 10$, pèse avec son bâti 5,800 kilogrammes et coûte 5,500 francs.

Il existe des marteaux-pilons pesant jusqu'à 100 tonnes, véritables monuments destinés, par exemple, au forgeage des organes des grosses machines marines.

Certains de ces appareils sont à double effet, c'est-à-dire que la pression de la vapeur agit sur le piston pendant la descente et s'ajoute à l'effet produit par la chute du marteau.

Le marteau-pilon, dans sa simplicité, est l'appareil qui a fait faire les plus grands progrès à l'art du travail des métaux.

On en est venu aujourd'hui à l'appliquer sous les plus petites dimensions, et l'on fait des marteaux-pilons dont le poids descend à 8 kilogrammes; ces marteaux sont fixés par un ressort métallique à une bielle engagée sur un bouton d'excentrique, dont l'axe horizontal est actionné par une courroie montée sur l'arbre de couche de l'atelier. Un levier permet d'embrayer ou de débrayer à volonté, et l'on arrive avec le marteau de 8 kilogrammes à battre jusqu'à 400 coups à la mi-

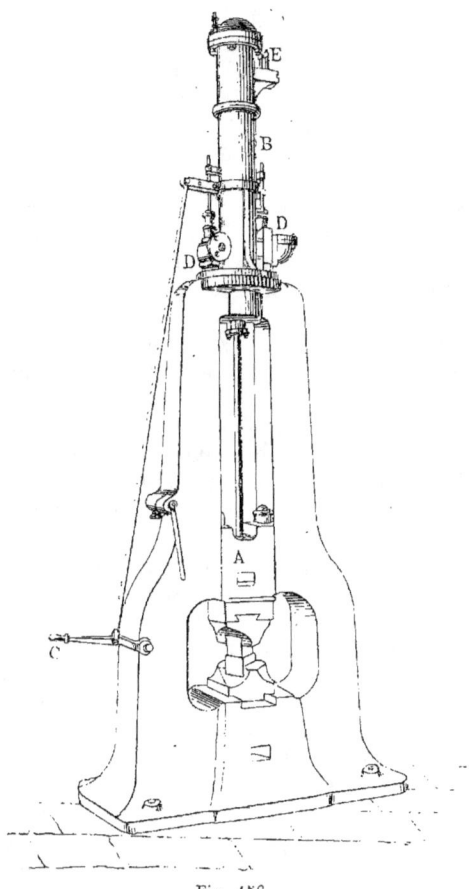

Fig. 156.

nute; la vitesse du marteau de 125 kilogrammes est limitée à 160 coups. Ces appareils sont précieux pour les chaudronniers en cuivre, les couteliers, taillandiers, armuriers, constructeurs de voitures, etc...; ils sont indispensables aujourd'hui dans le plus petit atelier.

Fer laminé; laminoirs. — Le laminage est l'opération qui consiste à étirer un métal et à lui donner une section voulue en le comprimant entre deux cylindres tournants plus ou moins écartés et convenablement profilés. L'ensemble des cylindres de ce genre constitue un *train de laminoir*.

Lorsque les loupes ou balles de fer sortent du four à puddler, on commence par les porter sous un marteau à soulèvement ou sous un marteau-pilon pour les cingler et pour en exprimer ce qu'elles renferment de scories et d'oxyde.

Le morceau de fer, légèrement étiré après cette opération, est porté aux laminoirs d'ébauchage.

Un train de laminoir se compose de deux cylindres placés verticalement l'un au-dessus de l'autre; ces cylindres portent des cannelures à section carrée ou ronde, suivant la forme de fer que l'on veut obtenir; ils tournent en sens contraire afin d'attirer sans cesse la barre de métal qui se trouve engagée entre eux; ils sont montés sur des bâtis en fonte excessivement solides; ils sont invariablement maintenus dans leur position; toutefois, des vis de pression permettent de les rapprocher ou de les éloigner. Le mouvement est communiqué à ces cylindres par deux pignons montés sur leurs axes; c'est le pignon inférieur qui reçoit l'action du moteur et qui la communique au pignon supérieur avec lequel il engrène; l'effort se partage entre ces deux pignons, et comme ils se communiquent le mouvement l'un à l'autre, ils tournent en sens contraire.

En avant du laminoir est une table sur laquelle le lamineur pose la barre de fer; il la présente aux cylindres; elle se trouve comprimée et réduite, et s'écoule sur une autre table en treillis qu'elle rencontre derrière les cylindres; sans cette précaution, elle s'enroulerait sur le cylindre inférieur.

On n'arrive pas du premier coup à la dimension voulue; il faut réchauffer la barre et la présenter à un train de dimensions plus petites qui la réduit encore, et ainsi de suite. On distingue les trains de laminoirs en *dégrossisseurs* et *finisseurs*.

Pour obtenir du fer corroyé, on le débite en lames que l'on coupe ensuite par morceaux, et que l'on réunit par paquets; on les réchauffe au four à réverbère jusqu'au blanc soudant, et on les passe à nouveau dans les laminoirs.

Les barres encore chaudes, qui sortent du laminoir, sont étendues sur une table en fonte, où on les dresse à coups de maillets en bois.

Les rails, les fers à T, les fers à double T, les fers en U, etc., sont fabriqués avec des laminoirs dont les cannelures ont des sections spéciales.

Fabrication de la tôle. — La tôle s'obtient avec un train de deux équipages de laminoir, un pour dégrossir et l'autre pour finir.

Les cylindres sont évidemment sans cannelure; ils sont en fonte moulée en coquille, c'est-à-dire dans un moule de fonte; le moulage en coquille a pour effet de tremper la surface et d'en augmenter la dureté. Les cylindres moulés sont ensuite exactement tournés, afin que l'on puisse obtenir une tôle d'épaisseur uniforme; ils ont de 0^m40 à 0^m50 de diamètre, et font de 25 à 40 tours à la minute.

Le déchet dans la fabrication de la tôle est assez considérable et varie de 15 à 30 p. 100.

Lorsque le laminage se poursuit sur une tôle qui n'est pas assez chaude, ce qui arrive pour les tôles minces qui se refroidissent vite en passant entre les cylindres, la tôle s'écrouit et devient cassante. Il faut alors la recuire.

Les tôles sont dressées avec des maillets en bois sur des surfaces bien planes.

Nous aurons lieu de revenir sur les diverses natures de tôle et sur le travail qu'on lui fait subir.

Les tôles minces, destinées à la fabrication du fer-blanc, demandent à être fabriquées avec du fer de première qualité, sans quoi elles se déchireraient pendant le laminage.

Fabrication du fil de fer. — Le fil de fer qui, comme la tôle, s'obtient par étirage et compression, se fabrique à froid dans les tréfileries au moyen de la *filière*. La filière est un cadre en acier très dur percé de trous coniques de diamètre décroissant ; les petites barres de fer laminé sont engagées par la grande base du plus large trou conique ; on saisit le bout de l'autre côté, et, en exerçant une traction, on force la lame de fer à se comprimer et à s'amincir de manière à donner un gros fil. En passant successivement dans les divers trous de la filière, ce fil s'amincit de plus en plus, et finit par arriver au diamètre voulu. On obtient l'effort de traction en roulant le fil sur des cylindres que fait tourner le moteur de l'usine. On emploie pour cette fabrication de bon fer provenant de fonte au bois ; il faut que ce fer soit résistant et doux pour ne point se déchirer à la filière. Il s'écrouit cependant après plusieurs étirages, et il est nécessaire de le recuire au rouge brun ; pour faciliter le passage dans les trous de la filière, on a soin d'enduire ceux-ci d'une matière grasse.

2° TRAVAIL DU FER A FROID

Les pièces de fer et d'acier sont fabriquées et préparées à chaud ; mais c'est presque toujours par un travail à froid qu'on les assemble et qu'on leur donne leur forme définitive.

Les opérations à exécuter sont des plus variées ; on peut les ranger en trois classes :

1° Celles qui consistent à couper le métal pour lui donner le profil voulu ;

2° Celles qui ont pour but de donner à la surface tel ou tel aspect, et qui consistent à buriner, à limer, à tourner, à raboter, à dresser ou planer, à émoudre, à roder, à polir ;

3° Celles qui consistent à creuser le métal, à exécuter ce qu'on appelle : perçage ou poinçonnage, forage, alésage, mortaisage, filetage et taraudage.

Nous en donnerons une explication succincte, en nous attachant surtout au travail de la tôle ; c'est celui qui nous intéresse le plus.

1° Machines à couper le métal; cisailles. — Nous avons vu que l'on coupait le fer à chaud avec des *tranches* ou tranchets, que l'on appliquait sur le métal et que l'on enfonçait à coups de marteau. On peut en faire autant à froid ; mais il est rare que l'on ait des outils assez tranchants et qu'on exerce un effort assez considérable pour ne point refouler un peu le métal au lieu de le couper bien franchement, et il perd de sa résistance.

Pour des feuilles minces comme le fer-blanc, on a quelquefois recours à de grands ciseaux bien solides et bien trempés que l'on manœuvre à la main comme des ciseaux ordinaires.

Mais, en général, cela ne suffit pas, et il faut se servir de grandes cisailles droites ou circulaires :

La cisaille droite se compose de deux lames : l'une fixe et inébranlable ; l'autre, qui est au-dessus, est mobile autour d'un axe, et elle prend un mouvement alternatif, comme une branche de ciseau ordinaire, mouvement que lui communique un excentrique auquel elle est réunie par un collier. Ce genre de cisaille est employé surtout pour couper les masses de fer qui sortent du four à puddler, et qu'il faut partager en plusieurs lopins.

La *cisaille circulaire* est formée par deux cylindres voisins, tournant en sens contraire, et portant à leur surface des couteaux annulaires ; elle convient pour les métaux laminés.

La figure 157 représente un modèle, construit par M. Bouhey, de cisaille pour tôle et fers spéciaux, destinés à la confection des chaudières ou des poutres : elle comprend un bâti en fonte très solide et reposant, comme toutes les machines-outils, sur une fondation inébranlable ; on voit sur la droite de la figure deux poulies A, l'une est la poulie motrice sur laquelle agit la courroie motrice, l'autre est une poulie folle qui reçoit la courroie quand l'outil ne fonctionne pas ; l'axe de la poulie porte d'abord un volant très lourd B destiné à régulariser le mouvement (presque toutes les machines-outils doivent être munies d'un volant pareil, parce qu'elles n'ont à vaincre que des résistances intermittentes), puis un pignon actionnant une roue dentée C, dont l'axe traverse le massif de fonte et se termine par un excentrique ; cet excentrique est entouré par le collier d'une bielle verticale D qui, à la partie inférieure, supporte la masse de fonte à laquelle est fixé le couteau mobile E. L'excentrique communique à la bielle verticale, et par suite au couteau, un mouvement de va-et-vient vertical ; le couteau inférieur est une lame sur laquelle on appuie la tôle à découper ; la lame mobile en descendant produit le cisaillement suivant les lignes marquées à l'avance par l'appareilleur. Un levier, qui se trouve sous la main de l'ouvrier chargé de diriger l'opération, permet de soutenir en l'air la masse qui porte le couteau, et de limiter la course de celui-ci à une hauteur suffisante pour qu'il n'entame pas la tôle avant qu'on l'ait exactement mise en place ; pendant ce temps, la bielle et la manivelle tournent à vide.

Les couteaux représentés sont destinés à cisailler des fers cornières ; le couteau inférieur présente un angle rentrant dans lequel s'applique la cornière, et le couteau supérieur a le profil inverse, il présente un angle saillant.

Pour cisailler les tôles planes, le couteau inférieur est une lame à biseau horizontal, et le couteau supérieur mobile est une lame également taillée en biseau, mais inclinée.

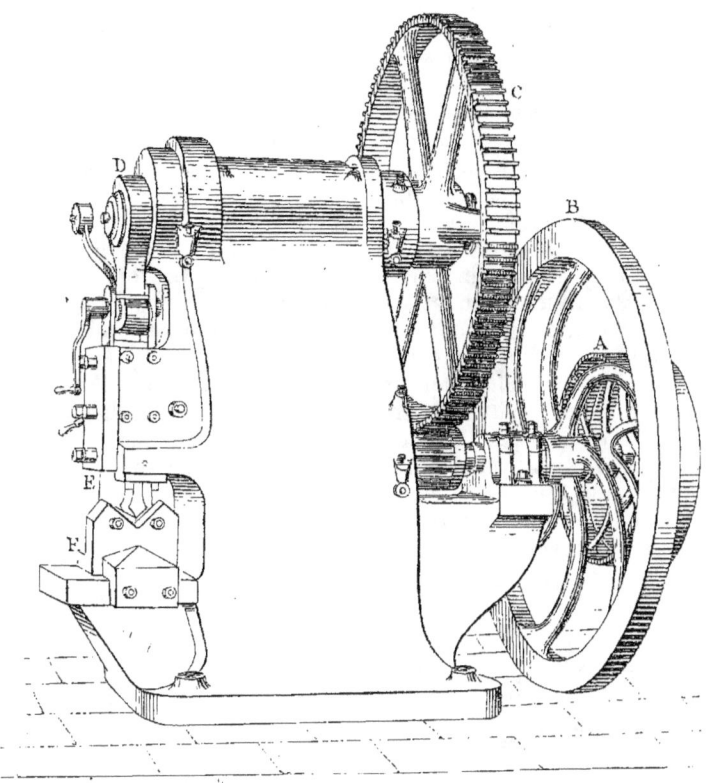

Fig. 157.

Un autre moyen de trancher les métaux est de se servir d'une scie à main pour les petites pièces ou d'une *scie circulaire* fortement trempée pour les pièces de grandes dimensions. Toutefois la fonte blanche et l'acier trempé ne se laissent pas attaquer par la scie.

2° Machines à modifier la surface du métal. — On modifie la surface du métal de diverses manières que nous allons examiner :

1° *Buriner* le fer, ou le *ciseler*, se dit de l'opération qui consiste à en attaquer la surface avec un ciseau ou burin bien trempé, que l'on incline à 45° et que l'on frappe sur la tête avec un marteau, pour que la lame pénètre dans le métal.

2° *Limer* le fer, c'est en attaquer la surface avec l'outil appelé lime, sorte de tige en acier trempé recouverte de stries faisant l'effet d'une râpe. Suivant leur forme, les limes prennent des noms divers : *carrées*, rondes, demi-rondes, plates. trois quarts, tiers-points, queues de rat. L'objet à limer est solidement fixé entre les mâchoires d'un étau monté sur un établi. On fait aujourd'hui des *étaux-limeurs* mécaniques.

3° *Tourner* le fer, c'est le travailler sur le tour, comme on fait de beaucoup de matières solides. Le principe du tour est de communiquer à la pièce dont il s'agit un mouvement rapide de rotation autour de la ligne qui doit être son axe définitif, et de présenter à la surface un couteau à lame étroite qui enlève l'excédent de matière et fait apparaître une petite surface cylindrique si l'on a soin de maintenir le couteau à une distance constante de l'axe.

Dans les anciens appareils, le tourneur communiquait le mouvement de rotation à l'objet avec une pédale, et présentait lui-même l'outil qu'il tenait à la main en l'appuyant contre son épaule. On comprend que de la sorte il fallait une grande habileté pour arriver à un travail régulier.

On n'obtenait du reste que des surfaces de révolution ; aujourd'hui on est parvenu à produire, par exemple, des surfaces elliptiques ; il suffit pour cela, tout en maintenant fixe le couteau, de monter l'objet sur un arbre de rotation monté lui-même sur un excentrique, lequel est calculé de manière que les distances de l'arbre de rotation à la lame du couteau, qui lui est parallèle, varient comme les rayons de l'ellipse.

Mais le plus souvent ce sont des surfaces de révolution qu'on veut obtenir. La figure 158 représente un tour mécanique, qu'une courroie met en mouvement : on voit à gauche du dessin une poulie à plusieurs

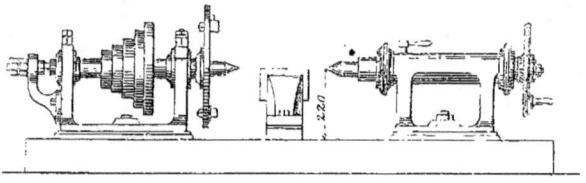

Fig. 158.

diamètres qui permet de varier à volonté la vitesse de rotation suivant la dureté de l'objet à travailler ; à droite est montée dans un bâti en fonte une tige à vis que l'on manœuvre par une manivelle, de manière à rapprocher plus ou moins la pointe de droite de celle de gauche qui termine l'arbre de la poulie ; l'objet est saisi et maintenu entre ces deux pointes ; le plateau de gauche l'arrête en outre par des taquets ou des mordaches. Entre ces pointes on aperçoit l'outil, qui, par des vis de pression, est fixé à la distance voulue ; il peut se mouvoir parallèlement et perpendiculairement à l'axe de rotation, et, grâce à ce système de coordonnées rectangulaires, il se transporte sur toute la longueur de la pièce et lui donne en chaque point le profil déterminé.

Au lieu du tour à pointes dont l'axe de rotation est horizontal, on se sert souvent d'un tour à axe vertical ; le mouvement de rotation est communiqué à une plaque horizontale munie de taquets, sur laquelle on fixe la pièce à travailler. La vitesse est de 0ᵐ15 à la seconde pour le fer, moindre pour la fonte.

4° *Raboter, planer* ou *dresser* le fer et la fonte se dit de l'opération qui consiste à enlever toutes les saillies ou aspérités d'une surface et à la rendre parfaitement plane. Autrefois, c'était à la lime et au burin que l'on dressait les surfaces; aujourd'hui, on a des machines d'une puissance et d'une précision extraordinaires qui en peu de temps rabotent une surface de plusieurs mètres carrés.

Imaginez une pièce de fonte posée sur un chariot susceptible de recevoir un mouvement de va-et-vient ; la pièce est fixée invariablement au chariot par un système de taquets ; le bâti qui supporte le chariot se prolonge par des piliers qui se recourbent et portent un outil, sorte de doigt qui se termine par un couteau solide ; ce couteau a le bord de sa lame dans le plan que l'on veut faire apparaître à la surface de la pièce; celle-ci, dans la première partie de son oscillation, se présente à la lame qui enlève un long ruban de métal ; dans la seconde partie de l'oscillation, le couteau n'attaque pas la surface, mais il s'avance transversalement d'une quantité un peu moindre que son épaisseur, et il se trouve en place pour enlever un nouveau ruban de métal lorsque le mouvement de la pièce se renverse. Tel est le principe

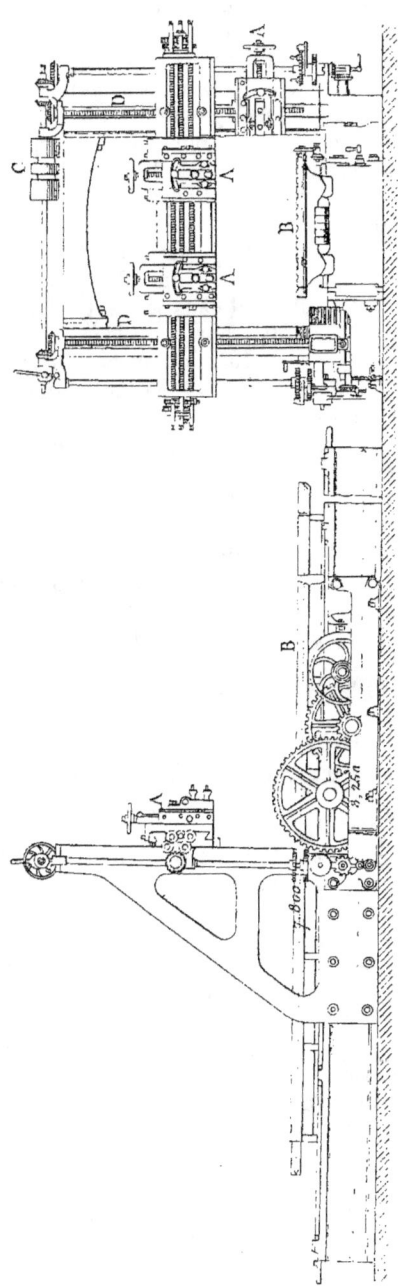

Fig. 159.

des machines à raboter, dont la figure 159 représente un modèle construit par la maison Calla.

Ce modèle est à trois porte-outils A, deux montés sur une traverse horizontale et le troisième sur une verticale ; B est la table mobile qui reçoit la pièce à raboter, le mouvement lui est donné par une crémaillère longitudinale placée sous sa face inférieure, et la crémaillère est actionnée par un système de roues dentées ; le mouvement de progression est très lent pendant la marche en avant quand le couteau travaille, mais, au retour, un engrenage intermédiaire se trouve automatiquement supprimé et la marche s'accélère. On voit en C les poulies motrices, dont l'arbre peut actionner quand on le veut la traverse horizontale porte-outils, que dirigent deux vis verticales D ; une de ces vis actionne aussi l'outil latéral. Les porte-outils eux-mêmes sont mobiles parallèlement à leur traverse, de sorte qu'on peut les amener en une position quelconque. A chaque course de la table, un déplacement est transmis automatiquement aux porte-outils.

On voit qu'en somme ces appareils d'apparence compliquée sont très simples.

La machine, dont nous donnons le croquis, peut raboter des pièces de 6 mètres de long et de 1^{m}70 de large, sur une hauteur de 1^{m}30 ; la portée de la descente automatique des outils est de 0^{m}25 ; l'avance transversale des outils s'effectue mécaniquement dans toutes leurs positions et le mouvement de la table est accéléré au retour, ainsi que nous l'avons dit précédemment, ce qui est un point important pour la rapidité du travail.

Dans les travaux publics, on a l'occasion de se servir de la machine à raboter pour dresser les surfaces de joint des voussoirs d'un viaduc en fonte, ou pour rendre bien plane la surface des plaques de friction qui servent à transmettre aux culées d'un pont la pression des poutres métalliques.

En ce qui concerne les tôles, on les dresse au marteau ; c'est même une opération capitale à laquelle on ne saurait apporter trop de soin, car les conditions de résistance d'une tôle gondolée se trouvent complètement modifiées, et l'adhérence que la rivure doit produire entre les diverses feuilles reste imparfaite. Il est facile, avec une règle bien droite, de reconnaître les aspérités que présente une plaque de tôle ; pour la dresser, on la place sur un tas ou surface en fonte, et les ouvriers frappent avec des marteaux aux endroits que le contre-maître leur indique. Pour les pièces un peu longues, on les fait glisser sur des rouleaux qui se trouvent de chaque côté du tas, à sa hauteur. Les cornières sont dressées sur un tas qui porte une rainure dans laquelle glissent les cornières ; au milieu du tas est un vide, c'est là qu'on vérifie les cornières et qu'on les redresse s'il en est besoin.

5° *Émoudre* la surface d'un métal, c'est l'user au moyen de la poussière d'un corps dur ; généralement on se sert de grès ; c'est sur des meules en grès que l'on aiguise les outils tranchants. Nous avons indiqué plus haut les moyens employés pour émoudre et tailler les pierres dures.

6° *Roder* deux surfaces, c'est user l'une contre l'autre par un mouvement de va-et-vient deux surfaces qui sont destinées à se pénétrer ou à s'accoler. On interpose entre les deux surfaces soit du sable mouillé, soit de l'émeri mélangé d'huile.

7° *Polir* un métal, c'est exécuter une opération analogue aux deux précédentes, mais plus parfaite. Les polissoirs sont des meules en bois, auxquelles on présente le métal, et qui sont recouvertes avec de la poudre d'émeri ou de pierre ponce, du colcotar, de la potée d'étain que l'on fixe avec une substance grasse.

8° *Machines à fraiser*. Les machines à fraiser, dont nous nous attacherons surtout à faire saisir le principe, ont réalisé, pour le travail des métaux, le même perfectionnement qu'a donné, pour le travail du bois, la substitution du couteau hélicoïdal au couteau à lame droite.

Le couteau droit pour raboter les métaux doit remplir des conditions particulières ; si le tranchant est aigu et se présente normalement à la surface du métal, il s'émousse vite et n'agit guère que par pression et par frottement sans enlever de copeaux ; pour enlever des copeaux, le tranchant doit attaquer le métal sous un angle aussi aigu que possible, mais alors on risquerait de voir une lame mince se briser sous l'effort de réaction d'un métal parfois très dur. On est arrivé à concilier les deux conditions : avoir un tranchant qui attaque le métal sous un angle aussi aigu que possible et cependant obtenir un outil résistant ; à cet effet, on a adopté la forme A de doigt ou de crochet recourbé que représente la figure 160.

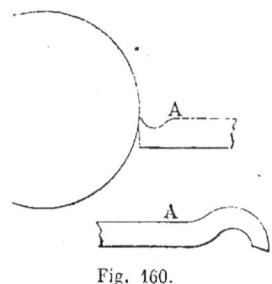

Fig. 160.

Les outils rotatifs n'attaquant le métal que sur une surface très réduite sont beaucoup plus avantageux. Ils portent le nom de *fraises*.

A l'origine, la fraise était un *outil en forme de cône renversé*, ayant quelque ressemblance avec le fruit de ce nom et cet outil servait surtout à évaser l'orifice des trous de vis, afin d'y loger les têtes des vis qui ne devaient point faire saillie sur la surface du métal ; on dit alors que les vis sont à *tête fraisée*. Aujourd'hui, la fraise a tendance à se substituer à la machine à raboter et à planer.

« Les machines à fraiser, dit M. Thareau, dans une récente étude publiée par le *Génie civil*, ont surtout attiré l'attention des praticiens par les avantages qu'elles présentent sur les machines à raboter, à mortaiser, et toutes autres à mouvements alternatifs. Celles-ci, par le jeu de retour de l'outil, occasionnent une perte de temps, qu'on ne rencontre pas dans les machines à fraiser à mouvement rotatif.

« La *fraise* est un petit cylindre en acier, durci par la trempe, dont la surface est taillée suivant les génératrices, de façon à présenter, suivant une coupe perpendiculaire à l'axe, l'apparence d'une petite scie circulaire. On lui donne souvent, au lieu de la forme cylindrique, des formes très diverses suivant les besoins. Cet outil, fixé sur un tour ou sur une machine à percer, enlève des copeaux de métal.

« Dans les machines à fraiser, la pièce à façonner est assujettie sur des chariots à glissières, qui peuvent se mouvoir dans des directions perpendiculaires ou circulairement, ou même obliquement par rapport à l'axe de la fraise.

« L'emploi de la fraise est très ancien ; il était limité d'abord au travail à la main, à l'aide du vilebrequin, comme pour les forets. La fraise avait alors, à peu près, la forme du fruit dont elle porte le nom. L'horlogerie l'employa ensuite, en la montant sur des tours, pour tailler les roues d'engrenage. Son emploi se répandit bientôt dans les grands ateliers de constructions mécaniques, où pendant longtemps elle fut consacrée à ce genre de travail.

« A l'origine, on rencontrait des difficultés dans l'exécution de l'outil lui-même et de sa taille. On taillait, en effet, les fraises au burin et à la lime, travail long et coûteux, dont le résultat n'était pas d'une régularité parfaite, ce qui donnait lieu à des défectuosités dans les pièces façonnées. La fabrication des machines à coudre et son merveilleux développement, puis celle des armes nouvelles, déterminèrent en Amérique des combinaisons très nombreuses des machines à fraiser ; leur emploi s'y généralisa.

« En France, cet emploi ne prit véritablement son essor que vers 1866. M. Kreutzberger, ingénieur des manufactures de l'État, rapporta d'Amérique des procédés précieux ; sa machine à affûter les fraises permit des applications de plus en plus nombreuses des machines à fraiser. La machine à tailler de Colman, construite par M. Launay, contribua encore à en généraliser l'emploi. On est même arrivé à leur donner une puissance considérable, qui leur permet de rivaliser avec les autres outils en usage, car on enlève facilement avec elles des copeaux de 10 à 11 centimètres de longueur, pesant 5 à 6 décigrammes. »

La figure 161 représente en perspective une machine à fraiser verticale, construite par MM. Bouhey, et munie d'un mécanisme spécial pour fraiser suivant un gabarit, disposition précieuse lorsqu'il s'agit d'obtenir une série d'épreuves d'une même pièce.

« La fraise est fixée à un arbre vertical A établi sur un chariot B qui peut être animé d'un mouvement de descente, ou de montée, suivant les différentes hauteurs de la surface à fraiser. Ce mouvement est exécuté soit à la main, soit automatiquement.

« A la main, c'est au moyen du volant a qui met en mouvement l'arbre vertical b par l'intermédiaire de deux pignons ; cet arbre transmet son mouvement à une vis c, qui fait descendre ou monter le chariot. Automatiquement, c'est au moyen des cônes e et f, qui donnent le mouvement à un arbre longitudinal placé dans le support g et portant une vis sans fin qui engrène avec une roue hélicoïdale montée sur l'arbre b.

« Le mouvement de rotation de la fraise est donné au moyen du cône h et des roues d'angle k. Si on veut faire varier la vitesse, on se sert d'un ensemble d'engrenages cylindriques intermédiaires.

« L'emmanchement de la fraise dans l'arbre doit être simple et en même temps très solide, de façon à ne permettre aucune oscillation de l'outil. Il se fait au moyen d'une partie conique surmontée d'une partie filetée qui vient se visser dans l'arbre.

« Les mouvements des chariots sont obtenus automatiquement au moyen de roues qui mettent en mouvement un arbre horizontal portant une vis sans fin qui actionne une roue hélicoïdale. Cette roue est montée

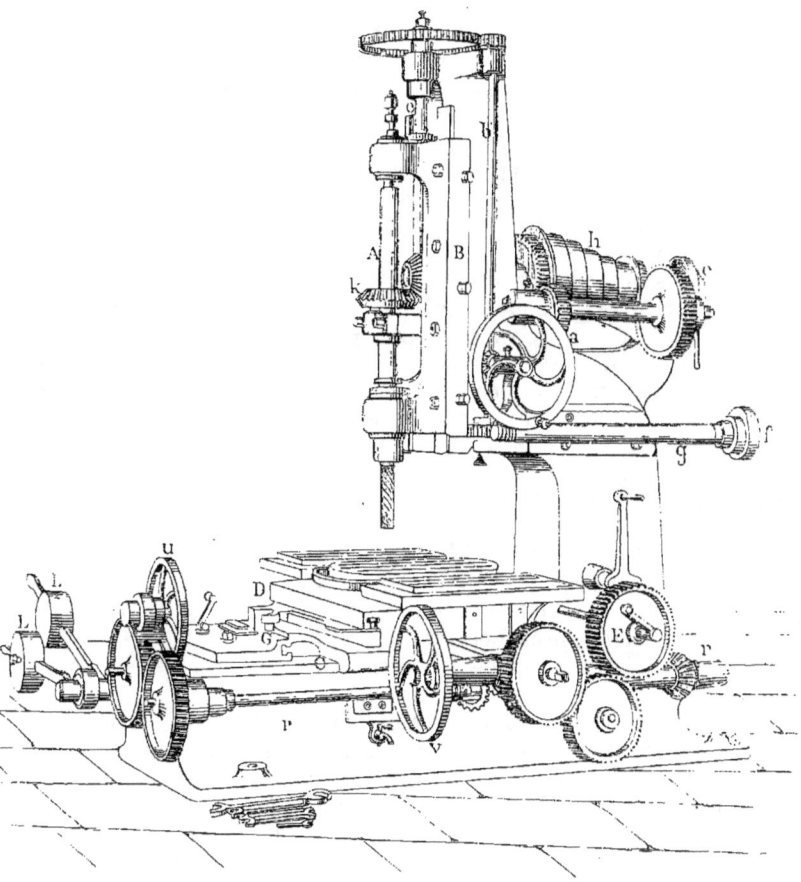

Fig. 161.

sur un arbre transversal portant un pignon placé entre deux autres pignons avec lesquels il peut engrener, suivant le sens à donner au mouvement. L'arbre r, qui porte ces pignons, donne, par l'intermédiaire de deux roues d'angle, le mouvement à deux vis perpendiculaires entre elles, qui font mouvoir, dans deux sens perpendiculaires, le chariot transversal D et le chariot longitudinal C. Ce mouvement des deux chariots peut s'obtenir à la main, au moyen des volants u et v. Ceux-ci sont placés de telle sorte que l'ouvrier peut les conduire en même temps, en surveillant de près le travail de la fraise.

« Deux disques diviseurs gradués permettent de régler le déplacement des deux chariots. Quant au mouvement circulaire du plateau, placé sur le chariot transversal D, il est obtenu par l'action de l'arbre E, qui porte une vis sans fin s'engrenant avec une roue hélicoïdale placée sous ce plateau.

« Pour éviter le léger déplacement angulaire du plateau circulaire qui peut se produire d'une manière sensible aux extrémités des longues pièces, on a établi sur le chariot transversal deux tables munies de rainures, dans le même plan que le plateau circulaire, qui permettent de fixer les pièces à leurs extrémités. On obtient ainsi un mouvement rectiligne bien assuré, et des profils correspondant exactement au gabarit. Cette disposition permet de conserver tous les avantages du plateau circulaire dont le mouvement rotatif est utile pour régler l'inclinaison de la pièce suivant la surface à fraiser. »

Quand il s'agit de fraiser suivant gabarit, ce gabarit est fixé en avant du chariot transversal D et s'appuie constamment sur un galet horizontal G placé dans l'axe de la fraise et porté par un support mobile en avant du bâti de la machine. Ce support étant fixé convenablement, on rend le chariot inférieur C indépendant de sa vis motrice et il se trouve alors soumis, par l'intermédiaire de pignons et de roues, à l'action des contrepoids à levier L qui agissent de manière à l'appuyer, sans cesse, avec le gabarit qu'il porte sur le galet fixe G. Les déplacements de la pièce à fraiser reproduisent ainsi la courbe du gabarit.

La course verticale du porte-fraise est de 0^m33, la course du chariot transversal 1^m10 et celle du chariot longitudinal 0^m75.

Pendant le travail du fer et de l'acier, un jet forcé d'eau de savon est lancé sur la fraise, la rafraîchit et refroidit immédiatement le copeau de métal qui se détache brusquement de la dent.

M. Thareau indique comme il suit les précautions à prendre pour la fabrication et la disposition des fraises en acier fondu.

« L'acier fondu employé doit être évidemment de bonne qualité, mais pas trop vif; il ne devra être chauffé qu'à la température rouge sombre dans les diverses opérations qu'on pourra être amené à lui faire subir avant la confection de la fraise. Après un recuit préalable, la partie cylindrique sera tournée au diamètre convenable; après quoi on taillera la denture suivant une hélice d'un pas égal à quatre fois et demie le diamètre extérieur. C'est cette inclinaison qui, pour le travail du fer, paraît donner les meilleurs résultats. Pour la fonte et le bronze, le pas de l'hélice égal à dix fois le diamètre est préférable.

« Vient ensuite la trempe; le moyen le plus pratique consiste à chauffer la fraise sur un feu de charbon de bois, jusqu'à ce qu'elle atteigne la température qui correspond à la couleur rouge cerise, puis à l'immerger, en ayant soin de la tenir verticalement, dans un bain d'eau froide, recouverte d'une couche d'huile.

« Le recuit s'obtient par les moyens ordinaires, ou mieux dans un moufle en terre réfractaire, chauffé dans un four et contenant du sable blanc au milieu duquel la fraise acquiert graduellement une température uniforme, qui permet de régler convenablement le recuit. On s'arrête généralement à la température qui correspond à la couleur jaune.

« La parfaite rectitude de la fraise est une des conditions essentielles de son bon fonctionnement. Aussi est-il indispensable, après la trempe, de rectifier à la meule en émeri la partie extérieure de la denture, en même temps qu'on lui donne l'angle de coupe voulu. Il faut avoir grand soin de ne terminer complètement l'encastrement qu'après la trempe et la rectification de la partie cylindrique. Cet encastrement, quelle que soit la disposition qu'on lui donne, doit être absolument rigide dans la partie du porte-outil qui le reçoit; c'est à cette condition seulement qu'on obtient des surfaces parfaitement lisses et polies, et qu'on évite les stries et les broutements qui sont la conséquence d'un encastrement insuffisant.

« Le diamètre des fraises est nécessairement variable suivant la nature des travaux à exécuter, mais celui qu'on adopte le plus généralement est le diamètre de 30 millimètres avec une longueur utile de 120 millimètres. On peut, pour le travail du fer, imprimer à la fraise de cette dimension une vitesse de 195 tours par minute, qui correspond à une vitesse à la circonférence de 30 centimètres par seconde. L'avance linéaire du plateau est graduée au moyen des cônes de changement de vitesse, suivant l'épaisseur du métal à enlever; elle peut atteindre sans inconvénient 30 à 35 millimètres par minute.

« Pour le travail du bronze, la vitesse à la circonférence de la fraise doit être limitée à 20 centimètres par seconde, avec une avance linéaire du plateau de 50 millimètres par minute.

« Enfin, pour le travail de la fonte, la vitesse à la circonférence ne doit pas dépasser 10 centimètres par seconde, avec une avance linéaire du chariot de 30 millimètres par minute.

« L'emploi des machines à fraiser présente de sérieux avantages, au point de vue du fini des pièces travaillées; le temps employé à la machine à fraiser, et par suite le prix de revient des pièces travaillées sur ces machines-outils, n'est pas sensiblement différent de celui auquel on arrive avec les machines à raboter ou à mortaiser. Mais le finissage étant amené à un plus haut point de perfection, on peut sans exagération évaluer à 40 ou 50 p. 100 l'économie d'ajustage qui résulte de l'emploi de la fraise. »

L'emploi de la fraise se généralise de plus en plus dans les ateliers des grandes compagnies.

« Les machines à fraiser, dit M. Mathias, ingénieur de la compagnie du Nord, remplacent celles à raboter, à chantourner, à mortaiser et à percer; elles livrent les pièces tellement finies que l'ajusteur n'a, le plus souvent, plus rien à y faire. Avec ces machines, on fraise, en dedans et en dehors, des surfaces circulaires ou irrégulières, gagnant plus de la moitié du temps nécessaire au tour et aux machines à raboter ou à mortaiser. La fraise permet aussi de dresser à la fois deux faces formant un angle entre elles ou bien les trois côtés d'une rainure.

« Les vides à pratiquer dans l'intérieur de tôles ou de fers plats ne s'obtiennent plus par le perçage ou le poinçonnage d'une série de petits trous très rapprochés et par un ajustage final au bec-d'âne et à la lime ; il suffit de percer un seul trou pour recevoir la fraise qui fait exactement, le long du contour pointé, une entaille dégageant le morceau central.

« Les mortaises et les rainures se font très facilement par cet outil universel, dont les applications sont innombrables.

« Il est indispensable de donner aux fraises une vitesse considérable, qui peut être de 0^m30 par seconde à la circonférence. Les copeaux doivent être enlevés au moyen d'un jet d'eau de savon, venant d'un réservoir placé à 6 ou 7 mètres de hauteur, dans lequel l'eau peut être remontée. »

3° Machines à percer et à creuser le fer. — Les machines à percer et à creuser le fer sont nombreuses. La plus simple est la ma-

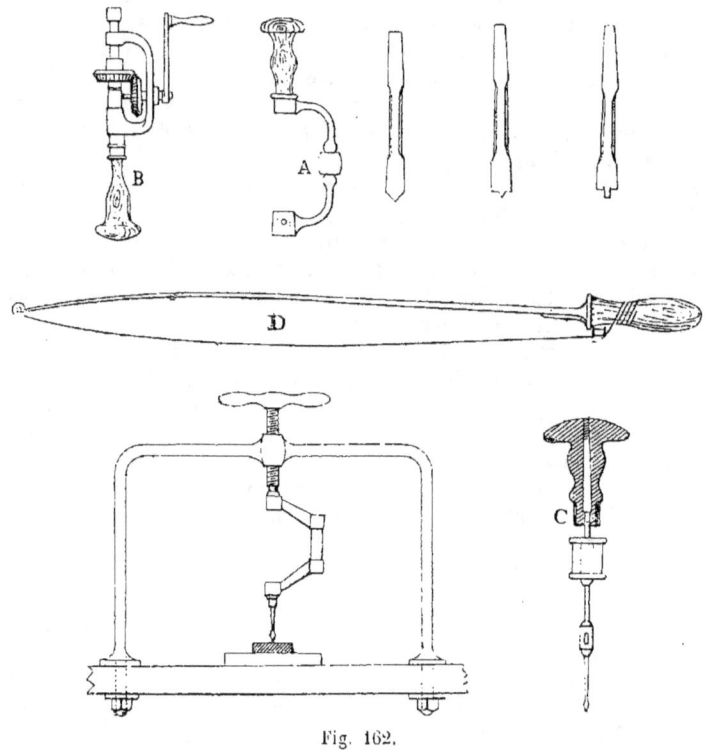

Fig. 162.

chine à raboter, avec laquelle on peut faire apparaître dans une plaque métallique des rainures ou cannelures à section rectangulaire ou demi-circulaire ; il suffit pour cela de donner au couteau le profil et la pénétration voulus, et de régler convenablement son mouvement transversal après chaque oscillation de la pièce.

L'opération que l'ingénieur des ponts et chaussées rencontre le plus fréquemment est le *perçage* ou *poinçonnage* des fontes et des tôles.

Machines à percer. — Le *perçage* s'exécute en entamant successivement le métal avec une mèche très dure, qui creuse son trou d'une ma-

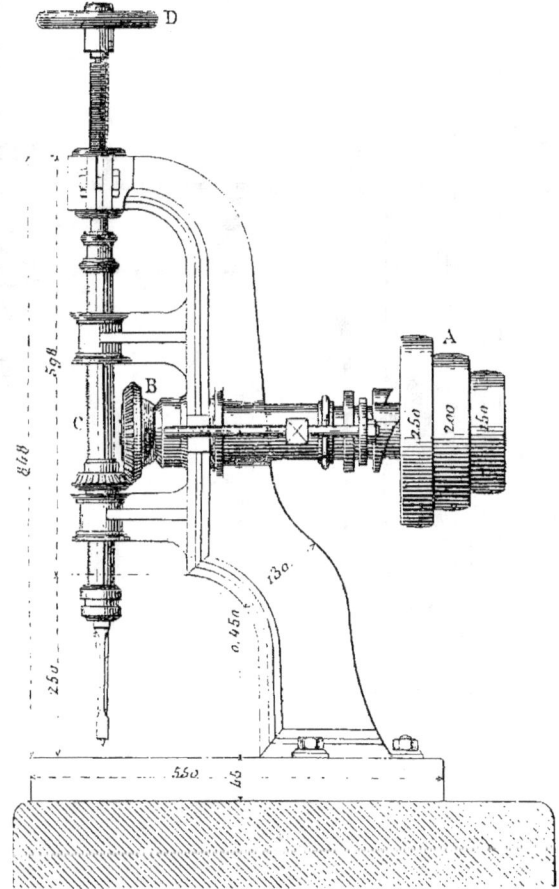

Fig. 163.

nière progressive, comme le fait une tarière qui pénètre dans une pièce de bois. La mèche reçoit son mouvement de rotation de la main de l'homme, lorsqu'on ne peut pas recourir à l'emploi d'une machine.

L'appareil porte alors le nom de *vilebrequin* A, et, comme la main n'arrive pas à donner une rotation assez rapide, on a recours quelquefois à un vilebrequin B à manivelle et à engrenage. Le lecteur connaît aussi le porte-foret C, que l'ouvrier appuie de la main gauche à l'emplacement du trou à creuser, tandis que de la main droite il saisit l'archet D dont la corde fait un tour sur le tambour m dans l'axe duquel est emmanché le foret; le mouvement rectiligne de l'archet se transforme en un rapide mouvement de rotation du foret.

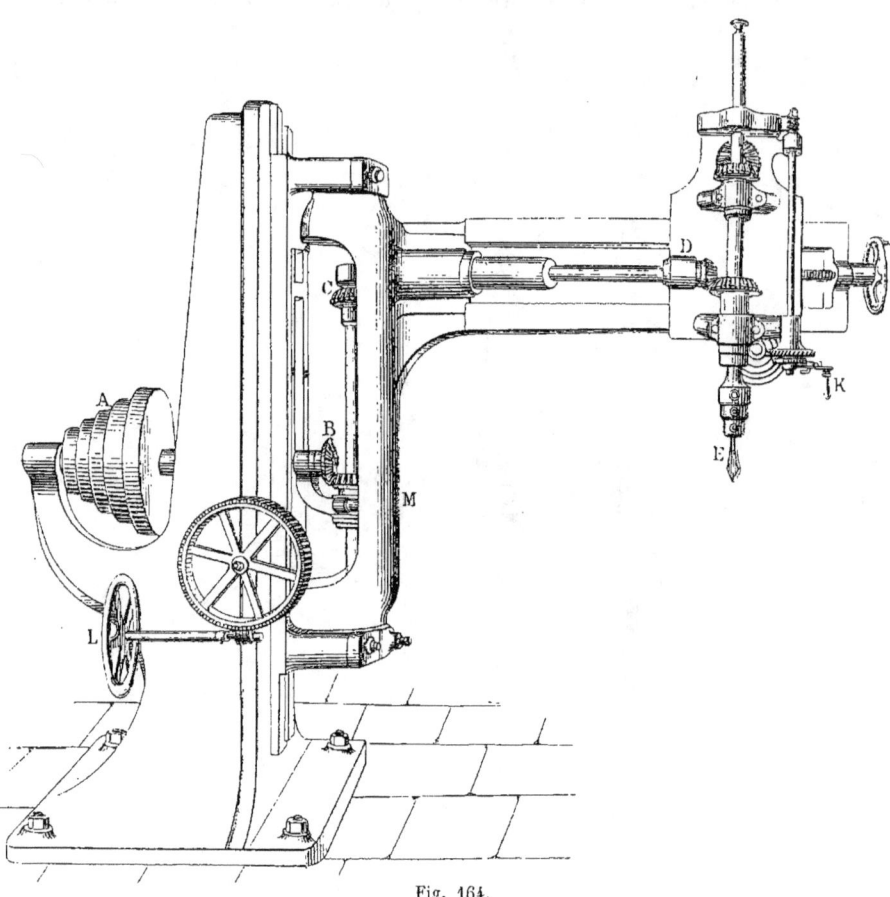

Fig. 164.

Mais d'ordinaire on a recours à des perceuses plus parfaites. La figure 163 représente une grande machine à percer que supporte un solide bâti en fonte (remarquez la forme d'un solide d'égale résistance donnée à ce bâti, c'est un point qu'il faut chercher à atteindre pour tous les éléments des machines-outils). A droite de la figure est une poulie à plusieurs diamètres, on engage la courroie sur l'un ou l'autre suivant la grandeur du trou et suivant la dureté de la pièce à percer.

Le mouvement de rotation de l'axe horizontal se communique par deux roues coniques à l'axe vertical qui porte la mèche. La roue qui met en mouvement cet axe vertical lui est réunie par un assemblage à rainures et à languettes, de sorte que la mèche peut monter ou descendre sans cesser de tourner ; le mouvement de descente est réglé par l'ouvrier lui-même qui, en tournant la roue que l'on voit à la partie supérieure, fait tourner la vis et produit un mouvement de progression ; l'ouvrier a constamment la main gauche sur cette roue pendant que la mèche tourne, et il serre la vis petit à petit lorsqu'il peut le faire sans grande résistance. On voit sur l'arbre horizontal un verrou qui sert à débrayer l'arbre horizontal et les poulies ; on débraye lorsque le trou est achevé, et en agissant sur la roue de la vis, on remonte rapidement la mèche, on présente à cet outil l'emplacement d'un nouveau trou, puis on embraye de nouveau. Lorsque l'on perce le fer, on arrose l'outil avec de l'huile ou de l'eau de savon.

La figure 164 représente la *perceuse radiale* de la maison Calla ; A est la poulie motrice dont l'arbre horizontal actionne, par les pignons B, un arbre vertical qui, par les pignons C, actionne l'arbre horizontal logé dans le bras de la machine ; les pignons D transmettent la rotation de cet arbre à la mèche verticale E, qui reçoit par une poulie à courroie, cachée derrière le dessin, un mouvement de descente automatique.

Le porte-outil est mobile le long du bras grâce à une vis que fait tourner le volant à manette F. La mèche est remontée, hors d'un trou achevé, soit à la main par la manette K, soit par la transmission à courroie dont on change le sens du mouvement. Le volant L agit par un engrenage à vis sur une roue horizontale logée dans le bâti de la machine et solidaire avec le montant vertical M qui porte le bras mobile ; ce bras ou rayon peut décrire un angle de 180 degrés. On conçoit que cette disposition est très avantageuse lorsqu'on a à percer des trous sur des pièces de forme irrégulière et de grande largeur ; la machine à percer ordinaire convient pour des pièces longues et étroites.

Machines à poinçonner. — Le *poinçonnage* est beaucoup plus expéditif, mais il ne s'applique qu'aux métaux en feuilles d'une épaisseur modérée. La poinçonneuse est analogue à la cisaille ; il suffit de remplacer dans cette dernière la lame dormante par une matrice ou cylindre d'acier plein, et la lame mobile par un poinçon ou emporte-pièce légèrement conique. La figure 165 représente une poinçonneuse à vapeur, qui comprend deux poulies A, l'une fixe, l'autre folle, dont l'axe porte un pignon qui engrène avec une roue dentée B ; l'arbre de cette roue traverse le bâti et se termine par un excentrique auquel est suspendu le poinçon et la masse de fer qui l'entoure ; la matrice C est au-dessous. L'excentrique donne à l'outil un mouvement de va-et-vient, que l'on peut limiter ou auquel on peut donner toute son amplitude en agissant sur un levier. L'ouvrier présente la feuille de métal sous le poinçon et place exactement le centre du trou projeté à l'aplomb de l'axe du poinçon ; quand il est bien sûr de la position, il appuie sur le levier, l'emporte-pièce descend, et enlève de la plaque de métal un bouchon légèrement conique qui se détache de lui-même.

La poinçonneuse représentée peut agir à 0^m32 du bord de la feuille, sur des tôles de 0^m015 d'épaisseur maxima et produire des trous de 0^m025 de diamètre maximum.

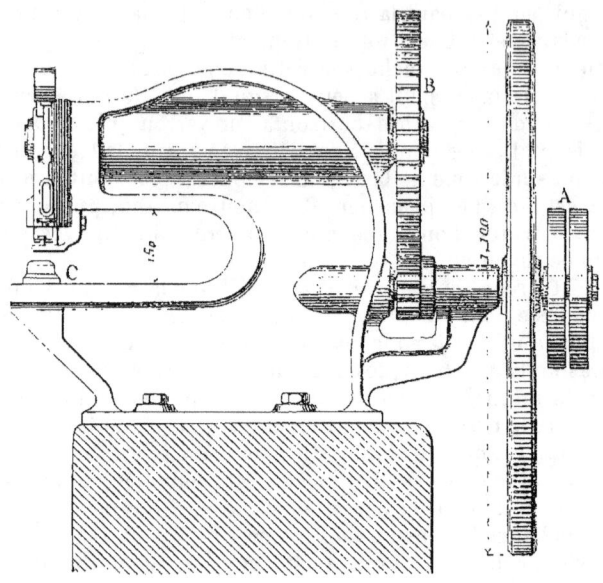

Fig. 165.

Il ne faut pas oublier que le travail de l'emporte-pièce écrouit et désagrège le métal dans le voisinage du trou, ce qui est très défavorable à la résistance ; il faut donc, en général, proscrire l'emploi de la poinçonneuse.

En dix heures de travail, on perce 30 trous avec un vilebrequin à mèche, 75 trous avec une machine à percer, et 900 avec une poinçonneuse.

Machines à forer, à aléser. — *Forer* une pièce se dit de l'opération qui consiste à creuser un trou cylindrique profond dans une pièce de métal. Elle s'exécute avec un foret à longue tige ; c'est ainsi que l'on fore les canons de fusil.

L'*alésage* consiste à faire apparaître une surface cylindrique parfaite dans le creux des pièces métalliques. C'est ainsi qu'on alèse les corps de pompe, les cylindres des machines à vapeur, l'intérieur des coussinets.

Pour aléser un trou de faible diamètre, on introduit dans ce trou préalablement dégrossi par la machine à percer, ou obtenu par le moulage, une tige d'acier, ayant, par exemple, la section d'un triangle équilatéral, qui, par ses trois arêtes, use le métal en excès et polit la surface résultante ; il est évident que la section du trou dégrossi ou moulé doit être partout inférieure en diamètre à celle que l'on veut produire.

Pour aléser un trou de grand diamètre, on se sert de couteaux montés sur une plaque horizontale qui tourne autour d'un axe vertical; les couteaux sont minces, et n'attaquent le métal que sur une zone peu étendue; la plaque qui les porte reçoit un mouvement lent et uniforme de progression dans le sens de l'axe, de sorte que l'outil passe le même nombre de fois en tous les points du cylindre.

Machines à mortaiser. — Le *mortaisage* consiste à creuser dans une pièce métallique un trou de section et de profondeur déterminées; le ciseau chargé de l'opération a un mouvement de va-et-vient dans le sens de la profondeur, et un mouvement de translation, afin d'enlever à chaque oscillation un copeau de métal. La pièce est, au contraire, solidement fixée sur le bâti.

Machines à fileter, à tarauder. — Le *filetage* et le *taraudage* ont pour effet de faire apparaître soit les vis en saillie, que l'on trouve sur les boulons, soit les vis en creux qui existent dans les écrous. Autrefois ce travail s'exécutait à la main, et il fallait une grande habileté pour obtenir une vis bien régulière; aujourd'hui, il est facile de donner à un ciseau un mouvement mathématiquement hélicoïdal, et le travail est simple et rapide.

Des machines à fileter, il faut rapprocher les machines à diviser, qui servent à graduer toutes les mesures de longueur et beaucoup d'appareils de physique; on sait que chaque spire d'une hélice a ses extrémités sur une génératrice du cylindre correspondant à cette hélice, et le pas, c'est-à-dire la longueur interceptée par une spire sur la génératrice qui joint ses extrémités, est une quantité constante; toutes les fois qu'ayant une vis, on lui fera faire un nombre de tours constant, il résultera de la relation précédente, que l'écrou avancera, lui aussi, d'une longueur constante; fixez à cet écrou une pointe, un traceret, et vous pourrez facilement diviser une ligne en longueurs mathématiquement égales. On peut recourir aux machines à diviser pour marquer sur des tôles des trous de boulons et de rivets.

FERS ET TÔLES DU COMMERCE; LEURS FORMES, LEURS DIMENSIONS, LEURS DÉNOMINATIONS DIVERSES

Fers du commerce. — Il est bon de connaître les différents termes usités par les constructeurs et par les marchands pour désigner les différents fers.

Le fer *aciéré* est celui auquel on a communiqué les propriétés de l'acier par le réchauffage et par la trempe : on en garnit certaines parties des outils qui demandent à être très dures, comme les extrémités des marteaux et des outils de taillandier. C'est, en général, avec un fer particulier, de très bonne qualité, que l'on exécute ces parties dures; on le soude au fer commun dont est faite la masse de l'outil.

Le fer *embouti* est de la tôle plus ou moins épaisse, que l'on relève en bosse à coups de marteau, de manière à figurer en relief des dessins variés. Aujourd'hui on produit, en général, tous ces ornements en saillie, au moyen de matrices en creux dans lesquelles on fait pénétrer une tôle plate que l'on soumet à la pression d'un balancier ou d'une presse hydraulique. Ainsi on fabrique les assiettes, les plats en tôle au moyen de presses hydrauliques puissantes, qui, dans une journée, fournissent des milliers de ces objets, que l'on étame ensuite : on voit que l'on peut les obtenir à un prix excessivement faible.

Nous n'avons pas à dire ce que l'on entend par fers de menus ouvrages (serrurerie), fer de pieu, fer de pique.

Le *fer creux*, ou fer Gandillot, du nom de son inventeur, est un fer laminé, creux à l'intérieur; il est, à poids égal, beaucoup plus résistant qu'un fer plein, à cause d'une meilleure distribution de la matière; à résistance égale, il est donc beaucoup plus léger et beaucoup plus économique.

Les petits fers martinés se distinguent en : 1° *carillon*, ou fer carré de 6 millimètres de côté au minimum; 2° *bandelette*, fer plat de 3 millimètres sur 4 millimètres au maximum; 3° *verge ronde*, fer rond de 7 millimètres de diamètre au maximum; 4° *verge crénelée*, de 8 millimètres au maximum.

Les petits fers laminés se distinguent en : 1° *fer feuillard* de 1 à 4 millimètres sur 30 à 80 millimètres au maximum; 2° *ruban*, fer plat de 1/2 à 1 millimètre sur 10 à 30 millimètres au maximum; 3° *carillon*, fer carré de 10 millimètres à 30 au maximum; 4° *bandelette*, fer plat de 2 à 6 millimètres sur 30 à 40 millimètres au maximum; 5° *verge ronde*, de 6 millimètres au maximum.

Les gros fers forgés, ou *fers forgés de gros ouvrages*, sont de dimensions variables, suivant chaque cas particulier : on s'en sert en construction, par exemple, pour relier les diverses parties d'une charpente; ils sont encore un moyen de consolidation qui sert à réunir deux murs de face opposés, ou un mur de face avec un massif intérieur, ou une cheminée avec la charpente du toit. On distingue le *tirant*, barre de fer qui a d'ordinaire 15 millimètres d'épaisseur sur 60 de largeur, et qui se termine à une extrémité par un œil dans lequel s'engage une *ancre*, fer rond ou carré que l'on maintient droit ou que l'on courbe en S. Nous avons déjà parlé des *brides* et des *étriers;* la *plate-bande* est une barre de fer plat, dont l'épaisseur est le quart de la largeur.

Dans les fers laminés en usage pour la construction, on distingue : 1° les *fers ordinaires* à double T, à petites ailes, que toutes les usines fabriquent; 2° les *fers symétriques* à double T, à larges ailes; 3° les *fers non symétriques* à ailes inégales, qui ne servent point souvent; 4° les *fers à triple T*, qui portent au milieu de leur hauteur une nervure sur chaque face; cette forme empêche le flambage de l'âme de la pièce, mais elle n'est point favorable à la résistance; 5° les *fers zorès* ou fers en U renversés, qui sont commodes dans certains cas, mais qui offrent des difficultés de fabrication lorsqu'on veut avoir une bonne répartition de la matière; 6° les *fers cornières*, que l'on retrouve dans tous les assemblages;

7° les *fers* à simple T, qui servent aussi en assemblages, mais dont la forme n'est pas toujours favorable à la résistance; 8° les *tôles* de toutes dimensions.

Les usines réunissent dans un atlas les dessins de tous les fers et tôles qu'elles fabriquent; il faut donc, lorsqu'on dresse un projet, adopter, pour les pièces dont on prévoit l'emploi, les dimensions courantes du commerce, ou même les dimensions de l'usine qui doit exécuter le travail.

C'est, du reste, quelque chose d'assez facile, car les dimensions de chaque classe de fers vont en décroissant d'une manière à peu près continue; les variations sont peu considérables, et il est rare que l'on ne trouve pas le type que l'on désire.

Pour terminer, nous dirons quelques mots du fer fendu et du fer de riblons.

Le *fer fendu* se fabrique au moyen de deux équipages de laminoirs; dans le premier, la masse de fer passe entre deux cylindres à cannelure très large; elle sort à l'état de large barre; on l'engage entre deux cylindres qui portent des couteaux annulaires en acier trempé, espacés à la largeur voulue; ces couteaux divisent la lame en une série de barres. En travaillant, ils s'échauffent considérablement et se détremperaient très vite si on n'avait soin de les arroser d'un jet d'eau continu. On facilite le frottement en interposant une matière grasse.

Le *fer de riblons* se fabrique avec les vieilles ferrailles et avec tous les déchets qui se forment dans les usines (bouts de pièces coupées, bouts de rails, etc.); on forme des paquets de tout cela, on les porte aux fours à réchauffer, puis on les cingle au martinet et on les fait passer aux laminoirs. Ce fer se corroye facilement, et on peut composer les paquets de manière à placer, par exemple, à la surface les fers les plus durs, et les fers les plus nerveux dans les parties qui sont exposées aux plus grands efforts.

De la tôle. — La tôle, considérée au point de vue de l'épaisseur, se classe en quatre groupes : 1° plaques de blindage destinées à cuirasser nos navires et nos forts; elle sont en tôle dont l'épaisseur atteint 0^m20 et plus, et qui est formée d'un fer ou d'un acier fin, soigneusement fabriqué, bien trempé, puis recuit; elles n'intéressent que les constructions navales;

2° Tôle forte, dont l'épaisseur est de 0^m006 au minimum, et qui sert à la construction des chaudières à vapeur, des poutres de viaduc, etc.; elle est d'un emploi général;

3° Tôle moyenne, dont l'épaisseur est comprise entre 0^m006 et 0^m0015;

4° Tôle fine (fer battu, fer-blanc), dont l'épaisseur est inférieure à 0^m0015.

Mais cette classification d'après l'épaisseur ne suffit pas; car, dans chaque classe, il existe des tôles de toutes les qualités. On distingue quatre qualités différentes de tôle qui sont : la tôle au bois, la tôle fer fort ou mixte, la tôle demi-fer fort, et la tôle ordinaire.

1° *Tôle au bois.* — On la compose avec des fers d'excellente qualité, très propres et sans pailles, martelés et laminés ; les barres en sont coupées à la longueur voulue et réunies en un paquet.

Le paquet est formé d'une douzaine d'assises : dans l'une, les barres sont en long ; dans la suivante, elles sont en large ; cette disposition a pour objet d'obtenir une soudure parfaite.

Le paquet est porté au four à réchauffer, dans lequel on le pousse jusqu'au blanc soudant, en ayant soin d'élever graduellement la température ; de là il passe sous le marteau, où il est soudé et corroyé. On le réchauffe et on procède à un second martelage.

A ce moment, le paquet prend le nom de *massiot;* on le réchauffe près des trains de laminoirs, et ce chauffage demande aussi à être régulièrement et soigneusement conduit. Quand le massiot a été soumis au laminoir dégrossisseur, puis au finisseur, on a obtenu la tôle que l'on recuit au rouge brun avant de la livrer au constructeur.

Le paquet est composé, avons-nous dit, de manière à obtenir une soudure complète de toutes les barres entre elles ; quelquefois, lorsque l'opération n'est pas parfaitement conduite, il reste des parties où les fibres ne se sont point accolées ; cela forme un vide, et lorsqu'on porte la pièce au réchauffage, il y a dilatation, le vide augmente, il se produit une gonfle ou cavité intérieure. Le contrôleur essaye toutes les pièces terminées en les frappant avec un marteau aux divers points de leur surface ; lorsqu'il rencontre un défaut de sonorité, c'est qu'il existe une cavité intérieure ; la pièce doit être rejetée.

La tôle au bois ne sert que pour les chaudières à vapeur, et, le plus souvent, on ne l'emploie que pour les parties dont la courbure est très accusée et très compliquée. Il faut qu'elle puisse être pliée dans tous les sens et sous tous les angles, puis redressée, sans se déchirer ni se rompre.

On fabrique une tôle de qualité supérieure encore à celle que nous venons de décrire, en terminant le paquet en haut et en bas par des plaques de tôle au bois, qui remplacent les dernières assises de barres ; on fait subir au paquet trois fois l'action du marteau-pilon, au lieu de deux, et deux fois aussi l'action des laminoirs au lieu d'une ; il y a donc deux chaudes de plus, et l'on arrive à un corroyage parfait.

2° *Tôle fer fort ou mixte.* — Le paquet qui doit donner cette tôle se compose avec des assises de fer riblon et de fer fin alternantes, recouvertes de deux plaques de fer fin du Berry, fer très doux qui se lamine et se soude dans la perfection. Ces deux couvertes, en fer pur, ont déjà reçu un laminage à deux chaudes bien soigné.

Le paquet ainsi composé est soumis aux mêmes opérations que celui qui, plus haut, nous a donné la tôle au bois.

La tôle fer fort, moins coûteuse que la tôle au bois, est cependant employée aux mêmes usages ; aussi rend-elle de grands services.

Beaucoup de chaudronniers s'en servent pour les parties courbes des chaudières et de leurs accessoires. Un ouvrier habile fait avec cette tôle tout ce qu'il veut.

3° *Tôle demi-fer fort.* — Le paquet qui donne la tôle demi-fer fort se compose à l'intérieur de barres, dont la moitié est en fer riblon du commerce et la moitié en fer ordinaire à la houille; les deux couvertes sont des plaques de fer du Berry, doux et ductile.

Cette tôle, bien fabriquée, et composée comme nous venons de le dire, peut faire un bon service; lorsqu'on doit courber la tôle à angle droit, la redresser dans un sens quelconque, c'est au moins de la tôle demifer fort que l'on doit demander. Ce serait vouloir faire de détestable besogne que d'employer une qualité inférieure à celle-ci.

4° *Tôle ordinaire pour chaudières.* — Le paquet qui la donne est composé comme il suit : deux couvertes en fer ordinaire, comprenant entre elles des assises croisées, formées de barres de fer ordinaire et de vieilles tôles ou de rognures de tôle bien nettoyées. Il est nécessaire que les rognures soient de toute la longueur du paquet, bien croisées d'une assise à l'autre, sans quoi il se manifesterait des défauts et des gonfles. Le paquet est porté dans les fours, près du marteau-pilon, martelé à deux chaudes; puis il passe au laminoir où il subit encore une ou deux chaudes.

La qualité de ce fer est très variable, suivant les soins que l'on accorde à la fabrication, et surtout à la préparation du paquet; la propreté des vieilles tôles que l'on y introduit doit être exactement vérifiée, ce qui n'est pas toujours facile quand elles sont très rouillées; le fer ordinaire ne doit pas renfermer de soufre; il faut qu'il soit d'un beau grain, facile à laminer.

En prenant toutes ces précautions, on arrive à produire à bon marché un fer de bonne qualité, qui convient à la fabrication du corps des chaudières à vapeur et à celle de toutes les pièces à courbure simple et peu considérable.

Ce que nous venons de décrire, c'est la première qualité de tôle ordinaire; toutes les feuilles ne sont pas également bonnes. On distingue donc une seconde qualité, composée comme la précédente, mais d'une fabrication moins réussie; quelquefois même il y entre des fers de qualité moyenne.

Ces tôles conviennent pour tous les ouvrages où l'on n'a besoin que de feuilles planes, comme dans les travaux publics, ou de feuilles à grand rayon de courbure, comme pour les gazomètres.

Lorsqu'on veut les fabriquer directement, sans recourir aux vieilles tôles, on place entre deux couvertes de fer ordinaire, premier choix, des assises de barreaux croisés en fer ordinaire. Le paquet ne passe pas au martelage, mais va directement aux fours du laminoir; on lui fait subir deux chaudes et un double laminage. La soudure peut se bien faire, mais il y a absence de corroyage.

Cette tôle ordinaire est celle que l'ingénieur des ponts et chaussées rencontre le plus souvent; elle est très peu coûteuse, bien fabriquée et bien composée; elle suffit, en général, pour le service qu'on lui demande.

En réalité, la classification précédente, que nous avons reproduite, parce qu'elle fait connaître les diverses compositions des tôles, n'existe plus dans la pratique. Les usines classent leurs tôles, ainsi que nous l'avons vu, d'après leur résistance à la traction et leur élasticité mesurée par l'allongement proportionnel.

Tôle d'acier. — L'usage des tôles d'acier et pièces laminées en acier a tendance à se multiplier de plus en plus, de même que l'emploi de l'acier fondu se propage dans les machines de tous genres.

A poids égal, on obtient avec l'acier plus de résistance qu'avec le fer, ou bien on arrive à la même résistance avec un poids moindre, ce qui donne à la fois légèreté et économie.

L'acier fondu est recueilli sous forme de lingots ayant au moins 0^m70 sur 0^m70 et 0^m20 à 0^m25 d'épaisseur. On chauffe ces lingots dans un four près du marteau-pilon, mais il faut chauffer avec la plus grande précaution pour ne point dénaturer le métal en brûlant une partie du charbon; on ne dépasse point le rouge cerise. Quand on est arrivé à cette température, on porte le lingot sous le pilon et on le martèle; puis on le réchauffe de nouveau pour le marteler une seconde fois.

Cette double opération donne de la malléabilité à l'acier; on le place alors dans les fours du laminoir, entre les cylindres duquel on le fait ensuite passer; il faut éviter une pression trop considérable des cylindres sur la plaque d'acier, pour ne point s'exposer à une rupture du laminoir ou de son bâti.

La tôle, au sortir du laminoir, se refroidit sur la plaque à dresser, puis on la porte au four dormant, où on la réchauffe très lentement.

Cette opération, sagement conduite, lui fait perdre les défauts que la trempe lui avait communiqués; elle devient douce et brillante, tout en conservant sa ténacité.

La tôle recuite est dressée soigneusement sur la plaque de dressage, puis découpée par les cisailles.

La tôle d'acier est un métal précieux : on l'emploie dans les pièces de chaudronnerie qui exigent le plus de résistance, telles que les parties des chaudières exposées à des coups de feu, partout en un mot où l'on ne craint pas de payer un peu plus cher pour avoir une absolue sécurité.

Dans ces derniers temps, on est arrivé à livrer les tôles d'acier fondu à un prix qui ne dépasse pas celui des bons fers, et il est devenu possible de s'en servir pour les ponts et les viaducs.

CONFECTION DES PIÈCES COMPOSÉES EN TÔLES ET FERS SPÉCIAUX

Pour exécuter une chaudière, une poutre de pont, et en général toutes pièces composées de tôles et de cornières plates ou cintrées, il faut passer par une série d'opérations que nous allons rapidement décrire.

Dressage des tôles. — Les tôles, au sortir du laminoir, sont portées aux ateliers de construction; on commence par les *planer*, c'est-à-dire par faire disparaître, comme nous l'avons dit, toutes les traces de gondolement. La même opération est faite pour les cornières.

Épure. — Un appareilleur dresse sous un hangar spécial et sur une aire en tôle l'*épure* en vraie grandeur et mathématiquement exacte des pièces à exécuter.

Gabarits ou calibres. — Pour chaque élément, plan ou courbe, on taille sur l'épure un *gabarit en zinc* sur lequel on marque les lignes passant par l'axe des rivets, de sorte que l'intersection de toutes ces lignes donne le centre de tous les rivets. En chaque centre, on perce avec un poinçon un trou d'un millimètre de diamètre.

Le gabarit en zinc est appliqué sur une feuille de tôle solide, et on reproduit sur celle-ci le profil de la pièce en suivant les bords de la lame de zinc avec un traceret; les centres de rivets sont marqués au moyen d'un poinçon que l'on place dans les trous de la feuille de zinc, et que l'on enfonce dans la tôle par un léger coup de marteau. La feuille de tôle est portée à la *cisaille* qui découpe le profil, puis à la machine à percer qui fait les trous du diamètre voulu, et finalement on obtient un gabarit solide, qui peut servir à confectionner une grande quantité de pièces semblables.

Le *gabarit* ou *calibre* est appliqué sur les feuilles de tôle que l'on a dressées, on marque le profil sur celles-ci, on les découpe, et on les reporte sous le calibre pour marquer les trous de rivets et leur centre. Dans cette opération, il faut à la fois ménager la tôle pour avoir le moins de rognures possible et faire en sorte que le découpage soit facile.

Traçage des cornières. — Pour tracer les cornières, on fait le *traçage* de chaque aile séparément; on se contente d'un gabarit donnant la coupe de l'aile sur laquelle on indique les lignes de rivets; ces lignes sont parallèles au bord de l'aile; avec un compas à branches courbes, on suit d'une pointe le bord de la cornière, de l'autre on trace les lignes de rivets en prenant des ouvertures convenables. Sur les lignes ainsi obtenues on détermine chaque rivet en prenant des distances égales soit au moyen d'un compas, soit au moyen d'une règle graduée.

Montage provisoire. — Toutes les pièces étant préparées, on procède à un *montage provisoire*, pour reconnaître si tout est bien en place et si les trous de rivets se correspondent; les assemblages se font au moyen de quelques boulons fortement serrés. La vérification faite, on démonte non pas tous les éléments, mais seulement les pièces composées qui peuvent se transporter complètes; ainsi, dans un pont, on séparera les poutres des entretoises, mais on ne séparera pas les feuilles de tôle et les cornières qui composent chaque poutre et chaque entretoise. Ces pièces composées sont portées, au moyen de treuils et de grues roulantes, jusqu'à la machine à river.

Rivetage. — On pose à la machine tous les rivets qui n'appartiennent qu'à une pièce, et on réserve pour les poser à la main, lorsque le pont sera mis en place, tous les rivets qui servent à assembler les pièces voisines. Ainsi une entretoise sera complètement rivée, sauf à ses extrémités, là où on doit la rattacher aux poutres.

Comme le rivetage déforme toujours un peu les pièces, on procède à un second montage d'essai, et on rectifie l'ajustage en limant et en burinant les parties qui ne se raccordent pas convenablement.

On démonte de nouveau, on transporte le tout au chantier, et on met les pièces en place, en les réunissant par des boulons; le montage terminé, on achève le rivetage à la main.

Il va sans dire que les ateliers sont desservis par des grues, des chariots roulants et des voies ferrées, de telle sorte que le déplacement des pièces, grandes et petites, se fasse rapidement et économiquement.

Machines à river. — Le rivetage s'exécute à la main ou à la machine; le dernier procédé est de beaucoup le plus rapide et le plus économique, mais il n'est pas possible de l'employer pour les pièces mises en place, ou pour certaines parties de formes contournées.

Rivetage à la main. — Ce n'est que dans le cas où il y a impossibilité matérielle, que l'on peut recourir au rivetage à la main.

Il s'exécute de la manière suivante: les rivets sont réchauffés dans une petite forge, ou, ce qui est bien préférable, dans un four portatif; le rivet au rouge blanc est saisi au moyen d'une pince par un enfant, qui le jette au riveur, ou qui le lui fait parvenir dans une gouttière inclinée; le riveur est assisté d'un frappeur. Celui-ci prend le rivet, le fait entrer dans son trou, et en maintient la tête en appuyant fortement contre celle-ci une bouterolle que maintient un levier d'abattage ou une pièce de bois formant étai. La tige du rivet ressort de l'autre côté; le riveur et le frappeur saisissent leurs marteaux et écrasent la tige, il se forme un bouton que l'on façonne en demi-sphère en appliquant dessus une *bouterolle,* ou marteau dont la panne porte un creux égal au relief définitif des rivets; le riveur manœuvre la bouterolle, sur la tête de laquelle frappe son compagnon. Au commencement de l'opération, les deux ouvriers appliquent quelques coups de marteau sur la tôle, aux environs du rivet, afin que les feuilles soient parfaitement adhérentes. Le rivet, en se refroidissant, se raccourcit et produit un serrage énergique. Pour obtenir à la main un serrage parfait, il faut avoir soin que la bouterolle qui supporte la première tête du rivet soit bien étayée et appuyée contre la tôle d'une façon inébranlable.

Rivetage à la machine. — La machine à river est fondée absolument sur le même principe que la machine à poinçonner, et cela se conçoit puisqu'il suffit de remplacer la matrice par une bouterolle. Souvent la même machine sert alternativement de poinçonneuse et de riveuse; il suffit de changer d'outil. Un ouvrier tient le levier de la machine et permet à la bouterolle de s'abaisser lorsqu'il a bien vérifié la position; deux ou plusieurs ouvriers manœuvrent la pièce, quelquefois très lourde, qui est suspendue au treuil de la grue roulante.

Le four à rivets est tout auprès de la machine; un aide y prend les rivets avec une pince et les jette aux riveurs.

La tête d'un rivet bien posé ne doit présenter ni fentes, ni gerçures ; il faut que sa base soit partout adhérente à la surface de la tôle, et que la tête soit pleine et hémisphérique, pour témoigner que la matière n'a pas manqué.

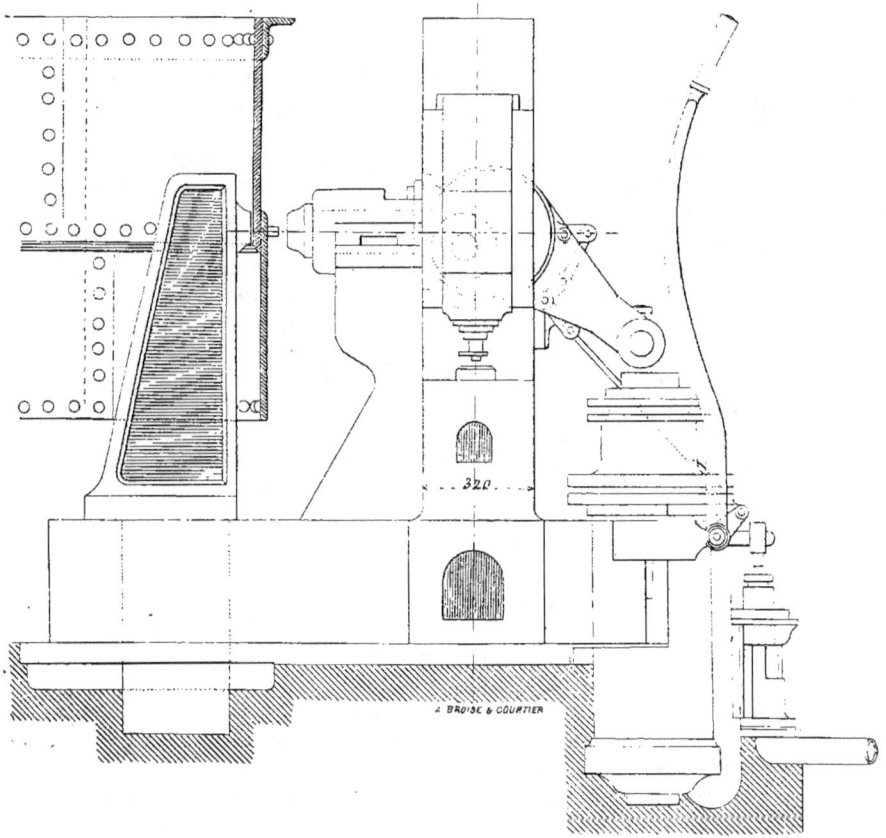

Fig. 166.

La figure 166 représente une riveuse à vapeur, capable de poser environ 6 rivets à la minute, soit sur des pièces horizontales, soit sur des pièces verticales. Elle porte à cet effet deux bouterolles mobiles à l'aide d'un excentrique ; c'est la bouterolle horizontale qui fonctionne pour le moment et qui pose les rivets d'un cylindre vertical en tôle.

Le rivet est engagé dans le trou des feuilles à réunir et sa tête est amenée dans la bouterolle fixe qui se trouve à gauche de la figure ;

l'ouvrier agit alors sur le levier pour donner de la vapeur au cylindre, le piston du cylindre agit sur la bielle dont l'excentrique chasse en avant la bouterolle mobile ; celle-ci écrase le rivet et forme une seconde tête hémisphérique qui vient s'appliquer fortement sur la tôle extérieure. Un appareil de changement de marche permet de faire fonctionner, si c'est nécessaire, la bouterolle verticale.

L'inconvénient de cette machine est de ne point assurer un parfait serrage des tôles avant et pendant l'écrasement du rivet ; l'adhérence obtenue n'est pas aussi parfaite qu'elle pourrait l'être et la seconde tête du rivet renferme moins de métal qu'elle n'en aurait avec un bon serrage.

Il est vrai qu'il serait facile d'adjoindre aux bouterolles deux mâchoires qui produiraient le serrage des tôles avant que le rivet commence à s'écraser.

Il va sans dire que la position de l'excentrique est réglée de manière à donner à la bouterolle la course voulue, eu égard au nombre et à l'épaisseur des tôles à réunir.

Néanmoins ces machines à excentriques ont le tort d'agir plutôt par choc que par pression continue, et c'est la pression continue qui seule peut donner une adhérence parfaite et le remplissage complet du trou par le fer du rivet. Les machines de ce genre, quoique plus expéditives que le travail à la main, sont encore trop lentes ; le fer du rivet a le temps de se refroidir pendant l'opération, il perd de sa plasticité et remplit mal les cavités.

On a quelque peu corrigé ces inconvénients par l'emploi de riveuses à vis mues par des cylindres de friction exerçant une action plus rapide. Mais c'est dans le rivetage hydraulique qu'on a trouvé le vrai remède ; par lui on est arrivé à transformer réellement en masse presque homogène une série de tôles juxtaposées.

Rivetage hydraulique. — Nous décrirons au volume suivant les machines hydrauliques et les accumulateurs, dont on a tiré dans ces derniers temps un grand profit pour la manutention des pièces les plus lourdes et pour la dissémination de la force motrice.

Nous ne voulons donc pas entrer ici dans la description détaillée des appareils de compression et nous nous attacherons seulement à exposer le principe des riveuses hydrauliques.

La figure 167 représente, au dixième de sa grandeur, un de ces appareils, déjà ancien, construit par Tangyes, de Birmingham ; cet appareil, qui fonctionne surtout comme poinçonneuse, peut servir de riveuse et même de cisaille. Un levier M, de 1 mètre de longueur, agit sur un arbre horizontal et sur cet arbre est calée une noix ou petit levier de 0^m036 de rayon qui agit sur le cadre du piston plongeur N, mobile dans le petit corps de pompe O ; ce corps de pompe est entouré d'un réservoir en fonte malléable L rempli d'huile, et le tout est vissé sur un cylindre en fer forgé R. Quand le piston N, sollicité par le levier M, se lève, l'huile du réservoir est aspirée dans le corps de pompe en passant par la soupape P qui s'ouvre de droite à gauche ; quand le piston N redescend, cette huile est refoulée dans le cylindre R en passant par la soupape située au bas du petit corps de pompe, soupape qui s'ouvre de haut en bas. L'huile du réservoir L est donc ainsi peu à peu refoulée dans le cylindre R et elle y comprime le piston-mouton Q ; la pression de l'huile est transmise à ce piston par l'intermédiaire d'un cuir embouti X

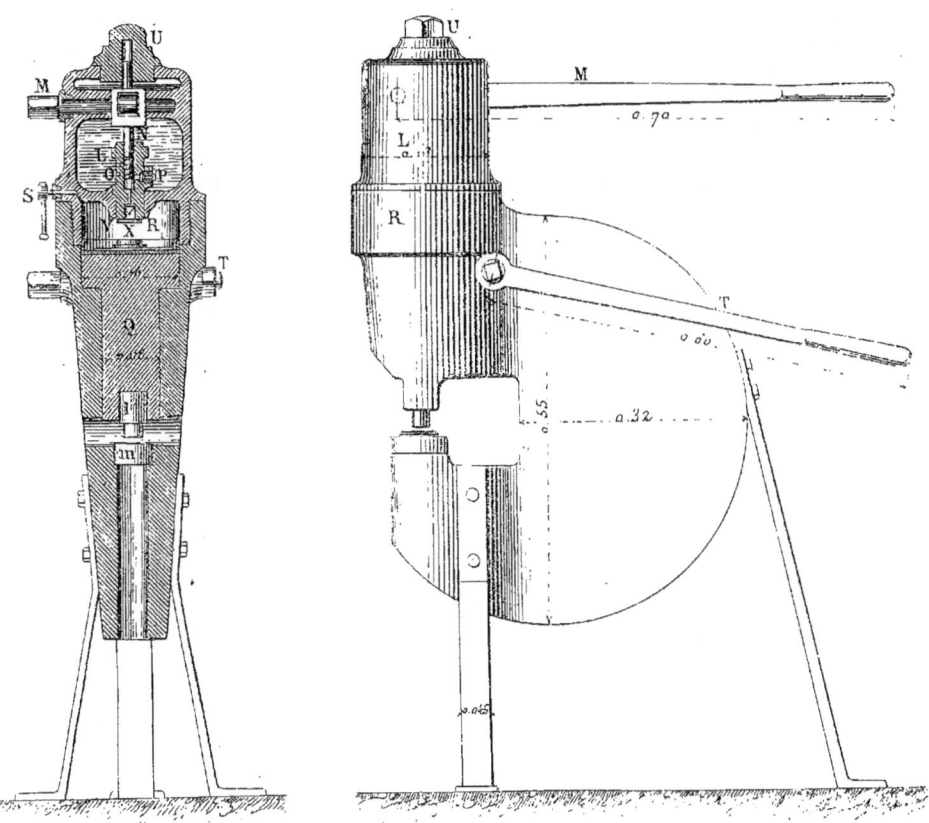

Fig. 167.

qui supprime les fuites. La pression exercée sur le piston Q est transmise par lui à la bouterolle ou au poinçon mobile l qui se rapproche peu à peu de la bouterolle fixe ou de la matrice m; le poinçon et la matrice ou les deux bouterolles sont en acier fondu. Quand le piston Q est au bas de sa course et a terminé son effet de compression, il faut pouvoir le relever et il est nécessaire pour cela que l'huile du cylindre R remonte dans le réservoir L ; c'est l'écrou à clef S qui y pourvoit, on le tourne, il ouvre une petite valve de communication et en agissant sur le levier T on remonte tout le système du piston Q. L'appareil est prêt pour une nouvelle opération.

Le corps de pompe N a 0^m016 de diamètre ; le grand diamètre du piston Q est de 0^m14 et le petit de 0^m08.

Un ouvrier, exerçant sur le levier moteur une pression de 25 kilogrammes sans effort et de 50 kilogrammes avec effort, transmet à la bouterolle des pressions de 45 ou de 90 tonnes, déduction faite des frottements.

Ces chiffres seuls montrent toute la puissance de ces appareils, qui cependant sont très faciles à manier et à déplacer puisqu'ils ne pèsent que 212 kilogrammes ; ils peuvent donc être utilisés sur les chantiers mêmes de montage, ce qu'on ne saurait faire en général avec les riveuses à vapeur.

L'appareil que nous venons de décrire et qui porte en lui-même sa pompe de compression, n'est plus usité ; on se sert d'ordinaire d'appareils beaucoup plus simples qui reçoivent leur eau comprimée soit d'un accumulateur, soit d'une conduite forcée.

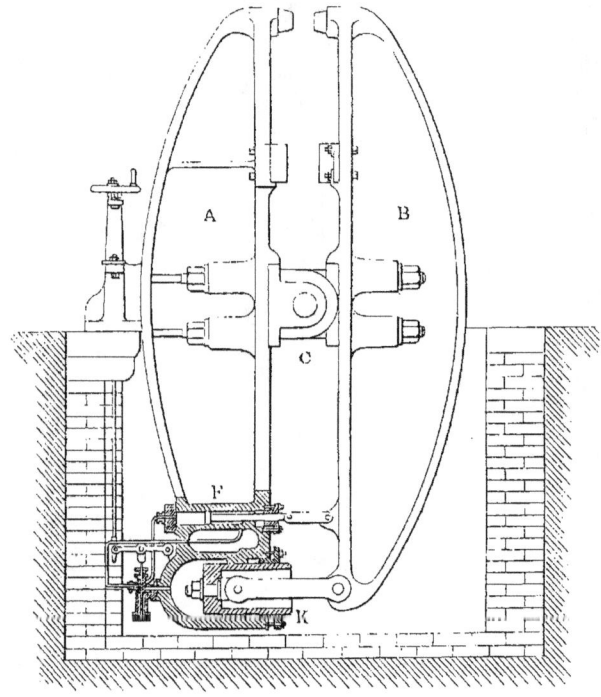

Fig. 168.

Dans les grandes usines où les riveuses sont établies à poste fixe, les deux mâchoires de la riveuse sont en regard l'une de l'autre, verticales ou horizontales ; l'une d'elles porte une bouterolle mobile, montée à l'extrémité d'un piston sur lequel agit l'eau comprimée ; la simple manœuvre d'une manette suffit à faire arriver l'eau ou à l'évacuer et ce mouvement élémentaire correspond à la pose d'un rivet.

Les riveuses fixes du Creusot, alimentées par un accumulateur qui donne l'eau à la pression de 105 kilogrammes par centimètre carré, ou 101 atmosphères, exercent par leur bouterolles mobiles une pression qui varie de 20 à 80 tonnes. Des accumulateurs différentiels permettent d'obtenir une pression qui va croissant depuis le moment où commence l'écrasement du rivet jusqu'au moment où la bouterolle arrive en contact avec la tôle.

La figure 168 représente, d'après une notice de M. l'ingénieur de Nansouty, la disposition d'ensemble d'une riveuse américaine dont une mâchoire A est fixe et l'autre B mobile autour d'un axe d'articulation C. La mâchoire mobile étant aussi écartée que possible de la mâchoire fixe à la partie supérieure, l'eau comprimée agit d'abord dans le petit cylindre F sur le piston qu'elle pousse de gauche à droite, de manière à amener la bouterolle mobile en contact avec la tige du rivet à écraser ; à ce moment le grand piston K entre en action et produit l'écrasement du rivet sous une pression considérable. Ce piston est à simple effet, tandis que celui du petit cylindre F est à double effet ; le serrage du rivet terminé, le sens de la pression de l'eau dans le cylindre F est renversé et son piston revient de droite à gauche, entraînant la mâchoire mobile en même temps que l'eau du grand cylindre s'échappe par une valve ouverte à cet effet. La manœuvre s'effectue à l'aide d'un simple volant à manettes qui agit sur les tiroirs.

La hauteur totale d'une mâchoire est de 3^{m}20 ; la machine est disposée de manière à économiser le travail de l'eau comprimée, puisque le gros piston agit seulement au moment du serrage.

Mais les plus curieuses de ces machines sont les *riveuses portatives;* alimentées d'eau comprimée par un tuyau flexible et suspendues à une chaîne et à un treuil roulant, elles se promènent à volonté dans l'atelier et prennent dans l'espace une position quelconque ; elles peuvent river les pièces les plus compliquées et les plus lourdes, sans que celles-ci aient à subir un seul déplacement, aussi conçoit-on sans peine quels services elles rendent et quelle économie elles donnent.

Les plus répandues de ces machines sont celles de MM. Tweddell; elles sont réduites à la plus simple expression : deux mâchoires sont articulées à une extrémité et portent à l'autre extrémité deux bouterolles en regard l'une de l'autre; une mâchoire est fixe, l'autre est mobile et reçoit directement l'action transmise par la tige du petit cylindre à eau comprimée. Un levier règle l'admission et l'expulsion de l'eau et par suite le mouvement de la mâchoire mobile. La figure 169 représente un

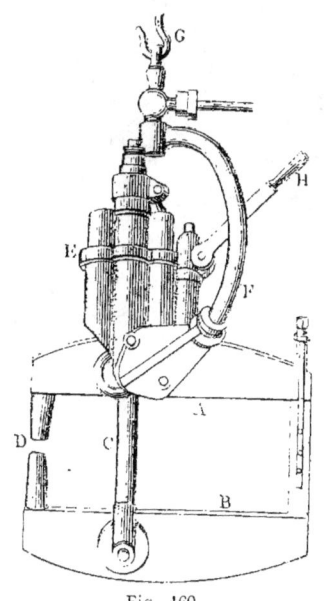

Fig. 169.

de ces appareils : A est la mâchoire fixe, B la mâchoire mobile, D les deux bouterolles, E le cylindre à eau comprimée avec le tiroir de distri-

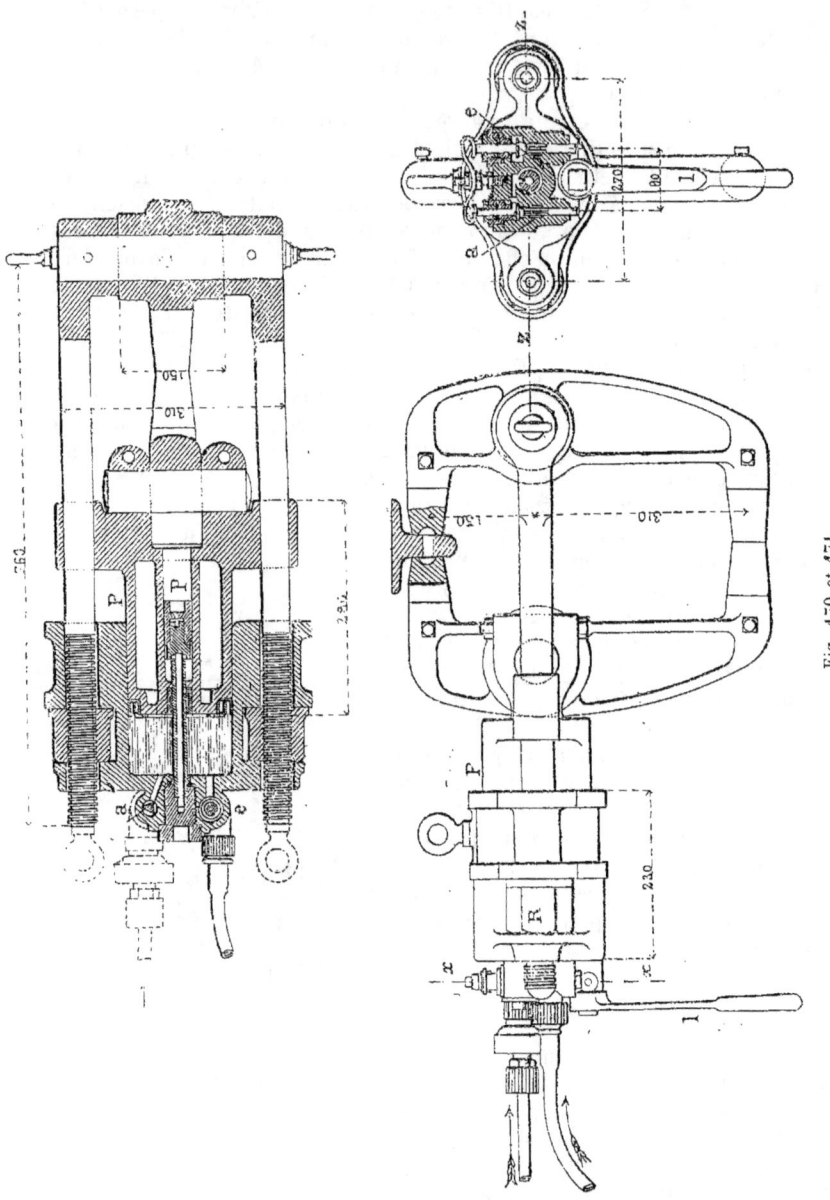

Fig. 170 et 171.

bution à son côté, tiroir sur lequel agit le levier H ; la traction est transmise à la tige C et par elle à la mâchoire mobile B ; l'eau comprimée arrive par le tube F à joints articulés. Tout l'appareil est suspendu à une chaîne par le crochet G.

On trouvera, dans la *Revue générale des chemins de fer*, décembre 1883, un article complet sur les riveuses hydrauliques rédigé par M. l'ingénieur G. Richard. Les figures 170 et 171 représentent une des machines portatives de Tweddell les plus employées.

« L'eau sous pression, admise sur la face du gros piston P par la soupape a, dès que l'on tourne à gauche le levier l, s'échappe par e quand on le tourne à droite; le gros piston est, en même temps, rappelé par l'action de l'eau sur le petit piston fixe p toujours en communication avec l'accumulateur. Les soupapes a et e, ramenées par des ressorts, sont ensuite maintenues sur leurs sièges par la pression même de l'eau ; elles sont très sensibles à l'action du levier l, qui ne peut fermer l'une sans ouvrir l'autre, dès qu'il dépasse un peu sa position moyenne. »

Des machines de ce genre peuvent fonctionner sur tous les chantiers; on alimente avec une locomobile un petit accumulateur qui emmagasine la puissance dépensée et la donne au moment même où elle peut être utilisée. On estime que, dans la construction des chaudières à vapeur, on pose en moyenne, à la minute :

1 rivet avec les outils à main,
2 rivets avec la riveuse mécanique,
12 rivets avec la riveuse hydraulique.

La main-d'œuvre est donc six fois moindre avec la nouvelle machine qu'avec l'ancienne et, si l'on paye 20 francs pour la pose d'un cent de rivets à l'aide de l'ancienne, cette pose ne reviendra qu'à 3 fr. 50 avec la nouvelle. La faveur accordée au rivetage hydraulique paraît donc justifiée à tous égards.

Prix de revient de la confection des poutres en tôle. — Les tôles et fers spéciaux ont évidemment un prix variable, qui nous paraît avoir oscillé dans ces dernières années de 0 fr. 20 à 0 fr. 25 le kilogramme.

Quel est le prix de revient de la main-d'œuvre pour confection des poutres en tôle? Il dépend évidemment de l'outillage du constructeur et de l'importance de la construction.

M. l'ingénieur Regnauld établissait comme il suit, en 1870, le prix des diverses mains-d'œuvre exécutées pour la confection de tabliers métalliques d'un poids total de 250,000 kilogrammes.

Planage des tôles, par kilogramme de l'ensemble.	0 f. 0046
Dressage des cornières	0 0045
Perçage : partie à la main, partie à la perceuse, et la plus grande partie à la poinçonneuse.	0 0046
Rivure, dont un tiers à la main.	0 0117
Traçage	0 0230
Burinage	0 0056
Forgeage	0 0064
Montage	0 0112
Contremaître	0 0050
Bardage des matériaux	0 0172
Réparation d'outils, dépense de charbon.	0 0069
Total.	0 f. 0800

La main-d'œuvre a augmenté de prix depuis lors, mais les procédés mécaniques et les transports se sont perfectionnés, et l'on peut encore admettre comme bon ce prix de revient moyen de 0 fr. 08 par kilogramme de fer.

En tenant compte en outre d'un déchet de $1/10^e$ dans les fers, on trouve pour le prix de revient brut du kilogramme de poutre en tôle 30 à 34 centimes.

Les prix payés d'ordinaire sont rarement inférieurs à 40 centimes et souvent de 45 centimes; ils laissent donc une certaine marge pour les faux frais, l'amortissement et le bénéfice.

Extrait, en ce qui concerne les fers et l'acier, du devis type arrêté par le Ministère des travaux publics. — ART. 41. — *Fers et aciers.* — « Les fers seront bien corroyés, doux, non cassants, malléables à froid, nerveux, d'un grain homogène, sans pailles, gerçures, brûlures ni autres défauts.

« Les aciers sont de l'espèce dite douce, non cassants, sans crevasses, pailles, gerçures, boursouflures ou autres défauts.

« L'ingénieur pourra faire faire, soit dans les usines, soit aux ateliers de construction, tous les essais qu'il jugera nécessaires pour s'assurer de la qualité et de la résistance des métaux; tous les frais de ces essais seront à la charge de l'entreprise.

« Les essais pour les fers et aciers, destinés à être employés sans être travaillés à chaud, consisteront à découper dans quelques fers de chaque espèce, choisis par l'ingénieur ou ses agents, des bandes de 0^m35 de longueur et 0^m03 de largeur. Ces bandes, après avoir été bien dressées au maillet, seront rabotées sur les côtés, de manière à présenter sur une longueur de 0^m20 une largeur de 0^m02; la partie rabotée sera raccordée avec les bords laissés bruts, par de longs congés. Les barreaux ainsi préparés seront rompus par traction au moyen de poids agissant directement, ou par l'intermédiaire de leviers tarés avec soin.

« Les barreaux pourront être découpés, soit dans le sens du laminage, soit dans le sens perpendiculaire.

« Les fers ordinaires devront s'allonger de 0^m04 au moins par mètre, sous une charge de 28 kilogrammes par millimètre carré de section; ils ne devront pas se rompre avant que la charge atteigne 32 kilogrammes par millimètre carré de section.

« Les fers devant être travaillés à la forge devront s'allonger de 0^m06 au moins par mètre, sous une charge de 30 kilogrammes par millimètre carré de section; la rupture ne devra pas se produire avant que la charge ait atteint 34 kilogrammes par millimètre carré de section.

« Les aciers devront s'allonger de 0^m03 au moins, sous une charge de 40 kilogrammes par millimètre carré de section, et la rupture ne devra pas se produire sous une charge inférieure à 45 kilogrammes par millimètre carré.

« Les fers et aciers destinés à être travaillés à chaud devront pouvoir prendre les formes indiquées par les projets, sans qu'aucune fente ou gerçure se manifeste, même lorsque le refroidissement s'opère dans un courant d'air vif.

Art. 90. — « Toutes les façons seront exécutées avec le plus grand soin, suivant les règles de l'art, les assemblages parfaitement ajustés, les montants ou traverses bien alignés.

« Les trous d'assemblage des pièces de fonte entre elles ou avec les fers seront percés à froid et alésés suivant les dimensions strictes pour qu'il n'y ait aucun jour dans les assemblages.

« Les étriers seront placés sans cales, épousant exactement la forme des entailles.

« Les boulons et les écrous seront taraudés avec soin.

« Les trous pour boulons et rivets, bien calibrés; ceux à percer dans les cornières seront toujours faits au foret, et non à la poinçonneuse.

« Les rivets seront fortement refoulés sur les pièces à assembler, la tête portant sur toute son étendue.

« Toutes les pièces de fer et fontes devront d'ailleurs être mises au levage et parfaitement dressées suivant les alignements et les niveaux fixés.

Extrait d'un devis-type de la Compagnie du Midi. — Pour compléter ces indications nous reproduirons, d'après M. l'ingénieur Regnauld, quelques extraits d'un devis-type de la Compagnie du Midi; ces extraits mentionnent quelques précautions, qu'on a jugé inutile de rappeler dans le devis-type du ministère, car il suffisait de dire que toutes les façons seront exécutées avec le plus grand soin.

Qualités du métal. — « Les tôles devront être d'une qualité au moins égale ou supérieure à celles employées généralement dans la fabrication des chaudières de machines à vapeur; celles de qualités inférieures seront refusées. Elles seront parfaitement laminées et très bien soudées, sans pailles, stries, gerçures ou manque de matière.

« Les tôles aigres, à nerf fouillé, qui se fendraient ou s'ouvriraient sous le poinçon, ou qui se déchireraient quand on voudrait les courber, infléchir ou cisailler, seront également refusées. Dans le travail à la machine à percer, à la machine à raboter ou à la cisaille, la tôle devra présenter, dans sa tranche, une coupe grasse.

« Les feuilles devront être planes; à cet effet, elles seront dressées au tas avec des marteaux. Leur exactitude, sous ce rapport, sera l'objet d'une vérification rigoureuse.

« Les fers cornières, à T, ou de toute autre forme, employés dans la construction, seront de qualités bonnes, susceptibles de se plier à froid comme à chaud, et d'être facilement travaillés à la forge, au poinçon et à la machine à percer, le tout sans gerçure ni altération.

« Ils seront laminés parfaitement droits et réguliers et seront dressés sur des tas en fonte ayant en creux la forme des fers.

« Les fers pour garde-corps et main-courante pourront être de seconde qualité, non cassants à froid. Ces fers seront parfaitement dressés après le laminage.

« Les rivets seront en fer de même qualité que celui employé pour les rivets des chaudières de locomotives. Ce fer sera ductile et tenace, et présentera, sous le rapport du nerf, de la finesse et de la propreté, toutes les apparences du fer le plus résistant.

« Les rivets doivent être obtenus en un seul coup de la machine à étamper, sans que le fer ait été surchauffé ou brûlé.

« Les formes et les dimensions de rivets seront exactement conformes aux dessins qui seront remis aux fournisseurs.

« Les têtes seront bien centrées et d'équerre à la tige; celle-ci sera droite et d'un diamètre uniforme, avec une tolérance de 1 millimètre au plus sous la tête.

« En conséquence les matrices, étampes et bouterolles servant à la fabrication et à la pose des rivets, des boulons, etc., seront renouvelées aussi souvent qu'il sera nécessaire.

« Les fers pour rivets et boulons seront capables de supporter les épreuves suivantes, auxquelles ils seront soumis.

« 1° Pour s'assurer de la résistance transversale, des bouts seront ployés sous un angle de 45°, et ces fers, redressés à froid, ne devront présenter ni cassure, ni criques, ni aucune détérioration.

« 2° Pour constater la résistance à la rivure, on rivera à chaud, et le fer devra s'étaler uniformément, sans se fendiller, et sans qu'aucune parcelle s'en détache. La rivure faite, les têtes ne devront jamais se détacher, quels que soient les chocs auxquels on soumettra les tôles autour des rivets.

« Les boulons seront en fer laminé de première qualité.

« Les fers pour boulons devront pouvoir supporter deux séries d'épreuves :

« 1° On éprouvera la résistance transversale des fers, comme il a été dit plus haut pour les fers des rivets ;

« 2° Dans la seconde épreuve qui sera faite sur les boulons fabriqués, on courbera le boulon à froid sur une enclume, jusqu'à rupture, pour s'assurer que le fer n'est pas cassant et qu'il présente une contexture convenable.

« *Travail des fers, tôles et fontes.* — L'ajustage sera fait de la manière suivante :

« Les tôles et fers spéciaux seront parfaitement dressés et coupés carrément.

« Les tranches des côtés découverts des tôles et couvre-joints seront dressées de manière à présenter des lignes régulières.

« Les rencontres de cornières suivant des angles déterminés devront être parfaitement régulières, et le travail rogné au burin après l'assemblage.

« Les tranches seront franches sur toute l'épaisseur et ne devront présenter aucune déchirure, ni manque de matière.

« Les tranches de toutes les pièces, tôles, fers, cornières, etc., dans les parties où les jonctions bout à bout devront avoir lieu, seront dressées à la machine à raboter de manière à assurer sur toute la surface du joint un contact parfait. Aucun dressage, aucun travail au burin ne pourra tenir lieu du rabotage. On devra adoucir à la lime les arêtes des feuilles de tôle, après l'affranchissement par cisaille, afin qu'aucune irrégularité n'empêche la parfaite juxtaposition des couvre-joints.

« Des axes mathématiques déterminés par des coups de pointeau seront établis au milieu de chaque feuille de tôle, et serviront à repérer exactement les lignes de rabotage et les alignements des trous.

« Les cornières, fers à T, et autres seront pliés sur des calibres en fonte ; pour éviter de brûler les fers, on devra les chauffer autant que possible au four et non à la forge.

« Les pièces de fonte formant les glissières et coins placés sur les maçonneries seront exactement rabotées pour assurer un contact parfait sur toute l'étendue des joints ; celles servant de simple support seront seulement dressées et ébarbées avec soin.

« Les boulons seront fabriqués avec le plus grand soin et parfaitement calibrés et tournés.

« Le filetage des boulons et le taraudage des écrous devront être nets, soignés et bien uniformes. Les boulons dont le filet serait engrené seront refusés. Les pas de vis seront conformes aux modèles agréés par la compagnie.

« Les boulons servant à l'assemblage des métaux entre eux seront exactement cylindriques sur toute leur étendue. Les têtes et les écrous seront à six pans. Les boulons servant à assembler les charpentes sur les pièces en fer ou en fonte des tabliers, seront à tête carrée et les écrous à six pans.

« Les fers pour garde-corps seront parfaitement dressés et auront exactement les formes prescrites.

« Les divers assemblages seront faits avec le plus grand soin et aussi solidement que possible.

« Les garde-corps, une fois posés, devront être rigides.

« *Perçage et rivure*. — L'entrepreneur devra, pour le diamètre et l'espacement des rivets, se conformer exactement aux dessins d'exécution.

« Le perçage de toutes les pièces devra être fait d'une manière régulière. Les fers percés seront complètement ébarbés de deux côtés, de façon à ce qu'ils puissent s'appliquer parfaitement les uns sur les autres.

« Le perçage des tôles cornières, fers spéciaux, couvre-joints, fontes et en général toutes les pièces répétées plusieurs fois dans la construction du pont, sera fait, autant que possible, mécaniquement.

« Pour vérifier la dimension des tôles, l'alignement des trous de rivets et leur diamètre, il sera fait, toutes les fois que cela aura été reconnu nécessaire par l'ingénieur de la compagnie, des calibres ayant exactement la forme des tôles à examiner.

« Les rivets près des joints devront être disposés de façon à provoquer le serrage des tôles en contact. Le contact des branches devra être parfait, sinon la rivure et les tôles seront refusées.

« Les cornières, doublures et couvre-joints devront, dans l'intervalle des rivets, être parfaitement appliqués sur les tôles et fers qu'ils recouvrent, même dans les parties où se présenteront des changements d'épaisseur, et ce, de façon à épouser exactement toutes les irrégularités de la superficie. Dans le cas où ce résultat ne serait pas obtenu, les pièces seront refusées.

« Les trous relatifs à un même rivet, dans des tôles et fers superposés, devront correspondre exactement d'une pièce à l'autre. Il sera néanmoins accordé une tolérance de 0^m001 au plus d'excentricité, à la condition de faire disparaître cette différence à l'équarrissoir.

« La rivure devra être précédée du serrage des tôles et des fers superposés ; la compagnie se réserve toute son action pour exiger que le nombre des boulons ou serre-joints à employer soit suffisant, elle devra en outre être opérée de manière à ce qu'aucun déversement ne se produise dans le corps ni dans la tête du rivet.

« Les trous devront être percés avec un poinçon dont le diamètre ne pourra dépasser celui fixé pour les rivets de plus d'un vingtième.

« Les rivets seront chauffés au rouge-blanc, ils seront appliqués à cette température et travaillés de manière à serrer fortement les fers et les tôles à assembler.

« Les têtes devront être bien cintrées, celle obtenue par la rivure sera nourrie à la naissance et ébarbée ; elle ne sera ni criquée ni fendue. Les rivets seront chauffés au four. Les fours seront placés près des ouvriers pour éviter le refroidissement des rivets dans le transport.

« Le constructeur sera tenu de se munir, pour les travaux sur le lieu du dépôt, de fours portatifs. Le chauffage à la forge ne sera jamais admis dans l'atelier du constructeur et sur les chantiers de pose. On ne pourra y recourir que pour des travaux partiels et sur les points où les rivets des fours ne pourraient arriver suffisamment chauds.

« Les rivures se feront à la machine à river. Cette machine devra opérer par pression le serrage des tôles, avant d'écraser la tête du rivet. Seulement, dans les parties inaccessibles à la machine à river, les rivures se feront à la main, à l'aide de la bouterolle et du marteau à devant.

« Il ne sera autorisé aucune rivure par le petit marteau de chaudronnier, ni aucun écrasement direct des rivets à l'aide du marteau à devant ou avec une chasse-plate. Les rivets et les formes de la bouterolle devront être approuvés par l'ingénieur de la compagnie.

« Les marteaux à main pèseront 4 kilog., et ceux à frapper par devant sur la bouterolle, 9 kilog. au moins.

« Le maintien de la tête du rivet aura lieu au moyen de tas en fonte, autant que possible maintenus par des vis de pression dites turcs. On ne tolérera des leviers que dans le cas où l'emploi des turcs ne serait pas possible. Toutes les précautions seront prises pour que ces leviers soient organisés de manière à tenir le coup le mieux possible.

« *Montage et pose.* — Pour faciliter la pose et le levage des poutres, on pourra river par partie. Les dimensions et les dispositions de ces parties seront fixées par l'ingénieur de la compagnie.

« Les poutres ou parties de poutres seront construites à plat sur des chantiers solidement établis, de manière à ne pas être dérangés par le mouvement des masses qu'ils supportent.

« Les chantiers seront élevés de 0^m80 environ au-dessus du niveau du sol, pour qu'on puisse passer dessous.

« Ce travail de la rivure sur les pièces montées sera suivi de façon à n'entraîner aucun gondolage ou déformation dans l'ensemble des parois, afin que les lignes et surfaces présentent exactement la forme et la continuité définies aux dessins des ouvrages.

« Si l'entrepreneur adopte un système de levage sans pont de service et qui nécessite par conséquent l'assemblage de deux parties importantes des poutres, il devra monter la jonction à l'atelier avec des soins particuliers; on alésera un certain nombre de trous de rivets dans les pièces assemblées, de manière qu'il soit possible plus tard, au levage, de reconnaître si les pièces sont bien présentées dans la même position respective qu'au montage de l'atelier.

« Les trous alésés seront brochés spécialement au levage avec des broches tournées et calibrées, afin d'assurer le maintien parfait de la construction dans sa position normale.

« Aucune pièce de fer et de fonte ne sortira de l'atelier du constructeur sans avoir été préalablement assemblée avec celles qui précèdent et qui suivent et avec les pièces latérales en contact.

« Cet assemblage provisoire devra être fait de manière à présenter un ensemble régulier sans gauchissement et en tout conforme à l'épure.

« L'ajustage et la pose de toutes les pièces de fer et de fonte devront d'ailleurs être faits avec la plus grande exactitude. L'entrepreneur sera responsable de tous les vices de la pose, de même qu'il est chargé de tous les détails de son exécution. »

Densité des fers, aciers et fontes. — Deux échantillons de fer, d'acier ou de fonte, n'ont jamais la même densité, car ils n'ont jamais la même composition chimique, ni le même rapprochement moléculaire; leur densité dépend notamment de la proportion de carbone contenue dans le métal et du travail que ce métal a subi.

On admet d'ordinaire, pour la densité de la fonte, 7,2, et pour celle du fer en barres, 7,8, c'est-à-dire que le litre de fonte pèse 7^k2 et le litre de fer 7^k8.

Nous pensons qu'on ne risque rien en adoptant ces bases pour les calculs de métrés, lorsqu'on ne peut peser les pièces, et qu'il faut simplement en calculer le volume; ces bases sont, en effet, plutôt au-dessus qu'au-dessous de la réalité, et ne peuvent, par conséquent, donner aucun mécompte.

Pour l'acier, on adoptera dans les calculs la densité 7,6.

DE LA FONTE; MOULAGE DES PIÈCES EN FONTE

Fontes blanche, grise, noire. — Dans les travaux publics, on rencontre plus souvent la tôle que la fonte; cependant, on a exécuté en fonte des ponts et viaducs de grandes et petites dimensions, et on s'en sert dans les travaux accessoires des constructions en tôle; on en fait aussi des tuyaux de conduite, des plaques d'égout, etc.

Comme nous l'avons vu en parlant de la trempe, on distingue deux espèces de fonte : la *fonte blanche* et la *fonte noire*. La différence entre elles est due à une cause physique : le carbone est à l'état de dissolution dans le métal fondu ; si la solidification est brusque, le carbone n'a pas le temps de se déposer et la fonte reste blanche; au contraire, un refroidissement lent détermine le dépôt plus ou moins régulier du carbone à l'état de graphite, et l'on obtient de la fonte *noire*, ou *grise*, ou *truitée*.

La fonte blanche possède un éclat métallique, presque argentin; elle est dure, inattaquable à la lime, se brise et se pulvérise sous le choc; elle sert à fabriquer le fer doux en barres; sa texture est uniforme, tout le charbon qu'elle renferme est à l'état de combinaison; on l'obtient par un refroidissement brusque de la fonte liquide; le carbone que celle-ci contient n'a pas le temps de cristalliser et il reste dans la combinaison. La fonte grise varie du noir au gris clair; elle est douce, se laisse limer et marteler sans se rompre sous les chocs; en examinant sa cassure à la loupe, on reconnaît que sa couleur est due à une multitude de paillettes noires englobées dans la masse; ces paillettes sont du graphite ou carbone cristallisé, que la fonte liquide a abandonné par un refroidissement lent. La fonte grise sert à mouler les pièces de toutes espèces; souvent on moule les objets avec de la *fonte de première fusion*, c'est-à-dire que l'on conduit dans les moules le liquide qui sort du haut fourneau; c'est ainsi qu'on opère pour les grandes plaques et les roues dentées qui servent au constructeur de machines; pour les objets qui demandent plus de soin et plus de fini, on emploie la *fonte de seconde fusion*, c'est-à-dire que l'on soumet les gueuses de fonte provenant du haut fourneau à une nouvelle fusion dans un four spécial.

Ce n'est qu'avec les fontes pures qu'on obtient à volonté la variété grise ou la variété blanche; les minerais sulfurés et phosphorés ne donnent souvent que de la fonte blanche.

La fonte au charbon de bois est toujours la meilleure, lorsqu'on se sert d'un minerai pur; la fonte au coke est de qualité inférieure, et cela se conçoit si l'on réfléchit que le charbon de bois est du carbone à peu près pur, tandis que le coke, si bien préparé qu'il soit, renferme toujours des matières étrangères, telles que des terres et des pyrites.

En général, la présence d'une troisième substance dans les alliages de fer et de carbone nuit à la ténacité du produit; c'est ainsi qu'agit le silicium lorsqu'il existe dans la fonte en qualité notable; mais en général le silicium disparaît dans le laitier si les proportions de minerai et de fondant sont bien calculées, ou bien il s'en va à l'état de silicate de fer lorsque les proportions sont mal calculées, et dans ce cas il y a un déchet dans le rendement.

Un peu de phosphore ralentit le refroidissement de la fonte et par suite produit un bon effet; mais lorsque la proportion augmente, la fonte devient cassante et impropre à beaucoup d'usages.

Le soufre en petite proportion exalte le pouvoir rayonnant de la fonte et accélère le refroidissement; en toute proportion, il la rend cassante. Sa présence est toujours funeste.

Le cuivre, dans un minerai, est nuisible à la fabrication du fer, parce que le fer cuivreux se gerce; mais il communique à la fonte de moulage une dureté plus grande. L'arsenic joue le même rôle.

Moulage des pièces en fonte. — C'est par le moulage que l'on obtient les objets en fonte; le cuivre et la fonte sont les deux métaux usuels qui se prêtent le mieux au moulage.

Une bonne fonte grise doit pouvoir prendre assez de fluidité pour bien remplir le moule dans lequel on la verse; il faut qu'elle ne subisse point un retrait trop considérable, qu'on puisse facilement la travailler à froid, qu'elle soit tenace sans être trop cassante. C'est à la température d'environ 1,200 degrés que s'opère la fusion.

Les fontes, suivant leur provenance, présentent telles ou telles qualités; en les mélangeant, on se procure le métal qui convient pour le but que l'on se propose.

Fig. 172.

La fonte de première fusion se rend dans les moules dès qu'elle s'échappe du haut fourneau.

La fonte de seconde fusion s'obtient en fondant les gueuses résultant de la première fusion, soit dans des fours à réverbère, soit dans des fourneaux ou cylindres verticaux qui prennent le nom de cubilots.

À l'orifice de coulée, on reçoit la fonte dans des poches métalliques de petites dimensions, qui sont fixées à des brancards et que les ouvriers vont vider dans les moules, ou bien dans de grandes poches, susceptibles de contenir plusieurs tonnes de fonte, et suspendues à des grues tournantes qui vont en verser le contenu dans les moules.

Les *moules* sont formés de châssis en fonte, au milieu desquels on place le modèle; autour du modèle, on tasse un bon sable doux et moelleux qui prend exactement l'empreinte, puis on enlève le modèle et on verse la fonte.

Les *modèles* doivent toujours être de formes évasées, afin de pouvoir s'enlever sans démolir le moule, et afin que l'objet moulé, lui aussi, soit facile à retirer. Il faut ménager dans la masse plusieurs *évents*.

La fonte subissant un *retrait* par le refroidissement, il faut avoir soin d'augmenter un peu les dimensions du modèle; ordinairement, le retrait est d'environ 1/100, et pour en combattre l'effet, on se sert, en établissant le modèle, d'un prétendu mètre, qui a 101 centimètres de longueur, bien qu'il ne soit divisé qu'en 100 parties.

Le moulage s'effectue soit au *sable vert*, soit au *sable étuvé;* dans le premier cas, on coule la fonte dans le moule encore frais; dans le second cas, le moule est porté à l'étuve, pour le débarrasser de l'eau et des gaz qu'il renferme.

Dans les pièces creuses, il faut ménager dans le moule des pleins correspondant aux creux; ces parties pleines sont formées par des boîtes dont les morceaux sont disposés de manière qu'on puisse les enlever sans les briser; au centre est un noyau vide, ordinairement un tuyau en tôle percé de petits trous par où les gaz s'échappent. Les boîtes à noyaux doivent être très solides, on les construit souvent en briques réunies par des armatures en fer.

Les parois du moule doivent être lissées avec du poussier de charbon, ou recouvertes au pinceau d'un enduit composé de poussier de charbon et d'argile délayés.

Pour les pièces grossières, on a recours simplement à de bonnes terres grasses et liantes, qui cependant ne soient pas susceptibles d'un retrait considérable; on ajoute à ces terres un peu de bourre ou de crottin de cheval, qui donnent à la masse la porosité nécessaire au passage des gaz, en même temps qu'ils l'empêchent de se crevasser.

Moulage en coquille. — Le moulage en coquille consiste à introduire la fonte liquide dans un moule en fonte; ce sont généralement des cylindres de laminoirs que l'on coule ainsi, l'épaisseur de la coquille doit être le tiers du diamètre du cylindre à produire. La surface de la fonte est soumise à une trempe, qui lui communique une dureté considérable.

Défauts des pièces moulées. — Les défauts que l'on peut relever dans une pièce fondue sont : les *bosses* qui proviennent d'un tassement insuffisant du sable; les *dartres* qui proviennent d'un défaut de lissage de la surface du moule, ou d'un léger éboulement du sable; les *soufflures* qui sont produites par des bulles d'air, qui, ne trouvant pas d'issue, se logent

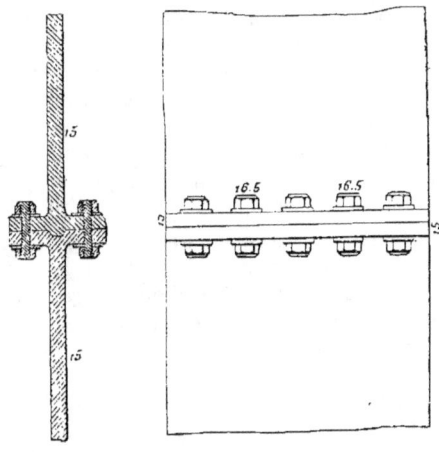

Fig. 173.

à la surface du métal; le *gauchissement* qui résulte de moules mal combinés (par exemple, lorsque les épaisseurs de métal sont très différentes en deux parties voisines, il peut se produire une rupture par suite de l'inégalité du refroidissement et du retrait). Les assemblages des pièces en fonte se font toujours au moyen de boulons, que l'on serre plus ou moins par leur écrou.

Fonte malléable. — Dans le siècle actuel, on est arrivé à produire ce qu'on appelle la *fonte malléable* : on moule les objets avec une fonte blanche, aciéreuse, et l'on obtient des pièces très dures, mais aussi très cassantes. On les décarbure, du moins à la surface, en les chauffant au milieu d'une matière oxydante qui brûle leur carbone; la matière oxydante ordinairement employée est la mine de fer ou hématite rouge (peroxyde de fer). Au bout de quelques jours, le métal a passé à l'état de fer sur une assez grande profondeur, et l'on peut facilement tailler, limer, buriner la surface. On obtient ainsi un précieux produit pour la reproduction des œuvres d'art, auxquelles on peut donner tout le fini désirable. La fonte malléable se polit aussi bien que l'acier. On reconnaît au rabotage que la décarburation ne pénètre guère à plus de 5 millimètres d'épaisseur à partir de la surface.

La fonte malléable rend de grands services, notamment en serrurerie, où elle permet de fondre des pièces, comme les clefs, qu'il fallait autrefois forger à grands frais.

De même, l'emploi s'en généralise pour les ferrures des wagons de chemins de fer.

Il ne faut pas oublier que la décarburation ne se fait pas sentir à plus de 2 centimètres de profondeur.

La fonte malléable se rompt sous un effort de traction de 26 à 30 kilogrammes par millimètre carré, et son allongement proportionnel ne dépasse guère 4 p. 100.

« Nous nous trouvons pour la fonte malléable, dit M. Lebasteur, en présence du fait paradoxal que voici : la fonte malléable a une faculté de déformation très grande ; un barreau de cette fonte peut être reployé sur lui-même, il peut être aplati sous le marteau, sans se rompre ni se criquer, et cependant sa faculté d'allongement sous traction est très faible. D'un autre côté, la fonte malléable est très tendre, les coups de marteaux les plus modérés suffisent pour la déformer. »

Moulage des fontes employées au pont Sully, à Paris. — M. l'ingénieur Brosselin, dans sa Notice sur les ponts Sully, ponts composés d'arcs en fonte de 50 mètres d'ouverture, a donné, sur le moulage et la préparation des pièces, des indications intéressantes, qu'il nous paraît utile de reproduire ici :

« *Dessins, commandes, fabrication et ajustage des fontes.* — Pour exécuter une pièce en fonte, on commence d'abord par faire le modèle de cette pièce, puis on exécute avec ce modèle un moule dans lequel on coule la fonte.

« Les modèles se font généralement en bois, et quelquefois en métal.

« Les moules sont exécutés en sables spéciaux, avec des précautions toutes particulières, dans des châssis en fonte en général, et ils sont formés de plusieurs parties préparées isolément et assemblées entre elles, dont le nombre et les dispositions varient avec la forme et les sujétions des pièces. On appelle noyaux les pièces rapportées pour réserver les vides intérieurs.

« On distingue trois espèces principales de moulage : en sable vert, séché ou flambé et étuvé.

« Le moule en *sable vert* est celui qui est employé tel quel, sans aucun mélange préalable.

« Le moule en *sable flambé ou séché* est celui dont les surfaces seules ont été légèrement séchées avant emploi.

« Enfin le moule en *sable étuvé* est celui qui a été parfaitement et complètement séché dans une étuve.

« La fonte employée peut être soit la fonte de première fusion que donne le traitement direct du minerai de fer dans le haut fourneau, soit la fonte de deuxième fusion que l'on obtient en refondant la fonte de première fusion au cubilot, soit un mélange de fontes de première et deuxième fusion.

« On a en seconde fusion des fontes d'une qualité égale et régulière ; mais il n'en est pas de même en première fusion, car l'allure d'un haut fourneau est difficile à régler, et il donne souvent, du jour au lendemain, des fontes de qualités très différentes.

« La fonte grise est la seule qui se prête bien au moulage. Elle est douce, se travaille facilement au burin et à la lime, et présente à la cassure un grain fin, serré et homogène. Sa densité ne dépasse pas 7^{k}20.

« *Dessins d'exécution.* — La préparation des dessins d'exécution présente une certaine difficulté.

« Il faut, en effet, être familier avec l'art du fondeur pour pouvoir arrêter convenablement toutes les dimensions d'une pièce de fonte, et les seules indications générales que l'on puisse fournir à ce sujet sont les suivantes : — donner un léger fruit appelé *dépouille* aux parties à engager dans le moule afin de permettre de retirer le modèle ; — régler les épaisseurs de façon que la fonte puisse arriver à bonne température dans toutes les parties du moule avec une distribution convenable des jets et des évents ; — enfin répartir le métal aussi également que possible, relier les parties saillantes aux âmes par des congés et des nervures, et disposer le tout de manière à éviter les cassures que peuvent déterminer, au refroidissement, le retrait de la fonte et la compression du moule qui en est la conséquence.

« Nous avons imposé à l'entrepreneur, par son marché, l'obligation de préparer, sous notre direction, tous les dessins d'exécution d'après les pièces du projet.

« *Poids théoriques.* — *Tolérance.* — On s'est prémuni contre les augmentations de poids et de dépense qui constituent des mécomptes trop fréquents, en imposant à l'entrepreneur par son marché, l'obligation de joindre aux dessins d'exécution minutieusement cotés des métrés détaillés, donnant le volume et le poids théorique de chaque pièce évalué avec la densité 7^{k}20 et en spécifiant les tolérances accordées.

« Toute pièce dont le poids individuel était inférieur de plus de 5 p. 100 au poids théorique pouvait être rejetée.

« Toute pièce dont le poids individuel était supérieur de plus de 5 p. 100 au poids théorique pouvait être rejetée.

« Enfin, il était accordé pour l'ensemble de la fourniture une tolérance de 3 p. 100 en sus du poids total théorique.

« *Marques venues de fonte.* — Toutes les pièces entrant dans la composition des ponts ont été repérées suivant un système de notation méthodique combiné de manière à donner la même marque aux pièces identiques, afin de faciliter le classement par lots et le travail des usines.

« Ces marques étaient indiquées sur les dessins, et on les a fait venir de fonte.

« Ce premier repérage a d'ailleurs été complété ultérieurement par de nouvelles marques à la peinture, arrêtées en vue du montage, quand l'ajustage a été terminé et que chaque pièce a eu pris dans le pont sa place définitive.

« *Commandes.* — Les commandes ont fait l'objet d'ordres de service indiquant, après vérification des dessins et des métrés, le nombre des pièces semblables à faire, les poids théoriques, les marques à faire venir de fonte, et, grâce à ces précautions auxquelles on a tenu la main, on a pu se renfermer dans les prévisions du projet.

« *Surveillance dans les usines.* — Le marché réservait à l'ingénieur le droit de faire surveiller la fabrication des usines. Cette surveillance est essentielle et doit être permanente, car c'est dans les usines que se font les essais des fontes, la visite, l'ajustage et la réception provisoire des pièces, l'assemblage à plat des fermes et enfin le pesage et l'application de la première couche de peinture.

« L'assemblage à plat des fermes doit être vérifié avec soin, et, pour éviter toute chance d'erreur, on a exigé que cette vérification fût faite au moyen de règles en bois de 5 mètres de longueur, identiques à celles qui avaient servi à l'implantation des maçonneries et étalonnées sur elles.

« C'est également d'après ces règles en bois que l'on a gradué les mètres spéciaux qui tiennent compte du retrait de la fonte (0^m01 par mètre environ), et dont on se sert pour l'exécution des modèles.

« *Modèles.* — Les modèles ont été exécutés :
« En sapin du Nord pour les coussinets, les voussoirs, les tympans et la corniche ;
« En noyer pour les modillons de la corniche et les pilastres du parapet ;
« En fonte pour les panneaux du parapet.

« On donne un excès d'épaisseur (0^m003 à 0^m01), aux parties qui doivent être ajustées ou rabotées. Si la surépaisseur n'est pas suffisante, l'outil mord mal sur la fonte qui présente des surfaces partielles non dressées, dites coups de feu.

« Les modèles en bois tendent à se gauchir dans le sable humide, et ils se déforment à l'usage. Lorsqu'ils servent à faire plusieurs moules semblables, il faut chaque fois les vérifier avec soin et les réparer.

« *Moulage.* — On a moulé :
« En sable étuvé, les coussinets de retombée, les voussoirs et les corniches ;
« En sable flambé ou séché, les panneaux des tympans ;
« En sable vert, avec noyau étuvé, les pilastres du parapet ;
« En sable vert, les panneaux du parapet.

« L'étuvage a été fait dans des chambres en maçonneries chauffées soit avec les gaz perdus des hauts fourneaux, soit avec un feu de houille ou de coke. Les moules restaient dans l'étuve pendant vingt ou vingt-quatre heures. Au début de la fabrication, l'usine de Lavoulte, qui n'avait pas d'étuves assez grandes, s'est contentée de sécher les moules à l'air libre avec un feu de coke placé sur des feuilles de tôle ; elle n'a pas obtenu ainsi de bons résultats (les parties extrêmes du moule n'étaient presque jamais assez sèches) et elle a renoncé à ce système, après avoir construit une nouvelle étuve.

« Le flambage des panneaux de tympans a été fait à Lavoulte, avec des fagots enduits de goudron, et, à Tamaris, avec un feu de coke ou de copeaux ne durant que quelques minutes.

« Les assemblages des châssis ne sont jamais parfaits ; la fonte pénètre toujours plus ou moins dans les joints, et forme sur les pièces des bavures saillantes, que l'on nomme coutures. Ces coutures sont difficiles à buriner proprement quand elles se présentent au milieu de surfaces planes et on doit, autant que possible, faire correspondre les joints des châssis à des arêtes.

« Nous n'avons pas pu obtenir, malgré nos instances, que les panneaux de tympans fussent moulés en sable étuvé, procédé qui donne les meilleurs résultats.

« Les usines nous ont objecté que, pour des pièces minces d'aussi grandes dimensions, le sable étuvé offrirait une trop grande résistance au retrait.

« L'objection peut avoir sa valeur. On a exécuté cependant à Lavoulte un panneau en sable étuvé qui est très bien venu et qui fait aujourd'hui partie des ponts.

« Les grands panneaux de tympans présentaient du reste, nous devons le reconnaître, de réelles difficultés, et on a obtenu en somme des résultats très satisfaisants à Tamaris, grâce aux précautions prises pour le lissage et le séchage des surfaces. On démoulait peu de temps après la coulée.

« *Nature des fontes.* — Le marché prescrivait l'emploi de la fonte de deuxième fusion. Cette prescription a été rigoureusement suivie à Tamaris. A Lavoulte, on a autorisé exceptionnellement l'emploi de fonte de première fusion, soit seule, soit mélangée en proportions variables avec de la fonte de deuxième fusion.

« *Ébarbage.* — L'ébarbage consiste à enlever au moyen de racloirs et de brosses en fil de fer le sable qui reste adhérent aux pièces, et à buriner les bavures ainsi que l'emplacement des jets et des évents.

« Les pièces moulées en sable étuvé se nettoient assez facilement ; mais les pièces moulées en sable vert retiennent toujours une certaine quantité de sable qui s'enlève mieux, quoique difficilement encore, quelque temps après.

« *Visite des pièces.* — Une première visite des pièces a été faite après l'ébarbage. C'est à ce moment qu'il convient d'éliminer les pièces défectueuses, celles qui ne remplissent pas les conditions de poids réglementaires, et enfin celles qui proviennent des coulées pour lesquelles les barreaux d'essai n'ont pas satisfait aux épreuves dont il sera parlé plus loin.

« Les pièces rebutées étaient mises de côté et brisées, et les pièces reconnues susceptibles d'emploi étaient poinçonnées à la marque de l'administration.

« *Défauts des fontes.* — Les défauts qui ont été relevés le plus habituellement sont les suivants : soufflures, piqûres, criqûres, reprises, gouttes froides, friassures, dartres, pourriture, gauchissements, écornures, épaufrures, épaisseurs irrégulières, bosses.

« Les soufflures sont déterminées par les bulles d'air ou de gaz qui n'ont pas pu s'échapper. On les trouve surtout dans la partie supérieure des pièces. Elles sont rarement apparentes et presque toujours recouvertes d'une couche métallique de peu d'épaisseur, quelquefois plus brillante que les parties voisines.

« Les piqûres sont de petites soufflures.

« Les criqûres sont des fentes produites par le retrait; elles se sont manifestées principalement dans la nervure supérieure des corniches.

« Les reprises sont des défauts de soudure qui proviennent le plus souvent d'un temps d'arrêt dans la coulée. Elles sont presque toujours visibles sur les deux faces de la pièce, et on peut, avec un marteau, séparer les parties qui ne sont pas soudées.

« Les gouttes froides et les friassures se produisent quand la fonte n'est pas assez chaude ou quand elle n'est pas assez fluide.

« Les gouttes froides entraînent en général des défauts de soudure, et on a trouvé dans le voisinage des vides analogues à de petites soufflures.

« Les dartres consistent en crevasses remplies de sable. Le sable, lorsqu'il est entraîné par la fonte au moment de la coulée, forme un creux auquel correspond une bosse, et il va se déposer à la partie supérieure du moule, où il détermine une crevasse. Ce défaut, rare dans les pièces coulées en sable d'étuve, a été au contraire fréquent pour les pièces coulées en sable vert.

« Les crasses ou pourritures proviennent des impuretés de la fonte; on les a trouvées près des jets et à la partie supérieure des pièces moulées en sable vert.

« Les épaisseurs irrégulières, les écornures, les épaufrures proviennent de modèles ou de moules défectueux.

« L'usine de Lavoulte a produit un certain nombre de voussoirs courbes. Ce résultat paraît dû à l'emploi de modèles déformés.

« *Réparation des défauts; tolérance.* — L'appréciation des défauts qui doivent entraîner le rebut d'une pièce est chose délicate, et aucune règle ne peut être donnée à ce sujet. Tout dépend de la destination de la pièce ainsi que de la nature et de l'importance des défauts relevés à la surface.

« Il faut être d'autant plus sévère que le système adopté pour le moulage est plus défectueux, et n'admettre que des pièces bien nettes et bien saines.

« On a toléré, aux ponts Sully, les défauts qui n'ont pas paru de nature à nuire à la solidité, et qu'il a été possible de dissimuler convenablement.

« Les soufflures, les criqûres, les dartres et les pourritures peuvent être réparées avec des pièces de fer rapportées ou au moyen de soudures.

« L'emploi de pièces de fer ne présente aucun inconvénient; on dresse au burin et à la lime l'emplacement de la pièce à rapporter, on l'introduit à force avec un marteau et on la fixe avec des vis en fer.

« Les soudures se font avec du zinc, des alliages fusibles à une température peu élevée ou de la fonte. Le zinc et les alliages ne se soudent pas avec la fonte, et on ne peut s'en servir que pour des soufflures peu importantes. L'emploi de la fonte s'impose dès qu'il s'agit de criqûres ou de pourritures un peu importantes ; ce procédé a donné rarement de bons résultats, quelles que fussent les précautions prises, et il s'est presque toujours produit des cassures au retrait. On doit ne l'employer qu'avec une extrême réserve, sinon le proscrire absolument.

« Les soufflures et les dartres ont été aussi bouchées avec du mastic à la limaille de fonte appliqué à chaud dans la cavité bien nettoyée.

« Enfin les gouttes froides et les friassures ont pu être dissimulées en partie, avec du mastic de vitrier, au moment de l'application de la première couche de peinture.

« Les voussoirs qui présentaient plus de 0^m015 de gauche ont été rebutés, et les autres ont été employés. Cette tolérance n'a pas présenté d'inconvénients.

« *Essais des fontes.* — Les fontes ont été essayées au choc et à la flexion.

« Les essais au choc ont été faits sur des barreaux carrés de 0^m04 de côté et de 0^m20 de long, avec un boulet libre de 12 kilogrammes suspendu à une ficelle, et une enclume de 12 kilogrammes simplement posée sur le sable, dont les couteaux étaient espacés de 0^m16.

« On partait de la hauteur initiale de 0^m65 et on procédait par augmentations successives de 0^m03. Ce système est d'une application délicate et ne donne pas de résultats bien précis. On opérait mieux à Lavoulte qu'à Tamaris.

« On a fait des essais comparatifs sur des barreaux de mêmes dimensions, avec un mouton arrondi de 12 kilogrammes maintenu par des guides verticaux, et une enclume de 800 kilogrammes scellée dans le sol, dont les couteaux étaient également espacés de 0^m16, en partant de la hauteur initiale de 0^m35 et procédant par augmentations successives de 0^m02. Cet appareil donne des résultats plus rapides et plus sûrs et doit être préféré au précédent.

« Les essais à la flexion ont été faits sur des barreaux carrés de 0^m0815 de côté et de 0^m455 de long avec l'appareil Monge. Le barreau est placé entre les deux couteaux en acier d'une mâchoire solidement scellée dans un mur, et il est assemblé, au moyen d'un étrier et d'un coin, avec un levier en fer à l'extrémité duquel se trouve un plateau que l'on charge de poids ou une cuve que l'on remplit d'eau. La distance entre le couteau inférieur et le point de suspension de la cuve ou du plateau, ou le bras du levier est de 2 mètres. L'appareil de Lavoulte comportait une cuve et celui de Tamaris un plateau. La cuve permet d'éviter les chocs et donne des résultats plus précis. On commençait par charger l'appareil d'une manière continue et régulière jusqu'au poids de 700 kilogrammes (y compris la tare du plateau ou de la cuve et du levier). On laissait ce poids agir pendant une minute, et on procédait ensuite par augmentations successives de 20 kilogrammes à une demi-minute d'intervalle.

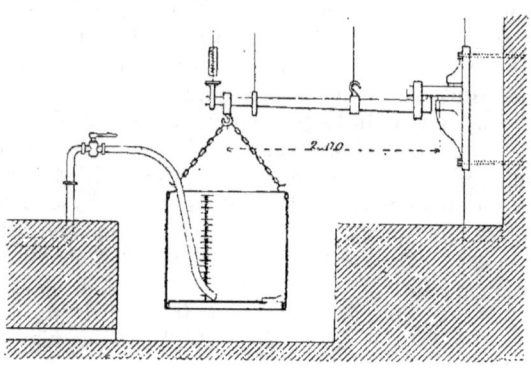

Fig. 174.

« Le marché stipulait que les barreaux d'épreuve devaient résister :
« Pour l'essai au choc, avec boulet libre, à une chute minima de 0^{m}75 ;
« Pour l'essai à la flexion, à un poids minimum de 700 kilogrammes.
« Toutes les pièces provenant d'une coulée portaient le numéro de cette coulée venue de fonte, et le même numéro était reproduit sur les barreaux d'épreuve correspondants.
« Ces barreaux étaient au nombre de six par coulée : deux pour chaque essai. Ils étaient moulés en sable d'étuve.
« La moitié était fondue au commencement de l'opération et l'autre à la fin avec la fonte restant dans la poche.
« Les deux séries parallèles d'essais au choc n'ont pas été organisées dès le début de la fabrication.
« On a réduit le nombre des barreaux pour les coulées peu importantes, et on n'a pas fait d'essai pour les coulées qui ne comportaient que des pièces de corniche et de parapet.
« Quelques barreaux ont présenté des défauts (gouttes froides, pourritures) qui en ont altéré la résistance.

« *Percement des trous de boulons*. — Il est d'usage, pour les pièces à assembler au moyen de boulons, de faire venir l'un des trous de fonte en lui donnant un diamètre plus faible, afin de pouvoir l'aléser convenablement, et de percer l'autre à la demande.
« Cette pratique a été suivie aux ponts Sully. Elle n'a pas présenté d'inconvénients sérieux. Mais il est rare que les trous ainsi réservés occupent exactement leur véritable position, et quand on a un certain nombre de pièces semblables à assembler, il est préférable pour l'ajusteur de percer tous les trous d'après le même gabarit.

« On est allé plus loin pour l'assemblage des corniches avec les fermes, qui exigent moins de précision, et, afin d'activer la pose, on a fait venir les deux trous de fonte en les allongeant dans deux directions perpendiculaires. Il n'y a pas eu, au montage, concordance entre ces trous, et le résultat obtenu n'a pas été satisfaisant.

« Ce mode de procéder doit être absolument proscrit.

« Il convient même, suivant nous, d'interdire d'une manière générale l'usage des trous venus de fonte.

« *Assemblage à plat des fermes*. — On a assemblé à plat, dans les usines, les arcs et les tympans qui composent chaque ferme, après le rabotage des joints.

« Cet assemblage a été fait sur un chantier formé de vieux rails en fer placés à une certaine hauteur au-dessus du sol, afin de permettre de vérifier les deux faces de la ferme.

« On a assemblé d'abord les voussoirs de l'arc en les serrant les uns contre les autres au moyen de serres-joints, puis on a tracé et percé les trous des boulons. On a assemblé, ensuite, au moyen de serres-joints, les panneaux des tympans entre eux et avec l'arc, et on a tracé et percé les trous des boulons.

« Cela fait, on a mis de place en place des boulons de calibre définitif pour serrer fortement tous les joints, et on a procédé à la vérification de la ferme.

« Cette vérification a consisté à s'assurer d'abord que les boulons étaient parfaitement serrés, qu'il n'y avait aucun jeu dans les joints rabotés, et que l'arc et les tympans étaient bien placés dans un même plan horizontal.

« On a constaté ensuite avec un mandrin la concordance des trous d'assemblage dans lesquels il n'y avait pas de boulons.

« On a relevé l'épaisseur du joint entre l'arc et le tympan, ainsi que l'alignement du dessus du tympan.

« On a vérifié la position du tympan par rapport à l'arc, et enfin on a mesuré avec le plus grand soin la flèche et la corde de l'arc.

« Les mesurages ont été faits avec des règles en bois de 5 mètres de longueur, comme on l'a déjà dit.

« On s'est attaché autant que possible à éviter d'avoir à faire des corrections relatives à la température, en choisissant un moment convenable pour les opérations.

« Lorsque cela a été impossible, on a fait les corrections au moyen d'un mètre en acier dont la longueur à zéro coïncidait avec celle des règles en bois. On plaçait à l'avance ce mètre en acier sur l'arc métallique, de façon qu'il prît à peu près la température de la fonte ; on le comparait, au moment du mesurage, avec la règle en bois, et on rectifiait en conséquence les longueurs données par cette dernière règle.

« Le tolérance fixée était de 0^m005 en plus ou en moins pour la corde et de 0^m005 en moins pour la flèche de l'arc. On s'est tenu, en fait, à quelques millimètres près dans ces limites ; mais pour obtenir ce résultat, on a dû retoucher le voussoir de clef de la plupart des fermes.

« *Réception provisoire, pesage, peinture*. — La réception provisoire des pièces a été prononcée après l'assemblage à plat, quand le travail de l'usine a été complètement terminé, et on a pris en ce moment le poids net à porter en compte avant la peinture.

« Toutes les pièces de fonte ont reçu à l'usine une première couche générale de peinture au minium, puis une deuxième couche de peinture au minium qui a été appliquée seulement sur les surfaces qui ne pouvaient pas être peintes après le montage définitif. Il est essentiel que les pièces soient bien sèches et bien nettoyées.

« S'il reste du sable adhérent à la surface, la peinture en séchant se détache de la pièce et entraîne le sable. Cet effet est particulièrement à craindre pour les pièces moulées en sable vert.

« Enfin, et avant l'expédition, toutes les pièces de fonte ont été repérées à la peinture suivant le système de notation arrêté en vue du montage. »

Extrait du devis-type arrêté par le ministère des travaux publics.

ART. 42. — *Fonte*. — « La fonte devra être de la meilleure qualité, dite *fonte à la pointe*, c'est-à-dire susceptible d'être facilement travaillée au burin, au foret et à la lime. Elle sera bien compacte, bien homogène, sans solution de continuité, gerçures, bulles ni boursouflures ; sa surface ne présentera ni scories, ni sable entraîné dans la fusion, ni aucune espèce d'impureté. La cassure présentera un grain gris, serré ; et toute fonte blanche et truitée sera rejetée.

« La fonte sera coulée en châssis.

« Pour aider au coulage, les angles rentrants seront légèrement arrondis, mais les arêtes saillantes seront vives, et toutes les lignes seront parfaitement régulières.

« Les modèles seront exécutés en bois, et en tous points conformes aux indications données par les dessins. »

Assemblage de pièces de fer et de fonte; *mastic à la limaille de fer.* — Dans les constructions métalliques, on assemble parfois les pièces de fer ou de fonte à l'aide de boîtes venues de fonte, dans lesquelles s'encastre la pièce voisine. L'assemblage est consolidé au moyen de cales en fer et d'un mastic composé de sel ammoniac, de soufre et de limaille de fer, mastic dont voici la composition en poids :

Sel ammoniac	0,125
Soufre	0,250
Eau	0,600
Limaille de fonte	6,000

Le mélange donne lieu à un dégagement de chaleur et possède la propriété de durcir très vite et de faire corps avec les diverses parties de l'encastrement. On mélange d'abord les matières à sec, puis on ajoute l'eau. On bourre au matoir le mastic ainsi préparé et on le fait pénétrer dans le joint, dont on a préalablement nettoyé et humecté les surfaces.

La densité de ce mastic est de $3^k,752$; il ressue pendant longtemps et détériore les peintures ; aussi faut-il le poser longtemps avant de les entreprendre.

DE LA ROUILLE. — MOYENS DE PRÉSERVATION

Production de la rouille. — L'ennemi du fer est la rouille, c'est-à-dire l'oxydation et la transformation du métal en un oxyde pulvérulent. Cette oxydation exige, pour se produire, l'influence simultanée de l'air et de l'eau ; le fer ne se rouille ni dans l'eau privée d'air, ni dans l'air sec, ni dans l'oxygène sec. Il y a non seulement oxydation du fer, mais décomposition de la vapeur d'eau, dont l'oxygène se fixe sur le fer, tandis que l'hydrogène à l'état naissant engendre un peu d'ammoniaque en se combinant avec l'azote de l'air.

Les enduits, peintures et vernis ne sont pour le fer que des préservatifs temporaires ; pour les fers immergés, les peintures à la céruse sont les moins efficaces, et les enduits au goudron de gaz sont les meilleurs.

Les fers, immergés à une certaine profondeur dans des eaux courantes, ne sont pas toujours attaqués ; Vicat cite à ce sujet les constatations faites lors de la démolition du vieux pont de Grenoble, qui avait 212 ans d'existence : 1° les crampons noyés dans le mortier étaient aussi sains qu'au premier jour ; 2° les chevillettes des grillages, cependant non préservées du contact de l'eau, et 3° les sabots des pieux enfoncés dans le gravier, étaient intacts. Vicat explique cette circonstance par ce fait que les eaux courantes renferment souvent des matières étrangères, dont une proportion même très faible suffit parfois pour empêcher l'oxydation du métal, et par cet autre fait qu'à une certaine profondeur l'eau, quasi dormante, est peu aérée.

Quoi qu'il en soit, on ne devra jamais compter sur la conservation des fers abandonnés dans l'eau.

Les gros fers exposés à l'air se protègent souvent d'eux-mêmes, sans enduit ni peinture, en se couvrant d'une couche d'oxyde brun, adhérente et mince. Vicat cite, à ce sujet, une grille ayant 200 ans d'existence, composée de gros barreaux de 0^m04 de côté, qui s'était d'elle-même recouverte d'une patine et se maintenait intacte.

Mais cet effet de conservation ne se remarque point sur les fers de petit échantillon, tels que les fils de fer et les tôles, et l'oxydation y fait de rapides progrès.

Il est même probable que la composition chimique des fers a une grande influence sur la rapidité du phénomène ; c'est un point qui n'a pas fait l'objet d'expériences suivies.

La rouille arrive à son maximum d'intensité dans les lieux bas et humides où l'air ne circule pas, comme les chambres dans lesquelles aboutissaient les câbles des anciens ponts suspendus. La présence de l'acide carbonique active le phénomène; il forme un carbonate de protoxyde de fer qui, absorbant de nouvelles quantités d'oxygène, se transforme en *protoxyde hydraté*, c'est-à-dire en *rouille proprement dite*. Cette rouille se soulève par pointes et par écailles; souvent elle se détache sans effort, souvent aussi elle exige l'emploi du ciseau et du marteau.

Les fers noyés dans le mortier, ou plongés simplement dans l'eau de chaux, ou dans une solution renfermant quelques millièmes de sous-carbonate de potasse ou de soude, ne sont pas sujets à la rouille. Cette propriété peut être parfois utilisée. On sait, du reste, que les échantillons de fer, conservés dans des vitrines, se maintiennent nets et brillants, si l'on place dans ces vitrines des assiettes remplies de chaux vive; celle-ci absorbe l'humidité et l'acide carbonique de l'air confiné.

Préservation du fer par une oxydation superficielle. — La facilité que le fer présente à l'oxydation a été utilisée pour mettre les pièces de ce métal à l'abri de la rouille, en les recouvrant d'une couche d'oxyde adhérent.

Quand du fer est exposé à l'air humide, il se forme d'abord une couche mince de protoxyde qui, vu son avidité pour l'oxygène, se transforme graduellement en sesquioxyde, ou peroxyde pulvérulent dont la couleur caractérise la rouille. C'est la pulvérulence du sesquioxyde et la facilité avec laquelle il cède lui-même son excès d'oxygène au métal sous-jacent, qui expliquent la propagation de la rouille dans la masse entière; le peroxyde, en partie réduit, reprend du reste son oxygène à l'air ambiant.

M. le professeur Barff a imaginé de soumettre le fer à une haute température à l'action de la vapeur surchauffée; il le recouvre alors d'une couche d'oxyde noir magnétique Fe^3O^4, que l'on peut considérer comme une combinaison du protoxyde FeO et du sesquioxyde Fe^2O^3. Cet oxyde magnétique est très stable, ne cède pas son oxygène au métal sous-jacent et forme une couche adhérente et dure. Cette couche une fois constituée, la rouille ne pénètre plus et le métal est protégé, chimiquement et mécaniquement; il résiste aux intempéries, aux frottements, et même à l'action de la lime lorsque l'action de la vapeur a été prolongée pendant 6 à 7 heures à la température de 630°. Si l'on enlève la couche protectrice, la rouille ne tarde pas à se développer sur les parties dénudées et l'expérience comparative est concluante.

Ce procédé a été appliqué, par M. le capitaine d'artillerie Bourdon, au bronzage des armes de guerre; il les recouvre d'une patine d'oxyde magnétique en les soumettant dans un réservoir en tôle à l'action prolongée de la vapeur d'eau à peu près sèche. L'opération dure 5 heures, à une pression de deux atmosphères et demie, et à une température de 340°. La couche obtenue est d'un noir verdâtre, très adhérente et complètement préservatrice.

Enduit avec une composition de gutta-percha et de caoutchouc. — Un chimiste anglais, M. Davidson, recommande pour la préservation du fer une composition qu'il appelle peryline et qui comprend une solution chaude renfermant la mixture suivante : 62 grammes de gutta-percha dans 372 grammes d'essence de résine, 155 grammes de camphre dans 2 litres d'huile de lin, et 93 grammes de caoutchouc dans 373 grammes d'essence de térébenthine. A cette solution on ajoute peu à peu : 745 grammes de plombagine ou de céruse, 1^l7 d'huile de lin, 250 grammes de térébenthine, 370 grammes de vernis de copal qui donne le brillant et l'adhérence. — L'application se fait soit au pinceau, soit par immersion, et l'inventeur affirme qu'elle empêche et même qu'elle arrête la rouille.

Un constructeur de Berlin préconise l'huile de caoutchouc ; le caoutchouc s'incorpore à l'huile et on applique la préparation sur le métal avec un morceau de flanelle ; la dessiccation lente laisse sur le métal une peau mince qui le préserve. Cette préparation s'emploie également pour enlever les taches de rouille.

LE CUIVRE

Le cuivre, peu employé dans les travaux publics proprement dits, est d'un grand usage, sous forme de cuivre rouge, de laiton ou de bronze, dans les machines et dans les chemins de fer.

C'est un métal brun rouge, d'odeur et de saveur faibles et désagréables, densité 8,8, très ductible, très malléable, se réduit en feuilles minces ; vient après le fer comme ténacité, se rompt sous un effort de 24 kilog. par millimètre carré, donne à une haute température des vapeurs vertes ; il ne fond qu'à 23° du pyromètre de Wedgwood.

A l'air humide, le cuivre s'oxyde et se recouvre de vert-de-gris (hydro-carbonate de cuivre) ; à une température élevée, il s'oxyde aussi et se recouvre d'une poussière de protoxyde ou de sous-oxyde, poussière noire ou rouge.

Il est susceptible d'absorber un peu de charbon, et alors devient aigre ; mélangé d'un peu de phosphore, il devient très dur, et on peut alors en fabriquer des outils tranchants.

On lamine le cuivre, comme on fait pour le fer ; il est nécessaire de le réchauffer souvent pour éviter que les feuilles se déchirent.

Le cuivre pur peut être fondu et moulé ; mais ce métal est excessivement malléable ; il se travaille bien à chaud et à froid ; il vaut toujours mieux le forger, on lui donne ainsi plus de ténacité.

Le bronze et le laiton (alliages du cuivre avec l'étain ou avec le zinc) se fondent très bien ; on les moule dans du sable étuvé.

Le bronze est beaucoup plus dur que le cuivre ; le bronze pour canons et statues renferme environ 9 de cuivre pour 1 d'étain : presque toujours il y a un peu de plomb ou de zinc.

Le métal des cloches renferme 22 d'étain et 78 de cuivre. Les tamtams ont même composition; c'est par la trempe qu'on les rend élastiques et sonores.

Le laiton ou cuivre jaune, alliage de cuivre et de zinc, est ductile et malléable à froid, facilement fusible et se moulant aisément; à chaud, il est cassant.

Le laiton que l'on doit travailler au tour ne doit pas graisser la lime; il doit être plus riche en zinc; dans le fil de laiton, la proportion du cuivre doit être augmentée afin d'avoir plus de ténacité; le laiton bien malléable renferme 70 de cuivre pour 30 de zinc; dans les autres laitons, la proportion de cuivre est moins forte.

On distingue encore le similor (80 de cuivre et 20 de zinc), métal tendre; le tombac ou cuivre blanc (97 de cuivre, 2 de zinc, 1 d'arsenic), le chrysocale (88 de cuivre, 6 de zinc et 6 d'étain).

Le laiton et le cuivre sont employés pour former des éléments de machines; on s'en sert pour remplacer le fer dans les constructions à la mer; le cuivre résiste, tandis que le fer est rapidement détruit.

Le cuivre laminé a donné des plaques de doublage pour les vaisseaux; il résiste bien, quand il est pur.

Il faut toujours éviter d'accoler le fer et le cuivre, car il se produit rapidement une action galvanique qui oxyde les deux métaux et les ronge.

Résistance du cuivre. — La résistance du cuivre à la rupture par traction est de 24 kilogrammes par millimètre carré.

Il est donc sensiblement inférieur au fer sous ce rapport, mais il lui est supérieur pour l'élasticité, c'est-à-dire pour l'allongement proportionnel.

Cet allongement peut aller, avant la rupture, de 36 à 48 p. 100 de la longueur initiale (*fig.* 134).

Bronzes et laitons. — La Compagnie Paris-Lyon-Méditerranée emploie les alliages suivants :

1° Pièces à frottement circulaire, telles que coussinets de boîtes à graisse ou de bielles motrices, 82 de cuivre, 16 d'étain, 2 de zinc;

2° Pièces à frottement alternatif, 84 de cuivre, 14 d'étain, 2 de zinc;

3° Pièces sans frottement, robinets, sifflets, 90 de cuivre, 8 d'étain, 2 de zinc;

4° Tubes à fumée, 70 de cuivre, 30 d'étain;

5° Poignées, contre-poignées, charnières, 65 de cuivre et 35 d'étain;

6° *Métal antifriction*, 5 de cuivre, 71 d'étain, 24 d'antimoine;

7° *Soudure pour ferblantiers*, 46 d'étain, 55 de plomb;

8° *Soudure pour zingueurs*, 40 d'étain, 60 de plomb.

D'expériences américaines il résulte que l'alliage le plus résistant à la traction comprend 55 de cuivre, 43 de zinc et 2 d'étain; il est dur et peu ductile, mais il se forge et est peu oxydable.

Le *bronze phosphoreux* possède une dureté considérable, presque comparable à celle de l'acier; il reste en même temps ductile et malléable, bien qu'obtenu par fusion ; il ne s'échauffe ni ne grippe et est, par conséquent, d'un excellent usage pour les surfaces frottantes.

Prix du cuivre, de l'étain, du zinc et du plomb. — Les prix de ces métaux sont évidemment variables ; cependant on peut compter, dans une étude :

Le cuivre brut en barres ou lingots, à. . . . 2 fr. 40 le kilogramme.
L'étain   —   —   3   20   —
Le zinc   —   —   0   70   —
Le plomb   —   —   0   60   —

LE PLOMB

Métal blanc bleuâtre, dont la surface, très brillante lorsqu'elle vient d'être grattée, ne tarde pas à s'obscurcir et à se recouvrir d'une pellicule d'oxyde ; odeur très prononcée, très mou, tache le papier, malléable et ductile ; il fournit des feuilles très minces, mais il n'a guère de ténacité et se rompt sous une charge de 2^k85 par millimètre carré. Densité, 11,4. Il fond vers 330 degrés. A une température élevée, il brûle à l'air.

Le plomb, avons-nous dit, s'oxyde à l'air ; l'hydrate d'oxyde de plomb se dissout assez bien dans l'eau pure, telle que l'eau de pluie, et il la rend légèrement laiteuse ; dans l'eau ordinaire, qui est toujours impure, il ne se dissout pas.

Le plomb rendu aigre par l'addition d'un peu d'arsenic sert à fabriquer le plomb de chasse ; le métal fondu est jeté dans des passoires, et tombe d'une grande hauteur dans des réservoirs pleins d'eau ; les grains sont ensuite lissés par une rotation dans une tonne garnie de plombagine.

Le plomb laminé s'obtient par le coulage sur des tables bien dressées ; on peut aussi le laminer à froid. Le plomb doit être coulé à une température très basse et telle qu'une feuille de papier placée à la surface ne s'enflamme pas et ne fasse que se charbonner.

C'est surtout pour la composition des soudures que le plomb est utile : une soudure est un alliage fusible. Lorsqu'on veut réunir deux plaques d'un métal qui ne se soude pas à lui-même, ou qui ne le fait qu'à une température trop élevée, ou bien encore s'il faut joindre deux feuilles de métaux différents, on interpose entre elles un peu de soudure, sur laquelle l'ouvrier vient appliquer le fer à souder ; le fer à souder est un morceau de fer ou de cuivre, porté par un long manche et taillé en biseau ; l'ouvrier le fait chauffer dans un petit fourneau portatif et l'applique sur la soudure qui fond et colle ensemble les deux feuilles.

Aujourd'hui on est arrivé, en employant le dard du chalumeau à gaz, à remplacer la soudure au moyen d'un alliage fusible, par la soudure autogène ; c'est-à-dire que, grâce à une température considérable, on ramollit suffisamment le métal pour le souder à lui-même. C'est ainsi qu'on peut produire sur place la soudure autogène du plomb.

L'alliage de 1 partie d'étain et 2 de plomb est la soudure des plombiers.

L'alliage à parties égales de plomb et d'étain est la soudure des ferblantiers. Chauffé au rouge, cet alliage s'enflamme et se change en un mélange d'oxydes de plomb et d'étain, qu'on appelle la potée d'étain, et dont on se sert pour polir les métaux.

Darcet a inventé les alliages fusibles (mélange de bismuth, plomb et étain) dont quelques-uns fondent au-dessous de 100 degrés. On en a fait pour les machines à vapeur des rondelles fusibles dites de sûreté, qui n'ont pas réussi.

« Le plomb employé pour scellement pourra être vieux ; il sera bien épuré, ni graveleux, ni terreux.

« Le plomb laminé sera de la meilleure qualité, bien épuré, uni et doux, sans cassure ni gerçure. » (Devis-type de la Compagnie du Midi.)

LE ZINC

Métal blanc bleuâtre, texture cristalline et lamelleuse, se gerce et s'aplatit à froid sous le choc du marteau ; très malléable entre 120 et 150 degrés, il s'étire et se lamine facilement à cette température ; à 250 degrés, au contraire, il se pulvérise sous le pilon ; se rompt sous une charge de 4 kilogrammes par millimètre carré ; il est moins mou que l'étain et le plomb ; il graisse la lime. Densité, 7 ; il fond à 360 degrés, et brûle à l'air au rouge.

A l'air sec, il ne s'altère pas ; à l'air humide, il s'oxyde, et la couche d'oxyde formé le protège ensuite, car elle est adhérente et non soluble.

Le zinc laminé sert à recouvrir les toitures et les terrasses ; mais il rend peut-être plus de services encore pour la galvanisation du fer.

Le zinc fondu se moule depuis quelques années ; on le bronze ensuite à l'aide de la galvanoplastie, et on produit des objets d'art à bon marché, qui ne laissent point de faire assez bon effet.

La galvanisation du fer consiste à le recouvrir d'une couche de zinc, qui le protège de la rouille. Cette invention remonte à 1742, et fut remise au jour en 1836 ; le nom de galvanisation provient de ce que le zinc forme avec le fer un couple électrique, dans lequel le fer est l'élément électro-négatif.

L'objet à galvaniser est d'abord décapé dans une cuve remplie d'eau acidulée à l'acide sulfurique, où il reste plusieurs heures ; lorsque le fer est enduit de substances grasses, on chauffe à la vapeur l'eau de la cuve, afin de faire monter ces substances à la surface.

Le fer est ensuite bien lavé, puis gratté avec des outils d'acier et frotté avec des brosses très dures. On le traite alors par l'acide chlorhydrique qui enlève les dernières traces de rouille ; on le sèche à l'étuve ; on peut alors le plonger dans le bain de zinc fondu. Ce bain est recouvert de chlorhydrate d'ammoniaque, qui fond et qui décape une dernière fois la pièce de fer.

En quelques secondes, le zingage s'opère, on retire l'objet lentement pour laisser égoutter le zinc en excès, puis on le dépose dans un endroit sec où il se refroidit lentement. La pièce galvanisée est frottée avec du sable et brossée dans des bains d'eau, afin de la débarrasser des dernières traces de sel ammoniac.

Les objets galvanisés exposés à l'air humide se ternissent et se recouvrent d'une efflorescence blanchâtre très adhérente, qui devient bientôt une couche continue de carbonate de zinc, et préserve le métal de toute altération ultérieure.

La galvanisation conserve bien les morceaux de fer exposés à l'air de la mer.

La galvanisation augmente de beaucoup la durée des seaux en tôle, des couvertures, des clous, des gouttières et tuyaux de poêle en tôle, des châssis en fer, des fils de fer, des chaînes, des organeaux, des serrures, de tous les fers en un mot qui sont exposés à l'air humide.

NOTIONS SOMMAIRES SUR LA PEINTURE

La peinture est un enduit que l'on pose à l'état liquide ; la partie liquide s'évapore, et il ne reste que la substance solide tenue en suspension, qui forme une croûte plus ou moins adhérente à la surface qu'elle doit protéger.

On peut protéger le bois et le fer en en badigeonnant la surface avec du goudron minéral. Lorsque l'on goudronne des bois, il faut user de précaution, parce que le goudron est assez inflammable et ne s'éteint point facilement ; il est arrivé à des constructeurs maladroits de brûler en peu d'instants des constructions en charpente fort importantes.

Un bon mastic qui protège bien le bois est le suivant : on recouvre le bois d'une peinture commune à l'huile, puis on la saupoudre de sable et on enlève avec une brosse l'excès de ce sable qui doit être siliceux et sec. On applique alors une seconde couche de peinture que l'on saupoudre de sable, et l'on termine par une troisième couche d'huile et de sable. Cette peinture grenue n'est pas belle ; elle consomme beaucoup d'huile, et demande beaucoup de temps ; aussi est-elle coûteuse et peu usitée.

Ce qui convient le mieux en somme pour une charpente, c'est une bonne peinture à l'huile faite avec des couleurs soigneusement broyées ; on réserve les tons foncés, olive, brun et jaune pour l'extérieur et les tons clairs, comme le vert clair, pour l'intérieur. On applique une nouvelle couche dès que l'ancienne se gerce et se détériore. La surface d'application doit être bien rabotée et bien polie, afin que la couche de peinture soit uniforme et qu'on ne soit point forcé d'en employer un excès.

Rappelons ici qu'on ne doit peindre que des bois absolument secs ; peindre un bois humide, c'est comme nous l'avons déjà dit, enfermer le loup dans la bergerie ; la pourriture est rapide.

On néglige trop souvent de peindre les surfaces en contact et les assemblages; c'est pourtant quelque chose de capital, car l'humidité pénètre dans les joints et assemblages et y séjourne toujours, quoi qu'on ait fait pour lui ménager un écoulement rapide.

Lorsque le bois n'est pas sec, il faut le flamber préalablement avec des brandons de paille.

Si l'on applique de la peinture sur un enduit, il faut gratter avec soin toutes les écailles et parties non adhérentes.

Les nœuds doivent être nettoyés avec soin et lavés à l'essence qui les débarrasse de leur résine.

Il y a deux genres de peintures en bâtiments : la peinture en détrempe et la peinture à l'huile.

Peinture en détrempe. — On délaye les couleurs avec de la colle de peau ou colle au baquet, qui se présente sous la forme de gelée tremblante. Il est évident que cette peinture ne convient que pour les enduits à l'intérieur dans des endroits secs, car la colle ou gélatine est soluble dans l'eau.

On applique d'abord les encollages, qui sont un mélange de colle et blanc d'Espagne ou blanc de Bougival bien pulvérisé; on les emploie à une température de 35 à 40 degrés, pour qu'ils pénètrent le bois.

Les teintes ne s'appliquent qu'après les encollages, la température des enduits va sans cesse en diminuant afin de ne pas détremper ceux qu'on a déjà posés.

Avant d'appliquer la peinture, il faut gratter les taches et les écailles du bois, et le laver à l'eau de potasse pour enlever toutes les matières grasses.

Peinture à l'huile. — Elle ne se pénètre point par l'humidité, et par suite conserve bien les objets qu'elle recouvre.

On délaye les couleurs finement broyées avec des huiles siccatives. Les huiles d'œillette et de noix, qui sont blanches, conviennent pour les couleurs claires.

Pour les couleurs foncées, il faut préférer l'huile de lin.

Les couleurs sont broyées généralement dans un moulin spécial, quelquefois sur une pierre avec une molette.

On applique les couleurs avec des pinceaux de forme et de nature diverses.

Pour les peintures de bois de menuiserie on applique d'abord plusieurs couches de céruse (carbonate de plomb) ou de blanc de zinc (oxyde de zinc). Autrefois, on n'employait que la céruse, corps très vénéneux, qui chaque année détruisait la santé d'un grand nombre d'ouvriers; la céruse a du reste le désavantage de noircir sous l'influence des émanations sulfhydriques. Le blanc de zinc est bien moins coûteux, et ne se ternit pas; enfin, point capital, il est inoffensif, et on doit en prescrire l'emploi à l'exclusion de la céruse.

Après les couches de céruse ou de blanc de zinc purs, on en applique d'autres dans lesquelles on ajoute à l'un ou à l'autre de ces corps la couleur voulue.

Les peintres en bâtiment ont l'habitude d'ajouter à l'huile de l'essence qui rend la couleur plus liquide et plus facile à appliquer ; mais l'essence est très volatile et la peinture sèche rapidement. Pour des charpentes ou pour des fers exposés à l'air, comme cela arrive dans les travaux publics, une dessiccation trop rapide est d'un mauvais effet, parce que la peinture n'a pas le temps de pénétrer la matière et de contracter avec elle une solide adhérence. Il faut donc absolument proscrire le mélange de l'essence avec l'huile.

Avant d'appliquer la première couche de peinture, il faut boucher avec du mastic (pâte d'huile et de blanc d'Espagne) toutes les cavités, toutes les fissures que peut présenter la surface à recouvrir.

Les peintures appliquées sur des boiseries sont recouvertes d'un vernis.

Peinture des fers. — Pour peindre les fers, on les recouvre d'abord d'une ou deux couches de minium (oxyde salin de plomb d'un beau rouge ; le minium est quelquefois falsifié avec de la brique pilée, ou avec du colcotar (oxyde rouge de fer) et du verre pilé : la fraude est facile à reconnaître par une analyse qualitative.

Dans ces derniers temps on a substitué au minium une autre couleur que l'on a appelée à tort minium de fer, et qui est d'un rouge beaucoup moins beau que le vrai minium. La base du minium de fer est le colcotar ou peroxyde rouge de fer, qui a sur l'oxyde de plomb l'immense avantage de se fabriquer sans offrir aucun danger pour la santé des ouvriers.

Les constructeurs se mettent presque tous à employer le minium de fer qui est beaucoup moins cher que l'ancien, et qui, paraît-il, présente quelques avantages.

On a remarqué en Angleterre que les coques de navires en fer, peintes au minium de plomb, se rongeaient rapidement, et l'on a attribué ce fait au rapprochement des deux métaux : fer et plomb ; ils forment un couple électrique, une véritable pile dont le liquide est l'eau de mer avec ses chlorures en dissolution, et la décomposition du fer résulterait précisément de la présence de l'enduit destiné à le protéger. Cette assertion semble s'être vérifiée, car on trouve dans les ampoules, qui se forment sur la coque des navires, un liquide renfermant du chlorure de fer en dissolution.

Avec le minium de fer, cette action galvanique n'est aucunement à craindre. En Angleterre, on a peint au minium de fer des bateaux à vapeur, des bacs à sucre, etc., et l'on a reconnu que cette peinture durait deux fois plus que la peinture au minium de plomb.

D'autre part le minium de fer est beaucoup moins lourd que le minium de plomb, et il coûte moins cher le kilogramme ; il garnit donc beaucoup plus à poids égal. On estime que la peinture à deux couches revient quatre fois plus cher avec le minium de plomb qu'avec le minium de fer.

Quoi qu'il en soit, le minium de plomb est encore beaucoup employé dans la peinture ; il est d'un très beau rouge, et en outre il semble plus fin et plus adhérent, moins susceptible de s'écailler que le minium de fer.

D'expériences faites en Hollande il résulte que le décapage à l'acide chlorhydrique doit être préféré au grattage, et que la peinture au vrai minium est beaucoup plus durable à l'air que celle au coaltar ou à l'oxyde de fer.

Le minium de fer est donc, contrairement à ce qu'on pense, loin d'avoir la même valeur que le vrai minium dans la pratique ordinaire.

Quand on a appliqué deux couches de minium sur le fer et la fonte, on ajoute la teinte.

La teinte noire doit être rejetée, car elle absorbe très facilement la chaleur et produirait une dilatation considérable des fers exposés au soleil.

La teinte grise, obtenue en ajoutant un peu de noir d'ivoire au blanc de zinc, est d'un bon usage, car elle indique immédiatement les taches de rouille.

La teinte vert bronze est peut-être d'un meilleur aspect. Quelquefois encore, on a recours aux couleurs fournies par l'ocre jaune et l'ocre rouge.

Les peintures sont payées au mètre superficiel, généralement au prix de 1 franc les quatre couches, pour bois de charpente, fers et fontes.

Voici le prix du mètre carré d'une couche de diverses peintures :

Minium de fer	0 f. 19	Céruse	0 f. 59
Ocre brun	0 f. 29	Tête morte	0 f. 27
Minium de plomb	0 f. 39	Noir de fumée	0 f. 22

Défauts des peintures. — On peut relever sur les peintures divers défauts, qui sont :

1° Les cloques ou boursouflures; la peinture se soulève en cloque au-dessus de la surface qu'elle recouvrait, c'est que celle-ci n'était pas bien sèche, et l'humidité qu'elle renfermait n'a pu s'échapper par les pores, elle a été forcée de soulever la peinture pour trouver un logement.

2° Lorsqu'on recouvre une couche de peinture renfermant une huile grasse par une ou plusieurs autres couches renfermant des huiles siccatives, celles-ci se solidifient rapidement et recouvrent la première qui reste molle, il en résulte encore des cloques, des déchirures, des fissures, et la surface s'écaille. On a ce qu'on appelle le faïençage, le gerçage ou ridage.

3° Ce faïençage se produit encore lorsqu'on expose à l'air une peinture trop siccative, elle ne pénètre point le bois, ni surtout le métal, se contracte rapidement, se fendille et se pulvérise.

On augmente la rapidité de dessiccation des peintures en faisant bouillir les huiles avec une certaine quantité de litharge. On a quelquefois recours à ce procédé pour les premières couches, afin de ne point attendre trop longtemps le moment où l'on doit appliquer les dernières.

Théorie des peintures siccatives. — M. Chevreul, l'éminent chimiste, dans un mémoire sur les couleurs et peintures, a très nettement démontré les causes pour lesquelles les peintures se solidifiaient à l'air avec une rapidité plus ou moins grande.

« Expliquons, dit-il, ce qu'est la peinture considérée de la manière la plus générale, conformément à nos expériences.

« La peinture est employée à deux fins, soit pour donner à la surface des objets une couleur différente de celle qu'elle a, soit pour conserver cet objet en rendant sa surface moins susceptible d'être altérée par l'air, la pluie, ou salie par la poussière, par des corps huileux, etc., auxquels cette surface pourrait être exposée.

« Trois conditions sont essentielles à remplir :

« La première, c'est que la peinture ait assez de liquidité pour s'étendre à la brosse avec assez de viscosité cependant pour adhérer aux surfaces, de manière à ne pas couler lorsque les surfaces sont inclinées ou même verticales, et à conserver l'égalité d'épaisseur qu'elle a dû recevoir du peintre.

« La seconde, c'est qu'après l'application elle devienne solide.

« La troisième, c'est qu'après être devenue solide, elle adhère fortement à la surface sur laquelle elle se trouve.

« J'ai prouvé que la solidification de la peinture, soit à la céruse, soit au blanc de zinc, est due à l'absorption de l'oxygène atmosphérique. Mais puisqu'il est reconnu que l'huile pure se solidifie, on voit que la solidification est l'effet d'une cause première, indépendante du siccatif, et de la céruse ou du blanc de zinc.

« Mes expériences montrent, en outre, que la céruse et le blanc de zinc manifestent la propriété siccative dans beaucoup de cas, et que cette propriété existe dans certains corps que l'on peint, particulièrement dans le plomb.

« Dès lors, le peintre, intéressé à savoir, du moins approximativement, le temps que sa peinture mettra à sécher, doit prendre en considération tous les principes qui concourent à cet effet ; conséquemment, un siccatif ne doit plus être considéré comme la cause unique du phénomène que présente la peinture lorsqu'elle sèche, puisqu'à ce phénomène concourt un ensemble de corps qui ont la propriété de sécher dans des circonstances déterminées. En outre, il existe un fait remarquable : c'est que la résultante des activités de chaque espèce de corps entrant dans la constitution d'une peinture ne peut s'évaluer par la somme des activités spéciales de chaque corps ; ainsi de l'huile de lin pure, dont l'activité est représentée par 1985 et de l'huile manganésée, qui l'est par 4719, étant mélangées, en ont une qui l'est par 30,826.

« S'il est des corps qui augmentent la propriété siccative de l'huile de lin pure, il en est d'autres qui semblent doués de la propriété contraire.

« Exemple :

« L'huile de lin, appliquée en première couche sur verre, a séché en 17 jours.

« La même huile, mêlée d'oxyde d'antimoine, 26 jours.

« Dans cette circonstance, l'oxyde d'antimoine a donc été antisiccatif.

« L'huile de lin, mêlée d'oxyde d'antimoine, appliquée en première couche sur toile peinte à la céruse, a séché en 14 jours.

« L'huile de lin, mêlée d'arséniate de protoxyde d'étain, appliquée sur la même toile, n'était pas même prise en 60 jours.

« Le bois de chêne paraît bien avoir la propriété antisiccative à un haut degré, car :

« Dans l'expérience du 23 décembre 1849, trois couches d'huile de lin ont mis à sécher 159 jours.

« Dans l'expérience du 10 mai 1850, une première couche d'huile de lin a mis à sécher à la surface seulement, 32 jours.

« Le peuplier paraît avoir la propriété antisiccative à un degré moindre que le chêne, et le sapin du nord semble l'avoir à un degré moindre que le peuplier.

« Dans l'expérience du 10 mai 1850, trois couches d'huile de lin ont mis à sécher :

« Sur le peuplier, 27 jours.

« Sur le sapin du Nord, 23 jours.

« S'il existe une activité siccative et une activité contraire ou antisiccative dans les corps, il ne paraît pas douteux qu'il doive y avoir des circonstances où des corps ayant été couverts d'huile de lin, celle-ci n'éprouvera aucune influence de la part de la surface sur laquelle elle aurait été étendue. Les expériences du 10 mai 1850, où une première couche d'huile de lin a été donnée au cuivre, au laiton, au zinc, au fer, à la porcelaine et au verre, me semblent indiquer, sinon, dans tous ces corps, du moins dans quelques-uns, l'indifférence dont je parle. La première couche était sèche sur toutes ces surfaces après quarante-huit heures.

« Je me hâte de dire que je ne prétends pas distinguer les corps mis en contact avec de l'huile de lin, ou plus généralement avec une huile siccative quelconque, en siccatifs, en antisiccatifs et en indifférents ou neutres, parce qu'il est entendu que, ne séparant pas les circonstances dans lesquelles les corps sont placés des propriétés qu'ils manifestent, ces circonstances variant, les propriétés observées dans les premières circonstances pourront varier dans les circonstances suivantes. Dès lors, il y aurait erreur, selon moi, à envisager la propriété dont je parle comme étant absolue dans les corps. J'ai tout lieu de penser qu'un corps peut être siccatif ou antisiccatif dans des circonstances différentes, soit que la différence porte sur la température, ou sur la présence ou l'absence d'un autre corps, etc. Par exemple, le plomb est siccatif, relativement à l'huile de lin pure, tandis que la céruse, à laquelle nous avons reconnu la propriété siccative, est antisiccative par rapport à l'huile appliquée sur le plomb métallique.

« Si les peintres veulent se rendre compte des opérations qu'ils exécutent, il faut nécessairement qu'ils se placent au point de vue où je viens de considérer la dessiccation de la peinture; c'est ainsi que dans des cas déterminés, et différents les uns des autres, ils pourront modifier leurs procédés habituels avec quelque chance de les perfectionner. L'huile de lin est siccative : cette propriété augmente presque toujours par son mélange avec la céruse, et, dans beaucoup de cas, avec le blanc de zinc même. Si le mélange n'est pas assez siccatif, il faut le rendre tel par un complément qui peut être de l'huile lithargyrée ou manganésée; il est entendu que l'on doit tenir compte de la nature de la surface que l'on peint, du cas où la peinture est appliquée en première couche, en deuxième ou en troisième couche, et enfin de la température de l'air et de la lumière.

« Au point de vue où nous nous plaçons, le siccatif, restreint à l'huile lithargyrée ou manganésée, perd beaucoup de son importance, puisqu'on pourra s'en passer en deuxième et en troisième couche, et même en première, si la température de l'air concourt efficacement à l'effet.

« D'un autre côté, il pourra être avantageusement remplacé pour toutes les couleurs claires, dans lesquelles la couleur jaune ou brune est nuisible, si l'esprit du peintre est bien pénétré des applications qu'il peut faire de quelques-unes des observations consignées dans ce mémoire.

« Ainsi, l'huile de lin, exposée à la lumière au milieu de l'air atmosphérique, perd sa couleur et devient siccative. On peut donc, dès lors, l'employer avec la céruse ou le blanc de zinc, sans altérer la blancheur de ces corps.

« Puisqu'en associant le blanc de zinc au sous-carbonate de zinc, on peut à la rigueur se passer de siccatif, c'est encore un moyen de se soustraire aux inconvénients des siccatifs colorés, en même temps qu'il donne l'espérance de trouver des associations de corps incolores qui pourront encore présenter plus d'avantage que celles dont je viens de parler.

« Mes expériences démontrent que les procédés généralement pratiqués par les marchands de couleurs, pour rendre les huiles siccatives en les faisant chauffer avec des oxydes métalliques, laissent à désirer sous le double rapport de l'économie du combustible, et sous celui de la coloration du produit.

« Puisqu'en effet j'ai démontré :

« 1° Qu'une exposition de l'huile à une température de 70 degrés, pendant huit heures, en augmente très sensiblement la propriété siccative.

« 2° Qu'en ajoutant le peroxyde de manganèse à cette même huile chauffée de la même manière, on la rend assez siccative pour s'en servir.

« 3° Qu'il suffit de chauffer une huile de lin pendant trois heures à la température où l'on opère généralement dans les laboratoires des marchands de couleurs, avec 15 d'oxyde métallique pour 100 lorsqu'on veut obtenir une huile très siccative.

« Mes expériences expliquent parfaitement le rôle de l'huile de lin, ou plus généralement celui d'une huile siccative dans la peinture. Effectivement, lorsqu'on mêle de l'acide oléique à des oxydes capables de la solidifier, l'acide passant presque instantanément de l'état liquide à l'état solide, ne peut rien présenter d'uniforme dans l'ensemble des molécules de l'oléate produit. Il en est tout autrement d'une huile siccative passant progressivement à l'état solide par suite de l'absorption de l'oxygène. La lenteur avec laquelle s'effectue le changement d'état, permet aux molécules huileuses l'arrangement symétrique qui les rendrait transparentes, si elles ne renfermaient pas entre elles des molécules opaques. Mais, si celles-ci ne prédominent pas, l'arrangement est tel, que la surface de la peinture est luisante et même brillante, à cause de la lumière qui est réfléchie spéculairement par l'huile devenue sèche. »

Conditions à imposer aux entrepreneurs de peinture. — Nous terminerons cet article en citant les passages des devis-types de la ville de Paris et de la Compagnie du Midi, qui se rapportent à la composition et à l'emploi des peintures :

« Les couleurs seront bien broyées et détrempées à l'huile de lin, elles seront de la meilleure qualité.

« On n'emploiera pour les blancs que le blanc de zinc. L'huile sera celle de lin parfaitement épurée et cuite avec un vingtième de son poids de litharge.

« Les mélanges pour la composition des couleurs seront faits sous la surveillance d'un agent préposé par l'ingénieur. Les matières colorantes seront parfaitement broyées et non infusées. Elles seront broyées et lavées à l'eau, puis rebroyées à l'huile. Toutes fraudes reconnues sur la qualité des matières, sur les dosages ou sur le nombre des couches appliquées, entraîneront de plein droit le rejet de toutes les peintures ou de toutes les préparations qui les auraient précédées.

« Les blancs à l'huile seront composés de cinq parties en poids de blanc de zinc et d'une partie d'huile de lin rendue siccative.

« Les tons seront essayés avant l'emploi, et les proportions seront au besoin modifiées d'après cet essai.

« Le *coaltar* qui sera employé pour recouvrir les bois, proviendra de la distillation du goudron tel qu'il sort de l'usine à gaz et purgé d'huile essentielle ; il sera pur et liquide, mais seulement autant qu'il sera nécessaire pour l'étendre avec la brosse à long manche. » (*Devis de la Compagnie du Midi*.)

« *Couleurs*. — Les couleurs seront préalablement bien broyées et non infusées : on se servira d'huile de lin pour les ouvrages extérieurs et d'huile blanche pour ceux intérieurs.

« *Colle, vernis, mastics*. — La colle sera faite, soit en parchemin, soit en peau, suivant les cas qui vont être indiqués.

« Les huiles, vernis, essences, et en général tous les objets entrant dans la composition des couleurs, seront de la première qualité.

« Les mastics seront faits avec soin et bien recirés dans leur emploi.

« *Teintes à la colle.* — Les blancs et les teintes claires fines seront faits avec de bonne colle de parchemin, en suffisante quantité pour qu'ils ne se détachent pas au frottement; les teintes foncées pourront être confectionnées avec de simple colle de peau, également en quantité suffisante.

« On ne distinguera que deux espèces de teintes : l'une dite *commune*, l'autre dite *couleurs fines*, suivant le prix des couleurs dont elles sont composées :

« 1° Les teintes communes, qui seront composées de blanc de Bougival, seul ou mêlé avec les divers ocres, charbon fin, terre d'ombre et autres couleurs communes.

« 2° Les teintes fines, dans lesquelles entreront les orpins, le stil de grain, les jaunes minéral et de Naples, la laque, le vermillon, le vert-de-gris et le bleu de Prusse, mêlés avec une partie de blanc de céruse sur trois parties de blanc.

« *Teintes à l'huile.* — Les couleurs seront délayées, pour former les teintes, dans de l'huile de lin coupée d'un tiers d'essence de térébenthine ; il sera ajouté un peu de litharge pour les rendre siccatives, lorsque l'ingénieur le jugera nécessaire.

« On ne distinguera, comme dans les peintures à la colle, que deux teintes : l'une de couleurs communes, l'autre de couleurs fines ; mais il est bien entendu que le blanc de Bougival ne doit faire partie des matériaux d'aucune peinture à l'huile, le blanc de céruse et le blanc de zinc devant être seuls employés. Les peintures grises seront donc toujours comptées comme peintures communes, le blanc de céruse ne devant être compté comme peinture fine que lorsqu'il est employé à produire le blanc de roi.

« D'ailleurs, les peintures en couleurs fines ne devront être exécutées qu'autant qu'elles seront demandées par ordre formel et par écrit.

« Toutes ces couleurs devront avoir la consistance nécessaire pour bien couvrir les objets qu'elles doivent peindre.

« *Ouvrages de préparation.* — Les bois ou murs à peindre seront grattés, lavés et préparés convenablement, les trous et joints bien rebouchés, suivant les ordres qui en seront donnés.

« Les grattages sur vieilles peintures en détrempe seront faits à grande eau, bien épongés après l'achèvement du travail.

« Suivant ce qui sera ordonné, les lessivages sur vieilles peintures à l'huile seront faits, soit à l'eau seconde coupée, soit à l'eau seconde forte.

« Les rebouchages seront exécutés en mastic ou bande de papier, et dans ce dernier cas, le papier devra être blanc et fort. Il devra être collé avec de la colle forte, dont le prix est compris dans celui porté au bordereau pour le rebouchage.

« Tout rebouchage sur ouvrage neuf (quand il sera jugé nécessaire) sera au compte de l'entrepreneur.

« *Blanchissage au lait de chaux.* — Le blanchissage au lait de chaux sera fait avec soin, et assez épais pour que deux couches suffisent sur les murs salis.

« *Badigeonnage extérieur*. — Les badigeonnages extérieurs seront en couleur de pierre de Saint-Leu, et devront contenir assez d'alun pour résister aux injures du temps.

« *Peintures à la colle*. — Les couleurs à la colle seront employées chaudes, couchées le plus uniment possible, et suivant le nombre de couches qui sera ordonné.

« On appliquera sous les couches à la colle une couche d'encollage ou blanc d'apprêt avec le rebouchage.

« *Peintures à l'huile*. — On ne mettra jamais d'encollage sous les peintures à l'huile.

« Les couches à l'huile seront suffisamment épaisses, elles seront appliquées, autant que possible, par un temps sec, surtout à l'extérieur : on ne mettra les secondes que quand les premières seront sèches.

« Le nombre des couches sera déterminé par l'ingénieur.

« *Goudronnage*. — Le goudron sera employé chaud et suffisamment épais pour bien couvrir le bois; on pourra exiger un demi-kilogramme de goudron par mètre carré. » (*Devis général de la ville de Paris*.)

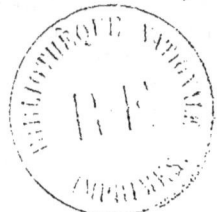

TABLE DES MATIÈRES

MATÉRIAUX DE CONSTRUCTION

	Pages.
Objet et division de l'ouvrage.	7

CHAPITRE PREMIER

Les pierres

A. Classement, description et qualités des principales pierres. 9

1° *Famille des granites et des porphyres.* 10
Granites 10
Désignation des carrières de granite. . . 11
Porphyres 14
Kersanton. 15
Variolite, euphotide, diorite, brèche universelle 16
Serpentine. 17
2° *Roches volcaniques.* 17
Trachytes. 17
Basaltes et laves 18
3° *Ardoises.* 19
Ardoises d'Angers. 20
Résistance et densité de l'ardoise. 22
Ardoises de Renazé. 23
Ardoises des Ardennes. 24
Ardoisières diverses 25
Ardoise émaillée. 25

	Pages.
Lave émaillée.	26
4° *Grès.*	26
Tableau des principaux grès français. .	28
Analyse des grès.	32
Grès pour pavés.	32
5° *Silex et meulières.*	33
Quartz et quartzites.	33
Silex, meulières	34
6° *Marbres.*	35
Généralités ; historique.	35
Les marbres au point de vue géologique.	37
Classification des marbres.	38
Marbres des Pyrénées :	
Conductibilité, densité	40
Caractères métamorphiques.	41
Phosphorescence et odeur	41
Élasticité, flexibilité	42
Passe et contre-passe.	43
Résistance aux intempéries.	43
Exploitation de Bagnères-de-Bigorre. . .	43
Exploitations de la compagnie Dervillé. .	46
Défauts des marbres.	49
Albâtre.	49
7° *Pierres calcaires.*	50
Classification minéralogique des calcaires	50
Pisolites et oolithes.	52
Conditions géologiques des calcaires. . .	53
Pierres calcaires sulfatées.	53

TABLE DES MATIÈRES

	Pages.
Tableaux des principaux calcaires de France.	54
1° Calcaires des terrains de transition.	55
2° Calcaires du terrain jurassique.	55
3° Calcaires du terrain crétacé.	65
4° Calcaires des terrains tertiaires.	70
5° Calcaires des terrains quaternaires et modernes.	77
Composition chimique des pierres calcaires.	78
Calcaires du bassin de Paris.	79
1° Liais, cliquarts et faux liais.	79
2° Roches.	79
3° Bancs francs.	80
4° Bancs royaux.	80
5° Vergelés et lambourdes.	81
6° Saint-Leu, pierres grasses et pierres tendres.	81
7° Chérence et Saillancourt.	82
8° Château-Landon.	82
Remarques générales sur la résistance des pierres du bassin de Paris.	83
Détails sur nos principales carrières.	85

B. Résistance des pierres; appareils servant à la mesurer. 87

1° *Machines mesurant la résistance à l'écrasement.*	88
Machine à levier de M. Michelot.	88
Presse hydraulique.	91
2° *Machines mesurant la résistance à la traction.*	93
Appareils Suc.	94
Appareils Michaëlis.	96
Appareils Prévost.	96
Résultats généraux des essais à l'écrasement.	98
Coefficient de sécurité.	98
Résistance comparative des pierres posées sur lit et des pierres posées sur champ.	99
Cas où il est avantageux de placer la pierre en délit.	99
Résistance comparative des pierres sèches et des pierres mouillées.	100
La résistance des pierres d'une même catégorie augmente avec leur densité.	100
Remarques générales sur la résistance des diverses catégories de pierres: Granites; grès.	101

	Pages.
Calcaires durs.	102
Calcaires demi-durs et tendres.	103
Résultats des essais à la traction.	104
Dureté des pierres.	104
Altérabilité des pierres à l'air ou à l'eau.	105
Gélivité.	106

C. Exploitation des carrières. 107

Régime des carrières.	107
1° *Procédés en usage pour détacher et morceler les blocs.*	108
Outils du mineur.	109
Coins perfectionnés, aiguille-coin.	111
Machine à mortaiser ou à trancher.	112
Abatage par l'eau.	112
2° *Exploitation à ciel ouvert.*	113
Exemples de ce mode d'exploitation.	114
Exploitation mixte.	116
Exploitation des ardoisières d'Angers.	116
Exploitation de la carrière de Saint-Waast.	120
Exploitation de la roche d'Euville.	122
3° *Exploitation souterraine.*	123
Carrières de basse masse des environs de Paris.	123
Carrières de haute masse.	123
Carrières à plâtre du bassin de Paris.	124
Carrières à craie de Meudon.	125
Ancienne carrière à Arcueil, près Paris.	125
Carrière de Savonnières, exploitée par plan incliné.	126
Carrière de Savonnières, exploitée par puits.	126
Procédés d'abatage dans ces carrières.	127

D. Machines à travailler les pierres. 128

1° *Outils du tailleur de pierres.*	129
Travail du tailleur de pierres.	130
2° *Machines à scier les pierres.*	131
Scies à bras.	131
Scies mécaniques à lames oscillantes.	133
Scies circulaires.	135
Scie circulaire Hunter et Cooke.	136
Application du diamant noir au sciage et à la taille des pierres.	137
Scie circulaire Emerson, au diamant noir.	139
Scie formée d'un ruban hélicoïdal sans fin.	140

	Pages.
3° *Machines à dresser les surfaces planes*.	141
Ciseau mécanique	141
Cylindres tournants armés de ciseaux.	142
Machines à couteau circulaire Brunton et Trier	143
Résultats économiques de ces machines.	145
4° *Machines à moulures*	145
5° *Machines à émoudre et à polir*.	146
Observations générales sur ces machines.	146
Matières servant au polissage.	147
Polissage du marbre.	147
Machine à émoudre à disque horizontal tournant.	148
Polisseuse à plateau avec double rotation.	151
Polisseuse à plateau pour petites pièces.	151
Polisseuse à plateau voyageur.	152
Polisseuse à mouvement rectiligne.	152
Emploi d'un jet de sable ou de poudre de fer pour percer et graver les pierres.	154
6° *Tours à pierres*	155
Tour du système Brunton et Trier.	155
Tour polisseur.	156
7° *Machines à broyer les pierres*.	157
Broyeur Loiseau.	157
Concasseur Blake.	159
Broyeur Carr.	160
8° *Machines à ardoises*.	161
9° *Comparaison du travail à la main et du travail à la machine*.	162
10° *Observations générales sur le fonctionnement et l'installation des machines à travailler la pierre*.	163
Installation d'une usine à travailler les pierres.	164

E. Briques et terres cuites. 166

	Pages.
Argiles; classification des argiles.	166
Retrait; argile figuline, marne.	167
Fusibilité de la pâte argileuse.	167
Plasticité.	168
Choix de la terre à briques.	168
De la fabrication des briques.	170
1° *Fabrication à la main*	171
Brique crue.	171
Brique cuite.	172
Préparation des terres.	173
Moulage.	175
Dessiccation.	176
Cuisson de la brique.	178
Briques rebattues ou repressées.	178
2° *Fabrication mécanique*	179
Des procédés à adopter suivant la consistance de la pâte.	179
Avantages et inconvénients des divers procédés de fabrication : pâte molle, pâte ferme, pâte dure	181
Procédé de la pâte sèche.	183
Description des machines à fabriquer les briques.	184
1° Extraction et taillage de la terre	184
2° Broyage de la terre : broyeurs à cylindres, broyeurs à meules	185
3° Malaxage ; tonneaux et cylindres	186
4° Moulage de la brique.	186
Machines à pression directe, presse à levier, presse à vis, presse continue.	186
Machines à plateau tournant.	188
Machines à filières.	188
Filières à piston ou à hélice.	190
Machine revolver.	190
3° *Fours à briques*	191
A. Fours en meules ou fours flamands.	191
Consommation de combustible, déchet.	193
B. Fours intermittents.	194
Fours rectangulaires voûtés ou non voûtés et fours circulaires.	196
Consommation de combustible.	197
Fours accolés, fours superposés.	197
Fours semi-continus ou fours à tranches, systèmes Bourry, Virollet	198
C. Fours continus.	201
Fours Hoffmann, principe et description.	201
Fonctionnement de ce four.	204
Économie qu'il réalise.	205
Grandeur et formes de ce four	206
Carneaux d'enfumage.	208
Fours divers dérivés du système Hoffmann.	208
Fours à tunnel.	209
Fours continus au gaz.	210
Production du gaz combustible, gazogène.	210
Four continu au gaz de Schwandorf.	211
Gazogènes et conduits du gaz	212
Marche de ce four.	213
Carneaux d'enfumage.	214
Prix et application d'un four au gaz.	215
Généralités sur les briques et terres cuites	216
Dimensions courantes des briques.	216
Briques de dimensions exceptionnelles.	216

TABLE DES MATIÈRES

	Pages
Fabrication des briques sur place dans les grandes entreprises	217
Briques en béton comprimé	217
Résistance et poids des briques	218
Briques creuses ou tubulaires	218
Production des briques en France	219
Fabrication des tuiles	220
Exemple d'une grande tuilerie : Montchanin	221
Usage des poteries dans les constructions	223
Fabrication des poteries	224
Faïences décoratives	224
Des verres	225

CHAPITRE II
Chaux, ciments, mortiers

Généralités sur la chaux et son carbonate. 226

A. Classification des chaux et ciments 227

Chaux grasses, maigres ou hydrauliques	228
Indice d'hydraulicité	228
Aiguille Vicat, aiguille perfectionnée	229
Chaux limites, ciments Portland	230
Ciments à prise rapide	231
Conditions auxquelles un calcaire donne une chaux hydraulique ou un ciment	232
Détermination de l'indice d'hydraulicité	232
Connaissant un des éléments d'un calcaire hydraulique, calculer soit l'indice soit les autres éléments	233
Tableau synoptique des chaux et ciments	235

B. Notions sommaires sur l'analyse des pierres calcaires, des chaux, ciments et pouzzolanes .. 236

Essai des pierres à chaux	236
1° Analyse sommaire	236
2° Analyse complète	238
Essai des argiles et des pouzzolanes	239
Essai des chaux et ciments	241
Emploi des liqueurs titrées	241
Choix des échantillons destinés à renseigner sur la valeur des produits d'une carrière	242

C. Cuisson des pierres calcaires; fours à chaux .. 244

1° Fours intermittents	245
Fours de campagne à longue flamme	245

	Pages
Four fixe ordinaire à longue flamme	245
Four intermittent perfectionné à longue flamme	247
Fours à courte flamme	247
2° Fours continus	249
Fours continus ordinaires	249
Fours perfectionnés à courte flamme	250
Fours des usines du Teil	251
Four à ciment de Vassy	251
Four à portland de Boulogne	251
Four continu de Rüdersdorf	252
Four mixte Simoneau	253
Four annulaire Hoffmann	253
Fours à tunnel; fours à gaz	255
Fours à étages	255
Four à étages, système Dietsch, pour cuisson continue du portland	256
Observations générales sur l'art du chaufournier	257
Emploi du calcaire humide	258
Forme des fours, conduite du feu	259

D. Extinction et conservation des chaux 260

Modes divers d'extinction des chaux vives :	
1° Extinction ordinaire ou à grande eau	260
2° Extinction sèche par immersion ou aspersion	261
Extinction spontanée	262
Conservation des chaux	262

E. Causes du durcissement des pâtes de chaux ou de ciment et des mortiers; causes d'altération 264

1° Solidification des chaux aériennes, grasses ou maigres	264
Altération des mortiers de chaux aérienne	265
2° Solidification des chaux hydrauliques et des ciments	265
Distinction entre la prise et le durcissement	265
Expériences de Rivot	266
Objections à la théorie de Rivot	267
Expériences de M. Frémy	268
Objections à la théorie de M. Frémy	270
Expériences de M. Raoult, de M. Landrin	271
Expériences de M. Le Châtelier	272

TABLE DES MATIÈRES

	Pages.
Objections à ces expériences.	274
Théorie de M. Merceron-Vicat.	277
Observations de M. Bonnami.	282
Conclusions des expériences et théories précédentes.	283
Causes d'altération des chaux hydrauliques et des ciments, notamment par l'eau de mer.	285
Bons effets de la digestion préalable.	285
Action redoutable de la magnésie.	286

F. Les pouzzolanes. 288

Pouzzolanes naturelles.	288
Composition chimique de ces pouzzolanes.	289
Substances jouant le rôle de pouzzolanes.	290
Pouzzolane artificielle.	290

G. Fabrication des chaux hydrauliques et des ciments ; description de quelques usines. 292

Généralités.	292
Fabrication des chaux artificielles.	292
1° Procédé de la simple cuisson.	292
2° Procédé de la double cuisson.	293
Fabrication des ciments.	294
Exemples de fabrication de chaux hydrauliques.	296
Chaux artificielle de Bougival.	296
Chaux naturelle de Paviers.	297
Chaux naturelle de Senonches et de Laigle.	297
Chaux naturelle du Seilley.	298
Chaux naturelle de Pont-de-Pany et de Malain.	300
Chaux du Teil, usines Pavin de Lafarge.	300
Observations sur les usines non citées ; conditions à remplir pour fournir de bonnes chaux.	302
Conditions pour la réception des chaux hydrauliques.	303
Extrait du devis-type arrêté par le ministère des travaux publics.	304
Composition chimique des chaux hydrauliques les plus connues.	305
Exemples de fabrication des ciments.	307
Ciment portland de Boulogne.	307
Observations sur la fabrication de ces ciments, par M. Barreau.	309

	Pages.
Nature des portland, matières premières.	309
Dosage, préparation et mélange des matières.	310
Séchage et cuisson des pâtes.	310
Triage, broyage, conservation.	311
Essais des portland.	311
Cahier des charges pour les fournitures de portland du nouveau port de Boulogne.	311
Ciment prompt de Vassy, usine Prévost.	313
Conditions à remplir par les bons ciments.	314
Extrait du devis-type arrêté par le ministère des travaux publics.	314
Composition chimique des ciments les plus connus.	316

H. Procédés pour essayer la résistance des chaux, ciments et mortiers. . . . 317

Appareils servant aux essais.	317
Essai des ciments portland.	317
Préparation des briquettes d'essai.	318
Forme des briquettes.	319

I. Du sable à employer pour la confection des mortiers. 320

Influence capitale du choix du sable.	320
Sables naturels.	321
Fabrication mécanique du sable par des appareils broyeurs ; exemples d'installation.	322
Prix de revient de ce sable.	325

K. De la confection des mortiers. 326

Composition des mortiers.	326
1° Mortiers de chaux grasse.	326
2° Mortiers de chaux hydraulique.	326
3° Mortiers de ciment à prise rapide.	328
Emploi du ciment de Vassy.	329
4° Mortiers de portland.	331
Addition de portland au mortier de chaux.	333
Fabrication des mortiers.	335
Fabrication avec le rabot, à bras d'hommes.	335
Fabrication par meules à manège.	335
Fabrication par tonneau malaxeur.	337
Fabrication par vis d'Archimède.	339

43

TABLE DES MATIÈRES

Pages.
Prix de revient de la fabrication d'un mètre cube de mortier par les divers systèmes. 341
Extrait du devis-type arrêté par le ministère des travaux publics. 342
Exemples d'installation pour la fabrication des mortiers. 344
Fabrication du mortier au barrage du Furens. 344
Machine à fabriquer le mortier des ports de Gravelines et de Dunkerque. . . . 345

L. Expériences sur la composition normale des mortiers. 348

Proportions normales des mélanges de chaux ou de ciment et de sable. . . . 348
Expériences sur les sables au canal de l'Est; détermination du vide et du tassement. 349
Expériences sur les chaux en poudre et en pâte. 350
Expériences sur les mortiers. 351
Opérations à effectuer pour déterminer la composition normale d'un mortier. 352
Expériences faites dans le service de la navigation de la Seine. 353
Porosité des mortiers. 354

M. De la résistance des mortiers. 355

Résistance des mortiers de chaux grasse et des mortiers de chaux hydraulique, d'après Vicat. 355
Résistance à la traction et à l'écrasement. 356
Compressibilité des mortiers. 356
Résultats divers d'expériences :
1° Résistance des mortiers de chaux du Teil. 357
2° Résistance de diverses chaux hydrauliques. 358
Influence de l'âge des mortiers. 358
Influence du mode de fabrication. . . . 359
Influence de l'âge de la chaux. 360
Durcissement comparatif à l'air et sous l'eau :
Opinion de Vicat. 360
Résultats d'expériences diverses. 361
Résistance des mortiers de ciments romains ou à prise rapide. 362

Pages.
Résistance de mortiers de ciments portland ou à prise lente. 364
Expériences de M. Leblanc sur les mortiers avec ciment de Boulogne. 365
Expériences de M. Barreau. 365
Influence de la densité du ciment. . . . 365
Influence de la finesse de mouture. . . 366
Essais de ces mortiers à la traction. . . 367
Résistance du ciment du Teil. 368
Résistance du ciment Vicat à prise lente. 368

N. Dosage des mortiers employés dans divers ouvrages. 370

1° Composition de divers mortiers de chaux hydrauliques. 370
2° Composition de divers mortiers de ciments à prise lente. 374
3° Composition de divers mortiers de pouzzolanes. 371

O. Le plâtre. 372

Pierre à plâtre. 372
Cuisson du plâtre. 373
Four ordinaire, four Dumesnil. 374
Four à circulation. 375
Broyage du plâtre cuit. 376
Emploi du plâtre. 377
Stucs. 378
Plâtre durci, système Julhe. 378
Analyse des principaux plâtres de France. 380

CHAPITRE III

Maçonnerie

1° Maçonnerie de pierres de taille. 382

Précautions à prendre pour l'exécution. 384
Temps nécessaire pour l'exécution. . . 385
Extrait du devis-type arrêté par le ministère des travaux publics. 386

2° Maçonnerie de moellons, homogène ou mixte. 387

Maçonnerie homogène. 387
Extrait du devis-type. 388
Moellons ordinaires, têtués. 389
Moellons parementés, smillés, piqués. . 390

TABLE DES MATIÈRES

	Pages.
Règles pour l'emploi de ces divers moellons	391
Maçonneries mixtes de divers genres	392
Danger des tassements dans ces maçonneries	394
Consolidation des maçonneries par des armatures en fer	394
Fréquence des déchirements dus au tassement	395
Armatures en fer pour pierres en encorbellement	396
De l'enchevêtrement à réaliser dans les maçonneries	397
Maçonnerie du barrage du Furens	397
Maçonnerie du viaduc de Morlaix	398
Précautions contre les infiltrations à travers les maçonneries	398
Exemple des bassins de radoub de Marseille	398

3° Maçonnerie de briques. 399

Règle de la découpe	400
Extrait du devis-type	400
Divers appareils de briques : anglais, en losange, flamand, hollandais, à files diagonales	401
Parapets à jour en briques	402
Pavillon du ministère des travaux publics	402
Maçonnerie mixte en briques	403

4° Béton. 403

Composition des bétons, dosage normal	404
1° Expériences sur les pierres cassées et graviers	405
2° Expériences sur les bétons	405
Expériences sur les graviers de Seine	405
Composition des bétons employés à divers ouvrages	406
De la laitance	407
Coulage des bétons à base de portland	409
Du béton chez les Romains	411
Confection du béton	412
Au rabot et à bras d'hommes	413
Avec des boîtes basculantes	413
Avec les couloirs	413
Extrait du devis-type relatif à la fabrication du béton	415
Exemples de grands ateliers pour la fabrication des mortiers et des bétons	416

	Pages.
1° Ateliers pour la fabrication des blocs artificiels au port d'Alger	416
2° Atelier simple employé à Gorée	422
3° Ateliers pour la fabrication des gros blocs artificiels au port de Marseille	422
Manèges à mortier, cylindres à béton	423
4° Atelier pour confection du mortier et du béton au pont de Dirschau	424
Prix de confection et d'immersion du béton	425

5° Généralités sur les maçonneries. 426

Prix de revient des diverses natures de maçonneries	426
1° Prix de la pierre	426
2° Prix du mortier	426
3° Prix des diverses mains-d'œuvre	427
Déchet des pierres par suite de la taille	427
4° Proportion de mortier absorbée par les diverses maçonneries	428
Économies à rechercher et économies à éviter dans les maçonneries	429
Il faut :	
1° Réduire le cube de la pierre de taille	429
2° Ne pas chercher l'économie dans la réduction d'épaisseur des massifs de moellons bruts	429
3° Ni dans la réduction de la proportion de chaux	429
Doit-on préférer le béton à la maçonnerie de moellons bruts?	430
Pressions à imposer aux maçonneries.	430
Coefficient de sécurité	431
Pressions adoptées dans la pratique	431
Pressions admises par les ingénieurs hollandais	433
Expériences de M. Tourtay sur l'influence des joints en mortier	433
Densité des maçonneries	435
Coefficient de dilatation des maçonneries	436
Rejointoiement des maçonneries	437
Soins particuliers qu'il exige	437
Refends et bossages	437
Extrait du devis-type	438
Lavage à l'acide	439
Chapes; leur composition et leur confection	439
Extrait du devis-type	440
Outillage du maçon.	441

6° Maçonneries diverses; pierres factices; mastics 442

Maçonneries en pierres sèches. 442
Maçonnerie de pisé 442
Béton de sable 443
Béton Coignet 443
Pierres factices en béton de ciment Vicat. 444
Dallages en fragments d'ardoise comprimée 445
Pierres artificielles Lebrun, Ransome. 446
Pierres en laitiers de hauts fourneaux. 446
Marbre artificiel, pierre Dumesnil. . . . 447
De la silicatisation. 447
Mastics 448
Mastic Dihl; ciment d'oxychlorure de zinc. 448
Mastic Machabée. 449
Mastics divers : ordinaire, Loriot, Vauban, au blanc d'œuf, à la cire. . . . 449
Ciments divers employés par les constructeurs anglais. 450
Ciments métalliques Chenot 450
Mastic Fontenelle à base d'oxychlorure de zinc. 450

7° Bitumes et Asphaltes. 451

Bitumes. 451
Procédé pour distinguer le brai de gaz du bitume naturel 453
Asphaltes; composition et gisements. 454
Formation et constitution de l'asphalte. 455
Exploitation de l'asphalte à Seyssel. . 457
Du mastic d'asphalte; sa fabrication. 458
Trottoirs en mastic d'asphalte. 459
Chapes en mastic d'asphalte. 461
Du bitume factice. 462
Asphalte comprimé; chaussées en asphalte. 463
Avantages et inconvénients de ces chaussées. 464
Confection et réparation de ces chaussées. 465
Nécessité d'une fondation sèche et inébranlable 468
Maçonneries asphaltiques. 469
1° Béton d'asphalte 469
2° Maçonnerie asphaltique 469
3° Maçonnerie mixte 469

CHAPITRE IV

Les Bois

Division du chapitre 471

1. Notions de physiologie végétale. 472

Constitution des tissus végétaux. . . . 472
Constitution des arbres. 472
Respiration et nutrition des arbres. . . 474
Reproduction des végétaux. 474
Section transversale de nos arbres. . . 475
Composition chimique des bois. 476
Quantité d'eau contenue dans le bois. . 477

2. Exploitation des bois. 478

Croissance des bois. 478
Arbres arrivés à maturité. 478
Époque de l'abatage des bois. 478
Procédés d'abatage. 479
Abatage à la hache. 480
Abatage avec une scie à vapeur. . . . 481
Bois en grume, bois équarris. 482
Équarrissement et débit des bois . . 482
1. Équarrissement. 483
Détermination de la pièce de résistance maxima. 483
2 Débit des bois, systèmes divers. . . 484
Cubage des bois, systèmes divers. . . 485
Noms et dimensions des bois du commerce. 486

3. Essences principales des bois indigènes ou exotiques; leurs qualités.

A. Bois indigènes. 488

1° *Bois durs*. 488
1. Chêne 488
Bois maigre et bois gras. 489
Influence du sol et du climat. 490
2. Châtaignier. 490
3. Orme. — 4. Noyer. — 5. Hêtre. — 6. Frêne. 491
2° *Bois blancs*. 491
1. Peuplier. 491

TABLE DES MATIÈRES

2. Tremble. — 3. Aulne. — 4. Bouleau. — 5. Charme. 492
6. Érable. — 7. Tilleul. — 8. Platane. 492
9. Saule. — 10. Acacia. 493
3° *Bois résineux*. 493
1. Pin. — 2. Sapin. 493
Influence de la station d'origine. ... 493
3. Mélèze. — 4. Cèdre. — 5. Cyprès. — 6. If. 494

B. Bois exotiques. 495

1. Acajou. — 2. Palissandre. — 3. Ébène. 495
4. Thuya. — 5. Teak. — 6. Gaïac. ... 495
7. Bois des États-Unis. 495
8. Bois de fer de la Guyane; greenheart. 497
9. Bois de Québracho. 498
Du bois artificiel. 498
Production des bois dans les divers pays. 499
Densité des principaux bois. 501
Densité du bois de corde. 502

Résistance des bois. 502

Résistance à la traction parallèle ou perpendiculaire aux fibres. 502
Résistance à l'écrasement. 503
Résistance à des pressions normales aux fibres; expériences sur des traverses. 503
Résistance à la flexion. 504
Coefficient d'élasticité de quelques bois. 504

4. Défauts et maladies ; conservation des bois. 505

Défauts et maladies des bois sur pied. 505
1. Ulcères. — 2. Caries de divers genres. 505
3 Gerçures. — 4. Cadranure. — 5. Gélivures. 507
6. Roulure. — 7. Trous d'abatage. .. 507
8. Frotture. — 9. Torsion. — 10. Exfoliation. 508
11. Champlure. — 12. Défoliation. — 13. Jaunisse et rouille. 508
14. Galles. — 15. Dépouillement. — 16. Vermination 508
17. Retour. 509
Causes de destruction des bois abattus. 509
Moyens de reconnaître un bon bois. . 510

Extrait du devis-type en ce qui touche les bois. 510
Causes de destruction des bois mis en œuvre. 511
Taret. 512
Procédés de conservation des bois. 514
1. Enduits. 514
Extrait du devis-type en ce qui touche les enduits. 515
Goudronnage. 515
2. Injection de substances antiseptiques. 516
Injection par immersion simple. 516
Immersion à froid, à chaud. 517
Immersion dans le bain porté à l'ébullition. 518
Immersion après chauffage à l'étuve. . 518
Bain de paraffine. 519
Injection par le procédé Boucherie. .. 519
Injection par la pression ou par le vide. 522
Appareil du port des Sables-d'Olonne. . 524
Prix de l'injection, suivant la substance employée : chlorure de zinc, sulfate de cuivre, sublimé corrosif, créosote, tannate de fer. 525
3. Carbonisation superficielle ou flambage. 525
Appareil à gaz pour la carbonisation. . 526

5. Travail et mise en œuvre des bois. 527

1° *Scies*. 528
Scies ordinaires à lames droites, à mouvement alternatif. 528
Scie de charpentier, montage, affûtage, denture. 529
Scie de menuisier, scie à chantourner. 530
Passe-partout. 530
Scie de long. 531
Scies mécaniques à lames droites, à mouvement alternatif. 531
Description de plusieurs scies de ce genre. 532
Scies circulaires 533
Montage et fonctionnement de ces appareils. 534
Lames des scies circulaires. 535
Chaque bois exige une denture spéciale. 536
Scies à lames sans fin, ou *scies à ruban*. 537
Exemples de scies à ruban. 538

	Pages.
Scie alternative à découper.	539
Observations sur les lames des scies à ruban.	539
Installation d'une scierie mécanique ; comparaison entre le travail à la main et le travail à la machine	540
Scie à lame droite à deux tranchants.	542
2° *Outils de charpentier*	542
Jauge, traceret.	542
Ligne, fil à plomb, compas, équerres.	543
Niveau, hache, doloire, herminette, ciseau, bisaiguë, gouge, ciseau à froid, pied-de-biche.	544
Rabots : varlope, galère, bouvet.	545
Tarière, mèche à trépan	545
Tarière anglaise, vrille, vilebrequin.	546
3° *Machines-outils pour le travail des bois*	546
1. Tours; tour à pointes	547
Tour parallèle, machines à fileter.	548
2. Machines à raboter	548
Machines à lames droites multiples.	549
Machines à lames hélicoïdales	549
3. Machines à faire les assemblages, à moulurer, à percer, à mortaiser, etc.	551
Outil à percer et à mortaiser	551
Machine à faire les tenons, couteaux tournants	552
Machines à scies circulaires pour faire les tenons	553
Machines à faire les moulures, rainures, languettes :	
1° Machines à outil fixe	553
2° Machines à outil tournant.	554
3° Machines à toupie.	554
De la nécessité de préparer les bois en forêt pour éviter les transports inutiles	555
4° *Procédés de courbure et de pliage des bois.*	555

CHAPITRE V

Les Métaux

Production du fer, de l'acier et de la fonte; notions sur la métallurgie du fer.	558
Distinction entre les trois termes de la série : fer, acier, fonte	558

	Pages.
Minerais de fer; leur teneur.	559
Préparation des minerais	560
Agents métallurgiques.	560
Transformation des minerais en fer ou en fonte.	561
Méthode catalane.	561
Hauts fourneaux.	562
Transformation de la fonte en fer; affinage	564
Affinage au petit foyer.	565
Puddlage.	565
Four à réverbère.	566
Puddlage mécanique.	567
Transformation du fer et de la fonte en acier.	568
Fabrication des divers aciers	568
Historique des aciers	571
Acier Bessemer; convertisseur.	572
Acier Martin.	573
Traitement des minerais phosphorés.	574
Fours Siemens; régénération de la chaleur; emploi des combustibles gazeux	575
Classification des métaux ferreux : fer, acier, fonte.	577
Résistance des métaux ferreux; épreuves; influence de la composition chimique du métal et des actions physiques.	579
Des diverses espèces de fer suivant leurs qualités physiques.	579
Fer doux, fort, aciéreux	579
Fer rouverin, aigre, cendreux, pailleux,	580
Épreuves à la traction.	580
Influence du corroyage et du martelage.	581
Influence des dimensions et de la forme des barreaux d'épreuve	581
Limite d'élasticité; allongement, striction.	581
Influence du temps d'épreuve	582
Influence de la température sur la résistance du fer et de l'acier.	582
Influence de la composition chimique sur cette même résistance.	583

TABLE DES MATIÈRES

	Pages.
1° Influence du carbone	583
2° — du manganèse	583
3° — du phosphore	584
4° — du soufre	584
5° — du silicium	584
Moulage direct des pièces en acier fondu	584
De la trempe	584
Ses effets sur le fer doux, l'acier puddlé, l'acier fondu	586
Effets exercés sur la résistance du fer et de l'acier par le *cisaillage et le poinçonnage*	587
Machines à essayer les métaux	587
Barreaux d'épreuve	588
Résultats d'expériences pour la résistance à la traction	588
1° Fer forgé	588
2° Tôles de fer, fers laminés	589
3° Aciers	590
Graphique des allongements et des tractions simultanés	591
Épreuves à l'écrasement	593
Résultats d'expériences pour le fer et l'acier	593

Résistance de la fonte; traction et écrasement. 594

Influence de la forme sur la résistance des pièces en fonte	595
Nécessité qu'il y a de ménager aux pièces en métal un libre jeu de dilatation	596

Machines à travailler le fer. 596

1° *Travail du fer à chaud*	596
Travail et outils du forgeron	597
Forgeage mécanique; marteau pilon	599
Fer laminé; laminoirs	601
Fabrication de la tôle	602
Fabrication du fil de fer	603
2° *Travail du fer à froid*	603
1° *Machines à couper le métal, cisailles*	603
2° *Machines à modifier la surface du fer*	605
Burins, limes	605
Tours	606
Machines à raboter et à planer	607

	Pages.
Machines à émoudre, à roder	608
Machines à polir	609
Machines à fraiser	609
Historique de la fraise	609
Fraise perfectionnée	611
Avantages des machines à fraiser	613
3° *Machines à percer et à creuser le fer :*	
Machines à percer	615
Perceuse radiale	616
Poinçonneuses	617
Machines à forer, à aléser	618
Machines à mortaiser, à fileter, à tarauder	619

Fers et tôles du commerce; formes, dimensions; dénomination. 619

Fers du commerce	619
Tôles	621
Tôles d'acier	624

Confection des pièces composées en tôles et fers spéciaux. 624

Dressage des tôles et fers	624
Épures, gabarits, traçage, montage	625
Rivetage	626
Machines à river	626
Rivetage à la main	627
Rivetage à la machine à vapeur	627
Rivetage hydraulique	628
Riveuses hydrauliques perfectionnées, portatives	630
Comparaison du travail produit par les divers procédés	633
Prix de revient de la confection des poutres en tôles	633
Extrait, pour les fers et aciers, du devis-type du ministère des travaux publics	634
Extrait d'un devis-type de la Compagnie du Midi	635
Densité des fers, aciers, fontes	639

De la fonte; moulage des pièces en fonte. 640

Fontes blanche, grise, noire	640
Moulage des pièces en fonte	641

	Pages.		Pages.
Moulage en coquille	642	Prix du cuivre et des autres métaux	657
Défauts des pièces moulées	642		
Fonte malléable	643	**Le plomb**	657
Moulage des fontes du pont Sully; détails d'exécution, défauts, visite, tolérance, essais, percement des trous de boulons, assemblage	644	**Le zinc**	658
		Fer galvanisé	658
Assemblage des pièces de fer et de fonte, mastic à la limaille de fer	652	**Notions sommaires sur la peinture**	659
De la rouille	653		
Production de la rouille	653		
Préservation du fer par une oxydation superficielle; systèmes Barff, Bourdon	654	Peinture des bois, soins à prendre	659
		Peinture en détrempe ou à l'huile	660
		Peinture des fers	661
Enduits en gutta-percha, au caoutchouc	655	Miniums de plomb, de fer	661
		Défauts des peintures	662
Le cuivre	655	Théorie des peintures siccatives	663
Résistance du cuivre	656	Conditions à imposer aux entrepreneurs de peintures	666
Bronzes et laitons	656		

PARIS. — IMP. C. MARPON ET E. FLAMMARION, RUE RACINE, 26.

www.ingramcontent.com/pod-product-compliance
Lightning Source LLC
Chambersburg PA
CBHW052334230426
43664CB00041B/1303